世界著名计算机教材精选

分布式数据库系统原理
（第3版）

M. Tamer Özsu
Patrick Valduriez　著

周立柱　范　举　吴　昊　钟睿铖　等译

清华大学出版社
北　京

本书为英文版 *Principles of Distributed Database Systems，Third Edition* 的简体中文翻译版，作者 M. Tamer Özsu，Patrick Valduriez，由 Springer 出版社授权清华大学出版社出版发行。

北京市版权局著作权合同登记号　图字：01-2011-6890 号

图书在版编目（CIP）数据

分布式数据库系统原理(第 3 版)/(德)厄兹叙(Özsu，T.)，(德)(Valduriez．P.)著；周立柱等译. --北京：清华大学出版社，2014(2023.1重印)
书名原文：Principles of Distributed Database Systems，Third Edition
世界著名计算机教材精选
ISBN 978-7-302-34600-5

Ⅰ. ①分… Ⅱ. ①厄… ②厄… ③周… Ⅲ. ①分布式数据库－数据库系统　Ⅳ. ①TP311.133.1

中国版本图书馆 CIP 数据核字(2014)第 009369 号

责任编辑：龙启铭
封面设计：何凤霞
责任校对：李建庄
责任印制：丛怀宇

出版发行：清华大学出版社
　　　网　　　址：http://www.tup.com.cn，http://www.wqbook.com
　　　地　　　址：北京清华大学学研大厦 A 座　　　　　　　邮　　编：100084
　　　社 总 机：010-83470000　　　　　　　　　　　　　邮　　购：010-62786544
　　　投稿与读者服务：010-62776969，c-service@tup.tsinghua.edu.cn
　　　质量反馈：010-62772015，zhiliang@tup.tsinghua.edu.cn
　　　课件下载：http://www.tup.com.cn，010-83470236
印 装 者：三河市铭诚印务有限公司
经　　销：全国新华书店
开　　本：185mm×260mm　　　　　印　张：39.25　　　　字　　数：978 千字
版　　次：2014 年 5 月第 1 版　　　　　　　　　　　印　　次：2023 年 1 月第 9 次印刷
定　　价：89.00 元

产品编号：041888-01

译 者 序

本书英文版是由加拿大滑铁卢大学 M. Tamer Özsu 和法国国立计算机及自动化研究院 Patrick Valduriez 编写的。出于以下几点考虑,我们将这本书的第 3 版翻译成简体中文介绍给国内读者。

首先,本书作者是国际著名的数据库领域的专家,他们的学术造诣保证了本书的学术水平与价值。第二,这本教材历经二十余年,三次更新,其核心内容经过多次写作和修改,堪称是分布式数据库系统的经典图书,是分布式计算在数据库领域的体现。第三,云技术的本质就是分布式计算,而分布式数据库系统揭示的正是分布式计算在数据处理领域的本质问题。从这个角度考虑,教材的内容对云技术的学习与研究也有一定的借鉴作用。当然,对于云计算时代来说,传统的结构化数据的处理技术已经远远不够,我们必须考虑半结构化、非结构化数据所带来的特殊矛盾。也正是出于这样的考虑,本书第 3 版增加了的 P2P 数据管理,万维网数据库管理(图数据管理,分布式 XML 处理等),数据流管理,云数据管理等前沿研究的内容。

在本书的翻译过程中我们曾经和该教材的作者进行过交流,得到过他们的帮助,在此我们表示衷心的感谢。另外,我们还得到了清华大学出版社的龙启铭编辑的大力支持。对此,我们也表示由衷的谢意。

本书第 1～3、6～8 章由周立柱翻译,第 4、5、9、17 章由范举翻译,第 10～13 章由吴昊翻译,第 14～16,18 章由钟睿铖翻译,周立柱对全书的翻译进行了校阅。虽然我们尽了很大的努力来完成本书的翻译工作,但其中一定还会存在这样或那样的错误或不足。在此敬请读者谅解,并希望能够得到读者的赐教,对于这样的帮助我们将不胜感激。

译 者

2014 年 3 月于清华园

前　言

　　从本书的第 1 版问世至今几乎过去了二十年，而从第 2 版的发行算起也有十年了。如同人们可以想象的那样，对于一个发展迅速的领域，在这段期间内所发生的变化是惊人的。现在，分布式数据管理从一个潜在的重要技术变成普遍应用的技术，而因特网和万维网的出现使人们审视分布的观点发生了变化。近年来出现的以数据流和云计算为代表的不同形式的分布计算，重新引发了研究分布式数据管理的兴趣，这些都给本书的修改带来了机遇。

　　五年前我们开始了本版教材的工作，我们花了相当多的时间才把它完成。最终，教材的内容发生了较大的变化：在对内容的核心部分进行更新的同时，还加入了新的内容。本书的主要变化如下：

　　(1) 数据集成和查询处理讨论得更细，这反映了学术界在过去十年里对于这些研究主题的动向。第 4 章集中讨论了集成过程，而第 9 章则讨论了多数据库系统的查询处理。

　　(2) 前一版仅仅简单地讨论了数据复制的协议。现在这一主题用单独一章(第 13 章)来处理，对协议以及如何把协议集成到事务处理都进行了深入讨论。

　　(3) 第 16 章深入讨论了 P2P 数据管理。这样的系统已经成为传统的分布式数据库系统的另一种体系结构形式。虽然早期的分布式数据库系统采用了 P2P 的形式，但现代的 P2P 系统体现了本质的不同特点。因此有必要把它们独立成章并深入讨论。

　　(4) 第 17 章讨论了万维网数据管理。这是一个难以处理的内容，因为目前还没有一个统一的框架。我们讨论了从万维网模型到搜索引擎，再到分布式 XML 处理的不同主题。

　　(5) 早期的版本都包含有当时"近期研究"的讨论。这一版也含有类似的一章(第 18 章)，它讨论了流数据管理和云计算。这些主题仍在变化之中，我们指出了目前尚须解决的问题及可能的研究方向。

　　本书努力在这两个目标之间寻求一种平衡：一是要介绍新的正在出现的研究，二是要保持本书在讨论分布式数据管理的原理方面的特色。

　　本书由两部分组成。第一部分包括分布式数据管理的基础原理，由第 1～14 章组成。这部分的第 2 章包含一些背景知识，如果学生已经掌握了关系数据库以及计算机网络技术的概念，可以跳过这一章。但这一章十分重要的是例 2.3，因为它介绍了本书大部分内容都会涉及的用例。第二部分包含第 15～18 章，是更为高级的主题。一门课程应当覆盖哪些内容依赖于讲课的时间以及目标要求。如果课程的目标是基础技术，那么就应该覆盖第 1、3、5～8 章，以及第 10～12 章。作为这种选择的一个扩充，可以再覆盖第 4、9 和 13 章。如果课程的时间更长，则可以从第二部分的第 15～18 章里选择一章或多章。

　　许多同事为本书提供了帮助和支持。S. Keshav (University of Waterloo)阅读了计算机网络部分并提供了很多的更新建议。Renée Miller (University of Toronto) 和 Erhard Rahm (University of Leipzig) 阅读了第 4 章的最初内容并给予了许多点评，Alon Halevy (Google)回答了这一章的有些问题，提供了他即将出版的书里和该主题有关的初稿，他还阅读了本书的第 9 章并提供了反馈意见，Avigdor Gal (Technion) 也对本章给予了仔细的审阅和评论。Matthias Jarke 和 Xiang Li (University of Aachen)、Gottfried Vossen (University of Muenster)、Erhard Rahm 以及 Andreas Thor (University of Leipzig)贡献了本章的练习。Hubert Naacke (University of Paris 6)贡献了第 9 章的异构成本建模一节,而 Fabio Porto (LNCC, Petropolis)则贡献了这一章的自适应查询处理一节。如果没有 Gustavo Alonso (ETH Zürich) 和 Bettina Kemme (McGill University),则不可能写出数据复制(第 13 章)。Tamer 在 2006 年春访问 Gustavo 四个月,他在那里开始了该章的工作并且经常举行长时间的讨论。Bettina 在 2007 年一年的时间里几次阅读该章内容,提出了全面的建议,并详细指出如何更好阐述所用的材料。Esther Pacitti (University of Montpellier)也对本章有所贡献,提供了审阅与背景材料两方面的帮助,她的贡献还包括第 14 章的数据库集群复制这一节。Ricardo Jimenez-Peris 在这章的数据库集群容错这一节做出了贡献。Khuzaima Daudjee (University of Waterloo)阅读了该章并作了评论。第 15 章的分布式对象数据管理是由 Serge Abiteboul (INRIA)审阅的,包括对本章材料的重要意见以及改进的建议。第 16 章的 P2P 系统很大程度上要归功于 2006 年秋季访问 NUS (National University of Singapore)的四个月期间和 Beng Chin Ooi 的讨论。第 16 章的关于 P2P 系统的查询用到了 Reza Akbarinia (INRIA)和 Wenceslao Palma (PUC-Valparaiso, Chile)的 PhD 的工作,而关于复制的一节则使用了 Vidal Martins (PUCPR, Curitiba)的 PhD 材料。第 17 章的分布式 XML 处理一节使用了 Ning Zhang(Facebook)、University of Waterloo 的 Patrick Kling,以及 CWI 的 Ying Zhang 的 PhD 论文的材料。他们三个人还阅读了这一章并提供了宝贵的意见。Victor Muntés i Mulero (Universitat Politècnica de Catalunya)为这一章的练习做出了贡献。Özgür Ulusoy (Bilkent University)为第 16 和 17 章提出了评论意见,纠正了其中的错误。第 18 章的数据流管理一节来自于 Lukasz Golab (AT&T Labs-Research)和 University of Waterloo 的 Yingying Tao 的 PhD 工作。Walid Aref (Purdue University) 和 Avigdor Gal (Technion)在他们的课程中使用了本书的初稿,这对于改进本书的某些部分是十分有益的。我们感谢他们,还有很多在前两版帮助过我们的其他同事。我们并没有完全地吸收了他们的建议,当然书中的错误都应该是我们的责任。上过 University of Waterloo 两门课程(Web Data Management in Winter 2005 和 Internet-Scale Data Distribution in Fall 2005)的同学在他们的部分课程作业中对本书作了综述,这非常有助于某些章的结构形成。Tamer 在 ETH Zürich 讲授的课程 (PDDBS-Parallel and Distributed Databases in Spring 2006),和在 NUS 讲授的课程 (CS5225-Parallel and Distributed Database Systems in Fall 2010)使用了本书这一版的许多部分。我们感谢所有上过这些课程的同学,他们只能使用当时正在形成的某些章。这些教学经历使得书中的材料获得了相当大的改进。

读者将会注意到第 3 版的出版商与前两版是不同的。我们以前的出版商 Pearson 决定不再与我们的第 3 版有关,Springer 此后予以了相当多的关注。我们要感谢 Springer 的 Susan Lagerstrom-Fife 以及 Jennifer Evans 用闪电一样的速度决定出版本书。我们还要感谢 Jennifer Mauer 在转接过程中做了大量的工作。我们也要感谢 Pearson 的 Tracy Dunkelberger 为我们所做的毫无拖延的版权交接。

如同早期的版本一样,我们提供了本书教学所用的幻灯片以及大部分练习题的答案。采用本书的教员可以从 Springer 得到这些材料,在 springer.com 的图书网站上可以找到相关的链接。

最后,我们非常愿意倾听大家有关本书内容的建议和评论。我们欢迎任何反馈意见,尤其是以下几个方面:

(1) 尽管我们尽了最大努力,但仍然存在的错误(虽然我们希望不会太多)。

(2) 哪些内容应当拿掉,还有哪些内容应当加入或扩充。

(3) 你所设计的、希望放入本书中的练习题。

M. Tamer Özsu (Tamer.Ozsu@uwaterloo.ca)

Patrick Valduriez (Patrick.Valduriez@inria.fr)

目　　录

第1章 引　言

分布式数据库系统(DDBS)技术是看起来在一个圆上对立的两种数据处理方法,即**数据库系统**(database system)和**计算机网络**(computer network)技术的结合。数据库系统把每个应用只定义并且维护自己数据的这样一种形式(图1.1)改变为对于数据的集中定义和集中管理(图1.2)。这种新的变化带来了**数据独立性**(data independence),使得应用程序不再受到数据在逻辑组织或物理组织上变化的影响,反之亦然。

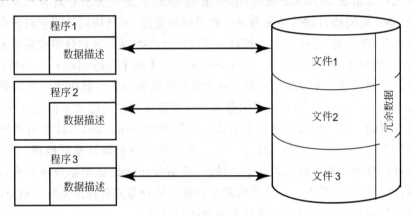

图 1.1　传统的文件处理

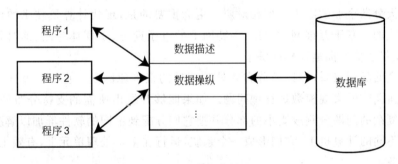

图 1.2　数据库处理

使用数据库系统的动机之一就是集成企业的运营数据,提供集中的、对于数据可控制的存取。而另一方面,计算机网络技术提倡的是一种反对集中的工作模式。初看起来,难以理解这样两种鲜明对立的方法如何能够综合并产生一种技术,而且它比其中的任何一种都要更强、更有前途。理解的关键在于认识数据库技术最重要的目标是集成,而不是集中。下面这一点很重要:这两个术语中的一个并不隐含着另一个。因此有可能取得集成而放弃集中,而这恰恰就是分布式数据库技术所追求的。

本章定义分布式数据库的基础概念并且建立起它的讨论框架。我们先从回顾一般的分布式系统开始,以便澄清分布式数据处理中数据库的作用,然后转向和DDBS更直接的主题。

1.1　分布式数据处理

术语**分布式处理**(distributed processing)(或**分布式计算**(distributed computing))难以准确定义。显然,在任何计算机系统里都会有某种程度的分布处理,即便是单处理器计算机,其中的中央处理单元(CPU)和输入输出(I/O)是分开并且重叠的,情况也是如此。并行计算机的广泛出现使得这一情况变得更为复杂,这是因为分布式计算系统和某些形式的并行计算机间的区别变得模糊。

本书采用下面的方法定义分布式处理,用它的定义来给出分布式数据库的定义。我们使用的**分布式计算系统**(distributed computing system)的定义要求它具备一定数量的自主式处理单元(不一定同构),这些单元通过计算机网络互连,并且协同处理它们各自分配到的任务。这里的"处理单元"是指能够执行自己程序的计算装置。这和分布式系统的教材所采用的定义类似(例如【Tanenbaum and van Steen,2002】和【Colouris et al.,2001】)。

这里我们需要回答一个基本的问题:究竟是什么需要分布? 其中之一可以是**处理逻辑**(processing logic)。实际上,前面给出的分布式计算系统的定义隐含地假定处理逻辑,或者处理单元是分布的。另一种可能的分布方式是按照**功能**(function)。计算机系统的不同功能可以分派到不同的硬件或软件部件上。第三种可能的分布则是根据**数据**(data),应用所使用的数据可以分派到若干处理站点上。最后,**控制**(control)也能够分布。不同任务的控制执行也可以分布,而不是由一个计算机系统完成。从分布式数据库系统的观点看,所有这些方式都是必要和重要的。以下将进行更为细致的讨论。

讨论到这里我们不禁要问:为什么需要分布? 对这一问题的传统回答是:分布式处理更好地和今天分散企业的组织结构相对应。更为重要的是,现代计算机技术的许多应用自身就是分布的。基于万维网的应用、因特网上的电子商务、多媒体应用、即时新闻或医疗图像、制造控制系统等都是这样的例子。

从更为全面的观点看,可以说分布式处理背后的根本原因是:使用一种分而治之的办法应对今天所面临的大规模数据管理问题。如果能够开发出所需的支持分布处理的软件,这就可以把复杂的问题分割成更小的部分并把它们分配到不同的软件群加以解决。这些软件群工作在不同的计算机上,它们形成一个系统,运行在多个处理单元上,有效工作,完成一件共同的任务。

分布式数据库系统也应当放到这一框架下衡量,被看作是使分布处理更容易、更有效的工具。分布式数据库对于数据处理的贡献可以与数据库技术已经做出的贡献相媲美。毫无疑问,通用、自适应、高效的分布式数据库系统已经为发展分布式软件做出了巨大的贡献。

1.2　什么是分布式数据库系统

我们把分布式数据库定义为一群分布在计算机网络上、逻辑上相互关联的数据库。分布式数据库管理系统(分布式 DBMS)则是支持管理分布式数据库的软件系统,它使得分布对于用户变得透明。有时,分布式数据库系统(Distributed Database System,DDBS)用于表示分布式数据库和分布式 DBMS 这两者。在这些定义中"逻辑上相互关联"和"分布在计算机网络"是重要的术语。这有助于排除在有些情况下仅仅代表 DDBS 的情形。

一个 DDBS 不是一堆可以单独存储在计算机网络每个节点上的文件。为了形成一个 DDBS,文件不仅需要逻辑上相关,而且文件之间要形成结构,要通过共同的界面存取。我们应当注意到,近来已经涌现了为因特网上存储在文件里的半结构化数据(例如网页)提供 DBMS 功能的研究。从这些研究的角度看,上述要求显得有些过分的严格。但不管怎么说,必须把满足这一要求的 DDBS 和提供"像 DDBS"那样存取数据的一般的分布式数据管理系统之间区分开。

有时人们认为物理分布并不是最重要的问题。这种观点满足于把分布式数据库看成是位于同一个计算机系统内的若干(相关的)数据库。但是,数据的物理分布是重要的,它带来了位于同一个计算机系统的数据库所不曾有过的问题。1.5 节将会讨论这些难点。请注意,物理分布并不一定是指计算机系统在地理位置上相离,它们可以在一个房间里。就是说它们之间的通信是通过网络来共享资源,而不是通过共享内存或磁盘(像多处理器系统那样)。

这就意味着多处理器系统不能算是 DDBS。虽然无共享多处理器也可能具有自己的外部设备,它非常类似于我们关注的分布式环境,但是仍然存在差别,其根本就在于运行的方式。一个多处理器系统的设计是对称的,它由若干相同的处理器和存储部件组成,由一个或个相同的操作系统控制,它们负责对分配到每个处理器上的任务进行严格的控制。在分布式计算机系统里情况并非如此,操作系统还有硬件的异构是常见的情景。在多处理器上运行的数据库系统称为**并行数据库系统**(parallel database system),我们在第 14 章里来讨论。

一个 DDBS 也不是那种仅把数据库放在网络上某个单一站点的系统,尽管这里存在着一个网络(图 1.3)。在这种情景下,数据库管理的问题与集中式数据库环境(稍后还会讨论对此略有放宽的客户/服务器 DBMS)没有区别,数据库仅由一个计算机系统管理(图 1.3 里的站点 2),所有的数据请求全部路由到该站点,唯一需要考虑的就是传输延迟。显然,仅存在一个网络或者是一群文件不足以形成分布式数据库系统。我们感兴趣的是这样的环境,它的数据在若干站点间完成分布(图 1.4)。

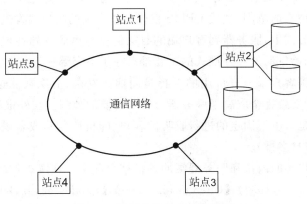

图 1.3　网络上的集中式数据库

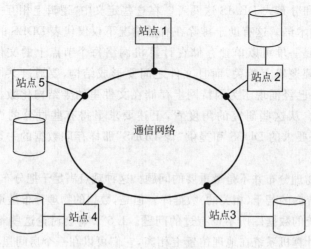

图 1.4   DDBS 环境

1.3   数据发送的不同选择

在分布式数据库中，数据要从存储它们的站点"发送"到发出查询的站点。我们将数据发送的不同选择从**发送方式**（delivery mode）、**频率**（frequency）以及**通信方法**（communication methods）三个正交的维度加以刻画。这些选择的组合形成了丰富的设计空间。

不同的发送方式有：**内拉**（pull-only）、**外推**（push-only）以及**混合**（hybrid）。所谓内拉方式是指从服务器到客户端的数据传输是由客户端的请求发起的，当客户的请求到达服务器时，服务器进行响应并查找所需要的信息。这种基于内拉式发送的主要特点是新数据的到达或者对已有数据的更新是在服务器端，它不会通知客户，除非客户明确地向服务器发出探测。另外，服务器不断地被中断以便处理客户端的请求。再说，客户能从服务器得到的信息仅仅限于客户所请求的范围，现代 DBMS 仅仅提供有限的内拉式发送。

在外推的发送方式下，服务器到客户端的数据传输是由服务器在没有任何客户请求的情况下，由服务器初始发动的。外推式的主要难点在于决定哪些是共同关心的数据，以及何时将这些数据发送到客户端——可用的选择是周期性发送、不规则发送或者按条件发送。因此，服务器推送的实效完全取决于服务器对客户需要的预测。在外推的发送方式下，服务器的信息发布对象是一组不固定的进行收听的客户（随机广播），或者是有选择的属于数据接收范畴的固定客户（多播）。

混合方式把客户端的内拉和服务器端的外推结合起来。连续查询的方法（例如【Liu et al.，1996】，【Terry et al.，1992】，【Chen et al.，2000】，【Pandey et al.，2003】）代表了其中的一种，数据从服务器向客户的传输最初由客户的内拉（发出查询）发起，而此后向客户的更新信息的传输则由服务器的外推发起。

对数据发送规律的频率有三种典型的度量，即**有周期**（periodic）、**有条件**（conditional）以及**凭经验**（ad-hoc）或**不规则**（irregular）。

在有周期的发送方式下,从服务器到客户的数据发送按照一定的时间间隔进行。这个间隔可以由系统默认定义,或者是由客户使用简档定义。外推和内拉都可以定义成周期性的方式。周期性的发送按照常规或者预定的计划重复执行。客户对于 IBM 股票价格的每周询问就是典型的周期性内拉式例子。周期性外推的例子是这样的应用,它按照常规,例如每个月,向外发送股票价格的清单。周期性外推在下列情况下特别有用:客户端不一定总是可用,或者是不能像以前那样送达,例如在移动的环境下客户端有可能连结不上。

在有条件的发送方式下,每当在客户文档里安装的一定条件满足时,数据则从服务器发出。这些条件可以是简单的时间跨度,或者是复杂的时间-条件-动作这样的规则。使用有条件的外推,数据可以按照事先定义的条件,而不是特定的重复计划向外发送。仅当变化时才发送股票价格就是一个典型的有条件外推。仅当余额总数低于事先设定的门槛值 5% 时才发送余额说明,就是一个混合式有条件外推。有条件外推假设变化对于客户是至关重要的,客户总是进行监听,并需要根据发来的数据采取行动。混合式有条件外推进一步假设某些更新信息的丢失对于客户没那么重要。

凭经验的发送是不规则的,且在大部分情况下是在基于内拉式的系统里执行。数据按照情况,只要客户发出请求,则被从服务器拉到客户一端。对比之下,周期性内拉是当客户在常规周期(计划)的基础上,使用探测得到数据时发生的。

信息发送设计空间里的第三个维度就是通信方法,这些方法决定了客户和服务器之间采用什么样的联络方将信息发送到客户。这里的选择有**单播**(unicast)和**一对多**(one-to-many)。在单播的情况下,客户和服务器之间的通信是一对一的:服务器按照某种频率,采用特定的发送方式,仅把数据发送给一个客户。在一对多的情况下,如同它的名称所说的那样,服务器向许多客户发出数据。请注意,我们这里没有指定任何协议。一对多的通信可以使用多播或者广播协议。

应当指出,这种刻画会引起相当大的争议。设计空间里的每个点是否有意义并不清楚,对不同选择,例如有条件的和周期性的(这样的说法有一定的道理)说明也有困难。但是,它仅仅服务于初步刻画所出现的分布式数据管理系统的复杂性。在本书的大部分里,我们仅关心内拉式和经验式的发送系统,虽然某些章会使用其他方法的例子。

1.4　DDBS 的承诺

DDBS 的许多优点都在文献里得到了阐述,从社会组织的分散化【D'Oliviera,1977】一直到更好的经济。所有这些可以被归纳为 DDBS 的四个基础问题,即分布及复制数据的透明管理、通过分布式事务的可靠的数据存取、改进的性能以及更为容易的系统扩展。本节讨论这些基础问题,在讨论过程中同时介绍与以后各章要学习的内容有关的许多概念。

1.4.1　分布及复制数据的透明管理

透明的含义是将系统的高层语义和底层的实现问题相分离。换句话说,一个透明的系统向用户"隐藏"了系统实现的细节。完全透明的 DBMS 的优点是它为复杂应用所提供了高层的支持。显然,我们希望所有的 DBMS(集中的或分布的)都是完全透明的。

　　下面从具体的例子开始讨论。考虑这样一个工程公司，它在 Boston、Waterloo、Paris 和 San Francisco 都设有办公室。公司在每个地点都有项目，每个地点都愿意维护自己的雇员、项目及相关信息的数据库。假设数据库是关系型的，我们可以把信息存储在这样的两个关系里：EMP(ENO,ENAME,TITLE)[①]和 PROJ(PNO,PNAME,BUDGET)。我们还加入了第三个关系用以存储薪水信息 SAL(TITLE,AMT)，以及第四个关系 ASG，它指出哪个雇员被分配到哪个项目，工作多长时间以及担负什么责任：ASG(ENO,PNO,RESP,DUR)。如果所有这些数据都存放在一个集中式 DBMS 里，而且想查找哪些雇员已经在一个项目上工作了 12 个月以上，会使用下面的 SQL 查询：

```
SELECT   ENAME,AMT
FROM     EMP,ASG,SAL
WHERE    ASG.DUR>12
AND      EMP.ENO=ASG.ENO
AND      SAL.TITLE=EMP.TITLE
```

　　然而，公司业务的分布特性使我们更倾向于把 Waterloo 办公室雇员的数据保存在 Waterloo，而把 Boston 办公室雇员的数据保存在 Boston，等等。也可以用同样的办法处理薪水和项目的数据。这样，就必须对每个关系进行划分，而把每个划分的片段存储在不同的站点。这个过程称之为**分片**(fragmentation)。下面我们来讨论分片，在第 3 章我们还会对此讨论得更加深入。

　　进一步讲，由于可靠性和性能的原因，也倾向于将某些数据复制到其他站点。这就产生了分片和复制的分布式数据库(图 1.5)。全透明存取就意味着用户仍然能像以前那样发出查询，根本不必关心数据的分片、位置以及复制的问题，这些是系统应当处理的事情。

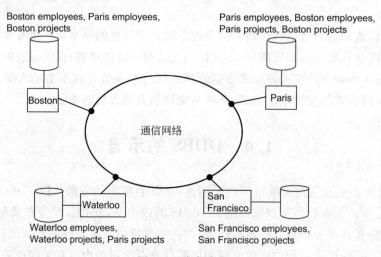

图 1.5　分布式应用

　　为了使系统能够处理分布、分片、复制的数据查询，需要应对几种不同类型的透明，本节

---

　　①　我们将在第 2 章讨论关系系统(2.1 节)及本例的继续。目前对于术语关系，我们只要知道它是由以下三个属性所定义的就可以了：ENO(主码，用下划线标出)，ENAME 以及 TITLE。

对它们进行讨论。

1.4.1.1　数据独立性

数据独立性是我们在 DBMS 里所寻求的基础性的透明,也是在集中式 DBMS 里唯一重要的透明,它是指用户应用不会受到数据的定义和组织的变化影响,反之亦然。

众所周知,数据定义发生在两个级别上。一个说明数据的逻辑结构,另一个则说明物理结构。前者通常称为**模式定义**(schema definition),后者则称为**物理数据描述**(physical data description)。所以我们必须讨论两种类型的数据独立性:逻辑数据独立性和物理数据独立性。**逻辑数据独立性**(logical data independence)是说用户应用不受数据库的逻辑结构(例如模式)变化的影响。而**物理数据独立性**(physical data independence)向用户应用隐蔽了存储结构的细节。当编写用户应用时,不会涉及物理存储结构的细节。因此,当出于性能的考虑要改变数据的组织时,用户应用没必要修改。

1.4.1.2　网络透明

在集中式数据库系统里,唯一需要共享的资源就是数据(即存储系统)。在分布式环境下,存在第二种资源需要类似的管理:网络。显然,用户应当免于关心网络的细节,甚至可能不必关心网络的存在。这样,运行在集中式数据库上的应用和运行在分布式数据库上的应用之间就不会存在任何差别。这样类型的透明称为**网络透明**(network transparency)或**分布透明**(distribution transparency),用户可以从服务或者数据的角度来考虑网络透明。对于前者来说,是希望用统一的方式对服务进行访问。而从 DBMS 的角度来说,分布透明要求用户不必指出数据在哪里存放。

有时还会涉及另两种分布透明:位置透明和命名透明。**位置透明**(location transparency)是指这样的事实:用来执行任务的命令既和数据的位置无关,也由哪个系统完成无关。**命名透明**(naming transparency)是指对于数据库里的每个对象都提供一个唯一的名字。如果没有命名透明,用户需要把位置名称(或一个标识符)放入对象名称内。

1.4.1.3　复制透明

分布式数据的数据复制问题在第 3 章引入,在第 13 章有更为详尽的讨论。现在,我们提到它仅仅是出于性能、可靠性及可用性的缘故。通常,人们希望分布式数据能够在网络内的机器上复制。这种复制有助于提高性能,使不同而又冲突的用户需求可以更容易协调。例如,有一个用户共同访问的数据可以保存到这个用户的本地机器上,以及具有同样需求的另一个用户的机器上,这就增加了引用的本地性。当然,这是一种简单化的描述。实际上,是否复制的决定以及究竟复制多少拷贝的问题在相当程度上取决于用户应用。我们会在后面的章节里讨论这些问题。

在数据复制的情况下,透明的问题是:到底是用户应该知道复制副本的存在,还是系统应当管理这些副本,而反映在用户那里仅仅是一个副本(请注意,我们没有说副本的位置,而仅仅说它们的存在)。从用户的角度看,答案很明显:希望不要介入副本的处理,不要说明对多个副本所应采取的行动。但是从系统的角度出发,答案没那么简单。正如我们将要在第 11 章所看到的,当把说明对多个副本采取行动的责任分配给用户时,这会使分布式 DBMS 的事务管理变得简单。可从另一方面看,这无疑会损失某些灵活性。这里并不是系统,而是用户应用决定是否需要复制以及需要多少副本。由于各种原因而导致的在这些决定上的任何改变一定要影响到用户的应用,从而在很大程度上降低数据独立性。出于这些考虑,人们希望复制透明要成为 DBMS 的标准特征。请记住,复制透明仅仅谈及副本的存在,而不是它们的实际位置。同时请注意,副本在网络上的分布透明属于网络透明的范畴。

1.4.1.4　分片透明

分布式数据库系统最后一种形式的透明就是分片透明。在第 3 章我们会讨论和证明这样的事实,即把数据库关系分割成更小的片段,并把这些片段处理成分开的数据库对象(即另一个关系)通常是人们所希望的。这样做的原因还是基于对性能、可用性以及可靠性上的考虑。进一步讲,分片可以减少复制的负面效果。每一个复制不再是全部的关系,而仅仅是它的一个子集。于是,减少了所需的空间,减少了需要管理的数据项。

有两种通用的分片选择。一种叫做**水平分片**(horizontal fragmentation),即把一个关系划分成为一组子关系,每个子关系仅仅含有原来关系的元组(行)的一个子集。第二种选择叫做**垂直分片**(vertical fragmentation),它把每个子关系定义成原来关系的属性(列)的一个子集。

当数据库对象被分片时,必须处理如何将原来一个完整关系上的查询分解到子关系上执行的问题。换句话说,要找到一种基于片段,而不是基于最初关系的查询处理策略,即便查询是针对最初关系的。典型的情况下,这需要一种把**全局查询**(global query)变成**片段查询**(fragment query)的转换。由于解决分片透明的一个根本原因是查询处理,所以我们把这种转换技术的讨论推迟到第 7 章。

1.4.1.5　谁应当提供透明

前面讨论了分布式计算环境下不同形式的透明。自然,为了给普通用户提供容易、有效的 DBMS 服务,人们希望获得包括所有讨论过的各种形式的完全透明。无论如何,透明的程度需要在容易使用和提供高级服务所要付出的代价和困难之间做出折中。例如,Gray 曾经争辩说,完全透明的分布式数据的管理十分困难,并认为:"为透明存取地理分布的数据库所编写的应用具有低下的可管理性、低下的模块性以及低下的消息性能"【Gray,1989】。他建议了一种在请求用户和 DBMS 服务器之间的远过程调用机制,用户通过这种机制将它们的查询发送到特定的 DBMS。这恰恰正是我们马上要讨论的客户/服务器系统共同采用的方法。

我们尚未讨论谁来提供这些服务的问题,但可以用三个有区别的层来提供透明,它们通常被看作是提供服务的相互排斥的方法,尽管把它们看成是互补的更为合适。

可以把提供透明存取数据的责任留给存取层。透明的特性可以建立在用户语言里,由语言把请求的服务翻译成需要的操作。换句话说,编译器或者解释器接手这一任务,而不向编译器或者解释器的实现程序提供透明服务。

能够提供透明的第二层是操作系统层。现代操作系统为系统用户提供了某种程度的透明。例如,操作系统的设备驱动程序负责指挥每个外部设备完成所请求的操作。典型的计算机用户,乃至应用程序员不会编写设备驱动程序去与个别的外部设备打交道,这一操作对用户而言是透明的。

在操作系统层提供的透明显然可以扩展到分布式环境,在这样的环境里,网络资源的管理由分布式操作系统执行,或者是由支持分布式 DBMS 的中间件来承担。这样的方法有两个潜在的问题。第一是没有可用的商品化分布式操作系统能够提供合理透明的网络管理。第二是有些应用不希望被挡在分布细节之外,因为出于性能优化的原因它们需要访问这些细节。

能够提供透明的第三层是 DBMS。由操作系统向 DBMS 设计人员提供的、支持数据库功能的透明一般维持在最小的程度,仅仅限于执行某些任务的非常基本的部分。DBMS 有责任完成从操作系统向高层的用户界面的翻译,这正是今天最常用的方法。但是,把提供全透明的任务留给 DBMS 也有各种问题。这与操作系统和分布式 DBMS 之间的交互有关,本书从头至尾都在讨论这些问题。

图 1.6 给出了透明的层次结构。要清楚地划出透明层次间的界限并不容易,但是该图的目的是为了教学而用,尽管它并不完全正确。为了使该图完整,我们还加入了本章没有讨论的"语言透明"这一层。有了这个通用层,用户拥有了对数据的高级别访问(例如,第四代语言、图形化用户界面、自然语言访问)。

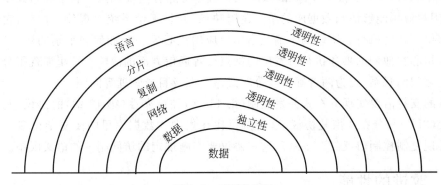

图 1.6   透明的层次

1.4.2   分布式事务提供的可靠性

分布式 DBMS 试图提高可靠性,因为它们具有重复的构成从而消除了单站点故障。单站点故障,或者是使得一个或多个站点不可达的共同连结故障还不足以使整个系统垮掉。在分布式数据库的情景下,这意味着某些数据可能无法使用,但通过恰当的办法仍然允许用户访问部分的分布式数据库。这个"恰当的办法"来自于分布式事务和应用协议的支持。

我们在第 10~12 章详细讨论事务和事务处理。**事务**(transaction)是一个一致和可靠计算的基本单元,由作为原子单元执行的一系列数据库操作组成。即使是在多个事务并发执行(有时称为**并发透明**(concurrency transparency))的情况下,在发生故障的情况下也可以把数据库从一个一致的状态转变到另一个一致的状态(也称为**故障原子性**(failure atomicity))。所以,提供完全事务支持的 DBMS 即使是面临系统故障,只要事务是正确的,即遵守为数据库所声明的完整性规则,也可以保证用户并发事务的执行不会违反数据库的一致性。

下面给出一个基于前面介绍过的工程公司的例子。假设有个应用要为所有雇员的薪水提高 10％,我们希望把执行这一任务的查询(或者程序代码)封装在事务的边界之内。例如,如果程序执行了一半时系统发生了故障,我们希望在恢复时 DBMS 能够决定上次失败的位置并且继续完成任务(或者是从头再来)。这就是故障原子性的概念。另一种情况下,当原来的更新正在进行时,如果其他用户发出计算平均薪水的查询,其结果必然是错误的。所以,要求系统能够使这些程序的并发执行同步。为了把查询封装在事务的边界之内,只需声明事务的开始(begin)和结束(end)就可以了:

```
Begin_ transaction SALARY_ UPDATE
begin
    EXEC SQL UPDATE PAY
            SET    SAL=SAL * 1.1
end.
```

分布式事务要在它们需要访问本地数据的若干站点上执行。例如上面的事务要执行在 Boston、Waterloo、Paris 和 San Francisco,因为数据分布在这些地点。有了分布式事务的有力支持,用户应用能够访问数据库的单一逻辑映像,并且无论系统出现什么情况,它们的请求都能够得到正确执行。所谓的正确是指用户应用没必要关心如何和个别的数据库协调,也没必要担心在他们的事务执行时发生的站点或者通信方面的故障。这里展现了分布式事务和透明之间的联系,因为两者都涉及分布式命名以及目录管理等问题。

事务的支持需要实现分布式并发控制(第 11 章)和可靠性(第 12 章)的协议,尤其是两阶段提交(2PC)和分布式恢复协议,这些协议比在集中式数据库里的要复杂得多。支持复制需要实现复制控制协议(第 13 章),这些协议要实施规定的访问副本的语义限制。

1.4.3　改进的性能

分布式数据库性能的改进来源于两点。首先,分布式 DBMS 划分了概念数据库,使得数据存储在靠近使用它的位置(称之为**本地化**(localization))。这就带来了两个潜在的好处:

(1) 由于每个站点仅仅处理数据库的一小部分,对 CPU 和 I/O 的服务竞争不会有集中式数据库那样激烈。

(2) 本地化减少了通常由广域网带来的远程访问的延时(例如,在基于卫星的系统中,最小的双向消息传播的时间大约为 1 秒)。

大多数分布式 DBMS 按照从数据本地化中获得最大利益的思路来构造。减少竞争和减少通信额外开销的完全好处只有通过数据的正确划分和数据库的分布才能取得。

这一观点与数据必须存放在远程位置,只能通过远程通信才能得到访问的分布式计算的额外开销有关。这里的依据是:在这样的环境下,把数据管理的功能分布到数据的所在地,而不用移动大量的数据。这在后来成为关于竞争的研究题目。有人认为,广泛存在的高速大容量网络使数据和管理的分布不再有意义,把数据存储在一个中心站点并通过高速网访问(下载)可能会简单得多。这种观点听起来有道理,但它忘记了分布式数据库的本质。首先,在今天的大部分应用下数据都是分布的,唯一需要讨论的是在何处以及如何处理它们。第二,也是更为重要的,这种观点没有在带宽(计算机连结的能力)和延时(多长时间完成数据传输)之间进行区别。延时是分布式环境所固有的,在网络上我们受到了数据发送速度的物理限制。如前所述,卫星连结需要大约 0.5 秒才能完成在两个地面站之间数据传输。这是由地球到卫星的距离所决定的,我们无法做任何事情来改进这一性能。对于某些应用而言,这可能会形成不可接受的延迟。

第二个观点是分布式系统固有的并行可以用于查询之间的和查询内的并行化。查询之间的并行化来自于同时执行多个查询的能力,而查询内的并行是通过把单个查询分解成若干个子查询,让每个子查询在不同的站点上执行,访问分布式数据库的不同部分。

如果用户对分布式数据库的访问仅仅有询问(即只读的访问),查询之间的和查询内的并行就可以尽量多地复制数据。但是,由于大多数数据库并不是只读的,这种读和更新的混合操作需要实现并发控制和事务提交的协议。

1.4.4 更为容易的系统扩展

分布式环境更为容易适应不断增长的数据规模。主要的系统变更很少发生,通过增加处理和存储的能力即可做到系统扩展。显然,不可能在能力上做到线性增长,这是由于分布产生的额外开销的缘故。但是,获得能力上显著的提高还是完全可以的。

较为容易的系统扩展的一个方面是经济上的因素。由一些性能较差计算机形成的系统通常要比同等能力的单个计算机系统成本要低。早些时候人们认为可以用两倍的成本获得 4 倍能力的计算机,这称为 Grosh 定理。微机和工作站的出现以及它们的价格/性能特性使得这一定理不再成立。

这不能解释为主机系统的死亡,这不是我们的观点。确实,在这些年里我们观察到世界范围内的主机复苏。对于许多应用来说,构造一个一定功能的分布式计算机系统(不管是使用微机还是工作站)比建立一个集中式系统来运行同样的任务要更为经济。在今天的情况下,集中式系统的方案可能不可行。

1.5 分布所带来的复杂性

在分布式环境下,数据库系统所遇到的问题更为复杂。进一步讲,新增加的复杂性主要受到了三方面的影响。

第一,数据可以在分布的环境里复制。分布式数据可以设计成部分或全部的数据库复制在计算机网络的每个站点上。网络的每个站点包含一个数据库并不重要,重要的问题是数据库驻留在不止一个站点上。复制数据项的出发点是可靠性和性能的考虑,因此分布式数据库系统要负责:

(1) 为检索选择所需数据的一个副本。

(2) 保证数据项的每个副本都会得到有效的更新。

第二,如果正在更新时某些站点出现故障(例如,硬件或软件的功能出现问题),或者是通信故障(从而使得某些站点失去联系)。在这种情况下,系统必须确保在故障恢复时将更新的效果反映到出现故障的站点或当时无法联系的站点上。

第三,因为每个站点不可能随时知道其他站点上正在进行的操作,这就使得多站点上的事务同步比集中式系统要困难得多。

以上困难给分布式 DBMS 带来了若干问题。它们包括建立分布式系统的固有的复杂性,资源复制所产生的成本的增加,而更重要的是对分布的管理,控制分散到多个中心后如何达成一致以及加剧了的安全问题(安全的通信通道问题)。这些问题在一般的分布式系统里是人所共知的,本书将在分布式 DBMS 的前提下揭示它们并讨论如何解决。

1.6　设 计 问 题

在 1.4 节讨论了分布式数据库技术的优势,强调为了取得这些优势必须解决的挑战。本节沿着这一思路提出建立一个分布式 DBMS 所面临的设计方面的问题。这些问题的讨论组成了本书的大部分章节。

1.6.1　分布式数据库设计

这个问题所研究的是如何将数据库以及使用它们的应用放置到分散的站点上。对于数据的放置存在两种不同的选择:**划分**(partitioned)(或**无重复**(non-replicated))和**重复**(replicated)。在划分的方案下,数据分割成许多不相交的划分,每个划分存储在一个站点。重复的方案可以是**全重复**(fully replicated)(也称**全复制**(fully duplicated)),即每个站点都存储全部的数据库,或者是**部分重复**(partially replicated)(或**部分复制**(partially duplicated)),即每个划分存储在不止一个站点但不是所有的站点上。设计的两个根本的问题是**划分**(fragmentation)和**分布**(distribution)。前者是指把数据库划分成一个个**片段**(fragment),后者是指对片段的最优分布。

这一领域的研究主要涉及降低数据库存储、数据的事务处理以及站点消息通信的组合成本的数学规划。一般而言,这一问题是 NP 难的。因此,所提出的方法都基于启发式规则。分布式数据库设计是第 3 章要讨论的内容。

1.6.2　分布式目录管理

目录是与数据库里的数据项有关的信息。在性质上,目录管理的问题与前面讨论过的数据库放置问题相类似。目录可能是全局性的,即和全局数据库有关,也可以是局部性的,即仅和站点数据库有关。可以集中在一个站点,也可以分布到几个服务站点。可以是单个副本,也可以有多个副本。我们将在第 3 章简短地加以讨论。

1.6.3　分布式查询处理

分布式查询处理要设计对查询进行分析和将查询转换为数据操作的算法。这里的主要问题是当给出了代价的定义之后,如何确定在网络上执行每个查询的策略。这里需要考虑的因素包括数据的分布、通信的开销以及欠缺的可用的局部信息。这一问题本身属于 NP 难的范畴,通常是采用启发式规则予以解决。分布式查询处理在第 6~8 章讨论。

1.6.4　分布式并发控制

并发控制与分布式数据库访问的同步问题有关,它用于维护数据库的完整性。毫无疑问,这是 DBMS 领域里研究得最多的问题之一。并发控制在分布式数据库的情况下和集中式的框架有所不同,它不仅要考虑单个数据库的完整性,而且还要考虑数据库多个副本的一致性。需要每个数据项的多个副本的值趋于一致的条件称为**相互一致性**(mutual consistency)。

这一问题的解决方案太多太多,这里不可能一一讨论,第 11 章会进行详细回顾。但总体上讲存在两大类通用的方法,一类是**悲观**(pessimistic)方法,它在执行用户请求开始之前首先同步这些请求。另一类是**乐观**(optimistic)方法,它首先执行用户请求,然后再检查是否违反了数据库的一致性。有两个基本元语可供这两种方法所使用。第一个基本元语是**加锁**(locking),它建立在对所访问的数据的相互排斥的基础之上。第二个元语是**加时间戳**(timestamping),它按照时间戳的顺序执行事务。这两个元语有各种变形,也有把这两个机制结合起来的混合型算法。

1.6.5　分布式死锁管理

DDBMS 的死锁问题与操作系统里所遇到的死锁问题具有相同的性质。访问同一组资源(即数据)的用户之间的竞争会导致死锁,如果同步机制使用的是加锁的方法。预防、避免以及检测/恢复的不同选择同样适用于 DDBMS。死锁管理在第 11 章讨论。

1.6.6　分布式数据库的可靠性

前面提到过分布式系统的一个潜在的优势在于改进可靠性和可用性。但是这个优势不是可以自动得到的。我们必须提供一些机制来保证数据库的一致性,以及对故障的检查和从故障中恢复。对分布式数据库而言,当发生故障导致不同的站点或者是停止运行,或者是不可访问时,正常运行的站点上的数据库仍然保持在一致和最新的状态。进一步讲,当计算机系统或网络从故障中恢复时,DDBMS 应当能够恢复,并且必须将故障站点的数据库带入到最新的状态。在出现网络划分的情况时,这可能非常困难。因为站点被划分成两个或更多的小组,在这些小组之间无法通信。分布式可靠性协议是第 12 章的主题。

1.6.7　复制

如果分布式数据库是(部分或全部)复制的,则必须执行保证副本一致性的协议,即同一个数据项的拷贝要具有相同的值。这些协议可以是**即时**(eager)的,即在事务完成之前强迫执行一致性协议;也可以是**惰性**(lazy)的,即事务只更新一个拷贝(称为**主拷贝**(master)),而在事务完成之后再把更新传播给其他拷贝。第 13 章将讨论复制协议。

1.6.8　问题之间的相互关系

自然,这些问题不是互相孤立的。每个问题受到其他问题的影响,直至影响到解决这些问题的可行的方法,这正是本节所要讨论的内容。

　　图 1.7 给出了这些问题之间的联系。分布式数据库的设计影响到许多领域。它影响到目录管理,因为片段的定义以及它们的放置决定了目录的内容以及管理它们的放置策略。同样的信息(即分片结构与放置)要由查询处理程序用以决定查询求解的方法。另一方面,查询处理程序所决定的访问和使用方式又是数据分布和分片算法的输入。同样地,目录的放置和内容也会影响到查询的处理。

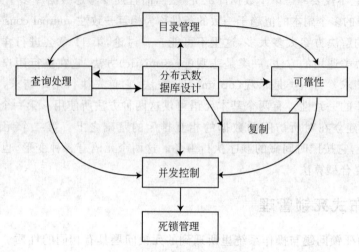

图 1.7　研究问题间的联系

　　分布情况下的片段复制影响到可能采用的并发控制策略。我们将要在第 11 章看到,并发控制的算法不能轻易地用在复制的数据库上。同样,数据库的使用和访问方式也影响到并发控制的算法。如果环境里更新频繁,与只有询问的环境相比,就必须加以格外的小心。

　　在并发控制、死锁管理以及可靠性问题之间存在着强烈的联系。这是意料之中的事情,通常它们被统称为**事务管理**(transaction management)问题。使用的并发控制算法决定了是否需要分开的死锁管理。如果使用的是基于加锁的算法,死锁就会发生,但如果使用的是时间戳方法,则就不会发生死锁。

　　可靠性机制涉及局部恢复技术以及分布式可靠性协议。从这一意义上讲,它们都影响到并发控制技术的选择,而且要建立在它们的基础之上。可靠性技术也要使用数据放置的信息,因为数据复制的存在可以是维护可靠性操作的保证。

　　最后,如果分布式涉及到复制副本,则一定需要有复制协议。正如前面指出的那样,复制协议和并发控制之间存在着强烈的联系,因为两者都要处理数据的一致性,只不过是角度不同而已。更进一步,复制协议会影响到例如提交协议等可靠性技术。曾有过这样的建议(从我们的观点看是错误的),可以使用复制协议而不必实现提交协议。

1.6.9　其他方面的问题

　　上面所讨论的设计问题覆盖了"传统"的分布式数据库系统。自从这些问题的开始研究算起,至今环境已经发生了很大的变化,从而向我们提出了新的挑战和机遇。

　　一个重要的发展就是转向数据源之间的"松散"联邦,而这些数据源很可能是异构的。我们会在下一节看到由此产生了多数据库系统(也称为**联邦数据库**(federated databases)或

数据集成系统(data integration system))的研究,这促使我们重新审视某些数据库技术的基础。这些系统形成了现代分布式环境的重要部分,我们将在第 4 章讨论多数据库系统(即**数据集成**(data integration))的数据库设计问题,而在第 9 章讨论查询处理的挑战。

互联网成为基础联网平台的事实使得分布式数据库系统的基础假设出现了重要的问题。其中的两个问题与我们特别有关,一个是 P2P 计算的重现,另一个就是万维网(简称 Web)的成长和发展。两者都是要促进数据共享,但是采用了不同的方法,并提出了管理方面的不同挑战。我们在第 16 章讨论 P2P 数据管理,在第 17 章讨论万维网数据管理。

要注意 P2P 不是分布式数据库领域里新的概念,我们将在下一节里看到这一点。但是它们的重新出现和早期的版本有着相当的不同,在第 16 章会集中讨论新版本的特点。

最后,在分布式数据库和并行数据库之间有着很强的联系。尽管前者假设每个站点都是单一的逻辑计算机,但事实上今天大部分的安装都是并行的集群。所以,尽管本书大部分集中讨论管理分布在不同站点上的数据管理问题,但如果单个的逻辑站点是并行系统,则还会存在有趣的并行数据管理问题,这些问题将在第 14 章讨论。

1.7　分布式 DBMS 体系架构

系统的体系架构定义了系统的结构,即系统由哪些部分组成,每个部分具备哪些功能,以及这些部分之间如何交互。系统的体系架构说明需要给出不同的模块,并且用系统的数据和控制流说明模块之间的界面和相互关系。

本节为分布式数据库 DBMS 给出三个参考体系架构[①]:客户/服务器系统,P2P 分布式 DBMS,以及多数据库系统。这是 DBMS 的一个"理想化"的描述,它派生出许多商业化的系统,也给了我们讨论分布式 DBMS 的合理框架。

我们从扼要介绍"ANSI/SPARC 体系结构"开始。这是一个从数据逻辑的角度定义 DBMS 体系架构的方法,它集中定义用户类别和角色以及他们对于数据的不同视图,帮助我们把已经讨论过的某些概念恰当地摆放到各自的位置。尔后,我们简短地讨论集中式 DBMS 的通用架构,在此之上扩展分布式 DBMS。按照这一刻画,我们再集中到前面提出的三种的不同体系架构。

1.7.1　ANSI/SPARC 体系架构

1972 年底,美国国家标准研究院(ANSI)下属的计算机与信息处理委员会(X3)成立了在标准规划与需求委员会(SPARC)指导下的数据库管理系统研究小组。该小组的使命就是研究数据库领域建立标准的可行性,以及在可行的情况下应该建立哪些方面的标准。研究小组在 1975 年提交了中期报告【ANSI/SPARC,1975】,而在 1977 年提交了最终报告【Tsichritzis and Klug,1978】。这两个报告里提出的体系架构的框架成为人们熟知的"ANSI/SPARC 体系架构",它的全称是"ANSI/X3/SPARC DBMS 框架"。研究小组建议将接口标准化,提出了含有 43 个接口的体系架构,其中有 14 个和物理存储子系统打交道,

---

① 参考体系架构通常由标准开发人员制定,它用于清晰地定义需要标准化的接口。

属于 DBMS 体系架构里不太重要的部分。

图 1.8 给出了一个简化版的 ANSI/SPARC 体系架构。图中有三种数据视图：**外部视图**（external view），即终端用户例如程序员所见到的视图；**内部视图**（internal view），即系统或机器所见的视图；**概念视图**（conceptual view），即企业所见的视图。这些视图都需要恰当的模式定义。

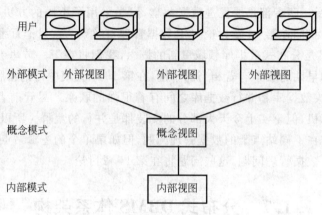

图 1.8　ANSI/SPARC 体系架构

这一体系架构的最底层是内部视图，它处理数据的物理定义和组织。数据的位置以及不同的存储设备，为了获得并操纵数据所使用的机制等问题是这一层必须要考虑的。另一个极端是外部视图，主要与用户如何看待数据库有关。个别用户的视图代表的是该用户所存取的那部分数据，以及用户看到的数据之间的关系。多个用户可以共享同一个视图，这些用户的视图构成了一个外部模式。处于这两个极端之间的是概念模式，它是数据库的抽象定义，是建模企业在数据库里的"现实世界"视图【Yormark，1977】。因此，它应该代表的是数据和数据之间的关系，而没有考虑个别应用的需求和物理存储媒介的限制。然而在现实里，由于性能的原因不可能完全忽略这些需求。在这三级之间的变换通过映像来完成，这些映像说明了如何从一级的定义获得另一级的定义。

这一观点非常重要，因为它提供了前面讨论过的数据独立性。外部模式和概念模式的分离使我们获得**逻辑数据独立性**（logical data independence），而概念模式和内部模式的分离使我们获得了**物理数据独立性**（physical data independence）。

1.7.2　集中式 DBMS 的通用体系架构

DBMS 是一个可由多个进程（**事务**（transaction））组成的程序，而这些进程又运行它们自己的数据库程序。当在通用的计算机上运行时，DBMS 要和另外两个部件交互：通信子系统和操作系统。通信子系统支持 DBMS 和其他子系统交互，实现和应用之间的联络。例如，终端监视器需要和 DBMS 联络以便运行交互式事务。操作系统提供了 DBMS 和计算机资源（处理器、内存、磁盘驱动器等等）之间的接口。

DBMS 所执行的功能可以按照图 1.9 那样分层，图中的箭头指出了数据和控制流的方向。自顶向下来看，这些层分别是界面、控制、编译、执行、数据访问以及一致性管理。

界面层（interface layer）管理和应用交互的界面。在第 2 章讨论的关系数据库的情况

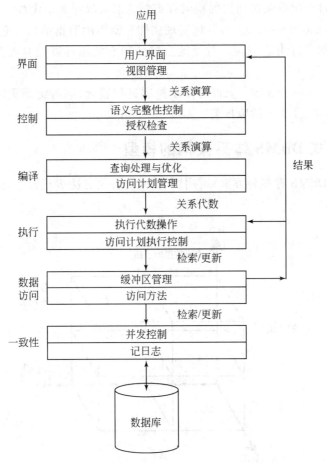

图 1.9　集中式 DBMS 的功能层

下,有好几种界面,例如宿主语言 C 的嵌入式 SQL,以及 QBE(Query-by-Example)。**数据库应用程序**是针对数据库的外部视图运行的,对于一个应用程序,视图表示了从某个特定的视角所看到的数据库(由多个应用共享)。关系 DBMS 中的视图是一个虚拟关系,它是通过在基础关系上执行关系代数操作①而得到的。这些概念会在第 2 章更精确地定义,但是它们在大学本科的数据库课程里讲授过,因此我们认为读者是熟悉的。视图管理将用户对于外部数据的查询翻译成对于概念数据的查询。

控制层(control layer)对于查询的控制是通过在查询中加入语义完整性谓词和授权谓词完成的。而这种语义完整性的限制和授权是由说明性语言所定义的,这会在第 5 章进行讨论。这一层的输出是用高级语言加以丰富的查询。

查询处理层(query processing)(或**编译**(compilation))把查询映像成优化的低层操作的序列。这一层与性能有关,它把查询分解成代数操作的树结构并试图寻找操作的“最优”顺序,它的结果保存在访问计划里。这一层的输出是底层代码(代数操作)表示的查询。

执行层(execution layer)指挥访问计划的执行,包括事务管理(提交,重做)以及代数操

---

① 注意,这并不意味真实世界的视图就是采用关系代数说明的。相反,他们是用高级数据语言,例如 SQL,来说明的。从这样一种高级语言向关系代数的翻译已经研究得很充分,而视图定义的效果也可以用关系代数操作来表示。

作的同步。它通过调用数据访问层的检索和更新请求来解释关系代数。

数据访问层（data access layer）管理实现文件和索引的数据结构。它也管理缓冲区，对最经常访问的数据进行快速缓存。对于这一层的精心使用可以把对磁盘数据的读写降到最低。

最后，**一致层**（consistency layer）对并发控制进行管理，同时记录更新请求的日志。这一层支持事务、系统、介质的故障恢复。

1.7.3　分布式 DBMS 体系架构的模型

构造分布式 DBMS 有多种方法，可用图 1.10 的分类方法进行讨论，该图从以下几个方面对系统进行刻画：

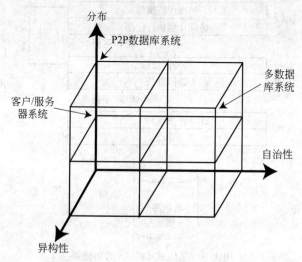

图 1.10　DBMS 的不同实现方法

（1）本地系统的自治性（Autonomy）；

（2）系统的分布（Distribution）；

（3）系统的异构（Heterogeneity）。

1.7.4　自治性

这里所说的**自治性**（autonomy）是指对控制的分配，而不是数据的分配，它告诉我们在多大程度上每个单独的 DBMS 能够独立地运行。自治取决于若干因素，例如各个部件系统（即单独的 DBMS）是否交换信息，它们是否能够独立地执行事务，以及是否允许对它们进行修改。对于一个自治系统的需求可以说明如下【Gligor and Popescu-Zeletin，1986】：

（1）本地 DBMS 的运行不会受到它们加入分布式系统的影响。

（2）本地 DBMS 对查询的处理和优化不应当受到访问多个数据库的全局查询的影响。

（3）系统的一致性和运行不应当受到个别 DBMS 的加入或离开分布式系统的影响。

另一方面，自治性也可以这样来加以说明【Du and Elmagarmid，1989】：

（1）设计自治：每个单独的 DBMS 可以自由地选择数据模型和事务处理技术。

（2）通信自治：每个单独的 DBMS 可以自由地决定什么样的信息可以提供给其他 DBMS，或提供给控制全局执行的软件。

（3）执行自治：每个单独的 DBMS 能够用它自己的方式执行提交给它的事务。

让我们来看看如何使用这些特征来对 DBMS 进行分类。第一种选择就是**紧密集成**（tight integration），即对任何共享信息的用户而言，他看到的都是全部数据库的一个单一的形象，即便这些共享的信息是位于多个数据库里也是如此。从用户的角度看，所有数据被逻辑地集成为一个数据库。在这样紧密集成的系统里，数据管理程序是这样实现的：在多个数据管理程序中，有一个管理程序负责对每一个用户的请求处理进行控制，即使这个请求需要用到多个数据管理程序所提供的服务的情况下也是如此。这种情况下，数据管理程序通常不会作为一个独立的 DBMS 来运行，尽管它们一般都具有这样的功能。

第二种选择是**半自治系统**（semiautonomous）。它由独立运行的 DBMS 组成，但是它们必须要加入一个联盟才能实现本地数据的共享。每一个这样的 DBMS 要决定它拥有的数据的哪个部分可供其他 DBMS 使用。它们还不是全自治的系统，因为对它们必须进行修改才能实现彼此间的信息交换。

最后一种选择就是**全孤立**（total isolation）系统。在这样的系统里，每个 DBMS 都是独立存在的，它们既不知道其他 DBMS 的存在，也不知道如何和它们通信。此时，涉及多个数据库的用户事务处理特别困难，因为系统内不存在对于个别 DBMS 执行所施加的全局控制。

请注意，上述三种选择不是唯一的，这里只不过是列出了采用较多的三种选择而已。

1.7.5　分布

前面讨论的自治指的是对于控制的分配（或分散），而下面要讨论的分布则指的是如何处理数据的问题。自然，我们要考虑数据在多个站点上的物理分布问题。正如我们已在前面讨论过的那样，用户把数据看成是一个单一的逻辑池。对于 DBMS，已经有了几种不同的分布方式。可把它们抽象为**客户/服务器**（client/server）分布以及 **P2P**（peer-to-peer）分布（即全分布）两类，再加上非分布的选择，共存在三种可选的体系架构。

客户/服务器分布把数据管理的任务集中在服务器端，而客户端则集中于提供包括用户界面在内的应用环境，通信的任务则由客户和服务器共同承担。客户/服务器 DBMS 代表了对于功能分布的一种实用的折中。有各种构造它们的方法，每一种都提供不同程度的分布。对于这样一种框架，我们对它们的区别进行抽象，并且要在 1.7.8 节进行有关客户/服务器架构的专门讨论。目前最重要的是把站点分为"客户"和"服务器"两种，而它们的功能是有区别的。

在 **P2P 系统**（peer-to-peer systems）里，不存在客户端和服务器端机器这样的差别。每台机器具备完整的 DBMS 功能，同时可以和其他机器通信以完成查询和事务的执行。非常早期的分布式数据库系统的大部分工作都是基于 P2P 的体系架构的。因此，本书的主要重点将集中在 P2P 系统（也称为**全分布**（full distribution）），尽管许多这样的技术也可以用于客户/服务器系统。

1.7.6 异构性

异构性可能发生在分布式系统的多个方面,从硬件的异构到不同的网络协议,还有数据管理程序的变化等。在本书中和这个问题较为密切的是数据模型、查询语言以及事务管理的协议。用不同的建模工具表示数据就会产生异构,这是由各个数据模型先天的表达能力和局限性所造成的。查询语言方面的异构不仅与不同的模型采用完全不同的数据访问的方式有关(从关系系统的一次一个集合,到某些面向对象系统的一次一个纪录),而且还涉及语言的不同,即便是使用同一个模型也仍然会出现这个问题。虽然 SQL 现在是标准的关系查询语言,但是对它的实现不尽相同,而每个商家的语言则会带着略有不同的风格(有时甚至不同的语义,从而产生不同的结果)。

1.7.7 体系架构的不同选择

数据库的分布、它们各种可能的异构以及它们的自治性是相互正交的问题。因此,按照上面的分类可以得到 18 种不同的体系架构。但不是所有这些选择都是有意义的,也不是所有这些选择都与本书相关。

在图 1.10 中,有三种体系架构是本书的重点,我们会在下面的三节里详细讨论:(A0,D1,H0)对应的是客户/服务器方式的分布式 DBMS,(A0,D2,H0)是 P2P 的分布式 DBMS,而(A2,D2,H1)代表的是 P2P、异构的多数据库系统。注意,我们是在一个系统架构的情景下讨论异构的问题,尽管这一问题在其他模型里也同样存在。

1.7.8 客户/服务器系统

客户/服务器 DBMS 于 20 世纪 90 年代进入计算领域并且对 DBMS 和计算方式产生了有意义的影响。它的原理十分简单而巧妙,区分不同的功能并且把它们分成两大类:服务器功能和客户功能。这种**两级体系架构**(two-level architecture)对于驾驭现代 DBMS 的复杂性和分布复杂性变得较为容易。

作为一种十分流行的术语,客户/服务器这一名词的滥用使它意味着不同的东西。如果站在进程的角度,那么任何需要其他进程服务的进程就是客户,提供服务的则是服务器。但是,必须注意到在我们讨论的内容里,"客户/服务器计算"和"客户/服务器 DBMS"不是指进程而言,它们指的是真实的机器。因此,我们所关心的是哪些软件应该在客户机器上运行,哪些软件应该在服务器机器上运行。

有了这样的解释,就可以开始研究客户和服务器在功能上的区别了。对不同类型的分布式 DBMS(例如,关系的还是面向对象的),客户和服务器间功能的划分会有所不同。在关系系统里,服务器会完成大部分的管理工作。就是说,所有的查询处理和优化,事务管理和存储管理都是在服务器完成的。对于客户而言,除了应用和用户界面以外,它具有一个DBMS 客户模块。这个模块负责管理缓存在客户的数据,有时也负责管理可能缓存在客户的事务锁。也可以把用户查询的一致性检查放置在客户端,但这并不常见,因为它需要把系统目录复制到客户的机器上。当然,在客户和服务器上都要运行操作系统和通信的软件,但是我们仅仅关注它们和 DBMS 有关的功能,图 1.11 描述了这一体系架构。在关系系统里,在客户和服务器之间的通信常常是在 SQL 这一级别上。即客户并不理解和优化 SQL 查询而直接把查询传给服务器。服务器完成绝大部分工作,而后把结果关系返回会给客户。

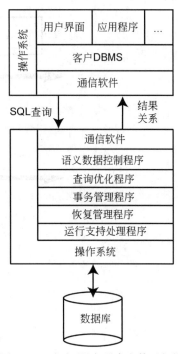

图 1.11　客户/服务器参考体系架构

有不同类型的客户/服务器体系架构。一种最简单的架构可以由一个服务器和多个访问它的客户组成,我们把它称为**多客户/单服务器**(multiple client/single server)。从数据管理的角度上看这和集中式数据库没有太大的区别,因为数据库和管理它的软件仅存储在一台机器(服务器)上。但是和集中式数据库相比,这里还是有比较重要的区别,即事务的管理和缓存,但我们暂时先不考虑这一区别。一个更为复杂的结构是系统内含有多个服务器(即**多客户/多服务器**(multiple client/ multiple server)方法)。对于这一情况存在两种可能的管理策略:或者是每个客户管理自己和所需的服务器间的通信,或者是每个客户仅仅知道如何和自己的“主服务器”通信,而在需要时由主服务器再和其他服务器通信。前一种方法简化了服务器,但是给客户机增加了额外的责任,这就导致了所说的“重客户”系统。而后一种方法把数据管理的功能集中在服务器上,在服务器的接口上提供对于数据的透明访问,这就导致了“轻客户”系统。

从数据逻辑的角度上看,客户/服务器 DBMS 和后面将要讨论的 P2P 系统提供了相同的数据视图。即它们让用户看到的是逻辑上单个的数据库,而在物理上数据则可能是分布的。因此,客户/服务器系统和 P2P 系统之间的主要区别并不在于提供给用户和应用的透明性,而在于实现这种透明性的体系架构方面。

客户/服务器能够自然地加以扩充,使它提供具有高效功能分布的不同类型的服务器:**客户服务器**(client server)运行用户界面(如 Web 服务器),**应用服务器**(application server)运行应用程序,而**数据库服务器**(database server)则运行数据库管理功能,这就产生了目前流行的三层分布式系统的体系架构。在这一架构内,站点组织成为特殊的服务器而不是通用的计算机。

客户/服务器的最初的概念可以追溯到 20 世纪的 70 年代【Canaday et al.,1974】。那时,负责运行数据库系统的计算机被称为**数据库机**(database machine),或**后端计算机**(backend computer)。而负责运行应用的计算机则被称为**宿主计算机**(host computer)。它们的最新术语分别是**数据库服务器**(database server)和**应用服务器**(application server)。图 1.12 展现的是数据库服务器方法的简单视图,图中多个应用服务器通过通信网络与一个数据库服务器相连结。

数据库服务器方法作为经典的客户/服务器体系架构的一种延伸具有若干潜在的优势。首先,单一集中的数据管理使得为了增加数据可靠性和可用性而开发特殊的技术,例如并行化等成为可能。第二,数据管理的总体性能能够通过数据库系统和专用的数据库操作系统

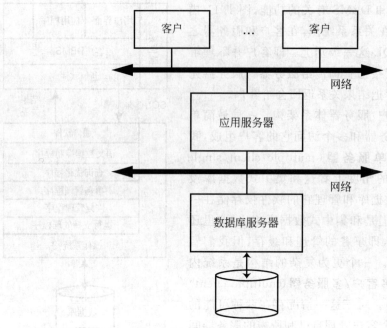

图 1.12　数据库服务器方法

之间的紧密集成而得到大幅度的提升。最后,数据库服务器也能够利用最新的硬件体系架构,例如多处理器或 PC 集群服务器,提高性能和数据可用性。

虽然上述优势甚为重要,但它们很可能被在应用和数据服务器间的额外通信开销所抵消。当然,这在经典的客户/服务器系统里也同样存在。但是,此处却包含了一个额外的通信层必须加以考虑。这种通信开销或许可以减轻,其条件则是服务器的接口层次必须高到足以支持表达涉及大量数据处理的复杂查询。

如同经典的客户/服务器体系架构那样,应用服务器方法(即 n 层方法)可以通过引入多个数据库服务器和多个应用服务器而构成(图 1.13)。在这种情况下,非常典型的是每个应用服务器专用于一个或几个应用,而数据库服务器则以前面讨论过的多服务器的方式运行。

1.7.9　P2P 系统

如果说"客户/服务器"的概念被赋予了不同的解释,那么 P2P 的解释则更多,因为它的含义在过去的若干年一直在变化。正如前面讨论过的那样,早期的分布式 DBMS 的工作几乎都专注于 P2P 的结构,这种结构的系统里各个站点的功能没有什么区别[①]。在客户/服务器计算流行了十年之后,P2P 在过去的几年内又重返舞台(主要归功于文件共享的应用),而有些工作则把 P2P 数据管理作为分布式 DBMS 的又一种选择。说的更为细致一点,现代 P2P 系统和早期的工作有两点重要的不同。第一点是现代系统的大规模分布。早期的系统仅有几个站点,而现在的系统则有数以千计的站点。第二点则是每一站点在自治等方面表现出来的固有的异构性。正像前面所讨论的那样,这本身一直是分布式数据库必须考虑的

---

① 事实上,1989 年写作完毕、1990 年出版的本书第 1 版就曾只字未提"客户/服务器"的概念。

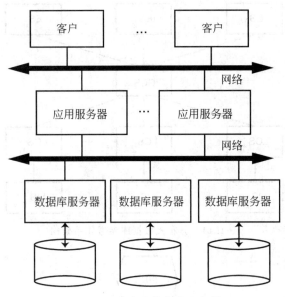

图 1.13　分布式数据库服务器

问题,再加上大规模分布、异构和自治,所有这些迫使我们不得不放弃某些方法。

在这一背景下讨论 P2P 数据库系统是一种挑战,有关现代 P2P 体系架构的数据库管理与传统的不同之处的研究仍在进行之中。本书采用这样一种方法:在开始时主要讨论传统的 P2P 系统(每个站点具备同样的功能),这是因为它们非常类似于客户/服务器系统;而在第 16 章会专门讨论现代 P2P 数据库的问题。

让我们首先从数据组织的角度来描述一下体系架构。首先,每台机器上数据的物理组织可能有所不同。这就意味着在每一站点上需要单独的内部模式定义,我们把它称为**本地内部模式**(local internal schema,LIS)。企业所看到的数据则由**全局概念模式**(global conceptual schema,GCS)描述,它描述的是所有站点上数据的逻辑结构。

为了处理数据复制和分片,需要描述一下每个站点数据的逻辑组织。因此必须在这一架构中有一个第三层,**本地概念模式**(local conceptual schema,LCS)。在我们选择的架构模型中,全局概念模式是本地概念模式的并集。最后,用户的应用和对数据库的访问由**外部模式**(external schema,ES)支持,这一模式是在全局概念模式之上定义的。

这种体系架构模型展示在图 1.14 里,它提供了前面讨论过的透明度。数据独立性得到了保证,因为它是 ANSI/SPARC 的一种扩展,自然提供了这样的独立性。位置和复制透明通过本地和全局的概念模式,以及它们之间的映像得以支持。另一方面,网络透明是由全局概念模式支持的。用户对数据的查询与提供服务的分布式数据库的本地部件的位置无关。我们在前面提到过分布式 DBMS 把全局查询翻译成一组本地查询,而这组本地查询由位于不同站点的分布式 DBMS 本地部件分别执行,它们之间通过网络互相通信。

一个分布式 DBMS 的详细部件由图 1.15 给出。其中的一个部件处理和用户间的交互,而另一个和存储打交道。第一个主要的部件被称之为用户处理程序,它共包含了如下 4 部分。

(1) **用户界面处理程序**(user interface handler)接收用户的命令,对它们进行解释,并且对返回给用户的结果数据格式化。

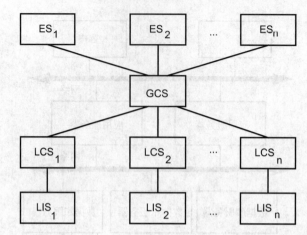

图 1.14　分布式数据库参考体系架构

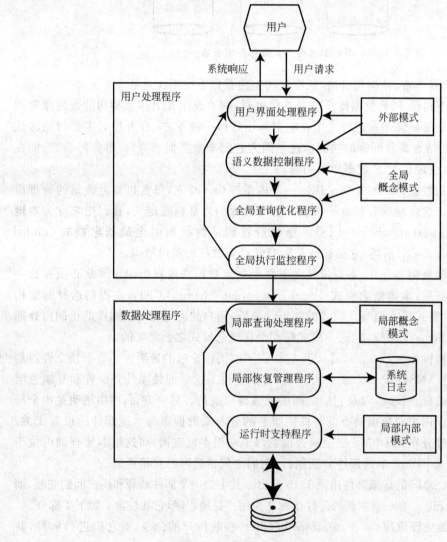

图 1.15　分布式 DBMS 的部件

（2）**语义数据控制程序**（semantic data controller）在全局模式中定义的完整性限制和授权检查能否对用户查询进行处理。这一部件同时负责执行授权和其他的功能，第 5 章会对它详细讨论。

（3）**全局查询优化程序和分解程序**（global query optimizer and decomposer）决定了最小化代价函数的执行策略，并利用全局和本地概念模式以及全局词典把全局查询翻译成本地查询。全局查询优化程序在所做的诸多工作中将负责生成执行分布式连结的最好的策略。这些问题将在第 6～8 章讨论。

（4）**分布式执行监督程序**（distributed execution monitor）协调用户请求的分布式执行。这个监督程序也被称为分布式事务管理程序。在这种分布式的查询执行过程中，不同站点的监督程序在通常情况下会相互通信。

分布式 DBMS 的第二个主要部件是数据处理程序，它由如下 3 部分组成。

（1）**本地查询优化程序**（local query optimizer）扮演访问路径[①]选择器的角色，它负责挑选访问任何数据项的最佳路径（第 8 章）。

（2）**本地恢复管理程序**（local recovery manager）保证本地数据库的一致性，即使是在出现故障时也应如此（第 12 章）。

（3）**运行时间支持程序**（run-time support processor）根据查询优化程序所生成的计划中的命令物理地访问数据库，它是对于操作系统的接口，包含了数据库缓冲区（或缓存）管理程序。缓冲区管理程序维护内存缓冲区和管理数据访问。

请注意，我们使用术语"用户处理程序"和"数据处理程序"并不意味着类似于客户/服务器系统中出现的那样一种功能的划分。这里出现的划分仅仅是组织上的，它丝毫没有这些功能应该放在那台机器上的建议。在 P2P 系统里，可以看到在同一台机器上的用户处理程序模块和数据处理程序模块。但是，也有人建议把系统中"仅为查询的站点"和全功能的站点互相分离。在这种情况下，前者则会仅仅具有用户处理程序。

在仅有一个服务器的客户/服务器系统内，客户包含了用户界面管理程序，服务器则包含了所有数据处理程序的功能和语义数据控制程序，却没有全局优化程序或全局执行监督程序。如果存在多个服务器并且使用了前一节描述的主服务器方法，那么每个服务器将拥有除了驻留于客户的界面管理程序之外的所有其他模块。

1.7.10　多数据库体系架构

多数据库系统（MDBS）代表了这样一种情景：每个单独的 DBMS（无论是否分布式）是完全自治的并且没有合作的意图，它们甚至不知道其他 DBMS 的存在或者不知道如何和它们对话。自然，我们仅专注于分布式 MDBS，本章的其余部分都将引用这一术语。在目前的大部分文献里，你会发现所使用的是**数据集成系统**（data integration system）这一术语。本书避免使用这样的术语，因为数据集成系统也考虑非数据库的数据，而我们严格地局限在数据库范围内，我们会在第 4 章讨论和数据集成系统之间的关系。我们也注意到文献中使用多数据库这一术语的不同变化。本书前后一致地使用前面给出的定义，这也是从文献中收

---

①　访问路径指的是用于访问数据的数据结构和算法。例如，一个典型的访问路径就是为一个或多个关系属性所建立的索引。

集而来的。

在分布式多 DBMS 和分布式 DBMS 之间存在的自治程度的差别也反映在体系架构的模型上,这一差别的本质与全局概念模式的定义相关。在逻辑上集成起来的分布式 DBMS 中,全局概念模式定义的是全部数据库的概念视图。而在分布式多 DBMS 系统内,全局概念模式定义的仅仅是各个本地 DBMS 拿出来共享的某些数据库的视图。每个单独的 DBMS 可以通过定义**出口模式**(export schema),使得它们数据的某些部分由其他 DBMS 访问(即联邦数据库体系架构)【Heimbigner and McLeod,1985】。因此,MDBMS 的**全局数据库**(global database)的定义与分布式 DBMS 相比确有不同。对于后者,全局数据库与局部数据库的并集完全相等。而对于前者,全局数据库仅为这个并集的一个子集(也许是个真子集)。在一个多 DBMS 内,GCS(也称中间模式)可以用本地自治数据库的外部模式,或者本地的概念模式(也可能是这一模式的部分)加以定义。

还有,本地 DBMS 的用户在本地数据库之上定义他们自己的视图。而如果他们不想访问其他数据库的数据,则他们根本就不必改变自己的应用。

多数据库系统的全局概念模式的设计需要集成本地全局概念模式,或者是集成本地外部模式(图 1.16)。设计多 DBMS 的 GCS 和设计逻辑集成的分布式 DBMS 的 GCS 之间存在着主要的差别:前者需要从本地概念模式向全局概念模式的映像,而后者的映像的方向恰恰与此相反。正如将要在第 3 章和第 4 章讨论的那样,这是因为前者的设计通常是自底向上,而后者则是自顶向下的过程。再者,如果在多数据库系统内存在异构性,则必须找到一个规范的数据模型用于定义 GCS。

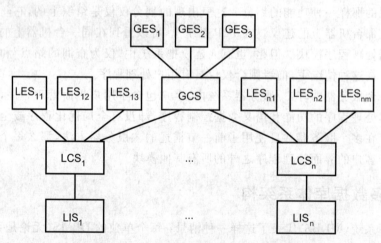

图 1.16　具有 GCS 的 MDBS 体系架构

一旦定义了 GCS,就可以为需要全局访问的用户定义以全局模式为基础的视图了。没必要使用同样的数据模型和语言来定义 GES 和 GCS,是否采用这一做法将决定系统是同构还是异构的性质。

如果系统内存在异构,则有两种实现方法:单语言和多语言。**单语言**(unilingual)的多 DBMS 系统要求在同时访问本地数据库和全局数据库时,用户可能要使用不同的数据模型和语言。这样一种单语言系统的特征在于任何访问多数据库系统的应用必须要通过定义在全局概念模式上的外部模式。这意味着全局数据库的用户和仅仅访问本地数据库的用户有着很大的不同,它们要使用不同的数据模型和不同的数据语言。

另一种选择就是**多语言**(multilingual)的体系架构,它的基本思想就是允许用户通过使用本地 DBMS 语言定义的外部视图去访问全局数据(即来自其他数据库的数据)。单语言和多语言方法的 GCS 的定义相类似,主要的区别在于定义外部模式,这些外部模式是通过本地数据库的外部模式语言来描述的。如果这一定义纯粹是本地的,对于按照特定的模式发出的查询的处理方式与集中式 DBMS 完全一样。使用本地 DBMS 语言访问全局数据库时,通常需要映像到全局概念模式的某些处理。

一个多数据库系统的基于部件的体系架构模型和分布式 DBMS 有着本质的不同。重要的差别在于成熟的 DBMS 的存在,而每个 DBMS 都管理着一个不同的数据库。多数据库系统提供了一个运行在这些单独 DBMS 之上的外层,它为用户访问不同的数据库提供了一种设施(图 1.17)。注意,在分布式 MDBS 中,多 DBMS 外层可以运行在多个站点上,也可以运行在一个中心站点上,这些站点提供了所需的服务。还要注意,就每个单独的 DBMS 而言,MDBS 外层就是另一种应用,它提交请求并接收对请求的回答。

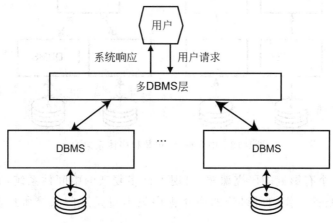

图 1.17　MDBS 的部件

中介程序/包装程序是一种流行的实现 MDBS 的方法(图 1.18)【Wiederhold,1992】。**中介程序**(mediator)"是一个利用事先编写好的数据子集的知识,给高层应用提供信息的软件模块"。因此,每个中介程序通过清晰定义的接口来完成特定的功能。当使用这种体系架构实现 MDBS 时,图 1.17 的多 DBMS 的层次中每个模块都由一个中介程序实现。由于一个中介程序可以建立在另一个中介程序之上,所以可以构造一个多层的实现。把这一体系架构映射为图 1.16 的数据逻辑视图时,中介程序这一层用于实现 GCS。也正是这一层需要处理用户针对 GCS 的查询并执行 DBMS 的功能。

中介程序一般使用公用的数据模型和接口语言。为了处理源 DBMS 可能的异构性,**包装程序**(wrapper)要实现在源 DBMS 视图和中介程序视图之间提供映射的任务。例如,如果源 DBMS 是关系的而中介程序是用面向对象实现的,那么这两者之间的映射则由包装程序完成。中介程序确切的作用和功能在不同的实现里会有所变化,在某些情况下,实现成薄的中介程序仅仅完成翻译工作。而在另外的实现里,包装程序则替代执行某些查询功能。

可以把一组中介程序看作是建立在源系统之上提供服务的一个层次。在过去十年

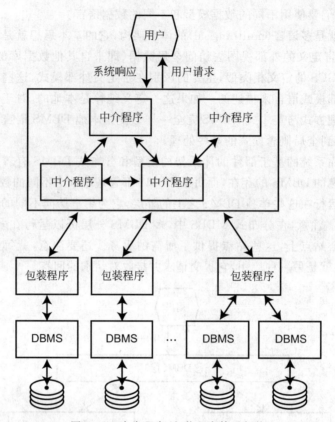

图 1.18　中介程序/包装程序体系架构

里,中间件成为一个有影响的研究课题,出现了许多复杂的中间件系统,它们为分布式应用提供了先进的服务。我们所讨论的中介程序只不过是这些系统所提供的功能的一个子集。

1.8　参考文献说明

关于分布式 DBMS 的教材不是很多。Ceri 和 Pelagatti 的教材【Ceri and Pelagatti,1983】是第一本这样的教材,虽然今天看来它经过时。Bell 和 Grimson【Bell and Grimson,1992】的教材提供了本书讨论的问题的一个概述。另外,今天几乎每一本有关数据库的书都有一章关于分布式 DBMS 的内容。这一技术的简要的综述由【Özsu and Valduriez,1997】给出。论文【Özsu and Valduriez,1994,1991】提供了当时最前沿的有关研究。

数据库设计在【Levin and Morgan,1975】里得到了初步介绍,更成熟的内容出现在【Ceri et al.,1987】论文里。目录管理的细节没有被研究人员所考虑,但在【Chu and Nahouraii 1975】和【Chu,1976】里能够找到有关的通用技术。有关查询处理技术的综述可以在【Sacco and Yao,1982】里找到。并发控制的算法在【Bernstein and Goodman,1981】里有所综述。死锁是一个研究较为广泛的课题,【Isloor and Marsland,1980】是一篇介绍性的论文,而【Obermarck,1982】则是一篇广为引用的文章。在死锁检测方面,【Knapp,1987】和

【Elmagarmid，1986】都有很好的综述。可靠性是在【Gray，1979】里讨论的问题之一，它成为这一领域里标志性的论文。关于这一研究的其他重要论文有【Verhofstadt，1978】和【Härder and Reuter，1983】。【Gray，1979】也是一篇讨论操作系统如何支持分布式数据库的论文，而【Stonebraker，1981】也讨论过同样的课题。遗憾的是，两篇论文都讨论的是集中式数据库系统。

有若干篇体系架构建议方面的论文。一些有意思的文章包括 Schreiber 的对于 ANSI/SPARC 架构的详细扩展，该文试图解决数据模型【Schreiber，1977】的异构性。另外的文章有 Mohan 和 Yeh 的【Mohan and Yeh，1978】。确实，这些都是分布式 DBMS 刚开始的早期工作。图 1.15 的部件化的系统来自于【Rahimi，1987】。与我们在图 1.10 中给出的分类有所不同的另一分类可以在【Sheth and Larson，1990】中找到。

多 DBMS 体系架构模型方面的讨论来自于【Özsu and Barker，1990】。其他关于多 DBMS 的体系架构的讨论可以参考【Gligor and Luckenbaugh，1984】、【Litwin，1988】和【Sheth and Larson，1990】。这些论文给出了不同原型和商用系统的讨论综述。而论文【Sheth and Larson，1990】则是一篇有关异构及联邦数据库系统的出色综述。

第 2 章　背 景 知 识

前一章谈到分布式数据库是以两种技术作为其基础的：数据库管理系统和计算机网络。本章将概述这两个领域里与分布式数据库相关的重要概念。

2.1　关系 DBMS 概述

本节的目标是定义后面各章的框架和使用的术语，这是因为分布式数据的大部分技术使用的是关系模型。在随后的各章里，我们会根据情况介绍其他模型，而重点则在于语言和操作命令这两方面。

2.1.1　关系数据库概念

一个**数据库**（database）是一组结构化的数据，它是我们对于现实世界建模的结果。一个**关系数据库**（relational database）是以表格形式表达数据的数据库。形式地讲，定义在 n 个集合 $D_1, D_2, \cdots, D_n$（它们没必要互不相同）之上的一个关系 R 是一个 n 元组（或简称为元组）$\langle d_1, d_2, \cdots, d_n \rangle$ 的集合，它满足 $d_1 \in D_1, d_2 \in D_2, \cdots, d_n \in D_n$。

例 2.1　我们用数据库为一个工程公司建模。需要建模的实体有雇员（employees, EMP）和项目（projects, PROJ）。对于每个雇员，我们希望记录雇员号（ENO），名字（ENAME），在公司内的职称（TITLE），薪水（SAL），雇员为之工作的项目号（PNO），在项目中的责任（RESP），以及分配到项目的工作时间（DUR）。同样，对于每个项目我们希望保存项目号（PNO），项目名称（PNAME），以及项目预算（BUDGET）。该数据库的**关系模式**（relation schemas）可以定义为：

```
EMP(ENO, ENAME, TITLE, SAL, PNO, RESP, DUR)
PROJ(PNO, PNAME, BUDGET)
```

在关系 EMP 中共有 7 个**属性**（attributes）：ENO、ENAME、TITLE、SAL、PNO、RESP、DUR。属性 ENO 的值来自于所有有效的雇员号组成的域 D_1，ENAME 的值来自于所有有效的名字组成的**域**（domain）D_2，其他的属性如此类推。注意，每个关系的每一属性不一定非得来自不同的域。一个关系的不同属性，或者是来自不同关系的属性可以定义在相同的域上。

一个关系的**码**（key）是它的属性的一个子集，构成码的属性的值唯一地代表该关系的每一元组。组成码的属性被称为**主**（prime）属性。码的超集被称为**超码**（superkey）。在我们的例子中 PROJ 的码是 PNO，EMP 的码是集合（ENO，PNO）。每个关系至少有一个码。有时可能会出现多个码，这时每个可能的码称为**候选码**（candidate key），其中的一个被选为**主码**（primary key），由下划线加以标注。一个关系的属性数目定义了关系的**度**（degree），而一个关系的元组数目则定义了该关系的**基数**（cardinality）。

图 2.1 给出了以表格形式表示的数据库的一个实例。表格中的栏目对应于关系里的属性,如果表格中加入了信息,这些信息则称为表格中的行,它们与元组相对应。空表格仅仅显示了表格的结构,对应的是**关系模式**(relation schema)。当表格填入行时,它对应的是**关系实例**(relation instance)。由于表格内的信息随时变化,所以可以从一个表结构里产生许多实例来。注意,此后的术语**关系**(relation)通常是指关系实例。图 2.2 给出了定义在图 2.1 中两个关系的实例。

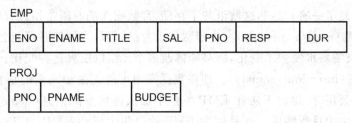

EMP

ENO	ENAME	TITLE	SAL	PNO	RESP	DUR

PROJ

PNO	PNAME		BUDGET

图 2.1 样本数据库表格

EMP

ENO	ENAME	TITLE	SAL	PNO	RESP	DUR
E1	J. Doe	Elect. Eng.	40000	P1	Manager	12
E2	M. Smith	Analyst	34000	P1	Analyst	24
E2	M. Smith	Analyst	34000	P2	Analyst	6
E3	A. Lee	Mech. Eng.	27000	P3	Consultant	10
E3	A. Lee	Mech. Eng.	27000	P4	Engineer	48
E4	J. Miller	Programmer	24000	P2	Programmer	18
E5	B. Casey	Syst. Anal.	34000	P2	Manager	24
E6	L. Chu	Elect. Eng.	40000	P4	Manager	48
E7	R. Davis	Mech. Eng.	27000	P3	Engineer	36
E8	J. Jones	Syst. Anal.	34000	P3	Manager	40

PROJ

PNO	PNAME	BUDGET
P1	Instrumentation	150000
P2	Database Develop.	135000
P3	CAD/CAM	250000
P4	Maintenance	310000

图 2.2 样本数据库实例

一个属性的值可能没有定义,这种缺乏的定义可能有几种解释,最常见的是"未知"或者"不适用"。这样的特殊值 null 通常被称为**空值**(null value)。空值的表示必须不同于任何其他域的值,并且特别要注意它不同于值 0。例如,属性 DUR 的值 0 是已知的信息(比如,刚刚雇用的雇员),而属性 DUR 的值 null 则是未知的意思。支持空值是处理可能性查询【Codd,1979】的必要特征。

2.1.2　规范化

规范化的目标是去掉在关系中存在的异常(或不想要的特性),从而得到性质较好的关系。在一个关系表中可能存在如下4个问题。

(1) **重复异常**(repetition anomaly)。即某些信息可能出现了不必要的重复。例如,图 2.2 的 EMP 关系中雇员的名字(name),职称(title),以及薪水(salary)在每个雇员所服务的项目里都重复了一遍。显然这就浪费了存储,和数据库的原则是相违背的。

(2) **更新异常**(update anomaly)。由于数据重复的原因,当更新时可能会出现麻烦。例如,如果一个雇员的薪水发生了变化,则必须修改多个元组以反映这种变化。

(3) **插入异常**(insertion anomaly)。即在数据库中可能无法加入新的信息。例如,当一个新的雇员加入公司时,我们无法在 EMP 关系中加入该雇员的信息(name,title,salary),除非该雇员为某个项目所聘用。这是因为 EMP 的码包含属性 EMP 和 PNO,而空值不能作为码的一个部分。

(4) **删除异常**(deletion anomaly)。这是插入异常的反面。如果一个雇员仅仅为一个项目工作而该项目又结束了,那么我们不可能从 EMP 中删除该项目的信息。如果删除了该项目,那么就会删除关于该雇员的唯一元组,从而丢失了我们想要保留的雇员信息。

规范化将任意的关系转换为不含上述问题的关系。一个具有上述一个或多个异常的关系可以分裂成两个或多个高阶的**范式**(normal form)关系。一个关系是属于某个范式的,如果它满足该范式相关的条件。Codd 定义了最初的第一,第二,及第三范式(分别表示为1NF、2NF 和 3NF),Boyce 和 Codd 之后又修改了第三范式【Codd,1974】,使它成为大家熟知的 Boyce-Codd 范式(BCNF)。第三范式之后还有第四范式(4NF)和第五范式(5NF)。

范式以某些依赖性的结构为基础。BCNF 以及更低的范式建立在**函数依赖**(functional dependencies)的基础之上,4NF 以**多值依赖**(multi-valued dependencies)为基础,而 5NF 则基于**投影-连结依赖**(projection-join dependencies)。我们只介绍函数依赖,因为仅有它和我们考虑的例子有关。

设 R 是定义在属性集合 $A=\{A_1,A_2,\cdots,A_n\}$ 之上的关系,且有 $X \subset A$,$Y \subset A$。如果在 R 中对于每个 X 的值而言,仅存在一个相关的 Y 的值,那么我们就说"X 函数决定 Y",或者说"Y 函数依赖于 X",表示为 $X \rightarrow Y$。在同一关系中,关系的码函数决定同一关系的非码属性。

例 2.2　例如,例 2.1 中的关系 PROJ(从图 2.2 中同样可以观察到)中有效的 FD 是

PNO → (PNAME, BUDGET)

在关系 EMP 里我们可以得到

(ENO, PNO) → (ENAME, TITLE, SAL, RESP, DUR)

但是这个 FD 在 EMP 中不是唯一的。如果每个雇员都有一个唯一的雇员号,那么我们可以写出

ENO → (ENAME, TITLE, SAL)
(ENO, PNO) → (RESP, DUR)

也可能出现对于每个职称的位置而言,薪水是固定的情况。这样我们就可以得到下面的 FD

TITLE→SAL

这里不再讨论范式和规范化的算法,它们都可以在有关数据库的教材里找到。下面的例子显示了在例 2.1 中介绍的数据库通过规范化而得到的结果。

例 2.3   下面的关系是利用这些关系上的函数依赖规范化成 BCNF 的结果。

```
EMP(ENO,ENAME,TITLE)
PAY(TITLE,SAL)
PROJ(PNO,PNAME,BUDGET)
ASG(ENO,PNO,RESP,DUR)
```

图 2.3 给出了这些被规范化的关系实例。

EMP

ENO	ENAME	TITLE
E1	J. Doe	Elect. Eng.
E2	M. Smith	Syst. Anal.
E3	A. Lee	Mech. Eng.
E4	J. Miller	Programmer
E5	B. Casey	Syst. Anal.
E6	L. Chu	Elect. Eng.
E7	R. Davis	Mech. Eng.
E8	J. Jones	Syst. Anal.

ASG

ENO	PNO	RESP	DUR
E1	P1	Manager	12
E2	P1	Analyst	24
E2	P2	Analyst	6
E3	P3	Consultant	10
E3	P4	Engineer	48
E4	P2	Programmer	18
E5	P2	Manager	24
E6	P4	Manager	48
E7	P3	Engineer	36
E8	P3	Manager	40

PROJ

PNO	PNAME	BUDGET
P1	Instrumentation	150000
P2	Database Develop.	135000
P3	CAD/CAM	260000
P4	Maintenance	310000

PAY

TITLE	SAL
Elect. Eng.	40000
Syst. Anal.	34000
Mech. Eng.	27000
Programmer	24000

图 2.3   规范化的关系

2.1.3   关系语言

关系模型上的数据操纵语言(通常称为**查询语言**(query languages))从根本上讲可以分为两组:**关系代数**(relational algebra)语言和**关系演算**(relational calculus)语言。它们之间的差别在于如何形成用户的查询。关系代数是过程性的,用户需要使用某些高级的操作算子说明如何得到结果。而另一方面,关系演算是非过程的,用户仅仅需要说明结果中应当具有什么样的联系。这两种语言都是由 Codd 提出的【Codd 1970】,Codd 还证明了它们在表达能力上的等价性【Codd,1972】。

2.1.3.1　关系代数

关系代数由一组在关系上执行的算子所组成。每个算子以一个或两个关系作为运算对象并产生一个结果关系,而这一结果又可以作为另一个算子的运算对象。这些操作支持关系数据库的查询和更新。

有五种关系代数的基本算子,它们又可以用于定义出另外五个算子。这些基本算子为**选择**(selection),**投影**(projection),**并**(union),**集合差**(set difference),以及**笛卡儿积**(Cartesian product)。其中的前两个为单目算子,最后的三个是双目算子。使用这些算子定义的其他算子有**交**(intersection),**θ连结**(θ-join),**自然连结**(natural join),**半连结**(semi-join),以及**除**(division)。在实际使用中,关系代数进行了扩充,具备了为结果进行分组和排序的算子以及执行算术和聚集的函数。其他算子,例如**外连结**(outer join)和**传递闭包**(transitive closure)等也会得到使用以便得到更多的功能。这里我们仅仅讨论最常用的那些。

某些双目算子的运算对象应当是**并兼容**(union compatible)的。两个关系 R 和 S 是并兼容的,当且仅当它们具有同样的度,而且这两个关系上的第 i 个属性都是定义在同一个域上。显然,定义中的第二部分条件所使用的属性是由关系内的相对位置所表示,而不是用属性名表示的。如果属性的相对位置并不重要,则必须把第二部分的描述替换为"两个关系所对应的属性必须定义在同一个域上"。这里所说的对应并没有严格的定义。

许多算子的定义都要用到"公式"的提法,这对后面要讨论的演算表达式也是如此。因此,此时有必要准确地定义公式的含义。我们在一阶谓词演算(后面将会用到)的框架下来定义公式,使用由【Gallaire,1984】提出的**符号字母表**(symbol alphabet)。一阶谓词演算基于下面的符号表:

(1) 变量、常量、函数以及谓词符号;

(2) 括号;

(3) 逻辑连结符 ∧(and)、∨(or)、¬(not)、→(implication)以及↔(equivalence);

(4) 全称量词∀和存在量词∃。

一个**项**(term)或者是个变量,或者是个常量。递归地讲,如果 f 是个 n 元函数,而且 $t_1, \cdots, t_n$ 是项,则 $f(t_1, \cdots, t_n)$ 也是项。一个**原子公式**(atomic formula)的形式为 $P(t_1, \cdots, t_n)$,这里的 P 是一个 n 元谓词符号,而 t_i 是项。一个**合适公式**(well-formed formula,简写为 wff)可以递归地定义如下:如果 w_i 和 w_j 是 wff,则 (w_i),$¬(w_i)$,$(w_i) \wedge (w_j)$,$(w_i) \vee (w_j)$,$(w_i) \rightarrow (w_j)$,以及 $(w_i) \leftrightarrow (w_j)$ 都是合适公式。一个 wff 中的变量可以是**自由**(free)的,或者是受到一个或多个量词的**约束**(bound)。

选择

选择生成一个给定关系的水平子集。该子集由满足某个公式(条件)的元组构成。关系 R 的选择的表示为

$$\sigma_F(R)$$

此处的 R 是个关系,F 是个公式。

选择操作中的公式称为**选择谓词**(selection predicate),公式里的项具有形式 $A\theta c$。此处的 A 是 R 的一个属性,θ 是属于 <、>、=、≠、≤、≥ 的算术比较操作之一。项可以由逻

辑连结词∧、∨或¬相连,此外,选择谓词不包含任何量词。

例 2.4　以图 2.3 的 EMP 关系为例,从中选择电气工程师(electrical engineers)元组的结果由图 2.4 给出。

投影

投影生成一个给定关系的垂直子集,它的结果关系仅仅包含执行了投影操作的属性。因此结果关系的度小于或等于原来关系的度。在关系 R 的属性 A 和 B 上的投影的表示为

$$\Pi_{A,B}(R)$$

注意,投影的结果可能包含完全相同的元组,这种情况下可以从结果中删除重复的元组。对投影可以说明保留或删除重复的元组。

$\sigma_{TITLE="Elect. Eng."}(EMP)$

ENO	ENAME	TITLE
E1	J. Doe	Elect. Eng
E6	L. Chu	Elect. Eng.

图 2.4　选择的结果

$\Pi_{PNO,BUDGET}(PROJ)$

PNO	BUDGET
P1	150000
P2	135000
P3	250000
P4	310000

图 2.5　投影的结果

例 2.5　图 2.5 给出了对图 2.3 的关系 PROJ 的属性 PNO 和 BUDGET 执行投影的结果。

并

两个关系 R 和 S 的并是由出现在 R 或 S 里,或者同时出现在这两个关系里的所有元组所构成的一个集合。要注意到 R 和 S 必须是并兼容的。与投影的情况一样,重复的元组通常要删除掉。并可以用于在一个已有的关系中插入新的元组,这些新元组来自于某个参与操作的关系。

集合差

两个关系 R 和 S 的集合差(R−S)是由这样一些元组所构成的集合,这些元组仅仅属于 R 但是却不属于 S。因此,R 和 S 不仅必须是并兼容的,而且这一操作是非对称的(即 R−S≠ S−R)。这一操作允许从一个关系中删除元组。与并操作一起,我们能够通过先删除、后插入完成对元组的修改。

笛卡儿积

度为 K_1 的关系 R 和度为 K_2 的关系 S 的笛卡儿积是(K_1+K_2)元组的集合。集合中的元组都是由 R 中的每个元组和 S 中每一个元组进行前后相连而构成。R 和 S 的笛卡儿积的表示是 R×S。

例 2.6　参考图 2.3 的关系 EMP 和 PAY,图 2.6 给出了 EMP×PAY 关系。注意,两个关系中共有的属性 TITLE 出现了两次,关系名成了它们的前缀。

交

两个关系 R 和 S 的交(R∩S)是由同时出现在 R 和 S 中的元组所构成的集合。如果使用基本操作,它可以表达为

EMP x PAY

ENO	ENAME	EMP.TITLE	PAY.TITLE	SAL
E1	J. Doe	Elect. Eng.	Elect. Eng.	40000
E1	J. Doe	Elect. Eng.	Syst. Anal.	34000
E1	J. Doe	Elect. Eng.	Mech. Eng.	27000
E1	J. Doe	Elect. Eng.	Programmer	24000
E2	M. Smith	Syst. Anal.	Elect. Eng.	40000
E2	M. Smith	Syst. Anal.	Syst. Anal.	34000
E2	M. Smith	Syst. Anal.	Mech. Eng.	27000
E2	M. Smith	Syst. Anal.	Programmer	24000
E3	A. Lee	Mech. Eng.	Elect. Eng.	40000
E3	A. Lee	Mech. Eng.	Syst. Anal.	34000
E3	A. Lee	Mech. Eng.	Mech. Eng.	27000
E3	A. Lee	Mech. Eng.	Programmer	24000
≈	≈	≈	≈	≈
E8	J. Jones	Syst. Anal.	Elect. Eng.	40000
E8	J. Jones	Syst. Anal.	Syst. Anal.	34000
E8	J. Jones	Syst. Anal.	Mech. Eng.	27000
E8	J. Jones	Syst. Anal.	Programmer	24000

图 2.6　笛卡儿积的部分结果

$$R \cap S = R - (R - S)$$

θ 连结

连结来自于笛卡儿积。有不同的连结,主要的区分在于内连结和外连结。我们首先讨论内连结及它的变种,而后再讨论外连结。

最通用的内连结是 θ 连结。两个关系 R 和 S 的 θ 连结的表示是

$$R \bowtie_F S$$

表示中的 F 是说明**连结谓词**(join predicate)的一个公式。连结谓词的公式的说明非常类似于选择谓词,不同之处仅在于项 $R.A\theta S.B$。此处的 A 和 B 分别是关系 R 和 S 的属性。

两个关系的连结等价于下面的一系列操作:先在两个关系上执行笛卡儿积操作,然后对其执行公式为连结谓词的选择操作,即

$$R \bowtie_F S = \sigma_F(R \times S)$$

在上面的等式中我们必须注意如果 F 涉及两个关系共同的属性,则必须执行投影操作以确保在结果中这些属性不会出现两次。

例 2.7　参考图 2.3 的关系 EMP 并加入另外两个元组,结果如图 2.7(a)所示。图 2.7(b)给出了关系 EMP 和 ASG 根据连结谓词 EMP. ENO=ASG. ENO 所做的 θ 连结。同样的结果也可以通过下面的操作得到

$$EMP \bowtie_{EMP. ENO = ASG. ENO} ASG = \Pi_{ENO, ENAME, TITLE, SAL}(\sigma_{EMP. ENO = PAY. ENO}(EMP \times ASG))$$

这个例子展示了 θ 连结的一个特例,即**相等连结**(equi-join)。在相等连结中公式 F 只包含相等(=)作为算术比较。应当注意到,相等连结中的属性不一定是共同的属性,上面的例子表明了这一点。

EMP

ENO	ENAME	TITLE
E1	J. Doe	Elect. Eng
E2	M. Smith	Syst. Anal.
E3	A. Lee	Mech. Eng.
E4	J. Miller	Programmer
E5	B. Casey	Syst. Anal.
E6	L. Chu	Elect. Eng.
E7	R. Davis	Mech. Eng.
E8	J. Jones	Syst. Anal.
E9	A. Hsu	Programmer
E10	T. Wong	Syst. Anal.

(a)

EMP ⋈ EMP.ENO=ASG.ENO ASG

ENO	ENAME	TITLE	PNO	RESP	DUR
E1	J. Doe	Elect. Eng.	P1	Manager	12
E2	M. Smith	Syst. Anal.	P1	Analyst	12
E2	M. Smith	Syst. Anal.	P2	Analyst	12
E3	A. Lee	Mech. Eng.	P3	Consultant	12
E3	A. Lee	Mech. Eng.	P4	Engineer	12
E4	J. Miller	Programmer	P2	Programmer	12
E5	J. Miller	Syst. Anal.	P2	Manager	12
E6	L. Chu	Elect. Eng.	P4	Manager	12
E7	R. Davis	Mech. Eng.	P3	Engineer	12
E8	J. Jones	Syst. Anal.	P3	Manager	12

(b)

图 2.7 连结的结果

自然连结是定义在一组特定的属性上的相等连结。具体讲,这些属性必须定义在相同的域上。但是和相等连结有些不同,执行自然连结的属性在结果中仅仅出现一次。不带公式的自然连结的表示是

$$R \bowtie_A S$$

这里的 A 是 R 和 S 所共有的。这里应该注意到,自然连结的属性在两个关系里可能有不同的名字,所要求的仅仅是它们要来自同一个域。这时,连结的表示则是

$$R_A \bowtie_B S$$

这里的 B 是 S 中对应的属性。

例 2.8 在例 2.7 中的 EMP 和 ASG 的连结实际上就是自然连结。图 2.8 是另外一个例子,它给出了图 2.3 里的关系 EMP 和 PAY 在属性 TITLE 上执行的自然连结。

内连结要求参与运算的两个关系的元组必须满足连结谓词。与此相反,外连结没有这一要求,结果关系中的元组与之无关。有三种外连结:左外连结(⋈),右外连结(⋈),以及全外连结(⋈)。在左外连结里,参与运算的左边的关系的元组总是保留在结果里。而在右外连结里,参与运算的右边的关系的元组总是保留在结果里。在全外连结里,两个关系的元组都保留在结果里。当我们需要知道在一个或两个关

EMP ⋈ TITLE PAY

ENO	ENAME	TITLE	SAL
E1	J. Doe	Elect. Eng.	40000
E2	M Smith	Analyst	34000
E3	A. Lee	Mech. Eng.	27000
E4	J. Miller	Programmer	24000
E5	B. Casey	Syst. Anal.	34000
E6	L. Chu	Elect. Eng.	40000
E7	R. Davis	Mech. Eng.	27000
E8	J. Jones	Syst. Anal.	34000

图 2.8 自然连结的结果

系中哪些元组是不满足连结谓词的信息时,外连结将发挥作用。

例 2.9 考虑 EMP(参见例 2.7 的修改)和 ASG 在属性 ENO 的左外连结(即 EMP ⋈$_{ENO}$ ASG),图 2.9 给出了它的结果。注意,雇员 E9 和 E10 的信息也在其内,尽管它们在为关系 ASG 所设的属性上的取值是空值 Null,即它们没有参加任何项目。

半连结

设 R 是定义在属性集合 A 上的关系,S 是定义在属性集合 B 上的关系,它们间的半连

EMP $\bowtie_{\text{ENO}}$ ASG

ENO	ENAME	TITLE	PNO	RESP	DUR
E1	J. Doe	Elect. Eng.	P1	Manager	12
E2	M. Smith	Syst. Anal.	P1	Analyst	12
E2	M. Smith	Syst. Anal.	P2	Analyst	12
E3	A. Lee	Mech. Eng.	P3	Consultant	12
E3	A. Lee	Mech. Eng.	P4	Engineer	12
E4	J. Miller	Programmer	P2	Programmer	12
E5	J. Miller	Syst. Anal.	P2	Manager	12
E6	L. Chu	Elect. Eng.	P4	Manager	12
E7	R. Davis	Mech. Eng.	P3	Engineer	12
E8	J. Jones	Syst. Anal.	P3	Manager	12
E9	A. Hsu	Programmer	Null	Null	Null
E10	T. Wong	Syst. Anal.	Null	Null	Null

图 2.9　左外连结的结果

结是 R 的元组的一个子集,该子集的每个成员都参加了 R 和 S 的连结。半连结的表示为 $R \ltimes_F S$(F 是前面定义过的谓词),它可以由下面的操作产生:

$$R \ltimes_F S = \Pi_A(R \bowtie_F S) = \Pi_A(R) \bowtie_F \Pi_{A \cap B}(S)$$
$$= R \bowtie_F \Pi_{A \cap B}(S)$$

半连结的优点在于它减少了计算连结时必须处理的元组数目。在集中式数据库系统内这很重要,因为它可以通过更好地利用内存去减少对二级存储的访问。在分布式数据库系统的情况下更为重要,因为可以减少为了处理查询而必须在站点间所传输的数据。将在第 3 章和第 8 章详细加以讨论。注意,半连结的操作是非对称的(即 $R \ltimes_F S \neq S \ltimes_F R$)。

例 2.10　为了展现连结和半连结之间的差别,我们来看一看 EMP 和 PAY 之间在谓词 EMP. TITLE＝PAY. TITLE 上所做的半连结

$$\text{EMP} \ltimes_{\text{EMP. TITLE = PAY. TITLE}} \text{PAY}$$

图 2.10 给出了这一操作的结果。请读者自己比较一下图 2.7 和图 2.10,找出连结和半连结之间的差别。注意,结果关系中并不包含 PAY 的属性,因此较小。

EMP $\bowtie_{\text{EMP.TITLE=PAY.TITLE}}$ PAY

ENO	ENAME	TITLE
E1	J. Doe	Elect. Eng.
E2	M. Smith	Analyst
E3	A. Lee	Mech. Eng.
E4	J. Miller	Programmer
E5	B. Casey	Syst. Anal.
E6	L. Chu	Elect. Eng.
E7	R. Davis	Mech. Eng.
E8	J. Jones	Syst. Anal.

图 2.10　半连结的结果

除

度为 r 的关系 R 除以度为 s 的关系 S 的结果(r＞s 且 s≠0)是一个由(r－s)元组 t 组成的集合。对结果关系中元组 t 的要求是:对于 S 的所有的 s 元组 u, tu 必须属于 R。除操作的符号表示是 R÷S,它可以用基本操作完成:

$$R \div S = \Pi_{\bar{A}}(R) - \Pi_{\bar{A}}((\Pi_{\bar{A}}(R) \times S) - R)$$

这里的 $\bar{A}$ 是属于 R 但不属于 S 的属性集合(即(r－s)元组)。

例 2.11　假定我们将 ASG 修改成图 2.11(a)所示的关系(称为 ASG′)并把它定义为

$$\text{ASG}' = \Pi_{\text{ENO,PNO}}(\text{ASG}) \bowtie_{\text{PNO}} \text{PROJ}$$

如果我们想得到分配到所有预算大于 $200 000 工作的雇员的雇员号,则必用 ASG′除以

ASG'

ENO	PNO	PNAME	BUDGET
E1	P1	Instrumentation	150000
E2	P1	Instrumentation	150000
E2	P2	Database Develop.	135000
E3	P3	CAD/CAM	250000
E3	P4	Maintenance	310000
E4	P2	Database Develop.	135000
E5	P2	Database Develop.	135000
E6	P4	Maintenance	310000
E7	P3	CAD/CAM	250000
E8	P3	CAD/CAM	250000

(a)

PROJ'

PNO	PNAME	BUDGET
P3	CAD/CAM	250000
P4	Maintenance	310000

(b)

(ASG' ÷ PROJ')

ENO
E3

(c)

图 2.11　除操作的结果

加以限制的 PROJ,即 PROJ′(见图 2.11(b))。这一结果(ASG′÷PROJ′)显示在图 2.11(c)里。

以上查询的关键之处在于“所有”二字,这就排除了仅在 ASG′ 上进行选择操作来得到所需元组的可能性。因为这样只能得到为某些预算大于 \$200 000 的项目工作的雇员,而不是为所有预算大于 \$200 000 的项目工作的雇员。注意,结果中只含有元组〈E3〉,这是因为元组〈E3,P3,CAD/CAM,250 000〉和〈E3,P4,Maintenance,310 000〉都属于关系 ASG′。而元组〈E7,P4,Maintenance,310 000〉则不是。

因为操作把关系作为输入并且生成关系,所以我们可以用括弧处理嵌套操作和表示关系代数程序。这里的括弧指出了操作的顺序。下面是几个这样的例子。

例 2.12　以图 2.3 的关系为例,查询“给出所有在 CAD/CAM 项目工作的雇员名字”可以用下面的关系代数程序给出:

$$\Pi_{\text{ENAME}}(((\sigma_{\text{PNAME}=\text{“CAD/CAM”}}\text{PROJ})\bowtie_{\text{PNO}}\text{ASG})\bowtie_{\text{END}}\text{EMP})$$

例 2.13　更新查询“将 programmer 的薪水替换为 \$25 000”可以由下面的程序计算:

$$(\text{PAY}-(\sigma_{\text{TITLE}=\text{“Programmer”}}\text{PAY}))\bigcup(\langle\text{Programmer},25\,000\rangle)$$

2.1.3.2　关系演算

使用关系演算语言不必说明如何得到结果,而只需用结果中必须成立的联系来说明想得的结果到什么。关系演算语言可以分为两组:**元组关系演算**(tuple relational calculus)和**域关系演算**(domain relational calculus),两者之间的区别在于在查询中使用的原始变量。我们简要地回顾一下这两种语言。

元组关系演算

元组关系演算中使用的原始变量是说明关系元组的**元组变量**（tuple variable）。换句话说，变量的范围是关系的元组。元组演算由 Codd 最初给出【Codd，1970】。

元组关系演算的查询表达形式是{t|F(t)}，这里的 t 是元组变量，F 是一个合适公式。原子公式具有以下两种形式：

（1）元组变量成员籍表达式。如果 t 是个元组变量，其范围是关系 R（谓词符号）的元组，则"元组 t 属于关系 R"的表述是个原子公式，通常表示为 R. t 或 R(t)。

（2）条件。条件的定义如下：

（a）$s[A]\theta t[B]$，此处的 s 和 t 是元组变量，A 和 B 分别是 s 和 t 的成分，θ 是属于$<$、$>$、$=$、$\neq$、$\leqslant$、$\geqslant$的算术比较操作之一。这一条件说明 s 的成分 A 和 t 的成分 B 之间的关系 θ。例如，$s[SAL]>t[SAL]$。

（b）$s[A]\theta c$，此处的 s、A 和 θ 的定义和前面的相同，c 是一个常量。例如，

$$s[ENAME]=\text{"Smith"}$$

注意，A 的定义是元组变量 s 的成分。因为 s 的范围是关系，例如 S，的实例，显然 s 的成分 A 对应的是关系 S 的属性 A。对于 B，也是如此。

有许多基于关系元组演算的语言，最流行的是 SQL[①]【Date，1987】和 QUEL【Stonebraker et al.，1976】。SQL 现在已经成为一个国际标准（实际上仅有的一个），已经发布了它的若干版本。SQL1 于 1986 年发布，对 SQL1 的修改被包含在 1989 年的版本里。SQL2 于 1992 年发布。而 SQL3 具有面向对象的特征，它于 1999 年发布。

SQL 为数据操纵（检索，更新）、数据定义（模式操纵）以及控制（授权，完整性等）提供了统一的方法。我们把讨论仅限于例 2.14 和例 2.15 的 SQL 查询。

例 2.14　前面的例 2.12 的查询"给出所有在 CAD/CAM 项目工作的雇员名字"可以表达如下：

```
SELECT EMP.ENAME
FROM EMP,ASG,PROJ
WHERE EMP.ENO=ASG.ENO
AND ASG.PNO=PROJ.PNO
AND PROJ.PNAME="CAD/CAM"
```

注意，这个检索查询如同关系代数操作一样也生成了一个新的关系。

例 2.15　前面的更新查询例 2.13"将 programmer 的薪水替换为＄25 000"可以表达如下：

```
UPDATE PAY
SET SAL=25000
WHERE PAY.TITLE="Programmer"
```

域演算

域演算最初由【Lacroix and Pirotte 1977】提出。域演算与元组演算间的根本区别在于前者对于变量的使用。**域变量**（domain variable）的范围是域值，它说明一个元组的成分。

---

①　SQL 在某些时候被看成是在关系代数和关系演算之间的语言。它的最初发明人把它称之为"映射语言"。但是它更接近元组演算的定义，因此我们把它归结于为这类语言。

换言之,域变量的范围由定义关系的域所组成。合适公式据此定义。查询的形式如下:

$$x_1, x_2, \cdots, x_n \mid F(x_1, x_2, \cdots, x_n)$$

此处的 F 是合适公式,$x_1, \cdots, x_n$ 是自由变量。

域关系演算的成功主要归功于 QBE【Zloof,1977】,它是一个域演算的可视化应用。QBE 仅为可视化终端的交互式使用而设计,具有用户友好的特性。其基本概念是使用实例:用户通过查询结果的可能实例来构造查询。从键盘输入关系名将在屏幕上打印出关系的表结构。尔后,通过在表的栏目(域)里提供关键词,用户来说明查询。例如,为 project 关系的属性提供的 P 代表的是打印"Print"。

默认的查询是检索。更新查询需要在更新的关系名或栏目下输入 U。与例 2.12 对应的检索查询表示在图 2.12 里,图 2.13 给出了一个更新查询的例子。为了区别常量和实例,实例用下划线标出。

EMP	ENO	ENAME	TITLE
	E2	P.	

ASG	ENO	PNO	RESP	DUR
	E2	P3		

PROJ	PNO	PNAME	BUDGET
	P3	CAD/CAM	

图 2.12　用 QBE 表示的检索

PAY	TITLE	SAL
	Programmer	U.25000

图 2.13　用 QBE 表示的更新

2.2　计算机网络概述

本节讨论与计算机网络互连相关的概念,讨论将专注于主要的概念而忽略某些技术方面的细节。

我们把计算机网络定义为一组相互连结、能够在它们之间相互交换信息的自治的一组计算机(图 2.14)。这一定义的关键词是**相互连结**(interconnected)和**自治**(autonomous)。我们希望计算机是自治的,因为这样各台计算机能够自己执行程序。我们也希望计算机是相互连结的,因为这样它们能够交换信息。网络上的计算机被叫做**节点**(node),**主机**(host),**终端系统**(end system)或者**站点**(site)等。注意,有时主机和终端系统会指设备,而站点则指设备和在其上运行的软件。与此类似,节点通常是指网络中的计算机或是交换机,它们构成网络的基础硬件部件。其他的基础硬件部件是形成特定通信路径的链路节点,特殊装置和链路。正如图 2.14 所描绘的那样,主机通过交换机(用内含 X 的圆圈表示)[①]连

---

① 注意,术语"交换机"和"路由器"有时会不加区别地使用(即使是在同一个文本里)。但是,有时它们在使用中也会稍有不同:交换机指的是网络内的装置,而路由器则是网络边缘的装置,它把网络和主干网相连。如同图 2.14 和图 2.15 那样,我们对它们的使用不加区别。

接到网络,这些交换机是对网络上的信息进行**路由**(route)的特殊设备。某些主机可能直接连结到交换机(使用光纤,同轴电缆,或铜线),而有些则通过无线的机站进行连结。交换机之间可以通过光纤、同轴电缆、卫星、微波等手段实现相互连结。

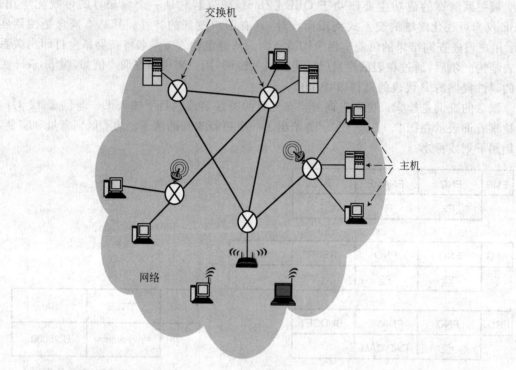

图 2.14　一个计算机网络

今天用得最多的网络就是互联网。很难准确地定义什么是互联网,因为它有不同的含义。但是它最为准确的定义或许就是"网络的网络"(图 2.15)。图中的每一个网络被称为内网用以强调它们是某个组织的"内部"网络。一个内网由一组链路和路由器(在图 2.15 中表示为 R)构成,这些链路和路由器由一个管理实体或它的代理进行管理。例如,一个大学的路由器和链路构成了一个管理域。这些域可以是位于同一个地理区域(例如前面提到的大学网络),或者像大型企业或服务提供商(ISP)的网络那样跨越多个地理区域。这些链路通常是高速,长距离的双工传输介质(很快在后面加以定义),例如光纤电缆或者卫星链路。这些链路构成了互联网的骨干网。正如图 2.15 所示,每个**内网**(intranet)有一个连结到主干网的路由器。这样,每个链路把一个内网路由器和 ISP 路由器相连。ISP 的路由器通过类似的链路和其他 ISP 相连。这就使得一个内网的服务器和客户可以和其他内网的服务器和客户进行通信。

2.2.1　不同类型的网络

可以按不同的方法对网络进行分类。一个方法就是按照地理分布来划分(也叫规模【Tanenbaum,2003】),第二种方法是根据节点互联的结构(也叫**拓扑**(topology)),而第三种方法则是按照传输的方式。

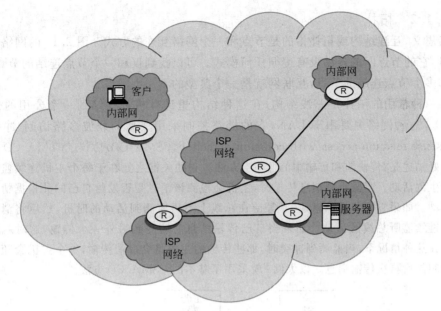

图 2.15   互联网

2.2.1.1   规模

按照规模进行划分,计算机网络可以分为广域网、城域网以及局域网。它们之间的区别比较含混,下面我们给出一些指导性原则。它们之间的最主要的区分可以使用传输延迟,管理控制,以及用于管理它们的协议。

广域网(WAN)是这样一种网络,它们的任何两个节点间的距离大约超过 20 公里,甚至长达数千公里。交换机的使用使得在这样广大的区域内进行通信成为可能。由于长距离传输,广域网的传输会产生较大的延时。例如,如果通过卫星,数据从源到目的地的传输再加上应答至少需要半秒钟。这是因为信号的传输受到了光速的限制,而且需要传输的距离很长(从地面站到卫星的距离大约是 31 000 公里)。

WAN 的特点之一是它的传输介质、计算机以及用户团体的异构性。早期的 WAN 只有低于每秒几兆比特(Mbps)的有限的传输能力。但是今天大多数宽带广域网都提供 150Mbps 或更高的带宽。这些单独信道的聚合形成了主干链路,当前的主干链路通常是 2.4Gbps 的 OC48,或是 10Gbps 的 OC192。这些网络能够传输具有不同特点(例如数据及视频/音频流)的多个数据流,也能通过协商获得网络资源从而获取高质量的服务(QoS)。

局域网(LAN)通常在地理区域上会受限(一般小于 2 公里)。它们在廉价的传输介质上提供高容量的通信能力,每个连结一般都在 10~1000Mbps。主机间的高容量通信和短距离产生很短的延时。此外,布置通信链路的环境(例如一座建筑之内)提供了较好的控制,从而可以减少噪声和干扰。所连结的计算机的异构问题也较为容易管理,所使用的传输介质也比较普通。

城域网(MAN)在规模上处于 LAN 和 WAN 之间,用于覆盖一个城市或城市的一部分。节点间的距离通常在 10 公里的数量级。

2.2.1.2　拓扑

顾名思义,互连结构或拓扑指的是节点和一个网络互连的方式。图 2.14 的网络称为不规则网络,它的节点间的连结没有遵循任何模式。可以找到仅和一个节点连结的节点,也可以找到和多个节点连结的节点,互联网就是一个典型的不规则网络。

另外一种常用的拓扑是总线结构,在这种结构里计算机都连结到一个公用的信道上(图 2.16)。这种网络主要用于 LAN,它的链路控制采用典型的载波多路访问/冲突检测(carrier sense medium access with collision detection,CSMA/CD)协议。CSMA/CD 的控制机制的最好描述是"传输前和传输中的监听"方法。它的关键之处在于每个主机连续监听在总线上所发生的活动。当监听到消息传递时,主机会检测该消息是否发给自己的并根据情况采取相应的行动。如果它想传送消息,它要等待在总线上不再监测到活动的时机,然后将消息放到网络上并继续监听总线的活动。如果当自己传输消息时监测到另外一个传输,这时就出现了"冲突"。在这种情况下,当监测到冲突时,那些传输的主机将会取消传输,每个主机会随机地等待一段时间然后再次传输消息。以太网[①]就采用了基本的 CSMA/CD 方法。

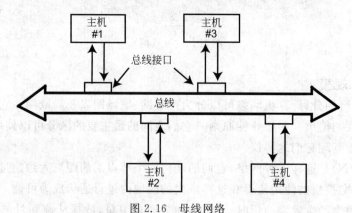

图 2.16　母线网络

其他常用方式是星型、环型和网型网络。

* **星型**(star)网络把所有的主机连结到一个对网络传输加以协调的控制节点上。于是,当两个主机需要通信时,它们必须通过中心节点。由于在中心节点和每个主机之间有独立的链路,所以当中心节点和主机需要通信时它们必须要协调。
* **环型**(ring)网用环型把主机相连。这种网络最初是为 LAN 建议的,但是它们在局域网的使用现在几乎停止了,目前则主要用于 MAN(例如 SONET 环形网)。现在的环型网的数据传输通常是双向的(最初的环型网是单向的),其中的站(实际上是站所连结的接口)扮演着主动中继器的角色:接收一条消息,检查它的地址,拷贝消息当该消息是发送给本站的,然后传输该消息。

环型网的通信控制一般采用控制令牌的方法。在最简单的令牌环型网里,一个令牌实际上是一个位(bit)和它的状态:一个状态表示网络正在使用,而另一个状态则表示网络是

---

①　在目前多数的以太网实现中,多条总线通过一个或多个交换机(称为交换式集线器)相连结,这样可以做到更大的覆盖和对每条总线分段负载的控制。在这样的系统内,每个单独的计算机也可以直接连结到交换机。这些就是所谓的交换式以太网。

自由的。令牌在网络内不断循环,任何想传输消息的站点必须等待令牌的到来。当令牌到达时,该站点要检查令牌的位态是正在使用还是自由的。如果是自由的,则该站点把令牌的状态改为正在使用,然后把消息放到环上传输。消息沿着环进行循环,而后回到它的发送者。发送者将令牌的状态改为自由并把它传给环上的下一台计算机。

- **完全**(complete)(或**网型**(mesh))互联是这样一种方式,其中的每一个节点都和其他节点的任何一个相连。与前面的连结方式相比,这样一种方式显然提供了更高的可靠性和有可能更好的性能。但是,它也是最昂贵的。例如,对于 10 000 个计算机,可能需要大约是 $10\,000^2$ 个的链路[1]。

2.2.2　通信方式

在所使用的物理通信方式上,网络可以是**点对点**(point-to-point)的(也称为**单播**(unicast)),或者是**广播**(broadcast)(有时也称为**多点**(multi-point))式的网络。

在点对点的网络内部,在每一对节点间会有一个或多个(直接或间接的)链路。通信总是在两个节点间进行,消息的发送者和接收者通过在消息头内的地址加以识别。数据从发送者到接收者之间的传输会在这两者间的多个链路中挑选一个,某些选择可能会涉及其他的中间节点。中间节点要检查消息头中的目的地址,如果不是发送给自己的,则要把消息传送给下一个中间节点,这就是**交换**(switching)或者**路由**(routing)的过程。选择消息传递的链路取决于路由算法,这一内容不在本书的范围之内。我们在 2.2.3 节讨论交换的细节。

点对点网络的基本传输介质是双绞线,同轴或光纤电缆。每种介质具有不同的能力:双绞线为 300bps 到 10Mbps,同轴电缆可以到 200Mbps,而光纤则可以达到 10Gbps 甚至更高。

在广播网内,有一个供所有节点使用的公用信道,所有节点会接收到在这个公用信道上传输的消息。每个节点要检查接收者的地址,如果这个地址不是自己的,则忽略该消息。

广播的一个特例是**多播**(multicasting),即只把消息发送给网络节点的一个子集。接收者的地址要进行编码以便指出谁是消息的接收方。

广播网一般是基于无线或者卫星的。在卫星的情况下,每个站点向卫星发射光束,而卫星则返回不同频率的光束。网络上的每个站点监听接收频率,如果消息不是发送给本站点的则会忽略该消息。使用这一技术的网络有 HughesNet™。

微波(Microwave)传输是另一种数据传输的方式,它可以用于卫星或地面。地面的微波链路主要用于大部分国家的电话网,虽然今天这些链路的大部分已经被光纤所替代。除了公共的信号传输,有些公司使用自己专用的地面微波链路。现实中,主要的大城市都面临着公共和专用微波信号传输间的干扰问题。ALOHA【Abramson,1973】是最早探索使用微波传输的开拓者。

卫星和微波网络是典型的无线网络的例子,这样的无线网被称为**无线宽带**(wireless broadband)网络。另外一种无线网则是基于**蜂窝**(cellular)网络的。一个蜂窝网络控制负责一个称为"**蜂窝**"(cell)的特定的地理区域,协调在本区域内的主机的通信。这些控制站可

---

[1]　通用的计算公式是 n(n−1)/2,这里的 n 是网络的节点数目。

以连结到有线主干网,从而在无线网上提供移动主机和移动主机之间以及移动主机和不动主机之间的相互访问。

大部分人所熟悉的第三种无线网络是**无线** LAN (wireless LAN)(常常称为 Wi-LAN 或 WiLan)。这种网络带有若干"基站"连结到有线网络作为移动主机的连结点(类似于蜂窝网络的控制站)。这种网络提供的带宽可以达到 54Mbps。

2.2.3　数据通信的基本概念

我们所说的数据通信指的是两个主机间进行通信的技术。在下面的讨论中我们不会关注过多的细节,因为对于分布式数据库而言,主机之间的位传输是现成的技术,关键是要理解与延时以及和路由相关的某些重要的问题。

正如前面指出的那样,主机通过**链路** (link)实现互联,每个链路能够具有一个或多个**信道** (channel)。链路是个物理的概念,而信道则是逻辑的。通信链路能够传输数字形式或模拟形式的信号。例如,电话线能够在家庭以及中央办公室之间传输模拟形式的数据,而其他电话网现在都是数字式的,即使是家庭到中央办公室的电话也使用了 IP 之上的语音技术(VoIP)。每个通信信道具有一定的**容量** (capacity),它的定义是在单位时间内所传输的信息量。这一容量通常被称为信道的**带宽** (bandwidth)。在模拟的传输信道上,带宽的定义是每秒内能在信道上传输的最高频率(以赫兹为单位)和最低频率之间的差。对于数字的链路,带宽指的是(这一术语不太严格)每秒钟可以传输的位的数量(bps)。

在完成用户任务时产生的延时和信道的传输带宽相关,但是这一因素不是唯一的。传输时间的另一个因素是所使用的软件。在传输数据时由于消息中的冗余会产生额外的开销,这一冗余是错误检测和纠错所必需的。而且网络要给任何消息都加上一些头和尾,说明最终目的地或者用于检查在整个消息内的错误等。所有这些因素都与传输数据的延时有关。网络上数据传输的实际速度被称为数据传输速率,它通常小于传输信道的带宽。软件的问题一般指的是网络协议,这在下一小节里讨论。

计算机与计算机的通信是以包的形式传输数据的,这一点我们已经在前面指出过。通常,要为每个网络估计帧的大小的上限,每一帧会包含数据以及某些控制信息,例如目的地以及源地址、块错检测代码等(图 2.17)。如果从源节点发送到目的节点的消息超过了一帧,那么该消息会分为几帧,对此会在 2.2.4 节进一步讨论。

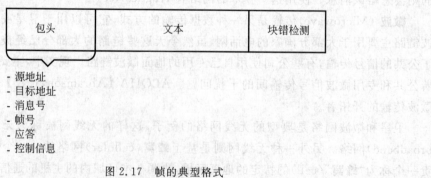

图 2.17　帧的典型格式

点对点的网络可能有不同的交换/路由方法。一种可能是在发送者和接收者之间建立专用的连结信道,这就是**电路交换**(circuit switching),它是传统的电话网普遍采用的。当一个人给另一个人打电话时,通过交换机为两个电话建立起一条线路并一直维持到其中一方把电话挂起。在计算机网络里也可以使用同样的方法。

计算机通信使用的另一种交换方式是**包交换**(packet switching)。它把消息分为一个一个的包,每个包进行单独传输。在早些时候关于 TCP/IP 协议的讨论中,我们提到过消息传输的问题。实际上,TCP 协议(或任何其他传输层协议)都把每个应用包分解成固定大小的包,所以每条应用消息可能会用多个包发送到目的地。

同一条消息的包在独立传送时可能经历不同的路由,经历网络不同链路的路由会造成到达目的地的包的无序状态。因此,目的地所在站点的传输层软件应该将到达的包按照原来的顺序排序,实现消息的重构。所以,正是那些单独的包在网络上的路由造成了各个包在到达时间上的不同,乃至违反原有的顺序。目的地的传输层软件负责将包排序并正确地生成应用消息。

包交换的好处有许多。首先,包交换网络提供了更高的链路利用。因为每一链路不是专用于一对通信设备,它可以共享。它在计算机通信中特别有用,这主要归结于突发的性质-一次突发的传输,而后某些间歇,接着又开始另一个突发传输。当其中的链路是空闲时,它可以用于另外的传输。另一个原因是包交换允许并行的数据传输。对于属于同一消息的各个包,并不要求它们必须在网络中沿着同一条路由传输,这使得它们可以经过不同的路由完成传输以缩短总的传输时间。正如前面所说,这种帧的路由方式不能保证它们在发送时的顺序。

另一方面,线路交换在发送者和接受者间提供了专用的信道。如果在两者间存在容量可观的数据需要传输,或者是包交换的网络引入了太多的延时或延时变化、或是包的丢失(对于多媒体应用来说这很重要),那么专用信道将会有助于解决这些问题。所以,类似于线路交换的方式(即基于预留的方式)在支持诸如多媒体应用的高传输负载的广播网里得到了青睐。

2.2.4 通信协议

两个主机间的物理连结不足以保证它们间通信的正常进行。主机间的无错、可靠、高效的通信需要精心实现被称之为**协议**(protocol)的软件系统。网络协议是"分层"的结构,这是因为网络的功能分为不同的层次。每一层在下一层的基础上执行定义清晰的功能,同时为上一层提供服务。协议定义了在一个层次所执行的服务,这样产生的分层的协议集合被称为**协议栈**(protocol stack)或**协议族**(protocol suite)。

不同类型的网络有不同的协议栈。但是对于互联网,其标准则是 TCP/IP,即"Transport Control Protocol/Internet Protocol"(传输控制协议/互联网协议)。本节主要讨论 TCP/IP 以及某些常用的 LAN 协议。

在讨论 TCP/IP 协议栈之前,首先讨论一下图 2.15 中主机 C 进程内的一个消息是如何传输到服务器 S 的进程的,我们假定两个主机都实现了 TCP/IP 协议,图 2.18 描述了整个过程。

特定的应用层(Application Layer)协议从主机 C 的进程中获得消息(Message),通过加入应用层的首部信息,生成了一个应用层消息。这个应用层消息交给 TCP 协议,而 TCP 协议又重复上述过程加入了自己的首部信息(图 2.18 中斜的阴影线部分,其细节并不重要),

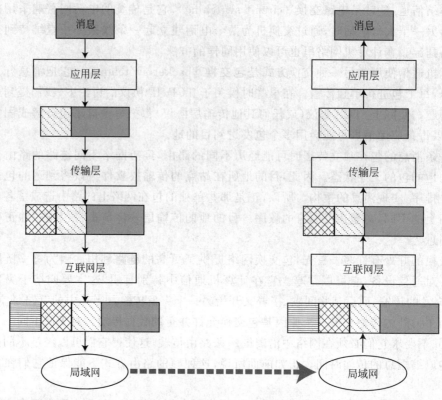

图 2.18　使用 TCP/IP 的消息传输

这样的首部信息有助于获得马上要讨论的 TCP 服务。Internet 层(Internet Layer)获得生成的 TCP 消息并生成我们要讨论的 Internet 消息,该消息现在通过自身网络的协议被物理地从主机 C 传输到自己的路由器上。而后通过一系列的路由器传输到含有服务器 S 的路由器上,在这一服务器上前面的过程被反向地执行直至恢复原来的消息并处输给 S 的特定进程。在主机 C 及 S 上的 TCP 协议互相通信,以保证我们所讨论的端对端协议的执行。

2.2.4.1　TCP/IP 协议栈

　　TCP/IP 实际上是一组协议,通常被称为协议栈。它由两个协议集构成,一个属于**传输层**(Transport Layer),另一个属于**网络层**(Network Layer)(图 2.19)。

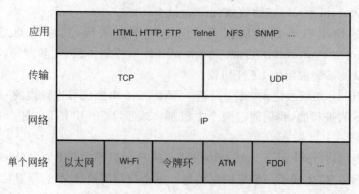

图 2.19　TCP/IP 协议

传输层定义了网络为应用所提供的服务类型。这一层的协议要解决的问题有数据丢失（在传输过程中应用能够容忍数据的丢失吗?），带宽（某些应用对带宽有最低的要求，而另一些应用在带宽要求上非常灵活），还有时机问题（应用可以容忍哪些类型的延时?）。例如，文件传输不允许任何的数据丢失，但是在带宽的使用上却很灵活（不管是高容量连结或是低容量连结都可以，尽管在性能上会有所不同），而且没有严格的时机要求（尽管我们不喜欢一个文件需要传输几天，但是仍然可以传到）。相反，实时的音频/视频传输应用能够容忍有限的数据丢失（这可能引起抖动和其他问题，但是这样的交流仍然"可以理解"），对带宽有最低的要求（对于音频需要 5～128Kbps，对于视频需要 5Kbps～20Mbps），而对时机却很介意（需要同步音频和视频数据）。

为了处理好这些不同的需求（至少它们的部分），传输层提供了两种协议：TCP 和 UDP。TCP 是面向连结的，即在发送者和接收者开始消息传输之前需要事先设置。它在发送者和接收者之间提供可靠的传输，以确保消息更够被接收者正确地收到（称为"端到端可靠性"）。它还提供可靠的流控制，使得在接收者不能及时处理所到达的消息时不受制于发送者；也提供拥塞控制，使得在网络超负荷时发送者可以减速。注意，TCP 不处理时机和带宽最低要求的问题，这些都留给应用层去解决。

另一方面，UDP 是非连结服务。它不提供 TCP 所具有的流控制和拥塞控制，也不在发送者和接收者之间建立连结。因此，消息在传输时有希望到达目的地，但是得不到端到端的保证。这样一来，UDP 的额外开销要远远低于 TCP，对于那些希望自己处理某些需求、而不是依赖于网络协议进行处理的应用而言，UDP 更受欢迎。

网络层实现 Internet 协议（IP），它把消息打包成在网络上传输的标准的 Internet 格式。每条 Internet 消息可以长达 64KB，含有消息首部和消息正文。消息首部则包含发送者和接收者的机器地址（例如你的机器上的 129.97.79.58 这样的数字）及其他信息。构成互联网的各个网络的消息格式不尽相同，但是在被传输[①]之前消息都要由 Internet 协议编码成 Internet 消息。

TCP/IP 的重要性在于构成互联网的每个内网可以使用各自的协议，内网的计算机也可以实现这些特定的协议（例如，前面介绍的令牌环机制和 CSMA/CS 技术就是这方面的例子）。但是，如果它们要连结到互联网，则需要使用在这些特定网络之上实现的 TCP/IP 进行通信（图 2.19）。

2.2.4.2 其他协议层

现在简要地介绍一下图 2.19 中给出的其他两层。虽然它们不属于 TCP/IP 协议栈，但对于分布式应用的建立还是必要的，它们分别是协议栈的顶层和底层。

应用层协议为分布式应用提供必须遵守的说明。例如，如果一个用户在建立 Web 应用，那么要在 Web 上发布的文档必须按照 HTML 的协议编写（注意，HTML 不是网络协议，它是文档的编码协议），而客户浏览器和 Web 服务器之间的通信则必须遵照 HTTP 协议。这一层上的其他应用也定义了类似的协议。

底层代表了可以使用的特定网络。每个网络有自己的消息格式和协议，它们提供在网

---

① 今天，许多内网（Intranets）也采用 TCP/IP，这种情况不一定需要 IP 封装。

络内部的数据传输机制。

　　LAN 的标准化最早是由 IEEE 所做的,尤其是他们的 802 委员会,为此所发布的标准就被公布为 IEEE 802 标准。IEEE 802 的局域网标准有三层,即物理层,介质访问控制层,以及逻辑链路控制层。

　　物理层处理物理数据的传输问题,例如信号的收发。介质访问控制层定义谁能够访问传输介质以及什么时候访问的协议。逻辑链路控制层则实现在相邻的两台计算机(不是端到端)间可靠包传输的协议。在大部分局域网里,TCP 和 IP 层的协议都是在这三层上实现的,从而使得互联网上的每台计算机可以直接通信。

　　为了覆盖 LAN 体系架构的变化,802 局域网标准实际上不是一个,而是若干个标准。最初,在介质访问控制层支持三种机制:CSMA/CD、令牌环以及总线网络的令牌访问机制。

2.3　参考文献说明

　　本章包含了与关系数据库系统和网络有关的基础概念。这些概念在一些优秀的教材里得到详细得多的讨论。在数据库技术方面可以给出【Ramakrishnan and Gehrke,2003】、【Elmasri and Navathe,2011】、【Silberschatz et al.,2002】、【Garcia-Molina et al.,2002】、【Kifer et al.,2006】和【Date,2004】。在网络方面大家可以参考【Tanenbaum,2003】、【Kurose and Ross,2010】、【Leon-Garcia and Widjaja,2004】和【Comer,2009】。有关数据通信的集中讨论则可以在【Stallings,2011】里找到。

第 3 章 分布式数据库设计

分布式计算机系统的设计是将**数据**(data)和**程序**(programs)放置到计算机网络上的决策过程,其间也可能涉及网络的设计。在分布式数据库管理系统的情况下,必须考虑以下两种分布:分布式数据库管理系统软件的分布,以及在数据库系统之上运行的应用程序的分布。第 1 章讨论的不同的体系架构模型解决第一种分布,本章着重讨论数据的分布问题。【Levin and Morgan,1975】建议分布式系统可以按照三个正交的维度进行组织(图 3.1):

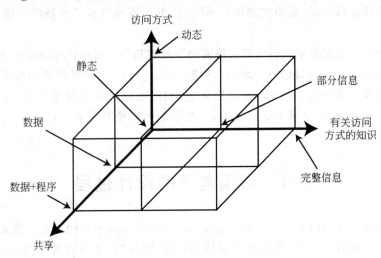

图 3.1 分布框架

(1) 共享级别。

(2) 访问方式。

(3) 有关访问方式的知识。

从共享级别的角度上看,存在三种可能。首先,不存在任何共享,即**无共享**(no sharing):每个应用和它的数据只在一个站点执行,不存在和其他站点任何程序或数据的通信。这是非常早期网络的情景,今天已经很不普遍了。作为第二种可能是**数据共享**(data sharing),所有程序都在每个站点上复制,而数据文件则不然。据此,用户请求仅在发出请求的站点上处理,而数据则在网络上传输。最后一种可能是**数据和程序同时共享**(data-plus-program sharing),即一个站点上的程序可能需要另一个站点上程序的服务,接着还可能需要访问第三个站点上的数据。

Levin 和 Morgan 在数据共享、数据和程序同时共享这两者间进行区别,从而展示了同构和异构分布式计算机系统之间的不同。他们正确地指出,在异构的环境下,在不同的硬件和操作系统之下执行同样的程序通常会极端困难,有时甚至不大可能。但是,数据的传输却相对容易。

在访问方式这一维度上,有两种选择:用户的访问方式可能是**静态**的(static),即不太会随着时间而变化,或者是**动态**的(dynamic)。显然,规划和管理静态的环境要比规划和管理动态的分布式系统容易得多。遗憾的是,现实中很难找到静态的分布式应用。所以本质的问题不是系统是静态还是动态,而是到底多么动态。恰巧在这一维度上,分布式数据库设计和查询处理之间建立了一种关系(参见图 1.7)。

第三个维度是有关访问方式的知识。第一种可能是设计者不知道用户如何访问数据的任何信息,这在理论上讲是可能的。这种情况下,即便可能做到,要想设计有效处理这种情景的分布式 DBMS 将会非常困难。更加实际的情况是:设计者掌握**完整信息**(complete information),此时访问方式可以合理地被预见,并且预见不会偏差太远。或者是掌握**部分信息**(partial information),此时访问方式会和所预见的方式产生偏差。

分布式数据库设计的问题应该在这一总体框架内予以考虑。在所有讨论过的情形中,除了无共享的情况以外,和集中式的情景不同,分布式环境引入了全新的问题,本章将集中逐一讨论。

有两种分布式数据库的设计方法:**自顶向下的方法**(top-down approach)和**自底向上的方法**(bottom-up approach)【Ceri et al.,1987】。正如它们的名字所指出的那样,它们是完全不同的设计过程。自顶向下更适合于紧密集成、同构的分布式数据库系统。而自底向上更适合于多数据库系统(参见第 1 章的分类)。本章集中讨论自顶向下的设计,下一章再讨论自底向上的设计方法。

3.1　自顶向下的设计过程

图 3.2 表达了自顶向下设计过程(top-down design process)的框架。活动由需求分析(requirements analysis)开始,它定义了系统的环境,并且"产生所有潜在用户的数据需求和处理需求"。对需求的研究还要说明最终的系统对 1.4 节所定义的分布式 DBMS 目标的符合程度,这些目标与性能、可靠性和可用性、经济性以及扩展性(灵活性)有关。

需求文档是**视图设计**(view design)和**概念设计**(conceptual design)这两个并行活动的输入。视图设计活动处理终端用户界面的定义,而概念设计是检查企业,决定实体和实体之间的关系的过程。这一过程也可以分为两个相关的活动组:**实体分析**(entity analysis)以及**功能分析**(function analysis)【Davenport,1981】。实体分析要确定实体,它们的属性以及它们之间的关系。功能分析则要确定与建模的企业有关的基础功能。这两个步骤需要对照检查,以便得到对于哪些功能处理哪些实体的更清楚的了解。

视图设计和概念设计之间存在一种关系。在某种意义上说,概念设计可以看成是视图设计的集成。这一**视图集成**(view integration)不仅要支持现有的应用,而且还要支持未来的应用。视图集成应当保证在概念模式中覆盖所有视图的实体和关系需求。

在概念设计和视图设计的活动中,用户需要说明数据实体,并且必须决定数据库上运行的应用以及这些应用的统计信息。这些统计信息包括用户应用的频率,各种信息的容量等等。从概念设计中,我们可以得到 1.7 小节所讨论的概念模式。到目前为止,我们还没有考虑分布式环境的要求,所讨论的过程和集中式数据库设计完全一样。

全局概念模式(global conceptual schema,GCS)以及视图设计产生的访问方式信息是**分布设计**(distribution design)阶段的输入。作为本章讨论重点的这一阶段的目标,是要

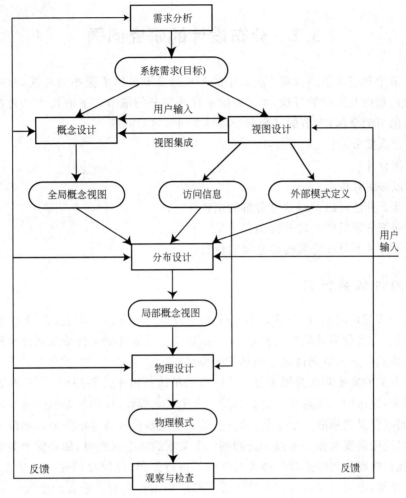

图 3.2　自顶向下的设计过程

通过把实体分布到分布式系统的各个站点来设计出局部的全局概念模式(local conceptual schemas,LCS)。本书将把关系模型作为讨论的基础,从这个角度上看,实体和关系相对应。

通常不会对关系进行分布,而是把关系分割成称为**片段**(fragment)的子关系,然后对这些片段进行分布。因此,分布式设计的过程由两步组成:**分片**(fragmentation)和**分配**(allocation)。分为这两步的原因是为了容易处理这一较为复杂的问题。但是这也带来了其他的麻烦,我们将在本章的最后来讨论这些问题。

设计过程的最后一步是**物理设计**(physical design),它将局部概念模式映像到对应站点上可用的物理存储设备。这一过程的输入是局部概念模式以及模式中关于片段的访问方式的信息。

人所共知,任何设计和开发都是一个连续进行,需要周期性的检查和调整的过程。因此,我们把**观察和检查**(observation and monitoring)作为这一过程的主要活动。需要注意的是,不仅要检查数据库实现的过程,而且还要关注是否符合用户的需要。这一结果是某种形式的反馈,会引起对这一过程早期任务的返工。

3.2　分布设计的研究问题

有前一节中我们曾指出数据库模式中的关系通常要分解成更小的片段,但并没有给出任何这样做的理由及所需的过程,本节将给出这两部分的细节。下面几个互为相关的问题覆盖了这些细节的全部,本节的其余部分将逐个回答这些问题。

(1) 为什么要分片?

(2) 如何分片?

(3) 分成多少片段?

(4) 有什么办法可以测试这种分解的正确性?

(5) 如何把分解后的片段分配到各个站点?

(6) 为了分片和分配需要哪些必要的信息?

3.2.1　为什么要分片

从数据分布的角度上讲,其实没有理由要对数据进行分片。再说,在分布式文件系统里,分布是以整个文件为基础的。实际上,早期的工作仅处理把文件分配到计算机网络上节点的任务。我们在 3.4 节来讨论这些早期的模型。

与分片有关的重要问题是用来分布的恰当的单位。由于几种原因,关系不适合做这样的单位。首先,应用的视图通常只是关系的一个子集。因此,应用所存取的是局部而不是整个的关系,而仅仅是关系的一个子集。因此,关系子集自然就被考虑为分布单位了。

其次,当应用需要在多个站点上访问同一个关系的几个视图时,如果整个关系被作为分布的单位,我们将面临两种选择。或者是关系不进行复制,仅仅存储在一个站点;或者是在所有的站点复制,也可以仅仅在那些使用关系的应用站点复制。前者产生大量不必要的远程数据访问,而后者则产生不必要的数据复制,这会给更新带来问题(后面将会讨论),而且当存储有限时,这也不是我们所希望的。

最后,将关系划分成片段,以片段作为单位能够支持事务的并发执行。另外,这样的关系分片可以把一个查询分解成在多个片段上的子查询,实现查询的并行执行。这样,分片明显地增加了并发度,从而增加了系统的吞吐量。这种形式的并发被称之为**查询内并发**(intraquery concurrency),主要在第 7 章和第 8 章有关查询处理的内容中进行讨论。

分片也面临着一些困难。如果由于需求的冲突而无法把关系分为互不相交的片段,这将会导致那些使用多个片段所定义的视图的应用降低性能。例如,可能要从两个片段取出数据进行连结,这是代价较高的操作。因此,尽量减少分布式连结就成为分片的一个重要问题。

第二个问题与语义数据的控制有关,尤其是完整性检查。由于分片的原因,参与依赖性的属性可能被分配到不同的片段,而这些片段却又在不同的站点。这时,即使是一个较为简单的完整性检查也可能引起对在多个站点数据的跟踪。在第 5 章,我们还会回到有关语义数据控制的讨论。

3.2.2　不同的分片方法

关系的实例就是表格。因此分片的实质性问题就是用不同的方法把表格划分为更小的表格。显然有两种方法可用：**水平**（horizontally）或者**垂直**（vertically）。

例 3.1　本章使用 2.1 节给出的关系数据库模式的修改版。我们在 PROJ 关系中增加了新的属性 LOC，说明每个项目的执行地点。图 3.3 给出了将要使用的关系实例，图 3.4 表明图 3.3 的 PROJ 关系是如何水平地划分为两个关系的。子关系 $PROJ_1$ 含有那些预算 budgets 低于 \$200 000 的项目，而子关系 $PROJ_2$ 则含有那些预算更高的项目。

EMP

ENO	ENAME	TITLE
E1	J. Doe	Elect. Eng
E2	M. Smith	Syst. Anal.
E3	A. Lee	Mech. Eng.
E4	J. Miller	Programmer
E5	B. Casey	Syst. Anal.
E6	L. Chu	Elect. Eng.
E7	R. Davis	Mech. Eng.
E8	J. Jones	Syst. Anal.

ASG

ENO	PNO	RESP	DUR
E1	P1	Manager	12
E2	P1	Analyst	24
E2	P2	Analyst	6
E3	P3	Consultant	10
E3	P4	Engineer	48
E4	P2	Programmer	18
E5	P2	Manager	24
E6	P4	Manager	48
E7	P3	Engineer	36
E8	P3	Manager	40

PROJ

PNO	PNAME	BUDGET	LOC
P1	Instrumentation	150000	Montreal
P2	Database Develop.	135000	New York
P3	CAD/CAM	250000	New York
P4	Maintenance	310000	Paris

PAY

TITLE	SAL
Elect. Eng.	40000
Syst. Anal.	34000
Mech. Eng.	27000
Programmer	24000

图 3.3　修改后的示例数据库

$PROJ_1$

PNO	PNAME	BUDGET	LOC
P1	Instrumentation	150000	Montreal
P2	Database Develop.	135000	New York

$PROJ_2$

PNO	PNAME	BUDGET	LOC
P3	CAD/CAM	255000	New York
P4	Maintenance	310000	Paris

图 3.4　水平划分的例子

例 3.2　图 3.5 给出了图 3.3 的 PROJ 关系被垂直地划分为两个子关系 $PROJ_1$ 和

PROJ₂。PROJ₁ 仅包含项目预算 budgets 的信息,而 PROJ₂ 则包含项目的名称 names 和地点 locations。特别需要注意的是,主码(PNO)包含在两个子关系中。

PROJ₁

PNO	BUDGET
P1	150000
P2	135000
P3	250000
P4	310000

PROJ₂

PNO	PNAME	LOC
P1	Instrumentation	Montreal
P2	Database Develop.	New York
P3	CAD/CAM	New York
P4	Maintenance	Paris

图 3.5　垂直划分的例子

当然,分片也可以是嵌套的。如果是不同类型的嵌套,那将是**混合型划分**(hybrid fragmentation)。尽管我们不把混合型的划分看成是主要的划分策略,但许多实际的划分却都是混合型的。

3.2.3　划分程度

数据库究竟应该划分到什么程度是一个关系到查询执行的性能的重要决定。实际上,3.2.1 节为什么要划分的讨论,是我们本节所讨论的问题答案的一部分。划分程度的变化可以从一个极端,即完全不划分,走到另一个极端,即划分到个别的元组(对水平分片而言),或是划分到个别的属性(对垂直分片而言)。

我们已经谈及了数据分片从很大的单位到很小的单位的变化,现在需要在这两个极端之间找到一种较好的折中程度,这种程度只能依照在数据库上运行的应用而选择。那么,究竟如何选择? 通常,这些应用要用一组参数来刻画,然后根据这组参数识别出不同的片段,3.3 节将描述如何实现不同分片所需的刻画。

3.2.4　分片的正确性规则

下述三项规则能够保证数据库在分片的过程中不会产生语义上的变化。

(1) **完整**(completeness)。如果一个关系 R 被分解成多个片段 $F_R = \{R_1, R_2, \cdots, R_n\}$ 则每个在 R 中的数据项也应能在一个或多个 R_i 中找到。这种特性和范式化过程中的无损分解特性完全一样(2.1 节),它对于分片也同样重要。因为只有它可以确保全局关系在映像成片段时不会有任何损失【Grant,1984】。注意,对于水平分片数据项通常是指元组,而对垂直分片则是指属性。

(2) **重构**(reconstruction)。如果一个关系 R 被分解成多个片段 $F_R = \{R_1, R_2, \cdots, R_n\}$,则应能定义一个关系操作▽使得

$$R = \triangledown R_i, \quad \forall R_i \in F_R$$

这里的操作▽应该根据分片方法的不同而变化,但重要的是应当能够找到这样的操作。从分片中得到关系的重构性保证了以依赖形式定义的限制得到了保留。

(3) **不相交**(disjointness)。如果一个关系 R 被水平地分解成多个片段 $F_R = \{R_1, R_2,$

…, R_n}，并且数据项 d_i 属于 R_j，则 d_i 不属于任何其他的 R_k($k\neq j$)。这一原则保证了水平片段是不相交的。如果 R 采用垂直分解，它的主码一般都要在所有的片段上重复（为了重构）。因此，对于垂直划分不相交性仅适用于非主码的其他属性。

3.2.5　不同的分配方法

在数据库完成了恰当划分之后，我们必须决定如何把片段分配到网络的不同站点。分配的结果使得这些片段或者是重复放置，或者是仅仅维护单一的拷贝。选择重复放置是为了可靠，也是为了提高只读查询的效率。如果一个数据项有多个副本，那么即使系统出了故障，也有可能从某个地方的副本里访问到该数据项。再者，访问同一数据的只读查询可以并行地执行，因为同一数据存放在多个站点。但是，对这些数据的更新有些麻烦，因为系统必须确保数据的所有副本正确地得到更新。所以，关于数据复制的决定是一种折中，它取决于只读查询相对于更新查询的比例。

一个非重复的数据库（通常称之为**划分式**（partitioned）数据库）拥有分配在多个站点上的片段，但每个片段仅仅在整个网络里保持一个副本。在数据复制的情形下，或者是在每个站点上都拥有全部的数据库（**全复制**（fully replicated）数据库），或者是片段的副本仅分布在几个站点上（**部分复制**（partially replicated）数据库）。对后者而言，一个片段所拥有的副本数量是分配算法的输入，或者是由算法决定的决策变量的值。图 3.6 比较了这三种复制方法以及它们的分布式 DBMS 的功能，我们将在第 13 章详细讨论数据复制问题。

	全 复 制	部 分 复 制	划 分 式
查询处理	容易	难度与划分相同	难度与部分复制相同
目录管理	容易，或者不需要	难度与划分相同	难度与部分复制相同
并发控制	中等	困难	容易
可靠性	很高	高	低
现实性	可能会有应用	现实	可能会有应用

图 3.6　不同复制方法的比较

3.2.6　信息需求

与分布设计有关的一个方面是：最优设计牵扯到太多的因素。这包括数据库的全局组织，应用所处的位置，应用访问数据库的特征，以及每个站点上计算机系统的特性。所有这些都与分布设计有关，使得要形成对于分布问题的形式描述变得十分复杂。

分布设计所需的信息可以分为四类：数据库信息、应用信息、通信网络信息以及计算机系统信息。后两类从性质上是完全定量的，它们用于分配模型、而不是分片算法里，这里不再详细考虑，下两节转而主要讨论分片和分配算法的信息需求。

3.3　分　　片

本节讨论不同的分片策略与算法。如前所述,有种基本的分片策略:水平的以及垂直的。也有可能是带有嵌套的混合方式。

3.3.1　水平分片

如前所释,水平分片根据元组来划分关系。因此,每一片段含有一个关系元组的子集。有两个版本的水平划分:自主式和诱导式。一个关系的**自主式水平分片**(primary horizontal fragmentation)通过定义在该关系上的谓词来完成,而**诱导式水平分片**(derived horizontal fragmentation) 产生于定义在另一关系上的谓词。

本节的后面会考虑同时执行这两种分片的算法,下面首先讨论水平分片所需的信息。

3.3.1.1　水平分片的信息需求

数据库信息

数据库信息与全局概念模式有关。这里重要的是要注意到数据库的关系是如何相互联系的,尤其是通过连结的关联。在关系模型里,这些联系也表示为关系。但是在其他模型里,例如实体-关系(E-R)模型【Chen,1976】,这些联系却用其他显式的表示方法。【Ceri et al.,1983】为了分布设计,它们在关系框架下也为这种联系显式建模,在直接通过相等连结而联系的两个关系之间直接画上一个有向**链接**(link)。

例 3.3　图 3.7 表达了图 2.3 给出的数据库关系之间的链接。注意,链接的方向表示了一对多的联系。例如,对于每个 TITLE,有多个雇员具有这样的 TITLE,这样就产生了PAY 和 EMP 关系之间的链接。根据这样的思想,EMP 和 PROJ 之间的多对多联系表示成了两个对于 ASG 关系的链接。

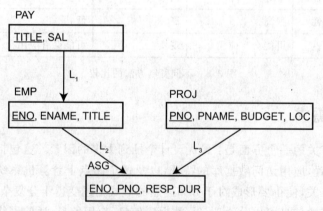

图 3.7　关系之间联系的链接表示

数据库对象(即这里的关系)之间的链接对于曾经和网状模型打交道的人而言应该是比较熟悉的。关系模型中在连结图里使用了它们,这在后面有关查询处理的各章会详细讨论。这里介绍它们的目的是为了简化我们马上要讨论的分布模型。

位于链结尾部的关系称为链接的**属主**（owner），而位于头部的关系则称为**成员**（member）
【Ceri et al.，1983】。在关系数据库的框架下，更常见的是把属主称为**源关系**（source relation），
而把成员称为**目标关系**（target relation）。下面定义两个函数：属主 owner 和成员 member，它
们提供将一个链接的集合到一个关系的集合的映像。因此，给定一个链接，它们会分别返回属
于该链接的属主关系或成员关系。

例 3.4　给定图 3.7 的链接 L_1，属主函数和成员函数的值分别是

```
owner(L₁)=PAY
member(L₁)=EMP
```

对数据库定量信息的要求是每个关系 R 的基数 card(R)。

应用信息

正如前面讨论图 3.2 所指出的那样，对于应用我们需要定性和定量这两种信息。定性
信息指导分片活动，而定量信息主要用在分配模型里。

基础的定性信息由用户查询里的谓词组成。如果没有可能分析所有的应用以便决定这
些谓词，那么至少应该研究那些重要的应用。作为一个首要的规则，【Wiederhold，1982】认
为最活跃的 20％的用户查询占到所有数据访问的 80％，这个"80/20 规则"应当作为我们分
析的准则。

现在我们来定义**简单谓词**（simple predicate）。给定一个关系 $R(A_1, A_2, \cdots, A_n)$，这里
A_i 是属性，其定义域为 D_i。一个定义在关系 R 上的简单谓词 p_j 具有以下形式：

$$p_j : A_i \theta Value$$

这里 $\theta \in \{=, <, \neq, \leqslant, >, \geqslant\}$，并且 Value 从 A_i 的定义域 D_i 里选择（$Value \in D_i$）。我
们使用 Pr_i 表示定义在关系 R_i 上的简单谓词的集合，Pr_i 的成员表示为 p_{ij}。

例 3.5　给定图 3.3 中的 PROJ 关系实例，PNAME＝"Maintenance"则是一个简单谓
词，此外还有 BUDGET $\leqslant$ 200 000 也是简单谓词。

虽然简单谓词容易处理，但是用户查询经常包含更为复杂的谓词，这些复杂谓词是由简
单谓词通过布尔运算组合构成的。其中有一种我们特别感兴趣的是**中间项谓词**（minterm
predicate），它是简单谓词的合取连结。由于总可以将一个布尔表达式转换成合取范式，所
以设计算法中使用的中间项谓词不会损失任何通用性。

给定一个关系 R_i 的简单谓词集合 $Pr_i = \{p_{i1}, p_{i2}, \cdots, p_{im}\}$，中间项谓词的集合 $M_i = \{m_{i1}, m_{i2}, \cdots, m_{iz}\}$ 定义如下：

$$M_i = \left\{ m_{ij} \mid m_{ij} = \bigwedge_{p_{ik} \in Pr_i} p_{ik}^* \right\}, 1 \leqslant k \leqslant m, 1 \leqslant j \leqslant z$$

这里的 $p_{ik}^* = p_{ik}$ 或者是 $p_{ik}^* = \neg p_{ik}$。所以，简单谓词出现在中间项谓词里要么是它的自
然形式，要么是它的否定形式。

尤其要注意，谓词的否定对于形式为 Attribute＝Value 的相等谓词具有重要意义。对
于不相等谓词，其否定应当处理成它的补集。例如，简单谓词 Attribute $\leqslant$ Value 的否定是
Attribute $>$ Value。除了在理论上补集的无穷集合以外，也有一些实际问题使得补集的定
义变得困难。例如，如果对于以下定义的两个简单谓词 Lower_bound $\leqslant$ Attribute_1 和

Attribute_1 $\leqslant$ Upper_bound，它们的补集是 $\neg$(Lower_bound $\leqslant$ Attribute_1)和 $\neg$(Attribute_

1≤Upper_bound）。然而，原来的两个简单谓词可以写成 Lower_bound≤Attribute_1≤Upper_bound，其补集为￢（Lower_bound≤Attribute_1≤Upper_bound），这个补集也是不好定义的。因此，目前这一领域的研究还仅限于简单的相等谓词【Ceri et al.，1982b；Ceri and Pelagatti，1984】。

　　例 3.6　对于图 3.3 的关系 PAY，可以定义下列简单谓词：

p_1：TITLE＝"Elect. Eng."

p_2：TITLE＝"Syst. Anal."

p_3：TITLE＝"Mech. Eng."

p_4：TITLE＝"Programmer"

p_5：SAL≤30 000

基于这些简单谓词，可以定义以下一些中间项谓词：

m_1：TITLE＝"Elect. Eng." ∧ SAL≤30 000

m_2：TITLE＝"Elect. Eng." ∧ SAL＞30 000

m_3：￢（TITLE＝"Elect. Eng."）∧ SAL≤30 000

m_4：￢（TITLE＝"Elect. Eng."）∧ SAL＞30 000

m_5：TITLE＝"Programmer" ∧ SAL≤30 000

m_6：TITLE＝"Programmer" ∧ SAL＞30 000

这里需要强调几点。首先，它们不是能够定义的中间项谓词的全部，我们只是给出了它们的部分代表。第二，对于关系 PAY 的语义，有些中间项谓词可能毫无疑义，这里我们暂不讨论这个问题。第三，它们是中间项的简化版本。中间项的定义要求每个简单谓词必须出现在其中，简单谓词出现在中间项里的形式要么是它的自然形式，要么是它的否定形式。例如，按照这一要求 m_1 就应当重写为

m_1：TITLE ＝ "Elect. Eng." ∧ TITLE ≠ "Syst. Anal." ∧ TITLE ≠ "Mech. Eng."

　　∧ TITLE ≠ "Programmer" ∧ SAL ≤ 30 000

然而，显然这是没必要的。为此，我们仅使用简单形式。最后，要注意对于这些中间项存在着它们的逻辑上的等价表达式。例如，m_3 可以重写为

　　　　　m_3：TITLE≠"Elect. Eng." ∧ SAL≤30 000

在用户应用的定量信息方面，我们需要下面的两组数据。

　　（1）**中间项选择率**（minterm selectivity）：即用户使用中间项谓词的查询所能够得到的元组个数。例如，例 3.6 的 m_1 的选择率是 0，因为在关系 PAY 里没有任何元组满足该中间项谓词。但是 m_2 的选择率是 0.25，因为的 4 个元组有 1 个满足 m_2 的条件，可把中间项 m_i 的选择率表示为 $sel(m_i)$。

　　（2）**访问频率**（access frequency）：即用户应用访问数据的频率。如果 Q＝{q_1，q_2，…，q_q}为一组用户查询，则 $acc(q_i)$ 用于指定查询 q_i 在给定的周期内的访问频率。

　　注意，中间项访问频率可以由查询频率来决定。我们把中间项 m_i 的访问频率表示成 $acc(m_i)$。

3.3.1.2　自主式水平分片

在给出水平分片的形式算法之前，让我们直观地讨论一下自主式（以及诱导式）的分片

过程。**自主式水平划分**（primary horizontal fragmentation）是通过数据库模式的属主关系上的选择操作定义的，给定关系 R，它的水平分片由下式给出：

$$R_i = \sigma_{F_i}(R), 1 \leqslant i \leqslant w$$

这里的 F_i 是用于得到片段 R_i 的选择公式（也称为**分片谓词**（fragmentation predicate））。注意，如果 F_i 是合取范式，则它就是一个中间项谓词（m_i），我们将要讨论的算法要求 F_i 必须是中间项谓词。

例 3.7　由例 3.1 给出的关系 PROJ 可以按照以下定义[①]分解成水平分片 $PROJ_1$ 和 $PROJ_2$

$$PROJ_1 = \sigma_{BUDGET \leqslant 200\,000}(PROJ)$$

$$PROJ_2 = \sigma_{BUDGET > 200\,000}(PROJ)$$

例 3.7 揭示了水平划分的一个问题。如果选择公式里的划分属性的值域是连续和无穷的，如例 3.7 所示，要定义正确划分一个关系的公式集 $F = \{F_1, F_2, \cdots, F_n\}$ 会是相当困难的。一个可能的选择是像例 3.7 那样定义出范围。但是，这里总存在着如何处理处理两个端点的问题。例如，如果在 PROJ 里插入一个新的元组，它的 BUDGET 的值为 \$600\,000，这时必须重新检查分片，决定是否将这个新的元组插入 $PROJ_2$，或是修改分片，加入以下新的分片定义

$$PROJ_2 = \sigma_{200\,000 < BUDGET \leqslant 400\,000}(PROJ)$$

$$PROJ_3 = \sigma_{BUDGET > 400\,000}(PROJ)$$

例 3.8　考虑图 3.3 的关系 PROJ，基于项目的地点 location 可以定义如下的水平分片，图 3.8 显示了分片结果。

$PROJ_1$

PNO	PNAME	BUDGET	LOC
P1	Instrumentation	150000	Montreal

$PROJ_2$

PNO	PNAME	BUDGET	LOC
P2	Database Develop.	135000	New York
P3	CAD/CAM	250000	New York

$PROJ_3$

PNO	PNAME	BUDGET	LOC
P4	Maintenance	310000	Paris

图 3.8　关系 PROJ 的主水平分片结果

---

① 假定 BUDGET 值的非负特性是通过完整性限制得到的关系特征。否则，具有 0≤BUDGET 形式的简单谓词也需要包含在 Pr 之中。本章的讨论以及用例都采用这一假定。

$$PROJ_1 = \sigma_{LOC=\text{“Montreal”}}(PROJ)$$

$$PROJ_2 = \sigma_{LOC=\text{“New York”}}(PROJ)$$

$$PROJ_3 = \sigma_{LOC=\text{“Paris”}}(PROJ)$$

现在我们能够更加仔细地定义水平分片。关系 R 的水平分片 R_i 由所有满足中间项谓词 m_i 的元组构成。因此,给定一个中间项谓词集合 M,有多少个中间项谓词,就会有多少个水平片段。这组水平片段通常称为**中间项片段**(minterm fragments)集合。

从以上的讨论中我们可以明显地看到水平分片的定义与中间项谓词有关。因此,任何分片的第一步都要决定形成中间项谓词的简单谓词。

简单谓词的一个重要方面是它们的**完整性**(completeness),另一个是**最小性**(minimality)。一个简单谓词的集合是完整的,当且仅当每个应用访问根据 Pr[①] 定义的中间项谓词所产生的片段里的任何元组时,每个元组具有相同的访问概率。

例 3.9　考虑例 3.8 中的关系 PROJ 的分片,如果 PROJ 的应用仅仅根据地点来访问它,这个谓词集合 Pr 就是完整的,因为例 3.8 的每个片段 $PROJ_i$ 被访问的概率是相等的。可是如果有第二个应用,它仅仅访问 budget 是否小于或等于 \$200 000 的元组,那么 Pr 就不完整了。在每个 $PROJ_i$ 中,有些元组会因为第二个应用具有更高的被访问概率。为了使它完整,我们需要在 Pr 中加入(BUDGET≤200 000,BUDGET>200 000),形成

$$Pr = \{LOC = \text{"Montreal"}, LOC = \text{"New York"}, LOC = \text{"Paris"},$$
$$BUDGET \leqslant 200\ 000, BUDGET > 200\ 000\}$$

我们希望得到完整性的原因在于:根据完整的一组谓词划分得到的分片在逻辑上是统一的,因为它们满足中间项谓词。同时,在应用访问这些片段时,从统计上看是同构的。这些特性保证了在所有的分片上具有平衡的负载(对于给定的工作负荷),因此我们使用完整的谓词集合作为自主水平划分的基础。

我们可以更加形式地定义完整性,这样可以自动地得到完整的谓词集合。但是,这需要设计者说明每个应用中的关系元组被访问的概率。与根据设计者的常识和经验得到一个完整的集合相比,这需要更多的工作。我们稍后会给出得到这个集合的算法。

对于产生中间项谓词的那个简单谓词集合而言,我们希望它所具备的第二个特性就是最小性,其原因非常直观。它是说如果一个谓词影响了划分的如何执行(即引起一个分片,例如 f,被进一步划分成 f_i 和 f_j),那么至少存在这样一个应用,它对 f_i 的访问和对 f_j 的访问不一样。换句话说,这个简单谓词应当与决定分片**相关**(relevant)。如果 Pr 的所有简单谓词都具有这样的相关性,Pr 就是**最小的**(minimal)。

关于相关性的正式定义如下【Ceri et al.,1982b】:如果 m_i 和 m_j 为两个几乎相同的中间项谓词,它们的唯一区别仅在于 m_i 含有简单谓词 p_i 的自然形式,而 m_j 则含有它的否定形式 $\neg p_i$,则 p_i 是相关的当且仅当

$$\frac{acc(m_i)}{card(f_i)} \neq \frac{acc(m_j)}{card(f_j)}$$

例 3.10　在例 3.9 里给出的集合 Pr 是完整和最小的。但如果在 Pr 中加入谓词 PNAME=

---

① 显然,此处的简单谓词集合的完整性定义不同于 3.2.4 节给出的分片规则的完整性定义。

"Instrumentation",则它就不再是最小的了。因为这个新的谓词与 Pr 不相关，即没有应用会对于它所产生的分片进行不一样的访问。

现在给出对于指定的简单谓词集合 Pr,从中产生出它的完整和最小的谓词集合 Pr′的迭代算法 COM_MIN。算法 3.1 是算法的描述。为了简练,算法使用下面的约定:

算法 3.1: COM_MIN 算法

Input: R: relation; Pr: set of simple predicates
Output: Pr': set of simple predicates
Declare: F: set of minterm fragments
begin
 find $p_i \in Pr$ such that p_i partitions R according to *Rule* 1 ;
 $Pr' \leftarrow p_i$;
 $Pr \leftarrow Pr - p_i$;
 $F \leftarrow f_i$ $\{f_i$ is the minterm fragment according to $p_i\}$;
 repeat
  find a $p_j \in Pr$ such that p_j partitions some f_k of Pr' according to *Rule* 1 ;
  $Pr' \leftarrow Pr' \cup p_j$;
  $Pr \leftarrow Pr - p_j$;
  $F \leftarrow F \cup f_j$;
  if $\exists p_k \in Pr'$ which is not *relevant* **then**
   $Pr' \leftarrow Pr' - p_k$;
   $F \leftarrow F - f_k$;
 until Pr' is *complete* ;
end

Rule1:是个规则,它要求每个片段至少会被一个应用进行不同的访问。

f_i of Pr':指的是片段 f_i,它是根据 Pr' 所定义的中间项谓词而定义的。

算法从寻找到一个谓词开始,该谓词既是相关的,又划分了输入的关系。repeat-until 循环迭代地在集合中加入谓词,在每一步保证最小性。因此,结束时 Pr' 既是最小,又是完整。

自主式水平设计过程的第二步是推导出定义在谓词集合 Pr' 之上的中间项谓词集合,这些中间项谓词决定了用于下一步分配中的那些片段。决定单个中间项谓词十分容易,困难在于中间项谓词的集合可能相当大(是简单谓词数量的指数),让我们来看一下如何缩减在分片时必须考虑的中间项谓词的数量。

这种缩减可以通过删除某些毫无疑义的中间项片段来获得,只要找到那些与一个蕴含集合 I 相矛盾的中间项我们就可以执行删除了。例如,如果 $Pr' = \{p_1, p_2\}$,这里

$$p_1 : att = value\_1$$

$$p_2 : att = value\_2$$

而且 att 的值域是 $\{value\_1, value\_2\}$。显然,I 含有下面的两个蕴含:

$$i_1 : (att = value\_1) \Rightarrow \neg(att = value\_2)$$

$$i_2 : \neg(att = value_1) \Rightarrow (att = value\_2)$$

根据 Pr' 可以定义出下面的中间项谓词:

$$m_1 : (att = value\_1) \wedge (att = value\_2)$$

$$m_2 : (att = value\_1) \wedge \neg(att = value\_2)$$

$$m_3 : \neg(att = value\_1) \wedge (att = value\_2)$$

$$m_4: \neg(att = value\_1) \wedge \neg(att = value\_2)$$

这里的 m_1 和 m_4 与蕴含 I 相矛盾，从而可以从 M 中删除。

算法 3.2 给出了自主式水平划分的算法。算法 PHORIZONTAL 的输入是要进行自主式水平划分的关系 R，而 Pr 则是从定义在关系上 R 的应用所得到的简单谓词集合。

算法 3.2: PHORIZONTAL 算法

Input: *R*: relation; *Pr*: set of simple predicates
Output: *M*: set of minterm fragments
begin
    $Pr' \leftarrow \text{COM\_MIN}(R, Pr)$;
    determine the set *M* of minterm predicates ;
    determine the set *I* of implications among $p_i \in Pr'$;
    foreach $m_i \in M$ **do**
        if *m_i is contradictory according to I* **then**
            $M \leftarrow M - m_i$
end

例 3.11　我们现在来考虑图 3.7 的数据库模式的设计问题。首先要注意的是，有两个关系要进行自主式水平划分：PAY 和 PROJ。

如果仅有一个应用访问 PAY，它检查薪水 salary 并决定是否加薪。假设雇员 employee 的记录在两个地方进行管理，一个管理薪水小于或等于 \$30 000 的记录，另一个则管理薪水大于 \$30 000 的记录。因此，查询 PAY 要在两个地方发出。划分关系的两个简单谓词是

$$p_1: SAL \leqslant 30\ 000$$

$$p_2: SAL > 30\ 000$$

于是，对最初的简单谓词集合 $Pr = \{p_1, p_2\}$ 应用 COM_MIN 算法，i＝1 作为初始值，得到 $Pr' = \{p_1\}$。这个结果是完整而且最小的。因为遵从应用 Rule 1，p_2 不会划分 f_1（它是从 p_1 得到的中项片段），所得到的中间项谓词是 M 的成员：

$$m_1: (SAL < 30\ 000)$$

$$m_2: \neg(SAL \leqslant 30\ 000) = SAL > 30\ 000$$

这样，根据 M 我们得到两个片段 $F_s = \{S_1, S_2\}$（图 3.9）。

PAY$_1$	
TITLE	SAL
Mech. Eng.	27000
Programmer	24000

PAY$_2$	
TITLE	SAL
Elect. Eng.	40000
Syst. Anal.	34000

图 3.9　关系 PAY 的水平分片

再考虑关系 PROJ。假设有两个应用，第一个在三个站点发出，用于查找给定地点 location 的项目 project 的名称 names 和预算 budgets。查询的 SQL 语句是

```
SELECT PNAME,BUDGET
FROM PROJ
WHERE LOC=Value
```

对于这一应用,使用的简单谓词是:

$$p_1 : LOC = \text{“Montreal”}$$

$$p_2 : LOC = \text{“New York”}$$

$$p_3 : LOC = \text{“Paris”}$$

第二个应用从两个站点发出,与项目管理有关。那些预算 BUDGET 小于或等于 \$ 200 000 的在一个站点管理,而那些预算更高的则在第二个站点管理。于是,按照第二个应用,用于分片的简单谓词是

$$p_4 : BUDGET \leqslant 200\ 000$$

$$p_5 : BUDGET > 200\ 000$$

按照 COM_MIN 算法,集合 $Pr' = \{p_1, p_2, p_4\}$ 显然是完整和最小的。其实 COM_MIN 可以从 p_1, p_2, p_3 中任选两个谓词加入 Pr',在本例中我们选择了 p_1, p_2。基于 Pr',我们得到了形成 m 的下面 6 个中间项谓词:

$$m_1 : (LOC = \text{“Montreal”}) \wedge (BUDGET \leqslant 200\ 000)$$

$$m_2 : (LOC = \text{“Montreal”}) \wedge (BUDGET > 200\ 000)$$

$$m_3 : (LOC = \text{“New York”}) \wedge (BUDGET \leqslant 200\ 000)$$

$$m_4 : (LOC = \text{“New York”}) \wedge (BUDGET > 200\ 000)$$

$$m_5 : (LOC = \text{“Paris”}) \wedge (BUDGET \leqslant 200\ 000)$$

$$m_6 : (LOC = \text{“Paris”}) \wedge (BUDGET > 200\ 000)$$

正如例 3.6 指出的那样,这些不是所有可以生成的中间项谓词。例如,就可能生成这样的谓词

$$p_1 \wedge p_2 \wedge p_3 \wedge p_4 \wedge p_5$$

但是下面的这些明显的蕴涵会删除这样的谓词,从而只给我们留下了 m_1 到 m_6。

$$i_1 : p_1 \Rightarrow \neg p_2 \wedge \neg p_3$$

$$i_2 : p_2 \Rightarrow \neg p_1 \wedge \neg p_3$$

$$i_3 : p_3 \Rightarrow \neg p_1 \wedge \neg p_2$$

$$i_4 : p_4 \Rightarrow \neg p_5$$

$$i_5 : p_5 \Rightarrow \neg p_4$$

$$i_6 : \neg p_4 \Rightarrow p_5$$

$$i_7 : \neg p_5 \Rightarrow p_4$$

对于图 3.3 的数据库实例,有人可能认为下面的蕴涵是成立的

$$i_8 : LOC = \text{“Montreal”} \Rightarrow \neg(BUDGET > 200\ 000)$$

$$i_9 : LOC = \text{“Paris”} \Rightarrow \neg(BUDGET \leqslant 200\ 000)$$

$$i_{10} : \neg(LOC = \text{“Montreal”}) \Rightarrow BUDGET \leqslant 200\ 000$$

$$i_{11} : \neg(LOC = \text{“Paris”}) \Rightarrow BUDGET > 200\ 000$$

但是请记住,蕴含的定义应该是以数据库的语义为基础的,而不是依据当前的值。数据库的语义里丝毫没有建议蕴含 i_8 至 i_{11} 是成立的,某些根据 $M = \{m_1, \cdots, m_6\}$ 定义的片段可

能为空,但即使如此,它们仍然还是片段。

依照中间项谓词 m,PROJ 的自主水平分片的结果是 6 个片段 $F_{PROJ} = \{PROJ_1, PROJ_2, PROJ_3, PROJ_4, PROJ_5, PROJ_6\}$(图 3.10)。由于片段 $PROJ_2$ 和 $PROJ_5$ 为空,所以它们没有出现在图里。

$PROJ_1$

PNO	PNAME	BUDGET	LOC
P1	Instrumentation	150000	Montreal

$PROJ_3$

PNO	PNAME	BUDGET	LOC
P2	Database Develop.	135000	New York

$PROJ_4$

PNO	PNAME	BUDGET	LOC
P3	CAD/CAM	250000	New York

$PROJ_6$

PNO	PNAME	BUDGET	LOC
P4	Maintenance	310000	Paris

图 3.10   关系 PROJ 的水平划分

3.3.1.3　诱导式水平分片

根据一个链接的属主的选择操作,诱导式水平分片是用来定义该链接的成员关系的。有两点值得重视:首先,在属主和成员之间的链接是用它们之间的相等连结来定义的。第二,一个相等连结可以用半连结来实现。这里的第二点尤其重要,因为要根据属主的分片来划分成员,我们希望所产生的分片仅仅由成员关系的属性来定义。

根据以上讨论,给定一个链接 L,owner(L) = S,member(L) = R,R 的诱导式水平片段的定义是:

$$R_i = R \ltimes S_i, \quad 1 \leqslant i \leqslant w$$

定义中的 w 是定义在 R 上的片段的最大数量,且 $S_i = \sigma_{F_i}(S)$,此处 F_i 是定义自主水平分片 S_i 的公式。

例 3.12   考虑图 3.7 中的链接 L_1,有 owner(L_1) = PAY,且 member(L_1) = EMP。我们可以按照薪水 salary 将工程师 engineers 进行分组:一组的薪水少于或等于 \$ 30 000,另一组高于 \$ 30 000。两个片段 EMP_1 和 EMP_2 定义如下:

$$EMP_1 = EMP \ltimes PAY_1$$
$$EMP_2 = EMP \ltimes PAY_2$$

定义中

$$PAY_1 = \sigma_{SAL \leqslant 30\,000}(PAY)$$
$$PAY_2 = \sigma_{SAL > 30\,000}(PAY)$$

分片的结果由图 3.11 给出。

为了完成诱导式水平分片,需要三个输入:属主关系的划分集合(例如,例 3.12 的 PAY_1 及 PAY_2),成员关系,以及在属主和成员之间的半连结谓词(例如,例 3.12 的 EMP.TITLE = PAY.TITLE)。这个划分算法相当容易,我们不在这里给出它的细节。

EMP₁

ENO	ENAME	TITLE
E3	A. Lee	Mech. Eng.
E4	J. Miller	Programmer
E7	R. Davis	Mech. Eng.

EMP₂

ENO	ENAME	TITLE
E1	J. Doe	Elect. Eng.
E2	M. Smith	Syst. Anal.
E5	B. Casey	Syst. Anal.
E6	L. Chu	Elect. Eng.
E8	J. Jones	Syst. Anal.

图 3.11　关系 EMP 的诱导式水平分片

这里有一种潜在的复杂性值得关注。在数据库模式里,一个关系 R 经常会有两个以上的链接(例如,图 3.7 的 ASG 就有两个进入的链接)。这时,对于 R 可能会有不止一个诱导式水平分片。对于它们的选择可以按照下面的准则进行:

(1) 具有更好的连结特性。

(2) 拥有更多的应用。

先讨论第二个准则。如果我们考虑应用访问数据的频率,这一准则就显得很直接。在可能的条件下,当然应该首先支持那些"大"用户的访问,目的是要使他们对系统性能总的影响降到最低。

但是第一个准则的应用就没那么直接了。例如,例 3.1 所讨论的分片的效果(以及目标)是要从以下两个方面帮助查询中关系 EMP 和 PAY 的连结操作:

(1) 使得连结在较小的关系(即片段)上执行;

(2) 提供并行执行连结的可能。

第一点是显然的。EMP 的片断当然比 EMP 关系要小,所以 PAY 和 EMP 的片断连结一定比这些关系本身的连结要快。而第二点更为重要,它是分布式数据库的核心。如果除了在不同站点执行多个查询以外,我们能够将连结操作并行化,那么系统的响应时间和吞吐量将会得到改进。就连结而言,在某些条件下,这是可能的。例如,观察一下例 3.10(图 3.12)的 EMP 的片段和和 PAY 的片段之间的连结图(即链接),我们看到一个片段仅有一个进入和一个离开的链接,这样的连结图被称为**简单图**(simple graph)。片段之间的连结关系是简单图的优点给设计带来了这样的好处:一个链接的属主和成员可分配到一个站点上,而且不同片段对之间的连结可以独立、并行地执行。

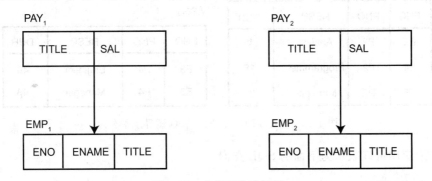

图 3.12　片段间的连结图

不幸的是,我们不可能总是得到简单连结图。在这种情况下,另一种较好的结果就是**划**

分连结图（partitioned join graph）。一个划分连结图有两个或更多的子图组成，在这些子图之间不存在任何链接。这样得到的片段可能不会像简单连结图那样易于分布和并行执行，但是对于分配还是有利的。

例 3.13 继续例 3.11 的数据库分布设计，我们已经决定了如何根据 PAY 的片段（例 3.12）来对关系 EMP 分片，现在来考虑 ASG。假定有以下两个应用：

（1）第一个应用查找在某些地点工作的工程师 engineers 的名字 name。事实上，三个站点上访问在本地工作的工程师信息的可能性比访问其他站点的可能性都要大。

（2）在每个存储雇员 employee 记录的管理站点，用户希望知道这些雇员对于项目 project 的责任 responsibility，以及他们将在这些项目上工作多久。

第一个应用产生根据例 3.11 得到的 PROJ 的非空片段：$PROJ_1$、$PROJ_3$、$PROJ_4$、$PROJ_6$，而生成的 ASG 分片。请记住：

$$PROJ_1：\sigma_{LOC=\text{"Montreal"} \wedge BUDGET \leqslant 200\,000}(PROJ)$$

$$PROJ_3：\sigma_{LOC=\text{"New York"} \wedge BUDGET \leqslant 200\,000}(PROJ)$$

$$PROJ_4：\sigma_{LOC=\text{"New York"} \wedge BUDGET > 200\,000}(PROJ)$$

$$PROJ_6：\sigma_{LOC=\text{"Paris"} \wedge BUDGET > 200\,000}(PROJ)$$

因此，根据 $\{PROJ_1, PROJ_2, PROJ_3\}$ 得到的 ASG 的诱导分片如下：

$$ASG_1 = ASG \ltimes PROJ_1$$

$$ASG_2 = ASG \ltimes PROJ_3$$

$$ASG_3 = ASG \ltimes PROJ_4$$

$$ASG_4 = ASG \ltimes PROJ_6$$

这些片段的实例由图 3.13 给出。

ASG_1

ENO	PNO	RESP	DUR
E1	P1	Manager	12
E2	P1	Analyst	24

ASG_2

ENO	PNO	RESP	DUR
E2	P2	Analyst	6
E4	P2	Programmer	18
E5	P2	Manager	24

ASG_3

ENO	PNO	RESP	DUR
E3	P3	Consultant	10
E7	P3	Engineer	36
E8	P3	Manager	40

ASG_4

ENO	PNO	RESP	DUR
E3	P4	Engineer	48
E6	P4	Manager	48

图 3.13 根据 PROJ 生成的 ASG 诱导水平分片

第二个应用可以表示为下面的 SQL 查询

```
SELECT RESP,DUR
FROM    ASG,EMP₁
WHERE   ASG.ENO=EMP₁.ENO
```

此处 i＝1 或 i＝2,由发出查询的站点来决定。根据 EMP 的 ASG 的诱导式分片定义如下,图 3.14 展示了这一结果:

$$ASG_1 = ASG \ltimes EMP_1$$

$$ASG_2 = ASG \ltimes EMP_2$$

ASG₁

ENO	PNO	RESP	DUR
E3	P3	Consultant	10
E3	P4	Engineer	48
E4	P2	Programmer	18
E7	P3	Engineer	36

ASG₂

ENO	PNO	RESP	DUR
E1	P1	Manager	12
E2	P1	Analyst	24
E2	P2	Analyst	6
E5	P2	Manager	24
E6	P4	Manager	48
E8	P3	Manager	40

图 3.14　根据 EMP 生成的 ASG 诱导水平分片

这个例子说明了以下两点:

(1) 诱导式水平分片可以形成一个链条,其中的一个关系的分片结果会依次影响下一个关系的分片(例如链条 PAY→EMP→ASG 那样)。

(2) 对一个给定的关系(例如关系 ASG),通常会有一个以上的分片作为候选。最终的选择可能要在讨论分配问题时做出决策。

3.3.1.4　正确性检查

下面根据 3.2.4 节所讨论的准则来检查分片算法的正确性。

完整性

自主式水平划分的完整性是以谓词的选择作为基础的。只要选择的谓词是完整的,那么它会保证所生成的分片也是完整的。由于分片算法的基础是完整且最小的谓词集合 Pr',只要在定义 Pr' 中没有出现错误,完整性就会得到保证。

定义诱导式水平分片的完整性会有些困难,其难处在于定义分片的谓词涉及两个关系。我们首先形式地定义完整性规则,然后再看一个例子。

设 R 为一个属主为 S 的链接的成员,R 和 S 的分片分别为 $F_R = \{R_1, R_2, \cdots, R_w\}$ 和 $F_S = \{S_1, S_2, \cdots, S_w\}$,同时 A 是 R 和 S 之间的连结属性。则对于 R_i 的每个元组 t 应该有 S_i 的一个元组 t',使得 $t[A] = t'[A]$。

例如,不存在这样的 ASG 元组,它的 project number 会不包含在 PROJ 之中。与此类似,不存在这样的 EMP 元组,它的 TITLE 的值会不出现在 PAY 之中。这个规则称为**参照完整性**(referential integrity),它保证了任何成员关系片段中的元组同时也包含在属主关系里。

重构性

在自主水式平分片和诱导式水平分片中,通过执行片段上的并操作来实现全局关系的重构。于是,对于一个具有分片 $F_R = \{R_1, R_2, \cdots, R_w\}$ 的关系 R,它的重构操作为

$$R = \bigcup R_i, \quad \forall R_i \in F_R$$

不相交性

自主式水平分片的不相交性的建立比诱导式水平分片要容易。对于前者而言,只要用于分片的中间项谓词是互斥的,不相交性就会得到保证。

但在诱导式水平分片的情况下,半连结的加入增加了相当的复杂性。如果连结图是简单的,不相交性可以得到保证。否则,必须研究元组的实际值。一般而言,我们不希望成员关系的一个元组去和属主关系的两个或更多的元组进行连结,而这两个元组却属于不同的属主片段。这或许不容易做到,而这恰恰告诉我们为什么总是希望得到具有简单连结图的诱导式水平分片。

例 3.14　在对关系 PAY 分片时(例 3.11),中间项谓词为 $M = \{m_1, m_2\}$:

$$m_1 : SAL \leqslant 30\,000$$

$$m_2 : SAL > 30\,000$$

由于 m_1 和 m_2 是互斥的,PAY 的分片是不相交的。但对于关系 EMP,我们需要:

(1) 每个工程师 engineer 只有一个职位 title。

(2) 每一个职位 title 只能有一个相关的薪水 salary 值。

因为两条规则遵从数据库的语义,依赖于 PAY 的 EMP 的水平分片是不相交的。

3.3.2　垂直分片

垂直分片从一个关系 R 产生出片段 $R_1, R_2, \cdots, R_r$,每个片段含有 R 属性的一个子集以及它的主码。垂直分片的目的是把一个关系划分成更小的关系,而使许多用户的应用只在一个片段上运行。从这个意义上说,"最优的"分片是这样的方法,它使得在片段上运行的应用能够极小化它们的执行时间。

集中式数据库和分布式数据库都研究过垂直分片的问题。集中式数据库的研究目的是让用户查询只和更小的关系打交道,从而产生少量的页面访问【Navathe et al.,1984】。还有过这样的建议:识别出最"活跃"的页面,把它们放在支持层次式内存体系的存储子系统里【Eisner and Severance,1976】。

垂直分片本身要比水平分片更为复杂,这是因为可选择的方案的数量所引起的。例如,如果水平划分时 Pr 的简单谓词的总数是 n,从中可以定义出 2^n 的中间项谓词。另外,还知道这里还含有某些和已知的蕴涵相矛盾的中间项谓词,所以需要进一步考虑候选片段的数量缩减问题。可是在垂直划分的情况下,如果一个关系含有 m 个非主码的属性,可能得到的分片的数量则是 B(m),即第 m 个 Bell 数【Niamir,1978】。如果 m 是个大数,$B(m) \approx m^m$。例如,如果 m=10,则 $B(m) \approx 115\,000$,如果 m=15,则 $B(m) \approx 10^9$,若 m=30,则 $B(m) = 10^{23}$【Hammer and Niamir,1979】、【Navathe et al.,1984】。

这些数字表明,对于垂直划分问题要得到最优解是徒劳的,我们只能依赖于启发式的方法。有两种启发式的方法可以用于全局关系的垂直分片。

(1) **分组**(grouping):从把每个属性分到一个片段开始,在每一步对某些片段进行连结操作,直到满足某些准则。分组最先用于集中式数据库【Hammer and Niamir,1979】,后来也被分布式数据库所采用【Sacca and Wiederhold,1985】。

(2) **分裂**(splitting):从一个关系开始,根据应用对关系属性的访问行为做出有益划分的决定。这一技术也首先用在集中式数据库设计里【Hoffer and Severance,1975】,而后扩展到分布环境【Navathe et al. ,1984】。

在后面的讨论里,我们只涉及分裂技术,因为它对于自顶向下的设计更为自然,其"最优"解更为靠近完整关系,而不是那些仅有单个属性构成的分片【Navathe et al. ,1984】。再说,分裂生成非覆盖的片段,而分组却通常会生成互为覆盖的片段。从不相交的角度出发,我们更倾向非覆盖。当然,非覆盖只是对非主码的属性而言。

在继续讨论之前,让我们对前面例 3.2 中的一个问题澄清一下,即全局关系的主码复制问题。这是垂直分片的一个特性,它用于支持全局关系的重构。所以,分裂仅仅考虑那些不属于主码的属性。

尽管有些问题,主码属性的复制具有一个很大的优点,它和将在第 5 章讨论的语义完整性的实施有关。要知道,2.1 节简短讨论过的依赖性是在有关属性之间始终必须成立的一种限制。还要注意到,这些依赖性的大多数都涉及一个关系的主码属性。如果我们在数据库设计中把主码属性作为片段的一个部分放在一个站点,而把隐含的属性作为另一个片段的一部分存放在第二个站点,则每一个更新的请求都会在站点之间产生必需的通信。主码属性的复制减少了这种机会的发生,但不能完全消除。因为对于不涉及主码的限制来说,这种通信还是必需的。此外,并发控制也需要这样的通信。

作为对主码属性复制的一种替换,就是使用**元组标识符**(tuple identifier)(TID)。元组标识符是由系统分配的关系元组的唯一值,由系统维护,所以在逻辑上片段之间互不相交。

3.3.2.1 垂直分片的信息需求

主要的垂直分片的信息需求都与应用相关,后面的讨论中将只关注运行在分布式数据库上的应用。由于垂直划分将被一起访问的属性放在一个片段,所以需要定义"在一起"的概念。这种度量是属性的**亲和度**(affinity),它指出属性之间在一起的紧密程度。不幸的是,要让设计者或用户容易地说明这些值是不切实际的。我们下面给出一种方法,它可以从基本的数据里得到这些值。

和应用信息需求有关的主要信息就是它们的访问频率。设 $Q = \{q_1, q_2, \cdots, q_q\}$ 是访问关系 $R(A_1, A_2, \cdots, A_n)$ 的用户查询(应用)的集合,对于每个查询 q_i 和每个属性 A_j 分配一个**属性使用值**(attribute usage value),表示为 $use(q_i, A_j)$,它的定义是:

$$use(q_i, A_j) = \begin{cases} 1 & \text{if attribute } A_j \text{ is referenced by query } q_i \\ 0 & \text{otherwise} \end{cases}$$

如果设计者了解在数据库上运行的应用,定义每个应用的 $use(q_i, \bullet)$ 向量是件容易的工作。再一次提醒大家,前面讨论过的 80-20 规则对此会很有帮助。

例 3.15 考虑图 3.3 的 PROJ 关系,假设下面的应用定义在该关系上运行,每个应用的 SQL 说明如下

q_1:已知一个项目 project 的编号,查找该项目的预算 budget

```
SELECT BUDGET
FROM    PROJ
WHERE   PNO=Value
```

q_2:查找所有项目的名称 name 和预算

```
SELECT PNAME,BUDGET
```

```
FROM    PROJ
```

q_3：查找位于指定城市的项目

```
SELECT PNAME
FROM    PROJ
WHERE   LOC=Value
```

q_4：对每个城市给出项目预算的总和

```
SELECT SUM(BUDGET)
FROM    PROJ
WHERE   LOC=Value
```

现在根据这四个应用来定义属性使用值。为了表示方便,让 $A_1 = PNO$, $A_2 = PNAME$, $A_3 = BUDGET$ 以及 $A_4 = LOC$,使用值可以用矩阵的形式定义(图 3.15),图中位于 $(i;j)$ 的元素表示 $use(q_i, A_j)$。

$$\begin{array}{c c c c c} & A_1 & A_2 & A_3 & A_4 \\ q_1 & 1 & 0 & 1 & 0 \\ q_2 & 0 & 1 & 1 & 0 \\ q_3 & 0 & 1 & 0 & 1 \\ q_4 & 0 & 0 & 1 & 1 \end{array}$$

图 3.15　属性使用值的矩阵表示

属性使用值还不足以构成属性分裂和分片的基础,因为它们没有表示出应用频率的分量。频率的度量可以包括在属性亲和度 $aff(A_i, A_j)$ 之内,该亲和度根据应用对属性的访问来度量一个关系的两个属性之间的紧密程度。

依据应用集合 $Q = \{q_1, q_2, \cdots, q_q\}$,关系 $R(A_1, A_2, \cdots, A_n)$ 的属性 A_i 和 A_j 之间的亲和度定义如下

$$aff(A_i, A_j) = \sum_{k | use(q_k, A_i) = 1 \wedge use(q_k, A_j) = 1} \sum_{\forall S_l} ref_l(q_k) acc_l(q_k)$$

公式里的 $ref_l(q_k)$ 是在站点 S_l 每次执行 q_k 时访问属性 (A_i, A_j) 的次数,$acc_l(q_k)$ 是前面定义过的应用访问频率度量,修改后将它用于包括不同站点的频率。

这一计算结果是个 $n \times n$ 的矩阵,它的每个元素是前面定义过的一个度量。我们把这个矩阵称之为**属性亲和度矩阵**(attribute affinity matrix,AA)。

例 3.16　我们继续例 3.15 的讨论。为例简单起见,我们假定对所有的 S_l 和 q_k,得到 $ref_l(q_k) = 1$,如果应用的频率为:

$$acc_1(q_1) = 15 \quad acc_2(q_1) = 20 \quad acc_3(q_1) = 10$$
$$acc_1(q_2) = 5 \quad\ \ acc_2(q_2) = 0 \quad\ \ acc_3(q_2) = 0$$
$$acc_1(q_3) = 25 \quad acc_2(q_3) = 25 \quad acc_3(q_3) = 25$$
$$acc_1(q_4) = 3 \quad\ \ acc_2(q_4) = 0 \quad\ \ acc_3(q_4) = 0$$

属性 A_1 和 A_3 之间的亲和度的度量是:

$$aff(A_1, A_3) = \sum_{k=1}^{1} \sum_{l=1}^{3} acc_l(q_k)$$
$$= acc_1(q_1) + acc_2(q_1) + acc_3(q_1) = 45$$

这是因为同时访问它们的应用只有 q_1。图 3.16 给出了完整的属性亲和矩阵。请注意,对角线的值没有计算,因为它们没有意义。

本章的剩下讨论将使用亲和度矩阵指导分片工作。这一

$$\begin{array}{c c c c c} & A_1 & A_2 & A_3 & A_4 \\ A_1 & - & 0 & 45 & 0 \\ A_2 & 0 & - & 5 & 75 \\ A_3 & 45 & 5 & - & 3 \\ A_4 & 0 & 75 & 3 & - \end{array}$$

图 3.16　属性亲和度矩阵

过程包括首先对高亲和度的属性聚类,然后据此进行分裂。

3.3.2.2　聚类算法

设计一个垂直分片算法的基本任务是:在属性亲和度值的矩阵 AA 基础上,找到把一个关系的属性进行分组的方法。键能算法(BEA)【McCormick et al.,1972】、【Navathe et al.,1984】可以实现这一目标,主要是由于以下的原因【Hoffer and Severance,1975】:

(1) 该算法特别适用于对类似的数据项进行分组(即把具有较大亲和力值的属性聚集在一起,而其他具有较小值的另放在一起)。这与仅按这些数据项的,例如线性顺序进行分组的方法完全不同。

(2) 最终的分组对于数据项提交给算法的顺序不敏感。

(3) 算法的计算时间合理:$O(n^2)$,这里的 n 是属性的数量。

(4) 在聚集的属性组之间的二阶关系可识别。

键能算法以属性亲和度矩阵作为输入,对行列进行排列,生成**聚类亲和度矩阵**(clustered affinity matrix,CA)。在排列时将下列的**全局亲和度度量**(global affinity measure,AM) 极大化:

$$AM = \sum_{i=1}^{n} \sum_{j=1}^{n} aff(A_i, A_j)[aff(A_i, A_{j-1}) + aff(A_i, A_{j+1}) + aff(A_{i-1}, A_j) + aff(A_{i+1}, A_j)]$$

公式里

$$aff(A_0, A_j) = aff(A_i, A_0) = aff(A_{n+1}, A_j) = aff(A_i, A_{n+1}) = 0$$

最后一组条件专门用于处理这样的情景:在 CA 里把一个属性放到最左属性的左边,或者是把属性放到最右属性的右边;而在行排列时,则处理最上面的行之上,或是最下面的行之下的情况。在这些情况下,可把处于正在放置的排列属性和左边邻居或右边邻居(以及最上面或最下面邻居)之间的 aff 值设为 0,这些邻居在 CA 中不存在。

极大化函数仅考虑最近邻,这就产生了将较大的值放在一组,而将较小的值放在另一组的分组结果。同时,属性亲和度矩阵是对称的,这就将上述公式的目标函数规约到

$$AM = \sum_{i=1}^{n} \sum_{j=1}^{n} aff(A_i, A_j)[aff(A_i, A_{j-1}) + aff(A_i, A_{j+1})]$$

算法 3.3 给出了键能算法的细节。CA 的生成用三步完成:

算法 3.3: BEA 算法

Input: *AA*: attribute affinity matrix
Output: *CA*: clustered affinity matrix
begin
　　{initialize; remember that *AA* is an $n \times n$ matrix}
　　$CA(\bullet, 1) \leftarrow AA(\bullet, 1)$;
　　$CA(\bullet, 2) \leftarrow AA(\bullet, 2)$;
　　index $\leftarrow 3$;
　　while index $\leqslant n$ **do**　　　{choose the "best" location for attribute AA_{index}}
　　　　for *i* from *1 to* index -1 *by 1* **do**　calculate $cont(A_{i-1}, A_{index}, A_i)$;
　　　　calculate $cont(A_{index-1}, A_{index}, A_{index+1})$;　　　{boundary condition}
　　　　loc $\leftarrow$ placement given by maximum cont value ;
　　　　for *j* from index to loc by -1 **do**
　　　　　　$CA(\bullet, j) \leftarrow CA(\bullet, j-1)$　　　　{shuffle the two matrices}
　　　　$CA(\bullet, loc) \leftarrow AA(\bullet, index)$;
　　　　index $\leftarrow$ *index* $+ 1$
　　order the rows according to the relative ordering of columns
end

（1）初始化。从 AA 里任选一列，将其放入 CA。算法中选择了第一列。

（2）迭代。逐一选取剩余的 $n-i$ 列（i 是已经放入 CA 的列的数目）的每一列，尝试着把它们放入 CA 所剩余的 $i+1$ 个位置上，所选择的位置应当对前面所描述的全局亲和度度量贡献最大。继续这一步骤，直到没有在可以放置的列。

（3）行排序。一旦列的顺序决定，行的放置也应改变，使得它们的相对位置和列[①]的相对位置匹配。

对算法的第二步工作，我们需要定义一个属性对亲和度度量的贡献究竟是什么。这种贡献可以从下面的推导得到，我们不妨回忆一下前面定义过的全局亲和度度量矩阵

$$AM = \sum_{i=1}^{n} \sum_{j=1}^{n} aff(A_i, A_j)[aff(A_i, A_{j-1}) + aff(A_i, A_{j+1})]$$

它可以重写成

$$AM = \sum_{i=1}^{n} \sum_{j=1}^{n} [aff(A_i, A_j)aff(A_i, A_{j-1}) + aff(A_i, A_j)aff(A_i, A_{j+1})]$$

$$= \sum_{j=1}^{n} \left[\sum_{i=1}^{n} aff(A_i, A_j)aff(A_i, A_{j-1}) + \sum_{i=1}^{n} aff(A_i, A_j)aff(A_i, A_{j+1}) \right]$$

设属性和之间的粘合度 bond 为

$$bond(A_x, A_y) = \sum_{z=1}^{n} aff(A_z, A_x)aff(A_z, A_y)$$

则 AM 可以重写成

$$AM = \sum_{j=1}^{n} [bond(A_j, A_{j-1}) + bond(A_j, A_{j+1})]$$

现在考虑下面的 n 个属性

$$\underbrace{A_1 A_2 \cdots A_{i-1}}_{AM'} A_i A_j \underbrace{A_{j+1} \cdots A_n}_{AM''}$$

这些属性的全局亲和度度量可以写成

$$AM_{old} = AM' + AM'' + bond(A_{i-1}, A_i) + bond(A_i, A_j)$$
$$+ bond(A_j, A_i) + bond(A_j, A_{j+1})$$
$$= \sum_{l=1}^{i} [bond(A_l, A_{l-1}) + bond(A_l, A_{l+1})]$$
$$+ \sum_{l=i+2}^{n} [bond(A_l, A_{l-1}) + bond(A_l, A_{l+1})]$$
$$+ 2bond(A_i, A_j)$$

再来考虑将新的属性 A_k 放置到聚类的亲和度矩阵属性 A_i 和 A_j 之间，这个新的全局亲和度度量可以类似地写成

$$AM_{new} = AM' + AM'' + bond(A_i, A_k) + bond(A_k, A_i)$$

---

① 从现在起，AA 矩阵和 CA 矩阵的元素分别用 AA(i,j) 和 CA(i,j) 表示，这仅仅是为了表示上的方便。对于亲和度的匹配则是 AA(i,j)=aff(A_i, A_j) 和 CA(i,j)=aff(CA 里放置在 i 列的属性，CA 里放置在 j 列的属性)。尽管 AA 和 CA 除了属性排序以外，其他部分完全一样，因为算法对 CA 的列进行排序优先于对行的排序，所以 CA 的亲和度度量的说明是和列相关的。注意，可以规定亲和度度量（AM）的端点条件，其表示为 CA(0,j)=CA(i,0)=CA(n+1,j)=CA(i,n+1)=0。

$$+ \text{bond}(A_k, A_j) + \text{bond}(A_j, A_k)$$
$$= AM' + AM'' + 2\text{bond}(A_i, A_k) + 2\text{bond}(A_k, A_j)$$

于是,放置属性 A_k 的净贡献[①]是

$$\text{cont}(A_i, A_k, A_j) = AM_{new} - AM_{old}$$
$$= 2\text{bond}(A_i, A_k) + 2\text{bond}(A_k, A_j) - 2\text{bond}(A_i, A_j)$$

例 3.17　考虑图 3.16 的 AA 矩阵并计算在属性 A_1 和 A_2 之间移动属性 A_4 的贡献,利用公式

$$\text{cont}(A_1, A_4, A_2) = 2\text{bond}(A_1, A_4) + 2\text{bond}(A_4, A_2) - 2\text{bond}(A_1, A_2)$$

计算其中的每一项,得到

$$\text{bond}(A_1, A_4) = 45 * 0 + 0 * 75 + 45 * 3 + 0 * 78 = 135$$
$$\text{bond}(A_4, A_2) = 11\,865$$
$$\text{bond}(A_1, A_2) = 225$$

因此,

$$\text{cont}(A_1, A_4, A_2) = 2 * 135 + 2 * 11\,865 - 2 * 225 = 23\,550$$

要注意,两个属性之间的粘合度的计算需要表示属性的两列元素之间的乘运算且要按行求和。

到目前为止,算法以及讨论都关注的是属性亲和度矩阵的列。我们也可以对算法重新设计,让它按行计算。由于 AA 矩阵是对称的,这两种方法会得到同样的结果。

关于算法 3.3 的另一点说明是,在初始化阶段第二列是固定的位于第一列之后。这是可以接受的,因为按照算法 A_2 或者是放在 A_1 的左边,也可以在 A_1 右边,但它们之间的粘合度和他们的相对位置无关。

最后,应当指出端点 cont 的计算问题。如果一个属性正在被考虑放置到最左属性的左边,有一个计算粘合度的等式会是在一个不存在的左元素和 A_k 之间的(即 $\text{bond}(A_0, A_k)$)。因此,要用到全局亲和度度量 AM 之上的定义 $CA(0, k) = 0$。另外一个极端是如果 A_j 是已经放入矩阵 CA 的最右边的属性,而且我们在检查将 A_k 放置到 A_j 的右边的贡献,这是就需要计算 $\text{bond}(k, k+1)$。然而,因为没有属性放置在 CA 的 $k+1$ 列,所以亲和度的度量没有定义。所以,根据端点的条件这个值应该为 0。

例 3.18　使用图 3.16 的 AA 矩阵我们来考虑 PROJ 关系的属性聚类。

根据初始化的步骤要求,我们将 AA 矩阵的第 1 列和第 2 列复制到矩阵 CA(图 3.17(a)),而后从第 3 列(即属性 A_3)开始。第 3 列有三个可选的位置:第 1 列的左侧,产生(3-1-2)的排序;在第 1 列和第 2 列之间,得到(1-3-2);以及第 2 列的右边,得到(1-2-3)。注意,要计算最后那个排序的贡献,我们必须计算 $\text{cont}(A_2, A_3, A_4)$,而不是 $\text{cont}(A_1, A_2, A_3)$。进一步讲,$A_4$ 指的是 CA 矩阵里为空的第 4 列(图 3.17(b)),而不是 AA 矩阵里的 A_4 属性列。现在来计算每一选择对于全局亲和度度量的贡献。

排序(0-3-1):

$$\text{cont}(A_0, A_3, A_1) = 2\text{bond}(A_0, A_3) + 2\text{bond}(A_3, A_1) - 2\text{bond}(A_0, A_1)$$

[①]　在文献【Hoffer and Severance,1975】里,这一度量的说明是 $\text{bond}(A_i, A_k) + \text{bond}(A_k, A_j) - 2\text{bond}(A_i, A_j)$。但是,这是一种悲观的度量,它没有遵从 AM 的定义。

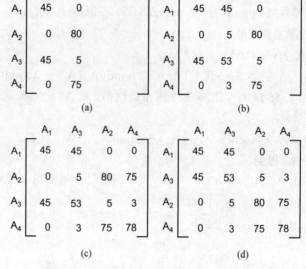

图 3.17　加以聚类的亲和度(CA)矩阵计算

已知

$$bond(A_0, A_1) = bond(A_0, A_3) = 0$$
$$bond(A_3, A_1) = 45 * 45 + 5 * 0 + 53 * 45 + 3 * 0 = 4410$$

可得

$$cont(A_0, A_3, A_1) = 8820$$

排序(1-3-2)：

$$cont(A_1, A_3, A_2) = 2bond(A_1, A_3) + 2bond(A_3, A_2) - 2bond(A_1, A_2)$$
$$bond(A_1, A_3) = bond(A_3, A_1) = 4410$$
$$bond(A_3, A_2) = 890$$
$$bond(A_1, A_2) = 225$$

得到

$$cont(A_1, A_3, A_2) = 10\ 150$$

排序(2-3-4)：

$$cont(A_2, A_3, A_4) = 2bond(A_2, A_3) + 2bond(A_3, A_4) - 2bond(A_2, A_4)$$
$$bond(A_2, A_3) = 890$$
$$bond(A_3, A_4) = 0$$
$$bond(A_2, A_4) = 0$$

得到

$$cont(A_2, A_3, A_4) = 1780$$

　　因为排序(1-3-2)的贡献最大,所以把 A_3 放置到 A_1 的右边(图 3.17(b))。对 A_4 的类似计算指出它应当在 A_2 的右边(图 3.17(c))。

　　最后,将行按照列的顺序进行组织,图 3.17(d)给出了最终结果。

　　图 3.17(d)产生了两个聚类：一个位于左上角,含有较小的亲和度值。另一个位于右下角,含有较大的亲和度值,它们指出了如何分裂关系 PROJ 的属性。但是,通常情况下分裂

的界限并不像这个例子显示的那样十分清楚。当 CA 矩阵较大时,通常会出现两个以上的聚类,会有一个以上的划分选择。因此,需要一个系统的方法来处理这一问题。

3.3.2.3　划分算法

分裂活动的目的是要找出由不同的应用集合进行单独访问的属性集合,至少是对大部分属性应该如此。例如,如果可以识别出属性 A_1 和 A_2 仅有 q_1 应用访问,而属性 A_3 和 A_4 仅有两个应用 q_2 和 q_3 访问,那么关于片段的决定就十分直接。我们的任务是要找到一个可以成为算法的方法来识别属性的分组。

以图 3.18 的聚类属性矩阵为例,如果在对角线上固定一点,则可以识别出两个属性集合:一个是左上角的 $\{A_1, A_2, \cdots, A_i\}$,另一个是右下角的 $\{A_{i+1}, \cdots, A_n\}$。我们把前面的集合称为顶,后面的集合成为底,分别表示成 TA 和 BA。

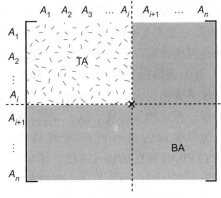

图 3.18　定位分裂点

现在来看看应用的集合,$Q = \{q_1, q_2, \cdots, q_q\}$,它们会仅仅访问 TA,仅仅访问 BA,或两者都访问。这组集合的定义如下:

$$AQ(q_i) = \{A_j \mid use(q_i, A_j) = 1\}$$
$$TQ = \{q_i \mid AQ(q_i) \subseteq TA\}$$
$$BQ = \{q_i \mid AQ(q_i) \subseteq BA\}$$
$$OQ = Q - \{TQ \cup BQ\}$$

第一个等式定义了应用 q_i 访问的属性;TQ 及 BQ 是仅分别访问 TA 或 BA 的应用集合,而 OQ 是两者都访问的应用集合。

这里出现了一个优化的问题。如果一个关系有 n 个属性,则在这个关系的聚类属性矩阵对角线上会有 n-1 个可能的位置作为分裂点。其中的最佳位置应该产生这样两个集合 TQ 和 BQ,使得仅对一个片段的所有访问最大化,而对两个片段的所有访问最小化。为此,我们定义了以下的代价公式:

$$CQ = \sum_{q_i \in Q} \sum_{\forall S_j} ref_j(q_i) acc_j(q_i)$$
$$CTQ = \sum_{q_i \in TQ} \sum_{\forall S_j} ref_j(q_i) acc_j(q_i)$$
$$CBQ = \sum_{q_i \in BQ} \sum_{\forall S_j} ref_j(q_i) acc_j(q_i)$$
$$COQ = \sum_{q_i \in OQ} \sum_{\forall S_j} ref_j(q_i) acc_j(q_i)$$

上面的每个公式计算各自的应用对属性的访问数量。基于这些度量,优化问题定义为找到这样一个点 $x(1 \leqslant x \leqslant n)$,使得下面的表达式最大化【Navathe et al., 1984】:

$$z = CTQ * CBQ - COQ^2$$

这个表达式的重要特点是它所定义两个片段使得 CTQ 和 CBQ 的值尽可能接近相等。当片段分配到不同的站点时,这使得负载的平衡处理成为可能。很清楚,划分算法和关系的属性数量形成线性关系,即 O(n)。

有两点需要讨论。第一点与分裂有关：分裂的过程把属性分成两组，但对于含有很多属性的属性集，很可能要分裂成 m 组。

设计出 m 组的划分是可能的，但其计算的代价昂贵。沿着 CA 矩阵的对角线，有必要尝试 $1,2,\cdots,m-1$ 的分裂点，对于每个点也有必要检查哪一个位置最大化了 z。所以，这一算法的复杂度为 $O(2^m)$。当然，在多个分裂点的情况下，z 的定义必须修改。另一个替换方案是对前一轮迭代所得到的每个片段，递归地应用分为两组的分裂的算法。计算 TQ、BQ 和 OQ，以及每一个相关片段的访问度量，必要时进行划分。

第二点与形成一个片段的属性块的位置有关。到目前为止的讨论都假定分裂点是唯一的，而且它把 CA 矩阵分为一个左上角的区域，还有一个包含其他属性的另一区域。然而，划分有可能在矩阵的中间形成。此时，算法需要加以修改。CA 矩阵的最左列移位变成最右列，最上面的行要移位到底部。移位之后，需要检查 $n-1$ 个位置以得到最大的 z。移位的思想是要把构成聚类的属性块移动到最左上角，在这里容易进行识别。移位操作的加入，使得划分算法的复杂度增加了 n 倍，从而变成 $O(n^2)$。

假设移位的过程已经得到实现，其名字为 SHIFT，算法 3.4 给出了划分算法。PARTITION 算法的输入是聚类亲和度矩阵 CA，要进行分片的关系 R，还有属性使用及访问频率矩阵。它的输出是一个片段集合 $F_R = \{R_1, R_2\}$，这里 $R_i \subseteq \{A_1, A_2, \cdots, A_n\}$，而且 $R_1 \cap R_2 =$ 关系 R 的主码属性。注意，对于 n 组的划分，这一过程应该迭代地调用，或者用一个递归的过程来实现。

算法 3.4: PARTITION 算法

Input: CA: clustered affinity matrix; R: relation; ref: attribute usage matrix;
　　　　acc: access frequency matrix
Output: F: set of fragments
begin
　　{determine the z value for the first column}
　　{the subscripts in the cost equations indicate the split point}
　　calculate CTQ_{n-1} ;
　　calculate CBQ_{n-1} ;
　　calculate COQ_{n-1} ;
　　$best \leftarrow CTQ_{n-1} * CBQ_{n-1} - (COQ_{n-1})^2$;
　　repeat
　　　　{determine the best partitioning}
　　　　for i *from* $n-2$ *to* 1 *by* -1 **do**
　　　　　　calculate CTQ_i ;
　　　　　　calculate CBQ_i ;
　　　　　　calculate COQ_i ;
　　　　　　$z \leftarrow CTQ * CBQ_i - COQ_i^2$;
　　　　　　if $z > best$ **then** $best \leftarrow z$ 　　　　{record the split point within shift}
　　　　call SHIFT(*CA*)
　　until *no more SHIFT is possible* ;
　　reconstruct the matrix according to the shift position ;
　　$R_1 \leftarrow \Pi_{TA}(R) \cup K$;　　　　　{K is the set of primary key attributes of R}
　　$R_2 \leftarrow \Pi_{BA}(R) \cup K$;
　　$F \leftarrow \{R_1, R_2\}$
end

例 3.19　将 PARTITION 算法应用到从关系 PROJ(例 3.18)得到的 CA 矩阵，所得到的是片段定义为 $F_{PROJ} = \{PROJ_1, PROJ_2\}$，此处 $PROJ_1 = \{A_1, A_3\}$，$PROJ_2 = \{A_1, A_2, A_4\}$，于是：

$$PROJ_1 = \{PNO, BUDGET\}$$
$$PROJ_2 = \{PNO, PNAME, LOC\}$$

注意,在这一练习中我们对全部的属性集合,而不仅是非主码的属性,执行了分片,原因是这个例子比较简单。由于这一原因,我们把 PROJ 的主码 PNO 包含在 $PROJ_2$ 以及 $PROJ_1$ 之中。

3.3.2.4　正确性检查

我们采用在水平分片里使用的类似的方法来证明 PARTITION 算法生成正确的垂直分片。

完整性

PARTITION 算法保证了完整性,因为全局关系的每个属性都被分配到了一个片段里。只要关系 R 的属性集合 A 被定义为 $A = \cup R_i$,那么垂直分片的完整性就会得到保证。

重构性

我们曾指出过可以通过连结操作重构出原来的关系。因此,具有 $F_R = \{R_1, R_2, \cdots, R_r\}$ 的垂直分片和主码属性 K 的关系 R 的重构是 $R = \bowtie_K R_i, \forall R_i \in F_R$。

不相交性

我们前面提到,分片的不相交性在垂直分片里并不像在水平分片里那样重要。这里有以下两种情况:

（1）使用了 TID。这种情况下的片段是不相交的,因为每个片段里复制的 TID 是由系统分配和管理的,用户根本就见不到它们。

（2）主码属性在每个片段里进行了复制。严格来讲,我们不能说它们是不相交的。但是,重要的是这些主码属性的复制是已知的并且由系统来管理,它们和水平分片里元组的复制不会产生一样的后果。换言之,除了主码属性外,只要分片不相交,我们就可以得到满足,并把它们称之为不相交。

3.3.3　混合分片

在多数情况下,单一的水平分片或垂直分片不能充分满足用户应用的需求。这时,在垂直分片之后可能要进行水平分片,或者在水平分片之后可能要进行垂直分片,从而生成树结构的划分(图 3.19)。因为这两种划分策略是一前一后,这种方法就称为混合分片。也叫交叉分片或嵌套分片。

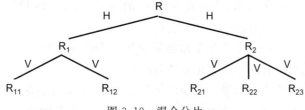

图 3.19　混合分片

一个需要水平分片的例子就是我们一直使用的关系 PROJ。在例 3.11 中我们根据两个应用把它划分成 6 个水平分片。在例 3.19,我们把同样的关系垂直划分成两个片段。于是,我们得到了一组水平分片,它们中的每一个又被进一步划分为两个垂直片断。

这种嵌套的层次可以是多层,但一定是有限的。在水平分片的情况下,当达到每个片段仅有一个元组时必须停止。而垂直分片的停止点是则每个片段一个属性。这种限制的估计有些学究,因为大多数实际应用里的嵌套层次不会超过两层。这是由于范式化的全局关系已经有了较小的度,我们不能再执行过多的垂直分片从而导致代价高昂的连结操作。

我们不再详细讨论混合分片正确性规则的条件,因为它们可以自然地从水平分片和垂直分片得到。例如,为了重构混合分片的原来关系,可以从划分树的叶子节点开始,逐步向上执行连结和并操作(图 3.20)。如果中间分片和叶子分片是完整的,则整个分片就是完整的。类似,如果中间分片和叶子分片是不相交的,那么不相交性就得到了保证。

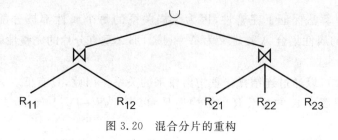

图 3.20　混合分片的重构

3.4　分　　配

把资源分派到网络的节点上的问题已经得到了很多的研究。这些工作的大部分并不讨论分布式数据库的设计,而讨论的是把个别文件放置到网络上。我们将简单地讨论它们之间的区别,但首先需要对分配问题给出准确的定义。

3.4.1　分配问题的定义

设有一个片段集合 $F = \{F_1, F_2, \cdots, F_n\}$ 以及一个由站点集合 $S = \{S_1, S_2, \cdots, S_m\}$ 组成的分布式系统,系统之上运行一个应用的集合 $Q = \{q_1, q_2, \cdots, q_q\}$。分配问题是要寻找将 F 分布到 S 之上的"最优"解,所谓的最优和下面的两种度量【Dowdy and Foster,1982】有关:

(1) **最小代价**(minimal cost)。代价函数的构成包括在每个站点 S_j 存储片段 F_i 的代价,在站点 S_j 查询片段 F_i 的代价,在所有存储 F_i 的站点更新 F_i 的代价。我们需要找到一个分配方案,最小化上面这些代价函数的组合。

(2) **性能**(performance)。分配的策略需要维护一个性能的度量,两个较为常用的方法是在每个站点最小化响应时间和最大化系统吞吐量。

今天所建议的大多数模型都对最优加以区别。但是,如果我们深入探讨这一问题,那么"最优"的衡量显然应当同时包含性能和代价这两个因素。换句话说,应当寻找这样一种方案,例如用最小的处理代价给出响应时间最小的用户查询。类似地,我们也可以提出吞吐量方面这样的要求。那么有人可能问:为什么今天还没有研究出这样的模型?答案很简单:问题过于复杂。

　　让我们来考虑这个复杂问题中的一个非常简单的公式。设 F 的 S 定义和前面给出的完全一样，但是我们暂时仅考虑一个分片 F_k。我们需要一些假设及定义以便为分配问题建模。

　　(1) 假定 Q 可以修改以便能够识别更新和只做检索的查询，对于一个片段 F_k 有以下定义：$T=\{t_1,t_2,\cdots,t_m\}$，此处的 t_i 是在站点 S_i 只读访问 F_k 产生的网络流量。$U=\{u_1,u_2,\cdots,u_m\}$，此处的 u_i 是在站点 S_i 更新 F_k 产生的网络流量。

　　(2) 假设任何一对站点 S_i 和 S_j 之间一个单位的传输通信代价是固定的。另外，更新和检索具有以下不同定义：

$$C(T) = \{c_{12},c_{13},\cdots,c_{1m},\cdots,c_{m-1,m}\}$$
$$C'(U) = \{c'_{12},c'_{13},\cdots,c'_{1m},\cdots,c'_{m-1,m}\}$$

此处的 c_{ij} 是站点 S_i 和 S_j 之间检索请求时的单位通信代价，而此处的 c'_{ij} 是站点 S_i 和 S_j 之间更新请求时的单位通信代价。

　　(3) 设在站点 S_i 存储一个片段的代价是 d_i，则可以定义片 F_k 段存储在所有站点的代价是 $D=\{d_1,d_2,\cdots,d_m\}$。

　　(4) 假设在站点容量以及通信能力方面没有任何限制。

　　于是，分配问题就成为了一个代价最小化的问题，即我们试图寻找一个能够存储片段副本的集合 $I\subseteq S$。设 x_j 是放置的决策变量

$$x_j = \begin{cases} 1 & \text{当 } F_k \text{ 赋给了站点 } S_j \\ 0 & \text{其他} \end{cases}$$

则分配问题的精确说明如下：

$$\min\Big[\sum_{i=1}^{m}\Big(\sum_{j|S_j\in I}x_ju_jc'_{ij}+t_j\min_{j|S_j\in I}c_{ij}\Big)+\sum_{j|S_j\in I}x_jd_j\Big]$$

其中的 x_j 是 1 或 0。

　　目标函数的第 2 项是存储复制片段的总代价，而第 1 项则是在所有持有复制副本的站点上更新传输的总代价，以及在所有站点上执行仅仅检索的数据传输代价，这一数据传输的代价最小。

　　这是一个非常简单的公式，即便如此，它也不适合用于分布式数据库设计。这个由【Casey，1972】给出的公式已经被【Eswaran，1974】证明是 NP 完全的。多年来，各种不同的公式都证明了这一问题的同样难度（例如【Sacca and Wiederhold，1985】和【Lam and Yu，1980】）。自然这就意味着对于更大的问题（数量众多的站点和片段），要想得到最优的答案在计算上不可行。于是，大量的研究着手寻找次优方案的启发式方法。

　　有多种原因使得前面讨论的最简单的公式不适合用于分布式数据库设计，它们来自于早期的计算机网络里的文件分配模型。

　　(1) 我们不能像处理文件那样把片段看成是孤立的，每次只分配一个。一个片段的放置通常会对其他片段的放置产生影响，这些片段与该片段一起被访问，它们的访问代价可能因此发生变化（例如，分布式连结的操作）。因此，必须考虑片段之间的关系。

　　(2) 数据访问的建模过于简单。一个用户请求从一个站点发出，所有回答这一请求的数据都传回到该站点。在分布式数据库里，对数据的访问比这种"远程文件访问"要更为复杂。因此，数据分配和查询处理之间的关系必须建模。

（3）这些模型没有考虑实行完整性限制的代价,定位同一个完整性限制中的两个站点上的不同片段可能产生很高的代价。

（4）类似地,实行并发控制的机制也存在这样的问题。

总之,必须记住图 1.7 所给出的分布式数据库问题之间的关系。因为分配问题处于中心,所以它和解决其他问题领域的算法之间的关系要在分配模型中表示出来。但是,恰恰是这一要求使得模型问题的解决非常困难。为了使传统的文件分配问题和分布式数据库设计问题相分别,我们把前者称为**文件分配问题**(file allocation problem,FAP),而后者则称为**数据库分配问题**(database allocation problem,DAP)。

目前尚不存在这样的通用的启发式模型,其输入是一个片段的集合,而输出是满足我们这里所讨论过的限制的接近最优的分配。今天人们研究出的模型都有一些简单的假设,它们可用于一定的特殊分配问题。这里,我们不打算介绍一个或多个这样的分配算法,而是先给出一个相对通用的模型,然后讨论一些可用于解决模型中问题的可能的启发式。

3.4.2　信息需求

在分配阶段我们需要网络上每个站点的数据、数据之上运行的应用、通信网络、处理能力,以及存储限制等定量信息,下面分别对它们进行详细讨论。

3.4.2.1　数据库信息

为了执行水平分片我们定义过中间项选择率。现在把这一定义扩展到片断,定义和查询 q_i 有关的片断 F_j 的选择率: 它是为了处理 q_i 而访问的 F_j 的元组数量,记为 $sel_i(F_j)$。

另一个关于数据库片段的必须信息是他们的大小。一个片段的大小由下式给出

$$size(F_j) = card(F_j) * length(F_j)$$

这里的 $length(F_j)$ 是片段 F_j 的元组长度(字节数)。

3.4.2.2　应用信息

大部分和应用有关的信息已经在分片过程中使用过了,但是还有几个是分配模型所需的。两个最重要的是在 q_i 执行期间对于 F_j 的读的访问次数(记为 RR_{ij}),以及更新的次数(记为 UR_{ij})。例如,查询所需的对于块的访问次数。

我们还需要定义两个度量 UM 和 RM,它们的元素分别为

$$u_{ij} = \begin{cases} 1, & q_i \text{ 更新分片 } F_j \\ 0, & \text{其他} \end{cases}$$

$$r_{ij} = \begin{cases} 1, & q_i \text{ 询问分片 } F_j \\ 0, & \text{其他} \end{cases}$$

O 是由值 o(i) 组成的一个向量,o(i) 是发出查询 q_i 的原始站点。最后是定义响应时间的限制,每个应用必须说明所允许的最大的响应时间。

3.4.2.3　站点信息

对每个计算机站点,我们需要知道它的存储及计算的能力。显然,他们的值可以通过某些函数或简单的估计得到。在站点 S_k 存储数据的单位代价为 USC_k。另一个代价度量 LPC_k 用以给出在站点 S_k 处理一个单位的任务时的代价。这个任务单位应该和 RR 和

UR 的度量完全一样。

3.4.2.4　网络信息

在我们的模型中假定存在一个简单的网络,它的通信代价用数据帧表示,g_{ij} 代表的是在站点和之间的每帧数据的代价。为了计算消息的数量,我们用 fsize 表示一帧的大小(字节数)。无疑,有很多精巧的网络模型,它们考虑了通道的容量,站点之间的距离,协议的额外开销等。但是对它们的推导超出了本书的范围。

3.4.3　分配模型

让我们讨论一个模型,该模型试图满足一定的响应时间限制,同时将处理以及存储的代价降到最低。模型具有以下形式:

$$\min(\text{Total Cost})$$

对它的三个限制为

- 响应时间限制。
- 处理限制。
- 存储限制。

本节的其余内容将基于 3.4.2 节所讨论的需求信息扩充这一模型,涉及的决策变量是 x_{ij},其定义为

$$x_{ij} = \begin{cases} 1, & 分片\ F_i\ 存储在站点\ S_j \\ 0, & 其他 \end{cases}$$

3.4.3.1　总代价

总的代价函数有两个部分:查询处理和存储。于是,它可以表示为:

$$\text{TOC} = \sum_{\forall q_i \in Q} \text{QPC}_i + \sum_{\forall S_k \in S} \sum_{\forall F_j \in F} \text{STC}_{jk}$$

这里的 QPC_i 是应用 q_i 的查询处理代价,STC_{jk} 是在站点 S_k 存储 F_j 的代价。

首先考虑存储代价,它的定义如下:

$$\text{STC}_{jk} = \text{USC}_k * \text{size}(F_j) * x_{jk}$$

它给出了在所有站点上存储所有片段的代价。

查询处理的说明更为困难。大多数的文件问题模型(FAP)把它分成两个部分:只检索的处理代价,还有更新处理的代价。在处理数据库分配问题(DAP)时,我们采用不同的方法,把它说明为由处理代价(PC)和传输代价(TC)两部分组成。因此,应用 q_i 查询处理的代价(QPC)是

$$\text{QPC}_i = \text{PC}_i + \text{TC}_i$$

根据在 3.4.1 节提出的指导原则,查询处理部分有三个代价成分:访问代价(AC)、完整性实行代价(IE)和并发控制代价(CC):

$$\text{PC}_i = \text{AC}_i + \text{IE}_i + \text{CC}_i$$

这三个成分的说明取决于完成这些任务的算法。为了说明这一点,我们对 AC 的某些细节予以说明:

$$\text{AC}_i = \sum_{\forall S_k \in S} \sum_{\forall F_j \in F} (u_{ij} * \text{UR}_{ij} + r_{ij} * \text{RR}_{ij}) * x_{jk} * \text{LPC}_k$$

以上公式中的前两项计算用户查询 q_i 对于片段 F_j 的访问次数。注意,$(UR_{ij}+RR_{ij})$ 给出了全部的更新次数以及检索次数,我们假定它们在本地的处理时间是一样的。总和给出了对 q_i 所用到的片段的所有访问次数,用 LPC_k 相乘便得到了在站点的访问代价。这里的 x_{jk} 再一次用于仅仅选择那些存储片段的站点。

这里需要指出非常重要的一点。访问代价函数作了这样的假设:查询处理要把一个查询分解成一个子查询的集合,每个子查询工作在站点上的一个片段,紧接着的操作是把结果返回到最初发出查询的原始节点。正如我们前面指出的那样,这一假设过于简单,它忽略了数据库处理的复杂性。例如,代价函数没有考虑第 8 章所研究的连结操作(如果必要的话)的执行,而这些连结又可以有多种执行方法。对于一个比我们现在讨论的通用模型更为实际的模型来说,这些方面不可忽略。

对于实行完整性的代价因素也应当像查询处理那样考虑,只不过它的本地处理的单位代价应当反映完整性在实行过程中的真实成本。因为完整性检查和并发控制方法在本书的后面讨论,故而就没必要在这里研究了。在读完第 5 章和第 11 章之后,读者应当再回过头来看本节的内容,从而确信这些代价函数是可以得到的。

可以像访问代价函数那样来处理传输代价函数。但是,更新引起的额外数据传输和检索的额外数据传输相当不同。在更新查询的情况下,必须通知所有存有副本的站点,而在查询的情况下,访问一个站点的副本就足够了。此外,在更新结束时除了确认消息以外,没有数据回传到发出请求的原站点。但对只检索的查询而言,则有可能相当数量的数据传输产生。

更新的传输代价为:

$$TCU_i = \sum_{\forall S_k \in S} \sum_{\forall F_j \in F} u_{ij} * x_{jk} * g_{o(i),k} + \sum_{\forall S_k \in S} \sum_{\forall F_j \in F} u_{ij} * x_{jk} * g_{k,o(i)}$$

公式里的第 1 项用于把更新消息发送到所有持有需要更新副本的站点,第 2 项为用于确认消息。

检索的代价函数为

$$TCR_i = \sum_{\forall F_j \in F} \min_{S_k \in S} \left(r_{ij} * x_{jk} * g_{o(i),k} + r_{ij} * x_{jk} * \frac{sel_i(F_j) * length(F_j)}{fsize} * g_{k,o(i)} \right)$$

TCR 的第 1 项代表将检索请求发送到那些持有所需副本的站点的代价。第 2 项计算的是把结果从这些站点回传到初始站点的代价。这一公式指出,在所有持有同一个片段副本的站点中,应当选择传输代价最小的那个来执行这一操作。

现在,我们得到了查询的传输代价函数:

$$TC_i = TCU_i + TCR_i$$

它完整地给出了全部计算。

3.4.3.2　限制

限制函数的类似细节也可以加以定义。但这里我们不再仔细地描述这些函数,而是简单地指出它们的大概形式。响应时间的限制应该规定为:

$$q_i \text{ 的执行时间} \leqslant q_i \text{ 的最大响应时间}, \quad \forall q_i \in Q$$

目标函数的代价度量以采用时间为好,因为这会使得执行时间的限制说明较为直接。存储的限制是:

$$\sum_{\forall F_j \in F} STC_{jk} \leqslant 站点 \ S_k \ 的存储容量，\quad \forall S_k \in S$$

而处理的限制则为：

$$\sum_{\forall q_i \in Q} 在站点 \ S_k \ 上 \ q_i \ 的处理负载 \leqslant S_k \ 的处理能力，\quad \forall S_k \in S$$

至此，我们完成了分配模型。虽然没有完成它的所有细节，但我们的讨论的某些概念已经指出如何形式地刻画一个问题。另外，我们还指出了分配模型需要解决的重要方面。

3.4.4　解决办法

上一节给出了一般的分配模型，它比 3.4.1 节提出的 FAP 模型复杂得多。因为 FAP 模型是 NP 完全的，人们自然会想到数据库的分配问题（DAP）也是 NP 完全的。事实上也确实如此。于是，人们只能寻找得到次优解的启发式方法。对于"优"的检验，显然是启发式算法的结果接近最优解的程度。

已经有一些启发式方法用于解决 FAP 和 DAP 模型的问题。在这些研究的初期，人们观察到在 FAP 和运筹学的工厂位置问题间的对应关系。事实上，单一的 SAP 问题和单一的社区仓库位置问题之间的同构已经得到了证明【Ramamoorthy and Wah，1983】。所以，运筹学研究人员所取得的启发式成果普遍地被用于解决 FAP 和 DAP 的问题。这些例子包括背包问题【Ceri et al.，1982a】，分支定界技术【Fisher and Hochbaum，1980】，以及网络流算法【Chang and Liu，1982】。

还有一些希望能降低这一问题复杂性的其他工作。一种策略是假设所有的候选划分、相关的代价、查询处理得到的收益是一起决定的。这样，问题的建模就变成为每个关系寻找最优的划分和放置【Ceri et al.，1983】。另一个经常使用的简化就是先忽略复制，找到一个最优的非复制的解。第二步再来处理复制问题，把非复制的解作为起点，应用贪心算法，逐步改进（【Ceri et al.，1983】和【Ceri and Pernici，1985】）。但是对于这些启发式方法，还缺乏足够的数据来决定其结果靠近最优解的距离。

3.5　数　据　目　录

分布式数据库的模式需要由系统存储和维护，这一信息对分布式查询优化以及后面讨论的内容是必需的。模式信息存储在**数据词典/目录**（data dictionary/directory）里，简称为目录或词典。目录就是存储一定信息的元数据库。

在 1.7.1 节所讨论的集中式 ANSI/SPARC 体系机构的上下文里，目录用于支持不同数据组织视图之间映像，它至少包含模式和映像的定义。它也可能包含使用的统计信息，访问控制等等。很显然，数据词典/目录在处理不同的模式以及提供它们之间的映像中扮演了中心的角色。

在分布式数据库的情况下，正如图 1.14 所描述和本章早些时候讨论的那样。模式定义是在全局一级（即全局概念模式，GCS），以及局部站点（即局部概念模式，LCS）一级完成的。在概念上，有两种类型的目录：描述终端用户所看到的数据库模式的**全局目录/词典**（global directory/dictionary，GD/D)[①]，它支持所需的 GCS 和外部模式之间的映像，以及描述局部映像和每个站点模式的**局部目录/词典**(local directory/dictionary，LD/D)。于是，局部数据库管理部件通过全局 DBMS 的功能得到了集成。

如前所述，目录本身也是数据库，它包含实际存储的数据的**元数据**(metadata)。因此，本章讨论的分布式数据库设计技术也可用于目录管理。简而言之，一个目录可以是全部数据库的全局，也可以是每个站点的局部。换句话说，可以是包含所有数据库数据信息的单一目录。也可以是一些目录，它们分别保存存储在每个站点的数据信息。在后面的情况下，也可能建立目录的层次机构来帮助搜索。也可以采用分布搜索的策略，这会在保存目录的站点之间产生不少的通信。

第二个问题与位置有关。在全局目录的情况下，它可能仅仅维护在一个站点，也可能采用分布的方式维护在几个站点。把目录放在一个站点会增加该站点的负荷，而产生瓶颈以及站点间的消息流量。另一方面，把它分布在一组站点则增加了管理目录的复杂性。对于多 DBMS 的情景，这种选择取决于系统是否是分布的。如果是，则目录总是分布的，否则它就是集中维护的。

最后一个问题是复制。可能保持目录的一个副本，或者多个副本。多副本提供更高的可靠性，因为得到一个副本的概率更大。进一步讲，访问目录的延迟会更低，这是因为较少的竞争以及目录副本之间的相对接近。但另一方面，目录的更新会更加困难，因为需要更新多个副本。因此，最后的选择要依赖于系统运行的环境，还要在响应时间的要求，目录的大小，站点上机器的能力，可靠性需求，以及目录的变更性(即目录的变化，它是由数据库经历的变化引起的)之间做出折中。

3.6　本　章　小　结

本章讨论了分布式数据库的设计技术，特别是其中的分片与分配问题。在分布式数据库设计的领域里，有若干种方法。例如，Chang 独立地提出了分片的理论【Chang and Cheng，1980】以及分配【Chang and Liu，1982】。但是出于成熟程度的缘故，我们在本章选择了由 Ceri、Pelagatti、Navathe 以及 Wiederhold 提出的技术，关于参考文献的说明清楚地反映了这一点。

有大量有关分片问题的资料，它们的大部分只集中在较为简单的文件分配问题上。目前，我们仍不具备足够好的通用模型，它能考虑到数据分布的各个方面。3.4 节提出的模型只是重点强调了必须考虑的问题，就此而言，值得考虑一些分布式分配问题的其他解决方案。例如，可以研究一些启发式规则对数学的方法加以补充，从而缩小解的空间，找到可行的方法。

我们详细地讨论了对关系进行各种不同分片的算法。这些算法是独立研究出来的，不存在将水平划分和垂直划分结合起来的基础方法学。如果从一个全局关系开始，有些算法可以把它水平分解，也有些算法可以把它垂直分解成一组关系片段。但是不存在这样的算

---

① 后面我们简单地把它称为全局目录。

法，它能把一个全局关系分为一个片断的集合，其中的有些片段是水平分片的，而另一些是垂直分片的。有一种共识，大部分真实生活里的划分是混合的，即同时涉及水平和垂直划分一个关系，但是目前尚缺乏这样的研究成果。我们需要的是这样的设计方法，它包括了水平和垂直的分片算法，把它们作为某个通用策略的一个部分。这样的方法学应当以一个全局关系和一组设计准则为输入，输出一个片段的集合，其中的有些片段是通过水平分片得到的，而另一些则是通过垂直分片得到的。

分布设计的第二部分，即分配，独立于分片问题。当分片的输出成为分配的输入时，这一过程是线性的。初看起来，分片和分配步骤之间的独立似乎是要通过缩减解空间来简化问题的形式化。但是，进一步的检查发现把这些步骤孤立起来实际上导致了分配模型的复杂性。两个步骤具有类似的输入，不同之处只是分片工作在全局关系上，而分配考虑的是片段关系。它们都需要用户需求的信息（例如，访问数据的频率，各数据对象之间的关系等等），但是互相忽略了如何利用这些输入。最终的结果是，分片算法按照应用如何访问来决定如何划分一个关系，而分配却忽略了这部分信息在分片中的作用。这样，分配模型只好再一次包括片段关系之间的关系的说明，以及用户是如何访问它们的信息。

更为有希望的是构造这样一种方法学，它更恰当地反映分片和分配独立间的关系，这需要扩展现有的设计策略。我们意识到所建议的这种集成的方法学相当复杂。但是，也许有一种把两者结合起来的协同努力能够产生可接受的启发式的解。目前，已经有了一些遵循这一集成方法的研究（例如，【Muro et al.，1983，1985】、【Yoshida et al.，1985】）。这些方法建立一个分布式 DBMS 的仿真模型，把特定的数据库设计作为输入，再来测量它的有效性。开发基于这样方法学的工具，帮助而不是替代设计人员，也许是解决这一设计问题的最好办法。

另一方面，本章所描述的内容假定的是一种静态的环境，即设计只做一次，但却长期使用。现实当然与此不同，物理的（例如网络特性，各个站点的可用存储）以及逻辑的（例如应用从一个站点向另一个的转移，访问方式的变化）变化要求数据库的再设计。这一问题在某种程度上得到了研究。在动态的环境下，这一过程变为再设计中出现的设计-再设计-物体化的活动之一。设计的步骤遵循本章讨论的技术，再设计可以仅限于受影响的部分数据库，或者要求全部重新分布【Wilson and Navathe，1986】。物化是指反映再设计要求的变化、必要的分布式数据库的再组织。在有限再设计的条件下，【Rivera-Vega et al.，1990】、【Varadarajan et al.，1989】研究了物化的问题。【Karlapalem et al.，1996b】、【Karlapalem and Navathe，1994】、【Kazerouni and Karlapalem，1997】研究了完整的再设计和物化，特别是【Kazerouni and Karlapalem 1997】描述了有步骤的再设计方法学。该方法包括了分裂阶段，在这个阶段里片段根据变化的需求进一步分割，直至按照代价函数计算的分割不再产生效益为止。接着，启动合并阶段，由一组应用一起访问的几个片段被合并为一个片段。

3.7　参考文献说明

本章已经覆盖了大部分已知的分片设计的研究结果。分布式数据库的分片工作最初只关心水平分片，这些文献的大部分已经在对应的各节得到了引用。分布设计的垂直分片在若干论文里得到研究（【Navathe et al.，1984】、【Sacca and Wiederhold，1985】）。最初的垂直分片工作可以追述到 Hoffer 的博士论文(【Hoffer,1975】、【Hoffer and Severance,1975】)和 Hammer 与 Niamir 的工作(【Niamir,1978】、【Hammer and Niamir,1979】)。

正如分片那样,讨论分配时我们也不可能穷尽有关的文献,这是由存在无数的文献所决定的。在广域网下研究 FAP 问题可以追溯到 Chu 的工作【Chu,1969,1973】,大部分早期的 FAP 工作由【Dowdy and Foster,1982】给出了非常好的综述。FAP 的有些理论成果在【Grapa and Belford,1977】和【Kollias and Hatzopoulos,1981】得到报告。

DAP 的工作可以追溯到 20 世纪 70 年代中期的【Eswaran,1974】和其他研究者。【Levin and Morgan,1975】的早期工作集中研究数据分配,后来则同时考虑程序和数据【Morgan and Levin,1977】。DAP 问题也在某些特定的环境下得到开展,研究了在广域网设计中的计算机和数据放置决策【Gavish and Pirkul,1986】。通道的容量与数据放置【Mahmoud and Riordon,1976】和数据分配也在超级计算机系统【Irani and Khabbaz,1982】和集群系统处理器【Sacca and Wiederhold,1985】上进行了评估。Apers 做了一项有趣的研究,他把关系最优地放置到一个虚拟网络上,然后在虚拟网络和实际网络之间找出最佳匹配【Apers,1981】。

在物理设计中也触及了某些分配问题。【Foster and Browne,1976】以及【Navathe et al.,1984】研究了将文件分配到内存层次上的问题。这些内容超出了本章的范围,它们属于分布式系统里通常的资源及任务分配的范畴(例如【Bucci and Golinelli,1977】、【Ceri and Pelagatti,1982】以及【Haessig and Jenny,1980】)。

最后我们要指出,某些研究按照我们提出的思路(图 3.2),致力于通用的分布式数据库设计的方法学。我们的方法和 DATAID-D 方法学【Ceri and Navathe,1983】、【Ceri et al.,1987】相似。其他开展的工作则受到了【Fisher et al.,1980】、【Dawson,1980】、【Hevner and Schneider,1980】以及【Mohan,1979】的影响。

练　　习

3.1* 给定图 3.3 的关系 EMP,设 p_1：TITLE＜"Programmer"和 p_2：TITLE＞"Programmer"为两个谓词。还设两个字符串之间按照字母顺序排序：

(a) 根据{p_1,p_2}对 EMP 执行水平分片。

(b) 解释为什么生成的分片(EMP$_1$,EMP$_2$)不满足分片的正确性要求。

(c) 修改谓词 p_1 和 p_2,使得它们按照分片的正确性规则划分 EMP。为此,需要修改谓词,形成所有的中间项谓词,归纳相应的蕴涵,然后按照中间项谓词将 EMP 水平分片。最后,证明你的结果具有完整性,重构性,以及不相交性的性质。

3.2* 考虑图 3.3 的关系 ASG,设有两个关系对它进行访问。第一个在 5 个站点发出,在已知雇员号(employee number)的条件下查找所分配的工作任务的时间段(duration of assignment of employees)。假设经理(manager),工程师(engineer),咨询师(consultant),以及程序员(programmer)分别位于 4 个不同站点。第二个应用从 2 个站点发出,一个站点存储了工作任务的时间少于 20 个月的雇员,另一个则存储的是分配工作任务时间更长的雇员,利用以上信息给出自主水平分片。

3.3　考虑图 3.3 的关系 EMP 和 PAY,它们的水平分片如下:

$$\text{EMP}_1 = \sigma_{\text{TITLE}=\text{"Elect. Eng."}}(\text{EMP})$$

$$\text{EMP}_2 = \sigma_{\text{TITLE}=\text{"Syst. Anal."}}(\text{EMP})$$

$$\text{EMP}_3 = \sigma_{\text{TITLE}=\text{"Mech. Eng."}}(\text{EMP})$$

$$\text{EMP}_4 = \sigma_{\text{TITLE}=\text{"Programmer"}}(\text{EMP})$$

$$\text{PAY}_1 = \sigma_{\text{SAL} \geqslant 30\,000}(\text{PAY})$$

$$\text{PAY}_2 = \sigma_{\text{SAL} < 30\,000}(\text{PAY})$$

画出 $\text{EMP} \bowtie_{\text{TITLE}} \text{PAY}$ 的连结图。该图是简单的还是划分的? 如果是划分的,修改 EMP 或者 PAY 的分片,使得 $\text{EMP} \bowtie_{\text{TITLE}} \text{PAY}$ 的连结图是简单的。

3.4　给出一个 CA 矩阵的例子,它的分裂点不是唯一的,并且划分是位于矩阵的中间,给出为了得到单一的分裂点所需的移位操作。

3.5** 　已知图 3.3 的关系 PAY,设 p_1: SAL<30 000,p_2: SAL≥30 000 是它的两个简单谓词。执行和这两个谓词有关的 PAY 的水平分片得到 PAY_1 和 PAY_2。利用 PAY 的分片进一步执行 EMP 的诱导式水平分片。证明 EMP 分片的完整性,重构性和不相交性。

3.6** 　设 $Q = \{q_1, \cdots, q_5\}$ 是查询集合,$A = \{A_1, \cdots, A_5\}$ 是属性集合,$S = \{S_1, S_2, S_3\}$ 是站点集合。图 3.21(a) 的矩阵描述了属性的使用值,图 3.21(b) 的矩阵给出了应用的访问频率。假设对于所有的 q_k 和 S_i 有 $\text{ref}_i(q_k) = 1$,且 A_1 是主码属性,使用健能以及垂直划分算法得到 A 的属性的垂直分片。

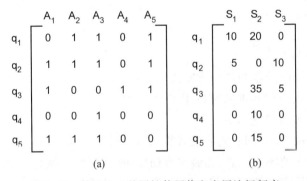

图 3.21　练习 3.6 的属性使用值和应用访问频率

3.7** 　写出诱导式水平分片的算法。

3.8** 　设有以下的视图定义:

```
CREATE VIEW    EMPVIEW(ENO,ENAME,PNO,RESP)
AS     SELECT  EMP.ENO,EMP.ENAME,ASG.PNO,
               ASG.RESP
       FROM    EMP,ASG
       WHERE   EMP.ENO=ASG.ENO
       AND     DUR=24
```

它由位于站点 1 和 2 的应用 q_1 访问,访问频率分别为 10 和 20。假设还有另一个应用 q_2:

```
SELECT ENO,DUR
FROM   ASG
```

它在站点 2 和 3 运行,频率分别为 20 和 10。基于上述信息,构造关系 EMP 和 ASG 的属性使用矩阵 use(q_i,A_j),同时构造含有 EMP 和 ASG 所有属性的亲和度矩阵。最后,对亲和度矩阵进行变换,使其用于根据 BEA 的启发式将关系分裂成两个垂直片段。

3.9[**] 形式化地定义诱导式水平分片的三个正确性准则。

3.10[*] 已知关系 R(K,A,B,C),其中 K 为主码,以及下列查询:

```
SELECT *
FROM   R
WHERE  R.A=10 AND R.B=15
```

(a) 如果在这一查询上运行 PHF 算法,其结果如何?

(b) 这是由 COM_MIN 算法所生成的是一个既完整又最小的集合吗? 证明你的答案。

3.11[*] 证明不论是用行还是用列,键能算法生成同样的结果。

3.12[**] 修改 PARTITION 算法,使它允许 n 组片段的划分,计算该算法的复杂度。

3.13[**] 给出混合分片的三个正确性准则的形式化定义。

3.14 讨论混合分片中两个基本分片方法的顺序是如何影响最后的分片结果的。

3.15[**] 描述在数据分配问题中下列问题是如何建模的:

(a) 片段间的关系。

(b) 查询处理。

(c) 完整性的实行。

(d) 并发控制机制。

3.16[**] 考虑数据库分配问题的各种启发式算法:

(a) 有哪些较为合理的准则可以用于比较它们?

(b) 讨论用这些准则进行的比较。

3.17[*] 选择一个解决 DAP 问题的启发式算法,写出该算法的程序。

3.18[**] 假定练习 3.8 的环境成立,还假定查询 q_1 的 60% 的数据访问是对视图 EMPVIEW 的 PNO 和 RESP 的更新,而且 ASG.DUR 不是通过 EMPVIEW 更新的。另外,站点 1 和 2 间的数据传输速率是站点 2 和 3 之间的一半。根据以上信息,找出一个较为合理的 ASG 和 EMP 的分片,以及片段的最优复制和放置,假设存储的代价不必考虑,但是副本要保持一致。

提示: 考虑水平分片 ASG 按照谓词 DUR=24 的水平分片及其对应的 EMP 的诱导式水平分片,观察例 3.8 得到的 EMP 和 ASG 亲和力矩阵,再考虑执行 ASG 的垂直分片是否合理。

第4章 数据库集成

第3章讨论了自顶向下的分布式数据库设计。这种设计方式适用于紧耦合、同构型的DBMS。本章重点讨论自底向上的设计方式。这种设计方式适用于多数据库系统,其目标是将一组现有的数据库集成为一个数据库:给定一组局部概念模式,自底向上的设计方式将这些模式集成为一个全局数据模式(GCS),也称为**中介模式**(mediated schema)。

数据库集成和多数据库查询的相关问题(见第9章),仅是**互操作性**(interoperability)的一部分,后者是更具一般性的问题。近年来,新型分布式应用已经开始考虑数据源访问上的新需求。与此同时,"遗留系统"的管理及系统产生数据的重用性问题变得越来越重要。这些都促使我们重新考虑信息系统互操作性这个更具一般性的问题,包括非数据库源,以及应用级别和数据库级别的互操作性。

数据库集成可以在物理层面上,也可以在逻辑层面上【Jhingran et al.,2002】。前者将源数据库进行集成,并将集成后的数据库**物化**(materialized),称为**数据仓库**(data warehouses)。集成过程使用**抽取-转换-载入**(extract-transform-load,ETL)工具,从源数据库中抽取数据,将抽取的数据匹配到 GCS 上,并进行数据载入(即物化)。**企业应用集成**(Enterprise Application Integration,EAI)也采用类似的转换方式,在不同的应用之间交换数据,但并不对数据做完全地物化。图4.1给出了数据仓库方法的流程。与物理层面的集成不同,逻辑层面的集成并不物化数据,而是仅维护**虚拟**(virtual)的全局概念(或中介)模式,这种方式也被称为**企业信息集成**(Enterprise Information Integration,EII)[①]。

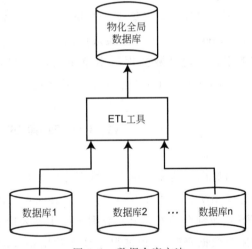

图 4.1　数据仓库方法

两种集成方法彼此补充,分别处理不同的需求。数据仓库方法【Inmon,1992】、【Jarke et al.,2003】支持决策支持应用。为了反映与联机事务处理(OLTP)在需求上的不同,这些应用通常被称为**联机分析处理**(On-line Analytical Processing,OLAP)【Codd,1995】。具体来讲,OLTP 应用,如机票预订系统、银行系统等,主要面向高吞吐量的事务,需要强有力的数据控制和数据可靠性,需要支持多用户的高速吞吐,以及需要可预测的快速响应时间。与此相反的是,OLAP 应用,如趋势分析和预报,需要处理数据库提供的历史性、概要性的数据,需要在庞大的数据表上进行复杂查询。OLAP 的用途决定了响应时间是一个重要的指标。OLAP 的用户是管理者或分析师。

---

① 也有人认为 EII 中的第二个 I 应该代表"互操作性"(Interoperability),而非"集成"(Integration),详见【Halevy et al.,2005】中 J. Pollock 的观点。

直接在分布式运行数据库上提交 OLAP 查询会带来两个问题：第一，占用运行数据库资源，降低 OLTP 应用性能；第二，大量数据需要在网络中传输，降低 OLAP 查询的整体响应性能。更何况大部分 OLAP 应用不需要最新的数据，所以没有必要直接访问当前的运行数据库。因此，数据仓库从运行数据库中收集数据、物化数据。当运行数据库更新时，数据仓库也会随之进行更新(参考**物化视图维护**(materialized view maintenance)【Gupta and Mumick,1999b】)。

逻辑层面的数据集成则完全不同：集成是虚拟的，不存在物化的全局数据库(见图 1.18)。与第 3 章描述的情况类似，数据存放在运行数据库中，GCS 仅提供虚拟的集成结果以供查询；不同之处在于 GCS 有可能仅包含一部分 LCS 的信息，而非局部概念模式(LCS)的汇总。在一些情况下，GCS 并非预先定义好，而是通过"集成"局部数据库的 LCS，自底向上地进行定义(详见后文)。与紧密集成系统类似，用户针对全局模式构造查询，查询进而被分配和传送到局部运行数据库处理，但区别在于局部系统的自治性或潜在的自治性对查询处理有很大影响，详见第 9 章。尽管有很多工作研究了集成系统的事务管理，但底层 DBMS 的自治性使全局更新十分困难。因此，这些系统一般是只读的。

逻辑层面的数据集成以及集成后的系统有很多名称。在文献中最常用的是**数据集成**(data integration)和**信息集成**(information integration)。这两个术语比较通用——底层数据源不必一定是数据库。本章主要考虑自治异构数据库的集成，因此使用**数据库集成**(database integration)这一术语(这也能与数据仓库进行区分)。

4.1　自底向上的设计方法

自底向上的设计将多个数据库中的信息(在物理或逻辑层面)集成为一个紧密结合的多数据库系统。有两种不同的方法。在某些情况下，首先定义全局(或中介)概念模式，而后将 LCS 映像到全局模式上。数据仓库主要采取了这种方法。不过在实际应用中，该方法并不局限于数据仓库，它也被很多其他数据集成的任务所使用。在另外一些情况下，GCS 被定义为 LCS 的某些部分的集成。此时，自底向上的方法会涉及两个问题：GCS 的生成，以及 LCS 和 GCS 之间的映像。

如果预先定义好 GCS，那么 GCS 和局部概念模式(LCS)之间的关系基本上有两种【Lenzerini,2002】：局部作为视图和全局作为视图。局部作为视图(LAV)系统定义 GCS，将 LCS 看作 GCS 上定义的一个视图；全局作为视图(GAV)系统基于多个 LCS 上的视图定义 GCS，视图提供了从 LCS 元素诱导出 GCS 元素的方法。下面从系统返回的结果【Koch,2001】来分析 LAV 和 GAV 的区别。在 GAV 系统中，尽管局部 DBMS 中可能包含更为丰富的信息，查询结果被 GCS 的定义严格限制(见图 4.2(a))。而在 LAV 系统中，尽管 GCS 的定义可能更为丰富，但查询结果被局部 DBMS 严格限制(见图 4.2(b))，因此可能会出现不完全的查询结果。【Friedman et al.,1999】提出了一种混合方法：全局-局部作为视图(GLAV)，同时使用 LAV 和 GAV 来描述 GCS 和 LCS 之间的关系。

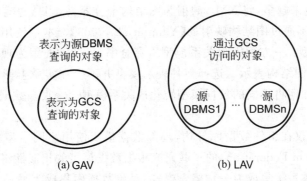

(a) GAV   (b) LAV

图 4.2   GAV 和 LAV 映像关系(基于【Koch,2001】)

自底向上设计包含两个通用的步骤(见图 4.3)：**模式翻译**(schema translation,简称翻译)和**模式生成**(schema generation)。前一个步骤将组件数据库的模式翻译成规范的中间形式(InS_1,InS_2,$\cdots$,InS_n)。使用规范形式有助于减少翻译器的数量。如何选择规范表示模型十分重要。原则上讲,规范表示模型应该具有足够的表达能力,能够包含所有待集成数据库中的概念。可以选用的模型包括：实体-关系模型(【Palopoli et al.,1998,2003b】、【He and Ling,2006】)、面向对象模型(【Castano and Antonellis,1999】、【Bergamaschi et al.,2001】)、图模型(图结构有时可以简化成树结构)(【Palopoli et al.,1999】、【Milo and Zohar,1998】、【Melnik et al.,2002】、【Do and Rahm,2002】)。近年来,图(树)模型越来越常用,原因

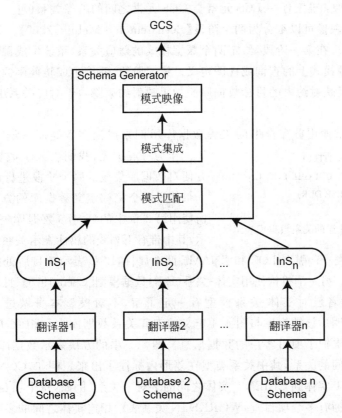

图 4.3   数据库集成流程

在于 XML 数据源越来越多,将 XML 映射为图结构十分容易,当然也有一些研究是直接针对 XML 数据源,而不通过图结构映射的【Yang et al.,2003】。本章使用较为简洁的关系模型作为规范表示模型:一方面因为关系模型贯穿全书,另一方面因为现有研究使用不同的图模型,缺乏统一的图结构表示。选择何种表示模型并不会在实质上影响数据集成的主要问题。本章不讨论如何将不同的数据模型转化成关系模型——很多数据库教科书都对此进行了详尽的介绍。

　　显然,模式翻译仅在组件数据库异构,局部数据模式使用不同模型的情况下才是必要的。系统联盟(System Federation)的一些研究根据数据模型的相似性将系统集成为不同的概念模式(例如,关系系统集成为一种概念模式;对象数据库集成为另一种概念模式),进而"合并"集成获得的模式(例如,AURORA 项目【Yan,1997】、【Yan et al.,1997】)。此时可以将翻译延后,以提高数据访问的灵活性。

　　自底向上设计的第二步是利用中间模式生成 GCS。局部系统可能只想为多数据库系统提供部分数据,因此一些方法仅选择集成那些**外部(或是出口)局部数据模式**(local external(or export) schemas)【Sheth and Larson,1990】。

　　模式生成包含以下步骤。

　　(1) 模式匹配:决定已翻译的 LCS 元素之间,或是预定义的 GCS 元素与单个的 LCS 元素之间的语法、语义关系(见 4.2 节)。

　　(2) 模式集成:将共同的模式元素集成到尚未定义的全局(中介)概念模式中(见 4.3 节)。

　　(3) 模式映像:确定任一 LCS 元素与 GCS 元素之间的映像关系(见 4.4 节)。

　　第 3 步模式映像可以细分为两个阶段【Bernstein and Melnik,2007】:生成映像约束,以及生成转换结果。在第一阶段,给定两个数据模式的对应关系,系统生成源模式到目标模式的转换函数,如源模式上的查询或视图定义。第二阶段,系统生成转换函数对应的可执行代码,实际构建满足映射约束的目标数据库。如果映射约束隐含于对应关系中,则第一阶段无需执行。

　　例 4.1　本节使用贯穿全书的工程数据库示例来讨论多数据库系统中的全局模式设计。作为一点扩充,我们引入了数据模型异构性以方便对数据库集成的两个阶段进行说明。

EMP(<u>ENO</u>, ENAME, TITLE)

PROJ(<u>PNO</u>, PNAME, BUDGET, LOC, CNAME)

ASG(<u>ENO, PNO</u>, RESP, DUR)

PAY(<u>TITLE</u>, SAL)

　　图 4.4　工程数据的关系数据库表示

假设两个机构定义数据库的方式不同:一个机构使用第 2 章中的(关系)数据库模型,如图 4.4 所示,其中带有下划线的属性表示关系表的主码。本节修改 PROJ 关系表——引入 LOC 和 CNAME 两个属性,LOC 表示项目所处的位置,CNAME 表示项目的客户。另一个机构使用实体-关系(E-R)数据模型【Chen,1976】(见图 4.5)。

　　这里假设读者已对实体-关系模型有一定了解,不对模型本身做过多解释,仅针对图 4.5 做几点说明。该数据库与图 4.4 定义的工程关系数据库十分相像,明显的区别仅有一点:该数据库维护了项目客户的数据信息。图 4.5 中的方块表示数据库中的实体;菱形表示相连实体之间的关系,其中关系类型在菱形内标注了出来。例如,CONTRACTED-BY 关系是 PROJECT 实体到 CLIENT 实体之间的多对一关系(例如,每个项目仅有一个客户,但一个客户可以拥有多个项目)。WORKS-IN 关系表示相连实体之间的多对多关系。实体和关系的属性使用椭圆表示。

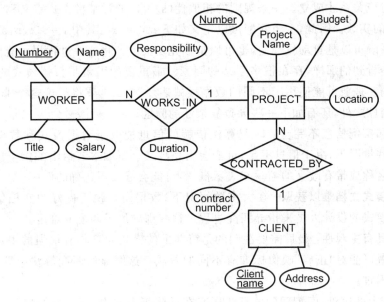

图 4.5 实体关系数据库

例 4.2 图 4.6 给出了 E-R 模型和关系数据模型之间的映射关系。注意,为了保证名称的唯一性,一些属性被重命名。

WORKER(<u>WNUMBER</u>, NAME, TITLE, SALARY)

PROJECT(<u>PNUMBER</u>, PNAME, BUDGET)

CLIENT(<u>CNAME</u>, ADDRESS)

WORKS_IN(<u>WNUMBER, PNUMBER</u>, RESPONSIBILITY, DURATION)

CONTRACTED_BY(<u>PNUMBER, CNAME</u>, CONTRACTNO)

图 4.6 E-R 模型和关系模型之间的映射关系

4.2 模 式 匹 配

模式匹配的目的是确定数据模式之间的概念匹配关系。如上文所述,在定义了 GCS 之后,模式匹配需要将任一 LCS 匹配到 GCS 上。如果没有定义 GCS,就需要在两个 LCS 之间进行匹配。产生的匹配关系提供给模式映像使用,生成一组直接映像关系,从而将源数据模式映射到目标模式。

定义模式匹配可以使用一组规则:规则(由 r 表示)包含两个元素之间的**对应**(correspondence,由 c 表示),对应关系成立的**条件谓词**(predicate,由 p 表示),以及对应关系中两个元素的**相似性分值**(similarity value,由 s 表示)。对应(c)既可以简单地表明两个概念是相似的(表示为≈),也可以是一个函数,表明概念之间的计算方法(例如,如果一个项目中的 BUDGET 值使用美元为单位,另一个项目使用欧元为单位,那么二者之间的对应关系就可以表示为一个值可以通过另一个值乘以汇率得到)。条件谓词(p)表示对应关系成立的条件。例如,在上述 BUDGET 的示例中,谓词 p 可以表示:仅当一个项目在美国,另一个在欧洲时该对应关系才成立。一条规则的相似性(s)可以通过某种方式定义和计算出来,且为[0,1]之间的实数。因此,一组匹配可以定义如下:$\mathcal{M}=\{r\}$,其中 $r=<c,p,s>$。

　　对应关系既可以是自动发现的,也可以是预先定义的。将这一过程尽可能地自动化,正如我们后面会看到的那样,存在很多复杂的因素。最重要的因素是数据模式的异构性:现实世界中的同一现象可能使用了不同的数据模式表示,4.2.1 节将讨论这个非常重要的问题。除了异构性之外,还有如下一些导致复杂性的问题。

- **模式和实例信息不完全**:匹配算法依赖的信息抽取于数据模式和数据实例之中。在某些情况下,由于信息不足,可能会出现歧义。正如本节给出的例子所示,使用简短的名称或带有歧义的缩写来表示概念,可能会导致不正确的匹配。
- **数据模式文档难以获取**:在大多数情况下,数据模式缺乏良好的文档信息,也很难找到模式的设计人员来指导匹配过程。这些都增加了匹配的难度。
- **匹配具有主观性**:最后需要注明的是待匹配的模式元素具有很强的主观性,不同的设计者可能对“正确”映像标准有不同的看法。这明显给匹配算法准确性评价带来了的困难。

　　尽管存在上述困难,匹配问题的算法研究在近些年也取得了长足的进展。本节将讨论其中的一些算法和策略。

　　很多因素影响着特定的匹配算法【Rahm and Bernstein,2001】。下面列出其中较为重要的一些。

- **基于模式的匹配与基于实例匹配**。之前的内容主要讨论模式集成,因此很自然地侧重于不同模式之间的概念匹配,相关的算法也大多侧重于“模式对象”。然而很多方法侧重于数据实例,或是同时考虑模式信息和数据实例。引入数据实例可以在一定程度上解决前面提到的语义问题。例如,如果属性的名称带有歧义(例如“contact-info”),查看数据可能有助于理解属性的含义;如果数据实例符合电话号码的格式,那该属性显然是联系人的电话号码;如果是长字符串,那可能是联系人的姓名。很多属性,例如邮政编码、国家名称、电子邮件等,都可以通过数据实例轻易地识别出。单纯依靠模式信息的匹配方法由于不需要查询数据实例,因此更加高效。此外,在数据实例不多的情况下,通过实例进行学习的可靠性很低,只能单纯依靠数据模式。然而,在对等系统(见第 16 章)中,有可能不存在数据模式,此时基于实例的匹配方法可能是唯一有效的方法。
- **元素级的匹配与结构级匹配**。有些匹配算法仅考虑个别模式元素,而有些则进一步考虑了元素之间的结构关系。元素级方法考虑大多数模式语义可以通过元素的名称获取。然而,这种方法可能无法找到跨越多属性之间的复杂映射关系。结构级匹配算法认为可匹配的模式在结构上通常比较相似。
- **匹配基数**。不同匹配算法在映射的基数上表现出不同的能力。最简单的方法仅考虑一对一的映像:模式中的任一元素仅映像到其他模式中的一个元素上。由于大大简化了问题,大多数的匹配算法都采取这种方式。在很多情况下,一对一映像并不成立。例如,属性“总价(Total price)”应该映像为另一模式中“合计”与“税款”的求和。因而,需要更为复杂的匹配算法来进一步考虑一对多和多对多的映射关系。

【Rahm and Bernstein,2001】使用上述标准对不同的匹配方法进行了分类。在提出的分类体系中(本章大体上参考这种分类体系,仅做少量的修改),匹配方法被分为基于模式的匹配和基于实例的匹配(图 4.7)。基于模式的匹配进一步地分为元素级和结构级;基于实例的方法只需考虑元素级。在分类体系的最底层,不同的方法被分为语言或是基于约束条件的匹配。这两种方法有着本质的不同,4.2.2 节将讨论语言匹配,4.2.3 节将讨论基于约束条件的匹配,4.2.4 节将讨论基于学习的匹配技术。【Rahm and Bernstein,2001】将图中的方法称为**单一匹配**(individual matcher)方法,并将它们的组合称为**混合匹配**(hybrid matchers)或是**复合匹配**(composite matchers),见 4.2.5 节。

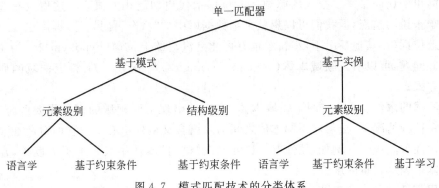

图 4.7　模式匹配技术的分类体系

4.2.1　模式异构性

模式匹配算法需要同时处理待匹配模式的结构异构性和语义异构性。在探讨匹配算法之前,先对这两种异构性进行介绍。

结构冲突存在于以下 4 种情况:**类型冲突**(type conflicts)、**依赖冲突**(dependency conflicts)、**码冲突**(key conflicts)和**行为冲突**(behavioral conflicts)【Batini et al.,1986】。类型冲突出现在同一个对象在某些模式里表示为属性,而在另外的模式里却表示成实体(关系)的情况下;依赖冲突出现在不同模式使用不同的关系模态(relationship mode,例如,一对一或是多对多)表示同一情景的情况下;码冲突出现在存在不同的可用候选码而不同的模式却选择了不同主码的情况下。行为冲突蕴含在建模的机制内。例如,从数据库中删除最后一个元素可能会引起相关实体被删除(比方说删除最后一个雇主信息,可能会导致相关部门的撤销)。

例 4.3　本节实例中存在两种结构性冲突。第一种是存在于客户和项目之中的类型冲突。在图 4.5 的模式中,项目的客户表示成一个实体。然而在图 4.4 的模式中,客户表示成 PROJ 实体的一个属性。

第二种结构性冲突是图 4.5 中 WORKS_IN 关系和图 4.4 中 ASG 关系中的依赖冲突。前者是从 WORKER 到 PROJECT 的多对一关系,后者是多对多关系。

数据模式之间的结构性差异十分重要,如何去识别和解决这些差异尚未得到充分的研究。模式匹配需要考虑模式概念之间(可能不同的)语义。这引出了**语义异构性**(semantic heterogeneity)的概念。这个术语缺乏清晰的定义,它原则上表示不同数据库在含义、解释和使用数据上的差异【Vermeer,1997】。一些研究试图将语义异构性形式化,并建立起与结构异构性之间的关联【Kashyap and Sheth,1996】、【Sheth and Kashyap,1992】。本节并不使用形式化的方法进行研究,而是从直观的角度探讨语义异构性的一些问题。下面给出匹配算法需要解决的一些问题。

- **同义词、同形异义词、上位词**：同义词是指不同的词指代相同的概念。例如在上文的数据库实例中,PROJ 和 PROJECT 指代着相同的概念。与此相反,同形异义词是指同一个词在不同的语境下指代不同的意义。例如,BUDGET 在某个数据库中可能指代"总预算",而在另一个数据库中可能指代"净预算(去除某些费用)"——这给简单的比较带来了很大的麻烦。上位词指代更加泛化的概念。这里没有直接的例子来说明这点,但我们可以想象某个数据库中的"汽车"是另一数据库中"小轿车"的上位词(在其他情况下,小轿车也有可能是汽车的上位词(hyponym))。为了解决这些问题,可以引入**领域本体**(domain ontologies)的概念,定义特定领域的概念组织方式。
- **不同的本体**：即使应用了领域本体,也经常出现不同领域的模式需要匹配的情况。在这种情况下,必须对不同本体之间的术语含义格外小心——它们对所在领域的依赖性可能很强。例如,属性"load"可能在"电力"本体中表示电阻的度量,在机械本体中表示重量的度量。
- **用词不准确**：数据模式中可能存在带有歧义的名称。例如,本节实例中的属性 LOCATION 和 LOC 既可能指代详细的通信地址也可能仅仅指代城市的名称。与此类似,属性"contact-info"既可能指代通信方式也可能指代电话号码。这种用词不准确的情况非常普遍。

4.2.2　语言匹配方法

顾名思义,语言匹配方法使用元素名称和其他文本信息(如数据模式定义中的文本描述和标注)进行元素之间的匹配。在很多情况下,语言匹配方法会借助于外部资源,如主题词汇表。

语言技术同时适用于基于模式和基于实例的匹配方法,可为它们分别构建模式元素之间或是数据实例元素之间的相似性关系。为了讨论方便,本节主要考虑基于模式的语言匹配方法,只简略涉及基于实例的技术。本节使用<SC1. element-1≈SC2. element-2,p,s> 来表示模式 SC2 中的元素 element-1 在谓词 p 成立的情况下,可以对应到模式 SC2 中的元素 element-2,并用 s 表示相似性的值。匹配器使用这些规则和相似性来决定模式元素之间的相似性取值。

基于模式的语言匹配器关注于模式元素的名称,并考虑同义词,同形异义词和上位词等情况。在一些情况下,匹配器可以进一步利用模式定义中的标注信息(自然语言的说明文字)。对于基于实例的方法,语言匹配器侧重于信息检索技术,如词频,关键词语等等,并基于这些信息检索的度量方法来推导出相似性关系。

模式语言匹配器使用一组语言规则(也称为术语规则),这些规则既可以手工建立也可以从外部数据源中获取,例如主题词汇表 WordNet【Miller, 1995】(http://wordnet. princeton. edu/)。针对手工建立的规则,设计者需要制定谓词 p 和相似性取值 s。针对自动发现的规则,谓词和相似性取值既可以由专家决定,也可以通过下面介绍的方法计算而得。

手工建立的语言规则需要处理大小写、缩写和概念关系等问题。在某些系统中,模式内部由设计者手工建立规则(**模式内部规则**,intraschema rules),模式之间由匹配算法自动发现规则(interschema rules)【Palopoli et al. ,1999】。然而,在大多数情况下,规则库中既包含模式内部也包含模式间的规则。

例 4.4 可以很直观地定义例 4.2 所示关系数据库的规则如下:

<uppercase names≈lower case names,true,1.0)>
<uppercase names≈capitalized names,true,1.0)>
<capitalized names≈lower case names,true,1.0)>
<RelDB. ASG≈ERDB. WORKS_IN,true,0.8>

其中 RelDB 是原关系模式,ERDB 是翻译好的 E-R 模式。

前三条是处理大小写的通用规则,第 4 条限定了 RelDB 中 ASG 元素和 ERDB 中 WORKS_IN 元素之间的相似性关系。由于这四条规则总是成立,我们有 p=true。

如前所述,计算元素名称相似性也有很多自动的方法。例如,COMA【Do and Rahm,2002】利用下面的方法计算两个元素名称的相似性。

- **词缀**(affixes,),即两个元素名称共有的前缀和后缀。
- **n-gram**,即长度为 n 的子串。可以比较两个元素名称,共有的 n-gram 越多,相似性就越高。
- **编辑距离**(edit distance,也称 Lewenstein 距离),即将一个字符串变成另一个字符串需要的最少操作数(操作包括添加、删除、修改字母)。
- **语音相似性**,即两个元素名称**表音码**(soundex code)之间的相似性。英文单词的表音码通过将单词哈希到一个字母和三个数字获得。哈希值近似地对应到单词如何发音。重要的是,我们要求发音相似的单词具有相近的表音码。

例 4.5 这里考虑对上面两个数据模式实例中的 RESP 和 RESPONSIBILITY 两个属性进行匹配。例 4.4 中定义的规则考虑了大小写的差异,因此本例只需处理 RESP 和 RESPONSIBILITY 之间的匹配。首先考察基于编辑距离和 n-gram 计算两个字符串相似性的方法。将一个字符串变成另一个字符串需要的编辑操作的个数是 10(在 RESP 中添加 O、N、S、I、B、I、L、I、T、Y 等 10 个字母,或从 RESPONSIBILITY 中删掉这十个字母)。因此,字符串变化的比例是 10/14,进一步可以使用 $1-(10/14)=4/14=0.29$ 来度量他们的相似性。

下面计算 n-gram,首先确定 n 的取值。本例设定 n=3,即计算 3-gram。RESP 的一组 3-gram 是 RES 和 ESP。RESPONSIBILITY 有 12 个 3-gram,分别是 RES、ESP、SPO、PON、ONS、NSI、SIB、IBI、BIP、ILI、LIT 和 ITY。由于匹配的 3-gram 有两个,因此相似性为 $2/12=0.17$。

本节中的例子都属于一对一匹配,即将模式中的一个元素唯一地匹配到其他模式中的一个元素。如前所述,可能会存在一对多的匹配(例如,一个数据库中门牌地址、城市、国家三个元素的取值可能来自于另一个数据库中的一个单一的地址元素),多对一匹配(总价属性可能通过合计与税款两个属性计算得到),或是多对多匹配(例如书名和评分信息可能通过两个表连结得到,其中一个表包含图书信息;另一个表包含读者评价和评分信息)。【Rahm and Bernstein,2001】建议元素级别的匹配中通常考虑一对一、一对多和多对一关系，模式级别的匹配在必要的模式信息齐全的情况下可能进一步考虑多对多关系。

4.2.3　基于限制的匹配方法

　　数据模式定义通常包含一些语义信息，用来限制数据库中的取值。一般包括数据类型信息、数据取值范围、码约束等等。在基于实例的技术中，取值范围可以从实例数据的模式中抽取得到。这些信息都可以为匹配器所用。

　　这里考虑数据类型。数据类型包含了大量的语义信息，既可用来区分概念，也可用来进行匹配。比如，例 4.5 中 RESP 和 RESPONSIBILITY 的相似性很低。然而，如果它们具有相同的数据类型，则可以增加它们之间的相似性。另一方面，比较数据类型可以区分字面上相似的元素。例如，图 4.4 中的 ENO 与图 4.5 中的两个 NUMBER 属性都有着相同的编辑距离和 n-gram 相似性（如果仅考虑属性名称）。在这种情况下，数据类型可以起到辅助作用：如果 ENO 和 WORKER. NUMBER 都为整数类型，而 PROJECT. NUMBER 为字符串类型，那么显然 ENO 和 WORKER. NUMBER 的相似性就更高些。

　　在基于结构的方法中，数据模式的结构相似性也可以被用来决定元素的相似性。如果两个模式元素在结构上越相似，它们表示同一概念的可能性也就越高。例如，如果两个元素在名称上差异很大，无法建立起较高的相似性关系，然而他们却有相同的性质（例如相同的属性），而这些性质又具有相同的数据类型，那它们表示相同概念的可能性就会提高。

　　决定当前的两个概念间的相似性需要考虑这两个概念的"邻居"的相似性。邻居的概念通常使用数据模式的图的表示形式【Madhavan et al. ,2001】、【Do and Rahm,2002】来定义，这种模式图中的节点为概念（关系表、实体、属性），有向边表示概念之间的相关性（例如，关系表节点和属性节点之间存在边，外键节点和它指向的主键节点之间存在边）。在这种表示下，一个概念的邻居定义为在模式图中那些经过一定的路径长度可以达到的节点，因此计算结构相似性转化为计算这种邻居子图的相似性。

　　图的遍历可以通过下面的方法实现。例如 CUPID【Madhavan et al. ,2001】首先将图转化为树结构，进而计算以两个节点为根的子树的相似性；COMA【Do and Rahm,2002】考虑从根节点到元素节点的路径。这些方法的基本思路是如果子图越相似，那么对应子树的根节点也就越相似。子图的相似性通过一种自底向上的方法计算。首先使用元素匹配（例如，同义词级别的名称相似性，或数据类型兼容性）计算叶子节点的相似性。进而，子树的相似性可以基于它们节点的相似性递归计算。可以使用多种计算公式。例如，CUPID 认为如果节点相似性大于某个阈值，则认为它们紧密相关。上述方法的假设是：（1）叶子节点带有更多的信息；（2）对于非叶子节点而言，即使孩子节点不相似，如果叶子节点相似，它们也会被认为是相似的。类似的启发式规则有很多。

　　在考虑有向图的相近节点并计算节点相似性时，还有一个有意思的方法，**相似性扩散**（similarity flooding）【Melnik et al. ,2002】。该方法首先考虑一个初始图，其中节点相似性已经通过元素匹配器计算得到；接下来，该方法通过迭代的方法将这些相似性进行传播，并通过相近节点来更新节点的相似性。不难看出，一旦数据模式中的两个元素被判断相似，他们相近节点的相似性会随之提高。上述迭代过程在节点相似性稳定的情况下即可停止。在每步的迭代中，为了简化计算，可以选择一部分节点作为"可信"匹配用于后续的迭代中。

　　上述两种方法都假设边的语义是不可知的。在有些图的定义中，边上可以附加额外的语义信息。例如,从关系表或实体到属性之间代表**包含关系的边**(containment edges),与**外键到主键之间代表参照关系的边**(referential edges),有着很明显的不同。有一些系统考虑了这些边的语义(如 DIKE【Palopoli et al.,1998,2003a】)。

4.2.4　基于学习的匹配方法

第三类模式匹配方法采用机器学习技术,它将匹配定义为分类问题:基于模式中数据实例的特征计算相似性,按照相似性将数据模式中的概念分到不同的类别中。可以根据训练集中的数据实例学习如何将概念进行分类。

图 4.8 给出了基于学习方法的流程。首先准备训练集 τ,包含数据库 D_i 到 D_j 数据实例对应关系的例子。数据集可以通过人工构造:人工识别出数据模式之间的对应,进而抽取数据实例的样例【Doan et al.,2003a】。数据集也可以通过定义查询表达式,明确数据库之间转换关系得到【Berlin and Motro,2001】。学习器(Learner)从训练集中获得数据库特征概率信息。接下来,分类器(Classifier)利用这些信息分析另外一对数据库(D_k 和 D_l)中的数据实例,并给出 D_k 和 D_l 中元素对应的分类决策。

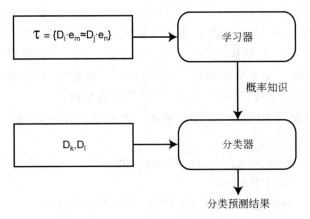

图 4.8　基于学习的匹配方法

上面提供的是通用的方法框架,该框架可以适用于所有现有基于学习的匹配方法。这些方法的区别在于所使用学习器的类型以及如何由学习器得出匹配决策。一些方法使用神经网络(如 SEMINT【Li and Clifton,2000】、【Li et al.,2000】),另一些使用了朴素贝叶斯学习器/分类器(如 Autoplex【Berlin and Motro,2001】、LSD【Doan et al.,2001,2003a】和【Naumann et al.,2002】)以及决策树【Embley et al.,2001,2002】。本节不对这些学习方法的细节进行深入讨论。

4.2.5　组合匹配方法

本节之前讨论的匹配技术互有长短,在不同情况有着不同的效果。如果组合多种匹配器,能够构建出更为“完整”的匹配方法。

组合匹配器有两种途径:**混合**(Hybrid)与**复合**(Composite)。混合的方法将多个匹配器结合到一个算法中。换言之,两个模式中的元素在同一算法中通过一系列的元素匹配器

（例如，字符串匹配、数据类型匹配）和（或）结构匹配器进行比较，从而决定整体的相似性分值。细心的读者可能会发现，上文基于限制且侧重于结构匹配的算法也采用了类似的方法：开始时基于相似性进行判定：如通过元素匹配器比较叶子节点。然后，利用相似性分值进行结构匹配。与此混合算法相对的是复合算法，它采用不同的匹配器对两个模式（或两个实例）进行匹配，获得一组相似性分值，然后使用某种方法将这些分值聚合起来。具体来说，假设 $s_i(C_j^k, C_l^m)$ 是匹配器 $i(i=1, \cdots, q)$ 在模式 k 中概念 C_j 和模式 m 中概念 C_l 上面得到的相似性分值，两个概念之间的复合相似性表示为 $s_i(C_j^k, C_l^m) = f(s_1, \cdots, s_q)$，其中 f 为聚合相似性分值的函数，既可以是简单的计算，如求平均、求最大、求最小等，也可以采用更复杂的排序聚合函数【Fagin，2002】（详见第 9 章）。复合的方法分别由 LSD【Doan et al.，2001，2003a】和 iMAP【Dhamankar et al.，2004】系统提出用来处理一对一和多对多的匹配问题。

4.3　模式集成

在模式匹配识别出了不同 LCS 之间的对应关系之后，需要构建 GCS，即所谓的**模式集成**（schema integration）。如前所述，只有在未定义 GCS 的一组 LCS 上进行匹配时，模式集成才是必要的。如果 GSC 已经定义好，那么只需决定 GCS 和任一 LCS 之间的对应关系即可，不必进行集成。然而，如果基于模式匹配中的对应关系将 LCS 集成为 GCS，那么需要进一步识别出 GCS 和任一 LCS 之间的对应关系。在这个过程中，尽管有很多工具（如【Sheth et al.，1988a】）可以辅助集成，然而人工参与仍是不可或缺的。

例 4.6　针对之前讨论的两个 LCS 存在多个集成结果的情况，图 4.9 给出了模式集成过程可能给出的一种 GCS。

Employee(<u>ENUMBER</u>, ENAME, TITLE)

Pay(<u>TITLE</u>, SALARY)

Project(<u>PNUMBER</u>, PNAME, BIDGET, LOCATION)

Client(<u>CNAME</u>, ADDRESS, CONTRACTNO, PNUMBER)

Works(<u>ENUMBER</u>, <u>PNUMBER</u>, RESP, DURATION)

图 4.9　集成 GCS 的示例

根据第一阶段处理本地模式中策略的不同，集成方法可以分为二元和 n 元两种机制【Batini et al.，1986】，如图 4.10 所示。二元集成方法同时处理两个数据模式，既可以采用逐步（阶梯式）的方式（图 4.11(a)），即先构建中间模式再与其他模式进行集成；也可以采用纯二元的方法（图 4.11(b)），模式两两集成为中间模式，进而再两两集成（参见【Batini and Lenzirini，1984】、【Dayal and Hwang，1984】）。另外也有些二元集成方法不做这种区分【Melnik et al.，2002】。

n 元集成机制在每次迭代中处理两个以上的数据模式。一步集成（图 4.12(a)）同时集成所有的数据模式，用一次迭代产生全局概念模式。该方法的优点是在集成阶段考虑了所有数据库的可用信息，既无需顾虑模式集成的次序，又可以在通盘考虑了所有的模式之后再做决策，如决定数据最佳的表现方式和最易理解的结构等。该方法的挑战在于自动化的复杂性很高。

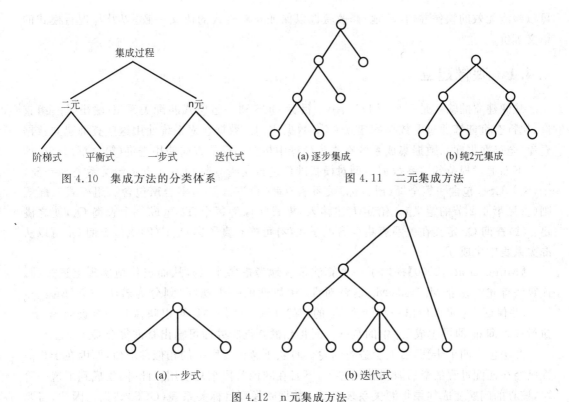

图 4.10　集成方法的分类体系　　　　　图 4.11　二元集成方法

图 4.12　n 元集成方法

迭代式 n 元集成方法更具灵活性(利用的信息更充分)和通用性(数据模式的个数可以根据集成器的配置变化)。二元方法是迭代式 n 元方法的一个特例。由于每次考虑的模式数量有限,迭代式方法降低了计算的复杂度,使集成更加自动化。采用 n 元方法的集成能同时处理两个以上的模式。从实用性出发,大部分系统采用二元方法,但也有些研究者倾向于可用信息更加完备的 n 元方法(【Elmasri et al.,1987】、【Yao et al.,1982b】、【He et al.,2004】)。

4.4　模 式 映 像

在定义好 GCS(中介模式)后,需要在保持语义一致性(在源和目标中定义)的前提下,将局部数据库(源)中的数据映像到 GCS(目标)上。即便识别出了 LCS 和 GCS 的对应关系,模式匹配依然有可能没有显式地说明如何从局部模式获得全局数据库,而模式映像则主要研究这一点。

数据仓库系统使用模式映像显式地从源中抽取数据,并将数据翻译为数据仓库模式以便发布。数据集成系统中的查询处理器和封装器使用模式映像进行查询处理(见第 9 章)。

本节研究模式映像的两个基本问题:映像建立(mapping creation)和映像维护(mapping maintenance)。映像建立过程显式地定义查询条件,将数据从局部数据库映射到全局数据库。映像维护过程在模式变化时对不一致的映像进行检测和纠正。具体来说,源数据模式可能在结构或是语义上发生变化,导致现有的映像无效。在这种情况下,映像维护可以检测无效的映像并（自动地）修改映像以保证与新模式的语义一致，以及与现有模式的语义等价。

4.4.1　映像建立

映像建立的输入是一个源 LCS、一个目标 GCS 和一组模式匹配关系 $\mathcal{M}$；输出是一组查询，执行查询能够通过源数据库建立 GCS 数据实例。数据仓库系统使用这些查询建立数据仓库（全局数据库）；数据集成系统在查询处理中按照相反的方向使用查询（第 9 章）。

下面通过规范的关系数据模型对模式映像进行说明。源 LCS 包含一组关系表 $S=\{S_1,\cdots,S_m\}$，GSC 包含一组全局（或目标）关系表 $\mathcal{T}=\{T_1,\cdots,T_n\}$，集合 $\mathcal{M}$ 包含一组模式匹配规则（参见第 4.2 节的定义）。给定上述输入，模式映像为每个 T_k 生成一个查询 Q_k，使之满足：（1）查询 Q_k 定义在关系表集合 S 的子集（有可能是真子集）上；（2）执行查询 Q_k 可以从源关系表中生成 T_k。

【Miller et al.，2000】提出了一个算法依次地考虑每个 T_k，从而迭代地实现上述过程。该算法首先将集合 $M_k\subseteq\mathcal{M}$（M_k 是针对 T_k 中属性的一组规则）划分为若干子集 $\{M_k^1,\cdots,M_k^s\}$，并保证 M_k^i 可以给出一种计算 T_k 的值的规则。此外，M_k^i 可以映像到一个查询 q_k^i 上，执行该查询 q_k^i 即可生成 T_k 中的数据。对得到的查询求并即可输出查询集合 $Q_k(=\bigcup_j q_k^j)$。

算法包含四个步骤，后面会进行讨论。算法不考虑规则中的相似性取值，原因在于相似性已经在匹配过程的最后阶段使用过了，不必在映像阶段重复使用。此外，集成到了这一阶段，核心的问题变成如果将源关系表（LCS）数据映像到目标关系表（GCS）数据。因此，需要考虑的对应关系不是对称的等价关系（$\approx$），而是从（一个或多个）源关系表属性到一个目标关系表属性的映像（$\mapsto$）关系：$(S_i.\text{attribute}_k,S_j.\text{attribute}_l)\mapsto T_w.\text{attribute}_z$。

例 4.7　由于原来的数据库实例已经不能说明更复杂的情况，本节使用一个新的数据库实例来说明模式映像算法，如下：

源关系表（LCS）：

$S_1(A_1,A_2)$

$S_2(B_1,B_2,B_3)$

$S_3(C_1,C_2,C_3)$

$S_4(D_1,D_2)$

目标关系表（GCS）：

$T(W_1,W_2,W_3,W_4)$

例子中，GCS 仅包含一个关系表，这对于算法展示来讲已经足够了，因为算法每次只处理一个目标关系表。

属性之间的主外键关系如下：

Foreign key	Refers to
A_1	B_1
A_2	B_1
C_1	B_1

　　下面是从关系表 T 中发现的属性的匹配关系,这些匹配关系构成了集合 M_T。由于不必关心谓词 p 具体是什么,因此不给出 p 的具体形式。

$$r_1 = <A_1 \mapsto W_1, p>$$
$$r_2 = <A_2 \mapsto W_2, p>$$
$$r_3 = <B_2 \mapsto W_4, p>$$
$$r_4 = <B_3 \mapsto W_3, p>$$
$$r_5 = <C_1 \mapsto W_1, p>$$
$$r_6 = <C_2 \mapsto W_2, p>$$
$$r_7 = <D_1 \mapsto W_4, p>$$

　　算法的第一步是将 M_k(对应 T_k)划分为若干子集 $\{M_k^1, \cdots, M_k^n\}$。对于 T_k 中任一属性,保证每个子集 M_k^i 中都至多有一个与之相关的匹配。这些子集也被称为潜在候选集。有些子集包含 T_k 中的所有属性,称为是完备的;而有些子集是不完备的。考虑不完备子集的原因有两点:第一,目标关系表的一个或多个属性可能没有关联的匹配(即没有匹配集合是完备的);第二,对于大型且复杂的数据模式,需要迭代地构建映像,需要支持设计者增量地给出映像关系。

　　例 4.8　将 M_T 划分为下面 53 个子集(潜在候选集),其中前 8 个集合是完备的,其余的不完备。为了表达清晰,下述完备的规则按照映像到的目标属性进行排序,例如 M_T^1 中的第 3 条规则是 r_4,因为该规则映像到属性 W_3。

$$M_T^1 = \{r_1, r_2, r_4, r_3\} \quad M_T^2 = \{r_1, r_2, r_4, r_7\}$$
$$M_T^3 = \{r_1, r_6, r_4, r_3\} \quad M_T^4 = \{r_1, r_6, r_4, r_7\}$$
$$M_T^5 = \{r_5, r_2, r_4, r_3\} \quad M_T^6 = \{r_5, r_2, r_4, r_7\}$$
$$M_T^7 = \{r_5, r_6, r_4, r_3\} \quad M_T^8 = \{r_5, r_6, r_4, r_7\}$$
$$M_T^9 = \{r_1, r_2, r_3\} \quad M_T^{10} = \{r_1, r_2, r_4\}$$
$$M_T^{11} = \{r_1, r_3, r_4\} \quad M_T^{12} = \{r_2, r_3, r_4\}$$
$$M_T^{13} = \{r_1, r_3, r_6\} \quad M_T^{14} = \{r_3, r_4, r_6\}$$
$$\cdots \qquad\qquad \cdots$$
$$M_T^{47} = \{r_1\} \quad M_T^{48} = \{r_2\}$$
$$M_T^{49} = \{r_3\} \quad M_T^{50} = \{r_4\}$$
$$M_T^{51} = \{r_5\} \quad M_T^{52} = \{r_6\}$$
$$M_T^{53} = \{r_7\}$$

　　算法的第二步是分析每个潜在候选集 M_k^i 能否生成"好"的查询。如果 M_k^i 中的匹配规则可以将单个的源关系表中的值映像到 T_k 上,M_k^i 对应的查询就容易生成。这里需要特别关注的是匹配规则与多个源关系表对应的情况。在这种情况下,算法需要检查这些关系表之间是否通过主外键(即是否在源关系表上存在连结路径)关系构成了参照关系的互联。如果没有,可以不用继续考虑这个候选集。一旦存在通过主外键关系构成的多条连结路径,算法就需要找到产生最多元组的路径(即外连结的结果大小和内连结的结果大小差异最小的路径)。如果存在多条产生最多元组的路径,就需要数据库设计者的介入来挑选其中的一条(一些工具,如 Clio【Miller et al., 2001】、OntoBuilder【Roitman and Gal, 2006】等能够辅助挑选过程，方便设计者查看和选择对应关系【Yan et al.，2001】）。算法第二步的输出结果是一组候选集 $\overline{M_k} \subseteq M_k$。

例 4.9　本例中，不存在一个 M_k^i 可以从一个单一的源关系表中映射得到 T 中的所有属性。在这些包含多个源关系表的候选集中，只有与 S_1、S_2 和 S_3 相关的候选集可以映射到"好"的查询中，根据它们之间存在主外键关系。与 S_4 相关的规则（即包含规则 r_7）由于不存在从 S_4 到其他关系表的连结路径（即查询需引入代价较高的叉积），不能映射到"好"的查询中。因此，这些规则都可以从潜在候选集中去除。如果只考虑完备的集合，M_k^2，M_k^4，M_k^6 和 M_k^8 也可以去除。最后，候选集合 $\overline{M_k}$ 仅包含 35 条规则（读者可以自行验证，以便更好地理解算法）。

算法的第三步是在一组候选集 $\overline{M_k}$ 中找到一个覆盖 $\mathcal{C}_k \subseteq \overline{M_k}$，即它是"候选集的集合"，并满足 $\overline{M_k}$ 中的任意匹配规则都至少在其中出现一次的条件。由于包含了所有的匹配规则，覆盖有足够的信息生成目标关系表 T_k。如果存在多个覆盖（一个匹配规则可能属于多个覆盖），可以按照覆盖中候选集的个数从小到大进行排序。覆盖中候选集越少，下一步生成查询的个数也就越少，生成映像的效率也就越高。如果多个覆盖的排序是相同的，则可以进一步按照候选集中目标属性的个数从大到小进行排序。这样排序的合理性在于：包含越多属性的覆盖生成结果中的空值越少。此外，这一步也可以让设计人员参与，从排好序的覆盖中做出挑选。

例 4.10　由于已经去除了包含规则 r_7 的集合 M_k^i，本例考虑定义 $\overline{M_k}$ 中匹配的 6 条规则。可能的覆盖有很多，本例从包含 M_k^1 的覆盖入手来对算法进行说明。

$$\mathcal{C}_T^1 = \{\underbrace{\{r_1, r_2, r_4, r_3\}}_{M_T^1}, \underbrace{\{r_1, r_6, r_4, r_3\}}_{M_T^3}, \underbrace{\{r_2\}}_{M_T^{48}}\}$$

$$\mathcal{C}_T^2 = \{\underbrace{\{r_1, r_2, r_4, r_3\}}_{M_T^1}, \underbrace{\{r_5, r_2, r_4, r_3\}}_{M_T^5}, \underbrace{\{r_6\}}_{M_T^{50}}\}$$

$$\mathcal{C}_T^3 = \{\underbrace{\{r_1, r_2, r_4, r_3\}}_{M_T^1}, \underbrace{\{r_5, r_6, r_4, r_3\}}_{M_T^7}\}$$

$$\mathcal{C}_T^4 = \{\underbrace{\{r_1, r_2, r_4, r_3\}}_{M_T^1}, \underbrace{\{r_5, r_6, r_4\}}_{M_T^{12}}\}$$

$$\mathcal{C}_T^5 = \{\underbrace{\{r_1, r_2, r_4, r_3\}}_{M_T^1}, \underbrace{\{r_5, r_6, r_3\}}_{M_T^{19}}\}$$

$$\mathcal{C}_T^6 = \{\underbrace{\{r_1, r_2, r_4, r_3\}}_{M_T^1}, \underbrace{\{r_5, r_6\}}_{M_T^{32}}\}$$

可以观察到，上述覆盖包含了两个或三个候选集合。由于算法倾向于找到较少候选集的覆盖，下面仅考察包含两个候选集合的覆盖。另一方面，这些覆盖中候选集对应目标属性的个数也不尽相同。由于算法倾向于包含目标属性多的覆盖，本例中 $\mathcal{C}_T^3$ 是最佳的覆盖。

需要注意的是：由于使用了两种启发式方法，算法只需考虑包含 M_T^1，M_T^3，M_T^5 和 M_T^7 的覆盖。如果考虑包含 M_T^3，M_T^5 和 M_T^7，也可以找到类似的覆盖，本节把它留作练习题。后文假设设计者已经选择了 $\mathcal{C}_T^3$ 最为最佳覆盖。

算法的最后一步是为最佳覆盖中的每个候选集构建查询 q_k。这些查询的并集 (UNION ALL) 产生 GCS 中关系表 T_k 的最终映像关系。

构建查询 q_k 的方法如下：

(1) SELECT 子句包含 M_k^i 中任一规则 r_k^i 相关的所有对应关系(c)。

(2) FROM 子句包含与 r_k^i 相关的所有源关系表和算法第 2 步中决定的连结路径。

(3) WHERE 子句包含 r_k^i 中所有的谓词 p 和算法第 2 步中决定的连结谓词的合取。

(4) 如果 r_k^i 中 c 或者 p 包含聚合函数，则

- 对 SELECT 子句中没有在聚合函数中的属性(或属性的函数)应用 GROUP BY 子句；
- 如果聚合是在对应 c 上，则将聚合函数添加在 SELECT 子句上；否则(即聚合位于谓词 p 上)，则为该聚合函数建立 HAVING 子句。

例 4.11 由于例 4.10 已经将覆盖 C_T^3 确定为最终的映像关系，本例只需生成两个查询 q_T^1 和 q_T^7，分别对应 M_T^1 和 M_T^7。为了说明方便，重复列出下述规则：

$$r_1 = <A_1 \mapsto W_1, p>$$
$$r_2 = <A_2 \mapsto W_2, p>$$
$$r_3 = <B_2 \mapsto W_4, p>$$
$$r_4 = <B_3 \mapsto W_3, p>$$
$$r_5 = <C_1 \mapsto W_1, p>$$
$$r_6 = <C_2 \mapsto W_2, p>$$

生成的查询如下：

```
qₖ¹: SELECT A₁,A₂,B₂,B₃
     FROM    S₁,S₂
     WHERE   p₁ AND p₂ AND p₃ AND p₄
             AND S₁.A₁=S₂.B₁ AND S₁.A₂=S₂.B₁
qₖ⁷: SELECT B₂,B₃,C₁,C₂
     FROM    S₂,S₃
     WHERE   p₃ AND p₄ AND p₅ AND p₆
             AND S₃.C₁=S₂.B₁
```

因此，目标关系表 T 上最终的查询 Q_k 为 q_k^1 UNION ALL q_k^7

算法依次处理每个目标关系表 T_k，最终输出一组查询 $Q = \{Q_k\}$，执行这些查询，可以为 GCS 中的关系表产生数据。因此，算法产生了关系表数据模式之间的一组 GAV 映像(回想：GAV 将 GCS 定义为多个 LCS 上的一个视图，这正是映像查询做的事情)。算法在生成查询时考虑了主外键的关系，因而考虑了源模式的语义信息。然而，算法没有考虑目标模式的语义信息，通过执行映像查询生成的数据元组未必满足目标语义。对于 GCS 由 LCS 集成产生的情况而言，算法不满足目标模式语义信息并不造成什么问题。然而，如果 GCS 的定义独立于 LCS，算法的这个特点就可能会造成麻烦。

可以扩展前面介绍的算法来同时支持目标模式和源模式的语义。这时需要考虑模式之间生成元组的依赖关系。换言之，需要生成 GLAV 映像关系。从定义上讲，GLAV 映像，不仅是源关系表查询，还体现了源(即 LCS)关系表查询和目标(即 GCS)关系表查询之间的关系。具体来讲，考虑模式匹配 v，v 定义了源 LCS 关系表 S 中属性 A 和目标 GCS 关系表

T 中属性 B 的对应关系（本节使用 v=<S.A≈T.B,p,s>表示）。源查询和目标查询分别给出获得 S.A 和 T.B 的方法，而 GLAV 映像给出了这两个查询之间的关系。

一种实现算法【Popa et al.,2002】是以源模式、目标模式和 M 作为输入，目标是"发现"同时满足源和目标模式语义的一组映像。该算法比之前讨论的算法更有效，能够处理嵌套这种普遍出现在 XML、对象数据库和嵌套关系系统中的结构。

语义翻译（semantic translation），是基于模式匹配发现所有映像关系的第一步，其目标是解释 M 中的模式匹配关系，从而同时满足源模式和目标模式的语义信息，即模式结构和参照（外键）约束。语义翻译的输出结果是一组逻辑映像（logical mappings），每个映像包含一个在源和目标模式上的设计决策（语义），并对应于一个目标模式关系表。数据翻译（data translation）是第二步，其目标是将每个逻辑映像实现为一条规则，并将规则转化成一条针对目标元素实例的查询。

语义翻译以源模式 S、目标模式 T 和 M 作为输入，并执行以下两个步骤：

- 针对 S 和 T 中的每个模式内语义，生成一组语义一致的逻辑关系表（logical relations）。
- 基于上一步生成的逻辑关系表，将 M 中的模式内匹配翻译为一组和 T 语义一致的查询 Q。

4.4.2　映像维护

在动态环境下，数据模式会随时间变化，而模式映像则有可能随着模式结构或约束的变化而失效。因此，有必要对失效的或不一致的模式映像进行检测，并结合新的模式结构和约束对映像进行调整。

一般来说，采用完全自动的方法对无效或不一致的模式映像进行检测很有必要，特别是在模式越来越复杂，以及具体应用中模式映像数量越来越多的情况下。另一个目标是根据模式的变化自动（或半自动）地调整映像。需要注意的是，自动地调整模式映像与自动地进行模式匹配并不相同：前者是利用模式内语义的变化，以及现有映像中的语义来发现语义对应关系，并由此发现语义的不一致性；后者更像是从零开始生成模式映像关系，并不具备考虑上述背景知识的能力。

4.4.2.1　检测无效映射

一般而言，在模式发生变化时，检测无效映射的方式既可以是主动的也可以是被动的。在主动检测的环境下，一旦用户改变了模式，系统立即检测映像的一致性。这种方法的基本假设（或前提）是映像维护系统可以及时检测到模式发生的变化。例如，ToMAS 系统【Velegrakis et al.,2004】期望用户通过自带的模式编辑器来修改模式，从而使系统检测到模式的变化。一旦检测到模式变化，系统立即对包含新模式中逻辑关系表的映像进行语义翻译，从而达到检测无效映像的目的。

在被动检测的环境下，映像维护系统并不知道数据模式在何时以及以何种方式发生变化。因此，为了检测无效的模式映像，系统需要定期地在数据源上执行查询，并使用现有的映像对查询返回的数据进行翻译，最终基于映像检测的结果来决定无效映像。

另一种方法是使用机器学习技术来检测无效的映像（如 Maveric 系统【McCann et al.,

2005】)。该方法集成一组训练好的传感器(类似于模式匹配中的多学习器)来检测无效映像。传感器包括:取值传感器——负责监控目标实例取值的分布特性,趋势传感器——负责监控平均数据修改率,约束传感器——负责监控和对比翻译好的数据与目标模式在语法和语义上的差别,等等。系统将单一传感器找到的无效映像加权求和,并通过学习的方法得到权重。如果求和的结果或后续的检测显示模式发生了变化,即生成警报。

4.4.2.2　无效映射的调整

一旦检测出无效模式,就需要针对变化调整模式。目前提出了不少很好的调整方法【Velegrakis et al.,2004】,粗略地分类如下:固定规则方法(fixed rule approaches)——区分模式变化的类型,为每种类型定义重新映像的规则;映像桥接方法(map bridging approaches)——比较变化前模式 S 和变化后模式 S′之间的差异,在现有映像关系的基础上生成 S 到 S′的映像关系;语义重写方法(semantic rewriting approaches)——利用现有映像、模式本身和模式语义变化中蕴含的语义信息,提出映像重写规则来生成语义一致的目标数据。多数情况可能存在多个可能的重写规则,因此需要对可能的候选进行排序,并展示给用户进行选择(用户选择的依据是模式或映像中未涉及的场景业务语义)。

另一种有争议的映像调整方法是完全对模式进行重新映像(即使用模式匹配技术对模式从零开始进行映像)。在多数情况下,对映像重写比重新生成的代价更低,因为前者可以利用现有映像中的知识,从而排除掉可能会被用户拒绝的映像(从而避免冗余的映像)。

4.5　数　据　清　洗

为了正确地回答用户查询,需要对源数据库中出现错误进行清洗。在数据仓库和数据集成系统中都会出现数据清洗问题,但具体的应用场景不同。数据仓库系统从局部运行数据库中抽取数据,并物化为全局数据库,在创建全局数据库时进行数据清洗。数据集成系统在源数据库返回数据的查询处理阶段进行数据清洗。

一般而言,数据清洗过程处理的错误分为模式级和实例级【Rahm and Do,2000】。模式级错误是由于每个 LCS 违反显示的或隐式的约束而产生的。例如,超出属性取值范围(如14 个月或是负的工资),违反属性间隐含的依赖关系(如年龄属性的取值与当前日期和生日的差值不对应),违反属性值的单一性,违反参照完整性约束,等等。此外,之前讨论的 LCS 在模式级的异构性(结构层面和语义层面)都可能构成问题。不难看出,对于模式级错误,应该在模式匹配阶段进行检测,在模式集成阶段进行修正。

实例级错误存在于数据级别。例如一些必需的属性值可能缺失,词语出现拼写错误或是位置调换(如"M. D. Mary Smith"和"Mary Smith,M. D."),或是缩写上存在差异(如不同数据库的"J. Doe"和"J. N. Doe"),值存在嵌套(如地址属性包括街道、省、邮编),值对应错误的域上,值存在重复,值出现冲突(工资在不同的数据库上有不同的取值)。对于实例级的清洗,核心的问题是生成一组映像方法(查询)对数据进行清洗。

数据清洗的通用方法是定义模式和数据上的一组操作符,并由操作符组成数据清洗计划。

模式操作符包括从关系表中添加或删除列、组合和分裂列,从而重组关系表【Raman and Hellerstein,2001】,或是通过一个通用的"映像"操作符【Galhardas et al.,2001】将一关系表对应为一个或多个关系表,以此来定义更复杂的模式转化规则。数据级操作符包括对属性的所有取值执行操作,将两个属性的值合并为同一属性的值以及相反的分裂操作【Raman and Hellerstein,2001】,计算两个关系表元组近似连结的匹配操作符,将关系表中元组分组的聚类操作符,将关系表中元组划分成多组的元组合并操作符,以及将多组中元组整合成单一元组的聚合操作符【Galhardas et al.,2001】。除此之外,还有发现和消除重复的基本操作符(即著名的 purge/merge 问题【Hernández and Stolfo,1998】)。很多数据级操作符需要比较两个(来自相同或不同的模式)关系表中的元组,决定它们是否代表了相同的实体。这与模式匹配中的情形类似,不同之处在于这里考虑数据级别,而且不是考虑属性的取值而是整个元组。然而,模式匹配中的一些技术(如使用编辑距离或语音码)依然可以使用。一些研究也考虑了如何在数据清洗中提高效率(如【Chaudhuri et al.,2003】)。

　　数据集清洗技术需要处理大量的数据,代价很高,因而效率是最突出的问题,对上述操作符做高效的物理实现十分重要。尽管在数据仓库系统中清洗可以在线下成批地进行,然而在数据集成系统中,清洗需要在从源获得数据后在线地进行。显然,在后一种情况下,数据清洗的性能问题更为重要。事实上,由于数据集成遇到性能和可扩展性等问题,一些研究提出放弃数据清洗,转做允许冲突的查询【Yan and Özsu,1999】。

4.6　本章小结

　　本章讨论了自底向上的数据库设计,我们称之为数据库集成。该设计的目标是创建 GCS(或称为中介模式)并决定 GCS 与任一 LCS 的映像关系。在不同的应用场景下,GCS 有着显著的差异:数据仓库系统需要实例化和物化 GCS,而数据集成系统仅将 GCS 看成虚拟视图。

　　尽管数据库集成已经研究了很长时间,但相关的工作还比较分散。不同的项目有不同的侧重点,如模式匹配、数据清洗或模式映像。很少有研究考虑一种"端到端"的数据库集成方法。造成这种局面的原因是不同的研究依赖于不同的假设、数据模型、异构类型,等等。【Bernstein and Melnik,2007】的工作是一个显著的例外,他们开始提供一种综合的"端到端"方法。这可能是最值得关注的研究问题。

　　另一个在文献中讨论广泛的相关概念是**数据交换**(data exchange),其问题可以定义为:"结合源模式的数据结构,创建目标数据模式,从而达到最大程度上准确反映源数据的目的【Fagin et al.,2005】"。这个问题非常类似于物理层面的(即物化的)数据集成,如本章讨论过的数据仓库。然而,数据仓库与数据交换物化方法的不同点在于:在数据仓库系统中,数据一般属于单一的机构,可以通过良好的模式进行定义;而在数据交换系统中,数据可能来自不同的源,因而存在异构性【Doan et al.,2010】。不过本章没有对此进行重点讨论。

　　本章的重点是数据库集成。然而,分布式应用中越来越多的数据并不存储在数据库中。因此,一个新的研究方向是如何集成存储在数据库中的结构化数据和存储其他系统(如万维网服务器、多媒体系统、数字图书馆等)中的非结构化数据【Halevy et al.,2003】,【Somani et al.,2002】。在下一代系统中,对这两种数据进行管理,将会越来越重要。

　　另一个本章没有涉及的问题是当 GCS 不存在或无法定义情况下的互操作性。正如第一章谈到的,是否需要通过 GCS 对多个数据源进行互操作的访问,在早期还存在争议。一些观点认为语言本身应该提供访问多个异构数据源的能力,而不需要使用 GCS。这个问题在现代 P2P 系统中变得更为棘手,因为数据源的规模和变化性使得设计 GCS(如果能设计 GCS 的话)变得十分困难。第 16 章将讨论 P2P 系统中的数据集成问题。

4.7　参考文献说明

大量的文献研究本章涉及的问题。最早的工作可以追溯到 20 世纪 80 年代,【Batini et al.,1986】做了很好的综述性工作。后续的工作在【Elmagarmid et al.,1999】和【Sheth and Larson,1990】有很好的总结。

近期要出版一本书对本节涉及的专题做了全面的总结【Doan et al.,2010】。同时也有一些近期的概述性论文。【Bernstein and Melnik,2007】对集成的方法论做了深入探讨,同时也进一步将模型管理工作与一些数据集成研究进行了比较。【Halevy et al.,2006】总结了 20 世纪 90 年代的数据集成工作,重点探讨了 Manifold 系统【Levy et al.,1996c】,该系统使用的是 LAV 方法。

论文提供了大量的参考文献,并探讨了这些年开辟的研究领域。【Haas,2007】形象地将整个集成过程划分为 4 个步骤:

(1) 理解:包含相关信息(如码、约束、数据类型等)的发现,信息分析和质量评估,统计信息的计算;

(2) 标准化,即用最好的方式表示集成的信息;

(3) 规范化,包含集成过程中的具体配置;

(4) 执行,即具体集成的执行。规范化阶段包含了该论文定义的技术。【Doan and Halevy,2005】是另一个模式匹配技术的综述性文章。该文章提供了与以往不同的更简洁的技术分类方式:基于规则、基于学习、规则和学习融合的方法。

大量的系统被开发出来测试 LAV 和 GAV 方法。他们中的很多侧重于集成系统的查询,第 9 章将会对这些系统进行讨论。LAV 方法的一些例子可以参考【Duschka and Genesereth,1997】、【Levy et al.,1996a】、【Manolescu et al.,2001】,GAV 方法的一些例子参见【Adali et al.,1996a】、【Garcia-Molina et al.,1997】、【Haas et al.,1997b】。

结构层面和语义层面的异构性方面也有不少研究工作,这方面的参考文献非常多。其中一些有趣的论文包括【Dayal and Hwang,1984】、【Kim and Seo,1991】、【Breitbart et al.,1986】、【Krishnamurthy et al.,1991】、【Hull,1997】、【Ouksel and Sheth,1999】、【Kashyap and Sheth,1996】、【Bright et al.,1994】、【Ceri and Widom,1993】。需要注明的是,这里仅提供了一个很不完整的论文列表。

模式匹配的一些近期工作在【Rahm and Bernstein,2001】和【Doan and Halevy,2005】有所总结。【Rahm and Bernstein,2001】很好地比较了不同的方法。

也有很多系统被开发出来验证不同模式匹配方法的可用性。基于规则技术的系统包括 DIKE【Palopoli et al.,1998,2003b,a】、DIPE(DIKE 系统的早期版本)【Palopoli et al.,1999】、TranSCM【Milo and Zohar,1998】、ARTEMIS【Bergamaschi et al.,2001】、similarity flooding【Melnik et al.,2002】、CUPID【Madhavan et al.,2001】和 COMA【Do and Rahm,2002】。

练　习

4.1　分布式数据库系统和分布式多数据库系统是系统设计的两种方法。为每种方法找三个最合适的应用场景,探讨应用场景的特点,并尽可能使这些特点更适合相应的方法。

4.2　有些结构建模方法系统喜欢使用全局概念模式的定义,有些则不喜欢。你怎么看这个问题,给出具体的技术观点来支持你的看法。

4.3*　给出一个算法将关系模式转化为实体-关系(ER)模式。

4.4**　考虑图 4.13 和图 4.14 中的两个数据库,设计一种全局概念模式囊括这两个数据库,并将它们翻译成 E-R 模型。

> DIRECTOR(NAME, PHONE_NO, ADDRESS)
> LICENSES(LIC_NO, CITY, DATE, ISSUES, COST, DEPT, CONTACT)
> RACER(NAME, ADDRESS, MEM_NUM)
> SPONSOR(SP_NAME, CONTACT)
> RACE(R_NO, LIC_NO, DIR, MAL_WIN, FRM_WIN, SP_NAME)

图 4.13　公路赛数据库

图 4.13 描述了公路赛组织者需要使用的关系数据库,图 4.14 描述了造鞋商使用的实体-关系数据库。这两个数据库的语义描述如下。图 4.13 给出了公路赛关系数据库,并包含以下语义:

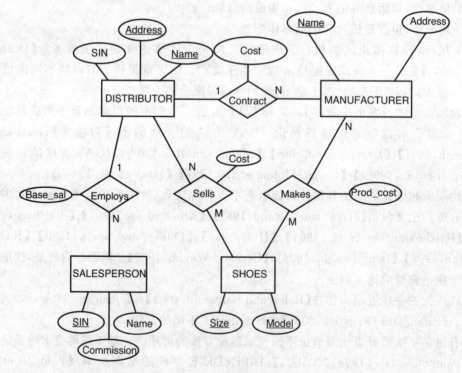

图 4.14　赞助商数据库

DIRECTOR 关系表定义了负责组织赛事的总监信息。这里假设每个赛事总监都有一个唯一的名字(用来作为码),一个电话号码和一个通信地址。

LICENSES 是必须的,因为每个赛车手都需要一个政府签发的执照,它由相关部门一个联系人 CONTACT 签发,称为签发人 ISSUER,签发人可能供职于另一个政府部门 DEPT;此外,每个执照都有唯一的编号 LIC_NO(主码),适用的城市 CITY、适用日期 DATE,以及成本 COST。

RACER 关系表描述了参赛人的信息。参赛人通过姓名 NAME 进行识别。由于姓名 NAME 并不能保证唯一性,因此需要地址 ADDRESS 一起组成组合码。最后,每个参赛人可能有 MEM_NUM 属性来识别它是哪个协会的会员,但并不要求所有的参赛者都有会员编号。

SPONSOR 关系表描述了比赛赞助商的信息。一般来讲,赞助商通过专人(CONTACT)来赞助多个比赛,而且多个比赛可能有不同的赞助商。

RACE 关系表描述了一场比赛,包含许可证编号(LIC_NO)和比赛编号(R_NO),比赛编号是主码,因为未获得许可证也可以筹划比赛。每场比赛包含男子组和女子组的冠军(MAL_WIN 和 FEM_WIN)和赛事总监 DIR。

图 4.14 给出了赞助商数据库中使用的实体-关系模式,包含以下语义:

- SHOE 关系表描述了赞助商生产的特定型号 MODEL 和尺寸 SIZE 的鞋子信息,这两个属性构成了该实体的主码。
- MANUFACTURER 关系表由名称 NAME 唯一确定,并位于特定的地址 ADDRESS。
- DISTRIBUTOR 关系表描述经销商的姓名 NAME、地址 ADDRESS(这两个属性构成主码),社会保险号 SIN(用于纳税)。
- SALESPERSON 关系表描述了销售(实体)的姓名 NAME,赚取的佣金 COMMISSION,并通过其社会保险号 SIN 唯一确定(主码)。
- Makes 关系包含固定的产品成本(PROD_COST),它表示同一制造商可以生产不同的鞋子,以及不同的制造商可以生产同一种鞋子。
- Sells 关系包含了经销商对于某个鞋子的销售成本 COST,它表示每个经销商可以卖出多于一种鞋子,以及每种鞋子可以由多个经销商卖出。
- Contract 关系是经销商用来向制造商表示专有权的合同关系,包含一个成本 COST。注:该关系并不妨碍同一经销商贩卖多个制造商的鞋子。

Employs 关系表表示经销商与多个销售人员的雇佣关系,包含底薪 BASE_SALARY 信息。

4.5* 考虑三个数据源:

数据库 1 包含关系表 Area(Id,Field),描述雇员专长的领域;Id 属性标识了一个雇员。

数据库 2 有两个关系表:Teach(Professor,Course)和 In(Course,Field);前者表示每个教授上的课程,后者表示每个课程所属的领域。

数据库 3 有两个关系表:Grant(Researcher,GrantNo),表示研究者的经费信息;For(GrantNo,Field)表示经费所属的领域。

构建 GCS,包含两个关系表:Works(Id,Project)表示一个雇员和一个项目之间的雇佣关系;Area(Project,Field)表示项目所属的一个或多个领域。

(a) 给出数据库 1 和 GCS 之间的 LAV 映像关系；

(b) 给出 GCS 和局部数据模式之间的 GLAV 映像关系；

(c) 假设将另一个关系表 Funds(GrantNo, Project)加入到数据库 3 中，提供 GAV 映像关系。

4.6 考虑一个 GCS，包含关系表 Person(Name, Age, Gender)。该关系表可以通过在下面三个 LCS 上定义视图获得：

```
CREATE VIEW Person AS
SELECT Name,Age,"male" AS Gender
FROM SoccerPlayer
UNION
SELECT Name,NULL AS Age,Gender
FROM Actor
UNION
SELECT Name,Age,Gender
FROM Politician
WHERE Age>30
```

针对下面的查询，分析三个局部模式中有哪些对全局查询结果有贡献：

(a) SELECT Name FROM person

(b) SELECT Name FROM Person
   WHERE Gender="female"

(c) SELECT Name FROM Person WHERE Age>25

(d) SELECT Name FROM Person WHERE Age<25

(e) SELECT Name FROM Person
   WHERE Gender="male" AND Age=40

4.7 考虑一个 GCS，包含关系表 Country(Name, Continent, Population, HasCoast)，描述世界各国。属性 HasCoast 表示国家是否有海岸线。通过以下的 LAV 方法可以生成与全局模式有关的三个 LCS：

```
CREATE VIEW EuropeanCountry AS
SELECT Name,Continent,Population,HasCoast
FROM Country
WHERE Continent="Europe"

CREATE VIEW BigCountry AS
SELECT Name,Continent,Population,HasCoast
FROM Country
WHERE Population>=30000000

CREATE VIEW MidsizeOceanCountry AS
SELECT Name,Continent,Population,HasCoast
FROM Country
WHERE HasCoast=true AND Population>10000000
```

(a) 对于下面的查询,讨论他们结果的完整性,即验证局部数据源(或数据源的组合)是否覆盖了所有相关的结果。

(1) `SELECT Name FROM Country`

(2) `SELECT Name FROM Country`
   `WHERE Population>40`

(3) `SELECT Name FROM Country`
   `WHERE Population>20`

(b) 对于下面的查询,讨论三个 LCS 中的哪些对全局查询结果是必须的。

(1) `SELECT Name FROM Country`

(2) `SELECT Name FROM Country`
   `WHERE Population>30`
   `AND Continent="Europe"`

(3) `SELECT Name FROM Country`
   `WHERE Population<30`

(4) `SELECT Name FROM Country`
   `WHERE Population>30`
   `AND HasCoast=true`

4.8 考虑下面两个关系表 PRODUCT 和 ARTICLE,分别使用简化的 SQL 进行表示。最佳的模式匹配关系用箭头表示。

PRODUCT → ARTICLE

Id:int PRIMARY KEY → Key:varchar(255) PRIMARY KEY

Name:varchar(255) → Title:varchar(255)

DeliveryPrice:float → Price:real

Description:varchar(8000) → Information:varchar(5000)

(a) 指明下面的匹配方法分别能识别出上述 5 个匹配关系中的哪些:

(1) 元素名称的语法比较,例如使用字符串的编辑距离相似性。

(2) 使用近义词表比较元素名称。

(3) 比较数据类型。

(4) 分析实例数据值。

(b) 上面列出的 4 个匹配方法可能产生错误的匹配关系吗? 如果有,给出例子。

4.9 考虑两个关系表:S(a,b,c)和 T(d,e,f),可以使用一种匹配方法计算出 S 和 T 中元素的相似性,如下:

	T.d	T.e	T.f
S.a	0.8	0.3	0.1
S.b	0.5	0.2	0.9
S.c	0.4	0.7	0.8

基于上述匹配器给出的结果,推导出整体的模式匹配结果,并使其满足以下性质:

• 每个元素仅参与一个匹配关联;

- 不存在一个匹配关联,其包含的两个元素之间的相似性低于任一元素与其他模式中一个元素的相似性。

4.10* 图 4.15 给出了三个不同数据源的模式信息:

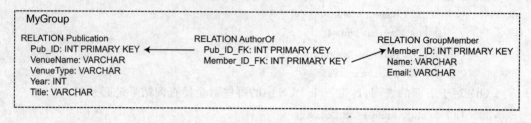

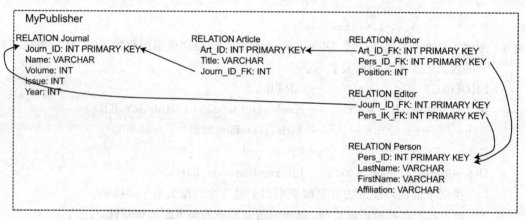

图 4.15 习题 10 的图示

- MyGroup 包含一个工作组成员发表的论文;
- MyConference 包含一组会议及其讨论会上发表的论文;
- MyPublisher 包含期刊上发表的论文。

箭头表示外键到主键的关系。

数据源定义如下。

MyGroup 数据源

Publication 关系表,属性信息如下:

- Pub_ID:唯一的论文表示。
- VenueName:期刊、会议或讨论会的名称。
- VenueType:发表刊物的类型,包括"journal"、"conference"和 "workshop"。
- Year:发表的年份。
- Title:论文的标题。

AuthorOf 关系表：

- 多对多的关系，表示工作组成员是论文的作者。

GroupMember 关系表，包含的属性如下：

- Member：唯一的工作组成员标识。
- Name：组成员姓名。
- Email：组成员电子邮箱地址。

MyConference 数据源

ConfWorkshop 关系表，包含的属性如下：

- CW_ID：会议或讨论会的唯一标识。
- Name：会议或讨论会的名称。
- Year：会议召开的年份。
- Location：会议召开的地址。
- Organizer：会议的组织者。
- AssociatedConf ID_FK：如果是会议，该值为 NULL，如果为讨论会，该值为相关的会议标识（这里假设讨论会依附于会议）。

Paper 关系表，包含的属性如下：

- Pap_ID：唯一的论文标识。
- Title：论文的标题。
- Author：一组作者姓名。
- CW_ID_FK：论文发表的会议或讨论会名称。

MyPublisher 数据源

Journal 关系表，包含的属性如下：

- Journ_ID：唯一的期刊标识。
- Name：期刊的名称。
- Year：期刊的年份。
- Volume：期刊的卷号。
- Issue：期刊的期号。

Article 关系表，包含的属性如下：

- Art_ID：唯一的论文标识。
- Title：论文的标题。
- Journ_ID_FK：论文发表的期刊。

Person 关系表，包含的属性如下：

- Pers_ID：唯一的人员标识。
- LastName：人员的姓。
- FirstName：人员的名。
- Affiliation：人员所属的机构（如所在大学的名称）。

Author 关系表：

- 表示人员与论文之间多对多的写作关系。
- 属性 Position：表示人员在作者列表中的排位（例如，第一作者的排位是 1）。

Editor 关系表：表示人员与期刊之间多对多的编辑关系。

（a）给出源数据模式元素之间所有的匹配关系。可以参考模式元素的名称和数据类型和给出的描述信息。

（b）使用以下的维度对得到的匹配关系进行分类：

（1）模式元素的类型（如：属性-属性或属性-关系表）。

（2）基数（如一对一或一对多）。

（c）给出包含源数据模式中所有信息的全局模式。

4.11* 图 4.16 给出了两个数据源 S_1 和 S_2（使用简化的 SQL 语法）。S_1 包含两个关系表 Course 和 Tutor，S_2 仅包含一个关系表 Lecture。实线箭头表示模式匹配关系，虚线箭头表示 S_1 中两个关系表之间的主外键关系。

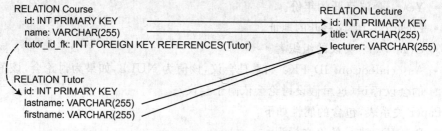

图 4.16　习题 11 的图示

下面给出将 S_1 转化成 S_2 数据的四个模式映射关系（表示为 SQL 查询的形式）：

```
(1) SELECT C.id,C.name as Title,CONCAT(T.lastname,
           T.firstname) AS Lecturer
    FROM   Course AS C
    JOIN   Tutor AS T ON(C.tutor_id_fk=T.id)
(2) SELECT C.id,C.name AS Title,NULL AS Lecturer
    FROM   Course AS C
    UNION
    SELECT T.id AS ID,NULL AS Title,T,
           lastname AS Lecturer
    FROM   Course AS C
    FULL OUTER JOIN Tutor AS T ON(C.tutor_id_fk=T.id)
(3) SELECT C.id,C.name as Title,CONCAT(T.lastname,
           T.firstname) AS Lecturer
    FROM   Course AS C
    FULL OUTER JOIN Tutor AS T ON(C.tutor_id_fk=T.id)
```

针对每个模式映射关系，回答下面的问题：

（a）映射关系是否有意义。

（b）映射关系是否完全（即是否将 S_1 中的数据全部转换）。

（c）映射关系是否可能违背主码约束。

4.12* 考虑下面三个数据源：

• 数据库 1 包含关系表 AREA(ID，FIELD)，描述雇员专长的领域；ID 属性标识了一个雇员。

- 数据库 2 有两个关系表：TEACH(PROFESSOR,COURSE) 和 IN(COURSE,FIELD)；前者表示每个教授上的课程，后者表示每个课程所属的领域。
- 数据库 3 有两个关系表：GRANT(RESEARCHER,GRANT♯)，表示研究者的经费信息；FOR(GRANT♯,FIELD)表示经费所属的领域。

设计一个全局模式，包含两个关系表：WORKS(ID,PROJECT)记录雇员工作的项目，AREA(PROJECT,FIELD)记录项目所属的领域，分别考虑下面的要求：

(a) 数据库 1 和全局模式之间必须存在 LAV 映像。

(b) 全局模式和局部模式之间必须存在 GLAV 映像。

(c) 向数据库 3 添加新的关系表 FUNDS(GRANT♯,PROJECT)时，必须存在 GAV 映像。

4.13** 逻辑表达式(具体来讲，一阶逻辑表达式)是模式翻译和集成的形式化表达方式，探讨逻辑表达式的作用。

第5章 数据与访问控制

语义数据控制使用高层语义对数据和访问进行控制,是集中式或分布式数据库管理系统的一项重要需求。语义数据控制一般包括:视图管理、安全控制和语义完整性控制。不严格地讲,这些功能应该保证**授权的**(authorized)用户在数据库上进行**正确的**(correct)操作,从而达到保证数据库完整性的目的。本书将在第10章到第12章,从事务管理的角度探讨并发访问和故障情况下维护数据库物理完整性的方法。在关系数据模型的框架下,语义数据控制可以通过一种统一的方法进行实现。视图、安全约束和语义完整性约束可以定义为一系列的规则,由系统自动实行。如果用户程序(如一组数据库操作)违反了这些规则,一方面其产生的效果可能会被拒绝(如取消程序产生的更新操作),另一方面可能会产生其他效果(如更新相关数据),从而保证数据库的完整性。

定义规则对数据操作进行控制,是数据库管理的一部分,通常由数据库管理员(DBA)负责执行。数据库管理员同时负责处理数据库所在机构的一些规则。集中式 DBMS 的语义数据控制已有经典的解决策略。本章将简要回顾集中式语义数据控制方法,并分析分布式环境下遇到的问题与相应的解决策略。在性能方面,语义数据控制在集中式 DBMS 中就需要耗费大量资源,在分布式环境下则有过之而无不及。

语义数据控制规则存储在目录中,因此本章的内容与分布式目录的内容也有关系,后者详见 3.5 节。回顾一下,分布式 DBMS 的目录本身就是一个分布式数据库。不同的目录管理方式会产生不同的方法来存储语义数据控制的规则。目录信息根据类型的不同按照不同的方式进行存储:部分信息可能完全重复,部分信息可能分布式存放。例如,编译阶段用到的信息,如安全控制信息,需要重复。本章将重点讨论目录管理对语义数据控制机制的影响。

本章的组织方式如下。5.1 节讨论视图管理,5.2 节分析安全控制,最后,5.3 节给出语义完整性控制的内容。在每一节中,首先概述集中式 DBMS 的解决策略,然后给出分布式的策略。后者往往是前者在更为复杂情况下的扩展。

5.1 视图管理

关系数据模型的一个突出优点是以逻辑的方式完整地描述了数据独立性。如第1章所述,外部模式使用户组拥有对数据库的专属视图。在关系数据系统中,视图是一个**虚拟关系表**(virtual relation),使用**基础关系表**(base relations 或真实关系表)上的查询进行定义,但无需像基础关系表那样将数据物化并存储在数据库中。视图反映了数据库的所有更新。外部模式可以由一组视图和(或)基础关系表定义。除了在外部模式中有着广泛的应用,视图也能以一种很简单的方式保证数据安全:通过选择数据库中的部分数据,视图**隐藏**(hide)了一些数据。如果仅通过视图来访问数据库,用户不能操作隐藏的数据,这就实现了数据安全的目的。

本节讨论集中式和分布式系统中的视图管理和视图更新问题。需要注意的是,在分布式 DBMS 中,视图可以由多个分布式关系表定义,因而对视图的访问需要根据视图定义执行分布式查询。分布式 DBMS 中的一个重要问题是如何使视图的物化更加高效。下面讨论物化视图的概念,分析如何解决物化视图这一问题,以及物化视图的更新有哪些高效的方法。

5.1.1　集中式 DBMS 中的视图

大多数关系 DBMS 使用视图机制,其中视图通过关系查询从基础关系表中获得(视图机制首先由 INGRES【Stonebraker,1975】和 R 系统【Chamberlin et al.,1975】项目中提出)。视图由视图名和定义它的查询共同组成。

例 5.1　系统分析视图(SYSAN)从关系表 EMP(ENO,ENAME,TITLE)中产生,可以通过下面的 SQL 查询定义:

```
CREATE VIEW SYSAN(ENO,ENAME)
AS    SELECT ENO,ENAME
      FROM EMP
      WHERE TITLE="Syst.Anal."
```

SYSAN

ENO	ENAME
E2	M.Smith
E5	B.Casey
E8	J.Jones

图 5.1　视图 SYSAN 对应的关系表

定义视图只产生一个结果:在目录中存储视图的定义。除此之外,不需要记录任何信息。因此,实际上并不产生视图定义中查询需要返回的结果(即图 5.1 中包含属性 ENO 和 ENAME 的关系表)。尽管如此,视图 SYSAN 依然可以像基础关系表那样被系统使用。

例 5.2　查询"查找所有系统分析师的姓名和职责"涉及 SYSAN 视图和关系表 ASG(ENO,PNO,RESP,DUR),具体的查询如下:

```
SELECT ENAME,PNO,RESP
FROM   SYSAN,ASG
WHERE  SYSAN.ENO=ASG.ENO
```

查询修改(query modification)可以将视图查询映像为基础表查询【Stonebraker,1975】。使用这项技术,查询中的一个变量变为基础关系表上的一个区间。此外,查询条件与视图的限定条件可以合并(用 AND 加以连结)。

例 5.3　上述查询能够修改为:

```
SELECT ENAME,PNO,RESP
FROM   EMP,ASG
WHERE  EMP.ENO=ASG.ENO
AND    TITLE="Syst.Anal."
```

查询结果参见图 5.2。

修改后的查询是表达在基础关系表上的,因此可以被查询处理程序处理。特别注意:视图处理可以在

ENAME	PNO	RESP
M.Smith	P1	Analyst
M.Smith	P2	Analyst
B.Casey	P3	Manager
J.Jones	P4	Manager

图 5.2　包含视图 SYSAN 的查询结果

编译阶段完成。视图机制也可以用于优化访问控制,以达到处理对象子集的目的。为了说明数据隐藏针对的用户,引入关键词 USER 来唯一标识登录用户。

例 5.4 定义视图 ESAME,限制任何用户只能访问和自己有相同头衔的雇员:

```
CREATE VIEW    ESAME
AS     SELECT  *
       FROM    EMP E1,EMP E2
       WHERE   E1.TITLE=E2.TITLE
       AND     E1.ENO=USER
```

在上述视图定义中,* 表示"所有属性"。关系表 EMP 上的两个元组变量(E1 和 E2)表示 EMP 的一个元组(对应于登录的用户)和 EMP 中相同头衔元组的连结关系。例如,给出用户 J. Doe 提交的查询如下:

```
SELECT  *
FROM    ESAME
```

该查询返回的结果列在图 5.3 中。注意用户 J. Doe 也出现在结果中。类似地,如果创建 ENAME 是一个电子工程师,则视图表示一组电子工程师。

ENO	ENAME	TITLE
E1	J. Doe	Elect. Eng
E2	L. Chu	Elect. Eng

图 5.3 视图 ESAME 的查询结果

视图的定义可以包含任意复杂的查询,如选择(Selection)、投影(Projection)、连结(Join)、聚合函数等。视图查询与基础关系表查询完全一样,但并不是所有的视图都能像基础关系表那样被更新。视图上的更新,当且仅当更新能够正确地传递到基础关系表上时才能自动完成。因此,视图可以分为可更新视图和不可更新视图。具体而言,可更新视图可以将更新操作无歧义地传递到基础关系表上。例如,上面的 SYSAN 视图是可更新的:添加新的数据分析师<201,Smith>可以映射为添加新的雇员<201,Smith,Syst. Anal. >。如果除了 TITLE 之外的其他属性被隐藏了起来,则可把这些属性的值设置为 **null 值**(null values)。

例 5.5 然而下面的视图是不可更新的:

```
CREATE VIEW    EG(ENAME,RESP)
AS     SELECT DISTINCT ENAME,RESP
       FROM    EMP,ASG
       WHERE   EMP.ENO=ASG.ENO
```

例如,删除元组<Smith,Analyst>会产生歧义,因而不能传递。从关系表 EMP 删除 Smith 或从关系表 ASG 删除 analyst 都有道理,但系统不知道那个操作是正确的。

现有系统支持视图更新的能力十分有限。仅针对那些通过选择和投影操作从单一关系表定义的视图才能自动更新。不能支持通过连结、聚合等操作定义的视图。然而,从理论上讲,支持更多类型视图的自动更新是有可能的【Bancilhon and Spyratos,1981】、【Dayal and Bernstein,1978】、【Keller,1982】。值得注意的是:通过连结操作定义的视图仅在包含基础关系表主码的时候才能够被更新。

5.1.2 分布式 DBMS 中的视图

分布式 DBMS 中的视图定义方式和集中式系统十分类似。然而,分布式系统中的视图可能是从多个站点中的分片关系表中获得的。视图定义时,名称和对应的查询存储于目录中。

对于应用程序而言,视图与基础关系表是等同的。因此,与关系表的定义类似,视图的定义也应该是存储在目录中的。在不同系统中,站点的自治性程度也不尽相同【Williams et al.,1982】,因此视图定义既可能集中于一个站点上,也可能部分重复或全部重复。无论哪种情况,视图名称关联定义站点的信息都应该重复。如果视图的定义不在查询所在的站点,系统需要远程获取视图的定义。

视图和基础关系表(可能已被划分)查询之间的映像与集中式系统情况下基本相同,都可以通过查询修改技术获得。使用这项技术,与视图定义相关的信息存储在分布式数据库目录中。将这些信息与查询条件进行合并,生成基础关系表查询。修改后的查询是一种**分布式查询**(distributed query),可以通过分布式查询处理程序来处理(见第 6 章)。查询处理程序将分布式查询映像为物理分片上的查询。

第 3 章提供了基础关系表分片的不同方法。实际上,分片的定义与视图的定义十分类似。两者也有可能使用统一的机制进行管理【Adiba,1981】,其原因是分布式 DBMS 中视图的定义规则与分片定义规则十分类似。此外,类似的管理方式也可以应用到重复的数据上。这种统一的机制有助于分布式数据库管理。数据库管理员操作的对象可以看作是一个层次的结构,叶节点是从关系表和视图上得到的片段。DBA 可以将视图一一对应到分片上,从而增加引用的局部性。例如,当大多数用户都在同一站点访问例 5.1 中的 SYSAN 视图时,可以将该视图实现为此站点上的一个分片。

在由分布式的关系表诱导出的视图上进行查询,处理的代价很高。在某个机构中,很多用户都可能访问同一个视图,因而需要为每个用户重新计算视图。5.1.1 节给出了诱导视图的方法,即将视图的定义和查询条件进行合并。另一种办法是维护视图的实际版本,从而避免视图的导出,这种方法称为**物化视图**(materialized view)。物化视图将视图中的元组存储在一个数据库关系表中,有时还会创建索引。因此,访问物化视图要比导出视图快很多,尤其是针对关系表位于远程站点的分布式 DBMS 的情况。自从 20 世纪 80 年代被首次提出以来【Adiba and Lindsay,1980】,物化视图在数据仓库领域得到了广泛的重视,被用来加速联机分析处理(OLAP)应用【Gupta and Mumick,1999c】。数据仓库中的物化视图一般包括聚合(如 SUM 和 COUNT)和分组(GROUP BY)操作,目的是提供数据库的概要。今天,所有主流的数据库都支持物化视图。

例 5.6 定义在关系表 PROJ(PNO,PNAME,BUDGET,LOC)之上的以下视图为每个地点提供其项目的数量和预算总和。

```
CREATE VIEW     PL(LOC,NBPROJ,TBUDGET)
AS      SELECT  LOC,COUNT(*),SUM(BUDGET)
        FROM    PROJ
        GROUP BY LOC
```

5.1.3　物化视图的维护

　　物化视图是基础数据的副本,因此,在基础数据更新时,物化视图需要与之保持一致。视图维护就是一项根据基础数据改变而更新物化视图的技术。**视图维护**(View maintenance)涉及的一些问题在某种程度上与第 13 章将要介绍的数据库重复类似。不过,它们的区别在于:物化视图的表达式(特别是在针对数据仓库时)一般要比副本定义更加复杂,通常包括连结、分组、聚合等操作。另一个不同是数据库重复主要关心更加通用的重复配置,例如在不同的站点为同一组基础数据做多个副本。

　　视图维护策略使 DBA 可以规定视图更新的时机和具体的方式。更新的首要问题是一致性(视图与基础数据之间)和效率。视图更新有两种方式:**实时更新**(immediate)和**延迟更新**(deferred)。在第一种方式下,视图更新实时进行,是视图所在的基础数据上更新事务的一部分。如果视图和基础数据由不同的 DBMS,在不同的站点管理,则需要使用分布式事务,例如两阶段提交协议(2PC),见第 12 章。实时更新的主要优点是保持了视图和基础数据的一致性,从而使只读查询的速度很快。然而,由于需要在同一个事务中更新基础数据和视图,这种方式增加了事务处理时间。尤其是在使用分布式事务时,情况可能会更为复杂。

　　在实际的应用中,人们更倾向于使用延迟更新的方式,因为这种方式可以将视图的更新从基础数据的更新事务中分离出来,从而不影响后者的性能。视图更新事务可以在以下时机触发:**惰式更新**(lazily),即在该视图上执行查询之前更新;**阶段性更新**(periodically),即每一个固定的阶段(如一天)进行更新;**强制性更新**(forcedly),即基础数据上做了固定次数的更新后,对视图进行更新。应激性更新使查询获得与基础数据一致的视图数据,但其代价是提高了查询的时间。阶段性和强制性更新允许查询获得和基础数据不一致的视图数据。通过这些策略管理的视图也被称为快照【Adiba,1981】、【Blakeley et al.,1986】。

　　视图更新的第二个重要问题是效率。最简单的更新方法是对基础数据重新进行计算。在某些情况下,如大部分基础数据都改变,这可能是最高效的策略。然而,在大多数情况下,在视图中只有一小部分数据发生改变。在这种情况下,更好的策略是**增量地**(incrementally)计算视图——只计算视图改变的部分。增量式视图维护的核心概念是**区分关系表**(differential relations)。假设 u 为关系表 R 的一项更新操作。R^+ 和 R^- 是关系表 R 对于 u 的区分关系表,其中 R^+ 包含 u 添加到 R 中的元组,R^- 包含 u 从 R 删除的元组。如果 u 是插入操作,则 R^- 为空;如果 u 是删除操作,则 R^+ 为空。最后,如果 u 是修改操作,关系表 R 可以使用公式 $(R-R^-) \cup R^+$ 计算。类似地,物化视图 V 可通过公式 $(V-V^-) \cup V^+$ 更新。计算视图的变化,即 V^+ 和 V^-,可能不仅需要区分关系表,还需要基础关系表本身。

　　例 5.7　考虑例 5.5 中的视图 EG,它以 EMP 和 ASG 为基础数据;假设该视图通过例 3.1 中的数据获得,EG 包含 9 个元组(见图 5.4)。假设 EMP^+ 包含一个元组 <E9,B. Martin,Programmer>,该元组将被插入到 EMP 表中;ASG^+ 中包含两个元组 <E4,P3,Programmer,12> 和 <E9,P3,Programmer,12>,将被插入到 ASG 表中。视图

EG

ENAME	RESP
J. Doe	Manager
M. Smith	Analyst
A. Lee	Consultant
A. Lee	Engineer
J. Miller	Programmer
B. Casey	Manager
L. Chu	Manager
R. Davis	Engineer
J.Jones	Manager

图 5.4　视图 EG 的状态

EG 的变化可以计算如下：

```
EG+=    (SELECT   ENAME,RESP
        FROM      EMP,ASG+
        WHERE     EMP.ENO=ASG+.ENO)
                  UNION
        (SELECT   ENAME,RESP
        FROM      EMP+,ASG
        WHERE     EMP+.ENO=ASG.ENO)
                  UNION
        (SELECT   ENAME,RESP
        FROM      EMP+,ASG+
        WHERE     EMP+.ENO=ASG+.ENO)
```

上述计算的结果是 < B. Martin, Programmer > 和 < J. Miller, Programmer >。需要注意的是，此处可以使用完整性约束来避免不必要的工作（见 5.3.2 节）。在假设关系表 EMP 和 ASG 之间存在参照完整性约束时，ASG 中的 ENO 就必须存在于 EMP 之中。此时上面的第二个 SELECT 语句将产生空的关系表，因而是无用的。

为了使用物化视图和基础关系表来增量地维护视图，人们开发出高效的技术。不同的技术有着不同的视图表达方式、使用完整性约束的方式，以及处理添加和删除的方式。【Gupta and Mumick，1999a】从视图表达方式的维度将技术分为：无递归视图、包含外连结的视图、递归视图。对于无递归视图，即可能包含去重、求并和聚合的 SPJ 视图，一种有效的策略是计数算法【Gupta et al.，1993】。算法需要解决的问题是：视图中的元组可能是通过基础关系表中的多条元组派生出来的，这增加了视图上删除操作的难度。计数算法的核心思想是为视图中的每个元组维护一个派生计数：根据插入（或删除）操作来增加（减少）该数值；当数值为 0 时，该元组即可删除。

例 5.8　除了 < M. Smith, Analyst > 的派生数值为 2 外，图 5.4 中的视图 EG 中所有元素的派生计数值都为 1。假设元组 < E2, P1, Analyst, 24 > 和 < E3, P3, Consultant, 10 > 从 ASG 中删除，则只有元组 < A. Lee, Consultant > 需要从 EG 表中删除。

下面描述基本的计数算法（见算法 5.1）。考虑视图 V，它通过关系表 R 和 S 上的查询 $q(R,S)$ 加以定义。假设 V 中的每个元组都有一个相关的派生计数，算法包含 3 个步骤（详见算法 5.1）。首先，应用视图区分技术，针对视图、基础关系表和区分关系表上的查询，定义区分视图 V^+ 和 V^-。然后，计算 V^+ 和 V^- 的元组及其计数值。最后，将 V^+ 和 V^- 应用于视图 V，添加正的计数，减去负的计数，以及将计数为 0 的元组删除。

算法 5.1: COUNTING 算法

Input: V: view defined as $q(R,S)$; R, S: relations; R^+, R^-: changes to R
begin
　　$V^+ = q^+(V, R^+, R, S)$;
　　$V^- = q^-(V, R^-, R, S)$;
　　compute V^+ with positive counts for inserted tuples;
　　compute V^- with negative counts for deleted tuples;
　　compute $(V - V^-) \cup V^+$ by adding positive counts and substracting
　　negative counts deleting each tuple in V with count = 0;
end

计数算法是最优的,因为它准确计算了插入和删除的元组。然而,算法需要访问基础关系表。这意味着,基础关系表需要在物化视图所在的站点维护,或在该站点保存一个副本。避免访问基础关系表可能导致视图存储在不同的站点上。为了避免这种对于基础关系的访问,视图可以存储在另外的站点,而仅仅使用视图本身和区分关系表来维护视图。这样的视图称为**自维护视图**(self-maintainable)【Gupta et al.,1996】。

例 5.9　考虑例 5.1 中的视图 SYSAN。首先给出视图定义:SYSAN=q(EMP),表示该视图是通过查询 q 在关系表 EMP 上定义得到的。可以通过区分关系表来计算区分视图,SYSAN$^+$=q(EMP$^+$),以及 SYSAN$^-$=q(EMP$^-$)。因此,视图 SYSAN 是自维护的。

是否满足自维护性取决于视图的表达式,并可以根据更新的类别(插入、删除或修改)【Gupta et al.,1996】进行定义。大多数 SPJ 视图对于插入操作不具备自维护性,然而对于删除和修改操作具备自维护性。例如,如果一个 SPJ 视图包含关系表 R 的主码属性,那么该视图对于 R 的删除操作就是自维护的。

例 5.10　在例 5.5 中的 EG 视图定义中添加属性 ENO(EMP 关系表的主码)。该视图对于插入操作不是自维护的。例如,插入一个 ASG 元组后,需要与 EMP 表进行连结来获得相应的 ENAME,并添加到视图中。然而,对于 EMP 上的删除操作该视图是自维护的。例如,如果删除一个 EMP 的元组,包含相同 ENO 的视图元组也可以被删除。

5.2　数　据　安　全

数据安全是数据库系统的一项重要内容,它负责保护数据免受未授权的访问。数据安全包含两个方面:**数据保护**(data protection)和**访问控制**(access control)。

数据保护用来阻止未授权的用户获知数据的物理内容。这项功能在集中式和分布式操作系统中一般由文件系统提供。主要的方法是数据加密【Fernandez et al.,1981】,数据加密既应用于磁盘上存储的信息,也应用于网络传输的信息。加密(编码)数据只能被授权且知道编码方案的用户解密(解码)。数据加密的两个主要方法是:数据加密标准【NBS,1977】和公钥加密方法(【Diffie and Hellman,1976】和【Rivest et al.,1978】)。本节重点讨论第二种方法,该方法对数据库系统来讲更有针对性。数据安全技术更为完整的介绍可见【Castano et al.,1995】。

访问控制必须保证只有授权用户才能在授权的内容上执行操作。不同的用户可能在同一集中式或分布式系统的控制下访问大量的数据,因此集中式或分布式 DBMS 必须限制用户只能访问到授权的内容。访问控制作为文件系统的服务内容,最早由操作系统,最近由分布式操作系统提供。一般提供集中式的控制。具体来说,集中式控制器创建对象,并控制特定的用户在这些对象上执行特定的操作(读、写、执行)。此外,对象通过它们的外部名称识别。

数据库系统中的访问控制与传统文件系统中的并不相同,体现在以下几个方面。首先,需要更为精细的授权机制,从而使不同的用户对于同样的数据库对象有不同的权利。这需要对一组对象做更为准确的描述——仅仅使用对象名称是远远不够的,要根据不同的用户组对对象做出区分。此外,在分布式的环境下,非集中式的授权控制尤为重要。在关系数据系统中,DBA 可以使用高级指令进行授权控制。例如,DBA 可以像定义查询那样,使用谓词对控制的对象进行描述。

数据库访问控制有两个主要的方法【Lunt and Fernández,1990】。第一种方法称为**裁决式**(discretionary),很早之前就由 DBMS 所提供。裁决式访问控制(或称为授权控制,即 authorization control)基于用户、访问的类型(如 SELECT、UPDATE)和访问的对象定义访问权限。第二种方法称为**强制式**(mandatory)或**多级式**(multilevel)【Lunt and Fernández, 1990】、【Jajodia and Sandhu,1991】,这种方法通过明确地限制用户访问分好类的数据来进一步提高安全性。主流 DBMS 最近开始支持多级访问控制,以应对日益严重的互联网安全威胁。

从集中式系统访问控制机制中可以进而得到分布式 DBMS 访问控制机制。然而,分布式环境下的对象和用户可能会带来额外的复杂性。下面,本节将首先介绍集中式系统中的裁决式和多级访问控制,进而探讨分布式系统中的问题和解决方案。

5.2.1　裁决式访问控制

裁决式访问控制包含三个主要的角色:触发应用程序执行的**主体**(subject,如用户或用户组);嵌入在应用程序中的**操作**(operations);以及操作执行的**数据库对象**(database objects)【Hoffman,1977】。授权控制包含检查一个给定的三元组(主体、操作、对象)是否可以得到执行的许可(即用户可以在对象上执行操作)。一次授权可以看成一个三元组(主体、操作类型、对象定义),它限制了主体在某个对象上执行某些特定类型操作的权利。为了更好地控制授权,DBMS 需要定义主体、对象和访问权限。

系统主体通常由元组(用户名、密码)定义。前者唯一地**标识**(identifies)系统中的用户,而后者(仅对该用户可知)对用户进行**审计**(authenticates)。用户名和密码是系统登录必须的条件,从而避免仅知道用户名但不知道密码的用户登录。

需要保护的对象是数据库中的某些数据。与之前的系统相比,关系数据系统提供了更为精细和通用的保护粒度。在文件系统中,保护的最小单位是文件;在面向对象的 DBMS 中,最小单位是数据类型。而在关系数据系统中,对象的定义使用选择谓词来确定类型(视图、关系表、元组、属性)和内容。此外,5.1 节介绍的视图机制可以对未授权的用户隐藏关系表的部分属性或者元组,从而达到保护对象的目的。

权限定义了一组特定的操作下主体与对象之间的关系。在基于 SQL 的关系 DBMS 中,一个操作是一个高层的语句,如 SELECT、INSERT、UPDATE 或 DELETE,权限(授权或取消授权)使用下面的语句定义:

```
GRANT <operation type(s)> ON <object> TO <subject(s)>
REVOKE <operation type(s)> FROM <object> TO <subject(s)>
```

关键词 public 表示适用于所有的用户。授权控制可以根据谁(授权者)授予这些权限加以刻画。在最简单的情况下,控制是集中式的:只有单一的用户或用户类,即数据库管理员,有使用 GRANT 和 REVOKE 语句对数据库对象授权的能力。

一种更为灵活也更为复杂的控制形式是非集中式的【Griffiths and Wade,1976】:对象的创建者拥有对象的所有权和完全的授权能力。具体来说,添加新的操作类型 GRANT,将授权者的所有权限赋予特定的主体。因此,被授权人可以进一步在对象上赋予权限。这种方法的核心难点是：撤销权限进程需要递归执行。例如，假设 A 对 B,B 对 C 授予对象 O 上的 GRANT 权限。如果 A 要撤销 B 在 O 上的所有权限，那么 C 在 O 上的所有权限也应该被撤销。因此，为了执行撤销操作，系统需要为每个对象维护授权的层次结构，并将根节点设置为对象的创建者。

主体对于对象所拥有的权限以授权规则的形式记录在目录中。存储授权规则的方式有很多种。最方便的方式是将所有的权限考虑为**授权矩阵**(authorization matrix)，每行表示一个主体(subject)，每列表示一个对象(object)，矩阵中的项(与〈subject,object〉对应)表示授权操作。授权操作的标识是它们的类型(如，SELECT、UPDATE)。另外，一种惯用的做法是为操作类型关联一个谓词，从而进一步的限制对象的访问。这种做法会在对象为基础关系表而不是视图的时候应用。例如，针对〈Jones,relation EMP〉的一项授权操作可能是：

```
SELECT WHERE TITLE="Syst.Anal."
```

该操作限制 Jones 仅访问职位是系统分析师的雇员记录。图 5.5 给出了一个授权矩阵的例子，其中的对象可以是关系表(EMP 和 ASG)或属性(ENAME)。

	EMP	ENAME	ASG
Casey	UPDATE	UPDATE	UPDATE
Jones	SELECT	SELECT	SELECT WHERE RESP ≠ "Manager"
Smith	NONE	SELECT	NONE

图 5.5　授权矩阵示例

授权矩阵有三种存储方式：按行、按列，或按元素。矩阵按**行**(row)存储时，每个主体关联一组对象的列表，这些对象有相关的访问权限。由于将注册用户的所有权限都放在用户信息中，这种方法可以使授权的执行更为高效。然而，在处理单一对象的访问权限(如使对象变为公共访问)时，这种方法的效率并不高，因为此时需要访问该对象相关的所有主体。矩阵按**列**(column)存储时，每个对象关联一组主体，每个主体都按照相关的权限访问该对象。这种方法的优缺点与按行存储的方法正好相反。

第三种方法结合了按行和按列存储方法的优点，按照**元素**(element)，即关系表(主体、对象、权限)对矩阵进行存储。该关系表可以在主体和对象上建有索引，从而快速地按照主体或是对象访问权限规则。

5.2.2　多级访问控制

裁决式访问控制存在着一些局限性。一个问题是恶意的用户可能通过某个授权的用户访问到未授权的内容。例如，假设用户 A 授权访问关系表 R 和 S，用户 B 只授权访问关系表 S。如果 B 通过某种方式修改了 A 的应用程序，将 R 的数据写到 S 中，那么 B 可以在不违反授权规则的情况下读到未授权的内容。

多级访问控制解决了这一问题，它为主体和数据对象定义不同的安全级别，从而达到提高安全性的目的。数据库中的多级访问控制主要基于 Bell 和 Lapaduda 为操作系统安全设计的模型【Bell and Lapuda，1976】。在该模型中，主体是用户方运行的进程；进程关联一个从用户方得到的安全级别，也称为**密级**（clearance）。最简单的安全级别分为：绝密（TS）、机密（S）、秘密（C）和不涉密（U），其顺序为 TS＞S＞C＞U，其中"＞"表示"更加安全"。主体 S 在读写访问上服从两个简单的原则：

（1）对于安全级别为 l 的对象，主体 S 只有在 level(S)≥l 的情况下才可以对其进行读操作。

（2）对于安全级别为 l 的对象，主体 S 只有在 class(S)≤l 的情况下才可以对其进行写操作。

原则（1）（称为"不向上读"）保护数据免于未授权的读取，即给定安全级别的主体只能读取同级别或更低级别的对象。例如，具有机密**密级**的主体不能读取绝密数据。原则（2）（称为"不向下写"）保护数据免于未授权的改变，即给定安全级别的主体仅能写同级别或更高级别的对象。例如，绝密**密级**的主体仅能写绝密的数据，但不能写机密数据（否则会使其包含绝密数据）。

在关系模型中，数据对象可以是关系表、元组或属性。因此，关系可以按照不同的级别进行保密处理：关系表（即关系表中的所有元组具有相同的安全级别）、元组（即每个元组有属于自己的安全级别），以及属性（即，每个不同的属性值有属于自己的安全级别）。保密的关系称为**多级关系**（multilevel relation），这反映了对于不同的主体，关系的外在显示会根据这些主体的密级而有所不同（呈现不同的数据）。例如，元组级别加以保密的多级关系可以表示为在每个元组上添加一个安全级别的属性。与此类似，属性级别加以保密的多级关系可以表示为给每个属性添加相应的安全级别。图 5.6 给出了多级关系 PROJ*，它基于关系表 PROJ，属于属性级别的保密。注意，附加的安全级别属性可能会显著地增加存储关系表的空间。

PROJ*

PNO	SL1	PNAME	SL2	BUDGET	SL3	LOC	SL4
P1	C	Instrumentation	C	150000	C	Montreal	C
P2	C	Database Develop.	C	135000	S	New York	S
P3	S	CAD/CAM	S	250000	S	New York	S

图 5.6　多级关系 PROJ*（属性级别）

关系表有一个整体的安全级别，这由它所包含数据的最低的安全级别来决定。例如，关系表 PROJ* 整体的安全级别为 C。进而，关系表可以被具有相同或更高安全级别的主体所访问。然而，主体仅可以访问其拥有安全密级的数据。因此，如果主体没有某些属性的安全密级，则这样的属性对于该主体呈现空值，并关联一个与主体相同的安全级别。图 5.7 给出关系 PROJ* 被保密安全级别主体访问的一个例子。

PROJ*C

PNO	SL1	PNAME	SL2	BUDGET	SL3	LOC	SL4
P1	C	Instrumentation	C	150000	C	Montreal	C
P2	C	Database Develop.	C	Null	C	Null	C

图 5.7　保密关系 PROJ*C

多级访问控制使不同的用户看到了不同的数据,对数据模型的影响很大,因此需要处理一些事先难以预料的副作用。一种副作用称为**多例化**(polyinstantiation)【Lunt et al.,1990】,多例化允许同一个对象根据用户的安全级别有不同的属性值。图 5.8 给出了包含多例化元组的多关系表。主码 P3 的元组有两个实例,分别关联不同的安全级别。导致该结果的原因可能是:安全级别为 C 的主体 S 在关系表 PROJ* 中插入主码为"P3"的元组,如图 5.6 所示。由于主体 S(密级为 C,即秘密)应该忽略现有主码为"P3"的元组(密级为机密)的存在,唯一实际的解决办法是针对同一主码添加第二个元组,并赋予不同的安全级别。然而,由于机密级别的用户可以同时看到主码为 P3(译注:原文为 E3,有误)的两条元组,因此系统应该对这种意外的效果做出解释。

PROJ**

PNO	SL1	PNAME	SL2	BUDGET	SL3	LOC	SL4
P1	C	Instrumentation	C	150000	C	Montreal	C
P2	C	Database Develop.	C	135000	S	New York	S
P3	S	CAD/CAM	S	250000	S	New York	S
P3	C	Web Develop.	C	200000	C	Paris	C

图 5.8 出现多例化情况的多级关系表

5.2.3 分布式访问控制

分布式环境给访问控制带来了新的课题。新课题的根源在于对象和主体可能是分布式存储的,带有敏感数据的信息可能会被未授权的用户读取。问题包括远程用户认证、裁决式访问控制规则管理、处理视图和用户组,以及实行多级访问控制。

由于分布式 DBMS 的任一站点都能接受在其他站点启动和授权的程序,因此远程用户认证十分有必要。为了避免未授权用户或应用的远程访问(例如,来自分布式 DBMS 之外的站点访问),用户必须在所访问的站点进行身份识别和得到认证。此外,由于密码可能会被恶意的探测消息获得,因而需要使用加密证书。

管理认证的方法有如下三种。

(1) 认证信息在中央站点维护,用户在中央站点进行一次全局认证,即可被多个站点访问。

(2) 认证用户信息(用户名和密码)重复记录在目录中的所有站点上。远程站点发起的本地程序也必须给出用户名和密码。

(3) 分布式 DBMS 的所有站点采用与用户类似的方式对自身进行识别认证。采用这种方式,站点间的通信可以使用站点密码进行保护。一旦发起的站点得到认证,就无需为其远程用户进行认证。

第一种方法显著地简化了密码管理,支持单次认证(也称为单次登录)。然而,中央认证站点可能会崩溃或成为性能瓶颈。由于引入新用户可能是一个分布式的操作,第二种方法在目录管理上的代价更大。然而,这种方法可以使用户从任意站点访问分布式数据库。第三种方法在用户信息没有复制的情况下是有必要的。不过,即便复制用户信息,也可以使用这种方法。此时,远程授权的性能会得到提升。如果不对用户名和密码进行复制,应该将他们存储在用户访问系统的站点上(即主站点)。这样做的前提是用户行为变动不大,经常从相同的站点访问分布式数据库。

分布式授权规则的表达方式与集中式相同。规则存储在目录中——这点与视图定义类似。规则既可能完全重复地存储在每个站点上,也可能仅仅存储在应用对象的站点上。完全重复方法的主要优点是授权可以被查询修改【Stonebraker,1975】在编译阶段处理。然而,这种方法会使数据重复,因而使目录管理的代价更大。第二种方法在引用局部性高的条件下会更有效,但会使分布式授权无法在编译阶段得到控制。

在授权机制中,视图也可以被认为是一种对象——一种组合对象,即基础对象的组合。因此,访问视图的授权被翻译为访问基础对象的授权。如果针对所有对象的视图定义和授权规则是完全重复的(很多系统中都这样处理),翻译过程就会变得十分简单,并可以在局部完成。然而,如果视图定义和基础对象存储在不同的站点时【Wilms and Lindsay,1981】,翻译就会变得困难的多。此时,翻译完全变成了一项分布式操作,且视图上的授权依赖于视图创建者在基础对象上的访问权限。解决该问题的一种可行方法是在每个基础对象的站点上记录相关的信息。

为了授权方便,可以针对用户组进行处理,这大大简化了分布式数据库管理。在集中式DBMS 中,"所有用户"可以通过 public 来指定。在分布式 DBMS 中,可以使用类似的方式,通过 public 来指定系统的所有用户。同时,也可以引入中间层来表示在某个站点的所有用户,它的表示方式为 public@site_s【Wilms and Lindsay,1981】。可以使用下面的命令定义更精细的用户组。

```
DEFINE GROUP <group_id>AS <list of subject ids>
```

在分布式环境下,用户组管理会面临一些问题,问题产生的原因一方面是用户组的主体可能位于不同的站点,另一方面是对一个对象的访问可能授权给了不同的组——这些组可能分布在不同的站点上。如果组信息和访问规则在所有站点上完全复制,执行访问权限的方式便与集中式系统类似。然而,维护重复信息的代价很高。而且,如果需要维护站点的自治权(非集中式控制),问题会变得更加困难。目前提出了一些解决方法【Wilms and Lindsay,1981】。一种方法通过向维护用户组定义的节点提交远程查询来执行访问权限。另一种方法是在主体有可能访问的对象的节点上重复存放组定义。这两种方法都会降低站点的自治性。

由于可能会有间接手段,即**隐蔽通道**(covert channels)对未授权的数据进行访问,在分布式环境下执行多级访问控制十分困难。例如,考虑一个包含两个站点的简单分布式DBMS 架构,每个站点都使用安全级别管理自身的数据库,例如一个站点是秘密级,另一个是机密级。基于"不向下写"原则,来自机密主体的更新操作只会被送到机密站点。然而,根据"不向上读"原则,来自同一个机密主体的读查询可以被同时送到机密和秘密的站点上。由于送到秘密站点的查询可能包含机密的信息(如在选择谓词中),因此可能会产生一个隐蔽通道。为了避免这样的问题,可以将数据库的一部分进行重复【Thuraisingham,2001】,以保证安全级别为 l 的站点包含级别为 l 的主体可以访问的所有数据。例如,机密站点可以将秘密的数据进行重复,以保证该站点可以完全处理机密查询。这种方法带来的新问题是如何维护副本之间的一致性(详见第 13 章)。此外,即便查询没有隐蔽通道,更新操作也可能由于同步事务中的延迟而带来隐蔽通道【Jajodia et al. ,2001】。因此,如果要在分布式数据库系统中完全支持多级访问控制,需要对事务管理技术【Ray et al. ,2000】和分布式查询技术【Agrawal et al. ,2003】做大幅的扩展。

5.3　语义完整性控制

另一个重要的数据库难题是如何保证**数据库的一致性**(database consistency)。我们称数据库的状态是一致的,当数据库满足一组约束,即**语义完整性约束**(semantic integrity constraints)时。维护一个一致的数据库需要不同的机制,如并发控制、可靠性、保护和语义完整性控制,这些机制从属于事务管理。语义完整性控制通过以下方式保证数据库的一致性:拒绝可能导致状态不一致的更新事务;触发数据库状态上的特定操作,从而抵消更新事务的效果。需要注意的是更新后的数据库必须要满足完整性约束。

一般而言,语义完整性约束是一组规则,用来表示应用领域的特性。这些规则定义了静态的或是动态的应用特性,且这些特性不能被数据模型中对象或操作概念所完全表示。正是因为这样,规则可以表示更多的应用语义。从这个意义上讲,完整性规则与数据模型紧密相关。

完整性约束有两种:结构约束和行为约束。**结构约束**(Structural constraints)用来表达符合模型的基本语义属性。例如关系模型中的主码唯一性约束,或是面向对象模型中对象间的一对多关联。**行为约束**(Behavioral constraints)对应用的行为进行了规范,在数据库设计流程中必不可少。行为约束可以表示对象之间的关联,例如关系模型中的包含依赖,或是描述对象的属性和结构。越来越多的数据库应用和数据库设计辅助工具需要更有效的完整性约束来丰富数据模型。

完整性控制出现于数据处理的过程中,并经历了从过程型方法(将控制嵌入在应用程序中)到声明型方法的发展过程。声明型方法出现于关系模型中,用来降低程序对于数据的依赖性、代码冗余,以及提高过程型方法的性能。基本的想法是使用谓词演算的断言【Florentin,1974】来表达完整性约束。因此,数据库一致性可以由一组语义完整性断言来定义。这种方法可以使人们方便地声明或修改复杂的完整性约束。

支持自动语义完整性控制的主要问题是检查约束的代价很高。执行完整性约束的代价也很高,因为它一般需要访问大量的与数据库更新并不直接相关的数据。当这些约束定义在分布式数据库上时,问题将变得更加困难。

很多研究都探讨了如何结合优化策略来设计完整性管理程序,其目的是:(1)限制需要执行的约束的数量;(2)对于一个更新事务,如何降低为了实行一个约束而需要的数据库访问次数;(3)设计预防策略,提前检测出可能的不一致性,从而避免对于更新的撤销;(4)尽可能多地在编译阶段执行完整性控制。现有研究提出了一些策略,然而这些策略在通用性方面还相当局限:不是局限于很少的断言(更通用的约束会带来更大的检查代价),就是仅支持一部分程序(如,单个元组的更新)。

本节首先介绍集中式系统的语义完整性控制,进而探讨分布式系统。由于我们只考虑关系模型,因此本节仅涉及声明型方法。

5.3.1　集中式语义完整性控制

一个语义完整性管理程序包含两个部分：表达和处理完整性断言的语言，以及针对更新事务执行数据库完整性的机制。

5.3.1.1　完整性约束的定义

完整性约束是由数据库管理员通过某种高级语言进行操作的。本节介绍一种描述完整性约束的声明语言【Simon and Valduriez,1987】。该语言与标准 SQL 语言的基本想法很类似，但更具通用性。它可以支持完整性约束的定义、读取和取消。定义完整性约束的时机不局限在关系表创建阶段，也可以是任何阶段，甚至是在关系表已经包含元组的时候。无论在什么阶段，语法都是相同的。为了表述简单且不失一般性，本节假设违背完整性约束的后果是终止导致违例的进程。SQL 标准语法可以通过在约束定义时添加 CASCADING 子句来表示更新操作的传播，以此纠正不一致性。更为一般性地，可以使用**触发器**(triggers)机制(事件-条件-动作规则)【Ramakrishnan and Gehrke,2003】来自动地传播更新操作，从而维护语义完整性。不过，和支持特定的完整性约束相比，触发机制功能更强，也更难得到有效的支持。

在关系数据库系统中，完整性约束被定义为断言。具体来说，一条断言是元组关系演算的一个特定表达式(见第 2 章)，其中每个变量通过全称量词($\forall$)或存在量词($\exists$)来限定。因此，一条断言可以看作是这样的一条查询，这条查询作用在元组变量所代表的关系的笛卡儿积的每个元组上进行验证，其结果或者为真，或者为假。完整性约束分为三种：预定义约束、先决条件约束，以及通用约束。

完整性约束的例子通过下面的数据库给出：

```
EMP(ENO,ENAME,TITLE)
PROJ(PNO,PNAME,BUDGET)
ASG(ENO,PNO,RESP,DUR)
```

预定义约束基于简单的关键词。通过这些约束，可以简洁地表达出关系模型上通用的约束，如非空属性、唯一码、外码，或函数依赖【Fagin and Vardi,1984】。例 5.11 到例 5.14 给出了预定义约束的例子。

例 5.11　关系表 EMP 中的雇员编号不为空。

```
ENO NOT NULL IN EMP
```

例 5.12　(ENO,PNO)是关系表 ASG 中的唯一码。

```
(ENO,PNO) UNIQUE IN ASG
```

例 5.13　关系表 ASG 中的项目编号 PNO 是 PROJ 表中主码 PNO 的外码。换言之，任何指向 ASG 中的项目必须存在于关系表 PROJ 中。

```
PNO IN ASG REFERENCES PNO IN PROJ
```

例 5.14　雇员标号函数决定雇员姓名。

```
ENO IN EMP DETERMINES ENAME
```

在更新操作类型给定的情况下,先决条件约束需要关系表中的所有元组满足一组条件。更新类型可能为插入、删除,或是修改,可以对完整性控制进行限制。为了标识出约束定义中需要更新的元组,需要隐式地定义两个变量,NEW 和 OLD。它们分别表示新元组(需要插入的)和旧元组(需要删除的)【Astrahan et al.,1976】。先决条件约束可以使用 SQL CHECK 语句标识,并可以附带具体的更新类型。CHECK 语句的语法如下:

```
CHECK ON <relation name>WHEN<update type>
       (<qualification over relation name>)
```

先决条件约束的例子如下。

例 5.15 项目的预算位于 50 万和 100 万之间。

```
CHECK ON PROJ (BUDGET+>=500000 AND BUDGET <=1000000)
```

例 5.16 仅有预算为 0 的元组才能被删除。

```
CHECK ON PROJ WHEN DELETE (BUDGET=0)
```

例 5.17 项目预算只能增加而不可减少。

```
CHECK ON PROJ (NEW.BUDGET>OLD.BUDGET
AND NEW.PNO=OLD.PNO)
```

通用约束是一种元组关系演算公式,其中所有变量都需要用量词加以限制。数据库系统要保证这些公式永远为真。与预先编译好的约束相比,通用约束可以包含多个关系表,因而更加简洁。例如,为了表达一个三个关系表上的通用约束,至少需要三个预先编译好的约束,而通用约束则可以用下面的语法表示:

```
CHECK ON list of <variable name>:<relation name>,
(<qualification>)
```

通用约束的例子如下。

例 5.18 例 5.8 中的约束也可以表示如下。

```
CHECK ON e1:EMP,e2:EMP
      (e1.ENAME=e2.ENAME IF e1.ENO=e2.ENO)
```

例 5.19 在 CAD 项目中所有的雇员的雇佣时间小于 100。

```
CHECK ON g:ASG,j:PROJ (SUM(g.DUR WHERE
      g.PNO=j.PNO)<100 IF j.PNAME="CAD/CAM")
```

5.3.1.2 完整性的执行

本节讨论如何执行语义完整性,主要包括拒绝可能会违背完整性约束的更新事务。一般来讲,在更新事务执行后,如果一条约束在新的数据库状态中不再成立,则称该约束违例。设计完整性管理程序的主要难点在于找到高效的执行算法。拒绝导致不一致性的更新事务有两种基本的方法,第一种方法基于不一致性的**检测**(detection)。执行更新事务 u,导致数据库状态由 D 变到 D_u。执行算法验证状态 D_u 中所有相关的约束。如果状态 D_u 是不一致的,DBMS 一种选择是通过补救措施修改 D_u,使其变到一个一致的状态 D'_u,另一种选择是取消 u 事务,使数据库变回状态 D。由于上述检验是在数据库状态改变之后使用的,因此也被称为**后测试**(posttests)。后测试可能会导致大量的工作(D 的更新事务)被取消,导致系统低效。

第二种方法基于不一致性的**预防**(prevention)。具体来说,仅当数据库可以变到一致的状态时,更新操作才得以执行。更新事务涉及的元组要么可以直接获取(插入操作),要么可以从数据库中检索到(删除或修改操作)。执行算法验证的内容是:在这些元组更新后,所有相关的约束是不是还都能成立。由于是在数据库状态改变之前进行的,这种方法中的验证也被称为**前测试**(pretests)。显然,由于不用取消更新操作,前测试更为高效。

查询修改算法【Stonebraker,1975】就是一种基于预防的方法,它在执行领域约束方面尤其有效。该方法对查询的限定条件进行修改,使用 AND 操作将断言加入到限定条件中,于是通过执行修改后的查询达到了执行完整性的目的。

例 5.20　将 CAD/CAM 项目预算增加 10% 的操作可以表示如下:

```
UPDATE PROJ
SET    BUDGET=BUDGET * 1.1
WHERE  PNAME="CAD/CAM"
```

为了执行例 5.9 中讨论到的领域约束,可以修改查询为:

```
UPDATE PROJ
SET    BUDGET=BUDGET * 1.1
WHERE  PNAME="CAD/CAM"
AND    NEW.BUDGET≥500000
AND    NEW.BUDGET≤1000000
```

查询修改算法将断言谓词通过 AND 操作添加到更新谓词中,巧妙地实现了在运行时对于数据库的保护,这点得到了广泛的认可。然而,该算法仅能应用于元组演算中,具体解释如下:假设有一个断言 $(\forall x \in R)F(x)$,其中 F 为元组计算表达式,x 是唯一的自由变量。R 的更新操作可以写为:$(\forall x \in R)(Q(x) \to update(x))$,其中 Q 为元组演算表达式,x 为唯一的变量。简单地讲,查询修改生成更新操作:$(\forall x \in R)((Q(x) \text{ and } F(x)) \Rightarrow update(x))$。因此,x 需要被全局限定。

例 5.21　例 5.13 中的外码约束可以表示为:

$$\forall g \in ASG \; \exists j \in PROJ : g.PNO = j.PNO$$

该操作不能被查询修改算法处理,因为变量 j 并非全局限定的。

为了处理更为一般的约束,需要在约束定义阶段生成前测试,在操作执行阶段执行检验【Bernstein et al.,1980a】、【Bernstein and Blaustein,1982】、【Blaustein,1981】、【Nicolas,1982】。【Nicolas,1982】中的方法局限于单个元组上查询或删除的更新操作。由【Bernstein et al.,1980a】以及【Blaustein,1981】提出的算法做了进一步的改进,但依然只允许单个元组上的更新操作。算法在约束定义阶段为每条约束和每种更新类型(插入、删除)构建一个前测试,并在操作执行阶段执行这些前测试。该方法既接受多关系表、单变量的断言,也可以接受聚合函数。基本的想法是将断言中的元组变量替换成更新元组的常数。尽管该方法有很强的学术价值,但由于对更新操作做了限制,因而很难在实际环境中应用。

下面介绍【Simon and Valduriez,1986,1987】提出的一种方法,该方法一方面考虑了【Stonebraker,1975】中更新操作的通用性,另一方面考虑了断言的通用性——至少是【Blaustein,1981】方法给出前测试的断言。它在断言定义阶段,基于前测试的结果来预防数据库的不一致性。该方法是一种通用的预防方法,可以处理之前提到的所有约束。方法可以显著地减少执行断言时需要检测的数据,这也是用于分布式环境时的一个显著优点。

如 5.1.3 节所示,事前检测的定义使用了区分关系表。事前检测可以定义为一个三元组(R,U,C),其中 R 代表一个关系表,U 代表一个更新类型,C 代表 U 类型更新操作中区分关系表上的断言。如果定义了完整性约束 I,则可以为 I 涉及的关系表生成一组前测试。一旦 I 涉及的一个关系表被事务 u 更新,需要执行与 u 中更新类型相关的前测试来确保 I 的成立。这样做在性能上的好处有两点。其一,由于只考虑类型 u 的前测试,可以最小化执行断言的数量;其二,由于区分关系表小于基础关系表,执行前测试的成本比执行 I 的成本要低。

可以转换原有的断言来获得前测试。转换规则基于断言和量词排列的语法分析,并许可将基础关系表换成区分关系表。由于前测试比原有的断言要简单,该过程被称为**简化**(simplification)。

例 5.22　考虑例 5.15 中修改的外键约束,和它相关的前测试为:

$$(ASG, \textbf{INSERT}, C_1), (PROJ, \textbf{DELETE}, C_2) \text{ and } (PROJ, \textbf{MODIFY}, C_3)$$

其中 C_1 为 $\forall \textbf{NEW} \in ASG^+, \exists j \in PROJ$: $\textbf{NEW}.PNO = j.PNO$

C_2 为 $\forall g \in ASG, \forall \textbf{OLD} \in PROJ^-$: $g.PNO \neq \textbf{OLD}.PNO$

C_3 为 $\forall g \in ASG, \forall \textbf{OLD} \in PROJ^-, \exists \textbf{NEW} \in PROJ^+$: $g.PNO \neq \textbf{OLD}.PNO$ OR $\textbf{OLD}.PNO = \textbf{NEW}.PNO$

上述前测试的优点是显而易见的。例如,表 ASG 上的删除操作就无需启动任何的断言检查。

【Simon and Valduriez,1984】提出的执行算法使用了前测试,并对断言的类型做出了区分。该方法考虑了三种约束:单关系表约束、多关系表约束、涉及聚合函数的约束。

可以对该执行算法总结如下。更新事务对关系表 R 中满足某些条件的所有元组进行更新。该算法包含两个步骤。第一步生成区分关系表 R^+ 和 R^-。第二步简单地从 R^+ 和 R^- 中取出不满足前测试的元组。如果取不出任何元组,则约束没有违背;否则就是违背了。

例 5.23　考虑 PROJ 表上的删除操作。执行(PROJ,**DELETE**,C_2)将生成下述语句:

$$result \leftarrow \text{retrieve all tuples of } PROJ^- \text{ where } \neg (C_2)$$

如果结果是空的,则说明断言得到了验证,一致性可以得到保证。

5.3.2　分布式语义完整性控制

本节给出分布式数据库中保证语义完整性的算法。这些算法扩展自前面讨论的简化方法。与同构系统或多数据库系统类似,本节假定系统具备全局事务管理的能力。因此,为这样的分布式 DBMS 设计完整性管理程序有两个问题:断言的定义和存储,以及约束的执行。本节也会探讨在不存在全局事务支持的情况下,系统如何对完整性约束进行检测。

5.3.2.1　分布式完整性约束的定义

完整性约束由元组关系演算进行表示。每个断言可以看作是值为真或假的查询条件，它作用于由元组变量对应的关系表做笛卡儿积之后所生成的元组上。由于断言可能包含不同站点上的数据，存储约束应使完整性检测的成本达到最小。有一种策略它以完整性约束的分类为基础，考虑了下面的三类完整性约束：

（1）**个别约束**（Individual constraints）：单关系表单变量约束，它考虑元组的更新是相互独立的。例 5.15 中的领域约束属于这类。

（2）**面向集合的约束**（Set-oriented constraints）：包含单关系表多变量约束（如例 5.14 中的函数依赖）和多关系表多变量约束（如例 5.13 中的外码约束）。

（3）**包含聚合的约束**（Constraints involving aggregates）：考虑到聚合操作的代价，需要特别处理。例 5.19 中的断言是该类的代表。

可以在断言中关系表所在的任一站点开始定义新的完整性约束。注意：关系表可能被分片，这个分片谓词属于以上类别 1 的断言的一种特例。相同关系表的不同分片可以存放在不同的站点中。因此，定义完整性断言也可以是分布式操作，分以下两步完成。第一步是将上层的断言转换成前测试，可以使用上节介绍的技术。第二步是根据约束的类别对前测试进行存储。类别 3 的约束可以与类别 1 或 2 约束处理的方式相同，取决于约束为个别的还是面向集合的类型。

个别约束

约束定义要被发送到包含所有关系分片的站点上。约束与每个站点中的关系数据要保持兼容。兼容性包含两个层面的含义：谓词和数据。首先，谓词兼容性可以通过比较约束谓词和分片谓词来验证：约束 C 与分片谓词 p 不兼容的条件是"C 为真"可以推论出"p 为假"，否则为兼容。如果在某一站点上发现不满足兼容性，则约束的定义会被全局拒绝，原因在于分片的元组不能满足完整性约束。其次，如果谓词兼容性得到了满足，则要从分片的实例上检测约束。如果不满足实例，约束也会被全局拒绝。如果兼容性得到了满足，可以将约束存储在每个站点上。注意：兼容性检测仅针对更新类型为"插入"的前测试（分片中的元组被看作是插入的元组）。

例 5.24　考虑关系 EMP，使用下述谓词水平分片，并存储于三个站点：

p_1：$0 \leqslant \text{ENO} < \text{"E3"}$

p_2：$\text{"E3"} \leqslant \text{ENO} \leqslant \text{"E6"}$

p_3：$\text{ENO} > \text{"E6"}$

领域约束为 C：$\text{ENO} < \text{"E4"}$。约束 C 与谓词 p_1 兼容（若 C 为真，则 p_1 为真），与 p_2 兼容（若 C 为真，则 p_2 不会为假），但与 p_3 不兼容（若 C 为真，则 p_3 为假）。因此，约束 C 应该全局拒绝，因为站点 3 中的元组无法满足 C，因此关系 EMP 不满足 C。

面向集合的约束

面向集合的约束是多变量的，因此会考虑连结谓词。断言谓词可能是多关系的，但前测试仅与一个关系有关。因此，约束定义需要被发送到存储变量对应分片的所有站点上。兼容性检验也会考虑连结谓词中涉及的分片。这里不考虑谓词兼容性，原因在于无法基于约束 C（基于连结谓词）为真判断分片谓词 p 为假。因此，C 需要和数据比较，以此检验兼容性是否成立。兼容性检验基本上需要将关系 R 的所有分片与约束谓词中涉及的关系 S 的所有分片连结起来。该项操作可能代价很大,需要由分布式查询处理程序进行优化。下面按照代价逐渐增加的顺序给出如下三种情况。

(1) 关系 R 的划分由 S 的划分诱导产生(见第 3 章),即基于断言谓词中属性的半连结操作获得。

(2) S 基于连结属性划分。

(3) S 不是基于连结属性划分。

第一种情况,由于 S 和 R 中的元组在同一站点进行匹配,兼容性检验的代价不高。第二种情况,由于 R 中元组的连结属性可以用来找到 S 中相应分片的站点,R 中的每个元组需要与 S 的至多一个分片进行比较。第三种情况,R 的每个元组需要和 S 的所有分片比较。如果 R 的所有元组都满足兼容性,则可以将约束存储在每个站点上。

例 5.25　考虑例 5.16 定义的面向集合的前测试(ASG,**INSERT**,C1),其中 C1 为:

$$\forall \textbf{NEW} \in ASG^+ , \exists j \in PROJ : \textbf{NEW}.PNO = j.PNO$$

考虑下面三种情况:

(1) ASG 使用谓词 $ASG \ltimes_{PNO} PROJ_i$ 进行分片,其中 $PROJ_i$ 为 PROJ 表的一个分片。这种情况下,ASG 的每个元组 NEW 与元组 j 放在同一个站点上,并满足 $\textbf{NEW}.PNO = j.PNO$。由于分片谓词与 C_1 的谓词相同,兼容性检测不会引入站点间通信。

(2) PROJ 基于谓词 p_1:PNO<"P3"和 p_2:PNO⩾"P3"水平划分。这种情况下,ASG 的每个元组 **NEW** 在 **NEW**.PNO<"P3"时需要与 $PROJ_1$ 比较,或者在 **NEW**.PNO⩾"P3"时与分片 $PROJ_2$ 比较。

(3) PROJ 基于谓词 p_1:PNAME="CAD/CAM"和 p_2:PNAME≠"CAD/CAM"水平划分。这种情况下,ASG 的每个元组需要与 $PROJ_1$ 和 $PROJ_2$ 比较。

5.3.2.2　执行分布式完整性断言

即便是在全局事务支持的情况下,分布式完整性断言的执行也比集中式 DBMS 情况下来的复杂。主要的问题是要决定在哪个站点执行完整性约束,这取决于约束的类别,更新的类型,以及更新发生的站点(称为**查询主站点**,即 query master site)的特性。主站点可能不会存储要更新的关系,或完整性约束中的某些关系。因此,需要考虑的关键参数包括从一个站点向另一个站点传输数据和消息的代价。下面基于这些准则讨论不同类型的策略。

个别约束

考虑两种情况。如果更新事务为插入语句,则所有的插入元组都是由用户显式地提供的。此时,个别约束可以在更新提交的站点上执行。如果更新操作是有条件的(删除和修改语句),操作将会被发送到存储需要更新的关系的站点上。查询处理程序为每个分片执行更新条件,集中每个站点返回的结果元组。在语句为删除时,将结果元组存储在一个临时表中;在语句为修改时,将结果元组存储在两个临时表中(即 R^+ 和 R^-)。分布式更新操作涉及的每个站点都会执行这些断言(如删除时的领域约束)。

面向集合约束

这里首先通过一个例子研究单关系表约束。考虑例 5.14 中的函数依赖。与 INSERT 更新类型相关的前测试是:

$$(\mathbf{EMP}, \mathbf{INSERT}, C)$$

其中 C 为：

$$(\forall e \in \mathbf{EMP})(\forall \mathbf{NEW1} \in \mathrm{EMP})(\forall \mathbf{NEW2} \in \mathrm{EMP}) \tag{1}$$

$$(\mathbf{NEW1}.\ \mathrm{ENO} = e.\ \mathrm{ENO} \Rightarrow \mathbf{NEW1}.\ \mathrm{ENAME} = e.\ \mathrm{ENAME}) \wedge \tag{2}$$

$$(\mathbf{NEW1}.\ \mathrm{ENO} = \mathbf{NEW2}.\ \mathrm{ENO} \Rightarrow \mathbf{NEW1}.\ \mathrm{ENAME} = \mathbf{NEW2}.\ \mathrm{ENAME}) \tag{3}$$

C 定义的第二行检查插入元组（NEW1）与现有元组（e）之间的约束，第三行检查插入元组之间的约束，因而需要在第 1 行声明两个变量（NEW1 和 NEW2）。

现在考虑 EMP 表的更新。首先，查询处理程序执行更新条件，与个别约束的情况类似，返回一个或两个临时关系表。接下来，发送临时关系到所有包含 EMP 的站点上。假设更新为插入语句，那么每个存储 EMP 分片的站点都会执行上述约束 C。由于 C 中的 e 是全局的，每个站点的局部数据都要满足 C，原因在于 $\forall x \in \{a_1, \cdots, a_n\} f(x)$ 等价于 $[f(a_1) \wedge f(a_2) \wedge \cdots \wedge f(a_n)]$。因此，提交更新操作的站点需要从每个站点接受一条消息，表明约束在所有站点都得到了满足。如果某个站点不满足约束，它需要发送错误信息来表明这点。此时，更新操作无效，完整性管理程序需要决定是否要使用全局事务管理程序拒绝整个事务。

下面考虑多关系约束。为了表述方便，这里假设完整性约束在同一关系上只有一个元组变量。注意：这是经常会发生的情况。与单关系约束类似，更新操作在提交的站点进行计算。约束执行在查询主站点进行，使用算法 5.2 中的 ENFORCE 算法。

算法 5.2: ENFORCE 算法

Input: *U*: update type; *R*: relation

begin

   retrieve all compiled assertions (R, U, C_i);

   inconsistent ← **false**;

   for *each compiled assertion* **do**

      │ *result* ← all new (respectively old), tuples of *R* where $\neg(C_i)$

   if *card(result)* ≠ 0 **then**

      └ *inconsistent* ← **true**

   if $\neg$*inconsistent* **then**

      │ send the tuples to update to all the sites storing fragments of *R*

   else

      └ reject the update

end

例 5.26　通过例 5.13 中外码约束的例子来说明算法。假设 u 表示将一个新元组插入到 ASG 中的操作。上一个算法使用前测试（ASG, **INSERT**, C），其中 C 为：

$$\forall \mathbf{NEW} \in \mathrm{ASG}^+, \exists j \in \mathrm{PROJ}: \mathbf{NEW}.\ \mathrm{PNO} = j.\ \mathrm{PNO}$$

给定该约束，需要检索 ASG^+ 中所有满足 C 不为真的新元组，表达为 SQL 语句：

```
SELECT  NEW.*
FROM    ASG⁺ NEW,PROJ
WHERE   COUNT(PROJ.PNO WHERE NEW.PNO=PROJ.PNO)=0
```

注意，**NEW**. * 表示 ASG^+ 的所有属性。

因此，该策略为了执行连结操作，需要将新元组发送到存储关系表 PROJ 的站点上，进而在查询主站点集中所有返回的结果。每个存储 PROJ 分片的站点为分片和 ASG^+ 做连结操作，并将结果送回查询主站点进行汇总。如果汇总的结果为空，则数据库是一致的。否则,更新操作会导致不一致状态,需要使用全局事务管理程序拒绝这一事务,或设计更为复杂的策略来通知或补偿不一致性。

包含聚合的约束

因为需要计算聚合函数,这类约束的检测代价最大。一般的聚合函数包括:MIN,MAX,SUM 和 COUNT。每个聚合函数包含投影部分和选择部分。为了高效地执行约束,可能需要产生前测试。这些前测试可以隔离冗余的数据,而这些冗余的数据都出现在存储和约束有关的关系【Bernstein and Blaustein,1982】的站点上。这部分数据就是 5.1.2 节所说的物化视图。

5.3.2.3 分布式完整性控制小结

分布式完整性控制的主要问题是执行分布式约束时通信和处理的代价可能会很高。设计分布式完整性管理器的两个主要问题是:分布式断言的定义,算法的实行,以及最小化分布式完整性检测的代价。从本节可以看出,通过扩展预防方法,在前测试中编译语义完整性约束,可以完全实现分布式完整性控制。该方法是通用的,能处理一阶逻辑表达的所有约束。方法与分片定义是兼容的,并能使站点间通信达到最小。更好的分布式完整性执行策略可以在更为精细的分片定义下得到。因此,分布式完整性约束的定义是分布式数据库设计流程的重要组成部分。

上述方法假设具有全局事务的支持。在某些松耦合的多数据库系统中,可能不支持全局事务,问题将变得更为复杂【Grefen and Widom,1997】。首先,由于约束检测不再是全局事务验证的一部分,约束管理程序和组件 DBMS 之间的接口需要改变。组件 DBMS 需要通知完整性管理程序在某些事件后,例如在局部视图提交后,才执行约束检测。这可以通过触发器来完成,触发事件为全局约束中关系表的更新。其次,如果检测到全局约束违例,由于无法定义全局终止,需要提供专门的纠错事务以使数据库的状态保持一致。现有方法提出了一组全局一致性检测协议【Grefen and Widom,1997】,该协议基于一种简单的策略,在区分关系表上进行计算(与之前方法类似)。该方法是安全的(能够不遗漏地识别出约束违例),但可能是不准确的(可能在没有约束违例的情况下引入错误事件)。这种不准确性源于:在不同的时间和站点上产生区分关系表可能使全局数据库产生幻影状态,即从没有出现过的状态。为了解决这一问题,现有方法提出了将基础协议进行扩展:引入时间戳,或使用局部事务命令。

5.4 本 章 小 结

语义数据和访问控制包括几个部分:视图管理、安全控制,以及语义完整性控制。在关系数据的框架内,这些功能可以通过一致的方式实现,即执行规则来描述数据处理控制。集中式系统的方法得到了重要的扩展,从而适用于分布式系统,特别是支持了物化视图和分组裁决式访问控制。语义完整性控制得到的关注较少,没有被分布式 DBMS 产品所广泛支持。

在分布式系统中,完全支持语义数据控制是复杂的,在性能上也有很大的代价。高效地执行数据控制有两个主要的问题:规则的定义和存储(站点选择),以及设计执行算法来最小化通信代价。由于不断增加的功能(和通用性)会增加站点间通信,高效地数据控制十分困难。当控制规则在所有站点做到完全复制时，该问题会得到简化；当保留站点自治性时，问题的难度会增加。此外，可以设计专门的优化来最小化数据控制的成本，但同时会带来额外的开销，如管理物化视图或冗余数据。因此，为了考虑更新程序的控制代价，分布式数据控制定义需要包含于分布式数据库设计之中。

5.5　参考文献说明

语义数据控制在集中式系统中十分好理解【Ramakrishnan and Gehrke，2003】，所有主流的 DBMS 都对此提供广泛的支持。分布式系统的语义数据控制研究开始于 20 世纪 80 年代 IBM 研究院的 R* 项目，并得到了长远的发展，用来处理一些新的应用，如数据仓库和数据集成。

视图管理的大多数研究考虑如何利用视图更新，以及如何支持物化视图。集中式事务管理的两篇基础论文是【Chamberlin et al.，1975】和【Stonebraker，1975】。第一篇论文是 R 系统中视图和授权管理的集成策略；第二篇论文描述了 INGRES 的查询修改技术，该技术以统一的方式处理视图、授权和语义完整性控制，参见 5.1 节对该方法的描述。

视图更新问题的理论解决方法由【Bancilhon and Spyratos，1981】、【Dayal and Bernstein，1978】和【Keller，1982】提供。第一篇论文是关于视图更新语义【Bancilhon and Spyratos，1981】的，其中规范化地定义了更新后的视图不变性，给出了大量包含连结操作的视图的更新方法。基础关系的语义信息在寻找更新操作的唯一传播时十分有用。然而，现有的商业系统在支持通过视图的更新操作上十分严格。

物化视图得到了广泛的关注。快照的概念由【Adiba and Lindsay，1980】提出，用来优化分布式数据库系统中的视图诱导。【Adiba，1981】泛化了快照的概念，引入了分布式环境下的诱导关系表。该论文同时提出了管理视图、快照和分片复制数据的同一机制。【Gupta and Mumick，1999c】编辑了物化视图管理方面全面的论文。【Gupta and Mumick，1999a】描述了执行物化视图增量式维护的主要技术。5.1.3 节提出的计数算法由【Gupta et al.，1993】提出。

【Hoffman，1977】提出了计算机系统的一般安全性问题。集中式数据库系统的安全性在【Lunt and Fernández，1990】、【Castano et al.，1995】得到了讨论。分布式系统中的裁决式访问控制首先在 R* 项目中得到了广泛的关注。【Wilms and Lindsay，1981】扩展了系统 R 中的访问控制机制【Griffiths and Wade，1976】，用来处理用户组，并在分布式环境下进行执行。分布式 DBMS 的多级访问控制近些年得到了广泛的关注。多级访问控制方面开创性的论文是 Bell-Lapaduda 模型，该模型的设计初衷是操作系统安全性【Bell and Lapuda，1976】。【Lunt and Fernández，1990】、【Jajodia and Sandhu，1991】给出了数据库的多级访问控制。关系 DBMS 多级安全的介绍可以参见【Rjaibi，2004】。多级安全 DBMS 中的事务管理参见【Ray et al.，2000】、【Jajodia et al.，2001】。【Thuraisingham，2001】提出了分布式 DBMS 的多级访问控制。

5.3 节的内容大部分源于【Simon and Valduriez，1984，1986】以及【Simon and Valduriez，1987】。具体来讲，【Simon and Valduriez，1986】扩展了集中式完整性控制基于前测试的预防策略，使其适用于分布式环境，并假设全局事务的支持。声明型方法最原始的想法产生于【Florentin，1974】，其目的是使用谓词逻辑断言来表示完整性约束。最重要的声明型方法有【Bernstein et al.，1980a】、【Blaustein，1981】、【Nicolas，1982】、【Simon and Valduriez，1984】和【Stonebraker，1975】。存储冗余数据的具体视图参见【Bernstein and Blaustein，1982】。值得注意的是：具体视图在优化包含聚合的约束执行中也十分有用。【Civelek et al.，1988】、【Sheth et al.，1988b】和【Sheth et al. 1988a】给出了语义数据控制的系统和工具，特别是视图管理。【Grefen and Widom，1997】讨论了不具备全局事务支持的松耦合多数据库系统如何做语义完整性检测。

练　习

5.1　使用类 SQL 语法，定义工程数据库 V(ENO,ENAME,PNO,RESP)的视图，其中的持续时间(duration)为 24。视图 V 是否可更新？假设关系表 EMP 和 ASG 基于访问频率水平划分如下：

Site 1	Site 2	Site 3
EMP_1	EMP_2	
	ASG_1	ASG_2

其中

$$EMP_1 = \sigma_{TITLE \neq \text{“Engineer”}}(EMP)$$

$$EMP_2 = \sigma_{TITLE = \text{“Engineer”}}(EMP)$$

$$ASG_1 = \sigma_{0 < DUR < 36}(ASG)$$

$$ASG_2 = \sigma_{DUR \geq 36}(ASG)$$

哪些站点需要存储 V 的定义，而不用完全重复分片，从而增加引用的局部性？

5.2　表达下述查询：在视图 V 中，工作于 CAD 项目中的雇员姓名。

5.3*　假设关系表 PROJ 水平分片为：

$$PROJ_1 = \sigma_{PNAME = \text{“CAD”}}(PROJ)$$

$$PROJ_2 = \sigma_{PNAME \neq \text{“CAD”}}(PROJ)$$

修改练习 5.2 得到的查询，从而支持分片。

5.4**　提出一个高效的分布式算法用于在一个站点刷新快照，该快照由一个关系产生，而该关系在另外两个站点上进行了水平分片。给出一个在视图和基础关系上的查询实例，该查询会产生不一致的结果。

5.5*　考虑例 5.5 中的视图 EG，使用关系表 EMP 和 ASG 作为基础数据，并假设状态由例 3.1 得到，因此 EG 包含 9 个元组（见图 5.4）。假设 ASG 中的元组〈E3,P3,Consultant,10〉更新为〈E3,P3,Engineer,10〉。使用基本的计数算法来更新视图 EG。哪些投影的属性应该添加到视图 EG 中来使它具备自维护性？

5.6　提出一种关系表，在分布式数据库目录中存储与用户组关联的访问权限，并给出该关系表的划分方案，假设组成员都在同一个站点上。

5.7**　给出一个算法在分布式 DBMS 中执行 REVOKE 语句，假设 GRANT 权限只能授予成员都在同一个站点的用户组。

5.8** 考虑图 5.8 中的多级关系 PROJ**。假设对于属性(S 和 C)仅有两个分类级别,提出
PROJ** 在两个站点上的分配方案,并使用划分和副本来避免读查询的隐蔽通道。探
讨该分配方案更新操作的约束。

5.9 使用本章中的完整性约束描述性语言,表达下述完整性约束:一个项目的持续时间不
能超过 48 个月。

5.10* 定义例 5.11～例 5.14 中完整性约束关联的前测试。

5.11 假设下述关系 EMP、ASG 和 PROJ 上的垂直划分方案:

$$
\begin{array}{cccc}
\underline{\text{Site 1}} & \underline{\text{Site 2}} & \underline{\text{Site 3}} & \underline{\text{Site 4}} \\
\text{EMP}_1 & \text{EMP}_2 & & \\
& & \text{PROJ}_1 & \text{PROJ}_2 \\
& & \text{ASG}_1 & \text{ASG}_2
\end{array}
$$

其中

$$
\begin{aligned}
\text{EMP}_1 &= \Pi_{\text{ENO,ENAME}}\,(\text{EMP}) \\
\text{EMP}_2 &= \Pi_{\text{ENO,TITLE}}\,(\text{EMP}) \\
\text{PROJ}_1 &= \Pi_{\text{PNO,PNAME}}\,(\text{PROJ}) \\
\text{PROJ}_2 &= \Pi_{\text{PNO,BUDGET}}\,(\text{PROJ}) \\
\text{ASG}_1 &= \Pi_{\text{ENO,PNO,RESP}}\,(\text{ASG}) \\
\text{ASG}_2 &= \Pi_{\text{ENO,PNO,DUR}}\,(\text{ASG})
\end{aligned}
$$

习题 5.9 中得到的前测试应该存储在哪里?

5.12 考虑下述面向集合的约束:

```
CHECK ON e:EMP,a:ASG
        (e.ENO=a.ENO and (e.TITLE="Programmer")
        IF a.RESP="Programmer")
```

该约束的含义是什么? 假设 EMP 和 ASG 的分配方案如习题 5.11 所示,定义相应
的前测试和它们的存储方案。把算法 ENFORCE 应用到 ASG 中的 INSERT 更新类
型上。

5.13** 假设没有全局事务支持的分布式多数据库系统。考虑两个站点,每个站点包含不
同的 EMP 关系表,并有一个完整性管理程序与组件 DBMS 进行通信。假设需要为
EMP 构建全局唯一码约束。提出一种简单的策略,使用区分关系表来检测约束。探
讨可能会导致约束违例的操作。

第 6 章　查询处理概述

关系数据库技术在数据处理领域的成功部分地归功于非过程的语言(即 SQL),因为这样的语言能够在相当程度上改善应用的开发和终端用户的生产效率。通过隐藏数据的物理组织的底层细节,关系数据库语言允许以简洁和简单的方式表达复杂的查询。特别是,为了形成查询结果,用户不用准确地说明必须遵循的步骤。这些步骤实际上是由 DBMS 的模块,通常称为**查询处理程序**(query processor)所设定的,它把用户从查询优化的工作中解脱出来。这一任务耗时并且由查询处理程序处理得最好,因为查询处理程序能够利用关于数据的大量有用的信息。

本章概述分布式 DBMS 的查询处理,其中的细节则在下面的两章里讨论。我们选择了关系演算和关系代数作为基础,这是应为它们的通用性和在分布式 DBMS 中的普遍使用。如同我们在第 3 章看到的那样,分布式关系是由片段实现的,分布式数据库设计占据了查询处理重要性的主体位置,因为片段的定义正是出于增加本地访问的目的,并且在有些情况下对最重要的查询要执行并行处理。分布式查询处理程序的任务就是把一个在分布式数据库上的高层次的查询(假定以关系演算表示)映射为在关系片段上的数据库操作(关系代数)的序列。可以用一些重要的功能来刻画这种映射。首先,**演算查询**(calculus query)必须要分解成被称为**代数查询**(algebraic query)的关系运算的序列。第二,查询所访问的数据必须定位到本地,这使得关系的运算被翻译成在本地的数据(片段)上进行。最后,片段上的代数查询要用通信的操作加以扩展,还要是用代价函数加以优化。而代价函数通常要考虑计算资源,例如磁盘 I/O、CPU、通信网络等等。

本章组织如下:6.1 节告诉我们什么是查询处理问题。6.2 节确切地定义查询处理算法的目标。而关系代数运算的复杂度,这个影响查询处理性能的主要因素由 6.3 节给出。6.4 节按照实现时的选择给出对于查询处理程序的刻画。最后,6.5 节介绍查询处理的各个层次,从分布式查询开始向下,直到在局部站点上操作的执行和站点间的通信。6.5 节介绍的各个层次在后面的两章里会详细地加以描述。

6.1　查询处理问题

关系查询处理程序的主要功能是要把高级查询(通常用关系演算表达)转换成等价的低级查询(通常用关系代数某种变化来表达)。低级查询实际上实现查询的执行策略。这种转换必须在正确性和效率两方面都取得成功。如果低级查询在语义上和原来的查询相同,即两种查询都获得相同的结果,那么它就是正确的。从关系演算到关系代数的清晰定义的映射(参见第 2 章)可以容易地获得这种正确性,但是要取得高效的执行策略却要花费很大努力。一个关系演算的查询可以有许多等价和正确的关系代数转换,每个等价的转换可能导致非常不同的计算机资源的耗费,这里的主要难点就在于要挑选出资源耗费最小的那个策略。

例 6.1　让我们来考虑图 2.3 的工程数据库模式的一个子集：

```
EMP(ENO,ENAME,TITLE)
ASG(ENO,PNO,RESP,DUR)
```

以及下面的一个简单查询"找出所有正在管理某个项目的雇员"。使用 SQL 语法的关系演算的查询表达是：

```
SELECT  ENAME
FROM    EMP,ASG
WHERE   EMP.ENO=ASG.ENO
AND     RESP="Manager"
```

上述查询的等价并且正确的关系代数查询为：

$$\Pi_{\text{ENAME}}(\sigma_{\text{RESP}=\text{“Manager”} \land \text{EMP.ENO}=\text{ASG.ENO}}(\text{EMP} \times \text{ASG}))$$

和

$$\Pi_{\text{ENAME}}(\text{EMP} \bowtie_{\text{ENO}} (\sigma_{\text{RESP}=\text{“Manager”}}(\text{ASG})))$$

从直觉上看,第二个查询避免了 EMP 和 ASG 的笛卡儿积,和第一个相比耗费更少的资源,因此应该保留下来。

在集中式数据库的情况下,查询执行策略容易用扩充的关系代数表达。对于给定的查询,集中式查询处理程序的主要功能是从所有等价的关系代数查询中选出最优的一个。因为当关系数量很大时,这一问题在计算上是不可解的【Ibaraki and Kameda,1984】,所以一般都把这一问题简化为选择一个接近最优的关系代数查询。

在分布式系统中,关系代数不足以表达执行策略,它必须要用在站点间交换数据的操作加以扩充。除了选择关系代数运算的顺序以外,分布式查询处理程序还必须选择用于数据处理的最佳站点,以及可能的数据传输的方法。这就增加了选择分布式执行策略的空间,使得分布式查询处理变得更为困难。

例 6.2　本例表明站点选择和通信对于在分片数据库上执行的关系代数查询的重要性。让我们看一下例 6.1 的查询：

$$\Pi_{\text{ENAME}}(\text{EMP} \bowtie_{\text{ENO}} (\sigma_{\text{RESP}=\text{“Manager”}}(\text{ASG})))$$

假定关系 EMP 和 ASG 的水平划分如下：

$$\text{EMP}_1 = \sigma_{\text{ENO}\leqslant\text{“E3”}}(\text{EMP})$$

$$\text{EMP}_2 = \sigma_{\text{ENO}>\text{“E3”}}(\text{EMP})$$

$$\text{ASG}_1 = \sigma_{\text{ENO}\leqslant\text{“E3”}}(\text{ASG})$$

$$\text{ASG}_2 = \sigma_{\text{ENO}>\text{“E3”}}(\text{ASG})$$

片段 ASG_1、ASG_2、EMP_1 以及 EMP_2 分别存储在站点 1、2、3 和 4 上,而结果希望传输到站点 5。

简单起见,在下面的讨论中我们忽略了投影的操作。图 6.1 给出了以上查询的两个等价的分布式执行策略。带有标志 R、从站点 i 指向站点 j 的箭头意味着关系 R 从站点 i 传输到 j 站点。策略 A 利用了这样的事实：关系 EMP 和 ASG 采用了同样的分片方法,从而可以并行地执行选择和连结。策略 B 则在处理查询之前把所有操作所需的数据都先集中到结果站点。

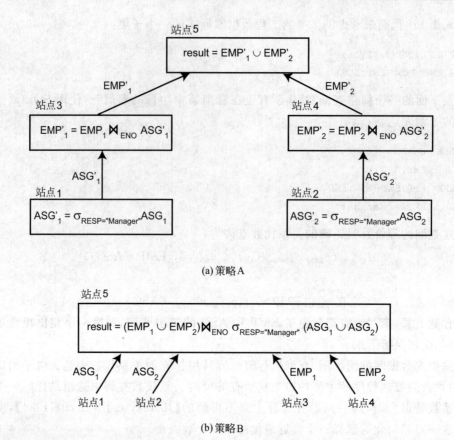

(a) 策略 A

(b) 策略 B

图 6.1　等价的分布式执行策略

　　为了评价这两种策略对资源的消耗,我们使用一个简单的代价模型。我们假定对一个元组的访问 tupacc 是 1 个单位(忽略对单位的说明),而一个元组的传输 tuptrans 为 10 个单位(忽略对单位的说明)。我们还假定关系 EMP 和 ASG 分别含有 400 和 1000 个元组,且在关系 ASG 里有 20 个经理(manager)。最后我们还假定关系 EMP 和 ASG 在本地分别根据属性 RESP 和 ENO 加以聚簇,因此可以根据属性 RESP 的值直接访问 ASG 元组,和根据 ENO 的值直接访问 EMP。

　　策略 A 的总代价计算如下:

　　(1) 通过选择 ASG 生成 ASG′需要(10+10) * tupacc=20。

　　(2) 将 ASG′传输到 EMP 的站点需要(10+10) * tuptrans=200。

　　(3) 通过连结 ASG′和 EMP 生成 EMP′需要(10+10) * tupacc * 2=40。

　　(4) 将 EMP′传输到结果站点需要(10+10) * tuptrans=200。

总代价为 460。

　　策略 B 的总代价的计算如下:

　　(1) 将 EMP 传输到站点 5 需要 400 * tuptrans=4000。

　　(2) 将 ASG 传输到站点 5 需要 1000 * tuptrans=10 000。

　　(3) 通过选择 ASG 生成 ASG′需要 1000 * tupacc=1000。

　　(4) EMP 和 ASG′连结需要 400 * 20 * tupacc=8000。

总代价为 23 000。

采用策略 A 时，连结 ASG′ 和 EMP（第 3 步）能够利用建立在 EMP 的属性 ENO 上的聚簇索引。所以对于每个 ASG′ 元组，EMP 只需访问一次。采用策略 B 时，我们认为基于关系 EMP 和 ASG 的属性 RESP 和 ENO 建立的索引因数据传输而丢失，这在现实世界里这是一种合理的假设。我们认为第 4 步的 EMP 和 ASG′ 的连结采用了默认的嵌套循环的算法（简单地执行两个关系的笛卡儿积）。策略 A 要好出 50 倍，这是十分可观的。再说，它在站点间的工作分配也更好。这种差别会更高，如果我们假定更低的通信速度，并且（或者）更多的划分。

6.2　查询处理的目标

如前所述，分布式环境下的查询处理的目标是把分布式数据库的高级查询（在用户看来这一查询就如同是针对单一数据库的查询）转换成在本地数据库上高效执行的低级语言表达的查询策略。我们假定这里的高级语言就是关系演算，低级语言则是用通信操作加以扩充的关系代数。查询转换所涉及的不同层次的细节在 6.5 小节讨论。查询处理的一个重要的工作是查询优化。因为对同一个高级查询存在着不同的正确转换，所以只有优化（极小化）了资源耗费的策略将被保留。

资源耗费的一个好的度量就是在查询处理过程中发生的**总代价**（total cost）【Sacco and Yao，1982】。这个总代价就是发生在各个站点处理查询操作所花费的时间加上站点通信的时间的总和。另一个较好的度量是查询的**响应时间**（response time）【Epstein et al.，1978】即完成查询所需的时间。由于操作可以在不同站点上并行执行，查询的响应时间可能会相当地少于总代价。

在分布式系统里，需要优化的总代价包括 CPU、I/O 和通信。当在内存里执行对于数据的操作时会产生 CPU 开销，I/O 的开销是在访问磁盘时产生的，这一开销可以通过快速数据访问和内存的使用（缓冲区管理）来减少磁盘访问从而得到优化。通信开销是执行查询的各个站点间交换数据所需的时间，这一开销是在通信网络上处理消息（格式化/反格式化）和传输数据时产生的。

前两个开销（CPU 和 I/O）是仅在集中式 DBMS 里考虑的因素，而通信开销则是分布式数据库所要考虑的重要因素。分布式查询优化的早期大部分工作都假设通信的开销远远超过本地开销（I/O 和 CPU 开销），从而把后者忽略。这一假设是基于速度较低的通信网络（例如仅有每秒几千字节带宽的宽带网），而不是基于带宽能够和磁盘连结相比的网络。因此，分布式查询优化的目标缩小为忽略本地处理代价而仅仅优化通信开销的问题。这样做的好处是本地优化可以独立地使用已有的集中式方法来解决。但是，如同在第 2 章讨论的那样，现代的分布式处理环境拥有快得多的通信网络，其带宽能够和磁盘相比。因此，最近的研究工作建议了三种代价成分加权组合的优化方法，因为这三种因素都对评价一个查询的总体代价[①]有所贡献【Page and Popek，1985】。总之，在具有高带宽的分布环境下，由于站

[①]　也有另外一些工作研究从相邻节点的主存储器的高速缓存，而不是从本地磁盘获取数据的可行性【Franklin et al.，1992；Dahlin et al.，1994；Freeley et al.，1995】，这些方法会对查询优化产生很大的影响。

点间通信所产生的额外开销(例如软件协议)使得通信代价成为一个重要的因素。

6.3 关系代数运算的复杂度

在这一章里,我们把关系代数作为表示查询输出的基础。因此,直接影响执行时间的关系代数运算的复杂度决定了查询处理程序所使用的某些原则,而这些原则能够帮助选择最终的执行策略。

最简单的定义复杂度的方法是忽略分片和存储结构等物理细节,而只使用关系的基数。图 6.2 按照复杂度由低向高,从而增加执行时间的顺序给出了单目和双目运算的复杂度。对于单目运算,如果是相互独立地获得结果的元组,它们的复杂度为 $O(n)$,这里的 n 代表关系基数。对于双目运算,如果一个关系的每个元组必须和另一个关系的元组在所选择的属性上进行值的相等比较,则复杂度为 $O(n * \log n)$,此处假定每个关系的元组必须事先按照所选择的属性排好序。但是如果使用哈希方法并且有足够大的内存存储哈希后的关系,则双目运算的复杂度会降低到 $O(n)$【Bratbergsengen,1984】。需要去掉重复的投影和分组需要把关系的每个元组和其他元组比较,因此复杂度也是 $O(n * \log n)$。最后,笛卡儿积的复杂度是 $O(n^2)$,因为一个关系的每个元组必须和另一个关系的每个元组前后连结。

操作	复杂度
选择 投影(无重复元组)	$O(n)$
投影(含有重复元组) 分组	$O(n*\log n)$
连结 半连结 除 集合运算	$O(n*\log n)$
笛卡儿积	$O(n^2)$

图 6.2 关系代数运算的复杂度

简单地看一下这些运算的复杂度我们可以得到两条原则。首先,因为复杂度是相对于关系的基数的,所以能够减少基数的最有选择性的运算应当首先执行。第二,运算应当按照复杂度的递增来排序以便避免或延迟笛卡儿积。

6.4 查询处理程序的刻画

无论是对集中式系统【Jarke and Koch,1984】还是对分布式系统【Sacco and Yao,1982】、【Apers et al. ,1983】、【Kossmann,2000】,要评价和比较它们的查询处理程序还是有

困难的,这是因为它们在许多方面都不相同。下面我们给出可以作为比较基础的查询处理程序的若干特征,前面四个特征可以用于集中式和分布式查询处理程序,而后面的四个特征只用于紧密集成的分布式 DBMS 的查询处理程序。这一刻画将用于第 8 章不同算法的比较。

6.4.1 语言

最初,大多数查询处理的工作都是针对关系 DBMS,这是因为关系的高级语言给了系统许多的优化机会,这就导致了查询处理程序的输入语言都是以关系演算为基础。对于对象 DBMS,其语言则以仅对关系演算加以扩充的对象演算为基础。因此,必然需要对于关系代数的分解(第 15 章)。本书考虑的另一种数据模型 XML 也有自己的语言,主要是 XQuery 和 XPath,它们的执行需要特殊的考虑,我们在 17 章里讨论。

关系演算语言需要一个额外的阶段将演算查询转换成关系代数查询。在分布式的情况下,转换后的输出语言通常是采用通信元语加以扩充的关系代数的内部形式,输出语言的操作在系统里直接实现。查询处理必须高效率地完成从输入语言到输出语言的映射。

6.4.2 优化类型

从概念上讲,查询优化的目标是从所有可能的执行策略所构成的空间中选择"最好"的点。一个最直接的方法就是搜索解空间,穷尽地预测每一个策略的代价,从中选择代价最小的策略。虽然这种方法有效,但是它可能在优化的过程中产生相当大的优化成本。问题在于解空间可能是一个大的空间,可能存在很多等价的策略,即使对于少量的关系也可能如此。而当关系的数量或者分片的数量增加时(例如超过 5 或 6),这一问题会变得更为严重。高的优化成本不一定就是坏事,特别是当一个优化是为以后一系列的查询执行所做时更是如此。所以,"穷尽"搜索的方法经常使用,因此要考虑(几乎)所有的执行策略【Selinger et al.,1979】。

为了避免穷尽搜索的高成本,人们提出了随机方法,例如**迭代改进**(interactive improvement)【Swami,1989】和**模拟退火**(simulated annealing)方法【Ioannidis and Wong,1987】。他们试图找到一个很好、但不一定是最好的解,以避免在内存和时间上优化所带来的高成本。

另外一个减少穷尽搜索成本的普遍方法就是启发式方法,它的基本思想就是将解空间仅仅局限在几个可能的范围之内。在集中式和分布式系统里,一个常用的启发式规则就是尽量减少中间关系的大小。这可以通过下面的办法实现:首先执行单目操作,而后把双目操作按照它们的中间关系的大小从小到大排序。在分布式系统中,一个重要的启发式规则是用半连接的组合替代连接以便最小化数据通信。

6.4.3 优化时机

一个查询可以在相对于执行时间的不同时机进行优化。优化可以在执行查询前**静态地**(statically)完成,或者是在执行查询过程中**动态地**(dynamically)完成。静态查询优化是在查询编译时间内完成的,所以优化成本可以由查询的多次执行来分摊。因此,这样的时机适合于使用穷尽搜索的方法。由于一个策略的中间关系的大小只有在运行时间才能知道,所以必须使用数据库的统计数据来估计它们的大小。估计中产生的错误可能导致次优策略的选择。

动态查询优化在查询执行时进行。在执行的任何时间点，下一个最好的运算的选择都可以基于前面执行的运算的结果。因此，不需要数据库的统计数据来估计中间结果的大小。但是数据库的统计对于选择第一个运算来说，可能还是有用的。动态优化相对于静态优化的主要优点在于中间关系的实际大小可为查询处理程序所用，而主要不足则在于查询优化的昂贵任务必须在查询的每次执行中重复。因此，这一方法最好用于特定的查询。

混合的查询优化方法试图保持静态查询优化策略的优点，却又避免由于不精确估计所产生的问题。这一方法基本上是静态的，但是在运行时如果实际的中间关系的大小和估计的大小之间的差别很大，则动态查询优化可随时进行。

6.4.4　统计

查询优化的有效性依赖于对数据库的统计。动态查询优化需要统计数据以便选择首先执行的运算。静态查询优化更为需要这些信息，因为它必须利用这些信息来估计中间关系的大小。在分布式数据库中，查询优化所需的统计依赖于片段，包括片段的基数和大小，以及对每个属性而言它有多少个不同的值以及多少个元组含有这些个别的值。为了最大程度地降低错误的可能性，更为详细的数据，例如属性质的直方图有时也会得到使用，这自然是以更高的管理成本为代价的。统计数据的准确性可以通过定期的更新来获得，对于静态优化，用于优化查询的统计数据的一定程度的变化可能会导致查询的再优化。

6.4.5　决策站点

当使用静态优化时，一个或者多个站点会介入选择回答查询的策略。大多数系统都选择了集中式的决策方法，即一个单一的站点生成该策略。但是，这一决策过程可以分布到若干站点上进行以便得到最好的策略。集中式方法较为简单，但是需要完整的分布式数据库知识，而分布式方法仅需要本地的信息。另外，一个站点做出主要决定，而其他站点做出本地决定的混合方法也会经常使用。例如，系统 R* 则是用的是混合方法【Williams et al.，1982】。

6.4.6　网络拓扑的利用

分布式查询处理程序一般都要利用网络拓扑。对于广域网，需要最小化的代价函数能够局限于数据通信的代价，因为这一代价是决定性因素。这一假定极大地简化了分布式查询优化的问题，它将问题一分为二：基于站点间的通信来选择全局执行策略，和基于集中式查询处理算法来选择每个本地的执行策略。

在局域网的情况下，通信的代价可以和 I/O 的代价相比。因此，对于分布式查询处理程序来说，用通信的代价换取并行的执行是合理的选择。某些局域网的广播能力能够成功地用于优化连结操作的处理【Özsoyoglu and Zhou，1987】、【Wah and Lien，1985】。【Kerschberg et al. 1982】讨论了用于星型网络的特殊算法，而【LaChimia，1984】则讨论了用于卫星网络的特殊算法。

在客户/服务器的环境下，通过**数据移动**（data shipping）可以利用客户工作站的能力来执行数据库操作【Franklin et al.，1996】，优化的问题演变为查询的哪个部分应当在客户端执行，而哪个部分又应当通过查询移动在服务器端执行的问题。

6.4.7　利用复制的片段

我们在第 3 章里讨论过，分布式关系通常被划分为关系片段。通过将关系翻译成片段，用全局关系表达的分布式查询被映射为物理片段上的查询。我们把这一过程称为**本地化**（localization），因为它的主要作用就是把查询所涉及的数据变为各个站点的本地数据。为了更高的可靠性和更好的读性能，有必要把片段复制到不同的站点。大部分优化算法在优化之外单独考虑本地化的过程，但是某些算法在运行时利用存在的复制片段来最小化通信所需的时间。于是优化算法变得更为复杂，因为存在着更大数量的策略。

6.4.8　使用半连结

半连结运算具有减少参与操作的关系大小的重要特性。当查询处理程序把通信考虑为主要代价时，半连结对于改进分布式连结的处理特别有用，因为它降低了站点间交换的数据量。但是，使用半连结可能引起消息数目的增加和本地处理时间的增加。早期的分布式DBMS，例如 SDD-1【Bernstein et al.，1981】是为低速宽带网设计的，大量地使用了半连结。某些后来的系统，例如 R*【Williams et al.，1982】，考虑的是更快的网络，就没有使用半连结。他们直接使用了连结，因为这样会产生更低的本地处理的代价。尽管如此，在快速网络的环境下半连结仍然能够产生效益，如果它能大幅度地缩小参与连结的关系。所以，有些查询处理算法的目标就是要选择连结和半连结的最优组合 semijoins【Özsoyoglu and Zhou，1987】、【Wah and Lien，1985】。

6.5　查询处理的层次

在第 1 章里我们已经看到了查询处理是如何嵌入在 DBMS 的体系架构里的。查询处理问题本身可以分解成若干子问题，这些子问题对应不同的层次。图 6.3 展示了一个通用的查询处理的分层结构，其中的每一层解决一个确切定义的子问题。为了简化讨论，我们假定采用一个静态、半集式、不利用复制片段的查询处理程序。它的输入是用关系演算表示的查询，该查询提交给全局（分布式）关系，这里关系的分布是隐藏的。有四个主要层次与分布式查询处理有关。前三个层次把输入的查询映射为优化了的分布查询执行计划。它们执行**查询分解**（query decomposition）、**数据本地化**（data localization），以及**全局查询优化**（global query optimization）的任务。查询分解和数据本地化与查询重写相对应。前三个层次由一个中央控制站点执行并且使用存储在全局词典的模式信息。第四个层次完成**分布式执行**（distributed query execution），并把结果返回给查询。这项工作由本地站点和控制站点共同完成。前两个层次在第 7 章里深入讨论，而后两个层次在第 8 章详细讨论，本章的剩余部分则用来概述这四个层次。

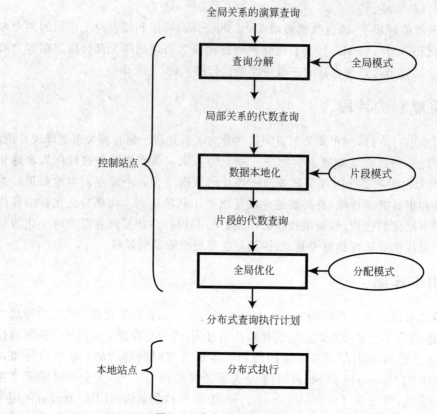

图 6.3　分布式查询处理的通用分层结构

6.5.1　查询分解

第一层把演算查询分解为全局关系上的代数查询,这一转换所需的信息可以在描述全局关系的全局概念模式里找到。但是这里不需要数据分布的信息,这一信息用于下一层。所以这一层所需的技术属于集中式 DBMS 的范围。

查询分解由四个连续的步骤组成。

首先,演算查询重写成规范的形式以适合后面的处理。查询的规范化一般要涉及查询量词的操作,以及应用逻辑操作优先级来验证查询是否合格。

第二,在语义上对规范化的查询分析,从而能够尽早地检查和拒绝不正确的查询。现有的技术仅仅能够用于关系演算的一个子集,通常这些技术都使用某种图来表达查询的语义。

第三,对正确的查询(仍然是关系演算的形式)进行简化,简化的方法之一就是去掉重复的谓词。注意,当查询是由系统对用户查询实行转换而生成的结果时,很可能会产生重复的查询。我们会在第 5 章里看到,这些转换要用于完成语义数据的控制(视图,保护,以及予以完整性控制)。

第四,演算查询重构为一个代数查询。我们在 6.1 节讨论过,从同一个演算查询可以推导出多个等价的代数查询,而其中的某些代数查询会比另一些“更好”。一个代数查询的质量要用期待的性能来衡量,传统的通过转换获得“更好”的代数表示的方法是从一个最初的代数查询开始,对它进行转换并找出一个"好"的结果。最初的代数查询可以通过把演算查询的谓词和目标语句翻译成关系代数操作而直接获得,这种直接翻译的代数查询接着再通过转换规则进行重构。这一层所产生的代数查询由于避免了最坏的情景因此是好的。例如,一个关系仅需访问一次,即使存在着若干选择谓词的情况下也是如此。然而,这种查询距离最优执行还差得很远,因为数据分布和片段分配的信息并没有在这一层里考虑。

6.5.2 数据本地化

第二层的输入是针对全局关系的一个代数查询,这一层的主要工作就是利用片段模式的数据分布信息对查询的数据实行本地化。在第 3 章里我们看到了关系被分成了互不相交的、称为片段的子集,每个子集存放在不同的站点上。这一层要判断哪些片段被用到查询之中,并且把分布查询转换为在片段上的查询。通过关系运算我们能够表达分片谓词,实现分片的定义。通过应用分片规则可以对一个全局关系进行重构,然后推导出一个由关系代数运算构成的**本地化程序**(localization program),由该程序作用在片段上。在片段上生成查询由两步来完成。首先,通过把查询的关系替换成重构计划(也称为**物化计划**(materialization plan))实现从查询到片段查询的映射,这里提到的重构计划已在第 3 章讨论过。第二,对片段查询进行简化和重构,生成新的"好的"查询。简化和重构可以按照查询分解层所采用的原理进行。如同查询分解层那样,最后生成的片段查询一般都与最优查询有着相当的距离,因为有关片段的信息还没有得到利用。

6.5.3 全局查询优化

第三层的输入是针对片段的代数查询。查询优化的目的是要寻找一个接近最优的查询执行策略,要明白寻找最优的结果在计算上是不可行的。分布式查询的执行策略可以用关系代数运算,以及在站点间传输数据的**通信元语**(communication primitives)(send/receive操作)加以描述。上一层已经优化了查询,例如去掉了重复的表达式。但是这种优化与片段的特征,例如片段的分配和基数等无关。此外,也没有包括通信操作的说明。通过针对片段的一个查询内的操作顺序的排列,可以发现许多等价的查询。

查询优化由发现查询操作的"最佳"排序所组成,其中包括最小化代价函数的通信操作。代价函数一般用时间加以定义,要参考诸如磁盘空间、磁盘 I/O、缓冲区空间、CPU、通信代价等方面的计算资源。早期分布式 DBMS 所作的一个典型的简化就是把通信的成本看成是主要的因素,我们在前面已经指出过这一点。这一假设在过去是成立的,这是因为对于宽带网而言,其有限的带宽使得通信成本比本地处理更为昂贵。今天,情况已不再如此,通信的成本可能会比 I/O 的成本还要小。为了选择操作的排序,有必要预测不同候选排序的执行代价。在执行前(例如静态优化)决定执行代价要以片段的统计和估计关系操作结果基数的公式为基础。所以,优化决策要依赖于片段的分配以及可用的有关片段的统计数据,这些数据都记录在片段分配的方案里。

查询优化的一个重要的方面是**连结顺序**(join ordering),因为查询内连结的排列有可能带来几个数量级的改进。优化分布式连结操作序列的一个基本方法就是使用半连结。分布式系统的半连结的主要价值在于缩小连结操作的关系的大小，从而降低通信的代价。但是，考虑本地处理代价和通信代价的综合技术有可能不使用半连结，这是因为半连结可能会增加本地处理的代价。查询处理层的输出是针对片断、带有通信操作、优化了的代数查询，它通常被表示成**分布式查询执行计划**（distributed query execution plan），存储后用于将来的执行。

6.5.4　分布式查询执行

最后一层由拥有查询所需片段的所有站点共同执行。每个在站点上执行的子查询，即**局部查询**（local query），要使用站点上的局部模式进行优化，然后加以执行。此时，可以选择执行关系代数的算法。局部优化使用的都是集中式系统的算法（参见第 8 章）。

6.6　本 章 小 结

本章概述了分布式 DBMS 的查询处理问题。我们首先介绍了查询处理的功能和目标，并假设输入的查询是用关系演算表示的，因为这正是目前大多数分布式 DBMS 所采用的语言。问题的复杂性与查询语言的表达能力和抽象能力成比例。例如，如果再加上传递闭包操作这样的扩展，问题会变得更为复杂【Valduriez and Boral，1986】。

分布式查询处理的目标可以总结如下：给定一个针对分布式数据库的演算查询，找出一个使系统代价函数最小化的对应的执行策略，该代价函数包括 I/O、CPU 和通信的成本。执行策略采用应用于局部数据库（即关系片段）的关系运算和通信元语（send/receive）表示。因此，影响查询执行性能的关系运算的复杂度就成为查询处理程序设计中至关重要的因素。

我们按照实现技术刻画了查询处理程序。查询处理程序可以在诸多方面有所不同，例如算法的类型，优化的粒度，优化的时机，对统计数据的使用，决策站点的选择，网络拓扑的利用，复制片段的利用，以及半连结的使用等等。这种刻画对于比较查询处理程序的设计和理解在效率和复杂性之间的折中选择都是有益的。

分布式环境下的查询处理问题非常难于理解，这是因为其中涉及众多的因素。但是，这一问题可以分解为若干子问题，而处理这些子问题则比较容易。出于这一缘故，我们提出了一个描述分布式查询处理程序的分层的方法，分离出了四个主要的功能：查询分解，数据本地化，全局查询优化，以及分布式查询执行。这四个功能通过加入更多的处理环境的细节对查询连续地加以改善。查询分解和数据本地化将在第 7 章仔细讨论，而查询优化和执行则是第 8 章的内容。

6.7　参 考 文 献 说 明

【Kim et al.，1985】提供了关系模型查询处理的研究和进展的一组较为全面的论文。在对查询处理的最新进展综述之后，该书讨论了这一领域内重要的研究内容。特别是，该书包括了三篇分布式查询处理的论文。

【Ibaraki and Kameda，1984】已经形式地证明了寻找一个查询的最优执行策略在计算上是不可行的。仅仅使用包含所访问页面数量的简化代价函数,证明了要想为多个连结的查询找出最小化函数是 NP 完全的。

把本地化和优化分为两章处理,【Ceri and Pelagatti,1984】深入地讨论了分布式查询处理。其中的一个前提就是用关系代数表示查询,从而忽略从关系演算向代数查询的映射。

有好几篇关系模型查询处理和查询优化的综述文章。【Graefe,1993】有一篇详细的综述,更早些时候的综述由【Jarke and Koch,1984】给出,这两篇文章主要讨论了集中式查询处理。关于分布式查询处理的最初的解决方案收集在【Sacco and Yao,1982】、【Yu and Chang,1984】里,许多的查询处理技术收编在【Freytag et al.,1994】一书中。

第 7 章 查询分解与数据本地化

在第 6 章我们讨论了用于分布式查询处理的通用的分层方法,其中的最上面两层负责查询分解和数据本地化。这两个功能的连续应用将一个在分布关系(即全局关系)上的查询转换成定义在关系片段上的代数查询。在这一章里,我们来讨论查询分解与数据本地化。

查询分解把一个分布式演算查询映射成一个全局关系上的代数查询。在这一层使用的技术属于集中式 DBMS 的内容,因为在这一阶段还没有考虑关系的分布问题。这阶段所产生的代数查询从某种意义上讲是"好"的,因为即便是下一层使用简单直接的算法也可以避免最坏的查询执行。但是,下一层会考虑处理环境的更多细节,通常还要执行重要的优化。

数据本地化把分解了的全局关系上的查询作为输入,应用数据分布信息将查询数据变成各个站点的数据。在第 3 章我们已经看到为了增加访问的局部性以及(或者)并行的执行,关系被分割成片段并且按照不相交的子集进行存储,每一片段都存放在不同的站点。数据本地化决定了查询都涉及了哪些片段,而后把查询转换成在片段上的分布查询。与查询分解相似,最终的片段查询一般距离最优还相差甚远,因为这时还没有考虑片段的定量信息。而第 8 章讨论的查询优化则要使用这些信息。

本章组织如下,7.1 节提出查询分解的四个连续的阶段:规范化、语义分析、简化以及查询重构。7.2 节描述数据本地化,重点在于水平、垂直、诱导、混合等 4 种划分方式的规约和简化技术。

7.1 查询分解

查询分解(参见图 6.3)是查询处理的第一步,它把一个关系演算查询转换成关系代数查询,它的输入和输出都是针对全局关系的,不涉及数据分布问题。所以,查询分解对于集中式和分布式数据库系统完全相同。本小节的讨论假定输入在语法上正确,当这一阶段的工作成功完成时,它的输出在语义上正确并且避免了冗余的工作。查询分解的连续步骤是:(1)规范化,(2)分析,(3)去除冗余,(4)重写。这里的步骤(1)、(3)和(4)依赖于这样的事实,即对于一个给定的查询存在多个等价的变换,其中的有些变换在性能上要比其余的更好。上述步骤的前三步我们采用元组关系演算,而在最后一步查询才被重写为关系代数。

7.1.1 规范化

和语言所提供的能力有关,输入的查询可能会非常复杂。规范化的目标是将查询转换为一种规范的形式,从而有利于进一步的处理。使用 SQL 这样的关系语言,最重要的转换就是查询的限定条件(即 WHERE 字句)。这一条件可能非常复杂,会含有谓词,前面还可能带有量词(∀或∃)。有两种可供选择的谓词规范形式,一种是优先考虑合取 AND(∧),另一种是优先考虑析取 OR(∨)。**合取范式**(conjunctive normal form)是具有下列形式的析取谓词的合取连结：

$$(p_{11} \lor p_{12} \lor \cdots \lor p_{1n}) \land \cdots \land (p_{m1} \lor p_{m2} \lor \cdots \lor p_{mn})$$

这一公式里的每个 p_{ij} 都是简单谓词。而析取范式的形式则如下所示：

$$(p_{11} \land p_{12} \land \cdots \land p_{1n}) \lor \cdots \lor (p_{m1} \land p_{m2} \land \cdots \land p_{mn})$$

不含量词的谓词转换可直接使用大家熟知的逻辑操作（$\land$，$\lor$，$\neg$）的等价转换规则：

(1) $p_1 \land p_2 \Leftrightarrow p_2 \land p_1$

(2) $p_1 \lor p_2 \Leftrightarrow p_2 \lor p_1$

(3) $p_1 \land (p_2 \land p_3) \Leftrightarrow (p_1 \land p_2) \land p_3$

(4) $p_1 \lor (p_2 \lor p_3) \Leftrightarrow (p_1 \lor p_2) \lor p_3$

(5) $p_1 \land (p_2 \lor p_3) \Leftrightarrow (p_1 \land p_2) \lor (p_1 \land p_3)$

(6) $p_1 \lor (p_2 \land p_3) \Leftrightarrow (p_1 \lor p_2) \land (p_1 \lor p_3)$

(7) $\neg(p_1 \land p_2) \Leftrightarrow \neg p_1 \lor \neg p_2$

(8) $\neg(p_1 \lor p_2) \Leftrightarrow \neg p_1 \land \neg p_2$

(9) $\neg(\neg p) \Leftrightarrow p$

在析取范式中，查询能够以通过并操作（与析取对应）连结起来的独立的合取子查询的方式进行。但是，正如下面的例子告诉我们的那样，这种形式可能导致重复的连结和选择谓词。这里的原因在于谓词经常会通过 AND 和其他谓词相连结。例如，在上面的规则 5 中，当 p_1 用作连结和选择的谓词时就会产生重复的 p_1。合取范式更为实际，因为查询条件通常所包含的 AND 谓词会多于 OR 谓词。但是，对于含有多个析取和少量合取的查询来说，它也会产生谓词的重复，不过这样的情况较为少见。

例 7.1 下面是一个 SQL 的查询：

```
SELECT ENAME
FROM    EMP,ASG
WHERE   EMP.ENO=ASG.ENO
AND     ASG.PNO="P1"
AND     DUR=12 OR DUR=24
```

用合取范式表示的查询限定条件是：

$$\text{EMP. ENO} = \text{ASG. ENO} \land \text{ASG. PNO} = \text{``P1''} \land (\text{DUR} = 12 \lor \text{DUR} = 24)$$

而这个限定条件的析取范式是：

$$(\text{EMP. ENO} = \text{ASG. ENO} \land \text{ASG. PNO} = \text{``P1''} \land \text{DUR} = 12) \lor$$
$$(\text{EMP. ENO} = \text{ASG. ENO} \land \text{ASG. PNO} = \text{``P1''} \land \text{DUR} = 24)$$

在后面的范式中如果不去掉共同的子表达式，那么两个析取的独立处理就会导致重复的工作。

7.1.2 分析

查询分析可以拒绝那些不可能处理或不必要处理的规范化查询,拒绝的主要原因在于它在类型上的错误或者语义上的错误。当检查出这样的错误时,附以解释的查询会直接返回给用户。否则,查询会得以继续。下面我们给出检测错误查询的技术。

一个查询在类型上是错误的,如果任何一个属性名或者关系名没有在全局模式里定义,或者应用到属性上的操作有错误。用来检查类型错误的查询技术与程序设计语言的类型检查类似,但是有关类型的说明只有全局模式、而与查询无关,因为关系查询不产生任何新的类型。

例 7.2 下面用于工程数据库的 SQL 查询属于类型错误。首先,属性 E♯ 没有在模式里说明。其次,">200"的操作和 ENAME 的字符串类型不符。

```
SELECT  E#
FROM    EMP
WHERE   ENAME>200
```

一个查询在语义上不正确,如果它的某些部分对于结果的生成没有任何贡献。在关系演算的前提下,没有可能来决定一般查询的语义正确性。但是对于其中的一大类查询,即那些不含析取和否定的查询则有可能【Rosenkrantz and Hunt,1980】。这里要用到将查询表示成图的技术,即**查询图**(query graph)或**连结图**(connection graph)的技术【Ullman,1982】。下面定义涉及选择、投影、连结算子的用途最广的查询图。在一个查询图里,只有一个节点表示结果关系,任何其他节点则表示参与查询的关系。两个节点间的一条边,如果其中一个节点不是结果关系,那么这条边就表示连结。而如果一条边的节点是结果关系,则这条边表示投影。另外,一个非结果的节点可以加上选择或者自连结(一个关系和自身的连结)谓词的标记。查询图的一个重要子集是**连结图**(join graph),即仅仅考虑连结的图。连结图在查询优化阶段特别有用。

例 7.3 请看下面的查询:"找出那些在 CAD/CAM 项目上工作了 3 年以上的程序员的名字和责任"。这个查询的 SQL 表示是:

```
SELECT  ENAME,RESP
FROM    EMP,ASG,PROJ
WHERE   EMP.ENO=ASG.ENO
AND     ASG.PNO=PROJ.PNO
AND     PNAME="CAD/CAM"
AND     DUR≥36
AND     TITLE="Programmer"
```

这一查询的查询图由图 7.1(a)给出,图 7.1(b)给出了该查询的连结图。

查询图可用于决定那些不含否定、含有多个变量的合取查询的语义正确性。这样一类查询在语义上是不正确的,如果它的查询图是非连结的。这时,一个或多个子图(与子查询相对应)要从含有结果关系的图中分离出来。但这样的查询可也以被看作是正确的(有些系统正是这样做的),如果所丢失的连结被看成是笛卡儿积。但是一般而言,则被看成是丢失了连结谓词,所以应当加以拒绝。

例 7.4 请看下面的 SQL 查询:

```
SELECT  ENAME,RESP
FROM    EMP,ASG,PROJ
WHERE   EMP.ENO=ASG.ENO
AND     PNAME="CAD/CAM"
```

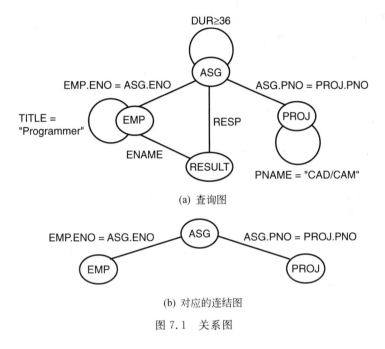

(a) 查询图

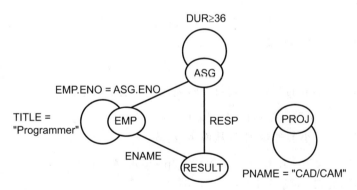

(b) 对应的连结图

图 7.1　关系图

```
AND      DUR≥36
AND      TITLE="Programmer"
```

　　它的查询图通过图 7.2 给出。这是一个非连结图,在语义上不正确。解决这一问题的答案有三:(1)拒绝该查询。(2)假定在关系 ASG 和 PROJ 之间有一个隐含的笛卡儿积。(3)推导出(通过模式)连结谓词 ASG. PNO＝PROJ. PNO 的丢失,这样就把该查询转换成了例 7.3。

图 7.2　非连结的查询图

7.1.3　去除冗余

　　正如我们在第 5 章所见,关系语言可以统一地用于语义控制。特别是,定义在视图上的查询可以用多个谓词加以丰富以取得视图-关系的对应关系,同时保证语义完整性和安全。丰富的查询限定条件可能包含冗余的谓词,对于带有冗余的限定条件的简单处理可能产生重复的工作。这样的冗余以及产生的重复可以用下面熟知的等幂规则对限定条件简化:

(1) p∧p⟺p

(2) p∨p⟺p

(3) p∧true⟺p

(4) p∨false⟺p

(5) p∧false⟺false

(6) p∨true⟺true

(7) p∧¬p⟺false

(8) p∨¬p⟺true

(9) $p_1 ∧ (p_1 ∨ p_2) ⟺ p_1$

(10) $p_1 ∨ (p_1 ∧ p_2) ⟺ p_1$

例 7.5 下面的 SQL 查询:

```
SELECT TITLE
FROM    EMP
WHERE  (NOT (TITLE="Programmer")
AND    (TITLE="Programmer"
OR     TITLE="Elect. Eng.")
AND    NOT (TITLE="Elect. Eng."))
OR     ENAME="J. Doe"
```

通过使用前面的规则简化为:

```
SELECT TITLE
FROM    EMP
WHERE  ENAME="J.Doe"
```

简化过程如下。设 p_1 为 TITLE＝"Programmer", p_2 为 TITLE＝"Elect. Eng.", p_3 为 ENAME＝"J. Doe",则查询的限定条件是:

$$(¬p_1 ∧ (p_1 ∨ p_2) ∧ ¬p_2) ∨ p_3$$

通过应用 7.1.1 小节的规则 5,它可以转换成以下的析取范式:

$$(¬p_1 ∧ ((p_1 ∧ ¬p_2) ∨ (p_2 ∧ ¬p_2))) ∨ p_3$$

再通过应用 7.1.1 小节的规则 3,从而生成:

$$(¬p_1 ∧ p_1 ∧ ¬p_2) ∨ (¬p_1 ∧ p_2 ∧ ¬p_2) ∨ p_3$$

再使用前面的规则 7,我们得到:

$$(false ∧ ¬p_2) ∨ (¬p_1 ∧ false) ∨ p_3$$

利用同样的规则得到:

$$false ∨ false ∨ p_3$$

根据规则 4,它等价于 p_3。

7.1.4　重写

查询分解的最后一步使用关系代数重写查询。为了清晰,我们把关系代数查询图形化地表示为一棵**运算树**(operator tree)。运算树的每个叶子节点是存储在数据库里的一个关系,每个中间节点是由一个关系代数运算生成的中间关系,从叶子向根逐步完成的操作序列代表了对查询的回答过程。

由一个元组演算查询向运算树的转换很容易通过下面的方法完成。首先,为每一个不同的元组变量(与一个关系对应)生成不同的叶子节点。在 SQL 语句里,叶子可以从 FROM 字句里直接得到。第二,用涉及结果属性的投影操作生成根节点,这可以从 SQL 的 SELECT 字句里得到。第三,将限定条件(SQL WHERE 字句)翻译成从叶子到根之间的关系操作(选择,连结,并等操作)序列,这可以直接按照谓词和操作出现的顺序来生成。

例 7.6　查询"给出除了 J. Doe 以外、所有在 CAD/CAM 项目里工作了一年或两年的雇员名字"的 SQL 表达是:

```
SELECT ENAME
FROM    PROJ,ASG,EMP
WHERE   ASG.ENO=EMP.ENO
AND     ASG.PNO=PROJ.PNO
AND     ENAME !="J. Doe"
AND     PROJ.PNAME="CAD/CAM"
AND     (DUR=12 OR DUR=24)
```

它可以直接映射成图 7.3 所示的一棵树。谓词按照先是连结、后是投影的顺序进行了翻译。

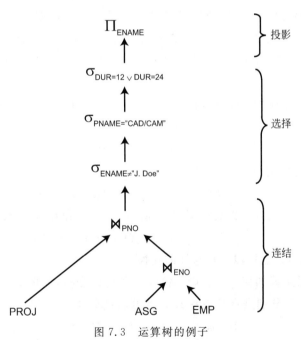

图 7.3　运算树的例子

应用**转换规则**(transformation rules),可以找到许多和上述方法等价的不同的树【Smith and Chang,1975】。我们现在给出关系代数运算中用得最多的六条转换规则,它们的正确性已在【Ullman,1982】里得到证明。

在本小节内容的剩余部分里，R、S 和 T 代表关系。R 定义在属性集 $A=\{A_1,A_2,\cdots,A_n\}$ 上，S 定义在属性集 $B=\{B_1,B_2,\cdots,B_n\}$ 上。

（1）双目运算的交换律。笛卡儿积的两个关系 R 和 S 是可交换的：

$$R\times S\Leftrightarrow S\times R$$

类似地，连结的两个关系也是可交换的：

$$R\bowtie S\Leftrightarrow S\bowtie R$$

这一规则也适用于并运算，但是对于集合差和半连结不成立。

（2）双目运算的结合律。笛卡儿积和连结是可以应用结合律的运算：

$$(R\times S)\times T\Leftrightarrow R\times(S\times T)$$

$$(R\bowtie S)\bowtie T\Leftrightarrow R\bowtie(S\bowtie T)$$

（3）单目运算的等幂性。对于同一关系的连续投影可以放到同一小组进行。以此相反，几个属性上的一个投影可以分成几个连续的投影。如果 R 定义在属性集 A 上，$A'\subseteq A$，$A''\subseteq A$，并且 $A'\subseteq A''$，则

$$\Pi_{A'}(\Pi_{A''}(R))\Leftrightarrow\Pi_{A'}(R)$$

几个在同一关系上的连续的选择 $\sigma_{pi}(A_i)$，这里的 p_i 是应用在属性 A_i 上的谓词，可以合为一组完成：

$$\sigma_{p_1(A_1)}(\sigma_{p_2(A_2)}(R))=\sigma_{p_1(A_1)\wedge p_2(A_2)}(R)$$

反之，一个用合取谓词定义的选择可以分解为几个连续的选择。

（4）选择和投影的交换。对于同一关系的选择和投影可以作如下交换：

$$\Pi_{A_1,\cdots,A_n}(\sigma_{p(A_p)}(R))\Leftrightarrow\Pi_{A_1,\cdots,A_n}(\sigma_{p(A_p)}(\Pi_{A_1,\cdots,A_n,A_p}(R)))$$

注意，如果 A_p 已经是 $\{A_1,\cdots,A_n\}$ 的成员，则等式右边的最后一个在属性 $\{A_1,\cdots,A_n\}$ 上的投影无任何作用。

（5）选择和双目运算的交换。选择和笛卡儿积可以使用以下规则进行交换（记住，属性 A_i 属于关系 R）：

$$\sigma_{p(A_i)}(R\times S)\Leftrightarrow(\sigma_{p(A_i)}(R))\times S$$

选择和连结也可以交换：

$$\sigma_{p(A_i)}(R\bowtie_{p(A_j,B_k)}S)\Leftrightarrow\sigma_{p(A_i)}(R)\bowtie_{p(A_j,B_k)}S$$

如果 R 和 T 是并兼容的（即具有同样的模式），则选择和并运算可以交换：

$$\sigma_{p(A_i)}(R\cup T)\Leftrightarrow\sigma_{p(A_i)}(R)\cup\sigma_{p(A_i)}(T)$$

同样，选择和集合差也可以进行这样的交换。

（6）投影和双目运算的交换。投影和笛卡儿积可以交换，如果 $C=A'\cup B'$ 此处的 $A'\subseteq A$，$B'\subseteq B$，而且 A 和 B 分别是定义关系 R 和 S 的属性集合：

$$\Pi_C(R\times S)\Leftrightarrow\Pi_{A'}(R)\times\Pi_{B'}(S)$$

投影和连结也可以交换：

$$\Pi_C(R\bowtie_{p(A_i,B_j)}S)\Leftrightarrow\Pi_{A'}(R)\bowtie_{p(A_i,B_j)}\Pi_{B'}(S)$$

为了使右边的连结成立，我们需要有 $A_i\in A'$ 以及 $B_j\in B'$。由于 $C=A_i\cup B'$，A_i 和 B_j 在 C 里，一旦完成了在 A' 和 B' 上的投影，则没有必要执行在 C 上的投影。

同样,投影和集合差也可以进行这样的
交换。

　　这六条规则的使用会产生许多的等价
树。例如,图 7.4 的树就和图 7.3 的树等价。
但是,图 7.4 的树包含 EMP 和 PROJ 的笛卡
儿积,因此可能导致比原有树更高的执行成
本。在优化阶段,我们可以想到采用预测代
价对所有可能的树进行比较。然而,数量庞
大的可能树却使得这种方法不切实际。但这
些规则可以帮助我们用一种系统的方法对树
进行重构,从而去掉"坏"的运算树。这些规

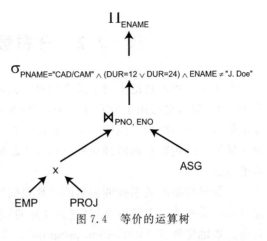

图 7.4　等价的运算树

则可以有四种不同的用途。首先,它们允许将单目运算分离出来,从而简化了查询的表达。
第二,对于同一关系的单目运算可以在同一组进行,使单目运算所要求的对于关系的访问只
需执行一次。第三,单目运算可以和双目运算交换,这可以让单目运算首先完成。第四,可
以对双目运算排序。最后一条在优化中大量地使用。使用启发式规则的一个简单的重构算
法是尽早地应用单目运算,以减少中间关系的大小【Ullman,1982】。

　　例 7.7　对图 7.3 的重构可以生成图 7.5 的树。所生成的树在下述意义上是好的:它
避免了对同一关系的重复访问(见图 7.3),而且首先执行了最具选择性的操作。但是,这棵
树还远远达不到最优。例如,EMP 的选择不是特别有用,因为它在连结前并没有太多地减
少参与运算的关系大小。

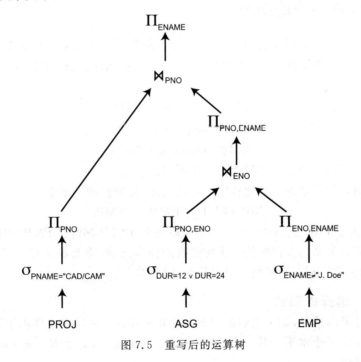

图 7.5　重写后的运算树

7.2　分布数据的本地化

在 7.1 节我们讨论了对于关系演算查询的分解与重构的通用技术,这些技术既可用于集中式 DBMS,也可用于分布式 DBMS,因为它们并没有考虑数据分布的问题,而这恰恰是本地化这一层的所为。如同第 6 章查询处理的通用分层方法所描述的那样,本地化层把针对全局关系的代数查询翻译成针对物理片段的代数查询。本地化需要利用存储在片段模式内的信息。

数据分片是由关系查询表达的分片规则所定义。如同第 3 章讨论的那样,一个全局关系可以在关系片段上应用重构(或分片逆向)规则和关系代数运算得以恢复,我们把这一过程称为**本地化程序**(localization program)。为了简化本节,我们不考虑数据片段的复制,尽管它可以改进性能问题。数据复制将在第 8 章里专门讨论。

本地化一个分布式查询的简单方法就是把查询中的每个全局关系替换成它的本地化程序。这种方法是将运算树的叶子节点变成一棵子树的替换操作,而这棵子树所对应的正是叶子节点的本地化程序。用这种方法得到的查询被称为**本地化查询**(localized query)。通常这种方法效率较低,因为还可以对这样的查询进行重要的重构和简化【Ceri and Pelagatti,1983】、【Ceri et al. ,1986】。在本小节以下的内容里,我们将提出每一种分片方法的**归约技术**(reduction techniques),这些技术用于生成更为简单和优化的查询。我们要使用在 7.1.4 节中讨论的重要的转换规则,以及"将单目运算在树上下推"这样的启发式规则。

7.2.1　主水平划分的归约

水平划分基于选择谓词来分布一个关系,下面的例子将在以后的讨论中使用。

例 7.8　图 2.3 的关系 EMP(ENO,ENAME,TITLE)能够按照下面的定义分为三个片段:

$$EMP_1 = \sigma_{ENO \leqslant \text{“E3”}}(EMP)$$

$$EMP_2 = \sigma_{\text{“E3”} < ENO \leqslant \text{“E6”}}(EMP)$$

$$EMP_3 = \sigma_{ENO > \text{“E6”}}(EMP)$$

注意,这里的分片和例 3.12 讨论的方法不同。

水平划分的片段关系的本地化程序是片段的并,在我们的例子中是

$$EMP = EMP_1 \cup EMP_2 \cup EMP_3$$

因此,任何关于 EMP 查询的本地化形式可以用 $EMP_1 \cup EMP_2 \cup EMP_3$ 替换 EMP 得到。

针对水平划分关系的查询归约在子树替换的操作之后,需要决定哪些子树会产生空关系,然后将它们去除。利用水平划分可以简化选择和连结。

7.2.1.1　选择的归约

对于水平片段的选择,如果它们的限定条件和分片规则的限定条件相矛盾,那么他们会产生空关系。给定一个水平分片为 $R_1, R_2, \cdots, R_w$ 的关系 R,此处 $R_j = \sigma_{p_j}(R)$,这一规则可以形式化地表示成:

规则 1: $\sigma_{p_i}(R_j) = \phi$ if $\forall x$ in R: $\neg(p_i(x) \wedge p_j(x))$

公式中的 p_i 和 p_j 是选择谓词,x 表示元组,p(x)表示谓词 p 对于 x 成立。

例如,选择谓词 ENO="E1"与例 7.8 的片段 EMP_2 和 EMP_3 的谓词相矛盾(即,没有任何一个 EMP_2 和 EMP_3 的元组满足这一谓词)。如果谓词过于一般,可以采用定理证明技术来决定互相矛盾的谓词【Hunt and Rosenkrantz,1979】。但是 DBMS 一般都使用仅仅支持简单谓词所定义的划分规则(由数据库管理员控制)来简化谓词的比较。

例 7.9 我们以下面的查询为例说明水平划分的归约:

```
SELECT *
FROM    EMP
WHERE   ENO="E5"
```

使用前面所说的简单方法将 EMP 根据 EMP_1,EMP_2 和 EMP_3 本地化将产生图 7.6(a)的查询。将选择与并交换,一眼就可以看到选择谓词与 EMP_1 和 EMP_3 相矛盾,从而产生空关系。规约后的查询仅仅适用于图 7.6(b)的 EMP_2。

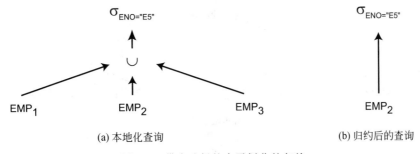

(a) 本地化查询 (b) 归约后的查询

图 7.6 带有选择的水平划分的归约

7.2.1.2 连结的归约

水平分片关系的连结能够得到简化,如果这种分片是根据连结属性的划分而得。简化的过程包括连结对于并的分配,以及去除无用的连结。连结对于并的分配可以表述如下:

$$(R_1 \cup R_2) \bowtie S = (R_1 \bowtie S) \cup (R_2 \bowtie S)$$

这里的 R_i 是关系 R 的片段,S 是个关系。

有了这个变换,并运算可以沿着运算树上移从而得到所有可能的片段间的连结。当连结片段的限定条件相矛盾时,则会产生一个空的结果。假定片段 R_i 和 R_j 分别定义在同一个属性的不同谓词 p_i 和 p_j 之上,则可以得到下面的简化规则:

规则 2:$R_i \bowtie R_j = \phi$ if $\forall x$ in R_i, $\forall y$ in R_j:$\neg(p_i(x) \land p_j(y))$

因此,要使用规则 2 发现无用连结并把它们去除,只需观察分片谓词就可以了。这个规则的应用允许两个关系的连结可以采用并行的部分片段的连结加以实现【Ceri et al.,1986】。并不是所有规约后的查询都好于(即更简单)本地化的查询。当归约后的查询含有大量的部分查询时,本地化的查询则会更好。但只有在少量的互为矛盾的分片谓词条件下,才会出现这种情况。在最坏的情况下,一个关系的每一个片段必须和另一个关系的每个片断进行连结。这就相当于两个片段集合的笛卡儿积,其中每个集合对应一个关系。当部分连结较小时,归约后的查询更好些。例如,如果两个关系都使用同样的谓词进行划分时,部分连结的数量将和每个关系的片段数量相同。归约后的查询的一个优点是它的部分连结可以并行执行，从而可以缩短响应时间。

例 7.10　假设关系 EMP 被划分成上面所提到的 EMP_1、EMP_2、EMP_3 三个片段，关系 ASG 作了如下的划分：

$$ASG_1 = \sigma_{ENO \leqslant "E3"}(ASG)$$

$$ASG_2 = \sigma_{ENO > "E3"}(ASG)$$

EMP_1 和 ASG_1 由同一个谓词所定义，而且定义 ASG_2 的谓词是定义 EMP_2 和 EMP_3 的谓词的并。现在来考虑下面的连结查询：

```
SELECT *
FROM    EMP,ASG
WHERE   EMP.ENO=ASG.ENO
```

图 7.7(a)给出了等价的本地化查询。通过把连结分配到并、应用规则 2 对查询进行规约，归约后的查询成为可以实现并行处理的三个部分连结（见图 7.7(b)）。

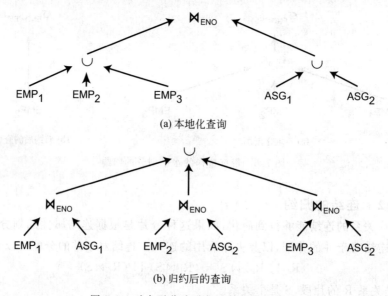

(a) 本地化查询

(b) 归约后的查询

图 7.7　对水平分片进行连结的查询规约

7.2.2　垂直分片的归约

垂直分片的作用是基于投影属性对关系进行分布。因为垂直分片的重构运算是连结，所以垂直分片关系的本地化程序由在公共属性上的连结所组成，下面是我们使用的垂直分片的例子。

例 7.11　关系 EMP 能够划分成两个垂直片段，码属性 ENO 在片段中是重复的：

$$EMP_1 = \Pi_{ENO,ENAME}(EMP)$$

$$EMP_2 = \Pi_{ENO,TITLE}(EMP)$$

本地化的程序为：

$$EMP = EMP_1 \bowtie_{ENO} EMP_2$$

与水平分片类似，针对垂直分片的查询能够通过检查无用的中间关系、去掉产生它们的子树得到规约。对于一个片段进行投影,如果该片段和投影属性没有公共属性(关系的码不计在内),则会产生无用的关系,尽管这个关系是非空的。给定一个定义在属性 $A=\{A_1,\cdots,A_n\}$ 上的关系 R,且 $A'\subseteq A$,对它进行的垂直分片是 $R_i=\Pi_{A'}(R)$,这一规则可以形式化描述如下:

规则 3:$\Pi_{D,K}(R_i)$ 是无用的,如果投影属性的集合 D 不在 A' 之内。

例 7.12　我们通过下面的查询看看如何使用上述规则:

```
SELECT ENAME
FROM   EMP
```

等价的、针对 EMP_1 和 EMP_2(由例 7.10 得到)的本地化查询在图 7.8(a)中给出。通过将投影和连结的交换(即对 ENO,ENAME 投影),我们看到对于 EMP_2 的投影是无用的,因为 ENAME 不在 EMP_2 之内。所以,正如图 7.8(b)给出的那样,只需对 EMP_1 进行投影。

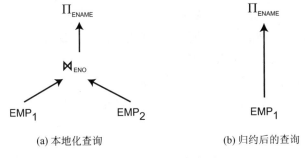

(a) 本地化查询　　　　　　　　　(b) 归约后的查询

图 7.8　垂直分片的归约

7.2.3　诱导分片的归约

通过上一小节的讨论我们看到连结是最重要的操作,因为它使用的频率和代价都比较高。当被连结的关系按照连结属性划分时,则可以使用主水平划分的分片进行优化。在这种情况下,两个关系的连结就可以用并行的部分连结来实现。但是,这种方法不允许其中的某个关系是按照在一个不同属性上的选择而划分。诱导水平分片是另一种为了对两个关系进行分布而采用的分片方法,它可以改进含有选择和连结运算的连结操作的处理。典型的情况下,如果关系 R 是根据关系 S 而采用了诱导水平分片,则具有相同属性值的 R 和 S 的片段会位于同一个站点。此外,S 能够按照选择谓词进行分片。

因为 R 的元组要按照 S 的元组放置,诱导水平分片只可以用于具有 S→R 形式的、一对多(one-to-many)的层次式联系,这时 S 的一个元组可以和 R 的多个元组匹配,但是 R 的一个元组却只能和 S 的一个元组匹配。注意,诱导水平分片也可以用于多对多(many-to-many)的情况,条件是对 S 的元组(和 R 的 n 个元组匹配)进行复制。显然,这样的复制使得一致性的维护变得困难。为了简单起见,我们假定,同时也向大家建议,诱导分片只用于一对多的层次式联系。

例 7.13　对于给定的 EMP 和 ASG 之间的一对多的联系,关系 ASG(ENO,PNO,RESP,DUR)可以根据下面的规则间接地分片:

$$\text{ASG}_1 = \text{ASG} \ltimes_{\text{ENO}} \text{EMP}_1$$

$$\text{ASG}_2 = \text{ASG} \ltimes_{\text{ENO}} \text{EMP}_2$$

从第 3 章的内容回忆可知：

$$\text{EMP}_1 = \sigma_{\text{TITLE}=\text{"Programmer"}}(\text{EMP})$$

$$\text{EMP}_2 = \sigma_{\text{TITLE}\neq\text{"Programmer"}}(\text{EMP})$$

对于一个水平划分的关系,它的本地化程序是划分片段的并。本例中我们有：

$$\text{ASG} = \text{ASG}_1 \cup \text{ASG}_2$$

对于针对诱导分片的查询也可以进行规约。由于这种分片对于优化连结查询非常有用,因此可以把连结分配到并(用于在本地化程序中操作),然后再应用前面介绍的规则 2 进行归约。因为分片规则指出了哪些是匹配的元组,所以如果分片的谓词相互冲突,那么将产生空的关系。例如,ASG_1 和 EMP_2 相冲突,所以我们可以得到：

$$\text{ASG}_1 \bowtie \text{EMP}_2 = \phi$$

和前面讨论的关于连结的归约不同,与本地化查询相比我们更喜欢归约后的查询,这是因为规约后的部分连结的个数和 R 的片段数目相等。

例 7.14 我们使用下面的 SQL 查询说明如何应用诱导分片的规约。该查询将访问所有的 EMP 和 ASG 元组,从中找出具有相同的 ENO 的值、同时 title 是"Mech. Eng."的那些元组来：

```
SELECT  *
FROM    EMP,ASG
WHERE   ASG.ENO=EMP.ENO
AND     TITLE="Mech.Eng."
```

前面定义的针对片段 EMP_1,EMP_2,ASG_1 和 ASG_2 的本地化查询在图 7.9(a)中给出。通过把选择下推到 EMP_1 和 EMP_2,查询被归约成图 7.9(b)的样子,这是因为用于选择的谓词和 EMP_1 的谓词相矛盾,所以可以去掉 EMP_1。为了寻找互相冲突的连结谓词,我们把连结分配到并运算上,由此产生了图 7.9(c)中的树。它的左子树连结两个片段 ASG_1 和 EMP_2,但是 ASG_1 的谓词是 TITLE="Programmer",而 EMP_2 的谓词是 TITLE≠"Programmer",所以它们的限定条件互相冲突。于是我们去掉产生空关系的左子树从而得到图 7.9(d)的规约查询。这个例子表明了分片在改进分布式查询执行的性能方面的作用。

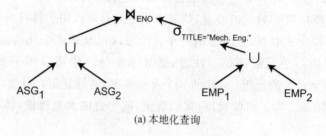

(a) 本地化查询

图 7.9 间接分片的规约

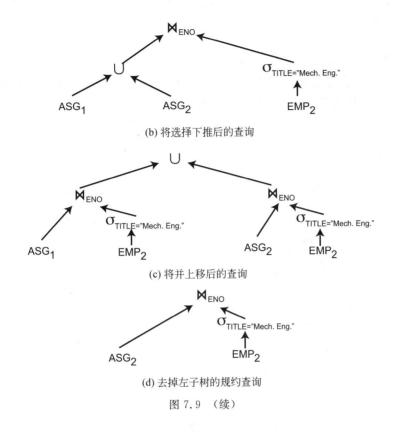

(b) 将选择下推后的查询

(c) 将并上移后的查询

(d) 去掉左子树的规约查询

图 7.9 （续）

7.2.4　混合分片的归约

混合分片是前面讨论的分片技术的组合，它的目标是有效地支持涉及投影、选择、连结的查询。注意，一个操作或组合操作的优化总是以牺牲其他操作为代价。例如，仅含选择、或仅含投影的操作在选择-投影的混合分片上的执行会比它在水平分片（或垂直分片）上执行的效率要低。混合分片的本地化程序要用到分片关系的并和连结运算。

例 7.15　下面是 EMP 的一个混合分片的例子：

$$\text{EMP}_1 = \sigma_{\text{ENO} \leqslant \text{"E4"}} (\Pi_{\text{ENO, ENAME}} (\text{EMP}))$$

$$\text{EMP}_2 = \sigma_{\text{ENO} > \text{"E4"}} (\Pi_{\text{ENO, ENAME}} (\text{EMP}))$$

$$\text{EMP}_3 = \Pi_{\text{ENO, TITLE}} (\text{EMP})$$

它的本地化程序是

$$\text{EMP} = (\text{EMP}_1 \bigcup \text{EMP}_2) \bowtie_{\text{ENO}} \text{EMP}_3$$

混合分片上的查询规约可以通过应用讨论过的主水平划分、垂直划分、诱导划分规则的组合来完成，这些规则可以总结如下：

（1）去除由水平片段上互为矛盾的选择所产生的空关系。

（2）去除由在垂直分片上的投影所产生的无用关系。

（3）将连结分配到并运算，发现并去除无用连结。

例 7.16　下面的例子表明对上面给出的 EMP 的水平-垂直片段 EMP_1、EMP_2 和 EMP_3，如何应用规则 1 和 2 对查询进行归约：

```
SELECT ENAME
FROM    EMP
WHERE   ENO="E5"
```

图 7.10(a)给出的本地化查询可以作如下归约:首先下推选择从而去除 EMP$_1$ 片段,接着下推投影并去除片段 EMP$_3$。规约后的查询如图 7.10(b)所示。

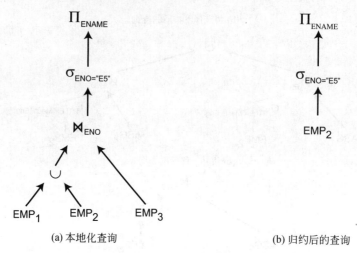

(a) 本地化查询　　　　　　　　　　　　　　(b) 归约后的查询

图 7.10　混合分片的规约

7.3　本章小结

本章着重讨论了在第 6 章给出的本地化查询处理分层结构中的前两层,即查询分解以及数据本地化,所使用的技术。查询分解和数据本地化是两个连续的过程,它们将一个表达在分布关系上的演算查询映射为代数查询(查询分解),而这些代数查询则是表达在关系片段上的(数据本地化)。

这两层以简单的方式生成与输入查询相对应的本地化查询。查询分解能够按照输入查询中出现的谓词和目标语句生成代数操作,从而把输入查询翻译成代数查询。随后,对这一结果的数据本地化再把每个分布关系替换为与分片规则相对应的代数查询,最终把输入查询转换成在关系片段上的查询。

对于同一个输入查询,可能有多个等价的代数查询。以简单方式所生成的查询一般都效率较低,因为它忽略了重要的简化和优化。所以,本地化后的查询要使用一些转换规则和启发式规则进行重构。转换规则能够分离单目操作,把同一关系的单目操作编组,和对双目操作进行排列。启发式规则的例子包括在树中下推选择,以及尽早进行投影等。除了转换规则外,数据本地化使用规约规则进一步简化查询,对它优化。这里又有两种规则可以利用,第一种是要避免生成由同一关系上互为矛盾的谓词所产生的空关系;第二种是要决定哪些片段会生成无用的属性。

由查询分解和本地化层生成的查询避免了最坏的执行,在这一意义上所生成的是好的查询。但是,后面的两层随着处理环境细节的加入,一般还要执行更重要的优化。特别是,还没有利用关于片段的定量信息。这些信息将由查询优化层用于选择执行查询的"最优"策略。这样的优化正是第 8 章的内容。

7.4　参考文献说明

【Jarke and Koch,1984】给出了传统的查询优化技术综述。查询的语义分析和简化源于【Rosenkrantz and Hunt,1980】。查询图或连结图的思想是【Ullman,1982】提出的。查询树的概念,本章中称为运算树,以及对代数表达式的转换规则由 Smith and Chang【1975】给出并在【Ullman,1982】里得到了发展。后来的文献还给出了关于这些规则的正确性和完整性的证明。

水平划分关系的数据本地化在【Ceri and Pelagatti,1983】里有详细的研究,该文献把它称为多关系。特别是该文献把有条件关系代数定义为关系代数的扩充,所谓有条件关系就是关系名和对片段的限定。文献还给出了有条件关系代数表达式之间等价变换的正确性和完整性证明。水平和垂直分片的形式化特征还在【Ceri et al.,1986】里用于刻画分布式连结对于分片关系的分配。

练　　习

7.1　使用等幂规则简化关于样例数据库的以下 SQL 查询:

```
SELECT  ENO
FROM    ASG
WHERE   RESP="Analyst"
AND     NOT(PNO="P2" OR DUR=12)
AND     PNO !="P2"
AND     DUR=12
```

7.2　对以下有关样例数据库的 SQL 查询,给出它的查询图和运算树:

```
SELECT  ENAME, PNAME
FROM    EMP, ASG, PROJ
WHERE   DUR >12
AND     EMP.ENO=ASG.ENO
AND     PROJ.PNO=ASG.PNO
```

7.3*　简化下列查询:

```
SELECT  ENAME,PNAME
FROM    EMP,ASG,PROJ
WHERE   (DUR>12 OR RESP="Analyst")
AND     EMP.ENO=ASG.ENO
AND     (TITLE="Elect. Eng."
OR      ASG.PNO<"P3")
AND     (DUR>12 OR RESP NOT="Analyst")
```

```
AND     ASG.PNO=PROJ.PNO
```

使用重构算法（7.1.4 节）将它转换成优化的运算树，要求尽早应用选择和投影操作以减少中间关系的大小。

7.4* 使用重构算法把图 7.5 的运算树转换回到图 7.3 中的树，描述每棵中间树并且指出使用了哪条转换规则。

7.5** 考虑以下关于工程数据库的查询：

```
SELECT ENAME,SAL
FROM    EMP,PROJ,ASG,PAY
WHERE   EMP.ENO=ASG.ENO
AND     EMP.TITLE=PAY.TITLE
AND     (BUDGET>200000 OR DUR>24)
AND     ASG.PNO=PROJ.PNO
AND     (DUR>24 OR PNAME="CAD/CAM")
```

构造出与 WHERE 字句对应的选择谓词，利用等幂规则把它转换成最简单的简化形式。构造与该查询对应的运算树，并且使用关系代数的转换规则把它转换成树的等价形式，给出 3 棵这样的树来。

7.6 假设样本数据库的关系 PROJ 被水平分片为：

$$PROJ_1 = \sigma_{PNO \leqslant \text{“P2”}}(PROJ)$$
$$PROJ_2 = \sigma_{PNO > \text{“P2”}}(PROJ)$$

把下面的查询转换成针对片段查询的归约形式：

```
SELECT ENO,PNAME
FROM    PROJ,ASG
WHERE   PROJ.PNO=ASG.PNO
AND     PNO="P4"
```

7.7* 假设关系 PROJ 的水平分片和练习 7.6 相同，同时关系 ASG 的水平分片为：

$$ASG_1 = \sigma_{PNO \leqslant \text{“P2”}}(ASG)$$
$$ASG_2 = \sigma_{\text{”P2”} < PNO \leqslant \text{“P3”}}(ASG)$$
$$ASG_3 = \sigma_{PNO > \text{“P3”}}(ASG)$$

把下面的查询翻译成针对片段的规约查询，并且决定它是否优于本地化查询。

```
SELECT RESP,BUDGET
FROM    ASG,PROJ
WHERE   ASG.PNO=PROJ.PNO
AND     PNAME="CAD/CAM"
```

7.8** 假设关系 PROJ 的水平分片和练习 7.6 相同，另外关系 ASG 的间接分片为：

$$ASG_1 = ASG \ltimes_{PNO} PROJ_1$$
$$ASG_2 = ASG \ltimes_{PNO} PROJ_2$$

关系 EMP 的垂直分片为：

$$EMP_1 = \Pi_{ENO,ENAME}(EMP)$$
$$EMP_2 = \Pi_{ENO,TITLE}(EMP)$$

把下面的查询翻译成针对片段的规约查询：

```
SELECT ENAME
FROM    EMP,ASG,PROJ
WHERE   PROJ.PNO=ASG.PNO
AND     PNAME="Instrumentation"
AND     EMP.ENO=ASG.ENO
```

第8章 分布式查询的优化

第7章讲述了通过查询分解和数据本地化将一个在全局关系上的演算查询映射为片段查询的全过程。这一映射使用了全局以及分片模式,过程中所使用的转换规则通过去除公共表达式和无用表达式使查询得到简化。这种优化和片段的许多特征,例如基数等都无关。从查询分解和本地化得到的查询可以由系统加入通信元语,进而加以执行。但是,查询内的操作顺序的排列可以生成许多等价的执行策略。从操作排列中找出"最优"的策略是查询优化层(简称为优化程序)的主要工作。

选择一个查询的最优执行策略是和关系数目有关的 NP-难的问题【Ibaraki and Kameda,1984】。对于有多个关系的复杂查询,它的优化代价使人望而却步。所以,查询优化程序的实际目标是寻找一个接近最优的策略,而更重要的是一定要避免不好的策略。本章把优化程序所生成的这一策略(或操作排序)称之为**最优策略**(optimal strategy)(或**最优排序**(optimal ordering))。优化程序的输出是一个优化后的**查询执行计划**(query execution plan),它由在片段上表达的代数查询和支持在片段站点上执行查询的通信操作组成。

最优策略的选择通常需要在实际执行查询之前预测不同执行顺序的执行代价,这一代价用 I/O、CPU 和通信代价的加权组合来表示。早期的分布式查询优化程序所采用的一个典型简化就是假定通信代价占据主导地位,从而忽略本地处理的成本(I/O 和 CPU 的开销)。查询优化程序用于估计执行代价的重要输入是片段的统计数据,以及估计关系操作的结果基数的公式。本章的重点在于连结操作的排序,这主要出于以下的考虑:首先,这是一个大家都很理解的问题,而涉及连结、选择、投影操作的查询也通常被认为是最经常使用的查询类型。其次,基本算法可以通用到其他的双目操作,例如并、交集、差等。我们还将讨论如何利用半连结操作来提高连结的处理效率。

本章组织如下:8.1 节介绍查询优化的主要组成部分,包括搜索空间,搜索策略,以及代价模型。8.2 节描述集中式系统的优化技术作为理解更为复杂的分布式查询优化的预备知识。8.3 节讨论优化需要解决的主要问题,讨论如何处理分布式查询的连结排序,还关注基于半连结的其他连结方法。8.4 节具体展现这些技术和概念在四种分布式查询优化算法中是如何得到应用的。

8.1 查 询 优 化

本节介绍优化的通用技术,这些技术与环境是集中还是分布无关。它的输入查询是对演算表达式重写后产生的数据库关系(显然分成了多个片段)上的关系代数查询。

查询优化指的是生成查询执行计划(Query Execution Plan,QEP)的过程。QEP 代表了查询的一个执行策略,它极小化了目标代价函数。查询优化程序是一个完成优化的软件模块,它通常由三个部分组成:搜索空间,代价模型,以及搜索策略(见图 8.1)。**搜索空间**(search space)是能够代表输入查询的可选执行计划的一个集合。这些计划从可以产生同样的查询结果来看,它们是等价的。但是它们在操作的执行顺序,以及这些操作的实现上有所差别,从而导致了性能上的不同。搜索空间可以通过应用转换规则,例如 7.1.4 节描述的关系代数的转换规则来获得。**代价模型**(cost model)可以预测给定执行计划所需的开销,为了准确,该模型必须具备分布式执行环境的知识。**搜索策略**(search strategy)使用代价模型探测搜索空间并选择最好的计划,它决定哪些计划需要检查以及检查它们的顺序。搜索空间和代价模型必须考虑环境(集中式还是分式)的细节。

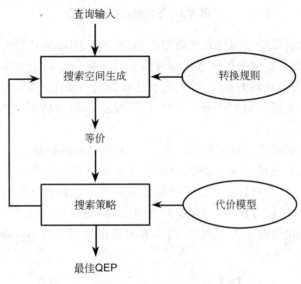

图 8.1　查询优化过程

8.1.1　搜索空间

查询执行计划一般都抽象成为运算树(见 7.1.4 节),它定义了操作的执行顺序。这些计划还会用为每个操作确定的最好的算法等信息加以丰富。给定一个查询,它的搜索空间可以用转换规则生成的所有等价的运算树的集合来定义。为了刻画优化程序,我们主要来关注操作是连结或者笛卡儿积的**连结树**(join tree),这是因为连结顺序的排列对关系查询的性能影响最大。

例 8.1　考虑以下的查询:

```
SELECT ENAME,RESP
FROM    EMP,ASG,PROJ
WHERE   EMP.ENO=ASG.ENO
AND     ASG.PNO=PROJ.PNO
```

图 8.2 给出了与查询等价的三棵连结树,它们根据双目运算的结合律生成。每棵连结树能够跟据估计的每个运算的代价得到它自己的代价。连结树图 8.2(c)由笛卡儿积开始,比其他的树具有更高的代价。

对一个复杂查询(具有较多的关系和操作),等价的运算树的数量可能很大。例如,对于 N 个关系,通过应用交换律和结合律规则可以生成的连结树的数量是 O(N!)。探索大的搜

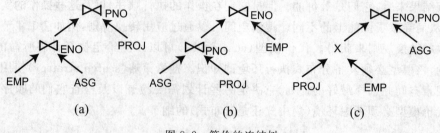

图 8.2　等价的连结树

索空间可能时的优化所需的时间让人望而却步，有时要比实际的执行时间高出许多倍。因此，查询优化程序一般都要限制他所考虑的搜索空间。第一个限制办法就是应用启发式规则，最常用的就是当访问基础关系时，首先完成选择和投影操作。另一个启发式规则就是避免查询不需要的笛卡儿积。例如在图 8.2 里，运算树图 8.2(c)就不应当属于优化程序所应考虑的搜索空间。

另外一个限制办法要考虑树的形状。通常要区分树的两种情况：**线性树**（linear tree）与**浓密树**（bushy tree）（见图 8.3）。线性树的每个运算节点至少会有一个运算对象是基础关系。浓密树更为一般化，有许多节点不把基础关系作为它们的运算对象（例如，两个对象都是中间关系）。如果仅仅考虑线性树，搜索空间会减少到 $O(2^N)$。但是在分布的环境下，浓密树对于展现并行化用途很大。例如，图 8.3 的连结树图 8.3(b)，操作 $R_1 \bowtie R_2$ 和 $R_3 \bowtie R_4$ 就可以并行完成。

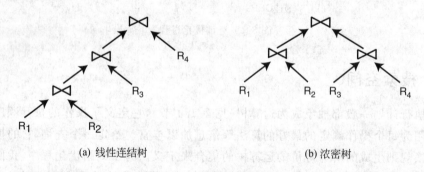

(a) 线性连结树　　　　　　　　　　　　　(b) 浓密树

图 8.3　连结树的两种形状

8.1.2　搜索策略

查询优化程序最常用的搜索策略就是确定性的**动态规划**（dynamic programming）。确定性策略从基础关系开始，每一步连结一个关系，直至得到最终的计划。图 8.4 给出了一个例子。动态规划在选择"最好"的计划之前，要采用宽度优先建立起所有可能的计划。为了降低优化成本，那些不可能导致最优计划的部分计划会被尽早剪除（放弃）。与此相反，另一个确定性的策略就是深度优先、仅仅生成一个计划的贪心算法。

动态规划以几乎是穷尽式的搜索来确保找到最"好"的计划，当查询中的关系数目较小时，它产生的优化成本（用时间和空间来衡量）尚可接受。但是，当关系的数目大于 5 或 6 时，这一方法的成本就会变得过高。对于更复杂的查询，人们建议了随机化的策略，它降低了优化的复杂度但是却不能保证找到最好的计划。与确定性方法不同，随机的策略允许

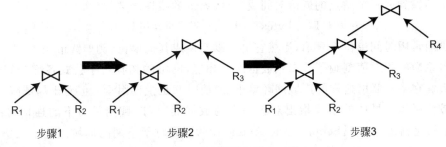

图 8.4　确定策略的优化动作

优化程序在优化时间和执行时间这两者间的折中处理【Lanzelotte et al.,1993】。

　　随机化策略,例如模拟退火【Ioannidis and Wong,1987】策略和改进的迭代方法【Swami,1989】集中在某些特定的点附近搜索最优解。它们不能保证得到最优解,但是避免了用时间和空间衡量的昂贵的优化成本。首先,贪心算法建立起一个或多个起始计划。然后算法通过对起始计划的随机变换得到它们的邻居,接着访问这些邻居并试图改进最初的计划。一个典型的转换就是交换计划中两个随机选择的操作关系,图 8.5 给出了这样的例子。已经证明,只要查询中的关系超出几个的数量,随机化策略的性能要指数倍的好于确定性策略【Lanzelotte et al.,1993】。

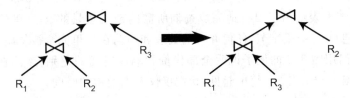

图 8.5　随机策略的优化动作

8.1.3　分布式代价模型

　　优化程序的代价模型包括预测操作代价的函数,统计和基础数据,以及估计中间结果大小的公式。代价使用执行时间来衡量,所以代价函数代表了一个查询所需的执行时间。

8.1.3.1　代价函数

　　分布式执行策略的代价可以表达成查询所需的全部时间,或者是查询所需的响应时间。全部时间是所有时间(即代价)因素的总和,而响应时间则是从查询开始到查询完成所经过的时间。一个用于计算全部时间的通用公式如下【Lohman et al.,1985】:

$$\text{Total\_time} = T_{CPU} * \#insts + T_{I/O} * \#I/Os + T_{MSG} * \#msgs + T_{TR} * \#bytes$$

　　公式的前两个部分计算本地处理的时间,T_{CPU} 是 CPU 的指令时间,$T_{I/O}$ 是磁盘的 I/O 时间。通信所花的时间由公式的最后两部分表示,T_{MSG} 是消息发出到消息接收完成所需的时间,而 T_{TR} 是一个单位数据从一个站点传输到另一个站点所需的时间。这里的数据单位用字节来度量(#bytes 是所有消息的字节数),但是也可以采用其他单位(例如包)。一般情况下都会假设 T_{TR} 是个常量,但在广域网的条件下这一假设不一定成立,因为一些站点可能比另一些站点会距离更远,但是这一假设却大大地简化了查询优化。于是,将 #bytes 的数据从一个传输到另一个站点的通信时间成为 ♯bytes 的线性函数：

$$CT(\# bytes) = T_{MSG} + T_{TR} * \# bytes$$

代价通常用时间单位来表示，当然它也可以变换成其他单位(例如钱币元)。

代价系数的相对值刻画了分布式数据库的环境，网络的拓扑对于公式各部分间的比例影响很大。在像互联网这样的广域网环境下，通信时间是主导因素。但对于局域网，各部分之间则较为平衡。早期的研究指出对于一页的数据而言，广域网环境下的通信时间对于 I/O 的时间比例是 20：1【Selinger and Adiba，1980】，而对于早期的局域网这一比例是 1：1.6【Page and Popek，1985】。所以，大部分早期的为广域网而设计的分布式 DBMS 都忽略本地处理的代价，而把重点放在尽量减少通信代价方面。另一方面，为局域网设计的分布式 DBMS 则考虑了代价的所有部分。新的速度更快的网络，无论是广域网还是局域网，已经改变了以上的比例，在所有因素平等的情况下更偏向于通信的代价。然而，在诸如互联网的广域网条件下，通信仍然是占主导地位的时间因素，这是因为数据检索(或传送)需要经过更的长距离。

当响应时间成为优化程序的主要目标函数时，必须考虑并行的本地处理和并行通信的问题【Khoshafian and Valduriez，1987】。一个通用的响应时间的公式是：

$$Response\_time = T_{CPU} * seq\_\# insts + T_{I/O} * seq\_\# I/Os$$
$$+ T_{MSG} * seq\_\# msgs + T_{TR} * seq\_\# bytes$$

公式里 $seq\_\# x$ 表示为了串行地完成查询所需的最大数量的 x，这里的 x 可以是指令 (insts)，I/O，消息(msgs)或字节，任何并行的处理和通信在这里完全被忽略。

例 8.2　我们用图 8.6 的例子说明全部代价和响应时间的差别，该例在站点 3 发出查询，数据来自站点 1 和站点 2。简单起见，我们仅仅考虑通信的时间。

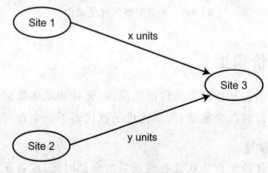

图 8.6　查询的数据传输

假定 T_{MSG} 和 T_{TR} 用时间为单位来表示，把 x 单位的数据从站点 1 传输到站点 3，以及把 y 单位的数据从站点 2 传输到站点 3 的全部时间 Total_time 是：

$$Total\_time = 2T_{MSG} + T_{TR} * (x+y)$$

因为传输可以并行完成，查询的响应时间 Response_time 是：

$$Response\_time = \max\{T_{MSG} + T_{TR} * x, T_{MSG} + T_{TR} * y\}$$

最小化响应时间可以通过增加执行的并行度来获得，但是这并不等于全部时间的最小化。相反，由于更多的并行本地处理和传输，可能导致全部时间的增加。最小化全部时间意味着资源利用的改进，从而增加了系统的吞吐量。在实际使用中，我们常常希望取得这两者的折中。8.4 节将提出一些算法,它们可以把全部时间和响应时间结合起来优化,通过加权的方法对两者加以控制。

8.1.3.2 数据库统计

影响执行策略性能的主要因素是执行过程中产生的中间关系的大小。当后续的操作位于不同站点时,中间关系必须要在网上传输。所以,为了最小化数据传输的规模,如何估计关系代数操作的中间关系的大小就成了主要矛盾。这种估计要基于基础关系的统计,以及预测关系代数操作结果的基数的公式。在统计数据的准确性和维护它们的代价之间有一个折中,越是准确的统计越是需要昂贵的维护代价【Piatetsky-Shapiro and Connell,1984】。在属性 $A=\{A_1, A_2, \cdots, A_n\}$ 上定义,分片为 $\{R_1, R_2, \cdots, R_r\}$ 的关系 R 的统计数据通常包括:

(1) 对每个片段 R_j,它的属性 A_i 的长度(即字节数)是 length(A_i)。属性 A_i 的不同的值的数量为 card($\Pi_{A_i}(R_j)$),这是一种采用片段 R_j 上属性 A_i 的投影表示。

(2) 对于每个属性 A_i 的值域,如果它是定义在一个可以排序的集合之上(例如整数或实数),则它的最小和最大值分别是 min(A_i)和 max(A_i)。

(3) 对于每个属性 A_i 的值域,该值域的基数是 card(dom[A_i]),它告诉我们在 dom[A_i]中有多少个不同的值。

(4) 每个关系片段 R_j 中元组的数量是 card(R_j)。

此外,对于每个属性 A_i 有一个该属性的直方图,图里所说的桶对应属性值的一个范围,直方图用来近似不同桶之间的频率分布。

统计数据还经常包括某些连结的选择因子,它是一个参加连结的元组的比例。关系 R 和 S 连结的选择因子的表示是 SF_J,它是一个具有下列表示的 0 和 1 之间的实数:

$$SF_J(R,S) = \frac{card(R \bowtie S)}{card(R) * card(S)}$$

例如,选择性因子 0.5 对应的是一个非常大的连结生成的关系,而 0.001 所对应的连结生成的关系则很小。我们称前者是具有坏的(或低的)选择性的连结,而后者是具有好的(或高的)选择性的连结。

这些统计对于预测中间关系的大小非常有用。第 3 章曾对中间关系 R 的大小做过如下定义:

$$size(R) = card(R) * length(R)$$

这里的 length(R)是 R 的元组的长度(字节数),它从属性的长度计算得来。R 的元组数,即 R 的基数的估计,它需要下一节介绍的公式。

8.1.3.3 中间结果的基数

在计算查询的中间结果的基数时,数据库的统计非常有用。对于数据库有两种常用的简单假设:首先,关系的属性值的分布是均匀的,再者就是所有的属性都是互相独立的,即一个属性的值根本就不会影响任何其他属性的值。而实际中这两个假设经常不成立,但它们却会使问题有解。下面我们给出关系代数基本操作(选择,投影,笛卡儿积,连结,半连结,并,差)结果的基数估算公式。公式中参与操作的运算关系用 R 和 S 表示,操作的**选择因子**(selectivity factor),即参加操作结果的运算关系的元组比例用 SF_{OP} 表示,此处的 OP 表示操作。

选择

选择操作的结果基数是：

$$card(\sigma_F(R)) = SF_S(F) * card(R)$$

这里使用的 $SF_S(F)$ 取决于下面给出的选择公式【Selinger et al. , 1979】，公式里的 $p(A_i)$ 和 $p(A_j)$ 分别表示定义在属性 A_i 和 A_j 上的谓词：

$$SF_S(A = value) = \frac{1}{card(\Pi_A(R))}$$

$$SF_S(A > value) = \frac{max(A) - value}{max(A) - min(A)}$$

$$SF_S(A < value) = \frac{value - min(A)}{max(A) - min(A)}$$

$$SF_S(p(A_i) \wedge p(A_j)) = SF_S(p(A_i)) * SF_S(p(A_j))$$

$$SF_S(p(A_i) \vee p(A_j)) = SF_S(p(A_i)) + SF_S(p(A_j)) - (SF_S(p(A_i)) * SF_S(p(A_j)))$$

$$SF_S(A \in \{values\}) = SF_S(A = value) * card(\{values\})$$

投影

2.1 节曾指出选择可以保留、也可以去除重复元组，我们只考虑保留重复的情况。要想准确估计任意的投影非常困难，这是由于投影的属性间的相关性通常是不知道的缘故【Gelenbe and Gardy,1982】。但是有两种特别有用的情况却很容易：如果投影仅在关系 R 的一个属性上进行，结果基数就是当投影执行 s 时关系 R 的基数。如果被投影的属性中有一个是 R 的码，那么，

$$card(\Pi_A(R)) = card(R)$$

笛卡儿积

关系 R 和 S 的笛卡儿积的基数较为简单：

$$card(R \times S) = card(R) * card(S)$$

连结

在不带附加信息的情况下，不存在任何通用方法可以用于估计连结的基数。连结基数的上界是笛卡儿积的基数，它曾在早期的分布式 DBMS 里得到使用（例如【Epstein et al. ,1978】），显然这是一个十分悲观的估计。一个更为实际的办法是一个常数来除这个上界，从而反映出这样的事实，即连结的结果通常都会小于笛卡儿积【Selinger and Adiba, 1980】。但是有这样一种常见的情况使得这种估计变得简单：如果关系 R 和 S 进行相等连结，即 R 的属性 A 和 S 的属性 B 之间进行相等比较，A 是 R 的码，则结果的基数可以近似为

$$card(R \bowtie_{A=B} S) = card(S)$$

这是因为 S 的元组最多只能和 R 的一个元组匹配。显然，对于 B 是 S 的码的情况以及 A 是 R 的外码的情况也是如此。但是这个估计是个上界，因为它假定 R 的每个元组都要参加连结。对于其他的重要连结，最好是在统计中维护它们的连结选择性因子。这时，结果基数就会变得简单：

$$card(R \bowtie S) = SF_J * card(R) * card(S)$$

半连结

关系 R 通过 S 的半连结选择性因子给出当 R 和 S 连结时，参加连结的 R 的元组在

R 中所占的比例(百分比)。【Hevner and Yao,1979】给出了半连结因子的以下计算公式：

$$SF_{SJ}(R \ltimes_A S) = \frac{card(\Pi_A(S))}{card(dom[A])}$$

这个公式只依赖于 S 的属性 A,所以常被称为 S 中 A 的选择性因子,表示成 $SF_{SJ}(S, A)$。它是 S. A 和其他可连结的属性进行连结时的选择性因子。因此,半连结的基数可由下式给出：

$$card(R \ltimes_A S) = SF_{SJ}(S, A) * card(R)$$

这种近似可以在经常发生的下列情景中得到验证：当 R. A 是 S(主码为 S. A)的外码时,由于 $\Pi_A(S) = card(dom[A])$,所以半连结的选择性因子等于 1,而半连结的基数则等于 card(R)。

并

对于 R 和 S 的并,由于要去处重复的元组,所以很难估计 R 和 S 并的基数。我们只能分别给出估计它的上界和下界：

$$card(R) + card(S)$$
$$max\{card(R), card(S)\}$$

注意,这一公式假定 R 和 S 不包含重复的元组。

差

和并一样,我们仅仅给出它的上界和下界。card(R−S)的上界是 card(R),下界是 0。

使用以上给出的公式,我们可以处理带有合取和析取的更为复杂的谓词。

8.1.3.4　使用直方图的选择性估计

以上用于估计查询中间结果基数的公式强烈地依赖于这样的假设,即属性值在关系中的分布是均匀的。这一假设的好处是最大地降低了维护统计数据的成本,因为仅仅需要知道不同属性值的个数就可以了。但是,这一假设是不切实际的。在数据分布是偏斜的情况下,它可能产生相当不准确的估计结果以及与最优差距甚远的查询执行计划。

准确估计数据分布的一个方法就是使用直方图。今天,大部分商用 DBMS 都支持包含直方图的代价模型,人们提出了各种在准确性与维护成本之间折中的查询谓词选择性估计方法【Poosala et al.,1996】。我们将使用由 Bruno and Chaudhuri【2002】所给的定义来展现直方图的使用。一个为 R 的属性 A 定义的**直方图**(histogram)是一个桶的集合,每个桶 b_i 描述 A 的值的一个范围 $range_i$,它的频率为 f_i,所含的不同属性值的个数为 d_i。说得更准确些,频率 f_i 是 R 中符合条件 R. $A \in range_i$ 的个元组个数,d_i 是满足 R. $A \in range_i$ 的 A 的不同属性值的个数。这样的属性值表示用桶代表值的不同范围,能够反映值的非均匀分布。但是在一个桶内,值的分布仍然假定是均匀的。

直方图能够用于准确地估计选择操作的选择性,也能用于选择、投影、连结这样的复杂查询。但是,连结选择性的准确估计仍然较为困难,它和直方图的类型有关【Poosala et al.,1996】。我们下面给出直方图在两个重要的选择谓词,即相等和范围谓词中的使用示例。

相等谓词

如果比较的值 value 满足 $value \in range_i$,则我们可以得到 $SF_S(A = value) = 1/d_i$。

范围谓词

为了计算 $A \leqslant value$,以及 $A < value$ 和 $A > value$ 这样的范围谓词的选择性,我们需要

找出和它们相关的桶并且对这些桶的频率求和。设范围谓词为 R. A≤value，其中 value∈ range$_i$。为了估计出符合这一谓词的 R 的元组数目，我们必须对所有在桶 i 之前的桶的频率求和，并且估计在桶 b$_i$ 里满足该谓词的元组数目。假定在 b$_i$ 内属性值均匀分布，我们得到：

$$card(\sigma_{A \leqslant value}(R)) = \sum_{j=1}^{i-1} f_j + \left(\frac{value - min(range_i)}{min(range_i)} - min(range_i) * f_i \right)$$

其他范围谓词的基数也可以采用类似的方法来计算。

例 8.3 图 8.7 显示了含有 300 个元组的 ASG 关系的 4-桶直方图，我们来考虑它的相等谓词 ASG. DUR＝18 如何处理。因为值"18"落在桶 b$_3$ 之内，所以选择性因子是 1/12。由于 b$_3$ 的基数为 50，所以选择结果的基数是 50/12，即大约 5 个元组。我们再考虑一下范围谓词 ASG. DUR≤18，我们有 min(range$_3$)＝12，max(range$_3$)＝24，所以选择结果的基数是 100＋75＋(((18－12)/(24－12)) * 50)＝200 个元组。

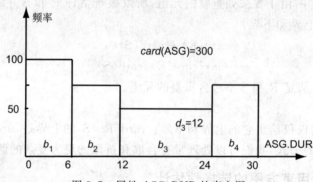

图 8.7 属性 ASG. DUR 的直方图

8.2 集中式查询优化

本节讨论集中式系统的查询优化主要技术，它是理解分布式查询优化的前提，这是由于下面的三个原因。首先，分布式查询要翻译成本地查询，每一个本地查询都要用集中式的方法处理。第二，分布式查询优化技术常常是集中式系统技术的扩展。最后，集中式查询处理更为简单，而极小化通信代价使得分布式查询优化技术变得更为复杂。

正如我们在第 6 章所讨论的那样，优化的时机，即可以是动态、静态或者混合的，是用于查询优化技术分类的一个很好的基础，所以我们现在就为这三类分别提出一个代表性的技术。

8.2.1 动态查询优化

动态优化把查询分解和优化这两个阶段与执行相结合。查询执行计划由查询优化程序动态地构造，优化程序调用 DBMS 执行引擎完成执行查询的操作。因此，不再需要代价模型。

最著名的动态查询优化算法是早期关系 DBMS 之一的 INGRES【Stonebraker et al.，1976】算法，本节基于 Wong and Youssefi【1976】描述的细节介绍该算法。在执行过程中，算法递归地把关系演算查询（即 SQL）分解成更小的查询来完成。首先，查询被分解成一个查询序列，其中的每个查询只有一个唯一的关系。然后，每个这样的单关系查询根据谓词来选择最好的访问方法(如索引,顺序扫描等)。例如,如果谓词的形式是 A＝value,那么在属性 A 上建立的索引将会非常有用。但是如果谓词的形式是 A≠value,那么这样的索引就不能使用,而应当采用顺序扫描的方法。

算法首先执行单目(单关系)操作并且试图极小化排了序的双目(多关系)操作的中间结果的大小。设 $q_{i-1} \rightarrow q_i$ 表示的是查询 q 被分解成两个子查询 q_{i-1} 和 q_i,其中的查询 q_{i-1} 先执行,它的结果输入给 q_i。给定一个 n-关系的查询 q,查询优化程序把 q 分解成 n 个子查询 $q_1 \rightarrow q_2 \rightarrow \cdots \rightarrow q_n$。分解过程中使用了两个基本的技术:**分离**(detachment)和**替换**(substitution),本节的剩下的部分就来介绍这两种技术。

查询优化程序使用的第一个技术就是分离,它把 q 分成 $q' \rightarrow q''$,其基础是个公共关系,这个公共关系是 q' 的输出结果。如果查询是具有以下形式的 SQL

```
SELECT R₂.A₂,R₃.A₃,…,Rₙ.Aₙ
FROM    R₁,R₂,…,Rₙ
WHERE   P₁(R₁.A₁')
AND     P₂(R₁.A₁,R₂.A₂,…,Rₙ.Aₙ)
```

查询中 A_i 和 A_i' 是关系 R_i 的属性,P_1 是涉及关系 R_1 的谓词,而 P_2 是涉及关系 R_1,R_2,…,R_n 的属性的多关系谓词,那么通过分离出 R_1 的公共关系,这个查询可以分解成两个子查询 q' 以及紧随其后的 q'':

```
q': SELECT R₁.A₁ INTO R₁'
    FROM   R₁
    WHERE  P₁(R₁,A₁')
```

注意,这里的 R_1' 是个临时关系,它包含的信息是下面的这一连续查询所必需的:

```
q'': SELECT R₂.A₂,…,Rₙ.Aₙ
     FROM   R'₁,R₂,…,Rₙ
     WHERE  P₂(R'₁.A₁,…,Rₙ,Aₙ)
```

这一步可以减少定义查询 q'' 的关系的大小。而且,产生的关系可以存储在特殊结构里以便加速后续查询的处理。例如,R_1' 的存储可以是建立在 q'' 的连结属性上的散列文件,这就可以大大提高连结的效率。分离技术抽取出最有选择性的选择操作,所以只要可能就会系统化地完成分离。但是,如果选择具有很坏的选择性,则它有可能给性能带来不利的一面。

例 8.4　为阐述分离技术,我们把它应用到如下的查询中:

"查询那些从事 CAD/CAM 项目的职员名字"

通过如下的 q_1 查询作用于第 2 章的工程师数据库,就可以把以上查询用 SQL 来表达。

```
q₁: SELECT EMP.ENAME
    FROM   EMP,ASG,PROJ
    WHERE  EMP.ENO=ASG.ENO
    AND    ASG.PNO=PROJ.PNO
    AND    PNAME="CAD/CAM"
```

在分离出选择以后,查询 q_1 被替换成 q_{11} 和紧接着的 q',这里使用的 JVAR 是一个中间关系。

```
q11: SELECT PROJ.PNO INTO JVAR
     FROM   PROJ
     WHERE  PNAME="CAD/CAM"
q': SELECT EMP.ENAME
     FROM   EMP,ASG,JVAR
     WHERE  EMP.ENO=ASG.ENO
     AND    ASG.PNO=JVAR.PNO
```

接着分离 q′可以得到

```
q12: SELECT ASG.ENO INTO GVAR
     FROM   ASG,JVAR
     WHERE  ASG.PNO=JVAR.PNO
q13: SELECT EMP.ENAME
     FROM   EMP,GVAR
     WHERE  EMP.ENO=GVAR.ENO
```

注意,q′也可以分离成其他的子查询。

采用上述技术查询 q_1 被归约成子查询 $q_{11} \rightarrow q_{12} \rightarrow q_{13}$。这里得到的 q_{11} 是单关系,可以被执行。但是 q_{12} 和 q_{13} 不是单关系,而且不能通过分离技术进行归约了。

不能再进一步分离的多关系查询(例如 q_{12} 和 q_{13})是**不可归约的**(irreducible)。一个查询是不可归约的,当且仅当它的查询图是由两个节点组成的链或者是一个有 k 个节点的环(k>2),不可归约的查询通过元组替换被转换成单关系查询。给定一个 n-关系查询 q,一个关系的元组被替换成它们的值,因此产生了一个(n−1)-关系查询的集合。元组替换采用下面的方法进行:首先从查询 q 中挑选一个用于元组替换的关系,假定为 R_1。然后对 R_1 的每个元组 t_{1i},用 t_{1i} 的实际值去替换查询 q 所引用的对应的 R_1 属性,从而产生一个含有(n−1)-关系的查询 q′。所以,由这样的元组替换所产生的查询 q′的总数为 card(R_1)。元组替换可以总结为:

$$\{q'(t_{1i},R_2,R_3,\cdots,R_n),t_{1i}\in R_1\} \text{对于 } q(R_1,R_2,\cdots,R_n) \text{的替换}$$

对于每个如此得来的查询 q′,如果它还不可归约,则要递归地使用替换技术进行处理。

例 8.5　请看下列查询 q_{13}:

```
SELECT EMP.ENAME
FROM   EMP,GVAR
WHERE  EMP.ENO=GVAR.ENO
```

关系 GVAR 定义在单一的属性(ENO)上,假定它仅仅有两个元组:<E1> 和 <E2>。对 GVAR 的替换产生了两个单关系的子查询:

```
q131: SELECT EMP.ENAME
      FROM   EMP
      WHERE  EMP.ENO="E1"
q132: SELECT EMP.ENAME
      FROM   EMP
      WHERE  EMP.ENO="E2"
```

这两个查询可以用于执行。

这个动态查询优化算法(Dynamic-QOA)由算法 8.1 描述。算法递归地进行,直至不再存在需要处理的单关系查询。它通过分离技术尽早地应用投影和选择操作,单关系查询的结果存储在能够对后续的查询(例如连结)优化的数据结构里,分离之后所剩余的不可归约的查询必须采用元组替换技术进行处理。对于不可归约的查询 MRQ′,要从前一个查询结果中选出一个已知基数最小的关系用来对它替换,这样可以生成数量最少的子查询。算法规约所产生的单关系查询在按照查询限定条件选择了最好的访问路径后,予以执行。

算法 8.1: Dynamic-QOA

Input: *MRQ*: multirelation query with *n* relations
Output: *out put*: result of execution
begin
 out put ← ϕ ;
 if $n = 1$ **then**
  │ *out put* ← *run*(*MRQ*)　　　　　　　　　{execute the one relation query}
 {detach *MRQ* into *m* one-relation queries (ORQ) and one multirelation
 query} $ORQ_1, \cdots, ORQ_m, MRQ' \leftarrow MRQ$;
 for *i from* 1 *to m* **do**
  │ *out put*′ ← *run*(ORQ_i) ;　　　　　　　　　　　{execute ORQ_i}
  │ *out put* ← *out put* ∪ *out put*′　　　　　　　　{merge all results}
 R ← CHOOSE_RELATION(*MRQ*′) ;　　　{R chosen for tuple substitution}
 for *each tuple* $t \in R$ **do**
  │ *MRQ*″ ← substitute values for *t* in *MRQ*′ ;
  │ *out put*′ ← Dynamic-QOA(*MRQ*″) ;　　　　　　　{recursive call}
  │ *out put* ← *out put* ∪ *out put*′　　　　　　　　{merge all results}
end

8.2.2　静态查询优化

对于静态优化而言,编译过程中生成的查询执行计划(QEP)和 DBMS 执行引擎对于计划的执行这两阶段间不存在清楚的界限。如此一来,准确的代价模型就成了预测候选 QEP 代价的关键。

最著名的静态查询优化算法是早期关系 DBMS 之一的 System R【Astrahan et al.,1976】算法,本节基于【Selinger et al.,1979】描述的细节介绍该算法。由于该算法的效率较高并且和查询编译相配合,所以大多数商品化的关系 DBMS 都实现了这个算法的不同变体。

优化程序的输入是一棵从 SQL 查询分解中产生的关系代数树,输出是实现"最优"代数树的 QEP。

优化程序为每棵候选树分配一个代价(以时间衡量),通过使用交换和结合的规则以及对查询中的 n 个关系排列从查询中可以生成候选树。为了限制优化的额外开销,通过动态优化来减少可选择的树的数量。在动态生成可选择策略的过程中,当两个连结等价时,只有代价较小的那个得以保留。而且,只要可能就会去掉含有笛卡儿积的策略。

候选策略的代价是加了权的 I/O 和 CPU 代价(时间)的组合。代价的估计(编译时完成)基于一个代价模型,该模型为每个底层的操作(例如,利用范围谓词的 B-树索引的选择操作)提供一个代价公式。对于多数操作(准确匹配的选择不计在内),这些代价公式都建立在操作关系的基数的基础上,数据库关系的基数信息可以在数据库的统计数据里找到,中间结果的基数的估计采用 8.1.3 节讨论过的公式。

优化算法主要由两步组成。首先,根据选择谓词预测每一单个关系的最佳访问策略(即代价最小的策略)。第二,对于每个关系 R 估计它的最优连结排序,这里的 R 是用最佳的单关系访问方法首先得到的。代价最低的排序将成为最优执行计划的基础。

在考虑连结时有两个基本的算法可供选择,这主要取决于给定的条件会使这两个算法的那一个更优。对于两个关系的连结,元组需要首先读取的关系被称为**外关系**(external relation),而另一个关系的元组要根据从外关系得到的值来访问,则被称为**内关系**(internal relation),与连结方法有关的一个重要决定就是选择内关系的代价最低的访问路径。

第一个方法叫**嵌套循环**(nested-loop),它是在关系上执行的两层循环。对于每个外关系的元组,必须检索出满足谓词的每一个内关系元组以形成结果关系。为连结属性建立的索引或散列表是用于内关系的非常有效的访问路径。在没有索引的情况下,如果两个关系分别具有 n_1 和 n_2 个元组,这一算法的代价和 $n_1 * n_2$ 成比例。当 n_1 和 n_2 很大时,则不得不放弃这一算法。于是,作为另一种选择就是在嵌套循环之前为内关系(被选择的最小的关系)的连结属性建立散列表。如果内关系自身是前一个操作的结果,则建立散列表的代价可以和产生这一结果的操作分摊。

第二个方法叫**合并连结**(merge-join),它是在根据连结属性排序的两个关系上完成的,连结属性上的索引可以用作访问路径。如果是相等连结,则分别具有 n_1 和 n_2 个元组的两个关系连结代价与 n_1+n_2 成比例。因此,当两个关系事先排好序而且是相等连结时,则总是选择这种方法。如果仅有一个,或者任一个关系都没有排序,则要把嵌套循环算法的代价与合并连结算法加上排序的代价得到的和进行比较。n 个页面的排序代价和 nlogn 成比例,当遇到大的关系时通常都会考虑排序和合并连结算法。

算法 8.2 给出了简化版的、为选择-连结查询提出的静态优化算法。它由两个循环组成:第一个为每个查询的关系选择一个最好的单关系访问方法,而第二个则检查连结顺序的所有排列(对 n 个关系存在 n! 个排列),为查询挑出最好的访问路径。排列在动态构造可选择的策略树的过程中逐步生成。首先,考虑每个关系和其他的任一个关系的连结,接着考虑三个关系的连结,这一过程继续下去直到 n 个关系的连结得到优化。事实上,算法并不会产生所有可能的排列,因为某些排列是无用的。正如我们更早讨论的,涉及笛卡儿积的排列就不会被考虑。同样,具有较高代价的交换等价的策略也不会被考虑。由于有了这两条启发式规则,需要检查的策略的总数是 2^n,而不是 n!。

算法 8.2: Static-QOA

Input: *QT*: query tree with n relations
Output: *output*: best QEP
begin
    for *each relation $R_i \in QT$* **do**
        for *each access path AP_{ij} to R_i* **do**
            compute cost(AP_{ij})
        best_$AP_i \leftarrow AP_{ij}$ with minimum cost ;
        for *each order $(R_{i1}, R_{i2}, \cdots, R_{in})$ with $i = 1, \cdots, n!$* **do**
            build QEP $(\ldots((best\ AP_{i1} \bowtie R_{i2}) \bowtie R_{i3}) \bowtie \ldots \bowtie R_{in})$;
            compute cost (QEP)
        output $\leftarrow$ QEP with minimum cost
end

例 8.6　我们用工程数据库的查询 q_1（见例 8.4）来示范一下此算法，图 8.8 给出了 q_1 的连结图。为了简单，我们用在边 EMP-ASG 上的标记 ENO 代表谓词 EMP. ENO＝ASG. ENO，在边 ASG-PROJ 上的 PNO 代表谓词 ASG. PNO＝PROJ. PNO，我们还假设：

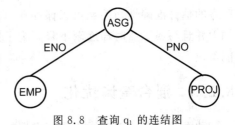

图 8.8　查询 q_1 的连结图

- EMP 建立了在 ENO 属性上的索引。
- ASG 建立了在 PNO 属性上的索引。
- PROJ 建立了在 PNO 属性上的索引，以及在 PNAME 属性上的索引。

假定在算法的第一个循环中选择了以下的单关系的最好访问路径：

- EMP：顺序扫描（因为没有关于 EMP 的选择）。
- ASG：顺序扫描（因为没有关于 ASG 的选择）。
- PROJ：建立在 PNAME 上的索引（因为对于 PROJ 的选择是基于 PNAME 的）。

图 8.9 示范了不同策略树的动态构造。注意，最大的连结排列的数目是 3!，动态搜索所考虑的选择却少于这个数目，图 8.9 画出了这些选择，算法动态地放弃了标记为"pruned"的策略。树的第一层给出了单个关系的最佳访问方法，第二层对每个单关系给出了它们和其他关系的最佳连结方法。策略（EMP×PROJ）和（PROJ×EMP）被剪除，这是因为（其他策略）要避免笛卡儿积的缘故。我们认为策略（EMP⋈ASG）和（ASG⋈PROJ）的代价分别比策略（ASG⋈EMP）和（PROJ⋈ASG）的要高，所以可以把它们剪除，这是因为存在和它们是交换等价但是却更好的连结。剩余的两个可能在树的第三层给出。最佳的连结顺序是（(ASG⋈EMP)⋈PROJ）和（(PROJ⋈ASG)⋈EMP）这两者中代价最小的。后者唯一地具有在选择属性的索引，并且可以直接访问 ASG 和 EMP 的元组。因此，算法选择了后者。它的访问方法如下：

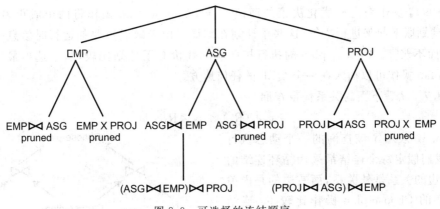

图 8.9　可选择的连结顺序

（1）使用 PNAME 的索引选择 PROJ；
（2）然后使用 PNO 的索引连结 ASG；
（3）而后使用 ENO 的索引连结 EMP。

性能的测量实证了 CPU 时间对于查询时间的影响【Mackert and Lohman，1986】，优化程序的估计准确性当关系可以保存在内存缓冲区时,总起来说都还较好,但是当关系的规模加大并且写回磁盘时却逐渐下降。为了更好地预测,应当考虑缓冲区的利用这一重要的性能参数。

8.2.3　混合查询优化

动态和静态的查询优化都有它们的长处但同时也有它们的短处。动态查询优化把优化和执行过程相结合,可以在运行时做出精确的优化。但是,对于每一个查询优化工作都需要重复。因此,动态优化比较适合用于随机性的查询。静态优化在编译时完成,查询代价由查询的多次执行所分摊,代价模型的准确性对于预测候选 QEP 的代价十分关键。静态优化最适合用于嵌入在存储过程的查询,所有的商品化 DBMS 都采用了这一做法。

但是,即便使用复杂的代价模型,编译时仍然难以做到准确的代价估计和 QEP 的比较,其主要原因在于嵌入查询的参数实际值只有在运行时才能知道。例如,选择谓词"WHERE R. A= $ a"这里的 $ a 就是个参数值。为了估计这一选择结果的基数,优化程序只好依赖于"R 中 A 的值是均匀分布"的假设,而不能利用直方图。由于运行时有一个对参数 a 的绑定,$\sigma_{A=\$a}(R)$ 准确的选择性只有在运行时才能知道。因此,这就可能产生估计上的重要错误而导致选择一个次优的 QEP。

混合查询优化试图提供静态查询优化的优点,同时又能克服由于不准确估计而带来的问题。混合方法基本上是静态的,但是在运行时完成最终的优化决策。系统 System R 首先探索了混合方法,它在执行静态优化的计划中加入了运行时的有条件再优化【Chamberlin et al.,1981】。于是,那些不可行的计划(例如,由于索引删除的情况)或者是次优的计划(例如,由关系大小的变化所引起)得到了重新优化。但是,要检查出次优计划是个难题,该方法试图通过执行远远超出所需的再优化来解决这一难题。一个更通用的方法是生成动态的查询执行计划 QEP,计划中包含需要在运行时通过"Choose-plan"【Cole and Graefe,1994】操作来完成优化决策的谨慎挑选。Choose-plan 操作将两个或更多等价的 QEP 子计划联系起来进行决策,这些子计划在编译时由于缺乏重要的运行时信息(例如参数绑定)而不兼容。Choose-plan 的执行按照实际代价对子计划比较,从中选出最好的来。Choose-plan 操作可以插入在一个 QEP 的任何地方。

例 8.7　请看下面的关系代数查询:

$$\sigma_{A\leqslant\$a}(R_1)\bowtie R_2\bowtie R_3$$

图 8.10 表示了该查询的一个动态执行计划。我们假定每个连结都采用循环连结的方法,左边的关系是外关系,而右边的是内关系。底部的 Choose-plan 操作比较 R_1 连结 R_2 的两个可选的子计划,左边的子计划会优于右边的子计划,如果选择谓词具有较高的选择性。如前所述,因为有一个运行时对参数 $ a 的绑定,所以 $\sigma_{A\leqslant\$a}(R_1)$ 的准确的选择性直至运行时才能估计。顶部的 Choose-plan 操作用于比较底部 Choose-plan 的操作

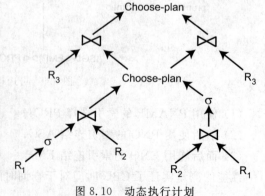

图 8.10　动态执行计划

结果和 R_3 进行连结的两个子计划。根据估计的 R_1 连结 R_2 的结果大小,这又间接地取决于 R_1 的选择操作的选择性,再来决定把 R_3 用作外关系还是内关系。

动态 QEP 可以使用任何静态算法,例如 8.2.2 节提出的算法,在运行时产生。但是,优化程序必须生成操作的偏序(而不是全序)以便在 QEP 中的任何地方可以插入 Choose-plan 操作。为了处理动态的 QEP,对于静态优化程序的主要修改就是代价模型必须支持不兼容的计划代价。和标准的"大于"、"小于"和"等于"不同,由于某些子计划的代价在编译时不可知,它们的代价会不兼容。代价不兼容性的另一个原因是由于代价建模采用的是代价值的间隔,而不是单个的值的缘故。所以,如果两个计划具有重叠的间隔,则无法决定哪个更好,只能把它们考虑为不兼容的。

对一个静态查询优化程序产生的 QEP,需要在查询的一开始就做出 Choose-plan 的决策。最有效的办法就是简单地评价介入的子计划的代价并进行比较。在算法 8.3 里,我们描述了这一开始过程(称为 Hybrid-QOA),它对优化进行决策以产生最终的 QEP 并加以运行。算法在 QEP 中对 Choose-plan 操作采用自底向上的方式进行,并把代价信息向上扩展。

算法 8.3: Hybrid-QOA

Input: *QEP*: dynamic QEP; *B*: Query parameter bindinds
Output: *out put*: result of execution
begin
 best_QEP ← *QEP* ;
 for *each choose-plan operator CP in bottom-up order* **do**
  for *each alternative subplan SP* **do**
   compute cost(*CP*) using *B*
  best_QEP ← *best_QEP* without *CP* and *SP* of highest cost
 out put ← execute *best_QEP*
end

Volcano 查询优化程序【Graefe,1994】表明这种混合方法的性能超过了静态优化以及动态优化。特别是,开始时动态 QEP 的评价额外开销要远远地小于动态查询优化的额外开销,动态 QEP 相对于静态 QEP 所减少的时间足以补偿开始时所化的额外时间。

8.3　分布查询的连结排序

我们已在 8.2 节看到连结排序是集中式查询优化的一个重要方面,而这一问题在分布的环境下更为重要,这是因为片段之间的连结可能会增加通信的时间。对于分布式查询有两种可以对连结进行排序的方法,一种是直接优化连结的顺序,另一种则结合半连结以便极小化通信的代价。

8.3.1　连结排序

有些算法直接优化连结的排序而与半连结无关。本节将强调连结排序面临的困难,目的是为了突出下一节提出的用半连结来优化连结查询的动机。

为了集中讨论问题的重要方面,我们做出一些假设。因为查询已经本地化并表达在片段上,所以我们不再区分是同一个关系的片段还是不同关系的片段。为了简化表述,我们使用术语关系来特指存储在某一特定站点的片段。另外,为了集中讨论连结排序,我们忽略了本地处理的时间,认为归约(选择,投影)已在连结之前或连结期间(请记住,首先执行选择并不一定效率就高)在本地执行。因此,我们仅仅考虑查询那些操作关系存储在不同站点的连结查询。我们还假定关系的传输是以一次一个集合,而不是一次一个元组的方式进行的。最后,我们忽略为了在结果站点生成数据所需的时间。

我们首先讨论单个连结的操作关系传输这一较为简单的问题。设查询为 R⋈S,这里的R 和 S 是存储在不同站点的关系。显然,一个明显的选择就是把较小的关系传输到较大的关系所在的站点,这里有两种可能性,图 8.11 对此给出了解释。为了对这两种可能做出选择,我们需要估计 R 和 S 的大小。我们现在来考虑两个以上的关系的连结。和单个的连结一样,连结排序算法的目标还是传输较小的关系。这里的难点在于连结操作有可能增加,也有可能减少中间关系的大小。因此,估计连结结果的大小就成了必须解决的问题,当然这也是较为困难的问题。一种办法就是估计所有不同策略的通信代价并从中选出最优。但是,我们前面已讨论过当关系的数目增加时,要选择的策略的数量会急剧增加,这种就使得优化的成本变得很高,虽然说在查询经常执行的情况下这一成本可以得到分摊。

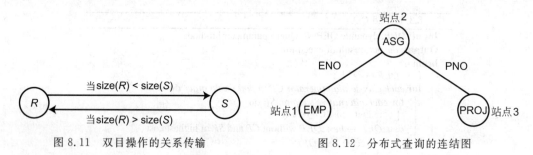

图 8.11 双目操作的关系传输   图 8.12 分布式查询的连结图

例 8.8 请看下面的关系代数查询:

$$\text{PROJ} \bowtie_{\text{PNO}} \text{ASG} \bowtie_{\text{ENO}} \text{EMP}$$

图 8.12 给出了该查询的连结图。请注意,我们对三个关系的位置作了假设。这一查询至少可以有五种不同的执行方法。我们下面来描述这些方法,描述中用(R→site j)代表"关系 R 传输到站点 j。

(1) EMP→站点 2;站点 2 计算 EMP′=EMP⋈ASG;EMP′→站点 3;站点 3 计算 EMP′⋈ PROJ。

(2) ASG→站点 1;站点 1 计算 EMP′=EMP⋈ASG;EMP′→站点 3;站点 3 计算 EMP′ ⋈PROJ。

(3) ASG→站点 3;站点 3 计算 ASG′=ASG⋈PROJ;ASG′→站点 1;站点 1 计算 ASG′ ⋈EMP。

(4) PROJ→站点 2;站点 2 计算 PROJ′=PROJ⋈ASG;PROJ′→站点 1;站点 1 计算 PROJ′⋈EMP。

(5) EMP→站点 2;PROJ→站点 2;站点 2 计算 EMP⋈PROJ⋈ASG。

为了选择这些方法,必须知道或者预测出下面的关系大小:size(EMP)、size(ASG)、size(PROJ)、size(EMP⋈ASG)以及 size(ASG⋈PROJ)。此外,如果考虑的是响应时间,则必须考虑数据传输可以在 5 种方法里并行完成的事实。与枚举所有可能答案不同的另一种选择是使用启发式规则。比如,我们假定连结结果的基数是参加连结的关系的基数的乘积。在这种情况下,关系按照它们的大小由小到大排序,执行的顺序则根据连结图和按照这一排序决定。例如,(EMP,ASG,PROJ)的排序可以选择前面的策略 1,而(PROJ,ASG,EMP)的排序可以选择前面的策略 4。

8.3.2　基于半连结的算法

本节将讨论如何使用半连结操作来减少连结查询所需的全部时间。半连结的理论由【Bernstein and Chiu,1981】定义。我们这里采用和 8.3.1 节相同的假设。上一节描述的方法的主要不足是需要在站点间传输全部的关系,而半连结的作用就像选择一样,它可以减小关系的大小。

两个分别存储在站点 1 和站点 2 的关系 R 和 S,它们在属性 A 上的连结可以通过把其中的一个或两个都替换成和另一个关系的半连结实现,下面的公式告诉我们如何替换:

$$R \bowtie_A S \Leftrightarrow (R \ltimes_A S) \bowtie_A S$$
$$\Leftrightarrow (R \bowtie_A (S \ltimes_A R)$$
$$\Leftrightarrow (R \ltimes_A S) \bowtie_A (S \ltimes_A R)$$

对上面的三种半连结的策略的选择需要估计它们各自的代价。

如果产生半连结并把它的结果发送到另一个站点的总代价小于把整个关系发送到另一个站点并完成实际连结的代价,那么半连结的使用会给我们带来利益。为了显示半连结的这种利益,让我们来比较一下 $R \bowtie_A S$ 和 $(R \ltimes_A S) \bowtie_A S$ 这两种方法的成本,我们假定 size(R)<size(S)。

使用 8.3.1 节的符号表示,下面的程序表示了半连结的操作:

(1) $\Pi_A(S) \to$ 站点 1。

(2) 站点 1 计算 $R' = R \ltimes_A S$。

(3) $R' \to$ 站点 2。

(4) 站点 2 计算 $R' \bowtie_A S$。

简单起见,在通信时间的计算中我们假设 $T_{TR} * size(R)$ 这一项非常大,从而可以忽略常数 T_{MSG},这样就只需比较两种不同方法所传输的数据就可以了。基于连结的方法的代价是把关系 R 传输到站点 2。基于半连结的方法的代价是上述程序中的步骤 1 和步骤 3 的和。所以,半连结是更好的方法如果下面的条件成立:

$$size(\Pi_A(S)) + size(R \bowtie_A S) < size(R)$$

比较起来,如果 R 只有少数的元组加入了连结,那么半连结的方法更好。而如果几乎所有 R 的元组都加入了连结,那么直接连结的方法会更好,这是因为半连结的方法需要一个额外的对于连结属性的投影结果的传输。投影这一步的代价可以通过对投影结果进行位阵列的编码进行最小化【Valduriez,1982】,从而可以降低传输连结属性值的成本。请注意,这些方法的任何一个都不是从系统上讲是最优的,它们是一个互补的关系。

更为一般地讲,半连结可用于减少多个连结查询中的操作关系的大小。但是,这时的查询优化会变得更为复杂。让我们再来看一下图 8.12 所给出的关系 EMP、ASG、PROJ 的连结图,我们可以应用前面的连结算法,在连结前先对每一关系进行半连结操作。这样,计算

EMP ⋈ ASG ⋈ PROJ 的一个程序则是 EMP′⋈ ASG′⋈ PROJ,这里的 EMP′ = EMP′⋉ ASG,
而 ASG′ = ASG ⋉ PROJ。

但是,我们可以通过多次半连结进一步减少操作关系的的大小。例如,在以上的程序中
EMP′可以用下面得到的 EMP″来替代

$$EMP'' = EMP \ltimes (ASG \ltimes PROJ)$$

如果 size(ASG ⋉ PROJ) ≤ size(ASG),则会得到 size(EMP″) ≤ size(EMP′)。于是,
EMP 通过半连结的序列 EMP ⋉ (ASG ⋉ PROJ) 得到了缩减,这样的半连结序列被称为
EMP 的**半连结程序**(semijoin program)。我们可以为查询中的任何一个关系找到它的半连
结程序。例如,PROJ 可以通过半连结程序 PROJ ⋉ (ASG ⋉ EMP) 得到缩减。然而,不是查
询中的所有关系都需要缩减的,特别是我们可以忽略那些与最终的连结无关的关系。

对于一个给定的关系,可能存在多个半连结程序,其数量和关系的数目成指数,而其中
会存在一个最优的半连结程序,称为**完全缩减程序**(full reducer)。这个完全缩减程序对于
每个关系 R 的大小的缩减幅度会比其他任何的半连结程序都要大【Chiu and Ho,1980】,我
们希望能够找到这样的完全缩减程序。一个最简单的方法就是为所有可能的半连结程序求
出它的缩减幅度,但这种枚举的方法存在以下两个问题:

(1) 有一类查询,称为**有回路查询**(cyclic query),它们的查询图中包含着回路。对于这
类查询,我们无法找到它们的完全缩减程序。

(2) 对于其他的查询,称为**树状查询**(tree query),存在完全缩减程序。但是候选的半
连结程序的数量和关系的数量成指数关系,从而使得这种枚举的方法变成了 NP 难的问题。

下面我们来讨论如何解决这些问题的方法。

例 8.9　考虑下面的关系,在工程数据库里把属性 CITY 加入到关系 EMP(重新命名为
ET),PROJ(重新命名为 PT)和 ASG(重命名为 AT)上。AT 的属性 CITY 对应的是由
ENO 所表示的雇员生活的城市

```
ET(ENO,ENAME,TITLE,CITY)
AT(ENO,PNO,RESP,DUR)
PT(PNO,PNAME,BUDGET,CITY)
```

下面的 SQL 查询要检索所有这样的雇员的名字和项目名称,这些雇员生活的城市和项
目所在城市完全相同

```
SELECT  ENAME, PNAME
FROM    ET,AT,PT
WHERE   ET.ENO=AT.ENO
AND     AT.ENO=PT.ENO
AND     ET.CITY=PT.CITY
```

正如图 8.13(a)所示,这一查询是有回路的。

对于例 8.9 的查询而言,我们不可能为它找到完全缩减程序。实际上,有可能找到到对
它缩减的半连结程序。但是它的操作要乘以每个关系的元组数目,这就使得这样的方法十
分低效。一种解决的办法就是把有回路的查询转换成树:先去掉图中的一条弧,再在其他
的弧上加入恰当的谓词以使得被删除的谓词通过传递性得到保留【Kambayashi et al.,

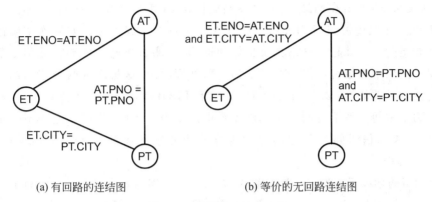

(a) 有回路的连结图　　　　　　　　(b) 等价的无回路连结图

图 8.13　有迴路查询的变换

1982】。在图 8.13(b)中,弧(ET,PT)被去掉,加入的谓词 ET. CITY＝AT. CITY and AT. CITY＝PT. CITY 根据传递性蕴含着 ET. CITY＝PT. CITY。于是,这个无回路查询就等价于原来的有回路查询了。

尽管存在着对于树状查询的完全缩减程序,而要找到它却是 NP 难的问题。但是存在一类被称为**链接查询**(chained queries)的查询,对它们存在一个多项式算法【Chiu and Ho, 1980;Ullman,1982】。一个链接查询具有这样的查询图,它的每个关系可以排序,并且每个关系按照这种排序和它的下一个关系进行连结,且查询的结果位于这个链接的最后。例如,图 8.12 的查询就是个链接查询。由于难以实现完全缩减程序的算法,所以大多数系统只使用单个的半连结来缩减关系的大小。

8.3.3　连结与半连结的对比

与连结相比,半连结引入了更多的操作,这些操作所涉及的关系可能更小。图 8.14 给出了一对等价的连结和半连结之间的差别,图 8.12 给出了它们的连结图。图 8.12 的两个关系的连结 EMP ⋈ ASG 是通过把一个关系 ASG 传送到另一个关系 EMP 的所在站点,在后者的站点上实现连结而完成的。而当使用半连结方法时,却避免了 ASG 的传输。

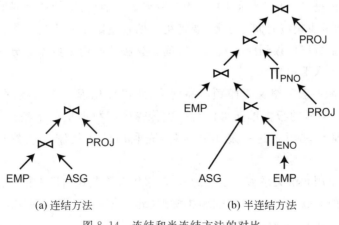

(a) 连结方法　　　　　　　　　(b) 半连结方法

图 8.14　连结和半连结方法的对比

相反，是从关系 EMP 所在的站点向 ASG 站点传输 EMP 的连结属性的值，然后再把关系 ASG 中匹配的元组传输到 EMP 的站点，在这一站点上完成连结。如果连结属性的长度小于整个元组的长度并且半连结具有良好的选择性，那么半连结能够在通信上节约相当多的时间。使用半连结有可能增加可观的局部处理时间，这是因为两个连结的关系之一要被访问两次。例如，图 8.14 中的关系 EMP 和 PROJ 就被访问了两次。另外，有半连结所产生的两个中间关系不能利用在基础关系上的索引。所以，使用半连结不一定是一个好的方法，如果通信时间不是像局域网那样成为必须考虑的主要因素【Lu and Carey, 1985】。

快速网络的环境下的半连结是有益的，如果这些半连结具有良好的选择性并且采用位数组的方法进行实现【Valduriez, 1982】。一个位数组 BA[1:n] 用于对关系中的连结属性进行编码并给半连结的实现带来方便，让我们以半连结 $R \ltimes S$ 来说明这一点。BA[i] 被置为 1，如果在关系 S 中存在一个连结属性的值 A＝val，并且 h(val)＝i，这里用到的 h 是一个散列函数。否则，BA[i] 被置为 0。这样的一个位数组要远远小于一个连结属性值的列表。因此，向关系 R 的站点传输这样的数组比传输属性值要节约通信的时间。半连结的实现可以这样完成：对于关系 R 的每个元组，如果它的连结属性值为 val，且 BA[h(val)]＝1，则它属于半连结的结果。

8.4　分布式查询优化

本节将利用 4 个基本的查询优化算法来阐明如何利用前面介绍过的技术。首先，我们给出动态和静态的方法，它们是 8.2 节的集中式算法的扩展。然后我们描述流行的半连结优化算法，最后再给出综合的方法。

8.4.1　动态方法

我们通过分布式 INGRES【Epstein et al., 1978】的算法来阐明动态方法，这一方法是从 8.2.1 节所描述的算法演变出来的，算法的目标函数是要极大地减少通信时间和响应时间这两者的组合。但是，这两个目标可能是相互冲突的。例如，增加通信时间（采用并行的手段）可能会有效地减少响应时间。于是，要把更大的权重赋予其中的一个。注意，这个查询优化算法忽略了把数据传输到结果站点的时间。算法还利用了数据划分，但是出于简单的原因则仅仅考虑了水平划分。

由于既要照顾一般网络又要照顾广播网络，所以优化程序必须考虑网络的拓扑。在广播网的情况下，同样的数据单元可以在一次传输中把数据从一个站点发送到所有其他的站点，算法明确地利用了这一能力。例如，先利用广播复制片段然后将并行处理极大化。

算法的输入是用元组关系演算表达的查询（采用合取范式），还有模式信息（网络类型以及每个片段所在的站点和大小）。算法由**主站点**（master site），即查询发出的站点，来启动。算法的名称为 Dynamic*-QOA，算法 8.4 给出了它的描述。

算法 **8.4**: Dynamic*-QOA

Input: *MRQ*: multirelation query
Output: result of the last multirelation query
begin
 for *each detachable ORQ_i in MRQ* **do**   {*ORQ* is monorelation query}
  ⌊ run(ORQ_i)   (1)
 MRQ'_list ← REDUCE(*MRQ*) {MRQ repl. by *n* irreducible queries} (2)
 while $n \neq 0$ **do**   {*n* is the number of irreducible queries} (3)
  {choose next irreducible query involving the smallest fragments}
  MRQ' ← SELECT_QUERY(*MRQ'_list*);   (3.1)
  {determine fragments to transfer and processing site for *MRQ'*}
  Fragment-site-list ← SELECT_STRATEGY(*MRQ'*); (3.2)
  {move the selected fragments to the selected sites}
  for *each pair* (*F*,*S*) *in Fragment-site-list* **do**
   ⌊ move fragment *F* to site *S*   (3.3)
  execute *MRQ'*;   (3.4)
  ⌊ $n \leftarrow n-1$
 {output is the result of the last *MRQ'*}
end

所有可以分离的单关系查询(例如选择和投影)首先在本地处理【步骤(1)】。而后在原来的查询上应用归约算法【Wong and Youssefi,1976】【步骤(2)】。规约是采用分离方法(见 8.2.1 节)把所有的不可规约子查询和单关系子查询相隔离的技术。单关系子查询会被忽略,因为它们已在步骤(1)处理了。于是 REDUCE 过程生成了一个不可规约子查询的序列 $q_1 \rightarrow q_2 \rightarrow \cdots \rightarrow q_n$,这一序列的两个连续的子查询之间最多只有一个公共关系。Wong 和 Youssefi【1976】已经证明这样的序列是唯一的。例 8.4(见 8.2.1 节)展示了分离技术,同时也说明了 REDUCE 过程生成的序列。

基于由步骤(2)隔离出来的不可规约的查询列表和每个片段的大小,步骤(3.1)挑选出至少含有两个变量的下一个子查询 MRQ',随后的步骤(3.2),步骤(3.3),以及步骤(3.4)的操作都应用到这一子查询。其中的步骤(3.2)要选择处理查询 MRQ'的最佳策略,此策略由以(F,S)为成员的一个列表描述,这里的 F 是要传输的片段,S 是要将 F 送达并在其上完成处理的站点。步骤(3.3)将所有的片段传输到它们的处理站点。最后,步骤(3.4)执行查询 MRQ'。如果还有需要处理的子查询,算法返回到步骤(3)并执行下一个迭代。否则,算法结束。

步骤(3.1)和步骤(3.2)包含了优化。当执行到步骤(3.1)时,算法生成了含有若干成分以及这些成分之间的倚赖顺序(类似于关系代数的树状结构)的子查询。对于下一个子查询,步骤(3.1)的一个最简单的办法就是选择没有前驱操作并且涉及较小片段的子查询,这样可以尽量减小中间结果的大小。例如,如果查询 q 含有子查询 q_1、q_2 和 q_3,它们的依赖顺序为 $q_1 \rightarrow q_3$,$q_2 \rightarrow q_3$ 而且 q_1 要访问的片段小于 q_2 所要访问的片段,则算法会选择 q_1。与网络有关,这一选择也可能受到含有相关片段的站点的数量的影响。

所选择的子查询必须立即执行。由于一个子查询所涉及的关系可能存储在不同的站点甚至是分片的,子查询有可能会进一步分解。

例 8.10　假设例 8.4 有关 EMP、ASG 和 PROJ 的查询中关系的存储分布如下,注意其中的 EMP 是分片的:

对于这一查询存在几种可能的策略,这包括:

(1) 把 EMP_1 和 ASG 移至站点 2,然后执行($EMP \bowtie ASG \bowtie PROJ$)。

站点 1	站点 2
EMP_1	EMP_2
ASG	PROJ

（2）把（$EMP_1 \bowtie ASG$）和 ASG 移至站点 2，然后执行（$EMP \bowtie ASG$）$\bowtie$ PROJ，及其他各种可能的策略。

在这些可能的策略间进行选择时需要估计中间结果的大小。例如，如果 size（$EMP_1 \bowtie$ ASG）＞size（EMP_1），策略 1 就要好于策略 2。所以我们必须顾及连结所产生的结果的大小。

在步骤（3.2）里，下一个优化的问题就是选择哪些片段进行移动以及在哪些站点上完成操作的处理。对一个 n-关系的子查询而言，属于 n－1 个关系的片段必须移动到剩下的另个关系，假定为 R_p 的片段所在的站点并且在这些站点上复制。另外，这个所剩下的关系可能进一步相等地划分为 k 个片段以便增加并行度。这一方法称为**划分与复制**（fragment-and-replicate），它执行的是片段而并非元组的替换。对于那个剩下关系的选择以及 k 个处理站点的选择取决于目标函数以及网络的拓扑，不要忘了在广播网上的复制比点到点的网络上的复制代价要低廉。进一步讲，处理站点数量的选择必须考虑在响应时间和全部时间这两者间的折中。数量较多的站点减少了相应时间（通过并行处理），但是却增加了全部的时间，尤其是通信的代价。

【Epstein et al.，1978】给出了最小化通信时间或处理时间的公式。这些公式用片段的站点、片段的大小、网络的类型作为输入，它们能够最小化两者的代价，但是其中之一要具有较高的优先级。为了说明这些公式，我们给出了最小化通信时间的规则，最小化响应时间的规则更为复杂。我们假设查询所涉及的 n 个关系为 $R_1，R_2，\cdots，R_n，R_i^j$ 表示片段 R_i 存储在站点 j，网络上有 m 个站点。最后，CT_k（#bytes）表示将 #bytes 的数据传输到 k 个站点，$1 \leqslant k \leqslant m$，所需的通信时间。

最小化通信时间的规则分开考虑网络的类型，我们先考虑广播网络的情景，这时我们有

$$CT_k(\#\,bytes) = CT_1(\#\,bytes)$$

它的规则是

if $\max_{j=1,m}\left(\sum_{i=1}^{n} size(R_i^j)\right) > \max_{i=1,n}(size(R_i))$

then

　　处理站点 j 就是那个存储数据最多的站点

else

　　R_p 则是最大的那个关系，R_p 的站点则是处理站点

这个规则的解释如下：如果谓词的不等式条件成立，则有一个站点它所存储的数据超过了最大的关系的大小，所以，这个站点应该成为处理站点。如果谓词的不等式条件不成立，一个关系的大小超过了在一站点上的最大的有用数据。所以，这个关系应该成为 R_p，存有 R_p 的片段的站点则成为处理站点。

现在来讨论点对点网络的情景。这时我们有

$$CT_k(\#\,bytes) = k * CT_1(\#\,bytes)$$

可以最小化通信时间的 R_p 的选择显然就是那个最大的关系。假定所有的站点按照对查询有用的数据量从大到小排列,即

$$\sum_{i=1}^{n} size(R_i^j) > \sum_{i=1}^{n} size(R_i^{j+1})$$

对 k,即执行处理的站点的数量由下面的式子给出

if $\sum_{i \neq p} (size(R_i) - size(R_i^1)) > size(R_p^1)$

then

　　$k = 1$

else

　　k 是使得 $\sum_{i \neq p} (size(R_i) - size(R_i^j)) \leqslant size(R_p^j)$ 成立的最大的 j

这一规则把一个站点选为处理站点,仅当它所接收的数据量小于它必须向外发送的额外数据(如果它不是处理站点的话)。显然,规则的 then 部分假定站点 1 存储了 R_p。

　　例 8.11　让我们来考虑查询 PROJ ⋈ ASG,其中的 PROJ 和 ASG 进行了分片。假定片段的分配和大小如下(以 KB 为单位)。

	站点 1	站点 2	站点 3	站点 4
PROJ	1000	1000	1000	1000
ASG			2000	

　　对于点对点的网络来说,最好的策略是把每个 PROJ$_i$ 传送到站点 3,这需要 3000KB 的数据传输。而如果把 ASG 传送到站点 1、2 和 4,则需要 6000KB。但是对于广播网络,最优的策略是把 ASG(通过一次传输)传送到站点 1、2 和 4,此时的数据传输量是 2000KB。后一策略更快并且最小化了响应时间,因为它可以并行地完成连结。

　　这种动态的优化算法的特点是它仅仅搜索有限的解空间,每一步的优化决定并不考虑对于全局优化结果的影响。但是,这种算法可以纠正被证明是错误的局部决策。

8.4.2　静态方法

　　我们用 R* 算法【Selinger and Adiba,1980; Lohman et al.,1985】来阐述静态方法,这一算法是在 8.2.2 节描述的算法基础上做了重要的扩充而形成的,算法执行穷尽搜索以便找到代价最低的策略。尽管预测和枚举这些策略花费较高的代价,但是这种穷尽搜索的额外开销会因为查询的经常执行而得到补偿。查询的编译是一个分布式的任务,它由查询发出的**主站点**(master site)来协调。主站点的优化程序对所有涉及站点之间的问题做出决策,例如选择执行站点、片段、数据传输方法等。**下属站点**(apprentice site),即那些含有查询所涉及的关系的站点,做出其余的局部决策(例如在站点上的连结顺序)并生成查询的本地访问计划。优化程序的目标函数是通用的全部时间函数,包括本地处理和通信的代价(见 8.1.1 节)。

　　静态的优化算法可以总结如下:算法的输入是用关系代数树(查询树)表示的本地化查询,关系的位置,以及它们的统计数据。算法由算法 8.5 的过程 Static* -QOA 描述。

算法 8.5: Static*-QOA

Input: *QT*: query tree
Output: *strat*: minimum cost strategy
begin
    for *each relation $R_i \in QT$* **do**
        for *each access path AP_{ij} to R_i* **do**
            compute $cost(AP_{ij})$
        best_$AP_i \leftarrow AP_{ij}$ with minimum cost
    for *each order $(R_{i1}, R_{i2}, \cdots, R_{in})$ with $i = 1, \cdots, n!$* **do**
        build strategy $(\cdots((best\ AP_{i1} \bowtie R_{i2}) \bowtie R_{i3}) \bowtie \cdots \bowtie R_{in})$;
        compute the cost of strategy
    strat $\leftarrow$ strategy with minimum cost ;
    for *each site k storing a relation involved in QT* **do**
        $LS_k \leftarrow$ local strategy (strategy, k) ;
        send (LS_k, site k)　　　　　　{each local strategy is optimized at site k}
end

如同集中式的情景一样，优化程序必须选择连结的顺序、连结算法（嵌套循环或合并连结）、及每个片段的访问路径（例如聚簇索引，顺序扫描等等）。这些决策依赖于统计数据、用于估计中间结果大小的公式以及访问路径的信息。此外，优化程序必须选择连结结果的站点以及站点间的数据传输方法。为了连结两个关系，可以有三个候选的站点：第一个关系的站点，第二个关系的站点，或者是第三个站点（例如第三个需要被连结的关系的站点）。有两种站点间的数据传输的方法：

（1）**完全传输**（ship-whole）　即全部关系传输到连结的站点并在连结之前存储在临时关系里。如果连结的算法是合并连结，则不必存储，这时连结站点可以采用流水线的方式对到达的元组进行处理。

（2）**按需索取**（fetch-as-needed）　对外关系顺序扫描，把每个元组的连结值传输到内关系所在的站点，由该站点选择和连结值匹配的内关系元组并把所选择的元组发送到外关系的站点。这一方法和内关系与外关系元组间的半连结等价。

这两种方法之间有一个明显的折中。与按需索取相比，完全传输产生更多的数据传输但是较少的消息传递。直观地讲，完全传输更适合较小的关系。相反，如果关系较大并且连结具有较好的选择性（仅有少量的匹配元组），则应该只选取相关的元组为好。优化程序不会考虑连结方法和传输方法之间的所有可能的组合，因为其中的某些组合不值得考虑。例如对于嵌套循环的连结而言，对外关系的按需索取就毫无意义。这是因为无论如何它都要处理所有外关系的元组，所以应当传输外关系的全部。

外关系 R 和内关系 S 在属性 A 上的连结共有四种方法。下面我们给出每种方法的细节，给出它们简化的代价公式。公式里的 LT 表示本地的处理时间（I/O＋CPU 的时间），CT 表示通信的时间。为了简单，我们忽略了产生结果的代价。为了方便起见，我们用 s 表示在关系 S 中能够和 R 的一个元组相匹配的元组数量：

$$s = \frac{card(S \ltimes_A R)}{card(R)}$$

方法 1

把外关系的全部传输到内关系所在的站点。这时，当外关系的元组到达时就可以和 S 进行连结。这一方法的代价公式是：

$$Total\_cost = LT(retrieve\ card(R)\ tuples\ from\ R) + CT(size(R))$$
$$+ LT(retrieve\ s\ tuples\ from\ S) * card(R)$$

方法 2

把内关系的全部传输到外关系所在的站点。这时,当内关系的元组到达时不能进行连结操作,它们需要存储在一个临时关系 T 内。这一方法的代价公式是:

$$Total\_cost = LT(retrieve\ card(S)\ tuples\ from\ S) + CT(size(S))$$
$$+ LT(store\ card(S)\ tuples\ in\ T)$$
$$+ LT(retrieve\ card(R)\ tuples\ from\ R)$$
$$+ LT(retrieve\ s\ tuples\ from\ T) * card(R)$$

方法 3

对于外关系的每个元组,仅仅按需索取内关系。这时,对于 R 的每个元组,它的连结属性值被传输到 S 的站点。然后,S 中和该值匹配的 s 个元组会被访问并传输到 R 的站点,当这些元组到达时就可以进行连结操作。这一方法的代价公式是:

$$Total\_cost = LT(retrieve\ card(R)\ tuples\ from\ R)$$
$$+ CT(length(A)) * card(R)$$
$$+ LT(retrieve\ s\ tuples\ from\ S) * card(R)$$
$$+ CT(s * length(S)) * card(R)$$

方法 4

把两个关系都传输到第三个站点,在那里完成连结。这时,首先把内关系传输到第三个站点并把它存储在该站点的临时关系 T 内。然后外关系也传输到第三个站点并且在它的元组到达时和 T 进行连结。这一方法的代价公式是:

$$Total\_cost = LT(retrieve\ card(S)\ tuples\ from\ S) + CT(size(S))$$
$$+ LT(store\ card(S)\ tuples\ in\ T)$$
$$+ LT(retrieve\ card(R)\ tuples\ from\ R)$$
$$+ CT(size(R))$$
$$+ LT(retrieve\ s\ tuples\ from\ T) * card(R)$$

例 8.12 让我们来看一下这样一个查询,它的外关系是 PROJ,内关系是 ASG,连结属性是 PNO。假设 PROJ 和 ASG 存储在两个不同的站点上,而且关系 ASG 的属性 PNO 上建有索引。这一查询可能的执行方法有:

(1) 将 PROJ 的全部传输到 ASG 的站点。

(2) 将 ASG 的全部传输到 PROJ 的站点。

(3) 对每个 PROJ 的元组按需索取 ASG 的元组。

(4) 将 ASG 和 PROJ 都传输到第三个站点。

优化算法将预测每一方法所需的全部时间并从中选出一个时间最少的来。由于在连结 PROJ⋈ASG 之后没有任何其他操作,方法 4 的代价显然是最高的,这是因为必须要传输两个关系。如果 size(PROJ) 比 size(ASG) 要大出许多,则方法 2 最小化了通信的时间。这时,如果和方法 1 和方法 3 相比,本地处理的时间不是太长,则方法 2 有可能是最好的选择。注意,方法 1 和方法 3 的本地处理时间可能比方法 2 更好,因为它们使用了连结属性的索引。

如果方法 2 不是最好,则要在方法 1 和 3 之间进行选择。这两种方法的本地处理时间是一样的,如果 PROJ 更大并且只有少量的 ASG 元组匹配,则方法 3 的通信时间最少,有可能是最优的。否则,即 PROJ 很小或者 ASG 的许多元组都匹配,则方法 1 应当是最优的。

从概念上讲,这一算法可以被看成是穷尽的搜索方法,它要考虑由关系的连结顺序、连结方法(包括连结算法的选择)、结果站点、内关系的访问路径、以及站点间传输所构成的排列中的所有可能。这样的算法具有和关系数目相关的组合复杂度。实际上,如同 System R 的优化程序那样(参见 8.2.2 节),通过动态规划和启发式规则,该算法可以减少对所有可能的选择。当采用动态规划时,可以动态地构造不同选择所构成的树并对效率较低的选择进行剪枝。

对于该算法在高速网络(和局域网类似)和中等速度的广域网的性能评价验证了本地处理代价的重要程度。乃至对广域网的环境也有此研究【Lohman and Mackert,1986;Mackert and Lohman,1986】。研究表明,尤其是对分布式连结来说,关系的全部传输要优于按需索取的方法。

8.4.3　基于半连结的方法

我们以 SDD-1 的算法【Bernstein et al.,1981】为例描述基于半连结的方法,该算法充分利用了半连结的优点将通信的代价降到最低。算法的查询优化源于早期被称为“爬山”的第一个分布式查询处理的算法【Wong,1977】。在“爬山”算法里,最初可用的解递归地进行计算直至无法在代价上得到改进为止。但这一算法没有使用半连结,也没有考虑数据复制和分片,它是为点对点的广域网而设计的,且忽略了将结果传输到最终站点的成本。该算法相当地通用,它能够最小化任何目标函数,包括全部时间和响应时间。

下面是爬山算法的完成过程。算法的输入是查询图、关系位置、关系的统计数据,在完成了本地处理之后算法选择一个初始的可用的解,它是一个含有各站点间通信的全局执行计划。这个计划是这样得到的:计算把所需的关系传输到某个单一的候选结果站点的所有可能的执行策略,然后从中挑出一个代价最低的,我们把这一最初的策略表示为 ES_0。接着,优化程序把 ES_0 分裂成两个策略 ES_1 和紧随其后的 ES_2。其中的 ES_1 由将连结所涉及的关系发送到另一个关系所在站点的传输构成,这两个关系在本地完成连结,它的结果关系再传输到所选择的结果站点上(表示为计划 ES_2)。如果执行计划 ES_1 和 ES_2 的代价再加上本地处理的代价小于 ES_0,则用计划 ES_1 和 ES_2 替代计划 ES_0。这种处理递归地应用到 ES_1 和 ES_2 直至无法得到收益为止。请注意,对于 n 路连结来说,ES_0 将要分裂为 n 个子计划,而不仅仅是两个子计划。

爬山算法属于贪心算法的大类,此类算法总是从一个初始的可行方案着手,随后迭代地加以改进。这种策略的主要问题在于会忽略初始代价较高、能够得到更好的总体收益的某些计划。另外,算法有可能陷入局部代价最小的方案,而找不到全局最优。

例 8.13　我们用下面的例子说明爬山算法的使用。查询所涉及的关系有工程数据库的 EMP、PAY、PROJ 以及 ASG,查询的目的是“找出那些为 CAD/CAM 项目工作的工程师的薪水”,查询的关系代数的表达为

$$\Pi_{SAL}(PAY \bowtie_{TITLE}(EMP \bowtie_{ENO}(ASG \bowtie_{PNO}(\sigma_{PNAME=\text{“CAD/CAM”}}(PROJ)))))$$

我们假设 $T_{MSG}=0$，$T_{TR}=1$，并且忽略本地处理，以下为数据库的有关信息

关系	大小	站点	关系	大小	站点	关系	大小	站点	关系	大小	站点
EMP	8	1	PAY	4	2	PROJ	1	3	ASG	10	4

为了进一步简化，我们假定每个关系的元组的长度都为 1，这就意味着关系的大小和它的基数相同。进一步讲，关系的放置是随意的，根据关系的选择性我们得到 $size(EMP \bowtie PAY) = size(EMP)$，$size(PROJ \bowtie ASG) = 2 * size(PROJ)$，以及 $size(ASG \bowtie EMP) = size(ASG)$。

在仅仅考虑数据传输的情况下，最初可行的方案是选择站点 4 作为结果站点，所产生的计划为：

$$ES_0: EMP \rightarrow 站点 4$$
$$PAY \rightarrow 站点 4$$
$$PROJ \rightarrow 站点 4$$
$$Total\_cost(ES_0) = 4 + 8 + 1 = 13$$

这一选择是正确的，因为所有其他的方案的代价都要比它大。例如，如果选择站点 2 作为结果站点并把所有关系都传输到该站点上，则总体代价为：

$$Total\_cost = cost(EMP \rightarrow 站点 2) + cost(ASG \rightarrow 站点 2)$$
$$+ cost(PROJ \rightarrow 站点 2) = 19$$

类似地，把站点 1 或站点 3 选作结果站点的代价分别为 15 和 22。

一种分裂这一计划（称为 ES'）的方法如下：

$$ES_1: EMP \rightarrow 站点 2$$
$$ES_2: (EMP \bowtie PAY) \rightarrow 站点 4$$
$$ES_3: PROJ \rightarrow 站点 4$$
$$Total\_cost(ES') = 8 + 8 + 1 = 17$$

第二种分裂方法（称为 ES''）是：

$$ES_1: PAY \rightarrow 站点 1$$
$$ES_2: (PAY \bowtie EMP) \rightarrow 站点 4$$
$$ES_3: PROJ \rightarrow 站点 4$$
$$Total\_cost(ES'') = 4 + 8 + 1 = 13$$

因为上面两种选择的任一种都大于或等于的 ES_0 代价，所以 ES_0 被保留作为最后的选择。一个更好的方法（算法中被忽略了）是：

$$B: PROJ \rightarrow 站点 4$$
$$ASG' = (PROJ \bowtie ASG) \rightarrow 站点 1$$
$$(ASG' \bowtie EMP) \rightarrow 站点 2$$
$$Total\_cost(B) = 1 + 2 + 2 = 5$$

半连结方法在几个方面都对爬山方法进行了扩充【Bernstein et al.，1981】。除了大量地使用半连结以外，它的目标函数是用全部的通信时间来表达的（本地时间和响应时间没有考虑）。另外，算法还使用了被称为数据库简档文件的数据库统计数据，这里的简档和一个关系相关。算法也是选择一个将来要通过迭代加以改进的初始的可行方案。最后，在优化

之后还要加入一个步骤用以减少所选择方案的全部时间。算法的一个主要步骤就是要找出那些成本小于收益的有益半连结并对它们进行排序。

半连结的成本是对半连结属性 A 的传输

$$\text{Cost}(R \ltimes_A S) = T_{MSG} + T_{TR} * size(\Pi_A(S))$$

而它的收益则是对 R 的无关元组的传输(这正是半连结所避免的)

$$\text{Bene fit}(R \ltimes_A S) = (1 - SF_{SJ}(S.A)) * size(R) * T_{TR}$$

基于半连结的算法分四个阶段进行:初始化,选择有益半连结,选择装配站点,以及优化后阶段。算法的输出是查询执行的全局计划(算法 8.6)。

算法 8.6: Semijoin-based-QOA

Input: *QG*: query graph with *n* relations; statistics for each relation
Output: *ES*: execution strategy
begin
　　ES ← local-operations (*QG*) ;
　　modify statistics to reflect the effect of local processing ;
　　BS ← ϕ;　　　　　　　　　　　　　{set of beneficial semijoins}
　　for *each semijoin SJ in QG* **do**
　　　　if *cost(SJ) < bene fit(SJ)* **then**
　　　　　　BS ← BS∪SJ
　　while *BS ≠ ϕ* **do**
　　　　　　　　　　　　　　　　{selection of beneficial semijoins}
　　　　SJ ← *most_bene ficial(BS)*;　{*SJ*: semijoin with *max(bene fit − cost)*}
　　　　BS ← BS − SJ;　　　　　　　　　　{remove *SJ* from *BS*}
　　　　ES ← ES + SJ;　　　　　　　{append *SJ* to execution strategy}
　　　　modify statistics to reflect the effect of incorporating *SJ* ;
　　　　BS ← BS− non-beneficial semijoins ;
　　　　BS ← BS∪ new beneficial semijoins ;
　　{assembly site selection}
　　AS(*ES*) ← select site *i* such that *i* stores the largest amount of data after all local operations ;
　　ES ← ES ∪ transfers of intermediate relations to AS(*ES*) ;
　　{postoptimization}
　　for *each relation R_i at AS(ES)* **do**
　　　　for *each semijoin SJ of R_i by R_j* **do**
　　　　　　if *cost(ES) > cost(ES − SJ)* **then**
　　　　　　　　ES ← ES − SJ
end

初始化阶段产生了一组的有益半连结 BS={$SJ_1, SJ_2, \cdots, SJ_k$}以及一个仅仅包含本地处理的执行计划 ES。下个阶段通过迭代地选择最具效益的半连结 SJ_i 以及根据这一选择修改数据库统计数据和 BS,完成从 BS 里选择有益半连结。这一修改会影响到 SJ_i 涉及的关系 R 的统计数据以及 BS 中使用关系 R 的其余的半连结,当所有的半连结都加入到执行计划时则迭代结束。半连结加入 ES 的顺序就是半连结的执行顺序。

下一个阶段是选择装配站点。它要对每一个候选的站点进行评价,估计把所有需要的数据传输到候选站点的代价,从中选择出代价最小的一个。最后,是优化后阶段,它要从半连结策略中去掉那些仅仅对存储在装配站点的关系产生影响的策略。这一步还是很有必要的,因为装配站点的选择是在所有的半连结进行排序后完成的。SDD-1 优化程序假定一个关系能够被传送到另一个站点,这是在考虑了有益半连结之后做出的决定。所以,某些半连结可能被错误地定为是有益的。优化后阶段的作用就是从执行策略放弃它们。

例 8.14 考虑以下的查询：

```
SELECT R₃.C
FROM    R₁,R₂,R₃
WHERE   R₁.A=R₂.A
AND     R₂.B=R₃.B
```

图 8.15 是查询的连结图和关系的统计数据。我们假定 $T_{MSG}=0$ 和 $T_{TR}=1$,最初的有益半连结含有以下两个：

SJ_1：$R_2 \ltimes R_1$,它的收益是 $2100 = (1-0.3)*3000$,代价为 36

SJ_2：$R_2 \ltimes R_3$,它的收益是 $1800 = (1-0.4)*3000$,代价为 80

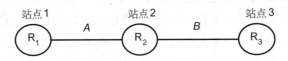

relation	card	tuple size	relation size
R_1	30	50	1500
R_2	100	30	3000
R_3	50	40	2000

attribute	SF_{SJ}	$size(\Pi_{attribute})$
$R_1.A$	0.3	36
$R_2.A$	0.8	320
$R_2.B$	1.0	400
$R_3.B$	0.4	80

图 8.15 查询用例和统计

另外,还有两个非有益的半连结：

SJ_3：$R_1 \ltimes R_2$,它的收益是 $300 = (1-0.8)*1500$,而代价是 320

SJ_4：$R_3 \ltimes R_2$,它的收益是 0 而代价却是 400

在选择有益半连结的第一次迭代中 SJ_1 被加入到执行策略 ES 之中。这一策略影响到统计的是关系 R_2 的大小变化为 $900=3000*0.3$,而且属性 $R_2.A$ 的半连结选择因子会因为 $card(\Pi_A(R_2))$ 的减小而降低。同理,属性 $R_2.B$ 和 $\Pi_{R_2.B}$ 的半连结选择因子也会降低(但是它们在本例中不会用到)。

在第二轮的迭代中会选择下面的两个半连结：

SJ_2：$R_2' \ltimes R_3$,它的收益是 $540 = 900*(1-0.4)$ 而代价是 80

（这里 $R_2' = R_2 \ltimes R_1$ 是由 SJ_1 得到的）

SJ_3：$R_1 \ltimes R_2'$,它的收益是 $1140 = (1-0.24)*1500$ 而代价是 96

收益最大的半连结是 SJ_3,它被附加到 ES 之后。这里所产生的一个效应是关系 R_1 的大小变化为 $360(=1500*0.24)$,另一个效应是要改变 R_1 的选择因子和 $\Pi_{R_1.A}$ 的大小。

在第三轮的迭代中唯一剩下的有益半连结 SJ_2 被附加到 ES 之后。它所产生的效应是将关系 R_2 的大小改变为 $360(=900*0.4)$,因此关系 R_2 的统计也会变化。

在这样的归约之后,数据存储的情况是站点 1 为 360,站点 2 为 360,站点 3 是 2000。于是站点 3 被选为装配站点。优化后阶段没有去掉任何半连结,因为所有的半连结都是有益的。最终选择的策略是将 $(R_2 \ltimes R_1) \ltimes R_3$ 和 $R_1 \ltimes R_2$ 发送到站点 3。

正像它的前者爬山算法一样,基于半连结的算法选择的是局部最优策略,因此它会忽略那些代价更高但是却产生更大的收益并降低代价的半连结。所以,这一算法不会给出全局最优的解。

8.4.4　混合方法

静态和动态的分布式查询优化方法和集中式系统(参见 8.2.3 节)相比具有同样的优点和缺点。但是对于分布式的系统来说,在编译时要进行准确的代价估计和 QEP 的比较会困难得多。除了嵌入式查询的不可知的参数值的绑定外,在运行时站点可能变得不可用或者超负荷。另外,关系(或关系片段)可能会在若干站点复制。所以,站点以及数据拷贝的选择应当在运行时完成以增加系统的可用性和负载的平衡。

使用动态 QEP 的优化技术(参见 8.2.3 节)通常可以和站点和拷贝选择的决策相结合。但是和子计划选择操作相关的不同子计划的搜索空间会变得很大,还可能会产生复杂的静态计划和较长的启动时间。因此人们为分布式系统提出了混合式的查询优化技术【Carey and Lu,1986;Du et al.,1995;Evrendilek et al.,1997】,这些技术在本质上都依赖于下面的两步方法:

(1) 在编译阶段生成静态计划,给出操作的顺序和存取方法而不考虑关系的存储位置。

(2) 在运行阶段生成执行计划,完成站点以及数据拷贝的选择并且将操作分配到站点上。

例 8.15　请看下面的关系代数查询:

$$\sigma(R_1) \bowtie R_2 \bowtie R_3$$

图 8.16 给出了这一查询的两个步骤。静态计划给出的是由集中式查询优化程序产生的关系操作的顺序,运行时计划用拷贝和站点选择以及站点间的通信对静态计划扩展。例如,第一个选择分配在了站点 s_1 并使用拷贝 R_{11},它的结果传输到站点 s_3 和 R_{23} 进行连结。

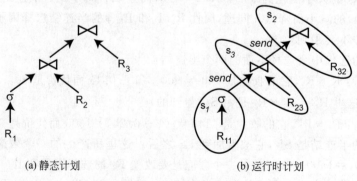

(a) 静态计划　　　　　　　(b) 运行时计划

图 8.16　两步计划

　　第一步可由一个集中式查询优化程序完成,它还可以包括一个计划选择的操作,这样可以利用运行时的一些绑定做出准确的代价估算。第二步可以在执行计划选择的操作以外再完成拷贝和站点的选择,也可以优化系统的负载平衡。在本节的剩余部分我们以【Carey and Lu,1986】的两步查询优化的讲座论文为基础来进行说明。

　　假设一个分布式数据库系统,它的站点集合为 $S = \{s_1, \cdots, s_n\}$。查询 Q 表示为一个子查询的有序序列 $Q = \{q_1, \cdots, q_m\}$,每个子查询 q_i 是完成访问单个基础关系,并且和它的相邻子查询通信的最大处理单元。例如,图 8.16 含有 3 个子查询,一个用于 R_1,一个用于 R_2,还有一个用于 R_3。每个站点 s_i 的负载用 $load(s_i)$ 表示,它反映了当前所提交的查询个数。这一负载可以使用不同方法加以表示,例如站点上的 I/O 绑定和 CPU 绑定的查询个数【Carey and Lu,1986】等等。系统的平均负载的定义是:

$$Avg\_load(S) = \frac{\sum_{i=1}^{n} load(s_i)}{n}$$

　　对于给定子查询对于站点的某个分配的情形下的系统负载,它可以被看成是对以下**不平衡因子**(unbalanced factor)定义【Carey and Lu,1986】的站点负载的一个变种的度量:

$$UF(S) = \frac{1}{n} \sum_{i=1}^{n} (load(s_i) - Avg\_load(S))^2$$

　　当系统变得均衡时,这个不平衡因子趋向于 0。例如,当 $load(s_1) = 10$ 和 $load(s_1) = 30$ 时,s_1 和 s_2 的不平衡因子是 100;而当 $load(s_1) = 20$ 和 $load(s_1) = 20$ 时,它则为 0。

　　两步优化的第二步所要解决的问题可以形式化地定义成下面的子查询优化。已知:

　　(1) 一个站点集合 $S = \{s_1, \cdots, s_n\}$ 和每个站点的负载。

　　(2) 查询 $Q = \{q_1, \cdots, q_m\}$。

　　(3) 对于 Q 的每个子查询 q_i 存在一个可行的站点分配的集合 $S_q = \{s_1, \cdots, s_k\}$,其中每个站点存储有 q_i 所涉及的关系的一个拷贝。

　　求解 Q 对 S 的一个最佳分配,使得:

　　(1) UF(S) 最小化。

　　(2) 通信的总体代价最小化。

　　【Carey and Lu,1986】提出了一个算法,它可以在合理的时间内找到接近最优的解。算法 8.7 描述了用于线性连结树的该算法,它使用了一些启发式规则。第一个启发式规则(第(1)步)是从具有最小分配灵活度的子查询分配,即从较小的站点分配的集合开始。于是,具有较少的候选站点的子查询更早地得到了分配。另一个启发式规则(第(2)步)是要考虑具有最小的负载和最大效益的站点。一个站点的效益可以根据分配到该站点的子查询的数量,计算出由该分配所节约的通信代价来定义。最后,算法的第(3)步要对那些具有可行分配集合的所选站点、但又不平衡的子查询的负载信息进行重新计算。

　　例 8.16　下面是一个用关系代数表达的查询 Q:

$$\sigma(R_1) \bowtie R_2 \bowtie R_3 \bowtie R_4$$

算法 8.7: SQAllocation

Input: Q: $q_1, \cdots, q_m$;
　　Feasible allocation sets: $S_{q_1}, \cdots, S_{q_m}$;
　　Loads: $load(S_1), \cdots, load(S_m)$;
Output: an allocation of Q to S
begin
　　for *each q in Q* **do**
　　　　compute($load(S_q)$)

　　while *Q not empty* **do**
　　　　$a \leftarrow q \in Q$ with least allocation flexibility; {select subquery *a* for
　　　　allocation}　　　　　　　　　　　　　　　　　　　　　　　(1)
　　　　$b \leftarrow s \in S_a$ with least load and best benefit; {select best site *b* for *a*} (2)
　　　　$Q \leftarrow Q - a$;
　　　　{recompute loads of remaining feasible allocation sets if necessary} (3)
　　　　for *each $q \in Q$ where $b \in S_q$* **do**
　　　　　　compute($load(S_q)$)

end

图 8.17 给出了 4 个关系的拷贝在 4 个站点上的放置以及站点负载。我们假定 Q 被分解为 $Q = \{q_1, q_2, q_3, q_4\}$，这里的 q_1 和 R_1 相关。q_2 和 R_2 相关,而且 R_2 与 q_1 的结果要进行连结。q_3 和 R_3 相关,且 R_3 与 q_2 的结果要进行连结。q_4 与 R_4 相关,且 R_4 要与 q_3 的结果进行连结。SQAllocation 算法要执行四次迭代。第一次迭代选择了灵活度最小的 q_4,把它分配到 s_1 从而把 s_1 的负载更新为 2。在第二次迭代中,下一个可选择的子查询可以是 q_2 或

站点	负载	R_1	R_2	R_3	R_4
s_1	1	R_{11}		R_{31}	R_{41}
s_2	2		R_{22}		
s_3	2	R_{13}		R_{33}	
s_4	2	R_{14}	R_{24}		

图 8.17　数据放置和负载的例子

q_3,因为它们具有同样的分配灵活度。让我们选择 q_2 并把他分配到 s_2(也可以把它分配到具有相同负载的 s_4),这使得 s_2 的负载增加到 3。第三次迭代选择的子查询是 q_3,它被分配到 s_1。注意 s_1 和 s_3 具有相同的负载,但 q_3 的分配会使得它的效益是 1(而分配到 s_3 的效益为 0),这使得 s_1 的负载增加到 3。最后,第四次迭代把 q_1 分配到具有最小负载的 s_3 或 s_4。如果第二次迭代把 q_2 分配到 s_4 而不是 s_2,那么第四次迭代将会把 q_1 分配到 s_4,因为这会获取 1 的效益,这将产生具有更小通信代价的更优的执行计划。这清楚地说明了两步优化可能会错过最优的计划。

以上算法具有较为合理的复杂度。它依次考虑了每个子查询,考虑了每个潜在的站点,从中选择一个进行分配并对剩余的子查询排序。因此,它的复杂度可以表示为 $O(\max(m * n, m^2 * \log_2 m))$。

最后,算法还含有一个求精的步骤进一步优化连结的处理以及决定是否使用半连结。尽管可以优化给定的静态计划,但两步查询优化有可能产生通信代价高于最优计划的运行时的执行计划。这是因为它所执行的第一步忽略了数据的位置以及它们对通信代价产生的影响。例如,观察一下图 8.16 的运行时间计划并假定有关 R_3 的第三个子查询被分配到了站点 s_1(而不是 s_2)。这时,这个计划会首先在站点 s_1 完成 R_1 的选择结果和 R_3 的连结(或笛卡儿集),这将会最小化通信时间从而变得更优。解决这一问题的一个办法就是在初始阶段通过操作树的变换对计划进行重组【Du et al.,1995】。

8.5　本　章　小　结

本章给出了分布式查询优化的基本概念和技术。我们首先介绍了查询优化的主要构成，包括搜索空间，代价模型，以及搜索策略。有关环境的细节（集中式还是分布式）在搜索空间和代价模型里得到了反映。搜索空间描述了输入查询的等价的执行计划，这些计划在操作的执行顺序以及它们的实现方面有所差别，从而导致了在性能上的不同。搜索空间是由一些诸如 7.1.4 节所描述的那样一些变换规则而产生的。

代价模型是估计一个给定执行计划的代价的关键。为了做到准确，代价模型必须对分布式执行环境有深入的了解。代价模型的重要输入是数据库的统计数据和用来估计中间结果大小的公式。为了简单起见，早期的代价模型依赖于这样一个强烈的假设，即关系的属性值是均匀分布的。然而当数据分布出现偏斜时，这会引起相当不准确的估计和远离最优的执行计划。解决准确的数据分布的一个方法是利用直方图。今天，大部分的商用 DBMS 都在代价模型中支持直方图。剩下的困难是当不在外码上进行连结操作时如何估计连结的选择率，对于这种情况来说维护连结的选择率是非常有益的【Mackert and Lohman，1986】。早期的分布式 DBMS 只考虑了传输的代价，而在高速通信网络可用的情况下，同时考虑本地处理的代价会变得同等重要。

搜索策略探索搜索空间，使用代价模型来选择最优的计划，以及定义执行那些计划和执行顺序。最流行的策略是动态规划，它列举出所有等价的计划并进行剪枝。但是当查询涉及到较多的关系时，它会导致昂贵的优化成本。于是，最好是采用静态的优化（在编译时完成），而在查询的多次执行中对成本进行分摊。随机的方法，例如迭代改进和模拟退火受到了很大的关注。它们不能保证得到最好的答案，但是却可以避免高昂的优化代价。所以，它们对于那些不会重复的即席查询而言是较为恰当的选择。

作为理解分布式查询优化的预备知识，我们介绍了集中式查询优化的三种基本技术：动态方法，静态方法，以及混合方法。动态和静态的查询优化方法都各自具有自己的长处和短处。动态查询优化能够在运行时做出准确的优化选择，但是每当执行查询时都要重复优化过程。因此，这一方法最适用于即席查询。静态优化在编译时完成，它最适用于嵌入在存储过程里的查询，这一策略已被所有的商用 DBMS 所采用。但是，它可能会产生较大的错误，尤其是当参数值仅在运行时才知道的情况下更是如此，这会导致次优执行计划的选择。混合方法试图提供静态优化的优点，而又能避免不准确估计所带来的问题。这种方法基本上还是静态的，但是在运行时会它做出优化的进一步决策。

随后我们介绍了两种解决分布式连结的方法，而分布式连结是属于最重要的查询。第一个方法考虑的是连结顺序，第二种方法采用半连结来计算连结。只有当连结具有较好的选择性时半连结才会产生效益，这种情况下的半连结会强有力的降低关系的大小。最初大量使用半连结的系统针对的是低速网络，而仅仅集中在如何最小化通信时间上，从而忽略了本地处理的时间。但是对于高速网络来说，本地处理的时间和通信的时间同等重要，有时甚至更为重要。因此，必须谨慎地使用半连结，因为它们会增加本地处理的时间。连结和半连结应当被看成是互补的，而不是不同的选择【Valduriez and Gardarin，1984】。这是因为与某些依赖于数据库的参数有关，这两种技术中的一种有可能会好于另一种。例如，如果关系的元组很大，如多媒体，半连结就非常有利于减少数据的传输。最后，采用哈希位数组实现的半连结【Valduriez，1982】可以做到非常高效【Mackert and Lohman，1986】。

我们展示了连结和半连结技术在四种分布式查询优化算法里的使用：动态的，静态的，基于半连结的，以及混合的。静态和动态的分布式优化方法和集中式系统一样，它们都具有相同的优点和不足。基于半连结的方法最适用于低速网络，混合方法对于今天的动态环境是最好的选择，因为它把重要的决定，例如数据拷贝的选择和子查询在站点上的分配推迟到查询执行的开始时做出选择。这能更好地增加系统的可用性和平衡。我们通过两步查询优化进行了展示，它首先如同集中式系统那样生成一个规定了操作顺序的静态计划，然后在查询开始时通过数据拷贝的选择和将操作分配到站点上而产生一个执行计划。

由于以下的两个原因我们在本章基本专注于连结查询：连结查询是关系框架下最常用的查询，而且它们得到了非常多的研究。进而言之，在那些表达能力高于关系演算的语言（例如 Horn 字句逻辑）里，连结的个数可能非常多，这就使得连结的顺序变得更为举足轻重【Krishnamurthy et al.，1986】。然而，含有连结、并、聚合函数的通用查询的优化是一个困难的问题【Selinger and Adiba，1980】。将并分配到连结上是一个简单而又很好的方法，因为这可以使查询归约为一组连结子查询的并，而每一个子查询可以单独地完成优化。还要注意，并会更经常地在分布式 DBMS 里得到使用，因为它们支持水平划分的关系实现本地化。

8.6　参考文献说明

【Graefe，1993】、【Ioannidis，1996】和【Chaudhuri，1998】为查询优化提供了很好的综述，【Kossmann，2000】则提供了分布式查询优化的综述。

集中式系统的三个基本的查询优化算法是：执行查询规约的 INGRES 的动态算法【Wong and Youssefi，1976】，使用动态规划和代价模型的 System R 的静态算法【Selinger et al.，1979】，以及使用计划选择操作的 Volcano 混合算法【Cole and Graefe，1994】。

用于分布式查询处理的半连结的理论和价值在【Bernstein and Chiu，1981】、【Chiu and Ho，1980】和【Kambayashi et al.，1982】里得到了讨论。【Valduriez，1982】建议了分布式系统里的半连结处理的改进。【Valduriez and Gardarin，1984】还证明了半连结对于使用高速通信网络的多处理器的数据库机的价值所在。【Ceri and Pelagatti，1983】和【Khoshafian and Valduriez，1987】研究了水平分片的数据库的并行执行策略。【Shasha and Wang，1991】提供的方法也可用于并行系统。

分布式查询优化的方法首先由【Epstein et al.，1978】为 INGRES 而提出，它用启发式规则对 INGRES 的动态算法进行了扩展，算法利用了网络拓扑（通用或广播网络）。【Epstein and Stonebraker，1980】通过枚举所有可能的方案对于这一方法进行了改进并给出了分析。分布式查询优化的静态方法首先是为 R * 而提出的【Selinger and Adiba，1980】，它是 System R 的静态算法的扩展。该论文是发现本地处理对于分布式查询性能重要性的最早的论文之一。由【Lohman and Mackert，1986】给出的试验和验证确认了这一发现的重要性。

分布式查询优化的半连结方法是在【Bernstein et al.，1981】里为 SDD-1【Wong，1977】提出的，这是利用半连结的最为完整的算法之一。

以两步查询优化算法为基础,人们提出了多个分布式系统的混合优化方法【Carey and Lu,1986】、【Du et al. ,1995】、【Evrendilek et al. ,1997】。8.4.4 节的内容以【Carey and Lu, 1986】论文为基础,该论文是有关两步查询优化算法的第一篇论文。论文【Du et al. ,1995】提出了将线性连结树(由第一步生成)转换为具有更高并行度的茂密树的有效操作。而论文【Evrendilek et al. ,1997】则给出了用于第二步、使得站点间的并行最大化的解决办法。

练　　习

8.1* 　将 8.2.1 节的动态查询优化算法应用于练习 7.3 的查询,通过给出生成的单关系的子查询展示连续的分离与替代。

8.2　考虑图 8.12 的连结图及以下信息:$size(EMP)=100, size(ASG)=200, size(PROJ)=300, size(EMP \bowtie ASG)=300$ 以及 $size(ASG \bowtie PROJ)=200$,描述一个最优的连结程序,其目标函数是总的传输时间。

8.3　考虑图 8.12 的连结图及练习 8.2 同样的假设,描述一个最优的连结程序,其目标函数是响应时间(仅仅考虑通信时间)。

8.4　考虑图 8.12 的连结图并给出一个程序(可能不是最优的),要求它通过半连结而完全地减小每个关系。

8.5* 　考虑图 8.12 的连结图以及图 8.18 给出的分片,假设 $size(EMP \bowtie ASG)=2000$, $size(ASG \bowtie PROJ)=1000$。把 8.4.1 节的分布式查询优化算法应用到通用网络和广播网络这两种情况,使得通信的时间最小化。

关系	站点1	站点2	站点3
EMP	1000	1000	1000
ASG		2000	
PROJ	1000		

图 8.18　关系的分片

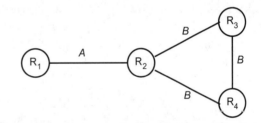

图 8.19　连结图

8.6　图 8.19 给出了一个查询的连结图,而图 8.20 给出了它的统计信息。把 8.4.3 节所描述的基于半连结的分布式查询优化算法应用到该查询,所需的 $T_{MSG}=20, T_{TR}=1$。

关系	大小
R_1	1000
R_2	1000
R_3	2000
R_4	1000

(a)

属性	大小	SF_{SJ}
$R_1.A$	200	0.5
$R_2.A$	100	0.1
$R_3.A$	100	0.2
$R_3.B$	300	0.9
$R_4.B$	150	0.4

(b)

图 8.20　关系的统计信息

8.7** 　给定练习 7.5 的查询,假定关系 EMP、ASG、PROJ、PAY 根据图 8.21 的表格进行存储,还假定任何两个站点间的传输速度都是相等的,并且数据的传输要比在任何站点执行的处理慢 100 倍,且对于任何两个站点 R 和 S 而言 size(R⋈S)＝max(size(R), size(S)),设练习 7.5 的析取选择的选择率为 0.5。完成一个分布式程序计算该查询的结果并且使得总体时间最小。

关系	站点1	站点2	站点3
EMP	2000		
ASG		3000	
PROJ			1000
PAY			500

图 8.21　分片的统计信息

8.8** 　8.4.4 节描述了用于线性连结树的算法 8.7。将这一算法扩展使得它支持茂密树,使用图 8.17 的数据放置和站点负载的信息,将你的算法用于图 8.3 的茂密树查询。

第9章　多数据库查询处理

在前三章中,我们讨论了紧耦合、同构型分布式数据库系统的查询处理技术。如第1章所提,这种类型的系统尽管在物理上是属于分布式的,但在逻辑上已被集成为一个数据库。本章主要讨论多数据库系统的查询处理技术,这项技术为一组 DBMS 提供了互操作能力。需要注明的是本章讨论的内容仅是**互操作**(interoperability)这个一般性问题的一部分,分布式应用对数据库的访问提出了新的要求,特别是对遗留数据和新数据的访问。因此,多个分布式数据库和其他异构数据源上的集成访问得到了越来越多的重视。

分布式查询处理和优化的很多技术都可以用在多数据库系统上,但会产生很大的不同。在第6章中,我们将分布式查询处理细分为4个步骤:查询分解、数据定位、全局优化,以及局部优化。多数据库系统有着不同的特点,查询处理需要不同的步骤和技术。具体来说,组件 DBMS 可能是自治的,使用的数据库语言可能不同,具备的查询处理能力也可能不同。因此,需要一个多 DBMS 层(见图1.17)与组件 DBMS 进行通信,从而有效地对它们进行有效地协调。此外,组件 DBMS 的数量可能会很多,每个组件 DBMS 也有着不同的特点,因此查询处理也需要更加灵活。

本章的组织方式如下。9.1节介绍多数据库查询处理的关键问题。在"中介程序/包装程序"体系架构下,9.2节介绍多数据库查询处理的体系架构。9.3节介绍使用多数据库视图进行查询重写的技术。9.4节讨论多数据库查询优化和查询执行,并深入探讨异构代价模型、异构查询优化,以及自适应查询处理的相关技术。9.5节介绍包装程序中的查询翻译和执行,并深入探讨如何将查询翻译为组件 DBMS 可以执行的查询,以及如何生成和管理包装程序。

9.1　多数据库查询处理的关键问题

多数据系统查询处理比分布式 DBMS 查询处理更为复杂,原因在于【Sheth and Larson,1990】:

(1) 组件 DBMS 的计算能力存在着差异,不能对不同 DBMS 上的查询同等对待。例如,一些 DBMS 可以支持复杂的 SQL 查询(包含连结、聚合等操作),而另一些可能无法支持。因此,多数据库查询处理程序需要考虑不同的 DBMS 处理能力。

(2) 与查询能力类似,组件 DBMS 查询处理的代价也存在着差异,不同 DBMS 的局部优化能力也会不同。这增加了估计代价函数的难度。

(3) 组件 DBMS 的数据模型和查询语言也会存在差异,例如:可能采用关系数据库、面向对象数据库、XML 数据库,等等。因此,将多数据库查询翻译为组件 DBMS 上的查询变得十分困难。同理,将异构的查询结果进行整合也同样面临着不小的挑战。

(4) 多数据库系统会访问不同性能的 DBMS,因此分布式查询处理技术需要针对性能的差异进行调整和适应。

　　组件 DBMS 的自治性会带来很多问题,自治性可以从三个维度进行定义:通信、设计和执行【Lu et al.,1993】。通信自治性是指组件 DBMS 自己决定如何与其他 DBMS 进行通信,并可能随时终止通信服务,它要求查询处理技术容忍系统失效。由此带来的问题是:当组件系统从一开始就失效或在查询执行阶段停止时,系统应该如何回答查询?设计自治性会限制可用性,以及估计查询优化需要的代价信息的精度。核心的难点是如何决定局部代价函数。多数据库系统的执行自治性增加了使用查询优化策略的难度。例如,如果源和目标关系位于不同的组件 DBMS 中,使用基于半连结的分布式连结优化就会变得十分困难。原因在于:需要将半连结的执行翻译为三个查询的执行:一个是获取目标关系的连结属性值,并将之发送到源关系的 DBMS 上;第二个是在源关系上执行连结操作;第三个是在目标关系的 DBMS 上执行连结操作。问题产生的原因是组件 DBMS 的通信需要引入高层的 DBMS API。

　　除了以上难点,分布式多数据库系统的体系架构也带来了挑战。图 1.17 中的架构体现了这种复杂性。在分布式 DBMS 中,查询处理器只需要考虑不同站点间的数据分布。而在分布式多数据库环境下,数据不仅分布在多个站点上,也有可能分布在多个数据库中,而且每个数据库都由自治的 DBMS 进行管理。因此,分布式 DBMS 只需要考虑两种角色(控制站点和局部站点)在查询处理中的协作,而分布式多 DBMS 则需要考虑三种角色:其一,位于控制站点(即中介程序)的多 DBMS 层,负责接收全局查询;其二,位于查询参与站点(即包装程序)中的多 DBMS 层;其三,组件 DBMS,负责最终的查询优化和执行。

9.2　多数据库查询处理体系架构

　　大部分有关多数据库查询处理的研究使用中介程序/包装程序体系架构(见图 1.18)。在这个体系架构中,每个组件数据库关联着一个包装程序,该程序负责输出数据源模式、数据和查询处理能力等信息。中介程序负责将包装程序提供的信息以统一的格式进行集中(存储在全局数据字典中),并使用包装程序访问组件 DBMS 来进行查询处理。中介程序可以使用关系模型、面向对象模型,甚至是半结构模型(基于 XML)。为了与之前的章节一致,本章继续使用关系数据模型,使用该模型能够将多数据库查询处理技术解释充分。

　　中介程序/包装程序体系架构有很多优点。其一,该架构提供了分工明确的组件,可以对不同类型用户的不同问题进行分门别类的处理。其二,中介程序的分工是负责一组数据"相似"的组件数据库,因此可以输出某一领域相关的模式和语义。组件的分工可以使分布式系统更具灵活性和扩展性,尤其是可以支持存储在不同组件中的不同数据(从关系 DBMS 到简单的文件)进行无缝集成。

　　给定中介程序/包装程序体系架构,下面讨论分布式多数据库系统查询处理的不同层次,如图 9.1 所示。与之前类似,假设输入是全局关系上的一个查询,并表示为关系演算的形式。查询作用在全局(分布式的)关系上,这意味着数据的分布和异构性是隐藏的。多数据库查询处理包含三个层次,分层的方式与同构分布式 DBMS 查询处理中的分层方式很类似(见图 6.3)。然而,由于不涉及数据分片,此时不再需要数据定位层。

　　前两层将查询映像为一个最优分布式查询执行计划(QEP),需要执行查询重写、查询优化和查询执行。前两个层次由中介程序执行,并在执行的过程中使用了存储在全局字典

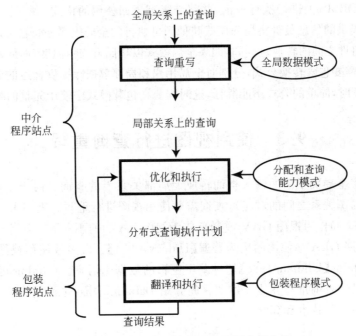

图 9.1　多数据库查询处理的通用分层方案

中的元信息(全局模式、分配和能力模式)。查询重写使用全局模式将输入查询转换为局部关系上的查询。第 4 章介绍了两种数据库集成方法：全局作为视图(GAV)和局部作为视图(LAV)。查询重写需要使用全局模式提供的视图定义(即全局关系到组件数据库中局部关系之间的映像关系)。

　　查询重写可以在关系代数层完成。本章使用一种通用的关系演算形式 Datalog【Ullman,1988】,这种形式特别适用于查询重写。因此,需要附加一步关系演算到关系代数的翻译,这个过程与同构分布式 DBMS 中的查询分解很类似。

　　第二层执行查询优化,以及(部分的)查询执行,该过程考虑局部关系的分配以及由包装程序输出的组件 DBMS 上可能存在差异的查询处理能力。本层使用的分配和能力模式也可能包含异构的代价信息。本层产生的分布式 QEP 在子查询中将操作进行分组——主要考虑由组件 DBMS 和包装程序处理的操作。与分布式 DBMS 类似,查询优化既可以是静态的,也可以是动态。然而,由于多数据库系统具有异构性(例如,一些组件 DBMS 回答查询的延迟可能无法预料),使用动态查询优化可能更为必要。在动态优化中,在下一层次执行完后还可能会对当前层进行调用,如图中箭头所示。最后,当前层将不同包装程序中的结果进行集成,从而以统一的方式回答用户查询。这需要有能力在包装程序返回的数据上执行操作。由于包装程序可能提供有限的执行能力,如在简单组件 DBMS 中的情况,中介程序需要提供完全的执行能力来支持中介接口。

　　第三层使用包装程序来实施**查询的翻译和执行**(query translation and execution),向中介程序返回结果,并由后者负责做结果集成和后续操作。每个包装程序维护一个**包装模式**(wrapper schema),包含局部导出模式(见第 4 章),以及一些映像信息——这些信息可以将公用语言表达的子查询(QEP 的子集)翻译成组件 DBMS 上的查询。翻译子查询之后,系统可以在组件 DBMS 上进行执行查询，并将结果翻译回公用的格式。

包装模式提供的信息负责将局部模式映像到可执行的全局模式上。它可以通过不同的方式实现数据库组件之间的转换。例如，如果全局模式以华氏来表示温度，而局部数据库使用摄氏，则包装模式需要包含转换公式，分别对全局用户和局部数据库提供合适的温度表示。在转换涉及多种类型时，简单的公式不能胜任，这时需要在包装模式中使用完整的映像表。

9.3   使用视图进行查询重写

查询重写将全局关系上的输入查询转换为局部关系上的查询。由于使用全局模式（包含全局关系和局部关系之间的对应），查询需要使用视图进行重写。查询重写技术根据数据库集成方法（即全局作为视图 GAV 或局部作为视图 LAV）的不同而有所不同。而 LAV 技术（以及它的扩展 GLAV）使用的更为普遍【Halevy，2001】。大多数使用视图进行查询重写的研究使用 Datalog【Ullman，1988】这种基于逻辑的数据库语言。Datalog 可以比关系演算能更加简练地描述查询重写算法。本节首先介绍 Datalog 术语，进而给出 GAV 和 LAV 方法中查询重写的主要技术和算法。

9.3.1   Datalog 术语

Datalog 可以看作是一种域关系演算版本的语言。让我们首先定义**合取查询**（conjunctive queries），即：选择-投影-连结查询，这种简单的查询是复杂查询的基础。Datalog 中的一个合取查询表示为下面形式的规则：

$$Q(T):- R_1(T_1), \cdots, R_n(T_n)$$

原子 $Q(T)$ 是查询头（head），表示结果关系。原子 $R_1(T_1), \cdots, R_n(T_n)$ 是查询中的**子目标**（subgoals），表示数据库关系。Q 和 $R_1, \cdots, R_n$ 是谓词名称，对应于关系名称。$T, T_1, \cdots, T_n$ 表示关系元组，包含变量和常量，其中变量与域关系演算中的域变量类似，因此在不同的谓词中使用相同的变量名称表示相等连结谓词。常量对应于相等谓词。更复杂的比较谓词（如 $\neq$，$\leqslant$ 和 $<$）需要表示为其他子目标。如果查询头中的每个变量也存在于查询体中，我们称查询是**安全的**（safe）。析取查询同样可以通过 Datalog 使用求并操作表示，并操作的对象是一组有着相同头谓词的合取查询。

例 9.1   考虑关系 EMP(ENO,ENAME,TITLE,CITY) 和 ASG(ENO,PNO,DUR)，假设 ENO 是 EMP 的主码，(ENO,PNO) 是 ASG 的主码。考虑下面的 SQL 查询：

```
SELECT ENO,TITLE,PNO
FROM    EMP,ASG
WHERE   EMP.ENO=ASG.ENO
AND     TITLE="Programmer" OR DUR=24
```

对应的 Datalog 查询可以表示为：

```
Q(ENO,TITLE,PNO):-EMP(ENO,ENAME, "Programmer" CITY),
                  ASG(ENO,PNO,DUR)
Q(ENO,TITLE,PNO):-EMP(ENO,ENAME,TITLE,CITY),
```

ASG(ENO,PNO,24)

9.3.2　使用 GAV 的查询重写技术

在 GAV 方法中,全局模式使用数据源来表示,即每个全局关系定义为局部关系上的一个视图。这种集成方式与紧耦合分布式 DBMS 上的全局模式非常类似:局部关系(即组件 DBMS 中的关系)可以对应于分片。然而,由于局部数据库是自治的,可能会出现以下情况:全局关系中的元组可能不存在于局部关系中,或者全局关系中的一个元组可能存在于不同的局部关系中。因此,分片操作不能满足完整性和不相交性。不满足完整性会产生不完整的查询结果;不满足不相交性会产生重复的结果,这些重复的结果可能是有用的信息,无需去除。与查询类似,Datalog 也可以对视图进行定义。

例 9.2　考虑局部关系 EMP1(ENO,ENAME,TITLE,CITY)、EMP2(ENO, ENAME,TITLE,CITY)以及 ASG1(ENO,PNO,DUR)。全局关系 EMP(ENO,ENAME, CITY)和 ASG(ENO,PNO,TITLE,DUR)可以使用下面的 Datalog 规则定义:

$$\text{EMP(ENO,ENAME,CITY)} : - \text{EMP1(ENO,ENAME,TITLE,CITY)} \qquad (r_1)$$

$$\text{EMP(ENO,ENAME,CITY)} : - \text{EMP2(ENO,ENAME,TITLE,CITY)} \qquad (r_2)$$

$$\text{ASG(ENO,PNO,TITLE,DUR)} : - \text{EMP1(ENO,ENAME,TITLE,CITY),}$$
$$\text{ASG1(ENO,PNO,DUR)} \qquad (r_3)$$

$$\text{ASG(ENO,PNO,TITLE,DUR)} : - \text{EMP2(ENO,ENAME,TITLE,CITY),}$$
$$\text{ASG1(ENO,PNO,DUR)} \qquad (r_4)$$

将全局模式上的一个查询重写为局部关系上的一个查询相对简单——该过程与紧耦合分布式 DBMS 上的数据定义过程类似(见 7.2 节)。**展开**(unfolding)【Ullman,1997】是一种使用视图的重写技术,它将查询中的每个全局关系替换为相应的视图。具体来说,需要对查询采用视图的定义规则,产生一组合取查询的并集,其中每个合取查询对应于一条规则的应用。由于一个全局关系可以通过多条规则定义(见例 9.2),展开会产生冗余查询,这需要在后续的过程中进行消除。

例 9.3　考虑例 9.2 中的全局模式,下面的查询 Q 用来寻找居住在"Paris"雇员的分工信息: $Q(e,p) : - \text{EMP}(e,\text{ENAME,"Paris"}),\text{ASG}(e, p,\text{TITLE,DUR})$。

展开 Q 产生 Q′如下:

$$Q'(e,p) : - \text{EMP1}(e,\text{ENAME,TITLE,"Paris"}),\text{ASG1}(e,p,\text{DUR}). \qquad (q_1)$$

$$Q'(e,p) : - \text{EMP2}(e,\text{ENAME,TITLE,"Paris"}),\text{ASG1}(e,p,\text{DUR}). \qquad (q_2)$$

Q' 是两个合取查询的并集,标记为 q_1 和 q_2。q_1 可以通过使用规则 r_3 或同时使用规则 r_1 和 r_3 获得。使用 r_1 和 r_3 得到的查询与仅使用 r_3 得到的查询相比是冗余的。类似地,q_2 也可以通过使用规则 r_4 或同时使用 r_2 和 r_4 获得。

尽管基本的技术很简单,使用 GAV 进行重写会在局部数据库的访问受限【Calì and Calvanese,2002】时会变得很困难。这种情形发生在万维网数据库访问的时候,此时只可以使用某些固定的属性模式对数据库进行访问。因此,简单地将全局关系替换成视图远远不够,还需要使用递归的 Datalog 查询进行查询重写。

9.3.3　使用 LAV 的查询重写技术

　　在 LAV 方法中,全局数据模式与局部数据库是彼此独立的:每个局部关系定义为全局关系上的一个视图。对于定义局部关系来说,这种方法具有很大的灵活性。

　　例 9.4　为了方便与 GAV 进行比较,我们给出一个与例 9.2 类似的例子:考虑 EMP(ENO,ENAME,CITY)和 ASG(ENO,PNO,TITLE,DUR)作为全局关系。在 LAV 的方法中,局部关系 EMP1(ENO,ENAME,TITLE,CITY)、EMP2(ENO,ENAME,TITLE,CITY) 和 ASG1(ENO,PNO,DUR)可以使用下面的 Datalog 规则定义:

$$\text{EMP1(ENO,ENAME,TITLE,CITY)}: - \text{EMP(ENO,ENAME,CITY)}, \qquad (r_1)$$
$$\text{ASG(ENO,PNO,TITLE,DUR)}$$

$$\text{EMP2(ENO,ENAME,TITLE,CITY)}: - \text{EMP(ENO,ENAME,CITY)}, \qquad (r_2)$$
$$\text{ASG(ENO,PNO,TITLE,DUR)}$$

$$\text{ASG1(ENO,PNO,DUR)}: - \text{ASG(ENO,PNO,TITLE,DUR)} \qquad (r_3)$$

将全局模式上的查询重写为局部模式视图上的等价查询是困难的,原因有三:第一,与 GAV 方法不同,全局模式中的项(如 EMP、ENAME)与视图中的项(如 EMP1,EMP2,ENAME)并无直接的关联。找出关联需要比较每个视图。第二,由于视图可能比全局关系更多,视图比较是耗时的。第三,视图定义可能包含复杂的谓词,反映了局部关系上的某些内容,如视图 EMP3 仅包含程序员。因此,不是总能找到查询的等价重写结果。此时,唯一能做的是找到一个最大包含查询,即一个能够产生原查询结果最大子集的查询【Halevy,2001】。例如,EMP3 仅能返回所有雇员的一个子集,即程序员。

　　因为与逻辑和物理的数据集成问题相关,使用视图的查询重写技术得到了广泛关注。在物理集成(即数据仓库)的情况下,使用物化视图可能比直接访问基础关系更有效。然而,寻找使用视图的重写规则是一个视图数量和查询子目标数量上的 NP 完全问题【Levy et al.,1995】。因此,相关算法试图尽量减少需要考虑的重写数量。主要算法有三种:桶算法【Levy et al.,1996b】、逆向规则算法【Duschka and Genesereth,1997】,以及 MinCon 算法【Pottinger and Levy,2000】。桶算法和逆向规则算法有相似的局限性,而 MinCon 算法解决了这个局限性。

　　桶算法认为查询中的谓词相互独立,仅选择与谓词相关的视图。给定查询 Q,该算法包含两个步骤:在第一步中,算法为 Q 中不是比较谓词的子目标 q 构建桶 b,并将与 q 结果相关的视图头部插入到 b 内。为了决定哪个视图 V 应该在桶 b 中,必须有一个将 q 与 V 中的某个子目标 v 进行合一的映像。

　　例如,考虑例 9.3 中的查询 Q 和例 9.4 中的视图。下面的映像使 Q 中的子目标 EMP(e,ENAME,"Paris")与视图 EMP1 中的子目标 EMP(ENO,ENAME,CITY)完成了合一:

$$e \rightarrow \text{ENO}, \text{"Paris"} \rightarrow \text{CITY}$$

　　在第二步中,算法对所有非空的桶(某些桶的子集)做笛卡儿积,并针对结果的每个视图 V 产生一个合取查询,并检验该查询是否包含在 Q 中。如果包含,则保留该合取查询,因为它给出了通过 V 回答 Q 中部分查询的一个答案。于是,由此可见重写的查询成为了一个合取查询的并集。

例 9.5　考虑例 9.3 中的查询 Q 和例 9.4 中的视图。在第一步中,桶算法产生两个桶,分别对应 Q 中的两个子目标。这里使用 b_1 表示子为子目标 EMP(e,ENAME,"Paris")产生的桶,使用 b_2 表示为子目标 ASG(e,p,TITLE,DUR) 产生的桶。由于算法仅将视图头部插到桶中,视图头部中的一些变量可能不出现在合一映像里。这些变量可以被剪掉。由此,得到下面的桶:

$$b_1 = \{EMP1(ENO,ENAME,TITLE',CITY),$$
$$EMP2(ENO,ENAME,TITLE',CITY)\}$$
$$b_2 = \{ASG1(ENO,PNO,DUR')\}$$

在第二步中,通过对桶中的成员进行组合算法产生两个合取查询的并集:

$$Q'(e,p): -EMP1(e,ENAME,TITLE,"Paris"),ASG1(e,p,DUR) \qquad (q_1)$$
$$Q'(e,p): -EMP2(e,ENAME,TITLE,"Paris"),ASG1(e,p,DUR) \qquad (q_2)$$

桶算法主要的优点是:通过考虑查询谓词,算法可以显著地减少需要重写的个数。然而,孤立地考虑查询谓词可能会在连结其他视图时产生一些无关的视图。此外,算法的第二步可能会因为对桶做笛卡儿积而产生大量的重写。

例 9.6　针对例 9.3 中的查询 Q 和例 9.4 中的视图,考虑下面的视图,其含义是居住在 Paris 雇员参与的项目:

$$PROJ1(PNO): -EMP1(ENO,ENAME,"Paris"),$$
$$ASG(ENO,PNO,TITLE,DUR) \qquad (r_4)$$

下面的映像使视图 PROJ1 中的子目标 ASG(ENO,PNO,TITLE,DUR)与 Q 中的子目标 ASG(e,p,TITLE,DUR)进行合一:

$$p \rightarrow PNAME$$

因此,桶算法的第一步将 PROJ1 添加到桶 b_2 中。由于 PROJ1 在 Q 的重写中没有用处,变量 ENAME 不在 PROJ1 的头部中,因此无法在 Q 的变量 e 上连结 PROJ1。这点仅在第二步构建合取查询时才能发现。

针对桶算法(以及逆向规则算法)的局限性,MinCon 算法对查询进行全局考察,并考虑查询谓词与视图的交互方式。与桶算法类似,MinCon 算法也包含两个步骤。第一步在开始的时候与桶算法类似:选择一组视图,使之包含查询 Q 中子目标对应的子目标。然而,在寻找将视图 V 中子目标 v 与 Q 中子目标 q 进行合一的映像时,算法考虑 Q 中的连结谓词,寻找 Q 中子目标上的一个集合,使之满足:(1)Q 中子目标映像到 V 中子目标;(2)该子目标集合是最小的。这个 Q 中子目标的集合使用与 V 关联的 MinCon **描述**(MinCon description,MCD)表示。算法的第二步是将不同的 MCD 进行组合,产生重写查询。与桶算法不同,在第二步中,不必检查查询包含的重写,因为 MCD 构建的方式可以保证结果重写包含在原有的查询中。

将算法应用在例 9.6 中,产生三个 MCD:两个针对视图 EMP1 和 EMP2,它们包含 Q 中的子目标 EMP;一个针对 ASG1,包含子目标 ASG。然而,算法无法为 PROJ1 创建 MCD,因为它无法在 Q 中应用连结谓词。因此,算法可以产生例 9.5 中的重写查询 Q'。与桶算法相比,MinCon 算法的第二步执行了很少的 MCD 组合(而不是桶的组合),因而更加高效。

9.4　查询优化和执行

　　多数据库系统查询优化有三个核心问题：异构的代价模型、异构的查询优化(处理组件 DBMS 的不同能力)，以及自适应的查询处理(处理多变的环境，故障，意外的延迟，等等)。本节介绍解决这三个问题的技术。需要注明的是优化的结果是一个由包装程序和中介程序执行的分布式执行方案。

9.4.1　异构代价模型

　　全局代价函数定义，以及从组件 DBMS 中获取与代价相关的信息是上述三个问题中研究得最多的。本节将讨论与之相关的一些解决策略。

　　首先需要说明的是我们主要关心如何计算查询执行树较低层次上节点的代价，这部分代价对应组件 DBMS 上的查询。在假设所有局部处理都推到执行树下层的情况下，我们可以修改查询计划，以保证树的叶子节点对应组件 DBMS 上执行的子查询。此时，我们探讨的是如何计算那些以第一层(底层)算子为输入的子查询的代价。树高层节点的代价可以基于叶子节点的代价递归地计算。决定组件 DBMS 执行代价的方法有三种【Zhu and Larson，1998】：

　　(1) **黑盒方法**(Black Box Approach)将每个组件 DBMS 视为一个黑盒，在黑盒中执行一些测试查询，从而决定必需的代价信息【Du et al.，1992】、【Zhu and Larson，1994】。

　　(2) **定制化方法**(Customized Approach)基于组件 DBMS 之前的信息，以及一些外部特点，主观地决定代价信息【Zhu and Larson，1996a】、【Roth et al.，1999】、【Naacke et al.，1999】。

　　(3) **动态方法**(Dynamic Approach)监控组件 DBMS 的在线行为，动态地收集代价信息【Lu et al.，1992】、【Zhu et al.，2000，2003】、【Rahal et al.，2004】。

　　下面讨论这三种方法，并侧重分析一些有影响的具体策略。

9.4.1.1　黑盒方法

　　黑盒方法应用于 Pegasus【Du et al.，1992】项目中，其中的代价函数采用逻辑的方式(如，聚合的 CPU 和 I/O 代价、选择率因子)，而不是基于物理特性(如关系基数、页的个数、每列不同取值的个数)来表示。因此，组件 DBMS 的代价函数可以表示为：

　　　　　代价 ＝ 初始代价 ＋ 找到合格元组的代价 ＋ 处理所选元组的代价

　　公式中的每一项会因算子不同而有差异，不过具体的差异很容易地在事先得出。核心的难点是确定公式中每项前的参数，这些参数因不同的组件 DBMS 而有差异。Pegasus 项目中使用的方法是构建一个合成数据库，称为**校验数据库**(calibrating database)，通过独立地在该数据库中执行查询并测试查询时间，来推算出这些参数。

　　该方法的问题是校验数据库是合成的，从中获得的结果未必适用于真实的 DBMS【Zhu and Larson，1994】。CORDS 项目【Zhu and Larson，1996b】提出了一种解决方法，基于在组件 DBMS 上执行探测查询来决定代价信息。事实上，探测查询可以用来收集一系列的代价信息。例如，探测查询可以从组件 DBMS 上收集数据来构建和更新多数据库目录。也可以使用探测查询来获得统计信息,例如关系中元组的个数。最后,可以通过测量探测查询的时间性能来计算代价函数中的参数。

探测查询的一个特例是采样查询【Zhu and Larson,1998】。此时,查询可以根据一系列的准则进行分类,执行不同类别的样本查询可以推导出组件的代价信息。而查询的分类可以根据查询特性(例如单算子查询,两路连结查询)、操作关系特性(例如基数、属性个数、索引属性信息),以及底层组件 DBMS 的特性(支持的访问方法和选择访问方法的策略)等特征来完成。

可以定义分类规则来处理拥有类似执行特性的查询,使它们应用相同的代价公式。例如,如果两个查询的代数表达式相似(即有相同形状的算符树),而且即使操作的关系、属性或常量不同,属性仍具有相同的物理特性,那么这两个查询可以使用相同的执行方法。另一个例子是如果底层查询优化器可以使用重排序技术计算出高效的连结次序,那么查询中连结的顺序不会对查询的执行产生影响。此时,不管用户用什么方式表达连结次序,在相同关系上做连结操作的两个查询就属于相同的类别。可以结合分类标准来定义查询类别。分类既可以采用自顶向下的方式将一个类别分为更细的类别,也可以采用自底向上的方式将两个类别合并成一个更大的类别。不过在实际应用中更有效的方法是将这两种方式混合使用。

全局代价函数与 Pegasus 代价函数类似,都包含三个部分:初始化代价、检索一个元组的代价,以及处理一个元组的代价。区别在于决定函数参数的方式。与使用校验数据库的方式不同,该方法执行采样查询,并测量相应的代价。全局代价方程可以看作是一个回归方程,其中回归因子使用采样查询获得成本计算【Zhu and Larson,1996a】,回归因子即为代价函数参数。最后,代价模型的质量由统计检验(如 F-检验)进行控制:如果检验失败,继续优化查询分类直到质量得到保证为止。该方法在不同 DBMS 上进行了测试,产生了很好的结果【Zhu and Larson,2000】。

上述方法需要一个准备步骤:实例化代价模型(通过校验或是采样)。这可能并不适用于 MDBMS,因为每当新的 DBMS 组件加入时,系统的性能就会降低。Hermes 项目提出了一种解决策略,渐进地从查询中学习出代价模型【Adali et al.,1996b】。Hermes 中介程序设计的代价模型假设底层组件 DBMS 通过函数调用的方式引入。调用的成本包含三个部分:访问第一个元组的响应时间、整体结果响应时间,以及结果的基数。这些成本使查询优化器能够根据终端用户的需求来使获取第一个元组的时间或处理查询的整体时间达到最小。开始时,查询处理器不知道组件 DBMS 的任何统计信息。然后,处理器对查询进行监控:收集并存储每次调用的处理时间来支持后续的估计。为了管理收集来的大量统计数据,代价管理器对其进行概括:在不损失准确率或损失较少准确率的代价下,使用更少的存储空间,提供更快的估计操作。概括包含一些聚合的统计信息:计算匹配相同模式所有调用(即名称相同,或包含多个相等参数的函数)的平均响应时间。成本估计模块使用声明型语言实现,这允许添加新的成本公式来描述特定组件 DBMS 的行为。不过,这也把扩展中介程序代价模型的负担留给了中介程序开发人员。

黑盒方法的主要缺点是:尽管使用了校验数据库做调整,但代价模型对于所有组件数据库都是共同的,没有反映出个体的差异性。因此,该方法很难准确地估计有异常行为的组件 DBMS 上的查询代价。

9.4.1.2　定制化方法

使用定制化方法的前提是组件 DBMS 查询处理器之间存在的差异使黑盒方法中统一的代价模型不再适用。此外,该方法也假设对局部子查询代价的准确估计能够提高全局查询优化的性能。定制化方法提供了一个将组件 DBMS 代价模型集成到中介查询优化器的框架。框架采用的解决策略是:扩展包装程序接口,使中介程序从每个包装程序中获得代价信息。包装程序开发者可以用任意方式来提供代价模型,部分代价或是全部代价。该方法的核心挑战是将这些代价(可能是部分的代价)集成到中介程序查询优化器中,应对该挑战主要的方法有两种:

第一种方法是在包装程序中提供逻辑过程来估计以下三种代价:初始化查询处理和获得第一个结果数据的时间(称为 reset_cost),获取下一条数据的时间(称为 advance_cost),以及结果基数(cardinality)。因此,总的查询代价可以表示为:

```
Total_access_cost=reset_cost+ (cardinality-1) * advance_cost
```

可以扩展该方法来估计数据库过程调用的代价。此时,包装程序提供的代价公式是一个依赖于过程参数的线性方程。该方法已经成功地用于建模一系列异构组件 DBMS:从关系 DBMS 到图像服务器【Roth et al.,1999】。方法显示:可以很容易地实现一个简单的代价模型,而且该模型可以显著地提高异构数据源上的分布式查询处理能力。

第二种方法是使用层次的通用代价模型。如图 9.2 所示,每个节点表示一个成本规则,将一个查询模式关联到不同代价参数的一个代价函数上。

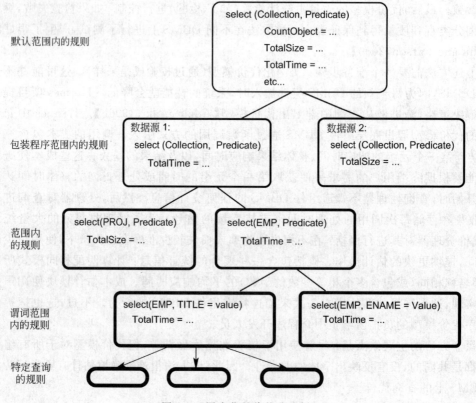

图 9.2　层次化的代价公式树

根据代价规则的通用性(在图 9.2 中,方块的宽度越宽表示规则关注的对象越多),节点可以分为五层。在顶层,代价规模默认为可以应用在任意 DBMS 上。在底层,代价规则依次关注:特定的 DBMS,关系,谓词或查询。在包装程序注册阶段,中介程序获取包装程序的元数据(包括代价信息),计算包装程序的代价模型,并在合适的层次上添加一个新的节点。该框架足够通用,可以表达和集成:(1)包装器开发人员提供的通用代价知识,表示为规则;(2)从之前执行查询记录中获取的特定信息。因此,通过继承这一层次化架构,中介程序中基于代价的优化器可以支持广泛的数据源。中介程序也可以获益于每个组件 DBMS 的特定代价信息,从而精确地估计查询代价,选择更高效的 QEP【Naacke et al. ,1999】。

例 9.7 考虑下面的关系:

```
EMP(ENO,ENAME,TITLE)
ASG(ENO,PNO,RESP,DUR)
```

EMP 存储在组件 DBMS db_1 中,包含 1000 个元组。ASG 存储在组件 DBMS db_2 中,包含 10000 个元组。假设属性值服从均匀分布。ASG 中一半的元组有大于 6 的持续时间(DUR)。下面具体给出中介程序通用代价模型(上标用于表示访问方法):

$\mathrm{cost}(R) = |R|$

$\mathrm{cost}(\sigma_{\mathrm{predicate}}(R)) = \mathrm{cost}(R)$(对 R 进行顺序访问(默认方法))

$\mathrm{cost}(R \bowtie_A^{\mathrm{ind}} S) = \mathrm{cost}(R) + |R| * \mathrm{cost}(\sigma_{A=v}(S))$(利用建立在 S. A 上的索引,采用基于索引的连结方法(ind))

$\mathrm{cost}(R \bowtie_A^{\mathrm{nl}} S) = \mathrm{cost}(R) + |R| * \mathrm{cost}(S)$(采用嵌套循环连结(nl))

考虑下面的全局查询 Q:

```
SELECT  *
FROM    EMP,ASG
WHERE   EMP.ENO=ASG.ENO
AND     ASG.DUR> 6
```

基于代价的查询优化器为处理 Q 生成下面的计划:

$$P_1 = \sigma_{\mathrm{DUR}>6}(\mathrm{EMP} \bowtie_{\mathrm{ENO}}^{\mathrm{ind}} \mathrm{ASG})$$
$$P_2 = \mathrm{EMP} \bowtie_{\mathrm{ENO}}^{\mathrm{nl}} \sigma_{\mathrm{DUR}>6}(\mathrm{ASG})$$
$$P_3 = \sigma_{\mathrm{DUR}>6}(\mathrm{ASG}) \bowtie_{\mathrm{ENO}}^{\mathrm{ind}} \mathrm{EMP}$$
$$P_4 = \sigma_{\mathrm{DUR}>6}(\mathrm{ASG}) \bowtie_{\mathrm{ENO}}^{\mathrm{nl}} \mathrm{EMP}$$

基于通用代价模型,得到代价如下:

$$\begin{aligned}
\mathrm{cost}(P_1) &= \mathrm{cost}(\sigma_{\mathrm{DUR}>6}(\mathrm{EMP} \bowtie_{\mathrm{ENO}}^{\mathrm{ind}} \mathrm{ASG})) \\
&= \mathrm{cost}(\mathrm{EMP} \bowtie_{\mathrm{ENO}}^{\mathrm{ind}} \mathrm{ASG}) \\
&= \mathrm{cost}(\mathrm{EMP}) + |\mathrm{EMP}| * \mathrm{cost}(\sigma_{\mathrm{ENO}=v}(\mathrm{ASG})) \\
&= |\mathrm{EMP}| + |\mathrm{EMP}| * |\mathrm{ASG}| = 10\,001\,000 \\
\mathrm{cost}(P_2) &= \mathrm{cost}(\mathrm{EMP}) + |\mathrm{EMP}| * \mathrm{cost}(\sigma_{\mathrm{DUR}>6}(\mathrm{ASG})) \\
&= \mathrm{cost}(\mathrm{EMP}) + |\mathrm{EMP}| * \mathrm{cost}(\mathrm{ASG}) \\
&= |\mathrm{EMP}| + |\mathrm{EMP}| * |\mathrm{ASG}| = 10\,001\,000 \\
\mathrm{cost}(P_3) &= \mathrm{cost}(P_4) = |\mathrm{ASG}| + \frac{|\mathrm{ASG}|}{2} * |\mathrm{EMP}| \\
&= 5\,010\,000
\end{aligned}$$

因此,优化器不使用计划 P_1 和 P_2,而使用 P_3 或 P_4 来处理查询 Q。下面假设中介程序导入了组件 DBMS 中特定的代价信息。db_1 导出了处理 EMP 元组的代价如下:

$$cost(\sigma_{A=v}(R)) = |\sigma_{A=v}(R)|$$

db_2 导出给定 ENO 选择 ASG 元组的代价如下:

$$cost(\sigma_{ENO=v}(ASG)) = |\sigma_{ENO=v}(ASG)|$$

中介程序在层次化代价模型中将这些代价函数进行集成,准确估计 QEP 的代价如下:

$$cost(P_1) = |EMP| + |EMP| * |\sigma_{ENO=v}(ASG)|$$
$$= 1000 + 1000 * 10$$
$$= 11\ 000$$

$$cost(P_2) = |EMP| + |EMP| * |\sigma_{DUR>6}(ASG)|$$
$$= |EMP| + |EMP| * \frac{|ASG|}{2}$$
$$= 5\ 001\ 000$$

$$cost(P_3) = |ASG| + \frac{|ASG|}{2} * |\sigma_{ENO=v}(EMP)|$$
$$= 10\ 000 + 5000 * 1$$
$$= 15\ 000$$

$$cost(P_4) = |ASG| + \frac{|ASG|}{2} * |EMP|$$
$$= 10\ 000 + 5000 * 1000$$
$$= 5\ 010\ 000$$

此时最好的 QEP 是 P_1。由于之前缺乏组件 DBMS 的代价信息,我们将 P_1 剪掉了。其实,在很多情况下,P_1 是处理 Q_1 最好的方法。

本节给出的两种方法非常适用于中介程序/包装程序体系架构,为以下两个因素提供了很好的折中:提供不同组件 DBMS 代价信息所引起的额外开销和更快速的异构查询处理所带来的收益。

9.4.1.3　动态方法

前面介绍的方法假设执行的环境是稳定的,不随时间的变化而变化。然而,在很多情况下,执行环境中的很多因素会频繁地发生变化。由动态性决定的环境因素有三类【Rahal et al.,2004】。第一类频繁变化(每秒钟到每分钟)的因素包括 CPU 负载、I/O 吞吐量,以及可用的内存。第二类缓慢变化(每小时到每天)的因素包括 DBMS 配置参数、磁盘上的物理数据组织方式,以及数据库模式。第三类基本稳定(每个月到每年)的因素包括 DBMS 的类型、数据库位置,以及 CPU 速度。我们侧重考虑处理前两种类型的方法。

一种处理动态环境(如网络竞争、数据存储,以及可用内存随时间变化)的方法是对采样的方法【Zhu,1995】进行扩展,使用用户查询作为新的样本。通过测量查询的响应时间,在线地为后续的查询调整代价模型的参数。这种方法避免了定期处理采样查询时带来的开销,但仍需要复杂的计算来求解代价模型方程,而且不能保证代价模型准确率的提高。定性法【Zhu et al.,2000】是一种更好的方法,它将系统竞争层定义为一组在查询代价上频繁变化的因素的组合。系统竞争层可以分为以下几类：高、中、低，以及无系统竞争。这样可以定义一个多类别的代价模型，以便在因素动态变化的时候准确地进行代价估计。初始条件下，代价模型使用探测查询进行校准。随着时间变化，基于最显著的系统参数不断计算当前状态的系统竞争层。这个方法不仅假设查询执行的时间很短，而且假设在查询执行时环境因素保持不变。不过，这个方法不适用于时间很长的查询，因为环境因素会在查询执行的过程中发生变化。

为了管理环境因素，使其按照可以预期的方式（如每天 DBMS 的复杂变化是相同的）变化，可以为后续的时间区间计算查询代价【Zhu et al.，2003】。进而，可以将总代价计算为每个区间查询代价的总和。此外，可以学习出 MDBMS 查询处理器与组件 DBMS 之间网络带宽的模式【Vidal et al.，1998】，从而支持查询代价按照实际的时间进行调整。

9.4.2　异构查询优化

除了异构代价模型，多数据库查询优化还需要处理不同组件 DBMS 之间在计算能力上的异构性。例如，某个组件 DBMS 可能只支持简单的选择操作，另一个可能支持包含连结和聚合的复杂查询。因此，根据包装程序导出计算能力的不同，中介程序上的查询处理也会呈现出不同程度的复杂性。根据中介程序和包装程序之间接口的不同，方法分为两类：基于查询和基于算子。

（1）**基于查询**（Query-based）的方法。在这种方法中，包装程序支持相同的查询能力，如 SQL 的子集，查询能力可以翻译为组件 DBMS 上的能力。一般情况下，方法依赖于标准 DBMS 接口，如开放数据库连结（ODBC）、ODBC 针对包装程序的扩展，或外部数据 SQL 管理（SQL Management of External Data，SQL/MED）【Melton et al.，2001】。因此，由于对于中介程序来说组件 DBMS 是同构的，可以重用同构的分布式 DBMS 查询处理技术。不过，如果组件 DBMS 的查询能力有限，则需要在包装程序中实现附加的能力。例如，如果组件 DBMS 不支持连结，则需要在包装程序中处理连结查询。

（2）**基于算子**（Operator-based）的方法。在这种方法中，包装程序通过组合关系算子来输出组件 DBMS 的查询能力。此时，定义中介程序和包装程序之间的功能层级更具灵活性。尤其是中介程序可以获知不同组件 DBMS 的查询能力，这使包装程序构建的代价更低，但增加了中介程序查询处理的复杂性。具体来说，任何组件 DBMS 不支持的功能（如连结）都需要在中介程序中支持。

本节的后半部分，我们将详细地介绍查询优化的方法。

9.4.2.1　基于查询的方法

由于对于中介程序来讲组件 DBMS 是同构的，一种基于查询的方法是使用基于代价的分布式查询优化算法（见第 8 章），并使用异构的代价模型（见 9.4.1 节）。不过，算法需要进行扩展，以便分布式执行计划转换成组件 DBMS 和中介程序执行的子查询。适用这种情况的方法是混合两阶段优化算法（见 8.4.4 节）：在第一阶段，使用基于代价的集中式查询优化程序产生一个静态的计划；在第二阶段的开始的时候，通过站点选择和为站点分配子查询产生一个执行计划。不过，集中式优化程序通过去除稠密连结树的方式限制了搜索空间。几乎所有系统都使用左线性连结次序，其中连结节点的右子树为对应基础关系的叶子节点

(图 9.3(a))。仅考虑左线性连结树给集中式 DBMS 以下好处：其一,它至少在一个操作对象上减少了估计统计信息的必要性;其二,可以继续为一个操作对象使用索引。然而,在多数据库系统中,这种类型的连结执行方案不再适用,原因是该方案不支持任何连结的并行执行。尽管前几章中讨论过的同构分布式 DBMS 也有类似的问题,但多数据库系统使问题变得更加严峻,因为此时我们希望将更多的处理放到组件 DBMS 中进行。

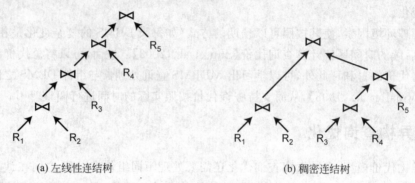

(a) 左线性连结树　　　　　　　　　　　　　(b) 稠密连结树

图 9.3　左线性连结树和稠密连结树

解决上述问题的一种策略是生成稠密连结树,使用这种结构的代价是牺牲左线性连结树。一种实现方法如下：首先使用基于代价的查询优化器来生成一棵左线性连结树,接着将它转换成一棵稠密树【Du et al.,1995】。此时,对于总时间来说左线性连结执行计划是最优的,这种转换可以在不过多影响总时间的前提下提升查询响应时间。另一种混合方法是同时对左线性连结执行树做自底向上和自顶向下的扫描,再一步一步地将它转换成一棵稠密树【Du et al.,1995】。算法维护两个指针,称为树的**上锚点节点**(upper anchor nodes,UAN)。开始时,两个指针中的一个,称为底层 UAN(UAN_B)的指针被设置为最左侧根节点的祖父节点(在图 9.3(a)中与 R_3 的连结)。而另一个称为顶层 UAN(UAN_T)的指针则被设置为根节点(与 R_5 的连结)。针对每个 UAN,算法选择一个**下锚点节点**(lower anchor node,LAN),即最靠近 UAN 的节点,并保证 LAN 右子树的响应时间相对于 UAN 的右子树来说在一个设计允许的范围内：直观上讲,选择 LAN 的标准是其右子树的响应时间与对应的 UAN 右子树的响应时间越接近越好。后面我们会看到,这样做能够保持转换后的稠密树尽可能地平衡,从而减少了响应的时间。

在每一步中,算法选取一个 UAN/LAN 对(严格地将,选定 UAN 后,再按照之前讨论的方法选择合适的 LAN),并为 LAN 和 UAN 对的片段执行下面的转换步骤：

(1) UAN 的左孩子变成转换后片段的新的 UAN。

(2) LAN 保持不变,但它的右孩子由一个新的节点替代,该节点是以下两棵子树的连结节点：UAN 和 LAN 的右子树。

按照下面的启发式方法选择某个迭代步骤中的 UAN 节点：如果左子树的响应时间比 UAN_T 子树的响应时间小,则选择 UAN_B。否则,选择 UAN_T。如果响应时间相同,则选择使子树更平衡的节点。在每次转换步骤的末尾,调整 UAN_B 和 UAN_T。当 $UAN_B = UAN_T$ 时,由于已无继续调整的必要,算法结束。得到的连结执行树基本上是平衡的,由此产生的执行计划可以因为连结的并行执行而减少响应时间。

上述算法在一棵左线性连结执行树上开始执行,这棵树可由现有商业 DBMS 中的优化程序产生。尽管该算法是研究此类问题的一个不错的起点,但很多人会质疑原本的线性执行计划可能没有充分地考虑分布式多数据库系统的特性,如数据复制。一种特殊的全局查询优化算法【Evrendilek et al.,1997】对此进行了考虑。算法从一个初始的连结图开始,考虑通过括号改变线性连结执行顺序的不同排序,并从中产生一种对响应时间来说最优的括号顺序。其结果几乎是一棵平衡的连结执行树。有关的性能评测显示:该方法可以在增加优化时间的前提下产生更好的查询计划。

9.4.2.2　基于算子的方法

使用关系算子表示组件 DBMS 的查询能力可以使中介程序和包装程序结合得更紧密,特别是中介程序和包装程序之间的通信可以用子计划来表达。我们使用 Garlic 项目【Haas et al.,1997a】提出的计划函数来说明基于算子的方法。在这个方法中,包装程序将组件 DBMS 的查询能力表示为可以被集中式查询优化程序直接调用的计划函数。这种方式扩展了由【Lohman,1988】提出的基于规则的优化器,使用算子来构建临时关系并获取局部存储的数据。方法同时提出了 PushDown 算子,可以将一部分工作推送给组件 DBMS 来执行。在通常情况下,执行计划由算子树表示。不过算子节点可以附加额外的信息,如标记出操作对象的来源、结果是否需要物化,等等。最后,Garlic 算子树被翻译为可由执行引擎直接执行的算子。

计划函数可以被优化程序认为是一种枚举规则。计划函数由优化程序调用,并使用两个主要的函数来构建子计划:accessPlan,访问一个关系;joinPlan 使用访问计划来连结两个关系。这些函数准确且形式化地反映了组件 DBMS 的查询能力。

例 9.8　考虑三个不同站点上的组件数据库。数据库 db_1 存储关系 EMP(ENO,ENAME,CITY);数据库 db_2 存储关系 ASG(ENO,PNAME,DUR);数据库 db_3 仅使用一个单表 EMPASG(ENAME,CITY,PNAME,DUR)来存储雇员信息,其主码是(ENAME,PNAME)。组件数据库 db_1 和 db_2 有相同的包装程序 w_1,而 db_3 有不同的包装程序 w_2。

包装程序 w_1 提供了关系 DBMS 两种典型的计划函数。其中的 accessPlan 规则:

$$accessPlan(R: relation, A: attribute list, P: select predicate) =$$
$$scan(R, A, P, db(R))$$

该规则产生了一个扫描算子,从组件数据库 db(R)中访问关系 R 的元组(我们有 $db(R) = db_1$ 以及 $db(R) = db_2$),应用选择谓词 P,并投影到属性列表 A 上。另外一个 joinPlan 规则:

$$joinPlan(R_1, R_2: relations, A: attribute list, P: join predicate) =$$
$$join(R_1, R_2, A, P)$$

$$condition: db(R_1) \neq db(R_2)$$

该规则产生一个连结算子访问关系 R_1 和 R_2 的元组,应用连结谓词 P,并投影到属性列表 A 上。其中的条件(condition)表示 R_1 和 R_2 存储在不同的组件数据库上(即 db_1 和 db_2)。因此,连结算子需要由外包程序实现。

外包程序 w_2 也提供了两个计划函数。其中 accessPlan 规则:

$$accessPlan(R: relation, A: attribute list, P: select predicate) =$$
$$fetch(CITY = "c")$$

$$\text{condition：(CITY} = \text{``c"}) \subseteq P$$

产生了一个检索算子，直接访问组件数据库 db_3 中 CITY 值为"c"的（所有）雇员元组。另外，accessPlan 规则：

$$\text{accessPlan(R：relation，A：attribute list，P：select predicate)} =$$
$$\text{scan(R，A，P)}$$

产生一个扫描算子，访问包装程序中关系 R 的元组，应用选择条件 P，并投影到属性列表 A 上。因此，扫描算子由包装程序，而非组件 DBMS 实现。

考虑下面这个提交到中介程序 m 上的 SQL 查询：

```
SELECT ENAME,PNAME,DUR
FROM   EMPASG
WHERE  CITY="Paris" AND DUR>24
```

假设使用 GAV 方法，全局视图 EMPASG(ENAME，CITY，PNAME，DUR) 可以定义如下（为了简单起见，我们使用相应组件数据库的名称来作为关系的前缀）：

$$\text{EMPASG} = (db_1.\text{EMP} \bowtie db_2.\text{ASG}) \bigcup db_3.\text{EMPASG}$$

在使用 GAV 进行查询重写和优化后，基于算子的方法可以产生图 9.4 所示的 QEP。产生的计划显示：组件 DBMS 不支持的算子可以由包装程序或者中介程序实现。

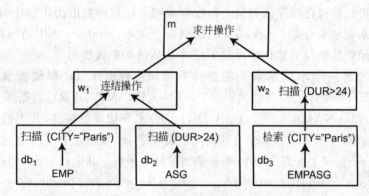

图 9.4　异构的查询执行计划

使用计划函数进行异构查询优化在多 DBMS 的环境下有很多优点。其一，计划函数提供了一种更为灵活的方式来准确地表达组件数据源的查询能力，特别是计划函数可以用来对非关系数据源，如万维网站点，进行建模。其二，规则是声明型的，这使包装程序的开发更加简单。包装程序开发中唯一重要的考虑因素就是实现特定的算子，如例 9.8 中 db_3 的扫描算子。最后，该方法可以很容易地集成到现有的集中式查询优化器中。

基于算子的方法已成功地应用在 DISCO 系统中，DISCO 是一种访问万维网上多数据库的多 DBMS 系统【Tomasic et al.，1996，1997，1998】。DISCO 使用 GAV 方法，并使用对象数据模型同时表示中介程序和组件数据库中的模式和数据类型。这种方式容许新组件数据库的进入，而且能够很容易地处理类型不匹配的情形。组件 DBMS 的查询能力定义为代数机的一个子集（包含常用的算子，如扫描、连结和求并集等），可以由包装程序、中介程序完全地或部分地支持。这给实现包装程序带来了很大的灵活性——可以决定在哪里支持组件 DBMS 的查询能力（在包装程序或中介程序）。此外，算子可以组合起来，并由特定的数据集所包含,从而反映组件 DBMS 的局限性。不过,因为使用了代数机以及算子组合,查询处理变得更加复杂了。在组件模式上的查询重写之后,还有三个步骤【Kapitskaia et al.,1997】。

(1) **搜索空间的生成**。查询被分解成一组 QEP,从而构成了查询优化的搜索空间。搜索空间的生成可以使用传统的搜索策略,如动态规划。

(2) **QEP 的分解**。每个 QEP 被分解成 n 个包装程序 QEP 的森林和一个组合 QEP。每个包装程序的 QEP 是初始 QEP 的最大子集,能够完全地由包装程序执行。包装程序不能处理的算子被上移到组合 QEP 中。在最终的结果中,组合 QEP 对包装程序 QEP 的结果进行融合———一般对包装程序产生的中间结果做并集或是连结操作。

(3) **代价估计**。每个 QEP 的代价使用层次化代价模型(见 9.4.1 节)进行估计。

9.4.3 自适应的查询处理

迄今为止讨论的多数据库查询处理在本质上都遵循传统查询处理的基本原则,即基于代价模型为某个查询产生最优的 QEP,进而执行产生的 QEP。这里有一项基本假设:多数据库查询优化器对查询的运行环境有足够的了解,可以产生高效的 QEP,而且查询运行的环境在执行期间不发生改变。对于在可控环境下只有少量数据源的多数据库查询,这个假设是合理的。然而,一旦环境不断变化,如数据源变多,运行条件难以预料的时候,这个假设就不再合理了。

例 9.9 考虑图 9.5 中的 QEP,包含分别位于站点 s_1、s_2、s_3 和 s_4 的关系 EMP、ASG、PROJ 和 PAY。中间有一个横杠的箭头表示,出于某种原因(如站点失效),站点 s_2(存储 ASG 的站点)在开始执行的时候不可用了。为了简化起见,我们假设基于迭代器执行模型对查询进行执行【Graefe and McKenna,1993】,在该模型中元组从最左边的关系取出。

由于站点 s_2 不可用,流水线因等待 ASG 元组而阻塞。不过,通过对计划进行重新地组织,可以使其他算子,如连结关系 EMP 和 PAY,在等待 s_2 的同时照常运行。

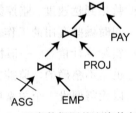

图 9.5 阻塞数据源的查询执行计划

这个简单的例子说明典型的静态计划不能处理数据源突然失效的情况【Amsaleg et al.,1996a】。另外一些更复杂的例子包括:持续查询【Madden et al.,2002b】、复杂谓词【Porto et al.,2003】,以及数据倾斜【Shah et al.,2003】。主要的解决策略是在查询处理的过程中添加一些自适应的策略,构成**自适应查询处理**(adaptive query processing)。自适应查询处理是一种动态的查询处理方式,在执行环境和查询优化程序之间存在着一个反馈闭路,能够对运行环境中的突发变化进行及时的反应。具体来说,查询处理系统被认为是自适应的条件是:系统可以从运行环境中接收信息,并根据接收到的信息以迭代的方式决定下一步的行为【Hellerstein et al.,2000】、【Gounaris et al.,2002b】。在多数据库系统的环境下,执行环境包括中介程序、包装程序和组件 DBMS。此时,包装程序要有收集组件 DBMS执行信息的能力。显然,这对于遗留 DBMS 来说是很难做到的。

本节首先给出自适应查询处理的一般性描述。然后,具体介绍一种 Eddy 方法【Avnur and Hellerstein,2000】,Eddy 方法为自适应查询处理技术提供了一个有效的架构。最后,我们探讨如何扩展 Eddy 方法。

9.4.3.1　自适应查询处理过程

在传统查询处理的基础上，自适应查询处理添加了三项功能：监控、评估，以及反应。在逻辑上，这些功能分别由查询处理系统中的传感器、评估组件和反应组件实现。这些组件可以内嵌在 QEP 的控制算子之中，如**交换算子**（Exchange）【Graefe and McKenna，1993】。监控是在一个时间窗口内测量某些环境参数，并将参数汇报给评估组件。后者分析报告的内容，设定一些阈值来触发自适应反应计划。最后，反应组件接收到反应计划，并在查询的执行上应用这些反应。

一般而言，自适应过程需要定义组件执行的频率，并需要在高收益所需的快速反应和自适应过程引起的额外开销之间进行权衡。自适应过程的一种通用表示方法是：$f_{adapt}(E, T) \rightarrow$ Ad，其中 E 是一组监控的环境参数、T 是一组阈值，Ad 是一组反应（可能为空）。元素 E、T 和 Ad 称为自适应元素，它们会因具体的应用而有所不同，其中最重要的因素是监控参数和自适应反应。下面使用【Gounaris et al.，2002b】中的表示方式对这两个因素进行探讨。

监控参数

监控查询运行的参数包括将传感器放在 QEP 的关键位置，同时定义传感器收集信息的观察窗口，在窗口规定的时间内传感器收集所需的信息。此外，需要通过定义好的通信机制将收集到的信息传递给评估组件。监控参数包括：

- 内存大小：监控可用内存大小的目的是使算子对内存的短缺或增加做出反应【Shah et al.，2003】。
- 数据到达速度：监控数据到达速度的变化可以使查询处理器在等待阻塞数据源的同时做些有用的工作。
- 实际统计信息：一般情况下，多数据库环境下的数据库统计信息即便都能够获取，也是不精确的。监控关系和中间结果实际的大小可以对 QEP 做出修正。这样就可以无需假设一个关系中多个属性谓词的选择率是互相独立的，转而计算实际的选择率数值。
- 算子执行代价：监控算子执行的实际代价，包括产生速度，以便对算子做更好的调度。此外，监控算子中队列的大小可以避免出现超负荷的状况【Tian and DeWitt，2003b】。
- 网络吞吐量：在包含远程数据源的多数据库查询处理中，监控网络吞吐量对定义数据检索块的大小很有帮助。在低吞吐量的网络中，系统会做出反应，使用更大的块来减少网络惩罚。

自适应反应

根据评估组件的决策，自适应反应对查询执行进行修改。重要的自适应反应包括：

- 改变调度：修改计划中 QEP 算子的次序。**查询重置**（Query Scrambling）【Amsaleg et al.，1996a】、【Urhan et al.，1998a】的反应方式是为计划 **改变调度**（change schedule），如：为了避免查询处理因阻塞的数据而停止，可以对例 9.9 中的 QEP 重新进行组织。Eddy 方法使用了更为精细的反应机制，可以基于单个的元组来调度算子。

- 算子置换：将一个物理算子替换为另一个等价的算子。例如，根据当前可用的内存，系统可以在嵌套连结和哈希连结之间做出选择。算子置换也可能改变查询计划，引入一个新的算子与之前的自适应反应输出的中间结果进行连结。例如，查询重置可能会引入一个新的算子来处理"改变调度"反应的连结操作。

- 算子行为：改变算子的物理行为。例如，对称哈希连结【Wilschut and Apers，1991】或起伏连结算法【Haas and Hellerstein，1999b】经常改变输入元组的内/外关系角色。

- 数据重划分：使用算子间并行的方式，可以通过多个节点动态地对关系重新进行划分。关系的静态划分可能会导致节点负载的不均衡。例如，按照所在的地理区域（即大洲）做信息划分可能会由于时差在同一天中产生不同的访问速度。

- 计划重组：使用一个新的 QEP 来替换低效的 QEP。优化程序考虑并在线收集实际的统计数据和状态信息，产生一个新的计划。

9.4.3.2　Eddy 方法

Eddy 方法提供了自适应查询处理的一种框架。该方法提出的背景是 Telegraph 项目，其目标是处理大量的在线数据，这些数据的输入速度是难以预料的，运行环境中也存在着扰动。为了表述简单，本节只考虑选择-投影-连结（SPJ）查询，其中选择算子可能会包含复杂谓词【Hellerstein and Stonebraker，1993】。输入 SPJ 查询产生 QEP 的第一步是从查询图 G 中计算一棵生成树。选择连结算法和关系访问方法时需重点考虑自适应性。一个 QEP 建模为元组 $Q = \langle D, P, C \rangle$，其中 D 为一组数据源，P 为算法关联的一组查询谓词，C 为执行必须遵守的一组有序约束。需要注明的是：可以按照不同的谓词顺序从 G 中导出不同的生成树，这些生成树都是有效的。方法不必在查询编译阶段找到最优的 QEP，而是一个元组一个元组地在线决定算子的次序（即完成元组路由选择）。完成 QEP 编译的过程需要添加一个 Eddy 算子（Eddy operator），该算子是 D 中数据源和 P 中查询谓词之间的一个 n 元物理算子。

例 9.10　考虑一个包含三个关系的查询 $Q = \sigma_p(R) \bowtie S \bowtie T$，其中连结为相等连结。假设仅能通过连结属性 T.A 上的索引访问关系 T。换言之，第二个连结只能是 T.A 上的索引连结。另外假设 σ_p 是一个代价很高的谓词（例如，在 R.B 取值上运行一个程序，在程序的运行结果上放置谓词）。基于这些假设，QEP 定义为 $D = \{R, S, T\}$，$P = \{\sigma_p(R), R \bowtie_1 S,$ $S \bowtie_2 T\}$，以及 $C = \{S \prec T\}$。约束 $\prec$ 基于 T.A 上的索引，强制 S 中的元组来探测 T 中的元组。

图 9.6 给出了一个使用 Eddy 方法为查询 Q 编译生成的 QEP。椭圆表示物理算子（即 Eddy 算子或是实现谓词 $p \in P$ 的算法）。计划的底部表示数据源。由于不存在扫描访问，T 仅能通过实现第二个连结操作的索引连结包装起来，因此 T 不表示为数据源。箭头表示流水线数据流，遵循生产者-消费者关

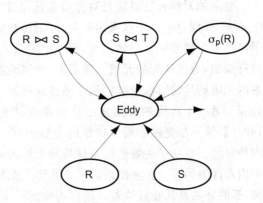

图 9.6　带有 Eddy 的查询执行计划

系。最后，从 Eddy 射出的箭头表示产生的元组输出。

Eddy 方法提供了精细的自适应性，它能够基于调度策略边执行边决定如何根据谓词对元组进行路由。在查询执行阶段，方法获取数据源中的元组，并将元组暂存在由 Eddy 算子管理的输入缓冲区内。Eddy 对数据源失效的反应方式是：简单地从另一个数据源中读取元组，并将之存放在缓冲区中。

Eddy 方法不再要求 QEP 中的谓词遵循固定的次序——这为数据源的选择带来了更大的灵活性。具体来说，Eddy 方法不使用固定的 QEP，而是按照计划约束条件和谓词处理历史，让每个元组都选择适合自己的执行路径。

基于元组的路由选择策略会产生新的 QEP 拓扑结构。Eddy 算子及其管理的谓词形成了一个环形的数据流——元组离开 Eddy 算子后由查询谓词进行处理；查询谓词反过来输出元组到 Eddy 算子中。元组离开环形数据流的情况只有两种：（1）元组被谓词剪掉；（2）Eddy 算子发现该元组能够满足所有的谓词。由于不存在固定的 QEP，每个元组都需要注册它能够满足的一组谓词。例如，在图 9.6 中，关系 S 中的元组满足两个连结谓词，但不满足谓词 $\sigma_p(R)$。

下面我们详细地介绍 Eddy 方法如何采用自适应的方式来决定连结的次序和调度。

自适应连结排序

固定的 QEP（产生于编译阶段）规定了连结的次序，明确了哪些关系可以通过连结算子进行流水。此时，查询执行的过程相对简单。Eddy 方法不采用固定的 QEP，因而会产生新的挑战：如何在不同关系的元组流入时，动态地对流水线中的连结算子进行排序。在理想的情况下，当某个连结关系中的元组到达时，该元组需要被送到一个连结算子（根据调度策略选择算子）上进行在线地处理。然而，大多数连结算法由于采用不对称的方式处理内外元组，因而不能在线地处理输入的元组。比如，考虑一个基本的哈希连结算法：在构建阶段，算法读取内关系中的所有元组，构造一个哈希表；在探测阶段，算法对外关系中的元组进行流水。因此，由于内关系元组存储在哈希表中，它们仅在哈希表构建完毕后，才有可能被在线地处理。与此类似，嵌套循环连结算法也是不对称的：内关系需要读取外关系中的每个元组。连结算法的不对称性使改变输入元组的内外角色变得十分困难。因此，为了放松连结次序，需要提出对称的连结算法，保证连结关系可以在不产生错误结果的前提下任意改变内外角色。

最早的对称连结算法是对称哈希连结【Wilschut and Apers，1991】。该方法使用两个哈希表，分别对应两个输入的关系，并对传统哈希连结算法的两个阶段，即构建和探测，进行了简单地交错使用。具体来说，当一个关系的元组到达时，算法对另一个关系对应的哈希表进行探测，寻找匹配的元组。接下来，将该元组添加到自身对应的哈希表中，以便另一个关系的元组到达时可以继续使用。通过这种方式，每个到达的元组都可以被算法在线地进行处理。另一个常用的对称连结算法是起伏连结算法（ripple join）【Haas and Hellerstein，1999b】，该算法是嵌套循环连结的一般形式，它会在查询执行的过程中不断地改变关系的内外角色。算法的主要想法是保持每个输入关系的探测状态：使用一个指针来指示本关系中用来探测另一个关系的最后一个元组。在每个切换点上，内外关系的角色发生变化。此时，新的外关系从指针位置开始向前探测一定数量的元组。另一方面，扫描内关系中从第一个到指针位置减一处的元组。外关系在每个阶段处理元组的个数可以用来计算切换率，并可自适应地进行监控。

通过使用对称连结算法，Eddy 可以通过基于元组的方式控制谓词处理的历史和约束条件，从而实现更为灵活的连结次序。实现控制的方式是为每个元组关联两组**进度标识位**（progress bits），分别表示该元组预备处理的谓词（称为"预备位"），以及已经处理完毕的谓词（称为"完成位"）。当 Eddy 算子读取元组 t 时，完成位都置为零，表示所有谓词都不附带次序约束；对于 t 需要满足的谓词，需要设置预备位集合。当处理完某个谓词时，设置相应的完成位，并更新预备位。当连结算子关联一对元组时，需要对它们的完成位求逻辑或，并求出新的预备位。通过将进度位和对称连结算法结合使用，Eddy 能够以自适应的方式对谓词进行调度。

　　自适应调度

对于任意元组，Eddy 需要自适应地从一组候选谓词中选择一个并将元组发送给该谓词。Eddy 中谓词的选择需要考虑两个基本因素：代价和选择率。衡量谓词代价的指标是消耗率（Consumption Rate）。之前介绍过：Eddy 算子将元组暂存在所有谓词共享的内部缓冲区内。代价低（快速）的谓词可以更快地完成工作，并从 Eddy 中申请新的元组。因此，低代价的谓词能够比高代价的谓词申请到更多的元组。不过，这种方式不考虑谓词的选择率。Eddy 的元组路由选择方法对此进行了补充：通过简单的**抽奖调度**（lottery scheduling）策略学习出谓词的选择率【Arpaci-Dusseau et al.，1999】。在谓词分配给某个元组时，该方法授予谓词一个奖券。一旦处理完元组并将它送回 Eddy 算子中，相应谓词的奖券数量减一。结合代价和选择率的标准很容易。Eddy 不断地在申请元组的谓词中进行抽奖，奖券数量最多的谓词赢得奖品，并得到调度的机会。

另一个有意思的问题是从缓冲区中选择待处理的元组。为了使查询处理停止，缓冲区中所有的元组都需要被处理。因此，元组调度上的差异能反映出用户对于输出元组的偏好。例如，Eddy 会倾向于已经置位的"完成位"个数较多的元组，使用户能够尽早地得到第一条结果。

9.4.3.3　Eddy 方法的扩展

Eddy 方法可以扩展的方向有很多。择优挑选（Cherry Picking）方法【Porto et al.，2003】使用上下文来取代基于奖券的简单调度策略。该方法可以在线地发现高代价谓词的输入属性值之间的关系，并以此为基础做自适应的元组调度。考虑一个查询 Q：D＝{R[A，B，C]}、P＝{σ_p^1(R.A)，σ_p^2(R.B)，σ_p^3(R.C)}，以及 C＝∅。查询处理的核心思想是将 P 中高代价谓词的输入属性值建模成一个超图 G＝(V，E)，其中 V 为 n 个节点划分的集合（n 为复杂谓词的个数）。每个划分对应 P 中的一个谓词中关系 R 的属性，每个节点对应该属性的一个取值。超边 e＝{a_i，b_j，c_k}表示关系 R 的一个元组。节点 v_i 的度表示 v_i 关联的超边的个数。使用这种建模方式，可以将高效处理的查询 Q 转化成尽快地剪掉 G 中的超边。

剪掉超边的条件是其中一个节点对应的取值已由 P 中的谓词处理完毕，并返回了逻辑假。此外，节点的度数隐式地表示了属性之间的关联。因此，一旦取值 v_i 上谓词处理的结果返回了逻辑假，v_i 的所有超边（即元组）都可以剪掉。针对这种建模方式，查询处理采用了一种自适应且内容相关的策略。该策略根据谓词对应节点的扇出对谓词处理的值进行调度。计算扇出的方法是：将超图 G 中该节点的度数乘以一个谓词选择率与谓词单一评价代价之间的比例。

　　另一个有意思的扩展是处理分布式输入数据流的分布式 Eddy 方法【Tian and DeWitt，2003b】。由于集中式的 Eddy 算子很容易变成瓶颈，人们提出了分布式的元组路由选择方法。每个算子基于元组历史记录(即完成位)以及从后续算子收集的统计信息来决定将元组发送到哪个算子中。在分布式环境下，每个算子可以运行在网络中的不同节点上，并维护一个队列存储输入元组。此时的查询优化问题需要考虑两个新的指标来度量流数据查询的性能：平均响应时间和最大数据率。

　　平均响应时间表示元组需要遍历计划中算子的平均时间；最大数据率表示系统在不过载的情况下能够承受的最大吞吐量。路由策略使用下列参数：算子的代价、选择率、算子输入队列的长度，以及算子发送元组的概率。将这些参数结合起来，能够实现高效的查询处理。使用算子代价和选择率可以保证代价低且选择率高的算子优先发送；队列长度提供了元组在队列中平均时间的信息。对算子队列长度进行控制可以使路由选择策略避免使用过载的算子。综上所述，通过支持路由选择策略，每个算子都能独立地做出路由决策，从而避免集中式路由带来的瓶颈问题。

9.5　查询翻译和执行

　　查询翻译和执行由包装程序调用组件 DBMS 来实施。包装程序对一个或多个组件数据库的细节进行封装，其中每个组件数据库由相同的 DBMS(或文件系统)支持。包装程序使用相同的接口向中介程序导出组件 DBMS 的查询能力和代价函数，它的一个主要用途是支持基于 SQL 的 DBMS 访问非 SQL 的数据库【Roth and Schwartz，1997】。

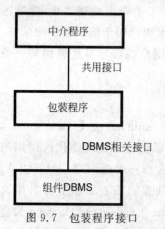

图 9.7　包装程序接口

　　包装程序的主要功能是在共用接口和 DBMS 相关接口之间进行转换。图 9.7 给出了中介程序、包装程序和组件 DBMS 之间不同层次的接口。需要说明的是：根据组件 DBMS 自治程度的不同，这三个组件可能位于不同的站点。例如，在强自治的情况下，包装程序应该位于中介程序站点，并很有可能在同一个服务器上。因此，包装程序和组件 DBMS 之间的通信可能带来网络开销。另一方面，在合作组件数据库(位于同一组织内部)的情况下，包装程序需要安装在组件 DBMS 的站点上——这点与 ODBC 驱动类似。因此，包装程序和组件 DBMS 之间的通信会更加高效。

　　实施转换所需的信息存储在包装程序的数据模式中，信息包括：以共用接口(如关系数据模型)导出到中介程序中的局部模式，局部模式和组件数据库模式之间的数据转换的模式映像。我们在第 4 章讨论了模式映像。这里需要两种类型的转换。第一，包装程序需要将中介程序生成的输入 QEP 翻译为组件 DBMS 上的调用，前者使用共用的接口而后者使用 DBMS 相关的接口。第二，包装程序将查询结果翻译为共用接口的格式，并将结果返回给中介程序以便集成。此外，包装程序可以执行组件 DBMS 不支持的操作(如，图 9.4 中包装

程序 w_2 的扫描操作）。

正如 9.4.2 节讨论到的，包装程序中的共用接口既可以是基于查询的，也可以是基于算子的。不过两种方法中的翻译问题基本类似。使用下面的例子说明查询翻译，这里考虑基于查询的方法，并使用 SQL/MED 标准：允许关系 DBMS 访问由包装程序局部模式中外部关系表示的外部数据。下面的例子来自【Melton et al. ,2001】，说明了如何包装一个非常简单的数据源，使其能够被 SQL 语言访问。

例 9.11　考虑存储在一个简单组件数据库中的关系 EMP(ENO,ENAME,CITY)，它存储在服务器 ComponentDB 中，并使用 UNIX 文本文件构建。每个 EMP 元组存储为文件中的一行，不同的属性之间用"："分割。在 SQL/MED 标准中，该关系局部模式的定义，以及关系到 UNIX 文件的映像可以通过下面的语句声明为一个外部关系：

```
CREATE FOREIGN TABLE EMP
        ENO INTEGER,
        ENAME VARCHAR(30),
        CITY VARCHAR(20)
SERVER ComponentDB
OPTIONS (Filename '/usr/EngDB/emp.txt', Delimiter ':')
```

进而，中介程序可以发送包装程序支持的访问方式到这个 SQL 语句上。例如，查询：

```
SELECT ENAME
FROM    EMP
```

可以由包装程序使用下面的 UNIX Shell 命令翻译，并抽取相关的属性：

cut ‑d: ‑f2 /usr/EngDB/emp

接下来，其他的进程，如类型转换，可以使用程序代码完成。

在大多数情况下，包装程序仅为只读查询所用，这使得查询的翻译和包装程序的构建相对简单。包装程序的构建一般依靠 CASE 工具，借助可重用的组件来生成大多数包装程序代码【Tomasic et al. ,1997】。此外，DBMS 供应商可以提供包装程序，以便透明地使用标准接口来访问 DBMS。不过，如果组件数据库上的更新操作需要包装程序（而不是组件 DBMS 本身）来完成，包装程序的构建会更为困难。核心的难点是共用接口和 DBMS 相关接口之间存在异构的完整性约束条件。正如第 5 章讨论的，完整性约束条件用来避免出现违背数据库一致性的更新操作。在现代 DBMS 中，完整性约束是显式的，表示为数据库模式中的一组规则。然而，在更老的 DBMS 或简单的数据源（如文件）中，完整性约束是隐式的，由应用程序中专门的代码实现。例如，在例 9.11 中，需要应用程序带有内嵌的代码来避免在 EMP 文本文件中添加一个与现有 ENO 重复的新行。这段代码对应于关系 EMP 的属性 ENO 上的唯一一码约束，该约束是包装程序所不支持的。因此，使用包装程序更新的核心问题是拒绝一切违背完整性约束的更新操作，无论是显式地还是隐式地，从而保证组件数据库的一致性。解决该问题的一种软件工程方法是依靠 CASE 工具，使用反工程技术来识别出应用中的隐式完整性约束，进而将约束翻译为包装程序中的代码【Thiran et al. ,2006】。

另一个主要的问题是包装程序的维护。查询翻译在很大程度上依靠组件数据库模式和局部模式之间的映像。如果组件数据库发生了变化，组件数据库模式发生了改变，映像可能会失效。例如,在例 9.11 中,管理员可能改变 EMP 文件中各域的次序。使用失效的映像可能使包装程序产生不正确的结果。由于组件数据库是自治的,识别和纠正失效查询十分重要。相应的技术是第 4 章中提到的映像维护方法。

9.6 本章小结

相比于紧耦合、同构的分布式系统,多数据库系统中的查询处理要复杂得多。除了分布式这一特点,组件数据库也可以是自治的,使用不同的数据库语言,具备不同的查询能力,并呈现出不同的行为特点。具体来说,组件数据库可从完全支持 SQL 的数据库变化到非常简单的数据源(如文本文件)。

针对上述问题,本章扩展和修改了第 6 章中的分布式查询处理的架构。在给定中介程序/包装程序架构下,我们抽象出三个主要的层次:查询由中介程序进行重写(从而支持局部关系)和优化,进而由包装程序和组件 DBMS 进行翻译和执行。同时,我们也讨论了如何在多数据库中支持 OLAP 查询,OLAP 查询是决策支持应用中的重要需求。此时需要一个附加的翻译层,将 OLAP 多维查询翻译为关系查询。多数据库查询这种层次化的架构足够一般性,可以应对不同的情形。在对不同的查询处理技术,特别是带有不同设计目标和假设的技术做出描述的过程中,该架构十分有用。

多数据库查询处理的主要技术包括:使用多数据库视图进行查询重写、多数据库查询优化和执行,以及查询翻译和执行。根据使用集成方法的不同,即 GAV 或是 LAV,使用多数据库视图进行查询重写的技术也会有所不同。在 GAV 情况下的查询重写与同构分布式数据库系统中的数据定位十分类似。另一方面,在 LAV(及其扩展形式 GLAV)情况下的技术则更加复杂,在很多时候不能为查询找到等价的重写规则,因此有必要产生结果的最大子集。多数据库查询优化技术包括:带有不同计算能力的组件数据库上的代价模型和查询优化。这些技术扩展了传统的分布式查询处理技术,对异构性更为关注。除了异构性,另一个重要的问题是处理组件 DBMS 的动态行为。自适应查询处理技术解决了这一问题,查询优化器在线地与执行环境进行通信,以保证对运行环境中难以预料的因素做出反应。最后,本章讨论了如何翻译查询使之被组件 DBMS 执行,以及如何生成和管理包装程序。

中介程序使用的数据模型可以是关系模型,可以是面向对象模型,甚至可以是半结构化数据模型(基于 XML)。为了表述简单,本章假设中介程序使用关系数据模型,该模型能够对多数据库查询处理技术加以解释。不过,在处理万维网数据源时,需要使用功能更强的中介程序模型,如面向对象模型或半结构化模型(如基于 XML)。这需要对查询处理技术做更多的扩展。

9.7 参考文献说明

多数据库查询处理的研究开始于 20 世纪 80 年代早期,当时开发了最早的一批多数据库系统(如【Brill et al.,1984】、【Dayal and Hwang,1984】和【Landers and Rosenberg,1982】)。当时的目标是访问同一组织内部不同的数据库。到了 20 世纪 90 年代,万维网的普及产生了访问各种类型数据源的需求,这激发了多数据库查询处理领域新的研究兴趣,产生了中介程序/包装程序架构【Wiederhold,1992】。一个多数据库查询优化的调研可见【Meng et al.,1993】。有关多数据库查询处理的讨论还可以参考:【Lu et al.,1992,1993】、第 4 章中的【Yu and Meng,1998】,以及【Kossmann,2000】。

使用视图进行查询重写的研究可见【Halevy,2001】。在【Levy et al.,1995】中,使用视图寻找重写这个一般性的问题可以证明为:针对视图的个数和查询中子目标的个数是 NP 完全的。展开技术是在 GAV 情况下使用 Datalog 表示查询重写的一种方法,由【Ullman,1997】提出。在 LAV 情况下使用视图进行查询重写的主要技术是桶算法【Levy et al.,1996b】、逆向规则算法【Duschka and Genesereth,1997】,以及 MinCon 算法【Pottinger and Levy,2000】。

异构代价模型的三种主要方法在【Zhu and Larson,1998】中进行了讨论。黑盒方法在【Du et al.,1992】、【Zhu and Larson,1994】中进行使用;定制化方法由【Zhu and Larson,1996a】、【Roth et al.,1999】、【Naacke et al.,1999】提出。动态方法在【Zhu et al.,2000】、【Zhu et al.,2003】和【Rahal et al.,2004】进行使用。

我们给出的异构查询优化中基于查询的方法在【Du et al.,1995】中提出。为了说明基于算子的方法,我们介绍了带有计划函数的策略,该策略在 Garlic 项目【Haas et al.,1997a】中提出。基于算子的方法也在多数据库系统 DISCO 中使用过,它被用来访问万维网上的组件数据库【Tomasic et al.,1996,1998】。

有关自适应查询处理技术的调研可见【Hellerstein et al.,2000】、【Gounaris et al.,2002b】。有关 Eddy 方法开创性的论文是【Avnur and Hellerstein,2000】。关于自适应查询处理另一个重要的技术是查询重置【Amsaleg et al.,1996a】、【Urhan et al.,1998a】、起伏连结【Haas and Hellerstein,1999b】、自适应划分【Shah et al.,2003】、Cherry picking 方法【Porto et al.,2003】。Eddy 方法最主要的扩展是状态建模【Raman et al.,2003】,以及分布式 Eddy 方法【Tian and DeWitt,2003b】。

解决包装程序构建和维护并考虑完整性约束的一种软件工程方法由【Thiran et al.,2006】提出。

练　　习

9.1**　任意类型的全局优化技术都可以在多数据库系统的全局查询上实施吗? 形式化地讨论并定义优化技术得以实施的条件。

9.2*　考虑一个市场营销应用,使用 ROLAP 服务器,位于站点 s_1 上。它需要从两个客户数据库中获取集成信息,这两个数据库都位于站点 s_2 上,并通过企业网络相连结。假设这个营销应用需要从万维网数据源中获取 10 个不同国家的城市中的客户信息。出于安全原因,站点 s_3 上设置一个万维网服务器来访问企业网络之外的万维网。提出一个多数据库系统架构,包含中介程序和包装程序,用来支持这个应用。讨论并验证你的设计选择。

9.3**　考虑全局关系 EMP(ENAME,TITLE,CITY)和 ASG(ENAME,PNAME,CITY,

DUR)。在 ASG 中的 City 属性是项目 PNAME 的位置（即 PNAME 函数决定 CITY）。考虑局部关系 EMP1(ENAME,TITLE,CITY)、EMP2(ENAME,TITLE, CITY)、PROJ1(PNAME,CITY)、PROJ2(PNAME,CITY)，以及 ASG1(ENAME, PNAME,DUR)。假设查询 Q 选择雇员的姓名，这些雇员被分配到位于"Rio de Janeiro"的项目中，任期大于等于 6 个月。

(1) 假设使用 GAV 方法，实施查询重写。

(2) 假设使用 LAV 方法，使用桶算法实施查询重写。

(3) 假设使用 LAV 方法，使用 MinCon 算法。

9.4* 考虑例 9.7 中的关系 EMP 和 ASG。我们使用 |R| 表示将关系 R 存储在磁盘上的页的个数。考虑下面的数据统计信息：

$$|\,EMP\,| = 1000$$
$$\|\,EMP\,\| = 100$$
$$|\,ASG\,| = 10\,000$$
$$\|\,ASG\,\| = 2000$$
$$selectivity(ASG.DUR > 36) = 1\%$$

中介程序上一般形式的代价模型是：

$cost(\sigma_{A=v}(R)) = |R|$

$cost(\sigma(X)) = cost(X)$，其中 X 包含至少一个算子。

$cost(R \bowtie_A^{ind} S) = cost(R) + |R| * cost(\sigma_{A=v}(S))$，使用一个索引连结算法。

$cost(R \bowtie_A^{nl} S) = cost(R) + |R| * cost(S)$，使用嵌套循环连结算法。

考虑 MDBMS 输入查询 Q：

```
SELECT  *
FROM    EMP,ASG
WHERE   EMP.ENO=ASG.ENO
AND     ASG.DUR> 36
```

考虑处理查询 Q 的四种计划：

$$P_1 = EMP \bowtie_{ENO}^{ind} \sigma_{DUR>36}(ASG)$$
$$P_2 = EMP \bowtie_{ENO}^{nl} \sigma_{DUR>36}(ASG)$$
$$P_3 = \sigma_{DUR>36}(ASG) \bowtie_{ENO}^{ind} EMP$$
$$P_4 = \sigma_{DUR>36}(ASG) \bowtie_{ENO}^{nl} EMP$$

(1) 计划 P_1 到 P_4 的代价都是多少？

(2) 哪个计划有最小的代价？

9.5* 考虑上个习题中的关系 EMP 和 ASG。现考虑中介代价模型由下面组件 DBMS 上的代价信息计算得到。

在 db_1 上访问 EMP 元组的代价为：$cost(\sigma_{A=v}(R)) = |\sigma_{A=v}(R)|$

在 D_2 中选择给定 ENO 的 ASG 元组的代价为：$cost(\sigma_{ENO=v}(ASG)) = |\sigma_{ENO=v}(ASG)|$

(1) 计划 P_1 到 P_4 的代价都是多少？

(2) 哪个计划有最小的代价？

9.6** 试比较异构查询优化的基于查询和基于算子方法的优缺点。从下面几个角度分析：

查询表达能力、查询性能、包装程序开发代价、系统(中介程序和包装程序)的维护和变化。

9.7** 考虑例 9.8,在一个新的站点上添加组件数据库 db_4,存储关系 EMP(ENO, ENAME,CITY)和 ASG(ENO,PNAME,DUR)。通过包装程序 w_3,db_4 导出了连结和扫描能力。假设 db_1 中雇员的分配信息在 db_4 中;db_4 中雇员的分配信息在 db_2 中。

(1) 定义包装程序 w_3 的计划函数。

(2) 给出全局视图 EMPASG(ENAME,CITY,PNAME,DUR)的新定义。

(3) 针对例 9.8 中相同的查询,给出一个 QEP。

9.8** 考虑三个关系表 R(A,B)、S(B,C),以及 T(C,D),同时考虑查询 Q (σ_p^1(R)$\bowtie_1$ S $\bowtie_2$ T),其中 $\bowtie_1$ 和 $\bowtie_2$ 是自然连结。假设 S 在属性 B 上有索引、T 在属性 C 上有索引。此外,考虑 σ_p^1 是一个高代价的谓词(即,在 R.A 的值上运行一个程序所产生的结果上的谓词)。使用 Eddy 方法进行自适应的查询处理,并回答下面的问题:

(1) 提出 Q 上的一组约束 C,产生基于 Eddy 的 QEP。

(2) 针对查询 Q,给出查询图 G。

(3) 使用 C 和 G,提出基于 Eddy 的 QEP。

(4) 提出使用状态模块的 QEP。讨论在 QEP 中使用状态模块带来的好处。

9.9** 提出一个数据结构来存储 Eddy 缓冲池中的元组,从而根据用户定义的偏好快速地选择下一个处理的元组。例如,尽快地产生第一条结果。

9.10** 基于 9.4.3.3 节中的择优选取方法,提出一个谓词调度算法。

第10章　事务管理介绍

至今为止,我们所考虑的基本访问原语都是查询。我们一直专注于介绍那些从分布式数据库中读取数据的检索性(只读)查询,而并未考虑更为复杂的情况,例如两个查询试图更新同一个数据,或者在执行查询的时候发生了系统故障等。以上两种情况对于检索性查询来说都不成为问题:首先,同一个数据项的值可以被两个检索性查询同时读取;其次,当系统故障处理完成之后,一个失败的检索性查询只需简单的重新执行一遍即可。而我们也不难发现,对于更新性查询来说,对这两种情况处理不当则有可能会对数据库造成灾难性的后果。我们不能在系统故障之后简单的重新执行一个更新性查询,这是因为,对于那些在故障发生之前就已经更新完成的数据项,如果通过重新执行查询而再一次被更新,那么数据库中就会存在不正确的数据。

在这里最核心的一点就是,我们并没有将"一致执行"与"可靠计算"引入到查询的概念中去。**事务**(transaction)是数据库系统中保证一致性与执行可靠计算的基本单位。当确定了查询的执行策略并将它翻译成数据库操作原语之后,我们将以事务为单位执行查询。

在上述讨论中,我们并没有严格地使用**一致**(consistent)与**可靠**(reliable)这两个术语。由于它们的重要性,我们有必要给予它们更严格的定义。首先,我们应区分**数据库一致性**(database consistency)与**事务一致性**(transaction consistency)这两个概念。

一个数据库处于**一致状态**,如果它服从定义于其上的所有一致性(完整性)限制(见第5章)。修改、插入、删除(统称为**更新**)都会造成状态的改变。当然,我们希望能保证数据库不会进入不一致状态。虽然在事务的执行过程中数据库有可能(事实上经常如此)暂时变得不一致,但重点在于当事务执行完毕之后数据库必须恢复成一致的状态(图 10.1)。

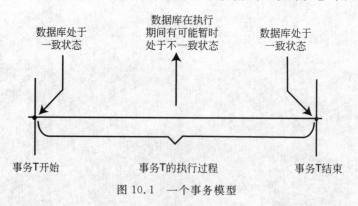

图 10.1　一个事务模型

另一方面,事务一致性涉及的是并发事务的行为。我们希望数据库能在多个用户同时访问(读或写)的时候保持一致状态。如果考虑数据库中的数据复制,那么对用户访问的处理会变得更为复杂。对于这样的复制数据库,如果一个数据项的所有拷贝都具有相同的值,那么我们称这个复制数据库是处于**相互一致状态**(mutually consistent state)。我们把这种情况称为**单拷贝等价**(one-copy equivalence),这是因为在事务执行结束时所有复制的拷贝都被强制处于同一个状态。除此之外,还有一些放松了的一致性限制条件,它们允许副本的值互不相同,这些将在第 13 章中加以讨论。

可靠性涉及系统对各种故障的**适应**(resiliency)能力及其从这些故障中**恢复**(recover)的能力。一个具有适应能力的系统可以容忍系统故障,并且在发生故障的时候能够继续提供服务。一个具有恢复能力的数据库管理系统可以在经过各种类型的故障之后依然处于一致状态(通过回退到前一个一致状态或者前进到一个新的一致状态)。

事务管理的任务是将数据库始终保持在一致状态,无论是存在并发访问,或是在发生系统故障时都应如此。在接下来的两章中,我们将要研究与管理事务相关的问题。而在这之后的第 13 章,我们会研究保证复制数据库的一致性的问题。本章的目的是定义基本的术语,并提供一个用于讨论上述问题的基本框架。这一章同样也是对事务管理及其相关问题的一个简明介绍。因此,我们会在一个较高的抽象层次讨论相关的概念,而不会涉及具体的技术。

本章的结构如下。接下来的一节中,我们将对事务的概念给出一个直观的形式化定义。在 10.2 节,我们将讨论事务的特性,以及每种特性对事务管理的意义。在 10.3 节,我们将介绍几种不同类型的事务。在 10.4 节,我们会重温在第 1 章中定义的体系架构模型,并指出使其支持事务处理所需要修改的地方。

10.1　事务的定义

【Gray,1981】指出,事务的概念源于合同法。他说道:"为了签订一个合同,两方或多方会进行谈判,直到达成一个共识。与这个共识一同产生的,是一份具有各方人员签名的文档或者是一个其他的行为(甚至简单到一个握手或者是一个点头)。如果这些人之间相互并不信任,或者仅仅是为了一种安全感,那么他们就会委派一个中间人(通常被称为第三方官员)来负责协调事务的责任分配。"这一带有史学意味的观点的动人之处在于,它的确概括了数据库系统中事务的**某些**基本特性(原子性和持久性),并且它也同时指出了事务与查询的区别。

如前所述,事务是一致性与可靠计算的基本单位。在直观上,一个事务会通过执行某个操作将数据库从一个版本变为一个新版本,由此造成了数据库的状态转移。就此而言,执行一个事务与执行一个查询所做的事情是类似的。但重要的不同在于,通过事务我们可以保证如果数据库在执行事务之前是一致的,那么它在执行事务之后依然是一致的,无论(1)这个事务是否与其他事务一起并行执行,还是(2)在执行过程之中是否发生了系统故障。

人们一般认为事务由作用于数据库上的读写操作序列和一些计算步骤组成。从这个意义上看,事务可以被看作是嵌入了数据库访问查询的程序【Papadimitriou,1986】。在事务的另一个定义中,它可以被看成是一个程序的单次执行【Ullman,1988】。一个单独的查询也可以被看成是执行事务的一个程序。

例 10.1　考虑如下的 SQL 查询。这一查询我们之前已经讨论过(例 5.20),其作用是将 CAD/CAM 项目的预算提高 10%:

UPDATE PROJ

```
SET     BUDGET=BUDGET * 1.1
WHERE   PNAME="CAD/CAM"
```

通过提供一个名字(如 BUDGET_UPDATE),我们可以用嵌入式 SQL 的表示方法将这个查询声明为一个事务:

```
Begin_transaction BUDGET_UPDATE
begin
   EXEC SQL      UPDATE PROJ
         SET     BUDGET=BUDGET * 1.1
         WHERE   PNAME="CAD/CAM"
end.                                                                   ◆
```

Begin_transaction 语句和 **end** 语句界定了事务的开始和结束。事实上,并不是所有的 DBMS 都强制使用这样的界定语句。如果不使用界定语句的话,那么 DBMS 会将访问数据库的一个完整的程序看作是一个事务。

例 10.2　在讨论事务管理的概念的过程中,我们将用机票预订系统来取代前 9 章使用的那个例子。在实际生活中,这一类系统几乎时时刻刻都在利用着事务管理的概念。我们假设 FLIGHT 关系记录着每次航班的信息,CUST 关系记录着每位顾客的信息,FC 关系记录着具体哪一位顾客预订了哪一次航班。这些关系的定义如下(我们用带下划线的属性表示关系的主码):

```
FLIGHT(FNO,DATE,SRC,DEST,STSOLD,CAP)
CUST(CNAME,ADDR,BAL)
FC(FNO,DATE,CNAME,SPECIAL)
```

上述关系的各个属性在数据库模式中的定义如下：FNO 代表航班号,DATE 代表航班的日期,SRC 和 DEST 代表出发地和目的地,STSOLD 代表航班上已经售出的座位数量,CAP 代表航班的最大乘客数量,CNAME 代表顾客的名字,顾客的地址记录在 ADDR 中,账户余额记录在 BAL 中,SPECIAL 记录着顾客在预订机票时的一些特殊需求。

考虑一个典型的机票预订系统的简化版本。在这个简化版本中,旅行代理通过输入航班号、日期和顾客的名字来预订一个航班。通过用嵌入式 SQL 的表示方法,可以将完成这一功能的事务写为:

```
Begin_transaction Reservation
begin
   input(flight_no,date,customer_name);                               (1)
   EXEC SQL UPDATE FLIGHT                                             (2)
         SET     STSOLD=STSOLD+1
         WHERE   FNO=flight_no
         AND     DATE=date;
   EXEC SQL INSERT                                                    (3)
         INTO    FC(FNO,DATE,CNAME,SPECIAL)
         VALUES (flight_no,date,customer_name,null);
   output("reservation completed")                                    (4)
```

```
end.
```

我们来解释一下这个例子。首先,虽然使用了嵌入式 SQL,但这里并没有特别严格的使用它的语法。小写字母写成的单词表示程序变量,大写字母写成的单词表示数据库中的关系、属性和 SQL 语句。数值常量的意义不变,不过字符串常量都加上了双引号。加粗的单词表示宿主语言中的关键字,null 表示空字符串。

这个事务所做的第一件事(行(1))是输入航班号、日期和顾客的名字。行(2)将对应航班的已售出座位数加一。行(3)向 FC 关系中插入一个元组。我们在这里假设该顾客的信息已经存在于数据库中了,因此无需再向 CUST 关系中插入一条新记录。行(3)中的关键字 null 表示该顾客对航班没有特殊需求。最后,行(4)将事务的执行结果返回到旅行代理的终端上。 ◆

10.1.1 事务的终结条件

对于例 10.2 中的订票事务应该何时终结,我们有一个隐含假设,即：假设总是存在空余的座位,不考虑由于缺少座位而造成的事务失败。但这一假设与实际情况并不完全吻合,因此它会影响事务的正常终结。

我们将在第 12 章中看到,无论执行的过程成功与否,事务总应该能够终结。如果事务成功地完成了它的任务,我们称这个事务已**提交**(commit);如果事务没有完成任务却中途停止了,我们称它已**取消**(abort)。我们将会在接下来的章节中看到,事务会由于多种原因被取消。对于我们的机票预订系统的例子来说,这个原因应该是出现了阻止订票事务成功完成的情况(比如要预订的航班上已经不存在空余座位——译者)。此外,死锁等其他原因也会令 DBMS 将事务取消。当事务被取消的时候,所有正在执行的动作都会停止,所有已经执行过的动作都将**反做**(undo),数据库会回退到执行该事务之前的状态。这一过程被称为**回滚**(rollback)。

提交的重要性有两个方面。首先,提交命令会通知 DBMS,令其将事务的所有效果都反映在数据库中,这样该事务对于访问数据库中相同数据项的其他事务就是可见的了。其次,事务提交的那一刻被称为“不可返回点”,提交的事务的所有执行结果都会**永久**保留在数据库中,无法再进行反做。关于提交命令的实现,我们将在第 12 章讨论。

例 10.3 我们回到那个机票预订系统的例子。我们没有考虑的一点是,要预订的航班上可能不存在任何空余座位。为了处理这种情况,预订事务要按照如下方式重写：

```
Begin_transaction Reservation
begin
  input(flight_no, date, customer_name);
  EXEC SQL SELECT STSOLD,CAP
        INTO   temp1,temp2
        FROM   FLIGHT
        WHERE  FNO=flight_no
        AND    DATE=date;
  if temp1=temp2 then
  begin
```

```
        output("no free seats");
        Abort
    end
    else begin
      EXEC SQL UPDATE FLIGHT
              SET     STSOLD=STSOLD+1
              WHERE   FNO=flight_no
              AND     DATE=date;
      EXEC SQL INSERT
              INTO    FC(FNO,DATE,CNAME,SPECIAL)
              VALUES (flight_no, date, customer_name, null);
      Commit;
      output("reservation completed")
      end
    end-if
  end.
```

在这个版本中,第一条 SQL 语句取出 STSOLD 和 CAP 的值并放在 temp1 和 temp2 这两个变量中。接下来,我们比较这两个值,以便判断是否还有空余座位。如果没有空余座位,事务将会取消;反之,事务会更新 STSOLD 的值,然后向 FC 关系中插入一条新元组,用以表明该座位已经售出。　　　　　　　　　　　　　　　　　　　　　　　　　　　　◆

这个例子中有如下几点是需要强调的:第一,显而易见,如果没有空余座位,那么事务就会被取消[①];第二,对于取消和提交命令,用户得到输出的顺序是不同的。事务取消的原因可以是由于应用程序的逻辑(正如本例的情况),也可以是由于死锁或系统故障。事务取消时,用户可以在 DBMS 得到取消的消息并做出反应之前就获得通知;而在提交时,为了保证可靠性,用户必须在 DBMS 成功完成提交命令之后再获得通知。我们将会在 10.2.4 节和第 12 章中对这些进行进一步的讨论。

10.1.2　事务的特性

考虑前面给出的那个例子。在这个例子中,事务会读取或者写入某些数据,而这正是事务最基本的特性。事务读取的数据项集合构成了它的**读集**(read set,RS);类似的,事务写入的数据项构成了它的**写集**(write set,WS)。一个事务的读集和写集不一定是互斥的,它们的并集称为**基集**(base set,BS=RS∪WS)。

例 10.4　考虑例 10.3 中的机票预订事务(Reservation)。在这个事务的定义中,插入(insert)语句对应着一组写操作,于是上述三个集合的定义如下:

```
RS[Reservation]={FLIGHT.STSOLD, FLIGHT.CAP}
WS[Reservation]={FLIGHT.STSOLD, FC.FNO, FC.DATE,
                 FC.CNAME, FC.SPECIAL}
BS[Reservation]={FLIGHT.STSOLD, FLIGHT.CAP,
```

---

① 我们假定航空公司不会进行超额预订,这样我们的预订事务也不必检查这种情况。

FC.FNO, FC.DATE, FC.CNAME, FC.SPECIAL}

需要注意的是,由于在执行 SQL 查询的过程中会访问 FLIGHT. FNO 和 FLIGHT. DATE,因此将它们加入到 Reservation 的读集中也是合理的。

为了简洁,我们以静态数据库为基础来讨论事务管理的概念。静态数据库本身不会增长或者缩小,因此我们仅需基于读和写操作来描绘事务的特性,而不用考虑插入和删除操作。而动态数据库就必须处理所谓的**幻影**(phantom)问题,下面我们以一个例子来进行说明。考虑事务 T_1,它的功能是在 FC 表中查找那些对配餐有特殊需求的顾客的名字,然后得到一组符合查找条件的顾客的 CNAME。在 T_1 执行的同时,另一个事务 T_2 向 FC 表中插入了含有配餐需求的元组,然后提交给系统。如果在执行过程中 T_1 再次发出与刚才相同的查询请求,那么它能得到的 CNAME 集合就会与最初得到的不相同。这样,数据库中就出现了"幻影"元组。在本书中,我们不再对幻影问题做更多的讨论;关于它的详细介绍请见【Eswaran et al. ,1976】和【Bernstein et al. ,1987】。

还需指出,我们在这里所说的读和写操作都是抽象的操作,它们与物理上的 I/O 原语并没有直接的联系——比如,读操作可能会对应着一系列的访问索引结构和物理数据页的读原语。读者应将这里的读和写看作语言上的原语,而不是操作系统的原语。

10. 1. 3　事务的形式化定义

至此,我们已经把事务的含义直观的解释清楚了。如果要对事务及事务管理算法的正确性做严格推导的话,我们必须要对相关概念给出形式化的定义。我们将事务 T_i 的、作用于数据库实体 x 的一系列操作 O_j 表示为 $O_{ij}(x)$。根据前面的定义,$O_{ij} \in \{read, write\}$。每一个操作都是**原子的**(atomic),即它们在执行的时候都是不可见的单元。我们用 OS_i 来表示 T_i 中的所有操作,即 $OS_i = \bigcup_j O_{ij}$。我们用 $N_i \in \{abort, commit\}$[①]来表示 T_i 的终结条件。

使用上面的术语,我们可以将事务 T_i 定义为操作和终结条件所构成的偏序集。偏序集 $P = \{\Sigma, <\}$ 通过非自反、可传递的二元关系集合 $<$ 定义了 Σ(称为**域**(domain))中元素的次序。就我们而言,Σ 包含了事务的操作和终结条件,而 $<$ 定义了这些操作的执行顺序(称为"优先执行顺序")。于是可以将事务 T_i 形式化地定义为偏序集 $T_i = \{\Sigma_i, <_i\}$,并且:

(1) $\Sigma_i = OS_i \bigcup \{N_i\}$。

(2) 对于任意两个操作 $O_{ij}, O_{jk} \in OS_i$,如果对任意数据项 x,有 $O_{ij} = R(x)$ 或 $W(x)$,并且 $O_{ik} = W(x)$,那么就有 $O_{ij} <_i O_{ik}$ 或者 $O_{ik} <_i O_{ij}$。

(3) $\forall O_{ij} \in OS_i, O_{ij} <_i N_i$。

第一个条件将组成事务的读写操作以及终结条件(提交或是取消)形式化的定义为偏序集的域;第二个条件定义了相冲突的读写操作之间的顺序关系;第三个条件表明,终结条件必须位于所有其他操作之后。

这个定义中有两点需要强调。首先,序关系 $<$ 是可以任意指定的,定义中并未试图建立它,它实际上是和应用相关的。其次,第二个条件表明,冲突操作的顺序必须在 $<$ 中存在。两个操作 $O_i(x)$ 和 $O_j(x)$ 是**冲突的**,其条件为当 $O_i = Write$ 或 $O_j = Write$(即至少其中一个是

---

① 从现在起,我们用 R、W、A 和 C 来分别代表读(Read)、写(Write)、取消(Abort)和提交(Commit)操作。

写操作，并且它们都访问同一个数据项）。

例 10.5 考虑一个简单的事务 T，它由如下步骤组成：

Read(x)

Read(y)

x←x+y

Write(x)

Commit

根据我们之前介绍的形式化符号，这个事务可以表示如下：

$$\Sigma = \{R(x), R(y), W(x), C\}$$
$$< = \{(R(x), W(x)), (R(y), W(x)), (W(x), C), (R(x), C), (R(y), C)\}$$

这里 (O_i, O_j) 是 < 中的元素，表示 $O_i < O_j$。　◆

注意，根据事务定义的第三个条件，序关系确定了每个操作相对于终止条件的顺序。同样也要注意我们并没有为每一对操作定义它们之间的序关系，这也是我们称其为**偏序**的原因。

例 10.6 例 10.3 中建立的预订事务更加复杂一些。依据座位的有效与否，这个事务存在两个可能的终止条件。起初我们可能会觉得这是与事务的定义相矛盾的，因为在事务的定义中，一个事务只能有一个终止条件。但是我们需要记得，一个事务是一段程序的执行过程，而对于任何一个执行过程来说，最终只有两个终止条件的其中之一会出现。因此，这个事务要么会取消，要么会提交。使用形式化符号，上面第一种情况可以表述为：

$$\Sigma = \{R(STSOLD), R(CAP), A\}$$
$$< = \{(O_1, A), (O_2, A)\}$$

而第二种情况可以表述为：

$$\Sigma = \{R(STSOLD), R(CAP), W(STSOLD),$$
$$W(FNO), W(DATE), W(CNAME), W(SPECIAL), C\}$$
$$< = \{(O_1, O_3), (O_2, O_3), (O_1, O_4), (O_1, O_5), (O_1, O_6), (O_1, O_7), (O_2, O_4),$$
$$(O_2, O_5), (O_2, O_6), (O_2, O_7), (O_1, C), (O_2, C), (O_3, C), (O_4, C),$$
$$(O_5, C), (O_6, C), (O_7, C)\}$$

这里我们定义 $O_1 = R(STSOLD)$，$O_2 = R(CAP)$，$O_3 = W(STSOLD)$，$O_4 = W(FNO)$，$O_5 = W(DATE)$，$O_6 = W(CNAME)$，并且 $O_7 = W(SPECIAL)$。　◆

将事务定义为偏序关系的好处是，它可以与**有向无环图**（directed acyclic graph，DAG）关联起来：事务可以看作是一个有向无环图，其中顶点代表事务的操作，边代表给定的两个操作之间的序关系。这在讨论多个事务的并发执行（第 11 章）并通过图论中的理论工具来验证其正确性的时候是非常有用的。

例 10.7 在例 10.5 中讨论的事务可以由图 10.2 中的有向无环图来表示。注意我们没有将由传递性隐含推导出来的序关系所对应的边画在图上，即使它们是 < 中的元素。　◆

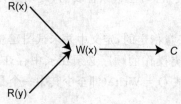

图 10.2　事务的有向无环图表示

在大多数情况下，我们并没有必要将偏序关系所对应的域单独拿出来进行说明。因此，通常我们在事务的

定义中省略 Σ,并用操作名称的顺序来代表偏序关系。这一方法相对来说更加方便,因为它与之前的表示方法相比更加直接。例如,我们可以将例 10.5 中的事务定义如下:

$$T = \{R(x), R(y), W(x), C\}$$

而不是使用之前那个更长的定义。我们会在接下来的章节中使用这种改进的方式。

10.2　事务的性质

通过上面的讨论,我们已经可以清楚地了解事务的概念了。之前的章节中我们曾说过,事务是一致的和可靠的计算单元,但一直没有对这个论述给出过解释。这正是本节所要做的。事务的一致性和可靠性是由它的四个性质决定的:(1)原子性(atomicity),(2)一致性(consistency),(3)隔离性(isolation),(4)持久性(durability)。它们统称为事务的 ACID 性质。在后面我们会指出,这四个性质通常并不是互相独立而是互相依赖的。接下来的几个小节中,我们依次对它们进行讨论。

10.2.1　原子性

事务的**原子性**(atomicity)是指事务是操作的基本单元,即:事务的所有动作要么全被执行,要么就一个都不执行。这也被称为"all-or-nothing"性质。注意我们现在已经把原子性的概念从单独的一个个操作扩展到整个事务了。如果一个事务的执行过程被某种故障所打断,那么事务的原子性就要求 DBMS 能够响应这个故障,并能够决定如何将事务从中恢复回来。当然,这里有两种恢复方式:要么完成余下的操作,要么反做所有已经完成的操作。

事务在执行时会遇到两种故障。第一种故障是由输入数据错误、死锁等原因造成的。在这种情况下,事务要么自己将自己取消(如例 10.2),要么在死锁等情况出现的时候由 DBMS 将其取消。在这种故障下维护事务的原子性的操作称为**事务恢复**(transaction recovery)。第二种故障通常源于系统瘫痪,例如存储介质故障、处理器故障、通信线路损毁、供电中断等。在这种情况下保障事务的原子性的操作称为**瘫痪恢复**(crash recovery)。上述两种故障的一个重要区别是,在某些系统瘫痪故障中,存储在易失性存储器中的信息可能会丢失或不可访问。这两类恢复操作属于处理可靠性问题的一部分,对于这一问题,我们将在第 12 章中进行详细讨论。

10.2.2　一致性

事务的**一致性**(consistency)指的就是它的正确性。换句话说,一个事务就是能够正确的将数据库从一个一致状态变换到另一个一致状态的程序。验证一个事务是否具有一致性是完整性实施所涉及的工作(见第 5 章)。而如何保证事务的一致性是并发控制机制的目标,我们将在第 11 章进行讨论。

事实上,还有另一种一致性的分类方式,与上面讨论的这种类似,并且同样重要。这种分类方式将数据库划归到 4 个一致性层级中【Gray et al.,1976】。在下面的定义中,**脏**(dirty)数据指的是事务在提交之前更新过的数据。基于此,4 个一致性级别定义如下(摘自上述原始论文)：

　　3 级：事务 T 符合 **3 级一致性**(degree 3 consistency)，如果：

　　(1) T 不会覆盖(overwrite)其他事务产生的脏数据；

　　(2) 在执行完所有写操作(即事务结束(EOT))之前，T 不会提交任何写操作；

　　(3) T 不会读取其他事务产生的脏数据；

　　(4) 在 T 执行完成之前，其他事务不会将已经由 T 读取的数据弄脏。

　　2 级：事务 T 符合 **2 级一致性**(degree 2 consistency)，如果：

　　(1) T 不会覆盖其他事务产生的脏数据；

　　(2) 事务结束之前，T 不会提交任何写操作；

　　(3) T 不会读取其他事务产生的脏数据。

　　1 级：事务 T 符合 **1 级一致性**(degree 1 consistency)，如果：

　　(1) T 不会覆盖其他事务产生的脏数据；

　　(2) 事务结束之前，T 不会提交任何写操作。

　　0 级：事务 T 符合 **0 级一致性**(degree 0 consistency)，如果：

　　(1) T 不会覆盖其他事务产生的脏数据。

　　显然，高级别的一致性包含低级别的一致性。将一致性分为多个级别的目的是为了让程序员可以灵活的定义不同级别的事务。这样的话，即使某个事务运行在 3 级一致性级别上，其他某些低级别的事务依然可以(按照需求)看到它所产生的脏数据。

10.2.3　隔离性

　　隔离性(isolation)是事务的一种属性，它要求任何事务在任何时候所见到的数据库都是一致的。换句话说，在提交之前，一个执行中的事务不能向其他并发事务透露其执行结果。

　　保证隔离性的一个原因在于，我们需要维护事务之间的一致性。例如，如果两个并发的事务访问同一个数据项，并且这个数据项的值由其中一个事务进行了更新，那么(如果不保证隔离性的话)我们并不能保证第二个事务可以读取到正确的值。

　　例 10.8　考虑如下的两个并发事务(T_1 和 T_2)，它们都会访问数据项 x。假设在这两个事务执行之前 x 的值是 50。

$$T_1: Read(x) \qquad T_2: Read(x)$$
$$x \leftarrow x+1 \qquad\qquad x \leftarrow x+1$$
$$Write(x) \qquad\quad Write(x)$$
$$Commit \qquad\qquad Commit$$

下面是执行两个事务所产生的一种可能的操作序列：

$T_1: Read(x)$

$T_1: x \leftarrow x+1$

$T_1: Write(x)$

$T_1: Commit$

$T_2: Read(x)$

$T_2: x \leftarrow x+1$

T_2：Write(x)

T_2：Commit

在这种情况下,事务的执行结果不会出现问题。T_1 和 T_2 会按照顺序先后执行,T_2 读取到的 x 的值为 51。注意,如果 T_2 先于 T_1 执行,那么读取到 51 的就会是 T_1。也就是说,如果 T_1 和 T_2 先后执行(无论顺序如何),第二个事务读取到的 x 的值一定为 51,并且 x 的最终的值一定为 52。不过,由于两个事务是并发执行的,如下的操作序列同样有可能出现:

T_1：Read(x)

T_1：x←x+1

T_2：Read(x)

T_1：Write(x)

T_2：x←x+1

T_2：Write(x)

T_1：Commit

T_2：Commit

这种情况下,事务 T_2 读取到的 x 的值为 50——这是错误的,因为在 T_2 读取 x 的值的时候,x 理应已经从 50 变到了 51。进一步地,由于 T_2 的写操作会覆盖 T_1 的写操作,两个事务运行结束后 x 最终的值为 51。

在上面的例子中,第二种执行序列的执行效果就像 T_1 被丢掉了一样[①],因此这种问题被称为**遗失更新**(lost updates)问题。如果我们禁止其他事务看到不完整的结果,就可以解决这一问题,从而保证事务的隔离性。这种隔离性被称为**游标稳定性**(cursor stability)。保证隔离性的第二个原因是为了处理**级联式取消**(cascading aborts):假设一个事务允许其他事务看到不完整的结果,那么如果它在提交之前将自己取消的话,其他读取过它的不完整结果的事务也都必须取消。这个取消的链条会很容易的增长到非常大,从而给 DBMS 带来非常重的额外负担。

我们可以从隔离性的角度来看待上一节讨论过的一致性级别的概念(由此也可以看出隔离性和一致性之间的关系)。随着一致性级别的升高,事务之间的隔离性也在不断升高。0 级一致性提供非常有限的隔离性,仅能防止遗失更新问题的出现。不过,由于事务会在整体完成之前就提交写操作,因此如果在一些写操作提交到磁盘之后出现了一个取消操作,那么所有提交并更新过的数据项就必须进行反做。不仅如此,由于在这一级别上的事务产生的脏数据是可以被其他事务访问的,因此如果一个事务产生了取消操作,那么所有相关的事务也必须都取消。2 级一致性可以避免这种级联式取消的出现。3 级一致性会强迫两个互相冲突的事务中的一个等待另一个执行完毕再执行,因此可以提供完全的隔离性。这样的执行序列是**严格的**,我们将在下一章中继续讨论。很显然,隔离性与数据库的一致性是直接相关的,因此它是研究并发控制机制时所要涉及的主题。

---

① 一个更具戏剧性的例子可以是这样的。假设 x 是你的银行账户,T_1 表示你向你的账户里存钱的事务,T_2 表示你的配偶在另一个分行从这个账户向外取钱的事务。那么如果如同例 10.8 那样的事情现在发生了,T_1 好像丢失了一样,那么你一定会非常的不高兴。另一方面,如果丢失的事务是 T_2,那么银行也会疯掉的。类似的,我们也可以用之前考虑过的订机票的例子来说明这一问题。

作为 SQL2（又称为 SQL-92）标准的一部分，ANSI 定义了一系列的隔离性层次【ANSI，1992】。SQL 的隔离性层次是根据 ANSI 所谓的**现象**（phenomena）来定义的。"现象"表示隔离性未被保证时出现的后果，下面列举出由 ANSI 定义的三个现象。

脏数据读取：由之前的定义可以知道，脏数据读取指的是读取那些在事务提交之前被修改过的数据项的值。考虑这样一种情况：事务 T_1 修改了一个数据项，在它提交或取消之前，另一个事务 T_2 又读取了该数据项。这样的话，如果 T_1 执行了取消，那么 T_2 会读到一个根本不曾存在于数据库中的值。这一现象的精确表述[1]如下（下标代表事务的标识）：

$$\cdots, W_1(x), \cdots, R_2(x), \cdots, C_1（或 A_1）, \cdots, C_2（或 A_2）$$

或

$$\cdots, W_1(x), \cdots, R_2(x), \cdots, C_2（或 A_2）, \cdots, C_1（或 A_1）$$

不可重复读取或模糊读取：假设事务 T_1 读取了一个数据项，紧接着事务 T_2 修改或删除了这个数据项并且进行了提交，那么如果 T_1 在这之后又再次读取这个数据项的话，它要么会读取出一个不一样的值，要么就什么都读不到。也就是说，同一个事务 T_1 的两次读取操作会得到不同的结果。这一现象的精确表述如下（角标代表事务的标号）：

$$\cdots, R_1(x), \cdots, W_2(x), \cdots, C_1（或 A_1）, \cdots, C_2（或 A_2）$$

或

$$\cdots, R_1(x), \cdots, W_2(x), \cdots, C_2（或 A_2）, \cdots, C_1（或 A_1）$$

幻影：之前我们定义过幻影这个概念。幻影出现的条件是：T_1 用某个谓词（predicate）进行一个检索，同时 T_2 正好在向数据库中插入符合这个谓词的元组。这一现象的精确表述如下：

$$\cdots, R_1(P), \cdots, W_2（符合 P 的元组 y）, \cdots, C_1（或 A_1）, \cdots, C_2（或 A_2）$$

或

$$\cdots, R_1(P), \cdots, W_2（符合 P 的元组 y）, \cdots, C_2（或 A_2）, \cdots, C_1（或 A_1）$$

我们可以基于上述现象将隔离性级别定义如下，而定义多个隔离性级别的目标与定义多个一致性级别的目标是相同的。

- **读取未提交数据**：在这一级别执行的事务所有三个现象都可能发生。
- **读取已提交数据**：模糊读操作和幻影现象是可能发生的，但是脏数据读取现象却不可能发生。
- **可重复读取**：只有幻影现象是可能发生的。
- **异常可串行化**：上述三个现象都不可能发生。

对于第四个层次，ANSI SQL 的标准称之为"可串行化"而不是"异常可串行化"。而可串行化级别（其精确定义将在下一章中给出）是不能仅由上述三个现象完整定义的，因此我们在这里还是称这个级别为"异常可串行化"【Berenson et al.，1995】。SQL 的隔离性级别和上一节中定义的四个一致性级别的关系也在【Berenson et al.，1995】中进行了讨论。

在商业产品中，一个广为实现的非可串行化隔离性层次就是所谓的**快照隔离**（snapshot isolation）【Berenson et al.，1995】。快照隔离支持可重复读取，但它并不是可串行化隔离。

---

[1] 这一现象的精确表述来源于【Berenson et al.，1995】。作者指出，相对于该文献中给出的所谓的**不精确解释**（loose interpretations），这种表述是更加恰当的。

在这种隔离性中,每个事务在启动的时候都会"看"到当前数据库的一个快照,而之后的读和写操作全都是作用在这个快照上的——因此这一事务的写操作对于其他事务来说是不可见的,而它也同样看不到其他事务的写操作。

10.2.4　持久性

持久性指的是,如果一个事务已经提交,那么它产生的结果就是永久的,这一结果不能从数据库中抹去。也就是说,DBMS 会保证事务的运行结果不受之后的系统故障的影响。这就是为什么在例 10.2 中我们一定要让事务先执行完毕再通知用户。持久性会引入**数据库恢复**(database recovery)的问题,即:如何让数据库恢复到所有提交动作所反映的一致状态。这一问题将在第 12 章中讨论。

10.3　事务的类型

在实际中,人们根据应用的不同提出了多种事务模型。支持 ACID 性质是这些模型的共同目标,但是实现它所使用的算法和技术却各有不同。在一些情况下,我们需要放松 ACID 性质的一些限制,这样的话会避免去处理一些问题,但也同样会引入新的问题。在本节中,我们概略性的介绍一下人们已经提出的一些事务模型,然后介绍一下我们将要在第11 章和第 12 章中专注讨论的问题。

我们可以根据一系列的条件将事务分成多种类型。第一个条件是事务的持续时间。按照这个条件,我们将事务分成**联机的**(online)或**批量的**(batch)【Gray,1987】。这两类事务又被称为**短期**(short-life)事务和**长期**(long-life)事务。联机事务的特点是:执行或响应时间非常短,并且只访问数据库的一小部分。这种事务覆盖了实际应用中的大部分情况,例如银行业务相关的事务和预定航班相关的事务等。

另一方面,批量事务需要更长的时间来执行(其响应时间通常是以分钟、小时、甚至是天来计算的),并且会访问数据库的一大部分。常见的需要使用批量事务的应用有:设计数据库、统计程序、报告生成程序、复杂查询以及图像处理。沿着这一维度,我们还可以定义一种**对话式**(conversational)事务,它可以一边与用户进行互动,一边根据互动的结果来执行。

人们提出另一种事务的分类方式是以读操作和写操作的组织方式为根据的。目前为止,我们所考虑过的示例事务中都没有对读操作和写操作有特定的顺序要求。我们称这样的事务为**通用**(general)事务。如果限定所有读操作都必须在任何写操作之前执行,那么这样的事务就称为**两步**(two-step)事务【Papadimitriou,1979】。类似的,如果限定在更新(写)一个数据项之前必须先读出它的值,这样的事务称为**有限制**(restricted)事务(或**先读后写**(read-before-write)事务)【Stearns et al.,1976】。如果事务既是两步的,又是有限制的,它就称为**有限制两步**(restricted two-step)事务。人们还提出了事务的**动作模型**(action model)【Kung and Papadimitriou,1979】,将有限制的事务进行进一步限制:每一个<读,写>对必须作为一个原子单元来执行。以上这种分类方式的示意见图 10.3。这个图中,通用性是从下到上递增的。

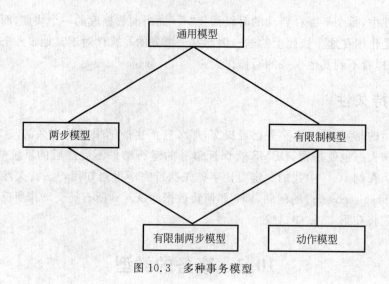

图 10.3　多种事务模型

例 10.9　下面是几个例子,用以说明上面提到的模型。注意我们省略了声明和提交命令。

通用事务:
$$T_1: \{R(x), R(y), W(y), R(z), W(x), W(z), W(w), C\}$$

两步事务:
$$T_2: \{R(x), R(y), R(z), W(x), W(z), W(y), W(w), C\}$$

有限制事务(注意 T_3 必须在写 w 之前读取它的值):
$$T_3: \{R(x), R(y), W(y), R(z), W(x), W(z), R(w), W(w), C\}$$

两步有限制事务:
$$T_4: \{R(x), R(y), R(z), R(w), W(x), W(z), W(y), W(w), C\}$$

动作模型(注意在方括号中的每一个动作对都必须按照一个原子单元来执行):
$$T_5: \{[R(x), W(x)], [R(y), W(y)], [R(z), W(z)], [R(w), W(w)], C\}$$

事务也可以按照它们的结构来分类。我们按照复杂性从低到高将事务分为四种大的类别:**平面事务**(flat transaction)、**封闭式嵌套事务**(closed nested transaction)【Moss,1985】、**开放式嵌套事务**(open nested transaction)【Garcia-Molina and Salem,1987】、**工作流模型**(workflow model)。其中工作流模型在某些情况下是多个嵌套形式的组合。目前,这种分类方式是无可争议的主流,因此我们将在接下来对它进行详细讨论。

10.3.1　平面事务

平面事务有一个起始点(Begin_transaction)和一个结束点(End_transaction)。本节所有例子中的事务都是属于这一类型的,并且实际上大部分的数据库事务管理工作也都是针对这一类型的事务的。在本书中,虽然我们会讨论多种类型的事务的管理技术,但这种事务模型始终是我们的重点。

10.3.2　嵌套事务

在另外一种可供选择的事务模型中,一个事务是可以包含其他具有单独的起始点和提交点的事务的。我们将这类事务称为**嵌套事务**(nested transaction),并将嵌入在其他事务中的事务称为**子事务**(subtransaction)。

例 10.10　我们扩展一下例 10.2 中的机票预订的例子。大多数旅行代理都会在预订机票的时候提供订酒店和租车等附加服务。如果将所有这些事情都放在一个事务中的话,订票事务就会是下面这个样子的:

```
Begin_transaction Reservation
begin
    Begin_transaction Airline
        ...
    end. {Airline}
    Begin_transaction Hotel
        ...
    end. {Hotel}
    Begin_transaction Car
        ...
    end.{Car}
end.
```
◆

作为一种更加一般化的事务概念,嵌套事务越来越引起了人们的兴趣。嵌套的层次通常是开放的,也就是说,我们同样允许子事务嵌套子事务。对于那些具有比一般的数据处理更加复杂的事务的应用领域来说,这样的一般性是非常必要的。

按照这种分类方式,我们根据不同的终止特性来区分**封闭式**嵌套和**开放式**嵌套。封闭式嵌套事务【Moss,1985】以一种自底向上的方式进行提交,因此一个嵌套子事务会在它的双亲事务**之前**开始,并在其**之后**结束,它的提交是双亲事务进行提交的先决条件。封闭式嵌套事务的这种性质可以导致最顶层的原子性。开放式嵌套放松了顶层原子性的限制,因此一个开放式嵌套事务允许它的未执行完全的部分结果可以在事务之外被观察到。Saga【Garcia-Molina and Salem,1987; Garcia-Molina et al.,1990】和分离事务(split transaction)【Pu,1988】是开放式嵌套的两个例子。

Saga 是"一个可以掺杂其他事务的事务序列"【Garcia-Molina and Salem,1987】。DBMS会保证:要么 Saga 中所有的事务都成功完成,要么会基于未完成的执行过程运行一系列的**补偿事务**(compensating transaction)【Garcia-Molina,1983; Korth et al.,1990】。一个补偿事务会有效的反向执行关联给它的事务。例如,如果一个事务向银行账户增加了 100 美元,那么它的补偿事务就会从相同的账户中减少 100 美元。如果将一个事务看作是一个能把旧的数据库状态变为新的数据库状态的函数,那么补偿事务就是这一函数的反函数。

Saga 的两个性质如下:(1)只允许有两层嵌套;(2)在外层事务中,系统不支持完全的原子性。因此,Saga 与封闭嵌套事务的不同之处在于:它的层级结构更加受限(只有 2 层),并且它是开放的(即它所包含的事务或子 Saga 的不完整的执行结果是对外可见的)。不仅如此,组成 Saga 的事务必须以线性方式执行。

Saga 的概念如今已经被扩展并且融入到了一个更泛化的、用于处理长期事务和多步骤活动的模型中【Garcia-Molina et al.,1990】。该模型最基础的概念是一个把用来完成给定任务的各个代码段集成在一起并在执行过程中访问数据库的模块。这个模块(在某个层次上)被构建为一个子 Saga,通过由端口出入的消息来与其他子 Saga 进行通信。组成 Saga 的事务可以并行执行。这一模型是多层的,每向上一层,抽象的层次也增加一层。

嵌套事务的优点如下。首先,它们提供了事务之间的高层并发性。由于一个事务由很多其他事务组成,在一个单独的事务之内的并发性有可能更高。例如,如果例 10.10 中的机票预订事务被实现为一个平面事务,那么它不可能并发的访问某个指定航班的记录。换句话说,如果一个旅行代理人对某个制定航班发起了一个机票预订事务(这个事务还包含预订酒店和租车等活动),那么其他希望访问该航班的数据的并发事务就必须等待这个事务全部终结之后才能开始执行。但如果使用嵌套的方式的话,其他事务可以在航班子事务执行完之后就可以访问航班数据。换句话说,使用嵌套可以在并发事务之间进行更细粒度的同步。

嵌套事务的每一个子事务都可以独立的从故障中恢复,将故障的影响限制在事务的一小部分之内,从而减小故障恢复的开销,这是嵌套事务所具有的第二个优点。在平面事务中,如果任何一个操作失败了的话,整个事务就必须取消并重启;而在嵌套事务中,如果一个操作失败了,只有包含该操作的那个子事务需要取消和重启。

最后,如果我们想基于已有事务建立一个新事务的话,只需要将已有事务插入到新事务中即可。

10.3.3　工作流

平面事务可以很好地表达那些相对简单或较短的活动,但并不适合复杂或较长的活动。这正是我们引入各种嵌套事务的原因。不过人们认为这种扩展方式在表达商业活动方面并不足够强大:“从数十年的数据处理经验中,我们认识到我们并没有赢得对复杂的企业数据的建模和自动化的战争”【Medina-Mora et al.,1993】。为了满足这一需要,人们提出了将开放式嵌套和封闭式嵌套融合在一起的更复杂的事务模型。但称其为“事务”是不合理的,因为这种模型难以满足任何的 ACID 性质——人们提出的一个更贴切的名字是“**工作流**”【Dogac et al.,1998b】、【Georgakopoulos et al.,1995】。

遗憾的是,人们对“工作流”这个名称的实际含义并没有清晰和统一的认识。一个目前可行的定义是:工作流是“为完成某个商业过程而组织起来的一组**任务**”【Georgakopoulos et al.,1995】。但这种定义依然含有很多尚未定义的概念——这些概念在不同的环境下会有着不同的含义,因此认识上的不清晰和不统一就是无法避免的了。目前人们指定了三种工作流的类型【Georgakopoulos et al.,1995】。

(1) **面向人类的工作流**:在处理任务的时候,这种工作流包含了人的因素。系统会对人类之间的协同与合作提供支持,但是人们必须自己来保证数据库动作的一致性。

(2) **面向系统的工作流**:这种工作流是由那些计算密集并且可以由计算机来执行的特定任务组成的。系统对这种工作流的支持是最全面的,包括并发控制、故障恢复、自动任务执行、通知等。

(3) **事务型工作流**:这种工作流融合了面向人类的和面向系统的两种工作流,并且同时具有这两方面的特性。组成事务型工作流的元素是“互相协同执行的多个任务,这些任务或者(a)包含人类的工作,或者(b)会请求对 HAD(即异构性(heterogeneous)、自治性(autonomous)、分布式(distributed))系统的访问,或者(c)针对单独的任务或者整个任务流,可以有选择的支持事务的四个性质(即 ACID 性质)”【Georgakopoulos et al.,1995】。

本书主要介绍事务型工作流。目前已经有了很多事务型工作流的提案【Elmagarmid et al.，1990；Nodine and Zdonik，1990；Buchmann et al.，1982；Dayal et al.，1991；Hsu，1993】，它们之间有诸多不同，但有一点是相同的：工作流被定义为一个**活动**，这个活动由一系列明确了优先关系的任务组成。

例 10.11　我们进一步扩展机票预订事务的那个例子（即例 10.3）。整个预订的活动所包含的任务和数据如下：

- 获取客户（Customer）请求（任务 T_1），并通过 Customer 数据库获取客户的基本信息、爱好等；
- 通过访问 Flight 数据库，执行机票预订任务（T_2）；
- 执行酒店预订任务（T_3），这可能会包括向酒店发送一条信息等活动；
- 执行租车任务（T_4），这同样可能包含与汽车租赁公司进行沟通等活动；
- 生成账单（T_5），并且将账单的信息记录在账单数据库中。

如图 10.4 所示，T_2 和 T_1 间以及 T_3、T_4 和 T_2 间都有依存关系；不过 T_3 和 T_4（酒店预订和租车）可以并发的执行，而 T_5 需要等待它们运行结束才能运行。　　　　　　　　◆

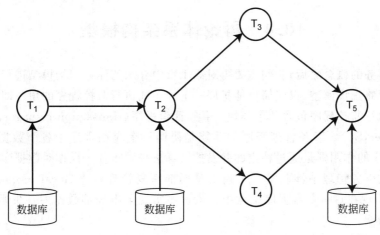

图 10.4　工作流示例

一些工作流模型在这个基本模型的基础上更进了一步：它们或者将任务定义得更精确，或者可以为任务分配不同的关系。接下来，我们定义一个近似于【Buchmann et al.，1982】和【Dayal et al.，1991】所提出的模型。

我们将一个工作流定义为一个具有开放式嵌套语义的**活动**，这种开放式嵌套语义允许未完成的结果在活动范围之外也是可见的。因此，组成该活动的任务（组件任务）可以单独提交。这里的"任务"可以是其他的活动（具有相同的开放式嵌套语义），也可以是封闭式嵌套事务，允许其结果在提交之后对于整个系统都是可见的。虽然一个活动可以由其他活动或封闭嵌套事务组成，一个封闭嵌套事务只能由其他的封闭嵌套事务组成（即，当一个封闭嵌套语义开始的时候，该任务的所有组成部分都会保持这个语义）。

在所有组件任务都准备完毕可以提交的时候，一个活动才能提交。不过，每一个组件任务都是可以单独提交的，而不用等待根活动的提交。由于一个活动取消的时候其所有的组件任务也都必须取消，因此所有已经提交的活动都会涉及一个如何处理取消操作的问题。

这也是为什么我们要为每一个活动定义一个补偿事务的原因。如果一个活动需要取消,但是它的一个组件任务已经提交,那么系统就会通过执行相应的补偿事务来"反做"这个活动产生的影响。

一个活动的某些组件任务有可能被标记为"**紧要**"。当一个紧要的组件任务取消的时候,它的双亲活动(即工作流)也要取消;但是当一个非紧要的组件任务取消时,工作流是依然可以继续运行的。例如,在例 10.11 的预订任务流中,我们可以将 T_2(机票预订)和 T_3(酒店预定)设置为紧要的,这时如果机票预订或酒店预定中的任何一个无法完成的时候,整个工作流就会取消。但是,如果是租车任务无法提交的话,工作流依然可以继续执行并成功终止。

我们可以定义一个所谓的"**应急性任务**",用于在对应的任务执行失败时执行。例如,在上述预订的例子中,我们可以指定"在 Hilton 酒店订房间"的任务的预防性任务是"在 Sheraton 酒店订房间"。这样,如果"在 Hilton 酒店订房间"这个组件任务运行失败的话,我们就会将"在 Sheraton 酒店订房间"作为一个备用任务来执行,而不是将预订酒店的任务以至于将整个工作流取消掉。

10.4　再论体系架构模型

介绍了事务的概念之后,我们需要再对第 1 章中介绍的体系架构模型进行进一步讨论。我们并不需要修正该模型,仅仅简单地扩展一下分布式执行监控程序的角色即可。

分布式执行监控程序包含两个模块:事务管理程序(transaction manager,TM)和调度程序(scheduler,SC)。事务管理程序的功能是协调一个应用程序中各个数据库操作的执行,而调度程序的作用则是通过特定的并发控制算法来同步各个操作对数据库的访问。

在分布式事务管理中涉及第三个模块是局部恢复管理程序(local recovery manager,LRM),它会出现在每一个数据库站点中。该程序实现了将局部数据库从失败状态恢复到一致状态的功能。

每一个事务都会起源于某一个站点,称这个站点为**起源**站点。一个事务中所有数据库操作之间的协调工作都是由起源站点上的 TM 来负责的。

事务管理程序为每一个应用程序提供了一系列的接口:Begin_transaction(事务开始)、Read(读)、Write(写)、Commit(提交)以及 Abort(取消)。接下来我们在抽象层次上介绍这些命令在无复制的(non-replicated)分布式 DBMS 中的执行过程。为了简便起见,我们忽略并发事务的执行调度以及数据是如何在物理上被数据处理程序接收等问题。这些设定可以让我们将注意力集中在 TM 的接口上面。这些执行过程的细节会在第 11 章和第 12 章中介绍,而针对有复制的分布式数据库的情况,我们会在第 13 章中介绍。

(1) Begin_transaction(事务开始):这是一个给 TM 的信号,表示新的事务开始了。TM 会在数据处理程序的协助下做一些记录,包括事务的名称、发起这个事务的应用程序等。

(2) Read(读):如果即将读取的数据项是在本地存储的,那么它的值就会返回给事务;否则的话,TM 就会定位这个数据项,并通过恰当的并发控制方法请求存储它的站点返回它的值。

（3）Write（写）：如果即将写入的数据项是在本地存储的，那么 TM 就会在数据处理程序的协助下对它的值进行更新；否则的话，TM 就会定位这个数据项，并且通过恰当的并发控制方法请求存储它的站点对它进行更新。

（4）Commit（提交）：给定一个事务，TM 会协调各个相关站点对数据项进行永久的更新。

（5）Abort（取消）：TM 需要确保事务的影响不会反映到任何在本事务中产生数据更新的站点上。

为了支持这些服务，一个事务管理程序需要与位于相同或不同站点上的调度程序和数据处理程序进行通信，具体见图 10.5。

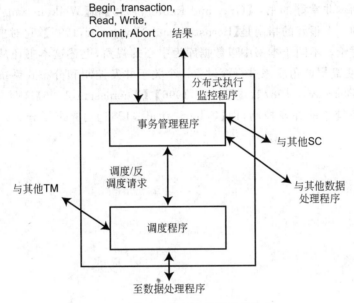

图 10.5　分布式执行监控模型的细节

正如我们之前在第 1 章指出的，我们介绍的体系架构模型只是我们为了教学而提出的一个抽象化的模型。它可以让我们把事务管理中的问题一个个提取出来做单独的讨论和处理。第 11 章中，我们将会专注于介绍 TM 和 SC 之间的接口，以及调度算法。在第 12 章，我们会考虑提交和取消两种操作在分布式环境下的执行策略，以及由恢复管理程序实现的故障恢复算法。在第 13 章，我们会将讨论扩展到有数据复制的数据库上去。需要指明的是，我们在这里介绍的计算模型并不是唯一的一种，人们也提出了其他的一些模型，例如为每个事务使用一个私有的工作空间等。

10.5　本 章 小 结

在本章中，我们介绍了事务的概念。事务是对数据库进行一致、可靠的访问的基本单元。如其基本属性所示，作为一个比较大的原子执行单元，事务负责将数据库从一个一致状态转移到另一个一致状态。而其基本属性又决定了事务管理的一些需求，这也是接下来的两章的主题。为了满足一致性,我们需要对完整性限制进行定义(我们已经在第 5 章中定义过了),并且需要并发控制算法(第 11 章的主题)。并发控制也会处理隔离性的问题。事务的持久性和原子性需要可靠性的支持,我们会在第 12 章中进行介绍。特别的,持久性是由各种不同的提交协议和提交管理方法所实现的,而为了满足原子性,我们需要开发恰当的恢复协议。

10.6　参考文献说明

自从 DBMS 成为一个重要的研究领域以来,事务管理即成为大量研究工作的课题。关于这一课题有两本非常好的书:【Gray and Reuter,1993】和【Weikum and Vossen,2001】。对于这两本书的一个很好的指南是【Bernstein and Newcomer,1997】,它对事务处理原理进行了更深入的讨论。不同于本书中以数据库为中心的视角,上述这本书还从事务处理和事务监控程序的、更高层的角度来进行探讨。一个关于并发控制和分布式系统的可靠性的很好的论文集是【Bhargava,1987】。【Kumar,1996】、【Thomasian,1996】这两本书从性能方面介绍了集中式系统中的并发控制,而【Cellary et al.,1988】则介绍了分布式系统中的并发控制。

第 11 章　分布式并发控制

我们在第 10 章中讨论过,并发控制用于处理事务的隔离性和一致性。正如在 10.2.2 节中定义的那样,一个分布式 DBMS 的并发控制机制可以保证数据库在多用户、分布式环境下的一致性。如果要求事务严格一致(即事务不违反任何一致性限制),那么最简单的办法是一个接一个的、单独的执行每一个事务。显然,由于系统的吞吐量会被最小化,这种方法只有理论上的意义,不会应用于实际的系统中。并发级别(即并发事务的数量)或许是一个分布式系统中最重要的参数【Balter et al.,1982】。因此,并发控制机制试图在保证数据库的一致性和高并发性上找到一个合适的平衡点。

在这一章中,我们做两个假设:第一,分布式系统是完全可靠的,不会有任何的故障(无论硬件上的还是软件上的);第二,数据库没有复制(replicated)。这些假设在实际中是不现实的,但它们可以让我们在讨论并发管理的时候不必考虑维护一个可靠的分布式系统所涉及的问题、也不必考虑管理数据库副本所涉及的问题。在第 12 章中,我们讨论应该怎样改进本章出现的这些算法,使得它们可以应用于不可靠的环境。在第 13 章中,我们讨论副本管理的相关问题。

我们以 11.1 节中对可串行化理论的演示为起点开始对并发控制进行讨论。可串行化是一个最被广泛接受的保证并发控制正确性的条件。在 11.2 节中我们会提出一系列的算法,它们是本章中余下部分讨论的基础。11.3 节和 11.4 节讲的是两类主要的算法:基于锁的和基于时间戳顺序的,它们都属于所谓的悲观(pessimistic)算法;而乐观(optimistic)的并发控制会在 11.5 节中讨论。任何基于锁的算法都会有死锁的问题,因此需要不同的特殊方法对死锁进行管理,这就是 11.6 节的主题。在 11.7 节中,我们讨论"放松的"(relaxed)并发控制方法。这些方法或者使用相对于可串行性而言更弱一些的正确性条件,或者将事务的隔离性进行放松。

11.1　可串行化理论

在 10.1.3 节中,我们讨论过互相隔离的事务的相关问题。我们也指出过,如果通过并发执行一组事务而将数据库转换到某个状态,而这个状态又可以以某种顺序串行执行来达到,那么诸如遗失更新等问题就会被解决。这正是可串行化的含义。本节余下的部分会形式化的讨论可串行化的问题。

一个**历史**(history) R(也被称为一个**调度**(schedule))定义在一组事务 T={T₁,T₂,…,Tₙ}之上,并指定了这些事务的操作的交错执行顺序。基于 10.1 节对事务的定义,历史可以定义为 T 上的偏序集。不过在给出形式化定义之前,我们还需要一些预备知识。

回想一下我们在第 10 章中给出的冲突操作的定义。两个操作 $O_{ij}(x)$ 和 $O_{kl}(x)$(i 和 k 均代表事务,而且不一定要不同)如果访问了相同的数据库条目 x,并且它们中的任意一个是写操作,那么它们就是**冲突**的。注意这个定义中的两点。第一,读操作是不会互相冲突的,冲突的类型只可能有两种:读-写(或写-读)冲突和写-写冲突。第二,两个操作既可以属于相同的事务,也可以分别属于不同的事务。在后一种情况下,我们称这两个事务也是冲突的。在直观上,两个操作相冲突表明它们之间的执行顺序是很重要的,而两个读操作的顺序是不重要的。

我们首先定义**完整历史**(complete history),它为其中的所有操作定义了执行的顺序。我们还将定义一个完整历史的前缀历史。形式上讲,定义在一个事务的集合 $T = \{T_1, T_2, \cdots, T_n\}$ 之上的一个完整历史 H_T^c 是一个偏序集 $H_T^c = \{\Sigma_T, \prec_H\}$,其中:

(1) $\Sigma_T = \bigcup\limits_{i=1}^{n} \Sigma_i$。

(2) $\prec_H \supseteq \bigcup\limits_{i=1}^{n} \prec_{T_i}$。

(3) 对于任意两个冲突操作 $O_{ij}, O_{kl} \in \Sigma_T$,或者 $O_{ij} \prec_H O_{kl}$,或者 $O_{kl} \prec_H O_{ij}$。

第一个条件表明历史的域是每一个单独的事务的域的并集。第二个条件表明历史的顺序关系是每一个单独的事务的顺序关系的超集,这保证了每一个事务之中的操作顺序。最后一个条件定义了 H 中冲突操作的执行顺序。

例 11.1　考虑例 10.8 中的两个例子:

T₁: Read(x)　　　　T₂: Read(x)
　　x←x+1　　　　　　x←x+1
　　Write(x)　　　　　Write(x)
　　Commit　　　　　　Commit

一个在 $T = \{T_1, T_2\}$ 上的可能的完整历史 H_T^c 是一个偏序集 $H_T^c = \{\Sigma_T, \prec_T\}$,其中:

$$\Sigma_1 = \{R_1(x), W_1(x), C_1\}$$
$$\Sigma_2 = \{R_2(x), W_2(x), C_2\}$$

因此:

$\Sigma_T = \Sigma_1 \bigcup \Sigma_2 = \{R_1(x), W_1(x), C_1, R_2(x), W_2(x), C_2\}$
$\prec_H = \{(R_1, R_2), (R_1, W_1), (R_1, C_1), (R_1, W_2), (R_1, C_2), (R_2, W_1), (R_2, C_1), (R_2, W_2),$
$\quad (R_2, C_2), (W_1, C_1), (W_1, W_2), (W_1, C_2), (C_1, W_2), (C_1, C_2), (W_2, C_2)\}$

并且它可以表示为图 11.1 中的有向无环图。注意,根据我们之前的约定(见例 10.7),我们没有将能通过传递性推导出来的边画在图上(比如 (R_1, C_1))。

通常,我们会将历史表示为 Σ_T 上的一个操作序列,它们的执行顺序就对应于它们在序列中的顺序。这样,H_T^c 可以表示为:

$$H_T^c = \{R_1(x), R_2(x), W_1(x), C_1, W_2(x), C_2\}$$

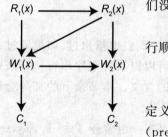

图 11.1　一个完整历史的
　　　　　有向无环图表示

一个历史可以定义为完整历史的前缀。偏序集的前缀可以定义如下。给定偏序集 $P = \{\Sigma, \prec\}$,$P' = \{\Sigma', \prec'\}$ 是一个**前缀**(prefix),如果:

(1) $\Sigma' \subseteq \Sigma$;

(2) $\forall e_i \in \Sigma', e_1 \prec' e_2$,当且仅当 $e_1 \prec e_2$;

(3) $\forall e_i \in \Sigma'$,如果 $\exists e_j \in \Sigma$ 且 $e_j \prec e_i$,那么 $e_j \in \Sigma'$。

前两个条件将 P' 定义为 P 的在 Σ' 上的有限版本,P 中的序关系要在 P' 中得到维持。最后一个条件表明,对于 Σ' 中的任意一个元素,它在 Σ 中的所有前导元素也要包含在 Σ' 中。

我们将历史定义为偏序集的前缀,那么这样的定义可以给我们带来什么呢?答案是:这可以帮助处理不完整的历史。这一点非常有用,原因有很多。从可串行化理论的角度来看,我们只需要处理事务中互相冲突的操作,而不是所有操作。更进一步的(或许更重要的)是,如果我们在之后引入故障的因素,我们就需要去处理不完整的历史,而这正是前缀可以做的事情。

例 11.1 中讨论的历史是一种特殊的情况:它是完整的。这是因为我们需要一个完整的历史来讨论两个事务的操作的执行顺序。下面的例子展示了一个不完整的历史。

例 11.2 考虑如下的三个事务:

$$T_1:Read(x) \qquad T_2:Write(x) \qquad T_3:Read(x)$$
$$\quad Write(x) \qquad \quad Write(y) \qquad \quad Read(y)$$
$$\quad Commit \qquad \quad Read(z) \qquad \quad Read(z)$$
$$\qquad\qquad\qquad\quad Commit \qquad \quad Commit$$

这三个事务的完整历史 H^c 见图 11.2,它们的历史 H(即 H^c 的前缀)见图 11.3。

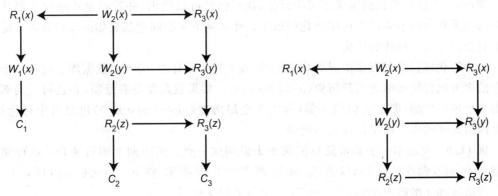

图 11.2 一个完整历史 　　　　图 11.3 图 11.2 中完整历史的前缀

在一个完整历史 H 中,如果多个事务的操作没有交错(即同一个事务的操作是连续出现的),我们就称这个历史是**串行**(serial)的。正如我们之前指出的那样,串行执行一组事务可以保证数据库的一致性。这可以很自然的由事务的一致性特性推导出来:如果一个处于一致状态的数据库中每一个事务都是单独执行的,那么这个数据库总是一致的。

例 11.3 考虑例 11.2 中的三个事务。下面的这个历史是串行的,因为 T_2 的所有操作都在 T_1 之前执行,并且 T_1 的所有操作都在 T_3 之前执行[①]。

$$H = \{\underbrace{W_2(x),W_2(y),R_2(z)}_{T_2},\underbrace{R_1(x),W_1(x)}_{T_1},\underbrace{R_3(x),R_3(y),R_3(z)}_{T_3}\}$$

更常用的表示事务执行的前导关系的方式是 $T_2 \rightarrow T_1 \rightarrow T_3$,而不是更形式化的 $T_2 \prec_H T_1 \prec_H T_3$。 ◆

基于由偏序引入的前导关系,我们可以从执行效果的角度来讨论历史的等价性。直观上讲,假设两个历史 H_1 和 H_2 定义于同样的事务集合 T 上,如果对于任何两个相冲突的操

---

① 从现在起,我们通常省略历史中的提交操作。

作 O_{ij} 和 O_{kl}($i \neq k$)来说,只要 $O_{ij} \prec_{H_1} O_{kl}$ 就有 $O_{ij} \prec_{H_2} O_{kl}$,那么 H_1 和 H_2 就是**等价**(equivalent)的。上面所说的这种等价性是依据冲突操作的执行顺序来定义历史的等价性的,因此我们称它为**冲突等价性**(conflict equivalence)。这里,为了简便起见,我们假设 T 不包含取消了的事务,否则我们就需要修改定义,规定只考虑非取消的事务的冲突操作。

例 11.4 再次考虑例 11.2 中的三个事务。定义在这三个事务上的历史 H' 与例 11.3 中的 H 是冲突等价的:

$$H' = \{W_2(x), R_1(x), W_1(x), R_3(x), W_2(y), R_3(y), R_2(z), R_3(z)\}$$

现在,我们可以更准确地定义可串行化了。一个历史 H 是**可串行化的**(serializable),当且仅当它与一个串行的历史冲突等价。注意,可串行化大致对应于第 3 级的一致性(我们在 10.2.2 节中定义过)。这样定义的可串行化是基于冲突等价的,因此它又被称为**基于冲突的可串行性**(conflict-based serializability)。

例 11.5 例 11.4 中的历史 H' 是可串行化的,这是因为它与例 11.3 中的 H 冲突等价。我们也要注意,例 10.8 中 T_1 和 T_2 的执行结果不可预料,是因为它们会产生一个不可串行化的历史。　　　　　　　　　　　　　　　　　　　　　　　　　　　　　　　　　　　　◆

现在,由于已经形式的定义了可串行化,我们已经可以指出,并发控制程序的主要功能就是为需要执行的事务产生可串行化的历史。那么接下来的问题就是如何设计算法来保证我们只会产生可串行化的历史。

可串行化理论可以直接扩展到非重复的(或者称为分片的)分布式数据库。在每一个站点上的事务执行历史称为**局部历史**(local history)。如果数据库没有复制,并且每个局部历史都是可串行化的,那么它们的并集(称之为**全局历史**(global history))也是可串行化的。这是因为局部的串行顺序是彼此不同的。

例 11.6 我们举一个非常简单的例子来说明这一点。考虑两个银行账户:x(存储在站点 1)和 y(存储在站点 2),以及 T_1 和 T_2 两个事务,其中 T_1 将 100 美元从 x 转到 y,T_2 简单的读取 x 和 y 的账户余额。T_1 和 T_2 两个事务定义如下:

T_1: Read(x)　　　　　T_2: Read(x)

x←x−100　　　　　　　　Read(y)

Write(x)　　　　　　　　Commit

Read(y)

y←y+100

Write(y)

Commit

显然,两个事务都需要在两个站点上执行。考虑下面的两个历史,它们是由两个站点分别生成的(H_i 表示第 i 个站点上的历史):

$$H_1 = \{R_1(x), W_1(x), R_2(x)\}$$
$$H_2 = \{R_1(y), W_1(y), R_2(y)\}$$

这两个历史都是可串行化的,这是因为它们都是串行的。因此,它们各自都是一个正确的执行序列。进一步的讲,对于每个历史,其串行顺序都是一样的:$T_1 \rightarrow T_2$。因此,全局历史也是可串行化的,并且其串行化的顺序是 $T_1 \rightarrow T_2$。

但是,如果两个站点生成的历史是这样的:

$$H_1' = \{R_1(x), W_1(x), R_2(x)\}$$
$$H_2' = \{R_2(y), R_1(y), W_1(y)\}$$

虽说每个局部历史都是可串行化的,但是串行化顺序是不同的:H_1' 将 T_1 串行化到 T_2 之前,而 H_2' 将 T_2 串行化到 T_1 之前。因此,不存在一个可以串行化的全局历史。

一个较弱的可串行化版本在最近几年也逐渐变得重要起来。这种可串行化称为**快照隔离**(snapshot isolation)【Berenson et al.,1995】,目前已经作为一个标准的一致性准则被应用到很多商业系统中。快照隔离通过允许读事务(查询)读取事务开始前数据库的已经提交的数据快照来读取过期(stale)数据。即使读操作会读取老的数据,而且这些数据有可能在快照建立的时候已经被其他事务弄脏,它们也永远不会被写操作阻塞,因此我们得到的历史并不能串行化。但作为在低层次的隔离和更好的性能之间所做的权衡,这也是可以接受的。

11.2　并发控制机制的分类

并发控制机制的分类方式有很多。一种比较明显的分类方式是基于数据库分布模式的。一些已经提出的算法适用于完全复制数据库,而另一些则适用于部分复制数据库或划分式数据库。并发控制算法也可以按照网络的拓扑结构来分类,比如分成需要具有广播功能的通信子网的,或者工作在星形网络或环形网络上的。

不过,目前最一般的分类方式是基于同步原语的,我们可以依据它将并发控制算法分为两类【Bernstein and Goodman,1981】:基于对共享数据进行互斥访问的(即基于加锁机制的),以及基于将事务的执行根据一系列的规则进行排序的(即基于协议的)。但是,这些原语在应用到数据库的时候会有两种不同的视角:悲观的视角会假设很多事务都会互相冲突,而乐观的视角则假设并没有太多的事务会互相冲突。

基于此,我们可以将并发控制机制分为两个大类:悲观并发控制和乐观并发控制。悲观算法会在并发事务的执行周期的早期对它们进行同步;而乐观算法会将这种同步推迟到事务提交之后。悲观算法包括**基于加锁**(locking-based)、**基于排序**(ordering-based)(或称基于**事务排序**(transaction ordering)),以及**混合**(hybrid)算法。乐观算法也可以类似的分成基于加锁的和基于时间戳排序的。这种分类方式可以用图 11.4 表示。

在**基于加锁**(locking-based)的方法中,事务的同步是由作用于数据库的某一部分(或某一粒度)的物理或逻辑上的锁来实现的。受作用的部分(通常称为**加锁粒度**(locking granularity))的大小是一个很重要的议题,但是目前,我们忽略这个问题,姑且将已选定的粒度称为**锁单位**(lock unit)。这一类方法可以按照锁管理活动的实现方式来进一步划分为**集中式**(centralized)和**非集中式**(decentralized)(或分布式(distributed))加锁。

基于**时间戳排序**(timestamp ordering,TO)的一类方法会调整事务的顺序以保持它们的一致性。这种排序是按照为事务和数据库中存储的数据项分配的时间戳来实现的。这类方法包括**基本时间戳排序**(basic TO)、**多版本时间戳排序**(multiversion TO)以及**保守时间戳排序**(conservative TO)。

我们需要指出,某些基于加锁的算法也使用了时间戳。这样做的原因主要是为了提高

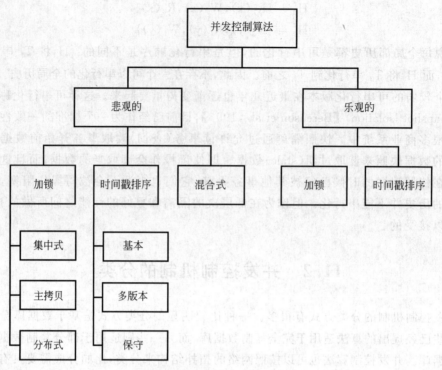

图 11.4　并发控制机制的分类

效率和并发级别。我们称这种算法为**混合**(hybrid)算法。我们不会在本章中讨论这种算法,因为目前还没有任何商用或研究性的分布式数据库原型实现了它们。【Bernstein and Goodman,1981】讨论了将加锁和时间戳排序协议集成在一起的规则。

11.3　基于加锁的并发控制算法

　　基于加锁的并发控制算法的基本思想是:如果多个相冲突的操作会访问同一个数据项,那么就保证这个数据项一次只被其中的一个访问。这可以由为每个锁单位分配一个"锁"来实现。一个锁会在开始访问事务的时候被设置,然后在使用过后被重置。显然,如果一个锁单位已经被一个操作锁住,那么其他操作就不能再访问它了。因此,仅当锁未被别的事务占用的时候,一个事务才能申请到锁。

　　由于我们要做的事情是同步冲突事务中的冲突操作,因此我们将分配给每个锁单位的锁分为两种类型(通常称为**锁模式**(lock mode)):**读锁**(read lock,rl)和**写锁**(write lock,wl)。如果一个事务 T_i 即将读取一个数据项,并且这个数据项包含在锁单位 x 中,那么该事务就会申请一个作用于 x 的读锁(记为 $rl_i(x)$)。在写锁的情况下也一样。如果两个访问相同数据项的事务可以同时申请到相应的锁的话,我们就称这两个锁模式是**相容的**(compatible)。正如图 11.5 所示,所有的读锁都是相容的,但读-写和

	$rl_j(x)$	$wl_j(x)$
$rl_i(x)$	相容	不相容
$wl_i(x)$	不相容	不相容

图 11.5　锁模式的相容性矩阵

写-写锁就不相容。因此,两个事务是可以并发读取同一个数据项的。

分布式 DBMS 会承担事务的锁管理的任务。换句话说,用户无需设定什么时候数据项应该上锁,分布式 DBMS 可以在事务发生读或写操作的时候自动进行这些工作。

在基于加锁的系统中,调度程序(见图 10.5)是一个**锁管理程序**(lock manager,LM)。首先,事务管理程序将数据库操作(读或写)传递给锁管理程序,并将相应的信息关联起来(如被访问的数据项、发起数据库操作的事务标识符等)。然后,锁管理程序检查包含数据的锁单位是否已经上锁。如果已经上锁,并且锁模式与当前事务不相容,那么就延迟处理当前的数据库操作;否则的话,就要将锁单位设置为期望的锁模式,并将数据库操作传递给数据处理程序以进行实际的数据访问。接下来,事务管理程序会接收到操作结果的提示。而在当前事务终结之后,就可以释放相应的锁,并且可以允许其他需要访问相同数据项的事务继续运行了。

不过很遗憾的是,上述加锁算法无法正常的对事务执行进行同步。这是因为,为了生成可串行化的历史,事务的加锁和解锁操作同样需要与其他操作放在一起进行协调。我们用下面的例子进行说明。

例 11.7 考虑如下两个事务:

T_1:Read(x)	T_2:Read(x)
$x \leftarrow x+1$	$x \leftarrow x * 2$
Write(x)	Write(x)
Read(y)	Read(y)
$y \leftarrow y-1$	$y \leftarrow y * 2$
Write(y)	Write(y)
Commit	Commit

采用加锁算法的锁管理程序可以生成下面这种历史(这里 $lr_i(z)$ 表示释放事务 T_i 施加于数据项 z 上的锁):

$$H = \{wl_1(x), R_1(x), W_1(x), lr_1(x), wl_2(x), R_2(x), w_2(x), lr_2(x), wl_2(y),$$
$$R_2(y), W_2(y), lr_2(y), wl_1(y), R_1(y), W_1(y), lr_1(y)\}$$

注意,H 并不是一个可以串行化的历史。假设在两个事务执行之前 x 和 y 的值分别为50 和 20。那么如果 T_1 在 T_2 之前执行,它们的值分别为 102 和 38;如果 T_2 在 T_1 之前执行,它们的值就会分别为 101 和 39。但是执行 H 会将 x 和 y 的值变为 102 和 39。因此,H 显然不是可串行化的。

历史 H 的问题如下。加锁算法会在数据库命令(读或写)执行完后就立即释放与事务(如 T_i)相应的锁。在这之后,锁单位(比如说 x)就不会再被访问了。但是,x 的锁被释放之后,其他锁单位(比如 y)上依然会有由该事务设置的锁。虽然这样似乎有利于提高并发性,但会让事务之间互相影响,以至于丧失了隔离性和原子性。这就是我们需要**两阶段加锁**(two-phase locking,2PL)的原因。

两阶段加锁的规则很简单,即:不允许事务在释放了它的任何一个锁之后请求新的锁;或者可以说,直到能够确定一个事务不会再请求新的锁,它已有的锁才可以释放。2PL 算法将事务的执行分为两个阶段。每一个事务都有一个**增长阶段**(growing phase)和一个**收缩阶段**(shrinking phase)。在增长阶段中,事务会申请锁并访问数据项;在收缩阶段中,事务会释放它的锁(如图 11.6)。我们用**锁点**(lock point)表示事务请求了所有的锁而还未释放的时刻,也就是增长阶段和收缩阶段的分界。人们已经证明,任何一个遵守 2PL 规则的并发控制算法所生成的历史都是可串行化的【Eswaran et al.,1976】。

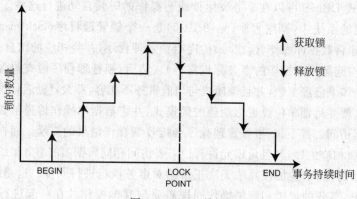

图 11.6　2PL 锁图

　　如图 11.6 所示,对数据项的访问一旦结束,锁管理程序就会将锁释放掉。这样,其他正在等待的事务就可以锁住该数据项并继续运行了,系统的并发性可以得到提高。不过两阶段加锁在实现起来还是有难度的,这是因为:首先,锁管理程序必须提前确定事务已经获得了所有所需的锁,以至于今后不会再锁住其他数据项;其次,锁管理程序同样需要确定事务今后不会再访问某一数据项,这样,它就能够及时释放所有的锁;最后,如果一个事务在释放了一个锁之后发生了取消操作,那么访问过相应的解锁后的数据项的其他事务也需要取消。这就是**级联式取消**(cascading aborts)。这个问题可以用**严格两阶段加锁**(strict two-phase locking)来解决。严格两阶段加锁要求所有的锁必须在事务终结时(提交或取消)一同释放,如图 11.7 所示。

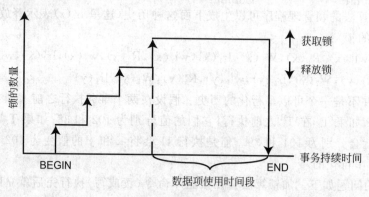

图 11.7　严格 2PL 锁图

　　需要注意的是,虽然 2PL 算法生成的历史都是冲突可串行化的,但并不是所有的冲突可串行化的历史都是符合 2PL 规则的。考虑如下这个历史【Agrawal and El-Abbadi,1990】:
$$H = \{W_1(x), R_2(x), W_3(y), W_1(y)\}$$

　　H 不是一个符合 2PL 规则的历史,这是因为 T_1 需要在释放 x 的写锁之后申请一个 y 的写锁。不过这个历史在 $T_3 \to T_1 \to T_2$ 这个顺序上是可串行化的。因此在设计加锁算法的时候,我们需要考虑加锁的顺序,以便让类似这样的历史符合 2PL 规则【Agrawal and El-Abbadi,1990】。

我们从串行化理论的角度来观察上述例子。将冲突操作以何种顺序进行串行化和对冲突进行预先检测是同等重要的,这可以从锁模式的定义看出来。因此,除了定义读锁(共享的)和写锁(独占的),我们还要定义第三个锁模式:**有序共享**(ordered shared)锁。事务 T_i 和 T_j 在对象 x 上的有序共享锁具有如下意义:给定一个历史 H,这个历史允许两个操作 $o \in T_i$ 和 $p \in T_j$ 之间的有序共享锁;如果 T_i 申请 o 锁的时间位于 T_j 申请 p 锁之前,那么 o 的执行也会在 p 之前。考虑图 11.5 所示的读锁和写锁的相容性模式表。如果加入有序共享锁,那么这个表就有八种不同的变种,图 11.5 是其中的一种,图 11.8 列出了另外两种。例如在图 11.8(b)中,$rl_j(x)$ 和 $wl_i(x)$ 之间的有序共享关系意味着,当 T_j 持有一个 x 上的读锁的时候,T_i 依然可以在 x 上申请一个写锁。这八个相容性表可以依据宽容度(permissiveness)(即依据由它们生成的历史的包含关系)进行互相比较,由此我们可以建立一个相容性表的格状结构,其中图 11.5 对应的表是最严格的,而图 11.8(b)对应的表是最宽松的。

	$rl_i(x)$	$wl_i(x)$
$rl_j(x)$	相容	不相容
$wl_j(x)$	有序共享	不相容

	$rl_i(x)$	$wl_i(x)$
$rl_j(x)$	相容	不相容
$wl_j(x)$	有序共享	不相容

(a)　　　　　　　　　　　　　　　　　　　(b)

图 11.8　加入有序共享锁模式的交换表

一个包含了有序共享锁并由此定义了相容性矩阵的加锁协议,是与 2PL 等价的,除非一个事务从不释放任何锁,造成串行化顺序中存在环状结构。

基于加锁的算法可能会造成系统的死锁,这是因为这些算法允许对资源的独占访问。两个访问相同数据项的事务是可以以相反的顺序对数据项进行加锁的,这会造成其中一个事务可能必须等待另一个事务释放锁资源,从而引发了死锁。我们在 11.6 节中讨论死锁管理。

11.3.1　集中式 2PL

在前面章节中讨论的 2PL 算法可以很容易的扩展到分布式 DBMS 环境。一个可能的方法是将锁管理的任务交给一个单独的站点来完成,这意味着:所有的站点中,只有一个拥有锁管理程序;其余站点中的事务管理程序只是互相通信,而不是与各自的锁管理程序通信(因为它们不拥有锁管理程序)。这种方法被称为**主站点 2PL 算法**(primary site 2PL algorithm)【Alsberg and Day,1976】。

依据集中式 2PL(C2PL)算法,在执行一个事务的时候,站点之间的通信可以在图 11.9 中表示。这一通信是在事务发起站点的事务管理程序(称为**协调**(coordinating)事务管理程序)、中心站点上的锁管理程序以及其他的参与站点中的数据处理程序(DP)之间进行的。这里,参与站点指的是那些存储着所需的数据项,数据库操作要在其中执行的那些站点。图中标明了各个消息的顺序。

算法 11.1 在一个很高的层次上对集中式 2PL 事务管理算法(C2PL-TM)进行了描述。集中式 2PL 锁管理算法(C2PL-LM)见算法 11.2。算法 11.3 给出了数据处理程序(DP)的非常简化的描述,在第 12 章讨论可靠性问题的时候,这一算法还会发生比较大的变化。到目前为止,这些较简化的算法描述已经足够我们进行讨论了。

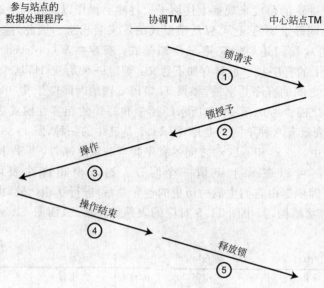

图 11.9　集中式 2PL 的通信结构

算法 11.1: C2PL-TM 算法

Input: *msg* : a message
begin
  repeat
    wait for a *msg* ;
    switch *msg* **do**
      case *transaction operation*
        let *op* be the operation ;
        if *op.Type* = *BT* **then** DP(*op*)   {call DP with operation}
        else C2PL-LM(*op*)   {call LM with operation}
      case *Lock Manager response*   {lock request granted or locks released}
        if *lock request granted* **then**
          find site that stores the requested data item (say H_i) ;
          $DP_{Si}(op)$ {call DP at site S_i with operation}
        else   {must be lock release message}
          inform user about the termination of transaction

      case *Data Processor response*   {operation completed message}
        switch *transaction operation* **do**
          let *op* be the operation ;
          case *R*
            return *op.val* (data item value) to the application
          case *W*
            inform application of completion of the write
          case *C*
           if *commit msg has been received from all participants*
           then
             inform application of successful completion of transaction ;
             C2PL-LM(*op*)   {need to release locks}
           else   {wait until commit messages come from all}
             record the arrival of the commit message

          case *A*
           inform application of completion of the abort ;
           C2PL-LM(*op*)   {need to release locks}

  until *forever* ;
end

算法 11.2: C2PL-LM 算法

Input: $op : Op$
begin
    switch $op.Type$ **do**
        case R *or* W {lock request; see if it can be granted}
            find the lock unit lu such that $op.arg \subseteq lu$;
            if *lu is unlocked or lock mode of lu is compatible with op.Type*
            then
                set lock on lu in appropriate mode on behalf of transaction
                $op.tid$;
                send "Lock granted" to coordinating TM of transaction
            else
                put op on a queue for lu
        case C *or* A {locks need to be released}
            foreach *lock unit lu held by transaction* **do**
                release lock on lu held by transaction ;
                if *there are operations waiting in queue for lu* **then**
                    find the first operation O on queue ;
                    set a lock on lu on behalf of O ;
                    send "Lock granted" to coordinating TM of transaction
                    $O.tid$
            send "Locks released" to coordinating TM of transaction
end

算法 11.3: DP 算法

Input: $op : Op$
begin
    switch $op.Type$ **do**   {check the type of operation}
        case BT {details to be discussed in Chapter 12}
            do some bookkeeping
        case R
            $op.res \leftarrow$ READ$(op.arg)$;   {database READ operation}
            $op.res \leftarrow$ "Read done"
        case W {database WRITE of val into data item arg}
            WRITE$(op.arg, op.val)$;
            $op.res \leftarrow$ "Write done"
        case C
            COMMIT ;   {execute COMMIT }
            $op.res \leftarrow$ "Commit done"
        case A
            ABORT ;   {execute ABORT }
            $op.res \leftarrow$ "Abort done"
    return op
end

这些算法均使用了一个重要的数据结构,即一个如下定义的五元组:Op:$<$Type$=$ \{BT,R,W,A,C\},arg:数据项,val:值,tid:事务标识符,res:结果$>$。每一个组成部分的含义如下。对于一个操作 o:Op,o.Type$\in$\{BT,R,W,A,C\}表示它的类型,其中 BT$=$Begin_transaction(即事务开始),R$=$Read(读),W$=$Write(写),A$=$Abort(取消),C$=$Commit(提交);arg 代表该操作需要访问的数据项(只针对读和写,对于其余操作,该域为空(null));val 代表读和写操作中从数据项读出来的值或者即将写入该数据项的值(如果是其他操作,则该域也为空);tid 代表操作所属的事务(严格说来应该是事务的标识符);res 指定完成数据处理程序所请求的操作的代码。在本章对算法的这些高层描述中,res 看似是没有必要的,但在第 12 章中我们就会发现这个返回代码其实是非常重要的。

　　我们将事务管理程序(C2PL-TM)算法实现为一个永远运行的进程,负责等待来自于应用程序(事务操作)、锁管理程序、或者数据处理程序的消息。我们将锁管理程序(C2PL-LM)和数据处理程序(DP)算法实现为按需运行的过程。因为这些算法都是在很高的层次上进行描述的,因此这样的实现方式并没有什么影响;但是很自然的,实际系统中的实现方式会非常不一样。

　　C2PL 算法的一个公认的缺陷是:中心站点会很快成为整个系统的瓶颈。另外,中心站点的失效或无法访问会造成系统的严重故障,从而让系统变得很不可靠。有很多研究指出,这个瓶颈效果会在事务数量增多的时候显得愈发突出。

11.3.2　分布式 2PL

　　分布式 2PL(D2PL)要求每一个站点都有一个锁管理程序。依据分布式 2PL 协议,事务在执行时各协同站点之间的通信如图 11.10 所示。

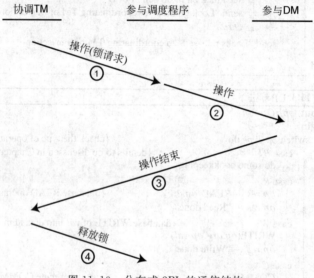

图 11.10　分布式 2PL 的通信结构

　　分布式 2PL 事务管理算法与 C2PL-TM 类似,但是有两点改动:第一,发送给中心站点的锁管理程序的消息,如今需要发送给所有参与站点的锁管理程序;第二,数据操作不再由协调事务管理程序传送给数据处理程序,而是由参与站点的锁管理程序进行传递。这意味着协调事务管理程序不再需要等待"锁请求已批准"这个消息了。另外,图 11.10 中还有一点需要说明。在图 11.10 中,所有的数据处理程序都需要向协调事务管理程序发出"操作结束"消息;但还有另一种选择,即每一个数据处理程序只向它自己的锁管理程序发送消息,而每个锁管理程序负责释放锁资源并通知协调事务管理程序。我们仅选择并介绍第一种方法,这是因为它使用了与我们之前讨论过的严格 2PL 锁管理程序相等价的一种锁管理算法,于是这样的话讨论提交协议就会更方便一些(见第 12 章)。由于上述相似性,我们就不在这里具体给出分布式事务管理和锁管理算法了。分布式 2PL 算法现已使用于 System R* 数据库【Mohan et al.,1986】以及 NonStop SQL 数据库【Tandem,1987】、【Tandem,1988】、【Borr,1988】。

11.4　基于时间戳的并发控制算法

与基于加锁的算法不同，基于时间戳的并发控制算法并不会试图通过互斥关系来维护可串行性，而是先提前选择一个串行化顺序，再依据这个顺序来执行事务。为了建立这样的排序，事务管理程序会为在对每一个事务 T_i 进行初始化的时候分配一个唯一的**时间戳**（timestamp），记为 $ts(T_i)$。

时间戳是一种简单的标识符，专门用来唯一标识每一个事务并将它们排序。**唯一性**（uniqueness）只是时间戳的特性之一。第二个特性称为**单调性**（monotonicity），即由同一个事务管理程序生成的两个时间戳必须是单调递增的。由此可见，时间戳的值属于一个全序域。正是这第二个特性，使得时间戳有别于普通的事务标识符。

分配时间戳的方法有很多，其中之一是使用一个全局的（即整个系统层面的）单调递增的计数器。不过，维护一个全局的计数器在分布式系统中是一个比较困难的问题，因此一个更合适的方法是让每一个站点依据本地的局部计数器独立分配时间戳。为了维护唯一性，每一个站点会将自己的标识号附加到计数器值的后面，即时间戳是一个二元组：<局部计数器值，站点标识号>。注意，站点标识号是附加到较低位上去的，因此仅当两个事务被分配了相同的局部计数器值的时候，站点标识号才能派上用场。如果每个站点的系统都可以访问各自的系统时钟，那么最好使用系统时钟的值来代替计数器的值。

使用上述信息，我们就可以按照时间戳来对事务的操作进行排序了。时间戳排序（timestamp ordering，TO）规则的形式化定义如下：

TO 规则　给定事务 T_i 和 T_k 中的两个冲突的操作 O_{ij} 和 O_{kl}，当且仅当 $ts(T_i) < ts(T_k)$ 时，O_{ij} 会在 O_{kl} 之前执行。在这种情况下，我们称 T_i 为**较旧的**（older）事务，而 T_k 为**较新的**（younger）事务。

使用 TO 规则的调度程序会将每一个操作与已经调度过的冲突的操作进行比较。如果新的操作属于一个较新的事务，那么就接受它；否则的话就将它拒绝，然后将相应的事务赋予**新的**时间戳并重新启动。

以上述这种方式工作的基于时间戳排序的调度程序是可以保证生成可串行化历史的。不过，只有当调度程序接收到了所有需要调度的操作之后，时间戳之间才能够进行比较。如果操作一个接一个传递给调度程序（实际情况下就是这样），那么就需要以高效的方式来检测每个操作是否是按照合法顺序来到的。为了进行这样的检测，每个数据项 x 都被赋予了两个时间戳：一个**读时间戳**（rts(x)），即读取 x 的所有事务的时间戳的最大值；一个**写时间戳**（wts(x)），即写入（更新）x 的所有事务的时间戳的最大值。这样，当一个操作需要访问某个数据项的时候，调度程序就可以根据读时间戳和写时间戳来判断是否有时间戳更大的事务已经访问了该数据项。

从架构的角度来讲（如图 10.5），事务管理程序负责为每一个新的事务分配时间戳，并将这个时间戳附加到每个该事务的数据库操作上，然后将其传递给调度程序。后一个组件（即调度程序）的职责是记录读和写时间戳，并进行可串行化检查。

11.4.1　基本 TO 算法

基本 TO 算法是 TO 规则的直接实现。协调事务管理程序为每个事务分配时间戳，为每个数据项选定存储站点，并且将相关的数据库操作发送到这些站点上。基本 TO 事务管理算法（BTO-TM）如算法 11.4 所示。在这个算法中，每个站点上的历史都简单的执行了 TO 规则。算法 11.5 给出了调度程序的算法。在这个算法中，数据库管理程序与算法 11.3 中的相同。这些算法使用了与集中式 2PL 算法相同的假设条件和数据结构。

算法 11.4: BTO-TM 算法

Input: *msg* : a message
begin
  repeat
    wait for a *msg* ;
    switch *msg type* **do**
      case *transaction operation* {operation from application program }
        let *op* be the operation ;
        switch *op.Type* **do**
          case *BT*
            $S \leftarrow \emptyset$; {S is the set of sites where transaction executes }
            assign a timestamp to transaction – call it $ts(T)$;
            DP(*op*)   {call DP with operation}
          case *R, W*
            find site that stores the requested data item (say S_i) ;
            BTO-SC$_{S_i}$(*op*,*ts*(*T*)) ;   {send *op* and *ts* to SC at H_i}
            $S \leftarrow S \cup S_i$ {build list of sites where transaction runs}
          case *A, C*   {send *op* to DPs at all sites where transaction runs}
            DP$_S$(*op*)

      case *SC response*   {operation must have been rejected by one SC}
        op.Type $\leftarrow A$;   {prepare an abort message}
        BTO-SC$_S$(*op*, −) ;   {ask other SCs where transaction runs to abort}
        restart transaction with a new timestamp

      case *DP response*   {operation completed message}
        switch *transaction operation type* **do**
          let *op* be the operation ;
          case *R* return *op.val* to the application ;
          case *W* inform application of completion of the write ;
          case *C*
            if *commit msg has been received from all participants*
            then
              inform application of successful completion of transaction
            else   {wait until commit messages come from all}
              record the arrival of the commit message

          case *A*
            inform application of completion of the abort ;
            BTO-SC(*op*) {need to reset read and write timestamps}

  until *forever* ;
end

算法 11.5: BTO-SC算法

Input: *op* : *Op*; *ts(T)* : *Timestamp*
begin
  retrieve *rts(op.arg)* and *wts(arg)* ;
  save *rts(op.arg)* and *wts(arg)* ;   {might be needed if aborted}
  switch *op.arg* **do**
    case *R*
      if *ts(T) > wts(op.arg)* **then**
        DP(*op*) ;   {operation can be executed; send it to the data
        processor}
        rts(op.arg) ← *ts(T)*
      else
        send "Reject transaction" message to coordinating TM
    case *W*
      if *ts(T) > rts(op.arg) and ts(T) > wts(op.arg)* **then**
        DP(*op*) ;   {operation can be executed; send it to the data
        processor}
        rts(op.arg) ← *ts(T)* ;
        wts(op.arg) ← *ts(T)*
      else
        send "Reject transaction" message to coordinating TM
    case *A*
      forall the *op.arg that has been accessed by transaction* **do**
        reset *rts(op.arg)* and *wts(op.arg)* to their initial values
end

正如之前指出的,某一个操作如果被拒绝,那么整个事务就需要被分配一个新的时间戳然后重启。这保证了事务可以有重试的机会。事务在保持对数据项的访问权限的时候不会等待,因此基本 TO 算法从不会造成死锁。不过,实现无死锁所要付出的代价是,事务有可能会重新启动多次。在下一节中,我们会讨论一个基本 TO 算法的替代算法,可以减少重启的数量。

另一个需要考虑的细节与调度程序和数据处理程序之间的通信有关。当一个已接受的操作被传递给数据处理程序的时候,调度程序必须在该操作处理完成之前避免向数据处理程序再发送另外一个虽然冲突、但也被接受的操作。这个要求是为了保证数据处理程序以调度程序发送给它们的顺序来执行数据库操作。否则的话,被访问的数据项的读和写时间戳就会不准确了。

例 11.8 假设 TO 调度程序先后接收到了 $W_i(x)$ 和 $W_j(x)$,它们的时间戳 $ts(T_i) <$ $ts(T_j)$。调度程序会接受这两个操作,并且将它们传递给数据处理程序。这两个操作的结果为 $wts(x) = ts(T_j)$,并且我们预期 $W_j(x)$ 的效果会显现在数据库中。但是,如果数据处理程序没有按照这样的顺序来执行这两个操作,那么就会在数据库中产生错误的结果。 ◆

调度程序可以通过为每个数据项维护一个队列来实现这种排序。如果数据处理程序尚未对作用于同一个数据项的前一个操作发出确认,当前的操作就需要推迟,这可以通过这个队列来实现。算法的细节并未在算法 11.5 中给出。

上述这种较复杂的过程不会在基于 2PL 的算法中出现,这是因为锁管理程序仅在操作执行之后将锁解除,因此可以很有效地对操作进行排序。从某种意义上来讲,TO 调度程序所使用的队列所起的就是锁的作用,但这并不意味着 TO 调度程序和 2PL 调度程序所生成的历史一定会是等价的。有些可以由 TO 调度程序生成的历史并不能符合 2PL 历史的要求。

回忆严格 2PL 算法的情况。在严格 2PL 算法中,锁的解除会被推迟到事务的提交或取消之后才进行。我们可以按照类似的方式来设计严格 TO 算法。例如,如果 $W_i(x)$ 已经被接受并且已经传递给了数据处理程序,那么调度程序会推迟所有的 $R_j(x)$ 和 $W_j(x)$ 操作(针对所有的 T_j),直到 T_i 的终结(提交或取消)。

11.4.2 保守 TO 算法

我们在之前的章节中已经提到,基本 TO 算法不会让操作进行等待,而是将它们重启。我们也指出过,虽然这种做法对于避免死锁是一个优势,但是它也有劣势,即过多的重启会对性能造成不利的影响。保守 TO 算法试图通过减少事务重启的次数来降低系统的负载。

我们首先介绍一个能够降低重启的可能性的常用方法。之前说到过,如果一个更加新的事务已经被调度过或者已经执行完成,那么 TO 调度程序会将当前的事务重启。注意,如果某个站点的活跃度较低并且相隔很长时间才产生一个事务的话,这种情况就会加剧出现。因为在这种情况下,该站点的时间戳计数器会比其他站点明显要小。如果这个站点的事务管理程序收到了一个事务,那么它发送给其他站点的历史的操作就几乎全都会被拒绝,因而造成该事务的重启。更严重的是,该事务会不断重启,直到该站点的时间戳计数器的值达到与其他站点相等的时候。

前述的场景说明,保持每个站点互相同步是非常有必要的。但是完全的同步不仅具有非常高的代价(因为每当计数器的值变化的时候都要进行消息传输),而且是不必要的。取而代之的是,每个站点的事务管理器都可以向其他站点的事务管理器发送远程操作,而不是发送历史;接收方的事务管理器会将自己的计数器值与收到的操作的时间戳进行比较;如果事务管理器的计数器值比较小,那么它就将计数器值变为该操作的时间戳加 1。这样的话,整个系统中就不会存在计数器的值过于落后的情况。当然,如果使用系统时钟而不是计数器,那么由于时钟的运行几乎是同步的,我们就会得到一种近似的同步方式。

我们现在返回到对保守 TO 算法的讨论中来。该算法的"保守"特性来源于其执行每个操作的方式。对于基础 TO 算法来说,每当接受了一个操作就立即去执行;因此这种方式就是"侵略性的"(aggressive)或"激进的"(progressive)。与此相对的是,保守算法会将操作的执行进行延迟,直到可以确认今后该调度程序不会再接收到时间戳更小的操作。如果这个条件可以保证,那么调度程序就不会拒绝任何一个操作。不过这种延迟的方式有可能会引入死锁。

保守 TO 算法所使用的基本技术是基于如下思路的:在为所有的操作排序之前,每个事务的操作都是放在一个缓冲区中的,然后再在排序之后执行所有的操作,而缓冲区中的操作是不会被拒绝的。我们根据 Herman and Verjus【1979】的工作考虑一个可能的保守 TO 算法的实现。

假设每个调度程序都为各自的事务管理程序维护了一个队列。站点 i 上的调度程序将从站点 j 上的事务管理程序处接收到的操作存放在队列 Q_{ij} 中。调度程序 i 会为每个 j 建立一个队列。当一个操作从某个事务管理程序处接收到的时候,调度程序会将它以时间戳递增的顺序放在相应的队列里。每个站点中的历史会依据队列中的时间戳递增顺序来执行这些操作。

上述方式会减少重启的次数,但是并不能保证完全避免重启。考虑一种情况:站点 i 中的针对站点 j 的队列(即 Q_{ij})是空的。在这种情况下,站点 i 中的调度程序会选择时间戳最小的操作(比如 R(x))并且将它传送给数据处理程序。在这之前,站点 j 已经向 i 传递了一个操作(比如 W(x)),不过这个操作还正在网络传输的途中。当这个操作抵达站点 i 的时候,它就会被拒绝,原因是它不满足 TO 规则:它试图访问一个正在被其他操作访问的、具有更大的时间戳的数据项,并且这两个操作为非相容模式。

我们也可以设计一个极端保守的 TO 算法,即我们规定:仅当队列里至少有 1 个操作的时候,调度程序才可以选择一个操作发送给数据处理程序。这样做可以保证调度程序在今后接收到的每一个操作的时间戳都能大于或等于当前队列中的操作的时间戳。当然,如果一个事务管理程序没有事务可以处理,它就以某个间隔向其他的各个调度程序发送伪信息(dummy message),以便通知它们今后再从该处发出的操作都会具有比这一伪信息更大的时间戳。

细心的读者可能已经注意到了,这种极端保守的 TO 调度程序会让每个站点都顺序的执行事务。这一限制过于严格了。一个避免这种严格限制的方式是将事务按照它们的读集和写集来分成类(class)。通过顺序的与其他类的事务比较读集和写集,就可以将一个事务分到某个特定的类中去。因此保守 TO 算法就可以做出如下改变:即不用对每个事务管理程序都维护一个队列,而是仅需对每个事务类别来维护一个队列即可。另一种方式是,我们也可以标记出每个队列是属于哪个类的。无论是哪种方式,发送给数据处理程序的条件都会改变。现在我们并不需要等待每个队列中都至少有 1 个操作;我们只需保证每个事务类对应的队列中有一个操作即可。这种以及其他一些较弱的条件都可以减少等待的时间,并且都能够满足要求。这种方法的一个变形已被应用于 SDD-1 原型系统中【Bernstein et al. ,1980b】。

11.4.3　多版本 TO 算法

多版本 TO 是另一种试图避免由重启带来的开销的办法。大多数与多版本 TO 相关的工作都是针对集中式数据库的,因此我们在这里只是给出一个简单的概要。不过我们也要指出,对于 DBMS 来说,如果要支持那些本身就要使用数据库对象的多个版本的应用程序(例如工程数据库和文档数据库),多版本 TO 算法就是一个非常合适的并发控制机制。

在多版本 TO 中,更新并不改变数据库;每个写操作都建立一个数据项的新版本。每个版本都被标记上一个建立它的事务的时间戳,这样多版本 TO 算法就可以在存储空间和时间上做一个平衡。通过这种方式,每个事务都会在正确的数据库状态下进行处理,这种正确的数据库状态即如果这些事务都按照时间戳顺序执行的时候所达到的数据库状态。

版本的存在对于用户来说是透明的,即用户只针对数据项发出事务请求,而不会针对某个特定的版本。事务管理程序为每个事务分配一个时间戳,这个时间戳也被应用于每一个版本。所有的操作都会由历史按如下方式处理:

(1) $R_i(x)$ 会被转化成针对 x 的某一版本的读。首先,我们找到 x 的一个版本(例如 x_v),这一版本的时间戳比 $ts(T_i)$ 小,但比其他早于 T_i 的其他版本的时间戳都大 。这之后,$R_i(x_v)$ 就会被发送到数据处理程序去读取 x_v 的值。这种情况如图 11.11(a)所示。该图展示了当各个版本按照时间戳排序之后,R_i 在当前时间点可以读取的版本是 x_v。

(2) $W_i(x)$ 会被转化成 $W_i(x_w)$,满足 $ts(x_w)=ts(T_i)$;并且它会被发送到数据处理程

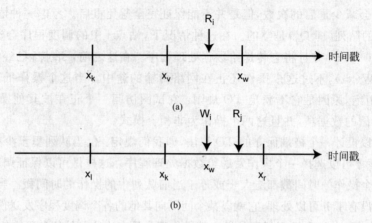

图 11.11　多版本 TO 示例

序,当且仅当没有其他的时间戳大于 ts(T_i)事务读取了 x 的某个版本 x_r,满足 ts(x_r)>ts(x_w)。换句话说,如果调度程序已经处理了一个 R_j(x_r)满足:

$$ts(T_i) < ts(x_r) < ts(T_j)$$

那么 W_i(x)就会被拒绝。这种情况如图 11.11(b)所示。该图展示了,如果 W_i 被接受了的话,事务管理程序会建立一个 x 的版本(x_w);这个版本本该被 R_j 读取,但由于该版本当 R_j 执行的时候并不存在,如果要是读取的话只能读到 x_k,这会造成整个历史出现错误。

　　按照上述规则处理事务的读和写请求的调度程序是可以保证能够产生可串行化的历史的。为了节约空间,当分布式 DBMS 可以确定今后不会再接收到需要访问数据库中的某些数据版本事务的时候,这些数据版本就会被清理掉。

11.5　乐观并发控制算法

　　在 11.3 节和 11.4 节中介绍的并发控制算法本质上是悲观的。换句话说,它们假设事务之间的冲突是比较频繁的,它们不允许两个事务同时对同一个数据项进行冲突的访问。因此任意一个操作都要按照如下步骤来执行:有效性验证(validation,V),读(R),计算(C),写(W),见图 11.12[①]。一般来讲,这个顺序对于更新事务以及它的操作来说都会是有效的。

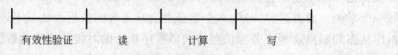

图 11.12　悲观的事务执行步骤

　　而另一方面,乐观算法会将有效性验证这个步骤推迟到写步骤之前(如图 11.13)。这样,每个提交给乐观调度程序都不会被延迟。每个事务的读、计算和写操作都可以自由的处理,不必对数据库进行实际的更新。最初,每个事务会对数据项的局部拷贝进行更新,然后有效性验证步骤会检查这些更新是否可以保证数据库的一致性。如果是的话,这个更新就

---

　　① 在我们的讨论中仅考虑更新事务,这是由于这些事务会涉及一致性的问题。只读的事务不存在计算和写的步骤。另外,我们假设写的步骤包含了提交操作。

会作用到全局(即写入实际的数据库中);否则,事务就必须取消并且重启。

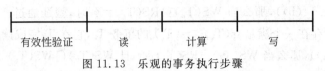

图 11.13　乐观的事务执行步骤

我们也可以设计一种基于加锁的乐观并发控制算法(见【Bernstein et al.,1987】)。不过原始的乐观处理方法【Thomas,1979】、【Kung and Robinson,1981】都是基于时间戳排序的,因此我们在这里只介绍基于时间戳的乐观算法。

下面讨论的这种算法是由 Kung 和 Robinson【1981】提出的,后来,这一算法又由 Ceri 和【Owicki,1982】扩展到分布式 DBMS 中。不过,这并不是唯一的一种扩展到分布式数据库中的办法(例如【Sinha et al.,1985】)。这种方法与悲观的基于 TO 的方法的不同之处不仅在于它是乐观的,而且分配时间戳的方式也有所不同。在这种方法中,时间戳只会分配给事务,而不会分配给数据项(即不再有读和写时间戳);并且,这些时间戳会在事务的有效性验证步骤之前,而非事务初始化的时候进行分配。这是因为时间戳仅在有效性验证步骤中是有用的。之后我们还会看到,过早的分配时间戳会导致没必要的事务拒绝的产生。

在原始的站点上,每个事务 T_i 会被事务管理程序细分为一些子事务,每一个子事务都可以在多个站点执行。我们将 T_i 在站点 j 上执行的子事务记为 T_{ij}。在有效性验证步骤之前,每个局部执行都会按照图 11.13 的顺序来进行。在有效性验证开始的时候,时间戳会被分配给事务,并且拷贝到事务的各个子事务上去。对于 T_{ij} 的局部有效性检查应遵循如下几个互斥的规则:

规则 1　如果所有满足 $ts(T_k) < ts(T_{ij})$ 的事务 T_k 都在 T_{ij} 启动读步骤之前完成了各自的写步骤(如图 11.14(a))[①],那么验证通过,因为事务的执行是按照串行顺序进行的。

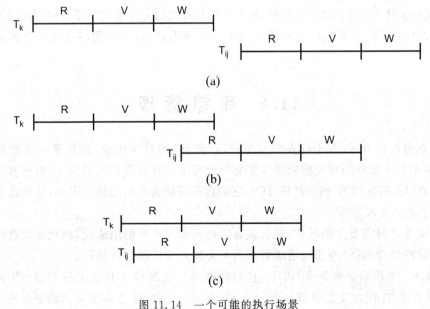

图 11.14　一个可能的执行场景

[①]　按照惯例,我们在这张图以及接下来的讨论中省略了计算的步骤,因此时间戳会在读步骤结束的时候进行分配。

规则 2　　如果存在一个满足 $ts(T_k)<ts(T_{ij})$ 的事务 T_k,它在 T_{ij} 进行读步骤之中完成了写步骤(如图 11.14(b)),那么当 $WS(T_k)\bigcap RS(T_{ij})=\phi$ 时,验证通过。

规则 3　　如果存在一个满足 $ts(T_k)<ts(T_{ij})$ 的事务 T_k,它在 T_{ij} 完成读步骤之前完成了读步骤(如图 11.14(c)),那么当 $WS(T_k)\bigcap RS(T_{ij})=\phi$ 且 $WS(T_k)\bigcap WS(T_{ij})=\phi$ 时,验证通过。

规则 1 是很显然的:它表明事务确实是依据它们的时间戳来顺序执行的。规则 2 确保没有任何一个被 T_k 更新的数据项会被 T_{ij} 读取,并且 T_k 要在 T_{ij} 启动写步骤之前将更新写入到数据库中。规则 3 与规则 2 类似,但它并不要求 T_k 在 T_{ij} 启动写步骤之前就完成写步骤,它只是简单的要求 T_k 的更新不会影响到 T_{ij} 的读或写步骤。

当一个事务完成了局部验证,可以保证局部数据库都是一致的时候,我们还需要进行全局的验证,以保证整个数据库可以满足相互一致性的要求。不过很遗憾,目前还没有一个能够完成这种全局验证的乐观方法。如果在一个事务之前的所有事务都按照串行顺序(在各自的站点上)执行并已经终结(即提交或取消),那么这个事务就可以进行全局验证。这是一个悲观的方法,因为它会提早进行全局验证,导致事务的延迟。不过,这种方法可以保证事务在每个站点上的执行顺序都是相同的。

乐观并发控制算法的一个优点是它可能会允许更高级别的并发性。我们已经看到,当事务的冲突非常稀少的时候,乐观算法会比加锁算法更加高效【Kung and Robinson,1981】。乐观算法的一个最大的问题是,它需要更大的存储代价。为了验证一个事务,乐观算法需要存储其他已经终结的事务的读集和写集。特别的,当事务 T_{ij} 来到站点 j 时还在运行、但是在验证的时候已终结的事务的读集和写集必须存储下来,以便验证事务 T_{ij}。显然,这样会增加存储代价。

乐观算法的另一个是会导致饥饿现象的出现:如果一个验证过程失败了,那么如果该事务比较长,接下来的验证就会重复失败。当然,我们可以设定当失败的次数多于一个特定的值的时候,我们就将该事务排除在数据库访问之外,但这会将并发级别降至只能同时处理单一事务。事务在什么情况下的"混合"会导致不可忍受的重启,是至今仍存在的一个需要研究的问题。

11.6　死锁管理

我们在前面指出过,由于存在对共享资源(数据)的互斥访问,并且事务需要在锁上等待,任何一个基于加锁的并发控制算法都会导致死锁。并且我们也看到了,有些基于 TO 的算法是需要事务的等待的(例如严格 TO),它们也有可能会导致死锁。因此,分布式 DBMS 需要特别的机制来处理死锁。

如果事务之间需要互相等待,那么就会出现死锁。非严格地来说,出现死锁就相当于存在一个请求的集合,其中的任何请求都永远不会被并发控制允许执行。

例 11.9　　考虑两个事务 T_i 和 T_j,它们分别拥有数据项 x 和 y 上的写锁(即 $wl_i(x)$ 和 $wl_j(y)$)。假设 T_i 现在又要申请一个 $rl_i(y)$ 锁或 $wl_i(y)$ 锁,那么由于 y 目前正在被 T_j 锁住,T_i 就需要等待 T_j 释放 y 上的锁。但是,如果在等待的期间内 T_j 又申请了一个 x 上的锁(读锁或写锁),那么就会出现死锁,这是因为 T_i 在等待 T_j 释放 y 上的锁时会被阻塞住,而

T_j 却需要等待 T_i 释放 x 上的锁之后才能继续运行。因此 T_i 和 T_j 这两个事务就会无限期的互相等待下去。 ◆

死锁是一种持久的情况，即如果存在死锁的话，除非有外界的干预，否则系统本身并不能摆脱它。这种外界的干预可以来自于用户、系统管理员或者软件系统(操作系统或分布式DBMS)。

等待图(wait-for graph，WFG)是一种分析死锁的有效工具。WFG 是一个有向图，它表达了事务之间的等待关系。图中的节点代表系统中的并发事务，图中的一条边 $T_i \rightarrow T_j$ 代表 T_i 正在等待 T_j 释放某个数据项上的锁。图 11.15 展示了例 11.9 中的 WFG。

图 11.15　一个 WFG 示例

使用 WFG，我们就可以比较容易的指出可能会导致死锁的情况。当 WFG 存在环时，系统中就会出现死锁。分布式系统中的 WFG 的形式化定义会更加复杂，因为两个涉及死锁的事务有可能会运行在不同的站点上。我们称这种情况为**全局死锁**(global deadlock)。因此在分布式系统中，仅在每个站点上维护局部数据库的**局部等待图**(local wait-for graph，LWFG)是不够的；我们还必须将所有的局部等待图合并，形成一个**全局等待图**(global wait-for graph，GWFG)。

例 11.10　考虑 4 个事务 T_1、T_2、T_3、T_4，它们的等待关系可以表示为：$T_1 \rightarrow T_2 \rightarrow T_3 \rightarrow T_4 \rightarrow T_1$。如果 T_1 和 T_2 在站点 1 上运行，T_3 和 T_4 在站点 2 上运行，那么两个站点的 LWFG 如图 11.16(a)所示。注意，由于死锁是全局的，因此单独检查两个 LWFG 并不会发现死锁。但如果我们检查 GWFG(站点之间的等待关系用虚线标记)，就可以发现全局死锁的情况(图 11.16(b))。 ◆

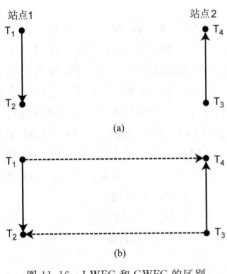

图 11.16　LWFG 和 GWFG 的区别

目前有三种处理死锁的方法：预防(prevention)、回避(avoidance)以及检测与解决(detection and resolution)。在本节的余下部分我们对上述这三种方法进行更加详细的讨论。

11.6.1　死锁预防

死锁预防方法会预先避免死锁的出现。当事务初始化的时候，事务管理程序检查这个事务，如果发现它会造成死锁则禁止它继续执行。为了进行这样的检查，事务管理程序需要将那些会被事务访问的数据项预先声明出来，如果所有的数据项都可用的话，那么就将这个事务放行；否则就禁止执行。事务管理程序会保留所有已经放行的事务的预先声明出来的数据项。

遗憾的是，这样的系统并不非常适合数据库环境。一个最基本的问题是，由于对一些数据项的访问只能由运行时的条件来决定，因此通常我们无法准确预知哪些是会被事务访问的数据项。例如，在例 10.3 的航班预订事务中，是否访问 CID 和 CNAME 取决于是否有空闲的座位这一条件。为了安全起见,系统需要考虑数据项的最大集合,即使实际上很多数据项都不会被访问到,但这样一来就造成系统的并发性的降低。不仅如此,评估一个事务是否可以安全的放行也是需要附加的开销的,虽说从另一方面来看这种不使用运行时支持的系统也会降低一部分开销。这种方法在处理死锁的时候不需要取消和重启事务,这也可以算作它的一个附加优点。总之,这种方法不仅能够减少开销,而且适合那些没有反做功能的系统[①]。

11.6.2 死锁回避

死锁回避或者使用并发控制技术来避免死锁,或者依靠对可能出现的死锁的预测来提前做出反应。这两种情况我们都需要考虑。

最简单的死锁回避的方式是将资源进行排序,然后规定所有的处理例程都必须按照这个顺序来访问资源。这一方法是很久以前在操作系统领域提出来的。在数据库领域也有一个根据数据库环境进行修订的版本【Garcia-Molina,1979】。在分布式数据库中,锁单位会被事先排好序,事务只能按照这种排序来申请这些锁。锁单位可以全局排序,也可以在不同的站点上进行局部排序。在后一种情况中,我们还需要对站点进行排序,以便当事务需要访问不同的站点上的数据项时会先访问排在前面的站点。

另一种办法是:我们使用事务时间戳来给事务分配优先级,当死锁出现时,我们取消优先级高(或低)的事务。在实现这种死锁回避方法时,锁管理程序应该进行如下修改。如果一个针对事务 T_i 申请的锁被拒绝了,那么锁管理程序不会自动的迫使 T_i 开始等待。取而代之的是,锁管理程序会对申请锁的事务 T_i 以及目前持有锁的事务(比如 T_j)进行一个回避检查:如果这个检查通过了,那么 T_i 就可以去等待 T_j;反之两个事务之一就必须取消。

WAIT-DIE 和 WOUND-WAIT 算法是上述办法的两个实例【Rosenkrantz et al.,1978】,它们都被应用到了 MADMAN DBMS【GE,1976】中。这两个算法都是基于对事务分配时间戳的。WAIT-DIE 是一个非抢占式(non-preemptive)算法,如果由于 T_j 持有锁而使得 T_i 的申请被拒绝,那么 T_i 永远不能抢占 T_j 的锁,即遵循如下规则:

WAIT-DIE(等待-死亡)规则 如果 T_i 申请了一个已经被 T_j 所持有的锁,那么当且仅当 T_i 比 T_j 旧的时候,允许 T_i 等待。如果 T_i 比 T_j 新,那么 T_i 就必须取消并按照原有的时间戳重启。

而 WOUND-WAIT 算法是一个抢占式算法,遵循如下规则:

WOUND-WAIT(伤害-等待)规则 如果 T_i 申请了一个已经被 T_j 所持有的锁,那么当且仅当 T_i 比 T_j 新的时候,允许 T_i 等待;否则就取消 T_j 并将锁转移给 T_i。

这些规则是站在 T_i 的角度来表述的:T_i 等待、T_i 死亡,并且 T_i 伤害 T_j。实际上,伤害和死亡的结果都是一样的:它们会造成事务的取消和重启。这样,上述两个规则还可以表述如下:

```
if ts(T₁)<ts(T_j) then T₁ waits else T₁ dies          (WAIT-DIE)
if ts(T₁)<ts(T_j) then T_j is wounded else T₁ waits    (WOUND-WAIT)
```

注意,每种算法中都是新的那个事务被取消。两个算法的区别在于是否抢占目前正在

[①] 这其实不算是重要的优点,因为大多数系统都必须处理事务的反做,以便保证可靠性。见第 12 章。

活动的事务。我们也需要注意,WAIT-DIE 算法会保留新事务而会杀掉老事务,这样一个老事务会随着它越来越老而等待时间越来越长。与此相反,WOUND-WAIT 规则倾向于老事务,因为老事务从来不会等待新事务。人们会选择二者之一或者它们的混合来实现一个死锁回避算法。

在数据库环境下,死锁回避方法比死锁预防方法更为合适。但是这种方法的一个缺点是,它在管理死锁的时候需要运行时支持,因此会对事务的执行造成额外开销。

11.6.3 死锁检测与解决

死锁检测与解决是目前最流行并且研究最深入的方法。通过寻找 GWFG 中的环路,我们可以进行死锁检测,我们会在接下来的内容中讨论具体做法的细节。解决死锁的方法一般为选择一个或多个**牺牲品**(victim)事务,抢占它们的锁,然后取消这些事务,这样就能破坏 GWFG 中的环路,从而解决死锁。假设抢占每个死锁事务的开销是已知的,那么如何选择一个总开销最小的牺牲品事务集合去解决死锁的问题,已经被证明是一个难题(NP-完全问题)【Leung and Lai,1979】。另外,还有一些因素会影响对某个事务的选择【Bernstein et al.,1987】。

(1) 该事务已经花去的开销,如果事务被取消的话,那么这些开销就白白浪费了。

(2) 取消该事务的开销。一般来说,这一开销是由已经执行过的更新操作的数量决定的。

(3) 继续运行该事务所需要花去的开销。调度程序一般会避免取消那些即将完成的事务。为了做到这一点,调度程序必须能够预测活动事务的未来的行为(例如可以基于事务的类型来进行预测)。

(4) GWFG 中包含该事务的环路数。由于取消一个事务可以打断包含它的那些环路,因此最好能够选择取消那些拥有多于一条环路的事务。

现在我们可以回到死锁检测了。目前有三种检测分布式死锁的基础算法:集中式、分布式、以及层次式死锁检测。

11.6.3.1 集中式死锁检测

在集中式死锁检测方法中,某一个站点会被选择作为整个系统的死锁检测器。每个锁管理程序会定期将它的 LWFG 传送给死锁检测器,然后由死锁检测器将它们合并为 GWFG,并在它上面查找环路。实际上,锁管理程序只需将它们的图的变化的部分(即新近建立的或删除的边)发送给死锁检测器。发送的时间间隔是由系统设计决定的:间隔越小,则未被检测出来的死锁就会变少,从而延迟就会变短;但是这样也会增加通信代价。

集中式死锁检测是在分布式 INGRES 系统中提出来的。这一方法比较简单,并且可以算作采用集中式 2PL 的并发控制算法的一个很自然的选择。不过对于故障的脆弱性以及较高的通信代价也是需要仔细考虑的。

11.6.3.2 层次式死锁检测

针对集中式死锁检测方法的一个改进可以是建立一个死锁检测器的层次结构【Menasce and Muntz,1979】(如图 11.17 所示)。一个单独站点上的局部死锁可以在该站点上通过 LWFG 检测出来,每个站点也会向接下来的一级的死锁检测器传递它的 LWFG。

这样,涉及两个或更多个站点的分布式死锁就可以由临近的最低层次的死锁检测器检测出来。例如,在站点 1 中的一个死锁可以由站点 1 上的局部死锁检测器(记为 DD_{21},2 代表第 2 层,1 代表站点 1)检测出来。但是,如果某个死锁涉及站点 1 和 2,那么它就需要由 DD_{11} 来检测。最后,如果死锁设计站点 1 和 4,那么就应该由 DD_{0x} 来检测,其中 x 的值可以是 1、2、3 或 4。

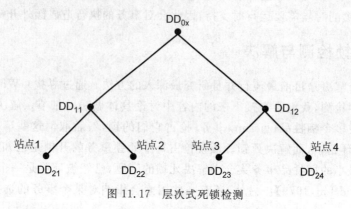

图 11.17　层次式死锁检测

层次式死锁检测方法可以减少对集中式站点的依赖,因此可以减少通信代价。但是,实现它显然要更加复杂,并且会涉及很多针对锁管理程序和事务管理程序的并不简单的修改。

11.6.3.3　分布式死锁检测

分布式死锁检测算法将检测死锁的责任交给了每个单独的站点。因此,就像在层次式死锁检测中那样,每个站点都有一个局部死锁检测器,并且这些站点会互相传递各自的 LWFG(实际中,只有会引发死锁的环路会被传输)。在众多的分布式死锁检测算法中,实现于 System R*【Obermarck,1982；Mohan et al,1986】的算法似乎更知名一些。因此,我们就基于【Obermarck,1982】来简要介绍一下这个方法。

每个站点的 LWFG 按照如下方式建立并修改:

(1) 每个站点会接收到其他站点发来的可能会造成死锁的环路,因此要将这些环路的边添加到 LWFG 中。

(2) LWFG 中表示一个局部事务正在等待其余站点的事务的边,与 LWFG 中表示远程事务正在等待局部事务的边,应该合并到一起。

例 11.11　考虑图 11.16 所示的例子,两个站点的修改后的 LWFG 见图 11.18。　　◆

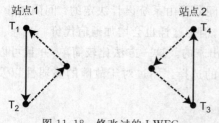

图 11.18　修改过的 LWFG

局部死锁检测器查找两样东西。如果存在一个不包含外部边的环路,那么就代表存在一个局部死锁,可以在本地处理;另一方面,如果存在包含外部边的环路,那么就会存在一个潜在的分布式死锁,而这一环路的信息必须传输给其他的死锁检测器。在例 11.11 这样的情况下,两个站点都可以检测出这种分布式死锁。

接下来的问题是,死锁检测器应该向谁来传输这一信息。显然,它可以将信息传输给所有的死锁检测器。如果没有其他信息的帮助,这是唯一的一个办法,但它会引入很高的开销。但是，如果我们知道事务在死锁环路中的前后位置的话，死锁环路的信息就可以分别沿着环路中的站点向前或向后传输。接收到信息的站点会按照上面所说的方法修改自己的LWFG，并且检测死锁。显然，在死锁环路中沿着向前和向后两个方向传输死锁环路信息是没有必要的。在例 11.11 这样的情况下，站点 1 会从前后两个方向将环路信息传输给站点 2。

分布式死锁检测算法要求每个站点锁管理程序都进行统一的修改。这种统一性会让实现起来比较简便。不过，潜在的过于大量的传输也是存在的。这种现象会出现在例 11.11 这样的情况下：站点 1 将潜在的死锁信息传递给站点 2，并且站点 2 也将它的信息传递给站点 1，这样，两个站点的死锁检测器都会检测出死锁。除了会造成不必要的信息传输，每个站点有可能会选择不同的牺牲品事务来进行取消，这也是一个问题。Obermack 的算法使用事务时间戳加上如下的规则的方式来解决这一问题。记某个站点的 LWFG 中代表潜在的分布式死锁的路径为 $T_i \to \cdots \to T_j$。一个局部死锁检测器会将环路信息发送出去，当且仅当 $ts(T_i) < ts(T_j)$。这会将平均的消息传输数量降低一半。在例 11.11 中，站点 1 具有路径 $T_1 \to T_2 \to T_3$，而站点 2 具有路径 $T_3 \to T_4 \to T_1$，因此，如果假设事务的角标代表它们的时间戳的话，只有站点 1 会将信息传送给站点 2。

11.7 "放松"的并发控制

本章对分布式并发控制算法的大部分讨论都是针对简单事务的，并且使用可串行化来保证执行的正确性。而这只是一个最基本的情况。目前人们还研究过：（a）放松的可串行化，它不能完全保证并发执行的正确性；以及（b）其他事务模型，大多数是嵌套模型。在本节中我们对它们进行简要介绍。

11.7.1 非串行化历史

可串行化是一个简单而又优雅的概念，而且保证可串行化所需要的开销也比较小。不过对于某些应用来说，这种要求太过严格了，因为这些应用中有些历史的执行错误是可以接受的，而可串行化并没有考虑这一点。在我们讨论有序共享锁的时候，我们已经展示了一个例子。考虑例 10.10 中的 Reservation 事务。我们可以发现，该事务的两个并发执行过程所生成的历史是不可串行化、但是又是正确的（我们可以先执行航班预定再执行酒店预订，而反过来也可以），因而它们都可以成功终结。我们的问题是：这种直观的观察是怎样的得到的？我们需要观察并分析这些事务的"语义"。

目前已经有一系列的关于事务语义分析的研究。分布式 DBMS 领域的一个特别的研究兴趣点是首先确定事务的**步骤**（step），然后研究事务在每一步骤中都是怎样与其他事务交错执行的。【Garcia-Molina,1983】将事务分成多个类，每个类中的所有事务都是**相容的**（compatible），并且在执行的时候可以任意交错；但是不同类的事务之间是不相容的，在执行时需要同步。同步是基于语义的，以便可以增多并发、减少串行。将事务分成类的思想可以追溯到 SDD-1【Bernstein et al.,1980b】。

【Lynch,1983b】改进了相容性的概念，定义了事务之间的多个层次的相容性。这些层

次按照层次化结构组织,以允许高层次的交错可以包含较低层次的交错。不仅如此,
【Lynch,1983b】还引入了**检查点**(checkpoint)的概念,用于表示事务可以开始交错的时间
点,这是一种相容性集合的替代方法。

在这个方向上的另一个工作是【Farrag and Özsu,1989】,该工作虽然使用检查点来表
示事务的交错时间,但不允许交错是层次化的。一个事务被建模成由一定数量的步骤组成,
每个步骤包含一个原子操作的序列和该序列尾部一个检查点。每个检查点会记录那些事务
类型可以和当前事务交错。该工作还定义了称为**相对一致性**(relative consistency)的正确
性条件,表示事务之间是可以正确交错的。直观来看,相对一致的历史与按步骤串行的历史
(即每一步的操作序列和检查点都一个接一个的执行,没有交错)是等价的。一个事务 T_i 的
步骤 T_{ik} 可以与事务 T_j 的两个连续的步骤 T_{jm} 和 T_{jm+1} 交错,仅当 T_i 的类型是可以被 T_{jm} 的
检查点接受的。可以看到,有些相对一致的历史并不是可串行化的,但依然是"正确的"
【Farrag and Özsu,1989】。

【Agrawal et al. ,1994】统一了【Lynch,1983b】和【Farrag and Özsu,1989】的工作。这一
工作提出了称为**语义相对原子性**(semantic relative atomicity)的概念,可以提供更细粒度的
交错以及更多的并发。

上述这些放松的正确性条件的理论基础和形式化分析与可串行化类似。不过它们没有
扩展到分布式 DBMS 中,虽然这是有可能的。

11.7.2　嵌套分布式事务

我们在上一章中介绍了嵌套事务模型。嵌套事务的并发执行是很有趣的,因为它们可
以很好地支持分布式执行。

我们首先考虑封闭嵌套事务【Moss,1985】。嵌套事务的并发执行一般使用基于加锁的
办法。执行封闭嵌套事务时锁的管理以及事务执行完整性可以由下面的规则来保障:

(1)每个子事务都按正常的事务来执行,并在执行结束的时候将它的锁传递给父事务。

(2)父事务会保留已经提交的子事务的锁和数据更新。

(3)保留的状态只可被父事务的子孙事务访问。不过,为了访问这些状态信息,一个子
孙事务必须申请适当的锁。通过这种方式,我们就可以像简单事务那样来确定锁冲突了。

(4)如果一个子事务被取消了,那么子事务以及子事务的子孙事务的所有的锁和更新
信息都要被丢掉。子事务的父事务没有必要(虽然也可以)选择取消。

从 ACID 性质的角度来看,封闭嵌套事务是将持久性放松了。这是因为,如果祖先事务
被取消,那么已经成功执行的子事务的效果也必须被清除掉。由于每个事务都要将状态信
息共享给同一个嵌套事务的其他子事务,这么做也将隔离性放松了。

嵌套事务的分布式执行是很自然的事情。不过嵌套事务只会提高事务之内的并发性,
如果数据是适当分布的,我们就可以将每个子事务都看作一个分布执行单元。

但是,从锁管理程序的角度来看,有些地方是必须要注意的。当子事务将它们的锁释放
给父事务时,这种释放并不能自动的反映到锁列表中。子事务的提交命令并没有简单事
务的提交命令那样的语义。

开放式嵌套事务的并发执行的条件要比封闭嵌套事务更加放松。开放式嵌套事务又被
称为"无政府主义"的嵌套事务【Gray and Reuter,1993】,它已被成功应用于 Saga 模型中

【Garcia-Molina and Salem,1987】、【Garcia-Molina et al.,1990】,这一模型我们已经在 10.3.2 节中介绍过了。

从锁管理的角度来看,开放式嵌套事务可以更加容易的处理。子事务所持有的锁可以在它提交或取消之后立即释放,并且反映到锁列表里。

多级事务(multilevel transaction)模型【Weikum,1986】、【Weikum and Schek,1984】、【Beeri et al.,1988】、【Weikum,1991】拥有精确的、形式化的语义,是开放式嵌套事务的一个变体。多级事务"是开放式嵌套事务的一个变体,它的子事务对应于一个分层系统架构中不同级别上的操作"【Weikum and Hasse,1993】。我们用一个【Weikum,1991】中的例子来介绍基本概念。为了分析应用程序的语义,我们假设有一种事务设定语言可以允许用户建立包含抽象操作的事务。

考虑两个用于从一个银行账户向另一个银行账户转账的事务:

T_1: Withdraw(o,x)　　　　T_2: Withdraw(o,y)

　　Deposit(p,x)　　　　　　　Deposit(p,y)

这里,T_1(T_2)从账号 o 中提取了数额 x(y),并且存到了账号 p 中。为了保证银行账户中有足够的数额用于转账,Withdraw 的语义是测试再提取。在关系数据库系统中,每个这种抽象的操作都会首先被转化成数据库的元组操作,例如 Select(Sel)和 Update(Upd),然后再转化成页面级别上的 Read 和 Write 操作(假设 o 在页 r 上,p 在页 w 上)。这些可以由图 11.19 中的事务执行的分层抽象来表示。

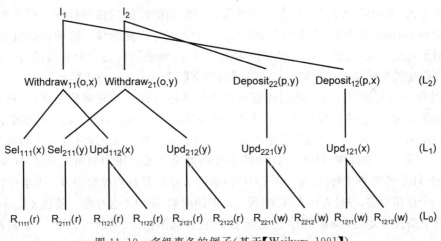

图 11.19　多级事务的例子(基于【Weikum,1991】)

处理这类历史的传统方法是使用一个调度程序来确保最低级别(L_0)上的可串行性。但这样会降低并发性,因为这样做并没有考虑应用程序的语义,并且同步粒度非常粗。从低级别抽象出操作用于高级别,可以提高并发性。例如,图 11.19 中的页面级别(L_0)的历史并不能串行化,但是数据元组级别的历史 L_1 就可以串行化($T_2 \rightarrow T_1$)。如果我们继续向上走到 L_2,那么我们就可以使用抽象化之后的操作的语义(即可交换性)来继续提高并发性。因此,人们定义了**多级可串行性**(multilevel serializability)来表示多个级别上的历史的可串行性,并使用**多级历史**(multilevel history)来实现它【Weikum,1991】。

11.8　本 章 小 结

我们在本章讨论了分布式并发控制算法,这些算法可以为事务提供隔离性和一致性。分布式并发控制机制保证了分布式数据库的一致性,因而是分布式 DBMS 不可或缺的基础组成部分。这一点也可以由这个领域中众多的研究和产品看出来。

在本章的讨论中,我们假设系统的硬件和软件都是完全可靠的。虽然这一假设是完全不现实的,但这样做能让我们比较方便的将基本概念解释清楚。有了这个假设,我们就可以将重点放在并发控制上面,然后将用来保证分布式数据库的可靠性的那些特性放在其他章节讲述。我们同时也假设分布式数据库都是无复制的,将复制的问题放在第 13 章来介绍。

本章也有一些问题被我们省略了,我们将它们列在这里,以便让感兴趣的读者参考:

1. 并发控制算法的性能评价。我们并未明确的将性能分析结果与方法加入到我们的讨论中。鉴于现在这一领域已经有很多论文在讨论这个问题,我们这样做未免有点令人惊讶。不过,省略了这一问题的原因也有很多。首先,目前还没有针对并发控制算法性能的比较详尽和权威的研究。当前对于性能的研究都比较杂乱,而且是针对特定目的的,因此每种研究都有自己的一套假设和度量参数。虽说这些研究发现了一些很重要的性能权衡方法,但是将它们进行比较有意义的一般化和拓展,若非不可能,也是非常难的。其次,这些研究所使用的分析方法并没有进行足够的程序开发。

相对来说,人们还未能像理解集中式并发控制算法的性能特性那样深入的理解分布式的情况【Thomasian,1996】。主要原因在于这些算法本身的复杂性。这种复杂性会带来一系列的用于简化假设,例如假设数据库是完全复制的,网络结构是完全互联的,网络延迟是可以使用简化的排队模型(M/M/1)来描述的,等等【Thomasian,1996】。

2. 其他的并发控制方法。我们在前面没有提到过另外一类并发控制算法,称为"可串行化图测试方法"。这种机制会显式的建立一个**依赖图**(dependency graph)(或**可串行化图**(serializability graph)),然后检查其中的环路。一个历史 H 的依赖图(或可串行化图)记为DG(H)。它是一个有向图,描述了 H 中的事务的冲突关系。图中的节点代表 H 中的事务(即每一个 H 中的事务 T_i 表示为一个 DG(H)中的节点),并且当且仅当 T_i 中的一个操作与 T_j 中的一个操作冲突,并且发生在 T_j 的操作之前的时候,图中才会存在一条边 (T_i, T_j)。

当以下条件满足时,调度程序会更新它们的依赖图:(1)系统开启了一个新的事务,(2)调度程序收到了一个读或写的操作,(3)一个事务终结了,或(4)一个事务被取消了。

有了依赖图,我们就能说到并发控制算法的"正确性"了。给定一个历史 H,如果它的依赖图 DG(H)是无环的,那么 H 就是可串行化的。在分布式的情况下,我们会将每个站点的局部依赖图合并为一个全局依赖图,然后再将即将执行的站点标记到每个事务上。如果历史 H 是可串行化的,那么我们有必要确认这个全局依赖图是无环的。

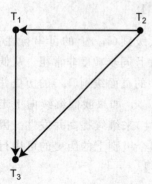

图 11.20　依赖图

例 11.12　例 11.6 中的历史 H_1 的依赖图(图 11.20)是无环的,因此 H_1 是可串行化的。　　　　　◆

3. 对事务的假设。在我们的讨论中,我们并没有将只读事务和更新事务加以区分。在一些系统中,只读事务要占非常高的比例,我们是有可能大幅提高这些只读事务的性能的。这些问题超出了本书的范围。

我们对待读锁和写锁的方式也是相同的。我们可以将它们区别对待,然后将并发控制算法设计为允许"锁转换"的。所谓锁转换,指的是事务可以申请处于某个模式的锁,然后根据不同的需要将这个锁的模式转换成别的。一般来说,我们都是从读锁转换到写锁。

4. 更加"一般化"的算法。很多迹象表明,两种基础的并发控制原语(即基于加锁的和基于时间戳排序的)可能是处于一个统一的框架中的。在这些迹象中,有三个是值得考虑的。首先,对于两种原语,我们都可以设计出悲观方法和乐观方法。其次,严格 TO 算法会将对事务的接受推迟到老事务终结之后,这种工作方式与加锁算法非常相似。但这并不意味着所有能够被严格 TO 调度程序生成的历史都能被 2PL 调度程序接受,因此这种相似性是非常有趣的。最后,我们是可以设计出同时使用时间戳排序和加锁方法的混合算法的,并且可以精确的描述二者相互配合进行工作的规则。

【Farrag and Özsu,1985,1987】建立了一个统一对待这两种原语的理论框架。按照该理论所述,2PL 和 TO 是一个更加一般化的框架所对应的一系列算法的两个极端。虽然这一研究只是基于集中式数据库系统的,但它依然是非常重要的。这不仅是因为它指出了加锁和时间戳排序是相关的,而且研究两个极端之中的那些算法的本质和特性也是非常有趣的。另外,在对一致性的性能进行深入详尽的研究时,这种统一的框架也是非常有用的。

5. 事务执行模型。我们在本章介绍的所有算法都基于一个计算模型的。在这种模型中,起源站点上的事务管理程序可以协调各个事务的各个数据库操作的执行,因此它被称为**集中式执行**【Carey and Livny,1988】。我们同样可以考虑一种**分布式执行**(distributed execution)模型。在这种模型中,一个事务会被分解为一个子事务的集合,每一个子事务都会分配到一个站点上去,然后由相应站点上的事务管理程序来协调它的运行。这在直观上是更加具有吸引力的,因为这样可以让分布式数据库的各个站点的负载更加均衡。不过有研究指出,这种分布式计算模型仅在较轻的负载下具有更好的性能。

11.9　参考文献说明

我们在之前指出过,分布式并发控制是一个非常热门的研究领域。【Bernstein and Goodman,1981】详细研究了基础原语,为建立混合算法打下了基础。本章涉及的问题的更详细的讨论请见【Cellary et al.,1988】、【Bernstein et al.,1987】、【Papadimitriou,1986】和【Gray and Reuter,1993】。

嵌套事务模型和对应的并发控制算法同样是重要的研究课题。一些特定的结果请见【Moss,1985】、【Lynch,1983a】、【Lynch and Merritt,1986】、【Fekete et al.,1987a,b】、【Goldman,1987】、【Beeri et al.,1989】、【Fekete et al.,1989】,以及更近期的【Lynch et al.,1993】。

基于语义知识的事务管理方面的工作请见【Lynch,1983b】、【Garcia-Molina,1983】和【Farrag and Özsu,1989】。关于处理只读事务的讨论见【Garcia-Molina and Wiederhold,1982】。事务组【Skarra et al.,1986】、【Skarra,1989】考虑了一种称为**语义模式**(semantic patterns)的正确性条件,这一条件比可串行化的条件更加放松。ARIES 系统所使用的算法【Haderle et al.,1992】也可以归为是这种类型。特别的,【Rothermel and Mohan,1989】中讨论了 ARIES 处理嵌套事务的问题。Epsilon 串行性【Ramamritham and Pu,1995】、【Wu et al.,1997】以及 NT/PV 模型【Kshemkalyani and Singhal,1994】是另外的"放松"的正确性条件。【Halici and Dogac,1989】讨论了一个基于使用**串行化数**(serialization numbers)对事务进行排序的算法。

还有很多论文讨论了分布式并发控制算法的性能评价的结果,包括【Gelenbe and Sevcik,1978】、【Garcia-Molina,1979】、【Potier and LeBlanc,1980】、【Menasce and Nakanishi,1982a,b】、【Lin,1981】、【Lin and Nolte,1982,1983】、【Goodman et al.,1983】、【Sevcik,1983】、【Carey and Stonebraker,1984】、【Merrett and Rallis,1985】、【Özsu,1985b,a】、【Koon and Özsu,1986】、【Tsuchiya et al.,1986】、【Li,1987】、【Agrawal et al.,1987】、【Bhide,1988】、【Carey and Livny,1988】,以及【Carey and Livny,1991】。【Liang and Tripathi,1996】研究了 sagas 系统的性能问题,并且 Thomasian 从不同的角度进行了一系列的关于集中式和分布式 DBMS 的事务执行的研究【Thomasian,1993,1998】、【Yu et al.,1989】。【Kumar,1996】专注于集中式 DBMS 的性能研究;【Thomasian,1996】和【Cellary et al.,1988】讨论了分布式并发控制方法的性能。【Isloor and Marsland,1980】是一个早期的、但是十分详尽的对死锁管理的综述。大多数分布式死锁管理方面的工作都是基于检测和消解的(见【Obermarck,1982】、【Elmagarmid et al.,1988】)。【Elmagarmid,1986】和【Knapp,1987】是两个对所有重要算法的综述。一个更加近期的综述是【Singhal,1989】。【Newton,1979】、【Zobel,1983】是两个带注解的参考书,从更一般的角度(而不是针对数据库)介绍了死锁问题。近年来,这一领域的研究工作有所放缓,近期的一些论文可以参考【Yeung and Hung,1995】、【Hofri,1994】、【Lee and Kim,1995】、【Kshemkalyani and Singhal,1994】、【Chen et al.,1996】、【Park et al.,1995】以及【Makki and Pissinou,1995】。

练　习

11.1　下列哪些历史是冲突等价的?

$H_1 = \{W_2(x), W_1(x), R_3(x), R_1(x), W_2(y), R_3(y), R_3(z), R_2(x)\}$

$H_2 = \{R_3(z), R_3(y), W_2(y), R_2(z), W_1(x), R_3(x), W_2(x), R_1(x)\}$

$H_3 = \{R_3(z), W_2(x), W_2(y), R_1(x), R_3(x), R_2(z), R_3(y), W_1(x)\}$

$H_4 = \{R_2(z), W_2(x), W_2(y), W_1(x), R_1(x), R_3(x), R_3(z), R_3(y)\}$

11.2　上面哪些历史是可串行化的?

11.3　给出一个涉及两个完整事务的历史,该历史不能被严格 2PL 调度程序接受,但可以被基本 2PL 调度程序接受。

11.4*　如果包含了提交操作 C_i 历史 H 中有事务 T_i 从事务 $T_j (i \neq j)$ 读取某个数据(如 x)的操作,并且 $C_j <_s C_i$,我们就称历史 H 是**可恢复的**(recoverable)。T_i 会"从 T_j 中读取 x",如果:

(1) $W_j(x) <_H R_i(x)$;

(2) $A_j \, not <_H R_i(x)$，并且

(3) 如果存在 $W_k(x)$ 使得 $W_j(x) <_H W_k(x) <_H R_i(x)$，那么 $A_k <_H R_i(x)$。

那么下面哪些历史是可恢复的？

$H_1 = \{W_2(x), W_1(x), R_3(x), R_1(x), C_1, W_2(y), R_3(y), R_3(z), C_3, R_2(x), C_2\}$

$H_2 = \{R_3(z), R_3(y), W_2(y), R_2(z), W_1(x), R_3(x), W_2(x), R_1(x), C_1, C_2, C_3\}$

$H_3 = \{R_3(z), W_2(x), W_2(y), R_1(x), R_3(x), R_2(z), R_3(y), C_3, W_1(x), C_2, C_1\}$

$H_4 = \{R_2(z), W_2(x), W_2(y), C_2, W_1(x), R_1(x), A_1, R_3(x), R_3(z), R_3(y), C_3\}$

11.5* 　给出一个事务管理程序和锁管理程序的分布式两阶段加锁算法。

11.6** 　修改集中式 2PL 算法，使之能够处理幻影（幻影的定义见第 10 章）。

11.7 　基于时间戳排序的并发控制算法，或者依赖于每个站点上精确的时钟，或者依赖于每个站点都可以访问的全局时钟（这个时钟也可以是一个计数器）。假设每个站点都有一个每 0.1 秒走一步的时钟，那么：如果所有局部时钟每隔 24 小时同步一次，那么为了保证基于时间戳机制的方法能够成功同步每个事务，24 小时之内最大可允许的时间偏差是多少？

11.8** 　将本章介绍的分布式死锁策略集成到你在问题 11.5 中设计的 2PL 算法中。

11.9 　针对本章介绍的分布式乐观并发控制方法，解释事务管理程序的存储需求与事务大小（每个事务的操作数）的关系。

11.10* 　针对本章介绍的分布式乐观并发控制方法，给出调度程序和事务管理程序的算法。

11.11 　回忆 11.7 节中的讨论。我们在本章中使用的计算模型是基于集中式环境的。如果使用分布式执行模型，则分布式 2PL 事务管理程序和锁管理程序的算法应该怎样变化？

11.12 　很多时候，人们都会说可串行化是一个过于严格的正确性条件。你是否可以给出一个分布式历史的例子，这个历史是正确的（即满足局部数据库的一致性以及它们互相之间的一致性）但却不是可串行化的？

第 12 章　分布式 DBMS 的可靠性

我们之前已经数次提到了可靠性(reliability)和可用性(availability),但是并没有对它们给出过精确的定义。我们一般只会在存在数据复制的条件下才提到这些术语,这是因为建立一个可靠系统的主要原理就是要为系统的组件提供冗余。我们在第 1 章中也指出过,数据的分布可以提高系统的可靠性。不过对于分布式数据库来说,数据的分布存储或数据项的复制并不能完全保证可靠性。为了让数据库操作更加可靠,需要实现一系列基于数据分布和数据复制的可靠性协议。

在底层系统不可靠的情况下,可靠的分布式数据库管理系统依然可以正常处理用户请求。换句话说,即使分布式环境的某些组件失效了,一个可靠的分布式 DBMS 应当能够继续执行用户的请求,并且不会破坏数据库的一致性。

我们在这一章讨论分布式 DBMS 的可靠性方面的一些特性。回忆第 10 章,分布式 DBMS 的可靠性意味着事务的原子性和持续性。在本章中,我们将要讨论提交与恢复协议,它们是与上述两个性质相关的具体的可靠性协议。为了方便讨论,我们将第 11 章中的一个主要假设进行放松,即我们现在假设底层的分布式系统是可靠的,不会出现硬件和软件上的故障。进一步地讲,对分布式 DBMS 中的事务提交操作的处理,是由在本章中讨论的提交协议来支持的。

本章的结构安排如下。我们在 12.1 节中给出可靠性的基本概念和它的度量方法。在 12.2 节中,我们讨论分布式系统发生故障的原因,并将重点放在讨论分布式 DBMS 的故障类型上。12.3 节介绍局部恢复管理程序(local recovery manager),并对集中式 DBMS 中的可靠性度量做一个概览。这些讨论是 12.4 节介绍的分布式提交和恢复协议的基础。在12.5 节和 12.6 节中,我们会分别介绍处理站点故障和网络划分的协议的细节。12.7 节介绍各个协议的实现方式,这些实现方式均基于我们的体系架构模型。

12.1　可靠性的概念和度量

人们经常将可靠性(reliability)和可用性(availability)这两个术语弄混。甚至在可靠性计算机系统领域的研究人员中,这两个术语的定义也并没有统一。在本节中,我们对一系列的概念给出精确的定义,这些概念均为理解和研究可靠性系统的基础。我们给出的这些定义源于【Anderson and Lee,1985】以及【Randell et al. ,1978】。然而,我们依然会指出这些术语在其他使用环境下与我们给出的定义的区别。

12.1.1　系统、状态与故障

可靠性涉及一个包含了一系列**组件**(component)的**系统**(system)。该系统有一个**状态**(state),随着系统的运行不断改变。系统对所有可能的外界刺激进行的响应,是由该系统的命令式的**行为说明**(specification)来定义的,这一行为说明指出了系统在各个状态的有效行为。

任何没有包含在行为说明中的行为偏差都是一个**故障**(failure)。例如,在一个分布式事务管理程序中,行为说明中定义了在执行并发事务时系统只能生成可串行化的调度。如果事务管理程序生成了一个不可串行化的调度,那么我们就说说系统发生了故障。

显然,每一个故障都需要回溯到它的源头。系统故障可以归咎于组成系统的组件的缺陷,或者是系统本身的设计(即系统是如何将各个组件放到一起的)上的缺陷。在可靠的系统中,每一个状态都是合法的,这是因为每个状态都完全符合行为说明的规定。但是,在一个不可靠的系统中,系统有可能达到一个并不符合行为定义的中间状态;这样的话,接下来的状态转换就有可能造成系统故障。这种中间状态被称为**错误状态**(erroneous state)。每个错误状态的不正确的部分被称为系统中的一个**错误**(error)。任何在中间状态下由系统组件或系统设计造成的错误都被称为**失误**(fault)。因此,一个失误会造成一个错误,进而造成系统故障(如图 12.1 所示)。

图 12.1　造成系统故障的事件链

我们将错误(或失误、故障)分为永久的(permanent)和非永久的。永久性可以针对失误、错误或者故障,但我们通常都用它来修饰失误。一个永久性失误也被称为**硬失误**(hard fault),会造成系统行为的不可逆转的改变。永久性失误会造成永久性错误,进而引起永久性故障。这种故障的特性是,我们必须介入系统去修复失误,才能将系统恢复回来。系统还会存在**间歇性失误**(intermittent fault)和**瞬时失误**(transient fault)。在文字表述上,这两种失误并没有区别,它们都被称为**软失误**(soft faults)。区分这两种失误的依据是系统在遇到失误时的自我修复能力【Siewiorek and Swarz,1982】。间歇性失误指的是偶尔由于不稳定的硬件或者不断变化的软硬件状态而发生的失误。一个典型的例子是,系统在遇到过大的负载时往往会出现失误。另一方面,一个瞬时失误一般由暂时的环境条件所造成。例如,室内温度突然升高,就有可能会造成瞬时失误。因此,瞬时失误是由环境条件造成的,一般来说是不可能修复的。但是,间歇性失误就可以修复,这是由于它是可以追溯到系统的组件上去的。

我们之前指出过,系统故障也可以是由设计失误造成的,设计失误加上不稳定的硬件造成了间歇性错误,从而引起系统故障。最后一个系统故障的诱因,并不是组件失误或设计失误,而是操作错误。根据本节后面部分的相关统计,大部分的系统错误都是由操作错误引起的。各种失误和故障的类型的关系如图 12.2 所示。

12.1.2　可靠性与可用性

可靠性(reliability)指的是系统不会在指定时间区间内发生故障的概率。关心这一特性的系统通常是那些一旦发生故障就不能被修复的系统(比如空间站中的计算机系统),或是那些不能容忍停机维修的重要系统。

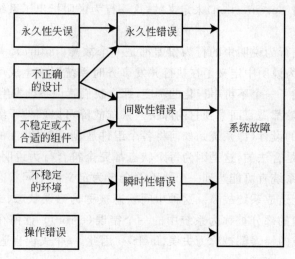

图 12.2　系统故障的来源(基于【Siewiorek and Swarz,1982】)

从形式上,我们将一个系统的可靠性 R(t)定义为如下的条件概率:

$$R(t) = Pr\{在[0,t] 时间内 0 次故障 \mid 在 t = 0 时无故障\}$$

如果我们假设故障的出现符合泊松分布(通常在硬件方面的确是这样的),上述公式可以简化为:

$$R(t) = Pr\{在[0,t] 时间内 0 次故障\}$$

在同样的假设下,我们也可以得到:

$$Pr\{在[0,t] 时间内 k 次故障\} = \frac{e^{-m(t)}[m(t)]^k}{k!}$$

这里 $m(t) = \int_0^t z(x)dx$。$z(t)$称为**风险函数**(hazard function),它给出了特定硬件组件的与时间相关的故障率。$z(t)$的概率分布会依据不同的电子设备而不同。

在时间区间[0,t]内的期望(平均)故障数可以如下计算:

$$E[k] = \sum_{k=0}^{\infty} k \frac{e^{-m(t)}[m(t)]^k}{k!} = m(t)$$

并且它的方差为:

$$Var[k] = E[k^2] - (E[k])^2 = m(t)$$

有了这些数值,我们就可以将 R(t)写为:

$$R(t) = e^{-m(t)}$$

注意,上面的可靠性方程只是针对系统中的单独一个组件的。对于一个包含了 n 个无冗余的组件(即这些组件都可以为系统提供正常的功能)的系统,我们假设故障是互相独立的,那么总体的系统可靠性可以写为:

$$R_{sys}(t) = \Pi_{i=1}^n R_i(t)$$

可用性(availability)(记为 A(t))指的是在一个特定时间点 t 系统可以按照规格说明正常运行的概率。在 t 之前可能已经发生了一些故障,但是如果这些故障都已经被修复了,那么系统在 t 的时候依然是可用的。

如果我们将 t 设定为无穷,那么可用性的极限值就是系统可以提供有效计算服务的期望时间百分比。对于那些可以修复并在修复过程中仅有短时间中断服务的系统,可用性可以被看作它们的"优良度(goodness)"的度量指标。可靠性和可用性是两个相反的目标【Siewiorek and Swarz,1982】,通常人们认为建立一个高可用性的系统比建立一个高可靠性的系统更容易些。

如果我们假设故障符合一个故障率为 λ 的泊松分布,并且修复时间是平均修复时间 $1/\mu$ 的幂,那么系统稳定状态下的(稳态)可用性可以写为:

$$A = \frac{\mu}{\lambda + \mu}$$

12.1.3 平均无故障时间/平均修复时间

在对系统行为进行建模时,人们通常会使用两个比可靠性和可用性函数更加流行的单参数度量函数:**平均无故障时间**(mean time between failures,MTBF)和**平均修复时间**(mean time to repair,MTTR)。MTBF 是一个可以修复的系统中故障之间的期望间隔时间[①]。MTBF 既可以通过试验数据进行计算,也可以使用可靠性函数计算,如下:

$$MTBF = \int_0^\infty R(t)dt$$

由于 R(t)是与系统故障率相关的,MTBF 与系统故障率有直接的联系。MTTR 是修复一个出故障的系统所用的期望时间。正如 MTBF 与故障率相关,MTTR 是与修复率相关的。使用上述两个度量值,我们可以将一个具有指数故障和修复率的系统的稳态可用性记为:

$$A = \frac{MTBF}{MTBF + MTTR}$$

系统故障可能是**延时的**(latent),即故障会在出现之后的某个时间被发现。从故障出现到被发现的这一段时间称为**错误延迟**(error latency),相同的一系列系统中的平均错误延迟时间称为**平均探测时间**(mean time to detect,MTTD)。图 12.3 显示了真正出现失误时各个可靠性度量之间的关系。

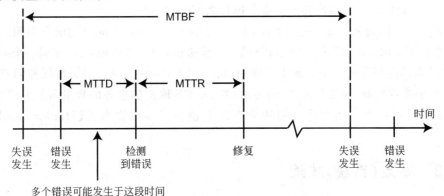

图 12.3 按照时间依次发生的事件

12.2　分布式 DBMS 的故障

为了设计一个可以从故障中恢复的可靠系统,我们需要首先确定需要处理的故障的类型。在分布式数据库系统中,我们需要处理四种故障:事务(取消)故障、站点(系统)故障、(磁盘)介质故障、以及通信线路故障。有些故障是由硬件引起的,有些是由软件引起的。根据人们的不同研究,硬件的故障率在 18% 至 50% 之间。在所有的硬件系统故障中,90% 以上都是软故障。有趣的是,自从计算机出现以来,这一比率一直都没有发生大的变化。1967 年的一项针对美国空军的研究表明,80% 的电器故障都是间歇故障【Roth et al.,1967】。同年,IBM 的一项研究也表明,全部故障的 90% 都是间歇的【Ball and Hardie,1967】。很多近期的研究也都指出软故障要明显多于硬故障【Longbottom,1980】、【Gray,1987】。【Gray,1987】也提到了,大多数软件故障都是瞬时故障——即软故障,并且指出转储并重启对于恢复来说已经足够了,并不需要去"修复"软件。

软件故障通常都是由代码中的错误引起的。软件中的错误数量不尽相同,从每 1000 条指令 0.25 个错误到每 1000 条指令 10 个错误都有可能。如前所述,大多数软件故障都是软故障。软件故障的统计性质跟我们之前给出过的硬件故障的统计性质相差不大。软故障占绝大部分的最主要的原因是,在软件项目进入测试阶段时,人们会对它进行大量的设计检查和代码检验,而且大多数商业软件在正式发布之前都要经历 alpha 和 beta 测试。

12.2.1　事务故障

事务出现的故障有很多。事务故障有可能是由不正确的输入数据(如例 10.3)或死锁引起的。另外,如果其他事务会访问同一个数据,有些并发控制算法并不允许当前事务继续运行,甚至也不允许它等待,这也会造成故障。当发生故障时,一个通常的办法是将事务**取消**(abort),从而可以将数据库转变为事务执行之前的状态①。

度量事务故障的频率并不是很容易的。一个针对 System R 的早期研究表明,3% 的事务都是被非正常取消的【Gray et al.,1981】。一般来说,我们可以说:(1)在同一个应用程序中,被自己取消的事务的比率是基本不变的,而且与不正确的数据、语义数据控制等特性有关;(2)出于并发控制(通常是死锁)的考虑,被 DBMS 取消的事务的数量与并发级别(即并发事务的数量)、并发应用程序之间的交错以及锁粒度等因素有关【Härder and Reuter,1983】。

12.2.2　站点(系统)故障

系统故障都可以回溯到某一个硬件或软件故障上去。这么说的重点是,系统故障通常都被认为是主存不足造成的。因此在系统故障发生时,数据库中任何在内存缓冲区中的内

---

① 注意,并不是所有的事务取消都是由故障引起的。在某些情况下,应用程序的逻辑要求事务进行取消,比如例 10.3 的情况就是如此。

容都会丢失。不过,在次级存储设备存储的数据一般都认为是安全和正确的。在分布式数据库的情况下,系统故障通常指的是**站点故障**(site failure),这是因为这种故障会造成其他站点无法访问发生故障的站点。

在分布式系统中,我们通常区分部分故障和完全故障。**完全故障**(total failure)指的是在分布式系统中所有站点同时发生了故障;**部分故障**(partial failure)指的是某些站点发生了故障,而其他站点则正常。正如第 1 章指出的,正是这一特性使得分布式系统具有更高的可用性。

12.2.3　介质故障

介质故障指的是数据库二级存储设备出现了故障。这种故障有可能是由操作系统错误或者硬件错误(如磁头损坏或控制器故障)。从 DBMS 的角度看,介质故障的重点是存储在二级存储的所有或部分数据库都被破坏或不能访问了。使用双磁盘存储并建立备份拷贝是解决这种问题的一个办法。

介质故障通常都被认为是针对某一个站点的故障,因此一般不会认为是分布式 DBMS 需要考虑的问题。我们将在 12.3.5 节中考虑用局部恢复管理的方法来处理这种故障。因此,当考虑分布式恢复函数的时候,我们会将这种故障按照站点故障来处理。

12.2.4　通信故障

上述三种故障在集中式和分布式 DBMS 中都会出现。而通信故障就是分布式系统所独有的了。通信故障有多种类型,最常见的是:消息错误、消息顺序错误、消息丢失(或未分发)、以及通信线路故障。正如在第 2 章所述,前两种错误是计算机网络方面的责任,我们希望计算机网络的底层软硬件可以正确并按顺序的将消息从出发地发送到目的地。

产生丢失或未分发的消息的原因一般是通信线路故障或目的站点故障。如果一个通信线路失效了,除了应该由它传输的消息都会丢失之外,它还会将整个网络切分为两个或更多的不相交的组。这一过程被称为**网络划分**(network partitioning)。如果一个网络已经被划分了,在每一个划分区域内的站点都会正常运行,但执行那些会访问存储在多个划分区域的事务时就会出现问题。

网络划分会涉及分布式计算系统中的一个独有的故障。在集中式系统中,系统状态是"全或无"的:即要么可以正常运行,要么就不能;如果故障出现,那么整个系统就不能正常运行了。而显然这在分布式环境下情况并不是这样。正如我们之前多次指出过的,这正是分布式系统的潜在的优点。不过这也造成了事务管理程序在设计方面的困难。

如果消息不能分发,我们会假设网络并没有分发这个消息。网络并不会在服务重新建立之后将消息进行缓存,也不会将无法分发的信息告知发送进程。也就是说,消息会简单的被丢掉。我们进行这种假设的原因,是想尽量减少对网络的依赖,而将处理这种故障的责任交给分布式 DBMS。

因此,分布式 DBMS 会检测消息是否未被分发出去。这种检测是基于计时器以及超时机制的,即它会跟踪记录发送站点有多长时间没有接受到目标站点返回的确认信息。这个超时间隔需要设置为大于网络的往返延迟的最大值。如果通信网络无法发送消息和确认信息,我们称这种故障为**性能故障**(performance failure),这需要由分布式 DBMS 的可靠性协议来处理。

12.3　局部可靠性协议

在本节中,我们讨论在每个站点上由局部恢复管理程序(local recovery manager,LRM)运行的功能函数。这些函数保证了局部事务的原子性和持久性,它们与传递给 LRM 的命令相关,包括 begin_transaction、read、write、commit 以及 abort。在这一节接下来的部分,我们会为 LRM 引入一个新的命令,使得它可以在故障发生时进行恢复工作。注意,本节讨论的命令全都是在集中式环境下的;分布式环境下的更复杂的情况放在接下来的章节中讨论。

12.3.1　体系结构的考虑

现在,我们再次使用体系结构模型来讨论 LRM 和数据库缓冲区管理程序(database buffer manager,BM)之间的接口。需要注意的是,LRM 是在第 11 章介绍过的数据处理程序中实现的,这种简单数据处理程序可以由本节介绍的可靠性协议来增强。我们还需要注意,所有对数据库的访问都是要经过缓冲区管理程序的。缓冲区管理程序中的算法细节超出了本书所讨论的范围,因此我们只在这一小节的中对它给出一个概略的介绍。无论是否有这些算法细节,我们都可以定义接口和函数,如图 12.4 所示[①]。

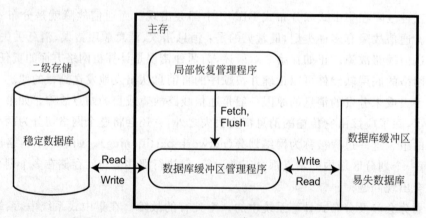

图 12.4　局部恢复管理程序与缓冲区管理程序之间的接口

在这里的讨论中,我们假设数据库永久储存在二级存储设备中,该类设备在这样的语境下被称为**稳定存储**(stable storage)【Lampson and Sturgis,1976】。这种存储介质的稳定性源于其对故障的鲁棒性。与非稳定设备相比,一个稳定的存储设备会遇到较低频度的故障。在如今的技术下,稳定存储的实现方式一般是用双工磁盘存储数据的重复拷贝,并保持两份拷贝的相互一致性(即它们是完全一样的)。我们将存储在稳定存储设备上的数据库称为**稳定数据库**(stable database)。存储并访问稳定数据库的基本单元一般是**页面**(page)。

[①]　这里使用的体系结构模型与 Härder and Reuter【1983】以及 Bernstein et al.【1987】所使用的类似。

　　为了提高访问性能,数据库缓冲区管理程序将一些近期访问过的数据存放在主内存的缓冲区中。一般来说,缓冲区也被划分为与稳定数据库的页面大小相同的一系列页面。存放在数据库缓冲区中的那一部分数据库被称为**易失数据库**(volatile database)。需要注意的是,LRM 仅在易失数据库上执行事务的操作指令,然后在之后的某个时间再写回稳定数据库中。

　　当 LRM 在处理某个事务(的操作指令)并即将读取一个页面的数据[①]时,它会执行一个 fetch 命令来指定它想读取的页面。然后,缓冲区管理程序会检查那个页面是否已经存在缓冲区中(由其他事务中的 fetch 命令放入缓冲区)。如果存在的话,就允许该事务使用这个页面;否则,LRM 会从稳定数据库中读取被请求的页面,然后将它写入一个空闲的数据库缓冲区中。如果系统中已经不存在空闲的缓冲区了的话,LRM 会选择一个缓冲区页面,将它写回稳定存储,然后将稳定数据库中被请求的页面读到缓冲区中。有很多不同的算法来对缓冲区页面进行替换,这些在标准的数据库教材中都有介绍。

　　缓冲区管理程序也提供一个接口,使得 LRM 可以将某些缓冲区页面强制写回稳定数据库中。这可以通过使用 flush(外写)命令并指定 LRM 想写回稳定数据库的页面来完成。我们需要指出,不同的 LRM 的实现方式不一定都提供这种强制的写操作。这个问题我们会在接下来的章节中讨论。

　　正如其接口所示的,缓冲区管理程序可以让 LRM 以缓冲区为中介来访问数据库。它通过完成如下三个任务来实现这一功能:

　　① 在缓冲区池中**搜索**(searching)一个给定的页面;

　　② 如果给定的页面没有被找到,那么就**分配**(allocating)一个空闲的缓冲区页面,并且将数据库页面从二级存储中**载入**(loading)到该页面中;

　　③ 如果没有空闲的缓冲区页面,就选择一个缓冲区页面进行**替换**(replacement)。

　　搜索是比较直接的。缓冲区页面是被所有执行中的事务所共享的,因此这种搜索是全局性的。

　　缓冲区页面的分配是动态的。这意味着给进程分配缓冲区页面这一工作是在进程的执行过程中进行的。缓冲区管理程序会尝试计算进程所需要的缓冲区页面的数量,并尽量分配这个数量的缓冲区页面。最知名的动态分配方法是所谓的工作集(working-set)算法【Denning,1968,1980】。

　　关于分配的第二个要点是对于数据页面的获取。这里最常用的技术是所谓的**按需换页**(demand paging)方法,即数据页面会在引用到它们的时候被读取到缓冲区中。不过,有些操作系统会提前获取一组在物理上与被引用的页面相距较近的其他数据页面。如果检测到对文件的顺序访问,那么缓冲区管理程序就会使用这种方法来获取页面。

　　在交换缓冲区页面的时,最知名的方法是**最近最少使用**(least recently used,LRU)算法。该算法在缓冲区页面上记录着进程的**逻辑引用字符串**(logical reference string)【Effelsberg and Härder,1984】,并将在一定时间内没有被引用过的页面交换出去。这个算法基于一个假设,即如果一个缓冲区页面已经很久都没有被引用过了,那么在较近的未来,

---

　　① LRM 的访问单元有可能是块(block),它的大小与页面不一定相同。不过为了方便起见,我们假设访问单元的大小都是一样的。

它依然不会被引用。

上面讨论的这些方法都是最常用的。其他一些可以替代的方法见【Effelsberg and Härder,1984】。

显然,这些功能与操作系统(OS)的缓冲区管理程序所完成的功能是相似的。不过,DBMS 通常会绕开操作系统的缓冲区管理程序来自己管理磁盘和主存,以便避免一些问题的出现(见【Stonebraker,1981】,这些问题超出了本书的范围)。一般来说,DBMS 的需求通常与操作系统所能提供的功能是不相匹配的,因此 DBMS 的内核通常会复制操作系统的服务,并且按照它们的需求做出必要的修改。

12.3.2　恢复信息

在本节中,我们假设只会出现系统故障;从介质故障中恢复的技术会推迟到稍后一些再进行讨论。另外,由于我们只考虑集中式数据库的恢复问题,因此通信故障也不会出现。

当一个系统故障发生时,易失数据库的内容就会丢失。因此,DBMS 需要维护一些信息来记录故障发生时的状态信息,以便今后可以将数据库恢复到发生故障时的状态。我们将这些信息称为**恢复信息**(recovery information)。

系统维护的恢复信息是与具体的执行更新操作的方法相关的。两种可能的更新方法分别是**就地更新**(in-place updating)和**异地更新**(out-of-place updating)。就地更新会在物理上改变稳定数据库上的数据值,因此原先的值就会丢失;异地更新不会改变稳定数据库上的值,而是单独维护新的值,然后这些更新值会定期写回稳定数据库中去。需要注意的是,如果不使用就地更新,那么解决可靠性的问题就会容易一些,不过出于性能的考虑,很多DBMS 依然使用就地更新。

12.3.2.1　就地更新的恢复信息

由于就地更新会造成相应数据项的前一个值的丢失,我们需要保留足够多的状态转变信息,以便让数据库在故障发生时能够恢复到一致状态。这一信息是在**数据库日志**(database log)中维护的。这样,每个更新事务不仅会改变数据库,而且这种改变也会记录到数据库日志中(如图 12.5 所示)。日志中记录着将发生故障的数据库进行恢复所需的信息。

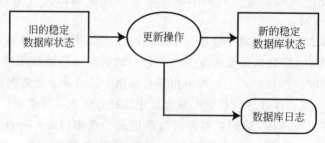

图 12.5　更新操作的执行过程

在接下来的讨论中,我们假设 LRM 和缓冲区管理算法只有在需要新的缓冲区空间的时候才会将缓冲区页面写回稳定数据库中。换句话说,LRM 不会使用 flush 命令,将页面写回稳定数据库的时机完全由缓冲区管理程序来决定。考虑事务 T_1 在故障发生之前已经完成(即已提交)的情况。这时,事务的持久性特性要求 T_1 的效果应该反映到数据库中,但是当故障发生的时候被 T_1 更新过的易失数据库页面有可能并未写回稳定数据库中。因此在恢复的时候,能够**重做**(redo)事务 T_1 是很重要的。这就需要在数据库日志中记录执行 T_1 所带来的效果信息。有了这些信息,就可以依据 T_1 的效果将数据库从"旧"状态恢复到"新"状态(如图 12.6 所示)。

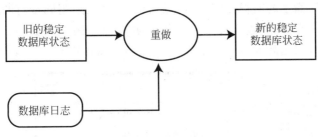

图 12.6　重做操作

现在,考虑另一个事务 T_2 在事故发生时依然在运行。原子性特性要求稳定数据库中不能包含 T_2 的任何效果,但缓冲区管理程序有可能已经将易失数据库中的一些被 T_2 更新的页面写回了稳定数据库,因此在恢复时我们必须**反做**(undo) T_2 的操作[①]。于是,恢复信息中必须包含足够多的信息,以便让数据库能够从包含 T_2 的部分效果的"新"状态中恢复到 T_2 发生之前的"旧"状态(如图 12.7 所示)。

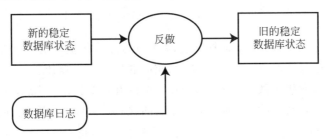

图 12.7　反做操作

我们需要指出,反做和重做操作都是所谓等幂(idempotent)的。换句话说,多次重复执行一个操作的效果等同于将它执行一遍的效果。另外,反做和重做操作是执行提交命令的基础,我们将在 12.3.3 节中进一步讨论。

日志中的内容会根据实现方式的不同而不同。不过下面这些信息是会被几乎所有的数据库日志所包含的:一个 begin_transaction 记录、更新之前的数据项的值(称为**前形象**(before image))、更新之后的数据项的值(称为后形象(after image))以及一个代表事务终结情况(提交或取消)的终结记录。由于可以为比页面更小的单元记录日志,因此前形象与后形象的粒度有可能是不同的。除了在这里讨论过的**状态日志记入**(state logging)之外,人们还会使用诸如 ARIES【Haderle et al.,1992】中的**操作日志记入**(operational logging)来将引起数据库改变的那些操作记录下来。

---

① 　有些人可能会想,在 T_2 的后面继续执行一个重启操作而不是反做操作,也是一个解决问题的办法。但是一般来说,LRM 是不可能决定事务重启的时间点的;进一步的,在一些动作已经反映到了稳定数据库之后,发生的故障有可能是事务故障而非系统故障(例如 T_2 取消了它自己)。因此,执行反做是非常有必要的。

日志也是在主存的缓冲区中维护的(称为**日志缓冲区**(log buffer)),并且也会如数据库的缓冲区页面那样被写回稳定存储中(称为稳定日志),如图 12.8 所示。日志页面可以由两种方法写入稳定存储:第一种方法称为**同步**(synchronous)写,即添加日志记录的时候必须将日志从主存写回稳定存储设备中;第二种方法称为**异步**(asynchronous)写,即日志仅会以某个周期或在缓冲区满了的时候写回稳定存储中。当日志采用同步写的时候,事务的执行会在写过程结束前一直挂起,这样会为执行事务的响应时间引入额外的延迟。但另一方面,如果当日志被强制写回之后发生了一个故障,那么将数据库恢复到一致状态会相对容易些。

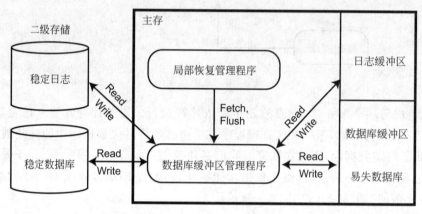

图 12.8　日志记入接口

无论是同步写还是异步写,在维护日志时我们的方法需要符合一个非常重要的协议。考虑数据库的更新已经被写入了稳定存储,而相应的日志记录却还未写入稳定存储的情况。如果在日志写回之前发生了故障,那么由于日志中没有更新记录,因此就不可能将数据库恢复到一致的最新状态,数据库会永远处于更新后的状态。因此,稳定日志应该总是在稳定数据库更新之前进行更新。我们称这种方法为**写在先日志法**(write-ahead logging,WAL)【Gray,1979】,其准确表述如下:

(1)为了支持反做操作,在稳定数据库更新之前(有可能是由于未提交的事务),前形象应写到稳定日志中;

(2)为了支持重做操作,当一个事务提交时,后形象应该在稳定数据库更新之前写到稳定日志中。

12.3.2.2　异地更新的恢复信息

如前所述,就地更新是最常用的更新技术。不过我们在这里也会简要介绍一下其他的更新技术以及它们所需的恢复信息。详细的介绍参见【Verhofstadt,1978】以及我们在之前提到过的参考文献。

异地更新所使用的是**留影**(shadowing)技术【Astrahan et al.,1976;Gray,1979】以及**区分文件**(differential files)技术【Severence and Lohman,1976】。留影技术会在执行更新时为稳定存储页建立副本。也就是说,每当一个更新进行之后,较旧的稳定存储页(称为**影子页面**(shadow page))会原封不动的留下,而一个更新了相应数据项的值的新页面会写到稳定数据库中。与此同时,维护访问路径的数据结构会进行更新,使得今后对相应数据的访问都会指向这个新页面。旧的稳定存储页面会保留下来做恢复时(执行反做时)使用。

这种基于影子换页的技术被应用在 System R 的恢复管理程序中。在这里,留影技术和日志记入技术是同时使用的。

区分文件方法已经在第 5 章中的强制完整性中介绍过了。一般来说,这种方法会用只读文件来维护每个稳定数据库文件,并且还会对每个文件再维护一个相应的可读写的区分文件,用来保存对原文件的修改信息。给定一个逻辑数据库文件 F,记它的只读部分为 FR,区分文件为 DF。DF 由两个部分组成:一个是插入部分,记录了 F 中的插入信息,记为 DF^+;另一个是删除部分,记为 DF^-。所有更新都可以看作删除了旧的值并插入了新的值,因此每个逻辑文件 F 都可以看作是 $F=(FR \cup DF^+)-DF^-$。每过一段时间,区分文件就需要与只读的原文件进行合并。

基于这种方法的恢复策略会简单地为每个事务使用自己的区分文件,然后再在事务提交的时候合并到原文件中去。因此,在恢复的时候,我们简单地将那些没有提交的事务的区分文件丢掉即可。

有研究表明,留影和区分文件方法在一些环境下是具有优势的。【Agrawal and DeWitt,1985】的一项研究调查了在乐观并发控制算法下(使用时间戳)基于日志计入、区分文件、以及留影换页等恢复方法的性能。其结果表明,当系统中只会有比较大的事务(以基集的大小计算),并且都是顺序访问模式的话,留影与加锁的集成算法可以代替更为流行的基于日志与加锁的集成算法。类似的,如果系统中有很多比较大或中型的事务,那么区分文件与加锁的集成算法也同样是一个很好的替代方案。

12.3.3 LRM 命令的执行

我们在之前提到过,LRM 的接口是由 5 个命令组成的:begin_transaction(事务开始)、read(读)、write(写)、commit(提交)以及 abort(取消)。正如我们在第 10 章指出的那样,有些 DBMS 没有显式地给出 commit 命令,在这种情况下事务结束的指示标记就起到了提交命令的作用。为了简便,我们显式的使用 commit 命令。

在本节中,我们介绍 LRM 的第六个接口命令:recover(恢复)。recover 命令是操作系统与 LRM 之间的接口。在故障发生时,操作系统会用这个命令来要求数据库恢复到事故发生之前的状态。

上述命令中,有一些命令(abort、commit 和 recover)的执行会与 LRM 算法以及 LRM 与缓冲区管理程序的交互方式有关;而其他命令(begin_transaction、read 和 write)则与这些无关。

实现局部更新管理程序、缓冲区管理程序以及两个部件之间的交互时最重要的考虑因素是:是否需要让缓冲区管理程序服从局部恢复管理程序的指示,例如什么时候将数据库缓冲区页面写入稳定存储等。具体来说,这涉及到两个决策。第一,是应该让缓冲区管理程序在事务执行期间自行将更新过的缓冲区页面写入稳定存储,还是应该让它等待 LRM 的指示才写入。我们将它称为**固定/非固定**(fix/no-fix)决策,考虑这一决策的原因我们接下来就会讨论。注意,这一决策也被称为**巧取/非巧取**(steal/no-steal)决策【Härder and Reuter,1983】。第二,是应该在事务结束时(即在提交点)强制缓冲区管理程序将缓冲区页面强行写(flush)到稳定存储,还是应该根据缓冲区管理算法按照需要外写。我们称这一决策为**强行写/非强行写**(flush/no-flush)决策【Härder and Reuter,1983】。

相应的,我们可以得到四种组合方式:(1)非固定/非强行写,(2)非固定/强行写,(3)固定/非强行写,以及(4)固定/强行写。接下来我们会对它们进行详细介绍。不过,我们首先要给出 begin_transaction、read 以及 write 命令的执行方法,它们与上述的那些决策是不相关的。根据不同的 LRM 和缓冲区管理程序的实现方式,如果这几个命令的执行方法有哪里需要改动,我们会及时指出。

12.3.3.1　begin_transaction、read 和 write 命令

begin_transaction

这个命令会让 DBMS 的不同组件执行一些簿记的功能。我们同时假设 LRM 会往日志中写一条 begin_transaction 记录。做这一假设的目的主要是为了讨论时的方便;在实际情况下,为了减少 I/O 以提高性能,写 begin_transaction 记录的工作会推迟到第一个 write 命令时才做。

read

read 命令会指定一个数据项。LRM 会试着从属于这个事务的缓冲区中读取该数据项。如果数据项不存在于任何一个缓冲区页面中,LRM 会发出一个 fetch 命令给缓冲区管理器,从稳定存储中读取相应的数据项。读到这个数据项之后,LRM 将它返回给调度程序。

write

write 命令会指定一个数据项和一个新的值。类似于 read 命令,如果数据项存在于事务的缓冲区中,那么就在缓冲区中(即易失数据库中)修改它的值;否则的话,就发出 fetch 命令给缓冲区管理程序去稳定存储中读取数据项然后进行更新。数据页面的前形象和后形象会同时记录在日志中。之后,LRM 会将命令成功执行的消息告知调度程序。

12.3.3.2　非固定/非强行写

这种 LRM 算法被【Bernstein et al.,1987】称为反做/重做(redo/undo)算法,这是因为(我们之后会看到)它在恢复的时候会要求执行反做和重做操作。这种算法也被【Härder and Reuter,1983】称为巧取/非强制(steal/no-force)算法。

abort

我们之前指出过,取消意味着事务故障。由于缓冲区管理程序有可能已经将更新过的页面写到了稳定数据库中,取消这个事务就需要对事务执行反做。因此,LRM 会读取相应事务的日志记录,将易失数据库中更新过的数据项的值替换为它们的前形象。调度程序会随后收到取消操作成功执行的消息。这一过程称为**事务反做**(transaction undo)或**部分反做**(partial undo)。

一个可以替换的方法是使用**取消列表**(abort list)。这个列表记录着所有已经取消过的事务的标识。一旦某个事务的标识出现在了列表里,那么它的取消操作应该立刻执行。

注意,即使在稳定数据库中那些已被更新的数据项暂时不能恢复到前形象,事务也是必须在这个时间点上取消的。缓冲区管理程序会在将来的某个时刻将"正确的"易失数据库上的页面写回稳定数据库中,从而将数据库恢复到事务之前的状态。

commit

commit 命令会让 LRM 向日志中写一条 end_of_transaction 记录。在这个情况下,除了将提交操作已经执行成功的消息告知调度程序,不需要执行任何其他操作。

除了向日志中写 end_of_transaction 记录,一个可以替代的方法是使用**提交列表**(commit list)。这个列表记录着所有已经提交的事务的标识。如果某个事务的标识出现在

了列表中,那么这个事务就会立刻被认为已经提交完成。

recover

在执行恢复操作的时候,LRM 会从日志的第一项开始查找同时存在 begin_transaction 和 end_of_transaction 记录的事务,并对它们的操作进行重做。这一过程被称为**部分重做**(partial redo)。类似的,对于那些只存在 begin_transaction 记录而没有 end_of_transaction 记录的事务的所有操作,LRM 会执行反做。对应于之前讨论过的事务反做,这一过程被称为**全局反做**(global undo),它们的不同之处就在于所有的(而不是特定的某一个)未完成的事务都需要回滚。

如果使用提交列表和取消列表,那么恢复操作就是重做提交列表中的所有操作,并反做取消列表中的所有操作。在本章接下来的部分中,我们不会对这两种具体的实现方式进行区分,不过依然用全局反做来指代这两种恢复方法。

12.3.3.3 非固定/强行写

使用了这种策略的 LRM 算法被【Bernstein et al. ,1987】称为反做/非重做(undo/no-redo)算法,并被【Härder and Reuter,1983】称为巧取/强制(steal/force)算法。

abort

执行 abort 的过程与之前的情况是相同的。在事务故障时,LRM 会对相应的事务发出局部反做的指令。

commit

LRM 会向缓冲区管理程序发出一个 flush 命令,强制将所有已经在易失数据库上更新过的页面写回稳定数据库中。commit 命令在之后就要么会在日志中插入一条记录,要么会在提交列表中放置一个事务的标识。所有这些都完成时,LRM 会将提交成功的信息告知调度程序。

recover

由于所有已经更新的页面都在提交点之后写入了稳定数据库,所有已经成功提交的事务的效果都已经反映到了稳定数据库中,因此没有必要执行重做。于是,LRM 发出的恢复操作仅包含一个全局反做即可。

12.3.3.4 固定/非强行写

在这种情况下,LRM 会控制易失数据库到稳定数据库的写入操作,即不允许缓冲区管理程序从易失数据库向稳定数据库写入任何页面,除非到了事务的提交点。这一功能是由 fix(固定)命令来完成的。fix 命令是 fetch 命令的修改版本,用它可以设定某个页面必须固定在数据库缓冲区里,不能由缓冲区管理程序将它写回到稳定存储中。因此缓冲区管理器的每一个写操作中的 fetch 命令都由 fix 命令代替①。注意,这样的话就不必进行全局反做了,因此我们称之为重做/非反做(redo/no-undo)算法【Bernstein et al. ,1987】,或非强制/非巧取(no-force/no-steal)算法【Härder and Reuter,1983】。

abort

由于易失数据库页面还没有被写回稳定数据库中,我们并不需要特别的操作。但是,为

---

① 当然,在之前获取到而目前已经更新的页面也需要被固定。

了将已经固定的缓冲区页面释放,LRM 是需要向缓冲区管理程序发送一个针对所有这样的页面的 unfix (解除固定)命令的。之后,向日志中写入 abort 记录,或者将事务标识放入取消列表中都是可以的。最后,LRM 会向调度程序发送执行成功的信息。

commit

LRM 会向缓冲区管理程序发送针对所有的易失数据库中已经固定的页面的 unfix 命令。注意,这时这些页面就可以由缓冲区管理程序负责写回稳定存储了。之后,commit 命令既可以向日志中插入一个 end_of_transaction 记录,也可以将事务标识插入到提交列表中。最后,LRM 会向调度程序发送执行成功的信息。

recover

如前所述,由于易失数据库中的页面并未被正在执行的事务写回到稳定存储中,因此没有必要执行全局反做。因此 LRM 会执行一个部分重做的操作来恢复那些已经提交、但是它们在易失数据库中的页面并未写回稳定数据库中的事务。

12.3.3.5　固定/强行写

在这种情况下,LRM 会强制缓冲区管理程序将已经更新的易失数据库页面写回稳定存储中,而且是精确的在提交点(不是之前,也不是之后)来执行写回。这一策略被称为非重做/非反做(no-redo/no-undo)算法【Bernstein et al.,1987】,或非强制/巧取(no-force/steal)算法【Härder and Reuter,1983】。

abort

abort 命令的执行过程与固定/非强行写的情况是相同的。

commit

LRM 会向缓冲区管理程序发送针对所有的易失数据库中已经固定的页面的 unfix 命令。然后,它还会对缓冲区管理程序发出一个 flush 命令来强制它将所有未被固定的易失数据库页面写回稳定数据库①。这之后,commit 命令既可以向日志中插入一个 end_of_transaction 记录,也可以将事务标识插入到提交列表中。在这里需要强调的一点是,上述三个操作必须按照一个原子操作来执行。使用一个单独的 flush 命令就可以满足这个条件,因为该命令同时也会解除所有页面的锁定,并且这样做也会避免了向缓冲区管理程序发送两个命令的开销。不过,按照原子性来执行 flush 命令并写入日志中的开销是不能避免的。最后,LRM 会向调度程序发送执行成功的信息。保证原子性的方法超出了我们的讨论范围(见【Bernstein et al.,1987】)。

recover

在这种情况下,recover 命令不用做任何事,这是因为所有已经成功的事务都会反应到稳定数据库中,而未成功的事务则不会。

12.3.4　建立检查点

在大多数 LRM 的实现策略中,执行恢复操作都需要扫描整个日志。这是一个很大的

---

① 出于表述方便的考虑,对于每个提交操作,我们设定 LRM 会将两个命令(unfix 和 flush)发送给 BM(即缓冲区管理程序)。但是在实际中,人们显然会更喜欢只向 BM 发出一个单一的指令让它同时完成解除锁定和强行写的任务,因为这样做会减少 DBMS 的组件之间的通信开销。

开销,因为 LRM 试图找到所有需要反做或重做的事务。如果能够建立某种机制,使得数据库在某一时间点可以既处于一致状态又处于最新状态,那么就可以减少上述开销。这是由于重做和反做都只需考虑这个时间点之后的操作。建立这种机制的过程称为**建立检查点**(checkpointing)。

建立检查点可由如下三步完成【Gray,1979】:

(1) 向日志中写入一个 begin_checkpoint 记录;

(2) 在稳定存储中收集检查点的数据;

(3) 向日志中写入 end_checkpoint 的记录。

第一个步骤是用来保证建立检查点这一任务的原子性的。如果在建立检查点期间发生了系统故障,那么恢复进程就不会找到任何 end_checkpoint 记录,因此检查点就会被认为没有成功建立。

第二个步骤中,收集数据的过程可以有多种选择:怎样收集以及收集之后存放在哪里。我们在这里考虑一个例子,称为**建立事务一致检查点**(transaction-consistent checkpointing)【Gray,1979】、【Gray et al.,1981】。在开始的时候,将 begin_checkpoint 记录写到日志中,然后禁止 LRM 接受新的事务。一旦当前活动的事务全部完成,所有在易失数据库中已经更新的页面都要被写回稳定存储中。最后,再向日志中插入 end_checkpoint 记录。在这种情况下,重做操作只需从 end_checkpoint 记录之后开始,而反做操作会依照相反的方向来执行,即从日志的末尾执行至 end_checkpoint 记录。

建立事务一致检查点并不是最有效率的算法,这是因为所有事务都会遇到较大的延迟。目前还有其他的建立检查点的方法,如建立动作一致检查点(action-consistent checkpoint)、模糊检查点(fuzzy checkpoint)等【Gray,1979;Lindsay,1979】。

12.3.5　处理介质故障

如前所述,我们讨论过的集中式恢复方法不考虑介质故障,也就是说,无论发生什么故障,稳定存储中的数据库以及日志都不会受到影响。介质故障有可能是灾难性的,造成稳定数据库和稳定日志的全部丢失,也有可能是比较轻微的,仅造成数据库或日志的小部分丢失(比如稳定存储设备只损坏了一两个磁道)。

处理这种情况的方法依然是维护副本。为了避免灾难性的介质故障,系统会在不同的(第三级)存储设备上维护数据库和日志的**归档**(archive)拷贝,这种存储设备通常是磁带或 CD-ROM。这样,DBMS 就要处理三级存储:主存、随机访问的磁盘存储以及磁带(如图 12.9 所示)。为了处理较轻微的介质故障,只需维护数据库和日志的一份副本就可以了。

当介质故障出现时,数据库通过重做或反做在归档日志中记录的事务,从归档数据库中进行恢复。那么接下来的问题是,如何来存储归档数据库。当前的数据库都是非常巨大的,因此将整个数据库写入到第三级存储中的开销也是非常可观的。目前可以用两个手段这一问题:并发的执行归档操作和普通操作,并在数据库改变的时候增量式的进行归档。

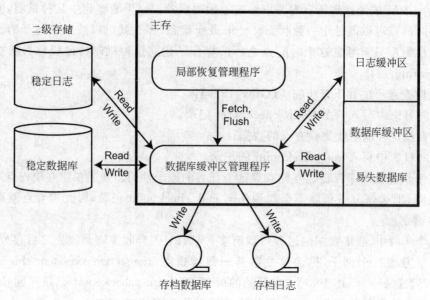

图 12.9　由 LRM 和 BM 管理的存储层次结构

12.4　分布式可靠性协议

以局部可靠性协议为基础,分布式可靠性协议的目标是在多个数据库上维护分布式事务执行的原子性和持久性。该协议处理 begin_transaction、read、write、abort、commit 和 recover 命令的分布式执行。

在开始的时候,我们应该指出 begin_transaction、read 和 write 命令的执行并不会有太大的问题。begin_transaction 的执行与集中式情况下在起源站点上的执行是相同的。read 和 write 命令的集中式情况下的执行方式已经在第 11 章中讨论过了,并且我们也在 12.3.3 节中介绍了它们在每个站点上的执行过程。类似的,取消操作是由执行反做来完成的。

如果使用在本书中引入的体系结构模型,那么分布式可靠性协议的实现就会引入一系列有趣并且困难的问题。我们将在介绍了分布式协议之后在 12.7 节中讨论这些问题。目前,我们仅做一个一般的抽象化假设:假设在一个事务的起源站点上存在一个**协调者**(coordinator)进程,并且每个站点上都有一个**参与者**(participant)进程。这样,分布式可靠性协议就可以通过协调者和参与者来实现。

12.4.1　分布式可靠性协议的组件

在分布式数据库系统中,维护可靠性的方法包括提交、终结以及恢复协议。回忆前面的章节,我们知道提交和恢复协议规定了 commit 和 recover 命令的执行方式。在分布式 DBMS 中,这两个命令与集中式情况都不同。终结协议是分布式系统所独有的。假设在分布式事务的执行过程中,事务所涉及的某个站点发生了故障,我们希望其他站点也应该终结。处理这种情况的技术被称为**终结协议**(termination protocol)。在恢复问题中,终结和恢复协议是两个相反的技术:给定一个站点故障,终结协议负责规定正在运行的站点应该怎样处理这个故障,而恢复协议负责规定出故障的站点上相应的进程(协调者或参与者)应该怎样在事务重启之后恢复数据库的状态。在存在网络划分的情况下,终结协议会使用必要的手段来终结那些处于不同分片上的活动事务,而恢复协议则处理在网络分片重新连结之后应该怎样重建复制数据库的相互一致性。

提交协议应该能够维护分布式事务的原子性。也就是说,即使分布式事务涉及多个站点,并且某些站点有可能会在执行过程中发生故障,这个事务的最终效果应该是全或无(all-or-nothing)的。这被称为**原子提交**(atomic commitment)。我们希望终结协议是**非阻塞**(non-blocking)的。非阻塞终结协议允许事务在操作站点上终结,而不用等待其他站点上的恢复操作,这样做会大幅提高事务执行的性能。我们也希望分布式恢复协议是**独立**(independent)的。独立的恢复协议可以对发生事务故障的站点进行恢复,而不用考虑其他站点,因此恢复过程中的通信开销就会减少。注意,独立的恢复协议意味着非阻塞终结协议,而反之则不成立。

12.4.2 两阶段提交协议

两阶段提交(two-phase commit,2PC)可以保证分布式事务在提交时的原子性,是一个非常简单而且优雅的协议。它通过让所有相关的站点都在事务效果变为永久性之前接受提交操作,从而实现了将局部原子提交操作扩展到分布式事务的情况。这种在站点之间的同步是必要的,原因如下。首先,根据不同的并发控制算法,某些调度程序会在事务提交的时候并未准备好将其终结。例如,如果一个事务读取了一个数据项的值,而该值已经被另一个未提交的事务更新过,那么调度程序就不会提交这个事务。当然,严格的并发控制算法会避免级联式取消,并且如果有其他未终结的事务更新了某个数据项的值,那么就不允许当前事务的读取这个数据项。这个通常被称为**可恢复性条件**(recoverability condition)【Hadzilacos,1988】、【Bernstein et al.,1987】。

参与者不同意提交的另一个原因是源于死锁。在死锁发生时,参与者应该取消该事务。注意在这种情况下,应该允许参与者在未得到许可的情况下取消该事务。这种能力是非常重要的,被称为**单方面取消**(unilateral abort)。

不考虑故障的 2PC 协议可以简述如下。最初,协调者会将一个 begin_commit 记录写到日志中,然后向所有参与站点发送"prepare(预备)"消息并进入到 WAIT(等待)状态。当一个参与者收到"prepare"消息时,它会检查是否可以提交事务。如果可以,那么参与者就会将一个 ready 记录写到日志中,然后向协调者发送一个"vote-commit(投票提交)"消息并进入 READY(就绪)状态;否则,参与者将一个 abort 记录写到日志中,然后向协调者发送一个"vote-abort(投票取消)"消息。如果参与者站点的决策是取消,那么它仅需将事务丢弃即可,因为取消的决策是具有否决权的(即单方面取消)。如果协调者收到了所有参与者的回复,它就要决定是应该将事务提交还是取消。如果有任何一个参与者投了否决票,那么协调者就需要执行一个全局取消。这时,协调者将一个 abort 记录写到日志中,然后向所有参与者发送"global-abort(全局取消)"消息并进入 ABORT(取消)状态。如果所有参与者都发送了提交消息,协调者就将一个 commit 记录写到日志中,然后向所有参与者发送"global-commit(全局提交)"消息并进入 COMMIT(提交)状态。参与者或者提交,或者取消,完全取决于协调者的指示,并且还要向协调者发送确认消息。在收到确认消息之后,协调者终结这个事务，并将一个 end_of_transaction 记录写到日志中。

请注意协调者针对一个事务达成全局终结的决策方法。在进行决策时，协调者需要遵循两个规则，统称为**全局提交规则**（global commit rule）：

（1）如果任何一个参与者对事务投了"取消"票，那么协调者就需要给出全局取消决策；

（2）如果所有参与者都对事务投了"提交"票，那么协调者就需要给出全局提交决策。

不考虑故障的 2PC 协议中，协调者和参与者之间的操作如图 12.10 所示。这里圆圈代表状态，虚线代表协调者和参与者之间的消息。虚线上的标记标识消息的内容。

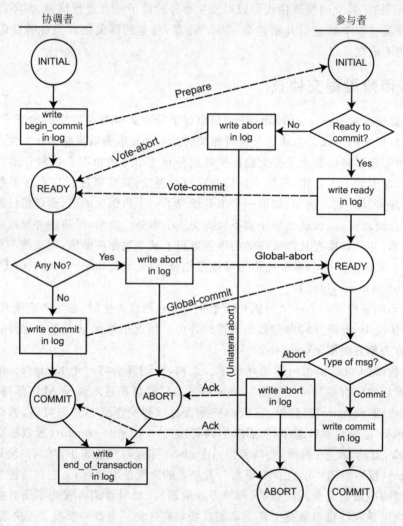

图 12.10　2PC 协议中的操作

关于 2PC，从图 12.10 中还有可以看出一些比较重要的点。首先，2PC 允许参与者在给出赞成的投票之前可以单方面取消一个事务。第二，当一个参与者投票提交或取消一个事务之后，它不能改变它的投票。第三，当一个参与者处于 READY 状态时，依赖于协调者发来的消息的性质,它可以转移到取消事务,或者转移到提交事务。第四,全局终结决策是由协调者依据全局提交规则来做出的。最后,协调者和参与者的进程都会进入某些状态,在这些状态下他们要等待进一步的消息。为了让他们能够从这些状态下走出来并且将事务终结,我们需要使用计时器。每个进程都会在进入某个状态时设置计时器。如果没有在计时器超时之前收到任何期望中的消息,那么就执行超时协议(timeout protocol)(在之后讨论)。

　　在实现 2PC 协议的时候,可以使用不同的通信方法。图 12.10 中所示的称为**集中式 2PC**(centralized 2PC),这是由于其通信只是存在于协调者和参与者之间,而不是参与者和参与者之间。这种通信结构时我们在本章接下来的讨论的基础,它的更为清晰的表示见图 12.11。

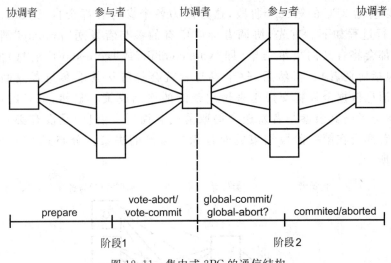

图 12.11　集中式 2PC 的通信结构

　　另一种替代方法称为**线性 2PC**(linear 2PC)(也被称为**嵌套式 2PC**(nested 2PC)【Gray,1979】)。这种方法中,参与者会互相进行通信。在系统中有一个站点之间的通信顺序。我们假设这些参与者站点执行事务的顺序是 1,…,N,其中第一个是协调者站点,2PC 的第一阶段会按照从 1 到 N 的顺序进行前向通信,第二阶段会按照从 N 到 1 的顺序进行后向通信。这样,2PC 就是按照如下方式进行的。

　　首先,协调者向 2 号参与者发送"prepare(预备)"消息。如果 2 号参与者并没有准备好提交事务,它就向 3 号参与者发送"vote-abort(投票取消)"消息(VA),然后取消(即 2 号参与者单方面取消)。另一方面,如果 2 号参与者同意提交事务,那么它就向 3 号参与者发送"vote-commit(投票提交)"消息(VC),然后进入 READY 状态。这一过程一直会持续,直到"vote-commit"消息到达第 N 号参与者,第一阶段结束。如果 N 同意提交,那么它就会向第 N−1 号参与者发送"global-commit(全局提交)"消息(GC),否则就发送"global-abort(全局取消)"消息(GA)。其他的参与者也都会进入相应的状态(COMMIT 或 ABORT),然后将消息回传给协调者。

　　线性 2PC 协议的通信结构如图 12.12 所示。它会传递较少的消息,但是不能提供任何的并行性。因此,这种协议具有比较低的性能。

　　另一种比较流行的 2PC 的通信结构会在第一个阶段让所有的参与者都互相通信,

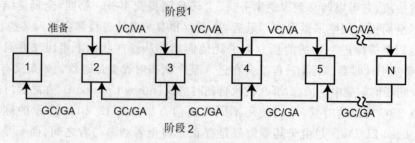

图 12.12 线性 2PC 的通信结构

这样它们都可以独立的做出各自的终结决策。这种方式称为**分布式 2PC**(distributed 2PC),它可以省略 2PC 的第二个阶段,这是因为各个参与者都会自己做出决策。分布式 2PC 的运行过程如下。首先,协调者会向所有的参与者发送"prepare"消息。然后,每个参与者都会将自己的决策结果(即"vote-commit"或"vote-abort"消息)发送给其余的参与者(包括协调者)。再然后,每个参与者就会等待从其他参与者发回来的消息,并通过这些消息依据全局提交规则来做出最终的终结决策。显然,2PC 的第二个阶段(即由某个参与者向其余参与者发送全局取消或全局提交消息)是没有必要的,这是由于每个参与者都会在第一阶段结束的时候做出自己的决策。分布式 2PC 的通信结构如图 12.13 所示。

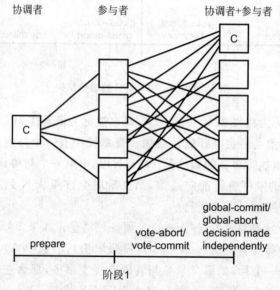

图 12.13 分布式 2PC 的通信结构

对于上面介绍的后两种 2PC 版本,我们还有一点需要强调。一个参与者需要知道它的下一个参与者的身份(线性 2PC 的情况)或者是所有的参与者的身份(分布式 2PC 的情况)。这个问题可以通过在协调者发送的"prepare"消息上附加一个参与者的列表的方式来解决。由于协调者清楚地知道谁是参与者,因此在集中式 2PC 中这并不存在这样的问题。

协调者的 2PC 集中式执行算法见算法 12.1,参与者的算法见算法 12.2。

算法 12.1: 2PC-C 算法

```
begin
    repeat
        wait for an event ;
        switch event do
            case Msg Arrival
                Let the arrived message be msg ;
                switch msg do
                    case Commit            {commit command from scheduler}
                        write begin_commit record in the log ;
                        send "Prepared" message to all the involved
                        participants ;
                        set timer
                    case Vote-abort {one participant has voted to abort;
                    unilateral abort}
                        write abort record in the log ;
                        send "Global-abort" message to the other involved
                        participants ;
                        set timer
                    case Vote-commit
                        update the list of participants who have answered ;
                        if all the participants have answered then {all must
                        have voted to commit}
                            write commit record in the log ;
                            send "Global-commit" to all the involved
                            participants ;
                            set timer

                    case Ack
                        update the list of participants who have acknowledged ;
                        if all the participants have acknowledged then
                            write end_of_transaction record in the log
                        else
                            send global decision to the unanswering participants


            case Timeout
                execute the termination protocol
    until forever ;
end
```

算法 12.2: 2PC-P 算法

```
begin
    repeat
        wait for an event ;
        switch ev do
            case Msg Arrival
                Let the arrived message be msg ;
                switch msg do
                    case Prepare        {Prepare command from the coordinator}
                        if ready to commit then
                            write ready record in the log ;
                            send "Vote-commit" message to the coordinator ;
                            set timer
                        else                          {unilateral abort}
                            write abort record in the log ;
                            send "Vote-abort" message to the coordinator ;
                            abort the transaction

                    case Global-abort
                        write abort record in the log ;
                        abort the transaction
                    case Global-commit
                        write commit record in the log ;
                        commit the transaction

            case Timeout
                execute the termination protocol
    until forever ;
end
```

12.4.3　2PC 的变型版本

为了提高 2PC 的性能，人们提出了两个 2PC 的变型版本。这两个变型版本的做法是降低(1) 协调者和参与者之间的消息数量，以及(2) 写日志的次数。这两个协议被称为**假定取消**（presumed abort）和**假定提交**（presumed commit）【Mohan and Lindsay，1983；Mohan et al.，1986】。假定取消的优化对象是那些只读事务，以及有部分进程不会做任何更新的更新事务（称为部分只读事务）。假定提交的优化对象是一般的更新事务。下面我们简略介绍这两种变型版本。

12.4.3.1　假定取消 2PC 协议

在假定取消 2PC 协议中，我们做如下假设。当一个已经就绪了的参与者在任何时候向协调者发出对一个事务结果的询问，而在虚拟存储中却没有关于该事务的信息时，那么对这种事务询问的回答一律是将该事务取消。这一做法是有效的，因为在提交的情况下，协调者会得到所有的参与者的确认应答，这就保证了这些参与者在今后不会再对该事务发出询问的请求。

当使用这一技术时，我们可以看到，协调者在做出取消事务的决定后就可以立刻丢弃掉该事务。它可以向日志中写入一个 abort 记录，然后并不再等待其他的参与者对这个 abort 命令进行确认。协调者也无需在写入 abort 记录之后再写入一个 end_of_transaction 记录。

请注意，向日志中写入 abort 记录并不是强制性的。这是应为如果一个站点在收到最终决策之前发生了故障并开始恢复的情况下，恢复例程会检查日志来确定事务的最终结果。。由于 abort 没有强制性地写入日志，恢复例程有可能会找不到关于这个事务的任何信息。在这种情况下，它会向协调者询问这一信息并被告知取消该事务。出于同样的原因，参与者向日志中写入 abort 记录也并不是强制性的。

由于在取消了的事务中，假定取消 2PC 会减少协调者和参与者之间的消息传递，因此这种协议会具有较高的效率。

12.4.3.2　假定提交 2PC 协议

如上面所述，假定取消协议通过在做出取消的决策之后忘掉事务来提高性能。由于大多数事务都会提交，因此也可以采用类似的方法提高提交的性能，于是人们提出了假定提交 2PC 协议。

假定提交 2PC 是基于如下前提的。如果不存在关于这个事务的信息，那么我们就认为这个事务已经提交了。不过这并不是假定取消 2PC 协议的对偶协议，因为一个严格的对偶协议应该要求协调者在做出提交决策之后立刻忘掉这个事务的信息，而且向日志中写入 commit 记录（以及参与者的 ready 记录）不是强制的。不过，让我们考虑如下情况：协调者发出了"prepare"消息并且开始收集信息，但是在收集到所有信息并作出决策之前发生了故障，那么参与者就需要等待各自的计时器超时，并且将该事务交给各自的恢复例程。由于不存在事务的信息，每个参与者的恢复例程会提交这个事务。但另一方面，协调者在恢复之后会取消这个事务，这就造成了不一致。

对于这个协议进行一个简单的改进就可以解决上述问题，这一改进的协议称为**假定取消 2PC**（presumed commit 2PC）。在发出"prepare"消息之前，协调者会被强制向日志中写入一个 collecting（收集）记录，其中包含了执行事务的所有参与者的名字。参与者随后进入

COLLECTING(收集)状态,然后发出"prepare"消息并进入 WAIT(等待)状态。当参与者收到"prepare"消息之后,它们会自行决定应该如何对待这个事务,然后写入 abort 记录或 ready 记录并发出"vote-abort(投票取消)"或"vote-commit(投票提交)"消息。当协调者从所有的参与者处接收到决策消息之后,它会决定是应该取消还是应该提交这个事务。如果决定取消,就写入一个 abort 记录,并发出"global-abort(全局取消)"消息;如果决定提交,就写入一个 commit 记录,并发出"global-commit(全局提交)"消息,并且忘掉这个事务。当参与者接收到"global-commit"消息时,他们会写入一个 commit 记录,并更新各自的数据库。如果参与者接收到"global-abort"消息,它们会写入一个 abort 记录并返回确认消息。协调者在收到取消的确认之后,写入一个 end_of_transaction 记录并忘掉这个事务。

12.5　处理站点故障

在本节中,我们考虑网络中的站点故障。我们的目标是建立支持非阻塞终结和独立恢复的协议。正如之前指出的那样,独立恢复协议隐含着非阻塞恢复协议,但我们会将上述两者分开讨论。同样应该注意,我们下面的讨论都是基于标准 2PC 协议的,并非它的两种变型版本。

我们首先设定在出现站点故障的情况下,存在非阻塞终结以及独立恢复协议的边界条件。可以证明,当只有一个站点发生故障时,这种协议是存在的。但是,如果多个站点同时发生了故障,我们就得不到预期的结果了。有研究表明,当多个站点发生故障时,我们是无法设计出非阻塞终结(以及独立恢复)协议的【Skeen and Stonebraker,1983】。首先,我们为 2PC 算法建立终结和恢复协议,并且说明 2PC 是天生就会阻塞的。然后,我们为单站点故障设计非阻塞的原子提交协议。

12.5.1　2PC 的终结和恢复协议

12.5.1.1　终结协议

终结协议负责处理协调者和参与者进程的计时器超时事件。当目标站点不能在预计时间内从源站点处获得期望中的消息时,就会产生一个超时事件。在本节中,我们考虑源站点发生故障时的超时问题。

处理超时事件的方法与为故障计时的方法以及故障的类型都有关系。因此,我们需要考虑 2PC 执行过程的各个阶段发生故障时的情况。这样的讨论是基于 2PC 协议的状态转移图的(如图 12.14 所示)。注意,状态转移图是图 12.10 的简化版本。在这个图中,圆圈表示状态,圆圈之间的连线表示状态转移。终结状态用两个同心圆表示。连线上方的标签表示状态转移的原因,即收到的消息,下方的标签表示发送出的由于状态转移结果而产生的消息。

协调者超时

协调者超时可能发生在三个状态中：WAIT、COMMIT 和 ABORT。后两个超时事件的处理方法是相同的,因此我们只需考虑两种情况：

(1) **在 WAIT 状态下的超时**。在 WAIT 状态下,协调者等待每个参与者的局部决策。由于全局提交规则并未被满足,协调者是不能单方面进行提交的。不过,协调者可以单方面

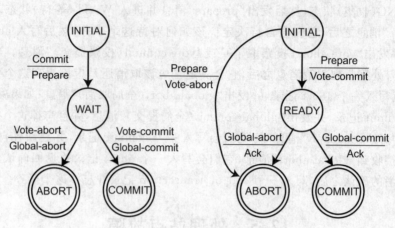

图 12.14　2PC 协议的状态转移

取消,这种情况下它会向日志中写入 abort 记录,并向所有参与者发送"global-abort"消息。

(2) **在 COMMIT 和 ABORT 状态下的超时**。在这种情况下,协调者是不能确定每个参与者的局部恢复管理程序是否已经完成了提交或者取消操作。因此,协调者会向没有返回确认信息的参与者不停的发送"global-commit"或"global-abort"命令,然后等待它们的回复。

参与者超时

参与者超时[2]可能发生在两个状态中:INITIAL 和 READY。我们分别考虑这两种情况:

(1) **在 INITIAL 状态下的超时**。在这种情况下,参与者会等待"prepare"消息,而协调者必然是在 INITIAL 状态下发生了故障。在发生超时事件后,参与者可以单方面取消事务。如果在取消之后参与者才收到"prepare"消息,那么就采用以下两种做法中的一种:要么参与者检查它的日志,寻找 abort 记录,然后回复一个"vote-abort"消息,要么就简单的忽略这个"prepare"消息。在后一种情况下,协调者会在 WAIT 状态下发生超时,相应的处理办法在上面已经讨论过了。

(2) **在 READY 状态下的超时**。在这种情况下,参与者已经发起了提交的投票,但是并没有得到协调者的全局决策,因此它不能单方面的做出决策。由于提交投票的消息已经发出,参与者不能更改它的投票并单方面取消事务。另一方面,参与者也不能单方面提交事务,这是由于有可能会有其他参与者投票取消了该事务。在这种情况下,参与者就会被一直阻塞住,直到它可以从其他地方(协调者或其他参与者)得到最终的决策为止。

我们考虑集中式的通信结构。在这种结构下,参与者不能互相通信,并且如果参与者试图终结一个事务,它必须询问协调者并等待最终的决策。如果协调者出了故障,那么参与者就要一直被阻塞,这是我们不希望看到的。

如果参与者可以互相通信,那么我们就可以设计出一个更加分布式的终结协议。一个发生了超时的参与者可以简单地向其他参与者发出询问,以便做出决策。假设参与者 P_i 发生了超时,每个其他的参与者(P_j)会依据不同的情况按照如下方式进行响应:

---

② 　在其他一些关于 2PC 协议的讨论中,人们会假设参与者不使用计时器,因而不会有超时的情况发生。不过,让参与者使用超时协议不仅会解决一些棘手的问题,而且还可以提高提交过程的速度。因此,我们考虑这种更一般的情况。

（1）P_j 处于 INITIAL 状态。这意味着 P_j 没有发出投票，甚至没有收到"prepare"消息。它可以单方面取消事务，并且向 P_i 回复一个"vote-abort"消息。

（2）P_j 处于 READY 状态。在这种情况下 P_j 已经发出了提交投票，但是并没有收到全局决策。因此，它并不能帮助 P_i 做出终结决策。

（3）P_j 处于 ABORT 或 COMMIT 状态。在这种情况下，或者 P_j 已经单方面取消了事务，或者 P_j 收到了从协调者发来的全局终结决策。因此 P_j 可以向 P_i 发送"vote-commit"或"vote-abort"消息。

下面，考虑发生超时的参与者（P_i）应该怎样对这些响应进行处理：

（1）P_i 所有 P_j 处都收到了"vote-abort"消息。这表明没有任何参与者发出了投票，但是它们都已经决定单方面取消事务。这种情况下，P_i 可以取消事务。

（2）P_i 从某些 P_j 处收到了"vote-abort"消息，但是其他参与者都处于 READY 状态。在这种情况下，P_i 依然可以取消事务，这是因为，根据全局提交规则，这种情况下事务不能提交，并且应该在未来被取消。

（3）P_i 发现所有的 P_j 都处于 READY 状态。在这种情况下，没有任何一个参与者可以得到足够的关于如何终结事务的信息。

（4）P_i 从所有 P_j 处都收到了"global-abort"或"global-commit"的消息。在这种情况下，所有其他参与者都收到了来自协调者的决策信息。因此，P_i 可以根据具体的信息来对事务进行终结处理。注意，不可能会出现有些 P_j 发回了"global-abort"而有些 P_j 发回"global-commit"的情况，因为这不可能成为遵守 2PC 的协议而产生的结果。

（5）P_i 从某些 P_j 处都收到了"global-abort"或"global-commit"的消息，而另一些 P_j 处于 READY 状态。这表明有些参与者收到了协调者的决策，而有些还未收到。这一情况的处理办法与 4 相同。

上述 5 条可以覆盖终结协议应该处理的所有的情况。我们不用考虑诸如某个参与者发出了"vote-abort"消息而另一个参与者却发出了"global-commit"的情况，因为这在 2PC 中是不会出现的。在 2PC 协议的执行过程中，没有任何进程（协调者或参与者）对于其他进程的超越会多于一个状态。例如，如果一个参与者处于 INITIAL 状态，所有其他的参与者或者处于 INITIAL 状态，或者处于 READY 状态。类似的，协调者只会处于 INITIAL 或 WAIT 状态中。因此，2PC 协议中的所有进程都是**单状态转移中同步**（synchronous within one state transition）【Skeen，1981】的。

注意在情况 3 时，参与者会由于不能终结事务而一直被阻塞。在某些情况下，这一问题是可以解决的。如果在终结的时候所有的参与者都发现协调者出故障了，那么它们就可以选举出一个新的协调者，因而可以重启这个提交过程。选举新协调者的方式有很多，既可以定义一个所有站点之间的完全顺序，并按照这个顺序进行选择【Hammer and Shipman，1980】，也可以在所有参与者之间发起一个选举例程【Garcia-Molina，1982】。但是如果参与者和协调者都发生了故障，上述方法就会失效。在这种情况下，虽然发生故障的站点有可能已经得到了协调者发送过来的决策信息，并且已经按照这个信息对事务进行了终结，但是其他参与者是不知道这个决策信息的。因此，如果参与者们选举出了一个新的协调者，那么新的协调者做出的决策就有可能和故障站点得到的决策是不同的。显然，为 2PC 设计一个非阻塞的终结协议是不可能的。2PC 协议是一个有阻塞的协议。

　　由于我们在设计 2PC 算法(算法 12.1 和算法 12.2)时假设采用集中式通信结构,我们会在设计终结协议时也采用这种结构。在讨论超时的那个章节中应该给出的协调者和参与者的具体算法见算法 12.3 和算法 12.4。

算法 12.3: 2PC协调者终结算法

```
begin
    if in WAIT state then                          {coordinator is in ABORT state}
        write abort record in the log ;
        send "Global-abort" message to all the participants
    else                                           {coordinator is in COMMIT state}
        check for the last log record ;
        if last log record = abort then
            send "Global-abort" to all participants that have not responded
        else
            send "Global-commit" to all the participants that have not
            responded
    set timer ;
end
```

算法 12.4: 2PC参与者终结算法

```
begin
    if in INITIAL state then
        write abort record in the log
    else
        send "Vote-commit" message to the coordinator ;
        reset timer
end
```

12.5.1.2　恢复协议

　　在之前的章节中,我们讨论了 2PC 协议是如何处理操作站点的故障的。在本节中,我们站在一个相反的角度:我们讨论那些能让协调者和参与者能在它们的站点发生故障并重启之后能够恢复的协议。不过一般来说,设计能够在保证独立恢复的同时保证分布式事务的原子性的协议是不可能的。由于 2PC 的终结协议是固有阻塞的,这一结论并不令人惊奇。

　　在接下来的讨论中,我们再次使用图 12.14 中的状态转移图。并且,我们还会做出如下两个假设:(1)向日志中写入一个记录和发送一条消息的组合操作是具有原子性的;(2)状态转移应发生在响应消息之后。例如,如果协调者处于 WAIT 状态,那么就意味着它已经将 begin_commit 记录写到了日志中,并且成功发送了"prepare"命令。但这并不意味着"prepare"命令已经传输成功,也就是说,由于通信故障,"prepare"消息有可能从未被参与者收到。我们将会单独讨论这个问题。第一个关于原子性的假设显然是不现实的,因此在本章的最后我们会介绍放松这个限制的情况,并且给出一些针对由此带来的问题的解决办法。

　　协调者站点故障

　　协调者站点发生故障时,可能出现如下情况。

　　(1)**协调者在 INITIAL 状态下发生了故障**。出现这一情况应该在协调者初始化提交例程之前。因此,在恢复时应该启动提交进程。

　　(2)**协调者在 WAIT 状态下发生了故障**。这种情况下,协调者已经发出了"prepare"指令。在恢复的时候,协调者会通过重新发送"prepare"消息从零开始来重启对这个事务的提交进程。

（3）**协调者在 COMMIT 或 ABORT 状态下发生了故障**。这种情况下，协调者已经向参与者们发出了最终的决策，并且已经终结了这个事务。因此，在恢复时，如果已经收到了所有参与者发回来的确认消息，那么就不用做任何事情；否则，就需要执行终结协议。

参与者站点故障

参与者站点发生故障时，会出现如下三种情况。

（1）**参与者在 INITIAL 状态下发生了故障**。在恢复时，参与者应单方面取消这个事务。让我们看一下为什么应该这样做。注意，对于这个事务来说，这时的协调者应该处于 INITIAL 或 WAIT 状态。如果处于 INITIAL 状态，那么它就发送"prepare"消息，然后转换到 WAIT 状态。由于参与者站点发生了故障，协调者会由于收不到参与者的决策信息而超时。我们已经在之前讨论过了协调者应如何在 WAIT 状态下处理超时（即全局取消这个事务）。

（2）**参与者在 READY 状态下发生了故障**。在这个情况下，协调者会在参与者发生故障之前接收到后者发来的肯定的决策消息。在恢复的时候，故障站点上的参与者可以将这个看作是处理 READY 状态下的超时问题，并将这个问题转由终结协议来处理。

（3）**参与者在 ABORT 或 COMMIT 状态下发生了故障**。这两个状态代表事务已经终结，因此参与者在恢复时并不需要做任何特别的事情。

其他情况

我们现在考虑将日志记入和消息发送的原子性限制进行放松的情况，即，我们假设在协调者或参与者在写入日志项之后、发送消息之前发生了故障。在我们进行讨论时，读者可以参考图 12.10。

（1）**协调者在写入 begin_commit 记录之后、发送"prepare"命令之前发生了故障**。在恢复的时候，协调者可以用在 WAIT 状态下处理故障的方法（上述协调者故障中的第 2 种情况）来处理这一情况，并发送"prepare"命令。

（2）**某个参与者在写入 ready 记录之后、发送"vote-commit"消息之前发生了故障**。参与者可以按照上述参与者故障中的第 2 种情况来处理。

（3）**某个参与者在写入 abort 记录之后、发送"vote-abort"消息之前发生了故障**。这是唯一一个没有被之前的讨论所覆盖的情况。在这种情况下，参与者在恢复的时候并无需做任何特别的事情，协调者会在 WAIT 状态下超时。协调者针对这一状态的终结协议会全局取消这个事务。

（4）**协调者在向日志中写入它的最终决策（abort 或 commit）时、并且在发送"global-abort"或"global-commit"之前发生了故障**。在这种情况下，协调者可以按照上述协调者故障中的第 3 种情况来处理，参与者按照在 READY 状态下处理超时的情况来处理。

（5）**某个参与者在写入 abort 或 commit 记录之后、在发送确认信息之前发生了故障**。参与者可以按照它的故障中的第 3 种情况来处理，协调者可以按照在 COMMIT 或 ABORT 状态下处理超时的情况来处理。

12.5.2　三阶段提交协议

三阶段提交协议（3PC）【Skeen, 1981】是一种为非阻塞而设计的协议。在本节中我们可以看到，在只出现站点故障时，3PC 的确是非阻塞的。

我们首先考虑设计一个非阻塞的原子提交协议的充分性和必要性。一个在单状态转移中同步的提交协议是非阻塞的，当且仅当它的状态转移图满足如下两个条件：

（1）没有任何一个状态是既和 COMMIT 状态相邻，又和 ABORT 状态相邻的。

（2）不存在与 COMMIT 状态"邻接"的非可提交状态【Skeen，1981】、【Skeen and Stonebraker，1983】。

这里，**邻接**（adjacent）表示可以通过一次状态变换由一个状态转移到另一个状态。

考虑 2PC 协议中的 COMMIT 状态（见图 12.14）。如果任何一个进程已经处于这个状态，那么我们可以知道，所有的站点都已经投票提交了这个事务。这一状态称为**可提交**（committable）的状态。2PC 中还有一些**不可提交**（non-committable）的状态。我们感兴趣的是 READY 状态。这个状态是不可提交的，这是因为一个处在这个状态的进程并不意味着所有进程都已经投票提交了这个事务。

显然，协调者的 WAIT 状态和参与者的 READY 状态破坏了上述非阻塞条件。因此，我们需要对 2PC 协议做一个修改，使得它满足非阻塞条件，进而成为一个非阻塞协议。

我们可以在 WAIT（READY）和 COMMIT 状态之间再加入一个状态，作为表示进程已经准备好提交（假设这是它的最终决策）但还未提交的缓冲状态。在这种协议下，协调者和参与者的状态转移图如图 12.15 所示。由于从 INITIAL 状态到 COMMIT 状态有三个状态转移，因此这种协议被称为三阶段提交（three-phase commit protocol，3PC）。协调者和一个参与者之间的执行该协议的过程如图 12.16 所示。注意，除了加入了 PRECOMMIT（预提交）状态，图 12.16 和图 12.10 是相同的。我们还可以观察到，3PC 是一个单状态转移的协议。因此，前面所给出的非阻塞的 2PC 中的条件同样也适用于 3PC。

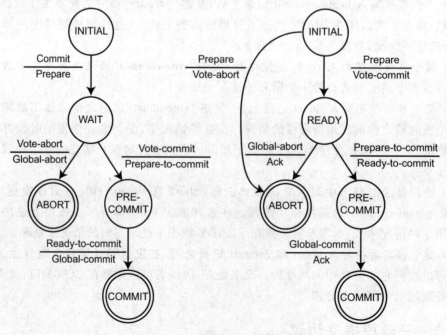

图 12.15　3PC 协议中的状态转移

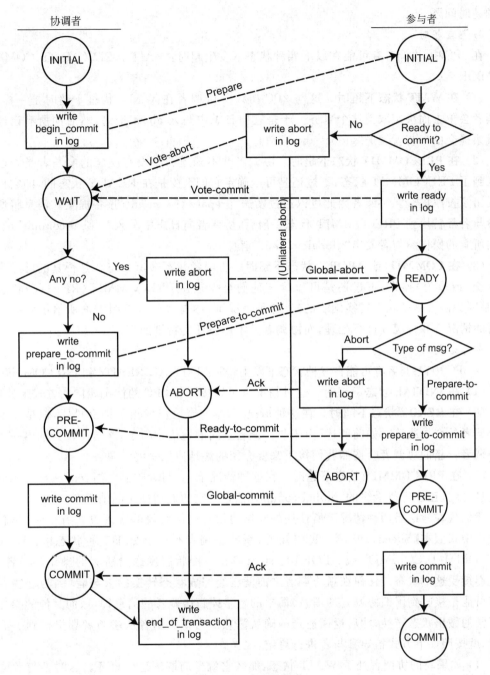

图 12.16　3PC 的操作

根据不同的通信结构，我们可以设计出不同的 3PC 算法。图 12.16 中给出的方法是集中式的。设计一个分布式的 3PC 协议也是比较直接的。线性 3PC 协议更加复杂一些，因此我们将它作为本章的练习。

12.5.2.1　终结协议

正如我们之前讨论的处理 2PC 的超时问题那样，我们在这里讨论 3PC 协议在每个状态下的超时问题。

协调者超时

在 3PC 中,协调者有可能在以下四种状态下发生超时: WAIT、PRECOMMIT、COMMIT 和 ABORT:

(1) **在 WAIT 状态下超时**。这与 2PC 协议下协调者在 WAIT 状态下超时是一样的。协调者会单方面决定取消这个事务。于是它向日志中写入 abort 记录,然后向所有已经发出投票提交的参与者发送"global-abort"消息。

(2) **在 PRECOMMIT 状态下超时**。协调者并不知道那些没有反应的参与者是否已经进入到了 PRECOMMIT 状态,不过还是可以确定它们至少是在 READY 状态的,即它们已经发出了投票提交。协调者因此可以通过发送"prepare-to-commit(预备提交)"消息将所有的参与者都转换到 PRECOMMIT 状态。最后,协调者向日志中写入"global-commit"记录,并向所有的操作参与者发出"global-commit"消息。

(3) **在 COMMIT(或 ABORT)状态下超时**。协调者并不知道参与者是否真的已经完成了提交(或取消)操作,不过还是可以确定他们至少是在 PRECOMMIT(READY)状态的(这是因为协议是单状态转换同步的)。这种情况下,参与者可以按照下面所给出的参与者超时的情况 2 和情况 3 进行处理,而协调者并不用做任何特别的事情。

参与者超时

在 3PC 中,参与者有可能在三种状态下发生超时: INITIAL、READY 和 PRECOMMIT:

(1) **在 INITIAL 状态下超时**。这种情况下可以按照与 2PC 的情况相同的方式来处理。

(2) **在 READY 状态下超时**。在这种情况下,参与者已经发出了提交投票,但是并不知道协调者的全局决策。如前所述,由于与协调者之间的通信中断了,终结协议会选出一个新的协调者。新的协调者会按照我们接下来要介绍的终结协议来终结事务。

(3) **在 PRECOMMIT 状态下超时**。在这种情况下,参与者收到了"prepare-to-commit"的消息,并且正在等待最终的"global-commit"消息。它的处理办法同情况 2。

我们现在要考虑后两种情况下所使用的终结协议。终结协议的实现方式有很多,我们只考虑集中式版本【Skeen,1981】。我们知道,新的协调者有可能处于三种状态中: WAIT、PRECOMMIT、COMMIT(或 ABORT)。它会将自己的状态发送给所有的操作参与者,请求它们接受这个状态。任何在新协调者之前就已经完成状态转换的参与者(因为这些参与者有可能是接收到了旧协调者的消息)简单的忽略掉新协调者的消息即可;而其他的参与者则正常的做出状态转换,然后返回适当的确认消息。当新协调者从参与者那里得到了消息之后,就按照如下方式指导参与者进行终结:

(1) 如果新的协调者处于 WAIT 状态,那么它就全局取消这个事务。这时参与者可以处于 INITIAL、READY、ABORT 或 PRECOMMIT 状态。前三种情况是没有问题的。但如果参与者处于 PRECOMMIT 状态,那么它会期望收到一个"global-commit"消息,但实际上它会收到"global-abort"消息。他们的状态转换图并未指示出从 PRECOMMIT 到 ABORT 状态的转换关系。这种转换对于终结协议来说是必要的,因此我们将它加到合法的状态转换集合中。

(2) 如果新的协调者处于 PRECOMMIT 状态,那么参与者可以处于 READY、PRECOMMIT 或 COMMIT 状态。没有参与者能够处于 ABORT 状态。因此,协调者会全局提交这个事务,然后发出一个"global-commit"消息。

(3) 如果新的协调者处于 ABORT 状态,那么在第一条消息发出之后,所有的参与者也都会转换到 ABORT 状态。

新的协调者在运行时并不会跟踪参与者是否发生了故障。它只简单的指示正在运行的站点进行终结。如果某个参与者真的发生故障了,他们就会在恢复时按照下一节所介绍的方法对事务进行终结。新的协调者在处理过程中也有可能发生故障,这就需要再次执行一遍终结协议。

这种终结协议显然是非阻塞的。操作站点可以正常的终结所有正在运行的事务,并且继续它们的操作。算法正确性的证明见【Skeen,1982b】。

12.5.2.2　恢复协议

3PC 的恢复协议和 2PC 相比有一些细小的差异。在这里我们仅指出这些差异。

(1) **协调者在 WAIT 状态下发生了故障**。这种情况我们已经在之前的章节中详细讨论过了。参与者已经终结了事务,因此在恢复的时候,协调者需要向参与者询问事务的终结情况。

(2) **协调者在 PRECOMMIT 状态下发生了故障**。终结协议已经指导正在运行的参与者进行了终结。由于在处理过程中可以将 PRECOMMIT 状态转换为 ABORT 状态,因此,协调者必须向参与者询问事务的终结情况。

(3) **参与者在 PRECOMMIT 状态下发生了故障**。发生故障的参与者需要向其他参与者询问事务的终结情况。

在我们的讨论中,3PC 协议有一个明显的特性:我们可以在不阻塞的情况下终结事务。不过,我们也付出了使独立恢复的情况变少的代价。另外,3PC 也会在恢复的时候导致更多的消息交换。

12.6　网络划分

在本节中,我们考虑之前讨论过的原子提交协议是如何处理网络划分的。网络划分源于通信线路故障,会依据通信子网的实现方式不同而造成不同程度的消息丢失。如果网络被简单的分成了两个部分,那么这种划分就称为**简单划分**(simple partitioning),否则就称为**多划分**(multiple partitioning)。

支持网络划分的终结协议处理运行在每个分片上的事务的终结问题。假设我们可以设计一个非阻塞的终结协议,那么对于每个事务,在各个分片上的站点都会最终做出与其他分片上的站点一致的终结决策。这就意味着,无论如何划分,每个分片都可以继续执行事务。

不幸的是,找到一个网络划分情况下的非阻塞的终结协议是不可能的。我们对于通信子网的可靠性的期望非常低,如果一个消息没有送达,那么它就丢失了。在这种情况下我们可以证明,如果存在网络划分,那么就不存在非阻塞的原子提交协议【Skeen and Stonebraker,1983】。这是一个非常不好的结论,因为这同时也意味着:如果存在网络划分,那么我们就不能在任何分片上进行正常的操作,即分布式数据库系统的可用性降低了。不过相对好些的消息是,对于简单划分来说,设计一个非阻塞的原子提交协议是有可能的;不过如果多划分出现了,我们同样无法设计出一个协议来【Skeen and Stonebraker,1983】。

　　本节的余下部分中,我们讨论在非复制数据库中处理网络划分问题的一系列协议。在复制数据库的情况下问题会很不一样,我们会在下一章讨论。

　　非复制数据库存在网络划分时,我们的主要问题是如何处理事务的终结。任何访问存储在其他分片上的数据项的事务都需要等待,直到网络修复。对于同一分片的数据项的并发访问可以由并发控制算法来处理。因此最重要的问题就是保证事务可以正常终结。简单地说,网络划分问题是由提交协议(具体说来是由终结和恢复协议)来负责处理的。

　　由于不存在一个非阻塞的协议可以保证分布式事务的原子提交,我们需要考虑一个重要的设计方面的决策,即我们是应该允许所有的分片继续正常的操作并接受数据库的一致性可能被破坏这一事实,还是应该通过允许一个分片上的正常操作而阻塞其他分片来保证数据库的一致性。我们将这两种策略分别称为**乐观的**(optimistic)和**悲观的**(pessimistic)【Davidson et al.,1985】。乐观策略强调数据库的可用性,即使会造成不一致;而悲观策略则强调数据库的一致性,因此在不能保证数据库的一致性的时候不允许事务在相应的分片上继续执行。

　　设计决策的第二个维度是与正确性评判标准相关的。如果我们使用可串行化作为基本的正确性指标,那么相应的方法就被称为是**语法**(syntactic)方法,这是因为可串行化理论仅使用语法信息。不过,如果我们使用更加抽象化、与事务的语义相关的正确性指标,那么相应的方法就被称为是**语义**(semantic)方法。

　　与我们在本书中使用的正确性评判指标(可串行化)相一致,我们只考虑语法方法。接下来的两个小节介绍了非复制数据库的多种语法策略。

　　在处理非重复数据库的网络划分时,所有已知的终结协议都是悲观的。由于悲观方法强调了数据库的一致性,我们需要做的就是确定哪一个分片上的操作可以正常执行。为了解决这个问题,我们考虑两个方法。

12.6.1　集中式协议

　　集中式提交协议以第 11 章介绍的集中式并发控制算法为基础。在这种情况下,允许包含中心站点的分片保持运行是合理的,因为中心站点管理着锁的列表。

　　主站点技术是一种集中式处理的方法,它与每个数据项有关。在这种情况下,不同的查询会对应着多个运行着的分片。对每个给定的查询来说,只有包含写集中的数据项的主站点所在的分片可以执行事务。

　　上述两种简单的方法都可以很好的工作,但是它们都与分布式数据库管理系统的并发控制机制有关。不仅如此,它们还都期望每个站点都能够区分出站点故障和网络划分的情况,这种要求是必要的,因为提交协议会根据不同的故障类型做出不同的反应。

12.6.2　基于投票的协议

　　很多研究人员都提出了投票方法来管理并发数据的访问。一种直接的基于多数的投票方法是由【Thomas,1979】首先提出来的。该方法是一种处理全复制数据库(fully replicated database)中的并发控制问题的方法,其基本想法是:如果大多数站点都投票执行一个事务,那么这个事务就会被执行。

　　这种基于多数的投票方法可以被一般化为基于**限额**(quorum)的投票方法。基于限额的投票方法可以被用在副本控制方法(我们将在下一章中介绍)中,也可以被用在网络划分时保证事务原子性的提交方法中。在非重复数据库的情况下,这个方法需要与提交协议的投票原则相结合。我们按照这个思路来进行介绍【Skeen,1982b】。

系统中的每个站点都被赋予了一张选票 V_i。我们假设系统中的全部票数为 V,取消和提交限额分别是 V_a 和 V_c。在实现提交协议时必须符合如下规则:

(1) $V_a + V_c > V$,其中 $0 \leqslant V_a, V_c \leqslant V$。

(2) 在事务提交之前,必须获得提交限额 V_c。

(3) 在事务取消之前,必须获得取消限额 V_a。

第一条规则保证了事务不会同时取消和提交。接下来的两个规则表示事务在用某个方式终结之前,必须要先得到的投票。

将这些规则集成到 3PC 协议中的时候,必须对 3PC 协议的第三个阶段做一些小改动。对于从 PRECOMMIT 状态转移到 COMMIT 状态并即将发出“global-commit”命令的协调者必须先从参与者那里得到提交限额。这符合了规则 2。注意,我们并不需要显式的实现规则 3,这是因为处于 WAIT 或 READY 状态的参与者会取消这个事务,因此取消限额是已经存在的。

我们现在考虑在故障发生时事务的终结问题。类似于 3PC 中的终结协议,如果出现了网络划分,每个分片上的站点都会选出一个新的协调者。由于多种原因,将 WAIT 或 READY 状态仅通过一个状态转移变为 ABORT 状态是不可能的。首先,多个协调者都会试图终结这个事务,我们不希望他们按不同的方式对事务进行终结,因为这样的话事务执行就不是原子的了。因此,我们希望这些协调者明确地获得取消限额。第二,如果新选出的协调者发生了故障,其他站点无法得知取消或提交是否达到了限额。因此,参与者们需要明确地做出是加入提交还是加入取消限额的决策,并且今后不再更改。遗憾的是,READY(或 WAIT)状态并不符合这些要求。因此我们在 READY 和 ABORT 之间引入另一个状态——PREABORT(预取消)。从 PREABORT 状态转移到 ABORT 状态是需要一个取消限额的。状态转移图见图 12.17。

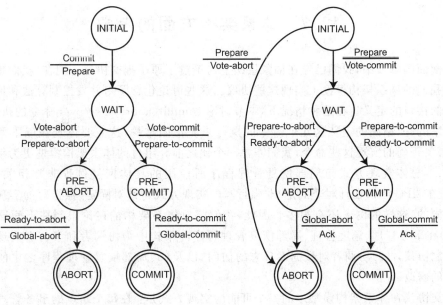

图 12.17　基于限额的 3PC 的状态转移

通过这些改变,终结协议按照如下方式工作。每当选出一个新的协调者,所有的参与者都需要报告它们各自的状态。根据不同的反馈,终结协议按如下方式对事务进行终结。

(1) 如果至少有一个参与者处于 COMMIT 状态,那么协调者就会决定提交事务并向参与者发送"global-commit"消息。

(2) 如果至少有一个参与者处于 ABORT 状态,那么协调者就会决定取消事务并向参与者发送"global-abort"消息。

(3) 如果处于 PRECOMMIT 状态的参与者在投票的时候达到了提交限额,那么协调者就会决定提交事务并向参与者发送"global-commit"消息。

(4) 如果处于 PREABORT 状态的参与者在投票的时候达到了取消限额,那么协调者就会决定取消事务并向参与者发送"global-abort"消息。

(5) 如果不满足条件 3,但是处于 PRECOMMIT 和 READY 状态的参与者的票数之和能够达到提交限额,那么协调者就通过发送"prepare-to-commit"消息将参与者转变到 PRECOMMIT 状态。之后,协调者等待条件 3 的满足。

(6) 类似地,如果不满足条件 4,但是处于 PREABORT 和 READY 状态的参与者的票数之和并未达到取消限额,那么协调者就通过发送"prepare-to-abort"消息将参与者转变到 PREABORT 状态。之后,协调者等待条件 4 的满足。

关于基于限额的提交算法,有两点比较重要。首先,它是阻塞的。如果消息丢失或存在多个分片,那么分片上的协调者有可能无法取得取消或提交限额。有了我们之前讨论的理论,这个结论就没有什么让人难以置信的了。第二,对于解决站点故障和网络划分,我们给出的算法是足够一般化的。因此,修改过的 3PC 协议能更好地处理故障。

与上述终结协议一起使用的恢复协议是非常简单的。当两个或多个分片合并在一起的时候,在较大的分片上的站点应执行终结协议。也就是说,让它们选出一个协调者,收集参与者的投票,然后终结这个事务。

12.7　体系架构方面的考虑

在前面的章节中,我们已经在抽象层次上讨论过了原子提交协议。现在,我们来看一下如何在我们的体系架构模型上实现这些协议。这些讨论包含了对并发控制算法和可靠性协议之间的接口的定义。在这种情况下,本节讨论 commit、abort 和 recover 命令的执行。

不幸的是,精确的定义这几个命令的执行是非常困难的,这主要体现在以下两点。首先,如果要正确的实现这些命令,我们需要一个比之前介绍过的体系架构模型更为细致的模型。第二,总体实现方式与局部恢复管理程序所使用的具体恢复例程非常相关。例如,LRM 上的 2PC 协议在针对非固定/非强行写的实现方式与针对固定/强行写的实现方式是非常不同的,这样的例子还有很多。因此,我们将对体系架构的讨论限制在下面这三个方面:(1)在事务管理、调度管理、局部恢复管理程序的架构中为协调者和参与者实现提交和副本控制协议,(2)协调者对数据库日志的访问,以及(3)局部恢复管理程序之中的操作所要做出的修改。

提交协议在体系架构模型中的一个可能的实现方式是:在每个站点的事务管理程序中既执行协调者算法又执行参与者算法。这会在执行分布式提交操作时给系统带来一致性。

不过,由于调度程序需要对事务的提交或取消做出决定,这样做也会引入参与者事务管理程序和调度程序之间的不必要的通信开销。因此,一个比较好的方式是将协调者实现为事务管理程序的一部分,而将参与者实现为调度程序的一部分。当然,副本控制协议也应该实现为事务管理程序的一部分。如果调度程序实现了一个严格并发控制程序(即不允许级联式取消),那么在"prepare"消息到来的时候它就会自动的变为提交就绪的状态。对于这一结论的证明留作练习。不过,即使是这种在数据处理程序之外实现的协调者和参与者算法也依然会出问题。第一个问题是关于数据库日志管理的。回忆一下 12.3 节,数据库日志由 LRM 和缓冲区管理程序共同维护。不过在这里介绍的提交协议需要事务管理程序和调度程序也要访问日志。一个可能的解决办法是维护一个提交日志(称为**分布式事务日志**(distributed transaction log)【Bernstein et al. ,1987;Lampson and Sturgis,1976】),这个日志是提供给事务管理程序访问的,并和由 LRM 和缓冲区管理程序来维护的数据库日志分开维护。另一个方法是向数据库日志中写入提交协议的记录。这种方法有诸多好处。首先,只需维护一个日志,因此会简化向稳定存储中写入记录的算法。更重要的是,分布式数据库从故障中恢复的过程需要局部恢复管理程序和调度程序(即参与者)的协作。一个单独的数据库日志可以作为两者可以共享的中心信息库。

在事务管理程序中实现协调者以及在调度程序中实现参与者的第二个问题是,这种实现方式必须与并发控制协议相结合。这种实现基于由调度程序来决定是否一个事务应该提交。对于那些每个站点都有一个调度程序的分布式并发控制算法来说,这样做是可以的。但是对于集中式协议,例如集中式 2PL 来说,在系统中只有一个调度程序。在这种情况下,参与者就应该实现为数据处理程序的一部分(更严格地说来,是局部恢复管理程序的一部分),并需要修改由 LRM 实现的算法和 2PC 协议的执行方式。我们将这个的细节作为练习。

在数据库日志中存储提交协议的记录,需要对 LRM 算法做一些修改。这是我们需要解决的第三个体系架构方面的问题。不幸的是,这些修改是与 LRM 采用的具体算法相关的。不过一般来说,LRM 算法需要修改为可以分别处理"prepare"命令以及"global-commit"(或"global-abort")命令。进一步说,在恢复的时候,LRM 应该被修改为可以读取数据库日志并将每一个状态转移通知调度程序,这样,之前讨论的恢复例程才能使用。接下来我们仔细看一下这一实现方式的细节。

LRM 首先要确定发生故障的站点包含的是协调者还是参与者。这个信息可以在数据库日志中和 begin_transaction 记录一起存储。接下来,LRM 查找在提交协议执行时的最后一条日志记录。如果它找不到 begin_commit 记录(在协调者站点)或 abort/commit 记录(在参与者站点),那么就说明事务并没有开始提交。在这种情况下,LRM 就应该按照我们在 12.3.3 节中介绍的方法进行恢复。不过,如果提交过程已经开始,那么恢复的事情就要交给协调者去做,这时 LRM 应将最后一个日志记录发送给调度程序。

12.8　本章小结

在本章中,我们讨论了分布式事务管理中的可靠性问题。讨论中所涉及的算法(2PC和 3PC)保证了在故障发生时分布式事务的原子性和持久性。其中,3PC 算法可以做成非阻塞的,即可以允许每个站点继续它们的操作,而不用等待故障站点的恢复。一个不幸的结论是,当考虑网络划分的时候,在本章做出的关于通信子网功能的假设前提下,设计一个既可以保证分布式事务的原子性又允许每个分片继续各自操作的协议是不可能的。分布式提交协议会向并发控制算法引入一定的开销,其性能是一个有趣的问题。这方面已经有了一些研究【Dwork and Skeen,1983;Wolfson,1987】。

　　最后一个需要说明的问题如下。我们只考虑了由错误引起的故障,即,我们对设计和实现系统(软件和硬件)倾尽了全力,认定他们不会出问题,而恰恰没有考虑那些由组件、设计以及操作环境所引起的故障,这些故障被称为**忽略故障**(failures of omission)。另一类故障称为**承诺故障**(failures of commission),指的是系统并未很好的设计和实现所引起的故障。两者的区别在于 2PC 协议的执行过程。例如,一个参与者收到了协调者的消息,那么它一定会认为这个消息是正确的:协调者是正确的,并且它发送的消息也是正确的。参与者所担心的唯一的故障是协调者是否出现故障或者发出的消息是否丢失。这就是忽略故障。另一方面,如果参与者收到的消息不能被信任,那么参与者就需要处理所谓的承诺故障。例如,一个参与者有可能会假装成协调者,并发送一些恶意的消息。我们并没有讨论处理这类故障的技术。处理这类故障的技术通常称为**拜占庭协议**(byzantine agreement)。

12.9　参考文献说明

　　目前有很多关于计算机系统的可靠性的书籍,包括【Anderson and Lee,1981】、【Anderson and Randell,1979】、【Avizienis et al.,1987】、【Long-bottom,1980;Gibbons,1976】、【Pradhan,1986】、【Siewiorek and Swarz,1982】以及【Shrivastava,1985】。另外,一篇综述论文【Randell et al.,1978】也考虑了相同的问题。具体说,Myers【1976】考虑了软件的可靠性。有一个重要的软件容错技术称作异常处理(exception handling),我们并没有在本章介绍。这个问题在【Cristian,1982,1985】和【Cristian,1987】中有所介绍。【Jr and Malek【1988】对已有的可靠性度量的软件工具进行了综述。

　　在容错系统中的两个基本的原则分别是系统的**冗余**(redundancy)和设计的**模块化**(modularization)。这两个概念在具体的系统中是由**故障-停止模块**(fail-stop module)(也被称为**故障-快速模块**(fail-fast module)【Gray,1985】和**进程对**(process pair)来实现的。故障-停止模块会持续的监视自己,如果它发现了一个错误,那么就会自动地将自己关闭【Schlichting and Schneider,1983】。进程对通过建立软件模块的副本来实现容错。其基本想法是:在提供服务的时候,将每个系统服务实现为两个可以通信和协作的进程,由此避免单点故障。其中一个进程被称为**主**(primary)进程,另一个被称为**备份**(backup)进程。主进程和备份进程都会实现为可以互相协作的故障-停止模块。依据主进程和备份进程之间的通信模式不同,存在着不同的实现进程对的方法。五个常见的实现方法是:**锁步**(lock-step)、**自动检查点**(automatic checkpointing)、**状态检查点**(state checkpointing)、**增量检查点**(delta checkpointing)以及**永久**(persistent)方法。根据我们对进程对的讨论,锁步进程对方法针对硬件进程实现于 Stratus/32 系统【Computers,1982】、【Kim,1984】。自动检查点进程对方法应用于 Aurogen 计算机上的 Auras(TM)操作系统【Borg et al.,1983】、【Gastonian,1983】。状态检查点方法被用在了 Tandem 操作系统的早期版本上【Bartlett,

1978,1981】,在这之后,该系统使用了增量检查点方法【Borr,1984】。对于不同方法的一个综述见【Gray,1985】。

更多的关于 12.3 节中讨论的局部恢复管理程序的功能的细节方面的材料见【Verhofstadt,1978】、【Härder and Reuter,1983】。在 System R 中的局部恢复功能的实现见【Gray et al.,1981】。

【Kohler,1981】提出了一个一般化的关于分布式数据库中的可靠性问题的讨论。【Hadzilacos,1988】介绍了可靠性概念的形式化说明。System R* 的可靠性问题见【Traiger et al.,1982】。【Hammer and Shipman,1980】也针对 SDD-1 系统介绍了相同的问题。

两阶段提交协议首先是在【Gray,1979】中提出的。对它的改进见【Mohan and Lindsay,1983】。三阶段提交的定义见【Skeen,1981,1982a】。非阻塞的终结协议的一些结论见【Skeen and Stonebraker,1983】。

复制和副本控制协议是近些年来的一个重要研究课题。【Helal et al.,1997】为这些工作做出了很好的总结。【Davidson et al.,1985】对处理网络划分的副本控制协议给出了一个综述。除了我们在这里介绍过的算法,一些其他有用的算法见【Davidson,1984】、【Eager and Sevcik,1983】、【Herlihy,1987】、【Minoura and Wiederhold,1982】、【Skeen and Wright,1984】、【Wright,1983】。这些算法通常被称为是**静态的**(static),这是因为投票分配和读/写配额都是事先固定好的。一个对这样的协议的分析(这种分析比较少见)见【Kumar and Segev,1993】。**动态复制协议**(dynamic replication protocol)的例子见【Jajodia and Mutchler,1987】、【Barbara et al.,1986,1989】等。数据复制的方式是可以动态改变的,这种协议被称作是**自适应的**(adaptive),其中【Wolfson,1987】给出了一个例子。一个基于经济学模型的复制算法见【Sidell et al.,1996】。

我们关于检查点的讨论非常短。更进一步的讨论见【Bhargava and Lian,1988】、【Dadam and Schlageter,1980】、【Schlageter and Dadam,1980】、【Kuss,1982】、【Ng,1988】、【Ramanathan and Shin,1988】。关于拜占庭协议,【Strong and Dolev,1983】给出了一个综述,并且【Babaoglu,1987】、【Pease et al.,1980】对它进行了讨论。

练　习

12.1　简单描述进程对概念的多种实现方式。说明为什么进程对方法在实现一个容错的分布式 DBMS 的时候是很重要的。

12.2*　使用分布式通信结构来讨论 2PC 的故障终结协议。

12.3*　设计一个使用线性通信结构的 3PC 协议。

12.4*　在我们对集中式 3PC 终结协议的说明中,第一步包含了向所有参与者发送协调者的状态消息的操作。参与者随后会根据协调者的状态来转变自己的状态。我们可以设计出一种终结协议,在这种协议下,协调者不会向参与者发送自己的状态信息,而是请求参与者发送各自的状态信息到协调者来。按照上述方式修改终结协议。

12.5**　在 12.7 节中,我们说实现了严格并发控制算法的调度程序总会在接收到协调者发送的"prepare"消息之后处于提交就绪的状态。证明这个结论。

12.6** 假设协调者被实现为事务管理程序的一部分,并且参与者被实现为调度程序的一部分。在非复制分布式 DBMS 下,依据如下假设给出事务管理程序、调度程序以及局部恢复管理程序的相关算法:

(a) 调度程序实现了一个分布式(严格)两阶段加锁并发控制算法。

(b) 当被调度程序调用时,提交协议的日志会被 LRM 写入中心数据库的日志中。

(c) LRM 可以用 12.3.3 节中介绍的任何一种方式来实现。不过,如我们在 12.7 节中所述,它应该被修改为可以支持分布式恢复例程。

12.7* 写出非固定/非强行写的局部恢复管理程序的详细算法。

12.8** 假设:

(a) 调度程序实现了一个集中式 2PC 两阶段加锁并发控制算法。

(b) LRM 实现了非固定/非强行写协议。

给出事务管理程序、调度程序、局部恢复管理程序的详细算法。

第 13 章 数据复制

我们在之前章节中介绍过,分布式数据库一般都是复制的。复制的原因有很多:

(1) **系统可用性**。正如第 1 章中所述,分布式 DBMS 可以通过对数据进行复制来避免单点故障。这样,数据可以在多个站点上进行访问,因此当有些站点发生故障时,数据依然可以从别的站点上访问到。

(2) **性能**。正如我们在之前看到的,通信开销是影响响应时间的主要因素。数据复制可以让我们定位那些在访问点附近的数据,因此可以提前对大多数访问进行定位(localization),从而降低响应时间。

(3) **可扩展性**。当系统通过增加站点的数量进行扩大之后(因此也增加了访问请求的数量),数据复制可以让系统适应这种增长,达到合理的响应时间。

(4) **应用需求**。最后,数据复制有可能是应用程序所要求的,即,有可能应用程序会按照规格定义来要求数据具有多份拷贝。

虽然数据复制具有很多明显的优点,但保持多分拷贝互相同步是很具有挑战性的。关于这些,我们将在之后讨论。我们首先考虑复制数据库上的执行模型。每个复制数据项 x 都有一系列的拷贝 x_1、x_2、$\cdots$、x_n。我们称 x 为**逻辑数据项**(logical data item),并称它的拷贝(或**副本**(replica))③为**物理数据项**(physical data item)。如果数据复制是透明性的,用户事务只会对逻辑数据项 x 发起读或写操作。副本控制协议会负责将这些读写操作映射到物理数据项 x_1、x_2、$\cdots$、x_n 上,因此系统会表现为每个数据项只有一份拷贝——这被称为**单系统形象**(single system image)或**单拷贝等价**(one-copy equivalence)。事务管理程序的 Read 和 Write 接口的具体实现会根据不同的复制协议而不同,我们会在之后的章节中讨论。

在设计复制协议时有一些决策和因素需要考虑。有些已经在之前的章节中讨论过了,我们再在这里补充一些。

- **数据库设计**。我们在第 3 章中讨论过,分布式数据库可以是全复制的,也可以是部分复制的。在部分复制数据库中,每个逻辑数据项的物理数据项数量有可能是不同的,而且有的数据项有可能并未被复制。在这种情况下,那些只访问未被复制的数据项的事务被称为**局部事务**(local transaction)(这是由于它们可以在一个站点上局部的执行)。我们不在这里讨论这种事务的执行过程。那些需要访问复制的数据项的事务需要在多个站点上执行,我们称它们为**全局事务**(global transaction)。
- **数据库的一致性**。当全局事务在不同的站点上更新数据项的多份拷贝时,在同一个时间点,这些拷贝的值有可能是不同的。如果每个数据项的所有副本的值都是相同的,我们就称复制数据库处于**相互一致**(mutually consistent)状态。可以由副本之间进行同步的紧密程度的不同来区分不同的相互一致性条件。有些条件要求更新事务在提交的时候保持相互一致性,因此它们通常被称为**强一致性**(strong consistency)条件。

---

③ 本章中,术语"副本(replica)"、"拷贝(copy)"和"物理数据项(physical data item)"的意思都是相同的。

其他的条件会比较宽松，它们称为**弱一致性**（weak consistency）条件。

- **应该在何处进行更新**。复制协议的一个基本设计决策是应该在哪里对数据库进行首次更新【Gray et al. ，1996】。这里的技术可以分为**集中式**（centralized）的（如果在**主站点**（master）上进行首次更新）和**分布式**（distributed）的（如果首次更新可以在任何站点上进行）。集中式技术可以进一步分为**单主站点**（single master）的（当系统中只有一个主站点）和**主拷贝**（primary copy）的（每个数据项的主站点不相同④）。

- **更新传播**。当一个副本（无论是否在主站点上）发生更新时，我们要做的下一个决策就是如何将更新传播给其他副本。有两种传播的方法：**积极**（eager）的和**懒惰**（lazy）的【Gray et al. ，1996】。积极方法会在全局事务发起写操作的时候进行全部更新操作。因此，当一个事务提交时，它的更新会在提交前就已经传播到了其他拷贝上。与此相对的，懒惰方法会在事务提交之后的某个时刻再将更新传播出去。积极方法会进一步按照如何将写操作推送给其他副本的情况进行分类——有些方法会将每一个写操作单独推送，而有些会进行批量（batch）推送。

- **复制的透明度**。有些复制协议要求每个用户应用都在提交的时候明确知道哪一个是主站点。这些协议只会为应用程序提供**有限复制透明**（limited replication transparency）。其他的协议会通过在每个站点中包含事务管理程序（Transaction Manager，TM）提供**完全复制透明**（full replication transparency）。在这种情况下，用户应用程序会将事务提交给它们的局部 TM，而不是主站点。

我们将在 13.1 节中讨论复制数据库的一致性问题，然后在 13.2 节中分析集中式更新、分布式更新以及更新传播的方法，并在 13.3 节中给出具体的协议。在 13.4 节中，我们讨论用于减少复制协议的通信开销的分组通信（group communication）原语。在上述章节中，我们假设不会有故障发生，因而可以将重点放在复制协议本身。我们在 13.5 节中介绍如何改进协议以便能处理故障。最后，在 13.6 节中，我们讨论如何在多数据库系统（例如在 DBMS 的组件之外）中提供复制服务。

13.1　复制数据库的一致性

关于复制数据库的一致性有两个问题需要考虑。第一是相互一致性，即之前所介绍的处理物理数据项的值和逻辑数据项的值的收敛问题。第二是如第 11 章所介绍的事务一致性。在复制数据库中，可串行性依然是事务一致性的条件。不仅如此，相互一致性和事务一致性之间也是有联系的。在本节中我们首先讨论相互一致性方法，然后集中讨论如何重新定义事务一致性，以及事务一致性和相互一致性的关系。

13.1.1　相互一致性

我们在之前指出过，复制数据库的相互一致性条件可以是强的也可以是弱的。根据不

---

④　集中式技术指的是单主站点（single master），而分布式技术指的是多主站点（multi-master）或任意地点更新（update anywhere）。由于这些术语都指的是在集中式协议下的实现方式（在 13.2.3 节中会进行更多的讨论），它们（特别是"单主站点"）有可能会引起疑惑。因此我们使用更为严格的术语："集中式"和"分布式"。

同的应用程序中对一致性的需求,我们可以提供合适的一致性条件。

强一致性条件要求在更新事务结束执行的时候数据项的所有拷贝都具有相同的值。这可以由不同的方法来实现,但一般的做法是在更新事务提交时使用 2PC。

弱一致性条件并不需要上述要求。这个条件只规定:如果更新操作已经结束了一段时间,那么副本的值会**最终**(eventually)变为相同的。也就是说,副本的值会随时间变化,但最终会收敛,这通常称为**最终一致性**(eventual consistency)。形式化的精确定义这个概念是比较难的,但是如下的定义是我们能找到的最精确的【Saito and Shapiro,2005】:

"假设所有的副本都一开始都处于同一个初始状态,那么当复制数据项符合如下条件时,我们称它是最终一致(eventually consistent)的:

- 在任何一个时刻,对于每一个副本来说,存在它的某一个历史前缀与其他各个副本的某一个历史前缀是相同的。我们称这个为副本的**已提交前缀**(committed prefix)。
- 每个副本的已提交前缀会随时间单调增长。
- 已提交前缀中的每个非取消操作都满足它们的预先定义的条件。
- 每个已提交操作 α,或者是 α 或是对于它的取消操作,都会最终被包含在已提交前缀中。"

需要指出的是,这种对于最终一致性的定义是非常严格的——历史前缀必须在任何时刻都相同,并且已提交前缀会单调增长。很多声称提供最终一致性的系统都不符合这些要求。

Epsilon 可串行化(epsilon serializability,ESR)【Pu and Leff,1991;Ramamritham and Pu,1995】允许一个查询在副本被更新时看到非一致的数据,但是要求当更新被传播到所有其他拷贝的时候,副本应收敛到单拷贝可串行状态。它将读取数据的错误限制在一个epsilon(ε)值之内,这个值是根据一个查询所"错过"的更新(写)操作的数量来定义的。给定一个只读事务(查询)T_Q,令 T_U 表示所有正在系统中与 T_Q 一起并发执行的更新事务。如果 $RS(T_Q) \bigcap WS(T_U) \neq \emptyset$(即 T_Q 正在读取某些数据项,而 T_U 正在更新这些数据项的(不同的)副本),那么这时就会出现一个读写冲突,T_Q 也会读取出非一致的数据。这种不一致性被 T_U 做出的修改操作进行限制。显然,ESR 并不会牺牲数据库的一致性,但是只允许只读事务读取不一致的数据。因此,我们说 ESR 并不会减弱数据库的一致性,而是对它进行了"延展"【Wu et al.,1997】。

人们也提出了其他的一些较松的一致性条件。研究认为,用户应该可以被允许为特定的应用定义新鲜度约束(freshness constraint),并且复制协议应该能够支持它【Pacitti and Simon,2000;Röhm et al.,2002b;Bernstein et al.,2006】。不同类型的新鲜度约束可以定义如下:

- 时间约束。用户应该接受物理拷贝的值在一定时间内是有分歧的:x_i 代表 t 时刻更新的值,x_j 表示 $t-\Delta$ 时刻的值,而这样的情况是可以接受的。
- 值约束。用户应该接受物理数据项互相之间的差异在一定范围之内。如果这些值之间的差异在一定数量(或百分比)之内,那么应该认为数据库是相互一致的。
- 多个数据项的漂移约束。对于那些读取多个数据项的事务来说,用户应该接受两个数据项,如果它们更新时间戳之间的时间漂移处于一个阈值之内(即,它们在这个时间阈值之内被更新),或者在聚集计算的情况下,如果数据项上的聚集结果仍然处于最近一次计算结果的一定范围之内(即,即使某个单独的物理拷贝的值差异比较大,但聚集函数的值依然处于一定范围之内,那么这也是可以接受的)。

在分析允许差异的复制协议时,一个重要的指标是新鲜度(degree of freshness)。给定一个副本 r_i,它在 t 时刻的新鲜度定义为在 t 时刻已经作用于 r_i 的更新操作的数量对所有更新操作的数量所占的比例【Pacitti et al.,1998,1999】。

13.1.2 相互一致性与事务一致性

我们上面定义的相互一致性以及我们在第 11 章中讨论的事务一致性是有关但却是不同的。相互一致性指的是副本会收敛到同一个值,而事务一致性要求全局执行历史是可串行化的。一个有复制的 DBMS 能够保证数据项在事务提交时的相互一致性,而事务的执行历史却有可能并不是全局可串行化的。下面是一个例子。

例 13.1 考虑三个站点 A、B 和 C 以及三个数据项 x、y 和 z。三个数据项是这样分布的:站点 A 存储着 x,站点 B 存储着 x 和 y,站点 C 存储着 x、y 和 z。我们把站点名称作为角标,用来标识相应的数据项。

下面考虑如下三个事务:

T_1: x←20	T_2: Read(x)	T_3: Read(x)
Write(x)	y←x+y	Read(y)
Commit	Write(y)	z←(x * y)/100
	Commit	Write(z)
		Commit

注意,T_1 的 Write 操作需要在所有三个站点上执行(因为 x 在三个站点上都有复制),T_2 的写操作需要在 B 和 C 上执行,T_3 的写操作只需要在 C 上执行。我们假设使用如下事务执行模型:事务可以读取局部副本,但是必须更新所有的副本。

假设各个站点生成了如下三个局部历史:

$$H_A = \{W_1(x_A), C_1\}$$
$$H_B = \{W_1(x_B), C_1, R_2(x_B), W_2(y_B), C_2\}$$
$$H_C = \{W_2(y_C), C_2, R_3(x_C), R_3(y_C), W_3(z_C), C_3, W_1(x_C), C_1\}$$

H_B 的串行化顺序为 $T_1 \rightarrow T_2$,H_C 的串行化顺序是 $T_2 \rightarrow T_3 \rightarrow T_1$。因此,全局历史并不能串行化,但数据库依然是相互一致的。例如,假设最初 $x_A = x_B = x_C = 10$,$y_B = y_C = 15$,并且 $z_C = 7$,经过上述历史之后,最终的值变成了 $x_A = x_B = x_C = 20$,$y_B = y_C = 35$,并且 $z_C = 3.5$。所有的物理拷贝(副本)都最终收敛到了同一个值。 ◆

当然,也有一种可能是数据库是相互不一致,并且执行历史也是不能全局可串行化的,比如下面这个例子。

例 13.2 考虑两个站点 A 和 B 以及一个数据项 x。x 在两个站点上都有副本(x_A 和 x_B)。考虑如下两个事务:

T_1: Read(x)	T_2: Read(x)
x←x+5	x←x * 10
Write(x)	Write(x)
Commit	Commit

假设两个站点产生了如下两个局部历史(依然使用上例中的事务执行模型):

$$H_A = \{R_1(x_A), W_1(x_A), C_1, R_2(x_A), W_2(x_A), C_2\}$$
$$H_B = \{R_2(x_B), W_2(x_B), C_2, R_1(x_B), W_1(x_B), C_1\}$$

虽然两个历史都是串行的,但是它们会将 T_1 和 T_2 按相反的顺序进行串行化。因此全局历史是不可串行化的。进一步的,相互一致性同样不能满足。假设 x 在事务执行之前的值为 1,在事务执行完之后,x 在 A 上的值变为了 60,而在 B 上的值却是 15。可见在这个例子里,全局历史是不可串行化的,并且数据库也是相互不一致的。　　　　　　　　　　◆

有了上述观察,为了定义**单拷贝可串行化**(one-copy serializability),在第 11 章介绍的事务一致性条件需要扩展到复制数据库的情况。单拷贝可串行化(1SR)指的是,如果事务对一个数据项集合做出了统一的操作,那么它对数据项副本所产生的效果应该是一样的。换句话说,事务的历史应该同非复制的数据项的串行化执行历史是等价的。

我们在第 11 章介绍的快照隔离已经被【Lin et al.,2005】扩展到了复制数据库上,并且作为复制数据库上的事务一致性条件在使用【Plattner and Alonso,2004;Daudjee and Salem,2006】。类似地,对于"写提交"隔离层次(见 10.2.3 节),【Bernstein et al.,2006】提出了一个称为**放松的并发可串行化**(relaxed concurrency(RC) serializability)的稍弱一些的可串行化方式。

13.2　更新管理策略

我们在之前讨论过,复制协议可以根据将更新在何时传播给拷贝(积极和懒惰的)以及更新可以在哪里进行(集中式和分布式的)来进行分类。这两个设计决策通常称为**更新管理**(update management)策略。我们将在本节讨论这些策略,并在下一节给出具体的协议。

13.2.1　积极更新传播

在事务进行更新时,积极更新传播方法会将更新传播给所有的副本。因此,当更新事务提交之后,所有的拷贝都会具有相同的值。一般来说,积极更新策略会在提交时使用 2PC 协议,但是之后我们会看到,使用别的方法也可以达到相同的效果。不仅如此,积极更新策略可以使用**同步**(synchronous)传播,即将更新(即写操作)同时作用到每个副本;或者使用**延迟**(deferred)传播,即将更新先作用到一个副本,并在事务结束时进行其他副本的更新。延迟更新可以通过在 2PC 的执行开始时将更新包含在"prepare-to-commit"消息中来实现。

积极策略满足强相互一致性条件。由于在更新事务结束时所有副本都会相互一致,接下来就可以从任何一个拷贝中进行读取(即,我们可以将 Read(x)映射为任意一个 Read(x_i))。不过,Write(x)需要作用到所有的 x_i 上(即 Write(x_i),$\forall x_i$)。这样,使用积极更新传播策略的协议称为**读一/写全**(read-one/write-all,ROWA)协议。积极更新传播策略的优势有三点。第一,在使用 1SR 的时候能够保证相互一致性;因此不会存在事务不一致。第二,事务可以读取数据项的局部拷贝(如果局部拷贝是可用的)并可以保证读到的值是最新的,因此不需要进行远程读取;第三,对于副本的修改是自动进行的,我们可以用前面章节介绍的方法来处理故障。

积极更新传播的主要缺点是，事务需要在终结之前对所有拷贝进行更新。这会造成两个后果。首先，由于事务使用 2PC 来提交，并且更新的速度会受限于系统中最慢的机器，因此更新事务的响应时间性能会受到影响。其次，如果某一个拷贝不可用了，那么整个事务就不能终结，因为我们要求所有的拷贝都要被更新。正如第 12 章中讨论过的，如果我们可以区分站点故障和网络故障，那么就可以在只有一个副本不可用的时候正常的将事务进行终结（多于一个站点不可用的话会造成 2PC 的阻塞），但是通常这两种故障是无法区分的。

13. 2. 2　懒惰更新传播

在懒惰更新传播策略中，并不是所有副本都会被更新。换句话说，事务的提交并不会等待更新作用到所有的副本中——当一个副本被更新之后，事务就会提交。其他副本的更新是**异步**（asynchronously）传播的，在更新事务提交之后的某个时刻将**刷新事务**（refresh transaction）发送给副本站点。更新事务中包含了相应的更新事务的更新序列。

懒惰传播被用在那些强相互一致性并不必要并且过于严格的应用中。为了提高性能，这些应用可以容忍副本之间的不一致。这些应用的例子包括域名服务（Domain Name Service，DNS）、在地理上相隔很远的分布式数据库系统、移动数据库以及个人数码助理数据库【Saito and Shapiro，2005】。在这些情况中，通常只会使用弱一致性。

懒惰传播技术的最主要的优点是，更新事务会获得更短的响应时间，这是因为更新事务只需等待一个拷贝的更新即可提交。这一策略的缺点是，副本并不是相互一致的，并且有些副本有可能是过时的，于是局部读有可能读到过时的数据，不能保证返回最新的值。不仅如此，在有些情况下（我们之后会讨论），事务有可能看不到自己已经写入的值，即更新策略 T_i 的 $Read_i(x)$ 有可能看不到之前已经执行过的 $Write_i(x)$ 的效果。这被称为**事务倒转**（transaction inversion）。强单拷贝可序列化（强 1SR）【Daudjee and Salem，2004】和强快照隔离（强 SI）【Daudjee and Salem，2006】会在 1SR 和 SI 隔离级别上组织所有的事务倒转，但开销较大。如果对 1SR 和全局 SI 做出较弱的保证，虽然开销会相对小一些，但并不能避免事务倒转。在会话层保证 1SR 和 SI 可以克服这个缺点，但这一方法是只局限在一个客户会话中，而不能在跨越的会话的事务中避免事务倒转。这种在会话层保证 1SR 和 SI 的开销也是比较小的，而且也会保留很多在强版本中有用的一些性质。

13. 2. 3　集中式技术

集中式更新传播技术要求更新首先作用到主拷贝中，然后再传播到其他拷贝中（称为**从属拷贝**（slave））。存放着主拷贝的站点称为**主站点**（master site），存放着从属拷贝的站点称为**从属站点**（slave site）。

在一些技术中，所有的复制数据只有一个主站点。我们称之为**单主站点**（single master）集中式技术。在其他的协议中，每个数据项的主拷贝会存放在不同的站点中（比如数据项 x 的主拷贝是 x_i，存放在站点 S_i 中；数据项 y 的主拷贝是 y_j，存放在站点 S_j 中）。这些协议称为**主拷贝**（primary copy）集中式技术。

集中式技术的优点有两个。首先,对数据的更新过程比较简单,这是由于更新只会发生在主站点上,不用考虑多个副本站点的同步。其次,对于一个数据项来说,可以保证至少有一个站点(即存放着主拷贝的站点)存放着最新的值。这些协议适合数据仓库(data warehouse)和那些数据处理被集中在一个或少量主站点的应用。

集中式技术的缺点是,正如所有集中式算法一样,如果只有一个中心站点存放着所有的主拷贝,那么这个站点就有可能会超负荷运转,从而成为系统的瓶颈。像主拷贝技术那样对每个数据项的主拷贝进行分布式管理可以减少上述负荷,但也会带来一致性的问题,特别是使用懒惰复制技术来维护全局可串行化的时候。这是因为刷新事务必须以相同的串行化顺序来执行。我们将在相关章节中进一步讨论这个问题。

13.2.4　分布式技术

分布式技术会将更新首先作用到更新事务所在的站点的局部拷贝上,然后再传播给其他副本站点。之所以称为分布式技术,是因为不同的事务可以更新位于不同的站点上同一个数据项的拷贝。这一技术适用于拥有分布式决策和操作中心的协作应用,它可以更平均的分配负载,并可以和懒惰传播方法一起为系统提供最高的可用性。

这种系统的复杂性在于,一个数据项的不同副本有可能在不同的站点上同时更新。如果分布式技术与积极传播方法一起使用,那么分布式并发控制方法是能够解决这种并发更新的问题的。但是,如果与懒惰传播方法一起使用,那么事务就有可能在不同的站点按照不同的顺序进行执行,造成非 1SR 的全局历史。不仅如此,不同的副本之间还有可能会失去同步。为了处理这个问题,我们会使用一个包含反做与重做的调和(reconciliation)方法,使得每个站点上的事务执行都是一致的。这并不是一个简单的问题,因为这种调和方法通常是与应用相关的。

13.3　复　制　协　议

在上一节中,我们讨论了将更新管理技术进行分类的两个维度。这两个维度是正交的,也就是说存在 4 种组合:积极集中式、积极分布式、懒惰集中式以及懒惰分布式。我们在本节中分别讨论这四种技术。为了阐述上的方便,我们假设数据库是完全复制的,也就是说所有的更新事务都是全局的。我们还假设每个站点都实现了基于 2PL 的并发控制技术。

13.3.1　积极集中式协议

在积极集中式副本控制中,一个主站点会管理对数据项的操作。这些协议是与强一致性技术共同使用的,因此对一个逻辑数据项的更新会应用到所有副本上去,并且用 2PC 协议来提交(我们之后会讲到,也可以使用非 2PC 协议)。当更新事务完成时,更新过的数据项的每个副本都有相同的值(即它们是相互一致的),并且全局历史是 1SR 的。

我们在之前讨论的两种设计参数决定了积极集中式协议的具体实现:更新应该在那里进行,以及复制的透明度。第一个参数(我们在 13.2.3 节中进行了讨论)指的是,或者有一个针对所有数据项的单主站点(单主站点技术),或者有针对数据项组的多个主站点(主拷贝技术)。第二个参数指的是,或者每个应用都知道主拷贝的位置(有限复制透明),或者将指示主拷贝位置的责任交给局部 TM 来完成(完全复制透明)。

13.3.1.1　有限复制透明的单主站点技术

最简单的情况就是,为整个数据库建立一个单独的主站点,并实现有限复制透明。使用这种方法,用户应用是可以知道主站点在哪里的。全局更新事务(即至少含有一个 Write(x)操作,其中 x 是被复制的数据项)会直接提交给主站点——具体来说是主站点的事务管理程序(transaction manager, TM)。在主站点中,每个 Read(x)操作都应用在主拷贝上(即 Read(x)转换成了 Read(x_M),M 代表主拷贝)。并且按如下方式执行:首先,让 x_M 获得读锁,然后读取数据,最后将结果返回给用户。类似的,Write(x)操作会应用在主拷贝上(即执行 Write(x_M))。首先让 x_M 获得写锁,然后写数据。主 TM 会将 Write 操作转发到每个从属站点上去,使用的方法可以是同步的,也可以是延时的(图 13.1)。在上面这两个情况中,保证冲突更新在每个从属站点的执行顺序与在主站点的执行顺序相同是非常重要的。这可以通过分配时间戳或其他排序方法来实现。

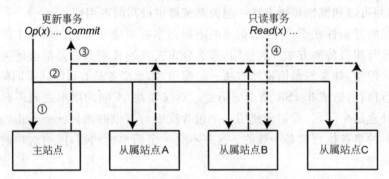

图 13.1　积极单主站点复制协议的操作过程。

(1) 一个 Write 操作被作用在主拷贝上;(2) 之后,Write 传播到其他副本上;

(3) 在提交的时候,更新变为永久的;(4) 只读事务的 Read 操作可以作用到任意一个拷贝上

用户应用也许会向某个从属站点提交一个只读事务(即所有的操作都是 Read)。从属站点上执行只读事务的方法可以参照集中式并发控制算法,比如 C2PL(算法 11.1～11.3)。这些算法要求集中式锁管理程序放在主站点上。实现 C2PL 只需要对非主站点上的 TM 进行非常小的修改,主要是为了处理上面说的 Write 操作以及它的影响(比如在处理"commit"命令时)。因此,当一个从属站点接收到一个 Read 操作的时候,它会将这一操作转发给主站点,然后获得读锁。Read 操作可以在主站点上执行,并将结果返回给应用程序;或者主站点可以简单的发送一个"lock granted(锁允许)"消息到所有的协作站点上,然后每个站点都局部执行这个 Read 操作。

通过在局部拷贝上执行 Read 操作并且不从主站点上申请读锁,可以降低主站点的负载。无论是使用同步传播还是延迟传播,局部并发控制程序都可以保证局部读写冲突是可以正确串行化的。并且作为更新传播的一部分,Write 操作只能来自主站点,因此当传播事务按照主站点规定的顺序在各个从属站点上执行的时候,并不会出现局部写-写冲突。但是,一个 Read 有可能会在更新之时或之后从每个从属站点上读取数据项的值。位于一个

从属站点上的读事务有可能会在更新开始之前读取到一个副本的值,但是位于另一个从属站点上的读事务会在同样的更新之后读取到另一个副本上的值,这对于保证全局 1SR 历史是并不重要的。这可以由以下例子说明。

例 13.3 数据项 x 的主站点是 A,从属站点是 B 和 C。考虑如下三个事务:

T₁:Write(x)　　　T₂:Read(x)　　　T₃:Read(x)

　　Commit　　　　　Commit　　　　　Commit

假设 T_2 发送给了从属站点 B,T_3 发送给了从属站点 C,并假设 T_2 在更新到达 B 之前从 B 上读取了 x(即 Read(x_B)),而 T_3 在更新到达之后才从 C 读取到 x(即 Read(x_C)),那么两个从属站点上生成的历史如下:

$$H_B = \{R_2(x), C_2, W_1(x), C_1\}$$
$$H_C = \{W_1(x), C_1, R_3(x), C_3\}$$

站点 B 上的串行化顺序是 $T_2 \rightarrow T_1$,站点 C 上的串行化顺序是 $T_1 \rightarrow T_3$,全局串行化顺序是 $T_2 \rightarrow T_1 \rightarrow T_3$,对于上面两个局部顺序来说,这个历史是没有问题的,它是 1SR 的。　◆

如果使用这种方法,读事务有可能会读到正在主站点上被并发更新的数据,但是全局历史仍然是 1SR 的。

在这个协议中,对于只读事务来说,当一个从属站点收到 Read(x)时,它会申请一个局部读锁,然后读取局部拷贝(即 Read(x_i))并将结果返回给用户应用。对于更新事务来说,当从属站点收到 Write(x)时,如果 Write 是来自主站点的,就对局部拷贝进行写操作(即 Write(x_i));如果 Write 是来自用户应用的,由于更新的事务必须提交给主站点,这是明显错误的,必须拒绝这个操作。

单主站点积极集中式协议是很容易实现的。一个需要解决的重要问题是如何区分一个事务是"更新"事务还是"只读"事务——当然,我们可以在 Begin_Transaction 命令中显式的标记出来。

13.3.1.2 完全复制透明的单主站点技术

单主站点积极集中式协议要求每个用户应用都知道主站点在哪里,并且主站点需要处理非常大的负载,这些负载包括更新事务中的 Read 操作,以及在 2PC 执行过程中充当协调者角色时所要做的工作。这些问题可以在某种程度上通过在执行应用的站点上使用事务管理程序(TM)来解决。因此,更新事务不是提交给主站点,而是提交给执行应用的站点上的 TM(这是由于事务并不需要知道主站点在哪里)。这个 TM 可以起到一个更新和只读事务的协调者的作用。应用程序可以简单的提交给各自的局部 TM,因此复制是完全透明的。

实现这种完全透明有多种方法。协调 TM 可以简单的作为一个"路由器",即将每个操作直接转发给主站点。然后,主站点会局部的执行这个操作,然后将结果返回给应用程序(如同前面描述的那样)。虽然这种方法可以提供完全透明,并且具有非常简单的优势,它并不能解决主站点上的过度负载问题。另一个方法的实现方式可以描述如下:

(1)协调 TM 一收到操作就将它发送给中心(主)站点。这和 C2PL-TM 算法(算法 11.1)是没有区别的。

算法 13.1: 协调者TM的事务管理算法

```
begin
    ⋮
    if lock request granted then
        if op.Type = W then
        │   S ← set of all sites that are slaves for the data item
        else
        └   S ← any one site which has a copy of data item
        DP_S(op)                          {send operation to all sites in set S}
    else
    └   inform user about the termination of transaction
    ⋮
end
```

（2）如果操作是 Read(x)，那么集中式锁管理程序（算法 11.2 中的 C2PL-LM）就会将这个 x 的拷贝（称为 x_M）加上针对这个事务的读锁，并告知协调 TM。然后，协调 TM 可以将 Read(x)转发给任意一个保存着 x 的副本的从属站点（即将 Read(x)转换为 Read(x_i)）。最后，读取操作可以由相应从属站点上的数据处理程序（DP）来执行。

算法 13.2: 主站点的锁管理算法

```
begin
    ⋮
    switch op.Type do
        case R or W                      {lock request; see if it can be granted}
            find the lock unit lu such that op.arg ⊆ lu ;
            if lu is unlocked or lock mode of lu is compatible with op.Type
            then
                set lock on lu in appropriate mode on behalf of transaction
                op.tid ;
                if op.Type = W then
                │   DP_M(op)  {call local DP (M for "master") with operation}
                send "Lock granted" to coordinating TM of transaction
            else
            └   put op on a queue for lu
    ⋮
end
```

（3）如果操作是 Write(x)，那么集中式锁管理程序（主站点）就会按照如下步骤操作：

（a）首先，为 x 设置一个写锁。

（b）调用局部 DP，并在自己所属的 x 的拷贝上执行 Write 操作（即将 Write(x)转换为 Write(x_M)）。

（c）最后，通知协调 TM 它得到了所需的写锁。

在这种情况下，协调 TM 会将 Write(x)发送给所有保存着 x 的副本的从属站点，然后每个从属站点的 DP 会在局部拷贝上执行相应的 Write 操作。

这里最主要的区别是，主站点并不处理 Read 操作，也并不负责副本之间在更新时的协调。这些工作都交给用户应用程序所在站点上的 TM 去处理。

我们可以很容易地看出，这个算法可以保证历史都是 1SR 的，这是因为串行化顺序是由单一一个主站点来决定的（类似于集中式并发控制算法）。而且也很显然，该算法符合之前讨论过的 ROWA 协议——在更新事务完成之后，所有的拷贝都可以保证是最新的，因此

Read 操作可以作用在任意一个拷贝上。

为了演示积极算法是如何将副本控制和并发控制合并在一起的,我们给出协调者 TM 的事务管理算法(算法 13.1)以及主站点的锁管理算法(算法 13.2)。我们在这里展示的只是集中式 2PL(算法 11.1 和算法 11.2)的算法的一个修改版本。

注意,在上面的算法中,LM 只是简单地将"允许加锁"消息发送回去,而不会包含更新操作的结果。因此,当更新操作被协调者 TM 转发给从属站点时,它们必须自己来执行更新操作。这通常被称为**操作转移**(operation transfer)。另一种做法时将更新结果和"允许加锁"消息一同发送,这样的话,接收的从属站点只需应用这个结果,并更新它们的日志即可。这通常被称为**状态转移**(state transfer)。如果操作只是简单的 Write(x)的话(Write 操作是一系列操作的抽象形式),上面这两种方法看上去差不多;而如果每个更新操作都需要执行一个 SQL 表达式的话,仔细区别这两种方法就非常重要了。

上面这样实现的协议不仅能够减轻主站点的负载,并且能够避免用户应用程序得知主站点的信息。不过,这种实现方式比第一种方式更加的复杂。特别的,现在事务发起的站点的 TM 必须作为 2PC 协议中的协调者,并且主站点成为 2PC 协议中的参与者。我们需要对每个站点上的各个算法进行修改。

13.3.1.3　完全复制透明的主拷贝技术

现在,我们放松所有数据项只有一个单独的主站点的限制,即我们规定,每个数据项可以有不同的主站点。在这种情况下,对于每个复制的数据项来说,其中的一个副本称为**主拷贝**(primary copy)。在这样的规定下,不存在一个单独的主站点可以决定全局串行化顺序,因此我们需要更加的小心。在完全复制的数据库中,数据项的任何一个副本都可以作为它的主拷贝。对于部分复制的数据库来说,只有当更新事务访问的数据项的主站点都相同的时候,有限复制透明才是有意义的;否则的话,应用程序就不能将更新事务转发给同一个主站点,它需要一个操作一个操作地去转发;不仅如此,哪一个主拷贝的主站点应该作为 2PC 执行时的协调者也是不明确的。因此,只有提供完全复制透明才是有意义的。在这种情况下在应用程序站点的 TM 会作为协调者 TM,负责将每个操作转发给每个数据项的主站点。图 13.2 展示了我们按照上面所说的放松限制之后的操作序列。站点 A 是数据项 x 的主站点,站点 B 和 C 保存着 x 的副本(即它们是从属站点);类似的,数据项 y 的主站点是 C,从属站点是 B 和 D。

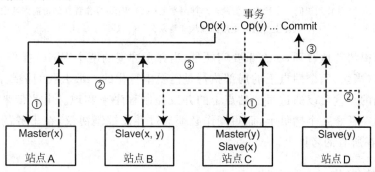

图 13.2　积极主拷贝复制协议的操作

(1) 每个数据项的操作(Read 或 Write)被路由到数据项的主站点,并且 Write 会被首先作用到主拷贝上;

(2) 然后,Write 会传播到其他副本上去;(3) 在提交的时候,更新的效果变为永久的这个方法依然会在事务的边界内将更新作用到副本上,因此需要和并发控制技术集成在一起。一个更早的方法称为**主拷贝两阶段加锁**(primary copy two-phase locking,PC2PL)算法,应用于分布式 INGRES 的原型系统【Stonebraker and Neuhold,1977】。PC2PL 是一个单主站点协议的自然的扩展,目的是解决后者潜在的性能问题。具体来说,它会在一些站点上实现锁管理程序,然后让每个锁管理程序都负责管理另外主站点的锁单元的集合。事务管理程序之后会将加锁和解锁请求发送给负责具体锁单元的锁管理程序。因此这个算法会将每个数据项的一个拷贝看作是主拷贝。

作为一个副本管理/并发管理技术,主拷贝方法需要每个站点上更为复杂的目录信息,但是它可以通过减少主站点的负载,同时又不引入过多的事务管理程序和锁管理程序之间的通信开销来提高之前的方法的性能。

13.3.2　积极分布式协议

在积极分布式副本控制中,更新可以在任何地方被发起,并且它们会首先作用到局部副本上,然后再传播给其他副本。如果更新发起于一个站点,而数据项的副本并不存在在这个站点上,那么这个更新操作就会转发到有副本的站点上去。所有的这些都是针对更新事务来说的。当事务提交的时候,用户会得相应的提示,表明更新效果已经变为永久的了。图 13.3 展示了某一个逻辑数据项 x 的操作序列,该数据项在 A、B、C、D 这四个站点上均有副本,并且两个事务分别更新两个不同的副本(位于 A 和 D)。

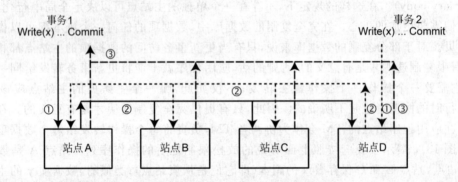

图 13.3　积极分布式复制协议的操作

(1) 两个 Write 操作作用于同一个数据项的两个局部副本上;(2) Write 操作独立的传播到其他副本上去;(3) 在提交的时候更新的效果变为永久的(只显示了事务 1)

我们可以很清楚地看到,一个重要问题是,当并发冲突的两个 Write 操作正在不同的站点上同时执行(当然,每个站点上的局部执行是需要串行化的),那么我们需要保证它们的执行顺序是相同的。这可以通过每个站点上的并发控制程序来实现。由此带来的结果是,读操作可以应用在任意一个拷贝上,而写操作必须通过并发控制协议,在事务的界限内(比如 ROWA)作用在所有的拷贝上。

13.3.3　懒惰集中式协议

与积极集中式复制算法类似,懒惰集中式复制算法中更新操作首先会作用在主副本中,然后再传播到其他从属站点上。两种算法的最重要的不同,是懒惰集中式算法的更新传播不会在更新事务的执行期间进行,而是在事务提交之后由单独的刷新事务来进行。这样,如果一个从属站点在 x 的局部拷贝上执行了 Read(x),它有可能会读到过期的数据,这是因为 x 有可能已经被主站点更新了,而更新还未传播到这个从属站点上来。

13.3.3.1　有限复制透明的单主站点或主拷贝技术

在单主站点的情况下,更新事务会直接提交到并且执行在主站点上(正如积极单主站点技术那样);一旦更新事务提交,刷新事务就会发送给从属站点。具体来说,执行的步骤如下:(1)首先,一个更新事务会作用于主副本;(2)事务在主站点上提交;(3)刷新事务被发送给从属站点(见图 13.4)。

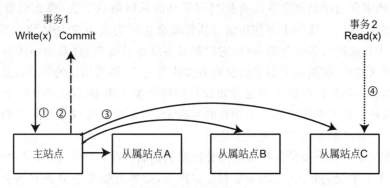

图 13.4　懒惰单主站点复制协议的操作

(1)更新被应用于局部副本;(2)事务提交到主站点,更新的效果变为永久的;
(3)更新通过刷新事务传播给其他副本;(4)事务 2 读取局部拷贝

当从属站点接收到 Read(x)的时候,它会读取局部拷贝,并且将结果返回给用户。注意,正如之前指出过的,如果主站点已经被更新,但是从属站点并未通过刷新事务接收到这个更新,那么从属站点自己的拷贝有可能并不是最新的。从属站点接收到的 Write(x)均要被拒绝(相应的事务需要取消),这是因为这一操作必须直接提交给主站点。当从属站点从主站点处接收到一个刷新事务的时候,它会将更新作用于自己的局部拷贝。当它接收到 Commit 或 Abort 命令的时候(Abort 只会发生在局部提交的只读事务中),它会局部的执行相应的操作。

有限透明的主拷贝技术也是类似的,因此我们就不再讨论它的细节了。Write(x)会提交给 x 的主拷贝所在的具体站点,而不是单一一个主站点。

如何保证刷新事务可以按照相同的顺序作用在所有的从属站点上呢? 在这种架构下,由于所有的数据项都只有唯一一个主站点,这种顺序可以简单的通过使用时间戳来保证。主站点会在每个刷新事务上按照实际更新事务的提交的顺序来打上时间戳,然后从属站点会根据时间戳的顺序来执行刷新事务。

在有限透明主拷贝的情况下,可以按照类似的方法来做。这时,每个站点都会保存着一部分数据项的拷贝,因此一个从属站点有可能会从多个主站点处得到刷新事务。这些刷新事务必须在所有从属站点上按照同样的顺序来执行,才能保证数据库状态的最终一致性。为了达到这个目的,有一些方法可以使用。

第一个方法是使用时间戳。从不同的主站点发出的刷新事务具有不同的时间戳,因此每个站点接收到的刷新事务就可以按照时间戳的顺序来执行。不过,处理乱序到来的刷新事务是比较困难的。在第 11 章讨论的基于时间戳的传统技术中,这些乱序的事务应该被取消;不过,在懒惰复制技术中这样做是不现实的,这是因为事务已经在主站点上提交了。唯一的做法是运行一个补偿事务(它会取消事务并回滚掉这个事务产生的效果)或者执行一个更新调整例程,我们在下面进行简要介绍。这一问题可以通过对结果历史的更认真的研究来解决。由【Breitbart and Korth,1997】提出的方法使用一个串行化图的方法,建立一个**复制图**(replication graph),其节点代表事务(T)和站点(S),并且存在边$\langle T_i, S_j \rangle$当且仅当T_i会在S_j上的拷贝上执行一个 Write 操作。当一个操作(op_k)被提交时,相应的节点(T_k)和边就会插入到复制图中。如果检测到一个环,并且这个环包含一个在主站点中已经提交的事务,但是该事务的刷新事务并没有提交到所有的从属站点上去,那么当前事务(T_k)就必须取消(之后再重启),这是由于如果继续执行就会让历史成为非 1SR 的。否则,T_k就要等待,直到环中其他的事务执行结束(即它们都在主站点被提交,并且刷新事务也都提交给了它们的从属站点)。如果一个事务由这种方式执行完成,那么相应的节点以及所有涉及的边都要从复制图中删掉。可以证明这种协议是能够产生 1SR 的历史的。一个重要的问题是复制图的维护。如果它维护在一个单独的站点上,那么这就变成了集中式的算法。我们将分布式的建立和维护复制图作为一个练习。

另一个方法要依赖由通信架构提供的分组通信机制。我们将在 13.4 节中讨论它。

从 13.3.1 节中我们知道,在部分复制数据库中,如果更新事务只访问属于同一个主站点的数据项,那么有限复制透明的积极主拷贝技术就是有意义的(由于更新事务完全运行在主站点上)。有限复制透明的懒惰主拷贝技术也有相同的问题。在这两种情况下,我们要解决的问题都是如何设计分布式数据库系统,使得有意义的事务都可以被执行。这个问题已经在懒惰协议的场景下被研究过了【Chundi et al.,1996】,并且人们提出了一个主站点选择的算法:给定一组事务、一组站点以及一组数据项,找到给这些数据项分配主站点的方案,使得针对这一组事务的执行可以生成 1SR 的全局历史。

13.3.3.2　完全复制透明的单主站点或主拷贝技术

允许(读和更新)事务从任何一个站点提交,并将它们的操作转发给单主站点或者是恰当的主拷贝站点,可以为用户应用程序提供完全透明。在这一小节中我们讨论这种方法。实现这种方法是需要一些技巧,并且涉及两个问题:首先,除非我们十分的小心,否则 1SR 全局历史有可能是不能保证的;第二,事务有可能看不到自己的更新。下面的两个例子展示了这两个问题。

例 13.4　考虑单主站点的情况。假设有两个站点 M 和 B,其中 M 保存着 x 和 y 的主拷贝,B 保存着它们的副本。下面考虑两个事务:T_1 在 B 上提交,T_2 在 M 上提交:

T_1:Read(x)　　　T_2:Write(x)

　　　Write(y)　　　　　　Write(y)

　　　Commit　　　　　　Commit

在完全透明的要求下,一个执行方式是这样的。T_2 应该在 M 上执行,这是由于它保存着 x 和 y 的主拷贝。在它提交之后的某个时刻,它的 Write 操作的刷新事务会发送给站点 B,以便更新从属拷贝。在另一方面,T_1 应该从站点 B 读取 x 的局部拷贝,但它的 Write(x)操作应该转发给 x 的位于 M 上的主拷贝。在 $Write_1(x)$ 在主站点上执行完并提交之后的某个时刻,

一个刷新事务会发送给站点 B 来更新其从属拷贝。下面是一个可能的执行步骤(图 13.5):

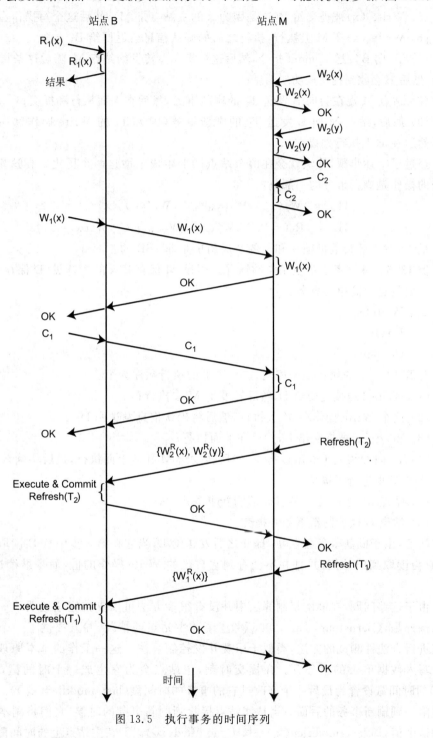

图 13.5　执行事务的时间序列

(1) $Read_1(x)$被提交给 B,予以执行;

(2) $Write_2(x)$被提交给 M,然后在上面执行;

(3) $Write_2(y)$被提交给 M,然后在上面执行;

（4）T_2 向 M 发送 Commit 指令,并在上面提交;

（5）$Write_1(x)$被提交给 B(这是因为 x 的主站点是 M),然后这个写操作会转发给 M;

（6）$Write_1(x)$在 M 上执行,执行之后的确认信息会返回给 B;

（7）T_1 向 B 发送 Commit 指令,然后这个指令会转发给站点 M;随后这条指令会在 M 上执行,然后 B 会收到提交成功的消息;

（8）站点 M 现在会向 B 发送 T_2 的刷新事务,然后在上面执行和提交;

（9）最后,站点 M 向 B 发送 T_1 的刷新事务(因为 T_1 的 Write 操作都在主站点上执行),然后在 B 上执行并提交。

经过了上述步骤,算法就会在两个站点的上生成下面这两个历史。在这里上标 r 表示相应的操作是刷新事务的一部分:

$$H_M = \{W_2(x_M), W_2(y_M), C_2, W_1(y_M), C_1\}$$
$$H_B = \{R_1(x_B), C_1, W_2^r(x_B), W_2^r(y_B), C_2^r, W_1^r(x_B), C_1^r\}$$

最终,对于逻辑数据项 x 和 y 的全局历史是非 1SR 的。　　　　　　　　　　　　◆

例 13.5　继续考虑单主站点的情况。假设 M 保存着 x 的主拷贝,D 保存着它的副本。考虑下面的这个简单的事务:

T_3: Write(x)

　　　Read(x)

　　　Commit

与例 13.4 中的执行模型相同,这个事务的执行顺序如下:

（1）$Write_3(x)$被提交给 D,然后转发给 M 去执行;

（2）这个 Write 操作在 M 上执行,然后将确认信息发送回 D;

（3）$Read_3(x)$被提交给 D,然后在上面执行;

（4）T_3 向 D 发送 Commit 指令,然后转发给 M 并在上面执行,最后将确认信息发回 D;在 D 上事务也进行了提交;

（5）站点 M 向 D 发送 $W_3(x)$的刷新事务;

（6）站点 D 执行刷新事务并提交。

注意,由于刷新事务会在 T_3 提交之后发送给 D,当它在第 3 步中从 D 读取 x 的值的时候,它会读取到旧的值,并且并不会看到它自己的 Write 操作的值,而是继续进行 Read 操作。　　　　　　　　　　　　　　　　　　　　　　　　　　　　　　　　◆

由于这些问题,在懒惰复制算法中并没有很多方法可以支持完全透明。一个需要提一下的例外是,【Bernstein et al. ,2006】考虑了单主站点的情况,并且提供了一个提交时由主站点进行合法性测试的方法,类似于乐观并发控制算法。这一工作的基本原理如下。考虑一个写入数据项 x 的事务 T。在提交时刻,主站点会为它生成一个时间戳,并将主拷贝(x_M)的时间戳设置为最后一个修改过它的事务的时间戳(last_modified(x_M))。这个时间戳也被附加到刷新事务的后面。当从属站点接收到刷新事务的时候,它们将副本的值统一设置为这个值,即 last_modified(x_i)←last_modified(x_M)。T 在主站点上的时间戳生成应遵循如下规则:

T 的时间戳应该大于所有已经有的时间戳,并且小于它所访问的数据项的 last_

modified 时间戳。如果这个时间戳不能被生成,那么就取消事务 T。[⑤]

这个测试可以确保读操作会读到正确的值。例如,在例 13.4 中,主站点 M 在 T_1 提交的时候不会被赋予正确的时间戳,这是由于 last_modified(x_M)反映了 T_2 所执行过的更新。因此 T_1 会被取消。

虽然这个算法可以处理我们上面说过的第一个问题,它并不能自动处理第二个问题,即事务不能够看到它自己的写操作的结果(我们之前称之为事务倒转)。为了解决这个问题,人们建议维护一个所有更新操作的列表,并且每当 Read 执行的时候就查询该列表。不过,由于只有主站点知道更新,这个列表必须由主站点来维护,并且所有的 Read 操作(Write 操作也一样)都必须在主站点上执行。

13.3.4　懒惰分布式协议

由于更新可以发生在任何一个副本上,并且会延迟传播给其他副本,懒惰分布式协议是所有协议中最复杂的(图 13.6)。

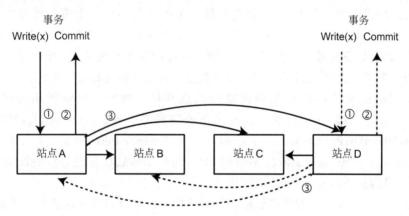

图 13.6　懒惰分布式复制协议的操作

(1) 两个更新作用在两个局部副本上;(2) 事务提交使得更新的效果变为永久的;(3) 更新独立的传播给其他副本

在事务提交的站点上的操作是比较直接的:每个 Read 和 Write 操作都作用于局部拷贝,并且事务也进行局部提交。在事务提交之后,更新会由刷新事务来传播给其他站点。

这里的复杂性在于如何在其他站点上处理这些更新。当刷新事务到达某个站点时,它们需要进行局部调度,这个工作由局部并发控制机制来完成。使用之前介绍的技术,我们可以得到这些刷新事务的串行化顺序。不过,多个事务可能会更新同一数据项的不同拷贝,并且这些更新有可能是互相冲突的。这些修改需要重新调和使其变为一致的,但这会让刷新事务的排序更为困难。根据调整的结果,我们确定刷新事务的顺序,然后将更新作用到每个站点上去。

在这里,最重要的就是这个调整的工作。我们可以设计一种通用的、基于启发式的调整算法。例如更新可以按照时间戳的顺序来进行(即有着更近期的时间戳的事务会胜出),或

---

⑤　正如之前讨论的,原始的方法可以处理非常广泛的更新限制条件;也就是说,该规则的原始定义是非常一般化的。不过,由于我们的讨论基本都是针对 1SR 的行为,这种(更加严格的)规则用在这里是合适的。

者我们也可以设置更加倾向于某些发生更新的源站点(即这些站点具有重要性)。不过,这些都是特定的一些方法,调整过程会依赖于应用程序的具体语义。不仅如此,无论我们使用哪种调和技术,有些更新依然会丢失。注意,基于时间戳的排序技术只能在时间戳是基于已同步的本地时钟的前提下才能有效。我们也在之前讨论过,这个要求在大规模的分布式系统中是很难达到的。简单的时间戳方法(例如将站点号和本地时钟串在一起作为时间戳),会引入系统对事务的倾向性,而这种倾向性并不在应用程序的逻辑之内。时间戳方法在并发控制算法中可以很好的工作,而在这里却不能,其原因在于:在并发控制方法中,我们只需要给出某种顺序就行了,而在这里我们需要给出一个与应用语义一致的特定的顺序。

13.4　分　组　通　信

上一节已经提到:复制协议的开销,尤其是消息开销可能会非常高。复制算法的简单代价模型如下:给定 n 个副本、每个事务包含 m 个更新操作,每个事务发出 n * m 条消息(使用组播协议话,m 条消息即可)。如果系统希望保持每秒钟 k 个事务的吞吐量,那么每秒钟处理消息的个数为 k * n * m(在组播的情况下是 k * m)。此外,我们也可以考虑更为复杂的代价函数,如通过每个操作的执行时间(有可能基于系统负载)得到时间代价函数。前面讨论的很多复制协议(尤其是分布式的)都会有消息开销过高这一问题。

实现复制协议的核心问题是如何减少消息开销。现有的策略使用分组通信协议【Chockler et al.,2001】,并结合非传统技术来处理局部事务【Stanoi et al.,1998;Kemme and Alonso,2000a,b;Patiño-Martínez et al.,2000;Jiménez-Peris et al.,2002】。这些策略带来了两点变化:首先,在提交阶段不使用 2PC,而是依靠底层分组通信协议来保证一致。其次,使用延迟的更新传播,而不使用同步。

我们首先介绍分布通信的基本想法。分布通信系统可以使节点将消息组播到某个分组的所有节点上,并保证传送成功,即最终将消息传送到所有节点上。此外,系统提供带有不同传送次序的组播原语。最重要的次序是全序。在全序组播中,由不同节点发出的消息以相同的全序传送到所有节点上。理解全序的概念对理解后面的讨论内容十分关键。

通过下面的两种协议来介绍如何使用分组通信协议:一种是变化的积极分布式协议【Kemme and Alonso,2000a】,另一个是懒惰集中式协议【Pacitti et al.,1999】。

基于分组通信的积极分布式协议由【Kemme and Alonso,2000a】提出,它使用了局部处理策略,即**写操作**(Write)在提交事务的局部影子拷贝中进行,并采用全序分组协议将事务的写操作组播到其他副本站点上。全序通信可以使所有站点都按照相同的次序接收到写操作,从而保证了每个站点都有相同的串行化次序。为了后面讨论方便,我们假设数据库完全复制,而且每个站点都实现了 2PL 并发控制算法。

协议按照以下四个步骤处理事务 T_i(忽略局部并发控制操作):

Ⅰ. 局部处理阶段:在事务提交的站点(即事务主站点)执行 $Read_i(x)$ 操作。同时在主站点的影子副本中执行 $Write_i(x)$ 操作(参见上一章中有关影子换页的讨论)。

Ⅱ. 通信阶段:如果 T_i 仅包含读操作,它可以在主站点提交。如果它包含写操作(即 T_i 为更新事务),则 T_i 主站点(即 T_i 提交站点)的 TM 需要将写操作集成到一个写消息(write message)WM$_i$[6] 中,并使用全序分布协议将消息组播到所有的副本站点(也包含自身)。

Ⅲ. 加锁阶段:当消息 WM$_i$ 传送到站点 S$_j$ 上时,它在一个原子步骤中请求 WM$_i$ 中的所有锁。实现方法为:在存储的锁表中获取一个闩锁(一种更为轻量的锁),直至所有锁都被授予或者是请求进入队列进行排队。执行下述操作:

1. 对于 WM$_i$ 中的每个 Write$_i$(x)(x$_j$ 表示 x 在站点 S$_j$ 上的拷贝),执行操作:

(a) 如果没有其他的事务锁住了 x$_j$,则授予 x$_j$ 上的写锁。

(b) 否则,执行下面的冲突检测:

- 如果局部事务 T$_k$ 在局部读或通信阶段锁住了 x$_j$,则将 T$_k$ 抛弃。如果 T$_k$ 是在通信阶段,则将最终决策消息 Abort 组播到所有站点上。此阶段需要检测读/写冲突,并将读事务抛弃。注意:局部写操作仅在影子拷贝中执行,只有局部读操作在局部执行阶段获取锁,因此此阶段无需检测写/写冲突。

- 否则,W$_i$(x$_j$)的锁请求放置到 x$_j$ 的队列中。

2. 如果 T$_i$ 是局部事务(回忆一下,消息也有可能传送到 T$_i$ 创建的站点,此时 i=j),主站点可以提交事务,并组播**提交**(Commit)消息。注意:提交消息发送的时间是在请求锁时,而不是在写操作之后。由此可以看出,这不属于 2PC 执行。

Ⅳ. 写阶段:站点在能够获得写锁的情况下完成相应的更新操作(对于主站点来说,这意味着影子拷贝将变成有效版本)。T$_i$ 递交的站点可以提交和释放所有的锁,而其他站点需要等待决策消息,并依据该消息相应地进行终止。

值得注意的是:在协议中,最重要的事情是在并发事务的加锁阶段保证每个站点上的执行次序相同——这由全序组播实现。此外,决策消息并无次序要求(步骤Ⅲ.2),可以按照任意的次序传送,甚至可以在相应的 WM 传送之前进行传送。此时,在 WM 之前接收到决策消息的站点只需对决策进行注册,而不必采用实际的行动。当 WM 消息到达时,站点可以执行加锁和写阶段,并根据之前传送的决策消息来终止事务。

与 13.3.2 节介绍的简单方法相比,上述协议在性能上有显著的提升。针对一个事务,主站点发送两个消息:一个是在发送 WM 时,另一个是在通信决策时。因此,如果希望系统的吞吐为每秒钟 k 个事务,需要消息的总数为 2k,而非简单协议时的 k * m(假设两种方法都采用组播协议)。此外,采用推迟传播也会提高系统的性能,原因在于写操作副本站点的同步仅在结束时执行一次,而不是在事务执行的过程中持续执行。

使用分组通信的第二个例子是懒惰集中式算法。回顾一下:算法的关键问题是如何使刷新事务在所有从属拷贝中的排序方式相同,从而保证数据库状态达到一致。采用使用全序组播可以使不同主站点发送的刷新事务按照相同的次序传送到从属拷贝中。然而,全序组播会带来很高的消息开销,从而限制了方法的可扩展性。我们可以放松通信系统的次序要求,使复制协议负责刷新事务的执行次序。我们使用【Pacitti et al.,1999】提出的方案来说明该方法。方案使用 FIFO 次序的组播通信,并对通讯的延迟加以限定(称为 Max),同时假设时钟属于松散同步,仅在超过 ε 时将失去同步,进一步假设每个站点都有一套事务管理程序。每个从属拷贝中复制协议的结果是维护一个"运行队列",存储一组有序的刷新事务作为局部执行事务管理程序的输入。因此,该协议保证了每个刷新事务运行的从属站点保

---

⑥　需要传送的内容是更新的数据项(即状态迁移)。

存相同次序的运行队列。

　　每个从属站点的主站点都维护一个"待办队列"(如果从属站点有 x 和 y 的副本,其中 x 位于 $Site_1$;y 位于 $Site_2$,则分别在 $Site_1$ 和 $Site_2$ 上维护两个待办队列 q_1 和 q_2)。当刷新事务 RT_i^k 在主站点 $Site_k$ 创建时,为它分配一个时间戳 $ts(RT_i)$,用来反映更新事务 T_i 提交的实际时间。在 RT_i 到达某个从属站点时,将它放到队列 q_k 中。在每次消息到来时,扫描所有待办队列的队头元素,并选择时间戳最小的元组作为新的 RT(new_RT)。如果从最后一个周期算起,new_RT 发生了改变(即 new_RT 到达的时间戳小于上一周期选择的时间),则带有最小时间戳的元组称为 new_RT,并考虑对它进行调度。

　　当某个更新事务被选择为 new_RT 时,算法并不马上将它放到事务管理器的运行队列中。刷新事务的调度需要考虑局部时钟的最大延迟以及可能的偏移。实现的手段是保证任何一个可能会被延迟的刷新事务都有一次达到从属站点的机会。RT_i 放入某一从属站点"运行队列"的时间称为传送时间 delivery_time＝ts(new_RT)＋Max＋ε。由于通信系统可以给出消息传送时 Max 的上界和局部时钟的最大偏移 ε,刷新事务的最大延迟时间不会超过到达所有预期从属站点的时间。这样,协议就保证了刷新事务在某一从属站点进行调度时满足以下性质:(1)所有更新事务的写操作都在主站点执行;(2)根据刷新事务时间戳决定次序(反映了更新操作的提交次序),以及(3)实际的最早时间等价于传送时间。这些性质保证了从属站点辅助副本上的更新服从相同的时间次序。这一顺序也是主拷贝更新的次序,并可以保证在所有从属站点上都是相同的。这些结论需要假设底层通信设施可以保证 Max 和 ε。前面介绍的是懒惰算法的一个例子,它可以保证 1SR 的全局历史,但相互一致性很弱,使副本值的偏离程度小于一个预定的时间段。

13.5　复制与故障

　　到目前为止,我们关注的复制协议都是不考虑故障的。如果系统存在故障,相互一致性会发生什么变化呢?在积极复制方法和懒惰复制方法中,处理的方式会有所不同。

13.5.1　故障和懒惰复制

　　首先考虑懒惰复制技术是如何处理故障的。由于协议允许主拷贝和副本之间存在不同,这种情况相对简单。因此,当通信故障导致某个或某些站点(后者由于网络划分)不可达时,可用站点可以继续进行处理。即便是在网络划分的情况下,也可以允许操作在多个划分中独立地进行处理,再使用冲突解决技术(13.3.4 节)进行修复,从而使数据库状态达到一致。在合并前,多个划分中的数据库有着不同的状态;在合并阶段,不同的状态会调整为同一状态。

13.5.2　故障和积极复制

　　接下来考虑积极复制这种更为复杂的情况。前面提到,所有的积极复制技术都实现了某种 ROWA 协议,确保当更新事务提交时,所有的副本都有相同的取值。ROWA 协议十分有效和精巧。不过,正如提交协议中讨论的,ROWA 协议有一个显著的缺点:哪怕只有一个副本是不可用的,更新事务都无法终止。因此,ROWA 不能满足复制的一个基本目标:

提供更高的可用性。

ROWA 的一种替代方案试图处理这一低可用性的问题,该方案称为读一/写全可用协议(Read-One/Write-All Available,ROWA-A)。该协议的基本想法是写命令在所有可用的拷贝上执行,然后事务终止,而不可用的拷贝会在变为可用时"追上"。

该协议有很多不同的版本【Helal et al. ,1997】,这里讨论其中的两个。第一个是可用拷贝协议(available copies protocol)【Bernstein and Goodman,1984;Bernstein et al. ,1987】。更新事务 T_i 的协调者(即事务执行的主站点)向所有的 x 副本所在的从属站点发送 $W_i(x)$,等待执行(或拒绝)的确认消息。如果等待所有站点的确认消息超时,协议将那些没有回复的站点视为不可用,同时在可用的站点上继续执行更新操作。当不可用的从属数据库恢复后,它们需要将数据库的状态更新至最新。不过,需要注意的是:如果站点是在 T_i 开始之前不可用的,它们可能不知道 T_i 的存在,以及不知道 T_i 对于 x 进行了更新。

我们需要处理两种并发问题。第一个问题是:协调者认为不可用的站点实际上是运行站点,并已经对 x 进行了更新。不过,可能没有在超时之前将确认消息返回给协调者。第二,一些站点可能在 T_i 开始的时候不可用的,之后即恢复并开始处理事务。因此,协调者需要在提交 T_i 之前执行验证过程:

(1)协调者检测所有认为是不可用的站点是否还是不可用:给每个站点发送查询消息。有效的站点会进行回复。如果协调者从某一站点上得到了回复,它将取消 T_i,原因是协调者不知道该站点在不可用之前的状态:它可能一直是可用的,也执行了原来的 $W_i(x)$,但确认消息被推迟了(此时所有的事情都没有出现问题);或者在 T_i 开始时,站点是不可用的,但随后变为可用,而且有可能执行了另一个事务 T_j 的 $W_j(x)$。在后一种情况下,继续执行 T_i 会导致执行计划不可串行化。

(2)如果没有从任何认为是不可用的站点获得响应,T 的协调者需要检测 $W_i(x)$ 执行时可用的站点是否依然可用。如果可用,T 可以继续提交。这一步骤可以很自然地集成到提交协议中。

ROWA-A 的第二种方法是分布式 ROWA-A 协议。此时,每个站点 S 上维护一个集合 V_S 保存它认为可用的站点,即针对 S 的系统设置视图。特别地,当提交事务 T_i 时,协调者的视图反映了它认为可用的站点(简单标记为 $V_C(T_i)$)。$R_i(x)$ 可以在 $V_C(T_i)$ 中的任何一个副本上执行,$W_i(x)$ 可在 $V_C(T_i)$ 的所有副本上执行。协调者在 T_i 结束时检查它的视图,如果 T_i 开始后视图改变了,则取消 T_i。为了修改 V,需要在所有站点运行一种特殊的原子事务,避免产生并发视图。实现的手段是产生每个 V 时分配一个时间戳,并且保证站点仅接受这样的更新视图:它的版本号必须大于站点当前视图的版本号。

相比于简单的 ROWA 协议,ROWA-A 系列协议对于故障(包括网络划分)的适应性更强。

另一类积极复制协议是基于投票的。在上一章讨论非复制数据库网络划分时已对投票的基本特点做了介绍。其核心想法在复制的情况下依然适用。从本质上讲,每一次读或写操作都需要获得足够票数才能够提交。协议可以是悲观或是乐观的。下面我们仅讨论悲观协议。在完成阶段不能确认提交操作时,乐观协议对事务进行补偿恢复【Davidson,1984】。在补偿事务可以接受的情况下,这种方法十分适用(见第 10 章)。

初始的投票算法由【Thomas,1979】提出,早期的方法使用【Gifford,1979】提出的基于限额的投票协议来控制副本。Thomas 的算法运行在完全复制的数据库上,并为每个站点分配相同的票数。对于一项执行事务的操作,算法需要从大部分站点上收集态度为肯定的投票。Gifford 的算法运行在部分复制的数据库上(同时也可运行于完全复制的情况),为副本数据项的每一个拷贝分配一票。每个操作需要获取一个读限额(read quorum)V_r 和一个写限额(write quorum)V_w 来分别读或写数据项。如果某个数据项总共有 V 票,则限额需要满足以下规则:

(1) $V_r + V_w > V$

(2) $V_w > V/2$

回顾上一章的内容,第一条规则保证数据项不会被两个事务同时读写(为了避免读/写冲突)。第二条规则保证两个事务中的两条写操作不能同时作用在相同的数据项上(为了避免写/写冲突)。因此,这两条规则保证了可串行性和单拷贝等价能够得到维护。

基于限额的协议在网络划分的情况下很有效,原因在于协议基本上根据事务获得的投票来决定哪些事务需要终止。上面给出的投票分配和阈值规则保证了两个在不同划分中初始化且访问相同数据的事务能够在同一时间终止。

这种协议的缺点在于:即使在读取数据时,事务也需要获取限额。这给数据库读访问带来了很多不必要的负担。下面我们介绍另一种基于限额的投票算法,它可以改善这一性能问题【Abbadi et al.,1985】。这个协议在底层通信层和故障的出现方面设置了一些假设。关于故障的假设是认为它们是"干净"的,包含两个方面的含义:

(1) 改变网络拓扑结构的故障可以被所有站点同时检测出来。

(2) 每个站点都有网络的一个视图,包含所有它能够通信的站点。

如果通信网络可以保障上面的两个条件,副本控制协议就可用 ROWA-A 原则进行简单地实现。当副本控制协议试图读或写一个数据项时,它首先检测大多数站点是否与协议运行站点位于同一个划分。如果是,协议在该划分中实现 ROWA 规则:读取划分中数据项的任意一个拷贝,写入所有的拷贝。

> 　　　**注意**　读或写操作仅会在一个划分中执行。因此,这属于一种悲观协议,仅在某一划分中保证单拷贝串行性。当划分得到修复时,数据库通过将更新结果传递到其他划分的方式进行恢复。

实现协议的一个基础问题是:有关故障的假设是否实际。遗憾的是,由于网络故障未必"干净",这些假设不一定成立。从故障发生到站点检测到故障会有时间延迟。由于延迟的存在,可能会出现这样的结果:某个站点认为它位于某一划分中,但实际上后续的故障发生在另一个划分中。此外,延迟会因站点的不同而有所不同。因此,之前位于相同划分,现在位于不同划分的两个站点可能会在划分相同的假设下运行一段时间。违背这两条故障假设可能会给副本控制协议和单拷贝串行性维护带来显著的负面影响。

一种解决策略是在物理通信层之上构建另一个抽象的层次,将物理通信层"不干净"的故障特点隐藏起来,从而为副本控制协议提供一个包含"干净"故障特性的通信服务。这个新的抽象层提供了副本控制协议运行的虚拟划分。一个虚拟划分包含一组站点,它们在"谁在该划分中"这一问题上能够达成共识。站点在新通信层的控制下加入或离开虚拟划分,这保证了干净故障假设能够成立。

上述协议的优点在于其简洁性。协议不会为维护读访问限额引入任何开销。因此,读操作可以达到非划分网络中的处理速度。此外,协议足够通用,副本控制协议不必区分站点故障和网络划分。

对于实现复制数据库容错的不同方法,一个自然的问题是这些方法的优缺点是什么。有一系列的研究在不同的假设下分析了这些技术。其中一项较为全面的研究认为 ROWA-A 的实现比限额技术有更好的可扩展性和可用性【Jiménez-Peris et al. ,2003】。

13.6　复制中介程序服务

到现在为止,我们所讨论的复制协议仅适用于紧密集成的分布式数据库系统,在这样的系统里,协议可以被插入到任意 DBMS 中。在多数据库系统中,复制支持必须借助于 DBMS 之外的中介。在这一节里,我们以 NODO 协议【Patiño-Martínez et al. ,2000】为例,讨论如何在中介层提供复制支持。

NODO(NOn-Disjoint conflict classes and Optimistic multicast,非分隔冲突类和乐观多播)协议是分布式与主拷贝的混合。它允许在任何站点提交事务,但是数据项仍然有主副本的概念。它通过组通信和乐观传送(optimistic delivery)来减少延时。在收到消息后,乐观传送技术不确保消息之间的顺序,即刻传送。被传送的消息称为"乐观传送的消息(opt-delivered)"。当顺序完全确定后,消息称为"即将传送的消息(to-delivered)"。尽管乐观传送并不确保消息的有序性,但是大多数消息的顺序仍然和整体排序一致。这个现象被 NODO 利用,它将主节点的执行事务和事务请求的整体排序重叠,以此掩盖整体排序的延迟。协议也将以乐观的方式执行事务(见 11.5 节),在必要的情况下可能会中止事务的执行。

简单起见,在接下来的讨论中,我们假设使用的是全复制数据库。这让我们可以直接忽略查找主拷贝站点,以及如何在拥有不同主拷贝的一组数据项上执行事务之类的问题。在全复制环境中,系统中的所有站点组成了一个多播组(multicast group)。

我们假设数据项都被划分成为不相交的集合,每一个集合有一个主拷贝。和所有的主拷贝技术一样,每一个事务使用一个特定的数据项集。它首先在主拷贝站点执行事务,然后将写入的内容传递到从属站点中。这样的事务被称为对主拷贝站点是**局部的**(local)。

每一个数据项集被称为一个**冲突类**(conflict class),并且协议会通过发掘有关事务冲突类的信息来提高并发。两个访问相同冲突类的事务很有可能有冲突,另一方面,两个访问不同冲突类的事务可以并行运行。一个事务可以访问多个冲突类,但是在执行之前,必须得到相关的统计信息(例如:分析事务代码)。因此,冲突类被进一步抽象成冲突类组。每一个冲突类组都只有一个主拷贝(即组里的一个单独的冲突类的主拷贝)。所有作用在这个冲突类组上的事务都要在这个主拷贝上执行。不同的冲突类组可以包含同一个冲突类。例如,如果 S_i 是 $\{C_x,C_y\}$ 的主拷贝站点,S_j 是 $\{C_y\}$ 的主拷贝站点,作用与 $\{C_x,C_y\}$ 上的事务 T_1 和作用与 $\{C_y\}$ 的事务 T_2 将分别在 S_i 和 S_j 执行。

每一个事务都被关联到一个单独的冲突类组,因此它有一个主拷贝。每一个站点管理一些由即将执行的事务组成的队列,每一个队列对应一个单独的冲突类(并不是对应一组冲突类)。每一个事务按照下面的方式执行:

（1）一个事务由一个站点的应用程序提交。

（2）这个站点通过多播组（由于我们假设是全复制环境，所以这个组就是全部的站点）广播这个事务。

（3）当事务被乐观交付到一个站点后，它被加入到它的冲突类组中的每一个队列中。

（4）在主拷贝站点，当事务成为冲突类组中的每个冲突队列的第一个元素时，它被乐观地执行。

（5）当事务在一个站点被交付，需要检查它的"乐观"排序是否和全局顺序一致。如果"乐观"排序不正确，事务会根据全局顺序在所有的队列中被重排序。此外，主拷贝站点会取消该事务（如果这个事务已经在执行），等到事务重新位于相关队列队头位置时再重新执行。如果"乐观"排序是正确的，主拷贝站点抽取出结果的写集，广播（不考虑全局顺序）到多播组中。

（6）当主拷贝站点接收到写集（由于主拷贝站点也是多播组的成员，因而它也会收到自己发送的消息），它提交这个事务。当从站点接收到写集，并且这个事务位于相关队列的队头位置，它执行写操作，这个事务被提交。

例 13.6　设 S_i 和 S_j 分别是 $\{C_x\}$ 和 $\{C_y\}$ 的主站点，$\{C_x\}$ 和 $\{C_y\}$ 组成冲突类集 $\{C_x, C_y\}$。设事务 T_1 作用在 $\{C_x, C_y\}$ 上，T_2 作用在 $\{C_y\}$ 上，T_3 作用在 $\{C_x\}$ 上。因此，T_1 对 S_i 是"局部的"，T_2 和 T_3 对 S_j 是"局部的"。在 S_i 和 S_j，假设事务 T_i 在全局排序中分列第 i 位（即全局排序为：$T_1 \rightarrow T_2 \rightarrow T_3$）。当事务被"乐观交付"后，考虑 S_i 和 S_j 上 C_x 和 C_y 的队列接下来的状态：

S_i：$C_x = [T_1, T_3]$；$C_y = [T_1, T_2]$

S_j：$C_x = [T_3, T_1]$；$C_y = [T_1, T_2]$

在 S_i 中，T_1 是 C_x 和 C_y 的队头，所以它将被执行。同样，在 S_j 中，T_3 是 C_x 的队头，因此将会被执行。当 S_i 交付 T_1 时，由于乐观排序是正确的，它抽取 T_1 的写集并广播。通过将 T_1 的写集交付到 S_i，T_1 被提交。通过将 T_1 的写集交付到 S_j，S_j 意识到 T_1 被错误地排到了 T_3 之后。因此，T_1 被重新排到 T_3 之前，并且由于乐观排序的错误，T_3 被取消。T_1 写操作完成后被提交，并且被移出 S_i 和 S_j 的队列。现在，T_2 和 T_3 成为 S_j 中队列的第一个元素，而 S_j 为它们的主拷贝站点，所以被并行执行。因为它们在不同的冲突类集中，它们的相对顺序是无关紧要的。由于乐观排序是正确的，T_2 被交付，它的写集被提取并广播。通过传递 T_2 的写集，S_j 提交 T_2，S_i 执行写操作然后提交 T_2。由于按照全局排序执行任务，T_3 最后被交付。S_j 抽取并广播 T_3 的写集。通过传递 T_3 的写集，S_j 提交 T_3，同样，S_i 执行写操作然后提交 T_3。在每一个站点，最终的顺序是 $T_1 \rightarrow T_2 \rightarrow T_3$。　　　◆

尽管乐观交付和交付的顺序可能不一样，但是很多例子说明，使用乐观排序而不是全局排序，更有可能保持事务提交的一致性，从而最大程度地减小由于乐观故障而导致的中断。REORDERING 协议利用了这个性质【Patiño-Martínez et al.，2005】。

NODO 协议的实现综合了并发控制和组通讯原语，这是 DBMS 中经典的实现方式。尽管需要一些额外的开销，这种方法可以在 DBMS 之外实现，并支持 DBMS 的自治性【Jiménez-Peris et al.，2002】。同样，人们提出了积极复制协议来支持"部分复制（partial replication）"。在部分复制中，拷贝可以被存储在节点组成的子集中【Sousa et al.，2001；Serrano et al.，2007】。和全复制不同，部分复制增加了本地访问，减少了用于传播副本更新的消息。

13.7 本章小结

在这一章中,我们讨论了数据复制的不同方法,同时,介绍了适合不同环境的各种协议。我们所讨论的每一种协议都有各自的优点与缺点。积极集中式协议容易实现,它不需要站点之间的更新协调就可以保证单拷贝和可串行化历史。但是,它们会给主站点带来很大的负担,有可能使主站点成为瓶颈。因此,它们在扩展时更加困难,尤其是在单主站点结构中:由于主要责任在一定程度上被分散,所以主拷贝有更好的可扩展性。因为这种协议会等到所有正在执行的更新事务都提交后,再访问这些数据,所以将会导致长响应时间(在四种可选方案中最长)。此外,本地拷贝只执行读操作,很少使用。因此,如果是更新密集型工作,积极集中式协议的性能可能不好。

积极分布式协议同样保证单拷贝串行性,并且在不同站点执行相同函数时,提供一种对称的解决方案。然而,如果没有存在支持高效多点广播的通信系统,这种协议会带来大量的消息,从而增加网络负载和很高的事务响应时间。这一点也限制了这种协议的扩展性。此外,由于更新操作在多站点并发执行,如果协议的实现十分简单,将会引起很多死锁。

因为事务在主站点执行和提交,并且不需要等到从属站点完成,懒惰集中式协议的响应时间很短。在执行更新事务时,这种协议同样不需要站点间的协调,因而减少了消息传播的数量。在另一方面,这种协议不保证拷贝相互一致(例如,所有的拷贝都是最新的),本地拷贝可能是过时的。这就使得在本地执行读操作时,不一定读到的是最新的拷贝。

最后,懒惰多主站点协议具有最短的响应时间和最强的可靠性。这是因为所有的事务都在本地执行,不需要分布式协调。只有当提交刷新事务后,其他的拷贝才会被更新。然而,这种协议也有缺陷:不同的拷贝可能被不同的事务更新,因此可能需要复杂的协调协议,或者丢失一部分更新。

分布式计算领域和数据库领域都在对复制问题做进一步研究。尽管在两个领域,问题的定义有一定的重合,它们还是有很大的不同。下面的两个不同可能是比较重要的。首先,"数据复制"更加侧重于"数据",而在分布式计算中,"复制"与"计算"具有同等重要的地位。特别是移动环境中的包含断开连结的数据复制受到了大量的关注。其次,在数据复制时,数据库和事务的一致性是最重要的,而在分布式计算中,一致性并没有占据同样重要的地位,因而有一些较弱的一致性标准被定义。

并行数据库环境下的复制问题研究也在进行中,特别是并行数据库集群。我们将在第14章中单独地讨论这个问题。

13.8 参考文献说明

从分布式数据库研究的早期开始,复制与复制控制协议就已经成为一个重要的研究课题。【Helal et al.,1997】对这项工作进行了很好的概述。【Davidson et al.,1985】调研了针对网络分区的复制控制协议。

【Gray et al. ,1996】具有划时代的意义。它定义了一个适用于多种复制算法框架,讨论了积极复制方法是有问题的(因此开创了懒惰技术的先河)。我们这一章中的描述都是基于这个框架的。【Wiesmann et al. ,2000】提出了一个更详细的框架。最近,【Saito and Shapiro,2005】对最优复制技术(或"懒惰复制技术")进行了综述,【Saito and Shapiro,2005】整个复制问题进行了综述。

新鲜度,特别是懒惰技术中所涉及的新鲜度,已经成为一个包含若干研究成果的议题。【Pacitti et al. ,1998】、【Pacitti and Simon,2000】、【Röhm et al. ,2002a】、【Pape et al. ,2004】、【Akal et al. ,2005】讨论了一些确保更好的新鲜方案。

目前,也有许多不同的基于限额的协议。【Triantafillou and Taylor,1995】、【Paris,1986】、【Tanenbaum and van Renesse,1988】讨论了其中的一部分。除了我们在此描述的一些算法,【Davidson, 1984】、【Eager and Sevcik, 1983】、【Herlihy, 1987】、【Minoura and Wiederhold,1982】、【Skeen and Wright,1984】、【Wright,1983】列出了其他一些著名的算法。由于这些算法的投票设置和读写限额都有固定的优先级,因而通常被称为**静态的**(static)。【Kumar and Segev,1993】给出了一个针对这样的协议的分析(很少有类似的分析)。【Jajodia and Mutchler,1987】、【Barbara et al. ,1986,1989】给出了一些动态复制协议的样例。这种协议可能会改变数据复制的方式。这类协议被称为**自适应的**(adaptive)。【Wolfson,1987】给出了一个样例。

【Sidell et al. ,1996】提出了一种基于经济学模型的复制算法。

练 习

13.1 对于我们讨论的 4 个复制协议(积极集中式、积极分布式、懒惰集中式、懒惰分布式),分别给出一个场景/应用,使得每一个方法都比其他方法更适用,并解释原因。

13.2 某公司在不同地区拥有一些仓储商城存放并销售他们的产品。考虑如下数据库模式:

```
ITEM(ID,ItemName,Price,…)
STOCK(ID,Warehouse,Quantity,…)
CUSTOMER(ID,CustName,Address,CreditAmt,…)
CLIENT-ORDER(ID,Warehouse,Balance,…)
ORDER(ID,Warehouse,CustID,Date)
ORDER-LINE(ID,ItemID,Amount,…)
```

数据库中保存着产品的信息(ITEM 保存着产品的基本信息,STOCK 保存着每个产品在每个仓库的数量)。不仅如此,数据库还保存着客户/顾客的信息,比如客户的基本信息保存在 CUSTOMER 表中。客户的主要动作是订货、付款以及一般的信息咨询。有一些表是为了让客户注册订单的。每个订单都注册在 ORDER 和 ORDER-LINE 表中。在 ORDER 表中,每个订单都有一个 ID(即客户的标识)、订单提交的仓库以及订单日期等。对于某一个仓库,一个客户可能会有多个订单,而在一个订单中,又可以有多个产品。ORDER-LINE 为每个订单的每个产品都建立了一条记录。CLIENT-ORDER 是一个统计表,列出了每个客户在每个仓库的总订单数。

(a) 该公司有一个客户服务组,可以接收客户的订单和付款、查询本地客户的数据以便生成收据和提供支票等。不仅如此,这个组还会回答客户提出的任何问题。比如,预订产品会改变 (update/insert) CLIENT-ORDER、ORDER、ORDER-LINE 以及 STOCK 的内容。为了简便,我们假设该组的任何一个雇员都可以处理任何客户的请求。该组的预计工作量是 80% 的查询任务和 20% 的更新任务。由于这些工作都是基于数据库查询决定的,管理层决定使用一个 PC 集群和他们自己的数据库,并希望通过提高本地数据访问的速度来提高性能。在这种情况下,你如何将数据进行复制?你需要使用哪种副本控制协议来保证数据的一致性?

(b) 公司管理层需要在每个财季重新制定产品的供应和销售策略。为了这个目的,它们必须不断的观察和分析不同产品在不同地点的销售情况,同时也要分析客户的行为。在这样的需求下,怎样来对数据进行复制?需要使用哪种副本控制协议来保证数据的一致性?

13.3* 我们在 13.3.3 节中讨论过,在有限透明的单主站点协议中,为了保证刷新事务可以以相同的顺序作用在从属站点上,我们可以使用复制图的方法。设计一个方法来对复制图进行分布式管理。

13.4* 考虑数据项 x 和 y 在如下站点上的复制:

Site 1   Site 2   Site 3   Site 4
x   x   x

         y   y   y

(a) 将投票分配给每个站点,并且给出写和读的限额。

(b) 确定可能的网络划分的方式,并对每种方式确定 x 的更新事务可以终结的站点集合,以及终结的方式是怎样的。

(c) 对 y 重复 (b) 中的操作。

13.5** 在 NODO 协议中,我们已经看到,每个冲突类都有一个主站点。不过,这个性质对于该协议并不是与生俱来的。设计一个多主站点的 NODO 协议,使得事务可以由任意一个副本来执行。怎样保证每个更新事务都只在一个副本上执行?

13.6** 在 NODO 协议中,如果 DBMS 可以提供自我检测的功能,那么就可以在某些条件下并发的执行位于同一个冲突组的事务。确定 DBMS 需要那些功能。形式化的区分在哪种情况下对于同一个冲突组的事务可以被允许在保证单拷贝一致性的情况下进行并发的执行。按照这样的要求来扩展 NODO。

第 14 章　并行数据库系统

很多数据密集型的应用都需要支持超大数据库(例如,TB 或 PB 量级的)。这些应用的例子有电子商务、数据仓库以及数据挖掘。超大数据库通常是通过大量的并发事务(例如,在一个电器商店处理在线订单)或复杂查询(例如,决策支持查询)来访问的。第一种访问的代表是联机事务处理(OLTP),而第二种的代表是联机分析处理(OLAP)。对 OLTP 或 OLAP 在超大数据库上的高效支持问题,可以通过并行计算和分布式数据管理来解决。

在第 1 章曾介绍过,一个并行计算机,或是多核处理器,是一种特殊的分布式系统。该系统由一系列节点(处理器、内存和磁盘)组成,并由一个房间内多个机柜中的快速网络连结起来。主要的思想是用很多小型机构造一个高性能机,而每个小型机都拥有非常优秀的性价比,使得其总体组合的价格低于同等的大型机。如第 1 章所讨论到的,利用分布的数据可以提高性能(通过并行)和可用性(通过复制)。这个原则可以用来实现**并行数据库系统**(parallel database systems),也就是在并行计算机上的数据库系统【DeWitt and Gray, 1992;Valduriez,1993】。并行数据库能够利用数据管理中的并行性来实现高效率高可用性的数据库服务器。因此,它们能支撑起超高负载的超大数据库。

在并行数据库系统中,大部分在关系模型方面的研究已经完成。关系模型为基于数据的并行性提供了良好的基础。本章我们将介绍并行数据库系统的实现方法,来解决高效率、高可用性数据管理问题。我们将讨论不同并行系统架构的优点和缺点,并提出了通用的实现技术。

并行数据库系统的实现很自然的依赖于分布式数据库技术。不过,由于节点的数量可能比一个分布式 DBMS 中多很多,因此其关键的问题在于数据布局、并行查询处理和负载均衡。此外,一个并行计算机通常依赖于那些能用于有效的实现分布式事务的管理和复制的可靠、快速通信。因此,尽管基本的原则和在分布式 DBMS 中的原则相同,实现并行数据库系统的技术却大不相同。

本章安排如下。在 14.1 节中,我们阐明目标,并探讨并行数据库系统功能和架构上的各方面。特别的,我们讲探讨并行系统各种架构(共享内存、共享磁盘、无共享)各自的优点和缺点,以及一些包括终端用户、数据库管理员及系统开发者角度的重要方面。然后,我们在 14.2 节、14.3 节和 14.4 节中分别介绍数据布局、查询处理以及负载均衡的技术。

在 14.5 节中,我们将介绍数据库集群中所使用的并行数据管理技术,这是一种实现在 PC 集群上的重要的并行数据库系统。

14.1　并行数据库系统架构

这一章我们将展示并行系统在高效数据库管理中的价值。通过回顾那些使用现代硬件技术的超大信息系统的需求,以激发我们对研究并行数据库系统的需求。我们将介绍并行数据库系统在功能和架构上的各个方面,着重介绍和比较并行数据库系统的主要架构,包括共享内存、共享磁盘、无共享及混合型架构。

14.1.1 目标

为提高效率,并行处理利用多核计算机处理器的协作处理能力执行应用程序。它已经广泛的运用于在科学计算领域中,从而减少了数值应用的响应时间【Kowalik,1985;Sharp,1987】。通用微处理器并行计算机和并行编程技术【Osterhaug,1989】的发展,使并行处理踏入数据处理领域。

并行数据库系统整合了数据库管理和并行处理,以增加效率和可用性。值得注意的是,效率仍然是 20 世纪 70、80 年代**数据库计算机**(database machines)的目标【Hsiao,1983】。长久以来,传统数据库管理所面临的问题是"I/O 瓶颈"【Boral and DeWitt,1983】,也就是相对主存访问时间来说过高的磁盘访问时间(通常前者速度是后者的成百上千倍)。

最初,数据库机器的设计者们通过专用的硬件,比如在磁盘磁头上引入数据过滤设备,来解决这个问题。然而,这种方法是行不通的。原因在于,相对通过软件来解决的方案,硬件方案性价比偏低,因为软件的解决方案能轻松地从硬件硅技术的发展中弥补自身的缺陷。一个值得注意的例外就是基于硬件的过滤设备 CAFS-ISP【Babb,1979】。该设备绑定在磁盘控制器内,快速地进行相关搜索。将数据库函数放到离磁盘更近的想法受到新的关注,将通用微处理器带入到磁盘控制器中,最终产生了智能磁盘【Keeton et al.,1998】。比方说,那些需要昂贵代价的顺序扫描的基础函数,例如对表的使用模糊谓词的选择操作,就可以被放在磁盘这一级别上高效的得到实现,因为它们避免了由不相关磁盘块所带来的 DBMS 中内存的过度负担。不过,使用智能磁盘需要对 DBMS 加以适度的修改,尤其是要让查询处理器来决定是否需要使用磁盘函数。由于没有标准的智能磁盘技术,因此 DBMS 为适应不同智能磁盘所作的修改会使可移植性会受到损害。

不过,一个重要的成果是解决 I/O 瓶颈的通用方法。我们总结这种方法为**并行化 I/O带宽提升**(increasing the I/O bandwidth through parallelism)。举个例子来说,如果我们在吞吐量为一个 T 的磁盘上存储大小为 D 的数据库,那这个系统的吞吐量的上界是 T。相反,如果我们把数据库划分在 n 个磁盘上,每个的容量为 D/n 且吞吐量为 T′(希望等于 T),我们便可以通过多个处理器(理想为 n)来获得一个更好的,理想状况下为 $n \times T′$的吞吐量。值得注意的是,主存数据库系统(即试图把数据库维护在主存中)的解决方案【Eich,1989】是一种补充而非替代。尤其是在主存系统中的"内存访问瓶颈"可以通过类似的并行化予以解决。因此,并行数据库系统设计者一直努力开发面向软件的解决方案来充分利用并行计算机。

一个并行数据库系统可以笼统的定义为一个在并行计算机上实现的 DBMS。这个定义包括了一系列方案,比如直接移植并重写已有 DBMS 的操作系统接口,或是结合并行处理技术和数据库函数来构建一个全新的硬件/软件架构。不过,可移植性(不同平台之间的)和效率总是存在一定的权衡。复杂的方法能更有效的利用多核处理器的能力,然而代价就是对可移植性的损失。有趣的是,这使得硬件制造商和软件开发者具备不同的优势。因此,最重要的是要在不同并行系统架构的空间中抓住其中的主要特征。为了实现这一点,我们会给出并行数据库确切的解决方案以及必要的功能,这对于比较不同并行数据库架构间的区别是非常有用的。

　　并行数据库系统的目标可以用分布式 DBMS 的目标来概括(效率、可用性、可扩展性)。理想情况下,一个并行数据库系统应该具备以下几个优点。

　　(1) 高性能。这可以通过以下相互补充的方案来达到:面向数据库的操作系统支持,并行数据管理,查询处理和负载均衡。让操作系统受约束并"知晓"一些特殊的数据库需求(比如,缓冲管理),可以简化底层数据库功能的实现,进而降低它们的开销。比如,可以专门设计一种通信协议,使得发送一条消息的代价大大降低到几百个指令内。运用查询间并行化能增加吞吐量,而运用查询内并行化,能降低事务的响应时间。不过,通过大规模并行化降低一个复杂查询的响应时间可能会增加它的计算总时间(由于额外的通信代价),因而可能对吞吐量产生副作用。因此,为了最小化并行性的开销,优化及并行查询是非常关键的,比如限制每个查询并行化的程度。**负载均衡**(Load balancing)的作用是将一个给定的工作负载平均分配到所有处理器上。根据并行系统的架构,负载均衡既可以静态地通过适当的物理数据库来实现,也可以动态的通过运行时的处理加以实现。

　　(2) 高可用性。由于一个并行数据库系统包括很多冗余的组件,因此它能很好地增加数据的可用性和容错性。在一个拥有很多节点的高度并行系统中,一个节点出现故障的概率在任何情况都可能非常高。在多个节点复制数据是支持**故障转移**(failover)的有用办法,一个容错技术可以把事务自动的从一台故障节点上转移到另一个拥有备份的节点上,以达到对用户不间断的服务。不过,很重要的一点是,某个节点的故障不应该造成负载不均衡,比如,使得可用备份的节点的负载增加一倍。解决这个问题的办法是把数据划分成多个拷贝并且使得这些拷贝能被并行的访问。

　　(3) 可扩展性。在并行系统中,增加数据库容量或增加性能需求(比如,吞吐量)应该相对容易。可扩展性是一种通过增加处理器、存储空间以平稳增强系统的能力。理想的并行数据库系统具备两个可扩展的优势【DeWitt and Gray,1992】:**线性加速比**(linear speedup)和**线性扩展比**(linear scaleup),见图 14.1。线性加速比指的是随着节点数目(也就是,处理器和存储大小)的线性增加,对一个同样数据库大小的处理速度会线性增长。线性拓展比指的是随着数据库大小和节点数目的线性增加,性能能保持。此外,扩展系统需要使得对已有数据库的重组做到最小化。

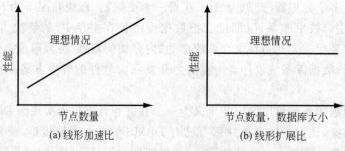

图 14.1　可扩展性度量

14.1.2　功能架构

　　我们假定在客户端/服务器架构下,一个并行数据库系统所支持的功能可以像一个典型 DBMS 那样被划分为三个子系统。尽管这两者之间存在着区别,而这些区别是由于需要处理并行化,数据划分和复制,以及分布式事务而产生的。根据各自的架构,一个处理节点可以支持所有(或部分)的这些子系统。图 14.2 展示出使用由【Bergsten et al.,1991】给出的子系统的架构。

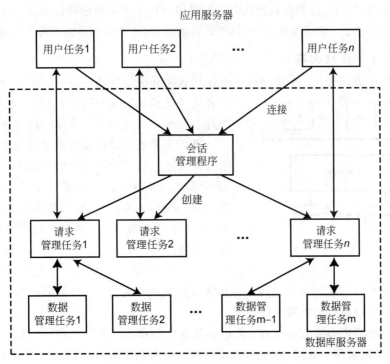

图 14.2　一个并行数据库系统的通用架构

　　(1) **会话管理程序**。它的作用在于事务监控,并为客户端与服务器端交互提供支持。尤其是它实现了客户端进程和其他两个子系统之间的连结和断开操作。因此,它负责初始化和关闭用户会话(其中可能包含多重事务)。在 OLTP 会话中,会话管理程序能触发数据管理程序模块内预先载入的事务代码的执行。

　　(2) **事务管理程序**。它接收客户端与查询编译与执行相关的事务。它能够访问那些保存有关数据和程序的元信息的数据库文件夹。文件夹本身应该作为数据库被管理在服务器上。根据不同的事务,它激活不同的编译阶段,触发查询执行,并向客户端应用返回结果和错误代码。由于它监督事务的执行和提交,因此它可能会在事务失败的情况下触发恢复过程。为提高查询执行速度,它可能会在编译的时候优化和并行化查询。

　　(3) **数据管理程序**。它提供了所有的底层功能,这些功能是执行并行查询所需要的,也包括数据库算子的执行,并行事务支持,缓存管理等等。如果事务管理程序能够对数据流控制进行编译,那么数据管理程序模块之间有可能进行同步和通信。否则,事务控制和同步则必须由事务管理程序模块来完成了。

14.1.3　并行 DBMS 架构

　　像任何一个系统一样,一个并行数据库系统代表了一种设计选择上的妥协,其目标是能够提供前面所提到的高性价比优点。一个指导性的设计原则是通过使用一些高速的互联网络将处理器、主存和磁盘等硬件的主要组成连结起来。依据主存和磁盘的共享程度，有三种基本的并行计算机架构：**共享内存**（shared-memory）、**共享磁盘**（shared-disk）和**无共享**（shared-nothing）。混合架构，诸如 NUMA 或**集群**（cluster），试图把这些基础架构中的优势结合起来。在接下来的这节里，当讨论到并行架构时我们将集中在 4 个主要的硬件组成上：互联、处理器（P）、主存（M）和磁盘。为了简化，我们忽略其他的元素，比如处理器缓存和 I/O 总线。

14.1.3.1   共享内存

在共享内存方法中（见图 14.3），任何处理器拥有通过高速互联（比如，一个高速的总线或者交叉交换机）访问任何内存模块或磁盘的权限。所有的处理器被控制在一个单一的操作系统下。

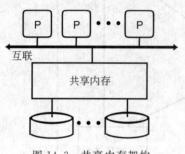

图 14.3   共享内存架构

目前大型机的设计和对称多处理器（SMP）都使用这种方法。共享内存并行数据库系统的例子包括 XPRS【Hong，1992】、DBS3【Bergsten et al.，1991】和 Volcano【Graefe，1990】，以及那些基于 SMP 的商用 DBMSs 的移植系统。从某种角度上讲，在一台拥有 6 个处理器的 IBM3090 上【Cheng et al.，1984】所实现的 DB2 是第一个例子。今天所有的共享内存的并行数据库产品都能利用查询间并行化来提供高的事务吞吐量，并利用查询内并行化来减少那些决策支持查询的响应时间。

共享内存有两个非常大的优点：简单和具备负载均衡。由于元信息（目录）和控制信息（比如，表锁）可以被所有处理器共享，因此为其设计数据库软件和单处理器电脑没有太大区别。尤其是，查询间并行化是天生具备的。查询内并行需要一些并行化技术，但是仍然非常简单。由于使用共享内存为每个新任务分配最不忙的处理器，负载均衡能够在运行时非常容易的实现。

不过，共享内存有三个问题：高成本、有限的可扩展性和低可用性。高成本是由互联产生的，因为它需要非常复杂的硬件来将每个处理器和每个内存或磁盘连结起来。处理器越快（甚至缓存更大），对共享内存的访问冲突越大，这样便降低了效率【Thakkar and Sweiger，1990】。因此，可扩展性被限制到只能支持几十个处理器，普遍情况下在使用 4 处理器主板能够支持 16 个处理器，以获得最佳性价比。最后，由于共享内存被所有处理器共享，一个内存错误可能影响所有的处理器工作，于是降低了其可用性。解决这个问题的办法是，使用冗余的互联，以及全双工的内存。

14.1.3.2   共享磁盘

在共享磁盘的方法中（见图 14.4），任何处理器可以通过互联访问到磁盘，但访问独占（不共享）的内存。每个处理器内存节点受它自己的操作系统所控制。于是，每个处理器能在共享磁盘上访问数据库页，并将它们缓存至自己的内存中。由于不同的处理器能访问到那些引发更新模式冲突的相同页，因此全局缓存的一致性是必要的。这通常由一个分布式的锁管理程序来达到，并使用 11 章所使用的技术实现。第一个

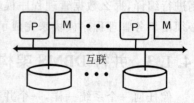

图 14.4   共享磁盘架构

使用共享磁盘的并行 DBMS 是 Oracle,它通过一个共享锁管理程序来高效的实现缓存一致性。其他的主流 DBMS 供应商,比如 IBM、Microsoft 和 Sybase 都提供了共享磁盘的实现。

共享磁盘有一系列优点:低成本,高可扩展性,负载均衡,可用性以及可简单地从集中式系统移植而来。由于标准的总线技术可以使用,互联的成本明显比共享内存低。假设每个处理器有足够的主存,在共享磁盘上的干扰会被最小化。这样,可扩展性也会更好,普遍可以支持大到一百个处理器。因为内存错误可以与其他节点分离开,可用性也会更高。最后,把一个集中式系统移植到共享磁盘架构相对而言更为直接,因为磁盘上的数据并不需要重组。

共享磁盘的缺点是更复杂,且存在潜在的性能问题。它需要分布式数据库系统协议,比如分布式加锁和两阶段提交。正如我们之前章节的讨论的那样,这些都非常的复杂。此外,保证缓存一致性会带来节点间高的通讯代价。最后,访问共享的磁盘也是个潜在的瓶颈。

14.1.3.3　无共享

在无共享方法中(见图 14.5),每个处理器访问自己独有的主存和磁盘单元。类似于共享磁盘,每个处理器-内存-磁盘节点都是受控于自身操作系统。接着,每个节点可以被看成在一个分布式数据库系统中的一个本地站点(具备自己的数据库和软件)。因此,大多数为分布式数据库设计所用的方案,诸如数据库分片,分布式事务管理以及分布式查询处理都能够得以复用。使用一个快速的互联,它有可能容纳大量的节点。

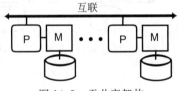

图 14.5　无共享架构

相对于 SMP,这种架构通常称为大规模并行处理器(MPP)。

因为它能扩展,很多研究原型都采用了无共享架构,比如 BUBBA【Boral et al. ,1990】、EDS【Group, 1990】、GAMMA【DeWitt et al. , 1986】、GRACE【Fushimi et al. , 1986】和 PRISMA【Apers et al. ,1992】。第一个主要的并行 DBMS 产品是 Teradata 的数据库计算机,它能在早期的版本中容纳 1000 个处理器。其他主要的 DBMS 厂商,比如 IBM、Microsoft 和 Sybase 都提供了无共享的实现。

正如现有产品所表明的那样,无共享具有三个优点:低成本,高可拓展性和高可用性。成本的优势比共享磁盘更大,因为共享磁盘需要为磁盘提供特殊的互联。通过实现一个分布式数据库的设计,使得增加新节点时能平稳地增长系统性能,于是可扩展性更好(支持上千个节点)。伴随着在多磁盘上对数据的划分,对于简单的工作负荷能达到几乎线性的加速比和可扩展比。最后,通过在多个节点上复制数据,同样能达到高的可用性。

无共享的管理比共享内存或共享磁盘复杂更多。高复杂性主要是因为必须在大规模节点上实现分布式数据库功能。此外,负载均衡的实现会更难,因为它依赖于数据库对查询工作划分的有效性。不同于共享内存和共享磁盘,无共享中的负载均衡的决策是基于数据的位置,而不是系统实际的负载。此外,系统新增节点可能需要重组数据库,以处理负载均衡问题。

14.1.3.4 混合架构

三种基础架构的不同组合可以获得在成本、性能、可扩展性、可用性等等之间的不同权衡。混合架构试图获得不同架构的优点：通常是共享内存架构的效率和简洁，共享磁盘或无共享架构的可扩展性和低成本。在这节中，我们将讨论两个流行的混合架构：NUMA 和集群。

NUMA

使用共享内存架构，每个处理器具有**统一的内存访问**（uniform memory access，UMA）。由于虚拟内存和物理内存是共享的，因此访问时间是常数。一个很大的优点是，基于共享虚拟内存的编程模型是很简单的。使用共享磁盘或无共享，虚拟和共享内存是分布式的，因此带来了对大数量处理器的可扩展性。NUMA 的目标是提供一个共享内存的编程模型，而它的好处在于，使用分布式的内存实现可扩展的架构。NUMA 这个名词反映了这样的事实，即对（虚拟）共享内存的访问代价取决于物理内存是在本地还是在远程。最成功的一类NUMA 多处理器是**快速一致缓存**（Cache Coherent NUMA，CC-NUMA）【Goodman and Woest，1988】、【Lenoski et al.，1992】。使用 CC-NUMA，主存像无共享或共享磁盘那样物理地分布在多个节点上。不过，任何处理器却能够访问其他处理器的内存（见图 14.6）。每个节点自身就是一个 SMP。和共享磁盘类似的是，由于不同的处理器能够使用冲突更新模式来访问同一个数据，因此必须要有一个全局缓存一致性协议。为了高效的访问远程内存，唯一可能的方法是将缓存一致性在硬件中通过一个特殊的一致性缓存互联来解决【Lenoski et al.，1992】。因为共享内存和缓存一致性是由硬件来支持的，远程内存访问会非常的高效，仅仅是本地访问代价的几倍（普遍情况下是 2～3 倍之间）。

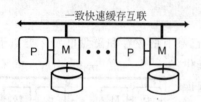

图 14.6　缓存相关 NUMA(CC-NUMA)

大多数 SMP 制造商现在能提供 NUMA 系统，以用来支持上百个处理器。NUMA 的强大优势是，它并不需要重写应用层的软件。不过，为了充分利用本地访问的优势，在数据库引擎（和操作系统）中一些部分仍然是需要重写的【Bouganim et al.，1999】。

集群

集群是一组相互连结的独立的服务器节点，它们之间共享资源，并形成一个单一的系统。这些共享的资源，被称为**集群**（Cluster）资源，可以是硬件，比如磁盘，或者是软件，例如数据库管理服务。服务器节点由现成的部件组成，比如简单的 PC 部件，或是更强大的 SMP。使用现成的部件是获得最佳性价比的必要手段，这样便能利用不断进步的硬件组件。它最廉价的形式，是使用本地局域网作为互联方式。不过，当今已经有很多为集群设计的快速互联（比如，Myrinet 和 Infiniband），它们能提供高带宽（GB/s）以降低通信的延迟。

相比分布式系统，集群是由一系列等同的节点在地理上聚合（在一个单一站点）而成的。它的架构可以为无共享，也可以为共享磁盘。无共享的集群已经被广泛的使用，因为它们能提供最佳的性价比，并能拓展到非常大的规模（上千个节点）。然而，因为每个磁盘是直接通过总线与计算机相连，那么增加或替换集群节点便需要磁盘和数据的重组。共享磁盘避免了这样的重组,但需要磁盘能全局的被所有集群节点访问到。在集群中有两种主要的技术来实现磁盘的共享:网络附加存储器(NAS)和存域网(SAN)。NAS 是一种在网络上(通常是 TCP/IP)实现磁盘共享的专用设备,它使用一种分布式文件系统协议,比如网络文件系统(NFS)。NAS 非常适用于低吞吐量的应用,比如数据备份和 PC 硬盘存档。不过,由于它的速度非常慢,容易成为多个节点的瓶颈,因而它不适合数据库管理。存域网(SAN)提供了类似的功能,但针对的是底层接口。为了提高效率,它使用一种基于块的协议,使得管理缓存一致性(在块级)更加轻松。实际上,SAN 中的磁盘是附在网络上的,而不是像直接连结存储(DAS)那样附加在总线上的,否则它们会被当做可共享的本地磁盘来处理。已有的SAN 协议扩展了本地磁盘所对应的协议,使它们运行在网络上(比如,i-SCSI 拓展了 SCSI,ATA-over-Ethernet 扩展了 ATA)。因此,SAN 能提供高的数据吞吐量,并能扩展到大量的节点。相对于无共享架构,它唯一的缺点是更高的成本。

集群架构有重要的优点。它将共享内存的灵活性和高效性,与无共享或共享磁盘的可扩展性和可用性结合起来。此外,使用现成的共享内存节点,加上一个标准的集群互联,使它相对类似 NUMA、MPP 等高端多处理器,成为一种有效的低成本方案。最后,使用 SAN 能简化磁盘管理和数据布局。

14.1.3.5　讨论

让我们简要的比较三种基础架构的区别,基于它们的潜在优点(高效率,高可用性和扩展性)。很公平的讲,对于一个小规模配置(比如,少于 20 个处理器),共享内存能够提供最高的效率,因为它能支持更好的负载均衡。共享磁盘和无共享架构比共享内存在可扩展性上更出色。很多年前,无共享架构是高端系统的唯一选择。然而,最新的诸如 SAN 的磁盘连结技术的进步,使得共享磁盘成为一种可行的替换方式,而它的主要优点在于能简化数据管理和 DBMS 的实现。尤其是共享磁盘现在是 OLTP 应用最受欢迎的架构,因为它能轻松支持 ACID 事务和分布式并发控制。但由于 OLAP 数据库通常很大且大多是只读的,无共享是最受青睐的架构。大多数主要的 DBMS 供应商现在都针对 OLAP 提供无共享的DBMS 实现,附加上一个 OLTP 的共享磁盘版本。唯一的例外是 Oracle,它使用共享磁盘架构来支持 OLTP 和 OLAP。

混合架构,诸如 NUMA 和集群,能将共享内存的有效和简单与共享磁盘或无共享的可扩展性和低成本结合起来。尤其是,它们能利用日益发展的 SMP 技术,并能使用高性价比的共享内存节点。NUMA 和集群都能扩展到大型配置(上百的节点)。相比集群,NUMA的主要优点是简单(共享内存)的编程模型,该模型简化了数据库管理和调试。不过,使用标准的 PC 节点和互联,集群能提供一个更好的总体性价比,而使用无共享,它们能拓展到非常大的配置(上千个节点)。

14.2　并行数据布局

在这一节里,我们假定是无共享架构,因为它是最普遍的情况而且它的实现技术有时相对于其他架构来说更简单。在一个并行数据库系统中,数据布局和分布式数据库中的数据分片拥有很多共同点(见第 3 章)。一个显而易见的相似之处是,分片能用于增加并行性。

在下文中,为了和另一种方案做个对照,我们使用术语**划分处理**(partitioning)和**划分**(partition)分别代替水平分片和片段。该方案通过在一个单一节点上聚簇(clustering)关系而形成。术语**反聚簇**(declustering)有时被用作表示划分处理【Livny et al.,1987】。垂直分片同样能够用于增加并行性和负载均衡特性,就像在分布式数据库中那样。另一个相似性是,由于数据比程序更大,执行应该尽可能放在数据所在地。不过,相比分布式数据库有两个重要的不同。首先,因为用户并不是和特定节点相关联的,因此没有必要最大化本地处理能力(在每个节点)。第二,在大规模节点上支持负载均衡会更加困难。其主要的问题是在于避免资源竞争,因为它可能导致整个系统失效(比如,一个节点满负荷而其他节点空闲)。由于程序是在数据所在地执行的,数据布局便是一个解决性能问题的关键。

　　数据布局是为了最大化系统性能,而性能可以通过结合系统中总的工作完成量和单个查询的响应时间来度量。在第 8 章,我们已经看到最大化响应时间(通过查询内并行化)会由于通信代价的额外开销而导致总工作量的增加。鉴于同样的原因,查询间并行将导致总工作量的增加。另一方面,把一个程序所需的所有数据聚合到一起能最小化通信代价,这样系统总的工作完成量也会最小化。在数据布局的过程中,我们有以下几个权衡:最大化响应时间或查询间并行化会导致划分,而最小化总的工作量会导致聚簇。正如我们在第 3 章中所见到的,这个问题是通过分布式数据库而不是一种静态方法来解决的。数据库管理员负责定期检查片段访问频率,并在有必要的时候,移动并重组片段。

　　另一种数据布局的方案是**完全划分**(full partitioning),即把每个关系水平地分片到系统中**所有**(all)节点上。有三种基础的数据划分策略:循环、哈希和范围划分(见图 14.7)。

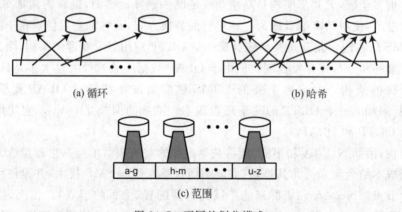

(a) 循环　　　　　　　　　　　(b) 哈希

(c) 范围

图 14.7　不同的划分模式

　　(1) **循环划分**(Round-robin partitioning)是最简单的策略,它保证数据的均匀分布。若使用 n 划分,第 i 个元组将被划分到分区(i mod n)中。这种策略保证顺序的访问一个关系能并行进行。不过,基于谓词的对个别元组的直接访问则需要访问整个关系。

　　(2) **哈希划分**(Hash partitioning)在某些属性上使用哈希函数来产生划分的编号。这种策略允许对于选择属性的精确匹配查询只在一个节点上处理,而其他查询可在所有节点上并行处理。

　　(3) **范围划分**(Range partitioning)把元组基于一些属性的区间值(范围)来进行分配。除了支持精确匹配查询(比如像哈希划分中那样),它还非常适合范围查询。比如说,一个具有谓词"A 在 A_1 和 A_2 之间"的查询可能被一个只包含 A 的范围为 $[A_1, A_2]$ 的节点所处理。但是,范围划分会带给每个划分的大小带来非常大的不一致。

相比在一个单一磁盘(可能是大磁盘)上聚簇多个关系,完全划分会产生更好的性能【Livny et al.,1987】。尽管完全划分有显而易见的性能优势,但是在执行包括连结这类复杂查询的时候,高度的并行化可能会导致严重的额外性能开销。此外,完全划分并不适合那些跨越几个磁盘块的小关系。这些缺点暗示着需要在聚簇和完全划分之间(比如,**可变划分**(variable partitioning))进行折中。

一个解决办法是,使用可变划分来完成数据布局【Copeland et al.,1988】。划分的程度,也就是一个关系被分片到多少个节点上,是关系的大小和访问频率的函数。相对聚簇或完全划分,这种策略经常被使用,因为数据的分配会导致重组。比如,一个关系初始被放在 8 个节点上,当它经历陆续的插入操作,其大小翻倍的时候,它将被放在 16 个节点上。

在使用可变划分的高度并行化系统中,定期的为负载均衡做重组是必要的。除非工作负载相对静态,只涉及很少的更新操作以外,重组都应该经常进行。这样的重组应该对运行在数据库服务器上的编译后的程序保持透明,尤其是重组以后不应当对程序重新编译。因此,编译后的程序应该跟那些可能快速变换位置的数据保持独立。如果运行时系统支持对分布式数据的关联访问,那么这种独立很容易实现。这和分布式 DBMS 有所不同,主要区别在于分布式 DBMS 的关联访问是通过查询处理程序使用数据字典在编译时实现的。

在关联访问上,我们的解决方案是,在每个节点上使用一个复制的全局索引的机制【Khoshafian and Valduriez,1987】。全局索引的作用是记录一个关系在一组节点上的布局情况。从概念上讲,全局索引是一个二级索引,它首先根据关系名上完成主要聚簇,而后根据关系的某些属性完成辅助聚簇。全局索引支持可变划分,也就是每个关系有不同的划分程度。索引结构可以是基于哈希的,或是像 B-tree 那样组织起来的【Bayer and McCreight,1972】。在这两种情况下,精确匹配查询可以高效的在一个单一节点上处理。但是,若使用哈希,范围查询需要访问所有数据的节点。使用 B-tree 索引(通常比哈希索引大很多)能更高效的处理范围查询,同时只有包含指定范围的数据会被访问到。

例 14.1　图 14.8 提供了一个全局索引和本地索引的例子。该例子是本书已经用过的关系 EMP(ENO,ENAME,DEPT,TITLE)。

假设我们想在关系 EMP 中定位 ENO 值为"E50"的数据元素。第一级在集合名称上的索引把关系名 EMP 映射到在 EMP 关系的属性 ENO 上所建立的索引。接着,第二级索引进一步把聚簇值"E50"映射到节点 j。每个节点还需要一个必须的本地索引,它主要负责将一个关系映射到节点内的一组磁盘页上。本地索引有两级,其中一个首先以关系名完成聚簇,而另一个则在关系的某些属性上完成辅助聚簇。对于本地索引,辅助聚簇属性和全局索引中的**一样**。因此,基于(关系名,聚簇值),从一个节点到另一个节点的**相关路由**(associative routing)得到增强。在这个例子中我们进一步看到局部索引将聚簇值"E5"映射到 91 号页面上。　　　　　　　　　　　　　　　　　　　　　　　　　　　　　　　　◆

可变划分的实验结果表明,若使用短事务(类似借贷)和复杂事务混合的工作负载,那么随着划分的增加,对于短事务的吞吐量会持续增加。不过,对于那些包含很多大型连结操作

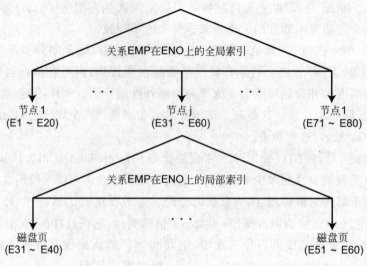

图 14.8　全局和本地索引的例子

的复杂事务,过多的划分会因通信代价而降低吞吐量【Copeland et al.,1988】。

　　数据布局中的一个问题是处理偏斜的数据分布,它会导致不均匀的划分,从而影响负载均衡。范围划分相比循环划分和哈希划分对偏斜数据更加敏感。一个解决办法是,适当的处理不均衡划分,比如将那些大的划分继续分割开。把逻辑节点与物理节点相互分离同样很有效,因为逻辑节点可能对应着一系列物理节点。

　　最后一个复杂的方面是为了获得高可用性而采取的数据复制。最简单的方式是对同一个数据保持两个拷贝,即在两个不同节点上分别保存一个主要的和一个备份数据。这就是很多电脑制造商所推崇的**镜像磁盘**(mirrored disks)架构。然而,如果一个节点发生故障,拥有备份的节点的负载会增加一倍,这样便损害了负载均衡的特性。为了避免这个问题,几个能为并行数据库系统提供高可用性的策略提了出来【Hsiao and DeWitt,1991】。一个有趣的方案是 Teradata 的交错划分策略,也就是把备份再度划分到一系列节点上。图 14.9 展示了如何把关系 R 交错划分在四个节点上,每个划分的主拷贝,比如 R_1,被继续的切分成三个划分,比如 r_1、r_2 和 r_3,它们位于不同的备份节点上。在故障情况下,主拷贝的负载在那些备份拷贝节点上得以均衡。但是一旦两个节点崩溃,关系就不能被正常访问了,同样会损害其可用性。而从它已划分的备份拷贝中恢复主拷贝的代价可能会很高。在普通情况下,保持拷贝的一致性也是很昂贵的事情。

　　一个更好的解决办法是 Gamma 的**链式划分**(chained partitioning)【Hsiao and DeWitt,1991】,就是将主拷贝和备份拷贝放在两个相邻的节点上(见图 14.10)。它主要的思想是,两个相邻节点同时发生故障的概率会远远小于出现两个任意节点故障的概率。在故障发生时,故障节点和备份节点的负载被那些剩下的能同时使用主、备份拷贝节点所分担。另外,维护拷贝一致性的代价也更低。一个开放的问题是如何在考虑数据复制的情况下实现数据布局。同分布式数据中的分片分配类似,这应该是一个优化问题。

节点	1	2	3	4
主拷贝	R_1	R_2	R_3	R_4
备份拷贝		$r_{1.1}$	$r_{1.2}$	$r_{1.3}$
		$r_{2.3}$	$r_{2.1}$	$r_{2.2}$
	$r_{3.2}$	$r_{3.3}$		$r_{3.1}$

图 14.9 交错划分的例子

节点	1	2	3	4
主拷贝	R_1	R_2	R_3	R_4
备份拷贝	r_4	r_1	r_2	r_3

图 14.10 链式划分的例子

14.3 并行查询处理

并行查询处理的目标是将查询转换为能够有效地并行执行的方案。这是通过利用数据布局和由高层查询所提供的多种形式的并行性来实现。在这一节,我们首先介绍查询并行性的不同的形式。然后,我们将引出数据处理的基础并行算法。最后我们会讨论并行查询的优化。

14.3.1 查询并行性

并行查询处理能利用两种形式的并行性:查询间并行和查询内并行。**查询间并行**(Inter-query parallelism)让多条由并发事务生成的查询能够并行执行,以此来增加事务的吞吐量。在一个查询(**查询内并行**(intra-query parallelism))中,**算子间和算子内并行**(inter-operator and intra-operator parallelism)可降低响应时间。算子间并行通过在多个处理器的查询树上并行执行多个算子来实现,而算子内并行,同一个算子被多个处理器执行,但每个处理器工作在数据的一个子集上。值得注意的是,这两种形式的并行同样存在于分布式查询处理中。

14.3.1.1 算子内并行
算子内并行是基于在一组独立的子算子(被称为**算子实例**(operator instances))集合中,对一个算子的分解来实现的。这种分解使用关系的静态和/或动态切分。每个算子实例会处理一个关系划分,被称作为**桶**(bucket)。算子分解经常受益于数据的初始划分(比如,数据在连结的属性上做划分)。为了展示算子并行性,让我们来看一个简单的选择-连结查询。选择操作可以直接被分解成几个选择算子,每一个选择算子工作在不同的划分上,并且不需要重新分配(见图 14.11)。值得注意的是,如果关系在选择属性上做了划分,那么利用划分的性质可以消除一些选择实例。比如,对于一个精确匹配选择,如果关系在选择属性上使用了哈希(或范围)划分,那么只有一个选择实例将被执行。分解连结算子会更加复杂。为了具备独立的连结,第一个关系 R 的每个桶可能会和整个关系 S 进行连结。由于需要向每个参与的处理器广播 S,这样的连结会非常的低效(除非 S 非常小)。一个更有效的办法是使用划分的特性。比如说,如果 R 和 S 在连结属性上使用了哈希划分,且是等值连结,那么我们可以把这个连结划分为两个独立的连结(见 14.3.2 节中的算法 14.3)。这种理想情况不是经常能碰到,因为它依赖于 R 和 S 的初始划分。其他情况下,一个或两个操作数可能会被重划分【Valduriez and Gardarin,1984】。最后,我们可以注意到,划分函数(哈希、范围和顺序)是和那些处理连结操作(也就是,在每个处理器上)的局部算法(比如嵌套循环,散列和归并排序)相独立的。举例来说,一个使用哈希划分的哈希连结需要两个哈希函数。第一个,h1,是用来在连结属性上划分两个基本关系的。而第二个,h2,是用来处理每个处理器上的连结,在每个处理器上它们可以不同。

14.3.1.2　算子间并行

可以利用两种形式的算子间并行。利用**流水线并行**(pipeline parallelism),使那些具有生产者-消费者链路的算子能够并行的执行。比如说,在图 14.12 中的选择算子可以和连结算子一起并行执行。这种执行的优势是中间结果不需要保存,因此节省了内存和磁盘的访问。在图 14.12 的例子中,只有 S 可能放在内存中。当被并行执行的算子间没有依赖性的时候,才能实现**独立并行**(Independent parallelism)。比如说,在图 14.12 中的两个选择算子可以并行执行。由于不同处理器间不存在相互干扰,使得这种形式的并行引起了人们极大的兴趣。

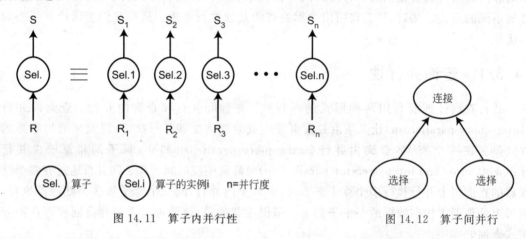

图 14.11　算子内并行性　　　　　　　　图 14.12　算子间并行

14.3.2　数据处理的并行算法

基于划分的数据布局是并行化数据查询的基础。给定一种基于划分的数据布局,一个重要的问题是设计并行的算法以支持高效的数据库算子(也就是关系代数算子)的查询处理和多种组合算子的数据库查询。然而,因为在并行性和通信代价上很难找到一个好的平衡点,使得这个问题很难解决,而增加并行性势必会增加节点间的通信。关系代数算子的并行算法是并行查询处理的必要部件。

并行数据处理必须利用算子内并行。我们将集中介绍在选择和连结算子上的并行算法,因为其他的二元算子(比如,并)可以像连结那样类似的处理。在基于划分的数据布局背景下对选择算子的处理,和在分片的分布式数据库中的处理一样。依据选择谓词的不同,算子可能在单一节点上执行(如果是精确匹配的谓词);或是在任意复杂的谓词下,算子会在所有的关系被划分的节点上执行。如果全局索引是 B-tree 的结构(见图 14.8),一个带范围谓词的选择算子很可能只在那些存放相关数据的节点上执行。

连结的并行处理比选择的并行处理更加复杂。在高速网络上设计的分布式连结算法

（见第 8 章）能够成功的运用于基于划分的数据库情况下。然而，运行时全局索引所能提供的可用性更为重要。接下来，我们将介绍三种基本的并行连结算法：并行嵌套循环算法（PNL），并行相关连结算法（PAJ）以及并行哈希连结算法（PHJ）。我们将使用一种并发编程的伪代码来描述每种算法。该伪代码包含三条结构：parallel-do、send 和 receive。parallel-do 表明以下操作段是并行执行的。例如：

```
for i from 1 to n in parallel do action A
```

意味着操作 A 由 n 个节点并行执行。Send 和 receive 是基础的通信原语，以完成节点之间的数据传输。Send 可以让数据从一个节点发送到一个或多个节点上。目标节点通常是从全局索引中获得的。Receive 从一个特定节点上获取已发送的数据。在下文中，我们考虑两个关系 R 和 S 的连结操作。R 和 S 分别被划分在 m 和 n 个节点上。为了简化，我们假定 m 个节点和 n 个节点都是互不相同的。拥有 R(S) 的片段的节点被称作 R-节点（S-节点）。

并行嵌套循环算法【Bitton et al. ,1983】是最简单的，也是最普通的一种算法。它实际上并行的组成了 R 和 S 关系的笛卡儿积。因此，它可以支持任意复杂的连结谓词。这种算法已经在第 8 章分布式 INGRES 中介绍过。更细节的描述在算法 14.1 中。其中连结的结果产生在 S-节点上。算法分两个阶段进行。

算法 14.1: PNL 算法

Input: $R_1, R_2, \cdots, R_m$: fragments of relation R;
$S_1, S_2, \cdots, S_n$: fragments of relation S;
JP: join predicate
Output: $T_1, T_2, \cdots, T_n$: result fragments
begin
    for i *from* 1 *to* m *in parallel* **do**　　　　{send R entirely to each S-node}
        └ send R_i to each node containing a fragment of S
    for j *from* 1 *to* n *in parallel* **do**　　　　{perform the join at each S-node}
        │ $R \leftarrow \bigcup_{i=1}^{m} R_i$;　　　　{receive R_i from R-nodes; R is fully replicated at S-nodes}
        └ $T_j \leftarrow R \bowtie_{JP} S_j$
end

在第一阶段中，每个 R 的片段被复制和发送到每个包含 S 片段的节点上（有 n 个这样的节点）。这个阶段由 m 个节点并行的完成。如果通信网络有广播的能力，这个是非常高效的。在这种情况下，每个 R 的片段可以通过一次广播传输到 n 个节点上，因此只需要开销总共 m 个消息的通信代价。否则，则需要（m×n）个消息。

在第二个阶段，每个 S-节点 j 收到整个关系 R，并与本地片段 S_j 进行连结。这个阶段可以在 n 个节点上并行完成。本地连结可以像在集中式 DBMS 中那样完成。依据本地连结算法，连结操作可以决定是否在收到数据后立刻开始。如果使用嵌套循环连结算法，连结操作可以在 R 的一个元组收到后立即以流水线的形式处理。相反，如果用归并排序连结法，必须等所有的数据都接收后，才能开始连结操作。

总的来说，并行嵌套循环算法可以看成将算子 $R \bowtie S$ 替换成 $\bigcup_{i=1}^{n}(R \bowtie S_i)$。

例 14.2　图 14.13 展示了并行嵌套循环算法在 m＝n＝2 时的应用。　　　　　◆

并行相关连结算法，如算法 14.2 所示，仅仅在等值连结，且只有一个操作数关系根据连结属性被划分的情况下才可以使用。为了简化算法描述，我们假定等值连结的谓词是 R 关

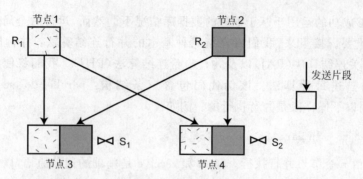

图 14.13　并行嵌套循环的例子

系的 A 属性和 S 关系的 B 属性。此外,关系 S 会根据属性 B 上的哈希函数 h 进行划分,也就是说,所有拥有相同 h(B)值的 S 元组会被放在同一个节点上。假定我们并不知道 R 是怎样划分的。

算法 14.2: PAJ 算法

Input: $R_1, R_2, \cdots, R_m$: fragments of relation R;
$S_1, S_2, \cdots, S_n$: fragments of relation S;
JP: join predicate
Output: $T_1, T_2, \cdots, T_n$: result fragments
begin
　　{we assume that JP is $R.A = S.B$ and relation S is fragmented according to the function $h(B)$}
　　for i *from* 1 *to* m *in parallel* **do**　　{send R associatively to each S-node}
　　　$R_{ij} \leftarrow$ apply $h(A)$ to R_i ($j = 1, \cdots, n$)
　　for j *from* 1 *to* n *in parallel* **do**
　　　send R_{ij} to the node storing S_j
　　for j *from* 1 *to* n *in parallel* **do**　　{perform the join at each S-node}
　　　$R_j \leftarrow \bigcup_{i=1}^{m} R_{ij}$;　　{receive only the useful subset of R}
　　　$T_j \leftarrow R_j \bowtie_{JP} S_j$
end

　　并行相关连结算法会在 S_i 的节点上(也就是 S-节点)产生连结的结果。

　　算法分两个阶段来执行。在第一阶段里,基于属性 A 上的哈希函数 h,关系 R 关联地送到 S-节点上。这保证了 R 中的哈希值为 v 的元组仅被发送到那些具有相同哈希值 v 的 S-节点上。第一阶段在 R_i 的 m 个节点上并行的完成。因此,与并行嵌套循环连结算法不同的是,R 的元组被分配而不是复制在 S-节点上。这反映在算法的前两个 Parallel-do 语句上,每个节点 i 产生 R_i 的 m 个片段,并把每个片段 R_{ij} 发送并存储在节点 S_j 上。

　　在第二阶段中,每个 S-节点 j 并行的从 R-节点上接收相关的 R 子集,并且在本地和片段 S_j 进行连结。本地连结处理可以像并行嵌套循环算法那样完成。

　　总之,并行相关连结算法将算子 R⋈S 替换成 $\bigcup_{i=1}^{n} (R_i \bowtie S_i)$。

　　例 14.3　图 14.14 展示了并行相关连结算法在 m=n=2 时的应用。同样花纹的方块表示那些能匹配相同哈希函数元组的片段。　　　　　　　　　　　　　　　　◆

　　并行哈希连结算法,如算法 14.3 所示,可以被看成是一种泛化的并行相关连结算法。它同样运用在等值连结中,但是并不需要对操作数关系做任何特殊的划分。其基本的思路是,把关系 R 和 S 分成 p 个同样数目的互斥集合(片段)$R_1, R_2, \cdots, R_p$ 和 $S_1, S_2, \cdots, S_p$,使得,

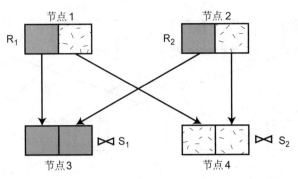

图 14.14　并行相关连结的例子

算法 14.3: PHJ 算法

Input: $R_1, R_2, \cdots, R_m$: fragments of relation R ;
$S_1, S_2, \cdots, S_n$: fragments of relation S ;
JP: join predicate $R.A = S.B$;
h: hash function that returns an element of $[1, p]$
Output: $T_1, T_2, \cdots, T_p$: result fragments
begin

{Build phase}
for *i from* 1 *to m in parallel* **do**
 $R_{ij} \leftarrow$ apply $h(A)$ to R_i $(j = 1, \cdots, p)$;　　　　　　　{hash R on A} ;
 send R_{ij} to node j

for *j from* 1 *to p in parallel* **do**
 $R_j \leftarrow \bigcup_{i=1}^{m} R_{ij}$　　　　　　　　　　{receive from *R*-nodes}

{Probe phase}
for *i from* 1 *to n in parallel* **do**
 $S_{ij} \leftarrow$ apply $h(B)$ to S_i $(j = 1, \cdots, p)$;　　　　　　　{hash S on B} ;
 send S_{ij} to node j

for *j from* 1 *to p in parallel* **do**　　{perform the join at each of the p nodes}
 $S_j \leftarrow \bigcup_{i=1}^{n} S_{ij}$;　　　　　　　　　　{receive from *S*-nodes} ;
 $T_j \leftarrow R_j \bowtie_{JP} S_j$

end

$$R \bowtie S = \bigcup_{i=1}^{p} (R_i \bowtie S_i)$$

如同并行相关连结算法中的那样,对 R 和 S 的划分可以基于连结属性上相同的哈希函数。每个独立的连结($R_i \bowtie S_i$)是并行的完成,且连结结果在 p 个节点产生。根据系统的负载,这 p 个节点可能实际上是在运行时被选择的。和并行相关连结算法的主要不同在于,对 S 的划分是必须的,并且结果是在 p 个节点上产生而不是在 n 个 S-节点上。

这个算法可以分为两个主要的阶段,一个是**构造**(build)阶段,一个是**探查**(probe)阶段【DeWitt and Gerber,1985】。构造阶段在 R 的连结属性上做哈希处理,并把结果发送到 p 个节点上。这 p 个节点都为到的元组构造了哈希表。探查阶段把 S 关联性的发送到 p 个目标节点上,并对每个到来的元组探查哈希表。这样的话,只要已经为 R 构造了哈希表,S 的元组可以通过探查哈希表并以流水线的方式发送和处理。

例 14.4　图 14.15 展示了并行哈希连结算法在 m＝n＝2 时的应用。我们假定结果只在节点 1 和 2 上产生。因此,从节点 1 到节点 1 或节点 2 到节点 2 的箭头表示一个本地传输。　　　◆

很显然,每种并行连结算法在不同的情况下具有不同的优势。连结处理通过 n 或 p 的并

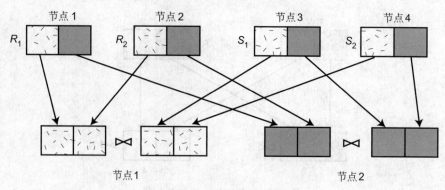

图 14.15　并行哈希连结的例子

行度来完成。

　　由于每种算法需要至少移动一个操作数关系,一个能够对它们的性能加以标记的较好的指示就是总体代价。为了比较这几种算法,现在我们给出一种对代价的简单分析,它要用到通信代价(C_{COM})以及处理代价(C_{PRO})。因此,每种算法的总代价为,

$$Cost(Alg.) = C_{COM}(Alg.) + C_{PRO}(Alg.)$$

　　为了简洁,C_{COM} 不包括那些用来发起和终止本地任务的控制消息。我们用 $msg(\#tup)$ 来表示从一个节点到另一个节点传输 $\#tup$ 个元组的代价。处理的代价(包括总的 I/O 和 CPU 代价)基于函数 $C_{LOC}(m,n)$,该函数计算两个基数分别为 m 和 n 的关系之间做连结的处理代价。我们假定三个并行连结算法的本地连结算法都是相同的。最后,我们假定所有的工作量都被均匀分配到所处理的节点上。

　　若没有广播的能力,并行嵌套循环算法会使用 $m*n$ 条消息,每条消息包含一个大小为 $card(R)/m$ 的元组片段。于是可得,

$$C_{COM}(PNL) = m * n * msg\left(\frac{card(R)}{m}\right)$$

　　每个 S-节点必须和所有 R 的 S 个片段进行连结,于是,

$$C_{PRO}(PNL) = n * C_{LOC}(card(R), card(S)/n)$$

　　并行相关连结算法需要把每个 R-节点划分成 n 个子集片段,每个片段的大小为 $card(R)/(m*n)$,然后发送到 n 个 S-节点上。这样我们可以计算出,

$$C_{COM}(PAJ) = m * n * msg\left(\frac{card(R)}{m * n}\right)$$

和

$$C_{PRO}(PAJ) = n * C_{LOC}(card(R)/n, card(S)/n)$$

　　并行哈希连结算法需要把 R 和 S 使用类似于并行相关连结算法的方式划分到 p 个节点上。这样,

$$C_{COM}(PHJ) = m * p * msg\left(\frac{card(R)}{m * p}\right) + n * p * msg\left(\frac{card(S)}{n * p}\right)$$

且

$$C_{PRO}(PHJ) = n * C_{LOC}(card(R)/n, card(S)/n)$$

　　我们先假定 p=n。这种情况下,PAJ 的连结处理代价和 PHJ 是相同的。然而,它高于 PNL 算法,因为每个 S-节点必须和整个 R 进行连结处理。从上面的等式可见,PAJ 算法有

最小的通信代价。然而,PNL 和 PHJ 算法通信代价依赖于关系的大小以及划分的程度。如果 p<n,那么 PHJ 算法具有最小的通信代价,但是增加了连结处理的代价。比如,当 p=1,连结处理纯粹以集中式的方式进行。

总之,PAJ 算法大多数情况是占优的,是首选的方法。否则,在 PNL 和 PHJ 算法之间的选择需要使用最优的 p 值对它们的总代价进行估计。并行连结算法的选择可以用算法 14.4 中的过程 CHOOSE_JA 来概括。其中,关系的简档指出了它是否进行了划分,以及在哪个属性上做了划分。

算法 14.4: CHOOSE_JA算法

Input: $prof(R)$: profile of relation R ;
$prof(S)$: profile of relation S ;
JP: join predicate
Output: JA: join algorithm
begin
   if *JP is equijoin* **then**
      if *one relation is partitioned according to the join attribute* **then**
        | $JA \leftarrow PAJ$
      else
        if $Cost(PNL) < Cost(PHJ)$ **then**
          | $JA \leftarrow PNL$
        else
          └ $JA \leftarrow PHJ$
   else
   └ $JA \leftarrow PNL$
end

14.3.3 并行查询优化

并行查询优化和分布式查询处理很相似。不过,前者更注重利用算子内并行(使用上面的算法)和算子间并行的优势。和任何一种查询优化程序(见第 8 章)一样,并行查询优化程序可以被视为三个组件:一个搜索空间,一个成本模型和一个搜索策略。在这一节中,我们将介绍这三个组件的技术。

14.3.3.1 搜索空间

执行计划被抽象成算子树,它定义了算子被执行的顺序。**注释**(annotations)是用来丰富算子树,以表示额外的执行信息,比如每个算子的算法。在并行 DBMS 中,由注释所反映出来的一个重要执行方面是两个连续的算子可以在**流水线**(pipeline)中来执行。这种情况下,第二个算子可以在第一个算子完成前开始。换句话说,第二个算子可以在第一个**生产**(produces)出元组后立即**消费**(consuming)。流水线执行不需要物化临时关系,也就是说,一个在流水线中执行的算子所对应的树节点并不需要**存储**(stored)。

有些算子和算法需要存储一个操作对象。比如,在并行哈希连结算法中(见算法 14.3),在构造阶段时,在最小关系的连结属性上会并行构造一个哈希表。在探查阶段,最大的关系被顺序的扫描,对它的每个元组将探查哈希表。因此,流水线和储存的注释限制了执行计划的**调度**(scheduling),因为它会根据执行的阶段把一个算子树分割成不重叠的子树。流水线算子在同一个阶段被执行,通常被称为**流水线链**(pipeline chain)。而存储指示在一个阶段和后续阶段的边界处建立。

例 **14.5** 图 14.16 展示了两棵执行树,一个没有流水线而另一个有流水线。关系的流水线用一个大头箭头表示。图 14.16(a) 显示了没有流水线的执行过程。临时关系 Temp1 必须完全生成,且在创建 2 中的哈希表必须在探查 2 开始消费 R_3 之前被建立。对 Temp2、创建 3 和探查 3 也是如此。这样,树按连续的四个阶段执行:(1)构造 R_1 的哈希表,(2)将它与 R_2 探查,并构造 Temp1 的哈希表,(3)将它与 R_3 探查,并构造 Temp2 的哈希表,(4)将它与 R_3 探查,计算出最后结果。图 14.16(b) 展示了一种流水线方式的执行。如果构造哈希表有足够的空间,树的执行可以按两阶段执行:(1)为 R_1、R_3 和 R_4 构造哈希表,(2)流水线方式执行探查 1、探查 2 和探查 3。

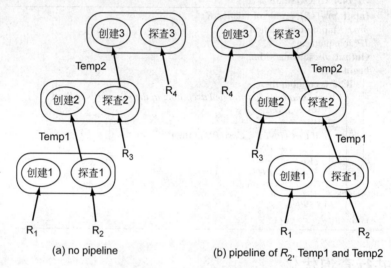

(a) no pipeline

(b) pipeline of R_2, Temp1 and Temp2

图 14.16 两个不同方案的哈希连结树

一个关系所存放的节点的集合称作**驻地**(home)。一个**算子的驻地**(home of an operator)是一组对该算子加以执行的节点的集合,同时,这些节点必须是它对应操作对象的驻地,以保证算子能够访问它的操作对象。对于二元算子,比如连结,这可能意味着需要重新划分其中一个操作对象。查询优化程序甚至有时会发现重新划分两个操作对象会带来效益。算子树所记录的执行注释用以指示这样的重划分。

图 14.17 展示了 4 个算子树,它代表了一个三路连结的执行计划。大箭头表示输入的关系在流水线中被消费,也就是说,不是保存在本地。操作树可能是**线性**(linear)的,也就是说,每个连结节点至少有一个操作对象是基础关系或是**稠密的**(bushy)。这样可以很方便地将流水线关系表示为一个算子右边的输入。因此,右深树表示完全流水线,而左深树表示对所有中间结果进行物化。这样,相比左深树,长的右深树会更加高效,但会消耗更多内存以便存储左边的关系。在一个左深树中,比如像图 14.17(a),假如左边输入关系可以完整的存放在内存中,那么只有最后的算子能消费其右边流水线输入的关系。

除了左深和右深树,另外的并行树格式也同样有意思。比如,稠密树(图 14.17(d))是唯一的能支持独立并行和一些流水线并行的树。在关系被划分到不相交的驻地的时候,独立并行便非常有用。假设对图 14.17(d)中的关系已经进行了划分,使得(R_1 和 R_2)具有相同的驻地 h_1(R_3 和 R_4 有相同的驻地 h_2),但是与 h_1 不相交。于是,两个基础关系的连结可以通过组成 h_1 和 h_2 的节点独立并行的执行。

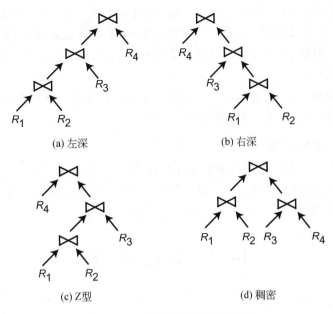

(a) 左深　　　　　　　　　　　　　(b) 右深

(c) Z型　　　　　　　　　　　　　(d) 稠密

图 14.17　作为算子树的执行计划

当流水线并行带来效益时,**Z 型树**(zigzag trees),也就是介于左深和右深树之间的中间形式,有时可以比右深树更高效,其原因是能更好地利用主存【Ziane et al.,1993】。一个合理的启发式方式是,当关系部分的分段在不相交的驻地上,并且中间关系非常大时,可以考虑使用右深或 Z 型树。在这种情况下,稠密树通常会需要更多阶段和更长时间来执行。相反,当中间结果很小时,由于它很难在流水化阶段做好负载均衡,使得流水线并不高效。

14.3.3.2　代价模型

回想一下,查询优化程序的代价模型是负责估计一个给定执行方案的代价。它包含两个部分:架构依赖的和架构独立的【Lanzelotte et al.,1994】。架构独立的部分由算子算法的代价函数组成,比如,用来连结的嵌套循环算法和用来选择的顺序访问算法。如果我们忽略并发的问题,那么只有数据重划分和内存消耗的代价函数存在区别,并组成架构依赖的部分。事实上,在无共享系统中,重划分一个关系的元组意味着需要在网络互联上传输数据,而它在共享内存中却简化为哈希。在无共享系统中的内存消耗问题被算子间并行复杂化了。在共享内存系统中,所有的算法通过一个全局内存读写数据,因而可以很简单的测试是否有足够空间来并行执行它们,也就是独立算子的总的内存消耗是小于可用内存的。在无共享系统中,每个处理器具有它自己的内存,所以知道哪些算子在同一个处理器上并行执行就变得非常重要了。因此,为了简化,可以假定分配到算子的处理器集合(驻地)不重叠,也就是处理器集合的交集要么为空,要么是完全相同的集合。

一个计划的总时间可以用一个公式来计算。这个公式简单地把所有分布式查询优化中的 CPU、I/O 以及通信代价加起来。当必须考虑流水线时,响应时间也应该包含在内。

多个阶段(每个用 ph 表示)的计划 p 的响应时间用如下的公式来计算【Lanzelotte et al.,1994】:

$$RT(p) = \sum_{ph \in p} (\max_{Op \in ph} (respTime(Op) + pipe\_delay(Op)) + store\_delay(ph))$$

其中,Op 表示一个算子,而 respTime(Op)是 Op 的响应时间。pipe_delay(Op)是 Op 的等待周期,其作用是为生产者发送第一个结果元组(如果 O 的输入关系被存储了,它就等于 0)。store_delay(ph)是阶段 ph 存储输出结果的必要时间(如果 ph 是最后阶段,假定结果在它生产后就被分派,那么它等于 0)。

为了估计一个执行计划的代价,代价模型会像分布式查询优化中那样,使用数据库的统计和组成信息,比如关系的大小和划分情况。

14.3.3.3　搜索策略

集中式和分布式查询优化的搜索策略并不需要彼此不同。但是由于会有更多参数影响并行执行计划,其搜索空间可能会更大,特别在流水线和存储注释上。因此,在并行查询优化中,随机化的搜索策略(见 8.1.2 节)大体上会比确定性的策略更优。

14.4　负　载　均　衡

对于并行系统的效率来说,好的负载均衡是非常关键的。如第 8 章所提到的,一组并行算子的响应时间是那个最长的时间。因此,最小化那个最长的时间是最小化响应时间的重点。为了最大化吞吐量,对不同节点上不同事务和查询的负载均衡也同样关键。尽管并行查询优化程序考虑了如何并行执行一个查询计划的决定,但在执行时产生的很多问题有可能会损害负载均衡的特性。解决这些问题的办法是在算子内/间层次上考虑。在这一节中,我们将讨论这些并行执行的问题以及它们的解决方案。

14.4.1　并行执行问题

并行查询执行引入的主要问题有初始化、冲突和偏斜。

初始化

执行之前,初始化是必要的。通常,这一步是顺序进行的。它包括进程(或线程)创建和初始化,通信初始化等等。这一步的时间长短和并行化程度成正比,并且实际上可能比执行简单的查询的时间还长,比如,在单一关系上的选择查询。因此,并行化的程度应该根据查询的复杂程度来决定。

可以设计一个的公式,来估计在执行一个算子的过程中能取得的最大加速比,并获知最优的处理器数量【Wilshut and Apers,1992】。让我们考虑一个处理 N 个元组,并执行在 n 个处理器上的算子。c 是每个元组的平均处理时间,a 是每个处理器初始化的时间。在理想情况下,算子执行的响应时间是

$$响应时间 = (a * n) + \frac{c * N}{n}$$

通过求导,我们可以得到最优的处理器个数 n_0 以及最大的加速比(S_0)。

$$n_0 = \sqrt{\frac{c * N}{a}} \quad S_0 = \frac{n_0}{2}$$

最优处理器个数(n_0)是独立于 n 的,并且仅仅依赖于总的处理时间和初始化时间。因此,为了最大化一个算子的并行化程度,比如,使用所有可用的处理器,会因为过高的初始化

而损害加速比。

冲突

一个高度并行执行会因为**冲突**(interference)而降低速度。冲突在几个处理器同时访问同样的资源,硬件或软件的时候发生。

硬件冲突的典型例子是在共享内存系统中,系统总线的竞争。当处理器数目增加时,在总线上的冲突也增加,于是限制了共享内存系统的可扩展性。解决这些冲突的方法是将共享的资源进行复制。比如说,磁盘访问的冲突可以通过增加更多的磁盘以及划分关系来消除掉。

软件冲突的产生是由于多个处理器想访问共享的数据。为了避免冲突,使用互斥变量可以保护共享数据。因此,将访问共享数据的处理器和其他处理器隔离开。这个和基于锁的并发控制算法(见第 11 章)类似。

然而,共享变量可能成为查询执行的瓶颈,造成热点和护送效应【Blasgen et al.,1979】。一个软件冲突的典型例子是访问数据库的内部结构,比如索引或缓冲。为了简化,早期的数据库系统版本是通过一个唯一的互斥变量来进行保护的。研究表明,此方法的开销是:45% 的查询执行时间被 16 个处理器的冲突所消耗掉了。

针对软件冲突,一个通用的解决办法是将共享的资源划分为几个独立的资源,每个资源用不同的互斥变量来保护。这样,两个独立的资源可以并行的访问,因而降低了冲突的可能性。为了在一个独立的资源上(比如,一个索引结构)进一步降低冲突,可以使用重复机制。这样,访问重复的资源也可以并行化。

偏斜

负载均衡问题会在算子内并行(划分大小的变化)和算子间并行(算子复杂性的变化)中出现,被称为**数据偏斜**(data skew)。

在并行执行中偏斜数据分布的效果可以分为如下几类【Walton et al.,1991】。**属性值偏斜**(Attribute value skew,AVS)是存在于数据集中的偏斜(比如,巴黎的人口比滑铁卢更多),而**元组布局偏斜**(tuple placement skew,TPS)是当数据初始化划分时所引入的(比如,范围划分)。**选择率偏斜**(Selectivity skew,SS)的引入是当每个节点的选择谓词的选择率有变化。**重分布偏斜**(Redistribution skew,RS)在两个算子的重分布时产生。它很类似于TPS。而**连结乘积偏斜**(join product skew,JPS)是因为连结选择率可能在不同的节点之间会发生变化。图 14.18 通过在两个划分不合理的关系 R 和 S 的查询,对这种分类进行了举例说明。方框的大小和对应划分的大小成正比。这种不合理的划分源于数据(AVS)或是划分函数(TPS)。因此,Scan1 和 Scan2 两个实例的处理时间并不相等。连结算子的情况更糟糕。首先,每个实例接收到的元组数量互不相同,这主要因为在 R 划分上不合理的重分布(RS)或是 R 划分处理的变量选择率(SS)。最后,S 划分的大小不均等导致了扫描算子发送元组的不同处理时间,由于连结选择率(JPS)的不同,划分的结果大小也不同。

14.4.2 算子内负载均衡

好的算子内负载均衡依赖于并行化的程度以及每个算子的处理器分配情况。对于一些算法,比如并行哈希连结算法,这些参数不受限于数据的布局。因此,必须认真的决定算子的驻地(一组用于执行算子的处理器)。偏斜问题使得并行查询优化器通过静态的方式解决

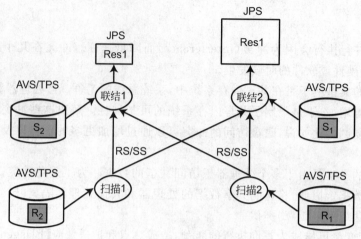

图 14.18　数据偏斜的例子

会更加困难,因为它需要一个非常精确而具体的代价模型。因此,主要的解决方案依赖于自适应的或专门的技术,以融合成一种混合的查询优化器。我们将在下面介绍这些用于并行连结的技术,它们都收到广泛的关注。为了简洁,我们假定每个算子都由查询处理器指定了一个驻地(静态的或是执行前决定)。

自适应技术

其主要的思路是静态地决定算子的初始处理器分配(使用代价模型),并且在执行时使用负载重分配来应对偏斜。一个简单的负载重分配方法是检测过大的划分,并将它再次划分到一系列处理器上(在那些已经分配给该算子的处理器中选择),以增加并行性【Kitsuregawa and Ogawa,1990】、【Omiecinski,1991】。这种方法通常允许对并行度进行更动态的调节【Biscondi et al. ,1996】。它在执行计划中使用特殊的控制算子,以检测中间结果的静态估计是否和运行时的结果不同。在执行过程中,如果预期值和实际值差异特别大,控制算子就会实施关系重分布以防止连结乘积和重分布的偏斜。自适应性技术对于提高各种种类并行架构中的算子内负载均衡非常有用。然而,大多数工作都是在无共享系统的环境中完成的,因为其负载不均衡对效率的影响很严重。DBS3【Bergsten et al. ,1991】、【Dageville et al. ,1994】最先为共享内存系统使用一种基于关系划分(像无共享中一样)的自适应的技术。通过降低处理器冲突,该方法能为算子内并行带来出色的负载均衡特性【Bouganim et al. ,1996a,b】。

专用技术

并行连结算法在专门处理后用以解决偏斜问题。一种方式是使用多连结算法,每个专门负责一种不同程度的偏斜,并在执行时决定哪种算法是最优的【DeWitt et al. ,1992】。它依赖于两种主要的技术:范围划分和采样。使用范围划分而不是哈希划分(在并行哈希连结算法中的)是为了避免在构造关系时候产生的重分布偏斜。这样,对应连结属性值的不同范围,处理器将得到具有相同数目元组的关系。为了决定那些描述范围的值,可使用对构造关系的采样来产生连结属性值的直方图,也就是得到每个属性值所拥有的元组数目。对于决定使用哪个算法和哪个关系用来构造和探查,采样都是非常有帮助的。利用这些技术,并行哈希连结算法适用于解决偏斜,如下所述。

（1）对构造中的关系进行采样，以决定划分的范围。

（2）使用范围来将构造中的关系重分配到处理器上。每个处理器构造一个包含未来元组的哈希表。

（3）使用同样的范围来将探查中的关系重分配到处理器上。对于每个接收到的元组，每个处理器探查哈希表来执行连结操作。

这个算法可以进一步使用附加的技术和不同的处理器分配策略，来提高应对高度偏斜的能力【DeWitt et al.，1992】。一个相似的办法是修改连结算法，即在算法中插入一个调度的步骤，由它负责在运行时重新分布负载【Wolf et al.，1993】。

14.4.3　算子间负载均衡

为了在算子间的层次上获得好的负载均衡特性，有必要为每个算子选择执行它的处理器数量以及分配到哪些处理器上。其中应该考虑到需要算子间通信的流水线并行。在无共享系统中，这个很难做到，有如下的几个原因【Wilshut et al.，1995】。首先，在并行优化阶段所决定的并行度和算子的处理器分配，都基于一个不太准确的代价模型。其次，并行度的选择上很可能带来错误，因为无论是处理器还是算子都是离散实体。最后，在一个流水线链上最新的算子所关联的处理器可能在很长时间内处于空闲状态。这被称作流水线延迟问题。

在无共享系统中主要的方法是动态（在执行以前）的决定并行度和对于每个算子处理器的局部化。比如说，**速率匹配**（Rate Match）算法【Mehta and DeWitt，1995】使用一种代价模型来匹配元组产生和消耗的速率。这是为了执行查询而选择所使用的处理器的基础（基于可用内存，CPU 和磁盘利用）。对于选择处理器数目和位置，很多其他算法也是可行的，比如说，通过最大化若干资源的使用，在它们的范围上使用统计方法【Rahm and Marek，1995】、【Garofalakis and Ioannidis，1996】。

在共享磁盘和共享内存中，由于所有处理器可以均等的访问磁盘，因此灵活性更好。鉴于没有必要做物理的关系划分，任何处理器可以被分配给任何算子【Lu et al.，1991】、【Shekita et al.，1993】。特别的，一个处理器可以在相同的流水线链上分配所有的算子，这样，便可以不利用算子间并行。然而，对于执行独立的流水线链，算子间并行是非常有用的。【Hong，1992】为共享内存提出的方法允许独立流水线链并行执行，这被称为任务。其主要的想法是将 I/O 绑定和 CPU 绑定的任务组合起来，以增加系统资源的利用率。执行前，使用下面的代价模型信息将一个任务分类为 I/O 绑定的或是 CPU 绑定的。让我们假定，如果顺序的执行，任务 t 产生的磁盘访问的速率为 IO-rate(t)，比如每秒磁盘访问数。我们考虑一个共享内存系统，它有 n 个处理器和总的 B 的磁盘带宽（每秒磁盘访问数）。如果 IO-rate(t)＞B/n，任务 t 将被定义为 IO 绑定的，否则是 CPU 绑定的。CPU 绑定和 IO 绑定的任务接着可以在它们最优的 I/O-CPU 平衡点上并行运行。这是通过动态调整任务的算子内并行度来实现的，以用来达到最大的资源利用率。

14.4.4　查询内负载均衡

查询内负载均衡必须综合考虑算子内和算子间的并行。若给定一种并行架构，在某种程度上,我们刚才所展示的算子内或算子间的负载均衡技术可以被结合起来。然而,在诸如 NUMA 或集群的混合系统环境下,负载均衡的问题会加重,主要因为它们必须在两个层次上解决,一个在本地的每个共享内存节点(SM-节点)上,另一个在全局的所有节点上。刚才提到的算子内或算子间的负载均衡解决方法都不能直接扩展到解决这个问题上。无共享的负载均衡策略会带来更严重的问题(比如,代价模型的复杂性和不准确性)。在另一方面,共享内存系统的自适应的动态方法同样会带来高的通信代价。

在混合系统的负载均衡问题上,一个普遍的解决办法使用执行模型,被称为**动态处理**(Dynamic Processing,DP)【Bouganim et al.,1996c】。其基本的想法是,把查询分解成顺序执行的独立单位,每个单位可以被任何一个处理器执行。直观的看,一个处理器可以在查询算子上水平的迁移(算子内并行)和垂直的迁移(算子间并行)。这种方法最小化了节点间负载均衡通信的代价,并最大化共享内存节点内算子内或算子间的负载均衡。执行模型的输入是一个由优化器产生的并行执行计划,也就是一个带算子调度和算子计算资源分配的算子树。算子调动约束表述了查询算子的一个不完整序列:$O_1 < O_2$ 表明了算子 O_1 不能在 O_2 前开始。

例 14.6 图 14.19 展示了一棵有四个关系 R_1、R_2、R_3 和 R_4 的连结树,且也清晰的定义了对应的带流水线链的算子树。假定使用了并行哈希连结,在关联构造和算子探查之间的算子调度约束是:

Build1 < Probe1
Build2 < Probe3
Build3 < Probe2

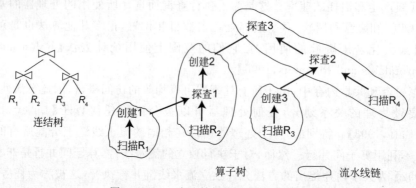

图 14.19　一个连结树和关联算子子树

在调度约束之后,不同的流水线链算子之间也存在启发式调度:

```
Heuristic1: Build1<Scan2,Build3<Scan4,Build2<Scan3
Heuristic2: Build2<Scan3
```

假定三个 SM-节点 i,j 和 k。R_1 存储在节点 i 上,R_2 和 R_3 存储在节点 j 上,且 R_4 存储在节点 k 上。我们可以得到如下的算子的驻地:

```
home(Scan1)=i
home(Build1,Probe1,Scan2,Scan3)=j
home(Scan4)=Node C
```

home(Build2,Build3,Probe2,Probe3)=j and k ◆

　　给定这样一棵算子树，其问题是如何在混合架构上执行并最小化响应时间。这要在两个层次上通过使用动态负载均衡机制完成：(i)在一个 SM-节点内，通过快速进程间通信来达到负载均衡；(ii)在 SM-节点之间，需要更多昂贵的消息传递通信。因此，问题变为如何设计一种执行模型，使得本地负载均衡的使用最大化，而全局负载均衡的使用（通过消息传递）最小化。

　　我们把顺序处理中不能再划分的最小单元叫做**激活**(activation)。DP 模型的主要特点是允许任何处理器处理它 SM-节点的任何激活。因此，在线程和算子之间不存在静态的关联。对于一个 SM-节点的算子内或算子间的并行，这带来了好的负载均衡特性，因而最小化了全局负载均衡的需求，也就是说，在一个 SM-节点中不需要更多的工作。

　　DP 执行模型基于这样一些概念：激活、激活队列和线程。

激活

　　激活表示了一个工作单元的序列。由于任何激活可以被任何线程（任意处理器）执行，激活必须是自包含的并且引用了它们执行所需要的所有信息：执行的代码，处理的数据。应该区分两种激活：触发器激活和数据激活。**触发器激活**(trigger activation)是用来开始一个叶子算子的执行，也就是扫描。它用一个（算子，桶）对来表示，用来引用扫描算子和待扫描的基础关系桶。**数据激活**(data activation)描述了一个产生于流水线模式下的元组。它用（算子，元组，桶）的三元组来表示待处理的算子。对于一个构造算子，数据激活指定必须在桶的哈希表中插入的元组，而对于一个探查算子，同时指定必须被桶的哈希表所探查的元组。尽管激活是自包含的，它们只能在关联数据所在（哈希表或基础关系）的 SM-节点上执行。

激活队列

　　在流水线链上移动数据激活是通过**激活队列**(activation queues)来完成的，它也被叫做和算子关联的**表队列**(table queues)【Pirahesh et al.，1990】。如果一个激活的生产者和消费者都在同样的 SM-节点上，移动将通过共享内存完成。否则，它需要信息传递。为了统一执行模型，队列被用于触发激活（扫描算子的输入）和元组激活（用于建立或探查算子的输入）。所有的线程都可以无限制的访问在它们 SM-节点上的所有队列。管理小数目的队列（比如，每个算子一个队列）可能产生冲突。为减少冲突，用一个队列和工作在一个算子上的每个线程相关联。需要注意的是，更多数量队列是以冲突和队列管理的额外开销作为交换的。为了更进一步降低冲突，而不增加队列的数量，每个线程给定了访问一组不同队列的集合的优先级，这个集合被称作主队列。因此，一个线程总是试图首先消费它**主队列**(primary queues)中的激活。在执行过程中，算子的调度约束可能隐含着一个算子会被阻塞，直到其他算子（对其阻塞的算子）的结束。因此，一个被阻塞的算子的队列同样被阻塞着，也就是说，它的激活不能被消费掉，但是如果生产算子没有被阻塞，它们仍然能够生产。当它所有的阻塞算子结束了，被阻塞的队列才成为可消费的，也就是线程能消费它的激活。这一情景在图 14.20 中表示出来，它展示的是图 14.19 的算子树所对应的执行快照。

线程

　　为了在一个 SM-节点内获得良好的负载平衡，一个简单的办法是分配远远多于处理器数量的线程，并让操作系统来完成线程调度。然而，这个策略会因为线程调度导致大量的系

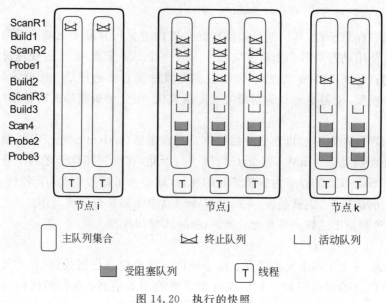

ScanR1
Build1
ScanR2
Probe1
Build2
ScanR3
Build3
Scan4
Probe2
Probe3

节点 i　　　　　　　　　节点 j　　　　　　　　　节点 k

主队列集合　　　　　　终止队列　　　　　　　活动队列

受阻塞队列　　　　　线程

图 14.20　执行的快照

统调用、冲突和护送问题【Pirahesh et al.,1990;Hong,1992】。相对于依靠操作系统来完成负载均衡,更好的方式是为每个处理器每个查询仅分配一个线程。由于任何线程能在它的SM-节点上执行任何被分配的算子,因此这个是可行的。若假定一个线程永远不会被阻塞,这种"每个处理器一个线程"的分配优势是极大地减少了冲突和同步的代价。

为实现一个SM-节点内的负载均衡,可以在一个共享内存段中分配所有激活队列,或是允许线程消费所有队列中的激活。为了限制线程的冲突,在考虑其他SM-节点的队列之前,一个线程应从它主队列集合中消费尽量多。因此,只有当任何算子没有更多的激活时,线程才会空闲,这意味着正在处于饥饿状态的SM-节点没有任何工作可以做。

当一个 SM-节点饥饿时,我们可以向另一个 SM-节点申请一些工作来进行负载分享【Shatdal and Naughton,1993】。但是,获取激活(通过信息传递)会带来通信代价。另外,由于关联的数据,如哈希表,也必须获得,获取激活并不够。这样,我们需要一种机制能动态的估计获取激活和数据的收益。

让我们把获取工作的称作"事务者",而把提供工作给事务者的SM-节点叫做"供应者"。那么问题就是如何选择一个队列来获取激活,并决定要获取多少工作。这个是一个动态优化问题,因为在供应者分出负载所获的潜在收益与获取激活和数据的额外开销上存在一个权衡。这种权衡可以表述为以下的条件:(i)事务者必须有能力把激活和对应数据存储在内存中;(ii)必须获取足够的工作来均摊获取的代价;(iii)必须避免获取太多的工作;(iv)只可以获取探查激活,因为触发器激活需要磁盘访问,而构造激活需要在本地构造哈希表;(v)移动那些被阻塞的算子关联的激活是无意义的,因为算子并不能被处理。最后,为了尊重优化程序的决定,一个SM-节点不能执行一个不属于自己算子的激活,也就是说,当SM-节点不在一个算子的驻地中时,它不能执行该算子的激活。

负载均衡的量依赖于能并发执行的算子的数量,这样便能获得机会在空闲的时候找到一些工作来共享。提高并发算子的数量可以通过允许多条流水线链的并发执行来实现,同时也可以通过非阻塞的哈希连结算法实现,也就是允许稠密树的所有算子并发的执行【Wilshut et al.,1995】。从另一个角度上讲,并发的执行更多的算子会增加内存消耗。优化程序所提供的静态算子调度能够避免内存溢出,从而解决这个权衡问题。

一个由 72 个处理器构成的 SM-节点集群的 DP 性能评价显示,DP 的效率和共享内存中专用的模型一样好,并且具有很好地扩展性【Bouganim et al.,1996c】。

14.5　数据库集群

PC 服务器的集群是并行计算机的另一种形式,它可以提供与超级计算机或紧密耦合的多核处理机同等有效的可替代方案。比如说,它们已经成功的应用在科学计算、互联网信息检索(比如,Google 搜索引擎)和数据仓库中。然而,这些应用都是典型的读取密集型的,使得能很好地利用并行性。而为了支持类似商用数据处理的更新密集型的应用,必须能提供的包括事务的支持在内的完整的数据库并行能力。这可以通过在集群上使用一个并行的 DBMS 来实现。在这种情况下,所有的集群节点在并行 DBMS 的完全控制下,都是同构的。

对于有些商业应用,比如应用服务提供者(ASP),并行 DBMS 解决方案可能并不可行。在 ASP 模型中,用户的应用和数据库(包括数据和 DBMS)都放置在提供者的站点上,并需要通过 Internet 来访问,且要同它们本地的访问客户端站点那样高效。一个主要的需求是,应用和数据库需要保持自治的,也就是说,当其被移动到提供者的站点集群并在客户端的控制下,要保持不变。因此,保护自治性非常关键,因为它能避免由应用代码变更所带来的高成本和一系列问题。在这种情况下使用一个并行的 DBMS 并不合适,因为它昂贵,且需要从并行 DBMS 中移植过来,从而损害了数据库的自治性。

一个解决办法是使用**数据库集群**(database cluster),也就是一个自治数据库集群,每个数据库由现成的 DBMS 来管理【Röhm et al.,2000,2001】。和一个实现在集群上的并行 DBMS 相比,其最大的区别在于在每个节点上使用了一个“黑盒”DBMS。由于 DBMS 的源代码可能并不公开并且不能改变为“集群感知的”,因此,并行数据管理的能力必须通过中间件来实现。在它最简单的形式中,一个数据库集群可以被看成在集群上的多数据库系统。然而,在利用集群环境的优势并通过利用数据重复来提高其性能和可用性方面已经有了大量的研究。这类研究的主要成果带来了重复、负载均衡、查询处理和容错的新技术。在这一节里,我们会在介绍数据库集群架构之后介绍这些技术。

14.5.1　数据库集群架构

在 14.1.3.4 节我们曾讨论过,一个集群可以是共享磁盘,也可以是无共享架构。共享磁盘需要一个特殊的互联以向所有节点提供一个缓存一致性的磁盘空间。无共享能更好地支持数据库自治性而不使用额外的特殊互联,并且能扩展到非常大的配置规模。这解释了为什么大多数在数据库集群中的研究工作都假定基于一个无共享的架构。不过,为无共享设计的技术可以更简单的应用于共享磁盘上。

图 14.21 展示了一个无共享架构的数据库集群。并行数据管理通过独立的 DBMS 来完成,并由一个复制在每个节点的中间件来协调。为了提高效率和可用性,数据可以使用本

地的 DBMS 并复制在不同的节点上。客户端应用(比如,在应用服务器上)使用传统的方法
和中间件交互,提交数据库事务,也就是特定查询,事务,或调用存储的过程。一些节点可以
被专门作为接受事务的访问节点,在这种情况下它们可以共享一个全局的目录服务用以获
取用户和数据库信息。其针对单一数据库的事务处理流程如下。首先,事务利用目录来实
现认证和授权。如果成功,事务将被指派到一个可能位于不同节点的 DBMS 上去执行。我
们将在 14.5.4 节中看到,如何将这种简单的模型进行扩展,并使用多个节点来处理一个单
一查询来解决并行查询处理。

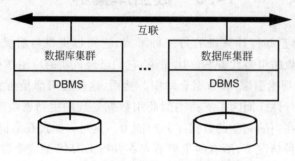

图 14.21　一个无共享架构的数据库集群

　　如同在一个并行 DBMS 中那样,数据库集群的中间件有一些软件层:事务负载均衡
器,复制管理器,查询处理器和容错管理器。通过在节点探查中获得的负载信息,事务均衡
负载器触发事务在最佳的节点上执行。"最佳"节点被定义为一个事务负载最轻的节点。事
务负载均衡器同样保证每个事务的执行遵守 ACID 特性,并接着向 DBMS 提交或终止事
务。复制管理器管理复制数据的访问,并通过让更新复制数据的事务在每个节点上以同样
的顺序执行的方式保持很强的数据一致性。查询处理器同时利用查询内、查询间并行。使
用查询间并行,查询处理器把每个已提交的查询分派到一个节点上,并在查询完成后,把结
果送回到客户端应用。查询内并行涉及更多的工作。由于黑盒子 DBMS 不是集群感知的,
它们不能相互交互以处理同样的查询。因此,查询处理、最终结果组成和负载均衡主要由查
询处理器来控制。最后,容错管理器提供在线的恢复和故障转移。

14.5.2　复制

　　类似分布式 DBMS 那样,复制被用来提高性能和可用性。在一个数据库集群中,快速
的互联和通信系统可以用来支持单拷贝串行性,同时提供可扩展性(在大量的节点上获得好
的性能)和自治性(利用黑盒 DBMS)。不像一个分布式系统那样,一个集群提供了一个稳定
的环境,并且几乎不需要改变其拓扑结构(比如,由于增加节点或通信连结失败而引起的这
种改变)。因此,支持能够管理节点组之间可靠通信的一个组通信系统会更加容易
【Chockler et al.,2001】。组通信的原语可以和活跃或惰性的复制协议一起使用,作为原子
的信息传播的方式(也就是取代昂贵的 2PC)。NODO 协议(见第 13 章)是使用在数据库集
群上活跃协议的代表。我们现在将展示另一种惰性的复制协议,它为单拷贝串行性和扩展
性提供支持。

预防式复制协议

预防式复制是一种惰性协议,为数据库集群提供分布式的惰性复制【Pacitti et al.,

2003；Coulon et al.，2005；Pacitti et al.，2006】。它同样保留了 DBMS 的自治性。作为全序多播的替代，如同诸如 NODO 的活跃协议一样，它使用更简单、更高效的 FIFO 可靠多播。其原理如下：每个来到系统的事务 T 有一个时间先后的时间戳 ts(T)＝C，并且被多播到所有拥有一个拷贝的其他节点上。在每个节点上，T 执行开始前的时间延迟被引入。这个延迟对应着组播一条消息所需时间的上界(假定是在一个具有有界计算和传输时间的同步系统中)。关键的问题是如何精确的计算消息的上界(也就是延迟)。在集群系统中，上界可以非常精确的计算出。当延迟过期时，所有的在 C 之前提交的事务可以保证在 T 之前接受并按照时间戳顺序(即总序)执行。因此，这种方法避免了冲突，保证了数据库集群中强烈的一致性。在分布式系统中同样也引入延迟时间，使得惰性集中式重复协议能够得以利用【Pacitti et al.，1999；Pacitti and Simon，2000；Pacitti et al.，2006】。

　　为了简单，我们假定在完全复制的条件下提出更新拷贝的基本算法。假定通信系统可以提供 FIFO 组播【Pacitti et al.，2003】。Max 是从一个节点 i 到任何其他节点 j 的组播上界时间。Max 的值不能过高估计。而 Max 的计算要依据调度理论，并且考虑诸如全局网络可信度、组播信息特征及容忍的错误等诸多参数。每个节点有个本地时钟。为了公平，时钟都假定有一个漂移，且是 ε-同步的，也就说，两个正确时钟之间的差异不高于 ε(精度)。当两个节点的两个事务的串行顺序不相同时，就可能产生不一致性。因此，全局的 FIFO 顺序并不足以保证更新算法的正确性。每个事务都按同一个时间次序获得一个时间戳 C。预防式复制算法的主要原则是在每个节点上提交一系列遵守相同时间次序的事务。在节点 i 提交一个事务之前，它需要检测在节点 i 上是否有更早提交的事务。为了实现这一点，一个在 i 节点提交的新事务需要延迟 Max＋ε。这样，最早提交的事务的时间会是 C＋Max＋ε(后面我们称为 delivery_time)。

　　当事务 T_i 在某个节点 i 上被触发，节点 i 将 T_i 组播到包括自己的所有节点 1,2,…,n。一旦某个节点 j 接收到 T_i(i 可能等于 j)，它便被放置在触发节点 i 相关的 FIFO 顺序的等待队列中。因此，在每个节点 i 上，会有一系列的队列，$q_1,q_2,…,q_n$，被称作为等待队列。每个队列对应一个节点，并根据发送时间来实现时间先后排序。图 14.22 显示了运行该算法所需的组件的一部分。更新器从等待队列的头部读出事务，并根据发送时间进行时间次序的排序。一旦事务有序，紧接着更新器将一个接一个的把它写入 FIFO 顺序的运行队列中。最后，发送器持续的检查运行队列的头部，一个接一个的在本地 DBMS 中开始执行事务。

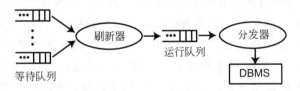

图 14.22　预防式更新架构

　　例 14.7　我们举例说明这个算法。假定我们有两个节点 i 和 j，它们是 R 的主拷贝。因此在节点 i 上，有两个等待队列：q_i 和 q_j，分别对应主节点 i 和 j。T_1 和 T_2 分别是两个在节点 i 和 j 上更新 R 的事务。我们假定 Max＝10 且 ε＝1。因此，在节点 i 上，我们按如下的顺序执行：

- 在时间点 10：T_2 以时间戳 $ts(T_2)=5$ 到来。因此，$q_i=[T_2(5)]$，$q(j)=[]$，且 T_2 被更新器选中为下一个在 delivery_time 为 16(＝5＋10＋1)处理的事务。过期时间设置

为 16。

- 在时间点 12：T_1 从节点 j 以时间戳 $ts(T_1)=3$ 来到；因此 $q_i=[T_2(5)]$，$q_j=[T_1(3)]$。T_1 被更新器选中为下一个在 delivery_time 为 14(=3+10+1)处理的事务。过期时间设定为 14。
- 在时间点 14：超时过期，并且更新器将 T_1 写入运行队列。因此 $q_i=[T_2(5)]$，$q(j)=[]$。T_2 被选择为下一个在 delivery_time 为 16(=5+10+1)处理的事务。
- 在时间点 16：超时过期，更新器将 T_2 写入运行队列。因此 $q_i=[]$，$q(j)=[]$。

尽管事务根据它们的时间戳按错误的顺序接收(先 T_2 后 T_1)，但它们写入运行队列时仍然按照它们真实的时间戳先后顺序(先 T_1 后 T_2)。因此，即使信息不是以总序发送的，但总序最后还是能形成。 ◆

原始的预防式复制协议有两个缺点。首先，它假定数据库在所有的集群节点上全部的复制，因此把每个事务传播到每个集群节点上。这样使得算法不可能支持超大数据库。第二，它的性能上的局限性，因为事务是一个接一个执行的，因此在它们执行前要忍受等待的延迟。因此，更新是一个潜在的瓶颈，特别是在事务高速到来的突发性的负载情况下。

第一个缺陷可以通过提供部分复制的支持来解决【Coulon et al.，2005】。使用部分复制，一些目标节点可能不能处理一个事务 T，因为它们并不具备执行 T 所需的所有拷贝。然而，T 的写集合，也就是对应它的更新事务，必须以 T 的时间戳排序，以确保一致性。因此，T 和往常一样调度，但是不提交执行。而是相关的目标节点等待对应写集合的接收。接着，在原始节点 i 上，当检测出 T 的提交时，则产生对应的写集合，并且节点 i 把它组播到目标节点上。一旦目标节点 j 接收到写集合，T(一直在等待)的内容被替代为所到来的写集合内容，然后 T 才可以执行。

第二个缺陷可以通过(潜在的)去除延迟时间的刷新算法来解决【Pacitti et al.，2006】。在一个集群(快速而可靠的)中，消息通常自然地就是按时间先后排序的。仅有很少的消息可以不按发送顺序被接收到。基于这样的性质，算法可以改进成，一旦接收到事务就立即执行，这样能避免提交事务前的延迟等待。为了保证强的一致性，事务提交的顺序被安排为仅仅可以在 Max+ε 之后提交。当一个事务 T 以乱序接收到，所有之前的事务必须被终止，并重新根据它们正确的时间戳重新提交。因此，所有事务都会以它们正常的时间戳顺序提交。为了提高突发性负载的响应时间，事务可以被并发的触发。使用底层 DBMS 的隔离特性，每个节点可以保证每个事务在所有时刻看到的是一致性的数据库。为了在所有节点上保持强的一致性，事务的提交和它们被提交和写入运行队列的顺序一致。这样，总序总是可以保证的。然而，若不访问 DBMS 并发控制器(为了自治性考虑)，便不能保证两个冲突的并发事务在两个不同的节点上以同样的顺序获得一个锁。因此，冲突事务是不能并发触发的。检测两个事务是否冲突，需要分析代码来决定在 NODO 协议中的冲突等级。预防式复制协议的验证，是在一个 64 节点的集群的 TPC-C 上通过基准测试实验来完成的。它运行在 PostgreSQL DBMS 上，显示出优秀的可扩展比和加速比【Pacitti et al.，2006】。

14.5.3 负载均衡

在数据库集群中，复制提供了良好的负载均衡机会。使用活跃或是预防式复制，查询负载均衡很容易实现。由于所有拷贝都相互保持一致，任何存储了一份事务的数据拷贝的节点,比如最小负载节点,在运行时都可以使用传统的负载均衡策略而被选中。事务负载均衡在惰性分布式复制中也容易实现,因为所有的主节点都会最终执行事务。然而,在所有节点执行事务的总代价可能会很高。通过松弛一致性,惰性复制可以更好的减少事务执行的代价,因此提高了查询和事务的性能。这样,根据一致性和性能需求,活跃或是惰性复制在数据库集群中都非常有用。

松弛一致性模型的提出是为了基于用户需求来控制复制的发散。用户在想达到的一致性上的需求既可以通过程序员来表达,比如在 SQL 语句中【Guo et al.,2004】,或是通过数据库管理员来表达,比如使用访问控制规则【Gançarski et al.,2002】。在大多数方法中,一致性下降为新鲜度:更新事务是在全局通过不同的集群节点串行化而完成的,因此一旦查询发送到指定节点,它都可以读到数据库的一致状态。全局一致性通过保证冲突事务在每个节点以相同的相对顺序的执行来实现。然而,因为事务可能在其他节点运行,一致性状态可能并不是最近的。一个节点的**数据新鲜度**(data freshness)反映了节点数据库的现有状态和如果所有运行事务都应用到在该节点所产生的状态之间的差异。然而,新鲜度并不好定义,特别是表达最新鲜的数据库状态。因此,与之相对的概念**不新鲜度**(staleness),经常被使用(比如,等于 0 就表示完全新鲜的数据库状态)。一个关系拷贝的不新鲜度可以通过相对其他拷贝变化的数量来捕捉到,并用元组更新的数量来度量【Pape et al.,2004】。

例 14.8 我们举例说明惰性分布式复制如何引入不新鲜度,并展示它对查询结果的影响。考虑如下的查询 Q:

```
SELECT    PNO
FROM      ASG
WHERE     SUM(DUR)>200
GROUP BY PNO
```

我们假定关系 ASG 复制在节点 i 和 j 上,在时间 t_0 时,两个拷贝的不新鲜度的值为 0。假定对于 PNO＝"P1"的所有元组求和,SUM(DUR)＝180。考虑在 t_0+1 时刻,节点 i 和 j 分别提交一个插入元组的事务,插入元组的 PNO＝"P1",在两个节点上的 DUR 分别是 DUR＝12,DUR＝18。这样,i 和 j 的不新鲜度都是 1。现在,到了 t_0+2 时刻,无论在 i 还是 j 上执行 Q 都不会得到"P1"的结果,因为对于 PNO＝"P1"的所有元组,我们在 i 上的 SUM(DUR)＝192,而在 j 上则为 198。原因是尽管这两个拷贝自身是一致的,但是却是陈旧的。然而,在对两个拷贝整合后,比如在 t_0+3 时刻,我们在两个节点上都会有 SUM(DUR)＝210,这样执行 Q 就会得到"P1"。所以说,Q 的答案要依赖于节点拷贝的陈旧程度。 ◆

使用松弛的新鲜度,负载均衡会更加的复杂,原因在于,为达到用户定义的新鲜度要求,当传送事务和查询集群节点时,所做的拷贝整合的代价必须被考虑在内。【Röhm et al.,2002b】为数据库集群内的新鲜度敏感的查询安排提出了一种简单的解决办法。使用单一主拷贝技术(也就是事务总是传送到主节点上),查询被发送到足够新鲜且负载最低的节点上。如果没有节点足够新鲜,查询就会一直等待。

【Gançarski et al.,2007】针对新鲜度敏感的传送提出了一种更通用的方法。它使用惰性分布式重复,最大可能的提高事务负载均衡性。我们在这里总结这种方法。基于从共享目录中所得到的新鲜度需求,一个事务发送器为每个到来的事务或查询生成一个执行方案。接着,它利用节点运行时负载信息,在最好的节点触发执行。当必要时,它也会触发刷新事务,以使一些节点更加新鲜以用于执行后续事务和查询。

事务发送器考虑了在关系层面对查询新鲜度的需求,以提高负载均衡。它使用一种代价函数,它不仅考虑了集群在并发事务和查询方面的负载,还同时估计了为满足即将到来的查询在刷新复制数据方面所需要的时间。事务发送器使用两个基于代价的发送策略,每个都非常适合不同应用的需要。第一个策略,叫做只基于代价(CB),它并没有像不新鲜度那样对负载和同步访问的代价做任何假定。CB 只是简单地为每个节点估计刷新节点的代价(如果需要的话)以及事务自身执行的代价,来满足新鲜度的需求。接着,它选择节点来最小化代价。第二个策略偏重于更新的事务,以处理 OLTP 的负载。它是 CB 的一个变种,使用有界的响应时间(BRT)动态的为事务的处理和查询的处理分配节点。它使用一个参数,Tmax,来表示用户可接受的更新事务的最大响应时间。它用尽可能多的集群节点,以保证更行和执行在 Tmax 时间内完成,并用剩下的节点处理查询。通过在 TPC-C 测试平台上实现并模拟的 128 个节点的验证,显示了它能获得优秀的扩展比【Gançarski et al.,2007】。

解决数据库集群中的负载均衡问题还有其他的方法。【Milán-Franco et al.,2004】中的方法整合并改变提交到不同复制和不同工作量类型的负载。它把并发事务数量的反馈驱动的调节与负载均衡结合起来。这个方法能提供高吞吐量,具有好的可扩展性,并且在改变负载和工作量上的代价非常小,且响应时间很低。

14.5.4　查询处理

在数据库集群中,可以成功的运用并行查询处理来提高效率。如前面章节所讨论的,查询间(或事务间)并行是负载均衡和数据复制天然具备的。这种并行主要用来增加面向事务应用的吞吐量,同时在一定程度上减少了事务和查询的响应时间。对于那些经常使用的专门查询,且访问大量数据的 OLAP 应用来说,查询内并行是进一步减少响应时间的关键。查询内并行由在同一个关系的不同划分上的同一个查询构成。

在数据库集群中,有两种互补的划分关系的方法:物理的和虚拟的。物理划分定义了关系的划分,本质上说是水平分片,且将它们更多以复制的方式分配到集群节点上。这个分片和分布式数据库中的分片及分配设计很类似,但目标却是为了增加查询内并行,而不是增加访问的局部性。因此,依据查询和关系大小,划分的程度应该更细致。数据库集群的决策支持的物理划分被【Stöhr et al.,2000】解决,其使用的是小粒度划分。在数据均匀分布的情况下,这种解决方案能带来好的查询内并行性,比查询间并行性更高效。不过,物理划分是静态的,因此对周期性重划分所造成的数据偏斜及查询模式的变化非常敏感。

使用动态的方法和完全复制(每个关系被复制到每个节点上),虚拟划分避免了静态物理划分的问题。它最简单的形式,我们称为**简单虚拟划分**(simple virtual partitioning,SVP)。通过这种方法,虚拟划分为每个查询动态的产生,且查询内并行通过发送子查询到不同的虚拟划分上来实现【Akal et al.,2002】。为了生成不同的子查询,数据库集群查询处理器在到来的查询上增加谓词,以限制对一个关系子集的访问,也就是虚拟划分。它也可能通过重写将查询分解成为等价的子查询,然后形成组合查询。接着,每个收到子查询的DBMS 被要求处理一个不同的数据项子集。最后,各个划分的结果需要通过聚合查询再组合起来。

例 14.9　我们通过如下的查询 Q 来举例 SVP。

```
SELECT    PNO,AVG(DUR)
FROM      ASG
WHERE     SUM(DUR)>200
GROUP BY PNO
```

一个在虚拟划分上通用的子查询通过在 Q 上增加谓词"and PNO>=P1 and PNO<P2"来实现。通过绑定[P1,P2]到 PNO 的 n 个相继区间,我们便获得 n 个子查询,每个子查询在 ASG 的虚拟划分的不同的节点上。这样,查询内并行程度是 n。此外,在子查询中,"AVG(DUR)"操作必须重写为"SUM(DUR),COUNT(DUR)"。最后,为了获得"AVG(DUR)"的正确结果,组合查询必须在 n 个部分结果上执行"SUM(DUR)/SUM(COUNT(DUR))"。

每个子查询的执行效率过多的依赖于在划分属性(PNO)上可用的访问方法。在这个例子中,在 PNO 上的聚集索引应该是最好的。因此,根据查询以及可用的划分属性,让查询处理程序知晓可用的访问方法是很重要的。　　　　　　　　　　　　　　　　　　◆

在查询处理过程中,由于任何节点都可以被选择来执行一个子查询,SVP 对于节点分配具有很大灵活性。然而,并不是所有类型的查询都能从 SVP 中受益,且能被并行化。【Akal et al.,2002】提出了一种 OLAP 查询的分类方法,也就是同类查询具有相似的并行特征。这个分类依赖于最大关系,即典型 OLAP 应用中的事实数据表(比如,Orders 和 LineItems)的访问方式。其基本原理是,这种关系的虚拟划分能产生更多的算子内并行。我们区分了以下的三类查询:

(1) 没有访问事实数据表的子查询的查询;

(2) 具有和类别 1 的查询等价的子查询的查询;

(3) 任何其他查询。

类别 2 的查询需要重写为类别 1 的查询,以方便 SVP 使用。而类别 3 的查询不能因 SVP 获益。

SVP 有一些缺点。首先,决定最好的虚拟划分属性和范围值将会很困难,因为假定数值是均匀分布并不现实。第二,一些 DBMS 在从大区间数据获取元组时会执行完全数据表扫描,而不是索引化的访问。这便降低了并行磁盘访问的优势,因为一个节点会偶尔的读取整个关系,来访问一个虚拟划分。这使得 SVP 依赖于后台的 DBMS 查询能力。第三,由于查询在执行时不能从外部修改,负载均衡也很难实现,它主要依靠于初始的划分。

细粒度的虚拟划分解决了这些问题,它通过大量的子查询来实现,而不是每个 DBMS 一个查询【Lima et al.,2004a】。工作在更小的子查询上就避免了完全数据表扫描,使得查询处理受到 DBMS 特质的影响更小。不过,这种方法必须利用数据库统计和查询处理时间来估计划分的大小。在实际使用中,这些都很难通过黑盒 DBMS 获得。

自适应的虚拟划分(Adaptive virtual partitioning,AVP)通过动态调整划分大小解决了这个问题,因而无需这些估计【Lima et al.,2004b】。AVP 在每个参与的集群节点上独立运行,避免了节点间的通信(决定划分大小)。初始时,每个节点收到一个工作的区间值。这些区间是类似 SVP 那样确定的。接着,每个节点实施如下的步骤:

(1) 以一个非常小的划分大小起步,使用第一个接收到的区间值;

(2) 在这个区间内执行一个子查询;

(3) 当执行时间的减小和划分大小的增加成比例时,增加划分的大小并执行对应的子查询；

(4) 停止增加划分的大小，一个稳定的大小已经找到；

(5) 如果存在性能退化，也就是出现连续的性能较差的执行，就减小划分大小，并转到步骤2。

从很小的划分大小开始，就避免了在最初的处理中扫描整个数据表。也同样避免了DBMS为了不使用聚集索引、开始进行表格完全扫描而必须知道的阈值。当划分大小增加时，对查询执行时间的监测有助于决定这样一个时间点，在这个时间点之后，独立于数据大小的查询处理的步骤将不太影响总的查询时间。比如，如果加倍划分的大小带来了执行时间的双倍增加，这就意味着这个点找到了。在这种情况下，算法停止增加大小。系统性能可能会因为DBMS数据缓存的未命中或是总体系统负载的上升而恶化。当被使用的大小太大，且已经从之前的数据缓存受益时，这种情况就可能发生。在这种情况下，减小划分大小可能会更好。这恰恰是第6步所要做的事情。它给予了回退以检查更小的划分大小的机会。从另一方面说，如果性能恶化是因为偶然和临时的系统负载增加或数据缓存未命中造成的，那么保持一个小的划分大小可能会导致低性能。为了避免这种情况，算法回到步骤2上，并重新增加大小。

AVP和其他虚拟划分的变种有如下的优点：节点分配的灵活性，完全复制所带来的高可用性，以及支持动态负载均衡的优势。但是完全制复会带来磁盘使用量的高消耗。为了支持部分复制，已经有研究提出了混合解决方案，它综合了物理划分和虚拟划分。由【Röhm et al. ,2000】设计的混合方法对最大的和最重要的关系使用物理划分，而在小表格上用完全复制。因此，查询内并行可以通过更小的磁盘需求来满足。【Furtado et al. ,2005,2006】的解决方法综合了AVP和物理划分方法。它解决了磁盘使用量的问题，并保持了AVP的优势，也就是避免了完全数据表格扫描，并实现了动态负载均衡。

14.5.5 容错性

前面的章节侧重于介绍当系统不发生故障时如何获得一致性、性能以及可扩展性。在这一节中，我们讨论在系统故障时会做什么。故障会引起如下的几个问题，首先是在故障情况下如何保持一致性。第二，对于未完成的事务，如何实现故障转移。第三，当一个故障的副本被重新引入的时候(在恢复之后)，或者一个新鲜的副本被引入系统中，数据库当前的状态需要被恢复。主要的考虑是如何解决故障。首先，故障需要被检测到。在基于组通信的方法中，故障检测是由下层组通信来提供的(通常基于某种心跳机制)。成员的改变被通知为事件[⑦]。通过比较新的成员和老的成员，便可以得知哪些副本发生了故障。组通信同样保证了所有相连的副本都共享同一个成员标识。对于那些不是基于组通信的故障检测，同样可以委托给下层通信协议(比如，TCP/IP)，或是为复制逻辑实现一个额外的组件。不过，需要有一些一致性协议来保证所有连结的副本都共享相同的成员标识，且有哪些副本是正在操作的而有哪些不是。否则，不一致性的问题就会产生。

故障同样可以在客户端用客户端API来检测到。客户端通常用TCP/IP连结，因此可以通过失去的连结来怀疑节点的故障。一旦一个副本发生故障，客户端API必须发现一个

---

⑦ 组通信文献使用术语视图改变来表示成员籍改变的事件。在这里，我们不使用这个术语，主要为了为了避免与数据库中的视图这个概念相混淆。

新的副本,并重新建立连结。在最简单的情况下,需重新将最后未完成的事务发送到刚才连结的副本上。由于需要重传输,可能需要发送复制的事务。这便需要重复事务检测和移除机制。在大多数情况下,为每个客户端指定一个唯一标识,并在每个客户端保持唯一的事务标识就足够了。后者对于每个新提交的事务都是增量的。因此,集群可以跟踪到一个客户的事务是否已经被执行。如果已经被执行,就抛弃它。

一旦一个副本的故障被检测出,在数据库集群上必须采取一些措施。这些措施就是故障转移过程中的一些部分,也就是把事务从一个故障节点转移到另一个副本节点上,而这个对用户是透明的。故障转移很大程度上受到失效副本是否是主节点的影响。如果一个非主副本故障,在集群这一端不需要采取任何措施。有未完成事务的客户端只需连结一个新的副本节点,并提交最后的事务即可。然而,有趣的是如何提供一致性的定义。回忆 13.1 节,在一个重复数据库中,单拷贝串行性可能会因为在不同节点上顺序相反的串行化事务而被破坏。由于故障转移,以同样方式处理的事务可能会牺牲单拷贝串行性。

在多数的复制方法里,故障转移是通过终止所有正在处理的事务来这些故障的发生的。这种处理故障的办法对客户端影响很大,因为它们必须重新提交终止的事务。由于客户端通常不具备反做对话式交互结果的事务能力,因此它会非常复杂。**高可用性事务**(highly available transactions)这个概念使得故障完全跟客户端透明,因此在发生故障时它们是无法观测到事务终止的【Perez-Sorrosal et al.,2006】。它已经按照以下的描述被应用于 NODO 重复协议中(见第 13 章),写集合和每个更新事务的响应在回答客户端前被组播发送到其他副本上。因此,在一个事务的交互中,可以在任意时刻接管任意其他的副本。

当主副本故障时,所采取的行动要比非主副本失效时要更多。首先,一个新的主节点需要在集群中所有副本的同意下产生。在基于组的复制中,由于成员籍的变化会得到通知,因此使用一个确定性函数来指派新的主节点(所有节点会接收到同一个列表,它的成员是正常和互相连结的节点)已经足够了。比如说,NODO 协议就用这种方法解决故障。当指派一个新的主节点,考虑一致性问题也是必需的。

另一个容错性的重要方面是在故障后的恢复。高可用性有两个方面。一个是如何容忍故障,并继续提供对数据一致性的访问。不过,故障消除了系统中一定程度的冗余,因此降低了其可用性和性能。因此,有必要在系统中重新引入出现故障的或新鲜的副本,以保持和提高可用性和性能。其主要的困难在于,副本是具备状态的,而当它发生故障时可能会漏掉更新。因此,恢复一个出现故障的副本需要在它开始处理新事务之前接收到丢失的更新。一种解决方法是停止事务处理。那么,可以直接获得一个静止的状态,并被传输到任何正在工作的副本上,来进行恢复。一旦在待恢复的副本上接收到所有缺失的更新,事务处理便可以继续进行,且所有的副本可以处理新的事务。不过,这种**离线恢复**(offline recovery)协议会损失可用性,从而违背了复制的最初目标。因此,如果需要提供高的可用性和性能,唯一的选择就是做**在线恢复**(online recovery)【Kemme et al.,2001;Jiménez-Peris et al.,2002】。

14.6 本 章 小 结

并行数据库系统尽量利用多处理器架构并使用面向数据的方法进行数据管理。它们的目标是高性能,高可用性以及良好性价比的可扩展性。此外,并行性是在单一系统中支持超大数据库的唯一可用方法。

并行数据库系统可以被多种并行架构支持,包括共享内存、共享磁盘、无共享和混合架构。每种架构都有在性能、可用性和可扩展性上的优点和缺点。对于小配置(比如小于 20 个处理器),共享内存架构能提供最高的性能,因为它能更好地利用负载均衡。共享磁盘和无共享架构在扩展性上超越了共享内存架构。然而,最近在磁盘连结技术的进展,如 SAN,使得共享磁盘架构成为一种可行的替代方案,其优点是能简化数据管理。混合架构,诸如 NUMA 和集群可以综合共享内存架构的高效性和简洁性,并能综合共享磁盘和无共享架构的可扩展性及成本优势。尤其是它们可以以优良的性价比使用共享内存节点。NUMA 和集群都可以扩展到很大的配置(上百个节点)。相比集群,NUMA 的主要优点是简单(共享内存)的编程模型,它简化了数据库的设计和管理。然而,使用标准的 PC 节点和互联,集群能提供更好的性价比,并且使用无共享架构,能支持到非常大的配置规模(上千个节点)。

并行数据管理技术扩展了分布式数据库技术,以获得高性能,高可用性和可扩展性。从本质上讲,事务管理的解决方案,也就是分布式并发控制、可靠性、原子性和复制,都可以被重新使用。然而,这种架构的关键问题在于数据布局、并行查询执行、并行数据处理、并行查询优化及负载均衡。解决这些问题的办法比在分布式 DBMS 中更复杂,因为节点的数量可能会更多。此外,并行数据管理技术使用不同的假设,比如说,能为优化提供更多机会的快速互联及同构的节点。

数据库集群是并行数据库系统中重要的一种,它在每个节点上利用黑盒 DBMS。在充分利用集群稳定环境的优势,利用数据复制来提高性能和可用性方面已经有了很多的专门研究。这些研究的主要结果为复制、负载均衡、查询处理和容错性带来了新的技术。

14.7　参考文献注释

最早是在【Canaday et al.,1974】中提出数据库服务器或数据库机器的。并行数据库系统全面的介绍是在【Graefe,1993】中提出的。

并行数据库架构在【Bergsten et al.,1993】、【Stonebraker,1986】中讨论,而在【Bhide and Stonebraker,1988】中使用一个简单的模拟模型进行比较。NUMA 架构在【Lenoski et al.,1992】、【Goodman and Woest,1988】中描述到。它们在查询执行和效率的影响可以在【Bouganim et al.,1999】和【Dageville et al.,1994】中找到。并行数据库原型或产品的例子在【DeWitt et al.,1986】、【Tandem,1987】、【Pirahesh et al.,1990】、【Graefe,1990】、【Group,1990】、【Bergsten et al.,1991】、【Hong,1992】和【Apers et al.,1992】中描述到。在一个并行数据库中的数据布局在【Livny et al.,1987】中处理过。并行优化研究出现在【Shekita et al.,1993】、【Ziane et al.,1993】和【Lanzelotte et al.,1994】中。

并行数据库系统中的负载均衡已经被广泛的研究。【Walton et al.,1991】提出了对算子内负载均衡问题的分类,即,数据偏斜。【DeWitt et al.,1992】、【Kitsuregawa and Ogawa,1990】、【Shatdal and Naughton,1993】、【Wolf et al.,1993】、【Rahm and Marek,1995】、【Mehta and DeWitt,1995】和【Garofalakis and Ioannidis,1996】为无共享架构中的负载均衡提出了一系列解决办法。【Omiecinski,1991】and【Bouganim et al.,1996b】集中于共享内存架构,而【Bouganim et al.,1996c】和【Bouganim et al.,1999】考虑在混合架构环境

下的负载均衡问题。

　　数据库集群作为一组自制 DBMS 的概念在【Röhm et al.,2000】中给出了定义。一些在数据库集群中使用组通信的可扩展活跃复制协议在【Kemme and Alonso,2000a,b】、【Patiño-Martínez et al.,2000】、【Jiménez-Peris et al.,2002】中提出。它们的可扩展性问题已经在【Jiménez-Peris et al.,2003】中进行了分析研究。部分复制在【Sousa et al.,2001】中进行了研究。14.5.2 节所展现的预防式复制的方法是基于【Pacitti et al.,2003】、【Coulon et al.,2005】、【Pacitti et al.,2006】。14.5.3 节中大部分关于新鲜度敏感的负载均衡的内容基于【Gançarski et al.,2002】、【Pape et al.,2004】、【Gançarski et al.,2007】。在数据库集群中的负载均衡同样在【Milán-Franco et al.,2004】中得到了解决。14.5.5 节关于数据库集群的容错性内容基于【Kemme et al.,2001】、【Jiménez-Peris et al.,2002】、【Perez-Sorrosal et al.,2006】。基于虚拟划分的查询处理首先在【Akal et al.,2002】中被提出。组合物理和虚拟划分在【Röhm et al.,2000】中被提出。14.5.4 节的大部分内容基于工作在自适应的虚拟划分【Lima et al.,2004a,b】和混合划分【Furtado et al.,2005,2006】。

练　　习

14.1*　考虑集中式的服务器组织,其每个应用服务器访问一个数据库服务器。同时,假定每个应用服务器存储一个数据目录的子集,该目录完全存储在数据库服务器上。同样也假定在不同应用服务器上的本地数据目录并不是完全不相交的。如果本地数据目录可以被应用服务器更新,而不是被数据库服务器更新,那么这对于数据库服务器的数据目录管理和查询处理意味着什么?

14.2**　请为并行共享内存数据库服务器提出一种架构,并基于期望的性能、软件复杂度(尤其是数据布局和查询处理)、可扩展性和可用性,将它与无共享架构进行定性的比较。

14.3　请给出在练习 14.2 中所提出的并行共享内存数据库服务器架构基础上的并行哈希连结算法。

14.4*　阐述在无共享并行数据库系统中和聚簇以及完全划分相关的问题,提出它们的解决方案,并将它们进行比较。

14.5　为无共享并行数据库系统提出一种并行半连结算法。请问如何将并行连结算法进行扩展以支持这种半连结算法?

14.6　考虑如下的 SQL 查询:

```
SELECT ENAME,DUR
FROM   EMP,ASG,PROJ
WHERE  EMP.ENO=ASG.ENO
AND    ASG.PNO=PROJ.PNO
AND    RESP="Manager"
AND    PNAME="Instrumentation"
```

　　给出 4 种可能的算子树:右深、左深、Z 型和稠密。对于每种算子树,讨论它们并行化的机会。

14.7　考虑一个九路连结(十个关系需要被连结)。假定每个关系可以和任意其他关系进行连结,请计算右深,左深和稠密树可能的数目。请问你能得到关于并行优化的哪些结论?

14.8** 为集群架构提出一种数据布局的方案,要求它能最大化节点内并行(在一个共享内存节点内的算子内并行)。

14.9** 请问如何将 14.4.4 节中所提出的 DP 执行模型进行转换,以解决查询间并行问题?

14.10** 考虑一个多用户集中式数据库系统。从系统开发者和管理员的角度上,描述允许查询间并行的主要变化。在接口和性能上对于终端用户意味着什么?

14.11** 上述同样的问题,但针对的是共享内存架构或无共享架构上查询内的并行。

14.12* 考虑图 14.21 中的数据库集群架构。假定每个集群节点可以接收到来的事务,请具体化 DBcluster 的中间件的矩形框,通过描述不同软件层以及它们在数据和控制流的组件和关系来完成。在聚类节点之间哪些信息需要被共享?如何共享?

14.13** 讨论预防重复协议中的容错性问题(见 14.5.2 节)。

14.14** 将预防式复制协议与 NODO 复制协议在集群系统环境下进行比较(参见第 13 章),并通过如下的一些方面进行比较:重复配置支持,网络需求,一致性,性能和容错性。

14.15* 让我们来考虑一个在线商店应用的数据库集群。数据库被短更新事务(比如,产品订单)和长只读决策支持查询(比如,存货分析)来并发的访问。讨论采用新鲜度控制的数据库复制如何能利用在提高决策支持查询的响应时间上。这在事务负载上会有何影响?

14.16** 考虑两个关系 $R(A,B,C,D,E)$ 和 $S(A,F,G,H)$。假定在每个关系的属性 A 上有一个聚集索引。假定数据库集群使用完全复制,对于如下的每个查询,决定虚拟划分是否能用来获得查询内并行。如果可行,写出对应的子查询和最后结果的组合查询。

(a) SELECT   B,COUNT(C)
    FROM   R
    GROUP BY B

(b) SELECT   C,SUM(D),AVG(E)
    FROM   R
    WHERE   B=:v1
    GROUP BY C

(c) SELECT   B,SUM(E)
    FROM   R,S
    WHERE   R.A=S.A
    GROUP BY B
    HAVING   COUNT(*)>50

(d) SELECT   B,MAX(D)
    FROM   R,S
    WHERE   C=(SELECT SUM(G) FROM S WHERE S.A=R.A)
    GROUP BY B

(e) SELECT   B,MIN(E)
    FROM   R
    WHERE   D>(SELECT MAX(H) FROM S WHERE G>=:v1)
    GROUP BY B

第 15 章 分布式对象数据库管理

在这一章里,我们将放宽在第 1 章中所做的另一个基础假定,那就是系统实现的关系数据模型。在支持商用数据处理和应用上,关系数据库已经被证明非常成功。但是,仍然有很多应用,使用关系数据库就不太适合。反例包括 XML 数据管理、计算机辅助设计(CAD)、办公室信息系统(OIS)、文档管理系统以及多媒体信息系统。对于这些应用更适合使用其他的数据模型和语言。对象数据库管理系统(对象 DBMS)是这些应用更好的选择,主要由于如下的一些特点【Özsu et al. ,1994b】。

(1) 这些应用需要对更抽象的数据类型(比如,图像、设计文档)进行明确的存储和管理,且用户具有定义它们自己的特殊应用类型的能力。因此,便需要一个能支持用户定义类型的丰富的类型系统。关系系统只针对一种单一的对象类型,也就是一个关系,它的属性来自简单而固定的数据类型领域(比如,数值型、字符型、字符串、日期),它并不能支持专门应用类型的定义和管理。

(2) 关系模型将数据组织成一个相对简单和平面的结构。在平面的关系模型中表示结构化的应用对象,会导致很多对应用程序而言重要的自然结构的损失。比如说,在工程设计应用中,可能需要明确地定义一种车辆对象,其包含一个引擎对象。类似地,在一个多媒体信息系统中,一个超文本对象可能包含一种特殊的视频对象和一个字幕文本对象。这种在应用程序对象之间的"包含"关系并不容易在关系模型中表示,但是在对象模型中就很直接,通过使用**组合对象**(composite objects)和**复杂对象**(complex objects)即可。这个会在后面讨论到。

(3) 关系数据库提供了一种说明型和简单(尚有争议)的语言来访问数据,即 SQL。由于这不是一种计算完整的语言,复杂的数据库应用必须写成通用的嵌入查询语句的编程语言。这会导致著名的"阻抗失配"【Copeland and Maier,1984】问题,也就是因为不同类型系统关系语言和编程语言交互时所导致的差异性。查询语言的概念和类型是典型的一次一个集合方式,它与那些编程语言的一次一个记录的方式不匹配。这导致了 DBMS 函数的出现,比如说游标处理,也就是允许查询语言在数据对象集合上进行循环操作。在对象系统中,复杂的数据库应用可能完全用一种单一的对象数据库编程语言来完成。

在对象 DBMS 中的主要问题是,如何通过解决阻抗失配问题以提高应用程序员的生产力。可以说,上面的需求可以通过关系型 DBMS 得到满足,因为可以把它们直接映射到关系数据库结构中。严格意义上讲,这个是对的;但是,从一个模型的角度出发,它没什么意义,因为它强迫程序员把应用领域中所处理的语义丰富、结构复杂的对象映射到表述简单的结构中。

另一个方面是拓展关系数据库使其具备"面向对象"的功能。这个已经得到解决,由此产生了"对象-关系 DBMS"【Stonebraker and Brown,1999;Date and Darwen,1998】。很多(不是所有)对象-关系 DBMS 中的问题都和它们所对应的对象 DBMS 中的问题类似。因此,在这一章里,我们着重解决在对象 DBMS 中必须解决的问题。

在对上述高级应用的深入研究后,我们发现它们本质上都是分布式的,并且需要分布式数据管理支持。于是这产生了分布式对象 DBMS,这同样也是这章的主题。

在 15.1 节中,我们将提出产生对象模型中的基础对象概念和问题的必要背景。在 15.2 节中,我们将考虑对象数据库的分布式设计。15.3 节会讨论不同种类的分布式对象 DBMS 的架构问题。在 15.4 节,我们将呈现对象管理的新问题,并在 15.5 节着重介绍对象存储问题。15.6 节和 15.7 节会介绍基本的 DBMS 功能:查询处理和事务管理。在这种新的技术背景下,这些问题会有趣地交织在一起。不幸的是,大多数在这个领域的工作都集中在非分布式对象 DBMS 上。因此,我们会提出一个简要的概览,并讨论一些分布式方面的问题。

请注意,我们在本章的重点是基础的对象 DBMS 技术。我们不会讨论诸如 Java 数据对象(JDO),XML 研究的对象模型(特别是 DOM 对象接口)或是面向服务架构(SOA)等实用对象技术的相关问题。这些都需要比本章节更大的空间来细致阐述。

15.1　基础对象概念和对象模型

一个对象 DBMS 是一种使用"对象"作为基础的建模和访问原语的系统。在对象 DBMS 中【Atkinson et al. ,1989；Stonebraker et al. ,1990】有很多组成部分以及如何定义一个"对象模型"的讨论。尽管很多人质疑定义一种对象模型是否可行,就如同在关系模型中的质疑一样,然而,已经有一系列的关系对象模型被提出来。大多数模型的说明都有很多共同的特征,但是这些特征对于每个模型的确切语义都是不相同的。一些标准的对象模型说明融合了一部分语言标准,其中最重要的是由对象数据管理组(ODMG)所研发的一种对象模型(通常称为 ODMG 模型),一种对象定义语言(ODL)以及一种对象查询语言(OQL)[8]【Cattell et al. ,2000】。另一方面,也有在 SQL3(现在称为 SQL:1999)【Melton,2002】中拓展关系模型的方案。在对象模型的建立上,同样有大量的工作【Abadi and Cardelli,1996；Abiteboul and Beeri,1995；Abiteboul and Kanellakis,1998a】。在这节剩下部分,我们会回顾一些在定义对象模型中的设计问题和备选方案。

15.1.1　对象

如上所述,所有的对象 DBMS 都基于**对象**(object)这个基础概念。一个对象表示了系统中将被建模的一个真实实体。最简单地讲,它用一个三元组<OID,state,interface>来表示,其中 OID 是对象的标识,对应的 state 是对象当前状态的一些表示,而 interface 定义了对象的行为。我们将依次介绍它们。

对象标识是一个对象不可改变的属性,它的作用是无论对象的状态如何,在逻辑上和物理上都可以使一个对象和其他对象永久的区分开【Khoshafian and Copeland,1986】。这使得引用对象共享【Khoshafian and Valduriez,1987】成为可能,而它是支持组合及复杂(也就

---

[8]　ODMG 曾经是一个产业联盟,在 2001 年的时候完成了对象数据管理的标准,然后就解散了。现在有很多系统符合该组织制定的标准,请参考:http://www.barryandassociates.com/odmg-compliance.html。

是图)结构的基础(参见 15.1.3 节)。在一些模型中,OID 相等是唯一的比较原语;对于其他类型的比较,类型定义器便用来指定比较的语义。在其他模型中,两个对象只有当它们具有相同的 OID 时,才被称为"**一样**(identical)",而当它们有相同的状态称为"**相同**(equal)"。

一个对象的**状态**(state)普遍被定义为一个原子值或是一个构造性的值(比如,元组或集合)。用 D 表示系统定义的域(比如,整数域)和用户定义的抽象数据类型(ADT)的域(比如公司域)的并集,用 I 表示为对象命名的标识符的域,以及用 A 表示属性名的域。一个**值**(value)的定义为如下:

(1) D 的一个元素是一个值,称为**原子值**(atomic value)。

(2) $[a_1：v_1,\cdots,a_n：v_n]$,其中 a_i 是 A 的一个元素,v_i 是一个值,或者是 I 的一个元素,称为**元组值**(tuple value)。[]是元组构造器。

(3) $\{v_1,\cdots,v_n\}$,其中 v_i 是一个值,或者是 I 的一个元素,称为**集合值**(set value)。{}是集合构造器。

这些模型把对象标识看成值(类似于编程语言中的指针)。集合和元组是我们为数据库应用考虑的重要的构造器。其他的构造器,如链表或数组,都可以加入以提高模型的能力。

例 15.1　考虑如下的模型:

$(i_1,231)$

$(i_2,S70)$

$(i_3,\{i_6,i_{11}\})$

$(i_4,\{1,3,5\})$

$(i_5,[LF：i_7,RF：i_8,LR：i_9,RR：i_{10}])$

对象 i_1 和 i_2 是原子对象,而 i_3 和 i_4 是构造对象。i_3 是一个对象的 OID,其状态包括一个集合。对于 i_4 同样如此。两个的区别在于,i_4 的状态是一个集合,而 i_3 是一组 OID。这样,对象 i_3 引用其他的对象。通过在对象模型中将对象标识符(比如 i_6)看成数值,于是就可以构造出复杂的对象。对象 i_5 有一个以元组作为值的状态,它包括 4 个属性(或实例变量),每个值都是其他对象。　　　　　　　　　　　　　　　　　　　　　　　　　◆

与值不同,对象支持一种明确定义的更新操作,该操作可以改变对象的状态,但却不会改变对象的标识(也就是对象的唯一标志),这一标识是永久不变的。这个与命令式程序语言中的更新很类似,在这样的语言中对象的标识使用主存中的指针实现的。然而,由于对象标识在程序终止后仍然存在,在某种意义上讲,对象标识比指针更普遍。另一个对象标识的作用在于,对象可以不产生数据冗余性而被共享。我们会在接下来的 15.1.3 节中予以介绍。

例 15.2　考虑如下的对象:

$(i_1,Volvo)$

$(i_2,[name：John,mycar：i_1])$

$(i_3,[name：Mary,mycar：i_1])$

John 和 Mary 共享一个为 i_1 的对象(它们都有 Volvo 轿车)。将对象 i_1 的值从"Volvo"改变到"Chevrolet"自动会被对象 i_2 和 i_3 看到。　　　　　　　　　　　　　　◆

上面的讨论抓住了一个模型的结构方面——状态是由一组**实例变量**(instance

variables)(或**属性**(attributes))的值来表示的。模型的行为方面通过**方法**(methods)来捕捉,它定义了在这些对象上所允许的可以控制的操作。方法代表了模型的行为方面,因为它们定义了对象上能够采取的合法操作。一个经典的例子是电梯【Jones,1979】。如果在一个电梯对象上只定义了"上"和"下"两个方法,它们合起来就定义了电梯对象的行为:比如,它可以向上或向下,但是不能平行移动。

对象的**接口**(interface)由它的性质构成。这些性质包括能反映对象状态的实例变量,同时还有在这个对象上定义的,可以被执行的方法。一个对象所有的实例变量和所有的方法并不需要对"外部世界"可见。一个对象的**公共接口**(public interface)可以由它的实例变量和方法的一个子集构成。

一些对象模型采用统一的行为方法。在这些模型中,数值和对象的区别被消除,所有东西都是对象,以此提供统一性,并且在实例变量和方法之间没有区别——它们只有方法(通常称为行为)【Dayal,1989;Özsu et al.,1995a】。

在前面的讨论中,关系模型和对象模型之间有个重要的区别。关系数据库用统一的方式处理数据值。属性值是那些构造结构值(元组和关系)的原子值。在一个基于值的数据模型里,诸如关系模型,数据是通过值来标识的。一个关系通过一个名字来标识,一个元组通过一个键,即值的组合来标识。在对象模型中,对比来看,数据通过它的 OID 来标识。这个区别很重要;在关系模型中对数据的关系建模会导致数据的冗余性,或是在关系模型中引入外键。外键的自动管理需要完整性约束的支持(参照完整性)。

例 15.3　考虑例 15.2。在关系模型中,为达到相同目的,通常可以将属性 mycar 的值设置为"Volvo",也就是当它改变为"Chevrolet"需要更新两个元组。为了降低冗余性,我们仍然可以在另一个关系中用一个元组代表 i_1,且在 i_1 和 i_2 中用外键引用它。回顾一下,这个是 3NF 和 BCNF 规范化的基础。这种情况下,为了消除关系模型中的冗余,需要对关系进行规范化。然而 i_1 可能是一个结构化对象,将它在规范化的关系中表示时可能会很棘手。在这种情况下,即使我们接受冗余性,我们也不能分配它作为属性 mycar 的值,因为关系模型要求属性值必须是原子的。　　　　　　　　　　　　　　　　　　　　　　　　　　◆

15.1.2　类型和类

术语"类型"和"类"已经引起混淆,因为它们有时被替代地使用,而有时又表示不同的东西。在这一章节里,当我们谈到对象模型构造时,我们会更多的使用术语"类",而谈到一个域(比如整数,字符串)的对象时,我们会使用"类型"。

一个类是一组对象的模板,它为那些遵循该模板的对象定义了一个公共的类型。在这种情况下,我们不区分原始系统对象(比如,值),结构化(元组或集合)对象和用户定义对象。通过提供一个相同结构的数据域以及可以应用于这个域中元素的方法,一个类描述了数据的类型。类的抽象能力,通常称为**封装**(encapsulation),它隐藏了方法的具体实现,可以用一个通用的编程语言写成。如前所述,一些类结构和方法的子集(有可能是真子集)组成了公共可见的,属于那个类的对象的接口。

例 15.4　在这一节里,我们会使用一个例子来展示对象模型的能力。我们会为一辆汽车建模,它包含不同的成分(引擎、保险杠、轮胎)并且会储存其他的信息,诸如制造商、模型、序列号等等。在我们的例子中,我们会使用一种抽象语法。尽管 ODMG ODL 比我们的语

法更强大,但是却更复杂,不太适合阐述我们的概念。Car 的类型定义可以用如下的抽象
语法:

```
type Car
    attributes
        engine: Engine
        bumpers: {Bumper}
        tires: [lf: Tire, rf: Tire, lr: Tire, rr: Tire]
        make: Manufacturer
        model: String
        year: Date
        serial_no: String
        capacity: Integer
    methods
        age: Real
        replaceTire (place, tire)
```

这个类定义指出 Car 有 8 个属性和 2 个方法。4 个属性(model、year、serial_no 和
capacity)是基于值的,而其他的(engine、bumpers、tires 和 make)是基于对象的(也就是说把
其他的对象作为自己的值)。属性 bumpers 的值是集合(也就是使用 set 构造函数),而属性
tires 的值是元组,它分别定义了左前(lf),右前(rf),左后(lr)和右后(rr)轮胎。顺便说一
句,我们使用的表示方式是用小写字母表示属性,而大写表示类型。也就是说,engine 是属
性,而 Engine 是系统中的一个类型。

方法 age 使用系统的时间和 year 属性值来计算日期。不过由于这些说明对于对象都
是内部的,因此它们并没有显示在针对用户接口的类型定义中。相反,replaceTire 方法需
要用户提供两个外部的参数:place(在哪里换的轮胎)和 tire(替换的是哪个轮胎)。　　　◆

一个类的接口数据结构可能会非常复杂和巨大。比如说,Car 类有一个操作 age,它获
得今天的日期和一个汽车的生产日期并计算它使用了多少年。它可能具有更复杂的操作,
比如说,基于时间年限计算一个促销价格。类似地,一个具有复杂内部结构的长文档可能被
定义为一个类,其操作为文档管理所专用。

一个类有一个**外延**(extent),就是符合类规范的所有对象的集合。在一些情况下,一个
类的外延可以物化并维护,但是这个并不是所有类的需求。

类提供了两个主要的优势。首先,系统提供的原始类型可以很轻松地扩展到用户定义
的类型。由于在关系概念中没有遗传的约束,因此这样的可扩展性可以运用在关系模型里
【Osborn and Heaven,1986】。第二,类操作能捕获部分和数据紧密相关的应用程序。因此,
它可以同时建模数据和操作。不过,这个并不意味着操作是和数据是存储在一起的,它们很
可能存储在操作库中。

在结束这节以前,我们介绍另一个概念,即群,它在一些对象模型中明确地得到使用。
群(collection)是对于对象的分组。从某种意义上讲,一个类的外延就是一种特殊类型的
群——它收集了所有符合一个类的对象。然而,群可以更加地广义,且可以基于用户定义的
谓词。比如说,查询的结果是对象的群。大多数对象模型没有明确的群概念,但是你也可以
说它们很有用【Beeri,1990】,特别是因为群提供了清晰的查询模型的语义闭包,并且有助于

用户视图的定义。在 15.1.4 节介绍子类型和继承后，我们会再来介绍类和群的关系。

15.1.3　组合（聚合）

　　就目前我们讨论的例子而言，一些实例变量是基于数值的（也就是其域是简单值），比如说像例 15.3 中的 model 和 year；而其他的是基于对象的，比如 make 属性，其域是类型 Manufacturer 的对象集合。在这种情况下，类型 Car 就是一种组合类型，而它的实例称为**组合对象**（composite objects）。组合是对象模型中功能最强的特征之一。由于对象将它们的 OID 作为基于对象属性的数值来相互"引用"，因此组合允许对象共享，就是通常所指的**引用共享**（referential sharing）。

　　例 15.5　我们如下重新修改例 15.3。假定 c_1 是例 15.3 中定义的 Car 类型的一个实例。如果如下为真：

　　$(i_2,$［name：John，mycar：c_1］$)$

　　$(i_3,$［name：Mary，mycar：c_1］$)$

这意味着 John 和 Mary 都拥有同样的车。　　　　　　　　　　　　　　　　　　　　　◆

　　在组合对象上增加限制就产生了**复杂对象**（complex objects）。组合对象和复杂对象的区别在于，前者允许引用共享，而后者不允许[⑨]。比如说，Car 类型可能有一个属性，其域是类型 Tire。对于两个 Car 类型的实例，c_1 和 c_2，同时引用同样的 Tire 实例集是不符合自然规律的，因为在现实生活中，一个轮胎不可能同时用在多个汽车上。组合对象和复杂对象之间并不总是予以区分，但这一区分却是重要的。

　　类型间的组合对象关系可以通过**组合（聚集）图**（composition(aggregation) graph）（或是**在复杂对象的组合（聚集）层次**（composition(aggregation) hierarchy））来表示。类型 T_1 的实例变量 I 到类型 T_2 之间存在一条边，如果实例变量 I 的域是 T_2。在接下来的章节里，我们会介绍组合图所带来的一些问题。

15.1.4　子类划分和继承

　　通过让系统来定义和管理由用户定义的类，对象系统提供了可扩展性。这由两种方式来实现：通过使用类型构造器定义类，或基于已有类的**子类划分**（subclassing）过程来定义类[⑩]。子类划分是以类（或它们定义的类型）之间的特殊化的关系为基础的。如果类 A 的接口是另一种类 B 接口的超集，那么类 A 是类 B 的**特化**（specialization）。因此，特化的类会比被特化的类定义的更清晰（或更加具体）。一个类可以是若干类的特化，它被明确地指定为这些类的子集的一个**子类**（subclass）。一些对象模型要求一个类只能被指定为仅仅一个类的子类，在这种情况下模型支持**单子类划分**（single subclassing）；其他的允许**多子类划分**（multiple subclassing），就是一个类可能被指定为多于一个类的子类。子类划分和特化指出了在类（类型）之间的一种 **is-a** 的关系。在上面的例子中，A **is-a** B 产生了**可替换性**

---

　　⑨　组合和复杂对象之间并不总是加以区别的，术语"组合对象"常用来同时指两者，一些作者颠倒了组合和复杂对象的定义。我们会在本章中前后一致的使用此处使用的术语定义。

　　⑩　这也同样被称为**子类型划分**（subtyping）。我们是用"子类划分"以便和我们的术语保持一致。不过，由于在 15.1.2 节中每个类定义了一种类型，因此术语"子类型划分"是同样是合适的。

(substitutability),即:在任何的表达中,一个子类(A)的实例可以被它的任何一个**超类**(superclasses)(B)的实例所替换。

如果支持多子类划分,类系统会形成一个能用图表示的半格。在很多情况下,类系统中只有一个单一的根,也就是最不具体的类。然而,多个根也是可能的,比如说在 C++ 中【Stroustrup,1986】,它就产生了多图的类系统。如果仅允许单一子类划分,如 Smalltalk 中一样【Goldberg and Robson,1983】,那么类系统就是一棵树。一些系统也定义了最特殊的类型,它形成了完全格的底部。在这些图/树中,如果 A 是 B 的子类型之一,那么存在一条从类型(类)A 到类型(类)B 的一条边。

一个类结构形成了对象数据库中的数据库模式。它以简洁的形式,为类型之间的共同性质以及它们之间的区别提供了建模的手段。

一个类是另一个类的子类的说明将产生**继承**(inheritance)。如果类 A 是类 B 的子类,那么它的性质则由自身定义的性质以及从类 B 所继承下来的性质所共同组成。继承允许重用。子类可以继承超类的行为(接口),或是它的实现,或是两者都继承。基于类型间的子类关系,我们将讨论单继承和多继承。

例 15.6　考虑我们之前定义的类型 Car。一辆车可以建模为一种特殊类型的 Vehicle。因此,我们可以定义 Car 为 Vehicle 的子类型,其他的子类有 Motorcycle、Truck 和 Bus。在这种情况下,Vehicle 可以为它们所有的公共性质提供定义:

```
type Vehicle as Object
   attributes
     engine: Engine
     make: Manufacturer
     model: String
     year: Date
     serial_no: String
   methods
     age: Real
```

Vehicle 被定义为 Object 的一个子类。我们假定 Object 是类格的根,其公共方法有 Put 或 Store。Vehicle 定义了 5 个属性和 1 个方法,其中这 1 个方法获取制造的 date 和今天日期(两个都是系统定义类型 Date)并返回一个实数值。显然,在例 15.3 中,Vehicle 是 Car 的一种一般化。Car 现在可以如下定义:

```
type Car as Vehicle
   attributes
     bumpers: {Bumper}
     tires: [LF: Tire, RF: Tire, LR: Tire, RR: Tire]
     capacity: Integer
```

尽管 Car 只定义了两个属性,但它的接口和例 15.3 中给出的定义一样。这是因为 Car **is-a** Vehicle,因此继承了 Vehicle 的属性和方法。　　　　　　　　　　　　　◆

子类划分和继承允许我们讨论一个和类与群相关的问题。如我们在 15.1.2 节中定义的一样,每个类的外延都是一组符合类定义的对象。对于子类划分,我们需要很谨慎——类扩展包含那些直接符合它定义的对象,其称为**浅外延**(shallow extent),以及它子类型的外延叫**深外延**(deep extent)。比如说,在例 15.6 中,Vehicle 的外延包括所有的 Vehicle 对象(浅外延)以及所有 Car 对象(Vehicle 的深外延)。这样的结果是,一个类的外延中的对象在子类划分和继承方面都是同构的,它们都是超类的类型。相反,一个用户定义的群可能是异构的,因为它能够包含和子类划分不相关的类型的对象。

15.2　对象的分布设计

回忆一下第 3 章,分布式设计的两个重要概念是分片和分配。在这一节中,我们将类比的考虑,在对象数据库中,如何解决分布式设计的问题。

方法和对象状态的封装给对象的分布式设计带来了新的困难。一个对象是由它的状态和方法所定义的。我们可以将状态、方法定义及方法的实现进行分片。此外,在类外延中的对象同样可以分片并放置在不同站点上。每种办法都会产生很有趣的问题。比如说,如果仅仅在状态上进行分片,是在每个分片上复制方法,还是对方法也进行分片?对象的位置和有关它们的类的定义也将成为一个问题,存在同样问题的还有属性的类型(实例变量)。如 15.1.3 节所讨论的那样,一些属性的域可能是其他的类。因此,关于一个属性的类的分片可能对其他类产生影响。最后,如果方法的定义同样也被分片,那么则有必要区分简单方法和复杂方法。简单方法是那些不调用其他方法的方法,而复杂方法就是会调用其他方法的方法。

类似关系模型的情况,有三种基本分片方法:水平的、垂直的和混合的【Karlapalem et al.,1994】。此外,除了这两种基本的情况,还有诱导水平划分,关联水平划分和路径划分【Karlapalem and Li,1995】。诱导水平划分和它在关系数据库中对应的划分有相同的语义,我们将在 15.2.1 节中进一步介绍。关联水平划分和诱导水平划分很像,除了它没有"谓词从句",比如中间项谓词,及对象实例的限制。路径划分将在 15.2.3 节中讨论。在剩下的章节中,为了简单,我们假定采用一个基于类的对象模型,并且不对类型和类加以区分。

15.2.1　类的水平分片

对象数据库中的水平分片和在关系数据中的水平分片有很多共同点。对象数据库中的自主式水平分片方法和关系数据库中一模一样。不过,诱导分片有些不同。在对象数据库中,诱导水平分片可以如下方式的进行。

(1) 一个类的分片来自于它子类的分片。这种情况会当一个更为特殊的类被分片时发生,因为这种分片应该反映在更为一般的类上。显然,由于根据一个子类的分片可能会跟其他子类发生冲突,因此这里必须很谨慎。由于这种依赖性,我们可以从最特殊的类开始分片,沿着类格向上移动,并在超类上反映出效果。

(2) 对一个复杂属性的分片可能会影响包含它的类的分片。

(3) 基于一个方法调用另一个方法的调用序列的类的分片可能需要在设计中反映出来。在前面定义过的复杂方法的情况下就会发生这种情况。

让我们开始讨论最简单的情况:即一个具有简单属性和方法的类的分片。在这种情况下,自主式水平分片可以根据类上定义属性的谓词来进行。划分很简单：假定要划分类 C,我们建立类 $C_1,\cdots,C_n$,每个以 C 为实例,且满足特定的划分谓词。如果这些谓词互斥,那么类 $C_1,\cdots,C_n$ 就是不相交的。在这种情况下,定义 $C_1,\cdots,C_n$ 为 C 的子类是可行的,且将 C 的定义改变为一个**抽象类**(abstract class)——不需要明确外延的类(就是没有它自己的实例)。即使这是强制实行的子类型划分的定义(因为子类并不比它的超类更特殊),它仍然被很多系统所采用。

如果划分的谓词并不互斥,便会产生一些麻烦。这种情况下,并没有完美的解决方案。一些对象模型允许每个对象属于多个类。如果这个是一个可选项,那么就可以用来解决这个问题。否则,需要定义"重叠类"来保存满足多谓词的对象。

例 15.7　考虑如下 Engine 类在例 15.6 中的定义：

```
Class Engine as Object
   attributes
      no_cylinder: Integer
      capacity: Real
      horsepower: Integer
```

在这个对 Engine 简单的定义中,所有属性都是简单的。考虑如下的划分谓词：

p_1 : horsepower$\leqslant$150

p_2 : horsepower$>$150

在这种情况下,Engine 可以划分为两个类,Engine1 和 Engine2,它继承了所有 Engine 类的性质。而 Engine 类被重新定义成了抽象类(也就是,一个在它浅外延中不能有任何对象的类)。基于 horsepower 的属性值,Engine 的对象被分布在 Engine1 和 Engine2 上。　◆

我们应该首先注意到,这个例子指出了对象模型的显著优点——我们可以明确的指出,Engine1 类的方法仅仅涉及了那些小于等于 150 的马力。因此,我们可以让分布更明确(状态和行为),而这个在关系模型中是做不到的。

这种自主式水平划分被运用在系统中所有那些需要分片的类上。在这个过程的最后,我们可以得到每个类的分片模式。不过,这些模式并不反映出作为子类分片(如上面例子所述)的诱导分片的效果。因此,下一步是如何通过运用前面步骤中的谓词集合,为每个超集产生一组诱导片段。从本质上,这需要从子类到超类分片决策的传播。这一步的输出是第二步中产生的自主式片段集合和第三步产生的诱导片段集合。

最后的步骤是用一致的方式将两个片段集合组合起来。最终一个类的水平分片是由那些同时运行在一个类和运行在它子类的应用所访问的对象所组成的。因此,我们必须决定最佳的自主式片段,并把每个类的诱导分片结合起来。可以使用一些简单的启发式策略,比如选择最小或最大的自主式片段,或是那些覆盖最多诱导片段的自主式片段。不过,尽管这些启发式规则简单而直观,但是它们并不能捕捉到任何关于分布式对象数据库的定量信息。因此,更精确的方法应该是基于一种片段之间的亲和度测量。其结果是,片段会和那些具备最高亲和度的片段连结起来。

我们现在考虑对那些基于对象实例变量(即某些实例变量的域是另一个类)的类进行水平划分,不过所有的方法都很简单。在这种情况下,类之间的组合关系便发挥作用。从某种意义来说,组合关系构建了我们在第 3 章中所讨论的属主-成员关系：如果类 C_1 有一个属

性 A_1,它的域是类 C_2,那么 C_1 就是属主,而 C_2 是成员。因此,如第 3 章所述,对 C_2 的分解遵从和诱导水平划分相同的原则。

目前为止,我们仅考虑了针对属性的分片,因为其方法很简单。现在我们考虑复杂的方法,这里需要谨慎一些。比如说,假设所有属性都是简单的,但方法是复杂的情况。在这种情况下,基于简单属性的分片可以像上面那样进行。不过,对于方法,在编译的时候就有必要决定哪些对象会被一个方法调用所访问到。这个可以通过静态分析来完成。显然,如果被调用的方法包含在调用方法的同一个片段中,那么就能达到最佳的性能。优化需要在同一个片段中定位一起被访问的对象,因为这个能够最大化本地相关的访问并最小化本地无关的访问。

最复杂的情况是,一个类有复杂的属性和复杂的方法。在这种情况下,子类型划分关系,聚合关系和方法调用关系都必须被考虑到。因此,其分片方法是上面所有方法的并集。我们需检查类若干次,生成一系列的片段,并使用基于亲和度的方法来合并它们。

15.2.2　类的垂直分片

垂直分片相当的复杂。给定一个类 C,将它垂直分片为 C_1,…,C_m 产生了一系列类,每个类包含一些属性和一些方法。因此,每个分片都比原始类定义的更少。其中,一些问题需要被解决,包括,在原始类超类和子类及片段类之间的子类型划分关系,片段类它们之间的关系,以及方法的位置。如果所有的方法都是简单的,那么这些方法能很轻松地划分。不过,当不是这个情况时,这些方法的位置便成为一个问题。

对象数据库中,已经提出了基于亲和度的关系垂直分片自适应方法【Ezeife and Barker,1995,1998】。然而,垂直分片对封装的破坏,会带来对对象 DBMS 中是否适宜垂直分片非常大的质疑。

15.2.3　路径划分

组合图代表了组合对象的一种表示。对于很多应用,访问完整的组合对象是很有必要的。路径划分是一种概念,表示形成一个组合对象所有的对象聚集到一个划分中。一个路径划分通过把所有域类的对象分成一组来完成,这些域类和以复杂对象为根的子树中的实例变量相对应。

一个路径划分可以表示为节点的层次关系,以形成结构化索引。每个索引的节点指向组成对象的域类中的对象。因此,索引包括了指向组合对象的所有组成对象的引用,以此消除了遍历类组成层次的必要。结构索引的实例是一个指向一个组合类的所有构件对象的 OID 集合。结构索引是一种对象数据库模式的正交结构,其中,它将一个组合对象的所有构成对象的 OID 组合起来,以形成一个结构化的索引类。

15.2.4　类的分片算法

类的分片中的主要问题是如何通过减少不相关的数据访问,来提高用户查询和应用程序的性能。因此,类分片是一种逻辑数据库设计技术,它基于应用的语义来重新构造对象数据库模式。应该注意到,类分片比关系分片更复杂,都是 NP-完全问题。对类分片的算法有基于亲和度的方法和代价驱动的方法。

15.2.4.1　基于亲和度的方法

在 3.3.2 节中曾提到,属性间的亲和度是用来进行关系的垂直分片的。类似地,实例变量和方法之间的亲和度,以及多个方法之间的亲和度可以用作水平和垂直类划分的标准。已经提出了一些水平和垂直类划分算法,它们基于简单或者复杂的实例变量和方法【Ezeife and Barker,1995】。一个复杂的实例变量是一种基于对象的实例变量,并且它是类的组成层次的一部分。一个备选方法是一种方法诱导的分片模式,它采用方法语义并恰当的生成匹配方法数据需求的片段【Karlapalem et al.,1996a】。

15.2.4.2　代价驱动的方法

尽管基于亲和度的方法提供了"直观"上优秀的分片模式,但是已经证明这些分片模式并不一定能够最大程度地降低在处理一组应用中对磁盘的访问【Florescu et al.,1997】。因此,在面向对象的数据库中,已经研究出处理查询【Florescu et al.,1997】和方法【Fung et al.,1996】的磁盘访问数量的代价模型。此外,【Fung et al.,1996】也提出一种同时使用了亲和度方法(初始的解决策略)和代价驱动的方法(进一步提炼的解决方案)——启发式的"爬山法"。这个工作也为复杂对象查询构建了结构化的连结索引层次,且研究了它对于指针查询和其他方法,诸如连结索引层次,多索引及访问支持关系(见下一节)的有效性比较。每种结构化连结索引层次都是路径片段的物化,并加快了它对于复杂对象和组件对象的直接访问。

15.2.5　分配

对象数据库的数据分配包括对方法和类的分配。由于封装,方法的分配问题和类的分配问题紧密地耦合在一起。因此,对类的分配就意味着要将方法分配到它们对应的类的位置上。不过,由于面向对象的数据库应用会调用方法,因此方法的分配会影响应用的性能。不过,方法的分配需要访问不同站点的多个类,而这是目前还没解决的问题。4 个可选的方案如下【Fang et al.,1994】。

(1) 本地行为:本地对象。这个是最简单的情况,我们把它放在这里作为比较的基准线。因为对象要使用的行为和调用参数位于同一位置。因此,不需要特殊的机制来处理这种情况。

(2) 本地行为:远程对象。这种情况是当行为和对象在不同的站点上。解决这个问题有两种办法。一种方法是把远程的对象移动到行为所在的位置。第二种是将行为的实现传输到对象所在的站点上。如果接收的站点可以运行代码,这个是可行的。

(3) 远程行为:本地对象。这个是情况 2 中的相反情况。

(4) 远程函数:远程调用参数。这个是情况 1 中的相反情况。

对于类片段的静态分配,提出了使用图划分技术的基于亲和度算法【Bhar and Barker,1995】。不过,这些算法并没有解决方法分配问题,且没有考虑方法和类之间的相互依赖性。这个问题可以通过方法和类分配的迭代策略来解决【Bellatreche et al.,1998】。

404 分布式数据库系统原理(第 3 版)

15.2.6 复制

数据复制为设计问题增加了一个新的需要考虑的维度。独立对象,对象类或对象群都可以是复制的单元。毋庸置疑的是,其决策至少部分依赖于对象模型的。类型说明是否放置在每个站点,也可以看成是复制的问题。

15.3 架 构 问 题

对象 DBMS 首选的架构模型是客户/服务器。我们已经在第 1 章中讨论了这些系统的优势。和这些系统相关的设计问题会因为对象模型的特征而更加复杂。主要的考虑如下。

(1) 由于数据和过程都封装成对象,在客户端和服务器之间的通信单元便是个问题。这个单元可以是一个页、一个对象或是一组对象。

(2) 和上面问题紧密相关的是客户端和服务器所提供功能的设计决策。由于对象并不是简单的无源数据,因此它格外的重要。同时,有必要考虑对象方法在哪个站点上执行。

(3) 在关系的客户/服务器系统中,客户端仅仅传递查询到服务器,并在服务器上执行,再把结果表格发送回客户端,这就是**功能传输**(function shipping)。在对象客户/服务器 DBMS 中,它可能不是最好的方法,这是因为应用程序对组合/复杂对象结构的导航可能会导致数据被传输到客户端(称为**数据传输系统**(data shipping systems))。由于数据是被多个客户端所共享,为了保证数据一致性,客户端的快速缓存的缓冲区管理便成为了一个严重的问题。由于客户端缓存的数据可以被多个客户端共享,客户端缓存缓冲区管理和并发控制紧密相关,因此必须加以控制。很多商用的对象 DBMS 使用带锁的并发控制,因此他们的基础的架构问题是锁的布局,以及锁是否被客户端缓存。

(4) 由于对象可能是组合的或是复杂的,因此当一个对象被请求时,很有必要提前获取组件对象。关系客户/服务器系统并不从服务器上提前获取数据,但是对于对象 DBMS 它却可能是个有效的方法。

这些考虑需要回顾一些对所有 DBMS 的共同问题和一些新问题。我们会在三个小节中探讨这些问题:会在本节中讨论和架构设计(架构方案,缓冲区管理和缓存一致性)相关的内容;在 15.4 节讨论和对象管理(对象标识管理,指针转换和对象迁移)相关的内容;存储管理问题(对象聚簇和垃圾回收)会在 15.5 节被涉及。

15.3.1 可选的客户/服务器架构

已经提出了两种主要的客户/服务器类型:对象服务器和页服务器。它们之间的区别体现在两方面,一是是基于客户端和服务器之间传输数据的粒度,二是基于客户端和服务器所提供的功能。

第一种方案是客户端从服务器请求"对象",服务器从数据库中查询并把结果返回给查询客户端。这些系统被称为**对象服务器**(object servers)(图 15.1)。在对象服务器中,服务器承担大部分 DBMS 服务,而客户端提供应用程序基本的执行环境,以及一定层次的对象管理功能(将在 15.4 节中讨论)。对象管理层同时复制在客户端和服务器端,以允许其同时处理对象功能。对象管理器管理一组功能。首要的是,它提供了方法执行的环境。服务器和客户端对象管理器的重复使得方法能够同时在服务器和客户端执行。在客户端执行方法可能会调用其他方法的执行,而这些方法可能并没有连同对象传输到服务器上。这种类型方法执行的优化是一个重要的研究问题。对象管理器同时会处理对象标识的实现(逻辑、物理和虚拟的)和对象的删除(显式的删除或垃圾回收)。在服务器端,它同样提供对象聚簇和访问方法的支持。最后,在客户端和服务器上对象管理器实现了一个对象缓存(附加在服务器上的页缓存)。对象在客户端被缓存,以通过本地化访问来提高系统性能。当且仅当对象不存在于它的缓冲中时,客户端会访问服务器。用户查询的优化和用户事务的同步都在服务器上执行,而客户端只接收结果对象。

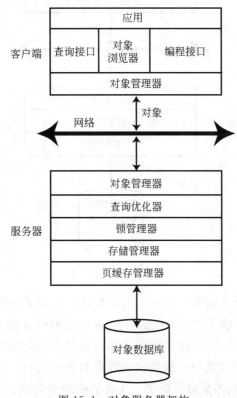

图 15.1　对象服务器架构

在这些架构中,服务器没有必要发送单一的对象到客户端。如果适宜,它们可能发送一组对象。如果客户端没有发送任何预先提取指令,那么就发送存储在磁盘上的一个连续空间的一组对象【Gerlhof and Kemper,1994】。否则,这组对象可能包含来自不同页的对象。依据组命中率,客户端可以动态的增加或减小组大小【Liskov et al.,1996】。在这些系统中,需要处理一个复杂的问题:客户端如何把更新后的对象返回到客户端。这些对象必须被放置在它们对应的数据页上(称为**主页**(home page))。如果对应的数据页并不存在于系统缓冲区中(比如说,如果服务器已经将它强制写出到磁盘上),那么服务器必须执行一个安装读入(installation read)来将这个对象重新装载到主页中。

　　另一种组织方式是**页服务器**(page server)客户/服务器架构。其中,在服务器和客户端之间传递的单元是一个物理的数据单元,比如一个页或段,而不是一个对象(图 15.2)。页服务器架构将客户端和服务器的对象处理服务分割开。实际上,服务器并不处理对象,只是作为"增值"的存储管理器。

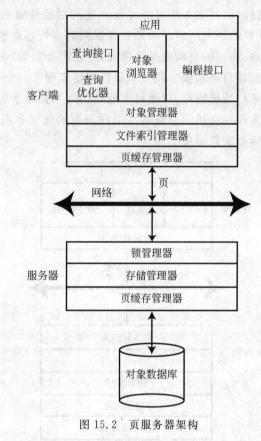

图 15.2　页服务器架构

　　早期的性能研究(比如,【DeWitt et al. ,1990】)倾向于页服务器架构而不是对象服务器架构。事实上,这些结果影响了整整一代的研究,使得研究的重点关注在基于页服务器对象DBMS 的最优化设计方面。然而,这些并不是最终的结果,因为它们的结果表明页服务器架构只有在数据聚簇模式[⑪]和用户访问模式相匹配时才会更优,而对象服务器则在用户数据访问模式和聚簇模式不相匹配时会更优。这些早期的研究被进一步限制在单一客户/单一服务器以及多客户端/单一服务器环境的范畴。因此,在得到最终结论之前,很有必要开展进一步的深入研究。

　　因为服务器和客户端都保存页缓冲,并且一个对象的表示从磁盘直至用户接口都完全相同,因此页服务器简化了 DBMS 代码。这样一来,更新对象可以仅在客户端缓存中发生,而当页从客户端外写到服务器上时,这些更新会反映在磁盘上。页服务器的另一个优势是它们可以完全利用客户端在执行查询和应用时的能力。因此,服务器成为瓶颈的机会就更

　　[⑪]　聚簇是一个我们会在这章后面讨论的问题。简单地讲,它表示对象该如何放置在物理磁盘页上。由于组合和复杂对象,这个在对象 DBMS 中是个非常重要的问题。

小。服务器只执行一个有限的功能,因此可以服务很多客户端。设计能够在服务器和客户端之间分配工作负载的查询优化程序也是可能的。页服务器还可以利用操作系统甚至是硬件功能来处理特定的问题,比如说,指针转换(见 15.4.2 节),因为其操作单元统一都是一个页面。

直观地看,若服务器理解"对象"的概念,那么它就应该有显著的性能优势。其中之一就是服务器可以对对象使用锁和日志功能,使得更多的客户端能访问到相同的页。当然,这仅仅只和小于一个页的小对象相关。

第二个优势是通过服务器上的过滤器,为客户端的数据传输节省开销的潜力。只要服务器能执行一些操作,这个便是可能的。请注意,这里的考虑不是关于发送一个对象相对于一个页面的代价,而是在服务端过滤对象,这些对象的发送与发送所有对象所在页面的对比。这正是关系客户/服务器系统所做的工作,关系服务器负责优化和执行整个客户端所发来的 SQL 查询。不过,在对象 DBMS 中,情况没有那么简单,因为应用会将查询访问与对象到对象的导航相混合。通常情况下,在服务器端执行导航并不是好主意,因为这样做会在应用和服务间带来连续的交互,对每个对象带来一次远程对象调用(RPC)。实际上,早期的研究更倾向于页服务器,因为它们主要考虑到包括对象到对象的高代价的导航工作。

解决导航问题的一个可靠办法是将用户的应用程序代码传输到服务器端,并在那里执行。这个是 Web 访问通常所做的方法,其服务器仅仅作为存储。代码传输比数据传输会更廉价。不过,这个需要特别的注意,由于用户代码可能会不安全,便可能威胁到 DBMS 的安全性和可靠性。一些系统(比如 Thor【Liskov et al.,1996】)使用安全的语言来克服这个问题。此外,由于在客户端和服务器之间执行被分割开,数据同时在服务器和客户端的缓存中,因此它的一致性便成了一个问题。无论如何,涉及在客户端和服务器共同执行查询/应用的"函数传输"方法必须考虑处理混合的工作负载问题。当系统改变为 P2P 架构时,在不同机器上如何实现执行的分布同样需要考虑。

显然,两种架构都有其优点和缺点。有一些系统可以从一种架构改变为另一种架构——比如说,O_2 会以页服务器的模式运行,但是如果页面的冲突上升,它就会切换到对象传输模式。很不幸的是,即使已有的研究能提供有趣的观察,但它们并没有建立起这两者之间明确的性能权衡。而对于多媒体文档,由于一些对象可能跨多个页,因此问题会变得更加复杂。

15.3.1.1 客户端缓冲区管理

客户端可以管理一个页面缓冲区、一个对象缓冲区或是一个双重(即页面/对象)缓冲区。如果客户端有一个页面缓冲区,那么每当发生页面错误或者页面强制性外写,整个页面都会被读或写。对象缓冲区可以读/写单个对象,并允许应用程序进行对象到对象的访问。

对象缓冲区管理更细粒度的访问,因此,可以获得很高的并发性。不过,由于缓冲区可能无法适应完整的多个对象,因此它们可能会碰到缓冲区碎片,从而留下一些未使用的空间。页面缓冲区不会遇到这种问题,但是如果聚簇在磁盘上的数据没有匹配上应用数据访问模式,那么页面会包含很多未访问的对象,并会用光宝贵的缓冲区空间。在这些情况下,一个页面缓冲区会比对象缓冲区的利用率更低。

为了同时实现页面和对象缓冲区的优势,【Kemper and Kossmann,1994;Castro et al.,

1997】提出了双页面/对象缓冲区。在一个双缓冲系统中,客户端将页面加载到页面缓冲区中。不过当客户端强制性外写一个页面时,通过将对象拷贝到对象缓冲区,它将有用的对象保留下来。因此,客户端缓冲管理器试图从聚簇不好的页面中保留聚簇良好的页面和独立的对象。客户端缓冲管理器保留那些跨越事务边界(通常指的是**事务间的快速缓存**(inter-transaction caching))的页面和对象。如果客户端使用一个基于日志的恢复机制(见第 12 章),它们同样会在数据缓冲区基础上再管理一个驻留内存的日志缓冲区。而数据缓冲区使用一种最近最少使用(LRU)方法的变种来管理,日志缓冲区通常使用一个先进先出的缓冲替代策略。在集中式 DBMS 缓冲管理中,决定所有在一个站点的客户端事务是否共享缓冲区,或者每个事务是否保留它各自私有的缓冲区,都是非常重要的。系统目前的趋势是既有共享缓冲又有私有缓冲【Carey et al.,1994;Biliris and Panagos,1995】。

15.3.1.2　服务器缓冲区管理

在对象客户/服务器系统中,缓冲区管理问题和它在关系数据库没有太大的区别,因为其服务器通常管理的是页面缓冲区。尽管如此,我们仍然会因为完整性考虑而在这里简要的讨论一下。页面缓冲区中的页面轮流发送到客户端,以满足它们的数据需求。一个分组对象服务器通过拷贝必要的相关服务器缓冲页面来构造对象组,并且发送对象组到客户端。在页层缓冲区之上,服务器同样可以保持一个修改的对象缓冲区(MOB)【Ghemawat,1995】。一个 MOB 保存已经更新并返回给客户端的对象。这些更新的对象必须放置在它们对应的数据页上,这些数据页可能需要如先前所述那样安装读取。最后,修改页必须被写回到磁盘上。一个 MOB 允许通过对安装读和安装写的批处理操作,为服务器均摊它的磁盘 I/O 代价。

在一个客户/服务器系统中,由于客户端通常承担了更多的数据请求(即系统有更高的缓存命中率),服务器缓冲区通常表现得像一个状态缓冲区而不是缓存。反过来,这对于服务器缓冲区替换策略有重要影响。由于希望能够最小化客户和服务器缓冲区的数据复制,所以**带歧视的 LRU**(LRU with hate hints)缓冲区替换策略在服务器端得到了使用【Franklin et al.,1992】。服务器会将那些存在于客户端缓冲区的页面标记为**歧视的**(hated)。这些页面首先从服务器的缓冲区中替换出,然后对剩下的页面使用标准的 LRU 缓冲替换策略。

15.3.2　缓存一致性

在任何数据传输系统中,只要把数据移动到客户端,缓存一致性都是一个问题。因此,在这里讨论的问题的总体框架同样在关系客户/服务器系统中也存在。不过,在对象 DBMS 中,其问题具有在独特的方面。

DBMS 缓存一致性的研究和并发控制(见第 11 章)紧密相关,因为缓存数据可以并发的被多个客户端所访问,并且锁可以连同数据一样在客户端被缓存。DBMS 缓存一致性算法可以分为基于回避和基于检测两种【Franklin et al.,1997】。**基于回避算法**(Avoidance-based algorithms)通过确保客户端不能更新一个正在被其他客户端所读的对象,来阻止对陈旧缓存数据[12]的访问。因此,它们保证陈旧数据不会出现在客户端缓存中。**基于检测算**

---

[12]　当客户端缓存中的一个对象已经被其他客户端更新且提交时,则这个对象称为**陈旧**(stale)的。

法(Detection-based algorithms)允许对陈旧缓存数据的访问,因为客户端可以更新那些正在被其他客户端所读的对象。然而,基于检测的算法在提交的时候会执行一个验证步骤,以满足数据一致性需求。

基于回避和基于检测的算法根据它们通知服务器时写操作的执行,依次可以分为**同步**(synchronous)的、**异步**(asynchronous)的或**延迟**(deferred)的。在同步算法中,当它想要执行一个写操作时,客户端会发送一个锁提升的消息,并且直到服务器响应之前它都处于阻塞状态。在异步算法中,客户端在它写操作时发送一个锁提升的消息,但是并不会由于等待服务器的响应而阻塞(它乐观的继续)。在延迟算法中,客户端乐观地将它的写操作推迟到提交的那一刻。在延迟模式下,客户端们将它们所有的锁提升请求分组,并在提交的时候一起发送给服务器。因此,相比同步和异步算法,延迟缓存一致性方法具有较低的通信开销。

以上的分类会形成算法设计空间的 6 种可行方案。对于如何衡量不同算法的长处和弱点已经有了不少的研究。总体来说,对于数据缓存系统,针对事务间的数据和锁进行缓存的方法已被认同为强化性能的优化方案【Wilkinson and Neimat,1990;Franklin and Carey,1994】,因为它能降低客户端与服务器通信的次数。从另一个角度说,对于大多数的用户工作负载,在更新过程中,相比将更新值传播到远程客户端站点上,对远程缓存复制的无效化会更优【Franklin and Carey,1994】。已经提出了动态执行无效化或更新传播的混合算法【Franklin and Carey,1994】。此外,通常来讲,在页和对象级的锁之间进行切换要优于仅仅使用页级的锁的方法【Carey et al.,1997】,因为它能提高并发的级别。

下面我们讨论设计空间的每种方法,并评论它们的性能特征。

- 基于回避的同步算法:回调-读锁(CBL)是最普通的基于回避的同步缓冲一致性算法【Franklin and Carey,1994】。在这个算法中,客户端在事务过程中保留读锁,但是它们在事务结束的时候释放写锁。客户端发送锁请求到服务器,并在服务器响应之前处于阻塞状态。如果客户端在一个页面上请求写锁,但该页面已经被其他客户端所缓存,那么服务器会发送回调消息,以请求远程客户端释放它们在页上的读锁。回调-读保证了一个较低的事务取消率,通常比基于回避的延迟算法、基于检测的同步算法及基于检测的异步算法更加高效。

- 基于回避的异步算法:基于回避的异步缓存一致性算法(AACC)并没有同步算法中的消息阻塞代价。客户端发送锁释放的消息到服务器,并继续处理应用。通常情况下,像这种乐观的方法会带来很高的事务取消率,而这种取消率却在基于回避的算法中得到了降低,因为一旦系统意识到更新,服务器就会对远程客户端的陈旧缓存对象立即进行无效化处理。因此,相比下一节要介绍的基于回避的延迟算法,异步算法拥有更低的死锁事务取消率。

- 基于回避的延迟算法:在缓存一致性家族中,乐观的两阶段加锁(O2PL)是一种基于回避的延迟算法【Franklin and Carey,1994】。在这些算法中,客户端批处理它们的锁释放请求,并在提交时发送到服务器上。如果其他的客户端正在读取更新对象,服务器就会阻塞住更新客户端。随着数据竞争程度的加剧,O2PL 算法相比CBL 算法倾向于产生更高的死锁事务取消率。

- 基于检测的同步算法:对两阶段加锁(C2PL)进行缓存是一种基于检测的同步缓存一致性算法【Carey et al.,1991】。在这个算法中,一旦它们访问在自己缓存中的页面,客户端便会联络服务器,以保证这些页面不会陈旧或不被其他客户端所写。C2PL 的性能总体上比 CBL 和 O2PL 算法要差,因为它并不缓存跨事务的读锁。

- 基于检测的异步算法:带通知的无等待加锁(NWL)是一种基于检测的异步算法【Wang and Rowe,1991】。在这种方法中,客户端发送锁释放请求到服务器,但是乐观的假定它们的请求都会成功。在客户端事务提交后,服务器会将已更新的页传播到其他所有缓存了受影响页面的客户端上。NWL 算法的性能要低于 CBL。

- 基于检测的延迟算法:自适应乐观并发控制(AOCC)是一种基于检测的延迟算法。已经显示,如果客户端事务状态(数据和日志)能完整的放入客户端缓存中,且所有应用的处理都严格在客户端执行(纯粹的数据传输架构)【Adya et al.,1995】,即使遇到更高的事务取消率,AOCC 比回调加锁算法更高效。由于 AOCC 使用延迟消息,它的消息代价比 CBL 小。此外,在一个纯粹的数据传输客户/服务器环境中,一个客户端的取消对于其他客户端性能的影响会相当小。这些因素为 AOCC 具有领先的性能做出了贡献。

15.4　对象管理

对象管理包括诸如对象标识管理、指针转换、对象迁移、对象删除、方法执行和一些在服务器上的存储管理任务。在这一节中,我们会部分地讨论这些问题。那些和存储管理相关的内容在下一节讨论。

15.4.1　对象标识管理

如 15.1 节所介绍,对象标识(OID)是系统生成的,并在系统中用来唯一区分每个对象(临时或永久,系统建立或用户建立的)。永久对象唯一性识别的实现通常和短暂对象有所不同,因为只有前者必须要提供全局的唯一性。而临时对象的唯一性识别的实现可以更高效。

永久对象标识的实现有两种解决方法,基于物理的标识,或基于逻辑的标识,它们各有优缺点。物理标识(POID)方法相当于 OID 拥有对应对象的物理地址。这个地址可以是磁盘页地址,和一个从页面基地址开始的偏移量。其优势在于,对象从 OID 直接获得。缺点是,当一个对象移动到另一个页上时,所有的双亲对象和索引必须更新。

逻辑标识(LOID)方法包括了为每个对象分配一个系统范围内的唯一 OID(即,代理)。LOID 可以使用系统范围的唯一计数器(称为纯 LOID)来生成,或是将服务器的标识符和每个服务器的计数器(称为伪-LOID)拼接起来生成。由于 OIDs 是不变的,因此不会有对象移动所带来的额外开销。这是通过一个 OID 表来实现的,表中每个 OID 都与物理对象地址所关联,而每次对象访问只需要花费一次表查询即可。为了避免那些没有引用共享的小对象 OID 所产生的额外开销,以上两种方法可以同时考虑用作它们的标识方法。面向对象的数据库系统倾向于使用逻辑标识的方法,因为它能更好地支持动态环境。

实现临时对象标识需要编程语言中的技术。如同永久对象标识那样,标识可以是物理的,也可以是逻辑的。依据是否支持虚拟内存,物理标识可以是对象的真实或虚拟的地址。

物理标识的方法是最高效的,但对象不能移动。由面向对象编程所推广的逻辑标识方法,是通过一个对于程序执行而言局部的间接表统一实现的。这个表格把一个逻辑标识,即 Smalltalk 语言中的**面向对象指针**(object oriented pointer,OOP),和对象的物理标识相关联。对象移动时需花费一次表查询的开销。

对象管理器的两难之处在于通用性和有效性之间的权衡。比如说,很明显,支持对象共享需要在对象管理器中对所有对象实现对象标志位,并且保存好共享关系。不过,小对象的对象标识使得 OID 表变得非常大。如果对象共享不在对象管理器层次支持,而留给更高层的系统(比如数据库语言的编译器),那么可能就会获得更高的效率。对象标识管理和对象存储技术紧密相关,我们会在 15.5 节再次讨论。

在分布式对象 DBMS 中,因为诸如重聚簇、迁移、复制和分片经常发生,因此更适合使用 LOID。LOID 的使用产生了如下和分布相关问题。

- LOID 生成:LOID 必须在整个分布式的域的范围内保持唯一。如果 LOID 在一个中心站点生成的,很容易保证其唯一性。然而,因为网络延迟代价和 LOID 生成站点的负载,集中式的 LOID 生成模式并不可取。在多服务器环境中,每个服务器站点为存储在本站点的对象生成 LOID。LOID 的唯一性是通过将服务器标识作为 LOID 的一部分来保证的。因此,LOID 包括了服务器标识的部分和一个序列号。这个序列号是一个磁盘对象位置的逻辑表示,且在一个特定服务器中是唯一的。序列号通常不会重用,以避免异常情况:一个对象 o_i 被删除,它的序列号随后被分配给一个新的对象 o_j,但是导致了已有的对 o_i 的引用指向了新的对象 o_j,这并不是我们所期望的。

- LOID 映射位置和数据结构:LOID 到 POID 的映射的信息位置是很重要的。如果使用纯 LOID,且假设一个客户端可以直接同时访问到多台服务器,那么 LOID 到 POID 映射信息必须放置在客户端上。如果使用伪-LOID,那么映射信息只需要放在服务器上即可。在客户端放置映射信息并不合适的,因为这个方法不具备可扩展性(即映射信息必须在所有可能访问对象的客户端予以更新)。

LOID 到 POID 映射信息通常存储在哈希表或 B+树中。它们各有优缺点【Eickler et al.,1995】。哈希表提供快速的访问,但是随着数据库大小增加,并不具有扩展性。B+树具有可扩展性,但是却需要对数级的访问时间,并且需要复杂的并发控制和恢复策略。B+树同样可以支持范围查询,使得访问一组对象更加方便。

15.4.2　指针转换

在对象系统中,我们可以使用**路径表达式**(path expressions)来实现从一个对象到另一个对象的导航,该路径表达式包含了对象值的属性。比如说,如果对象 c 是 Car 的类型,那么 c. engine. manufacturer. name 是一个路径表达式[13]。从根本上讲,它们是指针。通常在磁盘上,对象标识用来表示这些指针。不过,在内存中时,更适合用内存指针,以实现一个对象到另一个对象的导航。转换一个磁盘指针到内存指针的过程称为"指针转换"。基于硬件

---

[13]　我们假定 Engine 类的定义至少含有一个属性,manufacturer,它的域是类 Manufacturer 的外延。Manufacturer 类有一个称为 name 的属性。

和软件的模式是两种指针转换的机制【White and DeWitt,1992】。在基于硬件的模式中,操作系统的页面错误机制得以使用;当一个页被带到内存中,它的所有指针都被转换,且它们都指向保留的虚拟内存框架中。仅仅当需要访问这些页时,这些保留虚拟框架所对应的数据页才被装载入内存。页面访问一次生成一个操作系统的页面错误,它必须被捕获和处理。在基于软件的模式中,一个对象表用来进行指针转换,使得一个指针被转换到一个对象表中的位置——即使用的是 LOID。在基于软件的模式中,依据指针转换的方式,有积极和懒惰的两种类型。因此,每个对象的访问都和它间接的层次有关。基于硬件模式的优势是当重复的遍历一个特定对象层次时,由于缺少对每个对象访问的间接层次,它会具有更好的性能。不过,在糟糕的聚簇情况下,每个页只有很少对象被访问,因此页错误处理机制的高代价使得基于硬件的模式并不那么诱人。基于硬件的模式也不能避免客户端应用访问一个页上已经删除的对象。此外,在非常坏的聚簇情况下,无论对象是否被访问,页框架都被强占,因此基于硬件模式可能消耗掉虚拟内存地址空间。最后,由于基于硬件模式内在的是隐含式面向页面的,因此更难提供对象级别的并发控制、缓冲区管理、数据传输和恢复的特征。而在很多情况下,我们更希望在对象级别而不是页级别上管理数据。

15.4.3　对象迁移

分布式系统的一个特征是,对象不时地在站点之间移动,这便产生了一系列问题。首先是迁移的单元。可行的方法是,移动一个对象的状态,而不移动它的方法。一个对象的方法的应用需要远过程的调用。在上面的对象分布中曾讨论过这个问题。即使迁移的单元【Dollimore et al.,1994】是单一对象,它们的重定位可能把它们的类型说明分离到不同的位置。我们必须决定是让类型在每个具有实例的站点上都加以复制,还是当行为和方法应用到对象上时,让类型都被远程的访问。可以为类(类型)考虑如下三种方法的迁移。

(1) 源代码被移动,并在目的地重新编译;

(2) 类的编译版本被迁移,就像其他对象一样,或者;

(3) 类定义的源代码被移动,但它编译的操作不移动,这里可以使用惰性的迁移策略。

另一个问题是对象的移动必须被跟踪,使得它们在新的位置能被找到。一个普遍的跟踪对象的方法是使用**代理**(surrogates)【Hwang,1987;Liskov et al.,1994】,或**代理对象**(proxy objects)【Dickman,1994】。这些是在上个对象站点所留下来的占位对象,它们指向自己新的位置。系统访问代理对象对于在新站点的对象自身来说是直接透明的。对象的迁移可以基于它们当前的站点状态完成【Dollimore et al.,1994】。对象可以为 4 种状态之一。

(1) 准备:准备对象目前尚未被调用,或是没有收到信息,但是已经做好了被调用或接收消息的准备。

(2) 激活:激活对象是为了对一个调用或消息进行响应而产生的活动中的对象。

(3) 等待:等待对象已经调用了(或发送了一条消息到)另一个对象,正在等待回应。

(4) 挂起:挂起对象是暂时不能调用的对象。

对象在激活或等待状态下是不能被迁移的,因为它们正在参与的事件可能被破坏。迁移包括如下两个步骤。

(1) 将对象从原始位置传输到目的地。

(2) 在原站点建立代理,以替换原先的对象。

在这里必须提及两个相关的问题。一个是和系统目录的维护有关。随着对象移动,系统目录必须更新以反映新的位置。这个更新可以采用惰性的方法,每当一个代理或代理对象重定位调用时予以完成,而不是采用积极的方法在移动的时候予以完成。第二个问题是,在一个对象经常移动的高度动态环境中,代理或代理链可能会很长。系统应该不时地以透明方式压缩这些链。不过,压缩的结果应该反映在目录上,并且这一过程不大可能采用惰性的方式加以完成。

另一个迁移的重要问题和组合对象的移动有关。传输一个组合对象可能会传输其他被这个组合对象引用的对象。解决这个问题的备选方案称为**对象组装**(object assembly)的方法。这个我们会在 15.6.3 节的查询处理中介绍。

15.5　分布式对象存储

在所有对象存储的问题中,两个问题和分布式系统特别地相关:对象聚簇和分布式垃圾回收。在磁盘上,组合和复杂对象提供了聚簇数据的机会,这样降低了获取它们的 I/O 的代价。在一个对象数据库中,由于引用共享,便带来了垃圾回收的问题。的确,在很多对象DBMS 中,删除一个对象的仅有方法就是删除对它的所有引用。因此,对象删除和接下来的存储回收变成了重要的关键问题,需要特别的关注。

1. 对象聚簇

一个对象模型本质上是概念性的,并且应当提供高度的数据独立性,以提高程序员的生产力。这种概念模型到物理存储的映射是一个经典的数据库问题。如 15.1 节所述,在对象DBMS 中,在类型间存在两种关系:子类型划分和组合。通过提供对于对象访问的贴切的近似,这些关系是指导进行永久对象的物理聚簇的关键。对象聚簇指的是根据在物理容器(即磁盘上的对象外延)中的一些公共性质,例如一个属性的相同的值或者同一个对象的子对象,将对象分组。这样,便可以快速地访问聚簇的对象。

由于两个原因,对象聚簇很难实现。首先,它和对象标识的实现(LOID 与 POID)不是正交的。LOID 会产生更高的额外代价(一个间接表),但是允许对类进行垂直划分。POID 带来更高效的直接对象访问,但是需要每个对象包含所有被继承的属性。其次,由于对象的共享(多双亲的对象),使用复杂对象组合关系的聚簇会更多地得到使用。在这种情况中,随着组成对象的删除或所属关系的改变,POID 的使用会带来很高的更新代价。

给定一个类图,对象聚簇有如下三种基本的存储模型【Valduriez et al.,1986】。

(1)**分解存储模型**(decomposition storage model)(DSM)将每个对象类划分成为二元关系(OID,属性),因此它依赖于逻辑 OID。DSM 的优势是简单。

(2)**规范存储模型**(normalized storage model)(NSM)该模型将每个类作为分离的关系来存储。它可以使用逻辑或物理 OID。然而,仅有逻辑 OID 允许沿着继承关系的对象垂直划分【Kim et al.,1987】。

(3)**直接存储模型**(direct storage model)(DSM)该模型能够基于组合关系的复杂对象进行多类聚簇。这个模型泛化层次和网络数据库技术,并且如果使用物理 OID 则可以达到最优【Benzaken and Delobel,1990】。它能捕捉对象访问的局部性,因此,当访问模式已知时,它具有潜在的优势。不过,主要的困难是如何聚簇一个其双亲已经被删除了的对象。

在一个分布式系统中,DSM 和 NSM 都直接使用了垂直划分。Goblin【Kersten et al.,1994】以 DSM 作为基础实现了大内存的分布式对象 DBMS。DSM 提供灵活性,且它的性能劣势可以通过使用大内存和缓存来弥补。Eos【Gruber and Amsaleg,1994】在一个分布式单一层次存储架构中实现了直接存储模型,其每个对象有一个物理、系统范围内的 OID。Eos 分组机制基于最相关组合链接的概念,并解决了多双亲共享对象的问题。当一个对象移动到一个不同的节点,它获得一个新的 OID。为了避免转发者的间接定向,在没有额外代价的情况下,对象的引用作为后续的垃圾回收的部分工作而改变。它的分组机制是动态的,目的是为了获得负载均衡,并解决对象图的进化问题。

2. 分布式垃圾回收

基于对象系统的一个优势在于,对象可以使用对象标识引用其他对象。随着程序改变对象并删除引用,当不存在对于一个永久的对象引用时,它可能会变得从系统的永久根上不可达。这样的一个对象是"垃圾",应该被垃圾回收器重新分配。在关系 DBMS 中,由于对象引用由连结值来支持的,因此并不需要自动的垃圾回收。不过,由参照完整性约束所规定的级联更新是"手动"垃圾回收的一个简单的形式。在更一般的操作系统或编程语言环境下,手动垃圾回收非常容易出错。因此,基于对象的分布式系统的通用性要求自动的分布式垃圾回收。

基础的垃圾回收算法可以分类为**引用计数**(reference counting)或基于跟踪的。在一个引用计数系统中,每个对象有一个引用到它的关联计数器。每次当程序创建一个指向一个对象的新的引用时,对象的计数器就会增加。当一个已有的对象引用销毁时,对应的计数器减小。当对象的计数器降到 0 且不可达时(在这个时候,对象是垃圾),一个对象所占有的内存可以回收利用。在引用计数中,可能产生一个问题,即两个对象仅仅相互引用对方,但是不被其他所引用;在这种情况下,两个对象基本上是不可达(除了彼此之间),但是它们的引用计数不会降低到 0。

基于跟踪(tracing-based)的回收器被分为**标记与擦除**(mark and sweep)和**基于复制**(copy-based)的两种算法。**标记与擦除**(mark and sweep)回收器是两阶段算法。第一阶段,称为"标记"阶段,从根开始标记每个可达的对象(比如,为每个对象设置一个相关的比特位)。这个标记也称为"作色",且回收器对遇到的对象作色。对于每个内存页,标志位可以嵌入到对象自身里,或存储在每个页面的**作色映射**(color maps)中,它为存储在页面中的每个对象记录下它们的颜色。一旦所有活动对象被标记,将会检查内存并回收未标记的对象会。这个就是"擦除"步骤。

基于复制(copy-based)的回收器将内存分为两个不相交的区域,一个名为**从-空间**(from-space),一个名为**去-空间**(to-space)。程序操控从-空间的对象,而去-空间则被保留为空。与标记和擦除不同,拷贝回收器(通常采用深度优先的原则)会把从-空间中那些能从根可达的对象复制到去-空间中。一旦所有活动对象复制完毕,回收过程就会结束,从-空间的内容就被释放,并且从-空间和去-空间的角色实行互换。去-空间中的对象复制是线性的,这样能够压缩内存。

基本的标记与擦除和基于拷贝的算法实现都是"休克"的;也就是,用户程序在整个回收周期内都必须暂停。然而,对于很多应用,由于这样的中断的表现,所以休克算法无法使用。保持用户应用程序的响应时间需要使用增量的技术。增量回收器必须解决由并发性所带来的问题。增量垃圾回收的主要的困难是,当回收器跟踪对象图时,程序行为可能会改变对象图的其他部分。垃圾回收算法通常会避免回收器可能因对象图其他部分的并发改变,而漏掉跟踪一些可达对象,并错误的回收它们这样的情况。从另一方面讲,我们可以漏掉一个垃圾的回收,而相信它还是活跃的。尽管这一做法不令人满意,但它却是可以接受的。

设计一个对象 DBMS 的垃圾回收算法是非常复杂的。这些系统中的一些特征为增量垃圾回收带来额外的麻烦,这比那些常规的非永久性系统的解决方案要更复杂。导致这些问题的来源包括:对系统故障的弹性要求和事务的语义,特别是部分完成事务的回滚,传统的客户端-服务器性能优化(比如客户端缓存和灵活的客户端缓冲区管理),以及为了检测垃圾对象所带来的大量数据分析等。从【Butler,1987】开始,已经有一系列的提议。最近更多的工作已经为集中式【Kolodner and Weihl,1993;O'Toole et al.,1993】和客户-服务器【Yong et al.,1994;Amsaleg,1995;Amsaleg et al.,1995】架构的永久事务系统研究出了容错的垃圾回收技术。

然而,分布式垃圾回收相比集中式的垃圾回收更加困难。由于可扩展性和性能原因,一个分布式系统的垃圾回收器要把每个站点独立的回收器和一个全局的站点间的回收器组合起来。协调本地和全局回收器是相当困难的,因为它需要仔细地跟踪站点之间的引用交换。跟踪这种交换十分必要,因为一个对象可能从多个站点得到引用。此外,一个站点上的对象可能被远程站点的活跃对象所引用,但是不被任何本地活跃对象所引用。这种对象不能被本地回收器所回收,因为它对于一个远程站点的根是可达的。在分布式环境中跟踪站点间的引用非常困难,其信息可能会丢失、复制或延迟,或是站点可能会崩溃。

分布式垃圾回收器通常依赖于分布式引用计数或分布式跟踪。分布式引用计数存在某些问题,主要有两个原因。首先,引用计数不能收集垃圾对象不可达的环(也就是,相互引用的垃圾对象)。第二,引用计数会因普通的消息失败而失败;也就是,如果消息并没有按它们的因果顺序可靠的传输,那么维持引用计数变量(即实际引用计数的值)就是有问题的。不过,基于引用计数,已经提出了一些分布式垃圾回收的算法【Bevan,1987;Dickman,1991】。每个解决方案都利用故障模型的特定假设,因此是不完整的。引用计数回收模式的变种,称为"引用列表"【Plainfossé and Shapiro,1995】,在 Thor 中得到了实现【Maheshwari and Liskov,1994】。这个算法可以容忍服务器和客户端的故障,但并没有解决回收分布式垃圾环的问题。

分布式跟踪通常将独立的每个站点的回收器和一个全局的站点间的回收器结合起来。分布式跟踪的主要问题是将分布式(全局)垃圾检测阶段和独立(本地)垃圾回收阶段相同步。当本地回收器和用户程序都并行执行,强制维护一个全局、一致的对象图的视图是不可能的,特别是在信息不能即时接收到,以及通信经常失败的环境下。因此,基于跟踪的分布式垃圾回收依赖于不一致的信息,以决定一个对象是否是一个垃圾。这个不一致的信息使得分布式跟踪回收器非常复杂,因为回收器会尝试跟踪最小可达对象集合,以最终回收一些真正是垃圾的对象。【Ladin and Liskov,1992】提出了一种算法,它在一个中心空间上计算全局的远程引用图。【Ferreira and Shapiro,1994】提出一个算法能回收跨越多个不相交对象空间的垃圾环。最后,【Fessant et al.,1998】提出了一个完整的(即同时包含有环和无环的)、异步的分布式垃圾回收器。

15.6　对象查询处理

关系 DBMS 受益于早期的一个经过形式化定义的精确的查询模型,也受益于一组通用的代数原语。尽管对象模型最初并不是通过对于查询语言的完整的补充所定义的,现在已经有了一种说明式的查询手段,OQL【Cattell et al.,2000】,它已经成为为 ODMG 标准的一部分。在剩下的部分里,我们使用 OQL 作为我们讨论的基础。如同我们之前对待 SQL 一样,我们会在语言语法上不那么严谨。

尽管已有相当数量的对象查询处理和优化工作,但它们只是主要集中在集中式系统上。几乎所有已经提出的对象查询处理器和优化器都使用了关系系统中所开发的技术。因此,可以说明分布式对象查询处理和优化技术需要从集中式查询处理优化中扩展出来,并使用我们在第 7、8 章中使用的分布式方法。在这一节中,我们会简要的回顾对象查询处理和优化的问题和方法;我们刚刚提到的扩展仍然是一个开放性问题。

尽管大多数对象查询处理方案都基于它们在关系数据库中可借鉴的部分,但仍存在一系列问题使得对象 DBMS 的查询和处理更为困难【Özsu and Blakeley,1994】。

(1)关系的查询语言在只有一个类型的简单的类型系统上操作:关系。关系语言的闭包特性暗示着每个关系算子使用一个或两个关系作为操作数,且生成一个关系作为结果。对照来看,对象系统有更丰富的类型系统。对象关系算子的结果通常是一组对象(或群),它可能具备不同的类型。如果对象语言在代数算子下是闭合的,这些不同对象集合可以是其他算子的操作数,那么就需要开发一个巧妙的类型推断方法,以决定哪些方法可以应用在这个集合所包含的**所有**的对象上。此外,对象代数经常操作在语义不同的群的类型上(比如,集合、包、列表),这就给类型推断模方法带来了额外的要求,以便决定不同类型的群上操作所产生的结果的类型。

(2)关系查询优化依赖于那些对于查询优化器现成可用的数据物理存储的知识(访问路径)。在对象 DBMS 中,方法和数据的封装至少会带来两个重要的问题。首先,决定(或估计)执行方法的代价比根据一个访问路径来计算或估计访问一个属性的代价要高很多。事实上,优化器不得不担心优化方法的执行,因为方法可能是用一个通用的编程语言来写的,并且对于特定方法的估计可能会消耗大量的计算(比如,计算两个 DNA 序列),因此这并不是个简单的问题。第二,封装会产生查询优化器对于存储信息的可访问性问题。一些系统通过将查询优化器处理成一种特殊的、可以打破封装并直接访问信息的应用来克服这个难题【Cluet and Delobel,1992】。其他人提出一种机制,使得对象可以向外部"揭示"它们的代价来作为它们接口的一部分【Graefe and Maier,1988】。

(3)对象可以(经常)有复杂的结构,一个对象的状态可能引用另一个对象。访问这样的复杂对象需要**路径表达式**(path expressions)。在对象查询语言中,路径表达式的优化是一个困难和核心问题。此外,对象属于通过继承层次计算得到的类型。通过它们继承层次来优化访问对象同样是个问题,这和关系查询处理有很大区别。

对象查询处理和优化已经成为研究领域的重要主题。不幸的是,大部分工作都没有扩展到分布式对象系统中。因此,在剩下的这章里,我们将仅对重要的问题加以概括:对象查询处理架构(15.6.1 节),对象查询优化(15.6.2 节),以及查询执行策略(15.6.3 节)。

15.6.1　对象查询处理器架构

如第 6 章所述,查询优化可以建模成一个优化问题,其结果是基于一个**代价函数**(cost function)而选择的"最优"状态(state)。这一优化结果和一个代数查询相对应,属于由一组等价的代数查询家族所表示的**查询空间**(search space)。根据如何使用这些成分进行建模,查询处理器在架构上会有所不同。

很多已有的对象 DBMS 优化器或者是作为对象管理器的一个部分在存储系统上实现,或者是作为客户端一个模块在客户/服务器架构上实现。在大多数情况下,上面提到的各个成分都是"固化"在查询优化器中的。假设可扩展性是对象 DBMS 的目标,我们希望开发出一种可扩展的优化器,它能够适应不同的查询策略,代数说明(和它们不同的转换规则),以及代价函数。通过允许定义新的转换规则,基于规则的查询优化器【Freytag,1987;Graefe and DeWitt,1987】提供了一定程度的可扩展性。但是,它们并不允许在其他维度上进行扩展。

可以让查询优化器在代数算子,逻辑变换规则,执行算法,实现规则(即逻辑算子到执行算法的映射),代价估计函数以及物理性质强制函数(比如,将对象放在内存中)方面进行扩展。这可以通过模块化来实现,以隔离一系列的影响【Blakeley et al.,1993】。比如,用户查询语言解析那些能从优化器所操作的算子图上分离开的结构,并允许其他语言(即,在顶层使用与 OQL 不同的语言)的替代或在不改变解析结构上改变优化器。类似地,代数算子操作(逻辑优化,或重写)可以从执行算法中分离开,并允许探寻其他实现代数算子的方法。这些扩展都可能通过精心考虑的模块化和优化器的结构化来实现。

提供搜索空间可扩展性的一种方法是将它考虑为一组**区域**(regions),而每个区域对应一个等价的相互可达的查询表达式家族【Mitchell et al.,1993】。这些区域可能并不是互斥的,且区别于它们操作的查询,它们所用的控制(搜索)策略,及它们所利用的查询转换规则(比如,一个区域可能覆盖处理简单选择查询的变换规则,而其他区域可能处理嵌套查询的变换规则),以及它们所实现的最优化目标(比如,一个区域可能是最小化代价函数,而另一个区域试图转换查询到另一种合适的形式)。

最大的可扩展性可以通过面向对象的方法来开发查询处理器和优化器来获得。在这种情况下,所有的一切(查询、类、算子、算子实现、元信息等等)都是高级对象【Peters et al.,1993】。搜索空间,搜索策略及代价函数都被建模成对象。其结果是,使用面向对象技术,能很轻松增加新的算子,新的重写规则,或新的算子实现【Özsu et al.,1995b;Lanzelotte and Valduriez,1991】。

15.6.2　查询处理问题

如上所述,在对象 DBMS 中的查询处理方法学和它关系数据库中的对应部分是类似的,但是由于对象模型和查询模型特征的缘故,它们在细节存在区别。在这一节中,我们会强调这些不同,因为它们会应用在代数优化中。我们同样会讨论一个特定的,对于对象查询模型唯一的问题——路径表达式的执行。

15.6.2.1　代数优化

搜索空间和变换规则

变换规则非常依赖于特定的对象代数,因为它们是为每个对象代数和它们的组合单独定义的。对变换规则的定义和查询表达式操控的考虑大体上与关系数据库中的非常类似,仅有一个重要的区别。关系查询表达式定义在平面的关系上,而对象查询定义在类(群或对象集合)上,且在它们之间拥有子类和组合关系。因此,可以使用这些在对象查询优化器中的语义关系来实现一些额外的变换。

考虑这个例子,三个对象代数算子【Straube and Özsu,1990a】:union(用 $\bigcup$ 表示),intersection(用 $\bigcap$ 表示)和参数化的 select(用 $P\sigma_F <Q_1 \cdots Q_k>$ 表示)。其中,union 和 intersection 有常规的集合论语义,select 从集合 P 中使用 $Q_1 \cdots Q_k$ 作为参数(换句话说,是一种广义的半连结)选择对象。这些算子的结果同样是一组对象。当然,如我们第 7 章所讨论的,可以为这些算子规定以常规集合论为基础的句法重写规则。

更有趣的是,我们上面提到的关系允许我们依据对象模型和查询模型定义语义规则。考虑下面的规则,其中 C_i 表示类 c_i 外延中的对象集合,且用 C_j^* 表示类 c_j 的深层外延(也就是,c_j 外延中的对象集合,加上所有 c_j 子类的外延的对象集合):

$$C_1 \bigcap C_2 = \phi \qquad \text{当 } c_1 \neq c_2$$

$$C_1 \bigcup C_2^* = C_2^* \qquad \text{当 } c_1 \text{ 为 } c_2 \text{ 的一个子类}$$

$$(P\sigma_F <QSet>) \bigcap R \overset{c}{\Leftrightarrow} (P\sigma_F <QSet>) \bigcap (R\sigma_{F'} <QSet>)$$

$$\overset{c}{\Leftrightarrow} P \bigcap (R\sigma_{F'} <QSet>)$$

比如说,因为对象模型限制每个对象只属于一个类,那么第一个规则为真。因为查询模型允许在目标类的深层外延中查询对象,因此第二个规则成立。最后,第三个规则的使用依赖于类型一致性规则,同样也依赖于一个条件(用在 $\Leftrightarrow$ 之上的 c 表示)就是 F' 和 F 完全相同,唯一的例外就是每个 p 的出现都被 r 所替代。

由于查询变换的思路广为人知,我们便不再详述这些技术。上面的讨论仅仅阐明了大体的思路,并强调了对象代数中必须考虑的独特方面。

搜索算法

基于带有各种优化的动态规划枚举算法经常使用于搜索中【Selinger et al.,1979;Lee et al.,1988;Graefe and McKenna,1993】。在对象 DBMS 中,枚举搜索算法的组合特性比在关系 DBMS 中更重要。已经证明,如果在一个查询中的连结数目超过 10 个,枚举搜索策略就不可行【Ioannidis and Wong,1987】。在那些很适合支持对象 DBMS 的决策支持系统的应用中,经常能找到这种复杂的查询。此外,我们将在 15.6.2.2 节中强调,一种执行路径表达式的方法是将它们用显式的连结表示,并且使用广为人知的连结算法来优化它们。在这种情况下,连结的数目和其他连结语义下的操作很可能比实际的阈值 10 还要高。

在这些情况中,建议使用**随机搜索算法**(randomized search algorithms)(我们在第 7、8 章中所介绍的)作为限制分析查询空间区域的替代方法。不幸的是,在对象 DBMS 环境下,并没有关于随机搜索算法的研究。其大体的策略可能不会改变,不过调试参数和可接受的解空间的定义可能需要改变。遗憾的是,目前还没有这些算法的分布式版本,且它们的研究仍是个挑战。

　　代价函数

　　我们已经看到,对代价函数的输入参数基于数据存储的多种信息。通常,优化器会考虑数据项的数目(基数),每个数据项的大小,它的组织(比如,是否需要在其上建立索引),等等。这个信息对于关系数据库中的查询优化器是随时可用的(通过系统目录),但是由于封装,使得它们在对象 DBMS 中并不可用。如果查询优化器被认为是"特殊"的,且被允许查看实现对象的数据结构,那么代价函数就可以像关系数据库中那样类似的定义【Blakeley et al.,1993;Cluet and Delobel,1992;Dogac et al.,1994;Orenstein et al.,1992】。否则,必须考虑其他的方法。

　　基于代数处理树,代价函数可以递归的定义。如果对象的内部结构对于查询处理器不可见,那么必须定义每个节点(表示一个代数操作)的代价。一种定义它的方法是,让对象把它们的代价函数作为接口的一部分对外"披露"【Graefe and Maier,1988】。在那些统一将所有的一切都实现为高级对象的系统中,一个算子的代价可以是一个定义在一个算子上的方法,该算子作为一个(a)执行算法,或(b)它们操作的群上的函数得到实现。在这两种情况下,算子更抽象的代价函数要在类型定义时候给出,查询优化器以此可以计算整个处理树的代价。代价函数的定义,特别是基于对象披露它们代价的方法,在得出满意结论前还需要进行更深入的研究。

15.6.2.2　路径表达式

　　大多数对象查询语言允许这样一种查询,其谓词包含了对象引用链上访问的条件。这些引用链称为**路径表达式**(path expressions)【Zaniolo,1983】(有时同样指**复杂谓词**(complex predicates)或**隐式连结**(implicit joins)【Kim,1989】)。15.4.2 节使用的 c.engine.manufacturer.name 是路径表达式的一个例子,它访问一个对象的 name 属性的值,这个对象是另一个对象的 manufacturer 属性的值,而这个另一个对象却是类型为 Car 的对象 c 的 engine 属性上的值。有可能形成包括属性和方法的路径表达式,而如何优化计算路径表达式仍然是个问题,这个问题在对象查询处理中有受到了大量的关注。

　　路径表达式以一种简洁、高层次的表示,通过对象组合(聚合)图来表达导航,它能够使用深度嵌入在对象的结构中的值来构成谓词公式。它们为那些包括对象组合和继承成员函数的查询的形成提供了一种统一的机制。路径表达式可以是**单值的**(single-valued),或是**集合型的**(set-valued),可以作为谓词的一部分出现在查询中,可以作为一个查询的目标(当它的值是集合型时),或是作为投影列表的一个部分。如果一个路径表达式的每个组成都是单值的,那么一个路径表达是称为单值;如果至少有一个组成是集合型时,那么整个路径表达式就是集合型的。路径表达式可以向前遍历或向后遍历,已经研究出了不少这样的遍历技术【Jenq et al.,1990】。

　　路径表达式的优化问题跨越了整个的查询编译处理阶段。在一个用户查询的解析过程中或之后,但在代数优化之前,查询编译器必须认出哪个路径表达式可以潜在地被优化。这个通常是通过**重写**(rewriting)技术来实现的,它将路径表达式转换为等价的逻辑代数表达式【Cluet and Delobel,1992】。一旦路径表达式表示为代数形式,查询优化器便探查**等价代数**(equivalent algebraic)的空间和执行计划,搜索出一个最小代价的结果【Lanzelotte and

Valduriez,1991；Blakeley et al.,1993】。最后,最优的执行计划可能需要算法高效的计算路径表达式,包括哈希连结【Shapiro,1986】,复杂对象组装【Keller et al.,1991】,或是通过路径索引进行索引扫描【Maier and Stein,1986；Valduriez,1987；Kemper and Moerkotte,1990a,b】。

重写和代数优化

我们将再次考虑我们之前用过的例子：c. engine. manufacturer. name。假定每个汽车实例引用到一个 Engine 对象,每个 engine 引用到一个 Manufacturer 对象,且每个 manufacturer 实例有一个 name 域。同时,假定 Engine 和 Manufacturer 类型有一个对应的类型外延。上面路径的前两个链接包含了从磁盘上取出 engine 和 manufacturer 对象。第三个路径仅包含查找一个 manufacturer 对象中的域。因此,仅仅头两个链接为路径计算中的查询优化提供了机会。一个对象查询编译器需要一种机制,以在一个表达可能优化的路径中区分这些链接。这通常是通过一个**重写**(rewriting)阶段来完成的。

一种可行的办法是使用基于类型的重写技术【Cluet and Delobel,1992】。这种方法"统一"了代数的和基于类重写的技术,允许公共子表达式的分解,并且支持启发式算法来限定重写。类型信息被用来分解一个查询的初始复杂参数,使它成为一组更简单的算子,并将路径表达式重写为连结。类似地,还有一个方法使用了一个代数框架对路径表达式进行优化,,该方法基于连结,使用一个称为**隐式连结**(implicit join)的算子【Lanzelotte and Valduriez,1991】。当存在可利用的路径索引(见下)时,定义的规则会将一系列隐式算子转换成为索引扫描。

另一种用来优化路径表达式的算子是**物化**(materialize)(Mat),它显式的表示出每个对象间引用(也就是路径链)的计算。这使得一个查询优化器能够使用一个单一 Mat 算子表达多个成分的物化,或是为每个成分单独的使用一个 Mat 算子。另一种对这个算子的思考方式是认为它是一个"范围定义",因为它把一个路径表达式的成员带入到一个范围内,使得这些元素可以在后续的操作或谓词评估中使用。确定范围的规则是,一个对象的组成通过扫描(通过在表达树的叶子上使用逻辑 Get 算子来捕捉),或通过引用(通过 Mat 算子来捕捉)而走入一个范围。对象的组成一直保持在范围中,直到通过投影将它们删除。无论组成是用于谓词评估或是用于产生查询结果,物化算子都允许查询处理器聚集一个查询计算所需的所有组成物化。物化算子的意义在于它向优化器指出哪里使用了路径表达式,以及哪里可以应用代数转换。已经定义了一系列包括 Mat 的转换规则。

路径索引

在对象查询优化中,大量的研究致力于索引结构的设计,以提高计算路径表达式的速度【Maier and Stein,1986；Bertino and Kim,1989；Valduriez,1987；Kemper and Moerkotte,1994】。

通过索引来计算路径表达式仅仅是一类使用在对象查询优化中的查询执行算法。换句话说,通过路径索引所进行的路径表达式的高效计算仅仅代表了一组代数算子的实现选择,比如用来表示对象间引用的物化和连结。15.6.3 节描述了一组查询执行算法的代表,这些算法能保证为对象查询的有效执行,我们会将一些具有代表性的路径索引技术推迟到那一小节中进行讨论。

15.6.3　查询执行

关系 DBMS 受益于关系代数的操作和存储系统的访问原语之间的紧密对应。因此,对于一个查询表达式的执行计划生成来讲,基本的考虑是选择和实现为执行单个代数算子和它们的组合的最有效算法。在对象 DBMS 中,由于定义行为的对象及它们的存储在抽象层上有很多不同,问题会变得更加复杂。对象的封装会隐藏它们的实现细节,并且方法连同对象的存储产生了一个具有挑战性的设计问题。它可以用如下的问题来描述:"查询优化器在查询处理的什么时候应该访问对象的存储来信息?"一个方法是把这个问题交给对象管理器【Straube and Özsu,1995】。从概念上讲,在查询重写步骤的最后,可以通过将查询表达式映射到一个确切定义的对象管理器接口调用上,从而生成查询执行计划。对象管理器接口包括一组执行算法。这一节会回顾一些执行算法,它们很可能是未来高性能对象查询执行引擎的一部分。

一个查询执行引擎在对象的群上需要三种基本的算法类:**群扫描**(collection scan),**索引扫描**(indexed scan)和**群匹配**(collection matching)。群扫描是一种直接的算法,它在一个群中顺序访问所有对象。因为它太简单,我们不会在后续中讨论这个算法。索引扫描允许通过一个索引对一个群中所选择对象进行有效访问。可以使用一个对象的域,或是一些方法所返回的值,作为索引的键。同样,也可以在一个对象结构的深层次嵌入的值上定义索引(比如说,路径索引)。在这一节我们会提到一个路径索引方案的典型代表。集合匹配算法将多个对象群作为输入,并通过一些要求产生聚合的对象。连结、集合交和组装是这类算法的例子。

15.6.3.1　路径索引

如上所述,对路径表达式的支持是区别对象查询和关系查询的一个特征。在连结索引概念基础上,已经提出了很多索引技术【Valduriez,1987】,用来加速路径表达式计算【Maier and Stein,1986;Bertino and Kim,1989】。

这样的路径索引技术会在路径遍历的每个类上建立一个索引【Maier and Stein,1986;Bertino and Kim,1989】。在路径表达式的索引基础上,可以通过它们的类型继承在对象上定义索引。

访问支撑关系(Access support relations)【Kemper and Moerkotte,1994】是另一种通用的技术,用来表示和计算路径表达式。访问支撑关系是一种数据结构,它存储所选的路径表达式。这些路径表达式被选定为那些最经常浏览的路径表达式。研究所提供的初步结果表明,相对不使用访问支撑关系的查询,那些使用访问支撑索引所执行的查询的效率能高两个数量级。一个必须考虑的问题是,当数据在对底层基础关系做出更新出现时,必须考虑到使用访问支撑关系的系统的维护代价。

15.6.3.2　集合匹配

如上所述,路径表达式沿着组合对象的组合关系被遍历。我们已经看到,执行路径表达式一个可行的办法是将它转换为源对象集合和目标对象集合之间的连结操作。已经提出了一系列不同的连结算法,比如混合哈希连结或基于指针的哈希连结【Shekita and Carey,1990】。前者使用分而治之原则,递归的使用一个连结属性上的哈希函数,将两个操作对象群划分为桶。每个桶可以完全放置在内存中。接着,每对桶在内存中执行连结,并产生结果。当在一个操作对象群(称为R)中的每个对象有一个指向另一个操作对象群(称为S)的指针时,会使用基于指针的哈希连结。算法使用三个步骤,第一个是将R以混合哈希算法的同样方式进行划分,不同的是,它是按照OID的值、而不是连结的属性进行的划分。对象集S不划分。在第二个步骤中,每个R的划分R_i和S进行连结,而每个R_i会在内存中建立一个它的哈希表。表的建立是基于每个$r \in R$的对象的哈希计算,哈希计算的值是r指向的它所在S中对应的对象的那个指针的值。结果是,所有在S中引用相同页面的R对象被分组到相同的哈希表记录中。第三步,当R_i的哈希表建立完成后,扫描每个记录。对于每个哈希记录,读取S的对应页面,并且将R中所有引用那个页面的对象和对应S中的对象进行连结。这两个算法基本上都是集中式算法,没有任何分布式的对应版本。因此我们后面不会再讨论它们。

哈希执行算法的另一个方法,**组装**(assembly)【Keller et al.,1991】,是一个基于指针哈希连结的广义算法,它在需要计算多路连结的时候使用。组装已经被建议为一种附加的对象代数算子。这种操作是为了满足一个特定步骤的所需而设,它完成对象状态片段的高效组装,并把结果以一个内存中的复杂对象的形式返回,将磁盘上的复杂对象表示翻译成即刻可遍历的内存表示。

组装一个包含对象组件类型为S、U和T的,且在类型R的根上的复杂对象,等价于在这些集合上执行一个四路连结。不过,组装和n-路指针连结的区别在于,在产生一个单一结果前,组装不需要对整个根对象群进行扫描。

与一次组装一个单一复杂对象不同,组装算子同时组装一个有多个复杂对象、大小为W的**窗口**(window)。只要任何这些复杂对象的其中之一已被组装并上传到查询执行树,组装算子便获取另一个以继续工作。使用一个窗口的复杂对象,增加了为尚未解决的引用和结果而设的缓冲池的大小,为磁盘访问的优化提供了更多的选择。由于引用采用了随机的方式得以解决,组装算子会在查询执行树上以随机顺序发送已组装的对象。这个行为在面向集合的查询处理中是正确的,但是对其他的群类型,比如说列表,不一定如此。

例15.8 考虑图15.3中的例子,它组装了一组Car对象。图中的正方形表示在它左边标明的类型的实例,而边表示了组合的关系(比如说,每个Car类型的对象有一个属性指向一个类型为Engine的对象)。假设组装使用一个大小为2的窗口。组装算子开始用集合中两个(因为W=2)Car对象引用来填充窗口(见图15.4(a))。最开始,组装算子在当前尚未解决的引用之中选择到C1。当解决(提取)了C1后,两个新的未处理引用被加入到列表中(图15.4(b))。解决C2后加入另外两个引用到列表中(图15.4(c)),这样继续直到第一个复杂对象被组装(图15.4(g))。在这一时刻,已组装的对象上传到查询执行树上,释放一些窗口空间。一个新的Car对象引用,C3,被加入到列表中,接着予以解决,并带来两个新的引用E3和B3(图15.4(h))。　　　　　　　　　　　　　　　　　　　　　◆

组装算法的目的是同时组装一个窗口的复杂对象。在这个算法的每个步骤,将选中可以优化磁盘访问的尚未解决的引用。在引用处理中,可能有不同的顺序,或安排。比如深度优先,广度优先或升降法。对性能的研究表明,在几个数据聚簇的情景下,升降法比深度优先和广度优先都要快【Keller et al.,1991】。

实现这个算子的分布式版有很多种方法【Maier et al.,1994】。一种策略是把所有的数据传输到一个中心站点来处理。这个是最直接的实现方法,但是总体来讲可能并不高效。

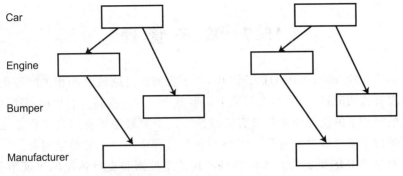

图 15.3 两个组装的复杂对象

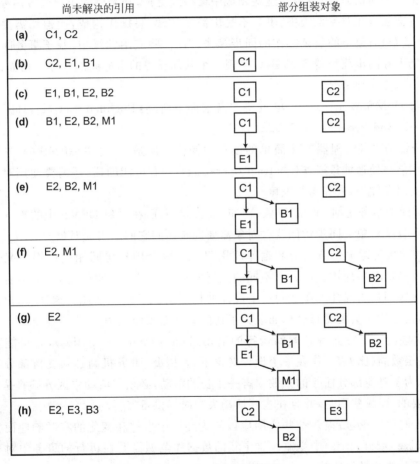

图 15.4 一个组装的例子

第二种策略是在远程站点使用简单的算子(比如,选择,本地组装),然后把所有的数据传输到一个中心站点进行最终的组装。这个策略同样需要非常简单的控制,因为所有的通信都发生在中心节点上。第三种策略会相当的复杂:在远程站点执行复杂算子(比如,连结,完成远程对象的组装),并将结果传输到中心节点进行最后组装。一个对象分布式 DBMS 可能包括这些策略中的所有或一部分。

15.7　事　务　管　理

在对象的**分布式**(distributed)DBMS 中,除了之前在讨论缓存的相关问题提到过以外,事务管理并没有被研究过。然而,在对象上的事务会引发一系列有意思的问题,并且它们在一个分布式的环境下的执行会非常具有挑战性。这个领域需要更多的工作。在这一节中,我们会简要的讨论事务概念到对象 DBMS 的扩展过程中所产生的特定问题。

大多数对象 DBMS 维护着页级的锁以实现并发控制和支持传统的平面事务模型。针对传统的平面事务模型能否满足那些会用到对象管理技术的高级应用领域的需求,出现了不同的意见。一些认识是,事务在这些领域中会持续更长,并需要和用户或应用程序在执行过程中进行交互。在对象系统中,事务不是由简单的读/写操作构成,而迫切需要的是解决在抽象(和复杂)对象上的复杂操作的同步算法。在一些应用领域中,基于事务间竞争访问资源的基础事务同步范型需要改变,以实现一个共同任务的事务间的合作。比如说,在协同工作环境中就是这种情况。

在对象 DBMS 事务管理中,更重要的需求如下所述【Buchmann et al. ,1982;Kaiser,1989;Martin and Pedersen,1994】。

(1)传统的事务管理器同步简单的读和写操作。但是,在对象 DBMS 中,它们相对应的部分必须能够处理**抽象操作**(abstract operations)。有可能的话,还需要使用对象和它们抽象操作的语义知识,来提高并发度。

(2)传统的事务访问"平面"对象(比如,页、元组),而在对象 DBMS 中的事务需要同步访问组合和复杂对象。同步访问这些对象需要同步访问它们的组成对象。

(3)相比传统竞争式访问的数据库应用(比如,两个用户访问相同的银行账务),对象 DBMS 所支持的一些应用程序具有不同的数据库访问模式。不同的是,共享会更具有协同性,比如,在多用户访问并工作在同一个设计文档的情况下就是如此。这样,用户访问必须被同步化,但是用户会更愿意合作而非为了访问共享对象而竞争。

(4)这些应用需要支持**长时间运行的活动**(long-running activities),它可能跨越数小时、数天甚至数周(比如,工作在一个设计对象下)。因此,事务机制必须支持部分结果的共享。此外,为了避免部分任务的失败损害一个长的活动,必须在活动中区分哪些是完成一个事务所必要的,而哪些不是,并且在主要活动失败时提供备援行动。

(5)人们曾争论过,很多这些应用应该从为环境中事件和变化的实时响应而提供的**活跃能力**(active capabilities)中受益。这个新的数据库范型需要在运行的事务中对事件和系统触发的活动执行进行监控。

这些需求指出一种扩展传统事务管理功能,以捕捉应用和数据语义的必要性,并且指出必须放松对事务隔离性的要求。面对这种情景,我们需要依次回顾在第 10~12 章所讨论的事务管理的每一方面。

15.7.1　关于正确性的判据

在第 11 章中,我们已经介绍过可串行化作为数据库事务并发执行的基础的正确性判据。有很多种定义可串行化的不同方法,尽管我们之前没有详述过。它们之间的区别都基于有关一个**冲突**(conflict)的定义。我们会集中介绍三个不同的选择:**交换性**(commutativity)【Weihl,1988,1989;Fekete et al. ,1989】、**无效性**(invalidation)【Herlihy,1990】和**可恢复性**(recoverability)【Badrinath and Ramamritham,1987】。

15.7.1.1　交换性

交换性描述了这样的两种操作,当它们以不同的顺序执行时,所得的结果不同而发生的冲突。我们已经在第 11 章中(见图 11.8)简要的介绍过在有序共享锁的环境下的交换性。在第 11 章中所讨论的传统的冲突定义是一种特殊的情况。考虑简单的操作 R(x)和 W(x)。如果读和写操作的抽象语义或它们所操作的对象 x 都不清楚,则必须接受这样的事实:一个在 W(x)**之后**执行的 R(x)所获取的值,会不同于它**先于** W(x)执行而得到的值。因此,一个写操作总是和其他读或写操作冲突。图 11.5中读写操作的冲突表(或兼容性矩阵)实际上是从这两个操作的交换性关系所得出的。这个表在 11 章中称为兼容性矩阵,因为两个操作不冲突即被说成兼容。由于这种类型的交换性仅仅依赖于操作的句法信息(它们也就是读和写),我们会称这个为**句法交换性**(syntactic commutativity)【Buchmann et al. ,1982】。

数据库

领域

文件

记录

图 15.5　多粒度

在图 11.5 中,读和写操作及写和写操作不可互换。因此,它们会冲突,这就要求串行化必须做到对于所有的冲突操作,必须保证 T_k 的操作先于 T_i 执行,或者是反过来的顺序。

如果操作的语义被考虑入内,那么,便可能提供一个对冲突更宽松的定义。特别的,一些并发的对写-写和读-写的执行可能被考虑为不冲突的。**语义交换性**(Semantic commutativity)(比如,【Weihl,1988,1989】))就利用了操作的语义信息和它们的终止条件。

例 15.9　举例来说,考虑一个抽象数据类型 Set 和三种定义在上的操作:Insert 与 Delete,它们对应的是一个写操作;而 Member,验证成员关系,则对应一个读操作。由于这些操作的语义,在一个集合类型的实例上的两个 Insert 操作可以互换,允许它们并发的执行。Member 和 Insert 操作之间的交换性以及 Member 和 Delete 操作之间的交换性依赖于是否它们会引用相同的调用参数和它们的结果[14]。

同样可以使用数据库状态的引用来定义交换性。在这种情况下,经常允许多个操作交换。

例 15.10　在例 15.7 中,我们指出一个 Insert 和一个 Member 操作可以交换,如果它们不引用相同的调用参数。然而,如果集合已经包含了所引用的元素,即使它们的调用参数是相同的,这两个操作也可以交换。　　　　　　　　　　　　　　　　　　　　　　◆

15.7.1.2　无效性

无效性【Herlihy,1990】定义了两个操作之间的冲突,但不是基于它们是否可交换,而是根据是否一个的执行可以让另一个无效。一个操作 P 让另一个操作 Q 无效的定义为:*存在两个*

---

[14]　依据不同的操作,结果可能是一个表示操作是否成功的标志(比如说,Insert 的结果可能是"OK"),或是操作返回的值(如在读的情况下)。

历史 H_1 和 H_2，使得 $H_1 \cdot P \cdot H_2$ 和 $H_1 \cdot H_2 \cdot Q$ 是合法的，但是 $H_1 \cdot P \cdot H_2 \cdot Q$ 却不合法。在这种情况下，一个**合法的历史**(legal history)表示一个对象集合的正确历史，并且是根据它的语义来决定的。对应的，一个**被无效**(invalidated-by)关系可定义为包含所有 P 使 Q 无效的操作对(P,Q)。这个被无效关系建立了冲突的关系，该关系形成了构造串行化的基础。考虑 Set 的例子，一个 Insert 操作不可能被其他操作无效化。但是一个 Member 操作可以被一个 Delete 所无效化，只要它们的调用参数是相同的。

15.7.1.3 可恢复性

可恢复性【Badrinath and Ramamritham,1987】是另一个冲突关系，它的定义用于决定串行化历史[15]。直观的看，一个操作 P 对于操作 Q 是**可恢复的**(recoverable with respect to)，如果 P 所返回的值和 P 是否在 Q 之前执行无关。由可恢复性所建立的冲突关系看上去和由无效性建立的关系相同。不过，这个观察仅仅基于几个例子，且没有正式的证明。实际上，由于没有正式的理论来证明这些冲突关系，这便是一种亟待解决的严重缺陷。

15.7.2 事务模型和对象结构

第 10 章中，我们考虑了一系列事务模型，从平面事务到工作流系统。所有的这些方法访问简单的数据库对象(元组集合或一个物理页面)。然而，在对象数据库中，数据库对象并不简单；它们可以是具有状态和属性的对象，也可以是复杂对象，甚至是活跃对象(即那些能在特定条件满足时，通过触发动作的执行用以响应事件的对象)。由对象的复杂性所带来的复杂程度极为重要，我们会在接下来的章节中着重介绍。

15.7.3 对象 DBMS 中的事务管理

为对象 DBMS 开发的事务管理技术需要考虑我们之前讨论的两个复杂之处：它们需要使用更复杂的正确性标准，以便将方法的语义考虑在内；它们需要考虑对象结构；它们需要懂得组合和继承关系。在这些结构之上，对象 DBMS 会连同数据将方法存储在一起。对象共享访问的同步必须考虑到方法执行的因素。特别是，事务可能会调用一个正在调用其他方法的方法。因此即使事务模型是平面的，但这些事务的执行可能是动态嵌套的。

15.7.3.1 同步访问对象

方法调用中的内在嵌套可以用来开发基于嵌套 2PL 的算法和嵌套时间戳排序算法【Hadzilacos and Hadzilacos,1991】。在处理中，对象内并行可以用来提高并发性。换句话说，一个对象的属性可以建模成数据库中的数据元素，而方法可以建模成一个事务，在这个事务中能对一个对象的方法产生多个调用，让这些方法变得同时活跃。如果特殊的对象内的同步协议可以开发出来，以维护每个对象同步的兼容性，这便能提供更多的并发性。

因此，在对象上一个方法的执行(建模成事务)包括**本地步骤**(local step)，它对应本地操作的执行和返回的结果，以及**方法步骤**(method step)，也就是方法的调用连同返回的值。一个本地操作是原子操作(比如，读、写、自增)，它会影响对象的变量。一个方法的执行定义

---

[15] 在【Badrinath and Ramamritham,1987】中使用的可恢复性和我们在第 12 章定义的概念有所不同，参见【Bernstein et al.，1987】和【Hadzilacos,1988】。

了这些步骤之间通常的偏序关系。

　　这方面研究的一个基本的方向是如何使对象能够完全自由地实现对象内的同步。这里唯一的要求就是事务必须能够"正确"地得到执行,也就是按照交换性的原则它们应该是可串行化的。由于对象内的同步已经交给了各个对象自己解决,因此并发控制算法将集中于对象间的同步。

　　另一种方法是多粒度加锁【Garza and Kim,1988;Cart and Ferrie,1990】。如图 15.5 中所描述的,多粒度加锁定义了可加锁的数据库粒度的层次(因此称为"粒度层次")。在关系 DBMS 中,文件对应着关系,而记录对应着元组。在对象 DBMS 中,这样的对应关系依次是类和实例对象。这种层次的优势是它解决了粗粒度加锁和细粒度加锁的权衡。粗粒度加锁(在文件层及之上)具有低的加锁开销,因为锁定了很少的数目。但是它极大程度地降低了并发性。对于细粒度加锁,结果正好相反。

　　多粒度加锁背后的主要想法是,一个在粗粒度下加锁的事务暗示着对所有细粒度对应对象进行了加锁。比如,在文件层次的加锁暗示对所有在那个文件中的记录加锁。为了实现这一目标,除了共享(S)和独有的(X)之外又定义了两种锁类型:**意图(或隐式)共享**(intention(or implicit) shared)的(IS)和**意图(或隐式)独有**(intention(or implicit) exclusive)的(IX)。在一个对象上要设置 S 或 IS 锁的事务首先需要在它的祖先设置 IS 或 IX 锁(也就是,粗粒度的相关对象)。类似的,在一个对象要设置 X 或 IX 锁的事务必须在所有它的祖先上设置 IX 锁。如果一个对象的后代已经被加了锁,则不能释放在该对象上的意图锁。

　　当一个事务想在某个粒度读取一个对象却在更细的粒度修改它时,会产生额外的复杂性。在这种情况下,S 锁和 IX 锁必须同时设置在对象上。比如说,一个事务可能读一个文件,并更新文件中的一些记录(类似地,在对象 DBMS 中的事务可能读取类定义,并更新属于那个类的实例对象)。为了解决这些情况,一个**共享意图独有**(shared intention exclusive)(SIX)锁被引入,它等价于在那个对象上保持一个 S 锁和 IX 锁。多粒度加锁的兼容性矩阵展示在图 15.6 中。

　　一个可能的粒度层次展示在图 15.7 中。所支持的锁的模式和它们的兼容性以及图 15.6 中给定的一模一样。实例对象仅在 S 或 X 模式下加锁,而类对象可以在所有五种模式下加锁。这些类对象上的锁的解释如下:

	S	X	IS	IX	SIX
S	+	-	+	-	-
X	-	-	-	-	-
IS	+	-	+	+	+
IX	-	-	+	+	-
SIX	-	-	+	-	-

图 15.6　对粒度加锁的兼容性表格

图 15.7　粒度层次

- S 模式：类定义在 S 模式下加锁，且它所有的实例都在 S 模式下隐式地加锁。这防止了另一个事务对于实例的更新。
- X 模式：类定义在 X 模式下加锁，且它所有的实例都在 X 模式下隐式加锁。因此类定义和类所有的实例都可能被读或更新。
- IS 模式：类定义在 IS 模式下加锁，且在 S 模式下实例必要时会加锁。
- IX 模式：类定义在 IX 模式下加锁的且必要时在 S 或 X 模式下实例会加锁。
- SIX 模式：类定义在 SIX 模式下加锁，且所有的实例都在 S 模式下隐式地加锁。当事务对于实例更新时，这些实例在 X 模式下会被显式地加锁。

15.7.3.2　类格的管理

对象 DBMS 的一个重要需求是动态的模式演化。因此，系统必须处理访问模式对象（即类型，类等）以及实例对象的事务。模式改变操作的存在，它与常规查询和事务的混合，以及定义在类之间的（多）继承关系，让问题更加复杂。首先，一个查询/事务可能不仅仅访问一个类的实例，而且可能访问那个类子类的实例（也就是，**深度外延**（deep extent））。第二，在一个组合对象中，一个属性的域自身就是一个类。因此访问一个类的属性可能会包含访问在那个属性所在域的类的子格根下的对象。

解决这两个问题的一种方式仍然是利用多粒度加锁。即通过在合适的模式下可以对访问类和它所有子类加锁的方式，不过这种最直接的多粒度加锁的扩展并不是很有效。当类离访问的根很近时，这种方法是低效的，因为它会涉及大量的锁。问题可以通过引入**读-格**（read-lattice）（R）和**写-格**（write-lattice）（W）锁模式来解决，这不仅仅可以将目标类在 S 或 X 模式上加锁，同时也可以隐式对 S 和 X 模式下类的所有子类加锁。然而，这种解决方法并不支持多继承（也就是第三个问题）。

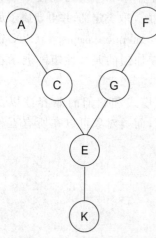

图 15.8　一个类格的例子

多继承的问题是，一个具有多个超类型的类可能被两个在不同超类上放置 R 和 W 锁的事务隐式的加锁，而这两个锁却互不兼容。由于在公共类上的锁是隐式的，因此并没有一种方法识别是否在一个类上已经存在锁。因此，有必要对一个类的超类检测是否已经加锁。这可以通过放置显式锁来解决，而不用在子类上使用隐式锁。考虑图 15.8 中的类型格，它是从【Garza and Kim, 1988】简化而来。如果事务 T_1 设置了一个 IR 锁在类 A 上，以及一个 R 锁在 C 上，它同样会设置一个显式的 R 锁在 E 上。当另一个事务 T_2 放置一个 IW 锁在 F 上和一个 W 锁在 G 上，它会尝试放置一个显式 W 锁在 E 上。不过，由于在 E 上已经有一个 R 锁，这个请求会被拒绝。

另外一个设置**显式**（explicit）锁的方法是在更细的粒度设置锁，并使用如第 11 章所讨论的有序共享【Agrawal and El-Abbadi, 1994】。在某种意义上，这个算法是 Weihl 的基于交换性方法的扩展，它将嵌套事务模型使用到对象 DBMS 上。

把类在系统中建模成对象，类似于反射系统中将模式对象表示为最高级的对象。因此，方法可以定义为类对象上的操作：add(m)对类增加方法 m，del(m)用来从类中删除方法

m,rep(m)替换方法 m 的实现,而 use(m)执行方法 m。类似地,原子操作被定义来访问一个类的属性。这些和方法操作是相同的,在语义上进行适当的变化就可以反映对属性的访问。在这里,有趣的地方是,对于属性 a 的操作 use(a)的定义,它表示一个事务在一个方法的执行内访问属性 a 是通过 use 操作进行的。这需要每个方法显式的列出所有它访问的属性。因此,下面就是一个事务 T 在执行一个方法 m 时的连续步骤:

(1) 事务 T 发起操作 use(m);

(2) 对于每个被方法 m 访问的属性 a,T 发起操作 use(a);

(3) 事务 T 调用方法 m。

我们为方法和属性的操作定义了一个交换性表格。基于交换性表格,可以决定每个原子操作的有序共享锁表格(见图 11.8)。具体来说,一个原子操作 p 的锁和所有与 p 没有冲突关系的锁有一种共享关系,而它和所有与 p 有冲突关系的锁存在有序共享关系。

基于这些锁的表格,可以使用一个嵌套2PL加锁算法,以下是算法的一些考虑:

(1) 事务遵守严格的 2PL 规则,并在锁上维持这一规则直到事务的终止。

(2) 当一个事务终止时,它释放所有它的锁。

(3) 一个事务的终止等待它孩子(紧密嵌套语义)的终止。当一个事务提交时,它的锁被它的双亲所继承。

(4) **有序提交原则**(Ordered commitment rule)。给定两个事务 T_i 和 T_j,且 T_i 正在等待 T_j,则直到 T_j 终止(提交或终止)之前,T_i 都不能在任何对象上提交它的操作。T_i 被说成**正在等待**(waiting-for)T_j,仅当:

- T_i 不是嵌套事务的根,且 T_i 根据顺序共享关系被赋予一个锁,该锁在一个对象上被 T_j 所持有,而 T_j 是 T_i 双亲的一个后代;

- T_i 是嵌套事务的根,且 T_i 保持一个在有序共享关系的对象上的锁(由继承得来或是直接获得),而该锁由 T_j 或它的后代持有。

15.7.3.3　组合(聚合)图管理

处理组合图的研究更加的普遍,为对象 DBMS 的组合对象进行有效建模的需求已经形成在这个问题上的极大兴趣。

一种方法是基于多粒度加锁,这样可以锁住一个组合对象及它的所有组成对象的类。这显然是不可接受的,因为它会对整个组合对象层次进行加锁,因此极大地降低了效率。另一个可选择的方法是在一个组合对象中对组成对象实例加锁。在这种情况下,就必须捕捉所有的引用,并锁定所有的这些对象。这个会非常麻烦,因为它会引起大量的对象锁定。

问题的原因在于是多粒度加锁协议并不意识到组合对象可以作为一个可加锁的单元。为了克服这个问题,我们引入三种新的锁模式:ISO、IXO 和 SIXO,分别对应 IS、IX 和 SIX 模式,用来为一个组合对象的组成类加锁。这些模式的兼容性展示在图 15.9 中。协议的描述如下:为了锁定一个组合对象,根类要使用 X、IS、IX 或 SIX 模式加锁,且组合对象层次的每个组成类分别要使用 X、ISO、IXO 和 SIXO 模式加锁。

另一种方法是,通过将单一的静态锁图替代为与每个类型和查询相关的层次图,以此扩展多粒度加锁【Herrmann et al. ,1990】的方法。有一个"综合锁图"控制整个过程(图 15.10)。最小的可加锁单元称为**基础可加锁单元**(basic lockable units,BLU)。一定数目的 BLU 可以

	S	X	IS	IX	SIX	ISO	IXO	SIXO
S	+	-	+	-	-	+	-	-
X	-	-	-	-	-	-	-	-
IS	+	-	+	+	+	+	-	-
IX	-	-	+	+	-	-	-	-
SIX	-	-	+	-	-	-	-	-
ISO	+	-	+	+	-	+	+	+
IXO	-	-	-	-	-	+	+	-
SIXO	N	N	N	N	N	Y	N	N

图 15.9   组合对象的兼容性矩阵

组成一个**同构可加锁单元**（homogeneous lockable unit，HoLU），它由相同类型的数据组成。类似地，它们可以组成**异构可加锁单元**（heterogeneous lockable unit，HeLU），其由不同类型的对象组成。HeLU 可以包含其他的 HeLU 或者 HoLU，这意味着组成对象不必要全是原子的。类似地，HoLU 可以由其他 HoLU 或 HeLU 组成，只要它们都是相同的类型。HoLU 和 HeLU 之间的分离意味着加锁请求的优化。比如，从锁管理器的角度看，一组整数列表的集合可以被看作是一个由 HoLU 组成的 HoLU，而后者有可以看成由 BLU 组成。结果是，可以锁定整个集合，也可以锁定仅仅一个列表，甚至是一个整数。

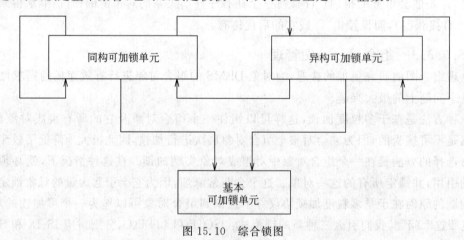

图 15.10   综合锁图

在定义类型时，要创建一个遵从综合锁图的特定对象的锁图。作为第三个要素，在查询（事务）分析中还要生成特定查询的锁图。在查询（事务）的执行过程中，特定查询的锁图用来从锁管理器那里请求加锁，而锁管理器则使用特定对象的锁图来做决策。这里使用的锁模式遵循确定的标准（即 IS、IX、S、X）。

【Badrinath and Ramamritham，1987】讨论了一种基于交换性来解决组合对象层次的方案。在聚合图上定义了一组不同的操作：

(1) 检查一个点(就是一个类)的内容；

(2) 检查一条边(组成的关系)；

(3) 插入一个点和对应边；

(4) 删除一个点和对应边；

(5) 插入一条边。

请注意，其中的一些操作(1 和 2)和已经存在的对象算子相对应，而其他的(3～5)则表示对于模式的操作。

基于这些操作，可以为粒度图定义一个**影响集**(affected-set)，从而形成决定哪些操作可以并发执行的基础。一个粒度图的影响集由如下的并集构成：

- 边集，即是对(e,a)的集合，其中，e 是一条边，a 是一个影响 e 的操作，它可以是 insert、delete、examine 中的一个；

- 点集，即是对(v,a)的集合，其中，v 是一个点，a 是一个影响 a 的操作，它可以是 insert、delete、examine 或 modify 中的一个。

使用一个聚合图上的两个事务 T_i 和 T_j 所生成的影响集，我们可以定义 T_i 和 T_j 是否能并发执行。交换性被用来作为冲突关系的基础。这样，两个事务 T_i 和 T_j 在对象 K 上可交换，仅当 affected-set$(T_i) \bigcap_K$ affected-set$(T_j) = \phi$。

这些协议在对象的基础上同步，而不是在对象的操作上同步。也可能通过研究同步操作的调用来改进并发性，而不是通过对整个对象的加锁来实现这样的改进。

另一个基于语义的方法出自于【Muth et al.，1993】，它有以下与众不同的特征：

(1) 不需要浏览一个层次所有的对象(即，不用多粒度加锁)就可以访问组件对象。

(2) 通过一个之前的对方法交换性的描述[⑯]，可以考虑操作的语义因素。

(3) 一个事务调用的方法自身可以调用其他方法。这将生成(动态的)嵌套的事务执行，即使事务在句法上是平整的。

支持(3)的事务模型是开放式的嵌套，尤其是如第 10 章所述的那种多层次事务。在动态事务嵌套上的限制有：

- 在同一个对象上所有潜在的冲突操作对(p,g)在它们的调用树上有相同的深度；

- 对于在调用树上的深度是相同的 f 和 g 的祖先对(f′,g′)，f′ 和 g′ 将操作在同一个对象上。

使用这些限制，算法便非常直接了。每个方法和一个语义锁相关联，且一个交换性表格定义了是否不同的语义锁是可兼容的。事务在调用方法前需要这些语义锁，并且它们会在子事务(方法)的执行最后释放，并将结果暴露给其他事务。然而，已经提交子事务的双亲有更高层次的语义锁，它会限制提交的子事务，使得其结果仅局限于那些和该子事务的根可交换的子事务范围以内。这里需要定义一个语义冲突的测试，该测试可以在调用层次上使用交换性表格操作完成。

上述两个条件使得将协议的应用限制在那些满足条件的事务上变得没有道理。为了解

---

⑯　在这个研究中使用的交换性测试是独立于状态的。它考虑两个操作的实际参数，而不是状态。这个和 Weihl 的工作形成了鲜明的对比【Weihl，1988】。

决这个问题可以放弃一些开放性，并将锁进行转换，把在一个子事务结束时释放的锁转换为由其双亲持有的锁，称为**保留锁**（retained locks）。为了更好地并发性，可以放弃为保留锁而设立的某些条件。

一个非常类似，却具有更多限制性的方法由【Weikum and Hasse，1993】提出。它使用了多级事务模型，但是仅限于两个层次：对象层和底层页面层。因此，它忽略了当事务调用那些正在调用其他方法的方法时所产生的动态嵌套。和上述工作类似的一点是，页级锁在子事务的结束时释放，而对象级锁（其语义更丰富）直到事务终止前一直都保留着。

在上面两种方法中【Muth et al.，1993；Weikum and Hasse，1993】，故障恢复都不可能通过页面一级的面向状态的协议来执行。由于子事务会释放它们的锁，并使得它们的结果对外可见，必须运行补偿事务，对已提交子事务执行"反做"操作。

15.7.4 将事务看作对象

关系数据模型的一个重要特征是缺乏明确的更新语义。它最初所定义的模式清晰地叙述出在关系数据库中数据是如何被查询到的（通过关系代数算子），但是并没明确说明更新数据库究竟意味着什么。其结果是，一致性的定义与事务管理技术和数据模型成正交关系。不过确实而且很普遍的是，可以把相同的技术可以运用到非关系的 DBMS 中，甚至运用到非 DBMS 的存储系统里。

从数据模型的研究中产生相对独立的技术被认为是个优点，因为研究所付出的代价可以在许多不同的应用中得到均摊。的确，在对象 DBMS 上已有的事务管理工作已经利用了这种独立性，并将已有技术移植到新的系统结构中。在移植过程中，对象 DBMS 的特质，比如类（类型）格结构、组合对象、对象分组（类的外延）都得到了考虑，但是其技术从本质上讲还是一样的。

可以证明，在对象 DBMS 中，在对象模型中为更新语义建模不仅是恰当的，也确实是必须的。论点如下：

（1）在对象 DBMS 中，存储的不仅仅是数据，还有在数据上的操作（在不同对象模型上称为方法，行为或操作）。访问对象数据库的查询把对于这些操作的引用作为谓词的一个部分。换句话说，这些查询的执行会调用定义在类（类型）上的各种操作。为了保证查询表达式的安全性，已有的查询处理方法严格地限制这些操作必须是没有副作用的，实际上就是不允许它们更新数据库。这个是一个严厉的限制，它可以通过把结合更新语义结合到查询的安全定义而得到放松。

（2）如我们在 15.7.3 节所讨论的，对象 DBMS 的事务影响了类（类型）的格。因此，在动态模式演化和事务管理之间有着直接的关系。我们讨论的很多技术使用在这个格上加锁，以适应这些变化。然而，锁（甚至多粒度锁）会严重限制并发性。更新数据库的语义定义，和基于更新语义的冲突定义，会提供更大的并发性。我们应该再一次看到类（类型）格的改变和查询处理之间的微妙关系。若缺乏一个对更新语义的清晰定义，并缺乏将它融入查询处理的方法，大多数现有的查询处理器都假定数据库模式（即类（类型）格）在查询执行中是静止的。

（3）有一些对象模型（比如，OODAPLEX【Dayal，1989】和 TIGUKAT【Özsu et al.，1995a】）把所有的系统实体当成对象。使用这种方法，将事务建模成对象也是很自然的。不过,由于事务基本上构造了数据库的状态变化,它们在数据库上的效果需要明确的说明。同样需要注意,在这个含义上,对象 DBMS 所服务的应用域会有一些不同的事务管理需求的倾向,它表现在事务模型和一致性约束的两个方面。将事务建模成对象可以让熟知的对象说明及子类型划分技术的应用创建出不同类型的 TMS,这为系统提供了可扩展性。

(4)一些需求需要规则支持和主动数据库的能力。规则自身就是按事务来执行的,它可能产生其他的事务。人们已经争辩过规则应该被建模成对象【Dayal et al. ,1988】。如果这是事实,那么当然事务也应该被建模成对象。

这些论点的结果是,有必要为事务管理系统提出一种不同于现在已有的方法,而这正是一个具有潜在研究价值的主题。

15.8　本章小结

在这一章,我们讨论了对象技术对数据库管理的影响,并着重于其分布式的方面。关于对象技术的研究已经在 20 世纪的 80 年代到 90 年代的前半段得到广泛的开展。对于这个领域研究兴趣的消亡主要由于两个因素。首先,对象 DBMS 声称是关系 DBMS 的替代,而不是能适应部分应用需求的特殊系统。而对象 DBMS 本身并不能够为那些真正适合于关系模型的应用提供良好的性能。因此,对于关系 DBMS 的支持者,它们就成了很容易攻击的目标,这恰恰成为第二个因素。关系 DBMS 制造商利用了很多为对象 DBMS 的技术,将其融入它们的产品中,发布了"对象关系 DBMS"。如前面所述,这让它们宣称没有必要创建一个新的系统。关系 DBMS 的对象扩展取得了不同程度的成功。它们允许属性是结构化的,允许非标准化的关系。通过数据刀片、黑盒或填充的方式(每种商业系统使用一种不同的名字),它们同样是可扩展的,可以将新数据类型插入到系统中。然而,这种扩展性是有限的,主要因为它需要很大的代价去写一个数据的**数据刀片/黑盒/扩充器**(data blades,cartridges,or extenders),并且它们的健壮性也是个重要的问题。

最近这些年,对象技术又重新兴起。这主要由它在那些越来越重要的特殊的应用系统中所发挥的优势的激发而来的。比如说,XML 的 DOM 接口,Java 数据对象(JDO)都是面向对象的,这些都是重要的技术。JDO 对于解决 Java 企业版(J2EE)和关系数据库之间的映射问题非常重要。面向对象的中间件架构,比如【CORBA Siegel,1996】并没有在它们首次出现的时候就那么具有影响力,但是它们已经证实了对数据库的互操作性【Dogac et al. ,1998a】所做的贡献。这些技术还将在未来的持续工作中不断得到改进。

15.9　参考文献注释

在对象 DBMS 方面有一系列优秀的著作,比如【Kemper and Moerkotte,1994】、【Bertino and Martino,1993】、【Cattell,1994】和【Dogac et al. ,1994】。有关对象 DBMS 的一个早期的读物是【Zdonik and Maier,1990】。此外,对象概念在【Kim and Lochovsky,1989】、【Kim,1994】中讨论过。不幸的是,这些都有些过时了。【Orfali et al. ,1996】被认为是分布式对象的经典著作,但是其重点大多是在分布式对象平台上(CORBA 和 COM),而

不在的 DBMS 基础上。已经有了大量的对象模型的形式化工作,其中一些在【Abadi and Cardelli,1996】、【Maier,1986】、【Chen and Warren,1989】、【Kifer and Wu,1993】、【Kifer et al.,1995】、【Abiteboul and Kanellakis,1998b】、【Guerrini et al.,1998】中讨论过。

　　我们对于架构问题的讨论大多基于【Özsu et al.,1994a】,但进行了大幅度的扩展。对象分布式设计的细节问题在【Ezeife and Barker,1995】、【Bellatreche et al.,2000a】和【Bellatreche et al.,2000b】中得到讨论。分布式对象的正式定义在【Abiteboul and dos Santos,1995】中给出。查询处理和优化章节的内容基于【Özsu and Blakeley,1994】,而事务管理问题来自于【Özsu,1994】。查询优化的索引技术的相关工作已经在【Bertino et al.,1997】、【Kim and Lochovsky,1989】中讨论完成。分布式垃圾回收的一些技术在一篇【Plainfossé and Shapiro,1995】的综述文章中进行了分类。相对于本章所覆盖的内容,这些资源包括更多的细节。对象关系 DBMS 的细节在【Stonebraker and Brown,1999】和【Date and Darwen,1998】中得到了讨论。

练　习

15.1　阐释分布式对象 DBMS 用来支持封装的机制。尤其是:

　　(a) 描述当对象和方法都分布式的情况下,封装是如何实现对于终端用户的隐藏的。

　　(b) 一个分布式对象 DBMS 是如何对终端用户呈现单一的全局模式的? 这与在关系数据库系统中所支持的分片透明性有什么区别?

15.2　列举在对象 DBMS 中所产生,但却不在关系 DBMS 中存在的,与数据分布、分片、迁移以及复制有关的新问题。

15.3**　对象数据库的划分是以降低用户应用访问不相关数据的访问为前提的。请给出一个在未划分的对象数据库,以及水平或垂直划分的对象数据库上执行查询的代价模型。使用你的代价模型给出一些应用场景,证明划分确实降低了对于不相关数据的访问。

15.4　展示在聚簇和划分之间的关系,展示出聚簇是如何在已划分的对象数据库系统上降低/提高查询性能的。

15.5　为什么客户端服务器对象 DBMS 只要采用数据传输架构,而关系 DBMS 采用功能传输?

15.6　讨论页和对象服务器在数据传输,缓冲管理,缓存一致性和指针转换机制上的优势和劣势。

15.7　讨论在客户端缓存信息和数据复制这两者之间的区别。

15.8*　DBMS 所支持的新的一类应用是交互的,并能够处理大型对象(比如,交互式多媒体系统)。在本章中所介绍的哪种缓存一致性算法适合于工作在广域网环境下的这类应用?

15.9**　硬件和软件指针转换机制有互补的优势和劣势。提出一种混合的指针转换机制,它综合了这两种的优势。

15.10**　阐述在分布式对象 DBMS 中,如何利用诱导水平分片来提高路径查询的效率? 请给出例子。

15.11** 　请给出一个对象 DBMS 查询优化器接受 OQL 查询的启发式方法,该方法可以用来决定如何分解一个查询,使得分解的其中一部分是功能传输的,而其他的部分可以通过数据传输在原发地的客户端上执行。

15.12** 　在这一章讨论了三种执行分布式复杂对象组装的方法。请给出另一种算法,使得那些复杂操作,比如连结和远程对象的完整组装,在远程站点执行,而部分的结果被传输到中心站点上来进行最后的组装。

15.13* 　考虑在第 10 章中的飞机航班预订的例子。请为该例定义一个 Reservation 类(类型),并给出它的前向和后向的交换性矩阵。

第 16 章　P2P 数据管理

在这一章里,我们将讨论"现代"对等(P2P)数据库管理系统中的数据管理问题。我们有意使用词语"现代"来与客户/服务器架构之前的早期 P2P 系统进行区分。第 1 章曾提到,分布式 DBMS 的早期研究主要集中在那些系统站点功能无区别的 P2P 架构上。因此,如果我们只是将 P2P 系统解释成没有区别的"服务器"和"客户端",那么从某种意义上讲,P2P 的数据管理并不是新鲜事。而"现代"的 P2P 系统超越了这个简单的特征,并且和第 1 章所提到的老式系统有很大的区别。

第一个区别是在当今的系统拥有数量庞大的站点。早期的系统关注很少的站点(可能最多 10 个),而当今的系统考虑上千个站点。另外,这些站点在地理上都是分散的,并且在特定的位置形成集群。

第二个区别是站点各个方面的异构性和它们的自治性。由于这一直都是分布式数据库的问题,再加上庞大的规模,站点的异构性和自治性将更加重要,这让一些传统的解决方法不能够得以使用。

第三个主要的区别是这些系统相当大的变动性。分布式 DBMS 是严格控制的环境,然而,新站点的增加或是已有站点的移除却很少非常谨慎地完成。在现代 P2P 系统中,站点通常是人们的个人电脑,他们按照自己的意愿加入和离开 P2P 系统,这给数据管理带来了极大的困难。

在这一章中我们主要关注现代的这种新兴 P2P 系统。这些系统通常具有以下的需求【Daswani et al.,2003】。

- **自治性**。一个自治的节点可以在任意时刻不受任何限制加入或离开系统。同时,它可以控制它所储存的数据,以及哪些节点可以存储它的数据(比如,其他的一些可信任节点)。
- **查询的表达**。查询语言应该允许用户在适当的细节上描述所需要的数据。查询的最简单形式是关键词查找,但它仅适合查找文件。针对文档查询,带结果排序的关键词查询是合适的,但是对于更结构化的数据,需要有一个种类 SQL 的查询语言。
- **有效性**。有效地使用 P2P 系统资源(带宽、计算能力、存储)能降低成本,使得查询具有更高的吞吐量,即在给定时间周期内,提高被 P2P 系统处理的查询数量。
- **服务质量**。这指的是用户所观察到的系统的效率,比如,查询结果的完整性、数据一致性、数据可用性、查询响应时间等等。
- **容错性**。即使出现故障,也应该保证节点的效率和服务质量。假定节点可能会在任何时候离开或发生故障,那么,合理地利用数据重制是非常重要的。
- **安全性**。由于 P2P 系统的开放性,使得我们无法依赖于可信的服务器,这给安全性带来了巨大挑战,因为不能依赖可信的服务器。对于数据管理,其主要的安全问题是访问控制,包括如何在数据内容上增加知识产权的属性。

已经研制出一系列不同用途的 P2P 系统【Valduriez and Pacitti,2004】:它们已经成功地用于共享计算（比如，SETI@home：http://www.setiathome.ssl.berkeley.edu）、通信（比如，ICQ：http://www.icq.com），或是数据共享（比如，Gnutella：http://www.gnutelliums.com 和 Kazaa：http://www.kazaa.com）。我们的兴趣自然在数据共享系统上。从数据库功能的角度来看，商用系统（比如，Gnutella、Kazaa 和其他的）仍然是非常局限的。两个严重的局限性是，它们仅能提供文件级的共享，并没有基于内容的复杂的搜索/查询功能，并且它们都是注重执行一个任务的单一应用系统。同时，无法将它们直接扩展到其他的应用/功能上【Ooi et al.，2003b】。在这一章里，我们所讨论的研究问题是，如何在 P2P 架构上提供合适的数据库功能。在这个前提下，必须解决以下的数据管理的问题：

- 数据位置：节点必须能引用并定位存放在其他节点上的数据。
- 查询处理：给定一个查询，系统必须能够找到对查询有贡献的相关数据的节点，并有效地执行查询。
- 数据集成：当系统中的共享数据资源具有不同的模式或表示时，节点仍然能够访问这些数据，理想的情况是能够使用为自己的数据建模的数据表示进行访问。
- 数据一致性：如果数据被备份或是缓存在系统中，一个关键的问题是如何在这些备份间保持一致性。

图 16.1 展示了在一个数据共享 P2P 系统中的节点的参考架构。根据 P2P 系统的功能，参考系统中一个或多个组成部件可能不存在，也可能组合在一起，或是被特定的节点所实现。已有的架构的核心特征是将其功能分割成三个主要的组件：（1）一个用来提交查询的接口；（2）一个解决查询处理和元信息的数据管理层（比如，目录服务）；（3）一个 P2P 基础设施，它由 P2P 网络子层和 P2P 网络组成。在这一章里，我们着重于 P2P 数据管理层和 P2P 基础设施。

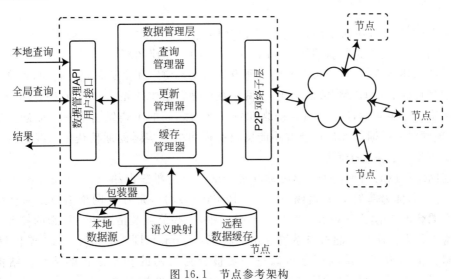

图 16.1　节点参考架构

查询通过一个用户接口或数据管理 API 来提交，并由数据管理层进行处理。查询可能会引用本地的或是系统中全局的存储数据。当系统集成异构数据资源时，查询请求将由一个能够从资源库中获取语义映射信息的查询管理器模块来进行处理。这个语义映射资源库包括一系列元信息，它们能够帮助查询管理器定位系统中与查询数据相关的节点，并将原始的查询进行重组,使得其他节点能够理解。一些 P2P 系统可能会在特定的节点上存储语义映射。在这种情况下,查询管理器需要和这些特定的节点通信,或将查询传输到这些节点上执行。如果系统中的所有资源具有相同的模式,那么便不需要语义映射资源库或是其相关的查询重组功能。

假定存在一个语义映射资源库,查询管理器将调用由 P2P 网络子层实现的服务,并和查询执行中所包含的节点进行通信。查询的实际执行受到 P2P 基础设施的实现的影响。在一些系统中,数据被发送到查询发起的节点上,并在这个节点进行组合。而其他的系统则为查询执行和定位提供了特定的节点。在这两种情况下,节点查询执行所返回的结果数据都可能会缓存在本地,以此对未来相似的查询进行加速。缓存管理器维护每个节点的局部缓存。另一种做法则是缓存仅实现在某些特定站点上。

当一个远程节点请求数据时,查询管理器同样负责执行全局查询中属于自己的本地部分。包装器可能会隐藏数据,以及查询语言或是任何其他在本地数据资源和数据管理层之间所存在的不一致。当数据更新时,更新管理器将在拥有更新数据存储副本的不同节点之间协调更新的执行。

P2P 网络基础设施为数据管理层提供了通信的服务,这可以通过结构的或非结构的网络拓扑来实现。

在接下来这章里,我们会解决这个参考架构中的每个组件,首先在 16.1 节中介绍基础设施问题。数据映射和方法会在 16.2 节中解决。在 16.3 节里讨论查询处理问题。而数据一致性和复制问题会在 16.4 节里讨论。

16.1 基 础 设 施

所有 P2P 系统的基础设施都是一个 P2P 网络,它构建在一个物理的网络上(通常是 Internet);通常它被称为**覆盖网络**(overlay network)。相比物理网络,覆盖网络可能(通常)有不一样的拓扑结构,并且在覆盖网络上所有的算法都侧重于对通信进行优化(通常将消息从源节点到目标节点的"跳"数最小化)。两个在覆盖网络中的相邻节点,在一些情况下可能在物理网络上相距甚远,因此,覆盖网络和物理网络之间的不连结可能是个问题。这样一来,在覆盖网络中的通信代价可能并不能反映物理网络中实际的通信代价。我们会在对基础设施的讨论中解决这个问题。

覆盖网络可以有两种类型:单纯的和混合的。**单纯覆盖网络**(pure overlay networks)(更为常见的是称为**单纯 P2P 网络**(pure P2P networks)),是任意网络节点没有区别的网络。而在**混合 P2P 网络**(hybrid P2P networks)中,一些节点被指定执行特殊的任务。混合网络通常就是人们所说的**超节点系统**(super-peer systems),即一些节点负责"控制"它们域中的一组其他的节点。单纯网络可以进一步被分为结构的和非结构的网络。**结构网络**(structured networks)严格的控制拓扑和消息路由,而**非结构网络**(unstructured networks)的每个节点可以直接和它的邻居通信,并且可以通过将自己附加在任何节点上来加入网络。

16.1.1 非结构 P2P 网络

非结构的 P2P 网络指的是那些在覆盖拓扑上对数据布局没有限制的网络。覆盖网络以一种非确定(特定的)的方式创建,并且数据布局和覆盖拓扑没有任何关系。每个节点只知道它的邻居,却不知道它们所拥有的资源。图 16.2 展示了非结构 P2P 网络的例子。

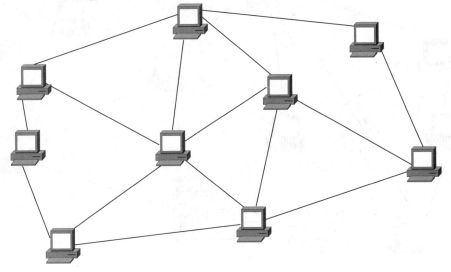

图 16.2　非结构 P2P 网络

　　非结构网络是最早期的 P2P 系统的例子,它的核心功能是(现在还是)文件共享。在这些系统中,热门的文件在节点间进行共享,从而不需要从集中式的服务器上下载。这类系统的例子有 Napster(http://www.napster.com)、Gnutella、Freenet【Clarke et al.,2000,2002】、Kazaa 和 BitTorrent(http://www.bittorrent.com)。

　　所有的 P2P 网络都面临的一个问题,即每个节点该拥有哪一类资源的索引,因为这决定了资源是如何检索到的。值得注意的是,P2P 系统中的"索引管理"的和我们在第 3 章所讨论的目录管理非常相似。索引被存储为元数据,并由系统所维护。在不同的 P2P 系统中,元数据的确切内容是不同的。大体来讲,它至少包括了资源的信息和大小的信息。

　　有两种维护索引的方法:(1)集中式的,即一个节点储存整个 P2P 系统的元数据;(2)分布式的,即每个节点维护它自己资源的元数据。请再次注意,这些方法和目录管理中的方法是相同的。例如,Napster 系统使用的是集中式索引,而 Gnutella 使用的是分布式索引。

　　P2P 系统所支持的索引类型(集中式或分布式)决定了资源如何检索。在这里请注意,我们并不是指如何运行查询;我们仅仅讨论当已知一个资源标识时,其 P2P 基础设施是如何定位到相关资源的。在一个使用集中式索引的系统中,定位资源的过程包括了向中心节点请求资源的位置,接着直接向拥有资源的节点通信(图 16.3)。因此,系统在获取必要索引信息之前(也就是元信息),可以像客户端/服务器架构那样操作。但此之后,只在两个这节点间进行通信。值得注意的是,中心节点可能会返回一组拥有资源的节点,而发出请求的节点可能在其中选择一个节点,或者中心节点做选择(可能会考虑负载和网络情况)并返回所推荐的单一节点。

　　在使用分布式索引的系统中,有很多检索的方法。最流行的是扩散法,即每个寻找资源的节点把请求发送到所有它覆盖网络的邻居上。如果有邻居拥有这个资源,它们就予以回应,否则就会继续把请求转发到新的邻居上,直到资源被找到,或是整个网络都完全被检索(图 16.4)。

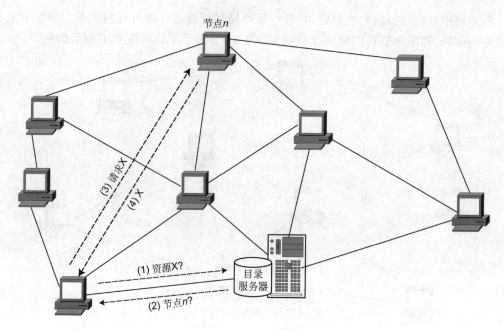

图 16.3　在一个集中式索引上的检索

(1)一个节点向中心索引管理器请求资源；(2)返回拥有资源的节点；(3)节点请求资源；(4)资源传输

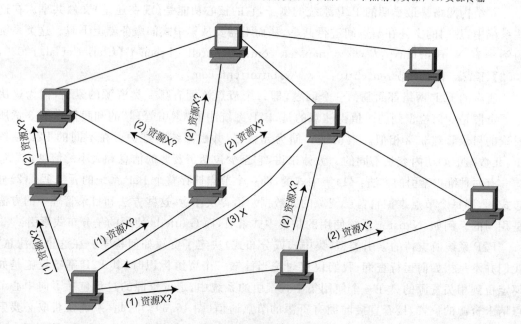

图 16.4　在一个非集中式的索引上检索

(1)一个节点发送资源请求到它的所有邻居上；(2)如果邻居没有资源，它会把请求传播到它的邻居上；
(3)拥有资源的节点回应，并发送资源

很显然，扩散法对网络资源有很大的负担，并且这不具有可扩展性——随着覆盖网络的增大，需要使用更多的通信。这个问题已经通过增加一个生存期限(TTL)限制来解决，它限制了一个请求信息在网络上被丢弃之前所传播的最大跳的数目。不过，TTL 也限制了可达节点的数目。

解决上面的问题也另有办法。一个直接的办法是,为每个节点选择一个邻居的子集,并将请求仅仅转发给这个子集【Kalogeraki et al.,2002】。这个决定子集的方式有很多种。比如,可使用随机游走的概念【Lv et al.,2002】,也就是说每个节点随机的选择一个邻居,并只把请求转发给它。另一种方法是,每个邻居不仅仅维护本地资源的索引,同时也维护一定范围内节点的资源索引,并充分利用它们在查询路由中历史的性能信息【Yang and Garcia-Molina,2002】。此外,还有一种方法是基于每个节点的资源使用相似的索引,以提供一组最有可能拥有所请求资源的节点的邻居【Crespo and Garcia-Molina,2002】。这些就是在结构化的网络中经常使用的路由索引。我们会在后面具体讨论它们。

另一种方式是使用**传言协议**(gossip protocols),它同样被称为**传播协议**(epidemic protocols)【Kermarrec and van Steen,2007】。通过将副本的更新传播到网络的所有节点上,传言协议最早是用来维护副本数据的相互一致性。它已经成功地运用于 P2P 网络的数据传播中。基础的传言协议是简单的。网络中的每个节点都有网络完整的视图(也就是,所有节点的地址列表),并随机选择一个节点传播请求。传言协议主要的优点是在节点故障时的健壮性,因为请求很大可能会最终传播到网络中的所有节点上。不过,在大型网络中,基础的传言模型并不具有可扩展性,因为在每个节点上维护整个网络的视图会带来非常大的通信开销。为了使其具备可扩展性,一种解决方法是在每个节点仅仅维护网络的局部视图,比如说,几十个邻居节点的列表【Voulgaris et al.,2003】。为了传播一个请求,一个节点随机选择一个它局部视图中的节点,并把请求发送给它。此外,在传言协议中,节点之间需要交换它们的局部视图,以反映它们自己视图的网络变化。这样,通过持续地刷新它们的局部视图,节点可以自组织成随机化的覆盖网,且扩展性非常好。

最后我们要讨论的问题和非结构网络的节点如何加入和离开网络有关。对于集中式索引和分布式索引,其过程是不同的。在一个集中式的索引系统中,一个希望加入的节点仅需要通知中心索引,并告知中心节点它想贡献给 P2P 系统的资源。在分布式索引情况下,待加入的节点需要通过向它的邻居通告和接受信息,以确定它在系统中所“附加”的节点位置。节点从系统中的离开不需要做特别的操作,只需从系统中消失即可。它们的消失会及时被检测到,而覆盖网络会进行自我调整。

16.1.2　结构化的 P2P 网络

结构化网络的出现解决了非结构化 P2P 网络的可扩展性问题【Ritter,2001;Ratnasamy et al.,2001b;Stoica et al.,2001a】。它们通过严格地控制覆盖网的拓扑和资源布局来实现这个目标。因此,它们会以降低自治性的代价来获得更高的可扩展性,因为每个加入网络的节点会基于特定的控制方法将它们的资源放置在网络上。

与非结构化的 P2P 网络类似地,有两个基本的问题需要解决:一是如何索引资源,二是如何检索到资源。在结构化 P2P 网络中,最流行的索引和数据定位机制是**动态哈希表**(dynamic hash table)(DHT)。基于 DHT 的系统提供了两个 API:put(key,data)和 get(key),其中 key 是一个对象标识。Key 被哈希化以生成一个节点 id,它存储了对象内容所对应的数据(图 16.5)。动态哈希已经成功用于解决大规模分布式文件结构的可扩展性的问题上【Devine,1993;Litwin et al.,1993】。

一个直接的方法是使用资源的 URI 作为拥有资源节点的 IP 地址【Harvey et al.,2003】。

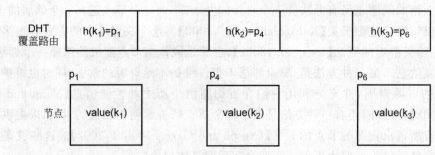

图 16.5 基于 DHT 的 P2P 网络

然而,一个重要的设计需求是保证资源在覆盖网络上是均匀分布的,并且 URI/IP 地址不经常变动。因此,出现了**一致性哈希**(consistent hashing)技术,它提供了统一的哈希值,使数据能够均匀的分布在覆盖网上。尽管可以使用很多哈希函数来为资源生成**虚拟地址映射**(virtual address mappings),SHA-1 已经成为最广泛接受的支持统一性和安全性的**基础**(base)[⑰]哈希函数(通过为键提供数据完整性)。由于实际的哈希函数设计可能依赖于具体的实现,因此我们不会更进一步讨论这个问题。

在一个基于 DHT 的结构化 P2P 网络上的检索(通常被称为查找)同样使用了哈希函数:资源的键被哈希,以获得覆盖网络上这个键所对应节点的 id。接着,查找在覆盖网络上开展,以便定位目标节点。这被称为**路由协议**(routing protocol),它在不同的实现上有所不同,并且与所使用的覆盖网结构紧密相关。下面我们会讨论一个例子。

所有的路由协议不仅旨在提供有效的查找,它们同样试图最小化覆盖网中的每个节点所需维护的路由表的**路由信息**(routing information)(也称为**路由状态**(routing state))。这个信息根据不同的路由协议和覆盖网结构而不同,但是它需要保证足够的目录类型信息,来将 put 和 get 请求路由到覆盖上合适的节点上。所有的路由表实现需要使用维护算法,来保证路由状态的最新时效和一致性。对照 Internet 上同样维护路由数据库的路由器,P2P 系统具有更大的挑战,因为其节点的高变动性和网络链路的不可靠性。尽管 DHT 同样需要支持完全记忆(也就是,所有可以通过一个给定键来访问到的资源必须被找到),路由状态的一致性成为一个关键性的挑战。因此,在并发查找下和高网络变动性过程中,维护一致性路由状态是必要的。

已经有很多基于 DHT 的覆盖网。可以根据**路由几何**(routing geometry)和**路由算法**(routing algorithm)来对它们进行分类【Gummadi et al. ,2003】。从本质上讲,路由几何定义了邻居和路由的组织方式。路由算法对应着上面所讨论的路由协议,定义为在一个给定路由几何中,下一跳/路由是如何选择的。已有的比较重要的基于 DHT 的覆盖网可以如下分类:

- **树**。在树的方法中,叶子节点对应了那些存放被检索键的节点的标识。树的高度是 log(n),其中 n 是树中节点的数目。检索的过程从根开始到叶子,在每个中间节点上使用最长前缀匹配,直到目标节点被找到。因此,在这种情况下,匹配可以看作在树上每个后继跳中,从左到右的纠正比特位的值。在这一类中,一个主流的 DHT 实现是 Tapestry【Zhao et al. ,2004】,它使用**代理路由**(surrogate routing)来将每个节点

---

⑰ 一个基础哈希函数的定义是:作为设计另一个哈希函数的基础函数。

的请求转发到路由表中最近的数位上。代理路由指的是当最长前缀不存在精确匹配时,匹配到**最近**(closest)数位上的路由。在 Tapestry 中,每个唯一的标识和一个节点相关联,该节点是一个唯一的生成树的根,以此来为给定标识消息路由。因此,查找将从生成树的基开始,一直到标识的根节点。尽管这个和传统的树结构有些不同,Tapestry 路由几何和树的结构紧密关联,因此我们把它归到这类中。

在树结构中,系统中的一个节点需要从那些具有 $\log(n-i)$ 个公共前缀比特位的子树中,选择 2^{i-1} 个节点作为它的邻居。随着我们在树上进一步往上处理,潜在的邻居数量会呈指数倍的增加。因此,每个节点总共有 $n^{\log(n)/2}$ 种路由表的可能(不过注意到,一个节点只能选择一种路由表)。因此,树几何有很好的邻居选择特性和容错性。不过,对邻居节点的路由仅仅只能当发送到一个特定目的地时才能完成。因此,树结构的 DHT 并不能提供任何路由选择上的灵活性。

- **超立方体**。超立方体路由几何是基于 d 维笛卡儿积坐标空间,该空间被分割成一组单独的区域集合,使得每个节点维护一个独立的坐标空间区域。基于超立方体 DHT 的例子是内容寻址网络(CAN)【Ratnasamy et al.,2001a】。一个节点在 d 维坐标空间中的邻居数量是 2d(为了讨论,我们认为 $d=\log(n)$)。如果我们考虑将每个坐标表示为一个比特位的集合,那么每个节点标识符可以用一个长度为 $\log(n)$ 的比特字符串来表示。从这点上讲,超立方体几何和树非常相像,因为它在到目标节点也是通过在每一跳上**修正**(fixes)比特位来实现。不过,在超立方体中,由于邻居节点的比特**刚好**(exactly)只有一个比特位的差别,每个转发的节点仅需要在比特字符串上修改一个位,这可以以任何顺序完成。因此,如果我们对比特字符串进行修正,第一个修正可以实施到任意 $\log(n)$ 节点,而下一个修正可以实施到任意 $\log(n)-1$ 节点,等等。因此,我们有 $\log(n)$! 种在节点间路由的可能,这提供了在超立方体路由几何中高度的路由灵活性。不过,由于坐标空间中相邻的坐标空间不能改变,因此坐标空间中的一个节点并不能改变它邻居坐标。因此,超立方体具有很差的邻居选择灵活性。

- **环形**。环形几何用一个一维环形标识空间来表示,其节点被放置在圆上的不同位置。圆上两个节点的距离是圆的数字标识的差(顺时针)。由于圆是一维的,数据标识符可以表示为一个单一的十进制数(表示为二进制比特字位串),它映射到标识空间最靠近给定的十进制数位的那个节点。Chord【Stoica et al.,2001b】是环形几何的一个典型例子。尤其是,在 Chord 中,一个标识符为 a 的节点维护着圆上 $\log(n)$ 个其他邻居的信息,其中第 i 个邻居是在圆上离 $a+2^{i-1}$ 最近的节点。使用这些链接(被称为手指),Chord 能够在 $\log(n)$ 跳以内路由到任何节点上。

对 Chord 结构仔细分析可以得到,一个节点并不需要维护离 $a+2^{i-1}$ 最近的节点作为它的邻居。实际上,如果任何范围 $[(a+2^{i-1}),(a+2^i)]$ 的节点被选择,它仍然可以维护 $\log(n)$ 查询上界。因此,通过路由的灵活性,它可以为每个节点在 $n^{\log(n)/2}$ 个路由表中做出选择。这给邻居选择提供了一个巨大的灵活性。此外,在路由过程中,第一跳有 $\log(n)$ 个邻居可以选择,且下一跳有 $\log(n)-1$ 个选择等。因此,路由到目标点通常有 $\log(n)$! 种可能。因此,环形集合同样能提供很好的路由选择灵活性。

除了这些最常见的几何,有很多其他的基于 DHT 的使用不同拓扑的结构化覆盖网,它们包括 Viceroy【Malkhi et al. ,2002】、Kademlia【Maymounkov and Mazières,2002】和 Pastry【Rowstron and Druschel,2001】。

基于 DHT 的覆盖网是高效的,因为它们保证在指定地方能够找到节点,或是能够在 log(n)跳以内找到,其中 n 是系统中节点的数目。不过,从数据管理的角度来看,它们是有一些问题的。DHT 的一个问题是,它使用一致性哈希函数以达到资源更好的分布。由于它们的哈希函数很接近,所以两个在覆盖网络上是"邻居",但是在实际的网络中它们却是相距甚远的。因此,在覆盖网络上和邻居通信可能在实际网络中产生很高的传输延迟。已有研究通过设计**近似敏感**(proximity-aware)的或**局部敏感**(locality-aware)的哈希函数来克服这个困难。另一个问题是,它们并不提供任何数据布局的灵活性——一个数据项必须放置在哈希函数所决定的节点上。这样,如果有 P2P 节点贡献它们自己的数据,它们需要愿意将数据移动到其他节点上。这个从节点自治性的角度来看是有问题的。第三个问题是在基于 DHT 架构很难完成范围查询,因为众所周知,在哈希索引上做范围查询是困难的。已经有研究解决了这个困难,这个我们将在后面讨论。

以上这些原因使得结构化覆盖网的发展不考虑使用 DHT 路由。在这些系统中,节点被映射到数据空间,而不是哈希键空间。有很多种方法在多个节点上划分数据空间。

- **层次式结构**。很多系统使用层次式的覆盖网结构,包括字典树、平衡树、随机平衡树(比如,跳跃列表【Pugh,1989】)和其他结构。其中,PHT【Ramabhadran et al. ,2004】和 P-Grid【Aberer,2001; Aberer et al. ,2003a】使用了二分字典树结构,使得那些在数据上共享相同前缀的节点在共同的分支下聚簇在一起。平衡树也同样被广泛使用,主要因为它们保证了路由的有效性(任意节点之间期望的"跳数长度"和树的高度成正比)。比如,BATON【Jagadish et al. ,2005】、VBI-tree【Jagadish et al. ,2005】和 BATON*【Jagadish et al. ,2006】使用了 k 路平衡树结构来管理节点,并且数据在叶子层上均匀的划分。作为对比,P-Tree【Crainiceanu et al. ,2004】使用了 B-树结构,以获得对树的结构改变的更好的灵活性。SkipNet【Harvey et al. ,2003】和 Skip Graph【Aspnes and Shah,2003】是基于跳跃列表,它们根据一个随机的平衡树结构链接节点,而每个节点的顺序由每个节点的数据值来决定。
- **空间填充曲线**。这个结构通常用来在高维数据空间上对数据进行线性化的排序。节点被排列在空间填充曲线上(比如,Hilbert 曲线),使得可以根据数据顺序来有序的遍历节点【Schmidt and Parashar,2004】。
- **超矩形结构**。在这些系统中,超矩形的每个维度对应数据的一个属性。节点均匀地,或是基于数据局部性(比如,通过数据交集关系)分布在这个数据空间中。接着,依据它们在空间上的几何位置超矩形空间被节点所划分,且邻居节点相互连结以形成覆盖网络【Ganesan et al. ,2004】。

16.1.3 超级节点 P2P 网络

超级节点 P2P 系统是单纯 P2P 系统和传统客户端/服务器架构的混合体。它们和客户端/服务器架构很类似,但是所有的节点都是相同的;一些节点(被称为**超级节点**(super-peers))相对其他节点扮演得像专用服务器,其能执行复杂的功能,诸如索引,查询处理,访问控制和元数据管理。如果系统中只有唯一一个超级节点,那么系统就退化为客户端/服务器架构。不过,由于超节点使用 P2P 的组织方式,并且超级节点之间的通信很复杂,它们也被认为是 P2P 系统。因此,不像客户端/服务器系统,全局的信息并不需要是集中式的,且可以划分并复制到不同超节点上。

在一个超节点网络中,一个请求节点发送请求,其可以用高级语言表示,发送到它附近的超节点上。接着,超级节点可以直接通过它的索引或间接使用邻居超级节点找到和请求相关的节点。具体来说,检索一个资源按如下步骤进行(见图 16.6)。

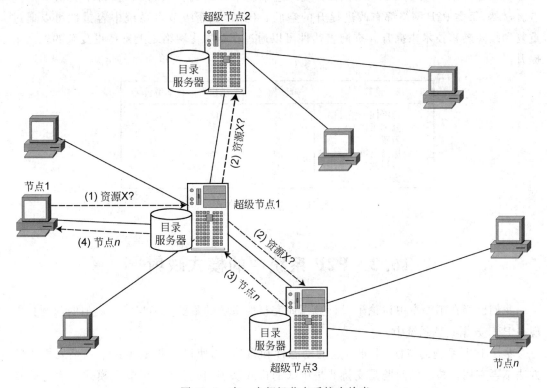

图 16.6　在一个超级节点系统中检索

(1) 一个节点发送请求到所有它的超级节点;(2) 必要时候,超级节点发送请求到其他超级节点;
(3)有资源的其中一个超级节点响应请求的超级节点;(4) 超级节点通知原始节点

(1) 一个节点,比如节点 1,通过发送一个请求到它的超级节点来请求一个资源。

(2) 如果资源存在于这个超级节点所控制的节点之一中,它通知节点 1,于是两个节点相互通信以获得资源。否则,超级节点发送请求到其他超级节点上。

(3) 如果资源并不存在于这个超级节点所控制的其中之一个节点上,超级节点会请求其他的超级节点。那个含有资源节点(比如说节点 n)的超级节点将回应请求的超级节点。

(4) 节点 n 的身份发送到节点 1,接着两个节点直接通信以获取资源。

超级节点网络的最大优点是高效性和服务的质量(比如,查询结果的完整性、查询响应时间等等)。相比扩散方法来说,在超级节点中通过直接访问索引来找到数据的所需时间更短。此外,由于超级节点承担了整个网络负载的一大部分,所以超级节点网络能充分利用节点不同的 CPU,带宽或存储容量的优势。因为目录和安全信息必须维护在超级节点上,访问控制同样能更好。然而,节点不能自由的登录任何超级节点,于是自治性受到了限制。又因为超级节点的故障会影响它们的子节点(超级节点的动态替换可以缓解这个问题),它们的容错性通常会更低。

超级节点的例子包括 Edutella【Nejdl et al. ,2003】和 JXTA(http://www.jxta.org)。

16.1.4 P2P 网络的比较

图 16.7 总结了数据管理(自治性、查询表达性、效率、服务质量、容错性和安全性)的需求如何通过三种主要的 P2P 网络来实现。这个是个粗略的比较,以解释每个类对应的优点。显然,每类 P2P 网络都有改进提升的空间。比如,在超级节点系统中容错性可以通过重复和故障转移技术来提升。查询表达性可以通过在结构化网络之上支持更复杂的查询来提升。

需求	非结构化	结构化	超级节点
自治性	低	低	适中
查询表达力	高	低	高
效率	低	高	高
服务质量	低	高	高
容错性	高	高	低
安全	低	低	高

图 16.7 方法的比较

16.2 P2P 系统中的模式映射

我们已经在第 4 章中讨论了设计数据库完整性系统的重要性和技术。类似的问题会出现在 P2P 数据共享系统中。

鉴于 P2P 系统的特性,比如节点的动态性和自治性,使得那些依赖集中式全局模式的方法不再有用。核心的问题是支持非集中式的模式映射,使得在一个节点模式上表述的查询可以重组为在另一个节点模式上的查询。P2P 系统中用来定义和建立节点模式之间映射的方法可以分为如下几类:成对模式映射、基于机器学习技术的映射、共同协议映射和使用信息检索(IR)技术的模式映射。

16.2.1 成对模式映射

在这种方法中,每个用户定义本地模式和任何其他包含所感兴趣数据节点模式之间的映射。基于所定义映射的传递性,系统试图在那些没有定义映射的模式中提取映射。

Piazza【Tatarinov et al. ,2003】使用了这种方法(图 16.8)。数据作为 XML 文档来共享,每个节点有个模式,它定义了节点的术语和结构限制。当一个新的节点(带有新的模式)第一次加入到系统中,它将它的模式映射到系统中的其他节点的模式上。每个映射定义以一个 XML 模板开始,它匹配了目标模式的一个实例的一些路径或子树。模板中的元素可能会用查询表达式标注,该表达式在源 XML 节点上绑定了变量。主动 XML【Abiteboul et al. ,2002,2008b】也依赖于 XML 文档来共享数据。主要的创新是,XML 文档在它们可包含 Web 服务调用的意义下是主动的。因此,数据和查询可以无缝的集成起来。我们会在

17 章进一步讨论这个问题。

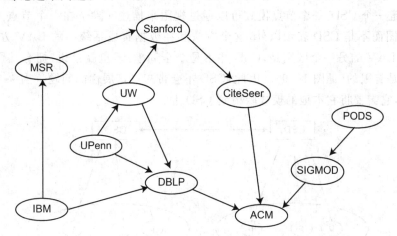

图 16.8　在 Piazza 中成对模式映射的例子

本地关系模型（LRM）【Bernstein et al. ,2002】是另一个使用这种方法的例子。LRM 假定节点拥有关系数据库,且每个节点知道一组它可以交换数据和服务的节点。这个节点集被称作节点的**熟人**（acquaintances）。每个节点必须在它的数据和每个它的熟人所共享数据之间,定义语义的依赖性和翻译原则。已定义的映射形成了一个语义网络,被用在 P2P 系统中进行查询重组。Hyperion【Kementsietsidis et al. ,2003】广义化这种方法来解决运行时所形成的熟人节点的自治性问题,并使用映射表来定义异构数据库之间的对应值。节点执行本地查询和更新处理,并且将查询和更新传播到它们的熟人节点上。

PGrid【Aberer et al. ,2003b】也假定节点间存在成对映射。它最初是由技术专家构造出来的。依据这些映射的传递性,及使用传言算法,PGrid 在那些不存在预先定义的模式映射的节点之间提取新的相关模式的映射。

16. 2. 2　基于机器学习技术的映射

这种方法通常使用在共享数据是基于语义网络中所提出的本体和分类被定义的情景下。它使用机器学习技术来自动的提取共享模式之间的映射。已提取的映射存储在网络上,用来处理未来的查询。GLUE【Doan et al. ,2003b】使用了这种方法。给定两种本体,对于其中一种的每个概念,GLUE 在另一种中找到最相似的概念。针对一系列实际的相似性度量,它给出了缜密的概率定义,并使用多种学习策略,每种策略利用数据实例或本体分类结构中不同的信息类型。为了进一步提高映射准确性,GLUE 将常识知识库和领域限制集成到模式映射处理中。其主要的思想是为概念提供分类器。为了决定两个概念 A 和 B 之间的相似性,概念 B 的数据使用 A 的数据的分类器来分类,反之亦然。可以成功分入 A 和 B 的值的数量表示了 A 和 B 之间的相似性。

16. 2. 3　共同协议映射

在这种方法中,节点在它们数据共享的共同模式描述上达成共同的兴趣。共同模式通常是由专家用户来预处理和维护的。APPA【Akbarinia et al. ,2006a；Akbarinia and

Martins,2007】假定节点是乐于合作的，比如，在一个实验的过程中，接受共同的模式描述（CSD）。给定一个 CSD，一个节点模式可以通过视图来描述。除了在一个节点上的查询是通过本地视图而不是 CSD 表示以外，这个方法和在数据集成系统中的 LAV 方法很类似。这种方法和 LAV 的另一个区别是，CSD 并不是个全局模式，也就是说，拥有共同兴趣的节点集合通常是有限的（见图 16.9）。因此，CSD 不会带来可扩展性的问题。当一个节点决定共享数据时，它需要将它本地的模式映射到 CSD 上。

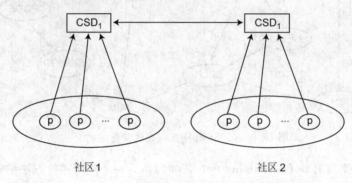

图 16.9　APPA 中的共同协议模式映射

例 16.1　给定两个 CSD 关系定义 r_1 和 r_2，在节点 p 上一个节点映射的例子是：

$$p:r(A,B,D) \subseteq csd:r_1(A,B,C), csd:r_2(C,D,E)$$

在这个例子中，由节点 p 所共享的关系 $r(A,B,D)$ 被映射到两个包含在 CSD 的关系 $r_1(A,B,C)$ 和 $r_2(C,D,E)$ 上。APPA 中，在 CSD 和每个节点本地模式之间的映射存储在本地的节点上。给定一个本地模式上的查询 Q，节点通过本地存储的映射，来重新形成 CSD 上的查询。　　　　　　　　　　　　　　　　　　　　　　　　　　　　　　　　　　◆

AutoMed【McBrien and Poulovassilis,2003】是另一个依赖共同协议的模式映射方法。它通过使用以底层数据模型的方式定义的原始双向转换来定义映射。

16.2.4　使用 IR 技术的模式映射

这种方法通过利用用户所提供的模式描述，在查询执行时使用 IR 技术来提取模式映射。PeerDB【Ooi et al.,2003a】在无结构的 P2P 网络中使用了这种方法来进行查询处理。对于每个由节点共享的关系，关系的定义和它的属性的描述将在这个节点上进行维护。该描述在关系的建立时由用户所提供，并作为关系名称和属性的一种同义名称。当发起一个查询时，会产生一个找出潜在匹配的请求，并且扩散到那些返回对应元数据的节点上。通过从关系元数据中匹配关键词，PeerDB 能够找到那些和查询关系潜在相似的关系。已找到的关系提供给查询的发起者，它来决定在是否在拥有关系的远程节点上处理这个查询的执行。

Edutella【Nejdl et al.,2003】同样使用这种方法，在超级节点网络进行模式映射。Edutella 中的资源使用 RDF 元数据模型来描述，且描述被存储在超级节点上。当一个用户在一个节点 p 发起一个查询，查询被发送到 p 的超级节点上，该节点将探查所存储的模式描述，并把相关节点的地址被返回给用户。如果超级节点并没有发现相关节点，它会将查询发送到其他的超级节点上，使得这些超级节点能通过探查它们存储的模式描述来检索到相关的节点。为了探查存储的模式,超级节点使用 RDF-QEL 查询语言,该语言以 Datalog 语言的语义为基础,因此和所有已有的查询语言所兼容,可以支持在关系查询语言上所扩展的功能。

16.3　在 P2P 系统中查询

P2P 网络提供了基础的技术来将查询路由到相关的节点,并足以支持简单、精确匹配的查询。比如说,如之前所提到的,一个 DHT 提供了一种基本的机制,来有效的查找基于键值的数据。然而,在 P2P 系统中支持更复杂的查询,特别是在 DHT 中,是非常困难的,这已经成为最近很多研究的主题。在 P2P 系统中,有用的复杂查询的主要类型有前 k 名查询,连结查询和范围查询。在这节中,我们讨论处理它们的技术。

16.3.1　前 k 名查询

前 k 名查询已经被用于很多领域中,比如网络和系统监测,信息检索和多媒体数据【Ilyas et al.,2008】。使用前 k 名查询,用户可以得到由系统所返回的 k 个最相关答案。查询结果的相关程度(分数)由一个打分函数来决定。在 P2P 系统中,前 k 名查询对于数据管理是非常有用的,特别是当所有答案的数目是非常大的时候【Akbarinia et al.,2006b】。

例 16.2　考虑一个 P2P 系统,它由一些医生组成。这些医生想为流行病学的研究分享一些(保密的)病人的数据。假定所有的医生在关系的格式上都达成了一个共同的病人描述。于是,一个医生可能想提交如下的查询,来获取一个由身高和体重的打分函数来排序前 10 的答案。

```
SELECT      *
FROM        Patient P
WHERE       P.disease=''diabetes''
AND         P.height<170
AND         P.weight>160
ORDER BY    scoring-function(height,weight)
STOP AFTER 10
```

打分函数刻画出每个数据项和条件匹配时的紧密程度。比如,在上面的查询中,打分函数会计算出 10 个权值最重的人。　　　　　　　　　　　　　　　　　　　　　　◆

在大型 P2P 系统中,高效的执行前 k 名查询是困难的。在这一节,我们首先讨论在分布式系统中处理前 k 名查询的有效技术。接着我们会提出 P2P 系统中的技术。

16.3.1.1　基本技术

在集中式和分布式系统中,前 k 名查询的一个有效算法是阈值算法(TA)【Nepal and Ramakrishna,1999;Güntzer et al.,2000;Fagin et al.,2003】。TA 适用于查询的打分函数是单调的情况,即输入值的增加不会降低输出的值。很多主流的聚合函数,比如 Min,Max 和 Average 都是单调的。TA 已经成为一系列算法的基础,我们会在这一章讨论它们。

阈值算法(TA)

TA 假定的模型是基于数据项的列表,且这些数据项是根据它们本地的值来排序的【Fagin,1999】。模型如下所述。假定我们有 m 个列表,每个列表有 n 个数据项,其中每个数据项在每个列表中有个本地分数,且列表根据它们数据项的本地分数来排序。此外,每个数据项都有一个总的分数,它是以一个数据项在所有使用给定的打分函数的列表里得到的分数为基础计算得来的。比如说,考虑图 16.10 的数据库(即,三个排序列表)。假定打分函数是计算所有的列表相同数据项的本地分数和,数据项 d_1 的总分是 $30+21+14=65$。

位置	列表1		列表2		列表3	
	数据项	本地得分S_1	数据项	本地得分S_2	数据项	本地得分S_3
1	d_1	30	d_2	28	d_3	30
2	d_4	28	d_6	27	d_5	29
3	d_9	27	d_7	25	d_8	28
4	d_3	26	d_5	24	d_4	25
5	d_7	25	d_9	23	d_2	24
6	d_8	23	d_1	21	d_6	19
7	d_5	17	d_8	20	d_{13}	15
8	d_6	14	d_3	14	d_1	14
9	d_2	11	d_4	13	d_9	12
10	d_{11}	10	d_{14}	12	d_7	11
...						

图 16.10 三个排序列表的数据库例子

因此,前 k 名查询处理的问题是找到 k 个总分最高的数据项。这个问题模型是简单和普遍的。假定我们想在一个关系表格中根据它属性的打分函数查询到前 k 个元组。为了回答这个查询,只需要在每个属性值上有一个排序(加了索引)的列表以及一个打分函数,就可以返回列表中总分数最高的 k 个元组。在另一个例子中,假设我们想找到前 k 名文档,它们在一组给定的关键词集合中具有最高的聚合排序值。为了回答这个查询,其解决办法是为每个关键词建立一个排序的文档列表,并返回在所有列表中聚合排序值最高的 k 个文章。

TA 涉及了访问一个排序列表的两种模式。第一种模式是排序(或顺序)访问,以每个数据项出现在列表中的顺序访问它们。第二种模式是随机访问,即在列表中直接的查找一个给定数据项,比如通过数据项 id 上的索引来实现。

给定成员为 n 个数据项的 m 个有序列表,TA(见算法 16.1)将并行的扫描排序列表,而对于每个数据项,它在所有的列表中通过随机访问获取它本地的分数,并计算总的分数。它也在一个集合 Y 中维护 k 个目前总分最高数据项。TA 的停止机制是使用一个在列表有序访问下,由最后本地结果所计算出的阈值。比如,考虑在图 16.10 中的数据库。对于所有列表的位置 1(也就是,仅当第一个数据项在有序访问中被看到时)假定打分函数是分数的总和,那么其阈值是 $30+28+30=88$。在位置 2,阈值是 84。由于数据项在列表中以本地值的降序排序,随着一个在列表中向下移动,阈值会降低。这个过程继续,直到 k 个总分高于一个阈值的数据项被找到。

算法 16.1: 阈值算法

Input: $L_1, L_2, \cdots, L_m$: m sorted lists of n data items;
f: scoring function
Output: Y: list of top-k data items
begin
　　$j \leftarrow 1$;
　　$threshold \leftarrow 1$;
　　$min\_overall\_score \leftarrow 0$;
　　while $j \neq n+1$ and $min\_overall\_score < threshold$ **do**
　　　　{Do sorted access in parallel to each of the m sorted lists}
　　　　for i from 1 to m in parallel **do**
　　　　　　{Process each data item at position j}
　　　　　　for each data item d at position j in L_i **do**
　　　　　　　　{access the local scores of d in the other lists through random access}
　　　　　　　　$overall\_score(d) \leftarrow f(\text{scores of } d \text{ in each } L_i)$
　　　　$Y \leftarrow k$ data items with highest score so far;
　　　　$min\_overall\_score \leftarrow$ smallest overall score of data items in Y;
　　　　$threshold \leftarrow f(\text{local scores at position } j \text{ in each } L_i)$;
　　　　$j \leftarrow j+1$
end

例 16.3　再次考虑图 16.10 中所展示的数据库(即,三个有序列表)。

假定一个前 3 名查询 Q(即 k=3),并且打分函数是计算所有列表中数据项的本地分数总和。TA 首先查找所有列表在位置 1 的数据项,也就是 d_1, d_2, d_3。它在其他列表中使用随机访问查看这些数据项的本地分数,并计算它们的总分(分别是 65、63 和 70)。然而,它们中没有任何一个总分高于位置 1 的阈值(其为 88)。因此,在位置 1 上,TA 不会停止。在这个位置,我们有 Y={d_1, d_2, d_3},也就是目前 k 个最高分的数据项。在位置 2 和 3,Y 被相应设置为{d_3, d_4, d_5}和{d_3, d_5, d_8}。在位置 6 之前,在 Y 中数据项没有一个总分高于或等于阈值。在位置 6,阈值是 63,它比三个在 Y 中的数据项的总分都低,此时 Y={d_3, d_5, d_8}。因此,TA 终止。注意到,在位置 6,Y 的内容和位置 3 的内容一模一样。换句话说,在位置 3 时,Y 已经包含所有的前 k 名结果了。在这个例子中,TA 在每个列表中做了三次额外的访问,但其并不对最终结果有贡献。这个是 TA 算法的一个特征,也就是它具有保守的停止条件,使得它会在必要步骤之后停止——在这个例子中,它执行了额外的 9 次排序访问和 18=(9 * 2)次随机访问,却并没有对最终结果做出贡献。　　　　　◆

TA 风格的算法

已经提出了一系列 TA 风格的算法,比如,TA 的扩充,来解决分布式的前 k 名查询处理的问题。我们通过三阶段统一阈值算法(TPUT)来展示如何在三回合中执行前 k 名查询【Cao and Wang,2004】。假定每个列表被一个节点(我们称为**列表持有者**(list holder))所拥有,而打分函数是求和。TPUT 算法(见由查询发起者所执行的算法 16.2)工作如下。

(1) 查询发起者首先从每个列表持有者那里获取它前 k 个数据项。令 f 是打分函数,d 是一个接收的数据项,且 $s_i(d)$ 是在列表 L_i 中 d 的本地分数。那么,d 的部分和被定义为 $psum(d) = \sum_{i=1}^{m} s'_i(d)$,其中,如果 d 已经被 L_i 的持有者发送到协调者,$s'_i(d) = s_i(d)$;否则 $s'_i(d) = 0$。查询发起者计算所有接收到的数据项的部分和,并找到部分和最高的 k 个项。第 k 个数据项(被称为**阶段-1 底部**(phase-1 bottom))的部分和被定义为 λ_1。

算法 16.2：三阶段统一阈值算法

Input: $L_1, L_2, \cdots, L_m$: m sorted lists of n data items, each at a different list holder;

　　　f: scoring function

Output: Y: list of top-k data items

begin

　　{Phase 1}

　　for *i from 1 to m in parallel* **do**

　　　　$Y \leftarrow$ receive top-k data items from L_i holder

　　$Z \leftarrow$ data items with the k highest partial sum in Y ;

　　$\lambda_1 \leftarrow$ partial sum of k-th data item in Z ;

　　{Phase 2}

　　for *i from 1 to m in parallel* **do**

　　　　send λ_1/m to L_i's holder ;

　　　　$Y \leftarrow$ all data items from L_i's holder whose local scores are not less than λ_1/m

　　$Z \leftarrow$ data items with the k highest partial sum in Y ;

　　$\lambda_2 \leftarrow$ partial sum of k-th data item in Z ;

　　$Y \leftarrow Y - \{$data items in Y whose upper bound score is less than $\lambda_2\}$;

　　{Phase 3}

　　for *i from 1 to m in parallel* **do**

　　　　send Y to L_i holder ;

　　　　$Z \leftarrow$ data items from L_i's holder that are in both Y and L_i

　　$Y \leftarrow k$ data items with highest overall score in Z

end

（2）查询发起者将阈值为 $\tau = \lambda_1/m$ 发送给每个列表持有者。作为回应，每个列表持有者把本地分数不小于 τ 的所有数据项发送回来。直观上讲，在这个阶段没有任何节点返回数据项，那么它的分数必然是小于 λ_1 的。因此，它不可能是前 k 名的结果之一。令 Y 是从列表持有者那里所收到的数据项集合。查询发起者为 Y 中的数据项计算新的部分和，并找到前 k 个部分和最高的项。第 k 个数据项的部分和（称为阶段 2 底部）表示为 λ_2。令一个数据项 d 的得分上界是 $u(d) = \sum_{i=1}^{m} u_i(d)$，其中，如果 d 被接收，$u_i(d) = s_i(d)$；否则，$u_i(d) = \tau$。对于每个数据项 $d \in D$，如果 u(d)小于 λ_2，它便从 Y 中移除。留在 Y 中的数据项被称为前 k 名候选集，因为 Y 中的一些数据项有可能并没有从所有的列表持有者中获得。需要第三个阶段来获取它们。

（3）查询发起者将前 k 名候选数据项集合发送到每个返回得分的列表持有者那里。接着，它计算总分，提取出前 k 个得分最高的数据项，并将结果返回给用户。

例 16.4　考虑在图 16.10 中的头两个有序序列（List 1 和 List 2）。假设一个前 2 名查询 Q，即 k=2，其中的打分函数是求和。阶段 1 产生集合 $Y = \{d_1, d_2, d_4, d_6\}$ 和 $Z = \{d_1, d_2\}$。于是我们获得 $\lambda_1/2 = 28/2 = 14$。现在，我们把 Y 中的每个数据项表示为(d, scoreinList1, scoreinList2)。阶段 2 产生 $Y = \{(d_1, 30, 21), (d_2, 0, 28), (d_3, 26, 14), (d_4, 28, 0), (d_5, 17, 24), (d_6, 14, 27), (d_7, 25, 25), (d_8, 23, 20), (d_9, 27, 23)\}$ 和 $Z = \{(d_1, 30, 21), (d_7, 25, 25)\}$。注意到 d_9 同样可能会替代 d_7 被选出，因为它有相同的部分和。因此，我们得到 $\lambda_2/2 = 50$。在 Y 中数据项的得分上界如下获得：

$$u(d_1) = 30 + 21 = 51$$

$$u(d_2) = 14 + 28 = 42$$

$$u(d_3) = 26 + 14 = 40$$

$$u(d_4) = 28 + 14 = 42$$
$$u(d_5) = 17 + 24 = 41$$
$$u(d_6) = 14 + 27 = 41$$
$$u(d_7) = 25 + 25 = 50$$
$$u(d_8) = 23 + 20 = 43$$
$$u(d_9) = 27 + 23 = 50$$

当把 Y 中那些上界得分小于 λ_2 的数据项移除以后,我们有 $Y=\{d_1,d_7,d_9\}$。在这种情况,第三阶段不是必要的,因为所有的数据项都有它们本地的分数。因此,最终结果是 $Y=\{d_1,d_7\}$ 或 $Y=\{d_1,d_9\}$。　　　　　　　　　　　　　　　◆

当列表的数目(即 m)很高时,TPUT 的响应时间要比基础的 TA 算法要短很多【Cao and Wang,2004】。

最佳位置算法(BPA)

有很多 TA 的数据库实例在已经获得了前 k 个答案后仍然扫描列表(如例 16.3)。因此,有可能更早的停止扫描。基于这个观察,提出了最佳位置算法(BPA)【Akbarinia et al.,2007a】,它能比 TA 更加有效的执行前 k 名查询。BPA 的核心思想是,其停止机制考虑了在列表中所见到的特别位置,被称为**最佳位置**(best positions)。直观上讲,在一个列表中的最佳位置是一个最高的位置,使得任何在它之前的位置都已经访问过。停止条件就是基于使用所有列表中最佳位置所计算出的总分。

BPA 的基本版本(见算法 16.3)像 TA 一样工作,除了它保存了在有序或随机查询下已见的所有位置,它计算最佳位置,并有一个不同的停止条件。对于每个列表 L_i,令 P_i 为 L_i 的有序或随机访问下,所见的位置的集合。令 bp_i 是 L_i 中的最佳位置,它是 P_i 中的最高位置,即 L_i 中的 1 到 bp_i 之间的任何位置同样也在 P_i 中。换句话说,bp_i 是最佳的,因为我们可以保证 L_i 中 1 到 bp_i 之间的任何位置都是有序或随机的得到了访问。令 $s_i(bp_i)$ 为列表 L_i 中位置 bp_i 的数据项的本地分数。那么,对于函数 f,BPA 的阈值是 $f(s_1(bp_1),s_2(bp_2),\cdots,s_m(bp_m))$。

例 16.5　为了展示基本的 BPA,再次考虑图 16.10 中所示的三个有序列表,和例 16.3 中的查询 Q。

(1) 在位置 1 上,BPA 见到数据项 d_1,d_2 和 d_3。对于见到的数据项,它使用随机访问,并获得它在所有列表中的本地分数及位置。因此,在这个步骤里,在 L_1 列表见过的位置是位置 1,4 和 9,其相应的是 d_1,d_3 和 d_2 的位置。于是,我们有 $P_1=\{1,4,9\}$,且 L_1 中的最佳位置是 $bp_1=1$(因为下一个位置是 4,意味着位置 2 和 3 都没见过)。对于 L_2 和 L_3,我们有 $P_2=\{1,6,8\}$ 和 $P_3=\{1,5,8\}$,因此 $bp_2=1$ 和 $bp_3=1$。因此,总分的最佳位置是 $\lambda=f(s_1(1),s_2(1),s_3(1))=30+28+30=88$。在位置 1 上,三个最高得分数据项集合是 $Y=\{d_1,d_2,d_3\}$,并且由于这些数据项的总分小于 λ,BPA 不能停止。

(2) 在位置 2 上,BPA 见到 d_4,d_5 和 d_6。这样,我们有 $P_1=\{1,2,4,7,8,9\}$,$P_2=\{1,2,4,6,8,9\}$ 和 $P_3=\{1,2,4,5,6,8\}$。因此,我们有 $bp_1=2,bp_2=2$ 和 $bp_3=2$,所以 $\lambda=f(s_1(2),s_2(2),s_3(2))=28+27+29=84$。$Y=\{d_3,d_4,d_5\}$ 中的数据项的总分小于 84,因此 BPA 不会停止。

算法 16.3: 最佳位置算法

Input: $L_1, L_2, \cdots, L_m$: m sorted lists of n data items ;
f: scoring function
Output: Y: list of top-k data items
begin
    $j \leftarrow 1$;
    $threshold \leftarrow 1$;
    $min\_overall\_score \leftarrow 0$;
    for i *from* 1 *to* m *in parallel* **do**
        $P_i \leftarrow \emptyset$
    while $j \neq n+1$ *and* $min\_overall\_score < threshold$ **do**
        {Do sorted access in parallel to each of the m sorted lists}
        for i *from* 1 *to* m *in parallel* **do**
            {Process each data item at position j}
            for *each data item d at position j in* L_i **do**
                {access the local scores of d in the other lists through random
                access}
                $overall\_score(d) \leftarrow f$(scores of d in each L_i)
            $P_i \leftarrow P_i \cup$ {positions seen under sorted or random access} ;
            $bp_i \leftarrow$ best position in L_i
        $Y \leftarrow k$ data items with highest score so far ;
        $min\_overall\_score \leftarrow$ smallest overall score of data items in Y ;
        $threshold \leftarrow f$(local scores at position bp_i in each L_i) ;
        $j \leftarrow j+1$
end

---

(3) 在位置 3 上,BPA 见到 d_7,d_8 和 d_9。因此,我们有 $P_1 = P_2 = \{1,2,3,4,5,6,7,8,9\}$ 和 $P_3 = \{1,2,3,4,5,6,7,8,10\}$。这样,我们有 $bp_1 = 9$,$bp_2 = 9$ 和 $bp_3 = 8$。最佳位置总分是 $\lambda = f(s_1(9), s_2(9), s_3(8)) = 11 + 13 + 14 = 38$。在这个位置上,我们有 $Y = \{d_3, d_5, d_8\}$。因为所有在 Y 中数据项的分数高于 λ,BPA 停止,也正好是 BPA 拥有所有前 k 名结果的头一个位置。

回顾一下,在这个数据库上,算法 TA 是在位置 6 停止的。 ◆

已经证明,对于有序列表的任何集合,BPA 和 TA 停止得一样早,且它的执行代价从来不会高于 TA【Akbarinia et al.,2007a】。也证实了,BPA 的执行代价可以比 TA 的代价低(m−1)倍。尽管 BPA 很高效,它仍然有冗余的操作。BPA(同样 TA)的一个冗余操作是它可能在顺序访问不同列表时,访问一些数据项很多次。比如说,在一个列表位置上有序访问的一个数据项,它会因此在其他列表中得到随机访问,而它可能在这些其他列表中在下一个位置上再次受到有序访问。一个改进的算法,BPA2【Akbarinia et al.,2007a】,避免了这个问题,因此比 BPA 更高效。它并不把已经见到的位置从列表拥有者那里传输到查询发起者那里。因此,查询发起者并不需要维护已见的位置和它们的本地得分。在一个列表中它只会访问每个位置最多一次。由 BPA2 所访问列表的数目可以比 BPA 低(m−1)倍。

16.3.1.2 在非结构系统中的前 k 名查询

在非结构系统中,处理前 k 名查询的一种方法是将查询路由到所有节点上,获取所有可用的答案,使用打分函数给它们打分,并将 k 个最高得分的答案发送给客户。然而,这种方法在响应时间上和通信代价上并不高效。

在非结构 P2P 系统中,第一个有效的解决方法由 PlanetP 提出【Cuenca-Acuna et al.,

2003】。在 PlanetP 中,一个内容可寻址的发布/订阅服务在拥有上万个节点的 P2P 社区中复制数据。其前 k 名查询处理算法按照下面方式工作。给定一个查询 Q,查询发起者计算一个关于 Q 的节点的相关度排序,按递减的排序顺序一个一个与它们联络,并要求它们返回一组它们得分最高的数据项以及它们的分数。为了计算节点的关联度,使用了一个全局的、包含数据项到节点的映射的全复制索引。这个算法在中等规模的系统中有非常好的性能。不过,在一个大型 P2P 系统中,要将复制的索引始终保持在最新状态可能会损害可扩展性。

我们会描述在 APPA 的环境中所开发的另一个解决方案,这是一个与 P2P 网络无关的数据管理系统【Akbarinia et al.,2006a】。系统采用了一个执行前 k 名查询的完全分布式的架构,它同时可以解决查询执行过程中节点的变动问题,并能处理某些节点在完成查询处理前离开系统的情况。给定一个带特定 TTL 的前 k 名查询 Q,基础的算法被称为完全非集中式前 k 名(FD),算法的处理如下(见算法 16.4)。

算法 16.4: 完全非集中式前k名算法

Input: Q: top-k query ;
f: scoring function;
TTL: time to live;
w: wait time
Output: Y: list of top-k data items
begin
    At query originator peer
    begin
        send Q to neighbors ;
        $Final\_score\_list \leftarrow$ merge local score lists received from neighbors
        for *each peer p in Final_score_list* **do**
            $Y \leftarrow$ retrieve top-k data items in p
    end
    for *each peer that receives Q from a peer p* **do**
        $TTL \leftarrow TTL-1$;
        if $TTL > 0$ **then**
            send Q to neighbors
        $Local\_score\_list \leftarrow$ extract top-k local scores;
        Wait a time w;
        $Local\_score\_list \leftarrow Local\_score\_list \cup$ top-k received scores;
        Send $Local\_score\_list$ to p
end

---

(1) **查询转发**。查询发起者将 Q 转发到离查询发起者的跳数小于 TTL 的可访问到的节点上。

(2) **本地查询处理和等待**。每个接收到 Q 的节点在本地执行它:它访问本地能匹配到查询谓词的数据项,使用一个打分函数来为它们打分,选择前 k 个数据项,并将它们连同分数保存在本地。接着,p 等待接收它邻居的结果。不过,因为一些邻居可能会离开 P2P 系统而永远不会发送一个分数列表到 p,因此等待时间必须有个限制。而这个限制的计算主要是基于所接收到每个节点的 TTL、网络参数和节点本地处理参数。

(3) **合并与反向**。在这个阶段中,最优得分会通过一个基于树的算法采用冒泡的方法发送到查询发起者那里,过程如下所述。当它的等待时间过期时,p 将它前 k 个本地得分和它从邻居所得到的最高得分合并起来,并把结果通过一个得分列表的形式发送给它的父亲(即给它发送到 Q 的那些节点)。为了最小化网络通信,FD 并不冒泡最高数据项(可能会很大),而只冒泡它们的分数和地址。一个得分列表仅仅是一个有 k 个(a,s)对的列表,其中

a 是拥有数据项节点的地址,s 是它的得分。

(4) **数据检索**。当从它的邻居那里接收到分数列表之后,查询发起者会将它本地的 k 个最高分和从它邻居所接到的分数列表进行合并以形成最后的分数列表。

算法是完全分布式的,并不依靠特定节点的存在,这就使得它能解决查询执行过程中变动性的问题,尤其是下面的这些问题得到了处理:在合并与反向阶段,节点可能会变成不可访问;持有最高数据项的节点在数据检索阶段也可能变成不可访问;一个节点可能会在它等待时间过期后接收到分数列表。FD 的性能测试显示,它能在通信代价和响应时间上获得很大的性能优势【Akbarinia et al.,2006b】。

16.3.1.3　在 DHT 中的前 k 名查询

我们之前曾讨论过,DHT 的主要功能是将一组键值映射到 P2P 系统的节点上,并对于一个给定的键能高效的查找对应的节点。这为精确匹配查询提供了有效和可扩展的支持。不过,在 DHT 上支持前 k 名查询并不容易。一个简单的方法是获取查询所涉及的关系中所有跟查询相关的元组,计算每个所接收到元组的分数,并最终返回 k 个分数最高的元组。然而,这种方法并不能扩展到很大数量的存储节点。另一种解决方法是使用相同的键(比如,关系的名字)存储每个关系的所有元组,使得所有的元组都存储在相同的节点上。接着,前 k 名查询处理可以使用已有的集中式算法在中心节点执行。然而,这样的节点会成为瓶颈和单一故障点。

针对这一问题 APPA 项目提出了一个解决方案,该项目基于 TA(见 16.3.1.1 节)和一个在完全分布式 DHT 中存储共享数据的机制【Akbarinia et al.,2007c】。在 APPA 中,节点使用两种补充的方法将它们的元组存储在 DHT 中:元组存储和属性值存储。使用元组存储,每个元组使用它的标识符(比如,它的主键)作为存储键存储在 DHT 中。这使得它可以通过类似主索引的标识符来查找一个元组。属性值存储单独将属性存储在 DHT 中,该属性可能出现在一个查询的相等谓词或在一个查询打分函数中。因此,类似在次级索引中那样,它允许使用属性值来查找元组。属性值存储有两个重要的特性:(1)在从 DHT 接收到一个属性之后,节点能轻松获得属性值所对应的元组;(2)相对"接近"的属性值被存储在相同的节点上。为了满足第一个特性,那些用来存储整个元组的键,将同属性值存储在一起。第二个特性通过如下所述的域划分概念来实现。考虑一个属性 a,令 D_a 是它值的域。假定在 D_a(比如 D_a 是数值型)上有一个全序<。D_a 被划分为 n 个非空的子域 $d_1, d_2, \cdots, d_n$,使得它们的并集等于 D_a,任意两个不同子域的交集为空,且对于每个 $v_1 \in d_i$ 和 $v_2 \in d_j$,如果 i<j 那么便有 $v_1 < v_2$。哈希函数被应用在属性值的子域上。因此,对于落在相同子域中的属性值,存储的键是相同的,并且它们都存储在相同的节点中。为了避免属性存储的偏斜(就是在子域内属性值的偏斜分布),域划分是通过把属性值均匀分布在子域中的方式来完成的。这种技术使用了描述属性值分布的、基于直方图的信息。

使用这种存储模型,前 k 名查询处理算法,被称为 DHTop(见算法 16.5),按如下方式工作。令 Q 是一个给定的前 k 名查询,f 是它的打分函数,且 p_0 是发出查询 Q 的节点。为了简化,我们假定 f 是个单调函数。令打分属性是那些作为参数传递给打分函数的属性集合。DHTop 在 p_0 开始,并以两个阶段处理:首先它准备候选集子域的顺序列表,接着它持

续地获取候选集属性值和它们的元组,直到它找到前 k 个元组。两个步骤的的细节如下所述:

算法 16.5: DHTop 算法

Input: Q: top-k query;
f: scoring function;
A: set of m attributes used in f
Output: Y: list of top-k tuples
begin
　　{Phase 1: prepare lists of attributes' subdomains}
　　for *each scoring attribute a in A* **do**
　　　　$L_a \leftarrow$ all sub-domains of a;
　　　　$L_a \leftarrow L_a -$ sub-domains which do not satisfy Q's condition;
　　　　Sort L_a in descending order of its sub-domains
　　{Phase 2: continuously retrieve attribute values and their tuples until finding k top tuples}
　　Done $\leftarrow$ false;
　　for *each scoring attribute a in A in parallel* **do**
　　　　$i \leftarrow 1$
　　　　while *(i < number of sub-domains of a) and not Done* **do**
　　　　　　send Q to peer p that maintains the attribute values of sub-domain i in L_a;
　　　　　　$Z \leftarrow a$ values (in descending order) from p that satisfy Q's condition, along with their corresponding data storage keys ;
　　　　　　for *each received value v* **do**
　　　　　　　　get the tuple of v;
　　　　　　　　$Y \leftarrow k$ tuples with highest score so far;
　　　　　　　　threshold $\leftarrow f(v_1, v_2, \cdots, v_m)$ such that v_i is the last value received for attribute a_i in A;
　　　　　　　　min_overall_score $\leftarrow$ smallest overall score of tuples in Y;
　　　　　　　　if *min_overall_score* $\leq$ *threshold* **then**
　　　　　　　　　　$\llcorner$ *Done* $\leftarrow$ true
　　　　　　$i \leftarrow i + 1$
end

---

(1) 对于每个打分的属性 a,p_0 准备子域的列表,并将它们根据打分函数的正影响按递减的顺序排序。对于每个列表,p_0 从中移除那些成员中不满足 Q 条件的子域。比如有一个条件使得打分属性等于一个常数,(比如,$a-10$),那么 p_0 将从列表中移除那些不属丁该常数值的子域。我们用 L_a 表示在这个阶段为打分属性 a 所准备的列表。

(2) 对于每个打分属性 a,p_0 如下并行的处理。它发送 Q 和 a 到负责存储 L_a 第一个子域值的节点上,我们称这个节点为 p,并在 p 节点上请求它返回 a 的值。值按照它们对打分函数的正影响被返回到 p_0 上。当接收到每个属性值,p_0 将会接收它对应的元组,计算它的得分,并保存这个元组,如果它的得分是那些已经计算出的 k 个最高得分之一。这个过程一直持续到获得 k 个高于阈值的元组结束,请注意这里的阈值是以目前所接收到的属性值为基础计算得来的。如果 p 返回给 p_0 的属性值不足以决定最高的 k 个元组,p_0 便会发送 Q 和 a 到 L_a 的第二个子域所负责的站点,并且继续这样直到前 k 个元组被找到。

令 a_1,a_2,$\cdots$,a_m 为打分属性, v_1,v_2,$\cdots$,v_m 是它们每个属性所对应的最后接收到的值。阈值被定义为 $\tau = f(v_1, v_2, \cdots, v_m)$。DHTop 的一个主要特征是当接收到每个新属性值之后,阈值就会减小。这样,当接收到一定数量的属性值和它们元组后,阈值就小于 k 个已接收到的数据项,那么算法就停止。已经分析证明,DHTop 能正确处理单调函数以及一大类非单调函数。

16.3.1.4　在超级节点系统中的前 k 名查询

在超级节点系统中前 k 名查询处理的一个典型算法是 Edutella【Balke et al. ,2005】。在 Edutella 中,一小部分的节点是超级节点,并认为具有高度的可用性及计算能力。超级节点负责前 k 名查询处理,而其他节点仅处理本地的查询及存储它们的资源。算法很简单,按如下方式进行。给定一个查询 Q,查询发起者发送 Q 到它的超级节点上,超级节点再将它发送到其他超级节点上。超级节点将 Q 转发到所连结的相关节点上。每个拥有和 Q 相关数据项的节点给它们打分,并把它最大的得分数据项发送到它的超级节点上。每个超级节点从所有接收到的节点中,选择总分最高的项。为了决定第二名的项,它仅仅向一个节点询问,也就是已经返回第一名的项的那个节点,来返回它第二名得分的项。超级节点从之前所接收到的项目中及新接收到的项目中选择总体第二名的项目。然后,它请求返回第二名的项的节点,以此类推,直到所有的前 k 名项都已经获得。最后,超级节点将它们的最高的项发送到查询发起者的超级节点上,来提取总体前 k 名项目,并将它们发送到查询发起者那里。

这个算法最小化了节点和超级节点之间的通信代价,因为一旦从每个节点所相连的超级节点上收到了最大得分的数据项,每个超级节点仅会向一个节点询问下一个最高的项。

16.3.2　连结查询

在分布式和并行数据库中最有效的连结算法是基于哈希的。因此,可以很自然地利用 DHT 是依赖哈希方法存储及定位数据这个事实来有效的支持连结查询。一个基本的解决方法已经在 PIER P2P 系统【Huebsch et al. ,2003】的环境下提出,它在 DHT 上提供了对复杂查询的支持。解决方案是并行哈希连结算法(PHJ)(见 14.3.2 节)的一个变种,我们称它为 PIERjoin。如同 PHJ 算法,PIERjoin 假定连结的关系和结果关系拥有一个归宿(被称为 PIER 的命令空间),也就是存储关系水平分片的节点。于是,基于连结的属性,它利用 put 方法将元组分配到一组节点上,使得具有相同连结属性的元组存储在相同的节点上。为了在本地执行连结,PIER 实现了对称哈希连结算法【Wilschut and Apers,1991】的一个版本,以此来提供对流水线并行化的有效支持。在对称哈希连结中,若要连结两个关系,每个将被连结的节点将维护两个哈希表,每个关系一个。这样,一旦两个关系其中之一收到一个新的元组,节点将元组加入对应的哈希表中,并基于目前已经收到的元组在另一个哈希表中探查这个元祖。PIER 同样依赖于 DHT 来处理节点的动态行为(在执行过程中加入或离开网络),因此便保证了结果的完整性。

对于一个二元连结查询 Q(可能包括选择谓词),PIERjoin 有三个阶段(见算法 16.6):组播,哈希和探查/连结。

(1) **组播阶段**。查询发起者节点将 Q 组播到所有那些存储连结关系 R 和 S 元组的节点上,即它们的归宿。

算法 16.6: PIERjoin 算法

Input: *Q*: join query over relations *R* and *S* on attribute *A*;
　　　 h: hash function;
　　　 H_R, H_S: homes of *R* and *S*
Output: *T*: join result relation;
　　　 H_T: home of *T*
begin
　　　{Multicast phase}
　　　At query originator peer send *Q* to all peers in H_R and H_S ;
　　　{Hash phase}
　　　for *each peer p in H_R that received Q in parallel* **do**
　　　　　for *each tuple r in R_p that satisfies the select predicate* **do**
　　　　　　　place *r* using $h(H_T, A)$

　　　for *each peer p in H_S that received Q in parallel* **do**
　　　　　for *each tuple s in S_p that satisfies the select predicate* **do**
　　　　　　　place *s* using $h(H_T, A)$

　　　{Probe/join phase}
　　　for *each peer p in H_T in parallel* **do**
　　　　　if *a new tuple i has arrived* **then**
　　　　　　　if *i is an r tuple* **then**
　　　　　　　　　probe *s* tuples in S_p using $h(A)$
　　　　　　　else
　　　　　　　　　probe *r* tuples in R_p using $h(A)$
　　　　　$T_p \leftarrow r \bowtie s$
end

（2）**哈希阶段**。每个接收到 Q 的节点扫描它本地的关系,查找满足选择谓词(如果有的话)的元组。接着,它使用 put 操作,将已经选择的元组发送到结果关系的归宿。利用结果关系和连结属性的归宿,计算出在 put 操作中所使用的 DHT 键。

（3）**探查/连结阶段**。每个在结果关系归宿中的节点,一旦收到一个新元组,便将它插入到对应的哈希表中,探查对称的另一个哈希表以找到匹配连结谓词(如果有一个选择谓词的话)的元组,最终构造结果连结元组。回忆一下,我们在第 8 章所定义的一个(水平划分)关系的"归宿",它是一组节点,其中每个节点有一个不同的位置。在这种情况下,划分是通过在连结属性上进行哈希操作来完成的。结果关系的归宿也是一个划分的关系(使用 put 操作),因此它也在多个节点上。

这个基本的算法可以在几个方面予以改进。比如,如果其中一个关系已经在连结属性上进行过哈希处理,那么我们可以使用它的归宿作为结果的归宿,并使用并行关联连结算法(PAJ)(见 14.3.2 节)的变种来处理。这使得只有一个关系被哈希操作,且在 DHT 上被发送。

为了避免将查询多播到大量的节点上,另一种方法是分配一定有限数量的特殊超级节点,被称为**范围保护**(range guards),以用来完成连结查询处理的任务【Triantafillou and Pitoura,2003】。连结属性的域将被分割,且每个划分专门交给一个范围保护。于是,连结查询只会发送到范围保护中来执行。

16.3.3　范围查询

回忆一下,范围查询中有一个 WHERE 从句,其形式是"属性 A 在范围[a,b]",其中 a 和 b 是数值。在结构化的 P2P 系统中,DHT 能特别高效的支持精确匹配查询(比如,形式为"A＝a"),但是对于范围查询就有很大的困难。主要的原因是,哈希一般都会破坏数据的顺序,而这样的顺序对于快速查找范围是非常有用的。

在结构化 P2P 系统中,有两种方法支持范围查询:利用相似性或保序的特性来扩展 DHT,或是使用基于树的结构来维护一个有序的键。第一种方法已经运用在一系列系统中。局部敏感哈希【Gupta et al. ,2003】是 DHT 的一种扩展,它更大可能性的将相似的范围哈希到相同的 DHT 节点上。不过这种方法仅能获得近似的结果,并可能在大型网络中导致负载不均衡的问题。SkipNet【Harvey et al. ,2003】是一种字典保序的 DHT,它允许具有相似值的数据项放置在连续的节点上。它使用名称而不使用哈希的标识,来给覆盖网络中的节点排序,并且每个节点负责一个范围的字符串。这有利于范围查询的执行。不过,被访问的节点数目在查询范围中是线性的。

前缀哈希树(PHT)【Ramabhadran et al. ,2004】是一种基于字典树的分布式数据结构,它能够直接的利用 DHT 的查找操作来支持 DHT 上的范围查询。被索引的数据是长度为 D 的二进制字符串。每个节点只有 0 或 2 个孩子,并且一个键 k 存储在叶子节点上,其标签是 k 的一个前缀。此外,叶子节点链接到它们的邻居上。PHT 在键 k 上的查找操作一定会返回唯一的,且标签是 k 的一个前缀的叶子节点 leaf(k)。给定一个长度 D 的键 k,k 有 D+1 个不同的前缀。可以通过对这 D+1 个节点的线性扫描来获得 leaf(k)。然而,由于 PHT 是一个二分字典树,可以通过在前缀长度上的二分查找来提高线性扫描的效率。这会将 DHT 查找的数目从(D+1)降低到(logD)。给定两个键 a 和 b,假定 a≤b,有两种通过使用 PHT 的查找算法可以支持范围查询。第一种是顺序查找:它搜索 leaf(a),接着顺序的扫描叶子节点的链表,直到达到 leaf(b)。第二个算法是并行查找:它首先找到最小前缀范围所对应的节点,该范围能完整的覆盖范围[a,b]。为了到达这个节点,可以使用一次简单的 DHT 查找,同时查询被递归的转发到那些覆盖范围[a,b]的孩子上。

像所有的哈希模式一样,第一种方法会受数据偏斜影响,并可能导致节点间不平衡的范围,这会损害负载均衡的特性。为了克服这个问题,第二种方法利用基于树的结构来维护键的范围的均衡。第一次基于一个平衡树结构构造一个 P2P 网络的尝试是 BATON(平衡树覆盖网络)【Jagadish et al. ,2005】。我们现在介绍 BATON 以及它在处理范围查询的细节内容。

BATON 将节点组织成一个平衡二叉树(每个树节点由一个网络节点来维护)。在 BATON 中,一个节点的位置由一个(层次,编号)的二元组所决定,其层次编号原则是:根的层次为 0,从根节点的 1 开始通过顺序遍历进行编号。每个树节点存储到它父亲,孩子,相邻节点以及在同一层所选邻居节点的链接。两个路由表:一个**左路由表**(left routing table)和一个**右路由表**(right routing table)将存储到所选邻居节点的链接。对于一个标号为 i 的节点,这些路由表包含了到同一层节点的链接,其编号小于(左路由表)和大于(右路由表)i 的两倍。在节点 i 的左(右)路由表中的第 j 个元素包含了一个在树上相同层次、且编号为 $i-2^{j-1}$ 的节点(相应是 $i+2^{j-1}$)。图 16.11 展示了节点 6 的路由表。

在 BATON 中,每个叶子和内节点(或网络节点)被分配一个范围值。对于每个链接,这个范围存在路由表中,而当它的范围改变时,链接将被修改并记录这个改变。由一个节点所管理的范围值要比它左子树所管理范围的值大,并且小于它右子树所管理的范围(见图 16.12)。因此,BATON 建立了一个有效的分布式索引结构。节点的加入和离开如下处理:对于加入,请求将在树上向上转发;对于离开,请求在将树上向下转发。最终让树保持平衡。这样,在一个具有 n 节点的树中,使用不超过 O(logn)的步骤就可以解决。

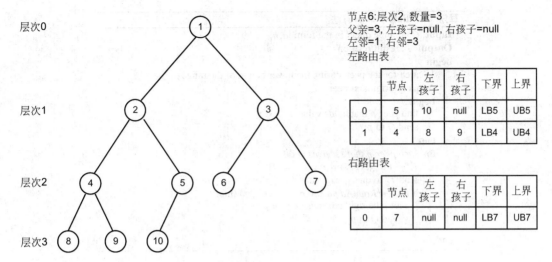

节点6:层次2, 数量=3
父亲=3, 左孩子=null, 右孩子=null
左邻=1, 右邻=3
左路由表

节点	左孩子	右孩子	下界	上界
0	5	10	null	LB5	UB5
1	4	8	9	LB4	UB4

右路由表

节点	左孩子	右孩子	下界	上界
0	7	null	null	LB7	UB7

图 16.11　BATON 的结构树索引和节点 6 的路由表

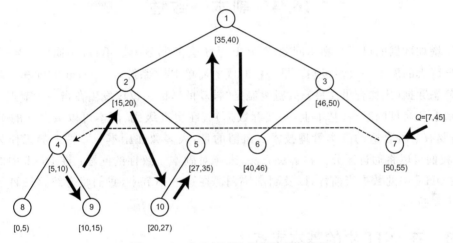

图 16.12　在 BATON 的范围查询处理

　　一个范围查询如下处理(算法 16.7)。对于一个由节点 i 提交,且范围是[a,b]的范围查询 Q,它将寻找一个和所查询范围的下界相交的节点。这个存储范围下界的节点会在本地对元组进行范围检查,并将查询转发到它右边相邻的节点上。总的来说,每个接收查询的节点会检查本地的元组,并和它右边的相邻节点联络,直到找到一个节点能包含范围的上界。当找到一个交集,所获得的部分答案将被发送到那个提交查询的节点上。第一个交集可以在 O(logn)步骤内使用精确匹配查询算法找到。因此,X 个覆盖范围的节点的范围查询可以在 O(logn+X)步内得到。

　　例 16.6　考虑查询 Q,其范围是[7,45],在图 16.12 的节点 7 发起。首先,BATON 执行一个精确匹配查询,以找到一个包含范围下界的节点(见图中的虚线)。由于下界是在分配到节点 4 的范围内,它在本地检查属于该范围的元组,并将查询转发到它相邻的右节点上(节点 9)。节点 9 在本地检查属于该范围的元组,并将查询再转发到节点 2 上。节点 10,5,1 和 6 接收到查询,它们检查本地的元组,并和它们所对应的右相邻的节点联络,直到包含范围上界的节点被达到。　　　　　　　◆

算法 **16.7**: BatonRange 算法

Input: Q: a range query in the form $[a,b]$
Output: T: result relation
begin
    {Search for the peer storing the lower bound of the range}
    At query originator peer
    begin
        find peer p that holds value a ;
        send Q to p;
    end
    for *each peer p that receives Q* **do**
    $T_p \leftarrow Range(p) \cap [a,b]$;
    send T_p to query originator ;
    if $Range(RightAdjacent(p)) \cap [a,b] \neq \emptyset$ **then**
        let p be right adjacent peer of p ;
        send Q to p
end

16.4　副本一致性

为了增加数据的可用性和访问效率,P2P 系统会复制数据。不过,不同的 P2P 系统提供了差异巨大的副本一致性级别。早一些时候的简单 P2P 系统,比如 Gnutella 和 Kazaa 仅仅处理静态数据(比如音乐文件),并且复制是"被动的",因为仅仅发生在当一个节点从另一个节点请求和拷贝的时候(基本上,是缓存数据)。在更高级别、副本可以被更新的 P2P 系统中,需要有一种合适的副本管理技术。遗憾的是,大多数在副本一致性上的工作只涉及 DHT。我们可以将通过区分三种解决方法,来应对副本一致性的问题:在 DHT 中的基本支持,在 DHT 中的数据当前性,以及副本协调。在这一小节中,我们将介绍这三种解决办法中的主要技术。

16.4.1　在 DHT 中的基本支持

为了提高数据可用性,大多数 DHT 依赖于数据重复。比如说,它们会使用一些哈希函数,将(key,data)对存储在一系列节点上,来提高数据可用性。如果一个节点不可用,它的数据仍可以从其他拥有该数据副本的站点上获得。一些 DHT 提供了应用的基础支持,来应对副本一致性的问题。在这一节,我们将介绍在 DHT 中所使用的两种主流的技术:CAN 和 Tapestry。

CAN 提供了两种途径支持重复【Ratnasamy et al.,2001a】。第一种是使用 m 个哈希函数来将一个单一的键映射到 m 个坐标空间的点上,且相应的在网络中 m 个不同的节点上复制一个单一(key,data)对。第二种方法是在 CAN 基础设计上进行优化。就是说,一旦发现一个节点上的键的请求超负荷的时候,便会将热门的键提前地推送到它的邻居上。在这种方法中,所复制的键会有一个所关联的 TTL 域,以便能够在超负荷阶段末期自动的消除重复所带来的影响。此外,该技术假定数据为不可变数据(只读)。

Tapestry【Zhao et al.,2004】是一个可扩展的 P2P 系统,它能在一个结构化的覆盖网络上提供非集中式的对象定位和路由。它将消息路由到逻辑终端上(也就是说,终端的标识和物理位置没有关联),比如节点或对象副本上。这使得信息可以传递到移动或复制的终端上,以面对底层基础架构的不稳定性。此外,在建立每个节点的邻居的时候,Tapestry 考虑了延迟。Tapestry 的定位和路由机制如下所述。令 o 是一个对象,其标识为 $id(o)$;在 P2P 网络中插入一个 o 涉及两个节点:持有 o 的服务器节点(用 n_s 表示);以及持有一个 $(id(o), n_s)$ 形式的映射的根节点(用 n_r 表示),表示具有标识 $id(o)$ 的对象存储在节点 n_s 上。根节点由一个全局一致性确定函数来动态决定。图 16.13(a)展示了当 o 被插入到 n_s 时,n_s 通过路由一条从 n_s 到 n_r 的、包含映射 $(id(o), n_s)$ 的消息,在它的根节点发布 $id(o)$。这个映射存储在消息路径上的所有节点上。在一个位置查询过程中(比如,图 16.13(a)中的 "$id(o)$?"),查找 $id(o)$ 的消息最初要路由到 n_r 上,但是一旦找到一个包含映射 $(id(o), n_s)$ 的节点,它可能在到达之前就被停止。为了把一个消息路由到 $id(o)$ 的根上,每个节点将把这个消息转发到那些逻辑标识符和 $id(o)$ 最像的邻居上【Plaxton et al. ,1997】。

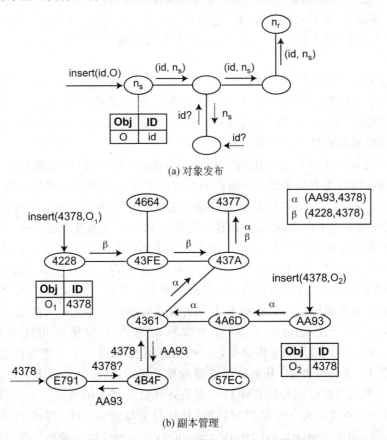

(a) 对象发布

(b) 副本管理

图 16.13　Tapestry(a)对象发布(b)副本管理

为了充分利用副本,Tapestry 提供了完整的基础设施,如图 16.13(b)所示。图上每个节点表示了 P2P 网络的一个节点,并且节点的逻辑标识是十六进制表示的。在这个例子中,对象 O 的两个副本 O_1 和 O_2(比如一本书的文件)被插入到不同的节点上(O_1→节点 4228,以及 O_2→节点 AA93)。O_1 的标识和 O_2 的相同(即,4378 是十六进制的),因为 O_1 和 O_2 是相同对象 O 的副本。当 O_1 被插入到它的服务器节点上(节点 4228),映射(4378,4228)将从节点 4228 路由到节点 4377(O_1 标识符的根节点)上。在消息到达根节点的过程中,对象和节点标识会越来越相似。此外,映射(4378,4228)存储在消息路径上的所有节点上。O_2 的插入跟随同样的过程。在图 16.13(b) 中,如果 E791 查找一个 O 的副本,关联信息的路由将会在节点 4361 停止。因此,应用可以在多个服务器节点上复制数据,并依靠 Tapestry 来直接请求附近的副本。

16.4.2　在 DHT 中的数据当前性

尽管 DHT 提供了对重复的基本的支持,在更新后副本间的相互一致性可能会因为节点离开网络或并发更新而遭受损害。我们用典型 DHT 环境下一个更新的简单场景来展示这个问题。

例 16.7　我们假定操作 $put(k, d_0)$(由一些节点发出)映射到存储 d_0 的节点 p_1 和 p_2 上。现在考虑一个使用操作 $put(k, d_1)$ 的更新(从相同或另一个节点),其同样映射到节点 p_1 和 p_2。假定 p_2 是不可达的(比如,它离开了网络),仅有 p_1 得到更新来存储 d_1。当后来 p_2 重新加入网络,副本就不一致了:p_1 持有和 k 关联的当前状态的数据,而 p_2 持有陈旧的状态。

并发更新同样会带来问题。考虑两个更新 $put(k, d_2)$ 和 $put(k, d_3)$(由两个不同的节点发起),它们以相反的顺序发送到 p_1 和 p_2 上,使得 p_1 最后的状态是 d_2,而 p_2 的最后状态是 d_3。这样,随后的一个 $get(k)$ 操作会依据哪个节点被查询,来返回陈旧的或当前的数据,并且没有方法可以获知它是否是当前的。　　　　　　　　　　　　　　　　　　　　　　　◆

对于一些能利用 DHT 的应用(比如,日程管理、公告牌、合作拍卖管理、预订管理等等),获得当前数据的能力是非常重要的。无论节点是否离开网络或进行并发更新,为了在重复的 DHT 中支持数据当前性,都需要有能力返回一个当前的副本。当然,如第 13 章所述,副本一致性是一个更广义的问题,而这一问题在 P2P 系统中变得尤其的困难和重要,因为在系统中存在大量的节点的动态加入和离开。这个问题可以通过数据版本控制来缓解【Knezevic et al.,2005】。每个副本有一个版本号,在每次更新后会递增。为了返回一个当前的副本,需要获取所有的副本,以选择出最新的版本。不过,若是并发更新,可能会发生两个不同的副本却拥有相同的版本号的情况,因此找出当前的副本是不可能的。

已经提出了一个更完整的方案,该方案同时考虑了数据可用性和数据当前性【Akbarinia et al.,2007b】。为了提供很好的数据可用性,在 DHT 上的数据会使用一组独立的哈希函数 H_r 来进行复制,其被称为**重复哈希函数**(replication hash functions)。我们用 $rsp(k, h)$ 来表示当前时刻和哈希函数 h 相关并且负责键 k 的节点。为了获取当前的副本,每个 (k, data) 对被附有一个逻辑时间戳,并且对于每个 $h \in H_r$,将在 $rsp(k, h)$ 上复制 (k, newData) 对,其中 newData=\{data, timestamp\},即 newdata 由原始数据和时间戳组成。一旦有一个和键相关的数据请求,我们可以返回其中一个具有最新时间戳的副本。重复哈希函数的数量,即 H_r,可以因 DHT 的不同而不同。比如,如果 DHT 的节点可用性很低,一个高的 H_r 值(比如,30)可以用来增加数据的可用性。

这个解决方案是**更新管理服务**(Update Management Service, UMS)的基础,该服务能够基于时间戳实现对当前副本的高效插入和查询。通过实验已经验证了 UMS 在通信上具有极小的代价。当接收到一个副本,UMS 检测是否它是当前的,即不需要和其他副本比较,并将它作为输出返回。因此,UMS 不需要获取所有的副本来找到最当前的一个;它仅需要使用 DHT 查找服务所提供的 put 和 get 操作即可。

为了生成时间戳,UMS 使用一个叫做**基于键的时间戳服务**(Key-based Timestamping Service,KTS)的分布式的服务。KTS 的主要操作是 gen_ts(k),也就是,给定一个键 k,为 k 生成一个实数的时间戳。由 KTS 所生成的时间戳是**单调**(monotonic)的,也就是如果 ts_i 和 ts_j 是两个在 t_i 和 t_j 时刻由相同键所生成的时间戳,那么如果 t_j 比 t_i 晚,就有 $ts_j > ts_i$。这个性质允许为相同键所生成的时间戳按它们被生成的时间来排序。KTS 有另外一个叫 last_ts(k)的操作,也就是给定一个键 k,返回最后由 KTS 生成的键 k 的时间戳。在任何时候,gen_ts(k)最多生成一个键 k 的时间戳,且不同的 k 的时间戳是单调的。因此,当不同的节点上并发的调用插入一个对(k,data)时,只有那个具有最近时间戳的节点才会在 DHT 上成功的存储它的数据。

16.4.3　副本协调

通过保证副本的相互一致性,副本协调比数据当前性要又向前迈进一步。由于 P2P 网络通常是非常动态的,节点加入和离开网络完全随意,主动的重复方案(见第 13 章)并不适合;而惰性的重复会更好。在这一节,我们将介绍使用在 OceanStore、P-Grid 和 APPA 中的协调技术,以提供一个全面的解决方案。

16.4.3.1　OceanStore

OceanStore【Kubiatowicz et al.,2000】是一个提供持续信息连续访问的数据管理系统。它依赖于 Tapestry,并假定其基础设施是由不可信的强大服务器所组成,且服务器之间用高速链接所连结。为了安全性考虑,数据通过冗余和加密技术受到保护。为了提高性能,允许随时、随地缓存数据。

OceanStore 支持重复对象上的并发更新;它依靠调节来保证数据的一致性。图 16.14 展示了 OceanStore 中的更新管理。在这个例子中,R 是一个重复对象,而 R_i 和 r_i 分别表示一个 R 的主拷贝和次拷贝。节点 n_1 和 n_2 并发的更新 R。这个更新通过如下方式管理。拥有 R 主拷贝的节点,被称为 R 的**主组**(master group),来负责对更新进行排序。因此,n_1 和 n_2 在它们的本地次级副本上执行尝试性的更新,并把这些更新发送到 R 的主组以及其他的随机的次级副本上(见图 16.14(a))。基于 n_1 和 n_2 所分配的时间戳,主组对尝试性更新进行排序;同时,这些更新都会在次级副本之间迅速传播(图 16.14(b))。一旦主组达成了一致,结果便会多播到次级副本上(图 16.14(c)),这些副本同时包含了尝试的[18]和已提交的数据。

副本管理调整了副本的数量和位置,使得请求服务更加高效。通过监测系统负载,OceanStore 能够检测出哪一个副本在超负荷,并会在周边节点创建额外的副本来缓解负荷。相反,当不再需要这些额外副本时,便会将它们消除掉。

16.4.3.2　P-Grid

P-Grid【Aberer et al.,2003a】是一个基于二分字典树的结构化 P2P 网络。一个分散和自组织的过程构造了 P-Grid 的路由基础设施,它能够调整适应于由节点存储的数据键的分布。这个过程解决数据存储的均匀负载分布问题和数据均匀复制的问题,以便支持系统的

---

[18]　尝试数据是那些主副本没有提交的数据。

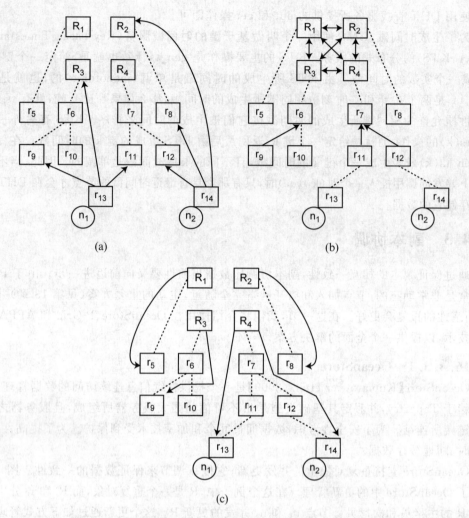

图 16.14　OceanStore 的协调

(a) 节点 n_1 和 n_2 把更新发送到 R 的主组上，以及几个随机的次级副本上。

(b) R 的主组排序更新，而次级副本迅速的传播它们。(c) 当主组达成一致，更新的结果便多播到次级副本上

可用性。

　　为了解决重复对象的更新问题，P-Grid 使用传言方法，但却不保证其具有很强的一致性。P-Grid 假定副本的准一致性（而不是完全的一致性，因为这在一个动态环境中它太难实现）已经足够了。

　　更新传播的模式有一个推送阶段和一个拉取阶段。当一个节点 p 收到一个对重复对象 R 的更新时，它将更新推送到拥有 R 副本的节点的子集中，并依次将它传播到其他拥有 R 副本的节点上，以此类推。那些已经断开并会重新连结的节点，长时间没有收到更新的节点，或是接收到一个拉取请求但并不确定它们是否持有最新更新的节点，都会进入拉取阶段进行协调。在这个阶段中，将联络多个节点，而它们之间最近更新的将被选中来提供对象的内容。

16.4.3.3　APPA

APPA 提供了一种广义的懒惰分布式重复方案,来保证副本最终的一致性【Martins et al.,2006a；Martins and Pacitti,2006；Martins et al.,2008】。它使用行动限制框架【Kermarrec et al.,2001】来捕捉应用的语义并解决更新的冲突。

应用的语义通过更新操作之间的约束来描述。一个**行动**(action)由应用程序员定义,并表达了一种特定应用的操作(比如,一个在文件或文档上的写操作,或一个数据库事务)。一个**约束**(constraints)是一个应用不变量的正式表达。比如,predSucc(a_1,a_2)约束建立了行动之间的因果关系(也就是,行动 a_2 只会在 a_1 完成后执行);mutualExclusive(a_1,a_2)约束表明只有 a_1 和 a_2 中的一个可以执行。协调的目标是在给定相关约束的情况下选出一组行动,并生成一个**调度**(schedule),即一个有序的,不会打破约束的行动列表。为了减少调度表产生的复杂性,将被排序的行动分到被称为**聚类**(clusters)的不同的子集中。一个聚类是和约束相关的一个行动子集,它可以独立于其他聚类而排序。因此,**全局调度**(global schedule)由聚类的有序行动的连结所构成。

APPA 协调算法的数据管理被存储在一个叫**协调对象**(reconciliation objects)的数据结构中。每个协调对象都有一个唯一的标识,以实现在 DHT 中的存储和查询。数据重复按如下的方式进行。首先,节点执行本地的行动来更新一个对象的副本,并遵守用户定义的约束。接着,基于对象的标识。这些行动(和相关的约束)会被存储在 DHT 中。最后,通过基于应用语义的协调冲突操作,协调器节点从 DHT 接收行动和约束,并产生全局的调度。

任何连结的节点可以试图通过邀请其他可用节点参与来开始协调。一个时间上只能运行一个协调。更新行动的协调按如下的 6 个分布式步骤来执行。节点在步骤 2 开始协调。在每个步骤产生的输出成为下一个步骤的输入。

- **步骤 1——节点分配**:基于通信代价,选出一个已连结的副本节点的子集作为协调器。
- **步骤 2——行动分组**:协调器根据行动日志采取行动,并将那些试图更新相同对象的行动分到相同的组中,因为这些行动潜在的会产生冲突。那些试图更新对象 R 的行动的分组被存储在 R 协调对象的**行动日志**(action log)中(L_R)。
- **步骤 3——创建聚类**。协调器从行动日志中取出行动组,将它们分裂到不同的聚类中,每个聚类都是冲突操作语义依赖的。(两个操作 a_1 和 a_2 语义上独立,仅当应用评判它可以同时以任何顺序执行它们,甚至它们更新一个共同的对象;否则,a_1 和 a_2 是语义依赖的)。在这一步产生的聚类存储在聚类集合的协调对象中。
- **步骤 4——聚类扩展**。用于定义的约束并没有在聚类创建中得到考虑。于是,在这个步骤里,协调器将根据用户所定义的约束,通过给它们增加新的冲突行动的方式来扩展聚类。
- **步骤 5——聚类整合**。聚类扩展导致聚类的覆盖(当两个聚类的结果的交集产生了非空的行动集合)。在这一步中,协调器将覆盖的聚类放在一起。此时,聚类变为相互独立的,即,没有任何行动的约束会出现在不同的聚类中。
- **步骤 6——聚类排序**。在这个步骤中,协调器从每个聚类集中拿出每个聚类,并将聚类的行动排序。和聚类相关联的行动的排序存储在**调度**(schedule)协调对象中。所有聚类有序行动的连结组成了全局的调度表,它会被所有的副本节点所执行。

在每一步中,协调算法利用了数据的并行性,即几个节点在一个行动的子集上同时的执行独立的事件(比如,不同聚类的排序)的特性。

16.5 本 章 小 结

通过将数据存储和处理在自治的网络节点之间进行分布,"现代"P2P 系统可以不借助强大的服务器来扩展其规模。高级的 P2P 应用,诸如科学研究的合作,必须能够应对丰富语义的数据(比如,XML 文档、关系表格,等等)。支持这些应用需要重新审视分布式数据中的技术(模式管理、访问控制、查询处理、事务管理、一致性管理、可靠性和重复)。当考虑数据管理时,P2P 系统的主要需求是自治性,查询表达,效率,服务质量以及容错。依据P2P 的架构(非结构、结构 DHT 或混合超级节点),这些需求可以不同程度地得到实现。非结构网络有很好的容错性,但是由于它们在查询路由中依赖于扩散算法,而非常低效。混合系统有支持高层次数据管理的潜力。但是,DHT 仍然是基于键的查询的最好选择。同时,它可以和超级节点网络进行组合,以支持更复杂的查询。

在 P2P 系统中,大多数在丰富数据的语义共享方面的研究都侧重于模式管理和查询处理。然而,几乎没有任何关于更新管理,重复,事务和访问控制的研究。因此,需要重新审视很多分布式数据技术的工作,来支持大规模的 P2P 系统。需要解决的主要问题包括模式管理,复杂查询处理,事务支持和重复,以及安全性。此外,并不是所有类型的数据管理都适合 P2P 系统的。能充分发挥 P2P 系统作用的典型应用更可能是那些轻量级的,并且包含某种协同性质的应用。精确地刻画这些应用是很重要的,并且对于性能测试非常有帮助。

16.6 参考文献注释

在"现代"P2P 系统的数据管理中,那些由大型分布,内在的异构以及高变动性特征所刻画的系统已经成为重要的研究专题。这个专题在最近的专著【Vu et al.,2009】得到了完全的覆盖。有关这一专题的简短的综述可以在【Ulusoy,2007】中找到。P2P 数据管理系统所面临的需求、架构和问题在【Bernstein et al.,2002】、【Daswani et al.,2003】、【Valduriez and Pacitti,2004】中讨论到。在【Aberer,2003】中介绍了一系列的 P2P 数据管理系统。

一个关于 P2P 系统中的查询处理的详细综述请参考【Akbarinia et al.,2007d】,这也是笔者撰写 16.2 节和 16.3 节的基础。在 P2P 系统中对模式映射的很好的讨论可以在【Tatarinov et al.,2003】中找到。在 P2P 系统中一类重要的查询是前 k 名查询。在关系数据库系统中前 k 名查询处理技术的综述请见【Ilyas et al.,2008】。前 k 名查询处理的一个高效算法是阈值算法(TA),它是由几个研究者【Nepal and Ramakrishna,1999】、【Güntzer et al.,2000】、【Fagin et al.,2003】独立提出的。TA 已经成为 P2P 系统中很多算法的基础,尤其是在 DHT 中【Akbarinia et al.,2007c】。比 TA 更有高效的一种算法是最佳位置算法

【Akbarinia et al. ,2007a】。在数据库中(并不一定是 P2P 系统)关于排序算法的一个综述在
【Ilyas et al. ,2008】中给出。

由【Martins et al. ,2006b】所撰写的 P2P 系统的重复的综述是 16.4 节的基础。在重复
DHT 中,数据传播的完整解决方案,也就是提供找到最近副本的能力,在【Akbarinia et al. ,
2007b】中给出。重复数据的协调在 OceanStore【Kubiatowicz et al. ,2000】、P-Grid【Aberer
et al. ,2003a】和 APPA【Martins et al. ,2006a; Martins and Pacitti,2006】中得到了解决。

P2P 技术最近再次受到关注,主要是为了帮助解决网格计算环境下的数据管理的可扩
展问题。这就带来了在【Pacitti et al. ,2007a】中讨论的一些开放的新问题。

练　习

16.1　P2P 和客户-服务器架构之间最本质的区别是什么? 一个拥有集中式索引的 P2P 系
　　　统和客户-服务器系统等价吗? 请列举 P2P 文件共享系统在如下方面的优点和缺点:

- 终端用户;
- 文件拥有者;
- 网络管理员。

16.2** 　一个 P2P 覆盖网络作为一个层建立在一个物理网络之上,通常这个物理网络是
　　　Internet。因此,它们具有不同的拓扑,并且在 P2P 网络中的两个邻居节点可能在物
　　　理网络中相隔甚远。这种层次化的优点和缺点是什么? 这种层次化在三种主要的
　　　P2P 网络类型上(非结构化、结构化和超级节点)具有什么影响?

16.3* 　考虑图 16.4 中的非结构化 P2P 网络,其左下方的节点发送一个资源请求。展示并
　　　讨论下面查询策略的查询完整性:

- 用 TTL=3 进行扩散;
- 每个节点拥有一个不超过 3 个邻居的部分视图,以此进行传言。

16.4* 　考虑图 16.7 中,侧重于结构化网络。通过考虑三种主要的 DHT 类型:树、超立方
　　　体和环,并使用等级 1~5(而不用低—中—高)来细化比较。

16.5** 　目标是在 DHT 上设计一个 P2P 社交网络应用。该应用需要提供社交网络的基本
　　　功能:注册一个新用户;邀请或获取朋友;建立朋友列表;发送一个消息给朋友们;阅
　　　读朋友们的消息;在一个消息上发送评论。假定使用一个通用的 DHT,其具有 put
　　　和 get 操作,而每个用户都是一个 DHT 的节点。

16.6** 　为社交网络应用选择一个 P2P 架构,而对需要分布式的不同实体使用(key,data)
　　　对。描述下面的操作是如何进行的:建立或删除一个用户;创建或删除一个关系;从
　　　一组朋友列表中读取消息。讨论这种设计的优点和缺点。

16.7** 　同样的问题,但是额外的需求是私有数据(比如,用户档案)必须存储在用户节
　　　点上。

16.8　讨论在多数据系统和 P2P 系统中模式映射的共同点和不同点。特别地,请将第 4 章
　　　中的本地作为视图方法与 16.2.1 节中的成对模式映射方法进行比较。

16.9* 　在非结构 P2P 网络(见算法 16.4)的前 k 名查询处理的 FD 算法依赖于扩散算法。
　　　请提出 FD 算法的一种变种,其可以替代扩散,而使用随机行走和传言算法。这样做

的优势和劣势是什么？

16.10* 对图 16.10 的数据库的三个列表使用 TPUT 算法(算法 16.2)，其中 k=3。对于算法的每个步骤，写出其中间结果。

16.11* 同样的问题，但使用 DHTop 算法(见算法 16.5)。

16.12* 算法 16.6 假定将要被连结的输入关系被任意放置在 DHT 中。假定其中一个关系已经在连结属性上被哈希，请提出算法 16.6 的改进算法。

16.13* 为了提高 DHT 的数据可用性，一个通用的解决办法是使用一些哈希函数在一些节点上复制(k,data)对。这便会产生例 16.7 中的问题。另一种方案是使用非重复 DHT(使用一个单一的哈希函数)，并在节点的一些邻居节点上复制(k,data)对。那么对于例 16.7 中的情况有什么效果？这种方法在可用性和负载均衡上，会有哪些优点和缺点？

第 17 章 万维网数据管理

万维网(简称 WWW)已经成为存储数据和文档的主要资料库。无论用何种方法来衡量,万维网规模都在以惊人速度增长。两份研究表明,1998 年间静态网页的数量达到了 2 亿【Bharat and Broder,1998】至 3 亿 2 千万【Lawrence and Giles,1998】之间。1999 年的一项研究显示,万维网的规模达到了 8 亿网页【Lawrence and Giles,1999】。据研究,2005 年这一数字增加到了 115 亿【Gulli and Signorini,2005】。今天,人们估计万维网包含超过 250 亿的网页,并且还在不断增加。而这只是针对静态页面而言,即那些除非所有者主动修改,内容不会发生变化的网页。如果考虑到动态页面(内容随用户需求改变的网页),万维网的规模还要大得多。据调查,2005 年万维网包含超过 530 亿的网页【Hirate et al.,2006】。此外,到 2001 年还有估计超过 5000 亿的文档包含在深度万维网中(我们将在后面对深度万维网进行定义)【Bergman,2001】。除了规模庞大,万维网也是迅速变动的。事实上,万维网就是一个规模庞大、瞬息万变、分布式的数据存储方式。在访问网络数据时,也就存在着很多典型的分布式数据管理问题。

从目前的表现形态来看,万维网可以认为是两个截然不同却又息息相关的组成部分。一个称为**公开可索引万维网**(publicly indexable web,PIW)【Lawrence and Giles,1998】,由网络服务器上的所有交叉链接的静态页面组成。另一个组成部分称为隐藏万维网(hidden web)【Florescu et al.,1998】(或深度万维网(Deep Web)【Raghavan and Garcia-Molina,2001】),由大量包含数据的数据库构成,它无法由外界直接访问。隐藏万维网上的数据通常通过搜索界面获得。用户在界面上输入的查询被传递到数据库服务器上,查询结果动态生成网页再返回给用户。

这两个组成的区别主要在于搜索和/或查询的方法不同。搜索 PIW 主要是通过网页间的链接结构进行爬取,将爬取的网页进行索引,然后搜索索引数据(如 17.2 节中所述)。而这一方法无法直接用于深度万维网,因为无法对深度万维网中的数据进行爬取和索引(要了解搜索深度万维网的方法,请参见 17.3.4 节内容)。

对万维网数据管理的研究遵循不同的方向。早期研究大多关注关键词搜索和搜索引擎。之后数据库领域的研究重点转向万维网数据的声明式查询。目前一个新兴的研究课题将搜索/浏览访问方式和说明式查询结合起来,但这一课题仍有很多发展空间。另一方面,XML 作为表示万维网数据的一种重要的数据形式出现,使 XML 数据管理和最近出现的**分布式**(distributed)XML 数据管理成为研究热点。由于研究方向的不断分化,我们很难找到一个统一的架构或框架来讨论万维网数据管理,而是应当对不同的研究方向分别考虑。此外,要想涵盖所有与万维网相关的课题,需要更多的篇幅进行更深入的讨论,一章之内很难完全展开。因此本书将重点介绍与数据管理直接相关的问题。

本书将首先讨论如何将万维网数据建模成图结构。图的结构和管理问题至关重要,17.1 节将探讨这一问题。17.2 节主要关注万维网搜索,17.3 节将介绍万维网查询,这些都是万维网数据管理中的基本问题。之后本书将介绍分布式的 XML 数据管理(17.4 节)。尽管网页最初是以 HTML 的形式进行编码的,但 XML 和 XML 编码数据的使用越来越普遍,特别是用于万维网上的数据资料库。因此,对 XML 数据的分布式管理也越来越重要。

17.1 万维网图管理

万维网由网页组成,网页之间由超链接相连,超链接结构可以被建模为有向图。这类图结构通常称为**万维网图**(web graph),其中静态 HTML 网页为节点,超链接表示为有向边【Kumar et al. ,2000;Raghavan and Garcia-Molina,2003;Kleinberg et al. ,1999】。万维网图体现了万维网的一些重要特点,对于理论计算机科学来说是十分有意义的,同时它也有助于数据管理问题的研究,这种图结构广泛用于万维网搜索【Kleinberg et al. ,1999;Brin and Page,1998;Kleinberg,1999】,万维网内容分类【Chakrabarti et al. ,1998】以及其他一些万维网相关的任务。万维网图的主要特点包括如下【Bonato,2008】。

(1)易变性。前面的章节提到,万维网图的规模是高速增加的,除此之外,很大一部分的网页经常被更新。

(2)稀疏性。当一个图的平均度数少于顶点的个数,它就被称为是稀疏的,这意味着图的每个节点都有有限的邻居节点,尽管这些节点总体上是相连的。万维网图的稀疏性引出了另外一个特点,我们将稍后进行讨论。

(3)自组织性。万维网包含着许多社区,每个社区由关于某一特定话题的一组网页构成,这些社区是自发组成的,而不需要任何"集中控制"的介入,同时又形成了万维网图中的子图结构。

(4)小世界网络。这一特点与稀疏性相关:每个图中的节点或许只有有限的邻居(即节点的度数可能很小),但众多节点由中间节点相连在一起。小世界网络的概念首先出现在社会科学中,用来描述陌生人由中间人相联系的现象。这一概念同样可以用来表示万维网图的内部联系结构。

(5)幂次定律网络。万维网图的入度和出度遵循幂律分布,即一个节点具有入度(出度)为 i 的概率与 $1/i^\alpha$ 成比例($\alpha > 1$),其中 α 的值对于入度是 2.1,对于出度是 7.2【Broder et al. ,2000】。

万维网图的结构呈领结状(如图 17.1 所示)【Broder et al. ,2000】。其中有一个强连通的子图(如同领结中间的结),这个子图中的任意两个页面都有一条连结路径。强连通子图(SCC)由万维网 28% 的网页组成,另外 21% 的网页组成了"IN"子图,从"IN"这一部分有通往 SCC 网页的单向路径。相对应的,21% 的网页组成了"OUT"子图,有单向路径从 SCC 网页通往"OUT"子图的网页。无法从 SCC 到达,或者无法到达 SCC 的网页被称为"卷须",它们大概占万维网网页的 22%。这些网页尚未被完全发现,尚未连结到人们熟知的万维网部分。最后还有一部分完全独立的部分,它们完全与外界隔离,只和自己内部的小型社区相连。这样的网页大概有 8%。这一图结构相当重要,因为它决定了万维网搜索和查询的结果。此外,这一图结构与通常研究的图结构不同,因而需要特殊的算法和技术进行管理。

一个特别相关的问题是对于大规模,动态且不稳定的万维网图结构的管理。下面讨论这一问题的两种解决办法。第一种方法是将万维网图进行压缩,从而获得更高效的存储与处理;第二种办法是对万维网图进行特殊的表示。

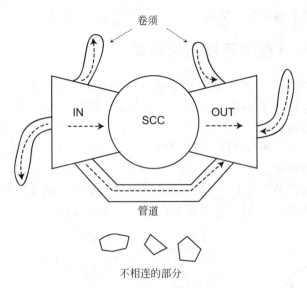

图 17.1　万维网的"领结形"结构(基于【Kumar et al.，2000】的研究)

17.1.1　万维网图结构的压缩

人们对大图压缩进行了充分的研究,提出了一系列的技术。然而万维网图在结构上与这些图不同,很难(甚至不可能)将通用的图压缩算法用于万维网图。因此,需要提出新的方法。

一种压缩方法试图找到共享**出边**(out-edges)的节点,对应一个节点从另一个节点复制链接的情况【Adler and Mitzenmacher,2001】。这一方法主要用于当一个节点新增到图中时,它可以参考现有的网页,从中复制一些链接。例如,新增网页 v 可以参照网页 w 的出边,链接到与 w 相连的网页子集中。这个方法的初衷是基于这样一个想法,在为一个新网页进行链接时,制作者可以参照现有的喜欢的网页的链接情况【Kumar et al.,1999】。在这种情况下,节点 w 被称为节点 v 的**参照**(reference)。

假设一个万维网图的 入度和出度服从 Zipfian 分布,不同节点的度数存在有很大的差异。在这种情况下,可以使用基于 Huffman 码的压缩方案,具体的方法有很多种,下面以一个简单的方法为例来介绍这一方案的原理。

在识别出复制链接的源节点后,可以识别两个节点出边的差异。如果节点 w 被看做是节点 v 的参照,生成一个 0/1 位向量表示 w 和 v 共同的出边。v 的其他出边可以用另外的位向量表示。因此,以节点 w 为参照压缩节点 v 的代价可以表示为:

$$Cost(v,w) = out\_deg(w) + \lceil \log n \rceil * (\mid N(v) - N(w) \mid + 1)$$

N(v)和 N(w)分别代表节点 v 和 w 的出边集合,n 表示图中节点的个数。公式中的前一项是表示参照节点 w 的出边的代价,$\lceil \log n \rceil$表示从万维网图的 n 个节点中识别出一个节点需要的位数,($\mid N(v) - N(w) \mid + 1$)表示两个节点在出边上的差异。

给定一个这种压缩模式下的图描述,下面考虑如何确定使用参照节点 w 进行编码的节点 v 的一个链接的指向。如果来自节点 w 的对应链接以另一节点 u 为参照编码,就需要确定节点 u 的对应链接的指向。最终找到未参照任何节点编码的链接(为了满足这一条件,参照之间不允许有循环),到此搜索结束。

17.1.2　采用 S-节点的万维网图存储

　　压缩万维网图的另一个途径是建立特殊的存储结构,从而实现高效的存储与查询。
S-节点(S-Nodes)【Raghavan and Garcia-Molina,2003】结构对万维网图进行双层表示。这
一方法将万维网图结构表示成一组较小的有向子图。每个子图对一个小子集的网页之间的
相互关系进行编码。上层的有向图由**超级节点**(supernodes)和**超级边**(superedges)组成,并
包含通向更小子图的链接。

　　给定一个万维网图 W_G,它的 S-节点表示可以以如下方法构建。假设 $P = N_1, N_2, \cdots,$
N_n 为 W_G 的顶点集的划分。可以定义以下几种有向图(参见图 17.2)。

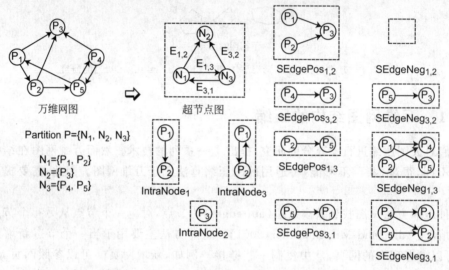

图 17.2　万维网图上的划分(基于【Raghavan and Garcia-Molina,2003】的工作)

- **超节点图**(Supernode graph):一个超节点图包含 n 个顶点,每个顶点代表 P 中的一
  个划分。在图 17.2 中,分别有一个超节点代表划分 N_1、N_2 和 N_3。超节点以超边连
  结。如果在 N_i 中有至少一个网页指向 N_j 中的某个网页,从 N_i 到 N_j 有一条超
  边 $E_{i,j}$。

- **节点间图**(Intranode graph):每个划分 N_i 与一个节点间图 IntraNode$_i$ 相关,
  IntraNode$_i$ 代表 N_i 中所有网页间的相互连结。例如,在图 17.2 中,IntraNode$_1$ 表
  示网页 P_1 和 P_2 间的超链接。

- **正超边图**(Positive superedge graph):正超边图 SEdgePos$_{i,j}$ 是一个有向二部图,表
  示从 N_i 到 N_j 的所有链接。在图 17.2 中,SEdgePos$_{1,2}$ 包含两条边,代表从 P_1 和
  P_2 到 P_3 的两个链接。如果存在一个对应的超边 $E_{i,j}$,就有一个 SEdgePos$_{i,j}$。

- **负超边图**(Negative superedge graph):负超边图 SEdgeNeg$_{i,j}$ 是一个有向二部图,表
  示 N_i 和 N_j 之间,在真实万维网图中不存在的所有链接。与 SEdgePos 相似,当且仅
  当存在一条对应的超边 $E_{i,j}$ 时,存在一个 SEdgeNeg$_{i,j}$。

　　假设在顶点集 W_G 上有划分 P。通过指向节点间图的超节点图和一组正负超节点图,

可以构造超节点表示 SNode(W_G,P)。正负超节点图的使用取决于哪种表示的边更少。图 17.2 的 S-节点表示如图 17.3 所示。

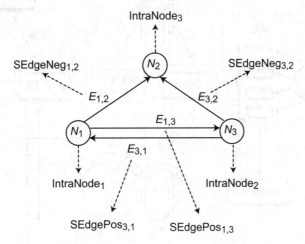

图 17.3　S-节点表示(参考【Raghavan and Garcia-Molina，2003】)

　　S-节点表示法利用了实际观察到的万维网图特点将网页分组到不同的超节点，同时对下层有向图使用压缩编码。这一压缩方法将一个超链接的编码从 15 字节减少到 5 字节【Raghavan and Garcia-Molina，2003】，从而可将大型万维网图加载到主存储器进行处理。另外，由于万维网图可以使用小的有向图表示，这种方法可以自然地将万维网图中与查询相关的部分单独拿出来做本地检索。

17.2　万维网搜索

　　万维网搜索是指找到所有与用户指定关键词相关(即内容相关)的万维网网页。当然，我们不可能穷尽所有的网页，甚至无法确定是否获取了所有网页。因此，我们需要收集并索引万维网网页，以此建立一个数据库，在此基础上进行搜索。由于往往有多个网页与一条查询相关，需要将这些网页按照相关性排序后返回给用户，其中相关性是由搜索引擎决定的。

　　通用搜索引擎的抽象架构如图 17.4【Arasu et al.，2001】所示。下面我们将详细介绍这一架构的各个组件。

　　在每个搜索引擎中，**爬虫**(crawler)起着相当重要的作用。爬虫是搜索引擎用来搜索网页，获取网页数据的程序。爬虫有一组起始网页——更准确地说，是一组网页的统一资源地址(即我们常说的 URL)。爬虫获取并解析一个 URL 对应的网页，抽取这个网页中的所有 URL，将它们加入到队列中。在下一轮循环中，爬虫(依照一定的顺序)从队列中抽取一个 URL，并获取相应的网页。这一过程循环往复，直到爬虫停止。另外有一个控制组件来决定下一个被访问的 URL。获取的网页存储到一个网页库中。在 17.2.1 节中，还会具体讨论爬虫涉及的操作。

　　索引模块(indexer module)用来在爬虫下载的网页上建立索引。索引有很多种，其中最常见的两种是**文本索引**(text indexes)和**链接索引**(link indexes)。要构建文本索引，索引模块要构建一个大型"查找表"，来提供包含关键词的网页的所有 URL。链接索引描述了万

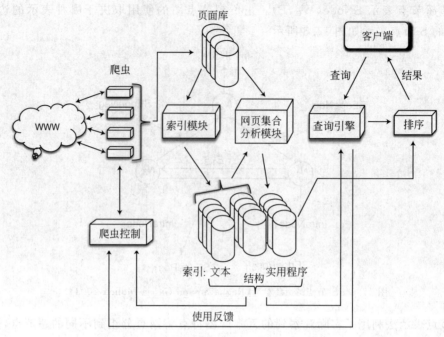

图 17.4　搜索引擎架构

维网的链接结构，提供网页的指入链接和指出链接信息。17.2.2 节将会介绍现有的索引技术，并着重讨论有效储存索引的办法。

　　排序模块（ranking module）用来对大量查询结果进行处理，将搜索结果按相关性顺序返回给用户。排序问题正变得越来越重要，它不再仅仅局限于传统的信息检索，也开始考虑万维网的特殊特性：万维网查询语句往往很短小，却要在大量数据上执行。17.2.3 节将介绍排序算法，以及如何利用万维网的链接结构获取更好的排序结果。

17.2.1　万维网爬取

　　前文提到，爬虫会为搜索引擎扫描万维网，提取被访问的网页的信息。由于万维网规模巨大，网页特征千变万化，爬虫的计算和存储能力有限，爬取整个网络是不可能的。爬虫只能先访问最重要的网页。因此，网页需要按照重要性进行排序。

　　设计一个爬虫要考虑诸多因素【Cho et al.，1998】。爬取的首要目标是获取最重要的网页，因此要找到判断网页重要性的办法。我们可以以一个尺度来衡量一个特定网页的重要性。这些标准可以是静态的，不考虑网页上可能的查询；也可以动态的考虑查询。静态的指标判断一个网页 P 的重要性，主要看指向 P（称为反向链接）的网页数量，有些还会考虑反向链接网页的重要性，比如流行的 PageRank 指标【Page et al.，1998】，Google 等其他搜索引擎就用到了这一方法。动态的指标在计算一个网页 P 的重要性时，可能会考虑网页的文本与查询的相似性，这可以通过一些常见的信息检索的相似性指标进行衡量。

　　下面简要介绍一下 PageRank 指标。一个网页 P_i 的 PageRank（表示为 $r(P_i)$）是 P_i 所有反向网页的（表示为 B_{P_i}）的标准化的和：

$$r(P_i) = \sum_{P_j \in B_{P_i}} \frac{r(P_j)}{|P_j|}$$

这一公式通过反向链接计算一个网页的排名,通过一个反向链接网页 P_j 与其他网页的链接个数,将 P_j 的贡献标准化。这一方法的原理在于:一个精心选择与哪些网页链接的网页,与一个不加选择进行链接的网页相比,来自前者的链接更重要。

在爬取一个网页之后,第二步,爬虫要选择下一个进行访问的网页。前文提到,在分析每个网页的同时,爬虫会维护一个队列,在这个队列中储存它所发现的网页的所有 URL。因此,就要对队列中的 URL 进行排序。有几种策略解决这一问题。一个是按照 URL 被发现的顺序访问,这一方法被称为**广度优先方法**(breadth-first approach)【Cho et al.,1998;Najork and Wiener,2001】。另一个选择是进行随机排序,爬虫从队列中尚未被访问的网页中随机选择一个 URL。还有一个办法是结合上文中提到的重要性因素进行排序,例如反向链接数量或 PageRank 值。

下面介绍 PageRank 在这部分的使用,这里需要对前文提到的 PageRank 公式稍微修改。首先建立一个随机访问模型:在登录一个页面 P 时,随机访问模型选择 P 的一个 URL 进行访问的(相等的)概率为 d,跳转到另一个随即页面的可能性为 $1-d$,PageRank 的公式修改为【Langville and Meyer,2006】:

$$r(P_i) = (1-d) + d \sum_{P_j \in B_{P_i}} \frac{r(P_j)}{|P_j|}$$

利用这个公式计算 URL 的顺序考虑了被访问页面的重要性。一些公式使用万维网中网页的总数将第一项标准化。

除了前面介绍的基本设计问题外,还要考虑一些其他的因素,从而保证爬虫的有效使用。下面进行简要介绍。

由于万维网网页不断变化,爬取是一个持续的过程,网页需要重新访问。我们不用每次都从头开始,而应当有选择的重新访问一些网页,更新获取的信息。这样的爬虫又称为**增量式爬虫**(incremental crawlers)。它们要保证网页库中的信息尽可能的新。增量式爬虫根据不同网页的更新频率,或对一小部分网页进行取样,从而确定对哪些网页重新访问。**基于更新频率的方法**(change frequency-based)估计网页的更新频率,从而确定对网页重新访问的频率【Cho and Garcia-Molina,2000】。我们可能会下意识地认为更新频率高的网页重新访问的频率也相对较高,而事实上却不尽然:从频繁更新的网页上获取的信息有可能很快被淘汰,这时就要减少对这一网页的回访频率。还可以设计一种自适应的增量式爬虫,前一个周期获取的信息会影响后一个周期的网页爬取【Edwards et al.,2001】。**基于样本的方法**(sampling-based approaches)关注网站整体而不是单个的网页。一个网站的小部分网页被抽样来估计整个网站的更新频率,爬虫会根据样本估计结果来决定对网站的访问频率。

一些搜索引擎擅长搜索特定领域的网页。他们针对目标主题对爬虫进行优化,这种爬虫称为聚焦式爬虫。**聚焦式爬虫**(focused crawlers)根据网页与目标主题的关系对网页进行排序,并从而判断下一个进行访问的网页。通过信息检索中广泛使用的分类技术对相关性估值。使用机器学习来判断给定网页的主题。这里并不对机器学习的技术展开讨论,但是确实有尝试将这项技术应用于网络爬取,例如朴素贝叶斯分类器【Mitchell,1997;Chakrabarti et al.,2002】,及其扩展【Passerini et al.,2001;Altingövde and Ulusoy,2004】,

强化学习技术【McCallum et al. ,1999；Kaelbling et al. ,1996】等。

为了应对更大规模的爬取,爬取过程中可以使用**并行爬虫**(parallel crawlers)。在设计并行爬虫时要尽量减少并行化的开销,例如两个爬虫并行爬取可能会下载同样一组网页,因此要避免此类重复劳动就要协调不同爬虫的工作。一个方法是使用**中央协调器**(central coordinator),动态的分配每个爬虫一组要下载的网页。另一个办法是对万维网进行合理分区,每个爬虫有自己的爬取区域,从而省去了中央协调器。这一方法称为**静态分配**(static assignment)【Cho and Garcia-Molina,2002】。

17.2.2 索引

为了有效地搜索爬取的网页和收集的信息,搜索引擎建立了一组索引,如图 17.4 所示。其中最重要的两个索引是结构(或链接)索引和文本(或内容)索引,这一节将进行详细介绍。

17.2.2.1 结构索引

结构索引的基础是 17.1 节中介绍的图模型,其中图代表着爬取的万维网部分网页的结构。这些网页的有效存储与检索十分重要,17.1 节中我们讨论了两个解决技术。结构索引可以获取万维网网页间链接的重要信息,例如一个网页的**相邻**(neighborhood)网页和兄弟网页信息。

17.2.2.2 文本索引

文本索引(text index)是最重要也是最常用的索引,支持文本检索的索引可以通过传统文档集检索的访问方法来实现。例如**后缀数组**(suffix arrays)【Manber and Myers,1990】,**倒排文件**(inverted files)或**倒排索引**(inverted indexes)【Hersh,2001】,以及**签名文件**(signature files)【Faloutsos and Christodoulakis,1984】。这里不对所有这些索引的处理展开讨论,只着重介绍最常用的文本索引类型,即倒排索引的使用。

一个倒排索引由一组倒排列表组成,每一个列表与一个词相关联。总的来说,一个给定词的倒排列表就是一组出现这个词的文档标识的列表【Lim et al. ,2003】。必要时,这个词在一个网页中出现的位置也可以被保存为倒排列表的一部分。此类信息经常在近似查询和查询结果排序中使用【Brin and Page,1998】。词在万维网网页中出现的附加信息也经常在搜索算法中使用,例如黑体(两边加上＜B＞标签),小节标题(两边加上＜H1＞或＜H2＞标签),或锚文本,它们在排序算法中占有不同的比重【Arasu et al. ,2001】。

除倒排列表外,许多文本索引还会使用一个**词典**(lexicon),词典列出所有出现在索引中的词。词典还会包括术语级的数据,也可以在排序算法中使用【Salton,1989】。

要建立并维护一个倒排索引,要解决如下三个主要问题【Arasu et al. ,2001】。

(1) 一般来讲,建立倒排索引,需要处理每个网页,读取每个词并储存每个词的位置。最终,将倒排文件写入磁盘。对于较小的静态的网页集比较好处理,但是要处理万维网中规模巨大的非静态的网页集则变得十分困难。

(2) 万维网的急剧变化带来了另一个挑战,即如何保证索引的及时更新。尽管在前一节中我们探讨过通过增量式爬虫来进行更新,但是也有人认为定期重建索引仍旧是必要的,因为相继的爬虫之间常常会出现大的改变,而此时增量技术的更新效果并不令人满意【Melnik et al. ,2001】。

(3) 倒排索引的存储格式需要精心设计。我们可以压缩索引将部分索引缓存在内存中,但是需要权衡查询时的解压开销。如何在这两者中平衡是处理万维网规模网页集的主要问题。

要解决以上问题,开发出高度可扩展的文本索引,可以在每台搜索引擎运行的机器上建立局部倒排索引(local inverted index),或者建立全局倒排索引(global inverted index)并分享,从而将索引进行分布式处理【Ribeiro-Neto and Barbosa,1998】。这一问题与前面章节中提到的分布式数据和目录的管理问题相似,这里不进行更多探讨。

17.2.3 排序与链接分析

一个典型的搜索引擎返回大量的相关网页来回答用户查询。然而,这些网页的质量与相关性不尽相同。用户无法浏览所有结果去查找高质量的网页,因此,显然要通过算法对这些网页进行排序,从而保证高质量的网页排在前面。

基于链接的算法(Link-based algorithms)可以用来对一组网页进行排序。正如前文所说,这一算法的原理是,如果网页 P_j 有链接指向网页 P_i,可以假设网页 P_j 的作者认为网页 P_i 的质量比较高。因此,如果一个网页有较多的链接指向自己,该网页的质量可能较高。因此,指向自己的链接数量可以用作排序标准。这是排序算法的基础。当然,不同的算法会通过不同的方式进行实现。我们之前讨论过 PageRank 算法。这里我们讨论另一个算法 HITS,看看如何用另一种方式解决这一问题【Kleinberg,1999】。

HITS 也是基于链接的算法。它的基础是识别"权威"和"枢纽"。高质量的权威网页的排名靠前。枢纽与权威彼此加强:高质量的权威网页必然被许多高质量的枢纽文件相连,而高质量的枢纽文档指向许多权威网页。因此,被许多枢纽指向的网页(即好的权威网页)往往质量较高。

首先来看一个万维网图,G=(V,E),其中 V 指一组网页,E 是网页间的链接集。V 中的每个网页 P_i 都有一对非负的权重(a_{P_i},h_{P_i}),分别代表 P_i 的权威和枢纽值。

权威和枢纽值的更新办法如下。如果网页 P_i 被许多高质量枢纽指向自己,则增加 a_{P_i} 的值来代表所有与 P_i 相连的网页 P_j(符号 $P_j \rightarrow P_i$ 表示 P_j 有一个链接指向 P_i):

$$a_{P_i} = \sum_{(P_j | P_j \rightarrow P_i)} h_{P_j}$$

$$h_{P_i} = \sum_{(P_j | P_j \rightarrow P_i)} a_{P_j}$$

因此,网页 P_i 的权威值(枢纽值)就是 P_i 的所有反向链接网页的枢纽值(权威值)。

17.2.4 关键词搜索的评价

基于关键词的搜索引擎是万维网上最普遍的信息检索工具。他们简单易用,并且可以指定模糊的查询,这些查询可能没有确切答案,只能找到近似于关键词的结果。然而,搜索引擎有着明显的局限性,简单的关键词查询局限了查询效果。首先,很明显,关键词查询无法表达复杂的查询意图。这一问题可以通过迭代查询(部分)解决,即同一用户之前的查询可以用作之后查询的语境。其次,关键词查询无法像数据库查询利用数据库模式信息那样,支持整个万维网信息的全局视图。当然,我们可以说数据模式对于万维网数据来说是没有意义的，但是缺乏对数据的全局视图确实是个问题。第三，仅仅通过简单的关键词查询无法获取用户的意图——错误的关键词选择可能会返回无关结果。

分类搜索解决了关键词查询的一个问题，即对万维网的全局视图。分类搜索又被称为万维网目录，编目，黄页，或主题目录。公共的万维网目录包括：dmoz（http://dmoz.org/），LookSmart（http://www.looksmart.com/）和 Yahoo（http://www.yahoo.com/。万维网目录是对人类知识的分等级的分类方法【Baeza-Yates and Ribeiro-Neto, 1999】。尽管这一分类方法的典型视图呈树状，它实际上是一个有向无环的图，因为一些类别之间有交叉引用。

如果一个类别被识别为目标，万维网目录会相当有用。然而，并非所有万维网网页都可以被分类，因此用户可以利用词典来搜索。同时，自然语言处理对于万维网网页的分类不是百分之百有效，我们需要依赖人力判断提交的网页，而这一方法不一定有效或可扩展。最后，由于一些网页实时更新，要一直更新目录会产生很高的开销。

有些研究者尝试利用多个搜索引擎来回答查询，从而提高召回率和准确率。例如，元搜索器这种网络服务器从用户取得一个查询，将查询发送给多个异构搜索引擎，之后收集答案，将统一的结果返回给用户。它可以按照不同的特性整理结果，比如主机、关键字、日期、流行度。这类搜索引擎包括 Copernic（http://www.copernic.com/），Dogpile（http://www.dogpile.com/），MetaCrawler（http://www.metacrawler.com/）以及 Mamma（http://www.mamma.com/）。不同的元搜索引擎按照不同的方式统一结果，将用户查询分别翻译成每个搜索引擎自己的查询语言。用户可以通过用户软件或万维网网页获得元搜索引擎服务。每个搜索引擎覆盖万维网的一小部分。元搜索引擎的目标是整合不同的搜索引擎从而实现对万维网网页覆盖的最大化。

17.3　万维网查询

说明性查询和查询的有效执行是数据库技术的核心。若能应用于万维网，数据库技术将是十分有用的。从这个意义上讲，对万维网的访问从某种程度上来说，类似于对大型数据库的访问。

将传统数据库查询概念应用于万维网数据有很多障碍，可能最大的困难在于数据库查询假设存在一个严格的数据模式。如前文提到的，对于万维网数据很难找到一个类似于数据库的模式[19]。最多可以说万维网数据是半结构化的：数据或许有一定的结构，但是这种结构不像数据库结构那样严格，整齐和完整，因此不同的数据或许相似但绝不相同（结构上有着不同的特征）。很明显，查询无数据模式的数据有一些固有的困难。

其次，万维网不仅仅包含半结构化的数据（和文档）。万维网数据实体（如网页）之间的链接也很重要，需要加以考虑。与前面章节中讨论的搜索相似，在执行万维网查询时，需要跟踪和利用链接。这就要求将链接作为一级对象。

第三，查询万维网数据没有一个像 SQL 那样的统一的语言。前文中提到，关键字搜索

---

[19]　这里我们只讨论公开网页。深网网页数据或许是结构化的，但是往往无法被用户访问。

使用的语言简单,但是无法应对复杂的万维网数据搜索,人们就一个统一语言的基本构造有些共识(例如路径表达式),但是却没有这样一个标准语言。然而,XML 标准语言已经产生了(XQuery),并且随着 XML 在万维网的普及,这一语言有可能成为主导语言,更加普及。在 17.4 节中我们将对 XML 数据及其管理进行探讨。

万维网查询有几种不同的方法,在这里进行介绍。

17.3.1　半结构化数据方法

查询万维网数据的一种办法是将其视作一组半结构数据。这样可以使用现有的模型和语言进行数据查询。半结构化的数据模型和语言最初并不是用于处理万维网数据,而是用来应对不断增长的数据集带来的需求,这些数据集不像相关的问题那样具有严格的数据模式。然而,由于这些特点同样适用于万维网数据,之后的研究尝试着将这些模型和语言应用于万维网数据。我们以特定的一个模型(OEM)和一种语言(Lorel)为例来说明这一方法。其他方法都很类似,例如 UnQL【Buneman et al.,1996】。

OEM(对象交换模型)是一种自描述的,半结构化的数据模型。自描述是指每个对象自己指定遵循的架构。

一个 OEM 对象定义为一个四元组<标签,类型,值,对象标识>,标签是一个字符串,描述对象代表的含义,类型指对象值的类型,值的含义不言而喻,对象标识是区分一个对象与其他对象的标识。对象的类型可以是原子的,这种情况下对象被称为**原子对象**(atomic object);也可以是复杂的,这时对象被称为**复杂对象**(complex object)。一个原子对象包含一个起始值,比如一个整数,一个实数,或者一个字符串。而一个复杂对象包含一组其他的对象,可以是原子的也可以是复杂的。一个复杂对象的值是一组对象标识。我们很容易发现 OEM 对象定义与 15 章中的对象模型之间的相似之处。

例 17.1　考虑一个书籍数据库,包含一些文档。这一数据库的 OEM 描述的快照如图 17.5 所示。每一行表示一个 OEM 对象,缩排用来简化对象结构的展示。例如,第二行<doc,complex,&o3,&o6,&o7,&o20,&o21,&o2>定义一个对象,其标签是 doc,类型是 complex,对象标识是 &o2,它的值由 5 个对象组成,对象标识分别为 &o3、&o6、&o7、&o20 和 &o21。

这个数据库包含三个文档(&o2、&o22、&o34);第一个和第三个是书,第二个是一篇文章。两本书之间(甚至与文章之间)有一些共性,也有差异。比如,第一本书(&o2)有价格信息,而第二本书(&o34)没有,第二本书有 ISBN 和发表信息,而第一本却没有。很明显,数据库结构是面向对象的:复杂的对象包含子对象(书包含章节),而且对象可以共享(例如 &o3 和 &o23 共享 &o4)。

前面提到,OEM 数据是自描述的,对象通过类型和标签来识别。很容易发现 OEM 数据可以以一个节点加了标签的图来表示,节点代表 OEM 对象,边对应子对象关系。一个节点的标签是和该节点对应的对象的对象标识。然而,文献里常常将数据建模成边上加了标签的图:如果对象 o_j 是对象 o_i 的子对象,o_j 的标签分配给连结 o_i 到 o_j 的边,而对象标识作为节点标签被省去。例 17.2 是一个节点和边都加了标签的表示,对象标识用作节点标签,

```
<bib, complex, {&o2, &o22, &o34}, &o1>
    <doc, complex, {&o3, &o6, &o7, &o20, &o22}, &o2>
        <authors, complex, {&o4, &o5}, &o3>
            <author, string, "M. Tamer Ozsu", &o4>
            <author, string, "Patrick Valduriez", &o5>
        <title, string, "Principles of Distributed ...", &o6>
        <chapters, complex, {&o8, &o11, &o14, &o17}, &o7>
            <chapter, complex, {&o9, &o10}, &o8>
                <heading, string, "...", &o9>
                <body, string, "...", &o10>
                ...
            <chapter, complex, {&o18, &o19}, &17>
                <heading, string, "...", &o18>
                <body, string, "...", &o19>
        <what, string, "Book", &o20>
        <price, float, 98.50, &o21>
    <doc, complex, {&o23, &o25, &o26, &o27, &o28}, &o22>
        <authors, complex, {&o24, &o4}, &o23>
            <author, string, "Yingying Tao", &o24>
        <title, string, "Mining data streams ...", &o25>
        <venue, string, "CIKM", &o26>
        <year, integer, 2009, &o27>
        <sections, complex, {&o29, &o30, &o31, &o32, &o33}, &28>
            <section, string, "...", &o29>
            ...
            <section, string, "...", &o33>
    <doc, complex, {&o16,&o17,&o7,&o18,&o19,&o20,&o21},&o34>
        <author, string, "Anthony Bonato", &o35>
        <title, string, "A Course on the Web Graph", &o36>
        <what, string, "Book", &o20>
        <ISBN, string, "TK5105.888.B667", &o37>
        <chapters, complex, {&o39, &o42, &o45}, &o38>
            <chapter, complex, {&o40, &o41}, &o39>
                <heading, string, "...", &o40>
                <body, string, "...", &o41>
            <chapter, complex, {&o43, &o44}, &o42>
                <heading, string, "...", &o43>
                <body, string, "...", &o44>
            <chapter, complex, {&o46, &o47}, &45>
                <heading, string, "...", &o46>
                <body, string, "...", &o47>
        <publisher, string, "AMS", &o48>
```

图 17.5　OEM 描述举例

边的标签则用了我们刚刚描述的方法。

　　例 17.2　图 17.6 是对例 17.1 OEM 数据库的节点和边加了标签的图示。按照惯例，每个叶节点也包含这个对象的值，为了表示方便，这里略去这些值。

　　半结构化的方法可以很好地对可以表示成图结构的万维网数据进行建模。另外，它考虑到数据结构可能不像传统数据库数据那样稳定，规律和完整。用户在查询数据时不需要考虑完整结构，因此表达一个查询不需要完全了解数据结构。对每个数据源的数据图表示通过第九章提到的封装器实现。

　　下面我们来讨论半结构化数据的查询语言。这里我们集中探讨其中的一种，即 Lorel 【Papakonstantinou et al. ,1995；Abiteboul et al. ,1997】，但是其他语言的基本方法是相似的。

　　Lorel 经过了多次改进，最终版本【Abiteboul et al. ,1997】被定义为 OQL 的扩展。第

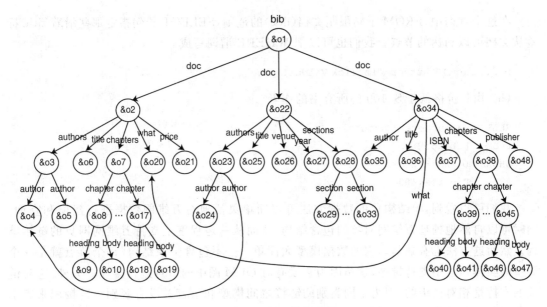

图 17.6　例 17.1 OEM 数据库的 OEM 图

15 章中我们探讨过 OQL。Lorel 保留了常见的 SELECT-FROM-WHERE 结构,但是 SELECT、FROM 和 WHERE 子句可以包含路径表达式。

　　因此,Lorel 查询的基本结构是一个路径表达式。在 15.6.2.2 节中,我们探讨过对象数据库结构中出现的路径表达式,但是这里我们针对 Lore 重新定义。简单来讲,在 Lore 中的路径表达式是一系列的标签,以一个对象名称或表示对象的变量开始。比如,bib. doc. title 是一个路径表达式,它的含义是从 bib 开始,沿着标签为 doc 的边,然后是标签为 title 的边。要注意,在图 17.6 中,有三条路径满足这个表达式:(i) &o1. doc:&o2. title:&o6,(ii) &o1. doc:&o22. title:&o25,以及(iii) &o1. doc:&o34. title:&o36。每一个被称为一个数据路径。在 Lorel 中,路径表达式比一般的表达式更复杂,跟随对象名称或变量的不仅仅是一个标签,而是更一般的表达式,可以由合取连结,析取连结(|),迭代符(? 表示出现 0 次或 1 次;＋表示出现 1 次或多次; ＊表示出现 0 次或多次)和通配符(♯)组成。

　　例 17.3　以下为 Lorel 中有效的路径表达式:

　　(1) bib. doc(. authors)?. author:从 bib 开始,沿 doc 边和 author 边,后两者间有一条 authors 边的任选项。

　　(2) bib. doc. ♯. author:从 bib 开始,沿 doc 边,然后是任意一条未指明标签的边(以通配符 ♯ 表示),之后是 author 边。

　　(3) bib. doc. %price:从 bib 开始,沿 doc 边,之后是一条标签以"price"字符串结尾的边,"price"前有一些其他字符。

　　例 17.4　下面几个 Lorel 查询示例使用了例 17.3 中的一些路径表达式:

　　(a) 找到 Patrick Valduriez 所写的所有文档的标题。

```
SELECT D.title
FROM   bib.doc D
WHERE  bib.doc(.authors)?.author="Patrick Valduriez"
```

在这个查询中，FROM 子句限制文档（doc）的范围，SELECT 子句指定那些沿着 title 标签从文档可以到达的节点。我们也可以把 WHERE 谓词写成

```
D(.authors)?.author="Patrick Valduriez".
```

（b）找到价格低于 $ 100 的所有书的作者。

```
SELECT D(.authors)?.author
FROM   bib.doc D
WHERE  D.what="Books"
AND    D.price<100
```

我们可以看到，半结构化的数据方法可以简单灵活地对万维网数据进行建模和查询。同时可以自然地处理万维网对象的包含结构，从而从一定程度上支持万维网网页的链接结构。然而这方法也有缺陷。它的数据模型太简单——不包含记录结构（每个节点就是一个简单的实体），也不支持排序，这是因为它没有对 OEM 图中的节点进行排序。另外，它对链接的支持是相对初级的，因为不同类别的链接之间模型和语言并没有区别。链接用来表示对象间的子部件关系，或节点对应不同实体间的联系，这些无法分别建模，也很难查询。

最后，图结构可能会很复杂，从而使查询变得很困难。尽管 Lorel 引入了一些因素（如通配符）对查询进行简化，上文中的例子显示用户仍然需要了解半结构化数据的总体结构。大规模数据库的 OEM 图可能会变得很复杂，用户很难形成路径表达式。因此就要对图加以总结，从而找到较小的模式性的描述来辅助查询。为此，有人提出了 DataGuide 结构【Goldman and Widom，1997】。在 DataGuide 图中，每个对应 OEM 图中的路径都只出现一次。DataGuide 是动态的，每当 OEM 图发生变化，对应的 DataGuide 也会被更新。因此，它可以对半结构化的数据库提供更准确的结构化总结，可以被看作一种轻量级模式，用于浏览数据库结构，组织查询，存储统计信息，进行查询优化。

例 17.5 图 17.7 为例 17.2 中 OEM 图的对应 DataGuide 表示。

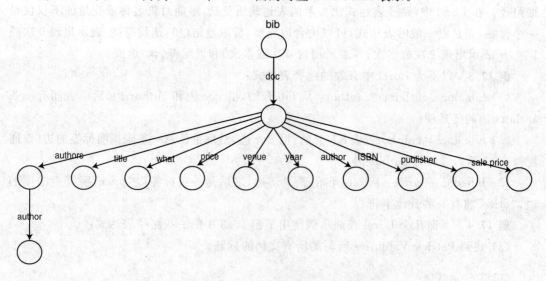

图 17.7　例 17.2 中 OEM 图的对应 DataGuide 表示

17.3.2　万维网查询语言方法

此类方法用于直接表示万维网数据特征,特别集中在如何正确处理**链接**(links)上。这类方法从克服关键词搜索的缺点出发,恰当提取文档内容结构(类似于半结构化的数据方法)和外部链接。它们将基于内容的查询(如关键词表达式)和基于结构的查询(如路径表达式)结合起来。

万维网数据处理的语言有几种,分为第一代和第二代【Florescu et al.,1998】。第一代语言将万维网建模成相互连结的**原子**(atomic)对象集。它们可以表达搜索万维网对象间链接结构及文本内容的查询,但是对于需要用到万维网对象间文档结构的查询则不能表达。第二代语言将万维网建模成相连的**结构化**(structured)对象集,这样它们就可以像半结构化语言那样表达使用文档结构的查询。第一代方法包括 WebSQL【Mendelzon et al.,1997】、W3QL【Konopnicki and Shmueli,1995】和 WebLog【Lakshmanan et al.,1996】。第二代包括 WebOQL【Arocena and Mendelzon,1998】和 StruQL【Fernandez et al.,1997】。我们以第一代的 WebSQL 和第二代的 WebOQL 为例介绍主要构想。

WebSQL 是最早将搜索与浏览结合的查询语言之一,它直接处理由万维网文档(一般为 HTML 格式)获取的万维网数据,这些数据可能包含一些内容,以及指向其他网页或对象(例如 PDF 文件或图片)的链接。它将链接当做一级对象,并且识别一些不同类型的链接,接下来我们会简要介绍。和前文一样,这一结构可以用图结构表示,不过 WebSQL 主要表示下面两种**虚拟**(virtual)关系的对象信息:

```
DOCUMENT(URL,TITLE,TEXT,TYPE,LENGTH,MODIF)
ANCHOR(BASE,HREF,LABEL)
```

DOCUMENT 关系是关于每个万维网文档的信息。URL 识别万维网对象,是文档关系的主码。TITLE 指万维网网页的标题,TEXT 是网页的文本内容,TYPE 是万维网对象的类型(HTML 文档,图片,等),LENGTH 不言而喻,MODIF 指对象最终修改日期。除了 URL 外,其他的属性允许空值。ANCHOR 关系是关于链接的信息。BASE 是包含这一链接的 HTML 文档的 URL,HREF 是被参照文档的 URL,LABEL 是之前定义的链接的标签。

WebSQL 定义的查询语言由 SQL 和路径表达式组成,这里的路径表达式比在 Lorel 中更有效,具体来讲,它们可识别的链接类型包括:

(a) 在同一个文档中存在的**内在链接**(interior link)($\sharp >$)。

(b) 在同一个服务器上的文档间的**本地链接**(local link)(->)。

(c) 与另一个服务器上的某个文档间的**全局链接**(global link)($=>$)。

(d) **空路径**(null path)($=$)。

这些链接类型是路径表达式的基础,WebSQL 使用这些类型和正则表达式的常用构造函数来指定不同的路径,如例 17.6 所示。

例 17.6　WebSQL 路径表达式举例【Mendelzon et al.,1997】

(a) -> | =>:本地或全局长度为 1 的路径。

(b) -> *:任何长度的本地路径。

(c) =>-> *:其他服务器上的任何长度的本地路径。

(d) (-> |=>)＊：万维网可到达的部分。

除了查询中可以出现的路径表达式，WebSQL 允许用以下方式在 FROM 子句中进行限制：

```
FROM Relation SUCH THAT domain-condition
```

其中 domain-condition 可以是一个路径表达式，也可以通过 MENTIONS 语句指定一个文本搜索，也可以说明(在 SELECT 子句中的)一个属性和一个万维网对象的相等。当然，对于每个关系说明，都应有一个作用在该关系范围上的变量——这就是标准的 SQL。下面的查询举例(选取自【Mendelzon et al.，1997】，略有改动)可以说明 WebSQL 的特点。

例 17.7 WebSQL 举例：

(a) 例 1，只简单搜索所有关于 hypertext 的文档，以及使用 MENTIONS 来规定查询范围。

```
SELECT D.URL,D.TITLE
FROM    DOCUMENT D
        SUCH THAT D MENTIONS "hypertext"
WHERE   D.TYPE="text/html"
```

(b) 例 2，两个 scoping 方法和一个链接查询。这一查询是从关于"Java"的文档中查找所有指向 aplets 的链接。

```
SELECT A.LABEL,A.HREF
FROM    DOCUMENT D
        SUCH THAT D MENTIONS "Java",
        ANCHOR A
        SUCH THAT BASE=X
WHERE   A.LABEL="applet"
```

(c) 例 3 体现了不同链接类型的使用。这一查询用来搜索所有标题中含有 database 字符串的文档，对这些文档的要求是：通过长度为 2 或更短的只包含本地链接的路径，从 ACM Digital Library 主页可以到达。

```
SELECT D.URL,D.TITLE
FROM    DOCUMENT D
        SUCH THAT "http://www.acm.org/dl"=|->|->->D
WHERE   D.TITLE CONTAINS "database"
```

(d) 例 4 在一个查询中将内容和结构定义相结合。它要查找所有提到 Computer Science 的文档，以及通过长度小于等于 2，只包含本地链接的路径和这些文档相链接的其他文档。

```
SELECT D1.URL,D1.TITLE,D2.URL,D2.TITLE
FROM    DOCUMENT D1
        SUCH THAT D1 MENTIONS "Computer Science",
        DOCUMENT D2
        SUCH THAT D1=|->|->->D2
```

细心的读者会发现，WebSQL 只能基于万维网文档的链接和文本内容查询万维网数据，却无法根据文档结构查询文档，这是因为它的数据模型将万维网看做一个原子对象集。

前文提到,第二代语言,例如 WebOQL,为了解决这一问题,将万维网建模成一个结构化对象的图,从而将半结构化数据方法和第一代万维网查询模型的特点结合起来。

WebOQL 的主要数据结构是一棵**超树**(hypertree),即一个有序的边上带有标签的树。它包含两种边:内边和外边。一条**内边**(internal edge)代表一个万维网文档的内部结构,一条**外边**(external edge)代表对象间的一个参照(例如超链接)。每条边都被标上一个包含一些属性(字段)的记录。一条外边的记录中一定有一个 URL 属性,并且不能有子节点(即这些边是超树的叶节点)。

例 17.8　我们再来看例 17.1。假设不对参考书目中的文档建模,而是对万维网上关于数据管理的一组文档建模。图 17.8 是一棵可能的超树(部分)。为了更好地解释一些查询,我们作一些改动:为每个文档加上了摘要。

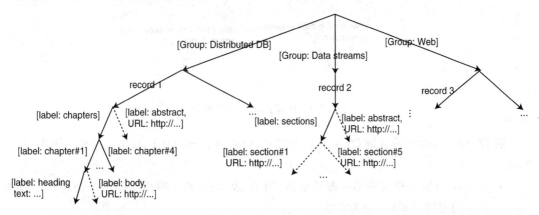

record 1:
[authors: M. Tamer Ozsu, Patrick Valduriez,
title: Principles of Distributed ...,
what: Book,
price: 98.50]

record 2:
[authors: Lingling Yan, M. Tamer Ozsu,
title: Mining data streams...,
venue: CIKM,
year: 2009]

record 3:
[author: Anthony Bonato,
title: A Course on the Web Graph,
what: Book,
ISBN: TK5105.888.B667
publisher: AMS]

图 17.8　超树举例

图 17.8 中,文档首先按照一些主题被分组,如图中从根节点向下的边上的记录所示。图中,内部链接为实边,外部链接为虚边。在 OEM 中(图 17.6),边同时表示属性(如 author)和文档结构(如 chapter)。在 WebOQL 模型中,这些属性由每条边对应的记录表示,而(内)边代表文档结构。

WebOQL 利用这一模型定义一系列超树上的如下操作。

* Prime:返回参数值的第一棵子树(用'表示)。
* Peek:从文档的第一条外向边的标签记录中抽取一个字段,这是之前多次用到的简单的“点标记法”。比如,假设 Groups=Distributed DB 边到达一个子树,x 指向这个子树,x.authors 将取得 M. Tamer Ozsu,Patrick Valduriez。
* Hang:使用由参数形成的记录(用[]表示)构建一棵在边上加标签的树。

例 17.9　假设一个查询(设为 Q1)取到的结果为图 17.9(a)中的树。根据表达式[“Label:“Papers by Ozsu”/Q1]可以得到图 17.9(b)中的树。

* Concatenate:将两棵树结合(用＋表示)为一棵树。

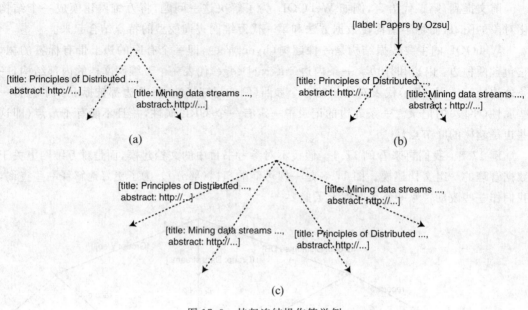

图 17.9　挂起连结操作符举例

例 17.10　再次假设查询 Q1 的结果为图 17.9(a) 中的树,Q1＋Q2 的结果树如图 17.9(c) 所示。

- Head：返回一棵树的第一棵简单树(用 & 表示)。树 t 的简单树由一条边和一棵源自 t 的根的子树(可能为空的)组成。
- Tail：返回一棵树的除了第一棵简单树之外的所有树(以!表示)。

除此之外,WebOQL 引入了一个字符串模式匹配操作(以～表示),它的左边的参数为一个字符串,右边的参数为一个字符串模式。由于这种语言只支持字符串数据类型,这一操作非常重要。

WebOQL 是一种函数型性语言,这些操作可以组合成复杂查询。另外,它还允许将这些操作嵌入到常用的 SQL(或 OQL)形式的查询之中,如下面例子所示。

例 17.11　假设 dbDocuments 表示图 17.8 数据库中的文档。下面的查询要找到作者为 Ozsu 的所有文档的标题和摘要,查询结果如图 17.9(a) 所示。

```
SELECT [y.title,y'.URL]
FROM    x IN dbDocuments,y IN x'
WHERE  y.authors~"Ozsu"
```

这一查询的语义如下。变量 x 的范围是 dbDocuments 的简单树。给定一个 x 值,y 遍历 x 的简单子树的简单树,并查看边的记录。如果(使用字符串匹配操作符～)发现作者为 Ozsu,则构建一个树,标签为 y 指向记录的 title 属性和子树的 URL 属性值。

在这节中讨论的万维网查询语言比半结构方法采用的数据模型功能更强。这一模型可以表达文档结构和万维网文档间的链接关系,它的语言就可以利用不同边的语义。另外,从 WebOQL 例中可以看出,这样语言的查询还可以建立新的结构。然而,形成这些查询仍然需要一些图结构的知识。

17.3.3　问答系统

在这一节,我们将介绍一种(从数据库角度看)有趣而不寻常的万维网数据查询方法:问答系统(QA)。这一系统接受自然语言形式的问题并对提出的查询进行分析,之后进行搜索并给出答案。

问答系统建立在 IR 系统的框架之上,它的目标是在定义明确的文档语料库中搜索查询的答案。它们也经常称为**闭域系统**(closed domain systems)。它们从两个根本的方面扩展了关键词搜索查询的能力。首先,允许用户使用自然语言描述难以用简单关键词表达的复杂查询。在万维网查询的环境下,用户不需要了解数据结构也可以进行查询。之后利用复杂的自然语言处理(NLP)技术分析这些查询的意图。其次,对文档语料库检索,并返回明确的答案,而不是返回与查询相关的文档链接。当然它们并不像传统的 DBMSs 那样返回准确的答案,但是它们返回的是一个回答查询的(排序的)显式列表,而不是一万维网网页。例如,在搜索引擎上进行关键词搜索"美国总统",返回的(部分)答案如图 17.10 所示。这一页面(和其他的页面)包括一些网页的 URLs 和简要介绍(称为片段),用户可以在这些网页中找到答案。另外,用自然语言组织的一个相似的查询"谁是美国总统"可能会返回一列排序的总统名字(不同系统的答案的具体形式也不相同)。

问答系统的使用已经扩展到了万维网上。在这些系统中,万维网被当做语料库(因此它们又称为开域系统)。为系统所开发的包装程序用来访问万维网数据源,从而获得问题的答案。不同的问答系统的目标和功能不尽相同,例如 Mulder【Kwok et al.,2001】、WebQA【Lam and Özsu,2002】、Start【Katz and Lin,2002】和 Tritus【Agichtein et al.,2004】。此外,还有一些具备不同能力的商业系统(例如 Wolfram Alpha http://www.wolframalpha.com/)。

我们通过图 17.11 中的参考架构来描述这些系统的主要功能。预处理模块(并非所有系统都使用这一模块)在线下提取和加强系统中用到的规则。很多情况下,通过分析从万维网中提取的文档和过去的查询中返回的结果可以获得最有效的查询结构,从而决定将用户的问题转化为哪种查询结构最合理。这些转化规则被储存起来,在运行时用来回答用户的提问。例如,Tritus 使用一种基于学习的方法,将一批常见问题及其正确答案作为训练数据集。之后分三步,通过分析问题推测答案结构,从集合中寻找答案。第一步,分析问题提取**疑问短语**(question phrase)(例如在问题"什么是硬盘"中,"什么是"是疑问短语)。这一步用于对问题进行分类。第二步,分析训练数据中的问题——答案对,生成每个疑问短语的候选转换(例如,对于疑问短语"什么是",会生成"指","意味着",等等)。第三步,将每个**候选转换**(candidate transform)用在训练数据集的问题上,生成的转换后的查询发送到不同的搜索引擎上。对训练数据集中真实答案与返回答案之间的相似性进行计算,根据相似性的大小对候选转换进行排序。排序后的转换规则被储存起来,在以后对问题进行实时回答时使用。

用户提出的自然语言问题首先经过问题分析过程,目的是理解用户提出的问题。大部分的系统通过推测答案的类型对问题进行分类,通常用于将问题翻译为查询,或者进行答案抽取。预处理完成后,生成的转换规则用于辅助之后的处理。不同系统的主要目标相同,但它们使用的方法大有不同,主要取决于使用的 NLP 技术的复杂程度(这一阶段的处理主要取决于 NLP)。例如 Mulder 的问题分析包含三步:问题解析,问题分类,生成查询。查询解析生成解析树,可以用来生成查询或抽取答案。顾名思义,问题分类将问题分成三类:名

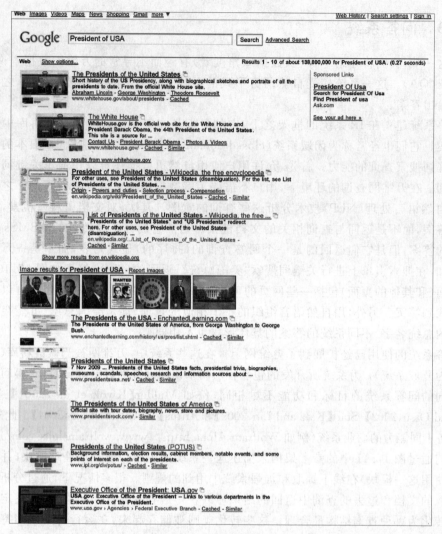

图 17.10 关键词查询举例

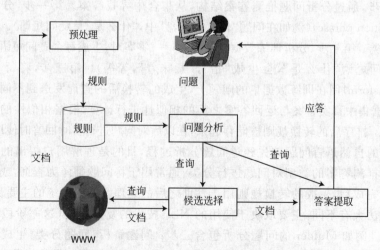

图 17.11 QA 系统的总体架构

词归为**名词型**(nominal),数字归为**数值型**(numerical),日期归为**时态型**(temporal)。大部分问答系统都进行这种分类,因为这样可以简化答案抽取。最后,在查询生成阶段,使用之前生成的解析树构建一个或多个查询并执行,从而获得问题的答案。在这一阶段 Mulder 使用 4 种不同的方法。

- 动词转换:助动词和主动词替换为变位动词(例如,"尼克松何时访问中国的?"转换为"尼克松访问中国")。
- 查询扩展:疑问短语中的形容词转换为相应的属性名词(例如,"珠穆朗玛峰有多高?"转换为"珠穆朗玛峰的高度是")。
- 生成名词短语:将一些名词短语组合在一起提供给搜索引擎进行下一步操作。
- 结构转换:将问题的结构转换成预测答案类型的结构("谁是第一个进入太空的美国人"转换成"进入太空的第一个美国人是")。

很多系统使用复杂的 NLP 方法进行问题分析,Mulder 是其中一例。与之不同的是,WebQA 系统使用轻量级方法进行问题解析。它将用户问题转化为 WebQAL,即其内部语言。WebQAL 的结构为:

```
Category [-output Output-Option] -Keywords Keysword-List
```

用户的问题被归为七类中的一种 (Name, Place, Time, Quantity, Abbreviation, Weather, and Other)。删除停止词并将动词转化为名词后,它生成一个关键词列表,最后,进一步提炼种类信息,判定 "output option",这个 output option 对于每个种类都是特定的。例如,对于问题"Which country has the most population in the world?"(世界上哪个国家人口最多?"),WebQA 生成的 WebQAL 表达为

```
Place -output country -keywords most population world
```

在分析问题并生成一个或多个查询之后,下一步就要生成候选答案。在问题分析阶段生成的查询在这一步用来对相关文档进行关键词搜索。许多系统在这一步简单地使用通用搜索引擎,另外一些还会考虑万维网上可用的额外数据源。例如,CIA 的 World Factbook (https://www.cia.gov/library/publications/the-world-factbook/) 是一个常用且可靠的有关国家的真实数据源。相应地,有一些数据源可以提供可靠的气候信息,比如 Weather Network (http://www.theweathernetwork.com/) 和 Weather Underground (http://www.wunderground.com/)。某些情况下,这些额外的数据源可以提供更好的答案。不同的系统对这些数据源的利用程度也不同(例如,WebQA 除了利用搜索引擎之外还会大量使用这些数据源)。由于不同的数据源(和不同的搜索引擎)适合回答不同的问题,这一步骤很重要的一点是要选择合适的搜索引擎/数据源进行参考,来回答给定的查询。一种简单的替代方案是将查询提交给所有的搜索引擎和数据源,然而这种方法并不可取,因为在万维网上执行这个操作的成本很高。通常,分类信息用来辅助选择合适的数据源,针对不同的分类,我们对合适的数据源和搜索引擎进行了排序。对于每一个搜索引擎和数据源,需要包装程序来将查询转换成数据源或搜索引擎的查询格式;并将返回的结果文档转换成统一的格式,以供进一步的分析。

回答查询时,搜索引擎返回简短片段以及文档链接,其他数据源返回的结果有多种格式。返回的结果被规范成我们所说的记录。从这些记录中需要抽取直接答案,这也正是答

案抽取阶段的功能。可以使用多种文本处理技术来将关键词匹配到(可能是部分)返回的记录中。随后,通过各种信息检索技术(例如词频,倒排文档频率等)将这些结果进行排序。在这一过程中将使用问题分析阶段生成的分类信息。不同的系统对正确答案的定义不同。一些系统返回排序的直接答案列表(例如,对于问题"谁发明了电话",它们返回"亚历山大·格雷厄姆·贝尔",或"格雷厄姆·贝尔",或"贝尔",或者将所有这些答案排序后返回[20])。其他的系统将记录中包含查询关键词的部分纪录(如文档中相关部分的总结)排序并返回。

问答系统与之前探讨的其他万维网查询方法非常不同。它们返回的答案更加灵活,随用户的查询而变,即使用户对于万维网数据结构一无所知。另一方面,它们也受到自然语言自身特点和自然语言处理难度的限制。

17.3.4　隐藏万维网搜索与查询

目前,大多数通用搜索引擎只在 PIW 上搜索,而大量有价值的数据作为关系数据,嵌入文档或其他形式被储存在隐藏数据库中。目前万维网搜索的趋势是同时对隐藏万维网和 PIW 进行搜索。主要原因有两个。第一个是规模:以生成的 HTML 网页来考虑,隐藏万维网的规模比 PIW 要大得多,因此,如果可以对隐藏万维网进行搜索,为用户查询找到答案的可能性会大大增加。第二是数据质量:储存在隐藏万维网中的数据质量通常比公共万维网页面中找到的数据质量要高得多,因为前者是经过精心维护的。获得这些数据可以使答案的质量得到提升。

然而,隐藏万维网搜索面临很多挑战,主要包括:

(1)常用的爬虫工具无法使用,因为隐藏万维网中没有 HTML 或超链接以供爬取。

(2)通常隐藏万维网中的数据只能通过搜索界面或特殊的界面获得,用户要有这些界面的使用权。

(3)至少在大多数情况下,数据库的底层结构是未知的。数据提供者往往不愿提供关于数据的任何信息,尽管这些信息可以帮助搜索(也许是由于收集并维护这些信息的成本太高)。用户必须通过数据源提供的界面来获取数据。

以下我们将讨论致力于解决这些问题的一些研究。

17.3.4.1　隐藏万维网爬取

对隐藏万维网进行搜索的一个方法是像对 PIW 一样进行爬取。之前提到,处理隐藏万维网数据库只能通过它们的搜索界面。一个隐藏万维网爬虫必须具备两个功能:(a)将查询提交给数据库的搜索界面;(b)分析返回的结果页面,从中抽取相关的信息。

搜索界面的查询

一个方法是分析数据库的搜索界面,为其建立一个内部表示【Raghavan and Garcia-Molina,2001】。内部表示指定界面中使用的字段,字段类型(如文本框,列表,复选框,等等),字段的值域(如列表的特定值,或者是文本框里的自由文本串),以及这些字段相关的标签。抽取这些标签需要对网页的 HTML 结构进行穷尽的分析。

下一步,将这一表示与系统任务对应的数据库匹配。匹配建立在字段标签的基础上,一

---

[20]　电话的发明者这一问题充满争议。在这个例子中我们取贝尔,因为他是第一个取得电话专利的人。

个标签匹配后,将该字段赋予所有可用的值。这一过程不断重复,直到为搜索表格中的所有字段填充了所有可用的值。之后将包含每个值的组合的表格提交,获得结果。

另一种方法是使用代理技术【Lage et al.,2002】。这种方法需要开发隐藏万维网的代理,代理与搜索表格交互,对结果页面进行检索。它包括三个步骤:(a)发现表格;(b)学习并填充表格;(c)识别并获取目标(结果)页面。

第一步从 URL 开始(起点)遍历链接,并使用一些算法识别出包含表格的 HTML 网页,排除那些包含密码字段的网页(例如登录、注册或购买网页)。表格填充的任务要依赖于标签识别并将它们与表格字段相关联。要实现这一任务,可以使用一些算法找到与字段相关的标签的位置(在左或在上)。有了识别的标签,代理可以判断表格所属的应用领域,依照标签将这个域的值填充到字段中(这些值存储在代理的资料库中)。

结果页面分析

表格提交后,返回的页面需要分析,例如判断它是否是一个数据页面或者检索页面。要实现这一步,可以将页面中的值与代理库中的值相匹配【Lage et al.,2002】。找到的数据页面以及它链接的所有页面会进行遍历(特别是包含较多结果的页面),直到所有属于同一域的页面都被找到为止。

然而,返回的页面往往含有许多与真实答案无关的数据,因为大多的结果页面都符合某种模板,其中有相当一部分的文字只是用作展示功能。识别万维网网页模板的一个办法是分析一个文档的文本内容和相邻的标签结构,从而抽取查询相关的数据【Hedley et al.,2004b】。一个万维网网页被表示为一系列的文本段,一个文本段是一个封装在两个标签中的标签。探测模板的机制如下:

(1) 根据文本内容和相邻标签段分析文档的文本段。

(2) 通过检查最初的两个样本文档识别最初的模板。

(3) 如果两个文档中都发现了匹配的文本段及其相邻标签段,则生成模板。

(4) 之后检索到的文档与生成的模板进行对比。模板中没有找到的文本段从所有的文档中抽取出来进行进一步的处理。

(5) 如果从现有的模板中找不到匹配的结果,则抽取文档内容以备之后生成模板。

17.3.4.2　元检索

元检索是另一个查询隐藏万维网的办法。给定一个用户的查询,元检索执行以下的任务【Ipeirotis and Gravano,2002】。

(1) 选择数据库:选择与用户查询最相关的数据库。这就要求收集每个数据库的信息。这种信息称为**内容概要**(content summary),是一种统计信息,通常包括数据库中出现的词的**文档频率**(document frequencies)。

(2) 翻译查询:将查询翻译成适合每个数据库的形式(例如,可以填充数据库查询界面中的一些字段)。

(3) 合并结果:从多个数据库中收集结果进行合并(并很有可能进行排序),然后返回给用户。

下面,我们详细的介绍元检索的重要环节。

内容概要抽取

元级检索的第一步是计算内容概要。大多数情况下,数据提供者并不愿提供此类信息,因此,元搜索器需要自己抽取。

一种可能的方法是从给定的数据库 D 中抽取一个样本文档集,并计算样本中每个观察到的词 w 的频率,SampleDF(w)【Callan et al.,1999;Callan and Connell,2001】。步骤如下:

(1) 从一个空的内容概要开始,对于每个词 w,SampleDF(w)=0,同时还有一个通用的(即不针对 D 的)较为全面的词典。

(2) 选取一个词作为查询发送给数据集 D。

(3) 从返回的文档中检索 top-k 的文档。

(4) 如果检索的文档个数超过了预定的某个阈值则停止。否则,返回第二步继续进行取样。

根据第二步的执行方法不同,该算法可以分为两个版本。第一个版本从词典中随机选取一个词,第二个版本从取样中发现的词里选择下一个查询。第一个办法的效果更好,但成本也更高【Callan and Connell,2001】。

一个替代办法是使用聚焦探测技术,将数据库进行层次式的分类【Ipeirotis and Gravano,2002】。这样可以将一组训练文档预先划分为几类,然后从中抽取不同的词,作为数据库的查询探测器。单词探测器可以用来判断这些词的真实文档频率,对于多词探测中出现的其他词,只能计算样本文档频率。这些是用来估计这些词的真实文档频率。

还有一个办法是从搜索界面上随机选择一个词,假设这个词很有可能与数据库的内容相关【Hedley et al.,2004a】。从数据库中查询这个词,检索 top-k 个文档。之后从检索到的文档中抽取词,然后随机选择下一个查询词。不断循环这一过程直到检索到预定数目的文档。之后根据检索到的文档进行统计。

数据库分类

帮助进行数据库选择的一个理想办法是将数据库划分为不同的类别(例如像雅虎目录那样的划分)。分类办法可以针对用户查询进行数据库定位,保证返回的大部分结果与查询相关。

如果使用集中探测技术来生成内容概要,可以用同样的算法针对某些类别的查询对每个数据库进行探测,计算匹配的个数【Ipeirotis and Gravano,2002】。如果匹配个数超过一个阈值,则这个数据库属于这个分类。

数据库选择

在元搜索过程中,数据库选择十分重要,因为它对于多数据库上查询处理的效率和效果有很大的影响。数据库选择算法基于数据库内容信息选择最合适的一组数据库,正是在这组数据库上要执行给定的查询。这一信息经常包括包含每个词的不同文档的数量(称为文档频率),以及其他相关的简单统计,比如数据库中储存的文档数量。有了这些概要信息,数据库选择算法估计一个数据库与给定查询的相关性(例如,用每个数据库针对查询可能产生的匹配数量来度量)。

GlOSS【Gravano et al.,1999】是一种简单的数据库选择算法,它假设查询词独立地分布在数据库文档中,以此估计与查询相匹配的文档数量。GlOSS 是大量数据库选择算法中的一例,这类算法依赖于内容概要。另外,这些算法都要求内容概要的准确和及时更新。

前面提到的聚焦探测算法【Ipeirotis and Gravano,2002】利用数据库分类和内容概要进行数据库选择。这一算法分为两步执行:(1)将数据库的内容概要传递给层次式分类方案的类别;(2)使用分类和数据库的内容概要进行层次式的数据库选择,逐步聚焦到主题层次中最相关的部分。这一办法可以获得与用户查询最相关的答案,因为它们来自与查询本身同一类的数据库。

相关数据库选定之后,对每个数据库进行查询,并将返回的结果合并,再返回给用户。

17.4　分布式 XML 处理

我们主要用 HTML(即超文本标记语言)对万维网文档进行编码。一个以 HTML 编码的万维网文档包含 **HTML 元素**(HTML element,例如段落 paragraph,标头 heading),这些要素用**标签**(tag)括起来(例如<p> paragraph</p>)。XML(即扩展标记语言)【Bray et al.,2009】已经逐渐成为常用的编码语言。人们认为 XML 语法简单、灵活,人工和机器可读,并将其作为万维网数据的标准的表示语言。针对具体的应用领域,人们定义了数百种 XML 模式(例如 XHTML【XHTML,2002】、DocBook【Walsh,2006】和 MPEG-7【Martínez,2004】)将特定应用领域的数据编码为 XML 格式。在 XML 格式文档集上实现数据库的功能极大地提高对这些数据的操纵能力。

除了作为数据表示语言,XML 在网页应用(例如万维网服务)间的数据交换中也起着重要的作用,万维网服务是基于万维网的自主应用,它们使用 XML 作为互相交流的**通用语言**(lingua franca)。万维网服务提供商用万维网服务描述语言(WSDL)来描述服务【Christensen et al.,2001】,用通用描述、发现和集成(UDDI)协议来注册服务【OASIS UDDI,2002】,用简单对象访问协议(SOAP)与服务请求者交换数据【Gudgin et al.,2007】(图 17.12 为典型的工作流)。这些技术(WSDL、UDDI 和 SOAP)都使用 XML 进行数据编码。在这种情况下使用数据库技术可以带来诸多好处。例如,可以把 XML 数据库安装在 UDDI 服务器上储存所有注册服务的描述。通过高级的说明性 XML 查询语言,例如 XPath【Berglund et al.,2007】或 XQuery【Boag et al.,2007】(我们稍后还会介绍)就可以用于匹配那些由服务发现请求所描述的特定模式。

XML 同时用来对万维网之外的半结构或无结构数据进行编码(或注释)。很久之前人们就开始研究在文本社区用语义标签注释半结构化数据来协助查询(例如 OED 工程【Gonnet and Tompa,1987】)。在这种情况下,首要目标不是与别人共享数据(尽管这一点可以实现),而是利用为 XML 开发的说明性查询语言的优势来查询那些通过注释可以发现的结构。如前文所述,XML 经常用于不同的系统之间进行数据交换。所以应用程序往往从多个独立管理的 XML 数据集中获得数据。这就导致了大量的分布式 XML 处理都集中于 XML 在数据集成领域里的使用研究。这个背景下的主要研究问题与第 4 章和第 9 章中讨论过的问题相类似。

随着 XML 数据量以及处理这些数据的工作负荷的不断增长,如何对这些数据集进行有效管理就变得至关重要。与关系系统相似,我们很难找到集中的解决方案,只能寻求分布式的解决办法。其中要解决的问题与本书中前面讨论过的紧密集成的分布式 DBMSs 的设

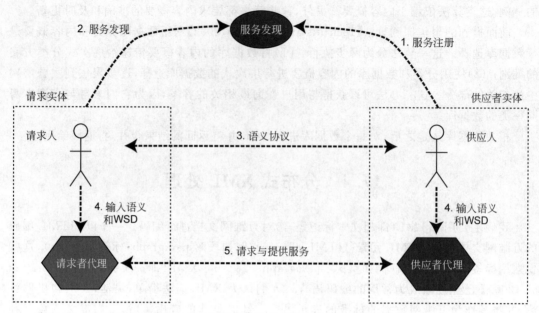

图 17.12　W3C 万维网服务体系结构推荐的典型万维网服务工作流(基于【Booth et al. ,2004】)

计相类似。然而,XML 数据模型的特性和特有的查询语言也产生了一些显著不同,这将在本节中进行探讨。

我们先简要介绍 XML 以及为其定义的两种语言:XPath 和 XQuery,特别要着重介绍的是 XPath,因为 XPath 的优化问题很受关注(同时它也是 XQuery 的重要子集)。其次我们会总结集中环境中的 XML 查询处理技术,之后引出讨论的主体,集中在 XML 的数据分片,对不必要的片段进行剪枝的 XML 查询的本地化处理,以及最终的查询优化。要注意,我们不是要对 XML 进行全面的介绍——这一课题涵盖内容太广,一节的篇幅远远不够。另外,还有一些学者对这一课题进行了全面的研究,在本章的最后我们也会提到。

17.4.1　XML 概览

XML 标签(又称为标记)将数据划分成称为**元素**(elements)的片段,这样做是为了给数据增加更多语义。元素可以嵌套但不可以重叠。元素间的嵌套体现了它们之间的层次关系。例如,图 17.13 是之前参考书目数据的 XML 表示,其中有一些细微改动。

一个 XML 文档可以表示为一个树,包含一个**根元素**(root element),根元素有零个或多个嵌套的**子元素**(child elements),子元素又可以递归的包含子元素。对于每个元素,有零个或多个**属性**(attributes),和分配给属性的原子值。一个元素又包含一个可选值。为了配合树结构的文本表示,按照所有元素的第一个字母出现在文档中的顺序定义一个全序,称为**文档顺序**(document order)。

例如,图 17.13 中的根元素是 bib,它有三个子元素:两个 book 和一个 article。第一个 book 元素有一个属性 year 对应原子值是"1999",同时还有一些子元素(例如 title 元素)。一个元素可能有一个值(例如 title 属性的值是"Principles of Distributed Database Systems")。

```
<bib>
  <book year = "1999">
    <author> M. Tamer Ozsu </author>
    <author> Patrick Valduriez </author>
    <title> Principles of Distributed ... </title>
    <chapters>
      <chapter>
        <heading> ... </heading>
        <body> ... </body>
      </chapter>
        ...
      <chapter>
        <heading> ... </heading>
        <body> ... </body>
      </chapter>
    </chapters>
    <price currency= "USD"> 98.50 </price>
  </book>
  <article year = "2009">
    <author> M. Tamer Ozsu </author>
    <author> Yingying Tao </author>
    <title> Mining data streams ... </title>
    <venue> "CIKM" </venue>
    <sections>
      <section> ... </section>
        ...
      <section> ... </section>
    </sections>
  </article>
  <book>
    <author> Anthony Bonato </author>
    <title> A Course on the Web Graph </title>
    <ISBN> TK5105.888.B667 </ISBN>
    <chapters>
      <chapter>
        <heading> ... </heading>
        <body> ... </body>
      </chapter>
      <chapter>
        <heading> ... </heading>
        <body> ... </body>
      </chapter>
      <chapter>
        <heading> ... </heading>
        <body> ... </body>
      </chapter>
    </chapters>
    <publisher> AMS </publisher>
  </book>
</bib>
```

图 17.13　XML 格式文档举例

标准 XML 格式文档定义有一些复杂：它包含 ID-IDREF，用来定义同一文档中或不同文档间元素的参照关系。在这种情况下，文档表示为一个图。然而，更常见的是使用简单的树形表示，在本节中我们也使用树的表示。下面是更精确的定义[21]。

———————————

[21]　另外，我们从 XQuery 数据模型中省去了评论节点，命名空间节点和 PI 节点。

一个 XML 文档被建模为一个有序的,节点带有标签的树 $T=(V,E)$,每个节点 $v\in V$ 对应一个元素或属性,并具有以下特征:

- 一个唯一的标记符,表示为 $ID(v)$。
- 一个唯一的类型(kind)属性,表示为 $kind(v)$,由集合 $\{element, attribute, text\}$ 赋值。
- 一个标签,表示为 $label(v)$,由字母表 Σ 赋值。
- 一个内容属性,表示为 $content(v)$,非叶子节点的这一属性值为空,叶子节点为字符串。

E 包含一个有向边 $e=(u,v)$,当且仅当:

- $kind(u)=kind(v)=element$,并且 v 是 u 的子元素;
- $kind(u)=element \wedge kind(v)=attribute$,并且 v 是 u 的一个属性。

一个 XML 文档树被准确定义后,我们可以将 XML 数据模型的一个实例定义为一个 XML 文档树节点或原子值的有序集合(或序列)。由于 XML 文档是自描述的,可以为其定义一个模式,也可以不定义。如果为一个 XML 文档集定义一个模式,这个文档集中的每个文档都要符合这一模式;当然,这一模式允许文档间的差异,因为不是每个文档都包含所有元素或属性。XML 模式可以用文档类型定义(DTD)或 XML 模式进行定义【Gao et al., 2009】。在本节,我们使用一个相对简单的模式定义,要用到之前定义的 XML 文档图结构 【Kling et al.,2010】。

一个 XML 模式图(schema graph)定义为一个五元组 (Σ,Ψ,s,m,ρ),其中 Σ 是 XML 文档节点类型的字母表,ρ 是根节点类型,$\Psi \subseteq \Sigma \times \Sigma$ 是节点类型间的一组边,$s: \Psi \rightarrow \{ONCE,OPT,MULT\}$,$m: \Sigma \rightarrow \{string\}$。这一定义的含义为:一条边 $\psi=(\sigma_1,\sigma_2)\in \psi$ 表示类型 σ_1 的一个条目可能包含类型 σ_2 的一个条目。$s(\psi)$ 表示这条边代表的包含关系的基数:如果 $s(\psi)=ONCE$,类型 σ_1 的一个条目必须包含 σ_2 的一个条目。如果 $s(\psi)=OPT$,类型的 σ_1 一个条目可能包含也可能不包含类型 σ_2 的一个条目。如果 $s(\psi)=MULT$,类型 σ_1 的一个条目可能包含类型 σ_2 的多个条目。$m(\sigma)$ 表示类型 σ 的一个条目的文本内容的域,它表示为在这个条目中所有可能出现的字符串的集合。

例 17.12　下面稍微对图 17.13 中的 XML 实例进行重新组织。这是因为这一 XML 数据库实例只包含一个文档,无法阐释一些分布问题。我们从中删除了包围标签 <bib></bib>,这样每本书都是数据库中独立的文档。同时,为了找到一个例子来讨论分布问题,我们做了较大的改动。在这一结构下,数据库包含多本书,但是以作者来组织(即每个文档根部是一个 <author> 元素),见图 17.14。

例 17.13　我们再来将参考文献数据库做些改动,将其内部的条目按照作者而不是出版物进行组织,而且收集的出版物都是书。由此得到的一个(简化的)DTD 定义如下:

```
<?xml version="1.0"?>
<!DOCTYPE      author [
<!ELEMENT      author (name,pubs,agent?)
<!ELEMENT      pubs (book*)
<!ELEMENT      book (title,chapter*)
<!ELEMENT      chapter (reference?)
```

```
<author>
    <name>
        <first>M. Tamer </first>
        <last>Ozsu</last>
        <age>50</age>
    </name>
    <agent>
        <name>
            <first> John </first>
            <last> Doe </last>
        </name>
    </agent>
    <pubs>
        <book year = "1999", price = "$98.50">
            <title> Principles of Distributed ... </title>
            <chapter> ... </chapter>
            ...
            <chapter> ... </chapter>
        </book>
    </pubs>
</author>
<author>
    <name>
        <first>Patrick </first>
        <last>Valduriez</last>
        <age>40</age
    </name>
    <pubs>
        <book year = "1999", price = "$98.50">
            <title> Principles of Distributed ... </title>
            <chapter> ... </chapter>
            ...
            <chapter> ... </chapter>
        </book>
        <book year = "1992", price = "$50.00">
            <title> Data Management and Parallel Processing </title>
            <chapter> ... </chapter>
            ...
            <chapter> ... </chapter>
        </book>
    </pubs>
</author>
<author>
    <name>
        <first> Anthony </first>
        <last> Bonato </last>
        <age>30</age>
    </name>
    <pubs>
        <book year = "2008", price = "$75.00"
            <title> A Course on the Web Graph </title>
            <chapter> ... </chapter>
            ...
            <chapter> ... </chapter>
        </book>
    </pubs>
</author>
```

图 17.14　另一个 XML 文档实例

```
<!ELEMENT        reference (chapter)
<!ELEMENT        agent (name)
<!ELEMENT        name (first,last)
<!ELEMENT        first (CDATA)
<!ELEMENT        last (CDATA)
<!ATTLIST         book year CDATA #REQUIRED>
<!ATTLIST         book price CDATA #REQUIRED>
<!ATTLIST         author age CDATA #REQUIRED>
]
```

我们没有描述这一 DTD 定义,而是使用之前介绍过的表示画出其模式图,如图 17.15,它所表达的语义很清楚。注意,CDATA 表示一元素的内容是文本。

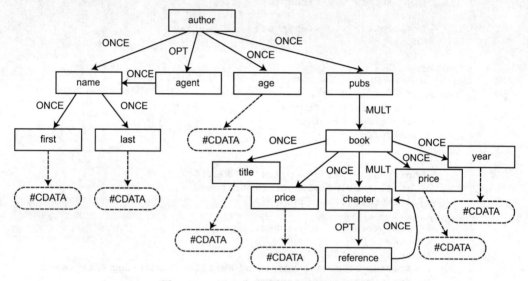

图 17.15   用于分片的 XML 模式图举例

有了 XML 数据模型定义和数据模型的实例,我们可以定义查询语言。XML 查询语言以一个 XML 数据实例作为输入,产生一个 XML 数据实例作为输出。XPath【Berglund et al.,2007】和 XQuery【Boag et al.,2007】是由万维网联盟(W3C)提出的两个重要的查询语言。我们之前介绍的路径表达式在这两种语言都存在,是有争议的查询层次式 XML 数据的最自然的方法。XQuery 使用 FLWOR 格式的表达式定义了功能更强的结构,我们会在适当的时机予以介绍。

尽管我们之前定义了路径表达式,但是它们在 XPath 的前提下采用了特殊的格式,因此我们需要更仔细的定义。一个路径表达式包含一系列**步骤**(steps),每个都包含一个**轴**(axis),一个**名称测试**(name test)和零个或多个**限定词**(qualifiers)。这一系列步骤的最后一个称为**返回步骤**(return step)。总共有 13 个轴,图 17.16 列出了所有的轴及其缩写(如果有的话)。名称测试通过节点的元素或属性名对节点进

Axes	Abbreviations
child	/
descendant	
descendant-or-self	//
parent	
attribute	/@
self	.
ancestor	
ancestor-or-self	
following-sibling	
following	
preceding-sibling	
preceding	
namespace	

图 17.16   13 个轴及其简称

行过滤。限定词则通过更复杂的条件进行过滤。由尖括号括起来的表达式(常常称为**分支谓词**,即 branching predicate)可以是另外一个路径表达式,或一个路径表达式和一个原子值(一个字符串)间的比较。路径表达式的语法如下:

```
      Path::=Step("/"Step)*
      Step::=axis"::"NameTest(Qualifier)*
 Name Test::=ElementName | AttributeName|"*"
 Qualifier::="["Expr"]"
      Expr::=Path(Comp Atomic)?
      Comp::="="|">"|"<"|">="|"<="|"!="
    Atomic::="'"String"'"
```

这里定义的路径表达式是 XQuery【Boag et al.,2007】中定义的路径表达式的一个部分(正如前面提到的那样省略了与注释,命名空间,PI,ID 和 IDREF 相关的特征),但是这一定义仍然涵盖了一个重要的子集,可以表达复杂的查询。例如,路径表达式:

```
/author[.//last="Valduriez"]//book[price<100]
```

可以找到作者为 Valduriez,价格低于 100 的所有书。

从上面的定义可以看出,路径表达式有三种约束条件:**标签名称约束**(tag name constraints),**结构关系约束**(structural relationship constraints)和**值约束**(value constraints)。它们分别对应路径表达式中的名称测试,轴和值比较。一个路径表达式可以建模为下面的一棵树,称为**查询树模式**(query tree pattern,QTP) G(V,E)(V 和 E 分别是顶点和边的集合):

- 每一步骤都被映射为 E 中的一个边;
- 为树节点的双亲节点定义一个特殊的根节点,该节点对应第一步;
- 如果一个步骤 s_i 紧跟另一个步骤 s_j,则 s_i 对应的节点是 s_j 对应节点的子节点;
- 如果步骤 s_i 是步骤 s_j 的分支谓词的第一个步骤,则 s_i 对应的节点是 s_j 对应节点的子节点;
- 如果两个节点间有父子关系,则用它们对应步骤之间的轴为 E 中两者间的边打标签;
- 返回步骤对应的节点标记为返回节点;
- 如果一个分支谓词有值比较,则分支谓词的最后一步所对应的节点与一个原子值和一个比较运算符相关联。

例如,路径表达式的 QTP:

```
/author (last="Valduriez")//book (price<
100)
```

如图 17.17 所示,图中,节点 root 是根节点,返回节点(book)以两个同心椭圆表示。

路径表达式是 XQuery 的重要的语言成分,但它仅仅是 XQuery 语言的一个成分而已。

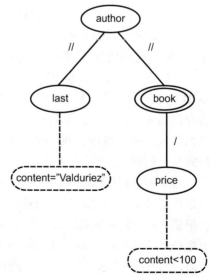

图 17.17　表达式/author[.//last="Valduriez"]//book[price<100]的 QTP

XQuery 的一个主要语言结构是 FLWOR 表达式,它包括"for","let","where","order by"和"return"子句。每个字句都可以递归地引用路径表达式或其他的 FLWOR 表达式。一个 FLWOR 表达式在一个 XML 节点列上进行迭代,从而将这列节点与一个变量绑定,根据谓词进行节点过滤,整理结果,并构造复杂的返回结果的结构。

FLWOR 在本质上与 SQL 中的 select-from-where-order by 语句相似,不同之处仅在于后者是在一组元组上进行,而前者在一个 XML 文档树节点列上操作。由于这种相似性,我们可以利用现有的 SQL 引擎将 FLWOR 表达式重写为 SQL 语句【Liu et al.,2008】。另一个方法是使用**原生**(native)评估引擎来评估 XQuery【Fernández et al.,2003;Brantner et al.,2005】。我们在下一节将介绍这几种方法。

例 17.14　下面的 FLWOR 表达式返回一个书目列表,标题和价格按照作者姓名排序(假设这一数据库,即 XML 文档集,名为"bib")。

```
let $col:=collection("bib")
for $author in $col/author
    order by $author/name
    for $b in $author/pubs/book
        let $title:=$b/title
        let $price:=$b/price
        return $title,$price
```

17.4.2　XML 查询处理技术

在这一节,我们总结几种 XML 查询处理技术。由于篇幅限制,我们无法穷尽这一问题的方方面面,只能集中介绍几个重要问题。

在一个 DBMS 中有三种基本办法储存 XML 文档【Zhang and Özsu,2010】:(1)大对象方法,将最初的 XML 文档原样保存在一个 LOB 列中(例如,【Krishnaprasad et al.,2005;Pal et al.,2005】);(2)扩展的关系方法,将 XML 文档分割成对象关系(OR)表和列(例如【Zhang et al.,2001;Boncz et al.,2006】);(3)简单方法,使用树结构数据模型并引入优化的算子,用来实现树的导航,插入,删除,和更新(例如【Fiebig et al.,2002;Nicola and der Linden,2005;Zhang et al.,2004】)。每个方法都各有优劣。

LOB 方法类似于将 XML 文档存储在一个文件系统中,可以最小程度地将源文档格式转化为存储格式。这一方法也是最容易实现和支持的。它可以保证字节级的保真度(例如,它可以保留额外的空格,而 OR 或本机格式则可能忽略这些空格),从而满足某些电子签名方法的需要。同时,它可以有效地在(从)数据库中插入(抽取)整个文档。然而,由于执行查询时不可避免的 XML 解析,用这一方法处理查询的速度比较缓慢。

通过扩展关系方法,XML 文档被转化为对象关系表,并储存在关系数据库或对象资源库中。根据 XML 关系映射是否依赖于 XML 模式,这一方法可以分为两类。经过多年来对象关系数据库系统的研究和发展,OR 存储方式如果设计和映射得当,可以有效进行查询处理。然而,使用这种方法进行插入,片段抽取,结构更新,和文档重建时需要进行大量处理工作。对于基于模式的 OR 存储,应用需要结构良好的,紧凑的 XML 模式。而为了利用这种存储模型的优势,数据库管理员必须要对它的关系映射进行调优,。松散结构的模式可能会产生大量的难以管理的表格和连结。同时,那些需要灵活模式和模式演变的应用受到关系模式和关系列的限制。这就导致应用鸿沟:如果由于上述的折中处理,应用不能很好映射到对象-关系模型,它们的性能和功能将大打折扣。

原生 XML 存储方法利用为 XML 数据设计的特殊的数据结构和格式储存 XML 文档。我们不是只有,也不应该只有一种原生存储方式。XML 原生存储技术特别看重 XML 文档树,并开发出特殊的存储模式,而不依赖于底层数据库的系统。原生 XML 存储是专为 XML 数据模型设计的,因此它往往在多个标准之间做出合理的权衡。不同的存储格式适应的标准也不同。例如,一些存储模式可以实现快速导航,另外一些更适合片段抽取和文档重建。因此,根据不同需要,不同的应用使用不同的存储模式,从而满足需求。例如,Natix【Kanne and Moerkotte,2000】将大型 XML 文档树分割为小的子树,每个子树可以存储在一个磁盘页面中。插入一个节点通常只影响被插入的子树。然而,原生存储系统可能不适合回答某些类型的查询(例如/author//book//chapter),因为它们需要对整个树结构至少扫描一次。另一方面,由于节点编码的特殊属性,扩展结构存储则更适合这类查询。因此,一个存储系统如何权衡评估和更新成本仍然是个挑战。

路径查询处理可以分为两类:基于连结的方法【Zhang et al.,2001;Al-Khalifa et al.,2002;Bruno et al.,2002;Gottlob et al.,2005;Grust et al.,2003】和导航式方法【Barton et al.,2003;Josifovski et al.,2005;Koch,2003;Brantner et al.,2005】。这里可以看出存储系统和查询处理技术是紧密相连的,因为基于连结的方法往往是基于扩展的关系存储系统,而导航方法则基于原生存储系统。基于连结方法的所有技术都基于同样的原理:表达式中的每个定位步骤都与一个元素输入列有关,而元素的名字和这一步骤的名称测试相匹配。我们根据结构关系将两列相邻定位步骤进行连结。不同技术的区别在于它们的连结算法的不同,而这种算法要考虑 XML 文档树的关系编码的特殊属性。

导航处理技术建立在原生存储系统上,它通过遍历 XML 文档树对 QTP 进行匹配。一些导航技术(如【Brantner et al.,2005】)是由查询驱动的,路径表达式中的每个定位步骤被翻译成一个代数运算进行导航。而数据驱动的导航方法(如【Barton et al.,2003;Josifovski et al.,2005;Koch,2003】)则为路径表达式建立一个自动机,并通过 XML 文档树导航执行自动机。数据驱动的技术可以保证最坏情况下 I/O 的复杂性:根据可操作的查询可表达性,一些技术(如【Barton et al.,2003;Josifovski et al.,2005】)只需要扫描一遍数据,而另一些(如【Koch,2003】)则要求扫描两遍。

这两种技术各有利弊。基于连结的方法擅长衡量有派生轴的表达式,而导航办法则擅长回答有子轴的表达式。例如表达式 /*/*,用来返回根的所有孩子。每个名称测试(*)都与一个输入列表相关,而两者都包含 XML 文档中的所有节点(因为所有的元素名称都与一个通配符相匹配)。因此,基于连结方法的 I/O 成本是 2n,其中 n 是元素数量。这一成本远远高于导航操作的成本,因为导航方法只需遍历根及其孩子。而对于查询/author//book//chapter,则更适合使用基于连结的方法,因为它只需要读取名字为 book 或 chapter 的元素,并将两个结果列表进行连结,而导航方法则需要遍历文档树的所有元素。因此,最好的办法是将两者的优点结合起来。

在关系数据库中,索引可以大大帮助查询处理。XML 索引办法可以分为三类。一些索引技术可以提高现有基于连结的或导航的方法的执行速度(如用于隐检整枝连结的 XBtree【Bruno et al.,2002】和 XR-tree【Jiang et al.,2003】)。由于这些专用索引是专为特殊的基准操作设计的,它们的功能很局限。第二类是基于字符串的索引(例如【Wang et al.,2003b;Zezula et al.,2003;Rao and Moon,2004;Wang and Meng,2005】)。这一方法的基本理念是将 XML 文档树和 QTP 转化为字符串,并将数模式匹配问题简化为字符串模式匹配。还有一种办法是将 XML 文档树节点根据结构相似性进行分组(【Milo and Suciu,1999;Goldman and Widom,1997;Kaushik et al.,2002】)。尽管不同的索引采用不同的相似性定义,它们的共同点是:相似的树节点可以聚合成等价类(或称为索引节点),并连结成树或图。FIX【Zhang et al.,2006b】与这些办法不同,它将数据中子树的数值特征进行索引。这些特征可以用作成熟索引的索引键,如 B+树。对于每个输入的查询,抽取查询树的特征用作检索关键字,从而检索出候选答案。

最后,正如前文反复强调的,一个基于代价的优化器对于选择最优查询方案至关重要。代价估计的准确性常常依赖于对查询基数的估计。为路径表达式设计的估计技术首先将一个(对应着一个文档的)XML 文档树总结为一个摘要,包含结构信息和统计信息。这个摘要存储在数据库目录中,作为基数估计的基础。不同的摘要包含的查询种类不同,主要看有多少信息需要保留。之前介绍的 DataGuide 就是一例。它记录一个数据集中的所有不同路径,并将它们压缩成一个紧缩图。另一个例子是路径树【Aboulnaga et al.,2001】,它采用的是相同的方法(即抓取所有不同的路径),是特别为 XML 文档树设计的。如果生成的摘要太大,路径树还可以进一步压缩。另一方面,Markov 表格方法【Aboulnaga et al.,2001】并不抓取所有的路径,而是在一定长度范围内的子路径。对于较长的路径,通过类似于Markov 方法的子路径的片段计算它们的选择性。这种摘要结构只支持那些包含或不包含后代轴的简单的线性路径查询。基于结构相似性的摘要技术(XSketch【Polyzotis and Garofalakis,2002】和 TreeSketch【Polyzotis et al.,2004】)可以支持分支路径查询(即那些包含分支谓词的查询)。这种技术与基于结构相似性的索引技术非常相似:它们都是将结构相似的节点聚合成等价类。但是摘要技术包含另外一步操作:在一定的内存预算约束下将相似性图进行总结。这种算法的一个常见问题是:对于结构丰富的数据而言,创建(扩展或总结)摘要的时间成本过高。XSEED【Zhang et al.,2006a】同样使用结构相似性方法,它首先通过将 XML 文档压缩成为一个小的内核来创建摘要,之后添加信息来增加摘要的准确性。附加信息量根据内存的可用性加以控制。

下面我们考虑 XQuery FLWOR 表达式,并介绍一些可能的评估技术。如前一小节所说,执行 FLWOR 表达式的一个方法是将它们翻译成 SQL 语句,之后再通过现有的 SQL 引擎进行评估。然而,这一方法的一个瓶颈在于 FLWOR 表达式在 XML 数据模型(一列XML 节点)上操作,而 SQL 则以关系作为输入。这就要求在翻译中引入新的操作或函数,将数据在两种数据模型间转换。这种转换的一个主要语法结构是通过 SQL/XML 中的XMLTable 函数实现的【Eisenberg et al.,2008】。XMLTable 接受一个通过 XML 输入的数据源,以及一个用来产生行的 XQuery 表达式,从而输出一个行的列表,而行中的各列是由该函数指定的。

例 17.15　例如,下面的 XMLTable 函数

```
XMLTable('/author/name'
passing collection('bib')
```

```
columns
first varchar2(200) PATH '/name/first',
last varchar2(200) PATH '/name/last')
```

从 passing 子句中取到输入文档 bib.xml，并将路径表达式/bib/book 应用在这一文档上。然后为每个匹配的书目生成一行，并通过"columns"分句为每行指定两列，分别包含列名和类型。同时，为每列分配一个路径表达式用来评估其价值。这一 XMLTable 函数的语义与以下的 FLWOR 表达式相同：

```
for $a in collection('bib') /author/name
return {$a/first,$a/last}
```

事实上，通过 XMLTable 函数，几乎所有的 FLWOR 表达式都可以翻译为 SQL。因此，XMLTable 函数可以将 XQuery 结果映射成关系表格。我们可以将 XMLTable 的结果看作一个虚拟表格，并在此基础上建立任何其他的 SQL 结构。

评估 XQuery 语句的另一个方法是在 XML 数据上实现一个原生的 XQuery 引擎来解释执行 XQuery 语句。例如，Galax【Fernández et al.，2003】就是首先将一个 XQuery 表达式规范为 XQuery 内核【Draper et al.，2007】，即 XQuery 的一个覆盖子集。之后根据与输入数据相关的 XMLSchema 对这一 XQuery 内核表达式进行静态类型检查。在解析输入的 XML 数据并生成 XML 数据模型（DOM）的实例之后，在这一数据模型实例上对 XQuery 核心表达式进行动态评估。

Natix【Brantner et al.，2005】是另外一种原生方法。它定义了一组代数操作，从而对 XPath 或 XQuery 查询进行翻译。与关系系统类似，可以在操作树上应用优化规则，从而提高它的效率。另外，Natix 根据树的划分定义了一种原生 XML 存储格式。大型 XML 文档树可以分解为小的子树以适应磁盘页面的大小。与主要基于内存的 DOM 表示相比，这种原生存储格式更灵活，还可以提高树的导航和路径表达式评估的效率。

除了纯粹的关系和原生 XQuery 评估技术之外，还有一种混合方法。例如，MonetDB/XQuery【Boncz et al.，2006】根据在遍历树时节点的前序或后序位置将 XML 数据存储为关系表。XQuery 语句被翻译为物理关系操作，这种操作可以提高评估效率。一个例子就是阶梯形连结操作，该操作用来快速处理路径表达式。通过这一方式，该方法依赖 SQL 引擎对大部分关系操作进行了处理，而通过专用的操作加快了 XML 特有的导航。实际上，很多商业数据库公司在它们的 SQL 引擎中特别设计了一些方法来加速路径表达的处理（如，Oracle【Zhang et al.，2009a】）。因此，在很多 XQuery 引擎依托 SQL 引擎快速实现类 SQL 功能的同时，很多 XML 特有的优化和实现技术已经融合到 SQL 引擎的实现之中了。

17.4.3　XML 数据的分片

按照之前介绍的方法框架，将数据在多个站点上做分布式存储的第一步是数据分片。那么，是否可以对 XML 数据进行分片？如何类比关系数据库定义水平和垂直分片？本小节将给出这方面肯定的回答。

在介绍 XML 数据分片之前，先考虑一种有趣的分片类型——**特设分片**（Ad Hoc Fragmentation）。这种分片方式没有明显的、基于数据模式的分片定义，而是把 XML 数据根据 XML 文档图上任意的切分边进行分片。该方法的一个例子是主动 XML(Active XML)【Abiteboul et al. ,2008a】,其中跨越片段的边表示为远程函数调用。当激活一个远程调用时,远程分片对应的数据被检索,并在本地做出处理。因此,一个主动 XML 文档包含一个静态的部分,即 XML 数据,和一个动态的部分,即 Web 服务的函数调用。当文档被访问且服务的调用被激活时,则在调用的地方插入返回的数据(即数据分片)。尽管该方法的设计初衷是通过调用多种 Web 服务来简化服务集成,主动 XML 却自然地使用了数据的分布。可以从以下角度解读该方法:数据分片从源站点取出,发送到 XML 文档所在的站点上。当需要的数据汇集到到该站点,查询就可以在结果文档上执行。

例 17. 16　考虑下面的主动 XML 文档,远程函数调用(getPubs)嵌于静态文档之中:

```
<author>
    <name>
        <first>J.</first>
        <last>Doe </last>
    </name>
    ...
    <call fun="getPubs('J.Doe')"/>
</author>
```

在实施了函数调用之后,结果文档为:

```
<author>
    <name>
        <first>J.</first>
        <last>Doe </last>
    </name>
    ...
    <pubs>
        <book>...</book>
        ...
    </pubs>
</author>
```

在数据已经分布式存储的情况下,特设分片方法能够达到很好的效果。然而,如果需要扩展该方法,使其支持 XML 数据图的任意划分,就可能会带来问题。原因在于可能无法清晰地给出分片谓词,从而会降低分布式查询优化的效果。我们不妨再回忆一下:关系数据模型中的分布式优化就是在很大程度上依赖于分片谓词的准确定义的。

针对上述问题,人们提出了**基于结构的分片**(structure-based fragmentation),即根据数据模式的某些属性对一组 XML 数据进行分片。这种分片过程可以与关系数据中的情况进行类比。第一个问题是定义哪些类型的分片。与关系系统类似,分片可以分为水平分片和垂直分片,前者选择数据的子集,而后者在数据模式上做投影操作。不同的研究对这两种方式的具体定义不同,这里参考【Kling et al. ,2010】的工作,给出具体的概念定义。

水平分片可以定义为一组分片谓词,其中每个分片包含一组匹配相应谓词的文档树。为了使水平分片有意义,数据应该包含多个文档树,否则没有分片的必要。水平分片的一个

先决条件是所有的分片都遵循相同的数据模式。文档树要么是整个 XML 文档,要么是之前垂直分片的结果。假设 $D = \{d_1, d_2, \cdots, d_n\}$ 是一组文档树,其中任一 $d_i \in D$ 遵循相同的数据模式。我们可以定义一组**水平分片谓词**(horizontal fragmentation predicates)$P = \{p_0, p_1, \cdots, p_{l-1}\}$,使得 $\forall d \in D: \exists$ unique $p_i \in P$,$p_i(d)$ 为真。如果这一条件成立,则 $F = \{\{d \in D | p_i(d)\} | p_i \in P\}$ 是文档集 D 和谓词集合 P 的一组水平分片。

例 17.17 考虑一个参考文献数据库,它遵循例 17.13 给出的数据模式(见图 17.15)。该数据库的一种可能的水平划分基于作者姓的首字母,见图 17.18。此时,假设数据库中仅有 4 个作者的名字为:"John Adams","Jane Doe","Michael Smith"和 "William Shakespeare"。注意:这里没有显示出元素的所有属性。比如,作者的年龄属性和书籍的价格属性就没有显示。

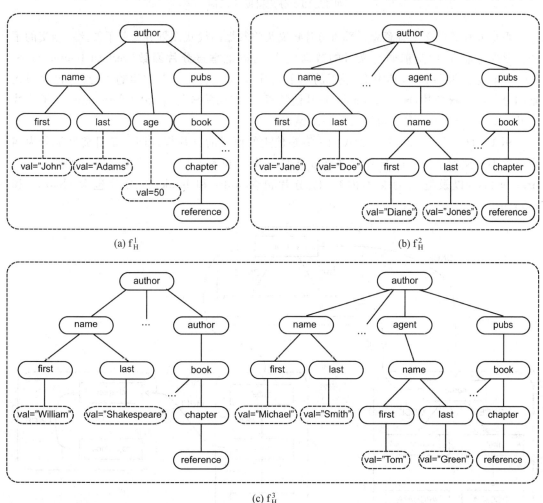

图 17.18 水平分片的 XML 数据库

如果我们在示例模式中假设 m(last)是一组以大写字母开始的字符串,那么分片谓词可以很直接的获得。注意:分片谓词可以表示为树结构,称为**分片树模式**(fragmentation tree patterns,简称 FTP),图 17.19 给出了示例,其中边通过相应的 XPath 轴进行了标注。

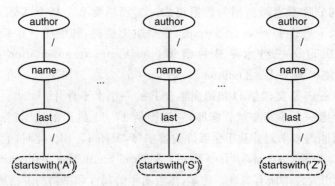

图 17.19　分片树模式示例

　　垂直分片的定义更有意思。垂直分片定义为将数据的模式图划分为若干彼此不相交的子图。形式化地讲,给定前面定义过的数据模式,可以把**垂直分片函数**(vertical fragmentation function)定义为$\Sigma \rightarrow F_\Sigma$,其中 F_Σ 为Σ的一个划分(注意:Σ是节点类型的集合)。包含根元素的分片称为**根分片**(root fragment);其他的概念,例如**父分片**(parent fragment)和**子分片**(child fragment)等的定义也可很容易地给出。

　　例 17.18　图 17.20 展示了我们一直在使用的模式的分片模式图。条目类型被分为四个彼此不相交的子图。f_V^1 分片包含条目类型 author 和 agent,f_V^2 分片包含项目类型 name、first 和 last,以及它们的文本内容,f_V^3 分片包含 pubs 和 book,f_V^4 分片包含 chapter 和 reference。

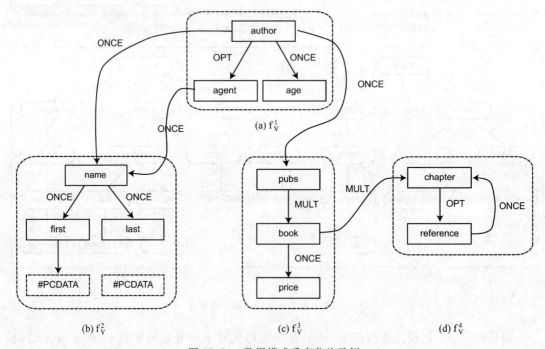

图 17.20　数据模式垂直分片示例

　　我们使用的示例数据库的垂直分片在图 17.21 中给出,其中 f_V^1 为根分片。再次说明,图中没有显示出所有的节点。此外,为了简洁,图中省略了值节点中的"val＝"(图 17.22 也类似）。

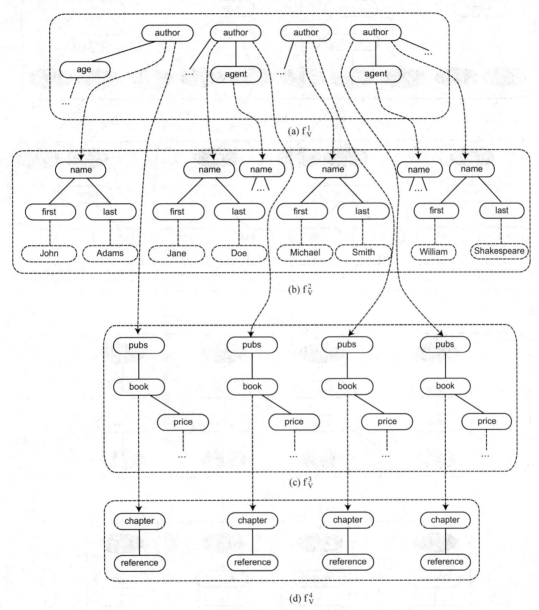

图 17.21 垂直分片的示例

如图 17.21 所示，存在跨越分片边界的文档边。为了便于处理这种关联性，可以在分片中引入特殊的节点：对于一条从分片 f_i 指向 f_j 的边，在分片中 f_i 引入**代理节点**（proxy node，记为 $P_k^{i \to j}$，其中 k 为代理节点的 ID），在目标分片 f_j 中引入**根代理节点**（root proxy node，记为 $RP_k^{i \to j}$）。由于 $P_k^{i \to j}$ 和 $RP_k^{i \to j}$ 共用了相同的 ID(k)，并引用了相同的分片 i→j，它们彼此对应，共同表示数据集中的一条跨越分片的边。

例 17.19 图 17.22 给出了图 17.21 中相同的分片，并插入了代理节点。

如果 XML 数据库存在多个文档，垂直分片一般包含多个彼此不相连的部分。此时，每

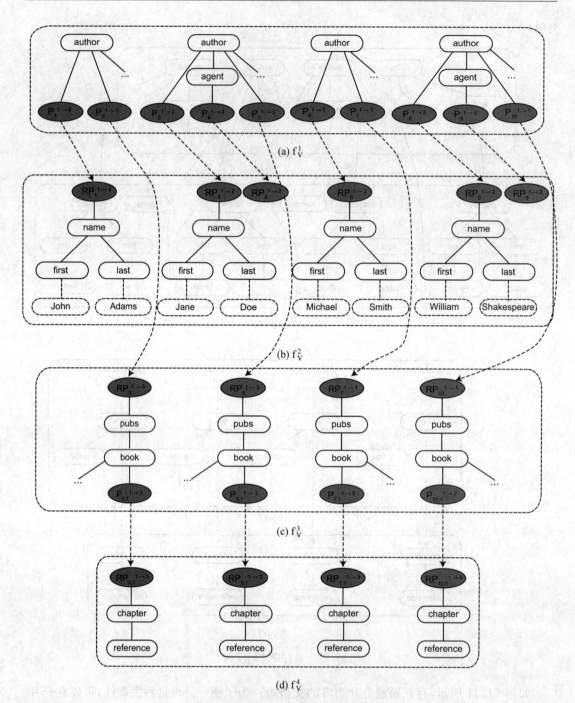

图 17.22　带有代理节点和编号的分片

个部分来自于一个文档,可以看做是一个**文档片段**(document snippet)。在图 17.21(和图 17.22)中,f_V^1 分片包含 4 个片段,每个都包含数据库中一个文档的 author 和 agent 节点。

　　基于上述定义,可以开发出分片算法。由于该领域并没有得到充分的研究,因此本节只给出一般性的讨论,而非详细的算法。

　　第 3 章介绍的关系系统水平分片算法可以用于 XML 数据库,不过要做一定的修改。

我们不妨回顾一下：关系数据分片算法是以中间项谓词，即个别属性上简单谓词的合取为基础的。因此，这里的核心问题是如何将 QTP（即对应查询的一组树）中的谓词转换成简单谓词。可行的方法有以下几种。【Kling et al., 2010】提出了一种方法，在 QTP 不包含后代轴（//）的情况下，可以很容易地获取转换关系。如果包含后代轴，则需要使用模式信息把它展开成完全由孩子轴组成的等价路径。

在垂直分片的情况下，问题会变得更加复杂。一种问题定义方式是使用代价模型来估计每个分片中执行查询计划的响应时间。由于查询计划是彼此独立、并行执行的，因此可以通过求最大局部代价的方法来计算整体查询代价。接下来，我们可以在理论上枚举所有可能的模式划分方案。很明显，该方法需要考虑大量的划分，除非是处理小规模的模式，否则是不可行的。具体来说，对于一个包含 n 个节点类型的模式，需要考虑 B_n 个划分（B_n 为第 n 个 Bell 数，是 n 的指数级）。不过，可以使用贪心算法求出分片模式：首先把每个节点类型放在自己的分片内；进而重复地将查询代价最大的分片与它的祖先分片合并进来，直到不能再减少最大的本地计划查询代价为止。

17.4.4　分布式 XML 处理的优化

目前，有关分布式 XML 查询处理及优化的研究还很初步。尽管可以看到一些前沿且通用的方法，但我们对于该问题的理解还很欠缺。本节将总结两方面的研究：不同的分布式执行模型（主要关注数据传输或查询传输），以及在查询传输系统中的局部化和剪枝策略。

17.4.4.1　数据传输与查询传输

关系模型中的数据传输与查询传输方法已经在第 8 章进行了探讨。XML 数据管理的分布式查询执行面临着同样的问题。

为分布式数据执行 XML 查询的一种方法是分析查询需要的数据，将数据从所在的站点传输到查询站点（或是一个专门的站点），并在该站点执行查询，这个过程称为**数据传输**（data shipping）。XQuery 包含一个内置的数据传输方法：通过调用函数 fn:doc(URI) 检索 URI 标识的文档，将文档传输到查询站点，并对检索到的数据执行查询。虽然数据传输实现起来十分简单，在一些情况下也十分有用，然而它只提供了查询间的并行执行，并没有充分考虑查询内的并行执行。此外，数据传输的前提是查询站点有足够的存储空间来处理接收到的数据。最后，数据传输可能会导致移动大量的数据，带来额外的开销。

另一种方案是在数据所在的站点执行查询，称为**查询传输**（query shipping 或**功能传输**，function shipping）。正如第 8 章讨论的，查询传输的通用方法是将 XML 查询分解成一组子查询，并在数据所在的站点执行子查询。结合下面会提到的局部化和剪枝技术，该方法可以支持查询内并行，并在数据所在的站点执行查询。

查询传输具有更好的并行特性，但它在 XML 系统的环境下并不容易实现。核心的难点在于：在一般情况下，该方法需要将功能和相关的参数传送到远程的站点上。一些参数有可能引用原发站点的数据，需要将这些参数值进行"打包"，并传输到远程站点（即按值调用语义）。如果参数和返回值是原子的，还不构成什么问题。然而，参数和返回值可能会很复杂，包含元素节点。在分布式对象数据库系统中就曾出现过这个问题，第 15 章给出了具体的说明。在 XML 系统中，需要对以参数节点为根的子树进行串行化并将结果打包和传

输,这给 XML 系统带来了不少挑战【Zhang et al.,2009b】:

(1) 在 XPath 表达式中,某些轴可能不在参数节点的子树中。例如,双亲和排在前面的兄弟(以及其他)轴需要访问一些不在参数节点子树中的数据。类似的问题还可能出现在执行一些内置的 XQuery 函数时。例如,root()、id()、idref() 函数返回的节点不是参数节点的子孙,因此不能在参数节点子树的串行化结果上执行。

(2) 与对象数据库类似,XML 也存在"唯一性"的问题,即节点唯一性。如果两个一样的节点被当作参数传入或是当作结果返回,按值调用会将它们表示不同的拷贝,这给节点唯一性的识别比较带来了麻烦。

(3) 如前所述,XML 中存在文档的节点顺序,查询需要在执行和结果中遵循该顺序。在按值调用中,参数子树串行化根据每个参数对节点进行组织。尽管很容易将文档顺序维护在参数对应的子树序列中,然而,不同参数序列中节点的相对顺序可能与它们在最初文档中的顺序不同。

(4) 不同子查询可能访问某个站点中的同一个文档,这些子查询在交互的时候会遇到麻烦。子查询结果包含同一文档中的节点,但这些节点在全局结果中的排序却不相同。

对上述问题的研究还在进行,通用的解决方案还没有提出。下面给出三种不同的查询传输方法,以此反映研究现状。

一种查询传输的方法使用了部分函数计算理论【Buneman et al.,2006】、【Cong et al.,2007】。给定一个函数 f(x,y),部分计算方法根据其中的一个输入(如 x)计算 f,并生成部分结果,即一个仅依赖于第二个输入 y 的函数 f'。使用部分计算来解决查询传输的方法是将查询看作一个函数,将数据分片看作函数的输入。查询可能被分解成若干子查询,每个子查询处理一个分片,然后在考虑分片之间结构关系的前提下将这些子查询(即函数)的结果加以合并。给定一个 XPath 查询 Q,整体的流程如下:

(1) 查询 Q 提交的主站点决定哪些站点包含数据库分片。分片所在站点和主站点并行地进行查询处理。在这一步结束的时候,对于一些数据节点,查询条件的值是已知的,而对于其他节点,一些查询条件用布尔表达式表示,表达式中的一些值还未决定。

(2) 在第二步中,查询 Q 的选择子句被(部分地)计算。在这一步结束的时候,对于任意分片的任意节点 n,有两件事要确定下来:(i) n 是否是 Q 的结果的一部分,或者(ii) n 是否是 Q 的结果的一个部分的候选。

(3) 最后,再次检验候选节点,并决定哪些节点能够成为 Q 结果的一部分,并将它们发送给协调节点。

上述方法不对查询进行我们曾定义过的分解。方法在远程的分片上执行查询,对于每个分片遍历三次。由于只考虑 XPath 查询,该方法不会遇到我们前面讨论过的 XQuery 必须处理的问题。

XRPC 项目提出了一种显式分解查询的方法【Zhang and Boncz,2007;Zhang et al.,2009b】。XRPC 扩展了 XQuery,添加了远程过程调用功能——新增了语句{Expr}{FunApp(ParamList)},其中 Expr 为使用 FunApp()站点的(查询直接给定或间接计算出的)URI。

XRPC 应用的目标是大规模异构 P2P 系统,互操作性和效率是主要的设计问题。为了确保异构 XQuery 系统间的通信,XRPC 同时定义了一种开放网络协议,称为 SOAP XRPC。该协议描述了 XDM 数据类型【XDM,2007】如何在 XRPC 请求/响应信息中串行化。通过使交换消息的个数以及消息内容达到最小，SOAP XRPC 协议提出了很多方法来提高效率(主要是减少网络延迟)。SOAP XRPC 的一个重要特性是 Bulk RPC，它允许在一个网络交互中对同一函数做多次调用(使用不同的参数)。RPC(远程方法调用)是分布式系统中支持站点间函数调用的重要功能。Bulk RPC 主要用于在 XQuery 的 for-循环中嵌入了函数调用的查询。如果使用简单的方法来进行函数调用，可能会引入大量的 RPC 网络交互。

前面讨论过的按值调用的语义问题可以使用更高级的(但依旧是基于副本调用的)函数参数传递语义来解决，这种更高级的方法称为**按投影调用**(call-by-projection)【Zhang et al.，2009b】。按投影调用采用一种在线的投影技术来使消息内容达到最小，从而减少网络延迟。该方法的工作流程如下。首先，分析节点参数，检查节点是如何被远程函数使用的，即计算节点参数的**使用路径**(used paths)和**返回路径**(returned paths)。接下来，只有节点参数的后代，即那些被远程函数使用的节点，才会被串行化到请求消息中。与此同时，节点参数子树之外的节点也会根据需要被添加到请求消息中。例如，如果远程函数作用于节点参数的上一步，父节点也需要被串行化。同样的分析过程也可以应用在函数的结果上，从而远程站点可以根据需要在响应消息中添加或删除节点。可以看到，按投影调用语义不仅保留了 XML 节点参数的唯一性和结构性(使得 XQuery 表达式可以访问远程节点子树之外的节点)，而且极小化了消息的大小。

例 17.20 图 17.23 给出了按投影调用语义在消息大小和内容上的影响。

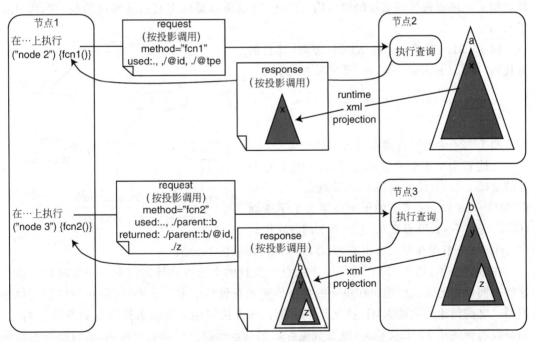

图 17.23 在 XPRC 中的按投影调用的参数传递语义

在图 17.23 的上半部分，节点 1 对节点 2 中函数 fcn1() 执行 XRPC 调用，结果是包含一棵很大子树的节点<x>。使用按投影调用，首先分析查询(假设调用 fcn1() 是一个更复杂查询的一部分)，检查 fcn1() 的结果是否用于查询的后续步骤。假设只使用<x>中的 id 和 tpe 属性。这些信息包含于请求消息之中(表示为图中第一个请求信息中的"used:.,./@

id,. /@tpe")。在节点 2 上,串行化响应消息之前,使用过的路径被应用到 fcn1() 的结果上计算〈x〉的投影,这一结果仅包含〈x id="…"tpe="…"/〉。最后,串行化经过投影的节点〈x〉,产生更小(与串行化整个节点相比)的响应消息。

在图 17.23 的下半部分,节点 1 对节点 3 中函数 fcn2() 执行一个 XRPC 调用,结果是包含一棵大子树的节点〈y〉。从第二个请求信息可以看出,包含调用的查询需要访问〈y〉的节点 parent::b(显示为 "used:. ,. /parent::b"),返回属性节点 parent::b/@id 和〈y〉的〈z〉孩子节点(显示为 "returned:. /parent::b/@id,. /z")。由于 parent 步骤,此调用不能使用按值调用处理。

上文最后给出的查询传输方法侧重于 XML 数据库水平或垂直分片的查询分解【Kling et al. ,2010】。这项工作仅能处理 XPath 查询,但不能处理我们前面讨论过的完全 XQuery 分解带来的复杂问题。这里仅考虑垂直分片这种更有意思的情况(水平分片相对简单)。该方法首先将全局查询表示为 QTP 的形式(称为 GQTP),并根据数据模式图得到一组子查询(即本地 QTP,称为 LQTP),每个子查询由匹配到同一片段条目的模式节点组成。考虑两个节点:节点 a 对应片段 f_i 中的一个文档节点,节点 b 对应片段 f_j 中的一个文档节点。从节点 a 到节点 b 的子边替换为(1)边 $a \to P_k^{i \to j}$ 和(2)边 $RP_k^{i \to j} \to b$。代理节点和根代理节点具有相同的 ID,因此他们能够在 a 和 b 之间建立连结。节点 a 和 b 被标记为抽取点,原因在于它们需要与本地 QTP 的结果连结,从而生成最终的结果。至于文档分片,QTP 构成一棵连结了代理和根代理节点的树结构。因此,可以很容易地定义通常所说的根、父,以及孩子 QTP。

例 17.21　考虑下面的 XPath 查询,其目的是找到 "William Shakespeare" 撰写图书的引用:

```
/author[name[.//first='william' and
    last='Shakespeare']]//book//reference
```

图 17.24 给出了查询可以表示的全局 QTP。

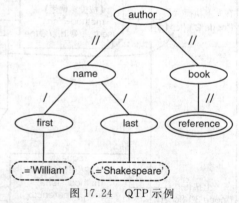

图 17.24　QTP 示例

上述查询分解建立在例子 17.18 中垂直分片的基础上的,其结果是 author 节点在一个子查询(QTP-1)中,name 节点的子树在第二个子查询(QTP-2)中,book 节点在第三个子查询(QTP-3)中,reference 节点在第四个子查询(QTP-4)中,详见图 17.25。

在该方法中,每个 QTP 对应一个站点上执行的本地查询计划。下一小节将讨论执行这些查询计划的优化问题。在单一的数据传输和查询传输方法之外,还存在着混合的执行模型。之前讨论的主动 XML 就是其中一例。该方法将函数及函数操作的数据进行打包,当函数遇到主动 XML 文档时,就在数据存放的站点远程执行函数。然而,函数执行的结果可能需要传送到主动 XML 所在的站点上(即数据传输),以方便后续的处理。

17.4.4.2　局部化和剪枝

正如第 3 章讨论到的,局部化和剪枝的首要目标是减少不必要的工作,确保分解后的查询仅在和结果相关的数据分片上执行。我们不妨回顾一下:局部化将全局关系表替换为**局部化程序**(localization program),局部化程序给出了全局关系如何由其片段重建,并产生原

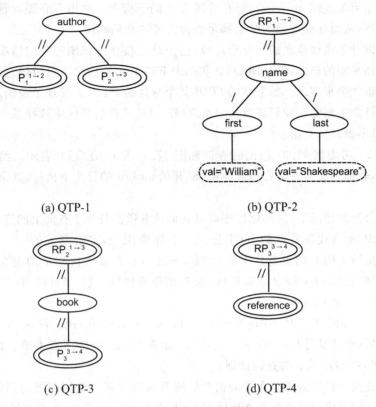

(a) QTP-1　　　　　　　　　(b) QTP-2

(c) QTP-3　　　　　　　　　(d) QTP-4

图 17.25　分解后的子查询

始查询计划。接下来,使用代数等价规则来重新安排查询计划,其目的是在每个片段上执行尽可能多的代数操作。当然,对于不同类型的分片局部化程序也是不同的。这里我们将采用同样的方法,除非出现由于复杂 XML 数据模型和 XQuery 语言而导致的 XML 数据库更为复杂的情况。正如前文指出,具备完整 XML 数据模型功能的分布式 XQuery 查询的执行问题还没有找到通用的解决方法。因此,为了具体地说明局部化和剪枝技术,本节仅考虑一个有限的查询模型和一个由【Kling et al.,2010】提出的方法。

该方法中需要一组假设。首先,查询计划由 QTP 表示,而非算符树。第二,查询可以有多个抽取点(即查询结果由多个节点的元组组成),这些抽取点来自同一个文档。最后,与 XPath 中的情况类似,查询中的结构性约束不考虑多个文档中的节点。尽管有局限,该模型已经足够表示一大类 XPath 查询了。

首先考虑水平分片的 XML 数据库。基于前面给出的水平分片定义和查询模型,局部化程序是所有分片的并集——与关系数据库中的情况类似。具体来说,给定数据库 D 的水平分片 $F_H = f_1, \cdots, f_n$

$$D = \bigcup_{f_i \in F_H} f_i$$

不过,更有趣的是分片数据库上查询结果的定义,即原始分布式计划。如果 q 是未分片数据库 D 和 F_H 上的查询计划,原始计划 $q(F_H)$ 定义为

$$q(F_H) := \text{sort}(\bigodot_{f_i \in F_H} q(f_i))$$

其中⊙表示结果的连结,q_i 表示执行在片段 f_i 上的子查询。这里有必要对每个片段返回的结果进行排序,从而保证返回的结果满足查询需要的全局顺序。

原始查询计划需要依次访问每个片段,这正是剪枝技术试图避免的情况。由于查询和分片谓词使用相同的格式表示(即 QTP 和多个 FTP),剪枝的执行可以通过遍历树结构,检查是否有逻辑冲突来实现。如果在 QTP 和某个分片的 FTP_i 上发现了逻辑冲突,该分片可以从分布式计划中删除。我们可以从一组 XML 树模式评估算法中选择某一个算法来实现该过程,本章不做具体介绍。

例 17.22　考虑例 17.21 给出的查询和图 17.24 显示的 QTP 表示。给定例 17.17 中的水平分片,查询很显然只需要包含姓由"S"开始 author 的分片上执行,其余的分片都可以剪掉。

在垂直分片的情况下,局部化程序可以近似地看做是分片子查询上的连结操作,连结谓词在一对代理/远程代理节点的 ID 上定义。具体来说,给定查询 q 的一组本地查询计划 $P=\{p_1,\cdots,p_n\}$,文档 D 的垂直分片 $F_v=\{f_1,\cdots,f_n\}$(f_i 表示与 p_i 对应的垂直分片),原始计划可以递归地定义如下:给定 $P'\subseteq P$,$G_{P'}$ 为 P' 的垂直执行计划,当且仅当:

(1) $P'=\{p_i\}$ 且 $G'_P=p_i$,或者

(2) $P'=P'_a\bigcup P'_b$,$P_a\bigcap P_b=\emptyset$;$p_i\in P_a$,$p_j\in P_b$,$p_i=\text{parent}(p_j)$;$G_{P'}$ 和 $G_{P'_b}$ 分别是 P'_a 和 P'_b 的垂直执行计划,而且满足 $G_{P'}=G_{P'_a}\bowtie_{p^{i\rightarrow j}_*=RP^{i\rightarrow j}_*}G_{P'_b}$ 如果 G_P 是 P(即所有本地查询计划)的垂直执行计划,则 $G_q=G_P$ 是 p 的查询计划。

一个垂直查询计划需要包含查询相关的所有本地计划。正如前面递归定义所强调的,单一的本地计划的执行计划就是本地计划本身(条件 1)。对于一个本地计划的集合 P',我们假设 P'_a 和 P'_b 是 P' 的两个不相交的子集,并保证 $P'_a\bigcup P'_b=P'$。当然,需要保证 P'_a 包含 P'_b 中一些本地计划 p_j 的父本地计划 p_i。进而,P' 的执行计划可以定义为连结 P'_a 和 P'_b 的执行计划,连结谓词是比较两个分片中代理节点的 ID(条件 2)。这个过程也称为跨片段连结【Kling et al.,2010】。

例 17.23　假设 p_a,p_b,p_c 和 p_d 分别表示图 17.25(a)、(b)、(c)和(d)中 QTP 的本地计划。初始的垂直方案由图 17.26 给出,其中 QTP_i:P_j 表示 QTP_i 上的代理节点 P_j。

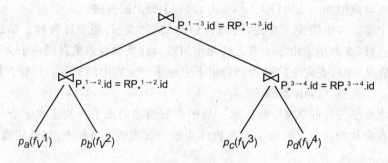

图 17.26　初始垂直计划

如果全局 QTP 不能到达某个片段,那么从本地 QTP 得到的局部化计划就不能访问该片段。局部化技术由此可以去掉一些垂直分片。之前介绍的部分函数计算方法与此类似,同样是为了避免访问不必要的片段。然而,如例 17.23 所示,即便中间片段上没有约束,也需要访问它们。本例中,我们需要计算 QTP_3,因此要访问分片 f_v^3(尽管查询中没有与该片

段相关的谓词),其目的是确定,例如,分片 f_V^3 中的根代理节点 $RP_3^{1\rightarrow4}$ 是 f_V^1 中代理节点 $P_*^{1\rightarrow4}$ 的后代。

一种剪枝策略是在代理/根代理节点中存储信息,从而可以为任意根代理节点找到所有的祖先代理节点【Kling et al.,2010】。存储信息的简单方法是使用 Dewey 数字编码,为每对代理生成 ID。给定编码,就可以为 f_V^3 中的任意根代理节点确定 f_V^1 中的哪些节点是它的祖先。同时,也使不通过访问 f_V^2 或计算本地 QTP_3 而回答查询变为可能。这种方法的好处有两点:一方面减少了中间片段的负载(由于它们不必访问),另一方面减少了计算中间结果和连结中间结果的代价。

介绍上述数字编码方案如下:

(1) 如果文档片段在根分片中,分配此段片中的代理节点和其他段片中对应的根代理节点简单的数值 ID。

(2) 如果文档片段的根节点是根代理节点,它每个代理节点的 ID 需要以根代理节点的 ID 为前缀,并在后面加上为其分配的唯一的数字 ID。

例 17.24 考虑图 17.21 中的垂直分片。使用代理/根代理节点对和恰当的数字编码方案,可以得到图 17.22 中的结果分片。根片段 f_V^1 中的代理节点进行了简单编码;分片 f_V^2,f_V^3 和 f_V^4 由以根代理为根的文档片段组成。然而,只有分片 f_V^3 包含代理节点,需要恰当的编码。

如果所有的代理/远程代理对都根据上述方案进行编码,当代理节点的 ID 是根代理节点 ID 的前缀时,片段中的根代理节点就是另一片段中代理节点的后代节点。当对查询模式进行评估时可以使用这一信息从分布式查询计划中去除本地计划:当本地 QTP 既不包含值或结构约束,又不包含抽取点节点(除非它们和代理相对应)时,这些本地 QTP 可以从分布式查询计划中去除。这些 QTP 仅在决定一些片段中的根代理节点是否是第三个分片中代理节点的后代时才需要,这能从 ID 里推断出来。

例 17.25 图 17.26 中的初始查询计划被剪枝为图 17.27 中的查询计划。

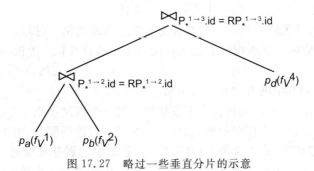

图 17.27 略过一些垂直分片的示意

17.5 本章小结

万维网已经变为重要的数据和文档库,越来越具研究价值。之前提到,对于万维网数据的处理并没有一个统一的架构。本章针对三个问题作了介绍:万维网搜索、万维网查询和分布式 XML 数据管理。即便是在这三个领域,也存在着很多开放性问题。

还有很多问题亟待研究，包括：面向服务的计算、万维网数据集成、万维网标准等。一些问题已经解决，但更多的问题还正在研究之中。由于本章不能覆盖到所有的问题，因此仅挑选了与数据管理相关的内容进行介绍。

17.6   参考文献说明

与万维网相关的文献有很多，它们各有侧重。以万维网数据仓库入手的研究参见【Bhowmick et al.，2004】。【Bonato，2008】主要讨论了如何将万维网建模成图结构，并研究如何利用图结构。早期万维网查询语言的工作参见【Abiteboul et al.，1999】。有很多与XML 相关的书籍，不妨从【Katz et al.，2004】开始阅读。

万维网搜索问题的综述性文章参见【Arasu et al.，2001】，17.2 节也参考了它的很多内容。在 17.4.1 节和 17.4.2 节中，本书参考了【Zhang，2006】第 2 章的内容。分布式 XML 的探讨参考了【Kling et al.，2010】，并使用了【Zhang，2010】第 2 章的一些内容。

练   习

17.1(**)   考虑图 17.28 中的图结构。节点 P_i 称为节点 P_j 的一个引用，当且仅当存在一条从 P_j 到 P_i 的边（$P_j \rightarrow P_i$），且存在一个节点 P_k 满足 $P_i \rightarrow P_k$ 和 $P_j \rightarrow P_k$。

(a) 指出图 17.28 中的每个节点的引用节点。

(b) 使用【Adler and Mitzenmacher，2001】中为每个引用节点给出的公式，计算压缩每个节点的代价。

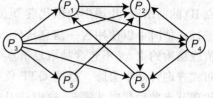

图 17.28　练习 17.1 的配图

(c) 假设(1)为每个节点只选择一个引用节点，并且(2)在最终结果中不存在环路引用，找到最优的一组引用节点来使压缩达到最大化。（提示：可以创建根节点 r，使图中的所有节点指向 r，进而使用以下公式计算以 r 为根的最小生成树，
$$r(cost(P_x, r) = \lceil \log n \rceil * out\_deg(P_x)))$$

17.2   万维网搜索和万维网查询有什么不同？

17.3(**)   考虑图 17.4 中的通用搜索引擎架构。为一个网站提出一个架构，该架构能够在一个无共享集群中实现图中所有的部件，并提供万维网服务，用来支持大规模万维网文档、大规模索引，和大量的万维网用户。定义如何划分页面目录中的网页和索引，并为其做副本。从可扩展性、容错性和性能的角度讨论提出架构的优点。

17.4(**)   考虑练习 17.3 中的方案。现给定从客户端来的关键词查询，为每条查询提出一种并行执行策略对结果网页进行排序，并对网页做出概要。

17.5(*)   为了提高不同地理区域访问的局部性和效率，扩展习题 17.4 中的网站架构，支持多个站点，网页在多个站点中保存副本。定义如何为网页做副本。同时定义用户查询如何定位到网站上。从可扩展性、实用性和性能的角度讨论提出架构的优点。

17.6(*)   考虑练习 17.5 中的方案。考虑从客户端到万维网搜索引擎的一条关键词查询。

为查询提出一个并行执行策略,对结果网页进行排序,并对网页内容作出概要。

17.7(**)　考虑一个建模成树的 XML 文档,给出一个算法可以匹配简单的 XPath 表达式,该表达式仅包含子轴,不包含分支谓词。例如,/A/B/C 需要返回所有 C 的元素,其中 C 为元素 B 的某些孩子,而 B 又是根元素 A 的某些孩子。注意:A 可能包含除了 B 之外的孩子元素,B 也可能包含除了 C 之外的某些孩子元素。

17.8(**)　考虑两个万维网数据源,分别建模成关系表 EMP1(Name,City,Phone) 和 EMP2(Firstname,Lastname,City)。对关系表进行数据模式集成,生成视图 EMP(Firstname,Name,City,Phone),其中 EMP 的任何属性都来自 EMP1 或 EMP2 中,其中 EMP2.Lastname 被重命名为 Name。讨论这种集成方式的局限性。给出 EMP1 和 EMP2 上对应的 XML 模式定义。提出一种继承了 EMP1 和 EMP2 的 XML 模式,并避免 EMP 带来的问题。

17.9　考虑图 17.29 中的 QTP 和一组 FTP,以及图 17.20 中的垂直分片模式。找出那些被 QTP 分布式查询计划排除在外的分片。

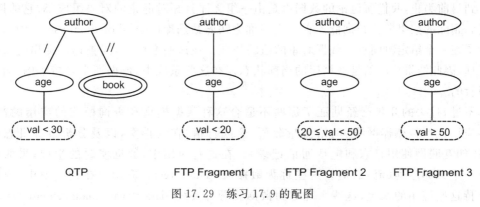

图 17.29　练习 17.9 的配图

17.10(**)　考虑图 17.30 中的 QTP 和 FTP。可以将 FTP 定义的分片排除在 QTP 的查询计划之外吗? 请解释。

17.11(*)　对图 17.31 中的 QTP 进行局部化,基于图 17.20 中给出的垂直分片模式。

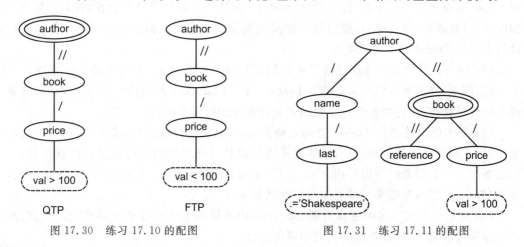

图 17.30　练习 17.10 的配图　　　　　图 17.31　练习 17.11 的配图

17.12(**)　当计算练习 17.11 中的查询时,可以使用 Dewey 方法略过某些分片吗? 请解释。

第 18 章　前沿研究：流数据和云计算

本章将讨论在数据管理中两个越来越重要的领域。这两个领域分别是数据流管理（18.1 节）和云计算（18.2 节）。近来，这两个领域已经受到了人们的高度关注。它们仍然在不断发展中，并且有可能会对商业带来巨大的影响。在这一章里，我们将扼要地介绍和这样的系统有关的研究进展，并讨论潜在的研究方向。

18.1　数据流管理

到目前为止，我们所讨论的数据库是由一组无序且相对静止的对象组成，对它的插入、更新和删除的频率要比查询低。有时它们称为**快照数据库**（snapshot databases），因为它们展示了在一个给定时间点上数据对象的值的快照。在这些系统里，当查询被提出时就被立即处理，因此结果反映的是数据库的当前状态。在这些系统中，数据通常是持续的，而查询是短暂的。

不过，过去的几年已经见证了那些不适合这种数据模型和查询模式的应用的产生。这些应用包括传感器网络、网络流量分析、金融行情、在线拍卖，以及分析事务日志的应用（比如互联网使用日志和电话通话记录）。在这些应用中，数据实时的生成，采取的形式是一个无界序列（流）的值。这些称为**数据流**（data stream）应用。在这一节中，我们讨论支持这些应用的系统，这些系统称为**数据流管理系统**（data stream management systems）（DSMS）。

对数据流模型的一个基本假设是，新数据持续且按固定顺序产生，尽管到达速率可能根据不同的应用而变化，从一秒几百万个数据项（比如，因特网流量检测），到每小时几个数据项（比如，从温度监测站所获得的温度和湿度）。流数据的顺序可能是隐式的（到达处理站点的时间）或显式的（生成时间，源的每个数据项附加的一个**时间戳**（timestamp））。这些假定使得 DSMS 会面临如下的新需求。

（1）DSMS 的大部分计算是基于推送的，或是数据驱动的。新到来的流数据项被持续地（或周期地）推送到系统中来处理。相反，一个 DBMS 大多使用的是基于拉取的，或是查询驱动的计算模型，它的处理是当提出查询初始化的时候开始的。

（2）作为以上的结果，DSMS 查询是**持久**（persistent）的（也称为连续、长期或持续的查询）。即查询是一次性提出，但有可能在系统中很长时间周期内保持活跃。这意味着，一个流的更新结果会随着时间进行而产生。对照来看，DBMS 处理一次性的查询（提出一次，接着就"被忘记"了），其结果通过数据的当前状态来计算。

（3）在一个持久查询的**生命周期**（lifetime）内系统的条件不可能保持稳定。比如，流的到达速率可能波动，并且查询的负载也可能变化。

（4）一个数据流假定是无界的，或者至少长度未知。从系统的角度来看，不可能在 DSMS 中存储一个完整的数据流。从用户的角度来看，最近到达的数据很可能更准确或更有用。

（5）新的数据模型，为了反映流有序并且查询是持久的事实，需要为 DSMS 建立所需的查询语义和查询语言。

产生数据流的应用在它们所执行的操作类型上有很多相似性。我们在下面列举了一系列在流数据上的连续查询操作。

- **选择**：所有的流应用需要对于复杂过滤器的支持。
- **嵌套聚合**：复杂聚合，包括嵌套聚合（比如，一个最小值和一个运行的平均值进行比较）需要用来计算数据中的趋势。
- **多路复用和多路分解**：物理流可能需要被分解成一系列逻辑流，而逻辑流可能需要融合成一个物理流（分别和分组、并集相类似）。
- **频繁项集查询**：也称为**前 k 名或阈值**（top-k or threshold）查询，它的结果取决于截止条件。
- **流挖掘**：在线挖掘数据流的所必需的操作，诸如模式匹配、相似度查询和预测。
- **连结**：必须支持多流的连结，以及流和静态元数据的连结。
- **窗口化查询**：所有以上查询可能被限定在一个窗口内返回查询结果（比如，最近 24 小时或最后 100 个数据包）。

已经提出的数据流系统和图 18.1 中所示的抽象架构很类似。一个输入监控器调控输入速率，在系统不能承受的时候，可能会丢弃一些项。数据通常存储在三个分区中：临时工作存储（比如，马上讨论的窗口查询），流概要的汇总存储，以及元数据的静态存储（比如，每个源的物理位置）。长期运行的查询在查询资源库中注册，并且为了共享处理而把它们放置在不同的分组里，当然也可能提出一次性的对当前流状态的查询。查询处理器和输入监控器进行通信，并重新优化查询计划，以应对变化的输入率。结果以流的形式返回给用户，或暂时加以缓存。随后，用户可能会在最新结果的基础上，精化他们的查询。

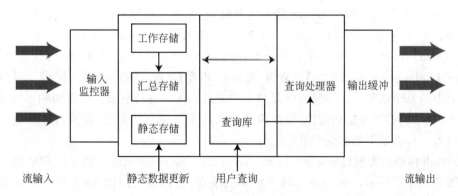

图 18.1 数据流管理系统的抽象参考架构

18.1.1 流数据模型

一个数据流是一种有序到达的、只可以附加、带时间戳的项的序列【Guha and McGregor，2006】。除了这一多数人公认的定义外，还有一些不太严格的说法；比如，**修订元**

组(revision tuples),可理解为用以替代之前所报告(可能是错误的)的数据【Ryvkina et al.,2006】,它的序列不是那种仅仅可以附加的类型。在发布/订阅系统中,数据由一些源产生,并被那些订阅了这些数来源的第三方所消费,一个数据流可以看成是一个持续报告的事件序列【Wu et al.,2006】。由于数据项可能突发性的到来,一个流可能被建模为一个元组(或包)集合的序列【Tucker et al.,2003】,而每个集合存储了在同一时间单元内到达的元素(在同一时间到达的元组间并没有特定的顺序)。在基于关系的流模型中(比如,STREAM【Arasu et al.,2006】),单个的项采用了关系元组的形式,使得同一个数据流所到达的元组都具有相同的模式。在基于对象的模型中(比如,COUGAR【Bonnet et al.,2001】和 Tribeca【Sullivan and Heybey,1998】),源和项类型可能是(层次式)数据类型及相关方法的实例化。流项目可能包含源所指定的明确的时间戳,或是由 DSMS 所指定的隐式的到达时间戳。在这两种情况中,时间戳属性可能是流模式的部分,也可能不是;因此对用户可能是可见的,也可能不可见。流项目可能没有按照顺序到达(如果使用显式时间戳),并且/或是以预处理过的形式到达。比如说,可能产生一个值(或一些预先聚合的部分值)来概括两个 IP 地址之间一个连结的长度和传输的字节数,而不是传播每个 IP 包的包头。这便产生了如下可能的模型【Gilbert et al.,2001】。

(1) **无序出纳机**(Unordered cash register):从不同域所到来的单个的项没有特定的顺序,且没有任何的预处理。这是最一般的模型。

(2) **有序出纳机**(Ordered cash register):不同域的单个的项没有预处理过,但是以已知的顺序到来,比如,时间戳顺序。

(3) **无序聚合**(Unordered aggregate):相同域的单个的项被预处理过,且每个域只有一个项以无序的方式到达,比如,每个 TCP 连结的一个包。

(4) **有序聚合**(Ordered aggregate):相同域的单个的项被预处理过,每个域有一个项是按已知的顺序到达,比如,按照每个 TCP 连结结束时间的递增顺序、每个连结一个包。

如前所述,无界流不能在 DSMS 的本地存储,且在任何给定的时刻,感兴趣的只有流的最近摘要。总的来说,这可以通过一个**时间衰减模型**(time-decay model)【Cohen and Kaplan,2004;Cohen and Strauss,2003;Douglis et al.,2004】来完成,它同样称为**遗忘**(amnesic)【Palpanas et al.,2004】或**衰退**(fading)模型【Aggarwal et al.,2004】。时间衰减模型对流中的每个项用一个不随时间而减小的缩放因子来进行衰减。指数的和多项式的衰减是两个例子,它们都是窗口模型,窗口内的项被给予了完全的考虑,而窗口外的项被忽略掉。窗口可以根据如下的准则来进行划分。

(1) **端点移动的方向**(Direction of movement of the endpoints):两个固定的端点定义了一个**固定的窗口**(fixed window),两个滑动的端点(正向或反向的,随着新的项的到来替代旧的项)定义了一个**滑动窗口**(sliding window),而一个固定端点加一个移动端点(正向或反向)定义了一个**界标窗口**(landmark window)。根据两个端点是否是固定的,正向移动的,或是反向移动的,总共有 9 种不同的可能。

(2) **窗口大小的定义**(Definition of window size):逻辑的,或**基于时间**(time-based)的窗口通过一个时间区间来定义,而物理的窗口(同样称为**基于计数**(count-based)或**基于元组**(tuple-based)的)通过元组的数量来定义。此外,**分区窗口**(partitioned windows)把一个滑动窗口划分为组,并为每个组定义一个基于计数的窗口【Arasu et al.,2006】。最一般的类型是**谓词窗口**（predicate window），它使用任意一个谓词说明了窗口的内容；比如，TCP 连结中所有当前打开的包【Ghanem et al.，2006】。一个谓词窗口类似于一个物化的视图。

（3）**窗口中的窗口**（Windows within windows）：在**弹性窗口模型**（elastic window model）中，会给出最大的窗口大小，但是查询可能需要在最大窗口边界之内更小的窗口下运行【Zhu and Shasha，2003】。在 n 之 N **窗口模型**（n-of-N window model）中，最大的窗口大小是 N 个元组或时间单元，但是任何大小为 n 且有一个端点和大窗口端点共享的小窗口也是人们感兴趣的【Lin et al.，2004】。

（4）**窗口更新区间**（Window update interval）：一旦新元组到来，或是一个旧元组过期，积极的更新将使窗口向前推进。而批量处理（惰性更新）会诱导出**跳转窗口**（jumping window）。应该注意到，一个基于计数的窗口可能被周期性的更新，而一个基于时间的窗口可能在一定数量的新元组到达后被更新；它们称为**混合跳转窗口**（mixed jumping windows）【Ma et al.，2005】。如果更新区间比窗口的大小大，那么结果就是一系列不重叠的**飞行窗口**（tumbling windows）【Abadi et al.，2003】。

鉴于数据流无界的特性，DSMS 数据模型可能会包括底层分布的改变或漂移的表示【Kifer et al.，2004；Dasu et al.，2006；Zhu and Ravishankar，2004】，这样的分布会产生流项目的属性值。当我们在 18.1.8 节中讨论数据流挖掘时，我们会再次讨论这个问题。此外，在很多实际的情景中已经观察到，流的到达率和值的分布通常会表现出突发和偏斜的倾向【Kleinberg，2002；Korn et al.，2006；Leland et al.，1994；Paxson and Floyd，1995；Zhu and Shasha，2003】。

18.1.2　流查询语言

之前我们提到，流查询通常是持续的。因此，一个需要讨论的问题是，这些查询的语义是什么，也就是，它们如何生成答案的。持续查询可能是单调的，也可能是非单调的。一个**单调查询**（monotonic query）的结果可以增量更新的。换句话说，如果 $Q(t)$ 是一个在时间 t 查询的结果，那么给定两个在时间 t_i 和 t_j 执行的查询，对于 $t_j > t_i$，那么有 $Q(t_i) \subset Q(t_j)$。对于单调查询，可以如下定义：

$$Q(t) = \bigcup_{t_i=1}^{t} (Q(t_i) - Q(t_{i-1})) \bigcup Q(0)$$

也就是说，通过对新到来的项目执行查询，并把满足条件的元组附加到结果后【Arasu et al.，2006】就足可以得到新的结果。因此，一个单调持续查询的结果是一个连续、可附加的结果流。根据需要，结果可以通过附加一批新的结果来更新。已经证明，当且仅当一个查询是**非阻塞**（non-blocking）时，它是单调的。这意味着，我们不需要苦苦等待生成结果之前的输出结尾标记符【Law et al.，2004】。

非单调的查询（Non-monotonic queries）会随着新数据的增加和已有数据的更改（或删除）产生那些需要暂停下来、进行有效性检查的结果。因此，对于每个查询，它们需要从头开始计算，其语义如下所示：

$$Q(t) = \bigcup_{t_i=0}^{t} Q(t_i)$$

让我们来考虑 DSMS 中的语言的类型。有三种查询的范型：声明型的、基于对象的和过程型的。**声明型语言**(Declarative languages)有像 SQL 那样的语法，但是具有如上所述的特定的流语义。类似地，**基于对象的语言**(object-based languages)模仿 SQL 的语法，但是使用了针对 DSMS 特定的构造和语义，并且可能包含对流抽象数据类型(ADT)及相关方法的支持。最后，**过程型的语言**(procedural languages)通过使用不同的算子来定义数据流的方法和构造查询。

18.1.2.1　声明型语言

在这一类的语言包括 CQL【Arasu et al. ,2006；Arasu and Widom,2004a】、GSQL【Cranor et al. ,2003】和 StreaQuel【Chandrasekaran et al. ,2003】。我们在这里简要的讨论每一种。

连续查询语言(CQL)用在 STREAM DSMS 中，它包含了三种类型的算子：关系到关系(对应标准的关系代数算子)，流到关系(**滑动窗口**(sliding windows))以及关系到流。概念上，无界流通过滑动窗口的方式转换为关系，并根据当前滑动窗口的状态来计算查询结果，就如同是一个传统的 SQL 查询一样，而输出再被转换回流。有三种关系到流的算子——Istream、Dstream 和 Rstream——它们指定了输出的特征。Istream 算子返回在当前时间存在，但在当前时间减 1 的时刻不存在的一个关系的所有元组的流。因此，Istream 隐含了对单调查询进行增量处理。Dstream 返回了在给定关系中的一个元组的流，这些元组存在于上个时间单元，但却不存在于当前的时间点。概念上，Dstream 类似于为非单调查询生成负元组。最后，Rstream 算子将当前时刻的整个输出关系的内容转换为流，这对应于生成一个非单调查询的完整答案。Rstream 算子同样可以用在周期性的查询上，它产生一个由关系序列构成的输出流，其中的每个关系对应于不同时间点的答案。

例 18.1　计算两个基于时间、大小为一分钟的窗口的连结，可以按如下的查询执行：

```
SELECT Rstream(*)
FROM   S1 [RANGE 1 min],S2 [RANGE 1 min]
WHERE  S1.a=S2.a
```

在输入流名称后的 RANGE 关键词指定了一个流上基于时间的滑动窗口，而 ROWS 关键词可以用来定义基于计数的滑动窗口。　　　　　　　　　　　　　　　　◆

GSQL 用在 Gigascope 中，这是一个用来完成网络监控和分析的流数据库。每个算子的输入和输出是可组合的流。每个流需要有一个顺序的属性，比如时间戳或是包序列号。GSQL 包括了 SQL 的算子的一个子集，即选择，带分组的聚合，以及两个流的连结，连结的谓词必须包括有序的属性，以便形成一个连结窗口。**流合并**(stream merge)算子——这个在标准的 SQL 中是没有的——用来进行有序流的保序合并。这个算子在网络流量分析中很有用，其中多个链路的流量需要合并来分析。只有界标窗口可以直接得到支持，而滑动窗口可能要通过用户定义的函数来模拟。

StreaQuel 用在 TelegraphCQ 系统中，值得注意的是它的窗口能力。每个查询是用 SQL 语法表达的，并由 SQL 的关系算子的集合构造而成，其后是一个带有循环变量 i 的 for 循环结构。循环包括一个 WindowIs 语句，它指明了窗口的类型和大小。令 S 是一个流，并且令 ST 是一个查询的开始时间。为了描述一个 S 上的滑动窗口，其大小为 5，并且能运行 50 个时间单元,下面的 for 循环可以附加到查询上。

　　for(t=ST;t<ST+50;t++)

　　　　WindowIs(S,t−4,t)

可以通过将 WindowIs 语句中的 t−4 替换为常数,将查询改变为一个界标窗口。改变 for 循环递增条件为 t=t+5 会导致查询每隔 5 个时间单位重新执行。一个 StreaQuel 的查询输出包括了一个集合的时间序列,每个集合与查询在那个时间点上的结果集相对应。

18.1.2.2　面向对象的语言

　　面向对象流建模的一种方法是根据一个类型层次来对流的内容进行分类。这个方法用在 Tribeca 网络监控系统中,该系统将 Internet 协议层实现为层次的数据类型【Sullivan and Heybey,1998】。在 Tribeca 中的查询语言类似 SQL 的语法,但是接受一个单一流作为输入,并返回一个或多个输出流。所支持的算子限于投影,选择,整个输入流或滑动时间窗口上的聚合,多路复用和分用(分别对应并集和分组,除了算子不同的集合可能应用在多路分用的子流上),以及使用固定窗口的输入流连结。

　　另一种基于对象的建模方法是将源建模成 ADT,就如同 COUGAR 系统中管理传感器数据的办法【Bonnet et al.,2001】。每个传感器的类型被建模成一个 ADT,其接口包括了所支持的信号处理方法。所提出的查询语言有与 SQL 相类似的语法,并且包含了一个 \$every()语句以表示查询重执行的频率。然而,能在已出版的文献上找到的该语言的细节很少,因此在图 18.2 中并没有把它包括在内。

　　例 18.2　一个简单的查询,它每 6 秒运行一次,并返回从一个建筑的三楼中所有传感器所获取的温度,对它的描述如下:

```
SELECT  R.s.getTemperature()
FROM    R
WHERE   R.floor=3 AND $every(60)
```
◆

18.1.2.3　过程型语言

　　与声明型语言不同的另一种方式是让用户指定数据是如何流过系统的。在 Aurora DSMS 中【Abadi et al.,2003】,用户通过一个图形化接口构造查询计划。通过排列图形界面中对应查询算子的方框,将它们用有向的弧线连结在一起,以表示数据流。系统后续在优化阶段可能会重组、增加或移动这些算子。SQuAl 是 Aurora 中的方框-箭头查询语言,它接收流作为输入,并返回流作为输出(不过,静态的数据集可能通过**连结点**(connection points)合并到查询计划中【Abadi et al.,2003】)。在 SQuAl 中总共有 7 种算子,其中的 4 个是顺序敏感的。3 个顺序不敏感的算子是投影、并集和 map,最后的算子在流或窗口的每个元组上可以应用一个任意的函数。另外 4 个算子需要关于顺序的说明,它包括排了序的字段和一个松弛参数。后者定义了在流中最大的无序程度,比如,若松弛为 2,则意味着流中每个元组或者是遵从约定的排序,或者最多是两个位置或是两个时间单元偏离约定的排序。那 4 个顺序敏感的算子分别是缓冲排序(接收几乎是有序的流和松弛参数,输出有序的流)、窗口聚合(用户可以指定窗口推进及聚集重执行的频率)、二元带连结(连结时间戳的相隔最多为 t 个时间单元的元组),以及重新采样(通过插值法生成丢失的流的值,比如给定时间戳为 1 和 3 的元组,一个新的时间戳为 2 的元组的属性值可以用另外两个元组值的平均来表示。其他的重采样函数同样可行,比如,最大、最小、或是两个相邻数据值的带权平均)。

18.1.2.4 DSMS 查询语言的总结

所提到的 DSMS 查询语言总结在图 18.2 中,涉及的方面包括:允许的输入和输出(流或关系),新算子,所支持窗口类型(固定、界标或滑动),以及所支持的查询重执行频率(连续或周期)等。除了 SQuAl 之外,DSMS 查询语言的表面语法都和 SQL 类似,不过它们的语义都非常不同。CQL 的关系到流的算子允许最宽的语义;请注意,CQL 在它关系到关系阶段使用的是 SQL 的语义,而在流到关系和关系到流组件中则结合了流的语义。另一方面,GSQL、SQuAl 和 Tribeca 仅允许流作为输出,而 StreaQuel 持续(或周期)的输出整个结果集。依照表达的能力,CQL 几乎镜像了 SQL,因为 CQL 的核心算子集和 SQL 中的完全一样。此外,StreaQuel 相比 CQL 可以表达更宽范围的窗口。以流入流出模式运行的 GSQL、SQuAl 和 Tribeca 可以被看成是受到了 SQL 的局限,因为它们集中于增量,非阻塞的计算。特别地,GSQL 和 Tribeca 是面向特定应用的(网络监测),并且已经有非常高效的实现【Cranor et al. ,2003】。不过,尽管 SQuAl 和 GSQL 是流入/流出的语言,但是相比 SQL 损失了一些表达能力,而它们可以通过用户定义的函数来重获这样的能力。此外,值得注意的是 SQuAl 对诸如缓存,数据无序到达及超时的实时处理问题的关注。

语言系统	允许的输入	允许的输出	新算子	支持的窗口	执行频率
CQL/ STREAM	流和关系	关系序列	关系到流, 流到关系	滑动	连续和周期
GSQL/ Gigascope	流	关系	保存的并操作	界标	周期
SQuAl/ Aurora	流和关系	关系	重新采样,映射, 缓冲排序	固定,界标, 滑动	连续和周期
StreaQuel/ TelegraphCQ	流和关系	关系序列	WindowIS	固定,界标, 滑动	连续和周期
Tribeca	单一流	关系	多路复用, 多路解复	固定,界标, 滑动	连续

图 18.2　已提出的数据流语言的总结

18.1.3　流算子和它们的实现

尽管前面所讨论的流语言可能很像标准的 SQL,但它们的实现、处理和优化都提出了新的挑战。这一节我们着重于流算子和传统关系算子的差别,包括非阻塞行为、近似和滑动窗口。请注意,诸如投影和选择(不保存状态信息)这类简单的关系算子可以不加修改而直接运用在流查询中。

一些关系算子是阻塞的。比如,在返回下一个元组之前,嵌套循环连结(NLJ)可能会扫描整个内关系,并把当前外元组与它的每个元组进行比较。一些算子有非阻塞的部分,比如,连结【Haas and Hellerstein,1999a;Urhan and Franklin,2000;Viglas et al. ,2003;Wilschut and Apers,1991】和简单的聚集【Hellerstein et al. ,1997;Wang et al. ,2003c】。比如，流水线对称哈希连结【Wilschut and Apers，1991】为每个参与的关系即时的建立哈希表。哈希表存储在主存中，当其中一个关系的元组到达时，它将被插入到表中，并且探查其他表来寻找匹配的元组。也可以通过维护累积和以及项的数目，来增量的输出所有目前已经见到的项的平均值。当一个新的项到达时，项的计数被增加，新项的值加入到和中，并且通过将和除以计数来获得更新的平均值。如果一个算子需要太多的工作内存，便会产生内存约束的问题，因此一个窗口模式需要满足内存的要求。哈希已经用在开发基于 DHT 的 P2P 系统的哈希执行策略上【Palma et al.，2009】。

另一种打破查询算子阻塞的方法是对利用输入流的约束。模式级别的约束包括多流时间戳的同步，聚簇（连续的重复到来）以及排序【Babu et al.，2004b】。如果两个流已经有几乎同步的时间戳，一个在时间戳上的等值连结可以在有限的内存中执行：可以设置一个**置乱边界**（scrambling bound）B，使得如果一个时间戳为 τ 的元组已经到达，那么此后将不会有时间戳大于 $\tau-B$ 的元组到来【Motwani et al.，2003】。

在数据层的约束可以用控制包的形式插入到流中，这称为**标记符**（punctuations）【Tucker et al.，2003】。标记符指明对于所有未来项的约束条件（按数据项的样子编码）。比如，一个到达的标记符的可以声明所有接下来的项的属性 A 的值会大于 10。这个标记符可以用来部分解除 A 上的 group-by 查询的阻塞，因为我们可以确认所有 $A \leqslant 10$ 的分组在后续的流的时间内都不会改变，除非是另一个标记志符到达并给出了不一样的约束。标记符同样可以用来同步多个流，因为一个源可以发送一个标记符来声明它不会产生任何时间戳小于 τ 的元组【Arasu et al.，2006】。

如上所述，打破一个查询算子的阻塞可以通过以增量的形式将它重新实现加以解决，或者是限制它只能执行在窗口上（后面会有更多的介绍），以及利用流的约束。然而，可能存在这样的一些情况，某些算子可能会不存在或很难实现它的增量版本，或是一个滑动窗口太大而无法放置在主存中，或是没有合适的流约束。在这些情况下，可以存储简洁的流概况，然后在概况上执行近似查询。这意味着在准确性和存储概况所用的内存容量之间要做出权衡。另外一个限制就是每个项的处理时间必须很短，特别是当输入以高速率到达时更是如此。

计数方法主要用来计算数量和频繁项集，通常存储所选定的项的类型（通过抽样来选择）的频率计数，以及与它们真实频率的误差界限。哈希法同样可以用来概括一个流，特别是当查找频繁项时——每个项的类型可能通过 n 个不同的哈希函数哈希到 n 个桶上，如果所有的哈希桶都很大，则可能是潜在的频繁流。抽样是一种广为人知的数据简化技术，可以用来计算在一个已知误差界限内不同查询。然而，一些查询（比如，在一个流中找到最大的元组）用抽样可能并不可靠。

梗概最初由【Alon et al.，1996】提出，已经用在不同的近似算法中。令 $f(i)$ 为值 i 在一个流中出现的数目。一个数据流的梗概的创建是将 f 与一个随机值向量进行内积计算得出的，该随机值向量是从一个已知期望的一些分布中选择出的。此外，小波变换（将信号简化为系数的小集合）已经用在无限流的近似聚集中。

这节最后，我们讨论下窗口算子。滑动窗口算子处理两种类型的事件：新元组的到达和老元组的过期；决定元组什么时候过期的正交问题会在下一节中介绍。到达和过期所执行的操作会根据算子的变化而变化【Hammad et al.，2003b；Vossough and Getta，2002】。

一个新的元组可能会产生新的结果（比如，连结）或移除上一个生成的结果（比如，非操作）。此外，一个过期的元组可能会引起一个或多个元组从结果中的删除（比如，聚集），或是新元组在结果中的增加（比如，去重和非操作）。另外，那些必须对过期元组做出反应的算子（通过产生新结果或使已有结果无效）会立即执行状态清洗（比如，去掉重复，聚集和非操作），而其他的则可能立即或延迟做这些操作（比如，连结）。

在一个滑动窗口连结中，一个输入流上新到达的元组将引起探查另一个输入的流状态，如同在一个无界流上做连结一样。此外，过期的元组将从状态中被移除【Golab and Özsu，2003b；Hammad et al.，2003a，2005；Kang et al.，2003；Wang et al.，2004】。只要能够辨别旧的元组，并在处理中跳过，过期检查就可以周期性（延迟）的完成。

当新元组到达和旧元组过期时，在一个滑动窗口上的聚集会更新它的结果。在很多情况下，尽管所选的元组可能有时很早被移除，哪怕它们的过期被保证不会影响结果，都需要存储整个窗口，这主要是出于对过期元组的考虑。比如说，当计算 MAX 时，如果在窗口中有另一个时间戳更早元组的值大于v，那么当前值为v元组不需要存储。此外，为了实现增量计算，聚集算子会存储当前的结果（对分布式和代数聚集），或出现在窗口中唯一值的频率计数（对于整体聚集）。比如说，计算 COUNT 需要存储当前的数目，当一个新元组到来时增加它的值，而当元组过期时减少它。在这种情况下，和连结算子不同，必须立即处理过期问题，从而可以立即返回最新的聚集值。

当一个输入的元组过期时，在滑动窗口上的重复的消除同样可能产生新输出。这发生在以下情景：一个值为v的元组在输出流上产生，后来却在它的窗口过期，而此时却仍有其他值为v的元组存在于窗口之中【Hammad et al.，2003b】。另外，如同在 STREAM 系统中的情况，只要至少有一个值为v的元组出现在窗口中，重复消除可能会产生一个特定值为v的单一结果元组，并把它保留在输出流上。在这两种情况下，必须立即处理过期问题，这样才能随时保持正确的结果。

最后，两个滑动窗口的非操作，$W_1 - W_2$，可能产生假元组（比如，一个值为v的 W_2 的元组的到达会导致结果中一个之前值为v的元组的删除），也可能会产生由 W_2 元组过期所带来的新结果（比如，如果一个值为v的元组从 W_2 上过期，会引起一个值为v的 W_1 元组需要附加到输出流中【Hammad et al.，2003b】）。也有一些实现保序的非操作的方法，但这部分内容已经超出了本章的范围。

18.1.4　查询处理

现在来讨论在 DSMS 中处理查询相关的问题。总的处理和在关系系统中类似：声明型的查询被翻译为执行计划，由该计划将查询中指定的逻辑算子翻译为物理的实现。目前我们假定输入和算子状态能放置在主存中；我们会在后面讨论基于磁盘的处理。

18.1.4.1　排队和调度

DBMS 算子都是基于拉取的，而 DSMS 算子则消耗那些由源推送到计划中的数据。

队列支持在出现数据的需求时，把源数据推送到查询计划和算子中【Abadi et al.，2003；Adamic and Huberman，2000；Arasu et al.，2006；Madden and Franklin，2002；Madden et al.，2002a】。一个简单的调度策略是，在算子从它输入队列中提取元组过程中，

为每个算子分配一个时间片,按时间戳顺序处理它们,并将结果元组放置到下一个算子的输入队列中。时间片可以是固定的,也可以根据一个算子输入队列的大小或处理速度来计算。一个可行的改进方法可以同时调度由多个算子处理的一个或多个元组。总的来讲,在选择调度策略时,有一些需要考虑的冲突标准,包括在突发流到达模式下的队列大小【Babcock et al.,2004】,输出元组的平均或最大延迟【Carney et al.,2003;Jiang and Chakravarthy,2004;Ou et al.,2005】,以及相对新数据到达而言,报告结果的平均或最大延迟【Sharaf et al.,2005】。

18.1.4.2 决定何时元组过期

如 18.1.3 节中所述,除了离队和处理新元组,滑动窗口算子必须从它们的状态缓冲中移除旧元组,并尽可能更新它们的结果。从一个基于时间的单一窗口中实现过期是简单的:如果一个元组的时间戳落在了窗口范围以外,它就过期了。也就是说,当一个时间戳为 ts 的新元组到达时,它会接收到另一个称为 exp 的时间戳,它用于表示 ts 加上窗口长度的它的过期时间。实际上,每个在窗口中的元组可以和一个具有生命周期的长度区间所关联,这个区间的大小就是窗口的大小【Krämer and Seeger,2005】。现在,如果这个元组和从另一个窗口所来的元组进行连结,其插入和过期的时间戳分别是 ts′ 和 exp′,那么结果元组的过期时间戳被设置为 $\min(\exp, \exp')$。也就是说,一个组合的结果元组会因为它的一个组成元组在自身窗口的过期而过期。这意味着不同的连结结果可能有不同的生命周期,而更进一步讲,一个连结结果的生命周期可能比窗口大小更短【Cammert et al.,2006】。此外,如上所述,非操作算子可能会通过生成假元组,来强制一些结果元组早于它们 exp 时间戳过期。最后,如果一个流不被限制在一个滑动窗口中,那么每个元组的过期时间就是无限的【Krämer and Seeger,2005】。

在一个基于计数的窗口中,元组的数目一直保持为常数。因此,过期可以通过用新到达的元组来覆盖最旧的元组得到实现。不过,如果一个算子存储了一个与基于计数窗口连结的输出相对应的状态,那么状态中元组的数目可能会依据新元组的连结属性值而改变。在这种情况下,必须使用假元组明确的指明过期问题。

18.1.4.3 滑动窗口上的连续查询处理

在滑动窗口查询处理和状态维护上,有两种技术:假元组方法和直接方法。在假元组方法中【Arasu et al.,2006;Hammad et al.,2003b,2004】,每个查询中引用的窗口被分配一个算子,这个算子除了将新到来的元组推送到查询计划中,还显式的为每次过期生成一个假元组。因此,每个窗口必须进行物化,以使得能够产生适当的假元组。这种方法泛化了假元组的意义,原来它仅仅由非操作产生,以表示一个结果元组因为它不再符合非条件而过期;现在,它被用来显式的标志所有的过期。假元组通过查询计划进行传播,并以普通元组同样的方法进行处理,但它们会导致算子从它们的状态中移除对应"真的"元组。假元组方法可以使用哈希表作为算子状态来高效的实现,使得过期元组可以被快速的查询,以回应假元组。从概念上讲,这个和在 DBMS 中索引一个表,或是为了加速插入和删除在主键上物化的视图是类似的。不过,消极的一面是,由于每个元组最终一定会从它窗口过期,并产生一个对应的假元组,因此每个元组必须被查询处理两次。此外,附加的算子也必须随着窗口的滑动而出现在计划中,以产生假元组。

直接方法在基于时间的窗口上处理没有非操作的查询【Hammad et al.,2003b,2004】。

这些查询有个特性是，基元组和中间结果的过期时间可以通过它们的 exp 时间戳来决定，18.1.4.2 节讨论过这一问题。因此，算子可以直接访问它们的状态，并不借助假元组来找到过期的元组。直接方法并不会带来假元组的开销，并且不需要在查询中引用基窗口。然而，对于在多窗口上的查询，它可能比假元组方法要慢一些【Hammad et al.，2003b】。这是因为状态缓冲的直接实现可能需要在插入和删除中的顺序扫描。比如，如果状态缓冲是由到达时间来排序的，那么插入就很简单，但是删除便需要对缓存进行顺序扫描。从另一角度来说，通过过期时间来排序缓冲简化了删除，但插入可能需要一个顺序的扫描，以保证新元组是正确排序的，除非查询顺序和过期的顺序一样。

18.1.4.4　滑动窗口上的周期查询处理

存于内存中窗口的查询处理

由于效率（所降低的过期和查询处理代价）和用户偏爱（用户可能会发现处理周期结果比连续输出流更容易【Arasu and Widom，2004b；Chandrasekaran and Franklin，2003】）的缘故，滑动窗口的前进以及查询可以根据一个指定的频率周期性的执行【Abadi et al.，2003；Chandrasekaran et al.，2003；Golab et al.，2004；Liu et al.，1999】。如图 18.3 中所示，一个周期的滑动窗口可以被建模成**子窗口**（sub-windows）的圆形阵列，每个跨越一个基于时间窗口的等值时间区间（比如，一个 10 分钟的窗口，每分钟滑动一次），或是基于元组窗口的等值数量的元组（比如，一个 100 元组的窗口，每 10 个元组滑动一次）。

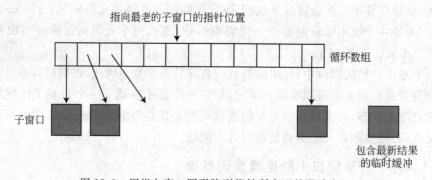

图 18.3　用指向窗口圆形阵列指针所实现的滑动窗口

与其每次新元组到达或老元组过期之后存储整个窗口并重新计算聚集，还不如存储一个概要，此概要提前将每个子窗口聚集，并随着窗口向前滑动一个子窗口随时报告更新的答案。这样，当最老的子窗口被新来的数据（在缓冲中进行积累）所替代时，一个"窗口更新"便发生了，于是窗口向前滑动一个子窗口。依据待处理的算子类型，可以使用不同类型的概要（比如**运行概要**（running synopsis）【Arasu and Widom，2004b】，它可以用到可减聚集【Cohen，2006】上，诸如 SUM 和 COUNT；或是**区间概要**（interval synopsis），则可以用到分布式聚集上，诸如不可减的 MIN 和 MAX）。如果对于两个多集合 X 和 Y，使得 X⊇Y，f(X−Y)＝f(X)−f(Y)成立，那么，一个聚集 f 是减的。有关它的细节不属于本章的范围。

周期查询的缺点是结果可能是不稳定的。当新的项到来后，生成新结果流的一种方法是将在最老子窗口内由于元组过期延迟所产生的误差加以限制。已经证明【Datar et al.，2002】，把子窗口的大小（通过元组数量）限制成 2 的幂，并且在每个相同大小的子窗口的数量会产生一个空间最优的算法（称为**指数直方图**（exponential histogram），或 EH）。算法使用对数空间（和滑动窗口大小相关）获得 ε 内的近似简单聚集。EH 算法的变种已经用来近似的求和【Datar et al.，2002；Gibbons and Tirthapura，2002】，方差和 k-中值聚类【Babcock et al.，2003】，窗口化直方图【Qiao et al.，2003】，以及排序统计【Lin et al.，2004；Xu et al.，2004】。也已经提出了将 EH 扩展到基于时间窗口的算法【Cohen and Strauss，2003】。

18.1.4.5 存储于磁盘上窗口的查询处理

在传统使用二级存储的数据库应用中，可以通过构建适当的索引来提高性能。让我们来考虑一下如何维护一个存储在磁盘上，且在周期性滑动的窗口上的索引。比如，在一个数据仓库中，新数据周期性的到来，而有关决策支持的查询必须在最新的那部分数据上执行（离线的）。为了降低索引维护代价，对于每个更新都要尽量避免将整个窗口放置在内存中。这个可以通过将数据划分到若干磁盘页上，使得更新（即插入新到达的数据或者是从窗口中删除已经过期的元组）局部化来完成。比如说，如果一个滑动窗口的索引按时间先后进行划分【Folkert et al.，2005；Shivakumar and García-Molina，1997】，那么只有最新的划分会产生插入，而最老的划分则需要检查过期（"中间"的划分不需要访问）。按时间先后聚类的缺点是，具有相同的查询键的记录可能分散到很多页面上，这会导致对索引的查找带来不可承受的磁盘 I/O 开销。

一种减少索引访问开销的方法是存储一个数据的精简（总结的）版本，使得可以放置在更少的磁盘页上【Chandrasekaran and Franklin，2004】，但这不一定就能改善索引更新的时间。为了平衡访问和更新的时间，人们提出了**波动索引**（wave index），它将一个滑动窗口按时间先后顺序划分为 n 个均等的等分，每个进行单独的索引并通过查询键来聚类以便提供高效的数据检索【Shivakumar and García-Molina，1997】。窗口的划分可以采用插入时间或者过期时间；从波动索引的视角来看，它们都是等价的。

18.1.5 DSMS 查询优化

通常，一个查询能通过不同的方式执行。DBMS 查询优化器负责枚举（一些或所有）可能的查询执行策略，并通过使用成本模型或一组转换规则来选择最有效的一种策略。DSMS 查询优化器都具有相同的职责，但是它必须使用一种恰当的成本模型和重写规则。此外，DSMS 的查询优化还包括自适应性、负载削减以及并行运行中类似查询之间的资源共享。下面将一一总结。

18.1.5.1 成本度量和统计

传统的 DBMS 使用选择性信息和可用的索引来选择有效的查询计划（比如，那些需要更少磁盘访问的计划）。然而，这种成本度量并不能运用（近似）到连续查询的情景，而采用每个时间单元的查询代价则会更合适【Kang et al.，2003】。此外，如果流的到达率和查询算子的输出率是已知的，那么便有可能为最大的输出速率优化，或找到一种计划，通过使用最少的时间来输出给定数量的元组【Tao et al.，2005；Urhan and Franklin，2001；Viglas and Naughton，2002】。最后，服务质量的度量，比如说响应时间同样可以用在 DSMS 查询优化中【Abadi et al.，2003；Berthold et al.，2005；Schmidt et al.，2004，2005】。

18.1.5.2 查询重写和自适应的查询优化

一些在 18.1.2 节中讨论的 DSMS 查询语言引入了新算子的重写，比如，选择操作和基于时间滑动窗口的交换,而不是选择和基于计数的窗口【Arasu et al.,2006】。其他的重写类似于关系数据中的重写,比如,对一个二元连结的序列的重排序,以便最小化特定的代价度量。针对基于速率的模型背景,已经提出了对数据流的连结排序工作【Viglas and Naughton,2002;Viglas et al.,2003】。此外,采用流水线的流过滤器自适应排序【Babu et al.,2004a】以及自适应的中间连结结果物化【Babu et al.,2005】都已经得到了研究。

自适应的概念在查询重写中非常重要;算子可能需要即时的重新排序以适应系统状态的改变。尤其是一个查询计划的代价可能因三个原因而变化:在算子处理时间上的改变,在谓词选择上的改变,以及在流到达率上的改变【Adamic and Huberman,2000】。最早在自适应查询计划的工作包括中间查询的重优化和查询重置,其目标是预先处理那些成为阻塞的算子,而不是调度其他的算子【Amsaleg et al.,1996b;Urhan et al.,1998b】。为了进一步提高自适应性,与传统的维护一个严格树状结构的查询计划不同,Eddy 方法【Adamic and Huberman,2000】对每个元组分别执行调度,这一调度通过将元组路由给构成查询计划的算子来完成。事实上,查询计划会完成动态的重排序,以便匹配当前系统的状态。这通过元组路由策略来完成,这一策略试图发现那些快速而具有选择性的算子,而让这些算子首先得到调度。一个最近的扩展是把队列长度作为元组路由策略必须考虑的第三个因素,这主要是多分布的 Eddies 所采用的方法【Tian and DeWitt,2003a】。不过,在所产生的自适应性和为单独路由元组所付出的代价之间应该寻找一个较好的权衡。更多关于自适应性查询处理的细节,可以在【Babu and Bizarro,2005;Babu and Widom,2004;Gounaris et al.,2002a】中找到。

自适应性包括了对查询计划的在线重排序,因此可能急需将那些存储在一些算子中的内部状态迁移到新的包含了不同算子排列的查询计划之中【Deshpande and Hellerstein,2004;Zhu et al.,2004】。我们不在本章进一步讨论这个问题。

18.1.6　负载削减和近似

尽管可以使用(静态或实时)优化技术,但流到达率可能仍然很高,以至于使得所有的元组不可能得到处理。在这种情况下,可以使用两种类型的负载削减——随机的或语义的——后者利用流的特性或服务质量参数来扔掉那些被认为不如其他的重要的元组【Tatbul et al.,2003】。比如说,在语义负载削载中,当执行一个近似的滑动窗口连结时,其目标是获得最大的结果值。其思路是,那些即将过期或不会产生连结预期结果的元组将会被丢弃(针对内存受限制的情况【Das et al.,2005;Li et al.,2006;Xie et al.,2005】),或被插入到连结的状态中但在探查的阶段却被忽略掉(针对 CPU 受限制的情况【Ayad et al.,2006;Gedik et al.,2005;Han et al.,2006】)。请注意,其他的目标也是可行的,比如从连结的结果中获取一个随机的采样【Srivastava and Widom,2004】。

总的来讲,将负载以最小化的准确率丢失的这种方式进行削减是可取的。不过当多个查询有很多算子包括在内时,这个问题就变得越加的复杂了,因为它必须决定查询计划中的哪些元组应该丢弃。显然,较早地丢弃计划中的元组是有效的,因为所有后续的算子都享受到了减轻的负载。不过,如果共享的仅仅是部分计划,这个策略可能产生相反的效果,影响许多查询的准确性。而另一个方面,在计划的晚期削减负载,即当共享的子计划已经执行,仅剩下对于单个查询的特定算子的时候,那么负载削减对于系统总负载的降低可能几乎没有任何效果。

在负载削减和查询计划生成的前提下，产生这样一个问题：假设使用了负载减载，那么是否可以选择一个最优的计划，它没有使用负载削减载，但仍然是最优的。已经证明，这种情况对于滑动窗口聚集会发生，但是对于滑动窗口连结查询是不会出现的【Ayad and Naughton，2004】。

请注意，在高负载的期间除了丢弃元组的方式，同样也可以将它们放到一边（比如放到磁盘上），并等到负载下降时再处理【Liu et al.，2006；Reiss and Hellerstein，2005】。最后，在对周期性持续查询的重执行中，增加重执行的间隔也可以被认为是负载减载的一种方式【Babcock et al.，2002；Cammert et al.，2006；Wu et al.，2005】。

18.1.7　多查询优化

如在 18.1.4.4 节中所见，可以通过共享那些存储算子状态的内部数据结构来降低内存使用量【Denny and Franklin，2005；Dobra et al.，2004；Zhang et al.，2005】。此外，在包含状态算子的复杂查询环境下，比如连结，计算可以通过构造公共查询计划来共享【Chen et al.，2000】。比如说，属于相同组的查询可以共享一个计划，它将产生单个查询所需结果的并集。一个最终的选择便应用到共享的结果集上，且新的结果被路由到合适的查询。在做相似的工作多次和做太多不必要的工作之间存在有趣的权衡；在【Chen et al.，2002；Krishnamurthy et al.，2004；Wang et al.，2006】中的技术便用来选择这种权衡。比如说，假定工作负载包括一些查询，这些查询会引用相同窗口的连结，但是拥有不同的选择谓词。如果一个共享的计划首先执行连结，并将输出路由到合适的查询上，那么会完成过多的工作，因为一些连结元组根本不会满足选择谓词（生成不必要的元组）。从另一方面讲，如果每个查询首先执行它的选择，再将剩下的元组进行连结，那么连结算子就不能被共享，且相同的元组会被探查多次。

对于选择查询，一个可能的多查询优化是索引查询谓词，并存储辅助信息用来标记元组能否满足查询所需的条件【Chandrasekaran and Franklin，2003；Demers et al.，2006；Hanson et al.，1999；Krishnamurthy et al.，2006；Lim et al.，2006；Madden et al.，2002a；Wu et al.，2004】。当一个新的元组到达处理时，提取它的属性值，并且和查询索引进行比对以发现这个元组满足哪个对查询。数据和查询可以看成是对偶的，在某些情况下，查询处理可以转化为在查询谓词索引和数据表上的一个多路连结问题【Chandrasekaran and Franklin，2003；Lim et al.，2006】。

18.1.8　流挖掘

除了上一节所讨论的查询技术以外，流数据的挖掘在一系列的应用领域也得到了研究。数据挖掘涉及如何使用数据分析的工具，从而能够发现之前在大数据集中未知的关系和模式。前面所讨论的数据流特征给执行挖掘任务提出了新的挑战；这使得很多知名的技术因此而不能得到使用。主要的问题如下：

- **无边界数据集**。传统的数据挖掘算法基于的假设是它们访问整个数据集。然而，这个在数据流中是不可能的，因为仅仅只有一部分的旧数据是可用的，而大多数的旧数据被扔弃了。因此,那些需要多次扫描数据集的挖掘技术是不可用的。

- **"混乱的"数据**。数据从来不会完全是干净的,但是在传统的数据挖掘应用中,它们可以在应用运行之前清理干净。在很多流应用中,因为数据流的高速到达率,这样做并不是总是可行的。而在很多给定的情况下,数据是从传感器和其他流数据源获取的,它们已经充满了噪声,这个问题就会变得更加严重。

- **实时处理**。在传统数据上的数据挖掘通常是批处理形式的。尽管在分析这些数据上有很多明显的效率考虑,它们也并不适合用在数据流上。因为数据的到达是持续的,且潜在的可能是高的到达速率。因此,挖掘算法必须是实时性的。

- **数据演变**。在之前曾讨论过,传统的数据集是假定为静态的,也就是,数据是从一个静态分布上的抽样。然而,这个对于很多真实的数据流并不是真实的,因为它们可能在长的时间周期内生成,而其底层规律的改变可能导致数据值分布的巨大变化。这意味着,一些之前生成的挖掘结果便不再有效。因此,一个数据流挖掘技术必须有能力检测流中的变化,并根据不同的分布,自动修改它的挖掘策略。

在后续的内容里,我们将总结一些流挖掘技术。我们将这个讨论分为两组:普通的处理技术,及特定数据挖掘任务和它们的算法【Gaber et al.,2005】。在特定任务开始前,数据处理技术是处理流数据的普遍技术。它们包括如下内容:

采样。正如之前所讨论的,数据流抽样是从流中选择一个可用的,合适的子集的过程。大多数使用流采样是将流潜在的无限的大小降低到一个有限采样集上,此外,它可以用来清理"混乱"数据,并对历史分布保留代表集。不过,因为流的有些数据元组并不会得到使用,总的来看,便不可能保证使用抽样数据的挖掘系统所产生结果和使用当前完整数据流的系统所产生结果是相同的。因此,对于流采样技术最严峻的问题是,如何保证使用抽样技术得到的结果,和不使用抽样技术得到的结果这两者之间的差异的大小。

负载削减。在数据流中元素的到达速度通常是不稳定的,且很多数据流的源倾向于在负载上产生剧烈的峰值。因此,流挖掘技术必须解决系统负载上的影响。在受到资源约束的情况下,如何最大化挖掘的效益是一个具有挑战性的工作。之前所讨论的负载削减技术会有所帮助。

概要维护。概要维护过程创建了概要或用以总结流的"草图",在这一章的前面已经介绍过了。一个概要并没有表现一个流的所有特征,而是抓住了一些"重要的特征",这些特征可能对于调试流挖掘过程以及进一步分析流非常有用。这对于那些接收不同种类的流作为输入,或是那些分布经常改变的输入流的流挖掘应用来说特别有用。当流改变时,无论是从头开始的计算还是增量的计算都必须予以完成。一个高效的概要维护过程可以在流改变后快速生成流的总结,且流挖掘应用能重新调整它的设置,或是转换到另一种基于以前信息的挖掘技术上。

改变检测。当流的分布改变时,之前的挖掘结果可能在新的分布下不再有效,且挖掘技术必须针对新的分布进行调整,以保持良好的性能。因此,对于一个流的分布改变急需实时的检测出来,使得流挖掘应用能够果断的做出反应。

大体上,有两种检测改变的技术方法。一种是观察数据集的性质,并决定它是否发生变化【Kifer et al.,2004;Aggarwal,2003,2005】,另一种方法是检测是否一个已有的数据模型不再适合最近的数据,从而暗示了概念漂移【Hulten et al.,2001;Wang et al.,2003a;Fan,

2004；Gama et al.，2005】。

现在，我们来看一下主流的流挖掘任务，以及它们是如何在这种环境中完成的。我们集中在聚类，分类，频率计数和关联规则挖掘，以及时间序列分析上。

聚类。聚类将具有相同行为的数据组合到一起。可以认为是把元素划分或分割到不同的组（聚类）中，这些组可能是不相交的，也可能是相交的。在很多情况中，聚类问题的答案不是唯一的，也就是说，可以找到很多答案，而对每个聚类实际意义的解释可能存在一定的困难。

【Aggarwal et al.，2003】提出了一种数据流聚类的框架，该框架使用一个在线的组件来存储关于流的总结信息，并用一个离线的组件在总结的数据上执行聚类。这个框架已经被扩展到 HPStream，使得它能针对高维度数据流找到映射的聚类。【Aggarwal et al.，2004】

已有的聚类算法可以被分为基于决策树的（比如，【Domingos and Hulten，2000；Gama et al.，2005；Hulten et al.，2001；Tao and Özsu，2009】），和基于 k 均值（或 k 中值）方法的（比如，【Babcock et al.，2002；Charikar et al.，1997，2003；Guha et al.，2003；Ordonez，2003】）。

分类。分类将数据映射到事先定义的组（类别）上。它和聚类的区别是，在分类中，组的数目是事先决定并且固定的。和聚类类似的是，分类技术同样可以使用决策树模型（比如，【Ding et al.，2002；Ganti et al.，2002】）。两个决策树分类器——区间分类器【Agrawal et al.，1992】和 SPRINT【Shafer et al.，1996】——可以挖掘那些不存放在主存中的数据库，因此非常适合数据流。最初为 VFDT 和 CVFDT 系统设计来进行流聚类的方法同样可以运用于分类任务。

频率计数和关联规则挖掘。频率计数和关联规则挖掘问题（频繁项集）长期以来被认为是重要的问题。然而，尽管频繁项集的挖掘在数据挖掘领域广泛的得到研究，并存在一系列高效的算法，但是将这些方法扩展到流数据上仍然具有挑战性，尤其是对于那些非静态分布的流【Jiang and Gruenwald，2006】。

频繁项集的挖掘是一个连续的过程，它存在于一个流的整个生命周期内。由于项集的数目是指数型的，因此不可能将每个项集的数目保持下来，以在新数据项到来时增量的调节项集的频率。通常，只有那些已经获知是频繁的项集会被记录下来和观察，而那些不频繁的项集的计数会被丢弃掉【Chakrabarti et al.，2002；Cormode and Muthukrishnan，2003；Demaine et al.，2002；Halatchev and Gruenwald，2005】。不过，由于数据流可以随着时间改变，一个项集原来是不频繁的可能在分布的改变后会变为频繁。这种（新的）频繁项集很难被检测出来，因为挖掘数据流是一遍过程，历史的信息不再可以获取到。

时间序列分析。总的来说，一个时间序列是一段时间内的一组属性值。通常，一个时间序列仅包含数值型的值，要不是连续的，或者就是离散的。因此，可以为那些仅包含数值型数据的流建模为时间序列。这允许我们使用在时间序列上的分析技术来分析流数据的一些类型。在时间序列上的挖掘任务可以简单地分为两类：模式发现和趋势分析。模式发现的一个典型任务是这样的：给定一个样例的模式或一个具有特定模式的基础时间序列，找到所有包含这个模式的时间序列。趋势预测的任务是发现时间序列中的趋势，并预测即将到来的趋势。

18.2　云数据管理

　　云计算是分布式计算的最新发展趋势,并且已经成为大肆宣传的主题。它的远景是能够提供在 Internet 上,轻松地对虚拟无限计算、存储以及网络资源进行访问的、即付即得的可靠服务(通常指的是云)。通过很简单的网络接口以及很小的逐步增加的代价,用户仍可以将复杂的任务外包到由云提供者所操作的超大型数据中心上,比如说数据存储,系统管理或应用部署。因此,用户对软件/硬件基础设施的复杂管理可以转移到云提供者那里。

　　云计算是 Web 上支持应用的不同计算模型的一个自然的演变和组合:通过网络服务进行高层应用之间通信的面向服务的架构(SOA),将计算和存储资源包装为服务的效用计算,用来管理计算和存储资源的聚类和可视化技术,让复杂基础设施能够自管理的自治性计算,以及处理网络上分布式资源的网格计算。不过,云计算所独一无二的是,它能提供不同层次的功能的能力,比如,基础设施,平台,以及作为服务可以被组合来适应用户最佳需求的应用【Cusumano,2010】。从一个技术的角度看,最大的挑战是如何以一种有效的方式支持大规模的基础设施,以此能高质量的管理用户和资源。

　　云计算已经由 Web 工业巨头发展起来,诸如 Amazon、Google、Microsoft 和 Yahoo,它们创立了一个新的巨大市场。事实上,所有的计算机工业都对云计算感兴趣。云计算提供者已经开发出新的,通常是特定的,简单应用的专利技术(比如,Google 文件系统)。已经有来自于研究社区所贡献的开源的实现(比如,Hadoop 分布式文件系统)。随着对支持更复杂应用的需求的上升,研究的兴趣稳固增长。尤其是云计算中的数据管理正在成为一个主要的研究方向,我们认为数据管理能够利用到分布式和并行数据库技术。

　　这一章的剩下部分如下安排。首先,我们会针对不同种类的云给一个概括性的分类,并讨论其优势和潜在的劣势。第二,我们将给出网格计算的概况,因为它经常和云计算有些混淆,我们会指出其主要的区别。第三,我们将介绍主要的云架构和相关功能。第四,我们会介绍当今在云上的数据管理,尤其是数据存储,数据库管理和并行数据处理。最后,我们将讨论云数据管理中的开放性问题。

18.2.1　云的分类

　　在这一节中,我们首先给出云计算的定义,再给出云服务的主要分类。然后,我们讨论适合云的主要的数据密集型应用,以及安全性上的主要问题。

　　由于有很多不同的角度(商业、市场、技术、研究等),在云计算的精确定义上达成一致是困难的。然而,一个好的定义是"云在 Internet 上提供即付即得的资源和服务的需求,通常在一个大规模、可信的数据中心上"【Grossman and Gu,2009】。这个定义捕捉了主要的目标(在 Internet 上提供即付即得的资源和服务)和支持它们的主要需求(大规模,且在一个可信的数据中心上)。

　　由于资源通过服务来访问的,所有的一切都作为一个服务来交付。这样,如同在服务产业中,这使得云提供者能提出一种即付即得的定价模型,而用户只需要付出他们所消耗资源的费用。然而,实现这样一个定价模型有些复杂,因为用户应当根据实际所交付的服务等级来进行付费,比如,通过服务的可用性或性能。为了管理用户使用的服务以及管理定价,云提供者使用了服务产业(比如,电信)相当重要却相对简单的一个服务级协议(SLA)的概念。SLA(在云提供者和任何用户之间)通常指出了责任,保证和服务承诺。比如,服务承诺可能会规定在一个付费周期(比如,一个月)内,服务的在线时间至少为99%,并且如果承诺没有兑现,客户将得到服务积分。

　　云服务可以分为三个大的类别：基础设施作为服务(IaaS),平台作为服务(PaaS)以及软件作为服务(SaaS)。

- **基础设施作为服务(IaaS)**。IaaS 是将计算基础设施(即,计算、网络和存储资源)作为服务。它允许用户根据需要(只为所使用的资源付费)增加(增加更多资源)。或减少(释放资源)。这个重要的能力称为**弹性**(elasticity),且通常通过**服务虚拟化**(server virtualization)来实现,也就是一个类似于虚拟机、能让多个应用运行在同一台物理服务器上的技术,而从用户的感觉上却好像是运行在不同的物理服务器上。用户就能像虚拟机那样征用计算实例,并按所需增加和附加存储。一个主流的IaaS 的例子是 Amazon Web 服务。

- **软件作为服务(SaaS)**。SaaS 是将软件应用作为服务。它泛化了早期的应用服务提供者(ASP)模型,而按照这一模型,主机应用是完全由 ASP 所拥有,运行和维护的。使用 SaaS,云提供者允许用户使用主机的应用(类似 ASP),但同样提供了整合其他不同厂商甚至不同用户所开发(使用云平台)的应用的工具。主机应用的范围从简单的邮件和日历,到复杂的应用,诸如用户关系管理(CRM),数据分析,甚至是社交网络。一个主流的 SaaS 例子是 Safesforce 的 CRM 系统。

- **平台作为服务(PaaS)**。PaaS 是将具有开发工具和 API 的计算平台作为服务。它使得开发者能够在云基础设施虚拟机上直接创建和部署自定义的应用,并将它们与 SaaS 所提供的应用整合起来。一个主流 PaaS 的例子是 Google Apps。

　　通过使用 IaaS、SaaS 和 PaaS 的组合,用户可以将它们所有或部分信息技术(IT)服务转移到云上,以获得如下的一些好处：

- **成本**。用户的成本可以大大地降低,因为他们并不需要拥有和管理 IT 基础设施,所许的付费仅仅基于资源的消耗。对于云提供者,通过使用一个稳固的基础设施以及共享多用户的消耗,使得设施的拥有和管理的成本下降。

- **利于访问和使用**。云隐藏了 IT 基础设施的复杂性,使得位置和分布是透明的。因此,用户可以随时随地使用一个 Internet 连结来访问 IT 服务。

- **服务质量(QoS)**。通过一个有着丰富经验,运行大规模基础设施的提供者对 IT 基础设施的操作,提高了 QoS。

- **弹性**。能动态的根据需求的改变增加、或减少资源使用是一个主要的优点。尤其是它能让用户处理突发的负载增加变得更加轻松,仅仅需要创建更多的虚拟机即可。

　　然而,并不是所有的企业级系统都是可以"云化"的【Abadi,2009】。为了简化,我们可以将企业级系统分类为两个主要的类别,也就是我们已经讨论过的数据密集型应用类别：OLTP 和 OLAP。让我们来回忆它们主要的特征。OLTP 处理平均大小(高达几个 TB 的)运作数据库,它是写密集型的,并需要完整的 ACID 事务特性,强的数据保护以及响应时间的保证。另一方面,OLAP 处理大规模(高达 PB 级)的历史数据库,它是读密集型的,因此可以放松 ACID 特性。此外,由于 OLAP 受通常是从 OLTP 运作数据库中所提取出的,对于分析的敏感数据能够直接加以隐藏(比如,使用匿名),使得它的数据保护问题不如 OLTP 中那么严重。

OLAP 比 OLTP 更适合云,主要因为云的两个特征(见【Abadi,2009】中的讨论):弹性和安全性。为了有效地支持弹性,最佳的方法,也就是大多数云提供者所采用的方法,是无共享的集群架构。回忆一下 14.1 节,无共享架构提供了很高的可扩展性,但是需要谨慎的数据划分。由于 OLAP 数据库非常大,且常常是只读的,数据划分和并行查询处理是有效的。然而,在无共享上支持 OLTP 会更加困难,因为保证 ACID 需要复杂的并发控制。鉴于这些原因,且 OLTP 数据库不是那么大,共享磁盘将是 OLTP 更佳的架构。OLTP 不适合云的第二个原因是,企业数据被存储在不可信主机上(提供者站点)。将企业数据存储在不可信的第三方,即使在一个使用 SLA 的可靠提供者那里,都会因为安全问题让一些用户有所抵触。不过,这种抵触会因为历史数据和匿名敏感数据而缓和。

有两个主要的方法解决云中的安全问题:内部云和虚拟私有云。主流的云方法都称为**公有云**(public cloud),因为云对于 Internet 上的所有人都是可用的。一个**内部云**(internal cloud)(或**私有云**(private cloud))是使用云技术管理一个公司的数据中心,但在一个拥有防火墙的专用网络中。这个带来了更强的安全性以及云计算的很多优势。然而,由于基础设施不为其他用户所共享,因此成本的优势就不再那么明显。尽管如此,一个引人注目的折中办法是**混合云**(hybrid cloud),它将内部云(比如,对于 OLTP)和一个或多个公有云(比如,对于 OLAP)连结起来。作为内部云的另一种实现,诸如 Amazon 和 Google 的云提供者已经提出了**虚拟私有云**(virtual private clouds),尽管它处在公有云上,但保证了和内部云同样级别的安全性。一个虚拟私有云提供了一个虚拟私有网络(VPN)上对用户的安全服务。虚拟私有云同样可以用来开发混合云,即和内部云整合得更加具有安全性。

一个早期对云计算的批评是,用户会在私有云中被束缚住。的确,大多数云都是私有的,并且没有云之间互操作的标准。但是这个会因为开源云软件而改变,比如 Hadoop,一个实现了类似 Google 文件系统和 MapReduce 的 Google 主要云服务的 Apache 项目;以及 Eucalyptus,一个开源的云软件基础设施,它们极大地吸引了学术界和工业界的兴趣。

18.2.2　网格计算

类似云计算,网格计算允许在 Web 上进行大规模计算以及访问存储资源。在最近十年,它已经成为很多研究和开发的主题。云计算是最近才出现的,它与网格计算有相似性,但是在计算模型上有区别。在这一节,我们将讨论网格计算的主要特点,并在最后与云计算进行比较。

网格计算最初是为科学研究的群体开发,作为集群计算的一种泛化,通常是在 Web 上通过多台计算机解决大型的问题(需要很多计算能力及访问大量数据)。网格计算在企业信息系统中同样获得了一些兴趣。比如,IBM 和 Oracle(因为 Oracle 10g 中的 g 表示网格)已经通过工具和服务提供了网格计算,它们同时可应用于科学和企业的应用。

网格计算使得分布虚拟化,以及使用 Web 服务的异构资源成为可能【Atkinson et al.,2005】。这些资源可以是数据源(文件、数据库、网页等),计算资源(多处理器、超级计算机、集群)以及应用资源(科学应用、信息管理服务等)。不像 Web 那种面向客户端-服务器的模式,网格是面向需求的:用户向网格发送请求,网格给用户分配最合适的解决问题的资源。一个网格同样是由管理员管理和控制的,有组织的安全环境。在网格中一个重要的管理单元是虚拟组织(VO),也就是一组共享相同资源,并且有相同规则和访问权限的个体,组织或公司。一个网格可以有一个或多个 VO,它们可以有不同的大小、持续时间以及目标。

相比仅仅处理并行化的集群计算,网格的特点是高异构性、大规模分布和大规模并行。因此,它能在大量的分布式数据上提供高级服务。

根据所贡献的资源和目标的应用,可以有不同种类的网格和架构。早期的计算网格通常聚集非常强大的站点(超级计算机、集群)来为科学应用(比如,物理、天文)提供高性能的计算。数据网格聚合异构的数据源(类似一个分布式数据库),并为科学应用提供数据发现、交付以及使用的额外服务。最近,已经提出了企业级网格【Jiménez-Peris et al.,2007】,用来聚集信息系统资源,比如企业中的 Web 服务器,应用服务器和数据服务器。

受法国的 Grid5000 平台的启发,图 18.4 展示了一个典型的网格场景。该网格具有可供授权用户访问的两个计算站点(集群 1 和 2)和一个存储站点(集群 3)。每个站点有一个具有服务节点和计算/存储节点的集群。服务节点对用户(访问,资源保存,部署)和管理员(基础设施服务)提供了公共服务,并通过目录和分类的重复使得在每个站点可用。计算节点提供了主要的计算能力,而存储节点提供了存储能力(即,很多磁盘)。在网格站点间的基础通信(比如,部署一个应用或系统图像)是通过 Web 服务(WS)的调用(马上会讨论)。但是对于两个不同站点间计算节点的计算的分配,通信主要是通过标准的信息传递接口(Message Passing Interface,MPI)来实现的。

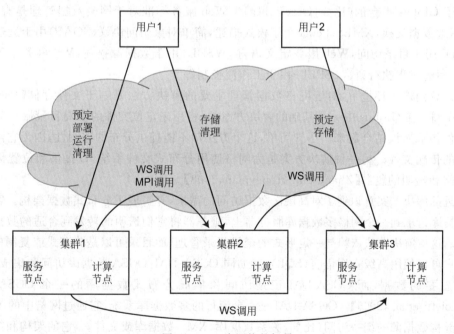

图 18.4　一个网格的场景

解决一个大型科学问题 P 的典型场景如下。P 首先被分解(被科学程序员用户 1)成两个子问题 P_1 和 P_2,每个问题通过一个并行的程序运行在一个计算站点上。如果 P_1 和 P_2 是独立的,那么在计算站点之间就不需要通信。如果存在计算依赖性,比如说 P_2 使用

P_1 的结果,那么 P_1 和 P_2 之间的通信必须要说明,并通过 MPI 来实现。由 P_1 和 P_2 所产生的数据会接着被发送到存储站点上,通常使用的是 WS 调用。为了将 P 运行在网格上,一个用户必须首先预定计算资源(比如,在站点 1 和 2 上所需的集群节点数量)和存储资源(在站点 3),将任务部署到对应程序上,并在站点 1 和站点 2 开始并行执行,最终结果将被发送到站点 3。集群上资源的分配和任务执行的调度通过网格中间件来完成,它保证了对预留资源的合理访问。更复杂的场景可能会包括工作流的分布式执行。另一方面,用户 2 可以简单的预留存储空间,并用来保存本地的数据(使用存储接口)。

不同网格类型的一个共同需要是异构资源之间的互操作性。为了解决这种需求,代表网格社区的 Globus Alliance,已经定义了开放网格服务架构(OGSA)作为 SOA 的标准,以及使用 WS 标准创建网格方案的框架。OGSA 提供了三个主要的层次来构建网格应用:(1)资源层,(2)Web 服务层,以及(3)高层次网格服务层。第一层提供了物理资源(服务器,存储,网络)的抽象。这些物理资源是由逻辑资源所管理的,比如有数据库系统,文件系统或工作流管理器,且全部由 WS 所封装。第二层扩展了 WS,通常是无状态的,来处理状态性的网格服务,也就是那些能在多个调用之间保留数据的网格服务。这种能力对于诸如通过 WS 访问一个资源状态的情况来讲是非常有用的,比如,访问一个服务器的负载。有状态的网格服务可以被创建和消亡(使用网格服务工厂),并且在从其他网格服务获得通知后,会具备一个可以观察甚至改变的内部状态。第三层提供了高层次的特定网格服务,比如资源供应、数据管理、安全性、工作流以及监测,以简化网格应用的开发和管理。

在企业信息系统中对 WS 的运用使得 OGSA 更加吸引人,并且一些企业级网格的产品都是基于 Globus 平台的(比如,Oracle 11g)。Web 服务标准对于网格数据管理是有用的:XML 用来数据交换,XMLSchema 用于模式描述,简单对象访问协议(SOAP)用于远过程调用,UDDI 用于目录访问,Web 服务定义语言(WSDL)用于数据源描述,WS-事务用于分布式事务,商业过程执行语言(BPEL)用于工作流控制等。

在计算网格的环境下,对于网格数据管理主要的解决方法是基于文件存储【Pacitti et al.,2007b】。在 Globus 中一个基础的解决方案是,将用来定位文件的全局目录服务和一个安全文件传输协议结合起来。尽管简单,这个方法却不能提供分布的透明性,因为它需要应用显式的传输文件。另一种解决方案是为网格使用分布式文件系统,以提供和位置无关的文件访问和透明的复制【Zhang and Honeyman,2008】。

最近的解决方案意识到了对高层次数据访问的需求,并扩展了分布式数据架构。客户端发送数据库请求到一个网格多数据库服务器上,服务器将它们透明的转发到合适的数据库服务器上。这些解决办法依赖与一定形式的全局目录管理,而目录可以是分布式或复制的。尤其是用户可以使用高级查询语言(SQL),就如同 OGSA-DAI(OGSA 数据库访问和集成)一样来描述想要的数据,而 OGSA-DAI 正是访问和集成分布式数据库的一个 OGSA 标准【Antonioletti et al.,2005】。OGSA-DAI 是一个流行的多数据库系统,它通过网格中的 WS,提供了对异构数据源的统一访问(比如,关系数据库、XML 数据库或文件)。它的架构和第 1 章和第 9 章所描述的中介程序/包装程序体系架构类似,其中包装程序是用 WS 来实现的。OGSA-DAI 中介程序包括了一个分布式查询处理器,它能自动地把一个多数据库查询转换为一个分布式的 QEP。该 QEP 说明了从每个数据库包装程序得到所需数据的 WS 调用。

在这节结束前,我们将讨论一下网格计算的优点和缺点。主要的优点来自于当它在每个站点使用集群时所使用的分布式架构，因为它能提供可扩展性，性能（通过并行）和可用性（通过复制）。它也是替代超级计算机，在短时间内来解决更大，更复杂的问题的经济、有效的办法。另一个优点是，已有的资源能够更好的使用，并且和其他组织能够实现共享。其主要的缺点来自于高度分布式的架构，可能对管理员和开发者来说都是很复杂的。特别是，在管理层上共享资源是一个对参与组织的政治挑战，因为很难估计它们的性价比。

相比云计算，网格计算在目标和架构上都有重要的不同。网格计算培养参与组织的协作，以成倍地利用已有资源。而云计算针对各种用户（和客户）提供一个相对固定（分布式）的基础设施。也就是说，SLA 和使用付费是云计算的精髓。网格架构潜在的比云架构要更加分布。云架构一般由一些在不同地理区域的站点构成，而每个站点都是一个巨大的数据中心。因此，对于云计算，一个站点的可扩展性（用户的数目或服务器节点数目）要更难实现。最后，一个主要的区别是：对于云的互操作性，还没有类似 OGSA 的标准。

18.2.3　云架构

不像网格计算，云架构没有任何标准，未来也可能没有这种标准，因为不同的云提供者会依据它们的商业模型提供不同种类（IaaS、PaaS、SaaS），不同方式（公共、私有、虚拟私有，等等）的云服务。因此，在这一节中，我们会讨论主要的云架构，以便区分它们的底层技术和功能，这对于集中讨论数据管理有益（在下一节中介绍）。

受一个著名 IaaS/PaaS 提供者的启发，图 18.5 展示了一个典型的云场景。这个场景对于和图 18.4 中的典型网格场景进行比较也是有用的。我们假定一个云提供者有两个站点，每个有相同的能力和集群架构。因此，任何用户可以访问任何站点，以得到所需的服务，犹如只有一个站点一样。这个是和网格的一个主要区别，因为分布可以完全被隐藏。不过，分布在受到保护下发生，比如，将数据自动的从一个站点复制到另一个站点，以预防站点故障。接着，为了解决大的科学问题 P，用户 1 并不需要将它分解成两个子问题，但是它需要提供一个在站点 1 上并行 P 的一个版本。这是通过创建一个**虚拟机**（virtual machine）（VM）（有时称为**计算实例**（computing instance））来完成的。虚拟机拥有可执行的应用代码和数据，于是可以启动足够多的 VM 来进行并行的执行，并最终停止。用户 1 仅仅按所消耗的资源（VM）来收费。将 VM 分配到站点 1 的物理机器上是通过云中间件来完成的，它最优化全局的资源消耗，并满足 SLA。从另一方面来讲，类似网格场景，用户 2 同样可以预留存储的空间，并用来保存他的本地数据。

我们可以在基础设施（IaaS）和软件/平台（SaaS/PaaS）之间区别云架构。所有的架构都可以通过无共享的集群网络来支持。对于 IaaS，理想的架构模型来源于对所需计算实例的提供上。为了对提供所需计算实例的支持，如图 18.5 所表达的场景，主要的解决方案是依赖于服务器的虚拟化，它使得 VM 可以按需求提供。服务器虚拟化可以通过无共享的集群架构来很好的支持。对于 SaaS/PaaS，依据目标的服务和应用，很多不同的架构模型可以使用。比如说，为了支持企业应用，一个典型的架构是多级 Web 服务器，应用服务器，数据库服务器和存储服务器。所有的服务器都组织在集群架构中。服务器虚拟化同样使用在这样的架构中。对于数据存储虚拟化，SAN 可以用来提供对服务或计算节点的共享磁盘的访问。类似于网格，应用和服务之间的通信通常通过 WS 或信息传递来完成。

由云所提供的主要功能和那些网格中的功能类似：安全性、目录管理、资源管理（提供、

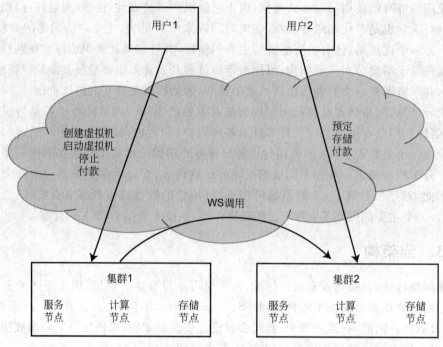

图 18.5　一个云场景

分配、监测)以及数据管理(存储、文件管理、数据库管理、数据复制)。此外,云提供了对定价、收费以及 SLA 管理的支持。

18.2.4　云中的数据管理

对于管理数据,云提供者可以依赖关系 DBMS 技术中所有分布式和并行的版本。然而,关系 DBMS 近来被批评为是"让一个尺寸搞定所有人"的方法【Stonebraker,2010】。尽管它们已经能够集成对所有数据类型和新功能的支持(比如,多媒体对象,XML 文档),但是对于那些在性能方面有着苛刻要求的特殊的应用来说,却会导致在性能、简洁性和灵活性方面的损失。因此,已经出现了是否需要专用 DBMS 引擎的争论。比如说,基于列的 DBMS【Abadi et al.,2008】,它按照数据的列进行存储,而不是像传统面向行的关系 DBMS 那样按行存储,已经证实这样能在 OLAP 工作负载上提高一个数量级的性能。类似的,如 18.1 节中所讨论的,DSMS 是专门构造来高效解决传统 DBMS 不能解决的数据流的问题。

"一个尺寸不可能搞定所有人"的论断也适用于云数据管理。不过,企业信息系统中的内部云和虚拟私有云,特别是对于 OLTP,可以使用传统的 DBMS 技术。从另一方面讲,对于 OLAP 工作负载和云上基于 Web 的应用,关系 DBMS 能提供了既有过多的方面(比如,ACID 事务,复杂查询语言,很多调试参数),也有过少的方面(比如,对 OLAP 的专门优化,灵活的编程模型,灵活的模式,可扩展性)【Ramakrishnan,2009】。云的某些重要特征已经在设计数据管理的方案上得到了考虑。云数据可能很大(比如,基于文本的或科学应用),非结构化或半结构化,以及非常典型的只能附加(很少更新)。且云用户和应用开发者可能数量很多,但都不是 DBMS 专家。因此,当前的云数据管理解决方案用一致性来换取可扩展性,间接性和灵活性。

在这一节中,我们将展示用于解决分布式文件管理,分布式数据管理和并行数据库编程的云数据管理的代表性方法。

18.2.4.1 分布式文件管理

Google 文件系统(GFS)【Ghemawat et al.,2003】是一个流行的分布式管理系统,它由 Google 开发,并在内部使用。它被众多的 Google 应用和系统所使用,比如接下来要讨论的 Bigtable 和 MapReduce。也有 GFS 的开源实现,比如 Hadoop 分布式文件系统(HDFS),这是一个流行的 Java 产品。

类似其他的分布式文件系统,GFS 的目标在于提供性能、可扩展性、容错性和可用性。然而,无共享集群的目标系统具有很大挑战,因为它们由很多(可能上千台)廉价的硬件服务器组成。因此,任何服务器在任何时刻发生故障的可能性很高,这使得容错性非常困难。GFS 解决了这个问题。它同样为 Google 数据密集型应用进行了优化,比如搜索引擎或数据分析。这些应用有如下的特征。首先,它们的文件都很大,通常是几个 GB,且包含很多诸如 Web 文档的对象。其次,工作负载主要包含读和附加操作,而随机更新非常少见。读操作包含对批量数据(比如,1MB)的大量的读和小的(比如,几个 KB)随机读。附加操作同样很大,且可能多个并发用户附加相同的文件。第三,因为工作负载主要包含大量的读和附加操作,高吞吐率比低延迟更加的重要。

GFS 把文件组织为一棵目录树,并通过路径名加以标记。它提供了一个具有传统文件操作的文件系统接口(创建、打开、读、写、关闭、删除文件)和两个额外的操作:快照和记录附加。快照允许建立一份对文件或目录树的拷贝,记录附加允许并行的客户将数据(记录)以一种高效的方式附加到一个文件中。一个记录在一个由 GFS 所决定的字节位置处是按原子方式,即连续的字节字符串,进行附加的。这避免了对于传统写操作(可用来附加数据)的分布式锁管理的需求。

GFS 的架构如图 18.6 所示。文件被分为固定大小的大型分区,称为**块**(chunk),即 64MB。集群节点包括那些能向应用提供 GFS 接口的客户端,那些存储块的块服务器,以及一个维护文件元信息(包括命名空间,访问控制信息,及块布局信息)的单一 GFS 主站。每个块有一个由主站点在创建时间所分配的唯一 id。为了可靠性的缘故,它被复制到至少 3 个块服务器上(以 Linux 文件的方式)。为了访问块数据,一个客户端必须首先向主站点请求需要回答应用文件访问的块的位置。接着,使用由主站点返回的信息,客户端会向其中一个副本发出块数据的请求。

这种使用单一主站点的架构很简单。并且由于主站点大多数用来定位块,且不持有块数据,因此它不是一个瓶颈。此外,在每个客户端或块服务器上没有数据缓存,因为它不利于大的读取。另一种简化是针对并发写和记录附加的松弛的一致性模型。因此,应用必须使用诸如检查点和写自验证记录的技术处理一致性问题。最后,为了在频繁的节点故障中保持系统高度的可用,GFS 依赖快速的恢复和复制策略。

18.2.4.2 分布式数据管理

我们可以区分两种解决方案:在线的分布式数据库服务和云应用的分布式数据库系统。诸如 Amazon SimpleDB 和 Google Base 的在线分布式数据库服务可以让用户在数据

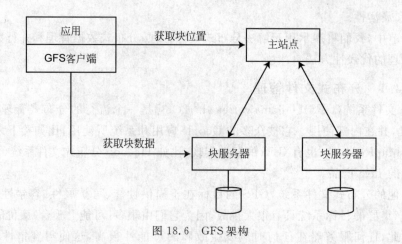

图 18.6　GFS 架构

库中以简单的方式增加和管理结构化数据,而不需要定义一个模式。比如说,SimpleDB 提供了包括扫描,过滤,连结和聚集算子,缓存,重复和事务在内的基础数据库功能,但是没有复杂的算子(比如,并),没有查询优化器,也没有容错性。数据组织成(属性名,值)对,全部都被自动的索引,因此不需要管理它。Google Base 是一种更简单的在线数据库服务(在笔者撰写书稿的时候还是 Beta 版本),它允许一个用户通过预定义的形式和属性(比如,一个菜谱的成分),来添加和获取结构化数据,因此避免了模式定义的需要。在 Google Base 中数据可以通过其他工具来检索,比如 Web 搜索引擎。

云应用的分布式数据库系统强调可扩展性、容错性和可用性,有时以一致性的代价或是开发的简便性来换取它们。我们用两种流行的解决方案来展示这种方法:Google Bigtable 和 Yahoo! PNUTS。

Bigtable

Bigtable 是一种无共享集群的数据库存储系统【Chang et al. ,2008】。它使用 GFS 将结构化数据存储在分布式文件中,其提供了容错性和可用性。它同样使用动态数据划分的形式来提高可扩展性。像 GFS 一样,它用在流行的 Google 应用中,比如 Google Earth,Google Analytics 和 Orkut。同样也有 Bigtable 的开源实现,比如运行在 HDFS 上的 Hadoop Hbase。

Bigtable 支持类似关系模型的简单数据模型,它具有多值,带时间戳的属性。因为它是 Bigtable 中实现行存储 DBMS 与列存储 DBMS 组合的基础,在这里我们简要的介绍这种模型。我们使用原文中的术语【Chang et al. ,2008】,尤其是基础术语"行"和"列"(替代元组和属性)。然而,为了保持我们所用概念的一致性,我们把 Bigtable 数据模型看作为关系模型的简单扩展②。每个在表(或 Bigtable)中的行由一个**行键**(row key)唯一标识,它是一个任意的字符串(在原始系统中达到 64KB)。因此,一个行键类似于一个关系中的单属性键。一个更原创的概念是**列族**(column family),也就是一组列(具有相同类型),每个列用一个**列键**(column key)来标识。一个列族是一个访问控制和压缩的单元。命名列键的语法是

---

② 在原文中,一个 Bigtable 被定义为多维映射,它使用行键,列键和时间戳建立索引,每个映射的单元是一个单一的值(一个字符串)。

family:qualifier。列族名类似一个关系的属性名。qualifier 类似一个关系属性的值,但是用来作为列键名字的一部分以表示一个单一的数据项。这允许在一个关系中有等价的多值属性,但具有命名属性值的能力。此外,在一行中由一个列键所标识的数据可以有多个版本,每个由一个时间戳标识(一个 64 比特整数)。

图 18.7 展示了在一个 Bigtable 中一行的例子,作为例子【Chang et al.,2008】的一种关系风格的表示。行键是一个反向 URL。这个 Contents 列族只有一个表示 Web 页面内容的列键,有两个版本(在时间戳 t_1 和 t_5)。Language 这个族有一个表示 Web 页面语言的列键,只有一个版本。Anchor 列族有两个列键,也就是,Anchor:inria.fr 和 Anchor:uwaterloo.ca,它表示了两个锚。锚源站点名称(比如,inria.fr)被用作限定符,而链接的文本作为值。

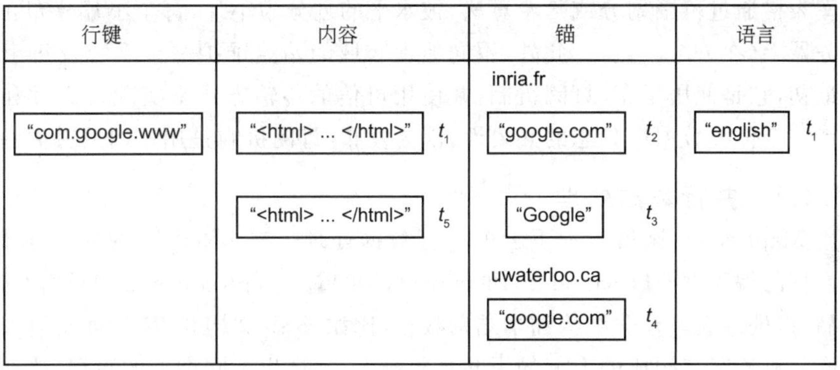

行键	内容	锚	语言
"com.google.www"	"\<html\> ... \</html\>" t_1 "\<html\> ... \</html\>" t_5	inria.fr "google.com" t_2 "Google" t_3 uwaterloo.ca "google.com" t_4	"english" t_1

图 18.7　一个 Bigtable 行的例子

Bigtable 在诸如 C++ 的编程语言中,提供了基础的 API 来定义和操控表格。API 提供了各种算子来写和更新值,并使用一个扫描算子在数据的子集上循环。有不同的方法限制由一次扫描所产生的行、列和时间戳,就如同一个关系的选择算子那样。然而,没有复杂的诸如连结或合并的算子,这需要使用扫描算子来进行编程。事务原子性仅支持单一行的更新。

为了在 GFS 中存储一个表格,Bigtable 使用在行键上的范围划分。每个表被分割成分区,这称为**小片**(tablets),每个对应一个行范围。划分是动态的,从一个小片开始(整个表范围),随着表格的增长将其划分为多个小片。为了在 GFS 中定位(用户)小片,Bigtable 使用一个元数据表格,其自身就被分割为元数据小片,并类似 GFS 那样将其中一个主小片存储在主服务器上。此外,为了利用 GFS 支持可扩展性和可用性,Bigtable 使用不同的技术来优化数据访问,并最小化磁盘访问次数,比如,对列族的压缩,将具有高频本地访问的列族组合在一起,以及主动的缓存客户的元数据信息。

PNUTS

PNUTS 是 Yahoo 云应用的一个并行和分布式的数据库系统【Cooper et al.,2008】。它被设计来服务 Web 应用,这些应用通常不需要复杂查询,只需要好的响应时间、可扩展性和高度的可用性,并且能够容忍对复制数据松弛的一致性保证。PNUTS 使用在 Yahoo! 内部的各种应用中,比如用户数据库、社交网络、内容元信息管理和购物清单管理。

PNUTS 支持基础的关系数据模型,使用表格表示平面记录。然而,任意结构都可以用在二进制长对象类型的属性(Blob)内。模式是灵活的,即使表正在被查询或更新,新的属性也可以在任何时候加入,并且不需要记录的每个属性都含有值。PNUTS 提供了一个简单的查询语言,仅在一个单一关系上使用选择和投影。更新和删除必须要说明主键。

PNUTS 提供了一种在强一致性和最终一致性(见第 13 章中的细节定义)之间的副本一致性模型。这个模型的产生是受到的一个事实启发,即 Web 应用通常在一个时刻只会操纵一个记录,但是不同的记录可能在不同的地理位置被使用。因此,PNUTS 提出了**每个记录时间线一致性**(per-record timeline consistency)的概念,它可以保证给定一个记录的所有副本都以相同的顺序更新记录。使用这种一致性模型,PNUTS 支持几种提供不同担保的 API 操作。比如说,Read-any 操作返回一个状态可能是陈旧的版本;Read-latest 返回记录的最近拷贝;Write 执行一个单一的原子写操作。

数据库表格通过范围划分或哈希算法,被水平的划分为小片,每个小片分布在一个集群的很多服务器上(在一个站点)。此外,不同地理区域的站点维护一个系统及每个表格的完整拷贝。最初,它是使用发布/订阅机制,并使用可信的传输方式来实现可靠性和复制。这避免了保持一个传统数据库日志的必要性,因为发布/订阅机制是用来回放丢失的更新的。

18.2.4.3　并行数据处理

我们用 MapReduce 来展示一下云的并行数据处理。MapReduce 是一个流行的,处理和生成大数据的编程框架【Dean and Ghemawat,2004】。MapReduce 最初是由 Google 开发的独家产品,以处理大数量非结构和半结构数据,比如 Web 文档和 Web 页面请求日志。它部署在由商品机器节点构成的大型的无共享集群上,并产生不同类型的数据,诸如倒排索引或 URL 的访问频率。现在已经有了 MapReduce 的不同实现,比如 Amazon MapReduce(作为云服务)或者 Hadoop MapReduce(作为开源软件)。

MapReduce 支持程序员用一种简单,函数风格的方式表达他们在大数据集上的计算,并隐藏了并行数据处理,负载均衡及容错的过程。程序模型包括两个操作,Map 和 Reduce,这两个操作可以在很多函数型编程语言,比如 Lisp 和 ML,中找到。Map 操作运用在输入数据的每个记录上,以计算一个或多个中间结果的(key,value)对。Reduce 操作运用在所有共享相同唯一键的值上,以计算组合的结果。由于它们工作在独立的输入上,Map 和 Reduce 可以在使用很多集群节点的不同数据划分上,并行的自动处理。

图 18.8 给出了一个在集群上 MapReduce 的执行概览。在集群中只有一个主节点(没有显示在图中)把 Map 和 Reduce 任务分配到集群节点上,即 Map 和 Reduce 节点。输入数据首先自动的分割为一系列划分,每个由一个不同的 Map 节点处理,Map 节点在每个输入记录上使用 Map 操作以计算中间结果的(key,value)对。使用一个运用在键上的划分函数(比如,哈希(key) mod n),中间结果被分为 n 个划分。Map 节点使用划分函数,周期的将中间结果写入磁盘的 n 个区域,并向主节点指示出区域的位置。Reduce 节点是由主节点所分配的,它们工作在一个或多个划分上。每个 Reduce 节点首先从对应在 Map 节点上的磁盘区域中读取分区,并通过中间键的排序进行分组。接着,对于每个唯一的键和值的组,它调用用户的 Reduce 操作,来产生最终的结果,并写入输入数据集中。

如 MapReduce【Dean and Ghemawat,2004】的最初描述那样,最佳的例子是处理文档的集合,比如在每个文档中计算每个单词的出现数目,或在每个文档中匹配一个给定的模式。不过,MapReduce 也可以用来处理关系数据,例如下面的例子给出了在一个关系上选择查

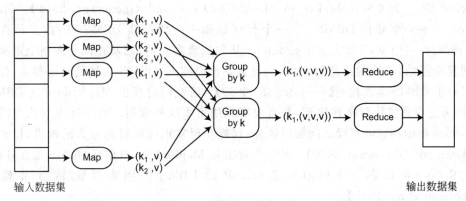

图 18.8　MapReduce 执行的概览

询的 Group By 操作。

例 18.3　让我们考虑关系 EMP(ENAME,TITLE,CITY)和以下的 SQL 查询,它返回每个城市中名字为"Smith"的雇员的数量。

```
SELECT   CITY,COUNT(*)
FROM     EMP
WHERE    ENAME LIKE "%Smith"
GROUP BY CITY
```

用 MapReduce 处理这个查询可以使用如下的 Map 和 Reduce 函数(我们给出伪代码)。

```
Map(Input (TID,emp),Output: (CITY,1))
  if emp.ENAME like "%Smith" return (CITY,1)
Reduce (Input (CITY,list(1)),Output: (CITY,SUM(list(1)))
  return (CITY,SUM(1*))
```

Map 并行的运用于 EMP 中的每个元组上。它使用一个(TID,emp)元组,其中 key 是 EMP 元组的标识符(TID),而 emp 是 EMP 元组的值。如果条件满足,那么会返回一个元组 (CITY,1)。请注意,对元组格式的解析和提取属性值是由 Map 函数来完成的。接着,所有的 (CITY,1)对中具有相同 CITY 值的被分为一个组,而对于每个 CITY 会创建一个元组(CITY, list(1))。然后,Reduce 并行的运用来对每个 CITY 计算数目,并产生查询的结果。　　　◆

因为可能有很多节点执行 Map 和 Reduce 操作,因此容错成为重要的问题。输入和输出数据被存储在已经提供高容错性的 GFS 中。此外,所有的中间数据都被写回磁盘中,以帮助对 Map 操作设立检查点,由此提供了对软故障的容错。不过,如果在执行过程中有一个 Map 节点或是 Reduce 节点发生故障,任务会被主节点调度到其他节点上。可能仍有必要重新执行已经完成的 Map 任务,因为在故障节点的输入数据是不可访问的。总之,容错性是细粒度的,且非常适合大型工作。

MapReduce 已经广泛的运用在 Google 内部和其他地方,使用 Hadoop 的开源实现,能在超大数据集上支持包括文本处理、机器学习和图处理在内的各种应用。MapReduce 经常被提及的优点是能够表达各种各样(甚至复杂)的 Map 和 Reduce 函数,以及它极好的可扩展性和容错性。然而,MapReduce 与并行 DBMS 在性能上的比较已经成为不同观点支持者之间的辩论主题【Stonebraker et al.，2010；Dean and Ghemawat，2010】。Hadoop MapReduce 和两个并行 DBMS——一个行存储和一个列存储 DBMS——在三种查询上 (grep 查询,在一个 Web 日志上带 group by 从句的聚集查询,以及在两个表格上带聚集和过滤的复杂连结)的性能比较显示出,一旦数据已经载入,DBMS 会显著的快很多,但是装载数据对于 DBMS 非常耗时【Pavlo et al.，2009】。研究同时指出 MapReduce 比 DBMS 要低效,因为它会重复执行格式解析,并且没有利用流水线和索引。有一种观点认为需要对 MapReduce 模型和它的实现之间加以区分,这样使得实现可以得到极大的改进,比如利用索引【Dean and Ghemawat，2010】。另一个观察是 MapReduce 和并行 DBMS 是互补的,因为 MapReduce 可以在一个针对复杂 OLAP 的 DBMS 中用来提取/转换/装载数据【Stonebraker et al.，2010】。

18.3   本 章 小 结

在这一章里,我们讨论了当今受到广泛关注的两个话题——数据流管理和云数据管理。这两个都对分布式数据管理产生潜在的巨大影响,但是它们尚未成熟,需要进行更多的研究。

数据流管理解决了一类连续产生数据应用的需求。这些系统需要把重点从处理传统 DBMS 静态的数据转移到处理(通常)持续性的查询。因此,它们需要新的解决办法。我们在这一章中讨论了数据流管理系统(DSMS)中的主要原理。在数据流管理中的主要挑战是数据连续的产生,因此不可能存储它们再完成处理,而这个在传统 DBMS 中是普遍的方法。这需要非阻塞的操作以及处理高数据速率的在线算法。相对而言,数据流的抽象模型,语言问题以及流的窗口查询处理都得到了较好的理解。不过仍有一系列有趣的如下研究方向:

- 数据速率的变化。一些数据流相对很慢,而其他拥有很高的数据速率。目前并不清楚用来处理查询的策略是否能工作在大范围的流速率上。可能基于不同的数据速率,可以开发出不同种类的特别的处理技术。
- 分布式流处理。尽管有很多工作考虑了如何采用分布的方式对流进行处理,但是大多数已有工作仅考虑一个单一的处理站点。分布式提出了新的挑战和值得探索的新机遇。
- 流数据仓库。流数据仓库将标准数据仓库和数据流的挑战结合到一起。这是一个最近刚被注意到的领域(比如,【Golab et al.，2009；Polyzotis et al.，2008】),但仍然有很多问题需要考虑,包括为了最优化各种目标的更新调度策略,以及随着新数据到来检测其数据一致性和质量【Golab and Özsu，2010】等问题。
- 不确定数据流。在很多生成流数据的应用中,有很多数据值的不确定性。比如说,传感器可能会出错,所产生的数据可能不准确,一些观测可能不确定,等等。在不确定数据流上的查询处理提出了严重挑战。

云数据管理的一个主要挑战是在云数据上同时提供编程的简易性、一致性、稳定性和弹性。当前的解决方案已经很成功,但是只是为特定的、相对简单的应用而开发。尤其是它们牺牲了一致性和编程的简易性,以便获得可扩展性。这导致了一种普遍的方法,它依赖于数据划分并强迫应用单个的访问数据划分,因此在数据划分之间损失了一致性保证。为了支持更高的一致性需求，比如，在一个或多个表格中更新多个元组，云应用开发者会面临一个严重的问题：如何通过细致的工程来提供数据划分上的隔离性和原子性。我们认为，新的解决方法需要利用分布式和并行数据库系统中的原理，以提高一致性和抽象的等级，同时保留当前方法中可扩展性和简洁性的优势。诸如流水线，索引和优化的并行数据库管理技术同样也有助于提高类似 MapReduce 系统的性能，并支持更复杂的数据分析应用。在大规模和无共享集群的情形下，节点故障可能成为常见的现象而不是异常。因此，另一个重要的问题是如何处理好查询性能和容错性之间的权衡关系。那些由主节点控制的，不需要集中式查询执行的 P2P 技术同样也在这里会很有用场。一些具有好的前景的云数据管理的研究包括如下内容：

- 声明型编程语言。为诸如 MapReduce 这样的大型分布式数据管理系统编程极为困难。一个在 BOOM 项目【Alvaro et al.，2010】中所提出的较为看好的办法是采用一个以数据为中心的声明型编程语言。它基于 Overlog 数据语言，在不损失性能的前提下，可以提高开发的简易性和程序的正确性。

- 自动数据管理。云的数据自管理对于那些没有数据库经验的用户来说很重要。现代数据库系统已经提供了很好的自管理，自调试和自维护能力，这简化了应用的部署和升级。然而，将这些能力扩展到云这样的规模上是很艰难的工作，特别是为了处理负载波动的自动复制（定义、分配、刷新）管理的问题【Doherty and Hurley，2007】。

- 数据安全和隐私。在云中的数据安全和访问控制通常依赖于用户的认证和交换加密数据的加密通信协议。然而，一个云半开放的特点使得安全性和隐私性成为一种重大挑战，因为用户可能并不信任提供者的服务器。因此，在云的加密数据上直接执行类似关系算子的能力变得十分重要【Abadi，2009】。在一些应用中，保留数据隐私成为很重要的问题，比如可以使用 Hyppocratic 数据库中的高级机制【Agrawal et al.，2002】予以满足。

- 绿色的数据管理。大规模云的一个主要问题是能源成本。【Harizopoulos et al.，2009】指出优化能源效率的关键是数据管理技术。然而，当前云的数据管理技术集中在可扩展性和效率，我们必须对此重新认识，认真地考虑能源成本在查询优化，数据结构和算法中的重要性。

最后，有一些同时出现在流数据处理和云计算的问题。假设数据流容量稳定的增加，那么能以可扩展的方式处理大规模数据流变得非常重要。因此，如同 Streamcloud 那样【Gulisano et al.，2010】，云技术潜在的可扩展的优势可以应用到数据流管理中。这需要新的策略来并行化连续查询，以及处理不同的权衡问题。

18.4　参考文献注释

在最近这些年里，数据流受到了大量的关注，因此在这个方向上的文章相当多。早期很好的综述在【Babcock et al.，2002；Golab and Özsu，2003a】中给出。一个最近的论文集【Aggarwal，2007】包括了在这些系统不同方面的一系列文章。参考文献【Golab and Özsu，2010】收集了我们在这里讨论的很多问题。数据流挖掘问题由【Gaber et al.，2005】进行了回顾,而数据流挖掘以及其潜在的分布改变问题在【Hulten et al.,2001】中得到了讨论。

　　我们对数据流系统的讨论来自于【Golab and Özsu,2003a】,以及【Golab,2006】的第 2 章和【Golab and Özsu,2010】。对数据流挖掘的讨论借鉴于【Tao,2010】的第 2 章。

　　云计算最近作为一种新的企业和个人计算的平台(【Cusumano,2010】中给出了对其趋势的讨论)在职业的出版社那里获得了大量的关注。然而,有关云计算的研究文献,尤其是云数据管理的文献,仍然较少。不过,随着一系列国际会议和研讨会的发展,这种现状会迅速改变,它将会成为一个主要的研究领域。我们在 18.2.1 节使用的云术语基于我们对很多专业文章和白皮书的汇编。在 18.2.2 节中对网格计算的讨论基于【Atkinson et al.,2005; Pacitti et al.,2007b】。在云的数据管理的章节(18.2.4 节)是受到了这个主题上的一些重点报告的启发,比如【Ramakrishnan,2009】。GFS、Bigtable、PNUTS 和 MapReduce 的技术细节可以分别在【Ghemawat et al.,2003】、【Chang et al.,2008】、【Cooper et al.,2008】和【Dean and Ghemawat,2004】中找到。MapReduce 和并行 DBMS 的对比可以在【Stonebraker et al.,2010】、【Dean and Ghemawat,2010】中找到。

参 考 文 献

Abadi, D., Carney, D., Cetintemel, U., Cherniack, M., Convey, C., Lee, S., Stonebraker, M., Tatbul, N., and Zdonik, S. (2003). Aurora: A new model and architecture for data stream management. *VLDB J.*, 12(2): 120-139. 727, 730, 734, 736, 738

Abadi, D. J. (2009). Data management in the cloud: Limitations and opportunities. *Q. Bull. IEEE TC on Data Eng.*, 32(1): 3-12. 746, 747, 762

Abadi, D. J., Madden, S., and Hachem, N. (2008). Column-stores vs. row-stores: how different are they really? In *Proc. ACM SIGMOD Int. Conf. on Management of Data*, pages 967-980. 753

Abadi, M. and Cardelli, L. (1996). *A Theory of Objects*. Springer. 553, 607

Abbadi, A. E., Skeen, D., and Cristian, F. (1985). An efficient, fault-tolerant protocol for replicated data management. In *Proc. ACM SIGACT-SIGMOD Symp. on Principles of Database Systems*, pages 215-229. 488

Aberer, K. (2001). P-grid: A self-organizing access structure for p2p information systems. In *Proc. Int. Conf. on Cooperative Information Systems*, pages 179-194. 622

Aberer, K. (2003). Guest editor's introduction. *ACM SIGMOD Rec.*, 32(3): 21-22. 653

Aberer, K., Cudré-Mauroux, P., Datta, A., Despotovic, Z., Hauswirth, M., Punceva, M., and Schmidt, R. (2003a). P-grid: a self-organizing structured p2p system. *ACM SIGMOD Rec.*, 32(3): 29-33. 622, 651, 654

Aberer, K., Cudré-Mauroux, P., and Hauswirth, M. (2003b). Start making sense: The chatty web approach for global semantic agreements. *J. Web Semantics*, 1(1): 89-114. 625

Abiteboul, S. and Beeri, C. (1995). The power of languages for the manipulation of complex values. *VLDB J.*, 4(4): 727-794. 553

Abiteboul, S., Benjelloun, O., Manolescu, I., Milo, T., and Weber, R. (2002). Active XML: Peer-to-peer data and web services integration. In *Proc. 28th Int. Conf. on Very Large Data Bases*, pages 1087-1090. 625

Abiteboul, S., Benjelloun, O., and Milo, T. (2008a). The active XML project: an overview. *VLDB J.*, 17(5): 1019-1040. 703

Abiteboul, S., Buneman, P., and Suciu, D. (1999). *Data on the Web: From Relations to Semistructured Data and XML*. Morgan Kaufmann. 719

Abiteboul, S. and dos Santos, C. S. (1995). IQL(2): A model with ubiquitous objects. In *Proc. 5th Int. Workshop on Database Programming Languages*, page 10. 607

Abiteboul, S. and Kanellakis, P. C. (1998a). Object identity as a query language primitive. *J. ACM*, 45(5): 798-842. 553

Abiteboul, S. and Kanellakis, P. C. (1998b). Object identity as a query language primitive. *J. ACM*, 45(5): 798-842. 607

Abiteboul, S., Manolescu, I., Polyzotis, N., Preda, N., and Sun, C. (2008b). XML processing in DHT networks. In *Proc. 24th Int. Conf. on Data Engineering*, pages 606-615. 625

Abiteboul, S., Quass, D., McHugh, J., Widom, J., and Wiener, J. (1997). The Lorel query language for semistructured data. *Int. J. Digit. Libr.*, 1(1): 68-88. 673

Aboulnaga, A., Alameldeen, A. R., and Naughton, J. F. (2001). Estimating the selectivity of XML path expressions for internet scale applications. In *Proc. 27th Int. Conf. on Very Large Data Bases*, pages 591-600. 701

Abramson, N. (1973). The ALOHA system. In Abramson, N. and Kuo, F. F., editors, *Computer Communication Networks*. Prentice-Hall. 64

Adali, S., Candan, K. S., Papakonstantinou, Y., and Subrahmanian, V. S. (1996a). Query caching and optimization in distributed mediator systems. In *Proc. ACM SIGMOD Int. Conf. on Management of Data*, pages 137-148. 160

Adali, S., Candan, K. S., Papakonstantinou, Y., and Subrahmanian, V. S. (1996b). Query caching and optimization in distributed mediator systems. In *Proc. ACM SIGMOD Int. Conf. on Management of Data*, pages 137-148. 309

Adamic, L. and Huberman, B. (2000). The nature of markets in the world wide web. *Quart. J. Electron. Comm.*, 1: 5-12. 734, 739

Adiba, M. (1981). Derived relations: A unified mechanism for views, snapshots and distributed data. In *Proc. 7th Int. Conf. on Very Data Bases*, pages 293-305. 176, 177, 201

Adiba, M. and Lindsay, B. (1980). Database snapshots. In *Proc. 6th Int. Conf. on Very Data Bases*, pages 86-91. 176, 201

Adler, M. and Mitzenmacher, M. (2001). Towards compressing web graphs. In *Proc. Data Compression Conf.*, pages 203-212. 660, 719

Adya, A., Gruber, R., Liskov, B., and Maheshwari, U. (1995). Efficient optimistic concurrency control using loosely synchronized clocks. In *Proc. ACM SIGMOD Int. Conf. on Management of Data*, pages 23-34. 574

Aggarwal, C. (2003). A framework for diagnosing changes in evolving data streams. In *Proc. ACM SIGMOD Int. Conf. on Management of Data*, pages 575-586. 743

Aggarwal, C. (2005). On change diagnosis in evolving data streams. *IEEE Trans. Knowl. and Data Eng.*, 17(5). 743

Aggarwal, C., Han, J., Wang, J., and Yu, P. S. (2003). A framework for clustering evolving data streams. In *Proc. 29th Int. Conf. on Very Large Data Bases*, pages 81-92. 743

Aggarwal, C., Han, J., Wang, J., and Yu, P. S. (2004). A framework for projected clustering of high dimensional data streams. In *Proc. 30th Int. Conf. on Very Large Data Bases*, pages 852-863. 726, 743

Aggarwal, C. C., editor (2007). *Data Streams: Models and Algorithms*. Springer. 762

Agichtein, E., Lawrence, S., and Gravano, L. (2004). Learning to find answers to questions on the web. *ACM Trans. Internet Tech.*, 4(3): 129-162. 681

Agrawal, D., Bruno, J. L., El-Abbadi, A., and Krishnasawamy, V. (1994). Relative serializability: An approach for relaxing the atomicity of transactions. In *Proc. ACM SIGACT-SIGMOD Symp. on Principles of Database Systems*, pages 139-149. 395

Agrawal, D. and El-Abbadi, A. (1990). Locks with constrained sharing. In *Proc. ACM SIGACT-SIGMOD Symp. on Principles of Database Systems*, pages 85-93. 371, 372

Agrawal, D. and El-Abbadi, A. (1994). A nonrestrictive concurrency control protocol for object-oriented databases. *Distrib. Parall. Databases*, 2(1): 7-31. 600

Agrawal, R., Carey, M., and Livney, M. (1987). Concurrency control performance modeling:

Alternatives and implications. *ACM Trans. Database Syst.*, 12(4): 609-654. 401

Agrawal, R. and DeWitt, D. J. (1985). Integrated concurrency control and recovery mechanisms. *ACM Trans. Database Syst.*, 10(4): 529-564. 420

Agrawal, R., Evfimievski, A. V., and Srikant, R. (2003). Information sharing across private databases. In *Proc. ACM SIGMOD Int. Conf. on Management of Data*, pages 86-97. 187

Agrawal, R., Ghosh, S. P., Imielinski, T., Iyer, B. R., and Swami, A. N. (1992). An interval classifier for database mining applications. In *Proc. 18th Int. Conf. on Very Large Data Bases*, pages 560-573. 743

Agrawal, R., Kiernan, J., Srikant, R., and Xu, Y. (2002). Hippocratic databases. In *Proc. 28th Int. Conf. on Very Large Data Bases*, pages 143-154. 762

Akal, F., Böhm, K., and Schek, H.-J. (2002). Olap query evaluation in a database cluster: A performance study on intra-query parallelism. In *Proc. 6th East European Conf. Advances in Databases and Information Systems*, pages 218-231. 542, 543, 548

Akal, F., Türker, C., Schek, H.-J., Breitbart, Y., Grabs, T., and Veen, L. (2005). Finegrained replication and scheduling with freshness and correctness guarantees. In *Proc. 31st Int. Conf. on Very Large Data Bases*, pages 565-576. 493

Akbarinia, R. and Martins, V. (2007). Data management in the appa system. *J. Grid Comp.*, 5(3): 303-317. 626

Akbarinia, R., Martins, V., Pacitti, E., and Valduriez, P. (2006a). Design and implementation of atlas p2p architecture. In Baldoni, R., Cortese, G., and Davide, F., editors, *Global Data Management*, pages 98-123. IOS Press. 626, 636

Akbarinia, R., Pacitti, E., and Valduriez, P. (2006b). Reducing network traffic in unstructured p2p systems using top-k queries. *Distrib. Parall. Databases*, 19(2-3): 67-86. 628, 637

Akbarinia, R., Pacitti, E., and Valduriez, P. (2007a). Best position algorithms for top-k queries. In *Proc. 33rd Int. Conf. on Very Large Data Bases*, pages 495-506. 634, 635, 654

Akbarinia, R., Pacitti, E., and Valduriez, P. (2007b). Data currency in replicated dhts. In *Proc. ACM SIGMOD Int. Conf. on Management of Data*, pages 211-222. 648, 654

Akbarinia, R., Pacitti, E., and Valduriez, P. (2007c). Processing top-k queries in distributed hash tables. In *Proc. 13th Int. Euro-Par Conf.*, pages 489-502. 638, 654

Akbarinia, R., Pacitti, E., and Valduriez, P. (2007d). Query processing in P2P systems. Technical Report 6112, INRIA, Rennes, France. 654

Al-Khalifa, S., Jagadish, H. V., Patel, J. M., Wu, Y., Koudas, N., and Srivastava, D. (2002). Structural joins: A primitive for efficient XML query pattern matching. In *Proc. 18th Int. Conf. on Data Engineering*, pages 141-152. 700

Alon, N., Matias, Y., and Szegedy, M. (1996). The space complexity of approximating the frequency moments. In *Proc. 28th Annual ACM Symp. on Theory of Computing*, pages 20-29. 733

Alsberg, P. A. and Day, J. D. (1976). A principle for resilient sharing of distributed resources. In *Proc. 2nd Int. Conf. on Software Engineering*, pages 562-570. 373

Altingövde, I. S. and Ulusoy, Ö. (2004). Exploiting interclass rules for focused crawling. *IEEE Intelligent Systems*, 19(6): 66-73. 666

Alvaro, P., Condie, T., Conway, N., Elmeleegy, K., Hellerstein, J. M., and Sears, R. (2010). Boom analytics: exploring data-centric, declarative programming for the cloud. In *Proc. 5th ACM SIGOPS/EuroSys European Conf. on Computer Systems*, pages 223-236. 761

Amsaleg, L. (1995). *Conception et réalisation d' un glaneur de cellules adapté aux SGBDO client-serveur*. Ph. D. thesis, Université Paris 6 Pierre et Marie Curie, Paris, France. 581

Amsaleg, L. , Franklin, M. , and Gruber, O. (1995). Efficient incremental garbage collection for client-server object database systems. In *Proc. 21th Int. Conf. on Very Large Data Bases*, pages 42-53. 581

Amsaleg, L. , Franklin, M. J., Tomasic, A. , and Urhan, T. (1996a). Scrambling query plans to cope with unexpected delays. In *Proc. 4th Int. Conf. on Parallel and Distributed Information Systems*, pages 208-219. 320, 322, 331

Amsaleg, L. , Franklin, M. J., Tomasic, A. , and Urhan, T. (1996b). Scrambling query plans to cope with unexpected delays. In *Proc. 4th Int. Conf. on Parallel and Distributed Information Systems*, pages 208-219. 739

Anderson, T. and Lee, P. A. (1981). *Fault Tolerance: Principles and Practice*. Prentice-Hall. 455

Anderson, T. and Lee, P. A. (1985). Software fault tolerance terminology proposals. In Shrivastava [1985], pages 6-13. 406

Anderson, T. and Randell, B. (1979). *Computing Systems Reliability*. Cambridge University Press. 455

ANSI (1992). *Database Language SQL*, ansi x3. 135-1992 edition. 348

ANSI/SPARC (1975). Interim report: ANSI/X3/SPARC study group on data base management systems. *ACM FDT Bull*, 7(2): 1-140. 22

Antonioletti, M. et al. (2005). The design and implementation of grid database services in OGSA-DAI. *Concurrency - Practice & Experience*, 17(2-4): 357-376. 750

Apers, P. , van den Berg, C. , Flokstra, J. , Grefen, P. , Kersten, M. , and Wilschut, A. (1992). Prisma/db: a parallel main-memory relational dbms. *IEEE Trans. Knowl. and Data Eng.*, 4: 541-554. 505, 548

Apers, P. M. G. (1981). Redundant allocation of relations in a communication network. In *Proc. 5th Berkeley Workshop on Distributed Data Management and Computer Networks*, pages 245-258. 125

Apers, P. M. G. , Hevner, A. R. , and Yao, S. B. (1983). Optimization algorithms for distributed queries. *IEEE Trans. Softw. Eng.*, 9(1): 57-68. 212

Arasu, A. , Babu, S. , and Widom, J. (2006). The CQL continuous query language: Semantic foundations and query execution. *VLDB J.*, 15(2): 121-142. 726, 727, 728, 732, 734, 735, 739

Arasu, A. , Cho, J. , Garcia-Molina, H. , Paepcke, A. , and Raghavan, S. (2001). Searching the web. *ACM Trans. Internet Tech.*, 1(1): 2-43. 663, 667, 719

Arasu, A. and Widom, J. (2004a). A denotational semantics for continuous queries over streams and relations. *ACM SIGMOD Rec.*, 33(3): 6-11. 728

Arasu, A. and Widom, J. (2004b). Resource sharing in continuous sliding-window aggregates. In *Proc. 30th Int. Conf. on Very Large Data Bases*, pages 336-347. 736, 737

Arocena, G. and Mendelzon, A. (1998). Weboql: Restructuring documents, databases and webs. In *Proc. 14th Int. Conf. on Data Engineering*, pages 24-33. 676

Arpaci-Dusseau, R. H. , Anderson, E. , Treuhaft, N. , Culler, D. E. , Hellerstein, J. M. , Patterson, D. , and Yelick, K. (1999). Cluster i/o with river: making the fast case common. In *Proc. Workshop on I/O in Parallel and Distributed Systems*, pages 10-22. 326

Aspnes, J. and Shah, G. (2003). Skip graphs. In *Proc. 14th Annual ACM-SIAM Symp. on Discrete Algorithms*, pages 384-393. 622

Astrahan, M. M. , Blasgen, M. W. , Chamberlin, D. D. , Eswaran, K. P. , Gray, J. N. , Griffiths, P. P. , King, W. F. , Lorie, R. A. , McJones, P. R. , Mehl, J. W. , Putzolu, G. R. , Traiger, I. L. ,

Wade, B. W. , and Watson, V. (1976). System r: A relational database management system. *ACM Trans. Database Syst.* , 1(2): 97-137. 190, 261, 419

Atkinson, M. , Bancilhon, F. , DeWitt, D. , Dittrich, K. , Maier, D. , and Zdonik, S. (1989). The object-oriented database system manifesto. In *Proc. 1st Int. Conf. on Deductive and Object-Oriented Databases*, pages 40-57. 553

Atkinson, M. P. et al. (2005). Web service grids: an evolutionary approach. *Concurrency and Computation—Practice & Experience*, 17(2-4): 377-389. 748, 763

Avizienis, A. , Kopetz, H. , and (eds.), J. C. L. (1987). *The Evolution of Fault-Tolerant Computing*. Springer. 455

Avnur, R. and Hellerstein, J. M. (2000). Eddies: Continuously adaptive query processing. In *Proc. ACM SIGMOD Int. Conf. on Management of Data*, pages 261-272. 321, 331

Ayad, A. and Naughton, J. (2004). Static optimization of conjunctive queries with sliding windows over unbounded streaming information sources. In *Proc. ACM SIGMOD Int. Conf. on Management of Data*, pages 419-430. 740

Ayad, A. , Naughton, J. , Wright, S. , and Srivastava, U. (2006). Approximate streaming window joins under CPU limitations. In *Proc. 22nd Int. Conf. on Data Engineering*, page 142. 740

Babaoglu, Ö. (1987). On the reliability of consensus-based fault-tolerant distributed computing systems. *ACM Trans. Comp. Syst.* , 5(3): 394-416. 456

Babb, E. (1979). Implementing a relational database by means of specialized hardware. *ACM Trans. Database Syst.* , 4(1): 1-29. 499

Babcock, B. , Babu, S. , Datar, M. , Motwani, R. , and Thomas, D. (2004). Operator scheduling in data stream systems. *VLDB J.* , 13(4): 333-353. 735

Babcock, B. , Babu, S. , Datar, M. , Motwani, R. , and Widom, J. (2002). Models and issues in data stream systems. In *Proc. ACM SIGACT-SIGMOD Symp. on Principles of Database Systems*, pages 1-16. 740, 743, 762

Babcock, B. , Datar, M. , Motwani, R. , and O'Callaghan, L. (2003). Maintaining variance and k-medians over data stream windows. In *Proc. ACM SIGACTSIGMOD Symp. on Principles of Database Systems*, pages 234-243. 737

Babu, S. and Bizarro, P. (2005). Adaptive query processing in the looking glass. In *Proc. 2nd Biennial Conf. on Innovative Data Systems Research*, pages 238-249. 739

Babu, S. , Motwani, R. , Munagala, K. , Nishizawa, I. , and Widom, J. (2004a). Adaptive ordering of pipelined stream filters. In *Proc. ACM SIGMOD Int. Conf. on Management of Data*, pages 407-418. 739

Babu, S. , Munagala, K. , Widom, J. , and Motwani, R. (2005). Adaptive caching for continuous queries. In *Proc. 21st Int. Conf. on Data Engineering*, pages 118-129. 739

Babu, S. , Srivastava, U. , and Widom, J. (2004b). Exploiting k-constraints to reduce memory overhead in continuous queries over data streams. *ACM Trans. Database Syst.* , 29(3): 545-580. 732

Babu, S. and Widom, J. (2004). StreaMon: an adaptive engine for stream query processing. In *Proc. ACM SIGMOD Int. Conf. on Management of Data*, pages 931-932. 739

Badrinath, B. R. and Ramamritham, K. (1987). Semantics-based concurrency control: Beyond commutativity. In *Proc. 3th Int. Conf. on Data Engineering*, pages 04-311. 594, 596, 602

Baeza-Yates, R. and Ribeiro-Neto, B. (1999). *Modern Information Retrieval*. Addison Wesley, New York, USA. 669

Balke, W.-T., Nejdl, W., Siberski, W., and Thaden, U. (2005). Progressive distributed top-k retrieval in peer-to-peer networks. In *Proc. 21st Int. Conf. on Data Engineering*, pages 174-185. 639

Ball, M. O. and Hardie, F. (1967). Effects and detection of intermittent failures in digital systems. Technical Report Internal Report 67-825-2137, IBM. Cited in [Siewiorek and Swarz, 1982]. 410

Balter, R., Berard, P., and Decitre, P. (1982). Why control of concurrency level in distributed systems is more important than deadlock management. In *Proc. ACM SIGACT-SIGOPS 1st Symp. on the Principles of Distributed Computing*, pages 183-193. 361

Bancilhon, F. and Spyratos, N. (1981). Update semantics of relational views. *ACM Trans. Database Syst.*, 6(4): 557-575. 175, 201

Barbara, D., Garcia-Molina, H., and Spauster, A. (1986). Policies for dynamic vote reassignment. In *Proc. 6th Int. Conf. on Distributed Computing Systems*, pages 37-44. 456, 493

Barbara, D., Molina, H. G., and Spauster, A. (1989). Increasing availability under mutual exclusion constraints with dynamic voting reassignment. *ACM Trans. Comp. Syst.*, 7(4): 394-426. 456, 493

Bartlett, J. (1978). A nonstop operating system. In *Proc. 11th Hawaii Int. Conf. on System Sciences*, pages 103-117. 456

Bartlett, J. (1981). A nonstop kernel. In *Proc. 8th ACM Symp. on Operating System Principles*, pages 22-29. 456

Barton, C., Charles, P., Goyal, D., Raghavachari, M., Fontoura, M., and Josifovski, V. (2003). Streaming XPath processing with forward and backward axes. In *Proc. 19th Int. Conf. on Data Engineering*, pages 455-466. 700

Batini, C. and Lenzirini, M. (1984). A methodology for data schema integration in entity-relationship model. *IEEE Trans. Softw. Eng.*, SE-10(6): 650-654. 147

Batini, C., Lenzirini, M., and Navathe, S. B. (1986). A comparative analysis of methodologies for database schema integration. *ACM Comput. Surv.*, 18(4): 323-364. 140, 147, 160

Bayer, R. and McCreight, E. (1972). Organization and maintenance of large ordered indexes. *Acta Informatica*, 1: 173-189. 510

Beeri, C. (1990). A formal approach to object-oriented databases. *Data & Knowledge Eng*, 5: 353-382. 557

Beeri, C., Bernstein, P. A., and Goodman, N. (1989). A model for concurrency in nested transaction systems. *J. ACM*, 36(2): 230-269. 401

Beeri, C., Schek, H.-J., and Weikum, G. (1988). Multi-level transaction management, theoretical art or practical need? In *Advances in Database Technology, Proc. 1st Int. Conf. on Extending Database Technology*, pages 134-154. 397

Bell, D. and Grimson, J. (1992). *Distributed Database Systems*. Addison Wesley. Reading. 38

Bell, D. and Lapuda, L. (1976). Secure computer systems: Unified exposition and Multics interpretation. Technical Report MTR-2997 Rev. 1, MITRE Corp, Bedford, MA. 183, 201

Bellatreche, L., Karlapalem, K., and Li, Q. (1998). Complex methods and class allocation in distributed object oriented database systems. Technical Report HKUST98-yy, Department of Computer Science, Hong Kong University of Science and Technologyty of Science and Technology. 565

Bellatreche, L., Karlapalem, K., and Li, Q. (2000a). Algorithms and support for horizontal class partitioning in object-oriented databases. *Distrib. Parall. Databases*, 8(2): 155-179. 607

Bellatreche, L., Karlapalem, K., and Li, Q. (2000b). A framework for class partitioning in object oriented databases. *Distrib. Parall. Databases*, 8(2): 333-366. 607

Benzaken, V. and Delobel, C. (1990). Enhancing performance in a persistent object store: Clustering strategies in o_2. In *Implementing Persistent Object Bases: Principles and Practice. Proc. 4th Int. Workshop on Persistent Object Systems*, pages 403-412. 579

Berenson, H., Bernstein, P., Gray, J., Melton, J., O'Neil, E., and O'Neil, P. (1995). A critique of ansi sql isolation levels. In *Proc. ACM SIGMOD Int. Conf. on Management of Data*, pages 1-10. 348, 349, 367

Bergamaschi, S., Castano, S., Vincini, M., and Beneventano, D. (2001). Semantic integration of heterogeneous information sources. *Data & Knowl. Eng.*, 36: 215-249. 134, 160

Berglund, A., Boag, S., Chamberlin, D., Fernández, M. F., Kay, M., Robie, J., and Siméon, J., editors. XML Path language (XPath) 2.0 (2007). Available from: http://www.w3.org/TR/xpath20/ [Last retrieved: December 2009]. 690, 694

Bergman, M. K. (2001). The deep web: Surfacing hidden value. *J. Electronic Publishing*, 7(1). 657

Bergsten, B., Couprie, M., and Valduriez, P. (1991). Prototyping dbs3, a shared-memory parallel database system. In *Proc. Int. Conf. on Parallel and Distributed Information Systems*, pages 226-234. 501, 503, 528, 548

Bergsten, B., Couprie, M., and Valduriez, P. (1993). Overview of parallel architectures for databases. *The Comp. J.*, 36(8): 734-739. 547

Berlin, J. and Motro, A. (2001). Autoplex: Automated discovery of content for virtual databases. In *Proc. Int. Conf. on Cooperative Information Systems*, pages 108-122. 145

Bernstein, P. and Blaustein, B. (1982). Fast methods for testing quantified relational calculus assertions. In *Proc. ACM SIGMOD Int. Conf. on Management of Data*, pages 39-50. 192, 199, 202

Bernstein, P., Blaustein, B., and Clarke, E. M. (1980a). Fast maintenance of semantic integrity assertions using redundant aggregate data. In *Proc. 6th Int. Conf. on Very Data Bases*, pages 126-136. 192, 202

Bernstein, P. and Melnik, S. (2007). Model management: 2.0: Manipulating richer mappings. In *Proc. ACM SIGMOD Int. Conf. on Management of Data*, pages 1-12. 135, 159, 160

Bernstein, P., Shipman, P., and Rothnie, J. B. (1980b). Concurrency control in a system for distributed databases (sdd-1). *ACM Trans. Database Syst.*, 5(1): 18-51. 383, 395

Bernstein, P. A. and Chiu, D. M. (1981). Using semi-joins to solve relational queries. *J. ACM*, 28(1): 25-40. 269, 292

Bernstein, P. A., Fekete, A., Guo, H., Ramakrishnan, R., and Tamma, P. (2006). Relexed concurrency serializability for middle-tier caching and replication. In *Proc. ACM SIGMOD Int. Conf. on Management of Data*, pages 599-610. 462, 464, 480

Bernstein, P. A., Giunchiglia, F., Kementsietsidis, A., Mylopoulos, J., Serafini, L., and Zaihrayeu, I. (2002). Data management for peer-to-peer computing: A vision. In *Proc. 5th Int. Workshop on the World Wide Web and Databases*, pages 89-94. 625, 653

Bernstein, P. A. and Goodman, N. (1981). Concurrency control in distributed database systems. *ACM Comput. Surv.*, 13(2): 185-222. 39, 367, 369, 401

Bernstein, P. A. and Goodman, N. (1984). An algorithm for concurrency control and recovery in replicated distributed databases. *ACM Trans. Database Syst.*, 9(4): 596-615. 486

Bernstein, P. A., Goodman, N., Wong, E., Reeve, C. L., and Jr, J. B. R. (1981). Query processing in a system for distributed databases (sdd-1). *ACM Trans. Database Syst.*, 6(4): 602-625. 215, 281, 283, 293

Bernstein, P. A., Hadzilacos, V., and Goodman, N. (1987). *Concurrency Control and Recovery in Database Systems*. Addison Wesley. 39, 341, 385, 391, 401, 413, 421, 423, 424, 425, 429, 453, 486, 596

Bernstein, P. A. and Newcomer, E. (1997). *Principles of Transaction Processing for the Systems Professional*. Morgan Kaufmann. 358

Berthold, H., Schmidt, S., Lehner, W., and Hamann, C.-J. (2005). Integrated resource management for data stream systems. In *Proc. 2005 ACM Symp. on Applied Computing*, pages 555-562. 738

Bertino, E., Chin, O. B., Sacks-Davis, R., Tan, K.-L., Zobel, J., Shidlovsky, B., and Andronico, D. (1997). *Indexing Techniques for Advanced Database Systems*. Kluwer Academic Publishers. 607

Bertino, E. and Kim, W. (1989). Indexing techniques for queries on nested objects. *IEEE Trans. Knowl. and Data Eng.*, 1(2):196-214. 588, 589, 590

Bertino, E. and Martino, L. (1993). *Object-Oriented Database Systems*. Addison Wesley. 607

Bevan, D. I. (1987). Distributed garbage collection using reference counting. In de Bakker, J., Nijman, L., and Treleaven, P., editors, *Parallel Architectures and Languages Europe*, Lecture Notes in Computer Science, pages 117-187. Springer. 581

Bhar, S. and Barker, K. (1995). Static allocation in distributed objectbase systems: A graphical approach. In *Proc. 6th Int. Conf. on Information Systems and Data Management*, pages 92-114. 565

Bharat, K. and Broder, A. (1998). A technique for measuring the relative size and overlap of public web search engines. *Comp. Networks and ISDN Syst.*, 30:379-388. (Proc. 7th Int. World Wide Web Conf.). 657

Bhargava, B., editor (1987). *Concurrency Control and Reliability in Distributed Systems*. Van Nostrand Reinhold. 358

Bhargava, B. and Lian, S.-R. (1988). Independent checkpointing and concurrent rollback for recovery in distributed systems: An optimistic approach. In *Proc. 7th Symp. on Reliable Distributed Systems*, pages 3-12. 456

Bhide, A. (1988). An analysis of three transaction processing architectures. In *Proc. ACM SIGMOD Int. Conf. on Management of Data*, pages 339-350. 401

Bhide, A. and Stonebraker, M. (1988). A performance comparison of two architectures for fast transaction processing. In *Proc. 4th Int. Conf. on Data Engineering*, pages 536-545. 547

Bhowmick, S. S., Madria, S. K., and Ng, W. K. (2004). *Web Data Management*. Springer. 719

Biliris, A. and Panagos, E. (1995). A high performance configurable storage manager. In *Proc. 11th Int. Conf. on Data Engineering*, pages 35-43. 571

Biscondi, N., Brunie, L., Flory, A., and Kosch, H. (1996). Encapsulation of intraoperation parallelism in a parallel match operator. In *Proc. ACPC Conf.*, volume 1127 of *Lecture Notes in Computer Science*, pages 124-135. 528

Bitton, D., Boral, H., DeWitt, D. J., and Wilkinson, W. K. (1983). Parallel algorithms for the execution of relational database operations. *ACM Trans. Database Syst.*, 8(3):324-353. 515

Blakeley, J., McKenna, W., and Graefe, G. (1993). Experiences building the open oodb query optimizer. In *Proc. ACM SIGMOD Int. Conf. on Management of Data*, pages 287-296. 584, 586, 587, 588

Blakeley, J. A., Larson, P.-A., and Tompa, F. W. (1986). Efficiently updating materialized views. In *Proc. ACM SIGMOD Int. Conf. on Management of Data*, pages 61-71. 177

Blasgen, M., Gray, J., Mitoma, M., and Price, T. (1979). The convoy phenomenon. *Operating Systems Rev.*, 13(2):20-25. 526

Blaustein, B. (1981). *Enforcing Database Assertions: Techniques and Applications.* Ph. D. thesis, Harvard University, Cambridge, Mass. 192, 202

Boag, S. , Chamberlin, D. , Fernández, M. F. , Florescu, D. , Robie, J. , and Siméon, J. , editors. XQuery 1. 0: An XML query language (2007). Available from: http: //www. w3. org/TR/xquery [Last retrieved: December 2009]. 690, 694, 696

Bonato, A. (2008). *A Course on the Web Graph.* American Mathematical Society. 658, 719

Boncz, P. A. , Grust, T. , van Keulen, M. , Manegold, S. , Rittinger, J. , and Teubner, J. (2006). MonetDB/XQuery: a fast XQuery processor powered by a relational engine. In *Proc. ACM SIGMOD Int. Conf. on Management of Data*, pages 479-490. 699, 703

Bonnet, P. , Gehrke, J. , and Seshadri, P. (2001). Towards sensor database systems. In *Proc. 2nd Int. Conf. on Mobile Data Management*, pages 3-14. 726, 730

Booth, D. , Haas, H. , McCabe, F. , Newcomer, E. , Champion, M. , Ferris, C. , and Orchard, D. , editors. Web services architecture (2004). Available from: http: //www. w3. org/TR/ws-arch/ [Last retrieved: December 2009]. 690

Boral, H. , Alexander, W. , Clay, L. , Copeland, G. , Danforth, S. , Franklin, M. , Hart, B. , Smith, M. , and Valduriez, P. (1990). Prototyping bubba, a highly parallel database system. *IEEE Trans. Knowl. and Data Eng.* , 2(1): 4-24. 505

Boral, H. and DeWitt, D. (1983). Database machines: An idea whose time has passed? a critique of the future of database machines. In *Proc. 3rd Int. Workshop on Database Machines*, pages 166-187. 498

Borg, A. , Baumbach, J. , and Glazer, S. (1983). A message system supporting fault tolerance. In *Proc. 9th ACM Symp. on Operating System Principles*, pages 90-99, Bretton Woods, N. H. 456

Borr, A. (1984). Robustness to crash in a distributed database: A non shared-memory multiprocessor approach. In *Proc. 10th Int. Conf. on Very Large Data Bases*, pages 445-453. 456

Borr, A. (1988). High performance sql through low-level system integration. In *Proc. ACM SIGMOD Int. Conf. on Management of Data*, pages 342-349. 377

Bouganim, L. , Dageville, B. , and Florescu, D. (1996a). Skew handling in the dbs3 parallel database system. In *Proc. International Conference on ACPC*. 528

Bouganim, L. , Dageville, B. , and Valduriez, P. (1996b). Adaptive parallel query execution in dbs3. In *Advances in Database Technology*, *Proc. 5th Int. Conf. on Extending Database Technology*, pages 481-484. Springer. 528, 548

Bouganim, L. , Florescu, D. , and Valduriez, P. (1996c). Dynamic load balancing in hierarchical parallel database systems. In *Proc. 22th Int. Conf. on Very Large Data Bases*, pages 436-447. 530, 534, 548

Bouganim, L. , Florescu, D. , and Valduriez, P. (1999). Multi-join query execution with skew in numa multiprocessors. *Distrib. Parall. Databases*, 7(1). in press. 506, 548

Brantner, M. , Helmer, S. , Kanne, C. -C. , and Moerkotte, G. (2005). Full-fledged algebraic XPath processing in natix. In *Proc. 21st Int. Conf. on Data Engineering*, pages 705-716. 698, 700, 703

Bratbergsengen, K. (1984). Hashing methods and relational algebra operations. In *Proc. 10th Int. Conf. on Very Large Data Bases*, pages 323-333. 211, 515

Bray, T. , Paoli, J. , Sperberg-McQueen, C. M. , Maler, E. , and Yergeau, F. , editors. Extensible markup language (XML) 1. 0 (Fifth edition) (2008). Available from: http: //www. w3. org/TR/2008/ REC-xml-20081126/ [Last retrieved: December 2009]. 689

Breitbart, Y. and Korth, H. F. (1997). Replication and consistency: Being lazy helps sometimes. In *Proc. ACM SIGACT-SIGMOD Symp. on Principles of Database Systems*, pages 173-184. 476

Breitbart, Y., Olson, P. L., and Thompson, G. R. (1986). Database integration in a distributed heterogeneous database system. In *Proc. 2nd Int. Conf. on Data Engineering*, pages 301-310. 160

Bright, M. W., Hurson, A. R., and Pakzad, S. H. (1994). Automated resolution of semantic heterogeneity in multidatabases. *ACM Trans. Database Syst.*, 19(2): 212-253. 160

Brill, D., Templeton, M., and Yu, C. (1984). Distributed query processing strategies in mermaid: A front-end to data management systems. In *Proc. 1st Int. Conf. on Data Engineering*, pages 211-218. 331

Brin, S. and Page, L. (1998). The anatomy of a large-scale hypertextual web search engine. *Comp. Netw.*, 30(1-7): 107-117. 658, 667

Broder, A., Kumar, R., Maghoul, F., Raghavan, P., Rajagopalan, S., Stata, R., Tomkins, A., and Wiener, J. (2000). Graph structure in the web. *Comp. Netw.*, 33: 309-320. 659

Bruno, N. and Chaudhuri, S. (2002). Exploiting statistics on query expressions for optimization. In *Proc. ACM SIGMOD Int. Conf. on Management of Data*, pages 263-274. 256

Bruno, N., Koudas, N., and Srivastava, D. (2002). Holistic twig joins: Optimal XML pattern matching. In *Proc. ACM SIGMOD Int. Conf. on Management of Data*, pages 310-322. 700, 701

Bucci, G. and Golinelli, S. (1977). A distributed strategy for resource allocation in information networks. In *Proc. Int. Computing Symp*, pages 345-356. 125

Buchmann, A., Özsu, M., Hornick, M., Georgakopoulos, D., and Manola, F. A. (1982). A transaction model for active distributed object systems. In [Elmagarmid, 1982]. 354, 355, 359, 593, 594

Buneman, P., Cong, G., Fan, W., and Kementsietsidis, A. (2006). Using partial evaluation in distributed query evaluation. In *Proc. 32nd Int. Conf. on Very Large Data Bases*, pages 211-222. 711

Buneman, P., Davidson, S., Hillebrand, G. G., and Suciu, D. (1996). A query language and optimization techniques for unstructured data. In *Proc. ACM SIGMOD Int. Conf. on Management of Data*, pages 505-516. 671

Butler, M. (1987). Storage reclamation in object oriented database systems. In *Proc. ACM SIGMOD Int. Conf. on Management of Data*, pages 410-425. 581

Calì, A. and Calvanese, D. (2002). Optimized querying of integrated data over the web. In *Engineering Information Systems in the Internet Context*, pages 285-301. 303

Callan, J. P. and Connell, M. E. (2001). Query-based sampling of text databases. *ACM Trans. Information Syst.*, 19(2): 97-130. 688

Callan, J. P., Connell, M. E., and Du, A. (1999). Automatic discovery of language models for text databases. In *Proc. ACM SIGMOD Int. Conf. on Management of Data*, pages 479-490. 688

Cammert, M., Krämer, J., Seeger, B., and S. Vaupel (2006). An approach to adaptive memory management in data stream systems. In *Proc. 22nd Int. Conf. on Data Engineering*, page 137. 735, 740

Canaday, R. H., Harrisson, R. D., Ivie, E. L., Rydery, J. L., and Wehr, L. A. (1974). A back-end computer for data base management. *Commun. ACM*, 17(10): 575-582. 30, 547

Cao, P. and Wang, Z. (2004). Query processing issues in image (multimedia) databases. In *ACM Symp. on Principles of Distributed Computing* (PODC), pages 206-215. 631, 633

Carey, M., Franklin, M., and Zaharioudakis, M. (1997). Adaptive, fine-grained sharing in a client-server oodbms: A callback-based approach. *ACM Trans. Database Syst.*, 22(4): 570-627. 572

Carey, M. and Lu, H. (1986). Load balancing in a locally distributed database system. In *Proc. ACM*

SIGMOD Int. Conf. on Management of Data, pages 108-119. 287, 288, 293

Carey, M. and Stonebraker, M. (1984). The performance of concurrency control algorithms for database management systems. In *Proc. 10th Int. Conf. on Very Large Data Bases*, pages 107-118. 401

Carey, M. J., DeWitt, D. J., Franklin, M. J., Hall, N. E., McAuliffe, M. L., Naughton, J. F., Schuh, D. T., Solomon, M. H., Tan, C. K., Tsatalos, O. G., White, S. J., and Zwilling, M. J. (1994). Shoring up persistent applications. In *Proc. ACM SIGMOD Int. Conf. on Management of Data*, pages 383-394. 571

Carey, M. J., Franklin, M., Livny, M., and Shekita, E. (1991). Data caching tradeoffs in client-server dbms architectures. In *Proc. ACM SIGMOD Int. Conf. on Management of Data*, pages 357-366. 573

Carey, M. J. and Livny, M. (1988). Distributed concurrency control performance: A study of algorithms, distribution and replication. In *Proc. 14th Int. Conf. on Very Large Data Bases*, pages 13-25. 400, 401

Carey, M. J. and Livny, M. (1991). Conflict detection tradeoffs for replicated data. *ACM Trans. Database Syst.*, 16(4): 703-746. 401

Carney, D., Cetintemel, U., Rasin, A., Zdonik, S., Cherniack, M., and Stonebraker, M. (2003). Operator scheduling in a data stream manager. In *Proc. 29th Int. Conf. on Very Large Data Bases*, pages 838-849. 735

Cart, M. and Ferrie, J. (1990). Integrating concurrency control into an object-oriented database system. In *Advances in Database Technology*, *Proc. 2nd Int. Conf. on Extending Database Technology*, pages 363-377. Springer. 597

Casey, R. G. (1972). Allocation of copies of a file in an information network. In *Proc. Spring Joint Computer Conf*, pages 617-625. 115

Castano, S. and Antonellis, V. D. (1999). A schema analysis and reconciliation tool environment for heterogeneous databases. In *Proc. Int. Conf. on Database Eng. and Applications*, pages 53-62. 134

Castano, S., Fugini, M. G., Martella, G., and Samarati, P. (1995). *Database Security*. Addison Wesley. 180, 201

Castro, M., Adya, A., Liskov, B., and Myers, A. (1997). Hac: Hybrid adaptive caching for distributed storage systems. In *Proc. ACM Symp. on Operating System Principles*, pages 102-115. 570

Cattell, R. G., Barry, D. K., Berler, M., Eastman, J., Jordan, D., Russell, C., Schadow, O., Stanienda, T., and Velez, F. (2000). *The Object Database Standard: ODMG*-3. 0. Morgan Kaufmann. 553, 582

Cattell, R. G. G. (1994). *Object Data Management*. Addison Wesley, 2 edition. 607

Cellary, W., Gelenbe, E., and Morzy, T. (1988). *Concurrency Control in Distributed Database Systems*. North-Holland. 358, 401

Ceri, S., Gottlob, G., and Pelagatti, G. (1986). Taxonomy and formal properties of distributed joins. *Inf. Syst.*, 11(1): 25-40. 232, 234, 242

Ceri, S., Martella, G., and Pelagatti, G. (1982a). Optimal file allocation in a computer network: A solution method based on the knapsack problem. *Comp. Netw.*, 6: 345-357. 121

Ceri, S. and Navathe, S. B. (1983). A methodology for the distribution design of databases. *Digest of Papers-COMPCON*, pages 426-431. 125

Ceri, S., Navathe, S. B., and Wiederhold, G. (1983). Distribution design of logical database schemes. *IEEE Trans. Softw. Eng.*, SE-9(4): 487-503. 81, 82, 121

Ceri, S., Negri, M., and Pelagatti, G. (1982b). Horizontal data partitioning in database design. In *Proc.*

ACM SIGMOD Int. Conf. on Management of Data, pages 128-136. 84, 87

Ceri, S. and Owicki, S. (1982). On the use of optimistic methods for concurrency control in distributed databases. In *Proc. 6th Berkeley Workshop on Distributed Data Management and Computer Networks*, pages 117-130. 385

Ceri, S. and Pelagatti, G. (1982). A solution method for the non-additive resource allocation problem in distributed system design. *Inf. Proc. Letters*, 15(4): 174-178. 125

Ceri, S. and Pelagatti, G. (1983). Correctness of query execution strategies in distributed databases. *ACM Trans. Database Syst.*, 8(4): 577-607. 38, 232, 242,292

Ceri, S. and Pelagatti, G. (1984). *Distributed Databases: Principles and Systems*. McGraw-Hill. 84, 220

Ceri, S. and Pernici, B. (1985). Dataid-d: Methodology for distributed database design. In Albano, V. d. A. and di Leva, A., editors, *Computer-Aided Database Design*, pages 157-183. North-Holland. 121

Ceri, S., Pernici, B., and Wiederhold, G. (1987). Distributed database design methodologies. *Proc. IEEE*, 75(5): 533-546. 38, 73, 125

Ceri, S. and Widom, J. (1993). Managing semantic heterogeneity with production rules and persistent queues. In *Proc. 19th Int. Conf. on Very Large Data Bases*, pages 108-119. 160

Chakrabarti, K., Keogh, E., Mehrotra, S., and Pazzani, M. (2002). Locally adaptive dimensionality reduction for indexing large time series databases. *ACM Trans. Database Syst.*, 27. 666, 743

Chakrabarti, S., Dom, B., and Indyk, P. (1998). Enhanced hypertext classification using hyperlinks. In *Proc. ACM SIGMOD Int. Conf. on Management of Data*, pages 307-318. 658

Chamberlin, D., Gray, J., and Traiger, I. (1975). Views, authorization and locking in a relational database system. In *Proc. National Computer Conf*, pages 425-430. 172, 201

Chamberlin, D. D., Astrahan, M. M., King, W. F., Lorie, R. A., Mehl, J. W., Price, T. G., Schkolnick, M., Selinger, P. G., Slutz, D. R., Wade, B. W., and Yost, R. A. (1981). Support for repetitive transactions and ad hoc queries in System R. *ACM Trans. Database Syst.*, 6(1): 70-94. 265

Chandrasekaran, S., Cooper, O., Deshpande, A., Franklin, M. J., Hellerstein, J. M., Hong, W., Krishnamurthy, S., Madden, S., Raman, V., Reiss, F., and Shah, M. (2003). TelegraphCQ: Continuous dataflow processing for an uncertain world. In *Proc. 1st Biennial Conf. on Innovative Data Systems Research*, pages 269-280. 728, 736

Chandrasekaran, S. and Franklin, M. J. (2003). PSoup: a system for streaming queries over streaming data. *VLDB J.*, 12(2): 140-156. 736, 741

Chandrasekaran, S. and Franklin, M. J. (2004). Remembrance of streams past: overload-sensitive management of archived streams. In *Proc. 30th Int. Conf. on Very Large Data Bases*, pages 348-359. 738

Chang, F., Dean, J., Ghemawat, S., Hsieh, W. C., Wallach, D. A., Burrows, M., Chandra, T., Fikes, A., and Gruber, R. E. (2008). Bigtable: A distributed storage system for structured data. *ACM Trans. Comp. Syst.*, 26(2). 755, 756, 763

Chang, S. K. and Cheng, W. H. (1980). A methodology for structured database decomposition. *IEEE Trans. Softw. Eng.*, SE-6(2): 205-218. 123

Chang, S. K. and Liu, A. C. (1982). File allocation in a distributed database. *Int. J. Comput. Inf. Sci*, 11(5): 325-340. 121, 123

Charikar, M., Chen, K., and Motwani, R. (1997). Incremental clustering and dynamic information retrieval. In *Proc. 29th Annual ACM Symp. on Theory of Computing*. 743

Charikar, M., O'Callaghan, L., and Panigrahy, R. (2003). Better streaming algorithms for clustering problems. In *Proc. 35th Annual ACM Symp. on Theory of Computing*. 743

Chaudhuri, S. (1998). An overview of query optimization in relational systems. In *Proc. ACM SIGACT-SIGMOD Symp. on Principles of Database Systems*, pages 34-43. 292

Chaudhuri, S., Ganjam, K., Ganti, V., and Motwani, R. (2003). Robust and efficient fuzzy match for online data cleaning. In *Proc. ACM SIGMOD Int. Conf. on Management of Data*, pages 313-324. 158

Chen, J., DeWitt, D., and Naughton, J. (2002). Design and evaluation of alternative selection placement strategies in optimizing continuous queries. In *Proc. 18th Int. Conf. on Data Engineering*, pages 345-357. 740

Chen, J., DeWitt, D. J., Tian, F., and Wang, Y. (2000). NiagaraCQ: A scalable continuous query system for internet databases. In *Proc. ACM SIGMOD Int. Conf. on Management of Data*, pages 379-390. 6, 740

Chen, P. P. S. (1976). The entity-relationship model: Towards a unified view of data. *ACM Trans. Database Syst.*, 1(1): 9-36. 81, 136

Chen, S., Deng, Y., Attie, P., and Sun, W. (1996). Optimal deadlock detection in distributed systems based on locally constructed wait-for graphs. In *Proc. IEEE Int. Conf. Dist. Comp. Sys*, pages 613-619. 401

Chen, W. and Warren, D. S. (1989). C-logic of complex objects. In *Proc. 8th ACM SIGACT-SIGMOD-SIGART Symp. on Principles of Database Systems*, pages 369-378. 607

Cheng, J. M. et al. (1984). Ibm database 2 performance: Design, implementation and tuning. *IBM Systems J.*, 23(2): 189-210. 503

Chiu, D. M. and Ho, Y. C. (1980). A methodology for interpreting tree queries into optimal semi-join expressions. In *Proc. ACM SIGMOD Int. Conf. on Management of Data*, pages 169-178. 271, 272, 292

Cho, J. and Garcia-Molina, H. (2000). The evolution of the web and implications for an incremental crawler. In *Proc. 26th Int. Conf. on Very Large Data Bases*. 666

Cho, J. and Garcia-Molina, H. (2002). Parallel crawlers. In *Proc. 11th Int. World Wide Web Conf*. 666

Cho, J., Garcia-Molina, H., and Page, L. (1998). Efficient crawling through URL ordering. *Comp. Netw.*, 30(161-172). Proceedings of WWW Conference. 664, 665

Cho, J. and Ntoulas, A. (2002). Effective change detection using sampling. In *Proc. 28th Int. Conf. on Very Large Data Bases*. 666

Chockler, G., Keidar, I., and Vitenberg, R. (2001). Group communication specifications: a comprehensive study. *ACM Comput. Surv.*, 33(4): 427-469. 482, 537

Christensen, E., Curbera, F., Meredith, G., and Weerawarana, S., editors. Web services description language (WSDL) 1. 1 (2001). Available from: http: //www. w3. org/TR/wsdl [Last retrieved: December 2009]. 690

Chu, W. W. (1969). Optimal file allocation in a multiple computer system. *IEEE Trans. Comput.*, C-18 (10): 885-889. 125

Chu, W. W. (1973). Optimal file allocation in a computer network. In Abramson, N. and Kuo, F. F., editors, *Computer Communication Networks*, pages 82-94. Prentice-Hall. 125

Chu, W. W. (1976). Performance of file directory systems for data bases in star and distributed networks. In *Proc. National Computer Conf*, pages 577-587. 38

Chu, W. W. and Nahouraii, E. E. (1975). File directory design considerations for distributed databases. In *Proc. 1st Int. Conf. on Very Data Bases*, pages 543-545. 38

Chundi, P., Rosenkrantz, D. J., and Ravi, S. S. (1996). Deferred updates and data placement in distributed databases. In *Proc. ACM SIGACT-SIGMOD Symp. on Principles of Database Systems*, pages 469-476. 477

Civelek, F. N., Dogac, A., and Spaccapietra, S. (1988). An expert system approach to view definition and integration. In *Proc. 7th Int'l. Conf. on Entity-Relationship Approach*, pages 229-249. 202

Clarke, I., Miller, S. G., Hong, T. W., Sandberg, O., and Wiley, B. (2002). Protecting free expression online with Freenet. *IEEE Internet Comput.*, 6(1): 40-49. 615

Clarke, I., Sandberg, O., Wiley, B., and Hong, T. W. (2000). Freenet: A distributed anonymous information storage and retrieval system. In *Proc. Workshop on Design Issues in Anonymity and Unobservability*, pages 46-66. 615

Cluet, S. and Delobel, C. (1992). A general framework for the optimization of object-oriented queries. In *Proc. ACM SIGMOD Int. Conf. on Management of Data*, pages 383-392. 583, 586, 587, 588

Codd, E. (1995). Twelve rules for on-line analytical processing. *Computerworld*. 132

Codd, E. F. (1970). A relational model for large shared data banks. *Commun. ACM*, 13(6): 377-387. 45, 56

Codd, E. F. (1972). Relational completeness of data base sublanguages. In Rustin, R., editor, *Relational Databases*, pages 65-98. Prentice-Hall, Englewood Cliffs, N. J. 45

Codd, E. F. (1974). Recent investigations in relational data base systems. *Proceedings of IFIP Congress, Information Processing 74*, pages 1017-1021. 44

Codd, E. F. (1979). Extending the database relational model to capture more meaning. *ACM Trans. Database Syst.*, 4(4): 397-434. 43

Cohen, E. and Kaplan, H. (2004). Spatially-decaying aggregation over a network: Model and algorithms. In *Proc. ACM SIGMOD Int. Conf. on Management of Data*, pages 707-718. 726

Cohen, E. and Strauss, M. (2003). Maintaining time-decaying stream aggregates. In *Proc. ACM SIGACT-SIGMOD Symp. on Principles of Database Systems*, pages 223-233. 726, 737

Cohen, S. (2006). User-defined aggregate functions: bridging theory and practice. In *Proc. ACM SIGMOD Int. Conf. on Management of Data*, pages 49-60. 737

Cole, R. L. and Graefe, G. (1994). Optimization of dynamic query evaluation plans. In *Proc. ACM SIGMOD Int. Conf. on Management of Data*, pages 150-160. 265, 266, 292

Colouris, G., Dollimore, J., and Kindberg, T. (2001). *Distributed Systems: Concepts and Design*. Addison Wesley, 3 edition. 2

Comer, D. E. (2009). *Computer Networks and Internets*. Prentice-Hall, 5 edition. 70

Computers, S. (1982). *Stratus/32 System Overview*. Stratus, Natick, Mass. 456

Cong, G., Fan, W., and Kementsietsidis, A. (2007). Distributed query evaluation with performance guarantees. In *Proc. ACM SIGMOD Int. Conf. on Management of Data*, pages 509-520. 711

Cooper, B. F., Ramakrishnan, R., Srivastava, U., Silberstein, A., Bohannon, P., Jacobsen, H.-A., Puz, N., Weaver, D., and Yerneni, R. (2008). PNUTS: Yahoo!'s hosted data serving platform. *Proc. VLDB*, 1(2): 1277-1288. 757, 763

Copeland, G., Alexander, W., Boughter, E., and Keller, T. (1988). Data placement in bubba. In *Proc. ACM SIGMOD Int. Conf. on Management of Data*, pages 99-108. 510, 511

Copeland, G. and Maier, D. (1984). Making smalltalk a database system. In *Proc. ACM SIGMOD Int. Conf. on Management of Data*, pages 316-325. 552

Cormode, G. and Muthukrishnan, S. (2003). What's hot and what's not: Tracking most frequent items dynamically. In *Proc. ACM SIGACT-SIGMOD Symp. on Principles of Database Systems*, pages 296-306. 743

Coulon, C., Pacitti, E., and Valduriez, P. (2005). Consistency management for partial replication in a high performance database cluster. In *Proc. IEEE Int. Conf. on Parallel and Distributed Systems*, pages 809-815. 537, 539, 548

Crainiceanu, A., Linga, P., Gehrke, J., and Shanmugasundaram, J. (2004). Querying peer-to-peer networks using p-trees. In *Proc. 7th Int. Workshop on the World Wide Web and Databases*, pages 25-30. 622

Cranor, C., Johnson, T., Spatscheck, O., and Shkapenyuk, V. (2003). Gigascope: High performance network monitoring with an SQL interface. In *Proc. ACM SIGMOD Int. Conf. on Management of Data*, pages 647-651. 728, 731

Crespo, A. and Garcia-Molina, H. (2002). Routing indices for peer-to-peer systems. In *Proc. 22nd Int. Conf. on Distributed Computing Systems*, pages 23-33. 617

Cristian, F. (1982). Exception handling and software fault tolerance. *IEEE Trans. Comput.*, C-31(6): 531-540. 455

Cristian, F. (1985). A rigorous approach to fault-tolerant programming. *IEEE Trans. Softw. Eng.*, SE-11(1): 23-31. 455

Cristian, F. (1987). Exception handling. Technical Report RJ 5724, IBM Almaden Research Laboratory, San Jose, Calif. 455

Cuenca-Acuna, F., Peery, C., Martin, R., and Nguyen, T. (2003). Planetp: using gossiping to build content addressable peer-to-peer information sharing communities. In *IEEE Int. Symp. on High Performance Distributed Computing*, pages 236-249. 636

Cusumano, M. A. (2010). Cloud computing and SaaS as new computing platforms. *Commun. ACM*, 53(4): 27-29. 744, 763

Dadam, P. and Schlageter, G. (1980). Recovery in distributed databases based on nonsynchronized local checkpoints. In *Information Processing '80*, pages 457-462. 456

Dageville, B., Casadessus, P., and Borla-Salamet, P. (1994). The impact of the ksr1 allcache architecture on the behavior of the dbs3 parallel dbms. In *Proc. International Conf. on Parallel Architectures and Language*. 528, 548

Dahlin, M., Wang, R., Anderson, T., and Patterson, D. (1994). Cooperative caching: Using remote client memory to improve file system performance. In *Proc. 1st USENIX Symp. on Operating System Design and Implementation*, pages 267-280. 210

Das, A., Gehrke, J., and Riedewald, M. (2005). Semantic approximation of data stream joins. *IEEE Trans. Knowl. and Data Eng.*, 17(1): 44-59. 740

Dasu, T., Krishnan, S., Venkatasubramanian, S., and Yi, K. (2006). An information-theoretic approach to detecting changes in multi-dimensional data streams. In *Proc. 38th Symp. on the Interface of Stats, Comp. Sci., and Applications*. 727

Daswani, N., Garcia-Molina, H., and Yang, B. (2003). Open problems in data-sharing peer-to-peer systems. In *Proc. 9th Int. Conf. on Database Theory*, pages 1-15. 611, 653

Datar, M., Gionis, A., Indyk, P., and Motwani, R. (2002). Maintaining stream statistics over sliding windows. In *Proc. 13th Annual ACM-SIAM Symp. on Discrete Algorithms*, pages 635-644. 737

Date, C. and Darwen, H. (1998). *Foundation for Object/Relational Databases-The Third Manifesto*. Addison Wesley. 552, 607

Date, C. J. (1987). *A Guide to the SQL Standard*. Addison Wesley. 56

Date, C. J. (2004). *An Introduction to Database Systems*. Pearson, 8th edition. 70

Daudjee, K. and Salem, K. (2004). Lazy database replication with ordering guarantees. In *Proc. 20th Int. Conf. on Data Engineering*, pages 424-435. 466

Daudjee, K. and Salem, K. (2006). Lazy database replication with snapshot isolation. In *Proc. 32nd Int. Conf. on Very Large Data Bases*, pages 715-726. 464, 466

Davenport, R. A. (1981). Design of distributed data base systems. *Comp. J.*, 24(1): 31-41. 73

Davidson, S. B. (1984). Optimism and consistency in partitioned distributed database systems. *ACM Trans. Database Syst.*, 9(3): 456-481. 456, 487, 493

Davidson, S. B., Garcia-Molina, H., and Skeen, D. (1985). Consistency in partitioned networks. *ACM Comput. Surv.*, 17(3): 341-370. 449, 456, 493

Dawson, J. L. (1980). A user demand model for distributed database design. In *Digest of Papers-COMPCON*, pages 211-216. 125

Dayal, U. (1989). Queries and views in an object-oriented data model. In *Proc. 2nd Int. Workshop on Database Programming Languages*, pages 80-102. 555, 606

Dayal, U. and Bernstein, P. (1978). On the updatability of relational views. In *Proc. 4th Int. Conf. on Very Data Bases*, pages 368-377. 175, 201

Dayal, U., Buchmann, A., and McCarthy, D. (1988). Rules are objects too: A knowledge model for an active object-oriented database system. In *Advances in Object-Oriented Database Systems. Proc. of the 2nd Int. Workshop on Object-Oriented Database Systems*, pages 129-143. 606

Dayal, U. and Hwang, H. (1984). View definition and generalization for database integration in multibase: A system for heterogeneous distributed database. *IEEE Trans. Softw. Eng.*, SE-10(6): 628-644. 147, 160, 331

Dayal, U., M. Hsu, and Ladin, R. (1991). A transactional model for long-running activities. In *Proc. 17th Int. Conf. on Very Large Data Bases*, pages 113-122. 354, 355

Dean, J. and Ghemawat, S. (2004). MapReduce: Simplified data processing on large clusters. In *Proc. 6th USENIX Symp. on Operating System Design and Implementation*, pages 137-150. 758, 763

Dean, J. and Ghemawat, S. (2010). MapReduce: a flexible data processing tool. *Commun. ACM*, 53(1): 72-77. 760, 763

Demaine, E., Lopez-Ortiz, A., and Munro, J. I. (2002). Frequency estimation of internet packet streams with limited space. In *Proc. 10th Annual European Symp. on Algorithms*, pages 348-360. 743

Demers, A., Gehrke, J., Hong, M., Riedewald, M., and White, W. (2006). Towards expressive publish/subscribe systems. In *Advances in Database Technology, Proc. 10th Int. Conf. on Extending Database Technology*, pages 627-644. 741

Demers, A. J., Greene, D. H., Hauser, C., Irish, W., Larson, J., Shenker, S., Sturgis, H. E., Swinehart, D. C., and Terry, D. B. (1987). Epidemic algorithms for replicated database maintenance. In *Proc. ACM SIGACT-SIGOPS 6th Symp. on the Principles of Distributed Computing*, pages 1-12. 617

Denning, P. J. (1968). he working set model for program behavior. *Commun. ACM*, 11(5): 323-333. 415

Denning, P. J. (1980). Working sets: Past and present. *IEEE Trans. Softw. Eng.*, SE-6(1): 64-84. 415

Denny, M. and Franklin, M. (2005). Predicate result range caching for continuous queries. In *Proc. ACM*

SIGMOD Int. Conf. on Management of Data, pages 646-657. 740

Deshpande, A. and Hellerstein, J. (2004). Lifting the burden of history from adaptive query processing. In *Proc. 30th Int. Conf. on Very Large Data Bases*, pages 948-959. 739

Devine, R. (1993). Design and implementation of DDH: A distributed dynamic hashing algorithm. In *Proc. 4th Int. Conf. on Foundations of Data Organization and Algorithms*, pages 101-114. 618

DeWitt, D., Naughton, J., Schneider, D., and Seshadri, S. (1992). Practical skew handling in parallel joins. In *Proc. 22th Int. Conf. on Very Large Data Bases*, pages 27-40. 529, 548

DeWitt, D. J., Futtersack, P., Maier, D., and Velez, F. (1990). A study of three alternative workstation-server architectures for object-oriented database systems. In *Proc. 16th Int. Conf. on Very Large Data Bases*, pages 107-12. 568

DeWitt, D. J. and Gerber, R. (1985). Multi processor hash-based join algorithms. In *Proc. 11th Int. Conf. on Very Large Data Bases*, pages 151-164. 518

DeWitt, D. J., Gerber, R. H., Graek, G., Heytens, M. L., Kumar, K. B., and Muralikrishna, M. (1986). Gamma: A high performance dataflow database machine. In *Proc. 12th Int. Conf. on Very Large Data Bases*, pages 228-237. 505, 548

DeWitt, D. J. and Gray, J. (1992). Parallel database systems: The future of high performance database systems. *Commun. ACM*, 35(6): 85-98. 497, 500

Dhamankar, R., Lee, Y., Doan, A., Halevy, A. Y., and Domingos, P. (2004). iMAP: Discovering complex mappings between database schemas. In *Proc. ACM SIGMOD Int. Conf. on Management of Data*, pages 383-394. 147

Dickman, P. (1991). *Distributed Object Management in a Non-Small Graph of Autonomous Networks With Few Failures*. Ph. D. thesis, University of Cambridge, England. 581

Dickman, P. (1994). The bellerophon project: A scalable object-support architecture suitable for a large oodbms? In Özsu et al. [1994a], pages 287-299. 577

Diffie, W. and Hellman, M. E. (1976). New directions in cryptography. *IEEE Trans. Information Theory*, IT-22(6): 644-654. 180

Ding, Q., Ding, Q., and Perrizo, W. (2002). Decision tree classification of spatial data streams using peano count trees. In *Proc. 2002 ACM Symp. on Applied Computing*, pages 413-417. 743

Do, H. H. and Rahm, E. (2002). COMA - A system for flexible combination of schema matching approaches. In *Proc. 28th Int. Conf. on Very Large Data Bases*, pages 610-621. 134, 142, 144, 160

Doan, A., Domingos, P., and Halevy, A. Y. (2001). Reconciling schemas of disparate data sources: A machine-learning approach. In *Proc. ACM SIGMOD Int. Conf. on Management of Data*, pages 509-520. 145, 147

Doan, A., Domingos, P., and Halevy, A. Y. (2003a). Learning to match the schemas of data sources: A multistrategy approach. *Machine Learning*, 50(3): 279-301. 145, 146, 147

Doan, A., Halevy, A., and Ives, Z. (2010). *Principles of Data Integration*. (in preparation). 159, 160

Doan, A. and Halevy, A. Y. (2005). Semantic integration research in the database community: A brief survey. *AI Magazine*, 26(1): 83-94. 160

Doan, A., Madhavan, J., Dhamankar, R., Domingos, P., and Halevy, A. Y. (2003b). Learning to match ontologies on the semantic web. *VLDB J.*, 12(4): 303-319. 626

Dobra, A., Garofalakis, M., Gehrke, J., and Rastogi, R. (2004). Sketch-based multiquery processing over data streams. In *Advances in Database Technology*, *Proc. 9th Int. Conf. on Extending Database Technology*, pages 551-568. 740

Dogac, A., Dengi, C., and Özsu, M. T. (1998a). Distributed object computing platforms. *Commun. ACM*, 41(9): 95-103. 607

Dogac, A., Kalinichenko, L., Özsu, M. T., and Sheth, A., editors (1998b). *Advances in Workflow Systems and Interoperability*. Springer. 354, 359

Dogac, A., Özsu, M., Biliris, A., and Sellis, T., editors (1994). *Advances in Object-Oriented Database Systems*. Springer. 586, 607, 814

Doherty, C. and Hurley, N. (2007). Autonomic distributed data management with update accesses. In *Proc. 1st Int. Conf. on Autonomic computing and communication systems*, pages 1-8. 762

D'Oliviera, C. R. (1977). An analysis of computer decentralization. Technical Memo TM-90, Laboratory for Computer Science, Massachusetts Institute of Technology, Cambridge, Mass. 7

Dollimore, J., Nascimento, C., and Xu, W. (1994). Fine-grained object migration. In Özsu et al. [1994a], pages 182-186. 577

Domingos, P. and Hulten, G. (2000). Mining high-speed data streams. In *Proc. 6th ACM SIGKDD Int. Conf. on Knowledge Discovery and Data Mining*, pages 71-80. 743

Douglis, F., Palmer, J., Richards, E., Tao, D., Hetzlaff, W., Tracey, J., and Lin, J. (2004). Position: short object lifetimes require a delete-optimized storage system. In *Proc. 11th ACM SIGOPS European Workshop*. 726

Dowdy, L. W. and Foster, D. V. (1982). Comparative models of the file assignment problem. *ACM Comput. Surv.*, 14(2): 287-313. 38, 114, 125

Draper, D., Fankhauser, P., Fernández, M., Malhotra, A., Rose, K., Rys, M., Siméon, J., and Wadler, P., editors. Xquery 1.0 and XPath 2.0 formal semantics (2007). Available from: http://www.w3.org/TR/xquery-semantics/[Last retrieved: January 2010]. 702

Du, W. and Elmagarmid, A. (1989). Quasi-serializability: A correctness criterion for global concurrency control in interbase. In *Proc. 15th Int. Conf. on Very Large Data Bases*, pages 347-355. 26

Du, W., Krishnamurthy, R., and Shan, M. (1992). Query optimization in a heterogeneous dbms. In *Proc. 18th Int. Conf. on Very Large Data Bases*, pages 277-291. 307, 308, 331

Du, W., Shan, M., and Dayal, U. (1995). Reducing multidatabase query response time by tree balancing. In *Proc. ACM SIGMOD Int. Conf. on Management of Data*, pages 293-303. 287, 290, 293, 315, 331

Duschka, O. M. and Genesereth, M. R. (1997). Answering recursive queries using views. In *Proc. ACM SIGACT-SIGMOD Symp. on Principles of Database Systems*, pages 109-116. 160, 305, 331

Dwork, C. and Skeen, D. (1983). The inherent cost of nonblocking commitment. In *Proc. ACM SIGACT-SIGOPS 2nd Symp. on the Principles of Distributed Computing*, pages 1-11. 455

Eager, D. L. and Sevcik, K. C. (1983). Achieving robustness in distributed database systems. *ACM Trans. Database Syst.*, 8(3): 354-381. 456, 493

Edwards, J., McCurley, K., and Tomlin, J. (2001). An adaptive model for optimizing performance of an incremental web crawler. In *Proc. 10th Int. World Wide Web Conf.* 666

Effelsberg, W. and Härder, T. (1984). Principles of database buffer management. *ACM Trans. Database Syst.*, 9(4): 560-595. 415

Eich, M. H. (1989). Main memory database research directions. In *Int. Workshop on Database Machines*, pages 251-268. 499

Eickler, A., Gerlhof, C., and Kossmann, D. (1995). A performance evaluation of oid mapping techniques. In *Proc. 21th Int. Conf. on Very Large Data Bases*, pages 18-29. 575

Eisenberg et al., 2008 (2008). Information technology-database languages-SQL-Part 14: XML-related specifications (SQL/XML). 702

Eisner, M. J. and Severance, D. G. (1976). Mathematical techniques for efficient record segmentation in large shared databases. *J. ACM*, 23(4): 619-635. 98

Elmagarmid, A., Leu, Y., Litwin, W., and Rusinkiewicz, M. (1990). A multidatabase transaction model for interbase. In *Proc. 16th Int. Conf. on Very Large Data Bases*, pages 507-518. 354

Elmagarmid, A., Rusinkiewicz, M., and Sheth, A., editors (1999). *Management of Heterogeneous and Autonomous Database Systems*. Morgan Kaufmann. 160

Elmagarmid, A. K. (1986). A survey of distributed deadlock detection algorithms. *ACM SIGMOD Rec.*, 15(3): 37-45. 39, 401

Elmagarmid, A. K., editor (1992). *Transaction Models for Advanced Database Applications*. Morgan Kaufmann. 359

Elmagarmid, A. K., Soundararajan, N., and Liu, M. T. (1988). A distributed deadlock detection and resolution algorithm and its correctness proof. *IEEE Trans. Softw. Eng.*, 14(10): 1443-1452. 401

Elmasri, R., Larson, J., and Navathe, S. B. (1987). Integration algorithms for database and logical database design. Technical report, Honeywell Corporate Research Center, Golden Valley, Minn. 149

Elmasri, R. and Navathe, S. B. (2011). *Fundamentals of Database Systems*. Pearson, 6 edition. 70

Embley, D. W., Jackman, D., and Xu, L. (2001). Multifaceted exploitation of metadata for attribute match discovery in information integration. In *Proc. Workshop on Information Integration on the Web*, pages 110-117. 146

Embley, D. W., Jackman, D., and Xu, L. (2002). Attribute match discovery in information integration: exploiting multiple facets of metadata. *Journal of the Brazilian Computing Society*, 8(2): 32-43. 146

Epstein, R. and Stonebraker, M. (1980). Analysis of distributed data base processing strategies. In *Proc. 5th Int. Conf. on Very Data Bases*, pages 92-101. 293

Epstein, R., Stonebraker, M., and Wong, E. (1978). Query processing in a distributed relational database system. In *Proc. ACM SIGMOD Int. Conf. on Management of Data*, pages 169-180. 209, 254, 274, 276, 292

Eswaran, K. P. (1974). Placement of records in a file and file allocation in a computer network. In *Information Processing '74*, pages 304-307. 115, 125

Eswaran, K. P., Gray, J. N., Lorie, R. A., and Traiger, I. L. (1976). The notions of consistency and predicate locks in a database system. *Commun. ACM*, 19(11): 624-633. 341, 370

Evrendilek, C., Dogac, A., Nural, S., and Ozcan, F. (1997). Multidatabase query optimization. *Distrib. Parall. Databases*, 5(1): 77-114. 287, 293, 316

Ezeife, C. I. and Barker, K. (1995). A comprehensive approach to horizontal class fragmentation in a distributed object based system. *Distrib. Parall. Databases*, 3(3): 247-272. 563, 564, 607

Ezeife, C. I. and Barker, K. (1998). Distributed object based design: Vertical fragmentation of classes. *Distrib. Parall. Databases*, 6(4): 327-360. 563

Fagin, R. (1977). Multivalued dependencies and a new normal form for relational databases. *ACM Trans. Database Syst.*, 2(3): 262-278. 44

Fagin, R. (1979). Normal forms and relational database operators. In *Proc. ACM SIGMOD Int. Conf. on Management of Data*, pages 153-160. 44

Fagin, R. (1999). Combining fuzzy information from multiple systems. *Journal of Computer and System Sciences*, 58(1): 83-99. 629

Fagin, R. (2002). Combining fuzzy information: an overview. *ACM SIGMOD Rec.*, 31(2): 109-118. 147

Fagin, R., Kolaitis, P. G., Miller, R. J., and Popa, L. (2005). Data exchange: semantics and query answering. *TCS*, 336(1): 89-124. 159

Fagin, R., Lotem, J., and Naor, M. (2003). Optimal aggregation algorithms for middleware. *Journal of Computer and System Sciences*, 66(4): 614-656. 629, 654

Fagin, R. and Vardi, M. Y. (1984). The theory of data dependencies: A survey. Research Report RJ 4321 (47149), IBM Research Laboratory, San Jose, Calif. 189

Faloutsos, C. and Christodoulakis, S. (1984). Signature files: an access method for documents and its analytical performance evaluation. *ACM Trans. Information Syst.*, 2(4): 267-288. 667

Fan, W. (2004). Systematic data selection to mine concept-drifting data streams. In *Proc. 10th ACM SIGKDD Int. Conf. on Knowledge Discovery and Data Mining*, pages 128-137. 743

Fang, D., Hammer, J., and McLeod, D. (1994). An approach to behavior sharing in federated database systems. In Özsu et al. [1994a], pages 334-346. 565

Farrag, A. (1986). *Concurrency and Consistency in Database Systems*. Ph. D. thesis, Department of Computing Science, University of Alberta, Edmonton, Canada. 359

Farrag, A. A. and Özsu, M. T. (1985). A general concurrency control for database systems. In *Proc. National Computer Conf*, pages 567-573. 400

Farrag, A. A. and Özsu, M. T. (1987). Towards a general concurrency control algorithm for database systems. *IEEE Trans. Softw. Eng.*, 13(10): 1073-1079. 400

Farrag, A. A. and Özsu, M. T. (1989). Using semantic knowledge of transactions to increase concurrency. *ACM Trans. Database Syst.*, 14(4): 503-525. 395, 401

Fekete, A., Lynch, N., Merritt, M., and Weihl, W. (1987a). Nested transactions and read/write locking. Technical Memo MIT/LCS/TM-324, Massachusetts Institute of Technology, Cambridge, Mass. 401

Fekete, A., Lynch, N., Merritt, M., and Weihl, W. (1987b). Nested transactions, conflict-based locking, and dynamic atomicity. Technical Memo MIT/LCS/TM-340, Massachusetts Institute of Technology, Cambridge, Mass. 401

Fekete, A., Lynch, N., Merritt, M., and Weihl, W. (1989). Commutativity-based locking for nested transactions. Technical Memo MIT/LCS/TM-370b, Massachusetts Institute of Technology, Cambridge, Mass. 401, 594

Fernandez, E. B., Summers, R. C., and Wood, C. (1981). *Database Security and Integrity*. Addison Wesley. 180

Fernandez, M., Florescu, D., and Levy, A. (1997). A query language for a web-site management system. *ACM SIGMOD Rec.*, 26(3): 4-11. 676

Fernández, M. F., Siméon, J., Choi, B., Marian, A., and Sur, G. (2003). Implementing XQuery 1.0: The Galax experience. In *Proc. 29th Int. Conf. on Very Large Data Bases*, pages 1077-1080. 698, 702

Ferreira, P. and Shapiro, M. (1994). Garbage collection and dsm consistency. In *Proc. of the First Symposium on Operating Systems Design and Implementation*, pages 229-241. 581

Fessant, F. L., Piumarta, I., and Shapiro, M. (1998). An implementation of complete, asynchronous, distributed garbage collection. In *Proc. ACM SIGPLAN Conf. on Programming Language Design and Implementation*, pages 152-161. 582

Fiebig, T., Helmer, S., Kanne, C. -C., Moerkotte, G., Neumann, J., Schiele, R., and Westmann, T. (2002). Anatomy of a native XML base management system. *VLDB J.*, 11(4): 292-314. 699

Fisher, M. K. and Hochbaum, D. S. (1980). Database location in computer networks. *J. ACM*, 27(4):

718-735. 121

Fisher, P. S., Hollist, P., and Slonim, J. (1980). A design methodology for distributed data bases. In *Digest of Papers-COMPCON*, pages 199-202. 125

Florentin, J. J. (1974). Consistency auditing of databases. *Comp. J.*, 17(1): 52-58. 188, 202

Florescu, D., Koller, D., and Levy, A. (1997). Using probabilistic information in data integration. In *Proc. 23th Int. Conf. on Very Large Data Bases*, pages 216-225. 564

Florescu, D., Levy, A., and Mendelzon, A. (1998). Database techniques for the World-Wide Web: a survey. *ACM SIGMOD Rec.*, 27(3): 59-74. 657, 676

Folkert, N., Gupta, A., Witkowski, A., Subramanian, S., Bellamkonda, S., Shankar, S., Bozkaya, T., and Sheng, L. (2005). Optimizing refresh of a set of materialized views. In *Proc. 31st Int. Conf. on Very Large Data Bases*, pages 1043-1054. 738

Foster, D. V. and Browne, J. C. (1976). File assignment in memory hierarchies. In Gelenbe, I. E., editor, *Modelling and Performance Evaluation of Computer Systems*, pages 119-127. North-Holland. 125

Franklin, M., Livny, M., and Carey, M. (1997). Transactional client-server cache consistency: Alternatives and performance. *ACM Trans. Database Syst.*, 22(3): 315-367. 572

Franklin, M. J., Carey, M., and Livny, M. (1992). Global memory management in client-server dbms architectures. In *Proc. 18th Int. Conf. on Very Large Data Bases*, pages 596-609. 210, 571

Franklin, M. J. and Carey, M. J. (1994). Client-server caching revisited. In Özsu et al. [1994a], pages 57-78. 572, 573

Franklin, M. J., Jonsson, B. T., and Kossmann, D. (1996). Performance tradeoffs for client-server query processing. In *Proc. ACM SIGMOD Int. Conf. on Management of Data*, pages 149-160. 214

Freeley, M., Morgan, W., and Pighin, F. (1995). Implementing global memory management in a workstation cluster. In *Proc. 15th ACM Symp. on Operating Syst. Principles*, pages 201-212. 210

Freytag, J. C. (1987). A rule-based view of query optimization. In *Proc. ACM SIGMOD Int. Conf. on Management of Data*, pages 173-180. 583

Freytag, J. C., Maier, D., and Vossen, G. (1994). *Query Processing for Advanced Database Systems*. Morgan Kaufmann. 220

Friedman, M., Levy, A. Y., and Millstein, T. D. (1999). Navigational plans for data integration. In *Proc. 16th National Conf on Artificial Intelligence and 11th Innovative Applications of Artificial Intelligence Conf.*, pages 67-73. 133

Fung, C. W., Karlaplem, K., and Li, Q. (1996). An analytical approach towards evaluating method induced vertical partitioning algorithms. Technical Report HKUST96-33, Department of Computer Science, Hong Kong University of Science and Technology. 564

Furtado, C., Lima, A., Pacitti, E., Valduriez, P., and Mattoso, M. (2005). Physical and virtual partitioning in olap database clusters. In *Proc. Int. Symp. Computer Architecture and High Performance Computing*, pages 143-150. 544, 548

Furtado, C., Lima, A., Pacitti, E., Valduriez, P., and Mattoso, M. (2006). Adaptive hybrid partitioning for olap query processing in a database cluster. *Int. J. High Perf. Comput. and Networking*. To appear. 544, 548

Fushimi, S., Kitsuregawa, M., and Tanaka, H. (1986). An overview of the system software of a parallel relational database machine grace. In *Proc. 12th Int. Conf. on Very Large Data Bases*, pages 209-219. 505

Gaber, M., Zaslavsky, A., and Krishnaswamy, S. (2005). Mining data streams: A review. *ACM SIGMOD Rec.*, 34(2): 18-26. 742, 762

Galhardas, H., Florescu, D., Shasha, D., Simon, E., and Saita, C.-A. (2001). Declarative data cleaning: Language, model, and algorithms. In *Proc. 27th Int. Conf. on Very Large Data Bases*, pages 371-380. 158

Gallaire, H., Minker, J., and Nicolas, J.-M. (1984). Logic and databases: A deductive approach. *ACM Comput. Surv.*, 16(2): 153-186. 47

Gama, J., Medas, P., and Rodrigues, P. (2005). Learning decision trees from dynamic data streams. In *Proc. 2005 ACM Symp. on Applied Computing*, pages 573-577. 743

Gancarski, S., Naacke, H., Pacitti, E., and Valduriez, P. (2002). Parallel processing with autonomous databases in a cluster system. In *Proc. Int. Conf. on Cooperative Information Systems*, pages 410-428. 540, 548

Gancarski, S., Naacke, H., Pacitti, E., and Valduriez, P. (2007). The leganet system: Freshness-aware transaction routing in a database cluster. *Inf. Syst.*, 32(7): 320-343. 541, 548

Ganesan, P., Yang, B., and Garcia-Molina, H. (2004). One torus to rule them all: Multidimensional queries in p2p systems. In *Proc. 7th Int. Workshop on the World Wide Web and Databases*, pages 19-24. 622

Ganti, Gehrke, and Ramakrishnan (2002). Mining data streams under block evolution. *SIGKDD Explorations*, pages 1-10. 743

Gao, S., Sperberg-McQueen, C. M., and Thompson, H. S., editors. W3C XML schema definition language (XSD) 1. 1 part 1: Structures (2009). Available from: http: //www. w3. org/TR/xmlschema11-1/ [Last retrieved: January 2010]. 693

Garcia-Molina, H. (1979). *Performance of Update Algorithms for Replicated Data in a Distributed Database*. Ph. D. thesis, Department of Computer Science, Stanford University, Stanford, Calif. 390, 401

Garcia-Molina, H. (1982). Elections in distributed computing systems. *IEEE Trans. Comput.*, C-31(1): 48-59. 440

Garcia-Molina, H. (1983). Using semantic knowledge for transaction processing in a distributed database. *ACM Trans. Database Syst.*, 8(2): 186-213. 352, 395, 401

Garcia-Molina, H., Gawlick, D., Klein, J., Kleissner, K., and Salem, K. (1990). Coordinating multi-transaction activities. Technical Report CS-TR-247-90, Department of Computer Science, Princeton University. 352, 353, 397

Garcia-Molina, H., Papakonstantinou, Y., Quass, D., Rajaraman, A., Sagiv, Y., Ullman, J. D., Vassalos, V., and Widom, J. (1997). The TSIMMIS approach to mediation: Data models and languages. *J. Intell. Information Syst.*, 8(2): 117-132. 160

Garcia-Molina, H. and Salem, K. (1987). Sagas. In *Proc. ACM SIGMOD Int. Conf. on Management of Data*, pages 249-259. 351, 352, 397

Garcia-Molina, H., Ullman, J. D., and Widom, J. (2002). *Database Systems-The Complete Book*. Prentice-Hall. 70

Garcia-Molina, H. and Wiederhold, G. (1982). Read only transactions in a distributed database. *ACM Trans. Database Syst.*, 7(2): 209-234. 401

Garofalakis, M. N. and Ioannidis, Y. E. (1996). Multi-dimensional resource scheduling for parallel queries. In *Proc. ACM SIGMOD Int. Conf. on Management of Data*, pages 365-376. 530, 548

Garza, J. F. and Kim, W. (1988). Transaction management in an object-oriented database system. In *Proc. ACM SIGMOD Int. Conf. on Management of Data*, pages 37-45. 597,600

Gastonian, R. (1983). The auragen system 4000. *Q. Bull. IEEE TC on Data Eng.*, 6(2). 456

Gavish, B. and Pirkul, H. (1986). Computer and database location in distributed computer systems. *IEEE Trans. Comput.*, C-35(7): 583-590. 125

GE (1976). *MADMAN User Manual*. General Electric Company, Schenectady, N. Y. 390

Gedik, B., Wu, K.-L., Yu, P. S., and Liu, L. (2005). Adaptive load shedding for windowed stream joins. In *Proc. 14th ACM Int. Conf. on Information and Knowledge Management*, pages 171-178. 740

Gelenbe, E. and Gardy, D. (1982). The size of projections of relations satisfying a functional dependency. In *Proc. 8th Int. Conf. on Very Data Bases*, pages 325-333. 254

Gelenbe, E. and Sevcik, K. (1978). Analysis of update synchronization for multiple copy databases. In *Proc. 3rd Berkeley Workskop on Distributed Data Management and Computer Networks*, pages 69-88. 401

Georgakopoulos, D., Hornick, M., and Sheth, A. (1995). An overview of workflow management: From process modeling to workflow automation infrastructure. *Distrib. Parall. Databases*, 3: 119-153. 354, 359

Gerlhof, C. and Kemper, A. (1994). A multi-threaded architecture for prefetching in object bases. In Jarke, M., Jr., J. A. B., and Jeffery, K. G., editors, *Advances in Database Technology*, *Proc. 4th Int. Conf. on Extending Database Technology*, volume 779 of *Lecture Notes in Computer Science*, pages 351-364. Springer. 568

Ghanem, T., Aref, W., and Elmagarmid, A. (2006). Exploiting predicate-window semantics over data streams. *ACM SIGMOD Rec.*, 35(1): 3-8. 727

Ghemawat, S. (1995). *The Modified Object Buffer: A Storage Management Technique for Object-Oriented Databases*. Ph. D dissertation, Massachusetts Institute of Technology, Cambridge, Mass. 571

Ghemawat, S., Gobioff, H., and Leung, S.-T. (2003). The Google file system. In *Proc. 19th ACM Symp. on Operating System Principles*, pages 29-43. 753, 763

Gibbons, P. and Tirthapura, S. (2002). Distributed streams algorithms for sliding windows. In *Proc. 14th ACM Symp. on Parallel Algorithms and Architectures*, pages 63-72. 737

Gibbons, T. (1976). *Integrity and Recovery in Computer Systems*. NCC Publications. 455

Gifford, D. K. (1979). Weighted voting for replicated data. In *Proc. 7th ACM Symp. on Operating System Principles*, pages 50-159. 487

Gilbert, A. C., Kotidis, Y., Muthukrishnan, S., and Strauss, M. J. (2001). Surfing wavelets on streams: One-pass summaries for approximate aggregate queries. In *Proc. 27th Int. Conf. on Very Large Data Bases*, pages 79-88. 726

Gligor, V. and Popescu-Zeletin, R. (1986). Transaction management in distributed heterogeneous database management systems. *Inf. Syst.*, 11(4): 287-297. 25

Gligor, V. D. and Luckenbaugh, G. L. (1984). Interconnecting heterogeneous database management systems. *Comp.*, 17(1): 33-43. 40

Golab, L. (2006). *Sliding Window Query Processing over Data Streams*. PhD thesis, University of Waterloo. 763

Golab, L., Garg, S., and Özsu, M. T. (2004). On indexing sliding windows over on-line data streams. In *Advances in Database Technology*, *Proc. 9th Int. Conf. on Extending Database Technology*, pages

712-729. 736

Golab, L., Johnson, T., Seidel, J. S., and Shkapenyuk, V. (2009). Stream warehousing with DataDepot. In *Proc. ACM SIGMOD Int. Conf. on Management of Data*, pages 847-854. 761

Golab, L. and Özsu, M. T. (2003a). Issues in data stream management. *ACM SIGMOD Rec.*, 32(2): 5-14. 762, 763

Golab, L. and Özsu, M. T. (2003b). Processing sliding window multi-joins in continuous queries over data streams. In *Proc. 29th Int. Conf. on Very Large Data Bases*, pages 500-511. 733

Golab, L. and Özsu, M. T. (2010). *Data Stream Systems*. Morgan & Claypool. 761, 762, 763

Goldberg, A. and Robson, D. (1983). *SmallTalk-80: The Language and Its Implementation*. Addison Wesley. 559

Goldman, K. J. (1987). Data replication in nested transaction systems. Technical Report MIT/LCS/TR-390, Massachusetts Institute of Technology, Cambridge, Mass. 401

Goldman, R. and Widom, J. (1997). Dataguides: Enabling query formulation and optimization in semistructured databases. In *Proc. 23th Int. Conf. on Very Large Data Bases*, pages 436-445. 675, 701

Gonnet, G. H. and Tompa, F. W. (1987). Mind your grammar: A new approach to modelling text. In *Proc. 13th Int. Conf. on Very Large Data Bases*, pages 339-346. 690

Goodman, J. R. and Woest, P. J. (1988). The wisconsin multicube: A new largescale cache-coherent multiprocessor. Technical Report TR766, University of Wisconsin-Madison. 506, 548

Goodman, N., Suri, R., and Tay, Y. C. (1983). A simple analytic model for performance of exclusive locking in database systems. In *Proc. 2nd ACM SIGACT-SIGMOD Symp. on Principles of Database Systems*, pages 203-215. 401

Gottlob, G., Koch, C., and Pichler, R. (2005). Efficient algorithms for processing XPath queries. *ACM Trans. Database Syst.*, 30(2): 444-491. 700

Gounaris, A., Paton, N., Fernandes, A., and Sakellariou, R. (2002a). Adaptive query processing: A survey. In *Proc. British National Conf. on Databases*, pages 11-25. 739

Gounaris, A., Paton, N. W., Fernandes, A. A. A., and Sakellariou, R. (2002b). Adaptive query processing: A survey. In *Proc. British National Conf. on Databases*, pages 11-25. 320, 321, 331

Graefe, G. (1990). Encapsulation of parallelism in the volcano query processing systems. In *Proc. ACM SIGMOD Int. Conf. on Management of Data*, pages 102-111. 503, 548

Graefe, G. (1993). Query evaluation techniques for large databases. *ACM Comput. Surv.*, 25(2): 73-170. 220, 292, 547

Graefe, G. (1994). Volcano-an extensible and parallel query evaluation system. *IEEE Trans. Knowl. and Data Eng.*, 6(1): 120-135. 267

Graefe, G. and DeWitt, D. (1987). The exodus optimizer generator. In *Proc. ACM SIGMOD Int. Conf. on Management of Data*, pages 160-172. 583

Graefe, G. and Maier, D. (1988). Query optimization in object-oriented database systems: The REVELATION project. Technical Report CS/E 88-025, Oregon Graduate Center. 583, 586

Graefe, G. and McKenna, W. (1993). The volcano optimizer generator. In *Proc. 9th Int. Conf. on Data Engineering*, pages 209-218. 320, 321, 586

Grant, J. (1984). Constraint preserving and lossless database transformations. *Inf. Syst.*, 9(2): 139-146. 79

Grapa, E. and Belford, G. G. (1977). Some theorems to aid in solving the file allocation problem.

Commun. ACM, 20(11): 878-882. 125

Gravano, L., Garcia-Molina, H., and Tomasic, A. (1999). Gloss: Text-source discovery over the internet. *ACM Trans. Database Syst.*, 24(2): 229-264. 689

Gray, J. (1981). The transaction concept: Virtues and limitations. In *Proc. 7th Int. Conf. on Very Data Bases*, pages 144-154. 337

Gray, J. (1985). Why do computers stop and what can be done about it. Technical Report 85-7, Tandem Computers, Cupertino, Calif. 455, 456

Gray, J. (1987). Why do computers stop and what can be done about it. In *CIPS(Canadian Information Processing Society) Edmonton '87 Conf. Tutorial Notes*, Edmonton, Canada. 350, 410

Gray, J. (1989). Transparency in its place-the case against transparent access to geographically distributed data. Technical Report TR89.1, Tandem Computers Inc, Cupertino, Calif. 11

Gray, J., Helland, P., O'Neil, P. E., and Shasha, D. (1996). The dangers of replication and a solution. In *Proc. ACM SIGMOD Int. Conf. on Management of Data*, pages 173-182. 460, 493

Gray, J. and Reuter, A. (1993). *Transaction Processing: Concepts and Techniques*. Morgan Kaufmann. 358, 396, 401

Gray, J. N. (1979). Notes on data base operating systems. In Bayer, R., Graham, R. M., and Seegmüller, G., editors, *Operating Systems: An Advanced Course*, pages 393-481. Springer. 39, 359, 419, 425, 426, 431, 456

Gray, J. N., Lorie, R. A., Putzolu, G. R., and Traiger, I. L. (1976). Granularity of locks and degrees of consistency in a shared data base. In Nijssen, G. M., editor, *Modelling in Data Base Management Systems*, pages 365-394. North-Holland. 345

Gray, J. N., McJones, P., Blasgen, M., Lindsay, B., Lorie, R., Price, T., Putzolu, F., and Traiger, I. (1981). The recovery manager of the system r database manager. *ACM Comput. Surv.*, 13(2): 223-242. 411, 419, 426, 456

Grefen, P. and Widom, J. (1997). Protocols for integrity constraint checking in federated databases. *Distrib. Parall. Databases*, 5(4): 327-355. 200, 202

Griffiths, P. P. and Wade, B. W. (1976). An authorization mechanism for a relational database system. *ACM Trans. Database Syst.*, 1(3): 242-255. 182, 201

Grossman, R. L. and Gu, Y. (2009). On the varieties of clouds for data intensive computing. *Q. Bull. IEEE TC on Data Eng.*, 32(1): 44-50. 745

Group, E. D. S. E. D. (1990). Eds-collaborating for a high-performance parallel relational database. In *Proc. ESPRIT Conf*, pages 274-295. 505, 548

Gruber, O. and Amsaleg, L. (1994). Object grouping in eos. In Özsu et al. [1994a], pages 117-131. 579

Grust, T., van Keulen, M., and Teubner, J. (2003). Staircase join: Teach a relational dbms to watch its (axis) steps. In *Proc. 29th Int. Conf. on Very Large Data Bases*, pages 524-525. 700

Gudgin, M., Hadley, M., Mendelsohn, N., Moreau, J.-J., Nielsen, H. F., Karmarkar, A., and Lafon, Y., editors. Simple object protocol (SOAP) version 1.2 (2007). Available from: http://www.w3.org/TR/soap12 [Last retrieved: December 2009]. 690

Guerrini, G., Bertino, E., and Bal, R. (1998). A formal definition of the chimera object-oriented data model. *J. Intell. Information Syst.*, 11(1): 5-40. 607

Guha, S. and McGregor, A. (2006). Approximate quantiles and the order of the stream. In *Proc. ACM SIGACT-SIGMOD Symp. on Principles of Database Systems*, pages 273-279. 725

Guha, S., Meyerson, A., Mishra, N., and Motwani, R. (2003). Clustering data streams: Theory and practice. *IEEE Trans. Knowl. and Data Eng.*, 15(3): 515-528. 743

Gulisano, V., Jimenez-Peris, R., Patino-Martinez, M., and Valduriez, P. (2010). StreamCloud: A large scale data streaming system. In *Proc. 30th Int. Conf. on Distributed Computing Systems*. 762

Gulli, A. and Signorini, A. (2005). The indexable web is more than 11.5 billion pages. In *Proc. 14th Int. World Wide Web Conf.*, pages 902-903. 657

Gummadi, P. K., Gummadi, R., Gribble, S. D., Ratnasamy, S., Shenker, S., and Stoica, I. (2003). The impact of DHT routing geometry on resilience and proximity. In *Proc. ACM Int. Conf. on Data Communication*, pages 381-394. 619

Güntzer, U., Kießling, W., and Balke, W.-T. (2000). Optimizing multi-feature queries for image databases. In *Proc. 26th Int. Conf. on Very Large Data Bases*, pages 419-428. 629, 654

Guo, H., Larson, P.-A., Ramakrishnan, R., and Goldstein, J. (2004). Relaxed currency and consistency: How to say "good enough" in sql. In *Proc. ACM SIGMOD Int. Conf. on Management of Data*, pages 815-826. 540

Gupta, A., Agrawal, D., and Abbadi, A. E. (2003). Approximate range selection queries in peer-to-peer systems. In *Proc. 1st Biennial Conf. on Innovative Data Systems Research*, pages 141-151. 642

Gupta, A., Jagadish, H., and Mumick, I. S. (1996). Data integration using selfmaintainable views. In *Advances in Database Technology, Proc. 5th Int. Conf. on Extending Database Technology*, pages 140-144. 179, 180

Gupta, A. and Mumick, I. S. (1999a). Maintenance of materialized views: Problems, techniques, and applications. In Gupta and Mumick [1999c], chapter 11, pages 145-156. 178, 201

Gupta, A. and Mumick, I. S., editors (1999b). *Materialized Views: Techniques, Implementations, and Applications*. M. I. T. Press. 132

Gupta, A. and Mumick, I. S., editors (1999c). *Materialized Views: Techniques, Implementations, and Applications*. M. I. T. Press. 176, 201, 794

Gupta, A., Mumick, I. S., and Subrahmanian, V. S. (1993). Maintaining views incrementally. In *Proc. ACM SIGMOD Int. Conf. on Management of Data*, pages 157-166. 179, 201

Haas, L. (2007). Beauty and the beast: The theory and practice of information integration. In *Proc. 11th Int. Conf. on Database Theory*, pages 28-43. 160

Haas, L., Kossmann, D., Wimmers, E., and Yang, J. (1997a). Optimizing queries across diverse data sources. In *Proc. 23th Int. Conf. on Very Large Data Bases*, pages 276-285. 317, 331

Haas, L. M., Kossmann, D., Wimmers, E. L., and Yang, J. (1997b). Optimizing queries across diverse data sources. In *Proc. 23th Int. Conf. on Very Large Data Bases*, pages 276-285. 160

Haas, P. and Hellerstein, J. (1999a). Ripple joins for online aggregation. In *Proc. ACM SIGMOD Int. Conf. on Management of Data*, pages 287-298. 732

Haas, P. J. and Hellerstein, J. M. (1999b). Ripple joins for online aggregation. In *Proc. ACM SIGMOD Int. Conf. on Management of Data*, pages 287-298. 322, 325, 331

Haderle, C. M. D., Lindsay, B., Pirahesh, H., and Schwarz, P. (1992). Aries: A transaction recovery method supporting fine-granularity locking and partial rollbacks using write-ahead logging. *ACM Trans. Database Syst.*, 17(1): 94-162. 401, 418

Hadzilacos, T. and Hadzilacos, V. (1991). Transaction synchroniation in object bases. *J. Comp. and System Sci.*, 43(1): 2-24. 597

Hadzilacos, V. (1988). A theory of reliability in database systems. *J. ACM*, 35(1): 121-145. 429, 456, 596

Haessig, K. and Jenny, C. J. (1980). An algorithm for allocating computational objects in distributed computing systems. Research Report RZ 1016, IBM Research Laboratory, Zurich. 125

Halatchev, M. and Gruenwald, L. (2005). Estimating missing values in related sensor data streams. In *Proc. ACM SIGMOD Int. Conf. on Management of Data*, pages 83-94. 744

Halevy, A., Rajaraman, A., and Ordille, J. (2006). Data integration: The teenage years. In *Proc. 32nd Int. Conf. on Very Large Data Bases*, pages 9-16. 160

Halevy, A. Y. (2001). Answering queries using views: A survey. *VLDB J.*, 10(4): 270-294. 301, 304, 331

Halevy, A. Y., Ashish, N., Bitton, D., Carey, M., Draper, D., Pollock, J., Rosenthal, A., and Sikka, V. (2005). Enterprise information integration: Successes, challenges and controversies. In *Proc. ACM SIGMOD Int. Conf. on Management of Data*, pages 778-787. 131

Halevy, A. Y., Etzioni, O., Doan, A., Ives, Z. G., Madhavan, J., McDowell, L., and Tatarinov, I. (2003). Crossing the structure chasm. In *Proc. 1st Biennial Conf. on Innovative Data Systems Research*. 159

Halici, U. and Dogac, A. (1989). Concurrency control in distributed databases through time intervals and short-term locks. *IEEE Trans. Softw. Eng.*, 15(8): 994-995. 401

Hammad, M., Aref, W., and Elmagarmid, A. (2003a). Stream window join: Tracking moving objects in sensor-network databases. In *Proc. 15th Int. Conf. on Scientific and Statistical Database Management*, pages 75-84. 733

Hammad, M., Aref, W., and Elmagarmid, A. (2005). Optimizing in-order execution of continuous queries over streamed sensor data. In *Proc. 17th Int. Conf. on Scientific and Statistical Database Management*, pages 143-146. 733

Hammad, M., Aref, W., Franklin, M., Mokbel, M., and Elmagarmid, A. (2003b). Efficient execution of sliding window queries over data streams. Technical Report CSD TR 03-035, Purdue University. 733, 734, 735, 736

Hammad, M., Mokbel, M., Ali, M., Aref, W., Catlin, A., Elmagarmid, A., Eltabakh, M., Elfeky, M., Ghanem, T., Gwadera, R., Ilyas, I., Marzouk, M., and Xiong, X. (2004). Nile: a query processing engine for data streams. In *Proc. 20th Int. Conf. on Data Engineering*, page 851. 735, 736

Hammer, M. and Niamir, B. (1979). A heuristic approach to attribute partitioning. In *Proc. ACM SIGMOD Int. Conf. on Management of Data*, pages 93-101. 99, 125

Hammer, M. and Shipman, D. W. (1980). Reliability mechanisms for sdd-1: A system for distributed databases. *ACM Trans. Database Syst.*, 5(4): 431-466. 440, 456

Han, D., Xiao, C., Zhou, R., Wang, G., Huo, H., and Hui, X. (2006). Load shedding for window joins over streams. In *Proc. 7th Int. Conf. on Web-Age Information Management*, pages 472-483. 740

Hanson, E., Carnes, C., Huang, L., Konyala, M., and Noronha, L. (1999). Scalable trigger processing. In *Proc. 15th Int. Conf. on Data Engineering*, pages 266-275. 741

Härder, T. and Reuter, A. (1983). Principles of transaction-oriented database recovery. *ACM Comput. Surv.*, 15(4): 287-317. 39, 411, 413, 420, 421, 423, 424, 456

Harizopoulos, S., Shah, M. A., Meza, J., and Ranganathan, P. (2009). Energy efficiency: The new holy grail of data management systems research. In *Proc. 4th Biennial Conf. on Innovative Data Systems Research*. 762

Harvey, N. J. A., Jones, M. B., Saroiu, S., Theimer, M., and Wolman, A. (2003). SkipNet: A scalable overlay network with practical locality properties. In *Proc. 4th USENIX Symp. on Internet Tech. and Systems*. 618，622，642

He, B. , Chang, K. C. -C. , and Han, J. (2004). Mining complex matchings across web query interfaces. In *Proc. ACM SIGMOD Workshop on Research Issues in Data Mining and Knowledge Discovery*, pages 3-10. 149

He, Q. and Ling, T. W. (2006). An ontology-based approach to the integration of entity-relationship schemas. *Data & Knowl. Eng.* , 58(3)：299-326. 134

Hedley, Y. L. , Younas, M. , James, A. , and Sanderson, M. (2004a). A two-phase sampling technique for information extraction from hidden web databases. In *WIDM*04，pages 1-8. 688

Hedley, Y. -L. , Younas, M. , James, A. E. , and Sanderson, M. (2004b). Query-related data extraction of hidden web documents. In *Proc. 30th Annual Int. ACM SIGIR Conf. on Research and Development in Information Retrieval*, pages 558-559. 687

Heimbigner, D. and McLeod, D. (1985). A federated architecture for information management. *ACM Trans. Information Syst.* , 3(3)：253-278. 36

Helal, A. A. , Heddaya, A. A. , and Bhargava, B. B. (1997). *Replication Techniques in Distributed Systems*. Kluwer Academic Publishers. 456，486，493

Hellerstein, J. M. , Franklin, M. J. , Chandrasekaran, S. , Deshpande, A. , Hildrum, K. , Madden, S. , Raman, V. , and Shah, M. A. (2000). Adaptive query processing：Technology in evolution. *Q. Bull. IEEE TC on Data Eng.* , 23(2)：7-18. 320，331

Hellerstein, J. M. , Haas, P. , and Wang, H. (1997). Online aggregation. In *Proc. ACM SIGMOD Int. Conf. on Management of Data* , pages 171-182. 732

Hellerstein, J. M. and Stonebraker, M. (1993). Predicate migration：Optimizing queries with expensive predicates. In *Proc. ACM SIGMOD Int. Conf. on Management of Data* , pages 267-276. 323

Herlihy, M. (1987). Concurrency versus availability：Atomicity mechanisms for replicated data. *ACM Trans. Comp. Syst.* , 5(3)：249-274. 456，493

Herlihy, M. (1990). Apologizing versus asking permission：Optimistic concurrency control for abstract data types. *ACM Trans. Database Syst.* , 15(1)：96-124. 594,595

Herman, D. and Verjus, J. P. (1979). An algorithm for maintaining the consistency of multiple copies. In *Proc. 1st Int. Conf. on Distributed Computing Systems*, pages 625-631. 382

Hern andez, M. A. and Stolfo, S. J. (1998). Real-world data is dirty：Data cleansing and the merge/ purge problem. *Proc. ACM SIGMOD Workshop on Research Issues in Data Mining and Knowledge Discovery*, 2(1)：9-37. 158

Herrmann, U. , Dadam, P. , K uspert, K. , Roman, E. A. , and Schlageter, G. (1990). A lock technique for disjoint and non-disjoint complex objects. In *Advances in Database Technology* , *Proc. 2nd Int. Conf. on Extending Database Technology* , pages 219-237. Springer. 602

Hersh, W. (2001). Managing gigabytes-compressing and indexing documents and images (second edition). *Inf. Ret.* , 4(1)：79-80. 667

Hevner, A. R. and Schneider, G. M. (1980). An integrated design system for distributed database networks. In *Digest of Papers - COMPCON* , pages 459-465. 125

Hevner, A. R. and Yao, S. B. (1979). Query processing in distributed database systems. *IEEE Trans. Softw. Eng.* , 5(3)：177-182. 255

Hirate, Y. , Kato, S. , and Yamana, H. (2006). Web structure in 2005. In *Proc. 4th Int. Workshop on Algorithms and Models for the Web-Graph* , pages 36-46. 657

Hoffer, H. A. and Severance, D. G. (1975). The use of cluster analysis in physical data base design. In *Proc. 1st Int. Conf. on Very Data Bases*, pages 69-86. 99, 102, 105, 125

Hoffer, J. A. (1975). A *Clustering Approach to the Generation of Subfiles for the Design of a Computer Data Base*. Ph. D. thesis, Department of Operations Research, Cornell University, Ithaca, N. Y. 125

Hoffman, J. L. (1977). *Model Methods for Computer Security and Privacy*. Prentice-Hall. 181, 201

Hofri, M. (1994). On timeout for global deadlock detection in decentralized database systems. *Inf. Proc. Letters*, 51(6): 295-302. 401

Hong, W. (1992). Exploiting inter-operation parallelism in xprs. In *Proc. ACM SIGMOD Int. Conf. on Management of Data*, pages 19-28. 503, 530, 533, 548

Hsiao, D., editor (1983). *Advanced Database Machine Architectures*. Prentice-Hall. 498

Hsiao, H. I. and DeWitt, D. (1991). A performance study of three high-availability data replication strategies. In *Proc. Int. Conf. on Parallel and Distributed Information Systems*, pages 18-28. 511, 512

Hsu, M., editor (1993). *IEEE Quart. Bull. Data Eng.*, *Special Issue on Workflow and Extended Transaction Systems*, volume 16. IEEE Computer Society. 354

Huebsch, R., Hellerstein, J., Lanham, N., Loo, B. T., Shenker, S., and Stoica, I. (2003). Querying the internet with pier. In *Proc. 29th Int. Conf. on Very Large Data Bases*, pages 321-332. 641

Hull, R. (1997). Managing semantic heterogeneity in databases: A theoretical perspective. In *Proc. ACM SIGACT-SIGMOD Symp. on Principles of Database Systems*, pages 51-61. 160

Hulten, G., Spencer, L., and Domingos, P. (2001). Mining time-changing data streams. In *Proc. 7th ACM SIGKDD Int. Conf. on Knowledge Discovery and Data Mining*, pages 97-106. 743, 762

Hunt, H. B. and Rosenkrantz, D. J. (1979). The complexity of testing predicate locks. In *Proc. ACM SIGMOD Int. Conf. on Management of Data*, pages 127-133. 233

Hwang, D. J. (1987). Constructing a highly-available location service for a distributed environment. Technical Report MIT/LCS/TR-410, Massachusetts Institute of Technology, Cambridge, Mass. 577

Ibaraki, T. and Kameda, T. (1984). On the optimal nesting order for computing n-relation joins. *ACM Trans. Database Syst.*, 9(3): 482-502. 207, 220, 245

Ilyas, I. F., Beskales, G., and Soliman, M. A. (2008). A survey of top-k query processing techniques in relational database systems. *ACM Comput. Surv.*, 40(4): 1-58. 628, 654

Inmon, W. (1992). *Building the Data Warehouse*. John Wiley & Sons. 131

Ioannidis, Y. (1996). Query optimization. In Tucker, A., editor, *The Computer Science and Engineering Handbook*, pages 1038-1054. CRC Press. 292

Ioannidis, Y. and Wong, E. (1987). Query optimization by simulated annealing. In *Proc. ACM SIGMOD Int. Conf. on Management of Data*, pages 9-22. 212, 249, 586

Ipeirotis, P. G. and Gravano, L. (2002). Distributed search over the hidden web: Hierarchical database sampling and selection. In *Proc. 28th Int. Conf. on Very Large Data Bases*, pages 394-405. 687, 688, 689

Irani, K. B. and Khabbaz, N. G. (1982). A methodology for the design of communication networks and the distribution of data in distributed computer systems. *IEEE Trans. Comput.*, C-31(5): 419-434. 125

Isloor, S. S. and Marsland, T. A. (1980). The deadlock problem: An overview. *Comp.*, 13(9): 58-78. 39, 401

Jagadish, H. V., Ooi, B. C., Tan, K. -L., Vu, Q. H., and Zhang, R. (2006). Speeding up search in peer-to-peer networks with a multi-way tree structure. In *Proc. ACM SIGMOD Int. Conf. on Management of Data*, pages 1-12. 622

Jagadish, H. V., Ooi, B. C., and Vu, Q. H. (2005). BATON: A balanced tree structure for peer-to-peer networks. In *Proc. 31st Int. Conf. on Very Large Data Bases*, pages 661-672. 622, 643

Jajodia, S., Atluri, V., Keefe, T. F., McCollum, C. D., and Mukkamala, R. (2001). Multilevel security transaction processing. *J. Computer Security*, 9(3):165-195. 187, 202

Jajodia, S. and Mutchler, D. (1987). Dynamic voting. In *Proc. ACM SIGMOD Int. Conf. on Management of Data*, pages 227-238. 456, 493

Jajodia, S. and Sandhu, R. S. (1991). Towards a multilevel secure relational data model. In *Proc. ACM SIGMOD Int. Conf. on Management of Data*, pages 50-59. 181, 202

Jarke, M. and Koch, J. (1984). Query optimization in database systems. *ACM Comput. Surv.*, 16(2): 111-152. 211, 220, 241

Jarke, M., Lenzerini, M., Vassiliou, Y., and Vassiliadis, P. (2003). *Fundamentals of Data Warehouses*. Springer, 2 edition. 131

Jenq, B., Woelk, D., Kom, W., and Lee, W. L. (1990). Query processing in distributed orion. In *Advances in Database Technology, Proc. 2nd Int. Conf. on Extending Database Technology*, pages 169-187. Springer. 587

Jhingran, A. D., Mattos, N., and Pirahesh, H. (2002). Information integration: A research agenda. *IBM Systems J.*, 41(4):555-562. 131

Jiang, H., Lu, H., 0011, W. W., and Ooi, B. C. (2003). Xr-tree: Indexing XML data for efficient structural joins. In *Proc. 19th Int. Conf. on Data Engineering*, pages 253-263. 701

Jiang, N. and Gruenwald, L. (2006). Research issues in data stream association rule mining. *ACM SIGMOD Rec.*, 35(1):14-19. 743

Jiang, Q. and Chakravarthy, S. (2004). Scheduling strategies for processing continuous queries over streams. In *Proc. British National Conf. on Databases*, pages 16-30. 735

Jiménez-Peris, R., Patiño-Martínez, M., and Alonso, G. (2002). Non-intrusive, parallel recovery of replicated data. In *Proc. 21st Symp. on Reliable Distributed Systems*, pages 150-159. 546, 548

Jiménez-Peris, R., Patiño-Martínez, M., Alonso, G., and Kemme, B. (2003). Are quorums an alternative for data replication? *ACM Trans. Database Syst.*, 28(3):257-294. 489, 548

Jiménez-Peris, R., Patiñno-Martínez, M., and Kemme, B. (2007). Enterprise grids: Challenges ahead. *J. Grid Comp.*, 5(3):283-294. 748

Jiménez-Peris, R., Patiño-Martínez, M., Kemme, B., and Alonso, G. (2002). Improving the scalability of fault-tolerant database clusters. In *Proc. 22nd Int. Conf. on Distributed Computing Systems*, pages 477-484. 482, 491, 548

Jones, A. K. (1979). The object model: A conceptual tool for structuring software. In Bayer, R., Graham, R. M., and Seegmüller, G., editors, *Operating Systems: An Advanced Course*, pages 7-1. Springer. 555

Josifovski, V., Fontoura, M., and Barta, A. (2005). Querying XML streams. *VLDB J.*, 14(2):197-210. 700

Jr, A. M. J. and Malek, M. (1988). Survey of software tools for evaluating reliability, availability and serviceability. *ACM Comput. Surv.*, 20(4):227-269. 455

Kabra, N. and DeWitt, D. J. (1998). Efficient mid-query re-optimization of suboptimal query execution plans. In *Proc. ACM SIGMOD Int. Conf. on Management of Data*, pages 106-117. 739

Kaelbling, L. P., Littman, M. L., and Moore, A. P. (1996). Reinforcement learning: A survey. *J. Artificial Intel. Res.*, 4: 237-285. 666

Kaiser, G. (1989). Transactions for concurrent object-oriented programming systems. In *Proc. ACM SIGPLAN Workshop on Object-Based Concurrent Programming*, pages 136-138. 593

Kalogeraki, V., Gunopulos, D., and Zeinalipour-Yazti, D. (2002). A local search mechanism for peer-to-peer networks. In *Proc. 11th Int. Conf. on Information and Knowledge Management*, pages 300-307. 617

Kambayashi, Y., Yoshikawa, M., and Yajima, S. (1982). Query processing for distributed databases using generalized semi-joins. In *Proc. ACM SIGMOD Int. Conf. on Management of Data*, pages 151-160. 272, 292

Kang, J., Naughton, J., and Viglas, S. (2003). Evaluating window joins over unbounded streams. In *Proc. 19th Int. Conf. on Data Engineering*, pages 341-352. 733, 738

Kanne, C.-C. and Moerkotte, G. (2000). Efficient storage of XML data. In *Proc. 16th Int. Conf. on Data Engineering*, page 198. 700

Kapitskaia, O., Tomasic, A., and Valduriez, P. (1997). Dealing with discrepancies in wrapper functionality. Research Report RR-3138, INRIA. 319

Karlapalem, K. and Li, Q. (1995). Partitioning schemes for object oriented databases. In *Proc. 5th Int. Workshop on Research Issues on Data Eng.*, pages 42-49. 560

Karlapalem, K., Li, Q., and Vieweg, S. (1996a). Method induced partitioning schemes for object-oriented databases. In *Proc. 16th Int. Conf. on Distributed Computing Systems*, pages 377-384. 564

Karlapalem, K. and Navathe, S. B. (1994). Materialization of redesigned distributed relational databases. Technical Report HKUST-CS94-14, Hong Kong University of Science and Technology, Department of Computer Science. 124

Karlapalem, K., Navathe, S. B., and Ammar, M. (1996b). Optimal redesign policies to support dynamic processing of applications on a distributed relational database system. *Inf. Syst.*, 21(4): 353-367. 124

Karlapalem, K., Navathe, S. B., and Morsi, M. A. (1994). Issues in distribution design of object-oriented databases. In Özsu et al. [1994a], pages 148-164. 560

Kashyap, V. and Sheth, A. P. (1996). Semantic and schematic similarities between database objects: A context-based approach. *VLDB J.*, 5(4): 276-304. 140, 160

Katz, B. and Lin, J. (2002). Annotating the world wide web using natural language. In *Proc. 2nd Workshop on NLP and XML*, pages 1-8. 681

Katz, H., Chamberlin, D., Draper, D., Fernández, M., Kay, M., Robie, J., Rys, M., Simeon, J., Tivy, J., and Wadler, P. (2004). *XQuery from the Experts: A Guide to the W3C XML Query Language*. Addison Wesley. 719

Kaushik, R., Bohannon, P., Naughton, J. F., and Korth, H. F. (2002). Covering indexing for branching path queries. In *Proc. ACM SIGMOD Int. Conf. on Management of Data*, pages 133-144. 701

Kazerouni, L. and Karlapalem, K. (1997). Stepwise redesign of distributed relational databases. Technical Report HKUST-CS97-12, Hong Kong University of Science and Technology, Department of Computer Science. 124

Keeton, K., Patterson, D., and Hellerstein, J. M. (1998). A case for intelligent disks (idisks). *ACM SIGMOD Rec.*, 27(3): 42-52. 499

Keller, A. M. (1982). Update to relational databases through views involving joins. In *Proc. 2nd Int. Conf. on Databases: Improving Usability and Responsiveness*, pages 363-384. 175, 201

Keller, T., Graefe, G., and Maier, D. (1991). Efficient assembly of complex objects. In *Proc. ACM SIGMOD Int. Conf. on Management of Data*, pages 148-157. 587, 590, 592

Kementsietsidis, A., Arenas, M., and Miller, R. J. (2003). Managing data mappings in the hyperion project. In *Proc. 19th Int. Conf. on Data Engineering*, pages 732-734. 625

Kemme, B. and Alonso, G. (2000a). Don't be lazy, be consistent: Postgres-R, a new way to implement database replication. In *Proc. 26th Int. Conf. on Very Large Data Bases*, pages 134-143. 482, 548

Kemme, B. and Alonso, G. (2000b). A New Approach to Developing and Implementing Eager Database Replication Protocols. *ACM Trans. Database Syst.*, 25(3): 333-379. 482, 548

Kemme, B., Bartoli, A., and O. Babaoglu (2001). Online reconfiguration in replicated databases based on group communication. In *Proc. Int. Conf. on Dependable Systems and Networks*, pages 117-130. 546, 548

Kemme, B., Peris, R. J., and Patino-Martinez, M. (2010). *Database Replication*. Morgan & Claypool. 493

Kemper, A. and Kossmann, D. (1994). Dual-buffering strategies in object bases. In *Proc. 20th Int. Conf. on Very Large Data Bases*, pages 427-438. 570

Kemper, A. and Moerkotte, G. (1990a). Access support in object bases. In *Proc. ACM SIGMOD Int. Conf. on Management of Data*, pages 364-374. 587

Kemper, A. and Moerkotte, G. (1990b). Advanced query processing in object bases using access support relations. In *Proc. 16th Int. Conf. on Very Large Data Bases*, pages 290-301. 587

Kemper, A. and Moerkotte, G. (1994). Physical object management. In Kim [1994], pages 175-202. 588, 590, 607

Kermarrec, A.-M., Rowstron, A., Shapiro, M., and Druschel, P. (2001). The icecube approach to the reconciliation of diverging replicas. In *ACM Symp. on Principles of Distributed Computing* (PODC), pages 210-218. 651

Kermarrec, A.-M. and van Steen, M. (2007). Gossiping in distributed systems. *Operating Systems Rev.*, 41(5): 2-7. 617

Kerschberg, L., Ting, P. D., and Yao, S. B. (1982). Query optimization in star computer networks. *ACM Trans. Database Syst.*, 7(4): 678-711. 214

Kersten, M. L., Plomp, S., and van den Berg, C. A. (1994). Object storage management in goblin. In Özsu et al. [1994a], pages 100-116. 579

Khoshafian, S. and Copeland, G. (1986). Object identity. In *Proc. Int. Conf. on OOPSLA*, pages 406-416. 553

Khoshafian, S. and Valduriez, P. (1987). Sharing persistence and object-orientation: A database perspective. In *Int. Workshop on Database Programming Languages*, pages 181-205. 251, 292, 510, 553

Kifer, D., Ben-David, S., and Gehrke, J. (2004). Detecting change in data streams. In *Proc. 30th Int. Conf. on Very Large Data Bases*, pages 180-191. 727, 743

Kifer, M., Bernstein, A., and Lewis, P. M. (2006). *Database Systems-An Application-Oriented Approach*. Pearson, 2 edition. 70

Kifer, M., Lausen, G., and Wu, J. (1995). Logical foundations of object-oriented and frame-based languages. *J. ACM*, 42(4): 741-843. 607

Kifer, M. and Wu, J. (1993). A logic programming with complex objects. *J. Comp. and System Sci.*,

47(1): 77-120. 607

Kim, W. (1984). Highly available systems for database applications. *ACM Comput. Surv.*, 16(1): 71-98. 456

Kim, W. (1989). A model of queries for object-oriented databases. In *Proc. 15th Int. Conf. on Very Large Data Bases*, pages 423-432. 587

Kim, W., editor (1994). *Modern Database Management-Object-Oriented and Multidatabase Technologies*. Addison-Wesley/ACM Press. 607, 801

Kim, W., Banerjee, J., Chou, H., Garza, J., and Woelk, D. (1987). Composite objects support in an object-oriented database system. In *Proc. Int. Conf. on OOPSLA*, pages 118-125. 579

Kim, W. and Lochovsky, F., editors (1989). *Object-Oriented Concepts, Databases, and Applications*. Addison Wesley. 607

Kim, W., Reiner, D. S., and Batory, D. S., editors (1985). *Query Processing in Database Systems*. Springer. 220, 807

Kim, W. and Seo, J. (1991). Classifying schematic and data heterogeneity in multidatabase systems. *Comp.*, 24(12): 12-18. 160

Kitsuregawa, M. and Ogawa, Y. (1990). Bucket spreading parallel hash: A new, robust, parallel hash join method for data skew in the super database computer. In *Proc. 16th Int. Conf. on Very Large Data Bases*, pages 210-221. 528, 548

Kleinberg, J. (2002). Bursty and hierarchical structure in streams. In *Proc. 8th ACM SIGKDD Int. Conf. on Knowledge Discovery and Data Mining*, pages 91-101. 727

Kleinberg, J. M. (1999). Authoritative sources in a hyperlinked environment. *J. ACM*, 46(5): 604-632. 658, 668

Kleinberg, J. M., Kumar, R., Raghavan, P., Rajagopalan, S., and Tomkins, A. (1999). The Web as a graph: measurements, models, and methods. In *Proc. 5th Annual Int. Conf. Computing and Combinatorics*, pages 1-17. 658

Kling, P., Özsu, M. T., and Daudjee, K. (2010). Distributed XML query processing: Fragmentation, localization and pruning. Technical Report TR-CS-2010-02, University of Waterloo, Cheriton School of Computer Science. 693, 704, 706, 707, 713, 715, 717, 718, 719

Knapp, E. (1987). Deadlock detection in distributed databases. *ACM Comput. Surv.*, 19(4): 303-328. 39, 401

Knezevic, P., Wombacher, A., and Risse, T. (2005). Enabling high data availability in a dht. In *Int. Workshop on Grid and P2P Computing Impacts on Large Scale Heterogeneous Distributed Database Systems (GLOBE)*, pages 363-367. 648

Koch, C. (2001). *Data Integration against Multiple Evolving Autonomous Schemata*. Ph. D. thesis, Technical University of Vienna. 133, 134

Koch, C. (2003). Efficient processing of expressive node-selecting queries on XML data in secondary storage: A tree automata-based approach. In *Proc. 29th Int. Conf. on Very Large Data Bases*, pages 249-260. 700

Kohler, W. H. (1981). A survey of techniques for synchronization and recovery in decentralized computer systems. *ACM Comput. Surv.*, 13(2): 149-183. 456

Kollias, J. G. and Hatzopoulos, M. (1981). Criteria to aid in solving the problem of allocating copies of a file in a computer network. *Comp. J.*, 24(1): 29-30. 125

Kolodner, E. and Weihl, W. (1993). Atomic incremental garbage collection and recovery for large stable heap. In *Proc. ACM SIGMOD Int. Conf. on Management of Data*, pages 177-185. 581

Konopnicki, D. and Shmueli, O. (1995). W3QS: A query system for the World Wide Web. In *Proc. 21th Int. Conf. on Very Large Data Bases*, pages 54-65. 676

Koon, T. M. and Özsu, M. T. (1986). Performance comparison of resilient concurrency control algorithms for distributed databases. In *Proc. 2nd Int. Conf. on Data Engineering*, pages 565-573. 401

Korn, F., Muthukrishnan, S., and Wu, Y. (2006). Modeling skew in data streams. In *Proc. ACM SIGMOD Int. Conf. on Management of Data*, pages 181-192. 727

Korth, H., Levy, E., and Silberschatz, A. (1990). Compensating transactions: A new recovery paradigm. In *Proc. 16th Int. Conf. on Very Large Data Bases*, pages 95-106. 352

Kossmann, D. (2000). The state of the art in distributed query processing. *ACM Comput. Surv.*, 32(4): 422-469. 212, 220, 292, 331

Kowalik, J., editor (1985). *Parallel MIMD Computation: the HEP Supercomputer and its applications*. M. I. T. Press. 498

Kr amer, J. and Seeger, B. (2005). A temporal foundation for continuous queries over data streams. In *Proc. 11th Int. Conf. on Management of Data (COMAD)*, pages 70-82. 735

Krishnamurthy, R., Boral, H., and Zaniolo, C. (1986). Optimization of non-recursive queries. In *Proc. 11th Int. Conf. on Very Large Data Bases*, pages 128-137. 292

Krishnamurthy, R., Litwin, W., and Kent, W. (1991). Language features for interoperability of databases with schematic discrepancies. In *Proc. ACM SIGMOD Int. Conf. on Management of Data*, pages 40-49. 160

Krishnamurthy, S., Franklin, M., Hellerstein, J., and Jacobson, G. (2004). The case for precision sharing. In *Proc. 30th Int. Conf. on Very Large Data Bases*, pages 972-986. 740

Krishnamurthy, S., Wu, C., and Franklin, M. (2006). On-the-fly sharing for streamed aggregation. In *Proc. ACM SIGMOD Int. Conf. on Management of Data*, pages 623-634. 741

Krishnaprasad, M., Liu, Z. H., Manikutty, A., Warner, J. W., and Arora, V. (2005). Towards an industrial strength SQL/XML infrastructure. In *Proc. 21st Int. Conf. on Data Engineering*, pages 991-1000. 699

Kshemkalyani, A. and Singhal, M. (1994). On characterization and correctness of distributed deadlocks. *J. Parall. and Distrib. Comput.*, 22(1): 44-59. 401

Kubiatowicz, J., Bindel, D., Chen, Y., Czerwinski, S., Eaton, P., Geels, D., Gummadi, R., Rhea, S., Weatherspoon, H., Weimer, W., Wells, C., and Zhao, B. (2000). Oceanstore: an architecture for global-scale persistent storage. In *ACM Int. Conf. on Architectural Support for Programming Languages and Operating Systems (ASPLOS)*, pages 190-201. 649, 654

Kumar, A. and Segev, A. (1993). Cost and availability tradeoffs in replicated data concurrency control. *ACM Trans. Database Syst.*, 18(1): 102-131. 456, 493

Kumar, R., Raghavan, P., Rajagopalan, S., Sivakumar, D., Tomkins, A., and Upfal, E. (2000). The Web as a graph. In *Proc. 19th ACM SIGACT-SIGMOD-SIGART Symp. on Principles of Database Systems*, pages 1-10. Available from: http://doi.acm.org/10.1145/335168.335170. 658, 660

Kumar, R., Raghavan, P., Rajagopalan, S., and Tomkins, A. (1999). Extracting large-scale knowledge bases from the web. In *Proc. 25th Int. Conf. on Very Large Data Bases*, pages 639-650. 660

Kumar, V., editor (1996). *Performance of Concurrency Control Mechanisms in Centralized Database Systems*. Prentice-Hall. 358, 401

Kung, H. T. and Papadimitriou, C. H. (1979). An optimality theory of concurrency control for databases. In *Proc. ACM SIGMOD Int. Conf. on Management of Data*, pages 116-125. 350

Kung, H. T. and Robinson, J. T. (1981). On optimistic methods for concurrency control. *ACM Trans. Database Syst.*, 6(2): 213-226. 385, 387

Kurose, J. F. and Ross, K. W. (2010). *Computer Networking - A Top-Down Approach Featuring the Internet*. Addison Wesley, 4 edition. 70

Kuss, H. (1982). On totally ordering checkpoint in distributed data bases. In *Proc. ACM SIGMOD Int. Conf. on Management of Data*, pages 174-174. 456

Kwok, C. C. T., Etzioni, O., and Weld, D. S. (2001). Scaling question answering to the web. In *Proc. 10th Int. World Wide Web Conf.*, pages 150-161. 681

LaChimia, J. (1984). Query decomposition in a distributed database system using satellite communications. In *Proc. 3rd Seminar on Distributed Data Sharing Systems*, pages 105-118. 214

Lacroix, M. and Pirotte, A. (1977). Domain-oriented relational languages. In *Proc. 3rd Int. Conf. on Very Data Bases*, pages 370-378. 57

Ladin, R. and Liskov, B. (1992). Garbage collection of a distributed heap. In *Proc. 12th Int. Conf. on Distributed Computing Systems*, pages 708-715. 581

Lage, J. P., da Silva, A. S., Golgher, P. B., and Laender, A. H. F. (2002). Collecting hidden weeb pages for data extraction. In *Proc. 4th Int. Workshop on Web Information and Data Management*, pages 69-75. 686

Lakshmanan, L. V. S., Sadri, F., and Subramanian, I. N. (1996). A declarative language for querying and restructuring the Web. In *Proc. 6th Int. Workshop on Research Issues on Data Eng.*, pages 12-21. 676

Lam, K. and Yu, C. T. (1980). An approximation algorithm for a file allocation problem in a hierarchical distributed system. In *Proc. ACM SIGMOD Int. Conf. on Management of Data*, pages 125-132. 115

Lam, S. S. and Özsu, M. T. (2002). Querying web data the WebQA approach. In *Proc. 3rd Int. Conf. on Web Information Systems Eng.*, pages 139-148. 681

Lampson, B. and Sturgis, H. (1976). Crash recovery in distributed data storage system. Technical report, Xerox Palo Alto Research Center, Palo Alto, Calif. 413, 453

Landers, T. and Rosenberg, R. L. (1982). An overview of multibase. In Schneider, H.-J., editor, *Distributed Data Bases*, pages 153-184. North-Holland, Amsterdam. 331

Langville, A. N. and Meyer, C. D. (2006). *Google's PageRank and Beyond*. Princeton University Press. 665

Lanzelotte, R. and Valduriez, P. (1991). Extending the search strategy in a query optimizer. In *Proc. 17th Int. Conf. on Very Large Data Bases*, pages 363-373. 584, 587, 588

Lanzelotte, R., Valduriez, P., and Zaït, M. (1993). On the effectiveness of optimization search strategies for parallel execution spaces. In *Proc. 19th Int. Conf. on Very Large Data Bases*, pages 493-504. 249

Lanzelotte, R., Valduriez, P., Zaït, M., and Ziane, M. (1994). Industrial-strength parallel query optimization: issues and lessons. *Inf. Syst.*, 19(4): 311-330. 523, 524, 548

Law, Y.-N., Wang, H., and Zaniolo, C. (2004). Query languages and data models for database sequences and data streams. In *Proc. 30th Int. Conf. on Very Large Data Bases*, pages 492-503. 728

Lawrence, S. and Giles, C. L. (1998). Searching the world wide web. *Science*, 280: 98-100. 657

Lawrence, S. and Giles, C. L. (1999). Accessibility of information on the web. *Nature*, 400 (107-109). 657

Lee, M., Freytag, J. C., and Lohman, G. (1988). Implementing an interpreter for functional rules in a query optimizer. In *Proc. 14th Int. Conf. on Very Large Data Bases*, pages 218-229. 586

Lee, S. and Kim, J. (1995). An efficient distributed deadlock detection algorithm. In *Proc. 15th Int. Conf. on Distributed Computing Systems*, pages 169-178. 401

Leland, W., Taqqu, M., Willinger, M., and Wilson, D. (1994). On the self-similar nature of ethernet traffic. *IEEE/ACM Trans. Networking*, 2(1): 1-15. 727

Lenoski, D., Laudon, J., Gharachorloo, K., Weber, W. D., Gupta, A., Henessy, J., Horowitz, M., and Lam, M. S. (1992). The stanford dash multiprocessor. *Comp.*, 25(3): 63-79. 506, 547

Lenzerini, M. (2002). Data integration: a theoretical perspective. In *Proc. ACM SIGACT-SIGMOD Symp. on Principles of Database Systems*, pages 233-246. 133

Leon-Garcia, A. and Widjaja, I. (2004). *Communication Networks - Fundamental Concepts and Key Architectures*. McGraw-Hill, 2 edition. 70

Leung, J. Y. and Lai, E. K. (1979). On minimum cost recovery from system deadlock. *IEEE Trans. Comput.*, 28(9): 671-677. 391

Levin, K. D. and Morgan, H. L. (1975). Optimizing distributed data bases: A framework for research. In *Proc. National Computer Conf*, pages 473-478. 38, 71, 125

Levy, A. Y., Mendelzon, A. O., Sagiv, Y., and Srivastava, D. (1995). Answering queries using views. In *Proc. ACM SIGACT-SIGMOD Symp. on Principles of Database Systems*, pages 95-104. 304, 331

Levy, A. Y., Rajaraman, A., and Ordille, J. J. (1996a). Querying heterogeneous information sources using source descriptions. In *Proc. 22th Int. Conf. on Very Large Data Bases*, pages 251-262. 160

Levy, A. Y., Rajaraman, A., and Ordille, J. J. (1996b). Querying heterogeneous information sources using source descriptions. In *Proc. 22th Int. Conf. on Very Large Data Bases*, pages 251-262. 305, 331

Levy, A. Y., Rajaraman, A., and Ordille, J. J. (1996c). The world wide web as a collection of views: Query processing in the information manifold. In *Proc. Workshop on Materialized Views: Techniques and Applications*, pages 43-55. 160

Li, F., Chang, C., Kollios, G., and Bestavros, A. (2006). Characterizing and exploiting reference locality in data stream applications. In *Proc. 22nd Int. Conf. on Data Engineering*, page 81. 740

Li, V. O. K. (1987). Performance models of timestamp-ordering concurrency control algorithms in distributed databases. *IEEE Trans. Comput.*, C-36(9): 1041-1051. 401

Li, W.-S. and Clifton, C. (2000). Semint: A tool for identifying attribute correspondences in heterogeneous databases using neural networks. *Data & Knowl. Eng.*, 33(1): 49-84. 145

Li, W.-S., Clifton, C., and Liu, S.-Y. (2000). Database integration using neural networks: Implementation and experiences. *Knowl. and Information Syst.*, 2(1): 73-96. 145

Liang, D. and Tripathi, S. K. (1996). Performance analysis of long-lived transaction processing systems with rollbacks and aborts. *IEEE Trans. Knowl. and Data Eng.*, 8(5): 802-815. 401

Lim, H.-S., Lee, J.-G., Lee, M.-J., Whang, K.-Y., and Song, I.-Y. (2006). Continuous query processing in data streams using duality of data and queries. In *Proc. ACM SIGMOD Int. Conf. on Management of Data*, pages 313-324. 741

Lim, L., Wang, M., Padmanabhan, S., Vitter, J. S., and Agarwal, R. (2003). Dynamic maintenance of web indexes using landmarks. In *Proc. 12th Int. World Wide Web Conf.*, pages 102-111. 667

Lima, A., Mattoso, M., and Valduriez, P. (2004a). Olap query processing in a database cluster. In *Proc. 10th Int. Euro-Par Conf.*, pages 355-362. 543, 548

Lima, A. A. B. , Mattoso, M. , and Valduriez, P. (2004b). Adaptive virtual partitioning for olap query processing in a database cluster. In *Proc. Brazilian Symposium on Databases*, pages 92-105. 544, 548

Lin, W. K. (1981). Performance evaluation of two concurrency control mechanisms in a distributed database system. In *Proc. ACM SIGMOD Int. Conf. on Management of Data*, pages 84-92. 401

Lin, W. K. and Nolte, J. (1982). Performance of two phase locking. In *Proc. 6th Berkeley Workshop on Distributed Data Management and Computer Networks*, pages 131-160. 401

Lin, W. K. and Nolte, J. (1983). Basic timestamp, multiple version timestamp, and two-phase locking. In *Proc. 9th Int. Conf. on Very Data Bases*, pages 109-119. 401

Lin, X. , Lu, H. , Xu, J. , and Yu, J. X. (2004). Continuously maintaining quantile summaries of the most recent N elements over a data stream. In *Proc. 20th Int. Conf. on Data Engineering*, pages 362-373. 727, 737

Lin, Y. , Kemme, B. , Pati&.♯241;o-Mart&.♯237;nez, M. , and Jim&.♯233;nez-Peris, R. (2005). Middleware based data replication providing snapshot isolation. In *Proc. ACM SIGMOD Int. Conf. on Management of Data*, pages 419-430. 464

Lindsay, B. (1979). Notes on distributed databases. Technical Report RJ 2517, IBM San Jose Research Laboratory, San Jose, Calif. 426

Liskov, B. , Adya, A. , Castro, M. , Day, M. , Ghemawat, S. , Gruber, R. , Maheshwari, U. , Myers, A. , and Shrira, L. (1996). Safe and efficient sharing of persistent objects in thor. In *ACM SIGMOD Int. Conf. on Management of Data*, pages 318-329. 568, 569

Liskov, B. , Day, M. , and Shirira, L. (1994). Distributed object management in thor. In Özsu et al. [1994a], pages 79-91. 577

Litwin, W. (1988). From database systems to multidatabase systems: Why and how. In *Proc. British National Conference on Databases*, pages 161-188, Cambridge. Cambridge University Press. 40

Litwin, W. , Neimat, M. -A. , and Schneider, D. A. (1993). LH*-linear hashing for distributed files. In *Proc. ACM SIGMOD Int. Conf. on Management of Data*, pages 327-336. 618

Liu, B. , Zhu, Y. , and Rundensteiner, E. (2006). Run-time operator state spilling for memory intensive long running queries. In *Proc. ACM SIGMOD Int. Conf. on Management of Data*, pages 347-358. 740

Liu, L. , Pu, C. , Barga, R. , and Zhou, T. (1996). Differential evaluation of continual queries. In *Proc. IEEE Int. Conf. Dist. Comp. Syst*, pages 458-465. 6

Liu, L. , Pu, C. , and Tang, W. (1999). Continual queries for internet-scale event-driven information delivery. *IEEE Trans. Knowl. and Data Eng.* , 11(4): 610-628. 736

Liu, Z. H. , Chandrasekar, S. , Baby, T. , and Chang, H. J. (2008). Towards a physical XML independent XQuery/sql/xml engine. *Proc. VLDB*, 1(2): 1356-1367. 698

Livny, M. , Khoshafian, S. , and Boral, H. (1987). Multi-disk management. In *Proc. ACM SIGMETRICS Conf. on Measurement and Modeling of Computer Systems*, pages 69-77. 508, 510, 548

Lohman, G. and Mackert, L. F. (1986). R* optimizer validation and performance evaluation for distributed queries. In *Proc. 11th Int. Conf. on Very Large Data Bases*, pages 149-159. 281, 293

Lohman, G. , Mohan, C. , Haas, L. , Daniels, D. , Lindsay, B. , Selinger, P. , and Wilms, P. (1985). Query processing in r*. In Kim et al. [1985], pages 31-47. 250, 277

Longbottom, R. (1980). *Computer System Reliability*. John Wiley &. Sons. 410, 455

Lu, H. and Carey, M. J. (1985). Some experimental results on distributed join algorithms in a local network. In *Proc. 10th Int. Conf. on Very Large Data Bases*, pages 292-304. 273

Lu, H., Ooi, B., and Goh, C. (1992). On global multidatabase query optimization. *ACM SIGMOD Rec.*, 21(4): 6-11. 307, 331

Lu, H., Ooi, B., and Goh, C. (1993). Multidatabase query optimization: Issues and solutions. In *Proc. 3rd Int. Workshop on Res. Issues in Data Eng*, pages 137-143. 298, 331

Lu, H., Shan, M.-C., and Tan, K.-L. (1991). Optimization of multi-way join queries for parallel execution. In *Proc. 17th Int. Conf. on Very Large Data Bases*, pages 549-560. 530

Lunt, T. F., Denning, D. E., Schell, R. R., Heckman, M., and Shockley, W. R. (1990). The SeaView security model. *IEEE Trans. Softw. Eng.*, 16(6): 593-607. 184

Lunt, T. F. and Fernández, E. B. (1990). Database security. *ACM SIGMOD Rec.*, 19(4): 90-97. 181, 201, 202

Lv, Q., Cao, P., Cohen, E., Li, K., and Shenker, S. (2002). Search and replication in unstructured peer-to-peer networks. In *Proc. 16th Annual Int. Conf. on Supercmputing*, pages 84-95. 617

Lynch, N. (1983a). Concurrency control for resilient nested transactions. In *Proc. 2nd ACM SIGACT SIGMOD Symp. on Principles of Database Systems*, pages 166-181. 401

Lynch, N. (1983b). Multilevel atomicity: A new correctness criterion for database concurrency control. *ACM Trans. Database Syst.*, 8(4): 484-502. 395, 401

Lynch, N. and Merritt, M. (1986). Introduction to the theory of nested transactions. Technical Report MIT/LCS/TR-367, Massachusetts Institute of Technology, Cambridge, Mass. 401

Lynch, N., Merritt, M., Weihl, W. E., and Fekete, A. (1993). *Atomic Transactions in Concurrent Distributed Systems*. Morgan Kaufmann. 359, 401

Ma, L., Viglas, S., Li, M., and Li, Q. (2005). Stream operators for querying data streams. In *Proc. 6th Int. Conf. on Web-Age Information Management*, pages 404-415. 727

Mackert, L. F. and Lohman, G. (1986). R* optimizer validation and performance evaluation for local queries. In *Proc. ACM SIGMOD Int. Conf. on Management of Data*, pages 84-95. 264, 281, 291

Madden, S. and Franklin, M. J. (2002). Fjording the stream: An architecture for queries over streaming sensor data. In *Proc. 18th Int. Conf. on Data Engineering*, pages 555-566. 734

Madden, S., Shah, M., Hellerstein, J., and Raman, V. (2002a). Continuously adaptive continuous queries over streams. In *Proc. ACM SIGMOD Int. Conf. on Management of Data*, pages 49-60. 734, 741

Madden, S., Shah, M. A., Hellerstein, J. M., and Raman, V. (2002b). Continuously adaptive continuous queries over streams. In *Proc. ACM SIGMOD Int. Conf. on Management of Data*, pages 49-60. 320

Madhavan, J., Bernstein, P. A., and Rahm, E. (2001). Generic schema matching with cupid. In *Proc. 27th Int. Conf. on Very Large Data Bases*, pages 49-58. 134, 144, 160

Maheshwari, U. and Liskov, B. (1994). Fault-tolerant distributed garbage collection in a client-server object-oriented database. In *Proc. 3rd Int. Conf. on Parallel and Distributed Information Systems*, pages 239-248. 581

Mahmoud, . A. and Riordon, J. S. (1976). Optimal allocation of resources in distributed information networks. *ACM Trans. Database Syst.*, 1(1): 66-78. 125

Maier, D. (1986). A logic for objects. Technical Report CS/E-86-012, Oregon Graduate Center. 607

Maier, D. (1989). Why isn't there an object-oriented data model? Technical Report CS/E 89-002, Oregon Graduate Center, Portland, Oregon. 553

Maier, D., Graefe, G., Shapiro, L., Daniels, S., Keller, T., and Vance, B. (1994). Issues in distributed object assembly. In Özsu et al. [1994a], pages 165-181. 592

Maier, D. and Stein, J. (1986). Indexing in an object-oriented dbms. In *Proc. Int. Workshop on Object-Oriented Database Systems*, pages 171-182. 587, 588, 589, 590

Makki, K. and Pissinou, N. (1995). Detection and resolution algorithm for deadlocks in distributed database systems. In *Proc. ACM Int. Conf. on Information and Knowledge Management*, pages 411-416. 401

Malkhi, D., Noar, M., and Ratajczak, D. (2002). Viceroy: A scalable and dynamic emulation of the butterfly. In *Proc. ACM SIGACT-SIGOPS 21st Symp. on the Principles of Distributed Computing*, pages 183-192. 621

Manber, U. and Myers, G. (1990). Suffix arrays: a new method for on-line string searches. In *Proc. 1st Annual ACM-SIAM Symp. on Discrete Algorithms*, pages 319-327. 667

Manolescu, I., Florescu, D., and Kossmann, D. (2001). Answering XML queries on heterogeneous data sources. In *Proc. 27th Int. Conf. on Very Large Data Bases*, pages 241-250. 160

Martin, B. and Pedersen, C. H. (1994). Long-lived concurrent activities. In Özsu et al. [1994a], pages 188-211. 593

Martínez, J. M., editor. MPEG-7 overview (2004). Available from: http: //www. chiariglione. org/ mpeg/standards/mpeg-7/mpeg-7. htm [Last retrieved: December 2009]. 690

Martins, V., Akbarinia, R., Pacitti, E., and Valduriez, P. (2006a). Reconciliation in the appa p2p system. In *IEEE Int. Conf. on Parallel and Distributed Systems(ICPADS)*, pages 401-410. 651, 654

Martins, V. and Pacitti, E. (2006). Dynamic and distributed reconciliation in p2p-dht networks. In *uropean Conf. on Parallel Computing (Euro-Par)*, pages 337-349. 651, 654

Martins, V., Pacitti, E., Dick, M. E., and Jimenez-Peris, R. (2008). Scalable and topology-aware reconciliation on p2p networks. *Distrib. Parall. Databases*, 24(1-3): 1-43. 651

Martins, V., Pacitti, E., and Valduriez, P. (2006b). Survey of data replication in p2p systems. Technical Report 6083, INRIA, Rennes, France. 654

Maymounkov, P. and Mazières, D. (2002). Kademlia: A peer-to-peer information system based on the XOR metric. In *Proc. 1st Int. Workshop Peer-to-Peer Systems*, Lecture Notes in Computer Science 2429, pages 53-65. 621

McBrien, P. and Poulovassilis, A. (2003). Defining peer-to-peer data integration using both as view rules. In *Proc. 1st Int. Workshop on Databases, Information Systems and Peer-to-Peer Computing*, pages 91-107. 627

McCallum, A., Nigam, K., Rennie, J., and Seymore, K. (1999). A machine learning approach to building domain-specific search engines. In *Proc. 16th Int. Joint Conf. on AI*. 666

McCann, R., AlShebli, B., Le, Q., Nguyen, H., Vu, L., and Doan, A. (2005). Mapping maintenance for data integration systems. In *Proc. 31st Int. Conf. on Very Large Data Bases*, pages 1018-1029. 156

McConnel, S. and Siewiorek, D. P. (1982). Evaluation criteria. In Siewiorek and Swarz [1982], pages 201-302. 409

McCormick, W. T., Schweitzer, P. J., and White, T. W. (1972). Problem decomposition and data reorganization by a clustering technique. *Oper. Res.*, 20(5): 993-1009. 102

Medina-Mora, R., Wong, H., and Flores, P. (1993). Action workflow as the enterprise integration technology. *Q. Bull. IEEE TC on Data Eng.*, 16(2): 49-52. 354

Mehta, M. and DeWitt, D. (1995). Managing intra-operator parallelism in parallel database systems. In

Proc. 21th Int. Conf. on Very Large Data Bases. 529, 548

Melnik, S., Garcia-Molina, H., and Rahm, E. (2002). Similarity flooding: A versatile graph matching algorithm and its application to schema matching. In *Proc. 18th Int. Conf. on Data Engineering*, pages 117-128. 134, 145, 148, 160

Melnik, S., Raghavan, S., Yang, B., and Garcia-Molina, H. (2001). Building a distributed full-text index for the web. In *Proc. 10th Int. World Wide Web Conf.*, pages 396-406. Available from: citeseer. ist. psu. edu/article/melnik01building. html. 668

Melton, J. (2002). *Advanced SQL: 1999-Understanding Object-Relational and Other Advanced Features.* Morgan Kaufmann. 553

Melton, J., Michels, J.-E., Josifovski, V., Kulkarni, K., Schwartz, P., and Zeidenstein, K. (2001). Sql and management of external data. *ACM SIGMOD Rec.*, 30(1): 70-77. 314, 328

Menasce, D. A. and Muntz, R. R. (1979). Locking and deadlock detection in distributed databases. *IEEE Trans. Softw. Eng.*, SE-5(3): 195-202. 392

Menasce, D. A. and Nakanishi, T. (1982a). Optimistic versus pessimistic concurrency control mechanisms in database management systems. *Inf. Syst.*, 7(1): 13-27. 401

Menasce, D. A. and Nakanishi, T. (1982b). Performance evaluation of a two-phase commit based protocol for ddbs. In *Proc. First ACM SIGACT-SIGMOD Symp. on Principles of Database Systems*, pages 247-255. 401

Mendelzon, A. O., Mihaila, G. A., and Milo, T. (1997). Querying the World Wide Web. *Int. J. Digit. Libr.*, 1(1): 54-67. 676, 677

Meng, W., Yu, C., Kim, W., Wang, G., Phan, T., and Dao, S. (1993). Construction of relational front-end for object-oriented database systems. In *Proc. 9th Int. Conf. on Data Engineering*, pages 476-483. 331

Merrett, T. H. and Rallis, N. (1985). An analytic evaluation of concurrency control algorithms. In *Proc. CIPS (Canadian Information Processing Society) Congress '85*, pages 435-439. 401

Milán-Franco, J. M., Jiménez-Peris, R., Patiño-Martínez, M., and Kemme, B. (2004). Adaptive middleware for data replication. In *Proc. ACM/IFIP/USENIX Int. Middleware Conf.*, pages 175-194. 542, 548

Miller, G. A. (1995). WordNet: A lexical database for English. *Commun. ACM*, 38(11): 39-45. 142

Miller, R. J., Haas, L. M., and Hernández, M. A. (2000). Schema mapping as query discovery. In *Proc. 26th Int. Conf. on Very Large Data Bases*, pages 77-88. 150

Miller, R. J., Hernández, M. A., Haas, L. M., Yan, L., Ho, C. T. H., Fagin, R., and Popa, L. (2001). The Clio project: Managing heterogeneity. *ACM SIGMOD Rec.*, 31(1): 78-83. 152

Milo, T. and Suciu, D. (1999). Index structures for path expressions. In *Proc. 7th Int. Conf. on Database Theory*, pages 277-295. 701

Milo, T. and Zohar, S. (1998). Using schema matching to simplify heterogeneous data translation. In *Proc. 24th Int. Conf. on Very Large Data Bases*, pages 122-133. 134, 160

Minoura, T. and Wiederhold, G. (1982). Resilient extended true-copy token scheme for a distributed database system. *IEEE Trans. Softw. Eng.*, SE-8(3): 173-189. 456, 493

Mitchell, G., Dayal, U., and Zdonik, S. (1993). Control of an extensible query optimizer: A planning-based approach. In *Proc. 19th Int. Conf. on Very Large Data Bases*, pages 517-528. 584

Mitchell, T. (1997). *Machine Learning.* McGraw-Hill. 666

Mohan, C. (1979). Data base design in the distributed environment. Working Paper WP-7902,

Department of Computer Sciences, University of Texas at Austin. 125

Mohan, C. and Lindsay, B. (1983). Efficient commit protocols for the tree of processes model of distributed transactions. In *Proc. ACM SIGACT-SIGOPS 2nd Symp. on the Principles of Distributed Computing*, pages 76 88. 434, 456

Mohan, C., Lindsay, B., and Obermarck, R. (1986). Transaction management in the r* distributed database management system. *ACM Trans. Database Syst.*, 11(4): 378-396. 377, 393, 434

Mohan, C. and Yeh, R. T. (1978). *Distributed Data Base Systems: A Framework for Data Base Design. In Distributed Data Bases, Infotech State-of-the-Art Report.* Infotech. 39

Morgan, H. L. and Levin, K. D. (1977). Optimal program and data location in computer networks. *Commun. ACM*, 20(5): 315-322. 125

Moss, E. (1985). *Nested Transactions*. M. I. T. Press. 351, 352, 396, 401

Motwani, R., Widom, J., Arasu, A., Babcock, B., Babu, S., Datar, M., Manku, G., Olston, C., Rosenstein, J., and Varma, R. (2003). Query processing, approximation, and resource management in a data stream management system. In *Proc. 1st Biennial Conf. on Innovative Data Systems Research*, pages 245-256. 732

Muro, S., Ibaraki, T., Miyajima, H., and Hasegawa, T. (1983). File redundancy issues in distributed database systems. In *Proc. 9th Int. Conf. on Very Data Bases*, pages 275-277. 124

Muro, S., Ibaraki, T., Miyajima, H., and Hasegawa, T. (1985). Evaluation of file redundancy in distributed database systems. *IEEE Trans. Softw. Eng.*, SE-11(2): 199-205. 124

Muth, P., Rakow, T., Weikum, G., Br ossler, P., and Hasse, C. (1993). Semantic concurrency control in object-oriented database systems. In *Proc. 9th Int. Conf. on Data Engineering*, pages 233-242. 604, 605

Myers, G. J. (1976). *Software Reliability: Principles and Practices*. John Wiley & Sons. 455

Naacke, H., Tomasic, A., and Valduriez, P. (1999). Validating mediator cost models with DISCO. *Networking and Information Systems Journal*, 2(5): 639-663. 307, 310, 331

Najork, M. and Wiener, J. L. (2001). Breadth-first crawling yields high-quality pages. In *Proc. 10th Int. World Wide Web Conf.*, pages 114-118. 665

Naumann, F., Ho, C.-T., Tian, X., Haas, L. M., and Megiddo, N. (2002). Attribute classification using feature analysis. In *Proc. 18th Int. Conf. on Data Engineering*, page 271. 146

Navathe, S. B., Ceri, S., Wiederhold, G., and Dou, J. (1984). Vertical partitioning of algorithms for database design. *ACM Trans. Database Syst.*, 9(4): 680-710. 98, 99, 102, 109, 125

NBS (1977). Data encryption standard. Technical Report 46, U. S. Department of Commerce/National Bureau of Standards, Federal Information Processing Standards Publication. 180

Nejdl, W., Siberski, W., and Sintek, M. (2003). Design issues and challenges for rdfand schema-based peer-to-peer systems. *ACM SIGMOD Rec.*, 32(3): 41-46. 624, 628

Nepal, S. and Ramakrishna, M. (1999). Query processing issues in image (multimedia) databases. In *Proc. 15th Int. Conf. on Data Engineering*, pages 22-29. 629, 654

Newton, G. (1979). Deadlock prevention, detection and resolution: An annotated bibliography. *Operating Systems Rev.*, 13(2): 33-44. 401

Ng, P. (1988). A commit protocol for checkpointing transactions. In *Proc. 7th. Symp. on Reliable Distributed Systems*, pages 22-31. 456

Niamir, B. (1978). Attribute partitioning in a self-adaptive relational database system. Technical Report 192, Laboratory for Computer Science, Massachusetts Institute of Technology, Cambridge, Mass.

98，125

Nicola，M. and der Linden，B. V. (2005). Native XML support in db2 universal database. *In Proc*. 31*st Int*. *Conf*. *on Very Large Data Bases*，pages 1164-1174. 699

Nicolas，J. M. (1982). Logic for improving integrity checking in relational data bases. *Acta Informatica*，18：227-253. 192，202

Nodine，M. and Zdonik，S. (1990). Cooperative transaction hierarchies：A transaction model to support design applications. In *Proc*. 16*th Int*. *Conf*. *on Very Large Data Bases*，pages 83-94. 354

OASIS UDDI. Universal description discovery & integration (UDDI) (2002). Available from：http：// uddi. xml. org/［Last retrieved：December 2009］. 690

Obermarck，R. (1982). Deadlock detection for all resource classes. *ACM Trans*. *Database Syst*.，7(2)：187-208. 39，393，401

Omiecinski，E. (1991). Performance analysis of a load balancing hash-join algorithm for a shared-memory multiprocessor. In *Proc*. 17*th Int*. *Conf*. *on Very Large Data Bases*，pages 375-385. 528，548

Ooi，B.，Shu，Y.，and Tan，K.-L. (2003a). Relational data sharing in peer-based data management systems. *ACM SIGMOD Rec*.，32(3)：59-64. 627

Ooi，B. C.，Shu，Y.，and Tan，K.-L. (2003b). Db-enabled peers for managing distributed data. In *Proc*. 5*th Asian-Pacific Web Conference*，pages 10-21. 612

Ordonez，C. (2003). Clustering binary data streams with k-means. In *Proc*. *ACM SIGMOD Workshop on Research Issues in Data Mining and Knowledge Discovery*. 743

Orenstein，J.，Haradvala，S.，Margulies，B.，and Sakahara，D. (1992). Query processing in the objectstore database system. In *ACM SIGMOD Int*. *Conf*. *on Management of Data*，pages 403-412. 586

Orfali，R.，Harkey，D.，and Edwards，J. (1996). *The Essential Distributed Objects Survival Guide*. John Wiley & Sons. 607

Osborn，S. L. and Heaven，T. E. (1986). The design of a relational database system with abstract data types for domains. *ACM Trans*. *Database Syst*.，11(3)：357-373. 557

Osterhaug，A. (1989). *Guide to Parallel Programming on Sequent Computer Systems*. Prentice-Hall. 498

O'Toole，J.，Nettles，S.，and Gifford，D. (1993). Concurrent compacting garbage collection of a persistent heap. In *Proc*. 14*th ACM Symp*. *Operating Syst*. *Principles*，pages 161-174. 581

Ou，Z.，Yu，G.，Yu，Y.，Wu，S.，Yang，X.，and Deng，Q. (2005). Tick scheduling：A deadline based optimal task scheduling approach for real-time data stream systems. In *Proc*. 6*th Int*. *Conf*. *on Web-Age Information Management*，pages 725-730. 735

Ouksel，A. M. and Sheth，A. P. (1999). Semantic interoperability in global information systems：A brief introduction to the research area and the special section. *ACM SIGMOD Rec*.，28(1)：5-12. 160

Özsoyoglu，Z. M. and Zhou，N. (1987). Distributed query processing in broadcasting local area networks. In *Proc*. 20*th Hawaii Int*. *Conf*. *on System Sciences*，pages 419-429. 214，215

Özsu，M. and Barker，K. (1990). Architectural classification and transaction execution models of multidatabase systems. In *Proc*. *Int*. *Conf*. *on Computing and Information*，pages 275-279. 40

Özsu，M.，Dayal，U.，and Valduriez，P.，editors (1994a). *Distributed Object Management*. Morgan Kaufmann，San Mateo，Calif. 607，784，785，787，789，793，800，801，807，809，814

Özsu，M.，Peters，R.，Szafron，D.，Irani，B.，Munoz，A.，and Lipka，A. (1995a). Tigukat：A uniform behavioral objectbase management system. *VLDB J*.，4：445-492. 555，606

Özsu, M. T. (1985a). Modeling and analysis of distributed concurrency control algorithms using an extended petri net formalism. *IEEE Trans. Softw. Eng.*, SE-11(10): 1225-1240. 401

Özsu, M. T. (1985b). Performance comparison of distributed vs centralized locking algorithms in distributed database systems. In *Proc. 5th Int. Conf. on Distributed Computing Systems*, pages 254-261. 401

Özsu, M. T. (1994). Transaction models and transaction management in OODBMSs. In Dogac et al. [1994], pages 275-279. 359, 607

Özsu, M. T. and Blakeley, J. (1994). Query processing in object-oriented database systems. In Kim, W., editor, *Modern Database Management-Object-Oriented and Multidatabase Technologies*, pages 146-174. Addison-Wesley/ACM Press. 582, 607

Özsu, M. T., Dayal, U., and Valduriez, P. (1994b). An introduction to distributed object management. In Özsu et al. [1994a], pages 1-24. 551

Özsu, M. T., Munoz, A., and Szafron, D. (1995b). An extensible query optimizer for an objectbase management system. In *Proc. 4th Int. Conf. on Information and Knowledge Management*, pages 188-196. 584

Özsu, M. T. and Valduriez, P. (1991). Distributed database systems: Where are we now? *Comp.*, 24(8): 68-78. 38

Özsu, M. T. and Valduriez, P. (1994). Distributed data management: Unsolved problems and new issues. In Casavant, T. and Singhal, M., editors, *Readings in Distributed Computing Systems*, pages 512-544. IEEE/CS Press. 38

Özsu, M. T. and Valduriez, P. (1997). Distributed and parallel database systems. In Tucker, A., editor, *Handbook of Computer Science and Engineering*, pages 1093-1111. CRC Press. 38

Özsu, M. T., Voruganti, K., and Unrau, R. (1998). An asynchronous avoidance-based cache consistency algorithm for client caching dbmss. In *Proc. 24th Int. Conf. on Very Large Data Bases*, pages 440-451. 573

Pacitti, E., Coulon, C., Valduriez, P., and Özsu, M. T. (2006). Preventive replication in a database cluster. *Distrib. Parall. Databases*, 18(3): 223-251. 537, 539, 540, 548

Pacitti, E., Minet, P., and Simon, E. (1999). Fast algorithms for maintaining replica consistency in lazy master replicated databases. In *Proc. 25th Int. Conf. on Very Large Data Bases*, pages 126-137. 463, 482, 484, 537

Pacitti, E., Özsu, M. T., and Coulon, C. (2003). Preventive multi-master replication in a cluster of autonomous databases. In *Proc. 9th Int. Euro-Par Conf.*, pages 318-327. 537, 548

Pacitti, E. and Simon, E. (2000). Update propagation strategies to improve freshness in lazy master replicated databases. *VLDB J.*, 8(3-4): 305-318. 462, 493, 537

Pacitti, E., Simon, E., and de Melo, R. (1998). Improving data freshness in lazy master schemes. In *Proc. 18th Int. Conf. on Distributed Computing Systems*, pages 164-171. 463, 493

Pacitti, E., Valduriez, P., and Mattoso, M. (2007a). Grid data management: open problems and new issues. *Journal of Grid Computing*, 5(3): 273-281. 654

Pacitti, E., Valduriez, P., and Mattoso, M. (2007b). Grid data management: Open problems and new issues. *J. Grid Comp.*, 5(3): 273-281. 750, 763

Page, L., Brin, S., Motwani, R., and Winograd, T. (1998). The pagerank citation ranking: Bringing order to the web. Technical report, Stanford University. 665

Page, T. W. and Popek, G. J. (1985). Distributed data management in local area networks. In *Proc.*

ACM SIGACT-SIGMOD Symp. on Principles of Database Systems, pages 135-142. 210, 250

Pal, S., Cseri, I., Seeliger, O., Rys, M., Schaller, G., Yu, W., Tomic, D., Baras, A., Berg, B., Churin, D., and Kogan, E. (2005). Xquery implementation in a relational database system. In *Proc. 31st Int. Conf. on Very Large Data Bases*, pages 1175-1186. 699

Palma, W., Akbarinia, R., Pacitti, E., and Valduriez, P. (2009). Dhtjoin: processing continuous join queries using dht networks. *Distrib. Parall. Databases*, 26(2-3): 291-317. 732

Palopoli, L., Saccà, D., Terracina, G., and Ursino, D. (1999). A unified graph-based framework for deriving nominal interscheme properties, type conflicts and object cluster similarities. In *Proc. Int. Conf. on Cooperative Information Systems*, pages 34-45. 134, 142, 160

Palopoli, L., Saccà, D., Terracina, G., and Ursino, D. (2003a). Uniform techniques for deriving similarities of objects and subschemes in heterogeneous databases. *IEEE Trans. Knowl. and Data Eng.*, 15(2): 271-294. 145, 160

Palopoli, L., Saccà, D., and Ursino, D. (1998). Semi-automatic semantic discovery of properties from database schemas. In *Proc. Int. Conf. on Database Eng. and Applications*, pages 244-253. 134, 145, 160

Palopoli, L., Terracina, G., and Ursino, D. (2003b). Experiences using DIKE, a system for supporting cooperative information system and data warehouse design. *Inf. Syst.*, 28: 835-865. 134, 160

Palpanas, T., Vlachos, M., Keogh, E., Gunopulos, D., and Truppel, W. (2004). Online amnesic approximation of streaming time series. In *Proc. 20th Int. Conf. on Data Engineering*, pages 338-349. 726

Pandey, S., Ramamritham, K., and Chakrabarti, S. (2003). Monitoring the dynamic web to respond to continuous queries. In *Proc. 12th Int. World Wide Web Conf.* 6

Papadimitriou, C. H. (1979). Serializability of concurrent database updates. *J. ACM*, 26(4): 631-653. 350

Papadimitriou, C. H. (1986). *The Theory of Concurrency Control*. Computer Science Press. 401

Papakonstantinou, Y., Garcia-Molina, H., and Widom, J. (1995). Object exchange across heterogeneous information sources. In *Proc. 11th Int. Conf. on Data Engineering*, pages 251-260. 671, 673

Pape, C. L., Gancarski, S., and Valduriez, P. (2004). Refresco: Improving query performance through freshness control in a database cluster. In *Proc. Confederated Int. Conf. DOA, CoopIS and ODBASE*, Lecture Notes in Computer Science 3290, pages 174-193. 493, 540, 548

Paris, J. F. (1986). Voting with witnesses: A consistency scheme for replicated files. In *Proc. 6th Int. Conf. on Distributed Computing Systems*, pages 606-612. 493

Park, Y., Scheuermann, P., and Tang, H. (1995). A distributed deadlock detection and resolution algorithm based on a hybrid wait-for graph and probe generation scheme. In *Proc. ACM Int. Conf. Information and Knowledge Management*, pages 378-86. 401

Passerini, A., Frasconi, P., and Soda, G. (2001). Evaluation methods for focused crawling. In *Proc. 7th Congress of the Italian Association for Artificial Intelligence*, pages 33-39. 666

Patiño-Martínez, M., Jiménez-Peris, R., Kemme, B., and Alonso, G. (2005). MIDDLE-R: Consistent database replication at the middleware level. *ACM Trans. Comp. Syst.*, 23(4): 375-423. 491

Patiño-Martínez, M., Jiménez-Peris, R., Kemme, B., and Alonso, G. (2000). Scalable replication in database clusters. In *Proc. 14th Int. Symp. on Distributed Computing*, pages 315-329. 482, 489, 548

Pavlo, A., Paulson, E., Rasin, A., Abadi, D. J., DeWitt, D. J., Madden, S., and Stonebraker, M. (2009). A comparison of approaches to large-scale data analysis. In *Proc. ACM SIGMOD Int. Conf.*

on Management of Data, pages 165-178. 760

Paxson, V. and Floyd, S. (1995). Wide-area traffic: The failure of poisson modeling. *IEEE/ACM Trans. Networking*, 3(3): 226-244. 727

Pease, M., Shostak, R., and Lamport, L. (1980). Reaching agreement in the presence of faults. *J. ACM*, 27(2): 228-234. 456

Pedone, F. and Schiper, A. (1998). Optimistic atomic broadcast. In *Proc. 12th Int. Symp. on Distributed Computing*, pages 318-332. 539

Perez-Sorrosal, F., Vuckovic, J., Patiño-Martínez, M., and Jiménez-Peris, R. (2006). Highly available long running transactions and activities for J2EE. In *Proc. 26th Int. Conf. on Distributed Computing Systems*, page 2. 546, 548

Peters, R. J., Lipka, A., Özsu, M. T., and Szafron, D. (1993). An extensible query model and its languages for a uniform behavioral object management system. In *Proc. 2nd International Conference on Information and Knowledge Management*, pages 403-412. 584

Piatetsky-Shapiro, G. and Connell, C. (1984). Accurate estimation of the number of tuples satisfying a condition. In *Proc. ACM SIGMOD Int. Conf. on Management of Data*, pages 256-276. 252

Pinedo, M. (2001). *Scheduing: Theory, Algorithms and Systems*. Integre Technical Publishing, 2 edition. 537

Pirahesh, H., Mohan, C., Cheng, J. M., Liu, T. S., and Selinger, P. G. (1990). Parallelism in rdbms: Architectural issues and design. In *Proc. 2nd Int. Symp. on Databases in Distributed and Parallel Systems*, pages 4-29. 532, 533, 548

Plainfossé, D. and Shapiro, M. (1995). A survey of distributed garbage collection techniques. In *Proc. Int. Workshop on Memory Management*, pages 211-249. 581

Plattner, C. and Alonso, G. (2004). Ganymed: Scalable replication for transactional web applications. In *Proc. ACM/IFIP/USENIX Int. Middleware Conf.*, pages 155-174. 464

Plaxton, C., Rajaraman, R., and Richa, A. (1997). Accessing nearby copies of replicated objects in a distributed environment. In *ACM Symp. on Parallel Algorithms and Architectures (SPAA)*, pages 311-320. 646

Polyzotis, N. and Garofalakis, M. N. (2002). Statistical synopses for graph-structured XML databases. In *Proc. ACM SIGMOD Int. Conf. on Management of Data*, pages 358-369. 701

Polyzotis, N., Garofalakis, M. N., and Ioannidis, Y. E. (2004). Approximate XML query answers. In *Proc. ACM SIGMOD Int. Conf. on Management of Data*, pages 263-274. 701

Polyzotis, N., Skiadopoulos, S., Vassiliadis, P., Simitsis, A., and Frantzell, N.-E. (2008). Meshing streaming updates with persistent data in an active data warehouse. *IEEE Trans. Knowl. and Data Eng.*, 20(7): 976-991. 761

Poosala, V., Ioannidis, Y., Haas, P., and Shekita, E. (1996). Improved histograms for selectivity estimation of range predicates. In *Proc. ACM SIGMOD Int. Conf. on Management of Data*, pages 294-305. 256

Popa, L., Velegrakis, Y., Miller, R. J., Hernandez, M. A., and Fagin, R. (2002). Translating web data. In *Proc. 28th Int. Conf. on Very Large Data Bases*. 155

Porto, F., Laber, E. S., and Valduriez, P. (2003). Cherry picking: A semantic query processing strategy for the evaluation of expensive predicates. In *Proc. Brazilian Symposium on Databases*, pages 356-370. 320, 326, 331

Potier, D. and LeBlanc, P. (1980). Analysis of locking policies in database management systems.

Commun. ACM, 23(10): 584-593. 401

Pottinger, R. and Levy, A. Y. (2000). A scalable algorithm for answering queries using views. In *Proc. 26th Int. Conf. on Very Large Data Bases*, pages 484-495. 305, 331

Pradhan, D. K., editor (1986). *Fault-Tolerant Computing: Theory and Techniques*, volume 2. Prentice-Hall. 455

Pu, C. (1988). Superdatabases for composition of heterogeneous databases. In *Proc. 4th Int. Conf. on Data Engineering*, pages 548-555. 147, 352

Pu, C. and Leff, A. (1991). Replica control in distributed systems: An asynchronous approach. In *Proc. ACM SIGMOD Int. Conf. on Management of Data*, pages 377-386. 462

Pugh, W. (1989). Skip lists: A probabilistic alternative to balanced trees. In *Proc. Workshop on Algorithms and Data Structures*, pages 437-449. 622

Qiao, L., Agrawal, D., and Abbadi, A. E. (2003). Supporting sliding window queries for continuous data streams. In *Proc. 15th Int. Conf. on Scientific and Statistical Database Management*, pages 85-94. 737

Raghavan, S. and Garcia-Molina, H. (2001). Crawling the hidden web. In *Proc. 27th Int. Conf. on Very Large Data Bases*, pages 129-138. 657, 686

Raghavan, S. and Garcia-Molina, H. (2003). Representing web graphs. In *Proc. 19th Int. Conf. on Data Engineering*, pages 405-416. 658, 661, 662, 663

Rahal, A., Zhu, Q., and Larson, P.-Å. (2004). Evolutionary techniques for updating query cost models in a dynamic multidatabase environment. *VLDB J.*, 13(2): 162-176. 307, 313, 331

Rahimi, S. (1987). Reference architecture for distributed database management systems. In *Proc. 3th Int. Conf. on Data Engineering*. Tutorial Notes. 40

Rahm, E. and Bernstein, P. A. (2001). A survey of approaches to automatic schema matching. *VLDB J.*, 10(4): 334-350. 138, 139, 143, 146, 160

Rahm, E. and Do, H. H. (2000). Data cleaning: Problems and current approaches. *Q. Bull. IEEE TC on Data Eng.*, 23(4): 3-13. 157

Rahm, E. and Marek, R. (1995). Dynamic multi-resource load balancing in parallel database systems. In *Proc. 21th Int. Conf. on Very Large Data Bases*, pages 395-406. 530, 548

Ramabhadran, S., Ratnasamy, S., Hellerstein, J. M., and Shenker, S. (2004). Brief announcement: prefix hash tree. In *Proc. ACM SIGACT-SIGOPS 23rd Symp. on the Principles of Distributed Computing*, page 368. 622, 643

Ramakrishnan, R. (2009). Data management in the cloud. In *Proc. 25th Int. Conf. on Data Engineering*, page 5. 753, 763

Ramakrishnan, R. and Gehrke, J. (2003). *Database Management Systems*. McGraw-Hill, 3 edition. 70, 189, 201

Ramamoorthy, C. V. and Wah, B. W. (1983). The isomorphism of simple file allocation. *IEEE Trans. Comput.*, C-23(3): 221-231. 121

Ramamritham, K. and Pu, C. (1995). A formal characterization of epsilon serializability. *IEEE Trans. Knowl. and Data Eng.*, 7(6): 997-1007. 401, 462

Raman, V., Deshpande, A., and Hellerstein, J. M. (2003). Using state modules for adaptive query processing. In *Proc. 19th Int. Conf. on Data Engineering*, pages 353-365. 331

Raman, V. and Hellerstein, J. M. (2001). Potter's wheel: An interactive data cleaning system. In *Proc. 27th Int. Conf. on Very Large Data Bases*, pages 381-390. 158

Ramanathan, P. and Shin, K. G. (1988). Checkpointing and rollback recovery in a distributed system using common time base. In *Proc. 7th Symp. on Reliable Distributed Systems*, pages 13-21. 456

Randell, B. , Lee, P. A. , and Treleaven, P. C. (1978). Reliability issues in computing system design. *ACM Comput. Surv.* , 10(2):123-165. 406, 455

Rao, P. and Moon, B. (2004). Prix:Indexing and querying XML using prüfer sequences. In *Proc. 20th Int. Conf. on Data Engineering*, pages 288-300. 701

Ratnasamy, S. , Francis, P. , Handley, M. , and Karp, R. (2001a). A scalable content-addressable network. In *Proc. ACM Int. Conf. on Data Communication*, pages 161-172. 620, 646

Ratnasamy, S. , Francis, P. , Handley, M. , Karp, R. M. , and Shenker, S. (2001b). A scalable content-addressable network. In *Proc. ACM Int. Conf. on Data Communication*, pages 161-172. 618

Ray, I. , Mancini, L. V. , Jajodia, S. , and Bertino, E. (2000). Asep:A secure and flexible commit protocol for mls distributed database systems. *IEEE Trans. Knowl. and Data Eng.* , 12(6):880-899. 187, 202

Reiss, F. and Hellerstein, J. (2005). Data triage:an adaptive architecture for load shedding in telegraphCQ. In *Proc. 21st Int. Conf. on Data Engineering*, pages 155-156. 740

Ribeiro-Neto, B. A. and Barbosa, R. A. (1998). Query performance for tightly coupled distributed digital libraries. In *Proc. 3rd ACM Int. Conf. on Digital Libraries*, pages 182-190. 668

Ritter, J. Why Gnutella can't scale, no, really (2001). Available from:http://www.darkridge.com/~jpr5/doc/gnutella.html [Last retrieved:December 2009]. 618

Rivera-Vega, P. , Varadarajan, R. , and Navathe, S. B. (1990). Scheduling data redistribution in distributed databases. In *Proc. Int. Conf. on Data Eng*, pages 166-173. 124

Rivest, R. L. , Shamir, A. , and Adelman, L. (1978). A method for obtaining digital signatures and public-key cryptosystems. *Commun. ACM*, 21(2):120-126. 180

Rjaibi, W. (2004). An introduction to multilevel secure relational database management systems. In *Proc. Conf. of the IBM Centre for Advanced Studies on Collaborative Research*, pages 232-241. 187, 202

Röhm, U. , Böhm, K. , and Schek, H.-J. (2000). Olap query routing and physical design in a database cluster. In *Advances in Database Technology, Proc. 7th Int. Conf. on Extending Database Technology*, pages 254-268. 535, 544, 548

Röhm, U. , Böhm, K. , and Schek, H.-J. (2001). Cache-aware query routing in a cluster of databases. In *Proc. 17th Int. Conf. on Data Engineering*, pages 641-650. 535

Röhm, U. , Böhm, K. , Schek, H.-J. , and Schuldt, H. (2002a). Fas - a freshnesssensitive coordination cocoon for a cluster of olap components. In *Proc. 28th Int. Conf. on Very Large Data Bases*, pages 754-765. 493

Röhm, U. , Böhm, K. , Schek, H.-J. , and Schuldt, H. (2002b). FAS-A freshnesssensitive coordination middleware for a cluster of olap components. In *Proc. 28th Int. Conf. on Very Large Data Bases*, pages 754-765. 462, 541

Roitman, H. and Gal, A. (2006). Ontobuilder:Fully automatic extraction and consolidation of ontologies from web sources using sequence semantics. In *EDBT Workshops*, volume 4254 of *LNCS*, pages 573-576. 152

Rosenkrantz, D. J. and Hunt, H. B. (1980). Processing conjunctive predicates and queries. In *Proc. 6th Int. Conf. on Very Data Bases*, pages 64-72. 224, 241

Rosenkrantz, D. J. , Stearns, R. E. , and Lewis, P. M. (1978). System level concurrency control for distributed database systems. *ACM Trans. Database Syst.* , 3(2):178-198. 390

Roth, J. P. , Bouricius, W. G. , Carter, E. C. , and Schneider, P. R. (1967). Phase ii of an architectural study for a self-repairing computer. Report SAMSO-TR-67-106, U. S. Air Force Space and Missile Division, El Segundo, Calif. Cited in [Siewiorek and Swarz, 1982]. 410

Roth, M. and Schwartz, P. (1997). Don't scrap it, wrap it! a wrapper architecture for legacy data sources. In *Proc. 23th Int. Conf. on Very Large Data Bases*, pages 266-275. 327

Roth, M. T. , Ozcan, F. , and Haas, L. M. (1999). Cost models do matter: Providing cost information for diverse data sources in a federated system. In *Proc. 25th Int. Conf. on Very Large Data Bases*, pages 599-610. 307, 310, 331

Rothermel, K. and Mohan, C. (1989). Aries/nt: A recovery method based on writeahead logging for nested transactions. In *Proc. 15th Int. Conf. on Very Large Data Bases*, pages 337-346. 401

Rothnie, J. B. and Goodman, N. (1977). A survey of research and development in distributed database management. In *Proc. 3rd Int. Conf. on Very Data Bases*, pages 48-62. 116

Rowstron, A. I. T. and Druschel, P. (2001). Pastry: Scalable, decentralized object location, and routing for large-scale peer-to-peer systems. In *Proc. IFIP/ACM Int. Conf. on Distributed Systems Platforms*, pages 329-350. 621

Ryvkina, E. , Maskey, A. , Adams, I. , Sandler, B. , Fuchs, C. , Cherniack, M. , and Zdonik, S. (2006). Revision processing in a stream processing engine: A highlevel design. In *Proc. 22nd Int. Conf. on Data Engineering*, page 141. 725

Sacca, D. and Wiederhold, G. (1985). Database partitioning in a cluster of processors. *ACM Trans. Database Syst.*, 10(1): 29-56. 99, 115, 125

Sacco, M. S. and Yao, S. B. (1982). Query optimization in distributed data base systems. In Yovits, M. , editor, *Advances in Computers*, volume 21, pages 225-273. Academic Press. 39, 209, 211, 220

Saito, Y. and Shapiro, M. (2005). Optimistic replication. *ACM Comput. Surv.*, 37(1): 42-81. 462, 466, 493

Salton, G. (1989). *Automatic Text Processing-The Transformation, Analysis, and Retrieval of Information by Computer*. Addison-Wesley. 667

Schlageter, G. and Dadam, P. (1980). Reconstruction of consistent global states in distributed databases. In Delobel, C. and Litwin, W. , editors, *Distributed Data Bases*, pages 191-200. North-Holland. 456

Schlichting, R. D. and Schneider, F. B. (1983). Fail-stop processors: An approach to designing fault-tolerant computing systems. *ACM Trans. Comp. Syst.*, 1(3): 222-238. 455

Schmidt, C. and Parashar, M. (2004). Enabling flexible queries with guarantees in p2p systems. *IEEE Internet Computing*, 8(3): 19-26. 622

Schmidt, S. , Berthold, H. , and Legler, T. (2004). QStream: Deterministic querying of data streams. In *Proc. 30th Int. Conf. on Very Large Data Bases*, pages 1365-1368. 738

Schmidt, S. , Legler, T. , Schar, S. , and Lehner, W. (2005). Robust real-time query processing with QStream. In *Proc. 31st Int. Conf. on Very Large Data Bases*, pages 1299-1301. 738

Schreiber, F. (1977). A framework for distributed database systems. In *Proc. Int. Computing Symposium*, pages 475-482. 39

Selinger, P. G. and Adiba, M. (1980). Access path selection in distributed data base management systems. In *Proc. First Int. Conf. on Data Bases*, pages 204-215. 250, 254, 277, 292, 293

Selinger, P. G. , Astrahan, M. M. , Chamberlin, D. D. , Lorie, R. A. , and Price, T. G. (1979). Access path selection in a relational database management system. In *Proc. ACM SIGMOD Int. Conf. on Management of Data*, pages 23-34. 212, 253, 261, 292, 586

Serrano, D., Patiño-Martínez, M., Jiménez-Peris, R., and Kemme, B. (2007). Boosting database replication scalability through partial replication and 1-copy-snapshotisolation. In *Proc. 13th IEEE Pacific Rim Int. Symp. on Dependable Computing*, pages 290-297. 491

Sevcik, K. C. (1983). Comparison of concurrency control methods using analytic models. In *Information Processing '83*, pages 847-858. 401

Severence, D. G. and Lohman, G. M. (1976). Differential files: Their application to the maintenance of large databases. *ACM Trans. Database Syst.*, 1(3): 256-261. 419

Shafer, J. C., Agrawal, R., and Mehta, M. (1996). Sprint: A scalable parallel classifier for data mining. In *Proc. 22th Int. Conf. on Very Large Data Bases*, pages 544-555. 743

Shah, M. A., Hellerstein, J. M., Chandrasekaran, S., and Franklin, M. J. (2003). Flux: An adaptive partitioning operator for continuous query systems. In *Proc. 19th Int. Conf. on Data Engineering*, pages 25-36. 320, 321, 322, 331

Shapiro, L. (1986). oin processing in database systems with large main memories. *ACM Trans. Database Syst.*, 11(3): 239-264. 587

Sharaf, M., Labrinidis, A., Chrysanthis, P., and Pruhs, K. (2005). Freshness-aware scheduling of continuous queries in the dynamic web. In *Proc. 8th Int. Workshop on the World Wide Web and Databases*, pages 73-78. 735

Sharp, J. (1987). *An Introduction to Distributed and Parallel Processing*. Blackwell Scientific Publications. 498

Shasha, D. and Wang, T.-L. (1991). Optimizing equijoin queries in distributed databases where relations are hash partitioned. *ACM Trans. Database Syst.*, 16(2): 279-308. 292

Shatdal, A. and Naughton, J. F. (1993). Using shared virtual memory for parallel join processing. In *Proc. ACM SIGMOD Int. Conf. on Management of Data*, pages 119-128. 534, 548

Shekita, E. J. and Carey, M. J. (1990). A performance evaluation of pointer-based joins. In *Proc. ACM SIGMOD Int. Conf. on Management of Data*, pages 300-311. 590

Shekita, E. J., Young, H. C., and Tan, K. L. (1993). Multi-join optimization for symmetric multiprocessor. In *Proc. 19th Int. Conf. on Very Large Data Bases*, pages 479-492. 530, 548

Sheth, A. and Larson, J. (1990). Federated databases: Architectures and integration. *ACM Comput. Surv.*, 22(3): 183-236. 40, 135, 160, 298

Sheth, A., Larson, J., Cornellio, A., and Navathe, S. B. (1988a). A tool for integrating conceptual schemas and user views. In *Proc. 4th Int. Conf. on Data Engineering*, pages 176-183. 147, 202

Sheth, A., Larson, J., and Watkins, E. (1988b). Tailor, a tool for updating views. In *Advances in Database Technology, Proc. 1st Int. Conf. on Extending Database Technology*, pages 190-213. Springer. 202

Sheth, A. P. and Kashyap, V. (1992). So far (schematically) yet so near (semantically). In *Proc. IFIP WG 2.6 Database Semantics Conf. on Interoperable Database Systems*, pages 283-312. 141

Shivakumar, N. and García-Molina, H. (1997). Wave-indices: indexing evolving databases. In *Proc. ACM SIGMOD Int. Conf. on Management of Data*, pages 381-392. 738

Shrivastava, S. K., editor (1985). *Reliable Computer Systems*. *Springer*. 455, 768

Sidell, J., Aoki, P. M., Sah, A., Staelin, C., Stonebraker, M., and Yu, A. (1996). Data replication in mariposa. In *Proc. 12th Int. Conf. on Data Eng*, pages 485-494. 456, 493

Siegel, J., editor (1996). *CORBA Fundamentals and Programming*. John Wiley & Sons. 607

Siewiorek, D. P. and Swarz, R. S., editors (1982). *The Theory and Practice of Reliable System*

Design. Digital Press. 407, 409, 455, 810

Silberschatz, A., Korth, H., and Sudarshan, S. (2002). *Database System Concepts*. McGraw-Hill, 4 edition. 70

Simon, E. and Valduriez, P. (1984). Design and implementation of an extendible integrity subsystem. In *Proc. ACM SIGMOD Int. Conf. on Management of Data*, pages 9-17. 193, 202

Simon, E. and Valduriez, P. (1986). Integrity control in distributed database systems. In *Proc. 19th Hawaii Int. Conf. on System Sciences*, pages 622-632. 192, 202

Simon, E. and Valduriez, P. (1987). Design and analysis of a relational integrity subsystem. Technical Report DB-015-87, Microelectronics and Computer Corporation, Austin, Tex. 189, 192, 202

Singhal, M. (1989). Deadlock detection in distributed systems. *Comp.*, 22(11): 37-48. 401

Sinha, M. K., Nanadikar, P. D., and Mehndiratta, S. L. (1985). Timestamp based certification schemes for transactions in distributed database systems. In *Proc. ACM SIGMOD Int. Conf. on Management of Data*, pages 402-411. 385

Skarra, A. (1989). oncurrency control for cooperating transactions in an objectoriented database. In *Proc. ACM SIGPLAN Workshop on Object-Based Concurrent Programming*, pages 145-147. 401

Skarra, A., Zdonik, S., and Reiss, S. (1986). An object server for an object-oriented database system. In *Proc. of the 1st Int. Workshop on Object-Oriented Database Systems*, pages 196-204. 401

Skeen, D. (1981). Nonblocking commit protocols. In *ACM SIGMOD Int. Conf. on Management of Data*, pages 133-142. 440, 443, 447, 456

Skeen, D. (1982a). *Crash Recovery in a Distributed Database Management System*. Ph. D. thesis, Department of Electrical Engineering and Computer Science, University of California at Berkeley, Berkeley, Calif. 456

Skeen, D. (1982b). A quorum-based commit protocol. In *Proc. 6th Berkeley Workshop on Distributed Data Management and Computer Networks*, pages 69-80. 448, 450

Skeen, D. and Stonebraker, M. (1983). A formal model of crash recovery in a distributed system. *IEEE Trans. Softw. Eng.*, SE-9(3): 219-228. 437, 443, 449, 456

Skeen, D. and Wright, D. (1984). Increasing availability in partitioned networks. In *Proc. 3rd ACM SIGACT-SIGMOD Symp. on Principles of Database Systems*, pages 290-299. 456, 493

Smith, J. M. and Chang, P. Y. (1975). Optimizing the performance of a relational algebra database interface. *Commun. ACM*, 18(10): 568-579. 228, 241

Somani, A., Choy, D., and Kleewein, J. C. (2002). Bringing together content and data management systems: Challenges and opportunities. *IBM Systems J.*, 41(4): 686-696. 159

Sousa, A., Oliveira, R., Moura, F., and Pedone, F. (2001). Partial replication in the database state machine. In *Proc. IEEE Int. Symp. Network Computing and Applications*, pages 298-309. 491, 548

Srivastava, U. and Widom, J. (2004). Memory-limited execution of windowed stream joins. In *Proc. 30th Int. Conf. on Very Large Data Bases*, pages 324-335. 740

Stallings, W. (2011). *Data and Computer Communications*. Prentice-Hall, 9 edition. 70

Stanoi, I., Agrawal, D., and El-Abbadi, A. (1998). Using broadcast primitives in replicated databases. In *Proc. 8th Int. Conf. on Distributed Computing Systems*, pages 148-155. 482

Stearns, R. E., II, P. M. L., and Rosenkrantz, D. J. (1976). Concurrency controls for database systems. In *Proc. 17th Symp. on Foundations of Computer Science*, pages 19-32. 350

Stöhr, T., Märtens, H., and Rahm, E. (2000). Multi-dimensional database allocation for parallel data warehouses. In *Proc. 26th Int. Conf. on Very Large Data Bases*, pages 273-284. 542

Stoica, I., Morris, R., Karger, D. R., Kaashoek, M. F., and Balakrishnan, H. (2001a). Chord: A scalable peer-to-peer lookup service for internet applications. In *Proc. ACM Int. Conf. on Data Communication*, pages 149-160. 618

Stoica, I., Morris, R., Liben-Nowell, D., Karger, D., Kaashoek, M., Dabek, F., and Balakrishnan, H. (2001b). Chord: A scalable peer-to-peer lookup protocol for internet applications. In *Proc. ACM Int. Conf. on Data Communication*, pages 149-160. 621

Stonebraker, M. (1975). Implementation of integrity constraints and views by query modification. In *Proc. ACM SIGMOD Int. Conf. on Management of Data*, pages 65-78. 172, 173, 186, 191, 192, 201, 202

Stonebraker, M. (1981). Operating system support for database management. *Commun. ACM*, 24(7): 412-418. 39, 415

Stonebraker, M. (1986). The case for shared nothing. *Q. Bull. IEEE TC on Data Eng.*, 9(1): 4-9. 547

Stonebraker, M. (2010). SQL databases v. NoSQL databases. *Commun. ACM*, 53(4): 10-11. 753

Stonebraker, M., Abadi, D. J., DeWitt, D. J., Madden, S., Paulson, E., Pavlo, A., and Rasin, A. (2010). MapReduce and parallel DBMSs: friends or foes? *Commun. ACM*, 53(1): 64-71. 760, 763

Stonebraker, M. and Brown, P. (1999). *Object-Relational DBMSs*. Morgan Kaufmann, 2nd edition. 552, 607

Stonebraker, M., Kreps, P., Wong, W., and Held, G. (1976). The design and implementation of ingres. *ACM Trans. Database Syst.*, 1(3): 198-222. 56, 258

Stonebraker, M. and Neuhold, E. (1977). A distributed database version of ingres. In *Proc. 2nd Berkeley Workshop on Distributed Data Management and Computer Networks*, pages 9-36. 474

Stonebraker, M., Rowe, L., Lindsay, B., Gray, J., Carey, M., Brodie, M., Bernstein, P., and Beech, D. (1990). Third-generation data base system manifesto. *ACM SIGMOD Rec.*, 19(3): 31-44. 553

Straube, D. and Özsu, M. T. (1990a). Queries and query processing in object-oriented database systems. *ACM Trans. Information Syst.*, 8(4): 387-430. 585

Straube, D. and Özsu, M. T. (1990b). Type consistency of queries in an objectoriented database. In *Proc. Joint ACM OOPSLA/ECOOP '90 Conference on Object-Oriented Programming: Systems, Languages and Applications*, pages 224-233. 585

Straube, D. D. and Özsu, M. T. (1995). Query optimization and execution plan generation in object-oriented database systems. *IEEE Trans. Knowl. and Data Eng.*, 7(2): 210-227. 589

Strong, H. R. and Dolev, D. (1983). Byzantine agreement. In *Digest of Papers-COMPCON*, pages 77-81, San Francisco, Calif. 456

Stroustrup, B. (1986). *The C++ Programming Language*. Addison Wesley. 559

Sullivan, M. and Heybey, A. (1998). Tribeca: A system for managing large databases of network traffic. In *Proc. USENIX 1998 Annual Technical Conf.* 726, 730

Swami, A. (1989). Optimization of large join queries: combining heuristics and combinatorial techniques. In *Proc. ACM SIGMOD Int. Conf. on Management of Data*, pages 367-376. 212, 249

Tandem (1987). Nonstop sql-a distributed high-performance, high-availability implementation of sql. In *Proc. Int. Workshop on High Performance Transaction Systems*, pages 60-104. 377, 548

Tandem (1988). A benchmark of nonstop sql on the debit credit transaction. In *Proc. ACM SIGMOD Int. Conf. on Management of Data*, pages 337-341. 377

Tanenbaum, A. (1995). *Distributed Operating Systems*. Prentice-Hall. 180

Tanenbaum, A. S. (2003). *Computer Networks*. Prentice-Hall, 4th edition. 60, 70

Tanenbaum, A. S. and van Renesse, R. (1988). Voting with ghosts. In *Proc. 8th Int. Conf. on Distributed Computing Systems*, pages 456-461. 493

Tanenbaum, A. S. and van Steen, M. (2002). *Distributed Systems: Principles and Paradigms*. Prentice-Hall. 2

Tao, Y. (2010). *Mining Time-Changing Data Streams*. PhD thesis, University of Waterloo. 763

Tao, Y. and Özsu, M. T. (2009). Efficient decision tree construction for mining time-varying data streams. In *Proc. Conf. of the IBM Centre for Advanced Studies on Collaborative Research*. 743

Tao, Y., Yiu, M. L., Papadias, D., Hadjieleftheriou, M., and Mamoulis, N. (2005). RPJ: Producing fast join results on streams through rate-based optimization. In *Proc. ACM SIGMOD Int. Conf. on Management of Data*, pages 371-382. 738

Tatarinov, I., Ives, Z. G., Madhavan, J., Halevy, A. Y., Suciu, D., Dalvi, N. N., Dong, X., Kadiyska, Y., Miklau, G., and Mork, P. (2003). The piazza peer data management project. *ACM SIGMOD Rec.*, 32(3): 47-52. 625, 654

Tatbul, N., Cetintemel, U., Zdonik, S., Cherniack, M., and Stonebraker, M. (2003). Load shedding in a data stream manager. In *Proc. 29th Int. Conf. on Very Large Data Bases*, pages 309-320. 739

Terry, D., Goldberg, D., Nichols, D., and Oki, B. (1992). Continuous queries over append-only databases. In Proc. *ACM SIGMOD Int. Conf. on Management of Data*, pages 321-330. 6

Thakkar, S. S. and Sweiger, M. (1990). Performance of an oltp application on symmetry multiprocessor system. In *Proc. 17th Int. Symposium on Computer Architecture*, pages 228-238. 503

Thiran, P., Hainaut, J.-L., Houben, G.-J., and Benslimane, D. (2006). Wrapperbased evolution of legacy information systems. *ACM Trans. Softw. Eng. and Methodology*, 15(4): 329-359. 329, 331

Thomas, R. H. (1979). A majority consensus approach to concurrency control for multiple copy databases. *ACM Trans. Database Syst.*, 4(2): 180-209. 385, 450, 487

Thomasian, A. (1993). Two-phase locking and its thrashing behavior. *ACM Trans. Database Syst.*, 18(4): 579-625. 401

Thomasian, A. (1996). Database *Concurrency Control: Methods, Performance, and Analysis*. Kluwer Academic Publishers. 358, 398, 399, 401

Thomasian, A. (1998). Distributed optimistic concurrency control methods for high performance transaction processing. *IEEE Trans. Knowl. and Data Eng.*, 10(1): 173-189. 401

Thuraisingham, B. (2001). Secure distributed database systems. *Information Security Technical Report*, 6(2). 187, 202

Tian, F. and DeWitt, D. (2003a). Tuple routing strategies for distributed Eddies. In *Proc. 29th Int. Conf. on Very Large Data Bases*, pages 333-344. 739

Tian, F. and DeWitt, D. J. (2003b). Tuple routing strategies for distributed eddies. In *Proc. 29th Int. Conf. on Very Large Data Bases*, pages 333-344. 322, 326, 331

Tomasic, A., Amouroux, R., Bonnet, P., Kapitskaia, O., Naacke, H., and Raschid, L. (1997). The distributed information search component (DISCO) and the world-wide web-prototype demonstration. In *Proc. ACM SIGMOD Int. Conf. on Management of Data*, pages 546-548. 319, 329

Tomasic, A., Raschid, L., and Valduriez, P. (1996). Scaling heterogeneous databases and the design of disco. In *Proc. 16th Int. Conf. on Distributed Computing Systems*, pages 449-457. 319, 331

Tomasic, A., Raschid, L., and Valduriez, P. (1998). Scaling access to distributed heterogeneous data sources with Disco. In *IEEE Trans. Knowl. and Data Eng.* in press. 319, 331

Traiger, I. L., Gray, J., Galtieri, C. A., and Lindsay, B. G. (1982). Transactions and recovery in distributed database systems. *ACM Trans. Database Syst.*, 7(3): 323-342. 456

Triantafillou, P. and Pitoura, T. (2003). Towards a unifying framework for complex query processing over structured peer-to-peer data networks. In *Int. Workshop on Databases, Information Systems and Peer-to-Peer Computing*, pages 169-183. 641

Triantafillou, P. and Taylor, D. J. (1995). The location-based paradigm for replication: Achieving efficiency and availability in distributed systems. *IEEE Trans. Softw. Eng.*, 21(1): 1-18. 493

Tsichritzis, D. and Klug, A. (1978). The ansi/x3/sparc dbms framework report of the study group on database management systems. *Inf. Syst.*, 1: 173-191. 22

Tsuchiya, M., Mariani, M. P., and Brom, J. D. (1986). Distributed database management model and validation. *IEEE Trans. Softw. Eng.*, SE-12(4): 511-520. 401

Tucker, P., Maier, D., Sheard, T., and Faragas, L. (2003). Exploiting punctuation semantics in continuous data streams. *IEEE Trans. Knowl. and Data Eng.*, 15(3): 555-568. 725, 732

Ullman, J. (1997). Information integration using logical views. In *Proc. 6th Int. Conf. on Database Theory*, volume 1186 of *Lecture Notes in Computer Science*, pages 19-40. Springer. 303, 331

Ullman, J. D. (1982). *Principles of Database Systems*. Computer Science Press, 2nd edition. 224, 228, 231, 241, 272

Ullman, J. D. (1988). *Principles of Database and Knowledge Base Systems*, volume 1. Computer Science Press. 300, 301, 337

Ulusoy, Ö. (2007). Research issues in peer-to-peer data management. In *Proc. 22nd Int. Symp. on Computer and Information Science*, pages 1-8. 653

Urhan, T. and Franklin, M. J. (2000). XJoin: A reactively-scheduled pipelined join operator. *Q. Bull. IEEE TC on Data Eng.*, 23(2): 27-33. 732

Urhan, T. and Franklin, M. J. (2001). Dynamic pipeline scheduling for improving interactive query performance. In *Proc. 27th Int. Conf. on Very Large Data Bases*, pages 501-510. 738

Urhan, T., Franklin, M. J., and Amsaleg, L. (1998a). Cost based query scrambling for initial delays. In *Proc. ACM SIGMOD Int. Conf. on Management of Data*, pages 130-141. 322, 331

Urhan, T., Franklin, M. J., and Amsaleg, L. (1998b). Cost-based query scrambling for initial delays. In *Proc. ACM SIGMOD Int. Conf. on Management of Data*, pages 130-141. 739

Valduriez, P. (1982). Semi-join algorithms for distributed database machines. In Schneider, J.-J., editor, *Distributed Data Bases*. North-Holland. pages 23-37. 270, 273, 291, 292

Valduriez, P. (1987). Join indices. *ACM Trans. Database Syst.*, 12(2): 218-246. 587, 588, 589

Valduriez, P. (1993). Parallel database systems: Open problems and new issues. *Distrib. Parall. Databases*, 1: 137-16. 497

Valduriez, P. and Boral, H. (1986). Evaluation of recursive queries using join indices. In *Proc. First Int. Conf. on Expert Database Systems*, pages 197-208. 219

Valduriez, P. and Gardarin, G. (1984). Join and semi-join algorithms for a multi processor database machine. *ACM Trans. Database Syst.*, 9(1): 133-161. 291, 292, 513

Valduriez, P., Khoshafian, S., and Copeland, G. (1986). Implementation techniques of complex objects. In *Proc. 11th Int. Conf. on Very Large Data Bases*, pages 101-109. 579

Valduriez, P. and Pacitti, E. (2004). Data management in large-scale p2p systems. In *Proc. 6th Int. Conf. High Performance Comp. for Computational Sci.*, pages 104-118. 612, 653

Varadarajan, R., Rivera-Vega, P., and Navathe, S. B. (1989). Data redistribution scheduling in fully connected networks. In *Proc. 27th Annual Allerton Conf. on Communication*, *Control*, *and Computing*. 124

Velegrakis, Y., Miller, R. J., and Popa, L. (2004). Preserving mapping consistency under schema changes. *VLDB J.*, 13(3): 274-293. 156, 157

Verhofstadt, J. S. (1978). Recovery techniques for database systems. *ACM Comput. Surv.*, 10(2): 168-195. 39, 419, 456

Vermeer, M. (1997). *Semantic Interoperability for Legacy Databases*. Ph. D. thesis, Department of Computer Science, University of Twente, Enschede, Netherlands. 140

Vidal, M.-E., Raschid, L., and Gruser, J.-R. (1998). A meta-wrapper for scaling up to multiple autonomous distributed information sources. In *Proc. Int. Conf. on Cooperative Information Systems*, pages 148-157. 314

Viglas, S. and Naughton, J. (2002). Rate-based query optimization for streaming information sources. In *Proc. ACM SIGMOD Int. Conf. on Management of Data*, pages 37-48. 738, 739

Viglas, S., Naughton, J., and Burger, J. (2003). Maximizing the output rate of multi-join queries over streaming information sources. In *Proc. 29th Int. Conf. on Very Large Data Bases*, pages 285-296. 732, 739

Vossough, E. and Getta, J. R. (2002). Processing of continuous queries over unlimited data streams. In *Proc. 13th Int. Conf. Database and Expert Systems Appl.*, pages 799-809. 733

Voulgaris, S., Jelasity, M., and van Steen, M. (2003). A robust and scalable peer-to-peer gossiping protocol. In *Agents and Peer-to-Peer Computing*, *Second Int. Workshop*, (AP2PC), pages 47-58. 618

Vu, Q. H., Lupu, M., and Ooi, B. C. (2009). *Peer-to-Peer Computing: Principles and Applications*. Springer. 653

Wah, B. W. and Lien, Y. N. (1985). Design of distributed databases on local computer systems. *IEEE Trans. Softw. Eng.*, SE-11(7): 609-619. 214, 215

Walsh, N., editor. The DocBook schema (2006). Available from: http://www.oasis-open.org/docbook/specs/wd-docbook-docbook-5.0b3.html [Last retrieved: December 2009]. 690

Walton, C., Dale, A., and Jenevin, R. (1991). A taxonomy and performance model of data skew effects in parallel joins. In *Proc. 17th Int. Conf. on Very Large Data Bases*, pages 537-548. 527, 548

Wang, H., Fan, W., Yu, P., and Han, J. (2003a). Mining concept-drifting data streams using ensemble classifiers. In *Proc. 9th ACM SIGKDD Int. Conf. on Knowledge Discovery and Data Mining*, pages 226-235. 743

Wang, H. and Meng, X. (2005). On the sequencing of tree structures for XML indexing. In *Proc. 21st Int. Conf. on Data Engineering*, pages 372-383. 701

Wang, H., Park, S., Fan, W., and Yu, P. S. (2003b). ViST: A dynamic index method for querying XML data by tree structures. In *Proc. ACM SIGMOD Int. Conf. on Management of Data*, pages 110-121. 701

Wang, H., Zaniolo, C., and Luo, R. (2003c). Atlas: A small but complete SQL extension for data mining and data streams. In *Proc. 29th Int. Conf. on Very Large Data Bases*, pages 1113-1116. 732

Wang, S., Rundensteiner, E., Ganguly, S., and Bhatnagar, S. (2006). State-slice: New paradigm of multi-query optimization of window-based stream queries. In *Proc. 32nd Int. Conf. on Very Large Data Bases*. 740

Wang, W., Li, J., Zhang, D., and Guo, L. (2004). Processing sliding window join aggregate in continuous queries over data streams. In *Proc. 8th East European Conf. Advances in Databases and*

Information Systems, pages 348-363. 733

Wang, Y. and Rowe, L. (1991). Cache consistency and concurrency control in a client/server dbms architecture. In *Proc. ACM SIGMOD Int. Conf. on Management of Data*, pages 367-376. 573

Weihl, W. (1988). Commutativity-based concurrency control for abstract data types. *IEEE Trans. Comput.*, C-37(12): 1488-1505. 594, 595, 604

Weihl, W. (1989). Local atomicity properties: Modular concurrency control for abstract data types. *ACM Trans. Prog. Lang. and Syst.*, 11(2): 249-28. 594, 595

Weikum, G. (1986). Pros and cons of operating system transactions for data base systems. In *Proc. AFIPS Fall Joint Computer Conf.*, pages 1219-1225. 397

Weikum, G. (1991). Principles and realization strategies of multilevel transaction management. *ACM Trans. Database Syst.*, 16(1): 132-180. 397, 398

Weikum, G. and Hasse, C. (1993). Multi-level transaction management for complex objects: Implementation, performance, parallelism. *VLDB J.*, 2(4): 407-454. 397, 604, 605

Weikum, G. and Schek, H. J. (1984). Architectural issues of transaction management in layered systems. In *Proc. 10th Int. Conf. on Very Large Data Bases*, pages 454-465. 397

Weikum, G. and Vossen, G. (2001). *Transactional Information Systems: Theory, Algorithms, and the Practice of Concurrency Control*. Morgan Kaufmann. 358

White, S. and DeWitt, D. (1992). Quickstore: A high performance mapped object store. In *Proc. 18th Int. Conf. on Very Large Data Bases*, pages 419-431. 576

Wiederhold, G. (1982). *Database Design*. McGraw-Hill, 2nd edition. 83

Wiederhold, G. (1992). Mediators in the architecture of future information systems. *Comp.*, 25(3): 38-49. 37, 331

Wiesmann, M., Schiper, A., Pedone, F., Kemme, B., and Alonso, G. (2000). Database replication techniques: A three parameter classification. In *Proc. 19th Symp. on Reliable Distributed Systems*, pages 206-215. 493

Wilkinson, K. and Neimat, M. (1990). Maintaining consistency of client-cached data. In *Proc. 16th Int. Conf. on Very Large Data Bases*, pages 122-133. 572

Williams, R., Daniels, D., Haas, L., Lapis, G., Lindsay, B., Ng, P., Obermarck, R., Selinger, P., Walker, A., Wilms, P., and Yost, R. (1982). R*: An overview of the architecture. In *Proc. 2nd Int. Conf. on Databases*, pages 1-28. 175, 214, 215

Wilms, P. F. and Lindsay, B. G. (1981). A database authorization mechanism supporting individual and group authorization. Research Report RJ 3137, IBM Almaden Research Laboratory, San Jose, Calif. 186, 187, 201

Wilschut, A. and Apers, P. (1991). Dataflow query execution in a parallel mainmemory environment. In *Proc. 1st Int. Conf. on Parallel and Distributed Information Systems*, pages 68-77. 322, 325, 641, 732

Wilshut, A. N. and Apers, P. (1992). Parallelism in a main-memory system: The performance of prisma/db. In *Proc. 22th Int. Conf. on Very Large Data Bases*, pages 23-27. 526

Wilshut, A. N., Flokstra, J., and Apers, P. (1995). Parallel evaluation of multi-join queries. In *Proc. ACM SIGMOD Int. Conf. on Management of Data*, pages 115-126. 529, 534

Wilson, B. and Navathe, S. B. (1986). An analytical framework for the redesign of distributed databases. In *Proc. 6th Advanced Database Symposium*, pages 77-83. 124

Wolf, J. L., Dias, D., Yu, S., and Turek, J. (1993). Algorithms for parallelizing relational database joins in the presence of data skew. Research Report RC19236(83710), IBM Watson Research Center, Yorktown Heights, NY. 529, 548

Wolfson, O. (1987). The overhead of locking (and commit) protocols in distributed databases. *ACM Trans. Database Syst.*, 12(3): 453-471. 455, 456, 493

Wong, E. (1977). Retrieving dispersed data from sdd-1. In *Proc. 2nd Berkeley Workshop on Distributed Data Management and Computer Networks*, pages 217-235. 281, 293

Wong, E. and Youssefi, K. (1976). Decomposition: A strategy for query processing. *ACM Trans. Database Syst.*, 1(3): 223-241. 258, 275, 292

Wright, D. D. (1983). Managing distributed databases in partitioned networks. Technical Report TR83-572, Department of Computer Science, Cornell University, Ithaca, N. Y. 456, 493

Wu, E., Diao, Y., and Rizvi, S. (2006). High-performance complex event processing over streams. In *Proc. ACM SIGMOD Int. Conf. on Management of Data*, pages 407-418. 725

Wu, K.-L., Chen, S.-K., and Yu, P. (2004). Interval query indexing for efficient stream processing. In *Proc. 13th ACM Int. Conf. on Information and Knowledge Management*, pages 88-97. 741

Wu, K.-L., Yu, P. S., and Pu, C. (1997). Divergence control algorithms for epsilon serializability. *IEEE Trans. Knowl. and Data Eng.*, 9(2): 262-274. 401, 462

Wu, S., Yu, G., Yu, Y., Ou, Z., Yang, X., and Gu, Y. (2005). A deadline-sensitive approach for real-time processing of sliding windows. In *Proc. 6th Int. Conf. on Web-Age Information Management*: , pages 566-577. 740

Fernández, M., Malhotra, A., Marsh, J., Nagy, M., and Walsh, N., editors. XQuery 1. 0 and XPath 2. 0 data model (XDM) (2007). Available from: http://www.w3.org/TR/2007/REC-xpath-datamodel-20070123 [Last retrieved: February 2010]. 712

XHTML. XHTML 1. 0 The extensible HyperText markup language (2nd edition) (2002). Available from: http://www.w3.org/TR/xhtml1/ [Last retrieved: December 2009]. 690

Xie, J., Yang, J., and Chen, Y. (2005). On joining and caching stochastic streams. In *Proc. ACM SIGMOD Int. Conf. on Management of Data*, pages 359-370. 740

Xu, J., Lin, X., and Zhou, X. (2004). Space efficient quantile summary for constrained sliding windows on a data stream. In *Proc. 5th Int. Conf. on Web-Age Information Management*, pages 34-44. 737

Yan, L. L. (1997). Towards efficient and scalable mediation: The aurora approach. In *Proc. IBM CASCON Conference*, pages 15-29. 134

Yan, L.-L., Miller, R. J., Haas, L. M., and Fagin, R. (2001). Data-driven understanding and refinement of schema mappings. In *Proc. ACM SIGMOD Int. Conf. on Management of Data*, pages 485-496. 152

Yan, L.-L. and Özsu, M. T. (1999). Conflict tolerant queries in aurora. In *Proc. Int. Conf. on Cooperative Information Systems*, pages 279-290. 158

Yan, L. L., Özsu, M. T., and Liu, L. (1997). Accessing heterogeneous data through homogenization and integration mediators. In *Proc. Int. Conf. on Cooperative Information Systems*, pages 130-139. 134

Yang, B. and Garcia-Molina, H. (2002). Improving search in peer-to-peer networks. In *Proc. 22nd Int. Conf. on Distributed Computing Systems*, pages 5-14. 617

Yang, X., Lee, M.-L., and Ling, T. W. (2003). Resolving structural conflicts in the integration of XML schemas: A semantic approach. In *Proc. 22nd Int. Conf. on Conceptual Modeling*, pages 520-533. 134

Yao, S. B., Navathe, S. B., and Weldon, J.-L. (1982a). *An Integrated Approach to Database Design*, pages 1-30. Lecture Notes in Computer Science 132. Springer. 73

Yao, S. B., Waddle, V., and Housel, B. (1982b). View modeling and integration using the functional data model. *IEEE Trans. Softw. Eng.*, SE-8(6): 544-554. 149

Yeung, C. and Hung, S. (1995). A new deadlock detection algorithm for distributed real-time database systems. In *Proc. 14th Symp. on Reliable Distributed Systems*, pages 146-153. 401

Yong, V., Naughton, J., and Yu, J. (1994). Storage reclamation and reorganization in client-server persistent object stores. In *Proc. 10th Int. Conf. on Data Engineering*, pages 120-133. 581

Yormark, B. (1977). The ansi/sparc/dbms architecture. In Jardine, D. A., editor, *ANSI/SPARC DBMS Model*, pages 1-21. North-Holland. 22

Yoshida, M., Mizumachi, K., Wakino, A., Oyake, I., and Matsushita, Y. (1985). Time and cost evaluation schemes of multiple copies of data in distributed database systems. *IEEE Trans. Softw. Eng.*, SE-11(9): 954-958. 124

Yu, C. and Meng, W. (1998). *Principles of Query Processing for Advanced Database Applictions*. Morgan Kaufmann. 331

Yu, C. T. and Chang, C. C. (1984). Distributed query processing. *ACM Comput. Surv.*, 16(4): 399-433. 220

Yu, P. S., Cornell, D., Dias, D. M., and Thomasian, A. (1989). Performance comparison of the io shipping and database call shipping schemes in multi-system partitioned database systems. *Perf. Eval.*, 10: 15-33. 401

Zaniolo, C. (1983). The database language gem. In *Proc. ACM SIGMOD Int. Conf. on Management of Data*, pages 207-218. 587

Zdonik, S. and Maier, D., editors (1990). *Readings in Object-Oriented Database Systems*. Morgan Kaufmann. 607

Zezula, P., Amato, G., Debole, F., and Rabitti, F. (2003). Tree signatures for XML querying and navigation. In *Database and XML Technologies*, 1st Int. XML Database Symp., pages 149-163. 701

Zhang, C., Naughton, J. F., DeWitt, D. J., Luo, Q., and Lohman, G. M. (2001). On supporting containment queries in relational database management systems. In *Proc. ACM SIGMOD Int. Conf. on Management of Data*, pages 425-436. 699, 700

Zhang, J. and Honeyman, P. (2008). A replicated file system for grid computing. *Concurrency and Computation: Practice and Experience*, 20(9): 1113-1130. 750

Zhang, N. (2006). *Query Processing and Optimization in Native XML Databases*. PhD thesis, University of Waterloo. 719

Zhang, N., Agarwal, N., Chandrasekar, S., Idicula, S., Medi, V., Petride, S., and Sthanikam, B. (2009a). Binary XML storage and query processing in oracle 11g. *PVLDB*, 2(2): 1354-1365. 703

Zhang, N., Kacholia, V., and Özsu, M. T. (2004). A succinct physical storage scheme for efficient evaluation of path queries in XML. In *Proc. 20th Int. Conf. on Data Engineering*, pages 54-65. 699

Zhang, N. and Özsu, M. T. (2010). XML native storage and query processing. In Li, C. and Ling, T.-W., editors, *Advanced Applications and Structures in XML Processing: Label Streams, Semantics Utilization and Data Query Technologies*. IGI Global. 699

Zhang, N., Özsu, M. T., Aboulnaga, A., and Ilyas, I. F. (2006a). XSEED: accurate and fast cardinality estimation for XPath queries. In *Proc. 22nd Int. Conf. on Data Engineering*, page 61. 702

Zhang, N., Özsu, M. T., Ilyas, I. F., and Aboulnaga, A. (2006b). Fix: Feature-based indexing technique for XML documents. In *Proc. 32nd Int. Conf. on Very Large Data Bases*, pages 259-270. 701

Zhang, R., Koudas, N., Ooi, B. C., and Srivastava, D. (2005). Multiple aggregations over data streams. In *Proc. ACM SIGMOD Int. Conf. on Management of Data*, pages 299-310. 740

Zhang, Y. (2010). XRPC: *Efficient Distributed Query Processing on Heterogeneous XQuery Engines*. PhD thesis, Universiteit van Amsterdam. 719

Zhang, Y. and Boncz, P. A. (2007). Xrpc: Interoperable and efficient distributed XQuery. In *Proc. 33rd Int. Conf. on Very Large Data Bases*, pages 99-110. 712

Zhang, Y., Tang, N., and Boncz, P. A. (2009b). Efficient distribution of full-fledged XQuery. In *Proc. 25th Int. Conf. on Data Engineering*, pages 565-576. 710, 712

Zhao, B., Huang, L., Stribling, J., Rhea, S., Joseph, A. D., and Kubiatowicz, J. (2004). Tapestry: A resilient global-scale overlay for service deployment. *IEEE J. Selected Areas in Comm.*, 22(1): 41-53. 620, 646

Zhu, Q. (1995). *Estimating Local Cost Parameters for Global Query Optimization in a Multidatabase System*. Ph. D. thesis, Department of Computer Science, University of Waterloo, Waterloo, Canada. 313

Zhu, Q. and Larson, P.-Å. (1994). A query sampling method of estimating local cost parameters in a multidatabase system. In *Proc. 10th Int. Conf. on Data Engineering*, pages 144-153. 307, 308, 331

Zhu, Q. and Larson, P. A. (1996a). Developing regression cost models for multidatabase systems. In *Proc. 4th Int. Conf. on Parallel and Distributed Information Systems*, pages 220-231. 307, 309, 331

Zhu, Q. and Larson, P. A. (1996b). Global query processing and optimization in the cords multidatabase system. In *Proc. Int. Conf. on Parallel and Distributed Computing Systems*, pages 640-647. 308

Zhu, Q. and Larson, P. A. (1998). Solving local cost estimation problem for global query optimization in multidatabase systems. *Distrib. Parall. Databases*, 6(4): 373-420. 307, 308, 331

Zhu, Q. and Larson, P.-Å. (2000). Classifying local queries for global query optimization in multidatabase systems. *Int. J. Cooperative Information Syst.*, 9(3): 315-355. 309

Zhu, Q., Motheramgari, S., and Sun, Y. (2003). Cost estimation for queries experiencing multiple contention states in dynamic multidatabase environments. *Knowledge and Information Systems*, 5(1): 26-49. 307, 314, 331

Zhu, Q., Sun, Y., and Motheramgari, S. (2000). Developing cost models with qualitative variables for dynamic multidatabase environments. In *Proc. 16th Int. Conf. on Data Engineering*, pages 413-424. 307, 313, 331

Zhu, S. and Ravishankar, C. (2004). A scalable approach to approximating aggregate queries over intermittent streams. In *Proc. 16th Int. Conf. on Scientific and Statistical Database Management*, pages 85 94. 727

Zhu, Y., Rundensteiner, E., and Heineman, G. (2004). Dynamic plan migration for continuous queries over data streams. In *Proc. ACM SIGMOD Int. Conf. on Management of Data*, pages 431-442. 739

Zhu, Y. and Shasha, D. (2003). Efficient elastic burst detection in data streams. In *Proc. 9th ACM SIGKDD Int. Conf. on Knowledge Discovery and Data Mining*, pages 336-345. 727

Ziane, M., Zaït, M., and Borla-Salamet, P. (1993). Parallel query processing with zigzag trees. *VLDB J.*, 2(3): 277-301. 523, 548

Zloof, M. M. (1977). Query-by-example: A data base language. *IBM Systems J.*, 16(4): 324-343. 57

Zobel, D. D. (1983). The deadlock problem: A classifying bibliography. *Operating Systems Rev.*, 17(2): 6-15. 401